全国中青年玉米遗传育种学术讨论会合影
一九九二年五月十一日·成都

玉米育种学 第三版

CORN BREEDING Third Edition

李建生　主编

中国农业出版社
北　京

《玉米育种学（第三版）》
编委会

（按章节顺序排序）

序

进入 21 世纪以来，我国玉米的种植面积和总产逐渐跃居农作物第一位，对保障国家粮食安全、保持人民生活水平的不断提高发挥了重要作用。在农作物众多的增产因素中，新品种选育与推广的贡献最大。农作物新品种是一切增产措施的重要载体。科学技术的迅猛发展、我国城乡人民生活水平的进一步提高、全球气候的变化，以及现代农业生产方式的转变，均对我国玉米育种提出了更高的要求，急需一部系统介绍玉米遗传与育种理论和技术的学术专著。《玉米育种学 第三版》的问世，有助于满足我国玉米学科和产业发展的需要。

该书传承了《玉米育种学 第一版》和《玉米育种学 第二版》主编刘纪麟教授制定的理论与实践并重、继承性与前瞻性结合的编写宗旨。全面回顾了国内外玉米育种学发展的历史，详细介绍了玉米育种学的基本方法，系统总结了近年来国内外玉米育种的新理论和新技术，是国内农作物育种学领域一部不可多得的优秀学术专著。在生命科学黄金时代到来之际，我国农作物现代种业蓬勃发展之时，该书的出版对落实国家打好种业翻身仗的战略有重要现实意义。

该书由李建生教授担任主编，郑用琏教授和陈彦惠教授担任副主编，组织国内玉米遗传育种优势单位的专家教授合著而成。编写团队成员均是国内玉米遗传育种学科相应领域的知名学者，长期从事相应领域的教学和研究工作，具有较高的业务和写作水平。该书的科学性、知识性和实用性均达到国内领先水平，对于从事玉米遗传育种研究的大学生和研究生，专业技术人员，以及种业管理人员，是一本具有重要价值的参考书籍。因此，该书的出版对提高我国玉米科技人员的业务水平和普及玉米遗传育种新知识和新技术有着重要作用，有利于提升我国玉米学科和玉米产业的科技水平。

中国工程院院士
中国农业大学教授　戴景瑞

2023 年 7 月 1 日

第三版前言

　　玉米是一种历经了 9 000 多年进化的传奇作物。玉米的进化对美洲印第安人的古老文明和北美洲现代文明的发展均发挥了至关重要的作用。玉米是我国的一种外来作物，引进的历史仅仅只有 500 多年，但是，玉米对中华民族人口的增加和现代化进程的加快均作出了重要贡献。自 16 世纪初玉米传入我国以来，到 18 世纪初已经传播到我国 20 多个省份。1776—1910 年，玉米种植面积的扩大对我国人口增长的贡献率达到 19%。改革开放 40 多年来，我国玉米年种植面积由 1978 年的 1 986.67 万 hm^2 扩大到 2022 年 4 307 万 hm^2，玉米总产由 0.56 亿 t 增加到 2.77 亿 t，为保障我国粮食安全作出了不可估量的贡献。玉米是杂种优势利用最早且最成功的作物，玉米种业在现代农作物种业中处于最重要的地位。希望本书的出版对我国玉米学科和种业发展发挥应有的作用。

　　本书是一部系统介绍玉米遗传学基本理论和育种方法的学术专著。全书的编写秉承了第一版和第二版主编华中农业大学刘纪麟教授制定的宗旨：理论与实践并重、继承性与前瞻性结合，兼顾科学性、知识性和实用性。不幸的是他老人家于 2018 年 10 月 5 日仙逝。本书的出版是对刘先生最好的纪念！

　　本书的再版，除保留并传承第二版少部分原始的经典内容外，大部分内容都进行了重新编写，着重增加了第二版以来最新的研究结果。第一章玉米的起源与进化详述了玉米祖先到底是谁的科学问题，系统介绍了玉米起源和驯化的过程。第二章和第三章在第二版玉米形态学和玉米遗传学章节的基础上，增加了细胞学和基因组学的最新进展。第四章由玉米轮回选择和群体改良改为玉米群体和数量遗传学，除了系统讲述数量遗传学基本原理外，增加了利用分子标记定位数量性状位点的方法。在玉米抗病性遗传与育种章节，全面介绍了我国玉米主产区的主要病害，特别增加了近年来玉米抗病性分子生物学的研究进展，以及抗病性分子育种的内容。近十几年来，我国各类特用玉米快速发展，特将第二版特用玉米遗传与育种章节分解为三部分，分章节介绍了特殊品质专用玉米、青贮玉米和爆裂玉米育种原理与方法。本书还增加了玉米耐非生物逆境的遗传与育种，玉米氮磷高效利用的遗传与育种原理和方法的章节。生物技术、分子标记技术和双单倍体技术是现代玉米育种的三大核心技术，本书分三个章节系统讲解了此三大核心技术的最新原理与应用，包括最新的基因编辑技术。为了学习发达国家现代种业的研发技术体系，专门增加了介绍国际大型种业公司玉米育种研发体系的章节。

本书编委共 22 位，均是国内相应研究领域的领军专家，大家通力合作，笔耕数年，共同完成了这部专著。在此，向他们表示衷心的谢意！本书编写过程中，得到全国同行的大力支持，特别是 1992 年参加李竞雄院士组织的"第一届全国中青年玉米学术讨论会"的同仁，表示衷心的感谢！本书的编写和出版还得到戴景瑞、荣廷昭和赵春江三位院士的悉心指导和热情推荐，一并深表感谢！

本书完稿之际，恰逢 2022 个"中国农民丰收节"，谨将本书奉献给为农民丰收而奋斗的玉米科技工作者们。

中国农业大学教授　李建生

2022 年 9 月 23 日于北京

第一版前言

　　玉米是一个平凡而又奇特的作物。说它平凡，因为它常被人们称为"杂粮"，处于不受重视的地位；说它奇特，由于自20世纪30年代开始利用玉米杂种优势以来，造成了种子行业的兴起，推动了饲料工业和动物饲养业的发展，促进了传统种植业向现代农业的转化；由于40多年前的精湛研究，发现了玉米的转座因子，因而使麦克林托克（Barbara McClintock）获得了1983年诺贝尔医学奖。

　　玉米遗传育种是一门基础深厚而迅速发展的学科。玉米染色体组的10个连锁群已经确定，定位在染色体上的基因位点已超过170个，还在不断补充完善之中。其他如转座因子系统、细胞质遗传、B—A染色体易位体系等，在高等植物的遗传研究中都处于领先地位。在育种方法上，诸如自交系、各类杂种优势的利用，群体基因库的建立，轮回选择系统以及种子生产体系等，既有其自身的特点，也可供其他作物育种借鉴。因此，编写玉米育种学是很有意义的。

　　我受农业出版社的委托，约请了华中农业大学的几位教授专家编写本书。考虑到本书的主要读者是大专院校农学类和生物专业的师生、科学研究院（所）的作物遗传育种研究人员。在编写本书时，我们希望首先能提供较多的信息，因此尽可能地收集了国内外尤其是近十年的有关资料，希望把理论知识融合到育种实践中去，尽可能地汇集国内外玉米育种经验和作者个人的育种经验，不拘泥于文献资料之中。希望兼顾广度和深度，又能突出重点，因此在内容取舍上对基础理论知识、实用育种方法以及新的育种领域有所侧重。经过调整，本书共包括玉米的起源与进化等11章，其中属于基础理论知识部分的4

章，属于育种内容的 6 章，属于种子生产的 1 章，另加附录。

国内外玉米育种的经验和研究成果非常丰富，但是，由于我们受能力和工作条件的限制，以及收集资料的困难，错误和缺点在所难免。我们愿本着学习的态度，欢迎广大读者提出批评和建议，以便再版时补充修正。

本书编写过程中，承蒙中国农业科学院作物育种栽培研究所玉米系等全国主要科研院（所）惠寄研究报告资料，承蒙吴绍骙、孙仲逸、郑长庚、陈启文、赖仲铭、冯光宇诸位教授专家提供口述的和文字的珍贵史料；书中图 2-4、图 2-5、图 2-6 由施政绘制，其余各章的插图由宋要武绘制，谨向他们表示衷心的感谢。

值此改革开放的年代，谨以本书献给广大的为实现农业现代化、振兴中华而辛勤工作的农业和生物科学工作者。

华中农业大学教授　刘纪麟

1991 年 3 月 5 日

第二版前言

　　《玉米育种学》出版已经十年了。回顾过去的十年,改革开放日益深广,我们的祖国欣欣向荣;科学技术突飞猛进,特别是生物技术的快速发展,极大地促进了玉米育种学科的发展。突出表现在两个方面:

　　第一,以分子遗传学为核心,将生物技术用于玉米育种。从DNA重组和基因克隆技术发展起来的转基因育种技术,已成功地克服了物种间的生殖隔离,把外源基因转导入玉米,1990年以来,已育成一批转基因玉米投入大面积生产,起到了抗逆和增产效果。由DNA序列分析和基因组研究发展起来的分子标记技术已在玉米的基因定位、杂种优势研究、种质多样性分析以及目标性状辅助选择等方面开辟了广阔的应用前景。可以认为,转基因技术、分子标记技术与玉米常规育种技术的结合是玉米育种方法上的一次质的飞跃。

　　第二,玉米种质研究的深化和利用的多样化是玉米育种的一大进步。从地方适应种质到外来非适应种质,从窄基种质到广基种质,从普通种质到各类突变体种质,从单一玉米种质到异种重组种质;从一般群体到杂种优势群,从初级优势群到高级优势群,从现有杂种优势模式到创新杂种优势模式,这一发展趋势是对玉米种质认识上的不断深化和育种实践长期积累的结果。必须充分认识到种质在玉米育种研究中始终是第一位的,方法和技术是第二位的。丰富的、多样的和有利基因频率高的种质是选育超级玉米杂交种的物质基础;利用和创新杂种优势模式是提高育种效率的关键。

　　可以预期,在新世纪中,分子育种技术将不断发展和完善,玉米种质将不断创新和多样化,两者交叉发展,又和常规育种技术渗透融合,最终,必将形成一个全新的玉米育种学科体系，创造出更强大、更完美的杂种优势群，造福于人类。

值此新世纪之初，我和本书的全体作者通力合作，根据学科的发展趋势和我国玉米育种的现状，本着理论和实践并重的原则，在本书第一版的基础上改编修订成第二版。期望它对我国玉米育种和玉米生产能起到促进作用。

谨将本书献给新世纪中有志于发展玉米事业的同行们。并对在本书修订过程中提供资料、建议和帮助的单位和朋友们表示衷心感谢。

华中农业大学教授　刘纪麟

2000 年 9 月 20 日于武昌狮子山

目　录

第一章　玉米的起源与进化

第二章　玉米形态学与细胞学

第三章　玉米遗传学与基因组学

第四章　玉米群体和数量遗传学

第五章　玉米常规育种原理与方法

第六章　特殊品质专用玉米育种原理与方法

第十章　玉米耐非生物逆境的遗传与育种

第十一章　玉米雄性不育的遗传与育种

第十二章　玉米氮磷高效遗传与育种

第十三章　玉米双单倍体育种技术原理与应用

第十四章　玉米生物技术育种原理与应用

第十五章　玉米分子标记育种技术及利用

第十六章　玉米种子生产技术及其体系

第十七章　国际种业公司玉米育种研发体系

致谢

Contents

Chapter 3　Genetics and Genomics of Maize

Chapter 4　Fundamentals of Maize Population and Quantitative Genetics

Chapter 5　Principles and Methods of Conventional Maize Breeding

Chapter 6　Principles and Methods of Special Maize Breeding

Chapter 7   Principles and Methods of Silage Maize Breeding

Chapter 8   Principles and Methods of Popcorn Breeding

Chapter 9   Genetics and Breeding of Maize Disease Resistance

Chapter 10　Genetics and Breeding of Maize Resistance to Abiotic Stresses

Chapter 11　Genetics and Breeding of Maize Male Sterility

Chapter 12　Genetics and Breeding for Nutrient Use Efficiency in Maize

Chapter 13　Principles and Applications of Doubled Haploid Breeding Technology in Maize

Contents

Chapter 14　Principles and Applications of Biotechnology in Maize Breeding

Chapter 15　Principles and Applications of Molecular Marker – Assisted Breeding in Maize

Chapter 16　Maize Seed Production Technology and System

Chapter 17　Research and Development in Maize Breeding at Leading International Seed Companies

Acknowledgments

第一章　玉米的起源与进化

（唐祈林）

第一节　玉米及其野生近缘材料的亲缘关系与分类

玉米与其野生近缘材料——大刍草和摩擦禾均属于禾本科玉蜀黍族草本植物，起源于墨西哥和中美洲等地（Matsuoka 等，2002）。在恐龙时代，蕨类植物和裸子植物全盛期后的被子植物繁盛时期，玉米与大刍草和摩擦禾存在一个共同祖先，它们的原始祖先大约在 7 000 万年前开始分化出摩擦禾、大刍草和玉米。其中，分化出的原始玉米易于收获、栽培和管理，获得了人类青睐，开启了驯化历程。考古学和遗传学证据表明，大约在距今 1 万年至 6 000 年前，玉米的祖先可能在墨西哥西南部的巴尔萨斯河流域开始被驯化，其后经过漫长的适应期，被驯化的玉米大约在 3 000～4 000 年前已经具有了现代栽培玉米的重要特征（Benz，2001；Wang，2005）。人类的驯化选择迫使玉米祖先的遗传结构特征发生巨变，逐步累积变异使果穗越来越粗大、籽粒裸露、籽粒不脱落等重要特征。在诸多驯化特征中，玉米籽粒不脱落特性对其在自然条件下的生存是不利的，因为籽粒不脱落就不能自然散播种子进行繁衍，而必须靠人为传播才能得以延续，因此说玉米是人类"超级"驯化的产物（Doebley 等，1980；Iltis 等，1980，2000；Kato 等，1990）。然而，玉米祖先是谁？玉米如何起源和驯化？另外，大刍草和摩擦禾是玉米亲缘关系最近的野生近缘材料，大刍草与摩擦禾在玉米起源中扮演什么角色？它们之间的分类、亲缘关系及其在遗传育种中的价值如何？尚有待人们去探索。

玉蜀黍族（Tribe Maydeae）共有 7 个属（刘纪麟，2000）：薏苡属（*Coix* L.），2*n*＝10、20、40；硬颖草属（*Selerachne* R. Br.），2*n*＝20；多裔黍属（*Polytoca* R. Br.），2*n*＝20、40；葫芦草属（*Chionachne* R. Br.），2*n*＝20；三裂草属（*Trilobachne* Henr.），2*n*＝20；玉蜀黍属（*Zea* L.），2*n*＝20、40；摩擦禾属 [*Tripsacum* L.（Gamagrass）]，2*n*＝18、36、72、90。其中，前 5 个属起源于亚洲，属于旧大陆群；后 2 个属起源于美洲，属于新大陆群。本章重点介绍后 2 个属。

一、玉蜀黍属

（一）玉米及其野生近缘种——大刍草的分类

大刍草（Teosinte）是玉蜀黍属中除玉米以外的其他种或亚种的统称。在墨西哥和中美洲的许多地区，大刍草与玉米生长在相同的生态区，它们可以相互自由杂交，与大刍草杂交的栽培玉米常常被误认为是一种变异的玉米（Collins等，1921）。大刍草与玉米植株均雄雌同株异花，雄花长在植株的顶部，雌花果穗长在植株的横侧位置，它们的果穗、花丝等特别相似。但是，大刍草与栽培玉米的果穗结构、籽粒性状特征等完全不同（图1-1）。

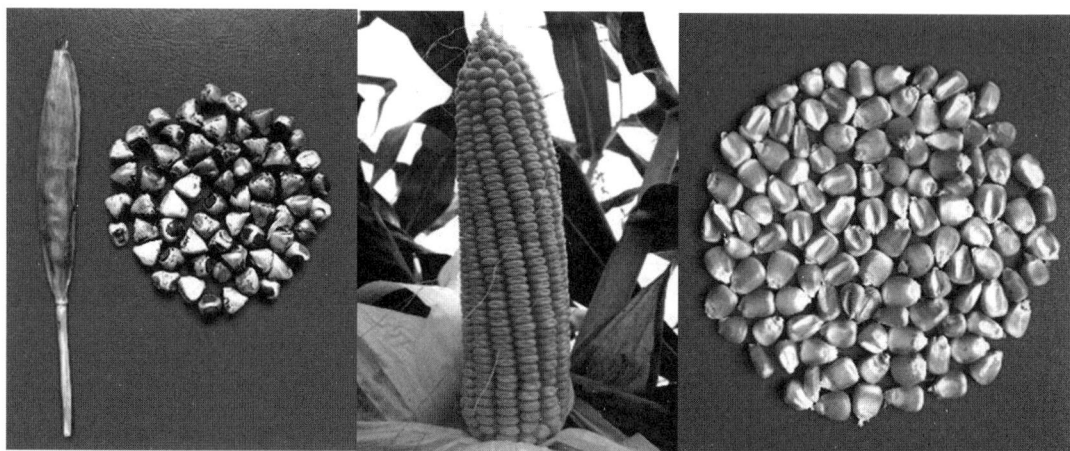

| 大刍草果穗与籽粒 | 玉米果穗 | 玉米籽粒 |

图1-1　玉米与大刍草果穗、籽粒形态学比较

玉米雄花序顶生，主轴中心花序上雄小穗多列；玉米雌花序腋生，多列雌小穗构成粗大的果穗，在穗轴上着生成对的雌小穗，雌花序外包围着数层变形叶鞘，又称苞叶；玉米雌穗可产生几百粒种子，穗行数为多列式，可达到20行或更多，籽粒外包被花苞片或颖片，不能自行脱落，靠人为繁衍。大刍草雄花序的中心并不粗厚，雄花2列；雌花腋生，每个雌穗可产生6~12颗种子，穗行数为二列式，种子外包被坚硬的果壳，成熟籽粒能自行脱落，雌花序外包围着单个变形叶鞘，成熟时节片断离，果穗易于碎裂、脱落。

大刍草与玉米的雌花（果穗、籽粒等）存在巨大差异，这种差异给玉米与大刍草的分类及其亲缘关系研究带来了难度。19世纪早中期，植物学家把大刍草分类为玉蜀黍族的类蜀黍属（*Euchlaena*）（Doebley，1990），近期才把大刍草和玉米的分类归并为玉蜀黍属（Doebley等，1991；Benz等，1992）。

Ascherson于1875年首次报道发现了墨西哥大刍草，第一个提出大刍草（Teosinte）作为"野生玉米"或玉米祖先的理论假设。1921年，Collins报道了有关墨西哥起源的一年生和多年生大刍草种，提出大刍草是与玉米亲缘关系最近的禾本科植物。Beadle（1939，1980）综合分析植物分类学和考古学等证据，提出玉米起源大刍草的假设学说。该学说对玉米与大刍草起源与演化、玉米与大刍草远缘杂交研究起到了极大的推进作用。Wilkes（1967）首次对大刍草进行了系统分类，把大刍草分类为玉蜀黍属的类蜀黍亚属。该亚属包括墨西哥大刍草种和四倍体多年生大刍草种两个种。墨西哥大刍草种包括繁茂大刍草、墨西哥大刍草、小颖大刍草、韦韦特南戈大刍草；四倍体多年生大刍草种只有一个种。而玉米归类于玉米亚属，仅有一个种。后来，Wilkes（2004）把新发现的二倍体多年生大刍草种与四倍体多年生大刍草种归类命名为繁茂大刍草种。Wilkes（1967，2004）的分类结合了形态学和地理群落的依据，突破了仅根据植物形态或者染色体物理结构比较的常规分类局限，提出分类还应考虑不同地理生态对群落产生的影响，即地理上隔离的种群会产生区别较大的形态特征，其新分类思想为玉米与大刍草的分类作出了重要贡献。

后来，基于玉米和大刍草雄穗分枝和雄小穗外颖的 10 个数量性状、7 个质量性状和雌小穗壳斗等形态学性状，染色体结构细胞学，综合同工酶和叶绿体 DNA 限制性内切酶电泳图谱等研究（Doebley，1990，1995，2004；Dorweiler 等，1993；Doebley 等，1997；Wang 等，1999；Lukens 等，2001；Hubbard 等，2002），同时结合考古学证据（Piperno 等，2001）和玉米野生近缘种属材料（大刍草和摩擦禾）的自然地理分布特征（Eyre‐Walker 等，1998），以及可杂交性与杂种可育性（Doebley，1983）等，Doebley和 Iltis（1980）对玉米和大刍草进行了重新综合分类。

Wang 等（2011）运用 RAPD 分子标记和 ITS 序列分析对玉蜀黍属中的大刍草和玉米的遗传关系进行了聚类分析，运用分子技术把新发现的尼加拉瓜大刍草种（Z. nicaraguensis）进行了归类。Wang 等（2011）分子研究结果表明，大刍草和玉米可分为繁茂亚属和玉蜀黍亚属两大类，其结果与 Doebley 和 Iltis（1980）的分类观点一致；而亚属中各亚种的聚类分析结果又与 Wilkes（1967）分类理论相似，即繁茂亚属包括四倍体多年生大刍草种、二倍体多年生大刍草种、繁茂大刍草种和尼加拉瓜大刍草种，玉蜀黍亚属包括小颖大刍草亚种、墨西哥大刍草亚种、韦韦特南戈大刍草亚种和栽培玉米亚种。

综合以上多种分类结果，玉蜀黍属分类如下：

Genus *Zea*（玉蜀黍属）

　　Section *Zea*（玉蜀黍亚属）

　　　　Z. mays（玉米种）

　　　　　　ssp. *parviglumis*（小颖大刍草亚种，$2n=20$）

　　　　　　ssp. *mexicana*（墨西哥大刍草亚种，$2n=20$）

　　　　　　ssp. *huehuetenangensis*（韦韦特南戈大刍草亚种，$2n=20$）

　　　　　　ssp. *mays*（栽培玉米亚种，$2n=20$）

　　Section *Luxuriantes*（繁茂亚属）

　　　　Z. perennis（四倍体多年生大刍草种，$2n=40$）

　　　　Z. diploperennis（二倍体多年生大刍草种，$2n=20$）

　　　　Z. luxurians（繁茂大刍草种，$2n=20$）

　　　　Z. nicaraguensis（尼加拉瓜大刍草种，$2n=20$）

（二）玉米种和大刍草种的特征与特性

1. 玉米种（*Z. mays* L.）

（1）墨西哥大刍草亚种。墨西哥大刍草亚种（*Z. mays* L. ssp. *mexicana*（Schrader）

Iltis，2n＝20）又称墨西哥一年生大刍草，主要分布在墨西哥中部和北部海平面1 700～2 600m处。在自然环境下，从种子发芽到籽粒成熟大约需要4～6个月，株高1.5～4m；雄花分枝10～20个；其雄花序和种子相比其他大刍草种均要大些，种子呈三角形。

（2）小颖大刍草亚种。小颖大刍草亚种（Z. mays L. ssp. parviglumis（Iltis和Doebley），2n＝20）也称墨西哥一年生大刍草，主要分布在墨西哥西部海平面400～1 800m处。在自然环境下，从种子发芽到籽粒成熟大约需要6～7个月，植株有微红渐变绿色的典型特征，叶鞘无毛，株高2～5m；雄花颖苞较小，雄花分枝数多，通常超过20个；种子相对较小，呈三角形。

（3）韦韦特南戈大刍草亚种。韦韦特南戈大刍草亚种（Z. mays L. ssp. huehuetenangensis（Iltis和Doebley），2n＝20）主要分布在危地马拉西部海平面900～1 650m处。与玉蜀黍属中其他一年生大刍草种相比，具有较长的生命周期，自然环境下从种子发芽到籽粒成熟大约需要7～8个月。由于生命周期相对较长，该材料比其他大刍草植株要高大，株高一般5m，一年生；其雄花和籽粒形态与小颖大刍草亚种极其相似，种子和雄花序相对较小，种子呈三角形。

（4）栽培玉米亚种。栽培玉米亚种（Z. mays L. ssp. mays，2n＝20）即玉米，又称印第安玉米。栽培玉米亚种与小颖大刍草亚种、墨西哥大刍草亚种和韦韦特南戈大刍草亚种归为同一亚属，它们雄花极其相似，相互之间可杂交且杂种可育。但是，玉米与大刍草在植株和果穗的形态上存在极其显著的差别。

栽培玉米亚种（Z. mays L.）根据其籽粒形状、胚乳性质和稃壳有无等特征，又分为9种类型。①粉质型（flour corn—Z. mays var. amylacea），玉米籽粒无角质胚乳，全为粉质淀粉。②爆裂型（pop corn—Z. mays var. everta），籽粒较小，米粒形或珍珠形，胚乳几乎全是角质，质地坚硬透明，种皮多为白色或红色，果皮坚厚，籽粒加热时爆裂。③马齿型（dent corn—Z. mays var. indentata），角质淀粉分布在籽粒四周，中间至粒顶为粉质胚乳，胚乳干时粒顶凹陷，呈马齿状。④硬粒型（flint corn—Z. mays var. indurata），角质胚乳分布在籽粒的四侧及顶部，整个包围着内部的粉质胚乳，籽粒干燥后顶部不凹陷。⑤甜玉米型（sweet corn—Z. mays var. saccharata 和 Z. mays var. rugosa），籽粒几乎全部为角质透明胚乳（甜质型）；籽粒上部为角质胚乳、下部为粉质胚乳（甜粉型）。⑥糯质型（waxy corn—Z. mays var. ceratina 和 Z. mays sinensis），胚乳全部为支链淀粉组成，角质与粉质胚乳层次不分，籽粒呈不透明状。⑦直链淀粉玉米（amylomaize—Z. mays），玉米籽粒直链淀粉含量高于50%的类型。⑧有稃型（pod corn—Z. mays var. tunicata Larrañaga ex A. St. Hil），玉米籽粒被较长的稃壳包裹，籽粒坚硬，难脱粒，是一种原始类型。⑨五彩玉米（striped maize—Z. mays var. japonica），是一种稀有的庭院装饰硬粒玉米类型，植株叶片具有美丽的桃红色、黄色、绿色和白色等颜色。

2. 繁茂大刍草种 繁茂大刍草种［Z. luxurians（Durieu & Ascherson）Bird，2n＝20］又称危地马拉或佛罗里达大刍草，主要分布在危地马拉东南、洪都拉斯和尼加拉瓜海平面至 1 100m 间。一年生植物，无根状茎，株高 3~4m，雄花分枝相对较少（4~20个）而直，雄小穗外颖具有许多区别于其他玉蜀黍属材料的细纹，种子外部呈梯形。繁茂大刍草种与四倍体多年生大刍草种和二倍体多年生大刍草种具有许多相似的特性。

3. 四倍体多年生大刍草种 四倍体多年生大刍草种 [*Z. perennis*（Hitchcock）Reeves 和 Mangelsdorf，$2n=40$] 又称多年生大刍草，于 1910 年在墨西哥的哈利斯科州发现，主要分布在海平面 1 500~2 000m 间的狭窄地带，是玉蜀黍属唯一的四倍体种（$2n=4x=40$），具有多年生特性，在寒冷、潮湿等不利条件下可生存多年，具有发达的形似竹鞭的根状茎，株高 1.5~2m。四倍体多年生大刍草与二倍体多年生大刍草的植物学特征极其相似。

4. 二倍体多年生大刍草种 二倍体多年生大刍草种 [*Z. diploperennis*（Iltis，Doebley 和 Guzman），$2n=20$] 是 Rafeal Guzman 于 1978 年在墨西哥南部哈利斯科州山谷发现的一个新种，分布在距海平面 1 400~2 400m 间（Iltis 等，1979）。二倍体多年生大刍草种是玉蜀黍属中唯一的二倍体多年生种，具有发达的根系，根似竹鞭，根茎多节，株高 2~2.5m。其植物学特征与四倍体多年生大刍草种十分相近，易与玉米杂交并产生可育后代。

5. 尼加拉瓜大刍草种 尼加拉瓜大刍草种（*Z. nicaraguensis*，$2n=20$）是最近发现的一个大刍草新种（Iltis 等，2000），生长在尼加拉瓜 Fonseca 海湾、海岸线或者出海口低海拔 6~15m 相对隔离的地带，其根具有良好的通气组织，有较强的耐涝渍性能，在水里能长出不定根（Subbaiah 等，2003）。一年生特性，株高 2.5~4m，叶鞘表面无毛，雄花分枝相对较长而多，每个分枝有较多数量的小穗，小穗外颖具明显的长横细纹，种子外部呈梯形。尼加拉瓜大刍草种的染色体数目为 20 条（Pernilla 等，2007），与繁茂大刍草种、四倍体多年生大刍草种和二倍体多年生大刍草种具有许多相似的特征特性，归类于玉蜀黍属的繁茂玉米亚属（Fukunaga 等，2005；Wang 等，2011）。

6. 其他大刍草种 最近，又发现了 3 个大刍草种群（Sánchez 等，2011）：一个是收集于墨西哥西岸纳亚里特州（Nayarit）的多年生二倍体大刍草种，雄穗分枝少，小穗枝长，植株生育期较早；二是收集于墨西哥米却肯州（Michoacán）的四倍体多年生大刍草种，植株高大，雄穗分枝多，成熟较晚；三是收集于墨西哥瓦哈卡的一年生二倍体大刍草种，雄穗分枝较少，而小穗状花序较繁茂大刍草种和尼加拉瓜大刍草种长，植株生长成熟需要较高的积温要求，种子具有长休眠特性。根据其地理来源和各自特征特性的证据判断，上述 3 个大刍草新种群还不同于已有玉蜀黍繁茂玉米亚属的各个种。

近期，GoÂmez-Laurito（2013）又发现了一个大刍草新种，命名为 *Z. vespertilio*。*Z. vespertilio* 是一个很小的种群，仅分布在哥斯达黎加共和国的三个省。根据表型、分子和地理学证据表明，*Z. vespertilio* 属于繁茂亚属，但 *Z. vespertilio* 与其他大刍草种的系统发育关系还有待进一步研究（Sánchez González 等，2018）。

（三）玉米与野生近缘种大刍草的亲缘关系

细胞学研究表明，墨西哥大刍草亚种染色体在臂长、臂比、着丝粒位置和染色纽的大小、位置等更相似于栽培玉米亚种，二者杂交在减数分裂时期染色体配对完全，杂种表现完全可育，相比之下，墨西哥大刍草亚种是与玉米亲缘关系最近的亚种（Iltis 等，2000）。Magoja 等（1994）认为，小颖大刍草亚种、韦韦特南戈大刍草亚种和墨西哥大刍草亚种是进化程度较高的大刍草种群，小颖大刍草亚种与韦韦特南戈大刍草亚种关系较近；而墨西哥大刍草亚种是进化程度最高的大刍草，在形态和蛋白特征上与栽培玉米很相似，支持墨西哥大刍草亚种与栽培玉米的遗传关系更近的观点。

系统生物学研究表明，墨西哥一年生大刍草（墨西哥大刍草亚种和小颖大刍草亚种）与玉米的亲缘关系最近，小颖大刍草亚种很可能是玉米的直接祖先（Beadle，1939）。Wang 等（2011）研究提出，玉米起源于墨西哥西南部的 Balsas 大刍草——小颖大刍草亚种。Gonzalez 等（2004，2006）通过 GISH（基因组原位杂交）技术发现玉米和小颖大刍草亚种间的染色体同源性足以使之正常配对，支持小颖大刍草亚种是玉米直接祖先的观点。同工酶和 DNA 分子标记研究表明，在墨西哥一年生大刍草中，尽管墨西哥大刍草亚种在形态上更像玉米，但是它与玉米的遗传关系却没有小颖大刍草亚种与玉米的遗传关系近，小颖大刍草亚种与玉米几乎没有区别（Doebley，1990）。分子生物学研究表明，现代栽培玉米在 8 000～10 000 年前可能由小颖大刍草驯化而来（Matsuoka 等，2002；Clark 等，2006；Piperno 等，2009），基因组测序数据也证实小颖大刍草与玉米亲缘关系最近（图 1-2）（Chen 等，2022；李影正等，2022）。

Aulicino 等（1988）研究指出，繁茂大刍草种、二倍体多年生大刍草种和四倍体多年生大刍草种属于原始大刍草类群，繁茂大刍草种是繁茂亚属与玉蜀黍亚属的过渡种，繁茂大刍草种与玉米的亲缘关系比二倍体多年生大刍草种和四倍体多年生大刍草种与玉米的亲缘关系更近。基于形态特征和蛋白质特性建立的 Wagner 树形图表明，高度驯化的栽培玉米亚种位于树形图最上部，而原始大刍草群的繁茂大刍草种、二倍体多年生大刍草种和四倍体多年生大刍草种均处于树形图的下部。

四倍体多年生大刍草种是玉蜀黍属中最原始的大刍草种（Magoja 等，1985）。Galinat（1986）和 Kato（1984）研究认为四倍体多年生大刍草种可能是某个二倍体多年生大刍草种祖先种自然加倍而来。Marshall 等（1989）也认为，四倍体多年生大刍草种可能是从二倍体多年生大刍草种分离出来的。Buckler 等（1996）运用 ITS 序列分析表明，四倍体多年生大刍草种和二倍体多年生大刍草种区别不大。然而，有大量分子、同工酶学数据和原位杂交数据认为，四倍体多年生大刍草种、二倍体多年生大刍草种在形态和遗传上是完全不同的两个种（Dennis 等，1984）。Doebley（1990）对玉蜀黍属进行分子系统学研究指出，四倍体多年生大刍草种与二倍体多年生大刍草种具有不同的同工酶酶谱和叶绿体基因组限制性内切酶位点，二者是完全独立的分类单位。

尼加拉瓜大刍草种（*Z. nicaraguensis*，$2n=20$）是最近发现的一个大刍草种（Iltis 等，2000）。Wang 等（2011）通过分子技术研究显示，尼加拉瓜大刍草种属于繁茂玉米亚属，与繁茂大刍草种亲缘关系最近。

图 1-2　基于基因组学的玉蜀黍属和摩擦禾属的亲缘关系（李影正等，2022）

二、摩擦禾属

（一）摩擦禾分类

摩擦禾起源于西半球，主要分布在美洲的墨西哥和危地马拉的马萨诸塞州到巴拉圭的温带地区。摩擦禾属的染色体基数 $n=18$，属内有二倍体、三倍体、四倍体和更高倍性水平的 16 个种。摩擦禾各个种均为多年生，植株生长旺盛，株高 $1 \sim 5m$（DeWet 等，1981，1982）。

Brink 和 DeWet 等（1983）根据花序形态特征将摩擦禾属分为 *Fasciculata* 和摩擦禾（*Tripsacum*）两个亚属。*Fasciculata* 亚属包含 5 个种，该亚属种的雄穗松散、分枝众多，雄小穗外颖为膜质，花序轴节间细长。摩擦禾亚属包含 11 个种，该亚属种雄穗坚硬、分枝较少，雄小穗外颖为革质，花序轴节间短而粗。摩擦禾属中有部分种是天然杂交产生的一些中间类型，导致种之间的区分较为模糊，例如摩擦禾属的 *T. andersonii*（$2n=64$）种，可能是 *T. latifolium*（$3x=54$）与繁茂大刍草种（$2n=20$）杂交产生的一个不育杂种。Li 等（1999）利用 RAPD 技术对摩擦禾属中 13 个种进行遗传关系聚类分析，将 13 个种分为 4 个类群，类群一由北美摩擦禾种组成，类群二由南美摩擦禾种组成，类群三主要包括 *T. zopilotense* 和 *T. latifolium* 等来自墨西哥的摩擦禾种，类群四由中美洲摩擦禾种组成，其研究结果不支持摩擦禾属分为 *Fasciculata* 和 *Tripsacum* 两个亚属分类的学说。

（二）摩擦禾属与玉蜀黍属的遗传关系

摩擦禾属（*Tripsacum* L.）属禾本科（Gramineae）玉蜀黍族（Andropogoneae tribe）Tripsacinae 亚族。摩擦禾属与玉蜀黍属为姊妹属，它们由一个共同祖先进化而来，在玉米驯化之前已与玉米分流，摩擦禾在玉米的起源与进化中扮演过重要角色（Mangelsdorf 等，1964；DeWet 等，1972；Eubanks，1995，1997，1998，2001）。从共同祖先到各自的趋异进化，玉蜀黍属与摩擦禾属的染色体组之间发生了严重分化，导致其同源程度低，属间杂交困难。它们的植株性状特征也存在显著区别（图1-3）：①花序不同，摩擦禾属植株雌雄同花（雄穗在上部），而玉蜀黍属中玉米和大刍草主要是雌雄异花；②种子结构形态差异较大，玉米没有壳斗包被，大刍草有坚硬的壳斗包被且种子呈三角形，而摩擦禾属种子有较为松软的壳斗包被且种子呈柱形。

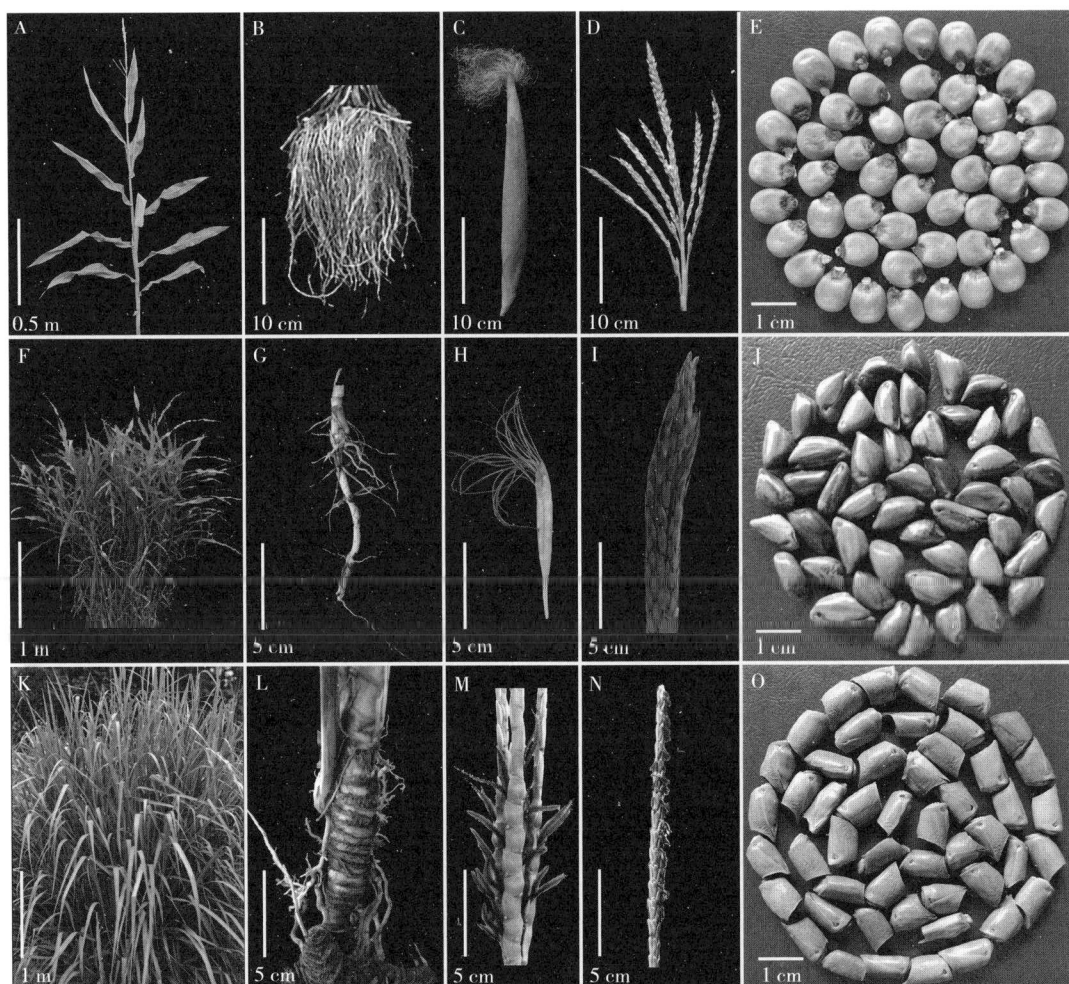

图1-3 玉米及其野生近缘种属（大刍草和摩擦禾）的表型特征（李影正等，2022）

A. 玉米自交系Mo17全株；B. 玉米根系；C. 玉米雌穗；D. 玉米雄穗；E. 玉米种子；F. 四倍体多年生大刍草单株；G. 四倍体多年生大刍草的根状茎；H. 四倍体多年生大刍草雌穗；I. 四倍体多年生大刍草雄穗；J. 四倍体多年生大刍草种子；K. 四倍体指状摩擦禾单株；L. 四倍体指状摩擦禾根系；M. 四倍体指状摩擦禾雌穗；N. 四倍体指状摩擦禾雄穗；O. 四倍体指状摩擦禾种子

与玉蜀黍属物种相比，摩擦禾属在抗逆性上具有更大的遗传变异，其籽粒蛋白质含量高（35%），种子发芽耐低温，植株具有耐盐，抗茎腐病、病毒病、细菌性枯萎病和黑粉病等优良特征特性（Eubanks，1995，1997，1998，2001）。

第二节　玉米的起源进化与传播

一、玉米的祖先与起源假说

玉米的起源驯化可能开始于 7 000～10 000 年。哥伦布 1492 年到达美洲时，发现当地印第安人以一种"奇特"的作物为食，这种"奇特"的作物就是玉米。哥伦布首次把这种作物带回欧洲，随后在世界范围内广泛传播种植。玉米和其他主要禾谷类作物一样，是人类驯化的作物之一。然而，玉米的驯化与其他禾谷类驯化作物又存在较大的区别，如水稻、小麦等驯化作物在自然界还保留有与之形态、结构相似的野生材料，而玉米在自然界中至今尚未发现与之形态相似的野生材料，甚至玉米从野生到栽培驯化过程中的中间类型或化石。玉米的野生祖先是谁？古老的印第安人又是如何把玉米驯化成如此高级的作物？这些问题一直困扰着科学界。近两个世纪以来，科学家们对玉米起源与进化进行了考古学、形态学、细胞学、分子生物学的探究，提出了许多关于玉米起源与进化的假说。

（一）有稃野生玉米起源假说

Saint - Hilaire 于 1829 年提出了有稃野生玉米（wild pod corn）起源假说。该假说认为，玉米起源于原始的有稃野生玉米，现今栽培玉米无稃及果穗外包被的厚厚苞叶是人类长期驯化选择的结果。假说依据来源于 Saint - Hilaire 从巴西获得一种特异的玉米果穗——有稃果穗，有稃果穗与现代栽培玉米相似，但有稃野生玉米每一个籽粒被 6 个小颖片包被，其籽粒与橡树和燕麦的籽粒相似，区别于现代栽培玉米特征（表 1 - 1）。而且，从有稃到无稃的植物学遗传方面的研究也支持有稃野生玉米起源假说，因为遗传上异质结合的有被膜突变基因（Tu）有稃玉米后代的稃性分离符合孟德尔 1∶2∶1 规律遗传，对分离出的无稃玉米后代进行自交或回交不出现有稃玉米。该试验结果对玉米从有稃到无稃的起源理论具有一定的论据支撑意义。尽管 19 世纪的植物学家试图把有稃玉米性状作为玉米的"有稃野生玉米起源"理由，但它本身在经济性状上没有什么可取之处（Weatherwax P，1955）。

表 1 - 1　有稃野生玉米与栽培玉米的特征对比

有稃野生玉米（wild pod corn）	栽培玉米（Z. mays）
较多的茎秆	一枝
种子易于传播	种子必须人工播种
较少的外果壳以及较短的茎节	较多的苞叶包被整个果穗，较多的穗状花序
果穗具有雄花	雌雄异花，籽粒通过花苞片或颖片连接，籽粒小而硬，各自包被一层硬的外壳起保护作用
小果穗，多行	多行，大果穗，颖片已经退化，籽粒大而裸露
叶剑形，较短	叶长且宽大

其实，在 Mangelsdorf 和 Reeves（1931；1935）的"三成分起源"假说中也把原始有稃野生玉米作为玉米的原始自然野生类型，但不赞同玉米直接起源于有稃野生玉米的假说（图1-4）。Weatherwax（1955）也对原始有稃玉米作为史前期一种野生种群提出质疑，认为有稃玉米仅是玉米类型的一种畸形，这种畸形是一种具有简单孟德尔遗传的有被膜突变基因 Tu（tunicate Mutation）的作用，没有任何证据可以证明它作为一种野生群落而存在。要判定有稃野生玉米起源假说是否合理，需要深入探索史前玉米驯化之前的野生玉米情况和追溯野生玉米古生物化石记录的进化历程，然而，至今还没有发现颖壳状野生玉米祖先的任何化石样本支持有稃野生玉米起源假说理论。

图1-4 最早的有关杂合形式的有稃野生玉米

（二）"共同起源"假说

Montgomery 于 1906 年首次提出玉米与大刍草起源于同一个祖先。Weatherwax 于1955 年提出"共同起源"学说，认为玉米与大刍草和摩擦禾起源于一个共同祖先——原始普通野生玉米，经过自然进化或人为驯化选择，共同祖先趋异进化分化出了玉米、大刍草和摩擦禾。

Randolph（1959）研究指出，玉米、大刍草和摩擦禾三者均有许多未发育的共同痕迹器官，如果这些未发育的痕迹器官得以充分发育，它们可在形态性状上还原成其共同原始祖先形式（Mangelsdorf，1964）。如同评价有稃野生玉米起源假说的合理性一样，"共同起源"学说至今也没有发现普通野生玉米祖先的任何化石样本来支持这种假说。

（三）"三成分起源"假说

Mangelsdorf 和 Reeves（1931，1935）提出了"三成分起源"学说，也称杂交起源学说。该理论认为，世界上最早存在一种现在已经灭绝的原始野生玉米，该野生玉米经过多条途径驯化成为栽培玉米：①原始野生有稃玉米是玉米的原始自然野生类型，大约在2 500年前，人类在美洲大陆出现以后，有稃玉米发生突变产生野生玉米和其他变种；②突变产生的野生玉米与摩擦禾天然杂交或回交产生出原始的大刍草；③原始大刍草又与野生玉米杂交产生出墨西哥大刍草、墨西哥马齿型玉米和热带硬粒型玉米等系列材料。

"三成分起源"学说主要来源于考古学方面的资料证据（Mangelsdorf 等，1964，1984）。考古学家在墨西哥和美国南部地区的古代山洞发掘出许多遗存的玉米穗轴、籽粒、苞叶、叶鞘和雄穗等的化石，有一部分是大刍草、摩擦禾的种子以及玉米与大刍草杂交后代的穗轴化石（Piperno 等，2001）。其中，以新墨西哥州 BAT 山洞发掘的化石材料最完全，这里保存着不同年代玉米各个发育时期的穗轴和其他部位的化石材料，依埋藏深度从深到浅清晰地显示出器官进化由低级到高级的演化顺序，穗轴化石长约 2～3cm，同位素碳检测推测这些古生物玉米可能出现于公元前 3600 年。后来，在 ROMERO 山洞也发掘出大刍草的化石标本，它们大约出现在公元前 1400 年至公元前 40 年。对这些古生物玉米化石证据分析表明，那个时期的玉米已经失去野化特性，其籽粒紧紧地与穗轴相连，果穗与现代玉米果穗的植物学特征相似，由此表明发掘的古生物玉米化石已经是人为驯化的产物了。从这些化石证据中并没有发现从大刍草进化而成玉米的迹象，而在玉米与大刍草杂交后代的穗轴化石中明显存在着大刍草与玉米基因渐渗的迹象。化石证据还表明，玉米至少在 7 000 年前已经成为印第安当地最重要的食物来源，从那个时期以来，玉米的生物学特性没有发生实质性变化（图 1-5）。

从 20 世纪 80 年代发现二倍体多年生大刍草种以后，Mangelsdorf（1984）对其早期的"三成分起源"假说进行了修正，认为早在公元前 8000 年，墨西哥城湖底已有玉米花粉核存在，说明玉米应该比一年生大刍草更早形成，玉米与一年生大刍草可能有两个祖先，即二倍体多年生大刍草种和原始的有稃爆裂野生玉米。也就是说，玉米与一年生大刍草来源于二倍体多年生大刍草与原始有稃爆裂野生玉米的杂交后代。如何证实修正的"三成分起源"假说的合理性，这与前面原始有稃玉米起源假说和共同起源学说遇到的证明难题一样（Eubanks，1995）。

图 1-5 玉米穗轴的进化方式（Mangelsdorf 等，1964）

（四）大刍草直向进化假说

Ascherson 于 1895 年最早提出大刍草直向进化起源假说，后经 Beadle（1939）、Wilkes（1967）和 Iltis（1980）等对该假说做了进一步的发展，该假说也称单一起源学说。该假说认为，玉米起源于一种原始野生的大刍草（*Zea mexicana*），原始大刍草与现在的大刍草籽粒一样，成熟后都具有自然脱落繁衍的特性。为什么驯化发展成现在不落籽粒的玉米，可能的原因是人们在采集栽培过程中，往往采集栽种那些不易于脱落的种子，经过这种长期有意识的选择，使原本易于脱落的种子逐步增加了黏合水平，这种半驯化黏合类型的果穗与种子更利于栽培管理与采集收获，于是通过长期的驯化选择成就了现代的栽培玉米。从大刍草驯化成栽培玉米的植株、果穗、籽粒形态特征比较见图1-6。

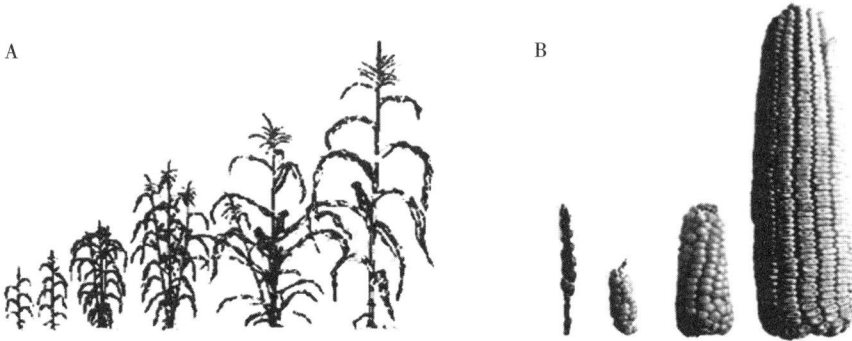

图1-6　大刍草植株（A）和果穗（B）向玉米进化的过程（Hancock 等，2004）

大刍草直向进化起源假说得到形态学、细胞学、分子生物学等研究的有力支持（Beadle，1939；Wilkes，1967；Kato，1976；Beadle，1977，1980）。细胞学研究表明，墨西哥大刍草亚种染色体在染色体臂长、臂比、着丝粒位置、异染色体体节长度与位置等性状上与栽培玉米极其相似，二者杂交的减数分裂染色体配对完全，杂种表现完全可育，因此，认为墨西哥大刍草亚种与栽培玉米属于同一个种属，栽培玉米可能起源于墨西哥大刍草亚种。蛋白质酶分析表明，繁茂大刍草种、二倍体多年生大刍草种、四倍体多年生大刍草种与玉米存在较大差别，而墨西哥大刍草亚种、小颖大刍草亚种与玉米很相似，因此，推测墨西哥大刍草亚种和小颖大刍草亚种二者之一是玉米的祖先（Wright 等，2005）。考古学研究结果表明，玉米与大刍草于9 000年以前开始了分化，玉米与大刍草的分子钟（molecular clock）研究结果推测它们的分化时间与考古学结果相符，同时，推测墨西哥大刍草亚种和小颖大刍草亚种的其中之一是玉米的起源祖先（Doebley 等，1984；Gaut 等，1997；Bennetzen 等，2001）。

比较基因组测序研究表明，现代栽培玉米在8 000～10 000年前由小颖大刍草驯化而来（Matsuoka 等，2002；Piperno 等，2009）。基因组学研究表明，大刍草与玉米看起来差别较大，其实二者具有较高的遗传相似性，区别主要表现在4～5个主要基因上，大刍草驯化成玉米可能是由这几个关键基因的变化而产生的结果。玉米与大刍草果穗形态分化可能是由 *tb1*、*tga1*、*zfl2* 等一些关键基因变异导致的（Goloubinoff 等，1993；Hubbard 等，2002），特别是位于大刍草4号染色体的 *tga1* 和1号染色体长臂的 *tb1* 两个基因的突变，在大刍草驯化成玉米的过程中起了十分关键的作用。

大刍草籽粒外包被很硬的壳，需要用坚石砸开壳才能取食籽粒。*tga1*（teosinte glume architecture）基因在玉米驯化过程中，籽粒从果核包被到裸露的进化过程中起到了关键作用，大刍草中的 *tga1* 基因使得其籽粒被较长的坚硬稃壳包裹，而突变的 *tga1* 基因造成了谷粒外露，*tga1* 突变的大刍草较难在野外存活，但这种因基因突变导致的裸露籽粒易于取食吸引了人类，于是人类对这种突变种进行选择驯化使之保存遗传下来。实际上，玉米与大刍草两者的 *tga1* 基因之间仅一个核苷酸的差异，但将玉米的 *tga1* 基因转移到大刍草后发现，大刍草外壳变小且转变为半包裹状态，可见一个基因非常小的变化，其带来的总体影响却很大。

大刍草与玉米一个重要的区别特征是分蘗，大刍草多分蘗，玉米正常只有一个主干。主导玉米与大刍草分蘗性状的基因是 *tb1*（teosinte branched 1），*tb1* 在玉米驯化由多分蘗到少分蘗或无分蘗以及上部雌性侧枝延长的演变中发挥了重要作用。由于 *tb1* 基因在大刍草中表达活性高，结果产生许多分蘗；而发生突变的 *tb1* 基因在玉米中表达活性低，结果植株表现无分蘗或少分蘗，这有助于植物养分集中于果穗。试验证据将大刍草的 *tb1* 转移到玉米中，导致玉米的分蘗陡增。

从植物野外生存进化的观点来看，这两个突变均是不利的基因变异，*tga1* 的突变使大刍草较难在野外存活，*tb1* 的突变使植株受精（来自雄花的花粉必须设法降到雌穗上）变得更困难，但从驯化观点来看，它们却是非常有意义的突变，因为裸露而不掉落的籽粒易于食用和采集，单秆大穗比多分蘗小穗更容易采集收获。因此，正是人类捕获筛选了这些突变，历经长期多代的驯化选择，最终培育出了"超级"驯化的玉米。可是，人们最初选择从大刍草驯化玉米的推动力是什么呢？在大刍草直向进化假设理论的基础上，提出了两个代表性的推动力假说，其一是"爆米花"假说，其二是"先为糖，后为粮食"假说（Beadle，1977；Iltis 等，1980）。

"爆米花"假说认为，远古印第安人无意中把大刍草种子进行烹饪或放进篝火中，大刍草种子遇到高温发生膨胀爆裂，爆裂出来的籽粒香味可口易于食用，进而推进了用大刍草籽粒加工食物的历程。随后，当人们从狩猎、采集的游牧生活过渡到有固定居所与农耕文化时，他们就开始种植大刍草种子以获得一种可靠的食物来源，进而逐步开展不落籽粒、裸露籽粒和大果穗的驯化选择。如果假设成立，应该遗存一些大刍草从坚硬果壳驯化成玉米的中间产物及化石存在，然而考古学至今却什么也没有发现（Piperno 等，2001，2006）。

"先为糖，后为粮食"假说认为，古代的人们开始是选择大刍草植株茎秆作为食物来源，这比选择成熟籽粒作为食物来源显得更切合实际，证据来源于 TEHUACAN 山洞发现有咀嚼过的玉米茎秆化石。另外，Ilitis 提供小孩咀嚼玉米茎秆照片，墨西哥地区的孩子们现今还像嚼甘蔗一样咀嚼大刍草甜秆。但是，"先为糖，后为粮食"假说也有值得质疑的地方，在最可能玉米驯化的地区的考古证据中，并没有发现任何大刍草茎秆的化石。Piperno 等（2001）认为，从众多考古区域发现的化石是一些玉米果穗和淀粉粒，不支持用大刍草茎秆作为食物的推测假说。

大刍草是玉米亲缘关系最近的野生近缘材料，其在玉米起源和演化上可能发挥过重要作用。但是，大刍草直向驯化成玉米假设的合理性仍有许多值得深究的地方：①在古代的加工模式下，包被坚硬果壳的大刍草籽粒是没办法食用的，而人们选择大刍草的籽粒进行采集、驯化成现代栽培玉米不符合常理；②对比其他作物起源演化研究，玉米的演化（进化）为何表现得如此突然与彻底？是什么原因导致如此剧烈的进化或驯化程度如此高级？③如果玉米从大刍草直接驯化而来，为何至今未发现它们驯化的中间物种？④如果玉米籽粒是从大刍草籽粒演化而来，为何至今还没有发现一个相似于大刍草果壳的史前时期的古生物玉米？⑤大刍草果壳坚硬、凹陷，而古生物学玉米颖片软化、瘦薄、壳斗较浅，为何二者相差如此之大？⑥如果由大刍草果穗直接进化而成玉米果穗，为何现代玉米和古生物学玉米果穗上经常出现雄蕊的分枝？⑦即使通过人类的选择育种，大刍草细小的雌花（果穗）似乎也不可能形成硕大多列果穗的现代玉米。

（五）大刍草异常突变假说

Benz 等（1992）在大刍草直向进化假说的基础上，提出了大刍草异常突变假说。该假说认为，从大刍草驯化至玉米沿如下几个途径：①从原始大刍草驯化成玉米，不是单基因突变一步一步积累变化的结果，而是某种偶然因素引起大刍草发生大突变，这种突变可能发生在至少 8 000 年以前，当时存在许多类型的突变体；②导致突变产生的原因可能是寒冷、病毒、支原体、半知菌类或火山爆发等；③驯化成栽培玉米的异常突变体其实早期是致死的，只是人为对它的保护栽培，经过长久的栽培选择，驯化成为现代的栽培玉米；④严格意义上讲，真实意义上的玉米驯化是从大刍草产生这次大突变后，即产生的突变体能够产生开放式籽粒之后，人们才开始有意识地驯化（proto - ears 原始果穗，玉米籽粒是开放式的），因为开放式籽粒才能被人们利用，人们才有理由加以栽培、驯化、选择这些具有苞叶、小穗轴、开放式籽粒的玉米果穗；⑤玉米果穗不是由大刍草雌花驯化而来，而是突变导致大刍草侧生枝变短，产生了侧生枝长出裸露籽粒、顶端长出雄花的果穗结构，即大刍草的主要侧枝穗状雄花顶端的中心小穗阴性化转化成玉米雌穗。在植物内源激素的作用下，抑制正常大刍草雌蕊的生长柱，促进顶端成对的软颖片状穗状花序加速有丝分裂，经过持续的旋转式沉积和小穗轴的滑动，大量的营养物质配给新的玉米果穗，大刍草雄花序轴逐渐变为现代栽培玉米果穗。

Benz 等（1992）认为，尽管玉米与大刍草在遗传上有着较大的相似，但在果穗和植株生长形态上，玉米与大刍草存在显著的差异，差异主要表现在：①大刍草具有较多顶部生长着雄花的长腋生枝，玉米仅有较少顶部生长着雌花果穗的短腋生枝；②玉米与大刍草在遗传上极其相近，但玉米与大刍草的雌花组织结构差异甚大；③大刍草的雄花与玉米的雌穗比它们两者的雌穗有更大的同源性，如玉米雌穗返祖现象就是一个有力的证据（即玉米雌穗有时还表现出雄花特性等）。

比较而言，异常突变假说似乎"解决"了玉米起源与古生物研究遇到的诸多似是而非的问题。该假说认为，玉米起源于突变的大刍草，突变加速了玉米"雌穗"的形成，这为"在玉米果穗演化的过程中没有发现中间型野生玉米""从大刍草驯化成为玉米没有'化石记录'"，以及如何解释"玉米是植物界中人类驯化'最高级'的作物"等难题提供了"合理"解释。只是，Doebley 等（1990）提出五个突变基因可能掌控着玉米与大刍草的关键驯化性状，异常突变假说对此不能给出合理的解释。

（六）摩擦禾-二倍体多年生大刍草假说

Eubanks（1995）提出摩擦禾-二倍体多年生大刍草起源假说。该假说认为，二倍体多年生大刍草是玉米的祖先之一，玉米起源于摩擦禾与二倍体多年生大刍草的杂交后代（Eubanks，1995，1997，1998，2001），杂交后代形成玉米起关键作用的基因来源于摩擦禾。该假说依据来源于摩擦禾与二倍体多年生大刍草杂交能产生的 Tripsacorn（$2n=20$）和 Sundance（$2n=20$）杂交种，这些杂交后代的果穗穗轴原基具有裸露籽粒，如果该杂交种一旦能自发发生，那么玉米起源、演化以及玉米与其祖先不同的诸多问题也可以得到合理"解释"。

事实上，摩擦禾-二倍体多年生大刍草起源假说一经报道，立即招致大批世界著名玉米遗传与进化研究学者质疑，原因有四：①玉米和大刍草与摩擦禾杂交存在严重的生殖障碍，玉米、大刍草与摩擦禾两两杂交较难成功，合成玉米-大刍草-摩擦禾三元杂种概率极小；②报道的玉米、大刍草与摩擦禾三元种染色体数目为 $2n=20$，其染色体遗传不符合远缘杂交合成常理，因为摩擦禾染色体数目为 36 或 72，与二倍体多年生大刍草种杂交，其杂种 F_1 一般来说应是 28 或 46，而不应该是 $2n=20$（Tripsacorn 和 Sundance，$2n=20$）；③合成材料仅给出 RFLP 遗传分析证明，其遗传证据不能令人信服，缺乏足够的系统发生学、细胞学和分子生物学的证据；④推测其获得的所谓玉米、大刍草和摩擦禾三元杂种极有可能是由于花粉的污染，得到仅是玉米与二倍体多年生大刍草的杂种（Bennctzcn 等，2001）。

（十）小结

"玉米的祖先是谁？玉米是如何起源与驯化的？"令许多科学家着迷，除了提出上面论述的几种玉米起源与进化理论假说外，还有诸如玉米草、高粱与薏苡杂交等假说，提出的每个假说都想清晰讲述野生植物如何驯化为现代玉米的故事。其实，玉米驯化是一个漫长过程却又很突然的结果，上述假说均还不能用系统的试验证据来重演玉米驯化的历程，甚至至今还未发现与玉米植株相似的野生材料或相关的中间化石材料。可见，弄清玉米祖先及其起源进化谜底不是件容易的事，或许一直是个争论的话题。比较而言，玉米的大刍草起源假说受到众多学界科学家们的认可。

二、玉米的传播

玉米是古老的栽培作物之一，栽培历史距今已有 5 000 余年。玉米驯化在对当地气候与地理条件的适应性选择下，逐渐形成了热带种质、温带种质等丰富的玉米种质类型。墨西哥印第安人是世界上最早的玉米种植者，在哥伦布到美洲之前，印第安人已经在加拿大南部至智利南中部的广大温带和热带地区种植玉米了。1492 年，哥伦布到达美洲大陆后，发现印第安土著人以一种"奇特"的作物为食，这种"奇特"的作物就是玉米，哥伦布随即将此作物（玉米）由南美洲带到西班牙种植，其以良好的适应性和可塑性得以在全世界迅速传播（Reif 等，2005）。

我国玉米最早文字记载见于 1511 年的安徽颍州志，距哥伦布发现美洲新大陆只有 19 年。史学界认为，玉米大约在 16 世纪中期（即明朝的万历年间）传入我国，此后，在中国各地的传播过程中逐渐有了玉蜀黍、苞米、棒子、玉茭、苞谷、珍珠米等俗称的记载。玉米作为高产作物，它不仅促进了近 500 年来中国人口增殖与土地开垦，而且与中国地理环境结合形成了自己的传播路线，带动了不同区域经济的发展。玉米在中国近五百年来的传播途径可能存在如下四种途径：①西南陆路，由欧洲传入印度、缅甸，再由缅甸传入我国西南地区；②东南海路，由欧洲传入菲律宾，再由菲律宾传入我国沿海地区；③西北陆路，玉米由中亚传入中国西北；④较后期的东北海路。广大的疆域地理基础和复杂的自然环境，决定了中国玉米几条入境传播路径同时存在且各成体系，这 4 条玉米入境传播的可能路径与其形成的传播区域自然地理格局及其利用种质特点十分吻合。

文献记载显示，我国玉米从"种者亦罕"到"遍艺之"，大约经历了近百年的时间。根据 Kung（2016）研究，从 1531—1718 年不到 200 年的时期内，玉米在我国已经传遍 20 个省份。到乾隆年间，由于人口增长的压力，玉米因其单位面积产量高、适宜山地和旱地种植，以及可以"乘青半熟，先采食之"接济民食之特点，得到部分地方政府的重视和提倡。至此，玉米逐渐在全国各地广为传播，一向鲜于种植玉米的黄河下游地区也有了长足的发展（各地方志中可见相关记载），并且成为继续北向传播的起点，至清朝后期，玉米已经成为各地习见的粮食作物了。1776—1910 年，由于玉米面积的扩大，对我国人口增长的贡献率达到 19%。民国初年至 20 世纪 40 年代后期，玉米种植空间继续突破原来的北界，不断向长城以北及黑龙江北部扩展，并继续扩展至川、陕、鄂三省交界处，以及华北、东北玉米种植比例大的地区，在空间上形成连接东北、河北、山西东南部、川陕鄂三省交界、四川、云南、贵州等地，呈东北—西南向弧形玉米集中分布区。新中国成立后，在政府的重视和广大育种工作者的努力下，玉米的种植空间进一步拓展，目前已经成为我国三大粮食作物之一。

第三节　玉米及其近缘物种的染色体形态、基数与染色体组

一、玉米、大刍草染色体数目和核型特征

玉蜀黍属中栽培玉米亚种、墨西哥大刍草亚种、小颖大刍草亚种、韦韦特南戈大刍草亚种、繁茂大刍草种、尼加拉瓜大刍草种、二倍体多年生大刍草种的染色体数均是 2n＝20 的二倍体种，而四倍体多年生大刍草种（Z. perennis）是 2n＝40 的四倍体种。玉蜀黍属物种的染色体形态、核型图和核型模式图见图 1-7。

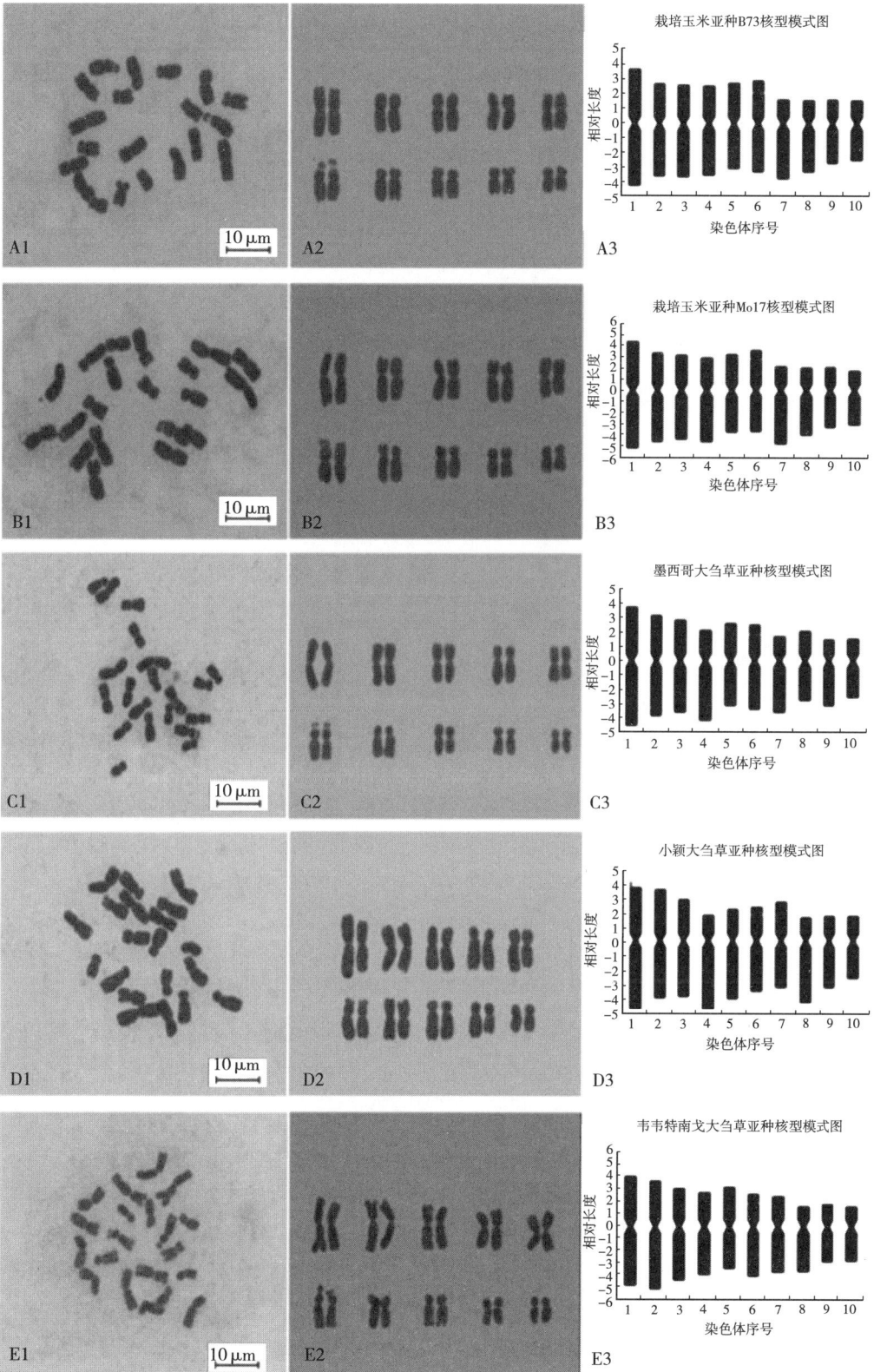

繁茂大刍草种核型模式图

尼加拉瓜大刍草种核型模式图

二倍体多年生大刍草种核型模式图

四倍体多年生大刍草种核型模式图

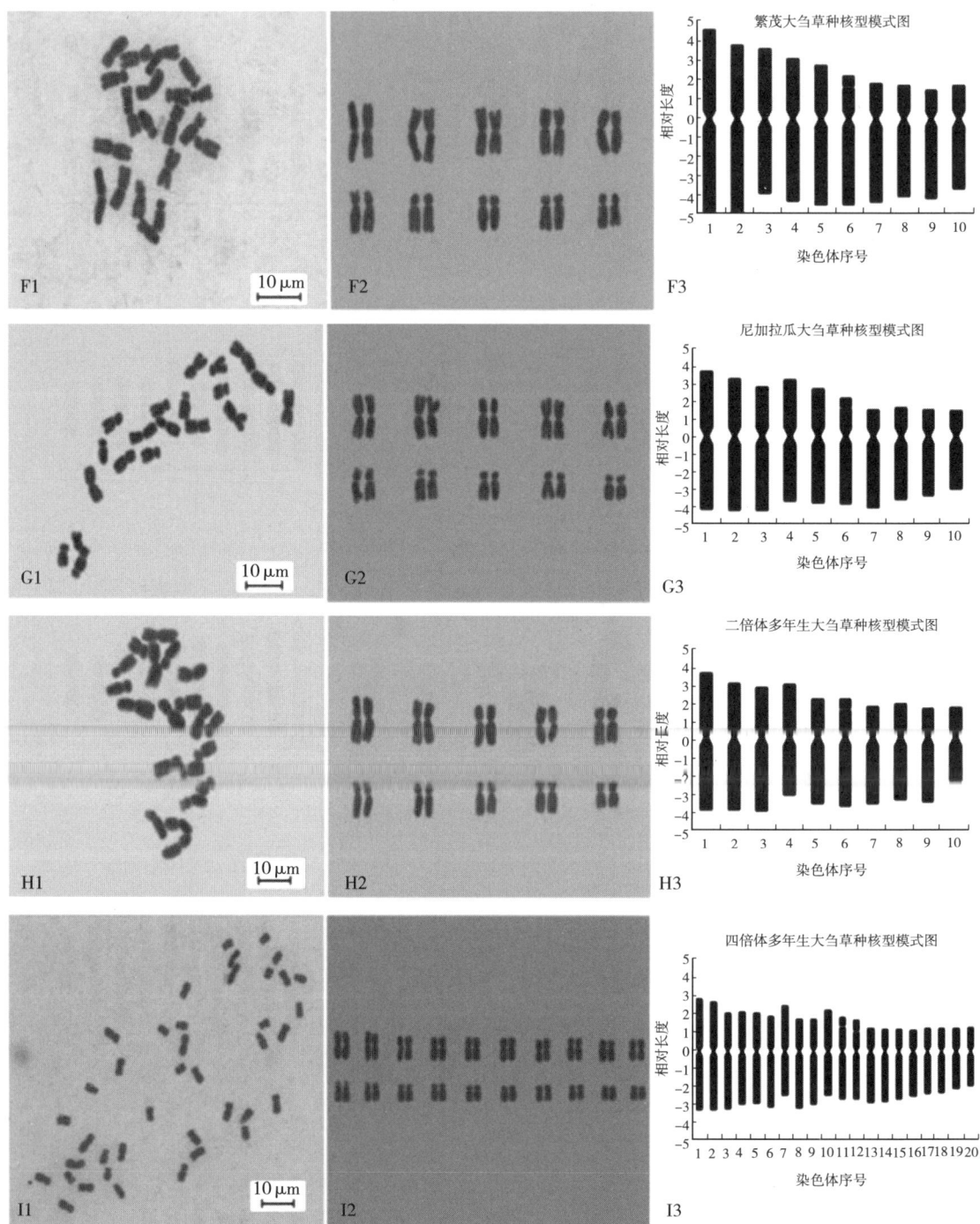

图 1-7　玉蜀黍属物种的染色体形态（X1～I1）、核型图（X2～I2）和核型模式图（X3～I3）

A1～A3：栽培玉米亚种 B73；B1～B3：栽培玉米亚种 Mo17；C1～C3：墨西哥大刍草亚种；D1～D3：小颖大刍草亚种；E1～E3：韦韦特南戈大刍草亚种；F1～F3：繁茂大刍草种；G1～G3：尼加拉瓜大刍草种；H1～H3：二倍体多年生大刍草种；I1～I3：四倍体多年生大刍草种。标尺为 10 μm

扫码看彩图

（一）栽培玉米亚种

玉米染色体的数目 $2n=20$ 由 McClintock 于 1929 年确定，最长的染色体定为第 1 号，次长的为第 2 号，依次类推；第 6 号染色体具有随体，第 10 号染色体最短（McClintock，1929）。栽培玉米与大刍草种染色体核型结构差异较小，属同一属的物种。玉米 20 条染色体中有 14 条为中部着丝粒染色体，6 条为近中部着丝粒染色体，在第 6 号染色体短臂发现有随体，核型公式为 $2n=20=14m（2sat）+6sm$。不同玉米自交系间核型参数具有一定差异，如在 B73 中，染色体相对长度介于 7.18～14.16，染色体臂比范围为 1.14～2.42，核型为 2B 型，而 Mo17 的染色体相对长度介于 6.80～13.87，染色体臂比范围为1.15～2.26，核型为 2A 型。

（二）墨西哥大刍草亚种

墨西哥大刍草亚种的染色体相对长度介于 6.93～14.29，20 条染色体中有 12 条为中部着丝粒染色体，8 条为近中部着丝粒染色体，在第 6 号染色体短臂发现有随体，核型公式为 $2n=20=12m+8sm（2sat）$。染色体臂比范围为 1.20～2.23，核型为 2B 型。

（三）小颖大刍草亚种

小颖大刍草亚种的染色体相对长度介于 6.84～14.30，20 条染色体中有 10 条为中部着丝粒染色体，10 条为近中部着丝粒染色体，在第 6 染色体短臂发现有随体，核型公式为 $2n=20=10m+10sm（2sat）$。染色体臂比范围为 1.14～2.86，核型为 2B 型。

（四）韦韦特南戈大刍草亚种

韦韦特南戈大刍草亚种的染色体相对长度介于 6.78～13.72，20 条染色体中有 14 条为中部着丝粒染色体，6 条为近中部着丝粒染色体，在第 6 号染色体短臂发现有随体，核型公式为 $2n=20=14m+6sm（2sat）$。染色体臂比范围为 1.17～2.30，核型为 2B 型。

（五）繁茂大刍草种

繁茂大刍草种的染色体相对长度介于 7.67～13.66，20 条染色体中有 10 条为中部着丝粒染色体，10 条为近中部着丝粒染色体，在第 6 号染色体短臂发现有随体，核型公式为 $2n=20=10m+10sm（2sat）$。染色体臂比范围为 1.05～2.96，平均臂比为 1.94，核型为 2A 型。

（六）尼加拉瓜大刍草种

尼加拉瓜大刍草种的染色体相对长度介于 7.10～12.85，20 条染色体中有 10 条为中部着丝粒染色体，10 条为近中部着丝粒染色体，在第 6 号染色体短臂发现有随体，核型公式为 $2n=20=10m+10sm$ （2sat）。染色体臂比范围为 $1.12\sim2.73$，核型为 2A 型。

（七）二倍体多年生大刍草种

二倍体多年生大刍草种的染色体相对长度介于 $6.92\sim12.96$，20 条染色体中有 10 条为中部着丝粒染色体，10 条为近中部着丝粒染色体，在第 6 号染色体短臂发现有随体，核型公式为 $2n=20=10m+10sm$ （2sat）。染色体臂比范围为 $1.13\sim2.76$，核型为 2A 型。

（八）四倍体多年生大刍草种

四倍体多年生大刍草种与二倍体多年生大刍草种的核型参数存在差异，是两个独立的种，其染色体相对长度介于 $3.58\sim6.97$，40 条染色体中有 18 条为中部着丝粒染色体，22 条为近中部着丝粒染色体，在第 11 号和 12 号染色体短臂发现有随体，核型公式为 $2n=40=18m+22sm$ （4sat），核型为 2A 型。

二、玉蜀黍属染色体基数和染色体组

（一）二倍体种染色体基数与染色体构型

玉蜀黍属中除四倍体多年生大刍草种被认为是同源四倍体种 （$2n=40$） 外，其余种均为二倍体种 $2n=20$，染色体基数 $x=10$ （Mangelsdorf 等，1939；Mangelsdorf，1984）。近年来，Molina 等 （1987） 和 Poggio 等 （1990） 通过对栽培玉米及其近缘属杂交的 F_1 减数分裂研究发现，玉蜀黍属二倍体物种亲本减数分裂构型主要都为 10 个二价体，其 10 个二价体易于发生两两次级结合，次级结合的二价体最多可达五对，表现出每五对为一个分离群，玉蜀黍属种间杂交 F_1 如栽培玉米×小颖大刍草、栽培玉米×墨西哥大刍草、栽培玉米×二倍体多年生大刍草等的减数分裂中期染色体构象也出现类似的现象。根据同源染色体联会性质分析，玉蜀黍属物种减数分裂发生次级结合出现的两个分离群，暗示可能存在不同的染色体组型，即发生分离的两个群可能分属于不同的基因组型，这两条染色体组型为 A 基因组和 B 基因组，染色体基数 $x=5$ （图 1-8）。因此，玉蜀黍属二倍体物种的核型公式为 $A_xA_xB_xB_x$，玉蜀黍属配子基本染色体数 $n=10$，染色体基数 $x=5$。玉米基因组研究也表明，玉米基因组存在大量的重复基因，由此推断玉米可能是四倍体起源。玉蜀黍属 A 染色体组与 B 染色体组似乎没有同源关系，A 亚基因组之间的同源性高于 B 亚基因组之间的同源性 （Ahn 等，1993；Wendel，2000；Gaut 等，2000；Doerks 等，2002；Wang 等，2011；Molina 等，2013）。玉蜀黍属中 A 染色体组在进化中发生较低强度的差异进化，在进化过程中丢失的基因较少，属内各物种间保存较高的同源性。玉蜀黍属各物种间 B 染色体组的差异进化程度要远远高于 A 染色体组，物种间 B 染色体组的同源性较低，各种间 B 染色体组在减数分裂过程中发生较低的配对频率，这可能是不同种之间地理上分布的特异性或不同种进化的推动力（Freeling 等，2006；Swanson - Wagner 等，2010；Schnable 等，2011；Molina 等，2013）。

（二）四倍体多年生大刍草的染色体组

四倍体多年生大刍草种减数分裂中期主要形成 $10\,\mathrm{II} + 5\,\mathrm{IV}$ 的构型，终变期细胞中产生数量较多的二价体和四价体分别是 18 个和 8 个，推测四倍体多年生大刍草可能是同源-异源八倍体，四倍体多年生大刍草种早期定义核型公式可能为：$A'_1A'_1A''_1A''_1C_1C_1C_2C_2$（图 1 - 8），后来修正为 $ApApA'pA'pBp_1Bp_1Bp_2Bp_2$（Poggio，1990；Naranjo，1994）（图 1 - 9）。

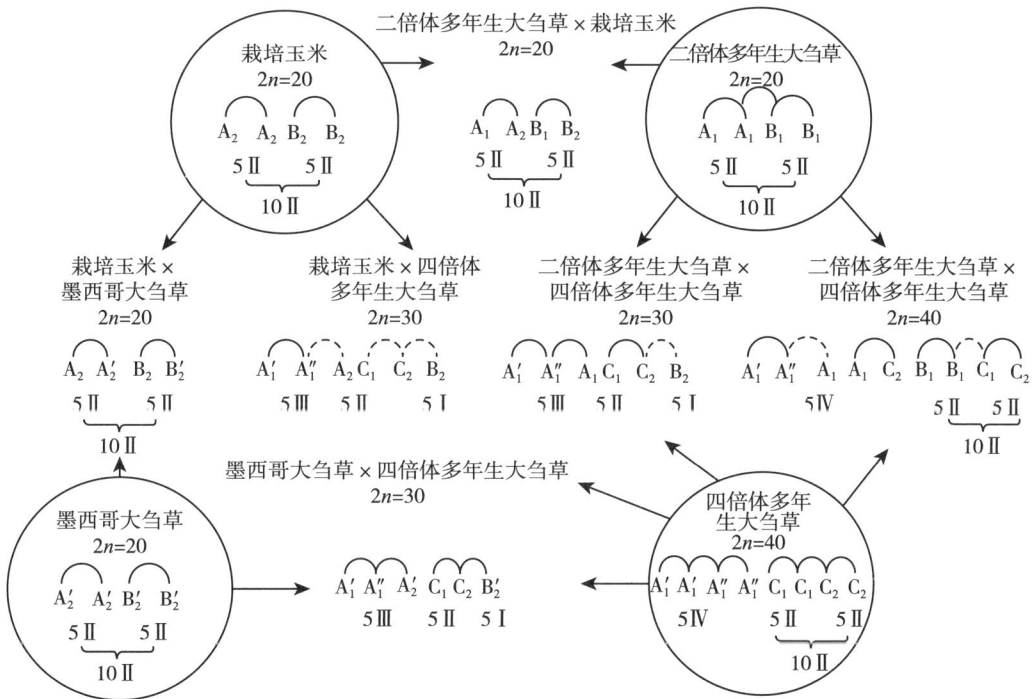

图 1 - 8 玉蜀黍属染色体基数和组成的早期推断示意图（Molina 和 Naranjo，1987）

四倍体多年生大刍草种与该属二倍体种杂交的杂种 F_1（$2n=30$）减数分裂中期染色体构型主要为 $5\,\mathrm{III} + 5\,\mathrm{II} + 5\,\mathrm{I}$（Molina 等，1987；Poggio，1990；Naranjo 等，1994；Moore 等，1995），其杂种 F_1（$2n=30$）三价体、二价体和一价体的亲本染色体来源以及染色体联会构型情况一直是研究的热点。早期提出两种假设，一种认为二价体配对的两条染色体来源于不同的亲本，即分别来源于四倍体多年生大刍草种和二倍体种染色体，单价体来源于四倍体多年生大刍草种，而三价体由来源于二倍体种的 1 条染色体和四倍体多年生大刍草种的 2 条染色体配对的结果；另一种认为如果配对的二价体来源于四倍体多年生大刍草种，则单价体应来源于二倍体种，而三价体则是 1 条染色体来源于二倍体种，另外 2 条染色体来源于四倍体多年生大刍草种。

为了弄清玉米与四倍体多年生大刍草杂交 F_1（$2n＝30$）减数分裂不同构型亲本染色体来源，Longley（1952）对四倍体多年生玉米种与带有糯质遗传标记的二倍体玉米杂交 F_1 进行了研究，结果发现 F_1 花粉中大约仅有 4% 带有糯质遗传标记，说明在 F_1 减数分裂过程中带有糯质遗传标记的玉米染色体有严重丢失的情况，在 F_1 减数分裂的 3 种构型中，单价体最易于丢失，间接证明杂种 F_1 减数分裂构型中出现的单价体主要是带糯质遗传标记的二倍体玉米染色体。Tang（2005）运用分子细胞遗传 GISH 对四倍体多年生大刍草种（P）与玉米（M）的异源三倍体杂种 F_1 减数分裂构型进行研究，发现 I^M、II^{PP} 和杂合三价体 III^{MPP} 出现频率较高，III^{MPP} 的价体构型有"平底锅"和"棒状"类型以及少量的"串状"类型，杂种 F_1 减数分裂染色体核型构型为 $5 I^M＋5 II^{PP}＋5 III^{MPP}$。

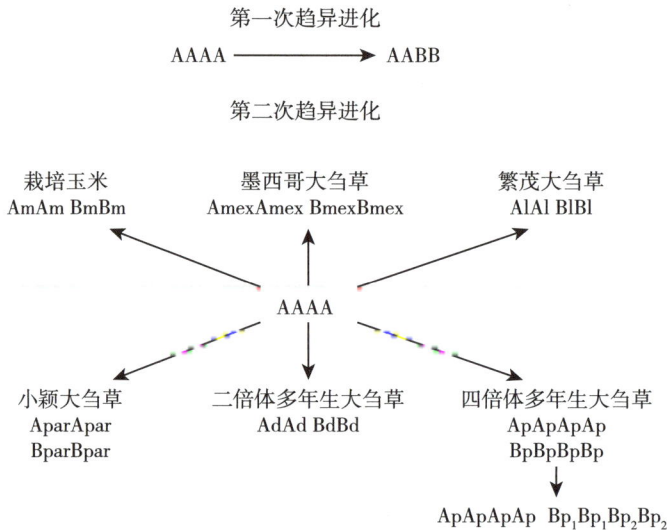

图 1-9　玉蜀黍属染色体的差异进化机制（Molina，2013）

（三）染色体组进化机制

玉蜀黍属基因组进化机制有两种假说（Goluboskaya 等，2002；Ronceret 等，2009；Lukaszewski 等，2010；Feddermann 等，2010；Ianiri 等，2014）：①具有 AA 基因组和 BB 基因组的两个祖先进行杂交，产生了 AB 杂种，然后 AB 杂种发生加倍形成了 AABB 异源多倍体。②玉蜀黍属祖先首先从二倍体变成同源四倍体，然后同源四倍体发生歧化分化，形成了 AA 和 BB 两个亚基因组（Molina 等，2013）。事实上，这两种假设均不能很好地解释玉米和四倍体多年生大刍草（P）中 A 和 B 两个亚基因组之间染色体的差异及其亚组内部分染色体的同源关系。

于是，又提出第三种进化机制假说：（a）分别含有 AA 和 BB 的两个二倍体各自发生了基因组加倍事件，形成 AAAA 和 BBBB 同源四倍体；（b）两个同源四倍体基因组内发生差异进化分别形成 AAA′A′ 和 BBB′B′；（c）AAA′A′ 和 BBB′B′ 基因组发生杂交形成 AA′BB′，异源多倍体杂种基因组内 A 和 B 亚基因组发生有限的协同进化；（d）AA′BB′ 杂种发生第二次基因组加倍事件形成 AAA′A′BBB′B′，随后 AA、A′A′、BB 和 B′B′ 发生差异进化，并且 BB 和 B′B′ 发生差异进化的程度远远高于 AA 和 A′A′，从而形成具有 $ApApAp'Ap'Bp_1Bp_1Bp_2Bp_2$ 的四倍体多年生大刍草基因组。

综上，第三种进化机制假说很好地解释了玉蜀黍属 A 和 B 亚基因组之间的同源性及其分化关系。

三、摩擦禾染色体数目和核型特征

（一）摩擦禾染色体及其染色体组

根据倍性水平，摩擦禾分为二倍体 $2n=2x=36$、三倍体 $2n=3x=54$、四倍体 $2n=4x=72$、五倍体 $2n=5x=90$ 和六倍体 $2n=6x=108$ 等，配子基本染色体数 $n=18$，染色体基数 $x=9$。

四倍体指状摩擦禾（图 1-10）整套染色体长度相差较大，染色体相对长度为 1.83～0.56，其 1～7 号和 36 号共 8 对染色体为中部着丝点染色体，其余 28 对染色体均为近中着丝点染色体，核型公式为 K（2n）= 4x = 72 = 16m+56sm（0sat），核型类别属于 3B 型（图 1-11）。

扫码看彩图

图 1-10　摩擦禾植株（左）、雄穗（中）和雌穗（右）

四倍体摩擦禾的减数分裂构型平均为 $18 \mathrm{II} + 9 \mathrm{IV}$，推断摩擦禾可能由两个遗传关系较远的二倍体种（XX 和 YY）杂交产生（Anderson，1994），其理论基因组成可能

为 $X_1X_1X_2X_2Y_1Y_1Y_2Y_2$。由于 X 的两亚基因组 X_1X_1 和 X_2X_2 发生较大差异进化，因此在减数分裂中容易形成 18 个二价体；而 Y 的两个亚基因组 Y_1Y_1 和 Y_2Y_2 差异进化不完全，具有部分同源性，因而容易形成四价体（Anderson，1994；Blakey 等，2007）。

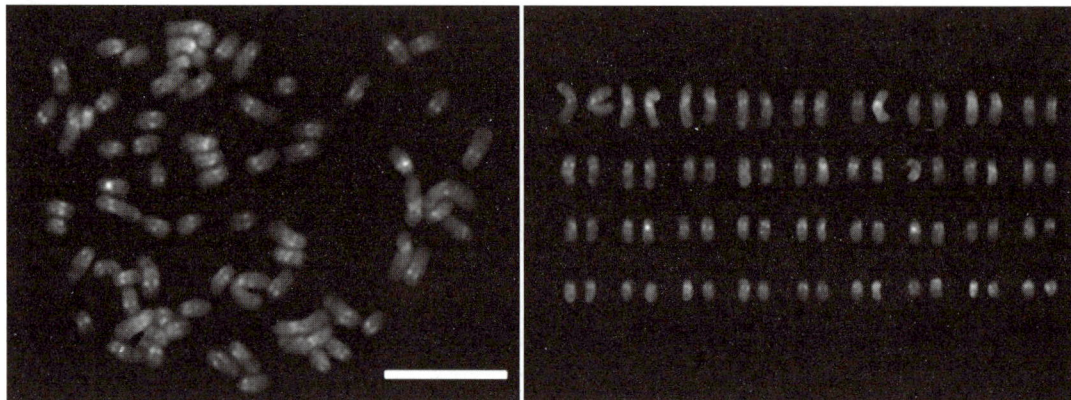

图 1-11 四倍体鸭茅摩擦禾 FISH 图和核型分析

（二）玉米与摩擦禾杂种 F_1 的减数分裂

玉米（M）与四倍体摩擦禾（T）的杂种 F_1 染色体为 $2n=46=10M+36T$，其 36 条摩擦禾染色体减数分裂同源配对形成 18 对二价体，而玉米 10 条染色体为单价体。有时玉米的 1～4 条染色体与摩擦禾染色体二价体间易形成三价体，这种三价体在玉米（M）与四倍体摩擦禾（T）杂种的多代回交后代中存在，易于产生 $2n=46$、48、50、52 和 54 的后代。Harlan 等（1977）指出，玉米第 2、4、7 和 9 号染色体易与摩擦禾染色体发生联会，但与哪 4 对摩擦禾染色体联会还不清楚。摩擦禾的第 4 和 5 号染色体与玉米的第 2、7 和 9 号染色体存在共同位点。四倍体玉米（M）与四倍体摩擦禾（T）的杂种 F_1（$2n=56=20M+36T$）最常见减数分裂构型为 28Ⅱ（24%）、24Ⅱ+2Ⅳ（19%）和 26Ⅱ+1Ⅳ（12%），平均构型为 0.55Ⅰ+25.18Ⅱ+1.19Ⅳ。

第四节 玉米及其野生近缘物种的远缘杂交与基因渐渗

玉米野生近缘材料具有栽培玉米不具有的抗病虫、抗（耐）逆等优良特性，通过玉米与其野生近缘种的远缘杂交将野生种的优良基因转育到栽培种中，对于拓宽栽培玉米的遗传基础、增加遗传变异性、提高产量、改善品质和增强抗逆性等具有重要的作用。自 20 世纪 30 年代以来，玉米的远缘杂交涉及玉米与大刍草、玉米与摩擦禾、玉米与薏苡、玉米与高粱、玉米与甘蔗、玉米与小麦、玉米与水稻、玉米与谷子等种属间的杂交研究。

一、玉米与大刍草

玉米与大刍草均是雌雄同株异花授粉植物，果穗侧生，雄花生长在顶端，借风力传粉，自花、异花受精。在墨西哥和危地马拉等地的大刍草与玉米种植地区的生境重叠，大刍草与玉米之间常常发生天然杂交产生杂种（Fukunaga 等，2005；Ellstrand 等，2007），其杂交种又与亲本重复杂交与回交，因玉米与大刍草之间存在着相对自由的基因流（Wilkes，1977；Doebley J，1990）。除了四倍体多年生大刍草种外，玉米与其他大刍草种易于杂交，产生具有不同育性程度的杂种 F_1（$2n=20$），杂交结实率和杂种 F_1 可育率与其相互间亲缘关系的远近呈正相关（Wilkes，1977；Doebley，1990；唐祈林等，2000，2003，2006）。

（一）墨西哥大刍草亚种

在自然条件下，玉米与墨西哥大刍草亚种之间存在着相对容易的自由基因渐渗（Wilkes，1977；Doebley，1990；Ellstand，2007）。在墨西哥或危地马拉等地，其玉米田地里出现最多的大刍草是墨西哥大刍草亚种，大量的墨西哥大刍草亚种年复一年与玉米自发产生杂交，在人工授粉的情况下，玉米和墨西哥大刍草亚种的杂交结实率很高（Molina 等，1997，1999），杂种 F_1 表现双亲的中间性状，减数分裂配对正常。在墨西哥或危地马拉等地自然生长的群体里，多达 10% 的植株是玉米与墨西哥大刍草亚种的一年生杂交种（Wilkes，1997），其杂种 F_1 比亲本具有更强的生长势，能够与双亲自由回交，但是，很少能观察到它们的杂种 F_2 和回交世代存活的现象。可能的原因是，大刍草成熟的种子易于脱落能自然繁殖，而大刍草与玉米的杂交后代 F_2 和回交世代保留了玉米果穗特性，果穗种子不能自然落粒，繁衍必须靠人为传播才能得以延续。

有研究表明，部分墨西哥大刍草亚种（如 Chalco）具有类似于爆裂玉米配子体不育（GA）的 $Tcb1$ 杂交不亲和系统（Evans 等，2001）。该系统导致的杂交不亲和壁垒是单向不对称的，当玉米为父本与墨西哥大刍草杂交，结实率低于 1%，但它们反交（墨西哥大刍草玉米是父本）结实正常（Kermicle 等，2005）。该杂交不亲和基因 $Tcb1$ 定位于大刍草第 4 号染色体上。另外，当用玉米和墨西哥大刍草混合花粉与玉米杂交，很少能获得远缘杂交种子，表明对玉米植株而言，玉米自身的花粉具有比墨西哥大刍草花粉更强的竞争力。

墨西哥大刍草亚种具有抗病虫、抗逆等有利基因，通过种间有性杂交将优良性状导入到玉米中，创制玉米与大刍草的代换系以及基因渐渗系，可以很好地改良玉米的产量与品质、提高抗逆性等，以墨西哥大刍草亚种与玉米的远缘杂交与基因渐渗研究较多（Emerson 等，1932；Kato 等，1976；Cohen，1981；Cohen 等，1984）。Wang 等（2008）通过玉米自交系掖 515 与墨西哥大刍草杂交创制了系列渐渗系，墨西哥大刍草基因渐渗入玉米的渐渗系显著提高了渐渗系籽粒蛋白质、赖氨酸及蛋氨酸含量。杨小红等通过 Mo17 与墨西哥大刍草杂交回交构建的 BC_2F_5 群体（Pan 等，2016；Yang 等，2017），借助高密度 SNP 遗传图谱，发现了多个影响玉米油分和类胡萝卜素含量的单个和上位性 QTL，许多被鉴定的单个大刍草等位基因 QTL 可以增加玉米油分和类胡萝卜素含量（Fang 等，2020）。Cai 等（2014）在利用墨西哥大刍草与玉米杂交创制了穗行数为 6 的特异材料 MT-6，以 MT-6 与玉米自交系 B73 杂交创制了一套重组自交系群体，在 2 号染色体短臂上初定位到 1 个控制 KRN 的主效 QTL 位点 qKRN2（kernel row number2）（Cai 等，2014），然后 QTL 精细定位克隆了大刍草 KRN2 基因；玉米的 KRN2 基因上游启动子、5′UTR 及编码区受到了明显的选择，在玉米花序分生组织发育早期，来源于 B73 的 KRN2 表达量低于渗渗系大刍草型的 KRN2 表达量，进而增加了玉米的穗行数和穗粒数，使得产量增加（Chen 等，2022）。Wang（2008）等利用墨西哥大刍草与玉米多次回交和自交，获得了一批来自大刍草的染色体区段渗入到玉米基因组中的渐渗系。蔡云婷等（2018）对墨西哥大刍草和玉米的耐旱性进行比较研究发现，墨西哥大刍草的根系发达、耐旱性较强。赖志兵等（Yang 等，2017）通过墨西哥大刍草与 Mo17 杂交回交构建的 BC_2F_7 群体中发现了一个类病斑表型的材料 C117，将 C117 与 Mo17 杂交构建了 F_2 群体，通过 BSA（bulked segregant analysis）图位克隆，克隆了一个来源于墨西哥大刍草的抗病等位基因 ZmMM1，该基因对玉米叶枯病、灰斑病和玉米锈病均具有抗性（Wang 等，2021）。

（二）小颖大刍草亚种

小颖大刍草亚种是与玉米亲缘关系最近的大刍草之　，被认为是玉米驯化的直系祖先（Doebley，1990，2004，2006；Matsuoka 等，2002）。小颖大刍草亚种与墨西哥大刍草亚种生境相似，广泛分布于墨西哥和危地马拉，常与玉米经自发杂交获得杂种 F_1，玉米与小颖大刍草亚种之间存在着相对的自由基因流（Wilkes，1977；Sanchez 等，1987）。在人工授粉的情况下，玉米和小颖大刍草的杂交结实率很高（Molina 等，1997），其杂种 F_1 表现为双亲中间性状、减数分裂配对正常。

相关研究认为，小颖大刍草亚种群体中存在类似于墨西哥大刍草 Tcb1 杂交不亲和系统，一些小颖大刍草亚种群体不接受玉米的花粉杂交，因为这些大刍草携带等位基因 Tcb1-s（Teosinte crossing barrier-1）。Doebley 和 Stec（1991）在研究玉米与小颖大刍草亚种的杂种 F_2 代发现，其后代具有 GaI（Gametophyte-I）配偶体不亲和等位基因。总之，小颖大刍草亚种是否存在与墨西哥大刍草亚种一样的 Tcb1 杂交不亲和系统也还不清楚。

小颖大刍草亚种具有抗病虫、抗逆强等有利基因，导入这些优良性状到玉米中，可以很好地改良玉米的产量、品质和抗逆性。Tian 等（2019）利用玉米自交系 W22 与小颖大刍草杂交创制了 BC_2S_3 重组自交系群体，定位克隆了两个遗传效应最大的 QTL-UPA1（upright plant architecture1）和 UPA2，UPA1 是参与油菜素内酯（brassinosteroid，BR）合成途径的基因 brd1，UPA2 的功能来源于 2 个碱基的插入/缺失，顺式调控下游

9.5kb 的 B3 结构域转录因子 ZmRAVL1 的表达；功能分析发现，顺式调控元件 *UPA2* 与 *DRL* 结合，直接抑制 *LG1*。*LG1* 与 ZmRAVL1 的启动子结合并诱导其表达。ZmRAVL1 与 *UPA1* 的启动子结合，导致内源 BR 水平降低，最终导致玉米叶夹角减小，株型趋于紧凑（Tian 等，2019）。Lennon 等（2016）通过利用 10 份不同小颖大刍草种质与玉米自交系 B73 杂交获得的 774 个 BC_4S_2 近等基因系（NILs）个体定位了 4 个与抗玉米锈病显著相关的 QTL，其中的一个 QTL 位点对玉米灰斑病也具有抗性，通过分离群体将一个抗灰斑病 QTL‐Qgls8 定位在第 8 号染色体 130kb 区间范围内，并在这个 QTL 上发现，交换的小颖大刍草等位基因增加了对灰斑病的抗性（Lennon 等，2016；Zhang 等，2017）。Hang 等（2022）通过构建小颖大刍草种质与玉米自交系 B73 的高世代近等基因系群体，发现一个控制高蛋白玉米形成的关键优异变异基因 *Thp9‐T*，它可以提高玉米中氮的同化效率从而有利于产生更多的蛋白质，将 *Thp9‐T* 导入现代玉米品种，大大提高了氨基酸水平，尤其是天冬酰胺，并且在不影响粒重的情况下增加了种子蛋白质含量。

（三）韦韦特南戈大刍草亚种

尽管韦韦特南戈大刍草亚种（*Z. mays* L. ssp. *huehuetenangensis*）与玉米、墨西哥大刍草亚种和小颖大刍草亚种分类在同一个亚属（Doebley 等，1987；Buckler 等，1996；Wang 等，2011），但与同一亚属中的其他种或亚种之间的遗传亲缘关系较远。Wilkes（1967，1977）研究表明，韦韦特南戈大刍草亚种与玉米杂交能结实，但存在一定的结实障碍，杂交种有平均 5% 的不育。韦韦特南戈大刍草亚种存在类似于玉米 *Gametophyte‐1*（*Ga1*）基因的 *Teosinte crossing barrier‐1*（*Tcb1*）位点多态性，与玉米杂交有时存在配偶体杂交不亲和壁垒。玉米和韦韦特南戈大刍草亚种基因渐渗的潜力很大（Fukunaga 等，2005），目前关于它们远缘杂交和基因渐渗的报道很少。

（四）繁茂大刍草种

繁茂大刍草种的染色体与玉米截然不同，玉米与繁茂大刍草种杂种的减数分裂中期出现两个或者更多的不配对染色体，获得的杂种 F_1 部分不育或全不育。玉米和繁茂大刍草种几乎还没有基因渐渗或遗传混杂（Fukunaga 等，2005），很少检测到繁茂大刍草种遗传物质贡献到玉米种质中（Kato 等，1984）。也有研究表明，在繁茂大刍草种居群里检测出少许玉米特有的等位基因，但这些等位基因的频率太低，以至于不能把它们作为从玉米渗入到繁茂大刍草种的证据（Wilkes，1977；Doebley 等，1984；Doebley，1990）。

Beadle（1939）是较早报道有关佛罗里达大刍草（繁茂大刍草种）与玉米杂交存在一定的障碍，获得的杂种 F_1 部分或完全不育。陈景堂等（2011）通过玉米和繁茂大刍草种远缘杂交育成了玉米自交系。四川农业大学通过繁茂大刍草种与玉米杂交，选育出了具有产量及营养价值高、分蘖力强和适应性强等特点的饲草玉米玉草 3 号并在生产上推广利用。目前，玉米与繁茂大刍草种的远缘杂交与基因渐渗的报道较少。繁茂大刍草具有的优良性状对玉米改良潜力非常大，需要加强更多的远缘杂交遗传研究。

（五）二倍体多年生大刍草种

二倍体多年生大刍草种（*Zea diploperennis*）是玉蜀黍属中唯一 $2n=20$ 的多年生大刍草种，其与玉米的生境重叠，与玉米的杂交后代可育（Iltis 等，1979；Benz 等，1990）。1978 年首次在墨西哥南部哈利斯科州一个海拔 2 000～3 000m 的山谷中发现二倍体多年生大刍草后，对其与玉米的远缘杂交及其基因渐渗作了大量研究，最主要的原因是该材料的发现为培育人们"梦想"的多年生玉米提供了"宝贵"资源（Iltis 等，1979）。事实上，在利用玉米与二倍体多年生大刍草种杂交选育多年生玉米的早期研究中，人们对二倍体多年生大刍草种多年生遗传特性的认识不深入，玉米与二倍体多年生大刍草种杂交或回交后代是否具有分蘖特性为多年生的指示性状（Shaver，1963），后来对玉米与二倍体多年生大刍草种杂交及其中间材料的系统研究发现，后代分蘖特性与多年生特性并不等同，以分蘖作为指示性状的大规模分离群体筛选并没有获得多年生玉米（Srinivasan 等，1999）。二倍体多年生大刍草种的多年生性状可能受到复杂的基因控制，与根状茎密切相关，还与环境存在很强互作效应，因此仅通过操控个别性状或基因创制多年生玉米可能很难取得成功。

玉米与二倍体多年生大刍草种之间可能存在着相对的基因渐渗，因没有迹象表明玉米和二倍体多年生大刍草种之间存在杂交不亲和机制（Doebley 等，1984；Doebley，1990；Buckler 等，1996；Fukunaga 等，2005）。Kato 和 Sanchez（2002）比较了从马南特兰山脉特定区域收集到的二倍体多年生大刍草种与同区域玉米的染色体结构，认为玉米与二倍体多年生大刍草种之间可能存在着相对的基因渐渗结论仅是通过选择、遗传漂变和起源演化间接推演出来的，玉米和二倍体多年生大刍草存在天然杂交基因渐渗的证据不足。

Walt（1982）和 Mangelsdorf 等（1984）进行了二倍体多年生大刍草种与较原始的墨西哥爆裂玉米（mexican popcorn）远缘杂交，其杂种 F_1 植株表现趋于大刍草性状，即植株高大、营养体杂种优势强，持绿期长，茎秆坚韧，根系发达，穗行数 4 行，花粉饱满、可育，F_1 主体表现为一年生（可能是自然界温度过低不宜过冬）；其 F_2 代出现许多相似于一年生大刍草的植株和少许的多年生"玉米"；而用玉米回交杂种 F_1 获得的后代植株失去了多年生特性和对光周期的敏感反应，却把大刍草的多穗和多分蘖特性传递给了后代。Findley 等（1982）证实，二倍体多年生大刍草对玉米褪绿矮缩病毒（MCDV）具有抗性，可以通过杂交回交将二倍体多年生大刍草的褪绿矮缩病毒抗性渗入到玉米中。Ramirez（1997）通过远缘杂交成功将二倍体多年生大刍草和墨西哥大刍草的霜霉病抗性基因导入玉米中。Chavan 和 Smith（2014）通过接种病原菌鉴定证实，二倍体多年生大刍草和繁茂大刍草对玉米黑穗病具有抗性，通过杂交创制的玉米—大刍草近等基因系也具有黑穗病抗性。周洪生等（1997）报道了利用二倍体多年生大刍草经过 9 个世代的杂交、回交和自交选择，获得了抗逆、抗病虫、农艺性状优良、配合力高的 14 个玉米自交系。Wei 等（2002）发现二倍体多年生大刍草对玉米大斑病、小斑病和叶斑病具有良好抗性。汪青军等（2019）对玉米与二倍体多年生大刍草杂交构建重组的自交系群体进行苗期和成株期耐旱性鉴定，筛选出比 B73 自交系更耐旱的重组自交系。

（六）四倍体多年生大刍草种

Hitchock 于 1910 年在墨西哥瓜达拉哈拉（Guadalajara）附近发现生长在冷凉潮湿的高山地区的四倍体多年生大刍草（*Zea perennis*），其具有发达的根状茎和抗病、耐寒、耐潮湿等优异特性，四倍体多年生大刍草是玉蜀黍属唯一的多倍体种（Tang 等，2005）。该物种在野外目前已濒临灭绝，仅有一些植株被特殊保护在种植园或研究机构里。用四倍体多年生大刍草种花粉与玉米杂交，不同类型玉米的结实率有差异，结实率均不高，一般结实率为 5%～8%（Benz 等，1990），并且杂种 F_1 的大部分种子还不能发芽存活（发芽率大约 10%）。玉米与四倍体多年生大刍草杂种 F_1 减数分裂染色体为 $5Ⅲ+5Ⅱ+5Ⅰ$ 构型，这种不正常的减数分裂构型在减数分裂-Ⅰ的后期和末期出现落后染色体和不均等分裂现象，导致严重的种间生殖障碍，其杂种 F_1 植株雌、雄配子高度不育。

有关四倍体多年生大刍草种与玉米的远缘杂交研究，主要集中在玉蜀黍染色体组系统发生的探究上，有关它们远缘杂交 F_1（$2n=30$）减数分裂构型及其不同构型染色体来源的研究居多（Molina 等，1987；Poggio，1990；Naranjo 等，1994；Moore 等，1995），很少有与栽培玉米之间基因渐渗利用的研究，其原因主要有两个：其一，相比于玉蜀黍内其他大刍草，四倍体多年生大刍草种与栽培玉米的亲缘关系最远，通过远缘杂交实现基因交流的困难就越大；其二，由于四倍体多年生大刍草与二倍体栽培玉米染色体组具有倍性差异，远缘杂交产生的杂种后代具有生殖障碍，严重阻碍了两物种的基因交流。基于以上原因，还没有任何证据表明玉米与四倍体多年生大刍草在自然条件下可以发生杂交，即使在人工辅助授粉的条件下，两物种的杂种 F_1 植株也是不育的（花粉可染率低于 5%），这可能由于玉米（$2n$）与四倍体多年生大刍草（$4n$）远缘杂交后产生的三倍体后代（$2n=30$）减数分裂不正常引起的。

Shaver（1963，1967）用自然加倍产生的同源四倍体玉米与四倍体多年生大刍草杂交、自交获得四倍体玉米—四倍体多年生大刍草的异源四倍体，检测后代染色体数目结果表明，染色体数目变幅在 36～43 条，一半以上的植株保持在 40 条染色体。程明军（2016）将玉米（M，$2n=20$）、四倍体玉米（M，$2n=40$）与四倍体多年生大刍草（P，$2n=40$）正反交获得异源三倍体（MP30 或 PM30）和异源四倍体（MP40 或 PM40）（图 1-12A，B），发现异源三倍体具有强的营养体杂种优势、不育、多年生，而异源四倍体可育，但其营养体杂种优势弱于异源三倍体、一年生。

为了提高玉米与四倍体多年生大刍草杂交结实率及其育种利用，Tang 等（2005）采用遮光调节开花时期，喷施低浓度赤霉素等提高可杂交性措施，获得玉米与四倍体多年生大刍草的杂种 F_1，用自交创制出了含有四倍体多年生大刍草遗传物质、形态特征与普通玉米相似的四倍体多年生大刍草异源附加系和代换系（命名为 068），其不仅性状表现优良，自交结实率达 80% 以上，以它作母本与四倍体多年生大刍草杂交结实率可达 90%，

杂种 F_1 种子胚发育良好、发芽率高达 90％以上，以此为桥梁材料突破了玉米与四倍体多年生大刍草的杂交障碍，选育出具有产量及营养价值高、分蘖力强、多年生、再生性和适应性强等特点的多年生饲草玉米玉草 1 号（$2n=30$），并在生产上推广利用（任勇 等，2005，2007；陈柔屹等，2007）。

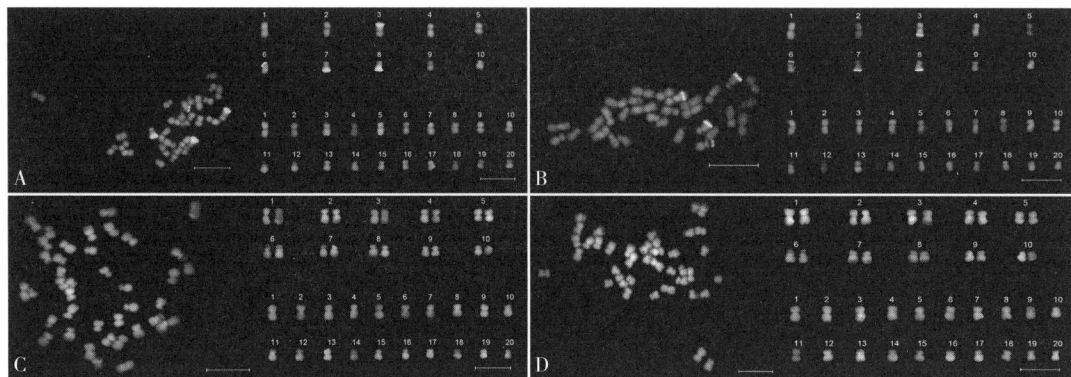

图 1-12　异源三倍体和异源四倍体染色体组成分析

注：图 A～D 分别代表 MP30、PM30、MP40 和 PM40；彩图中绿色代表玉米染色体，橘红色代表四倍体多年生大刍草染色体，标尺为 $10\mu m$。

（七）尼加拉瓜大刍草种

尼加拉瓜大刍草种是最近被发现的一个大刍草种，适应尼加拉瓜西北海岸雨季频繁卜涨的洪水侵袭（Bird，2000；Iltis 等，2000），是耐涝玉米选育的优良基因资源。在一定程度涝害情况下，尼加拉瓜大刍草种在幼苗期能形成明显的通气组织和不定根（Ray，1999；Mano 等，2007），这些发达的通气组织可能是尼加拉瓜大刍草抗涝的原因。Mano等（2007，2008）利用玉米与尼加拉瓜大刍草的杂种后代 F_2 为定位群体，运用 SSR 和 AFLP 分子标记对不定根出土长度、不定根与地面的夹角和不定根中通气组织大小等抗涝相关性状进行了定位，通过远缘杂交方法可以把尼加拉瓜大刍草种的抗涝基因向栽培玉米导入利用（Mano 等，2007，2008；Omori 等，2007）。

二、玉米与摩擦禾

（一）摩擦禾的利用价值

摩擦禾属的利用研究主要集中在指状摩擦禾（*Tripsacum dactyloides* L.）上，因为指状摩擦禾是摩擦禾属中形态最丰富、分布最广泛，最具有利用价值的一个种。指状摩擦禾是一种生长繁茂、再生能力强的多年生暖季丛生禾草，一般栽培条件下草产量可达 $11.2\sim21.3t/hm^2$，适口性好、消化率高，被誉为"冰淇淋草"，在美洲等地作为一种多年生牧草广泛种植，可作干草、青贮和牧场草利用（Salon 等，1999；Gilker 等，2002）；

其根系发达，能伸入深层土壤吸取水分与养分，耐旱、耐涝、耐酸、耐铝，是改良土壤和保护水土的优良植物（Gilker 等，2002）。但是，由于指状摩擦禾种子产量低、质量差以及种子休眠性等缺陷，又极大地限制了它进一步的推广应用（Coblentz 等，1999；Lemke 等，2003）。

摩擦禾属具有抗玉米根虫、锈病、大斑病、炭疽病、茎腐病、细菌性枯萎病和耐盐、耐冷等优良基因（Prischmann 等，2009；Bergquist 等，1981），是栽培玉米遗传改良的优异种质资源。玉米×摩擦禾的杂种 F_1 抗玉米根虫、耐盐性及抗寒性表现出超亲优势；杂种后代籽粒含有很高的赖氨酸、蛋氨酸和聚不饱和脂肪酸含量，植株茎叶组织中蛋白质含量高，动物对其纤维消化率也较高，因此以玉米×摩擦禾杂种后代为种质材料选育饲用作物具有很大的优势（Burkhart 等，1994）。Cohen 等（1984）和 Duvick 等（2006）通过玉米—指状摩擦禾远缘杂交基因渐渗导入指状摩擦禾创制的玉米自交系，一般配合力比对照高产 8%，籽粒饱和脂肪酸和亚麻酸含量较低，亚油酸和油酸含量较高，使玉米籽粒的油酸、棕榈酸和硬脂酸大大提高。

指状摩擦禾具有兼性无融合生殖的特性一直被科学家关注，该特性可为摩擦禾牧草品种改良和将这种特性转入栽培玉米培育无融合生殖玉米来固定杂种优势提供了可能（Petrov，1957）。Petrov 最早提出将摩擦禾无融合生殖特性转移至玉米中，并开展了四倍体玉米与四倍体指状摩擦禾远缘杂交近 30 年的研究，成功创制出有无融合生殖特性的近似玉米种质，该种质含有 39 条染色体，其中 30 条玉米和 9 条摩擦禾，但是，该种质丢失任何一条摩擦禾染色体都会导致无融合生殖失效，即保持该玉米种质具有无融合生殖特性的最低要求必须含有这 9 条摩擦禾染色体（Kindiger 等，1996）。

（二）摩擦禾与玉米的可杂交性

摩擦禾与玉米的杂交试验与基因导入研究开展了近百年。早在 1916 年，Collins 等（1916）首次报道开展了玉蜀黍物种与摩擦禾的远缘杂交，可获得的杂交后代是一些偏母本性状或偏父本性状的植株，推测可能不是两物种配子融合的杂种物种，而是由雌配子或雄配子孤雌生殖而来。Mangelsdorf 和 Reeves（1935）利用二倍休或四倍休指状摩擦禾作为父本与玉米杂交，授粉时去除母本（玉米）果穗苞叶并剪短玉米花丝，经过多次重复授粉杂交，首次报道成功获得了玉米与指状摩擦禾的杂交种子。其中，以二倍体指状摩擦禾（$2n=36$）为父本与玉米的杂交，共授粉 382 个玉米果穗，仅获得 84 粒种子，结实率仅为 0.454‰，杂种种子小、饱满度参差不齐且发芽率极低，发芽种子需要胚培养方能正常成苗；玉米与指状摩擦禾的远缘杂交植株雄穗完全不育，杂种雌性具有较低的可育性，用玉米反复回交可消除摩擦禾的染色体并能恢复为纯的玉米种质（Mangelsdorf 和 Reeves，1931）。Randolph 等 1946—1949 年在墨西哥和危地马拉两地连续 4 年用本土的 44 个玉米材料与 20 个不同类型的四倍体指状摩擦禾进行杂交，组配了 65 个组合，共授粉 132 010 个玉米小花，仅获得少量的未成熟胚，运用胚拯救技术获得了 2 株苗，可是 2 棵植株均未获得可育的种子。

De Wet 和 Harlan（1972）进行了不同玉米品系与两种倍性指状摩擦禾（$2n=36$，72）、*T. floridanum*（$2n=36$）、*T. pilasum*（$2n=72$）和 *T. Zanceolatum*（$2n=72$）的正反杂交试验，研究指出玉米与摩擦禾之间的杂交障碍受玉米配子体影响，选择合适的玉米亲本杂交，可以获得玉米-摩擦禾杂种（De Wet 等，1974）。Kindiger 和 Beckett 用爆裂玉米（popcorn，accession（PI222648））与指状摩擦禾杂交，无须胚拯救技术就能获得杂种，种子也无须胚拯救萌发（Kindiger B and Beckett，1996）。后来，许多学者（Kindiger 等，1996；Pesqueira 等，2006）开展了四倍体玉米（$2n=4x=40$）和指状摩擦禾（*T. dactyloides*，$2n=72$）的远缘杂交，其杂种 F_1（$2n=56$）雄花不育，用玉米花粉回交可以获得种子。为了提高玉米与摩擦禾杂交成功率，当玉米作母本与摩擦禾进行杂交时，要选择合适玉米亲本（如爆裂玉米、四倍体玉米等），采用剥除苞叶、剪短花丝和重复授粉的方法，部分材料甚至还要采取胚拯救措施，才能获得玉米与摩擦禾的杂交种。另外，指状摩擦禾为父本与玉米进行杂交时，父母本的染色体倍性水平越高，杂交成功率越高。

玉米与摩擦禾的属间杂交成功较为困难，目前报道摩擦禾属内有 *T. dactyloides* L.，*T. floridanum*，*T. lanceolatum* 和 *T. pilosum* 四个种与玉米杂交成功的案例，其中指状摩擦禾与玉米的杂交研究最多。利用远缘杂交将摩擦禾的基因转移到栽培玉米面临两大难题：其一，摩擦禾与玉米杂交困难，获得的杂种因染色体组不同源导致不育，杂交植株发育不良；其二，除少数获得具有无融合生殖的中间材料（如 $2n=39$）和摩擦禾染色体片段转移外，将获得的种间杂种后代与玉米回交，由于玉米与摩擦禾染色体数目不同、染色体组同源性低，在玉米背景下的摩擦禾染色体将被快速消除。

（三）玉米与摩擦禾渐渗杂交途径

玉米与摩擦禾的远缘杂交及其渐渗杂交有如下几种途径：

$28 \rightarrow 38 \rightarrow 20$ 生殖途径。这条路径是最早的玉米与摩擦禾杂交途径，即二倍体摩擦禾（$2n=2x=36T$）与玉米（$2n=2x=20M$）杂交产生染色体数目为 28 的杂种 F_1（10M+18T），Mangelsdorf 和 Reeves（1939）首次报道之后，其他研究者也重复报道过这条路径（Harlan，1977）。当杂种 F_1（10M+18T）用玉米去回交时，杂种的雌配子有时未发生减数分裂，通过 $2n+n$ 交配产生染色体数目为 38 的 BC_1（18T+20M），获得所谓 BⅢ型衍生杂种（Bashaw，1990）。BⅢ型衍生杂种减数分裂时形成 10 个二价体，18 个单价体，极个别情况下也存在玉米和摩擦禾染色体的联会。连续用玉米作父本与 BⅢ型衍生杂种回交，摩擦禾染色体趋向于快速消失，其间可以获得 20 条玉米附加 1~17 条摩擦禾染色体的后代。尽管这种杂交回交渐渗途径，玉米与摩擦禾某些特定的染色体间偶尔也会出现联会形成多价体，但是，这种途径摩擦禾染色体趋向于快速消失，几乎观察不到玉米和摩擦禾染色体的配对或者重组，很少发生摩擦禾遗传物质向玉米的转移，大部分材料回交后均快速恢复到原来的玉米状态，较难获得两物种的渐渗系、易位系、代换系和附加系等，因此利用该途径将摩擦禾基因转入到玉米中的可能性很小。

$28 \rightarrow 38$ 的无融合生殖途径。Borovskii 等（1970）用二倍体爆裂型玉米与二倍体指状摩擦禾（2n＝36）杂交获得的杂种 F_1 染色体数目均为 28（2n＝10M＋18T），其种子活力极低（1%～1.5%），花粉完全不育。利用二倍体玉米回交杂种 F_1，获得的后代染色体数目分别为 28（2n＝10M＋18T）和 38（2n＝10M＋18T）；而用摩擦禾回交杂种 F_1，获得的后代染色体数目分别为 28（2n＝10M＋18T）和 46（2n＝10M＋18T＋18T）。分别用玉米和摩擦禾回交获得的后代中出现染色体数目为 28 的后代比例较高，从染色体数目和组成上看，存在无融合生殖现象，与染色体分别为 38 和 46 的个体之间也明显不同。此外，值得注意的是，杂种 F_1 有一定的多胚现象。这条途径很少被研究者检验或提及。

46→56→38 非无融合生殖途径。以四倍体摩擦禾（2n＝72）为母本，玉米（2n＝20）为父本杂交获得染色体数目为 46（2n＝10M＋36T）的属间杂种 F_1，杂种花粉不育而雌穗部分可育。用二倍体玉米对杂种 F_1 回交，少数雌配子未减数分裂，受精后形成 2n＋n 型的后代，即染色体数目为 56（2n＝10M＋36T＋10M），继续用二倍体玉米对染色体数目为 56 的杂种回交，获得的后代染色体数目为 38（2n＝20M＋18T），表明是通过正常的减数分裂所形成的，而且在减数分裂过程中，玉米与摩擦禾的染色体没有联合配对，而是为各自同源染色体配对，形成含有 10M＋18T 的减数雌配子。继而对含有 38 条染色体的杂种回交又得到了染色体数目为 38（2n＝20M＋18T）的后代，然而这个含有 38 条染色体的后代并没有表现出无融合生殖的特性，进一步用二倍体玉米回交过后，所获得的后代除 20 条玉米染色体外，还外加不同数目的摩擦禾染色体。这个途径类似 28→38→20 途径，玉米和摩擦禾的染色体没有发生配对或者重组，没有成功地将摩擦禾的基因转入到玉米中去。该途径是将摩擦禾基因转入到玉米中的可能性最大，并且在早期的杂交世代中无融合特性明显。

46→56→38 途径和 28→38→20 途径均产生染色体数目为 38 的杂种（18T＋20M），但两途径产生的杂种有所不同。后者产生的杂种（2n＝38）在随后的一次回交中，摩擦禾染色体丢失较多，常仅保留 1～2 条摩擦禾。46→56→38→20 途径产生的杂种（2n＝38）在随后一次与玉米的回交中，摩擦禾染色体丢失速度较慢，出现频率最多的为 23 条染色体的个体（3T＋20M），其他回交后代常含 4～7 条摩擦禾染色体。

46→56→38 的无融合生殖途径。用二倍体玉米与摩擦禾杂交，获得染色体数目为 46（10M＋36T）的杂种 F_1，其花粉不育，在花粉母细胞减数分裂中期，由于染色体在赤道板上分布不集中，以及三级纺锤丝的形成和减数分裂不正常，最终使小孢子母细胞发育不正常，形成不育的花粉粒。继续用二倍体玉米回交杂种 F_1，可获得染色体数目为 46（10M＋36T）和 56（20M＋36T）的无融合生殖后代，其染色体数目为 56 的后代是由二倍体玉米的花粉与未减数的雌配子受精获得的，属于 2n＋n 型的后代。在这些后代个体中出现了多胚现象，分别为 46—46 和 46—56 的双胚类型，双胚苗中染色体数目为 56 的个体长势要强于 46 的个体（Blakey 等，2007）。Engle 等（1973）对杂种 F_1 用二倍体玉米回交四代之后，在杂种 F_1（2n＝46＝10M＋36T）回交后代的减数分裂过程中发现了一定量的多价体，表明玉米与摩擦禾染色体发生了部分染色体片段交换，这表明将摩擦禾基因转入到玉米是可行的。

用二倍体玉米与染色体数目 56（20M＋36T）的个体回交，获得了 2n＋n 型的后代，其染色体数目为 66（2n＝36T＋20M＋10M）；获得了很少量的未受精的且染色体数目为

28 的个体；获得了经过正常减数分裂后受精的后代，其染色体数目为 38（$2n=20M+18T$），且保留了无融合生殖特性（Blakey 等，2007）。染色体数目为 38 的无融合个体也在其他研究者的结果中得到了证实。

56→38 途径。利用四倍体玉米 V182 与四倍体指状摩擦禾（$T. dactyloides$，$2n=72$）杂交获得杂种 F_1（$2n=20M+36T$，H287）。杂种 F_1 雄花不育，H287 用二倍体玉米和四倍体玉米多次回交，获得系列的玉米染色体 10～30 条和摩擦禾染色体 18～36 条的后代，其中部分后代（$2n=38$）具有无融合生殖特性。对具有无融合特性且染色体数目为 38 的个体来说，用玉米回交几代后，获得的回交后代仅仅含有少量的摩擦禾染色体，其无融合生殖特性也随着回交世代增加而消失，无融合生殖特性仅在含有 39 条（30M+9T）染色体的个体中表现（Kindiger 等，1996）。

三、玉米、大刍草与摩擦禾的可杂交性

1935 年，Mangelsdorf 和 Reeves 以二倍体玉米与二倍体摩擦禾杂交获得的染色体数目为 28 的杂种 F_1 为母本，再以墨西哥大刍草为父本，杂交获得染色体数目为 38 三元杂种（玉米染色体 10 条，摩擦禾染色体 18 条，墨西哥大刍草染色体 10 条），杂种一年生（Mangelsdorf 和 Reeves，1935）。二倍体玉米与二倍体摩擦禾杂交的杂种 F_1，与二倍体多年生大刍草杂交，获得长势较弱的多年生三元种，可通过扦插保存多年（Galinat，1986）。Garcia（2000）用四倍体玉米（$2n=40$）和摩擦禾（$T. dactyloides$，$2n=72$）杂交获得杂种 F_1（$2n=56$），然后分别用玉米、二倍体多年生大刍草（$Zea diploperennis$，$2n=20$）、四倍体多年生大刍草（$Zea Perennis$，$2n=40$）花粉与杂种 F_1 杂交，获得的后代经检测，染色体数均为 56 条，它们仅是玉米×摩擦禾杂种 F_1 无融合生殖产生的自身杂种 F_1（$2n=56$）。

Eubanks（1993）用二倍体多年生大刍草作父本与指状摩擦禾（$T. dactyloides$）杂交，报道显示，由于发生染色体消失，在杂交后代中获得了高频率染色体数为 $2n=20$ 的可育植株（Eubanks，1995，1998），用玉米授粉后，得到同时具有指状摩擦禾、二倍体多年生大刍草和玉米三者染色体的三元杂种，利用该三元杂种继续与玉米回交，在回交后代中选育出了渗入有许多摩擦禾的优良基因且遗传稳定的玉米自交系（Eubanks，1998）。然而，Eubanks 报道她成功获得二倍体多年生大刍草与摩擦禾二元杂种时，众多世界著名的玉米遗传与进化研究学者联名质疑其材料真实性（Bennetzen 等，2001），质疑原因如下：①大刍草与摩擦禾杂交存在严重的生殖障碍，大刍草与摩擦禾两两杂交极难成功，而 Eubanks（1995）报道 $Z. diploperennis \times T. dactyloides$ 成功率为 7%；②报道的大刍草与摩擦禾二元种（$2n=20$）染色体数目不符合远缘杂交染色体遗传规律，按照染色体遗传规律杂交后代的染色体数目应为 $2n=18T+10Zdip$ 或 $36T+10Zdip$；③试验仅给出 RFLP（restriction fragment length polymorphism，限制性片段长度多态性）遗传分析证明具有三个物种的遗传物质，缺乏染色体直接证据，其遗传证据不能令人信服；④摩擦禾-二倍体多年生大刍草二元杂种的植株形态、雌穗结构、染色体数目（$2n=20$）和花粉

育性（93%～98%）与玉米-大刍草（玉米-二倍体多年生大刍草）相符，推测其获得的摩擦禾-大刍草二元杂种极有可能仅是玉米与二倍体多年生大刍草的杂种 F_1；⑤其创制的 Tripsacorn 多年生，易于获得试验研究的材料，但 Eubanks 目前为止均没有用分子细胞技术对其摩擦禾-二倍体多年生大刍草杂种真实性进行验证。

扫码看彩图

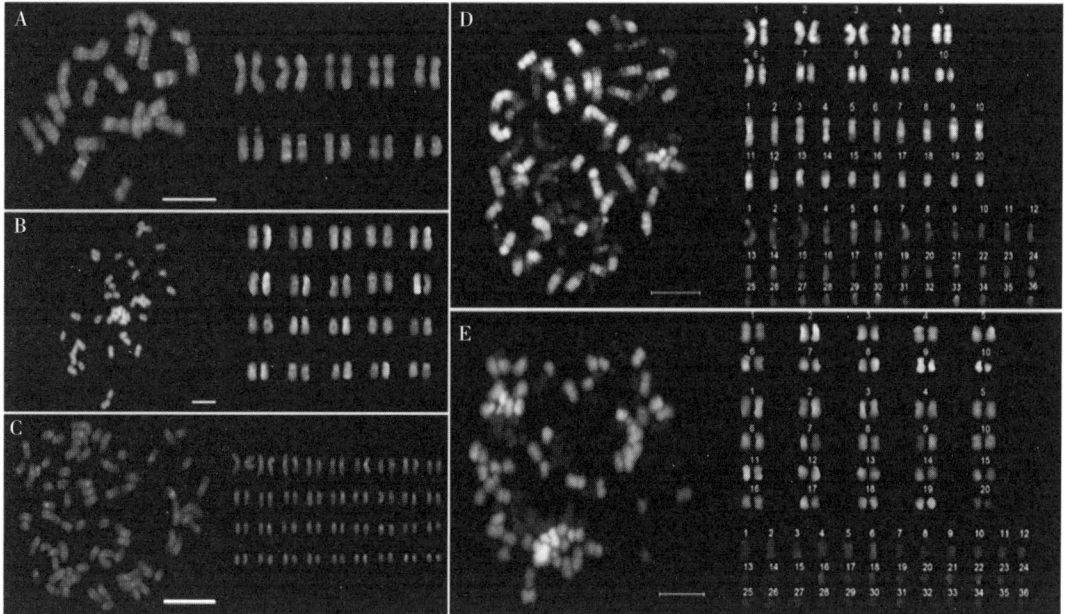

图 1-13　玉米、四倍体多年生大刍草、摩擦禾及其杂交合成的异源
六倍体 MTP74 和异源八倍体 MTP94 的核型

注：A～C 分别代表玉米、四倍体多年生大刍草、摩擦禾；D 和 E 分别是玉米-四倍体多年生大刍草-摩擦禾异源六倍体和异源八倍体。彩图中绿色代表玉米染色体，橘红色代表四倍多年

以四倍体普通玉米（$2n=40$）与四倍体指状摩擦禾获得杂种 F_1（ZmZmTdTd，$2n=56=20Zm+36Td$），以杂种 F_1 为母本、四倍体多年生大刍草为父本，成功创制出了玉米-摩擦禾-四倍体多年生大刍草异源六倍体 MTP74（Iqbal 等，2019；Yan 等，2020），拉丁命名为 *Tripsazea*，染色体为 $2n=74=20Zm+20Zp+34T$（图 1-13）。MTP74 聚合了玉米、四倍体多年生大刍草和摩擦禾三物种基因组的异源多倍体，植株生长旺盛，多分蘖，雄穗不育，雌穗可育，多年生（图 1-14）。利用玉米-大刍草-摩擦禾异源多倍体作为资源的利用途径如下：其一，玉米-四倍体多年生大刍草—摩擦禾异源多倍体具有产量高、品质优、耐刈割、繁殖易、适应性强、多年生等特点，在 $-4℃$ 的极端

图 1-14　玉米-四倍体多年生大刍草-摩擦禾杂交合成的异源六倍体 MTP74 植株

天气可正常越冬，表现出较强的耐旱、耐寒、抗病、抗倒特性，是选育高产优质新型多年生饲草玉米的好材料，目前已选育出玉草 5 号、玉草 6 号等优质高产的多年生饲草玉米被推广利用（图 1 - 15）（黎裕，2017；Yan 等，2020；李影正等，2022）；其二，利用杂交、多倍化与细胞工程等技术方法，借助染色体组洗牌、抽提的办法，利用 MTP74 创制了玉米-四倍体多年生大刍草异源四倍体材料；用该异源四倍体可以改良同源四倍体玉米，提高四倍体玉米结实率和花粉活力（Iqbal 等，2023）；其三，以玉米-四倍体多年生大刍草-摩擦禾异源多倍体为桥梁材料，利用回交等手段转导四倍体多年生大刍草和摩擦禾的抗病虫、耐盐、耐冷等优良基因、改良现有玉米种质具有重要的实践意义（Li 等，2023；He 等，2023）。

扫码看彩图

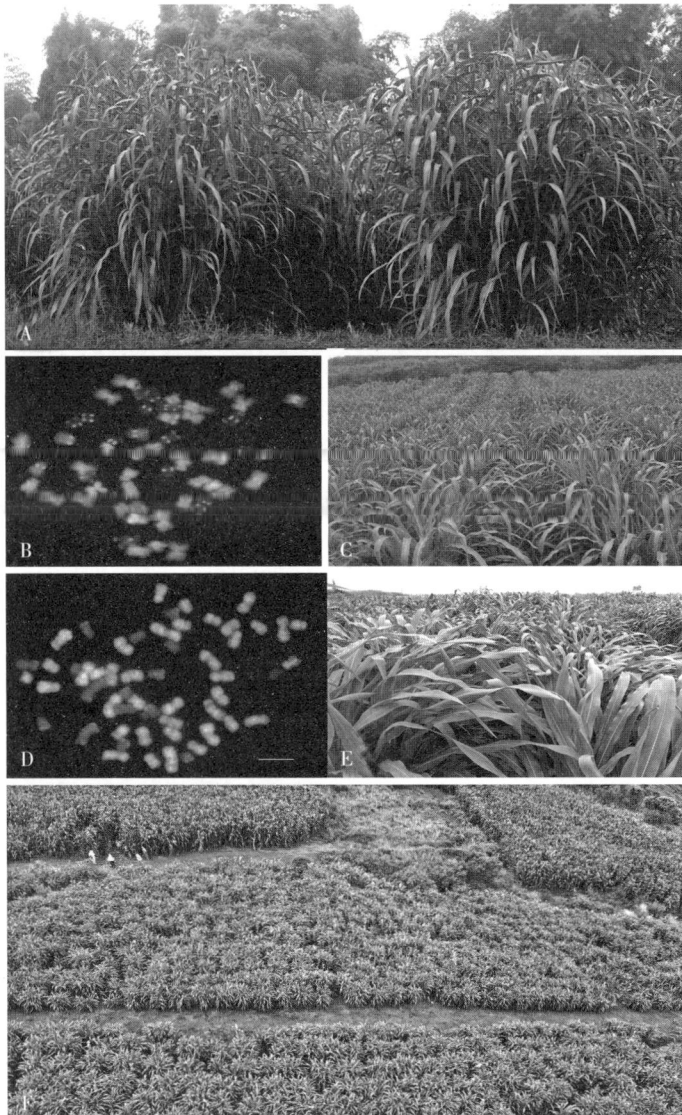

图 1 - 15　玉米-四倍体多年生大刍草-摩擦禾多年生饲草玉米（Yan 等，2020）

注：A 和 C 是玉草 5 号单株和群体；B 为玉草 5 号染色体遗传组成；D、E、F 分别表示玉草 6 号染色体遗传组成、单株及群体。彩图中绿色代表玉米染色体，橘红色代表四倍体多年生大刍草染色体。标尺为 $10\mu m$。

四、展望

野生植物经过漫长的人工驯化选择成就了今天的栽培作物。在长期的驯化和育种选择过程中，只有与"驯化综合征"相关的高产、优质和易于栽培管理等重要目标基因受到强烈选择被保存下来，而目标基因旁边没有受到选择的基因区域由于"选择牵连"（hitch-hiking effect）或"驯化瓶颈"（domestication bottleneck）等效应，容易遭受选择性遗弃，不可避免丢失了野生植物具有的诸多抗逆性状和抵御病虫害的能力（即所谓的"驯化综合征，domestication syndrome"）。现代作物遗传育种的重要任务之一是回溯到它们的野生资源群中捡拾这些优良性状，将其重新引入转移到作物种质中，丰富作物的遗传多样性。玉米的野生近缘种质资源如大刍草和摩擦禾，具有栽培玉米不具备的抗逆、抗病虫、耐瘠薄、耐盐碱、蛋白质含量高等优良特征特性，已有许多成功案例证明，利用近缘野生资源改良玉米重要农艺性状能取得重要成果（Tian 等，2019；Araus 和 Kefauver，2018；Fang 等，2020；Zsögön 等，2022；Huang 等，2022）。

作物遗传改良高效利用作物优良近缘种或野生资源取决于两个方面：其一，取决于研究者掌握核心种质资源的多少和重要特性或基因的甄别；其二，取决于遗传资源的改良效率、遗传重组的操控程度和育种利用程度（Huang 等，2022）。玉米的野生近缘材料大刍草和摩擦禾，是玉米育种的优异基因源，但玉米与它们之间的性状差异大、遗传关系相对较远，在杂交过程中会出现杂交不亲和、杂种衰亡或不育以及杂交后代疯狂分离等不良情况，获得稳定材料的耗时较长，需要常规技术与现代生物技术有机结合创制突破性中间材料，构建玉米与大刍草和摩擦禾遗传定位群体及渗入系、回交群体、染色体片段代换系、重组自交系等，构建高密度的玉米及其野生类群遗传变异连锁图谱和泛基因组，其基因导入、全基因组关联分析（GWAS）定位挖掘相关功能基因、基因图位克隆、基因编辑技术编辑相关基因、合成生物学等方法导入目标性状将变得更加高效（Liu 等，2020；Liang 等，2021；Che 等，2022；Zobrist 等，2021；Che 等，2022）。

主要参考文献

黎裕 . 2017. 玉米种质创新—进展与展望 . 玉米科学，25（3）：11 - 18.

李影正，严旭，李晓锋，等 . 2022. 玉米野生近缘种属研究利用进展 . 科学通报，67（36）：4370 - 4387.

刘纪麟 . 2002. 玉米育种学（第二版）. 北京：中国农业出版社 .

唐祈林，荣廷昭 . 2000. 用玉米近缘材料创造玉米新种质 . 中国农业科学，33（s1）：62 - 66.

唐祈林，荣廷昭，宋运淳，等 . 2004. 玉米×四倍体多年生玉米 F_1 减数分裂构型及不同构型的染色体来源研究 . 中国农业科学，37（4）：473 - 476.

Bashaw EC, Hignight KW. 1990. Gene transfer in apomictic buffelgrass through fertilization of an unreduced egg. Crop Science, 30（3）：571 - 575.

Beadle GW. 1939. Teosinte and the origin of maize. Journal of Heredity, 30（6）：245 - 247.

Bennetzen J，Buckler E，Chandler V，et al. 2001. Genetic evidence and the origin of maize. Latin American Antiquity，12（1）：84 – 86.

Benz B. 2001. Archaeological evidence of teosinte domestication from Guilá Naquitz，Oaxaca. Proceedings of the National Academy of Sciences of the United States of America，98（4）：2104 – 2106.

Benz BF，Iltis HH. 1990. Studies in archaeological maize I：the "wild" maize from san marcos cave reexamined. American Antiquity，55（3）：500 – 511.

Benz BF，Iltis HH. 1992. Evolution of female sexuality in the maize ear (*Zea mays* L. *subsp. mays* —Gramineae). Economic Botany，46：212 – 222.

Bergquist RR. 1981. Transfer from *Tripsacum dactyloides* to corn of a major gene locus conditioning resistance to *Puccinia sorghi*. Phytopathology，71（5）：518 – 520.

Bird RM. 2000. A remarkable new teosinte from Nicaragua：growth and treatment of progeny. Maize Genetics Cooperation Newsletter，74：58 – 59.

Blakey CA，Costich D，Sokolov V，et al. 2007. Tripsacum genetics：from observations along a river to molecular genomics. Maydica，52（1）：81 – 99.

Buckler ES，Holtsford TP. 1996. Zea systematics：ribosomal ITS evidence. Molecular Biology and Evolution，13（4）：612 – 622.

Che L，Luo JY. 2022. Genome sequencing reveals evidence of adaptive variation in the genus Zea. Nature Genetics，54（11）：1736 – 1745.

Chen W，Chen L，Zhang X，et al. 2022. Convergent selection of a WD40 protein that enhances grain yield in maize and rice. Science，375：eabg7985.

Cheng M，Zheng M，Yang S，et al. 2016. The effect of different genome and cytoplasm on meiotic pairing in maize newly synthetic polyploids. Euphytica，207（3）：593 – 603.

Clark RM，Wagler TN，Quijada P A，et al. 2006. A distant upstream enhancer at the maize domestication gene tb1 has pleiotropic effects on plant and inflorescent architecture. Nature Genetics，38（5）：594 – 597.

Collins GN，Kempton JH. 1916. Patrogenesis：A form of inheritance with the characters of the female parent completely excluded—a cross between two genera of grasses，*Tripsacum* and *Euchlaena*. Journal of Heredity，7（3）：106 – 118.

De Lange ES，Balmer D，Mauch – Mani B，et al. 2014. Insect and pathogen attack and resistance in maize and its wild ancestors，the teosintes. New Phytologist，204：329 – 341.

De Wet J，Harlan JR. 1972. Origin of maize：The tripartite hypothesis. Euphytica，21：271 – 279.

De Wet J，Harlan JR. 1974. Tripsacum – maize interaction：a novel cytogenetic system. Genetics，78（1）：493 – 502.

De Wet J，Harlan JR，Brink DE. 1982. Systematics of *Tripsacum dactyloides* (Gramineae). American Journal of Botany，69：1251 – 1257.

Doebley J. 1995. Teosinte branched1 and the origin of maize：evidence for epistasis and the evolution of dominance. Genetics，141：333 – 346.

Doebley J. 2006. The evolution of plant form：An example from maize. Developmental Biology，295（1）：337 – 337.

Doebley JF，Iltis HH. 1980. Taxonomy of Zea (Gramineae). I. A subgeneric classification with key to taxa. American Journal of Botany, 67 (6): 982 - 993.

Doebley JF. 2004. The genetics of maize evolution. Annual Review of Genetics, 38: 37 - 59.

Dorweiler JE, Stec A, Kermicle JL, et al. 1993. Teosinte glume architecture 1: A genetic locus controlling a key step in maize evolution. Science, 262 (5131): 233 - 235.

Ellstrand NC, Garner LC, Hegde S, et al. 2007. Spontaneous hybridization between maize and teosinte. Journal of Heredity, 98 (2): 183 - 187.

Evans MMS, Kermicle JL. 2001. Teosinte crossing barrier1, a locus governing hybridization of teosinte with maize. Theoretical & Applied Genetics, 103 (2): 259 - 265.

Fang H, Fu X, Wang Y, et al. 2020. Genetic basis of kernel nutritional traits during maize domestication and improvement. Plant Journal, 101: 278 - 292.

Findley WR, Nault LR, Styer WE, et al. 1982. Inheritance of maize chlorotic dwarf virus resistance in maize × *Zea diploperennis* backcrosses. Maize Genetics Cooperative News Letter, 56: 165 - 166.

Galinat WC. 1986. The cytology of the trigenomic hybrid. Maize Genetics Cooperative News letter, 60: 133.

Gaut BS, Doebley JF. 1997. DNA sequence evidence for the segmental allotetraploid origin of maize. Proceedings of the National Academy of Sciences of the United States of America, 94 (13): 6809 - 6814.

Gaut BS, Le Thierry d'Ennequin M, Peek AS, et al. 2000. Maize as a model for the evolution of plant nuclear genomes. PNAS, 97: 7008 - 7015.

Gonzalez G, Comas C, Confalonieri VA, et al. 2006. Genomic affinities between maize and *Zea perennis* using classical and molecular cytogenetic methods (GISH - FISH). Chromosome Research, 14 (6): 629 - 635.

Gonzalez G, Confalonieri VA, Comas C, et al. 2004. GISH Genomic *in situ* hybridization reveals cryptic genetic differences between maize and its putative wild progenitor *Zea mays* subsp. *parviglumis*. Genome, 47 (5): 947 - 953.

Harlan JR, Wet JM. 1977. Pathways of genetic transfer from *Tripsacum* to *Zea mays*. PNAS, 74 (8): 3494 - 3497.

He RY, Zheng JJ, Chen Y, et al. 2023. QTL - seq and transcriptomic integrative analyses reveal two positively regulated genes that control the low - temperature germination ability of MTP - maize introgression lines. Theoretical & Applied Genetics, 136: 116.

Huang YC, Wang HH, et al. 2022. THP9 enhances seed protein content and nitrogen - use efficiency in maize. Nature, 612 (7939): 292 - 300.

Iltis HH, Benz BF. 2000. *Zea nicaraguensis* (Poaceae), a new teosinte from Pacific Coastal Nicaragua. Novon A Journal for Botanical Nomenclature, 10 (4): 382 - 390.

Iltis HH, Doebley JF, Guzman M R, et al. 1979. Zea diploperennis (Gramineae): A New Teosinte from Mexico. Science, 203 (4376): 186 - 188.

Iltis HH, Doebley JF. 1980. Taxonomy of Zea (Gramineae). II. subspecific categories in the *Zea mays* complex and a generic synopsis. American Journal of Botany, 67 (6): 994 - 1004.

Iqbal MZ, Cheng M, Su Y, et al. 2019. Allopolyploidization facilitates gene flow and speciation among corn, *Zea perennis* and *Tripsacum* dactyloides. Planta, 249: 1949 - 1962.

Iqbal MZ, Wen XD, Xu LL, et al. 2023. Multi - species polyploidization, chromosome shuffling, and genome extraction in *Zea/Tripsacum* hybrids. Genetics: iyad029. https://doi.org/10.109 3/genetics/iyad029.

Kato TA, Lopez R. 1990. Chromosome knobs of the perennial teosintes. Maydica, 35: 125 – 141.

Kato YTA. 1984. Chromosome morphology and the origin of maize and its races. Evolutionary Biology, 17 (6): 219 – 253.

Kermicle JL, Evans MMS. 2005. Pollen – pistil barriers to crossing in maize and teosinte result from incongruity rather than active rejection. Sexual Plant Reproduction, 18 (4): 187 – 194.

Kindiger B, Beckett JB. 1990. Cytological evidence supporting a procedure for directing and enhancing pairing between Maize and Tripsacum. Genome, 33 (4): 495 – 500.

Kindiger B, Sokolov V, Khatypova IV. 1996. Evaluation of apomictic reproduction in a set of 39 chromosome Maize – Tripsacum backcross hybrids. Crop Science, 36 (5): 1108 – 1113.

Lennon J, Krakowsky M, Goodman M, et al. 2016. Identification of alleles conferring resistance to gray leaf spot in maize derived from its wild progenitor species teosinte. Crop Science, 56: 209 – 218.

Li XF, Wang XY, Ma QQ, et al. 2023. Integrated single – molecule real – time sequencing and RNA sequencing reveal the molecular mechanisms of salt tolerance in a novel synthesized polyploid genetic bridge between maize and its wild relatives. BMC Genomics, 24.

Liu J, Fernie AR, Yan J. 2020. The past, present, and future of maize improvement: domestication, genomics, and functional genomic routes toward crop enhancement. Plant Communications, 1: 100010.

Longley AE. 1952. Chromosome morphology in maize and its relatives. Botanical Review, 18 (6): 399 – 412.

Lukaszewski AJ, Kopecky D. 2010. The Ph1 locus from wheat controls meiotic chromosome pairing in auto-tetraploid rye (*Secale cereale* L.). Cytogenetic & Genome Research, 129 (1 – 3): 117 – 123.

Lukens L, Doebley J. 2001. Molecular evolution of the teosinte branched gene among maize and related grasses. Molecular Biology and Evolution, 18 (4): 627 – 638.

Magoja JL, Pischedda G. 1994. Maize × teosinte hybridization. Biotechnology in Agriculture and Forestory, 25 (Maize): 84 – 101.

Mangelsdorf PC, Macneish RS, Galinat WC, et al. 1964. Domestication of corn. Science, 143 (3606): 538 – 545.

Mangelsdorf PC, Reeves RG. 1931. Hybridization of maize, Tripsacum, and Euchlaena. Journal of Heredity, 22 (11): 329 – 343.

Mangelsdorf PC, Reeves RG. 1935. A trigeneric hybrid of zea tripsacum and euchlaena all of the chromosomes of maize and its two nearest relatives combined in a single plant. Journal of Heredity, 26 (4): 129 – 140.

Mangelsdorf PC, Rg R. 1984. The origin of maize. Science, 225 (4667): 1094 – 1094.

Mano Y, Omori F, Takamizo T, et al. 2007. QTL mapping of root aerenchyma formation in seedlings of a maize×rare teosinte "Zea nicaraguensis" cross. Plant & Soil, 295 (1 – 2): 103 – 113.

Mano Y, Omori F. 2008. Verification of QTL controlling root aerenchyma formation in a maize × teosinte "*Zea nicaraguensis*" advanced backcross population. Breed Science, 58: 217 – 223.

Matsuoka Y, Vigouroux Y, Goodman MM, et al. 2002. A single domestication for maize shown by multilocus microsatellite genotyping. Proceedings of the National Academy of Sciences of the United States of

America，99（9）：6080－6084.

Molina MDC，Garcia MD. 1999. Influence of ploidy levels on phenotypic and cytogenetic traits in maize and *Zea perennis* hybrids. Cytologia，64（1）：101－109.

Molina MDC，Naranjo CA. 1987. Cytogenetic studies in the genus Zea. Theoretical & Applied Genetics，73（4）：542－550.

Naranjo CA，Poggio L，Molina MDC，et al. 1994. Increase in multivalent frequency in F_1，hybrids of *Zea diploperennis*×*Z. perennis*，by colchicine treatment. Hereditas，120（3）：241－244.

Omori F，Mano Y. 2007. QTL mapping of root angle in F_2 populations from maize B73 × teosinte Zea luxurians. Plant Root，1：57－65.

Pan QC，Li L，Yang XH，et al. 2016. Genome－wide recombination dynamics are associated with phenotypic variation in maize. New Phytologist，210：1083－1094.

Pesqueira J，Garicia MD. 2006. NaCl effects in *Zea mays* L. ×*Tripsacum dactyloides*（L.）L. hybrid calli and plants. Electronic Journal of Biotechnology，9（3）.

Petrov DF. 1957. The significance of apomixis for fixation of heterosis. PNAs（Russia），5（112）：954－957.

Poggio L，Confalonieri V，Comas C，et al. 1999. Genomic affinities of *Zea luxurians*，*Z. diploperennis*，and *Z. perennis*：Meiotic behavior of their F_1 hybrids and genomic *in situ* hybridization（GISH）. Genome，42（5）：993－1000.

Poggio L，Molina MC，Naranjo CA. 1990. Cytogenetic studies in the genus Zea. Theoretical and Applied Genetics，79（4）：461－464.

Prischmann DA，Dashiell KE，Schneider DJ，et al. 2009. Evaluating Tripsacum－introgressed maize germplasm after infestation with western corn rootworms（Coleoptera：Chrysomelidae）. Journal of Applied Entomology，133（1）：10－20.

Randolph LF. 1959. The origin of maize. Indian Journal of Genetics and Plant Breeding，19：1－12.

Reif JC，Hamrit S，Heckenberger M，et al. 2005. Trends in genetic diversity among European maize cultivars and their parental components during the past 50 years. Theoretical & Applied Genetics，111（5）：838－845.

Sánchez G，Cruz L，Vidal M，et al. 2011. Three new teosintes（*Zea* spp.，Poaceae）from México. American Journal of Botany，98（9）：1537－1548.

Shaver DL. 1963. The effect of structural heterozygosity on the degree of preferential pairing in allotetraploids of Zea. Genetics，48（4）：515－524.

Shaver DL. 1967. Perennial maize. Journal of Heredity，58：270－273.

Tang Q，Rong T，Song Y，et al. 2005. Introgression of perennial teosinte genome into maize and identification of genomic in situ hybridization and microsatellite markers. Crop Science，45（2）：717－721.

Tian J，Wang C，Xia J，et al. 2019. Teosinte ligule allele narrows plant architecture and enhances high－density maize yields. Science，365：658－664.

Wang H. 2005. The origin of the naked grains of maize. Nature，436：714－719.

Wang H，Hou J，Ye P，et al. 2021. A teosinte－derived allele of a MYB transcription repressor confers multiple disease resistance in maize. Molecular Plant，14：1846－1863.

Wang L，Yang A，He C，et al. 2008. Creation of new maize germplasm using alien introgression from *Zea mays* ssp. mexicana. Euphytica，164：789 - 801.

Wang P，Lu Y，Zheng M，et al. 2011. RAPD and internal transcribed spacer sequence analyses reveal *Zea nicaraguensis* as a section luxuriantes species close to *Zea luxurians*. PLoS ONE，6（4）：1451 - 1453.

Wang R，Stec A，Hey J，et al. 1999. The limits of selection during maize domestication. Nature，398 （6724）：236 - 239.

Wright SI，Bi IV，Schroeder SG，et al. 2005. The effects of artificial selection on the maize genome. Science，308：1310 - 1314.

Yan X，Cheng M，Li Y，et al. 2020. Tripsazea，a novel trihybrid of *Zea mays*，*Tripsacum dactyloides*，and *Zea perennis*. G3 - Genes Genomes Genetics，10：839 - 848.

Zsögön A，Peres LEP，Xiao Y，et al. 2022. Enhancing crop diversity for food security in the face of climate uncertainty. The Plant Journal，109：402 - 414.

第二章 玉米形态学与细胞学

（金危危）

第一节 玉米植株与株型

一、植株

玉米为禾本科一年生草本植物，由根、茎、叶和雌穗、雄花序5个部分组成。茎是植株的骨架，多数品种只有一根主茎；少数品种除主茎之外，还有分枝。玉米的茎由许多节和节间构成，茎基部的6~8个节比较密集，节间不伸长，位于地面以下，在这些节上着生次生根系，有的长出分蘖。地上部茎的节间不同程度地伸长。每节着生1片叶，叶由叶鞘和叶片构成，叶鞘紧包着茎，叶片伸出，互生而相对排列成2列叶序。每个茎节上在叶鞘内都有1个腋芽，一般最上部的4~5个节上的腋芽由于被抑制而不能分化；其他节上的腋芽都能不同程度地生长分化，但通常其中只有1~2个腋芽能分化成雌穗，最后幼穗吐丝结实。其他节上的腋芽，从上向下依次在不同时期自行停止生长分化。但也有少数地方的玉米品种，如爆裂型玉米和一些甜玉米，茎基部和地下部的节上的腋芽分化成分枝，分枝的顶端又分化成雌穗，最终结出小的果穗。主茎的顶端着生雄花序，大约在抽雄期以前，主茎基部接近地面的1~3节开始长出支持根（图2-1）。

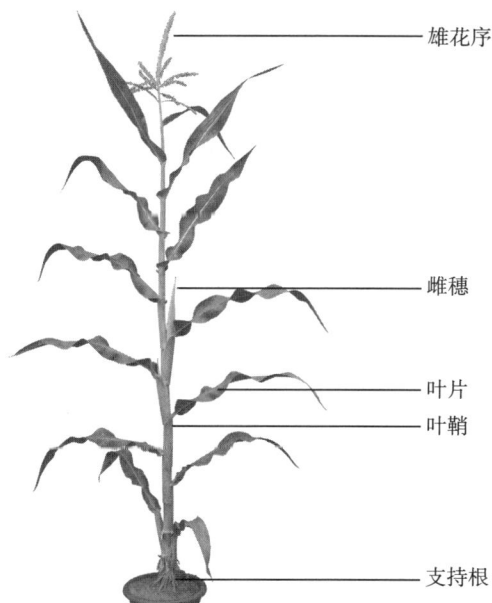

图 2-1 玉米植株

（图中标注：雄花序、雌穗、叶片、叶鞘、支持根）

二、株型

株型是指植株的综合形态性状，主要构成因素包括叶夹角、叶向值、叶长、叶宽、株高、穗位高、雄穗分枝数等性状。理想株型包括适宜的植株高度，中矮秆或中秆；叶片宽窄长短适度、着生均匀，叶夹角较小，叶色较深，光合作用强，生长后期绿叶持续期较长；穗型好，库容较大，构成产量的各种性状协调；结穗部位适中，在主茎下部 1/3～2/5 的位置；根系发达，茎秆坚韧。理想株型耐肥抗倒，适于密植，可增加单位面积上的总株数；使叶面积指数从 3.5 左右提高到 4.5～5，从而增加总的光合产物，达到高产。

叶片着生角度是指叶片与主茎的夹角，又称为叶夹角，按照植株主茎上叶片着生角度的大小，可将植株大致分为 3 种不同株型。

①紧凑型。果穗以上的叶片上冲，叶夹角小于 30°；果穗下部的叶夹角约 45°，整个株型紧凑。

②正常型。果穗以上的叶片略上冲，叶夹角小于 45°；果穗下部叶片较平展，叶夹角约 60°，整个株型正常或紧凑。

③松散型。果穗以上的叶片平展，叶夹角约 60°；果穗下部的叶夹角约 75°，整个株型松散。

叶片着生角度对形成最终产量有明显的影响。Pendelton（1968）的试验结果表明，同一遗传背景的等基因系杂交种 C103×Hy，其上冲叶片类型的每公顷产量为 8 769kg，而正常叶片类型为 6 202kg，上冲叶型比正常叶型增产 41.3%。Pendelton 又以杂交种先锋 3306 为试材，采用机械控制叶片着生角度的方法进行比较试验，产量排列次序是果穗上部叶片处理上冲类型＞全株叶片处理上冲类型＞未处理类型，表明果穗上部叶片上冲而中下部叶片较平展的株型，具有最强的光合作用。Pepper 等（1977）进一步认为，玉米群体中不仅叶夹角，而且叶片下垂特性也影响透光及光合效率。

现在生产上通用的玉米高产的商品杂交种，大多数为中秆或中矮秆的大穗品种，株型为正常株型或紧凑株型，少数为具有上述同样株型的部分双穗品种。而分枝丛生多穗和矮秆大穗型的品种则很少利用。最近，紧凑型的耐密植适合机械收获的品种成为玉米育种的发展方向。

第二节　玉米的根系

一、根系的种类

玉米属于须根系作物，没有主根。按发育阶段前后可分为胚胎期根系统和胚后根系统，其中前者由一条胚根和数目不等的种子根组成，后者则包括次生根和支持根两种。

胚根又称为初生根，是禾本科植物种子发育过程中形成的特有根系结构。当玉米种子发芽时，从胚根基中长出一条胚根，垂直入土后，横向生长 5～9cm，在胚节处又长出几条种子根（又称为侧胚根），横向生长 13～50cm。胚根能吸收土壤中的水分和矿物质元素供植物在苗期生长，而拔节后胚根生长缓慢或基本停止生长，在开花期后逐渐衰退和死亡。种子在土壤中萌发出苗后，从种子到胚芽鞘节之间的组织称为中胚轴（或根茎），中胚轴的长短随播种深度不同而变化，播种越深，则中胚轴越长，幼苗越弱；播种深度适中，中胚轴较短，幼苗较壮（图2-2）。

　　次生根，又称为不定根或侧根，是玉米的主要根系。在三叶期以后，在地下部的茎基部的6～8个密集的节上，由下向上逐层开始向四周长出次生根。接近地表的几层次生根又称为冠根，基本上先向水平方向伸长，然后再向下垂直生长。玉米的次生根系发达，在肥沃深厚的土壤里，一株玉米的次生根可多达数十条至百余条，分布范围直径在1m以上，深度约相当于地上部茎秆的高度。在玉米的生长周期中，主要靠次生根固定生长，吸收土壤中的水分和矿物质养分。不同的玉米品种，次生根的层数有明显差别，一般叶片数较多、生育期较长的品种和杂交种，次生根的层数也较多。

　　支持根，又称为气生根，是由地上部接近地面的1～3个节上发生的不定根。支持根的形态比较粗壮光滑，在地上部的茎节上呈轮形生长，入土后可发生分枝，支撑在土壤表层，对植株起固定抗倒的作用（图2-3）。

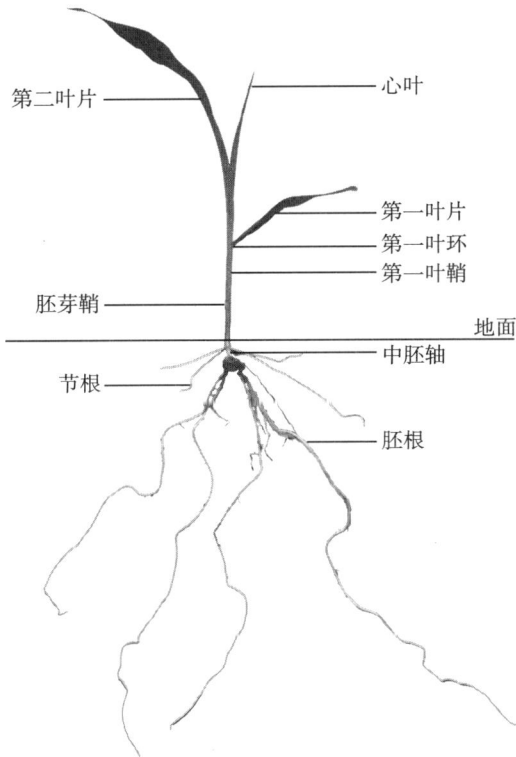

图2-2　玉米幼苗

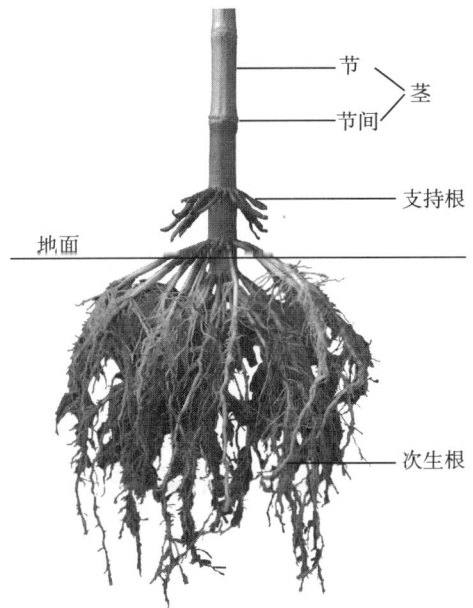

图2-3　玉米的根与茎

二、根的结构和功能

　　玉米的根由表皮、皮层和中柱层三个部分构成。表皮的最外层是根毛区，由表皮的根毛和一至数层皮下薄壁细胞组成，后期这些皮下薄壁细胞开始瓦解，由数层表皮下的细胞发育成厚的石质化的壁，这些强韧的皮下厚壁组织就成了根的永久保护层。表皮下面为皮层，皮层的细胞壁变厚和石质化，形成变大的、辐射状分层的皮层薄壁组织，细胞间隙也较大。中柱层包括韧皮部、木质部和髓，与中柱鞘相联系的原生韧皮细胞是筛管，随后分化出次生韧皮部，是由若干个筛管和伴细胞组成。原生木质部的形成迟于韧皮部，第一批原生木质部细胞也与中柱鞘相联系，相继向心地产生木质细胞，最后形成次生木质部，导管分布在木质部中。根的中心组织是髓，大部是薄壁细胞组成，有核的中心细胞松散排列并具有薄的纤维素细胞壁（图2-4）。

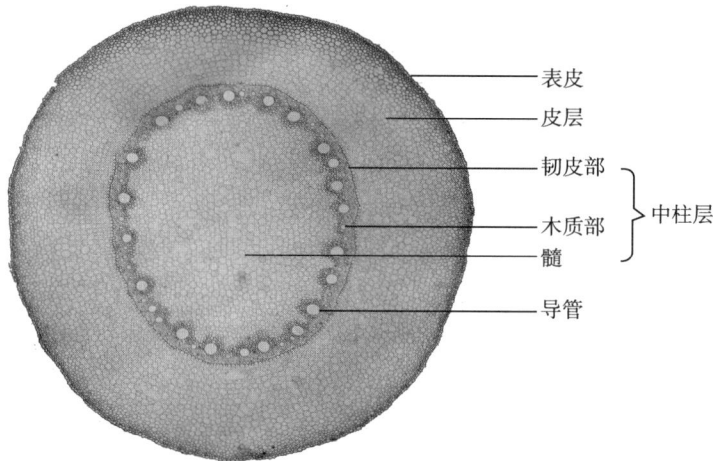

图2-4 玉米根的横切面

根是玉米植株的吸收器官，它通过根毛和根尖表皮细胞从土壤中吸收水分和矿物质元素，经过皮层、木质部导管，输送到植株地上部分的组织和器官中。同时，绿色植株合成的有机物，经过筛管输送到根部，供根系生长利用。根系还具有将碳水化合物转化为有机酸、合成多种氨基酸和蛋白质的功能。根系对固定和支持植株生长，起着重要的作用。

三、根系发育的相关基因

通过对影响玉米根系发育突变体的研究，科学家逐步克隆了一系列根发育相关基因。*RT1*（*rootless1*）是最早发现的玉米根系发育基因，该基因位于玉米3号染色体上，其突变体表现为玉米的地上部支持根完全缺失，地下部次生根数量减少（Jenkins，1930）。*RTCS*（*rootless concerning crown and seminal roots*）基因编码一个包含LOB结构域的转录因子，主要参与调控玉米侧生胚根和支持根原基的形成和维持（Taramino，2007）。*rum1*（*rootless with undetectable meristems1*）是玉米经典的根系突变体，该基因编码一个单子叶植物特有的AUX/IAA蛋白，参与调控玉米苗期种子根和初生根上侧根的形成，但*rum1*突变体生长后期支持根的发育不受其影响（von Behrens，2011）。*slr1*（*short lateral roots1*）和*slr2*（*short lateral roots2*）突变体均表现为侧根的伸长受到抑制，侧根起始原基与野生型无明显差别，而侧根的皮层细胞长度约为野生型的 25％。此外，在生长初期，突变体植株的根系伸长也受到不同程度的影响（Hochholdinger，2001）。*RTH1*（*roothairless1*）、*RTH2*（*roothairless2*）、*RTH3*（*roothairless3*）是影响玉米根毛发育的基因，其中 *RTH1* 与 *RTH3* 已经被克隆。*RTH1* 基因编码一个与 SEC3 同源的囊泡分泌物；*RTH3* 基因编码在根表皮生毛细胞和侧根原基的形成中发挥重要作用的 COBRA - like 蛋白。*rth1* 突变体的表型为根毛缺失，同时植株生长缓慢矮小，且会出现缺氮的症状；*rth2* 突变植株能形成根毛，但是根毛长度只有野生型的 20％～25％，且 *rth2* 植株生长旺盛，很少有缺氮症状出现；*rth3* 突变表型与 *rth1* 类似。电子扫描显微镜观察结果显示，在 *rth3* 的初生根表面存在有许多微小的冠状物，然而这些冠状物没有进一步伸长发育为根毛。原位杂交的试验证明，*RTH3* 基因主要是在根毛形成区的表层细胞及侧根原基中富集表达（Hochholdinger，2008）。

第三节　玉米的茎

一、茎的形态与生长

茎是植株的骨架，支撑着玉米植株的生长，也是植株养分和水分的输导组织和贮存器官之一。

茎由节和节间组成，节数和节间长度是株高的两个构成因素。玉米的节数因品种而异，少的只有 10 余节，多的有 30 多节。节数和品种的生育期长短密切相关，高纬度地区的极早熟玉米品种，只有 12～13 节；适合找国大多数地区种植的中早熟、中熟和中晚熟玉米品种，一般有 17～25 个节，6～8 节位于地面以下，其余的节都在地面以上。在玉米拔节前的雄穗生长锥伸长期，玉米的全部茎节已经分化形成。以郑单 2 号为例，其茎多为 23 个节，其中 7 个节在地下，16 个节在地上。各节间的长度，从第一节起向上依次加长，以第 13 节最长，再向上又逐渐变短。各节间的粗度，以地面上第二节最粗，向上依次变细。节间长短和茎粗的变化都呈单峰曲线。节间生长的速度与栽培条件密切相关。若温度高，养分和水分充足，则茎生长迅速。拔节至小喇叭口期平均日增长 2.6cm；小喇叭口期至抽穗期平均日增长 9.7cm；开花后，平均日增长 1.4cm，散粉后停止生长，茎高固定。

二、茎的结构和功能

玉米的茎由表皮、机械组织、基本组织、维管束和髓组成。茎的最外的一层是表皮，表皮下面是由几层木质化厚壁细胞组成的机械组织，玉米茎秆的抗倒折能力，与机械组织的发育状况密切相关。表皮和机械组织对茎秆具有保护和加固的作用。抗倒伏能力强的玉米品种，一般具有以下特点：机械组织较厚、细胞壁加厚的细胞数目较多，且细胞壁较厚；维管束鞘厚度较大，纤维较长，微纤维丝角度较小；木质化细胞数目较多，且木质化程度较高；成熟期基部节间衰老程度较轻，衰老的速度较慢。

机械组织以内是疏松的薄壁细胞，称为基本组织，有贮存养分的功能。基本组织中纵向分布着木质部、韧皮部并散生着一些纤维状的维管束，它是联系根系和叶片的养分和水分的输送管道，也具加固茎秆的作用。茎也是一个暂时的贮藏器官，叶片制造的碳水化合物除用于新器官的生长之外，多余的部分都贮存在髓部，以后再转运到灌浆的籽粒中去（图2-5）。

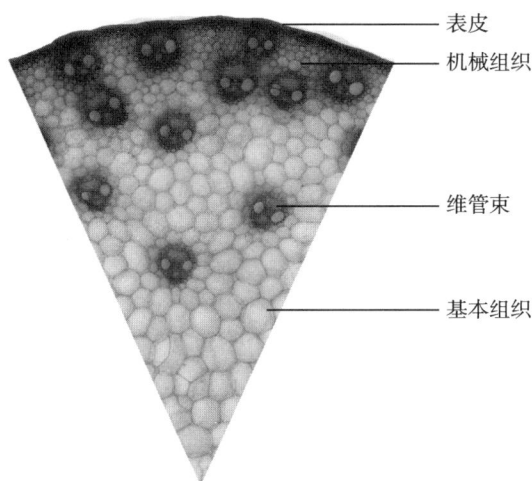

图2-5　玉米茎的横切面（甲苯胺蓝染色）

玉米茎还是重要的饲料和能源原料。青贮玉米是指将果穗和茎叶都用于制作禽畜的青贮饲料的玉米品种，是发展畜牧养殖业不可或缺的基础饲料之一。玉米茎秆中的糖质、纤维素和半纤维素均可以用来生产燃料乙醇。

三、茎发育的相关基因

自1912年玉米中首次报道矮化突变体以来，越来越多的茎秆相关突变体及基因被人们认识（Emerson，1912）。植物激素对茎秆发育的影响作用尤其突出，其中 *Dwarf3*（*D3*）和 *anther earl*（*Anl*）基因都被证实是赤霉素（GA）生物合成途径中的关键因子（Bensen，1995；Winkler，1995），而 *Dwarf8*（*D8*）突变体（Cassani，2009）则被证实是 GA 信号传导基因的突变导致植株矮化。此外，*nana plant1*（*na1*）突变体破坏了油菜素内酯合成基因，造成玉米花序发育异常及茎秆矮化（Hartwig，2011）。生长素也广泛参与调节玉米茎节的伸长，如 *Brachytic2*（*BR2*）基因编码一个 *multiple drug resistance*（MDR）生长素运转载体，*br2* 突变体导致玉米植株极端矮化（Multani，2003）。

玉米茎秆的负向重力性生长是地上部各器官正常形态发育与生物学功能的基础。*lazy plant1*（*la1*）突变体是经典的玉米遗传学突变体之一，是植物中第一个正式报道的重力性突变体（Jenkins，1931）。*LA1* 基因抑制茎中生长素的极性运输速率，同时促进侧向极性运输效率，还参与生长素信号转导及光信号响应等一系列生理过程，以调节茎秆的负向重力性生长及组织发育（Dong，2013）。

第四节　玉米的叶

一、叶的形态结构和功能

叶是玉米的同化器官，主要由叶片、叶鞘和叶舌三部分组成。叶片的发育起始于顶端分生组织周围的叶原基细胞，通过一系列调控作用建立起的极性作用，引导叶原基中特定细胞的分裂和分化，最终发育为具有一定大小和形态的叶片结构。叶片中部有 1 条主脉，主脉两侧有若干条平行的侧脉，起到支持叶片和输送水分、养分的作用。叶片由上下表皮、叶肉组织和维管束构成。叶片的上下表皮分布着许多气孔，是植株的呼吸器官。气孔是由 2 个哑铃形的保卫细胞组成（图 2 - 6），能根据外界条件自动开关，以控制植株体内水分的蒸发。叶片的上表皮有一层大型细胞，称为运动细胞，当气候干旱，供水不及时，运动细胞失水，体积缩小，使叶片向上卷曲，可减少植株体内水分的损失，因此，

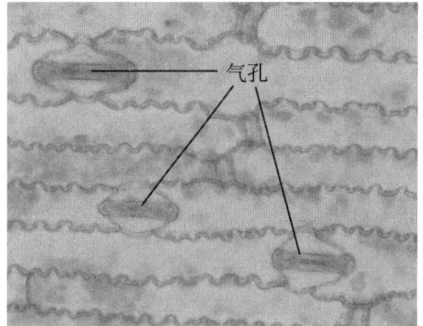

图 2 - 6　玉米的叶表皮与气孔

气孔的开闭机制与玉米的耐旱性有关。叶内细胞内充满了颗粒状的叶绿体，使叶片呈现绿色。叶肉组织内分布着许多维管束，维管束鞘细胞含有大的叶绿体，其光合效率很高。

叶鞘在叶的基部，质地坚韧，紧包着茎部的节间，有保护茎秆的作用，可增强茎秆的抗倒折能力，也为叶片的发育提供力学支撑，同时还具有贮存养分的功能。叶舌着生在叶片下部内侧和叶鞘的分界处，是一层无色的膜片，紧贴在茎秆上形成封闭的空间，有防止雨水和病菌侵入茎秆和叶鞘的作用。叶鞘及叶舌的形态对叶夹角性状有直接的影响。叶的主要功能是进行光合作用、蒸腾作用和吸收作用。玉米叶片通过叶绿体和气孔，吸收日光能和二氧化碳，将二氧化碳和水合成碳水化合物并放出氧气。经过复杂的生化过程，转化为葡萄糖、淀粉等有机物质。因此光合作用是构成玉米产量的源泉。蒸腾作用是玉米吸收和运输水分的基本动力，玉米体内叶肉组织内的水分通过叶片上的气孔，以气体状态扩散到大气中去，一方面能降低玉米植株温度，防止暴晒时温度过高灼伤叶片，同时有利于水分和矿物质元素在植株内的输送。除上述功能外，叶片表皮细胞和气孔还具有吸收水溶液中的氮、磷、钾及生长激素等的作用，因此，进行叶面喷肥也是有效的。

佟屏亚和赵垂达（1982）进行的分层剪叶试验结果表明，玉米不同部位的叶片，对植株各部分的作用是不同的。玉米苗期的第一层叶（1～6 片叶）的供生长中心是根系，对其后的叶片生长也有作用；第二层叶（7～12 片叶）的供生长中心是茎、叶和雌穗，对后

期籽粒灌浆也有一定影响；而植株上层叶的供生长中心是形成籽粒和灌浆，对最后的经济产量影响最大。河南省玉米"高、稳、低"协作组的试验也得到基本相似的结果，第二组叶（7～11 片叶）和第三组叶（12～16 片叶）对行粒数、穗粒数和穗粒重具有同等重要的影响；而第三组叶比第二组叶对千粒重的影响更大。另外，17 叶至顶叶对产量的形成也有一定的作用。

二、叶片生长与其他器官的关系

玉米叶片的生长和植株各个器官的生长发育有明显的相关性，玉米叶片的生长与植株各个器官的生长发育有协同关系。

（一）展叶和次生根层出现的关系

佟屏亚和赵垂达（1981）用中单 2 号等 6 个玉米早熟、中熟及中晚熟品种所进行的观察表明，玉米幼苗叶片的生长和根层出现的相关性极为明显。供试的 6 个品种都是在第 1、3、5 片叶全展开时出现第 1、2、3 层次生根，每层根大致为 4 条。第 6、7、8 片叶全展时出现第 4、5、6 层次生根，每层根 5～7 条，最多的达 10 条。在第 9、10 叶全展时，只有中晚熟的京白 10 号和京杂 6 号出现第 7 层次生根，其他 4 个品种的根层不再增多，而总根量继续增加。这表明玉米植株在 9～10 叶展叶前地下次生根层次已基本形成。以后地上部支持根的出现则因品种不同而有明显的变化。中晚熟品种京白 10 号和京杂 6 号在第 12 片叶展现后，隔 2～3 片叶出第 8、9 层支持根，其他 4 个中熟和早熟品种，在第 11 片叶展现后出现第 7、8 层支持根。

（二）玉米展叶与雌穗分化的关系

观察表明，玉米展开叶与雌穗分化有明显的相关性。大致是，春播中晚熟玉米品种京白 10 号和京杂 6 号，总叶片数为 23～24，其雌穗生长锥伸长、小穗分化、小花分化和生殖器官形成期相应在第 9、10、12、14 叶展开时，中熟品种中单 2 号和京早 7 号，总叶片数为 19～22，上述雌穗 4 个分化时期相应在第 8、9、11、13（14）叶展开时；而早熟品种京黄 113 和京白 107，总叶片数为 17～18，上述 4 个雌穗分化期相应在第 7、8、10、11（12）片叶展时。大致趋势是雌穗生长锥伸长时占去一个叶龄，后 3 个分化期各占两个叶龄。

三、叶片发育的相关基因

玉米 $Lg1$（$liguleless1$）和 $Lg2$（$liguleless2$）是与叶舌发育有关的关键基因。$Lg1$ 基因编码一个 SPL（squamosa promoter - binding protein - like）蛋白，主要在刚发育的叶舌中表达，突变体表现为叶舌变短甚至完全缺失（Moreno，1997）。$Lg2$ 编码一个碱性

亮氨酸拉链锌指蛋白，在玉米叶片发育中参与幼叶原基叶环的形成（Walsh，1998）。对 lg1/lg2 双突变体的研究证明，这两个基因可能处于同一个通路中，且 Lg1 表达时期比 Lg2 稍晚，lg2 突变体一般缺失叶舌和叶耳，或者叶环发育异常（Harper，1996）。Lg3 (liguleless3) 基因是 KNOX（knotted1 - like homebox）基因家族的成员，lg3 突变体在早期叶发育过程中由于基因的异位表达而使叶片发育成叶鞘（Muehlbauer，1999）。Tian 等利用全基因组关联分析（genome - wide association study，GWAS）的手段也鉴定出了包括 Lg1、Lg2 及 Lg3 在内的多个叶夹角相关位点（Tian，2011）。

玉米是大约 9 000 年前由分布于墨西哥西南部的大刍草驯化而来。在其驯化过程中，由于遗传瓶颈效应和选择作用，玉米丢失了大刍草约 30% 的遗传多样性，其丢失的遗传多样性中可能包含可用于现代育种的优良等位基因。利用玉米与玉米野生种大刍草构建的渗入系群体进行的叶夹角 QTL 分析，鉴定了两个叶夹角关键调控基因：B3 转录因子 ZmRAVL1 和油菜素内酯（BR）合成途径基因 Brd1。大刍草 ZmRAVL1 等位基因相较于玉米，具有与叶片发育基因 DRL1（drooping leaf1）蛋白更强的结合能力，进而 DRL1 - LG1 蛋白互作并抑制 LG1 对 ZmRAVL1 的激活作用，导致该通路的下游基因 Brd1 表达减弱，进而降低叶环处内源 BR 水平及细胞的增殖，导致叶夹角减小（Tian，2019）。研究发现，ZmRAVL1 上减小叶夹角的等位基因仅存在于大刍草中，在栽培玉米中已经完全丢失。

Kn1（knotted1）也是 KNOX 基因家族的成员。野生型玉米植株的 KNOX 基因并不在叶片中表达，而突变体中则会发生异位表达，使原本不该累积 KNOX 的部位出现 KNOX 累积，例如，Kn1 基因在叶片中表达时，会产生使叶片表面形成类似于叶鞘、叶舌等混合体的节状突起结构，同时叶舌扭曲、叶鞘和叶舌边缘呈叶片状（Smith，1992）。玉米 rs2（rough sheath2）突变体表型与 KNOX 基因的突变体表型类似，Rs2 基因编码一个带有 MYB 结构域的转录因子，主要在叶原基中表达，其功能是抑制 KNOX 基因的表达，使叶片能够正常发育（Tsiantis，1999）。

Ns1（narrow sheath1）和 Ns2（narrow sheath2）是与玉米叶片边缘发育相关的两个基因，编码两个类似 WUSCHEL 的 Homeobox 蛋白，在侧生器官原基的边缘区域持续表达。ns 突变休表现为功能冗余的特点，只有 ns1、ns2 纯合双突变体植株才出现突变表型，其表型为叶片边缘部分缺失，但长度没有变化，最终形成细长的叶片形状（Nardmann，2004）。

小 RNA 也广泛参与叶片的生长发育过程。lbl1（leaf bladeless1）突变体叶片丧失了上表皮细胞特征，Lbl1 基因参与反式作用干扰小 RNA（ta - siRNA）的合成过程（Nogueira，2007）。与之类似，Rgd2（ragged seedling2）编码一个 ARGONAUTE7 (AGO7) - like 蛋白，也作用于 ta - siARF 类小 RNA 产生过程，其靶标基因为生长素响应因子 Arf3a，最终调节玉米上下表面叶片的极性发育（Douglas，2010）。

第五节　玉米的花序

玉米是雌雄同株异花植物。雄花序着生在植株茎秆的顶端，雌花序着生在茎秆中部的节上，一般雄花序比雌花序早 3～4d 开花，异花授粉率在 95％以上，因此玉米是异花授粉作物。

一、雄花序

玉米的雄花序又称为雄穗或天花，属圆锥花序。雄花序由一个主轴和若干分枝组成，分枝数目从几个到几十个不等。雄花主轴较粗，其上有 4 行以上成对着生的小穗，分枝较细，其上着生 2 行成对排列的小穗，每对小穗中位于上方的称为有柄小穗，位于下方的称为无柄小穗；每个小穗基部两侧各着生 2 片护颖，两片护颖间生长着 1 朵小花，每朵小花由外稃、内稃、1 对浆片、3 枚雄蕊以及退化的雌蕊组成，为单性花。每枚雄蕊由花药和花丝组成，花药内含有大量花粉粒（雄性生殖细胞）。雄蕊发育成熟后，颖片及内、外稃张开，花丝伸出颖片，花药开裂散出花粉。

每株玉米的雄花序含有 2 000 万～3 000 万个花粉粒，花粉粒呈圆形，主要由风力传播，正常气候条件下，花粉活力可保持 4～8h。玉米的雄穗抽出顶叶后 3～4d 开始散粉，从始花到结束需要 6～8d，一般在每日上午露水干后，开始开花散粉，午前大量散粉，午后散粉较少，温度低于 18℃或者高于 38℃时雄花不开放。

玉米雄花序的开花顺序是先主轴、后分枝，主轴上的小穗还未完全开花时，分枝上的小穗已经开花，同时进行，无论在主轴或者分枝上，都是中上部的小穗先开花，然后往上下两端的小穗依次开花。

二、雌花序

玉米的雌花序又称为雌穗，受精结实后成为果穗。雌花序着生在茎秆中部的叶腋内的节上，由腋芽发育而成。雌穗基部是穗柄，穗柄上有较密集的节和节间，每一节上着生 1 片苞叶，是由叶鞘变态而成，质地坚韧，紧包着雌花序。

雌花序为肉穗花序，中部为穗轴，穗轴上排列着 12～18 行成对纵向排列的小穗，小穗的行数因品种而异。每个小穗外有 2 片颖片，小穗内有 2 朵小花，上位小花发育为可孕花，下位小花在发育早期退化成不孕花。可孕小花外部为内、外稃，内部为子房、花柱、柱头（图 2-7）。

花柱俗称花丝，呈丝状，顶端分叉，称为柱头，其上布满茸毛，雌花

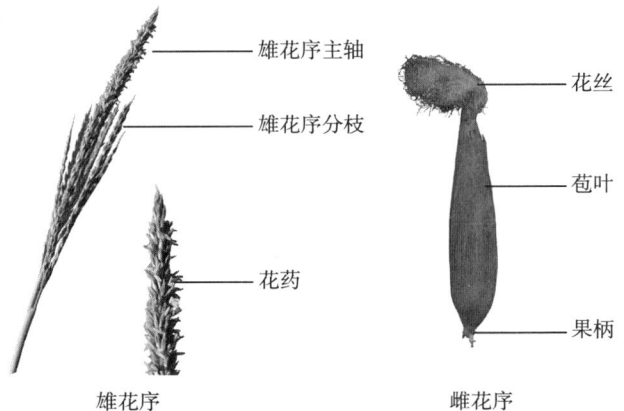

图 2-7 玉米雌雄花序

雄花序主轴
雄花序分枝
花药
雄花序

花丝
苞叶
果柄
雌花序

序的花丝露出苞叶，就是开花，也称为吐丝。通常雌穗中下部的花丝最先抽出苞叶，然后向上下两端的小穗花顺次吐丝，以顶部的花丝最晚抽出。一个雌穗的吐丝从始至终需 4～7d，新鲜的花丝能分泌黏液，粘住随风传来的花粉粒，花丝部分均有受精能力，受精后花丝变紫褐色，随即枯萎。未授粉时，花丝可继续伸长，长度可达 20cm 以上，最后自行枯萎。

三、花序发育的相关基因

由于玉米花序结构的特殊性及其对产量的直接关系，玉米花序发育相关突变体的鉴定及基因克隆长期以来都是研究者关注的重点。

玉米 *Td1*（*thick tassel dwarf 1*）和 *Fea2*（*fasciated ear 2*）基因主要影响花序分生组织（inflorescence meristem，IM）的发育，两者的突变表型相似。在雄穗中，突变体的主轴变粗，小穗密度增加，且排列不规则；在雌穗中，突变体花序分生组织的顶端扁平化，穗行排列不规则，且穗行数明显增加。*Td1* 编码一个富含亮氨酸重复序列的受体激酶，*Fea2* 则编码了一个富含亮氨酸重复序列的受体蛋白。对 *td1*/*fea2* 的双突变体研究发现表明，这两个基因并不处于同一通路中，而是分属两个通路，它们共同调节分生组织大小。最近研究发现，*Fea2* 基因座还是在控制玉米穗行数的一个 QTL 位点，该发现为提高玉米产量的一个重要的分子基础（Bommert，2013）。*Ct2*（*compact plant 2*）基因编码了一个异三聚体 G 蛋白的 α 亚基（Gα），其突变表型与 *fea2* 类似。通过 *ct2*/*fea2* 双突变体的研究发现，CT2 可能直接或间接与 *Fea2* 编码的受体蛋白互作，进行细胞信号的传递，从而影响玉米花序分生组织的发育（Bommert，2013）。

与上述通过突变体鉴定花序分生组织关键基因的策略不同，通过玉米与野生祖先种大刍草的杂交群体研究，发现了在大刍草驯化成为玉米过程中花序形态变异的关键位点 *KRN2*（*kernel row number 2*），其编码一种 WD40 蛋白，它与功能未知蛋白 DUF1644 互作，通过一条在玉米、水稻中保守的途径调控玉米穗行数（Chen，2021）。

Ba1（*barren stalk 1*）编码一个属于 bHLH（basic Helix - Loop - Helix）蛋白家族的转录因子。*ba1* 突变体使所有腋生分生组织的形成受限制，包括分蘖、雌穗、雄穗的分枝以及雄穗上的小穗，但突变植株的营养生长正常（Gallavotti 等，2004）。*bif2*（*barren inflorescence 2*）突变体表型类似 *ba1*，但它能形成退化的雌穗并能产生具有极少数小穗的雄穗。*Bif2* 编码一个丝氨酸/苏氨酸特异的蛋白激酶，*Ba1* 和 *Bif2* 可能同处于一条生长素极性运输相关的通路中，且 *Bif2* 位于该通路的上游，*Ba1* 处于下游受到 *Bif2* 表达的影响，推测 BA1 可能是 *Bif2* 的靶蛋白（Skirpan，2008）。

Ra1（*ramosa 1*）、*Ra2*（*ramosa2*）、*Ra3*（*ramosa3*）是一组典型的穗部发育相关基因，其表型均是在雌穗或雄穗上出现异常分枝。这组基因在小穗对分生组织（spikelet pair meristem，SPM）及花序分枝的形成中起着重要作用。*Ra1* 编码一个 C2H2 型锌指转录因子；*Ra2* 编码了一个含有侧向器官边界域（lateral organ bound - aries，LOB）结构

域的转录因子；*Ra3* 编码一个 6 -磷酸海藻糖酶（trehalose - 6 - phosphate phosphatase，TPP）。遗传分析表明，*Ra2* 和 *Ra3* 处于 *Ra1* 的上游，调控 *Ra1* 的表达；*RA1* 和 *RA2* 为转录因子，通过转录调控实现功能，而 *RA3* 则可能通过糖信号转导实现功能，三者共同决定了 SPM 的命运（Satoh - Nagasawa，2006）。

第六节　玉米的籽粒

一、受精与籽粒的形成

当玉米的花丝接受风力传来的花粉粒，约 5min 后黏着在花丝上的花粉粒就生出花粉管。花粉管进入花丝并向下方的子房生长，这时花粉粒中的 2 个精核和 1 个营养核移至继续生长的花粉管的顶部，花粉萌发后经过 12～24h 到达子房，其后花粉管破裂释放出 2 个精核，其中一个精核与子房中间的两个极核融合形成三倍体细胞，最后发育成为胚乳，另外一个精核与卵细胞融合形成二倍体的合子，最后发育成为胚。这是正常的双受精过程。Sarkar 和 Con（1971）发现玉米大约有 2% 的异核受精现象，即子房中的极核和卵核分别与来自不同花粉粒的精核受精。异核受精导致同一个籽粒中的胚和胚乳基因型不一致性。

完成受精后的子房要经过 40～50d 的生长发育而成为成熟籽粒，胚和胚乳完成发育和养分积累需 35～40d，其余的时间用于失水干燥和成熟。

二、籽粒的形态结构

成熟的玉米籽粒为颖果，是由果皮、胚乳和胚三部分组成（图 2-8）。

果皮是籽粒的保护层，是由子房壁形成的果皮和珠被形成的种皮愈合而成，因此具有母本的遗传性。多数果皮无色透明，少数具有红、褐等色，都受母本遗传的影响。

胚乳和胚都是受精后形成的下一代产物，胚乳部分约占籽粒重量的 85%，是玉米籽粒极具使用价值的部分，组织学上将胚乳分为 4 个部分，分别为糊粉层、淀粉体、胚乳基质传递层（the basal endosperm transfer layer，BETL）、胚周区（embryo - surrounding region，ESR）。

糊粉层位于胚乳的最外层，被果皮包裹着，是一层含有大量蛋白质和糊粉粒的单细

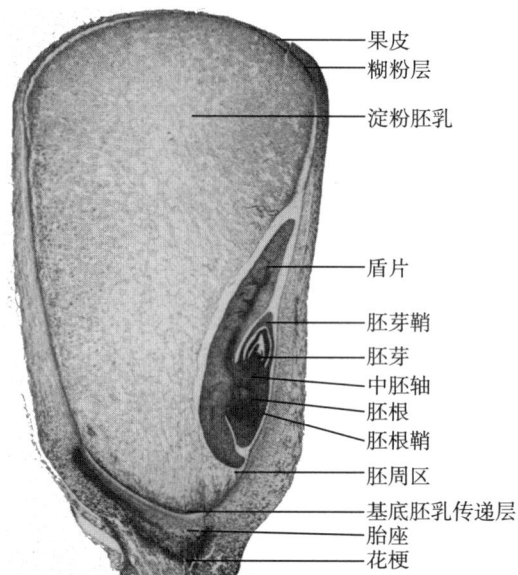

果皮
糊粉层
淀粉胚乳

盾片
胚芽鞘
胚芽
中胚轴
胚根
胚根鞘
胚周区
基底胚乳传递层
胎座
花梗

图 2-8　玉米的籽粒结构

胞层，成熟的糊粉层细胞含有花青素，赋予籽粒不同颜色。通过对糊粉层细胞发育缺陷突变体的研究，可以用来分析相关基因对色素表达的影响。

淀粉体又称为中央淀粉胚乳，位于糊粉层下面，是胚乳中体积最大的部分，主要成分是淀粉和蛋白质。研究发现，通常在授粉后 12~15d，胚乳中的淀粉和蛋白质等贮藏物质开始积累，在授粉后约 20d 达到峰值，随后其中的胚乳细胞经过脱水和细胞程序化死亡（PCD）形成完整的淀粉层。

胚乳基质传递层是在籽粒基部、位于胚和果皮间的一片细胞，主要负责将外界营养物质运输到籽粒中。

胚周区位于胚和胚乳之间，主要起隔离胚和胚乳的作用，同时在种子萌发过程中负责将胚乳中的营养物质传递给胚。

胚位于玉米籽粒的宽边中下部，面向果穗的顶端，被果皮和一层薄的胚乳细胞包住。胚的大部分组织为盾片（子叶盘），形似铲状，可对正在发芽的幼苗输送和消化贮存在胚乳中的养分。胚芽和胚根位于盾片外侧的凹处，在成熟的籽粒中，胚芽有 5~6 个叶原基。胚芽周围包着圆柱形的胚芽鞘（子叶鞘）。发芽时胚芽鞘伸出地面，保护卷筒形的幼苗从中长出。胚根基外面包着胚根鞘。胚根鞘伸长不明显，是胚根萌发的通道。

三、籽粒发育的相关基因

通过自然突变及诱变等方式，众多的籽粒特异突变体及相关基因被人们认识，其中包括：emb 系列突变体，表现为胚特异的发育异常表型；dek（defective kernel）系列突变体，表现为籽粒形态异常；viviparous 系列突变体，表现为籽粒休眠异常和胎萌表型等。相比之下，另外一些突变体数量较少，但其相关基因对籽粒的生长发育具有同样重要的作用。

1. 胚乳淀粉合成相关的基因 玉米籽粒相关基因 Du1（dull1）编码可溶性淀粉合成酶Ⅱ（soluble starch synthase Ⅱ，SSⅡ）。与野生型相比，du1 突变体的胚乳呈黄褐色，颜色暗淡不透明，成熟时籽粒往往处于凹陷状态。研究证明 du1 突变会引起淀粉合成酶（SSⅡ）和淀粉分支酶（starch branching enzyme Ⅱa，SBE Ⅱa）的活性降低，从而导致籽粒总淀粉含量减少，但籽粒中的直链淀粉含量明显增高（Gao，1998）。

Sh1（shrunken 1）基因编码葡萄糖合成酶，负责淀粉合成途径的前体物质的合成。Sh1 基因的突变导致蔗糖合成酶的活性降低或失活，影响淀粉的合成速度，导致淀粉合成障碍；突变体籽粒表面凹陷，胚乳呈不透明状，角质部分完全缺失，淀粉含量及籽粒干重明显减少（Choure，1979）。

Sh2（shrunken 2）和 Bt2（brittle 2）基因分别编码 AGPase（ADP -葡萄糖焦磷酸化酶）的大小亚基，AGPase 是淀粉合成过程中的限速酶，在淀粉合成中起重要作用。由于 sh2 或 bt2 的突变会导致 AGPase 失活，影响淀粉合成，因此与野生型相比，sh2 与 bt2 突变体的胚乳在灌浆期间籽粒可溶性多糖含量很高；籽粒成熟后，籽粒严重皱缩、干重急剧减少，仅含有少量的淀粉，多糖含量却是野生型的 10 倍以上（Girouxj 等，1994）。

Ae（amylose extender）基因编码淀粉分支酶 SBE Ⅱ b，基因突变会导致籽粒中支链淀粉分支数减少（Yun，1993）；Wx（waxy）是控制玉米籽粒蜡质突变的基因，编码结合于淀粉颗粒的淀粉合成酶（granule - bound starch synthase，GBSS），负责胚乳中直链淀粉的生物合成（Ralf，1986）；Su1（sugary1）基因编码一种淀粉去分支酶——异淀粉酶，su1 突变会导致籽粒中糖向淀粉的转化过程受阻，导致大量的还原糖和蔗糖的积累，特别是水溶性多糖的积累，而淀粉含量急剧下降（James，1995）。

2. 与胚乳氨基酸和贮藏蛋白生物合成相关的基因　在控制玉米籽粒发育的基因中，还有一类是与胚乳粉质突变相关的基因，主要包括以 opaque 命名的一系列隐性基因O1、O2、O5、O7、O9 -O11、O13 -O17，floury 系列的半显性基因 Fl1、Fl2、Fl3，以及显性基因 Mc（mucuronate）和 De B30（defective endosperm B30）等。这些基因对玉米籽粒中的储藏物质有着重要影响，近年来引起了研究人员的广泛关注（姚东升，2013）。

o1 是玉米的一个经典粉质突变体，O1 编码了一种植物特有的肌球蛋白（myosin Ⅺ），作用于胚乳细胞中的粗面内质网上。该基因突变影响了内质网的形态和流动性，导致了蛋白体在内质网上的合成过程出现异常，最终影响了胚乳的质地，形成不透明胚乳。o1 突变体的醇溶蛋白含量正常，但是其胚乳细胞内质网结构膨大，且其中的蛋白体形状畸形变小，数量增多（Wang，2012）。O5 编码了一个单半乳糖甘油二酯合成酶，在叶片和种子的发育过程中起作用，o5 突变体的叶片中半乳糖总含量没有明显减少，而C（18·3）/C（18·2）型半乳糖脂含量有所下降，这种变化破坏了类囊体膜的组织结构，形成了白化的叶片，相比之下，o5 突变体种子胚乳中的半乳糖总含量则明显减少，导致造粉体膜结构的破裂而使正常淀粉颗粒成为被分裂开的复合颗粒，形成了有缺陷的胚乳（Myers，2011）。o7 是一种醇溶蛋白降低而玉米籽粒胚乳中赖氨酸含量显著提高的突变体，胚乳细胞中 α 醇溶蛋白含量降低，导致蛋白体大小和数量减少，形成了不透明的突变体胚乳。O7 基因编码了一个类 AAE3 的酰基活化酶，O7 蛋白突变会影响氨基酸代谢途径中酮戊二酸和草酰乙酸的生物合成，从而影响储存蛋白的合成，导致 α 醇溶蛋白含量的降低（Wang，2011）。

3. 其他籽粒发育相关基因　玉米 Mn1（miniature1）基因编码一个胚乳特异的细胞壁转化酶（cell wall invertase2；INCW2），主要在胚乳基质传递层中特异表达，由于 Mn1 基因的突变导致 INCW2 蛋白缺失，影响了种子中糖类物质的转运，成熟的突变体籽粒重量不及野生型的 30%（Kang，2009）。

Dek1（defective kernel 1）基因编码一种与动物中钙蛋白酶 domainⅡ 同源的类钙调蛋白，在籽粒成熟的过程中发挥着信号传导的作用，其纯合突变体会导致糊粉层细胞缺失。Cr4（crinkly 4）基因编码一种受体激酶，该基因的突变也同样会使籽粒的糊粉层细胞缺失，且由淀粉胚乳取代。Sal1（supernumerary aleurone layers 1）基因是液泡蛋白分选基因家族 classE 中的保守成员，它的功能与 Dek1 和 Cr4 基因正好相反，其突变体会使玉米籽粒中的糊粉层细胞数及细胞层数显著增加（Tian，2011）。

第七节 玉米的染色体结构

一、染色体形态

染色体是遗传物质——基因的载体，是细胞核内最重要的组成部分。各种物种的染色体都有特定的形态及数目，玉米的每个体细胞内一般都具有 20 条（10 对）染色体，在细胞分裂过程中，它们都表现出一系列有规律的变化，尤其是在有丝分裂和减数分裂的粗线期和中期Ⅰ，染色体收缩变短变粗，各条染色体表现出恒定的形态和长度，是鉴别染色体的最佳时期。通常都选择这些时期分析染色体组型和研究染色体遗传和变异。玉米花粉母细胞减数分裂粗线期的染色体形态特征见图 2-9。

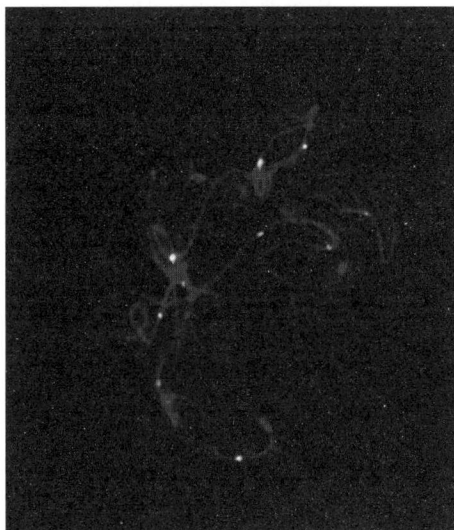

扫码看彩图

图 2-9 玉米花粉母细胞粗线期荧光
原位杂交（FISH）结果

注：彩图中红色信号为着丝粒特异序列 CentC；绿色信号为着丝粒序列特异 CRM；蓝色为染色体 DAPI 染色

对玉米有丝分裂中期细胞进行染色体制片观察，可以看到染色体经过染色后，两臂中的染色质被染上颜色，而每条染色体都有一个透明的缢缩区，是纺锤丝着生处，分别称为着丝粒（centromere）、着丝点（spindle fiber attachment point）或初级缢痕（primary constriction）。着丝粒是真核生物染色体的重要组成部分，它既是姊妹染色单体的联结点，又是有丝分裂和减数分裂过程中纺锤丝附着和调节的位点，确保染色体准确配对和稳定遗传。在不同植物中，着丝粒区的 DNA 序列表现出快速进化的特点，但其序列类型却基本不变，一般由串联重复 DNA 序列和着丝粒特异的反转录转座子组成。玉米着丝粒通常包含有长达几个 Mb 的串联重复序列 CentC 和着丝粒专一的还原转座子 CRM。在玉米中，CRM（玉米 CR 族）元件与 CentC 广泛地混合在一起。在着丝粒的核心区，这种混合的 CRM 和 CentC 序列的长度从 300kb 到大于 2.8Mb 不等。在不同的染色体上，着丝粒串联重复序列的含量有所不同，为 180kb～2Mb（图 2-10）。

着丝粒 DNA 是通过蛋白复合体——动粒（kinetochore）与纺锤体微管连接。试验表明着丝粒基础蛋白 CENH3 在玉米着丝粒的形成和功能实现中起着关键的作用：CENH3存在于整个细胞周期中；它只存在于所有活性着丝粒和新着丝粒（neo-centromere），CENH3 取代了核小体组蛋白八聚体中的组蛋白 H3，形成含 CENH3 的核小体，而在失

图 2-10　玉米 6 号染色体着丝粒的 DNA 纤维荧光原位杂交结果（Fiber FISH）
注：彩图中绿色信号为 CentC；红色信号为 CRM（W. Jin，2004）

去活性的着丝粒中则不存在；它决定动粒组装的位置，并在着丝粒 DNA 与蛋白性的动粒之间形成联结。因此 CENH3 是功能着丝粒染色质的识别标记。Jin 等（2004，2005）通过伸展染色质上的免疫荧光染色结合 FISH 来鉴别与 CENH3 相互作用的 DNA 序列，还估算出玉米 B 染色体的 CENH3 结合区约为 700kb。染色质免疫沉淀（chromatin immuno - precipitation，ChIP）试验结果显示，玉米的着丝粒串联重复序列 CentC 及相应的 CRM 元件与 CENH3 发生相互作用，说明它们是玉米着丝粒的功能组分。

Creighton 和 McClintock 1931 年首次在玉米的 6 号染色体短臂近端处发现一个大染色体结（chromosome knob），在染色体结外侧还有一段染色较浅的缢痕部位，被称为次缢痕，与其相连的末端部分呈圆形或长椭圆形的突出体，称为随体，因此玉米 6 号染色体也称为随体染色体。McClintock（1934）利用该区域折断并易位的技术，证明在近端区大染色体结及次缢痕处均有形成核仁的功能，它们也被称为核仁组织区（NOR）。核仁组织区编码有中度重复的 18S、28S 的 rRNA 的基因 rDNA，重复次数有 $1.18 \times 10^4 \sim 1.82 \times 10^4$ 个。

二、整倍体与非整倍体

正常玉米是二倍体生物，体细胞内一般具有两套染色体组，共 20 条染色体；在配子细胞内只有一套染色体组，包含 10 条非同源染色体。但在某些环境条件下，特别是原生质体培养时，会引起染色体数目呈整倍性或非整倍性的增加或减少，这些在染色体数目上出现变异的个体所表现出的遗传规律较正常二倍体玉米更为复杂。

1. 整倍体系列　遗传学上把二倍体生物中来自一个配子的全部染色体数目称为一个染色体组（genome）。在一个染色体组内含有一整套非同源染色体，各种基因均有一份。因此，一个配子体具有正常的生理功能，成为一个完整的、协调的新陈代谢的体系。合子的染色体数目用 $2n$ 表示，配子的染色体数目用 n 表示，而染色体组的染色体数目用 x 表示。凡是合子及由合子生长、发育植株的体细胞内的染色体数目是以 x 为基数，成倍数性增加的生物都称为整倍体。通常把体细胞的染色体数目等于 n 的生物称为单倍体。把体细胞的染色体数目等于 x 的生物称为一倍体生物。正常玉米 $2n=20$，它的 $n=x=10$，因此由玉米花粉通过组织培养，或诱导系诱导雌配子产生的 $n=x=10$ 的植株都称为单倍体，也可称为一倍体。

由于单倍体的染色体数目仅为配子体染色体数目，一经加倍，即可获得纯系，而纯系选育是玉米杂种优势利用中非常关键的环节，因此单倍体在育种中的价值是巨大的。单倍体育种的主要优势是缩短育种进程，常规育种中一般需要 8～10 个世代才能获得稳定的育种材料，而通过单倍体育种获得纯系只需要两代，极大提高作物育种效率。

在自然状态下自发形成的一倍体或单倍体玉米的概率较小，而且在不同的遗传背景下自然发生的频率是不同的。一般情况下这种概率在 1/2 000～1/1 000 之间波动。玉米单倍体的自然发生多来源于母本的雌配子，其种子的遗传组成是三倍体的胚乳和单倍体的胚，即一个精子与两个极核受精形成胚乳，另一个精核由于某种原因丢失，单倍的胚孤雌生殖产生单倍体。当然这种孤雌的单倍体的产生是受父本和母本遗传结构所控制的，因而可以进行选择。采用花药培养技术（狭义的孤雄生殖），可以极大提高单倍体产生的概率。

体外产生单倍体的方法主要是依靠组织培养技术进行雄性配子或雌性配子的诱导，常用的有花药培养和小孢子培养。它们所应用的原理是植物细胞全能性，即植物的每个细胞都包含着该物种的全部遗传信息，从而具备发育成完整植株的能力。但由于此种方法操作不方便，生产成本高；另外，还存在基因型依赖，某些玉米品种很难利用离体培养获得单倍体。因此，此方法在玉米育种中商业化应用价值不高。

目前发现有两类特殊的玉米材料可以用来诱导单倍体产生。一种是利用雌配子增生（*indeterminate gametophyte*，*ig*）突变体作母本与普通玉米材料作父本进行杂交，在其后代中就有一定频率的父本单倍体或母本单倍体的产生（Kermicle，1969；Evans，2007）。另一种是利用来源于 Stock6 的母本单倍体诱导系作父本与普通材料作母本进行杂交，来产生母本单倍体（Coe，1959）。当一个精核与卵细胞融合后，在合子胚的早期有丝分裂过程中，来自父本的那套染色体又被选择性丢失，最终形成单倍体的胚见图 2-11（Zhao，2013）。这一自交系将玉米单倍体诱导率由自发突变的 0.1% 提高到了 1%～2%。而且，在单倍体玉米中不管是显性基因，还是隐性基因都会真实地表现出来，因而在选择突变基因方面是很有价值的，同时也为利用籽粒颜色标记筛选单倍体提供便利。Coe（1964）运用紫色盾片的材料（*CC*）作为母本，与携带色泽抑制基因 C^I 的诱导系杂交，在 $CC \times C^I C^I$ 果穗上，绝大多数籽粒盾片无色，而几乎所有包含有色盾片的籽粒均为孤雌生殖产生的单倍体。类似地，现在常用显性色素标记基因 $R-nj$ 来筛选母本单倍体。$R-nj$ 基因表达能在玉米籽粒顶端糊粉层及胚部盾片形成紫色标记，以含 $R-nj$ 基因的单倍体诱导系做父本，与不含该基因的材料杂交，F_1 中二倍体籽粒的胚乳及盾片均有紫色标记表达，而单倍体籽粒只有胚乳为紫色，而盾片无色（Coe，1959）。经过多年的努力，国内外科研工作者在选育优良诱导系上有较大进展，先后育成了诱导率高、农艺性状好的诱导系，如 RWS（Röber，2005）、中国农业大学选育的农大高油高诱 1 号（CAUHO I）和

CAU5（Xu，2013）等。这些诱导系不但诱导率进一步提高，遗传标记加强，还能适应不同生态区的环境。

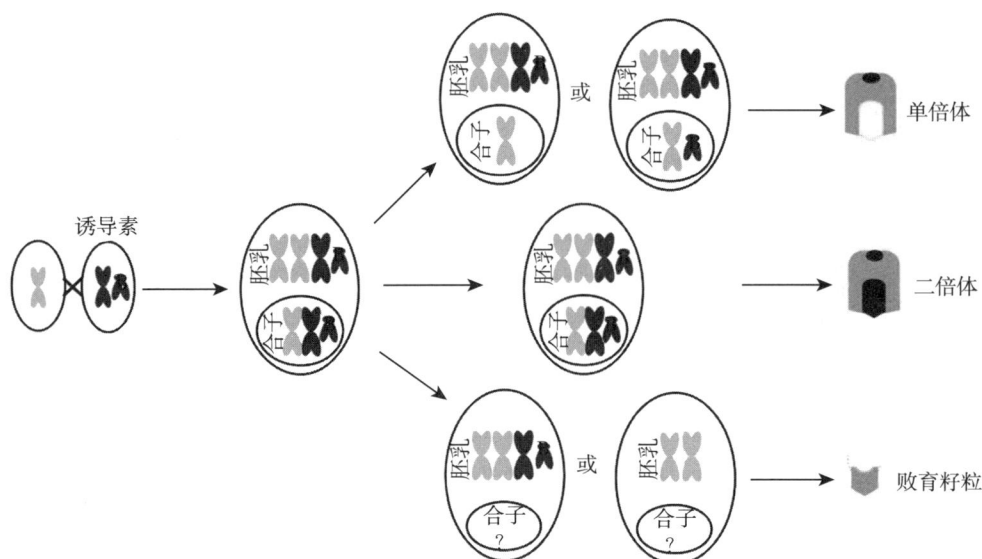

图 2-11　玉米单倍体形成过程模式

注：来源于 Stock6 的单倍体诱导系（B 染色体作为细胞学标记）作父本与普通材料作母本进行杂交，产生母本单倍体。

　　单倍体玉米植株能通过有丝分裂过程生长、发育。但在性细胞分化期，由于每种染色体仅　份，减数分裂的第　次分裂期无法实现配对联会，不能形成二价体。各条染色体均随机地走向一极，因此，在二分体中的染色体数目是不均等的，四分体中的遗传物质是不平衡的，因此，单倍体植株往往是高度不育的。只有将单倍体玉米再加倍为二倍体，才能在遗传研究和育种上体现它的利用价值。单倍体玉米在生长发育过程中，偶尔也会出现少数的染色体自然加倍现象，但更多的是可以采用秋水仙素等化学药剂处理单倍体玉米，获得再建的二倍体植株。单倍体玉米的全部基因都是单份的，经过加倍后的二倍体在遗传上是纯合的，自交后代不会出现任何性状分离，从一个 F_1 组合的花药中诱导出来的单倍体，经过加倍后会形成各种基因型纯合的自交系。因此通过诱导系得到的单倍体以及随后加倍方法得到的双单倍体（DH）是现代玉米遗传学研究与育种的理想材料。

　　多倍体体细胞中含有 3 个或 3 个以上染色体组，因染色体组的来源不同，可分为同源多倍体和异源多倍体。在正常二倍体玉米的群体中，有时会出现同源三倍体玉米，它往往来源于一个单倍体的精核与一个未减数的二倍性卵子受精或一个未减数的二倍性的精核与单倍的卵细胞受精而形成的胚。Beadle（1930）报道了使用单倍的花粉授于不联会的玉米 as（asynaptic）突变体而产生了许多三倍体玉米的结果。可能是由于玉米 as 突变体中同源染色体不联会、不分离、可以形成未减数的二倍性卵子。Rhoades 和 Dempsey（1966）也发现在正常二倍体玉米与染色体伸展基因 el（elongate）纯合突变体的杂交后代中出现了三倍体玉米，这是因为 el 突变后，减数分裂的第一次分裂过程被遏制，从而形成二倍性的配子。有时同源三倍体玉米也经常发生于二倍体品系与同源四倍体玉米的杂交后代。

　　同源三倍体玉米中每组同源染色体有 3 条，由于任何同源区段内只能有两条染色体联会，而将第三条染色体的同源区段排斥在联会之外，因此同源联会的三价体内每两条染色体之间的联会和交叉少于二价体，即每两条染色体之间只是局部联会成泡状三价体，联会松弛，交叉数减少，进入细胞分裂中期Ⅰ前会发生提早解离现象。除了泡状三价体联会（Ⅲ）外，同源三倍体玉米还会出现一个二价体和一个单价体的联会形式（Ⅱ＋Ⅰ）。其中三价体的联合概率较大。减数分裂进入后期Ⅰ，三价体中的染色体只能以 2/1 的方式，不均衡地分离到不同的二分体中。在一个二价体和一个单价体的联会中，染色体或以 2/1 或 1/1 式的方式分离。不管是哪一种情况，都将造成同源三倍体玉米的配子内染色体数目的不平衡，可以有从 11～19 的不同变化。在这些非整倍性的配子中，染色体组合的平衡体系被打破，协调统一的基因互作关系发生紊乱，因此同源三倍体玉米配子往往是高度不育的。

　　同源四倍体玉米中每组同源染色体均有 4 条，减数分裂前期Ⅰ的联会方式多种多样，除了有松散的泡状四价体（Ⅳ）外，还有一定比例的一个泡状三价体与一个单价体（Ⅲ＋Ⅰ）、两个二价体（Ⅱ＋Ⅱ）、一个二价体与两个单价体（Ⅱ＋Ⅰ＋Ⅰ）。到了后期Ⅰ，除了（Ⅱ＋Ⅱ）联会的染色体只会发生 2/2 式的分离外，其他的联会可能发生 2/2 式的均衡分离，也可能发生 3/1 式的不均衡分离。对同源四倍体玉米小孢子母细胞的观察发现，每组同源染色体的联会以四价体和两个二价体为主，只有极少数其他形式的联会。染色体的分离也以 2/2 式分离为主，因此同源四倍体玉米的配子是部分可育的，$n=20$ 的小孢子约占 42.26%。其余 57.74% 的小孢子内染色体数目或是 21～24 或是 14～19。在 $n>20$ 或 $n<20$ 的小孢子中有部分的能够参与受精，因此同源四倍体玉米的育性一般下降 5%～20%。同源四倍体玉米在株高和生长习性上与正常二倍体相同，但具有较宽的叶子、较强的茎秆、较大雄穗，果穗和籽粒的大小也有所增加。

　　2. 非整倍体系列　在某些植物群体中，会偶尔发现某些植株细胞的染色体数目较正常的 $2n$ 数目增加或减少 1 条或若干条。遗传学称这类植株为非整倍体。在 $2n+1$ 的非整倍体中，减数分裂会出现 $n-1$ 个二价体和一个三价体的联会方式。因此，称 $2n+1$ 为三体。在 $2n-1$ 的非整倍体中，会出现 $n-1$ 个二价体和一个单价体的联会方式。因此，称 $2n-1$ 为单体，称 $2n+2$ 为四体，$2n-2$ 为缺体。各种类型的非整倍体一般只能在异源多倍体生物中保存，在二倍体生物中染色体的非整倍性使得遗传平衡被打破，发育受阻，生长畸形。$n+1$、$n-1$ 的异常雄配子受精能力弱，不能传递给后代。雌配子对染色体的非整倍性的耐受力强于雄配子。

　　玉米中三体出现的概率较单体高，玉米三体可包括有初级三体、次级三体和三级三体。所谓初级三体 $2n+1$，表示某一种染色体的同源成员有三份，而其他均为双份。初级三体玉米主要产生于三倍体玉米的 $n+1$ 配子与 n 配子的受精后代。目前已经分离出玉米的 10 个染色体的初级三体系，但从表现型上看，植株均较正常二倍体姊妹系小、生活力差。不同的三体之间可以从特殊的表现型上加以区别。例如，染色体 5 的三体 $2n+I_5$ 植株具有较厚、较宽的叶片，叶尖较钝，雄穗密集，分枝短粗，植株较矮，$2n+I_7$ 具有坚韧、带革状质地的窄叶片。$2n+I_8$株型纤细，而且开花较二倍体姊妹系提早。定位在三体染色体上的基因，在后代或测交后代会表现出不同于3：1或1：1的分离比例，因此三体玉米常被用作基因染色体定位的测验系。将10个三体玉米测验系与一些隐性突变株杂交，F_1三体植株自交或与隐性个体测交，F_2或F_t群体中如果某标志性状为3：1或1：1分离，表明所测定的基因不在该三体染色体上，只有在发生不正常分离比例的F_2与F_t群体时，才可以确定所测的基因定位于该三体染色体上。

三、染色体的结构变异

每一种物种都具有特定的染色体数目和染色体形态，并且在各条染色体上所负载的基因数目和连锁关系都是比较稳定的。这种稳定的遗传结构通过染色体的复制和细胞分裂而传递给子代。然而，稳定是相对的，变异是绝对的，这些变异除了基因在分子水平上发生的点突变外，染色体在受到某种物理的、化学的及生理因素的作用下，也会发生各种类型的断裂和错接，造成染色体的倒位、易位等线性关系的变化和某一区段的缺失、重复等结构的变异。

臂内倒位形成的后期桥（双着丝点桥）是玉米细胞遗传学研究得较为深入的一种现象。McClintock（1938）认为双着丝粒被拉断后产生的染色体断头是"黏性"的、不稳定的。这种不稳定性的断头会向两个途径发展。其一，当一个配子中新折断的染色体出现时，复制产生的两个姊妹染色体的断头，可以在新处连接起来，在细胞有丝分裂过程中，着丝点分离，重新形成新的双着丝点桥，随后"桥"被拉断，导致"断裂—融合—桥"不断循环。McClintock认为胚乳上出现的色斑不稳定遗传是与这种循环有关的，因为断头是随机的，如果断裂的染色体失去了控制色泽的基因，则胚乳就是无色。这种断裂—融合—桥循环也称为染色单体型的断裂—融合—桥循环。由于断头的接合是不完全或脆弱的，因此循环中的断点并不总是随机的，有相对固定性。其二，如果合子从父、母本中同时引进了折断的染色体，那么一条染色体的断头与另一条染色体的断头连接成新的双着丝点染色体，进入后期Ⅰ时，依着丝点在纺锤丝上的位置，或不形成桥或形成两个后期Ⅰ桥，两个后期Ⅰ桥随后被拉断进入二分体细胞，由于DNA在二分体分离前没有复制过程，因此在后期Ⅱ，着丝点分离，不会有后期Ⅱ桥的形成，以折断的染色单体进入配子体，如果这种配子可以传递，则染色单体型的断裂—融合—桥循环就会在受精后继续。不过这种缺失的染色单体一般是不能通过配子传递的。McClintock为了研究这种断裂—融合—桥循环的遗传，创造了一个衔接重复和一个复杂的倒位，这两种畸形的交换可以产生一个双着丝粒桥，而不产生无着丝点断片，恰好使雄性和雌性的双着丝点桥在一定的位置上折断，从而新产生一种有效的配子体，折断染色体就能通过这种有效配子体传递，断裂—融合—桥的循环能在胚乳细胞内继续下去。

四、染色体超数成分

遗传学上的染色体超数成分是指一些外加的染色体或染色体区段，它们是从不正常染色体的复制过程中所产生的，不具备生命的功能。而且在同一物种的不同个体中，这种超数成分是不均衡的，有的个体中存在某种超数成分，有的个体中存在另一种超数成分，可能有的个体中没有超数成分，甚至同一个体不同的组织或细胞中所含有的超数成分也可能不相同。玉米染色体组内的超数成分种类较多，但对玉米遗传影响较大、研究较深入的有异常 10 号染色体的外加区段和 B 染色体。这两种超数成分之间有较多的相似之处，两者都含有一些常染色质区段，同时也具有较大的异染色质区段，对正常的染色体组（A 染色体）的重组交换，具有十分强烈的特殊的影响。它们不仅可以改变 A 染色体组内二价体的交叉结的分布，而且可以使很少发生交换的区段发生交叉，从而增加玉米的可供选择利用的遗传变异，另外这两种成分都能依靠着丝粒行为的改变来增加自身在配子内的频率，不断积累，从而在玉米群体内得到保存。类似一种"寄生"的形式，而不是依靠选择压力保存下来的，但它们的存在又会使得"寄主"个体获得选择上的优势。尽管如此，异常 10 号染色体的外加区段和 B 染色体之间的差异也是十分明显的。Ting（1958）认为异常 10 号染色体是产生于正常 10 号染色体的长臂与 B 染色体之间易位，Randolph（1941）发现 B 染色体与异常染色体在细胞学行为上是明显不同的。在单倍体玉米的减数分裂期间，异常 10 号染色体与 B 染色体之间不能配对，异常 10 号染色体是正常 10 号染色体长臂末端增加了一段多余区段所形成的，而且明显地影响了邻近多余区段的染色粒、染色纽的类型。

1. 异常 10 号染色体　异常 10 号染色体是 Longley 1938 年首先在中南美洲和美国西北部的玉米品系中发现的。异常 10 号染色体的短臂和长臂的大部分在形态上与正常 10 号染色体相似，而在异常 10 号染色体的长臂外端有 3 个清晰的大染色粒。在其外端还有一个大的异染色质的染色体结和一段染色浅的区域。在正常 10 与异常 10 杂合体内，异常 10 的外加区域很少发生交换。在异常染色体的杂合植株或纯合植株内，由于异常 10 号染色体的作用会产生偏向分离、新着丝粒的形成和重组率增加等 3 种主要的遗传效应。

Rhoades（1942）在异常 10/正常 10 的杂合体内发现，雌配子中具有异常 10 的占 70%，而不是按分离规律所预计的 50% 的均等分离。Longley 还发现异常 10 号染色体会诱使其他二价体发生偏向分离，在这些二价体中，如果某对同源染色体中具有染色粒的性状是杂合的，那么可以观察到带有染色粒的染色体与异常 10 号染色体一起会发生偏于雌性传递。而且 Longley 还发现，同染色粒连锁的一些基因的重组率超过 50%，发生非随机的交换。当某基因与染色粒之间的距离增大时，随机交换的概率增加，偏向分离的趋向减小。

Kikudome（1959）发现这种偏向分离的频率又决定于染色体结的大小。他选择在 9

号染色体的短臂外端有小染色体结 KS（knobsmall）、中染色体结 KM、大染色体结 KL 的品系与一无染色体结 KO 的品系杂交获得三种杂合体。在有异常 10 存在的背景中，子代里重现染色体结染色体的概率分别为 59%、65%、67%。异常 10 会趋向于引起带有较大染色体结染色体发生偏向分离。

异常 10 号染色体除了对着丝粒有明显影响外，对遗传重组也有明显的增加效应，一般来说，异常 10 可以增加染色体各区段的联会概率，特别是近着丝点内端的区域联会的增加，导致重组交换率的提高。Kikudome（1959）发现染色体结的存在会降低邻近基因的联会和交换，染色体结越大，这种降低现象愈重，例如，在 KS/KO、KM/KO、KL/KO 三种杂合体内，$Wd-Wx$ 基因的交换率分别为 26.9%、17.7%、12.7%，但在异常 10 存在的背景下，它们的重组率得到提高，分别为 31.5%、26.3%、30.3%，接近正常的交换率。Emmerling（1958）利用辐射处理获得了异常 10 外加区段的环状染色体，证明在外加区段的常染色质区域里可能定位有控制新着丝粒的形成、偏向分离和增加重组的特殊基因。

2. B 染色体　在许多动、植物的细胞核内，除了具有特定数目的正常染色体外（A 染色体组），还有一些数目不等的超数染色体（B 染色体组）。自 1927 年和 1928 年由 Longley 和 Randolph 在玉米中首先发现了 B 染色体，至今已在 644 种的植物细胞内发现了 B 染色体，并已证明它们具有明显的生物学效应。

扫码看彩图

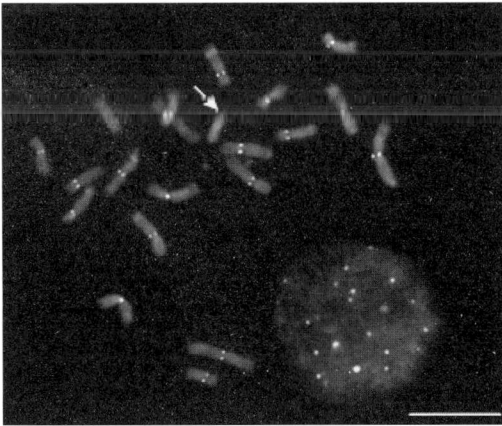

图 2-12　玉米染色体 CENH3 免疫荧光染色结果
注：箭头所指为 B 染色体，彩图中黄绿色信号为 CENH3 免疫信号（W. Jin, 2008）。

不同的物种或同一物种的不同细胞内 B 染色体的数目可能不同。在实验室的条件下，可以使玉米中的 B 染色体数目高达 34 个，其 DNA 的总量相当于一个五倍体玉米的 DNA 总量，一般认为玉米的 B 染色体是由 A 染色体的断片形成的。玉米的 B 染色体比 A 染色体小，约为正常 10 号染色体的 2/3（图 2-12）。

对于 B 染色体的遗传，许多学者都进行过研究，发现 B 染色体能够通过父、母本传递，但通过母本传递是正常的，而通过父本雄配子传递却十分异常。Randolph（1941）将 0B（无 B 染色体）个体作母本与 2B 个体（2 个 B 染色体）杂交，其子代并不像理论预期值含有 1B 染色体，而是在有的植株内没有 B 染色体，有的植株内含有 2 个 B 染色体，对 1B、2B 植株的细胞学检查，没有发现 B 染色体在小孢子发生期及其以前有任何异常的分裂行为。

花粉粒中 B 染色体的不分离频率较高，而且都是发生在小孢子的第二次有丝分裂过程中，是一种不完全随机的过程。这一事实表明不分离现象是受到某种遗传机制所调控的。利用分子标记技术已将影响偏分离的位点进行了定位。B4 和 4B 是 B 染色体和 4 号染色体的染色体异位系，B4 染色体上具有 B 染色体的着丝粒及内端常染色质区，4B 染色体上具有 B 染色体的外端区域，前者发生"不分离"而后者不发生，如果把 B4 与 4B 分开，将 B4 作为超数部分保留在 4、4、B4 个体内，由于缺失了 B 染色体外端区域，B4 的不分离现象也消失了。Ward（1973）的工作也证实了 B8 的不分离现象需要 B 染色体的外端常染色质区域的存在，通过对 B 染色体点突变的利用，可以确定 B 染色体上控制不分离的基因位点，虽然对它们的作用机理不十分清楚，但有人认为 B 染色体外端上的某些基因使得异染色质在第二次精核的有丝分裂时发生"黏性"变化，染色单体不能被分开，这种"黏性"作用可能是 DNA 复制的延迟。

偏向受精是 B 染色体积累的另一重要因素。Roman（1947）的研究证明含有 D4B4 不分离染色体的精细胞有 2/3 的优势与卵细胞发生偏向受精，而且这种概率较"不分离"的概率更为稳定。虽然对控制偏向受精的遗传机理及其基因位点还没有深入的了解，但有试验表明，这些基因就定位在 B 染色体本身的某区域内，因为在 TB - 9b 易位体内，当 B 染色体累积到 6～8 个时，剂量效应会抑制偏向受精的发生，B 染色体的累积机制受到破坏，这也说明 B 染色体的累积不是无限的。

B 染色体的累积对数量性状的影响类似于微效多基因的效应，表现一种连续的变异，因而也较易受到环境条件的干扰。除此以外，B 染色体的累积还会影响 A 染色体组内某些区段的重组交换的能力。Hanson（1962）报道了 B 染色体的这一遗传效应，他发现 B 染色体会使染色体 3 和染色体 9 的内端区段的交换略有增加，干涉现象下降，而且随 B 染色体的累积对交换还会有正的剂量效应。Nel（1973）发现异常 10 染色体提高交换频率的效应，在大孢子发生过程中比在小孢子发生过程中更为活跃，而 B 染色体的效应则相反，在小孢子发生过程中比大孢子的发生过程中更显得活跃。

分子遗传学研究表明，染色体的异常染色质区一般是由组蛋白与高度重复的核苷酸序列组成的，它们通常不编码结构基因，为富含 G - C 或富含 A - T 的区域。B 染色体的数量变化具有高异染色质的特点，这为分析 A 染色体的异染色质性质提供了方便。Rinchart（1966）测定了无 B 染色体和有带 4 个 B 染色体植株的 DNA 的浮力密度，结果发现它们的数值一样，均为 42％G - C 的含量。Chilton 和 McCarthy（1973）也分析了无 B 染色体和含 5 个 B 染色体的植株的 DNA 浮力密度及复性动力学，也发现 DNA 组成上的差异与 B 染色体没有任何关系。B 染色体部分片段测序和染色体荧光原位杂交试验证实，很多 DNA 重复序列与 A 染色体具有高度同源，比如 CentC、Knob 序列等（Jin，2005）。B 染色体着丝点位于末端，主要包含 A 染色体着丝粒共有的重复序列 CentC、CRM 以及 B 染色体特有的 ZmBs。这些研究都表明，B 染色体与 A 染色体起源上十分相近，B 染色体可能是从 A 染色体的片段衍生而来的。Huang 等（2016）发现 B 染色体的存在会影响 A 染色体基因的表达，而 B 染色体本身也有活跃表达的基因，且这些基因与 A 染色体基因具有高度的同源性。Blavet 等（2021）构建玉米 B 染色体基因组图谱进一步解析了 B 染色体的来源。B 染色体基因组大小为 125.9Mb，包含 758 个蛋白质编码基因，其中至少有 88 个基因表达。玉米 B 染色体蛋白编码基因的同源物散布在 10 条 A 染色体上，然而 A 染色体与 B 染色体没有共线性的基因区域。分析表明 B 染色体在进化世代中已存在数百万年，而 B 染色体的基因是长期进化过程中由 A 染色体连续转移的结果。

主要参考文献

佟屏亚，赵垂达 . 1981. 玉米叶片生长进程和功能的研究 . 农牧情报研究 (23)：1 - 11.

姚东升，宋任涛 . 2013. 玉米粉质胚乳突变体的研究进展 . 自然杂志，35 (2)：105 - 111.

Anderson EG，Kramer HH，Longley AE. 1955. Translocations in maize involving chromosome 4. Genetics，40 (4)：500 - 510.

Beadle GW. 1930. Genetical and cytological studies of Mendelian asynapsis in *Zea mays*. Cornell University Agricultural Experiment Station Memoir，129：1 - 23.

Bennetzen JL，Hake SC. 2009. Handbook of Maize：Its Biology. New York：Springer - Verlag New York Inc.

Bensen RJ，Johal GS，Crane VC，et al. 1995. Cloning and characterization of the maize *Anl* gene. Plant Cell，7：75 - 84.

Blavet N，Yang H，Su H，et al. 2021. Sequence of the supernumerary B chromosome of maize provides insight into its drive mechanism and evolution. PNAS，118 (23)：e2104254118.

Bommert P，Je BI，Goldshmidt A，et al. 2013. The maize Gα gene *COMPACT PLANT2* functions in CLAVATA signalling to control shoot meristem size. Nature，502 (7472)：555 - 558.

Bommert P，Nagasawa NS，Jackson D. 2013. Quantitative variation in maize kernel row number is controlled by the *FASCIATED EAR2* locus. Nature Genetics，45 (3)：334 - 337.

Cassani E，Bertolini E，CerinoBadone F，et al. 2009. Characterization of the first dominant dwarf maize mutant carrying a single amino acid insertion in the VHYNP domain of the *dwarf8* gene. Molecular Breeding，24：375 - 385.

Chen W，Chen L，Zhang X，et al. 2022. Convergent selection of a WD40 protein that enhances grain yield in maize and rice. Science，375：6587.

Chilton M，McCarthy B. 1973. DNA from maize with and without B chromosomes：a comparative study. Genetics，74：605 - 614.

Chourey PS，Nelson OE. 1979. Interallelic complementation at the *sh* locus in maize at the enzyme level. Genetics，91 (2)：317 - 325.

Coe EH，Sarkar KR. 1964. The detection of haploids in maize. Journal of Heredity，55：231 - 233.

Coe EH. 1959. A line of maize with high haploid frequency. American Naturalist，93：381 - 382.

Creighton HB，McClintock B. 1931. A correlation of cytological and genetical crossing - over in *Zea mays*. PNAS，17：492 - 497.

Dong Z，Jiang C，Chen X，et al. 2013. Maize LAZY1 mediates shoot gravitropism and inflorescence development through regulating auxin transport，auxin signaling，and light response. Plant Physiology，163（3）：1306-1322.

Douglas RN，Wiley D，Sarkar A，et al. 2010. *Ragged seedling2* Encodes an ARGONAUTE7-like protein required for mediolateral expansion，but not dorsiventrality of maize leaves. Plant Cell，22：1441-1451.

Emerson RA. 1912. The inheritance of certain "abnormalities" in maize. Journal of Heredity，8：385-399.

Emmerling MH. 1958. Evidence of non-disjunction of abnormal chromosome 10. Journal of Heredity，49：203-207.

Evans MM. 2007. The *indeterminate gametophyte1* gene of maize encodes a LOB domain protein required for embryo sac and leaf development. Plant Cell，19：46-62.

Gallavotti A，Zhao Q，Kyozuka J，et al. 2004. The role of *barren stalk1* in the architecture of maize. Nature，432（7017）：630-635.

Gao M，Wanat J，Stinard PS，et al. 1998. Characterization of *dull1*，a maize gene coding for a novel starch synthase. Plant Cell，10（3）：399-412.

Giroux MJ，Hannah LC. 1994. ADP-glucose pyrophosphorylase in *shrunken-2* and *brittle-2* mutants of maize. Molecular and General Genetics，243（4）：400-408.

Hannah LC，Nelson OE. 1976. Characterization of ADP-glucose pyrophosphorylase from *shrunken-2* and *brittle-2* mutants of maize. Biochemical Genetics，14（7）：547-560.

Hanson GP. 1962. Crossing over in chromosome 3 as influenced by B-chromosome. Maize Genetics Cooperative News Letter，36：34-35.

Harper L，Freeling M. 1996. Interactions of *liguleless1* and *liguleless2* function during ligule induction in maize. Genetics，144：1871-1882.

Hartwig T，Chuck GS，Fujioka S，et al. 2011. Brassinosteroid control of sex determination in maize. PNAS，108（49）：19814-19819.

Hochholdinger F，Park WJ，Feix GH. 2001. Cooperative action of *SLR1* and *SLR2* is required for lateral root-specific cell elongation in maize. Plant Physiology，125：1529-1539.

Hochholdinger F，Wen TJ，Zimmermann R，et al. 2008. The maize（*Zea mays* L.）*roothairless 3* gene encodes a putative GPI-anchored，monocot-specific，COBRA-like protein that significantly affects grain yield. Plant Journal，54：888-898.

Huang W，Du Y，Zhao X，et al. 2016. B chromosome contains active genes and impacts the transcription of a chromosomes in maize（*Zea mays* L.）. BMC Plant Biology，16：88.

Husakova E1，Hochholdinger F，Soukup A. 2013. Lateral root development in the maize（*Zea mays*）*lateral rootless1* mutant. Annals of Botany，112：417-428.

James MG，Robertson DS，Myers AM，et al. 1995. Characterization of the maize gene *sugary1*，a determinant of starch composition in kernels. Plant Cell，7（4）：417-429.

Jenkins MT，Gerhardt F. 1931. A gene influencing the composition of the culm in maize. Agricultural Experiment Station：Iowa State College of Agriculture and Mechanic Arts.

Jenkins MT. 1930. Heritable characters of maize. XXXIV. Rootless. Journal of Heredity，21：79-80.

Jin WW，Lamb JC，Vega JM，et al. 2005. Molecular and functional dissection of the maize B chromosome centromere. Plant Cell，17（5）：1412-1423.

Jin WW，Lamb JC，Zhang WL，et al. 2008. Histone modifications associated with both A and B chromosomes of maize. Chromosome Research，16（8）：1203 – 1214.

Jin WW，Melo JR，Nagaki K，et al. 2004. Maize centromeres：Organization and functional adaptation in the genetic background of oat. Plant Cell，16（3）：571 – 581.

Kang BH，Xiong Y，Williams DS，et al. 2009. *Miniature1* – encoded cell wall invertase is essential for assembly and function of wall – in – growth in the maize endosperm transfer cell. Plant Physiology，151（3）：1366 – 1376.

Kermicle JL. 1969. Androgenesis conditioned by a mutation in maize. Science，166：1422 – 1424.

Kikudome GY. 1959. Studies on the phenomenon on preferential segregation in maize. Genetics，44：815 – 831.

Klösgen RB，Gierl A，Zsuzsanna SS，et al. 1986. Molecular analysis of the waxy locus of *Zea mays*. Molecular and General Genetics，203（2）：237 – 244.

Longley AE. 1945. Abnormal segregation during megasporogenesis in maize. Genetics，30：100 – 113.

McClintock B. 1934. The relation of a particular chromosomal element to the development of the nucleoli in *Zea mays*. Zeitschrift für Zellforschung und Mikroskopische Anatomie，21：294 – 326.

McClintock B. 1938. The production of homozygous deficient tissues with mutant characteristics by means of aberrant mitotic behavior of ring – shaped chromosomes. Genetics，23：315 – 376.

Moreno MA，Harper LC，Krueger RW，et al. 1997. *Liguleless1* encodes a nuclear – localized protein required for induction of ligules and auricles during maize leaf organogenesis. Genes & Development，11：616 – 628.

Muehlbauer GJ，Fowler JE，Girard L，et al. 1999. Ectopic expression of the maize homeobox gene *liguleless3* alters cell fates in the leaf. Plant Physiology，119（2）：651 – 662.

Multani DS，Briggs SP，Chamberlin MA，et al. 2003. Loss of an MDR transporter in compact stalks of maize *br2* and sorghum *dw3* mutants. Science，302（5642）：81 – 84.

MyersAM，James MG，Lin Q，et al. 2011. Maize *opaque5* encodes monogalactosyldiacylglycerol synthase and specifically affects galactolipids necessary for amyloplast and chloroplast function. Plant Cell，23（6）：2331 – 2347.

Nardmann J，Ji J，Scanlon MJ，et al. 2004. The maize duplicate genes *narrow sheath1* and *narrow sheath2* encode a conserved homeobox gene function in a lateral domain of shoot apical meristems. Development，131（12）：2827 – 2839.

Nel PM. 1973. The modification of crossing over in maize by extraneous chromosomal elements. Theoretical and Applied Genetics，43：196 – 202.

Nogueira FTS，Madi S，Chitwood DH，et al. 2007. Two small regulatory RNAs establish opposing fates of a developmental axis. Genes & Development，21（7）：750 – 755.

Randolph LF. 1941. Genetic characteristics of the B – chromosomes in maize. Genetics，26：608 – 631.

Rhoades MM，Dempsey E. 1942. Preferential segregation in maize. Genetics，27：395 – 407.

Rhoades MM. 1966. Induction of chromosome doubling at meiosis by the elongate gene in maize. Genetics，54：505 – 522.

Rilohie SW. 1982. How a Corn Plant Develops，Special Report No. 48. Ames，Iowa：Iowa State University of Science and Technology Cooperative Extension Service.

Rinchart KV. 1966. Maize DNA composition: analysis of plants with and without B chromosomes. Maize Genetics Cooperative Newsletter, 40: 56 - 58.

Röber FK, Gordillo GA, Geiger HH. 2005. *In vivo* haploid induction in maize performance of new inducers and significance of doubled haploid lines in hybrid breeding. Maydica, 50: 275 - 283.

Roman H. 1947. Mitotic nondisjunction in the case of interchanges involving the B - type chromosome in maize. Genetics, 32: 391 - 409.

Sarkar KR, Coe EH. 1966. A genetic analysis of the origin of maternal haploids in maize. Genetics, 54: 453 - 464.

Satoh - Nagasawa N, Nagasawa N, Malcomber S, et al. 2006. A trehalose metabolic enzyme controls inflorescence architecture in maize. Nature, 441 (7090): 227 - 230.

Skirpan A, Wu X, McSteen P. 2008. Genetic and physical interaction suggest that BARREN STALK 1 is a target of BARREN INFLORESCENCE2 in maize inflorescence development. Plant Journal, 55 (5): 787 - 797.

Smith LG, Greene B, Veit B, et al. 1992. A dominant mutation in the maize homeobox gene, *Knotted - 1*, causes its ectopic expression in leaf cells with altered fates. Development, 116: 21 - 30.

Taramino G, Sauer M, Stauffer J, et al. 2007. The maize (*Zea mays* L.) RTCS gene encodes a LOB domain protein that is a key regulator of embryonic seminal and post - embryonic shoot - borne root initiation. Plant Journal, 50: 649 - 659.

Tian F, Bradbury PJ, Brown PJ, et al. 2011. Genome - wide association study of leaf architecture in the maize nested association mapping population. Nature Genetics, 43: 159 - 162.

Tian J, Wang C, Xia J, et al. 2019. Teosinte ligule allele narrows plant architecture and enhances high - density maize yields. Science, 365 (6454): 658 - 664.

Tian Q, Olsen L, Sun B, et al. 2007. Subcellular localization and functional domain studies of DEFECTIVE KERNEL1 in maize and *Arabidopsis* suggest a model for aleurone cell fate specification involving CRINKLY4 and SUPERNUMERARY ALEURONE LAYER1. Plant Cell, 19 (10): 3127 - 3145.

Ting YC. 1958. On the origin of abnormal chromosome 10 in maize (*Zea mays* L.). Chromosoma, 9: 286 - 291.

Tsiantis M, Schneeberger R, Golz JF, et al. 1999. The maize *rough sheath2* gene and leaf development programs in monocot and dicot plants. Science, 284 (5411): 154 - 156.

Von Behrens I, Komatsu M, Zhang Y, et al. 2011. *Rootless with undetectable meristem 1* encodes a monocot - specific AUX/IAA protein that controls embryonic seminal and post - embryonic lateral root initiation in maize. Plant Journal, 66 (2): 341 - 353.

Walsh J, Waters CA, Freeling M. 1998. The maize gene *liguleless2* encodes a basic leucine zipper protein involved in the establishment of the leaf blade - sheath boundary. Genes & Development, 12: 208 - 218.

Wang G, Sun X, Wang G, et al. 2011. *Opaque7* encodes an acyl - activating enzyme - like protein that affects storage protein synthesis in maize endosperm. Genetics, 189 (4): 1281 - 1295.

Wang G, Wang F, Wang G, et al. 2012. *Opaque1* encodes a myosin XI motor protein that is required for endoplasmic reticulum motility and protein body formation in maize endosperm. Plant Cell, 24 (8): 3447 - 3462.

Ward EJ. 1973. Nondisjunction: localization of the controlling site in the maize B chromosome. Genetics,

73：387 - 391.

Ward EJ. 1973. The heterochromatic B chromosome of maize：the segments affecting recombination. Chromosoma，43：177 - 186.

Winkler RG，Helentjads Z. 1995. The maize *Dwarf3* gene encodes a cytochrome P450 - mediated early step in gibberellin biosynthesis. Plant Cell，7：1307 - 1317.

Xu XW，Li L，Dong X，et al. 2013. Gametophytic and zygotic selection leads to segregation distortion through *in vivo* induction of a maternal haploid in maize. Journal of Experimental Botany，64（4）：1083 - 1096.

Yun SH，Matheson NK. 1993. Structures of the amylopectins of waxy，normal，amylose - extender，and wx：ae genotypes and of the phytoglycogen of maize. Carbohydrate Research，243（2）：307 - 321.

Zhao X，Xu X，Xie H，et al. 2013. Fertilization and uniparental chromosome elimination during crosses with maize haploid inducers. Plant Physiology，163（2）：721 - 731.

第三章 玉米遗传学与基因组学

（张祖新, 郑用琏）

第一节 玉米在遗传学研究中的地位

一、玉米遗传学研究初始阶段

最早的玉米遗传学研究可以追溯到 Carl 和 Hugo 对玉米种子直感现象的观察和研究。他们发现具有紫色胚乳（或饱满）籽粒品系的花粉落到无色胚乳（或皱缩）品系植株的柱头上，则无色胚乳（或皱缩）品系植株当代所结的果穗上，籽粒也呈紫色胚乳（或饱满）。随后，遗传学将这种来自父本花粉中的显性基因在杂交当代胚乳中表达的现象称为"胚乳直感"。

至 1900 年孟德尔的分离规律被重新发现和证实后，遗传学家开始以玉米为材料验证孟德尔遗传规律，代表性的人物有 Edward M. East（1879—1938）和 Rollins A. Emerson（1873—1947）等，他们在孟德尔遗传规律的指导下开展玉米性状的遗传研究，并解释在分离世代表现连续变异的数量性状的遗传规律，同时提出了开展遗传学研究的技术要求，如研究材料的性状差异要大、差异类型不受育性影响、群体内的样本数量要大、不同世代的种子能同时同地块种植以便于比较等。这些宝贵的经验为后续的玉米遗传研究奠定了试验设计与分析的理论基础。他们的研究成果不仅为支持孟德尔遗传规律提供了新的例证，也为孟德尔遗传规律的应用起到了指导作用，更为重要的是，他们将孟德尔遗传规律从仅对质量性状的遗传解释拓展到对数量性状遗传规律的诠释。

玉米遗传学研究的初始阶段，科学家所关注的性状主要为玉米籽粒和植株的色泽、形态的变异等，如糊粉层颜色、果皮颜色、胚乳质地、植株矮化、无叶舌、条纹叶、白化、雄穗结实等，研究的方法主要是对变异性状的发现和特征的描述，这些"描述性的研究"为后人阐明控制这些性状的基因数目、染色体位置及其互作关系奠定了重要基础。Carl Collins 首次证实了控制玉米糊粉层颜色的基因 cl 与糯质基因 $waxy$（$wx1$）的连锁关系。Edward 和 Herbert 发现了糊粉层颜色基因（$a1$、$b1$、$pl1$、$r1$）之间的互作关系；Rollins 阐明了玉米植株紫色出现的时间、位置、强度等与 $a1$、$b1$、$pl1$、$r1$ 基因的组合关系。1935 年，Rollins 对当时已经发表和尚未发表的有关变异性状的遗传学研究资料进行归纳、总结，绘制出了第一张玉米遗传连锁图，其中包含有 400 多个基因的染色体定位和连锁图距，以及对变异体的特征描述和基因间的互作关系。以上工作也显示了玉米作为遗传学研究模式植物的特点和优势，同时也颂扬了科学家间的协作精神。

二、玉米作为遗传学模式植物的特点及其对遗传学发展的贡献

玉米是一个典型的异花授粉作物，天然异交率达95%，因此，玉米群体中的各个个体间呈现着高度的遗传异质性，累积有丰富的遗传变异性；玉米雌雄同株异花的植物学特征使得人工杂交、自交极为便利；玉米果穗较大，每一果穗可以产生数百粒种子，容易获得较大的后代群体；玉米植株较大，有一系列易于观察、鉴定的表型特征，便于比较鉴别；另外，玉米具有数目较少、形态相对较大的10对染色体。以上重要的特点使玉米成为人们开展经典遗传学研究的主要模式生物，植物遗传学的许多重要现象、技术和理论都是通过对玉米的研究而获得的。例如：

复等位基因的证实（Emerson，1911）；

杂种优势在作物中的利用（Emerson，1914；Rhoades，1941）；

母性遗传（Anderson，1923）；

染色体畸变—易位的发现与遗传规律（Burnham，1930）；

染色体畸变—倒位的发现与遗传规律（McClintock，1933）；

染色体畸变—缺失的发现与遗传规律（McClintock，1941）；

减数分裂基因控制现象的发现（Beadle，1930，1931，1932）；

粗线期染色体形态及其在染色体分析中的应用（McClintock，1931；Lonley，1938）；

细胞质遗传及其与核基因型关系（Rhoades，1931，1933）；

χ射线和紫外线的诱变遗传效应（Stadler，1932，1939）；

核仁的遗传和习性（McClintock，1934）；

遗传连锁图的绘制（Emerson，1935）；

染色体末端的断裂—融合—桥循环（BFBC）的发现与规律（McClintock，1939）；

B染色体的习性（Randolph，1941）；

拟等位基因的细胞学验证（McClintock，1944）；

A-B易位及其在基因定位中的应用（Roman，1947）；

转座因子的发现及其对染色体断裂和基因表达控制的理论（McClintock，1950）；

胚乳形态发生模式的遗传证据（McClintock，1965）；

同工酶变异的发现与证实（Macdonald和Preiss，1983）；

植物转座因子的分子证据（Fedoroff，1983，1984）；

植物转座因子的转座模式（Saedler，1984）；

植物细胞质雄性不育基因的证实（Levings Ⅲ，1976）；

第一张分子标记遗传连锁图的绘制（Helentjaris，1986）；

首例玉米遗传转化事件的完成（Klein，1987）；

植物同源异型框（Homeobox）的发现（Vollbrecht，1991）；

利用转座子标签法克隆 $Rf2$ 基因（Cui，1996）；

首例玉米转基因杂交种的商业化生产（Monsanto 公司，1996）；

$tb1$ 的克隆与玉米驯化理论（Doebley，1997）；

利用图位克隆策略实现第一个玉米 QTL - $tga1$ 的克隆（Wang，2005）；

玉米自交系 B73 全基因组序列的发布（Schnable，2009）。

玉米不仅是遗传学理论研究的重要材料，也是应用理论研究成果指导育种实践的典范。玉米杂交种在生产上有效和成功的应用，无疑是遗传理论和育种实践完美结合的最具说服力的例子。George（1909）、Edward（1910）、Rollins（1910）以及 Edward 和 Herbert（1911）等在玉米中发现了自交衰退（inbreeding depression）和杂种优势（Heterosis）的遗传现象，并利用孟德尔多因子遗传系统对这些现象进行遗传解释，进而从理论上提出了形成杂种优势的遗传基础，即显性假说和超显性假说。显性假说认为：杂种优势源自杂交种中有利显性基因对不利隐性基因的遮盖和有利显性基因的积累（Davenport，1908；Bruce，1910；Keeble 和 Pellew，1910）。如果只考虑单个基因位点（B），不考虑上位性，杂种优势＝$d-[a+(-a)]/2$，其中，d 为杂合基因型（Bb）值，a 和 $-a$ 分别为亲本纯合基因型（BB）和（bb）的值。超显性假说认为：任何单位点杂合基因型值优于该位点任何一种纯合基因型值（Shull，1909；East，1910），也就是说，$B_1B_2 > B_1B_1$ 或 B_2B_2。在自交衰退和杂种优势理论的指导下，玉米育种实践形成了自交系选育和杂交种选配两个遗传效应截然不同却又巧妙组合的育种程序，这一育种程序一直沿用至今，并拓展到其他作物的杂种优势利用之中。

第二节　玉米基因组

一、基本特征

尽管玉米基因组（genome）在自然进化的历程中经历了染色体加倍和复杂的染色体重排与转座子（含反转座子 retrotransposon）的插入等事件，使其与近缘种在基因组及表现型上逐渐区分开来，但基于对其染色体的结构和组成的分析，学术界仍然认为玉米是二倍体植物，染色体数目为 $2n=20$。玉米单倍体基因组（C 值）大约含有 $2.4×10^9$ 个碱基对（2 400Mb），其中 85％为各类转座子、重复序列和内含子序列，基因编码区（外显子序列）约占 15％。

玉米基因组内的转座子类型主要包括丰富的I型（class I）转座子、II型（class II）转座子和新发现的 $Helitron$ 转座子。

I型转座子是指通过"转录 RNA -合成 cDNA -插入基因组 DNA"途径实现转座的转座子类型，即反转座子。正是基于这种反转录机制，一个反转座子 DNA 每经过一轮"RNA - cDNA -插入"途径，就会在基因组 DNA 中增加一个遗传稳定的拷贝，如此重复扩增，形成了反转座子的"高拷贝性"特点。经过漫长的进化历程，反转座子占玉米基因组序列的 75% 以上，是玉米基因组中的主要转座子类型，其中仅 Copia-like 和 Gypsy-like 家族的 LTR（long terminal repeat retrotransposon）反转座子就占基因组序列的 50% 左右，分子大小从 1 000bp 到 2 400bp 不等。在 B73 基因组中约有 400 个转座子家族，各个转座子家族在基因组上分布不均匀，如 Copia-like 因子主要存在于基因富聚的常染色质区，Gypsy-like 因子则主要分布于异染色质区。

Ⅱ型转座子是指通过"转座子 DNA 片段—剪切—插入基因组 DNA"途径实现转座的转座子类型。B73 基因组中，有 850 多个 DNA 转座子家族，占基因组序列的 8.6%，包括有分子大小从 1 000bp 到 4 500bp 不等的 CACTA（Spm-dSpm/En-I）、hAT（Ac-Ds）、PIF/Harbinger、Mutator 和 MITE 家族等。尽管最早被发现并证实的转座子是 Ac/Ds 家族（McClintock，1950），但最为复杂并有效应用于突变体库构建的却是 Mutator 家族转座子，它包含 260 个 Mutator-like 因子（MULE）。Mutator 家族各转座因子的序列和大小存在广泛变异，插入位点在基因组上具有基因富集区的插入偏爱性。这种偏爱性也为基于插入诱变法克隆功能基因提供了有效的标签。

Helitron 转座子是一类新发现的、以"滚环机制"实现转座的 DNA 型转座子。这类转座子在植物、动物和真菌中广泛存在，在玉米基因组中尤为丰富。玉米基因组中含有 8 个 Helitron 家族，近 2 万份拷贝，约占 2% 的基因组序列。与其他生物中的 Helitron 不同，玉米 Helitron 具有较为保守的基因富集区的插入偏爱性。

玉米基因组中，约 15% 的 DNA 序列用于编码功能基因。自交系 B73 基因组序列的测序完成，为准确估测玉米基因组的编码基因及其特点提供了重要的参考序列（reference sequence）平台。Schnable 等（2009）依据 B73 第一版参考基因组序列（RefGen V1）和 EST 数据，估测玉米基因组中含有 32 500 多个蛋白质编码基因和 150 个 microRNA 编码基因，所有蛋白质编码基因可转录 53 700 余个转录本。单个基因的平均长度约为 3 750bp，含有 5.3 个外显子，每个外显子平均长度约 300bp，每个内含子平均长度约 510bp，转录本的平均长度约 1 630bp，编码的蛋白质平均含有约 340 个氨基酸。

随着核酸测序技术的不断发展、多维组学数据的不断积累及生物信息学与计算科学的有机结合，玉米自交系 B73 基因组数据不断丰富和完善，参考基因组的注释更为准确、更加全面。与此同时，更多具有优良性状或特异性状的自交系基因组测序完成，基因组序列数据公开发表，如广泛用于转座子相关研究的自交系 W22 基因组（Springer 等，2018）、热带玉米自交系 SK 基因组（Yang 等，2019）、欧洲玉米基因组（Haberer 等，2020）、用于发展巢式关联作图（NAM）群体的 25 份亲本自交系的基因组（Hufford 等，2021）等。这些自交系基因组序列的公布不仅有助于玉米基因组特征、结构和变异的全面解析，也将促进玉米功能基因组学的发展，助力于玉米遗传改良。

二、研究内容

基因组学（genomics）是随着基因组测序研究的展开而逐步发展起来的一门新兴学

科，由 Roderick 于 1986 年首次提出，其主要研究内容是揭示生物基因组的结构与功能。目前，基因组学又分为三个部分：结构基因组学、功能基因组学和应用基因组学。结构基因组学以研究基因组和基因结构、基因组作图和基因定位为主；功能基因组学主要研究不同序列结构的功能、基因的相互作用、基因表达及其调控等；应用基因组学则主要是利用结构基因组学和功能基因组学的研究成果，在基因或基因组层面开展分子设计和性状的选择和改良。玉米基因组学也包括以上三个层面的研究内容。随着分子标记技术的发展与应用，玉米结构基因组学的研究开始兴起。随着 B73 基因组序列的公布及更多自交系基因组测序研究的实施与拓展，玉米结构基因组学的研究逐步深入，并进入了以功能基因组学和应用基因组研究为主的时代。

三、研究现状及发展趋势

1. 玉米遗传图谱和物理图谱　玉米基因组作图和基因定位研究与其他主要作物的相关研究同步。早在 1986 年，Helentjaris 等绘制了第一张玉米分子标记遗传连锁图。随后，各地研究者依据自己的研究目标，利用不同群体、不同类型标记，先后绘制了不同密度、不同长度的玉米遗传图谱。随着可利用的分子标记种类和数目的增加，玉米分子标记遗传图谱的分辨率也逐步提高。Davis 等（2001）以 300 余个来源于 B73×Mo17 的重组子自交系（RIL）随机交配构建了重组交换事件更为丰富的 IBM（intermated B73×Mo17）群体，绘制了第一张含有 1 000 多个 RFLP（restriction fragment length polymorphism）标记和 850 多个 SSR（simple sequence repeat）标记的高密度遗传图谱。随着 SNP（single nucleotide polymorphism）、IDP（insertion deletion polymorphism）、EST（expressed sequence tag）等标记的相继开发，IBM 图谱也不断地得以更新和充实，相关信息发布在公共 Web（www. maizegdb. org）上。

高分辨率的遗传图谱为物理图谱的构建奠定了基础。美国于 1998 年启动了玉米作图计划（maize mapping project），旨在基于分子标记与 BAC 文库（bacterial artificial chromosome）杂交、BAC - FISH（fluorescent in situ hybridization）杂交、限制性核酸内切酶酶切指纹以及 BAC 末端测序信息等，便于研究人员绘制可用于指导玉米基因组序列组装的物理图谱，建立玉米遗传图谱和物理图谱的联系。2002 年公布的基于玉米 IBM 遗传图谱所整合的物理图谱（iMap），其中包含 869 个标记和 284 个重叠群（contig）。2009 年，Wei 等报道的用于 B73 基因组测序的物理图谱中，含有由 16 910 个 BAC、435 个重叠群、8 315 个已定位的分子标记，图谱覆盖约 2 120Mb；其中 405 个重叠群被锚定在遗传图谱上，覆盖约 2 103.4Mb；主要的 336 个重叠群，覆盖 1 993Mb。

2. 玉米基因组测序　玉米基因组相对较大，约为 2 400Mb，为模式植物拟南芥（约 125Mb）基因组的 20 倍、模式作物水稻（约为 430Mb）的 5 倍之多。自拟南芥和水稻基因组测序计划完成后，科学家开始探索高效、准确的大基因组生物测序方法。2005 年，在美国国家自然科学基金、美国农业部和美国能源部的资助下，美国启动了玉米基因组测序计划（maize genome sequencing project），并于 2009 年 3 月发布了玉米自交系 B73 基因组序列草图。2009 年，在国家自然科学基金、863、973 等重大科技计划的资助下，我国国家玉米工程中心启动了自交系 Mo17 基因组测序计划，并于 2014 年 3 月报道了 Mo17 与 B73 基因组序列的比较研究结果。在美国玉米基因组测序计划启动之前，研究团队先开展了与玉米基因组测序相关的若干探索研究，如甲基化选择测序（methylation filtration sequencing）和高 Cot 选择测序等（high cot selection sequencing）。

（1）甲基化选择测序。基于在玉米基因组中，结构基因编码区的甲基化程度明显低于转座子序列和重复序列的甲基化程度的特点，使用对含有 m^5C（甲基化胞嘧啶）碱基识别序列较为敏感的 DNA 限制性核酸内切酶（如 *Pst* I 对 m^5CTGCAG，*Sau* 3A 对 GATm^5C 表现敏感，不能切割）处理基因组 DNA，凡发生高度甲基化的转座子和高度重复的区域不能被酶切，形成较大的 DNA 片段，而在富含编码基因的 DNA 区段，由于甲基化程度低而被酶切成相对较小的片段，两类 DNA 片段在凝胶上可被电泳而至彼此分离。有目的地选择回收较小片段的 DNA 酶切产物，便可构建富含编码基因的 DNA 文库，进而对该文库进行测序分析。Palmer 等（2003）对玉米甲基化选择文库测序，获得了近 9.7 万条序列 read（即可读片段，它包括序列相同的和不同的全部 DNA 片段）。对这些序列进行 BLAST 分析发现，8.6% 的甲基化选择序列可能为编码蛋白质的结构基因序列，24% 的序列可能为非编码的重复序列；而在未进行甲基化选择的文库中，仅 1.4% 的序列为编码蛋白质的结构基因，57% 的为重复序列。上述结果表明，甲基化选择测序能在最大限度减少 DNA 重复序列的条件下，富集基因组测序文库中的编码基因信息。

（2）高 Cot 值选择测序。高 Cot 值选择测序是基于 DNA 复性动力学原理设计的一种能有效减少测序文库中重复序列和转座子序列的方法。Cot 值是 DNA 复性时单链 DNA 的初始浓度与复性时间的乘积。一般认为，含高度重复或高拷贝数序列的 DNA 片段，其复性的时间较短，Cot 值低；而含序列复杂性高（即碱基随机排列）或低拷贝数序列的 DNA 片段，复性时间长，Cot 值高。在开展复性动力学研究的过程中，收取达到低 Cot 值时的双链 DNA，其中多为重复序列、转座子序列、高拷贝数的序列，而此时序列复杂性高或低拷贝数的编码基因序列仍处于单链 DNA 状态。因此，在进行 DNA 复性动力学研究过程中，逐渐提高 Cot 值（即延长复性时间），可较大程度地去除重复序列和转座子序列，从而有效地富集玉米基因组中编码功能基因的区段。Yuan 等（2003）将 B73 基因组 DNA 打断为 1.2～2.4kb（平均 1.8kb）的片段，通过变性、退火和单链 DNA 的选择，构建了 Cot 值为 Cot100、Cot194 和 Cot466 的 3 个文库。通过分别对这 3 个文库的克隆片段进行测序分析，研究人员发现，在 Cot466 的文库中，反转座子序列所占的比例大大下降，低拷贝或单拷贝的结构基因所占的比例显著提高。与鸟枪法技术比较，以上两种技术在测序文库中富集基因编码区、减少转座子及重复序列的比例、提高基因发掘效率等方面具有明显优越性（表 3-1）。

表 3-1　不同基因富集技术对玉米基因组分析的效应比较

序列类型	鸟枪法	高 Cot466 值选择测序法	甲基化选择测序法
反转座子（%）	57	15	10
基因相似序列（%）	5.4	23	26
MITE（%）	0.7	1.7	1.1
细胞器 DNA	3.5	0.9	1.6

注：BLASTN 和 BLASTX 的 e 值小于 10^{-5}；MITE：微型反向重复转座元件；细胞器 DNA：线粒体或叶绿体 DNA（Yuan 等，2003）。

（3）B73 全长 cDNA 测序与基因表达。为获得玉米全部基因的表达序列信息，2005 年，美国启动了玉米全长 cDNA 测序计划（maize full length cDNA project）。该计划共收取了 27 份自玉米不同组织和器官的 cDNA，构建了 2 个 B73 全长 cDNA 文库，其中一个包括不同发育时期的叶片、根系、花丝、雄花分枝、授粉后不同天数的胚和胚乳等器官和组织，另一个包含经多种生物与非生物逆境胁迫处理的幼苗和相关组织。随机挑取 2 个文库中的克隆，分别进行两端测序，获得了 36 万余条 5′-或 3′-EST 序列。选择其中 3 万个具有 5′-和 3′-EST 的非重复单一克隆（Unique）进行完全测序，获得了 27 455 条全长 cDNA 序列（Soderlund 等，2009）。这些 cDNA 序列长度分布在 156~4 651bp，其中长 1 000~2 000bp 的序列占 67%，平均长度约 1 441bp，平均 GC 含量 53.8%。仅有 5.6% 的全长 cDNA 在编码区或非翻译区（untranslation region，UTR）含有转座子序列，而 7.2% 的序列为转录因子。这些序列不仅可用于对 GenBank 中丰富的玉米 EST 进行组装，也为 B73 基因组序列的基因预测和注释提供了重要依据。

B73 基因组序列释放后，Sekhon 等（2011）采用 microarray 技术研究了自交系 B73 中 3 万余个基因在 60 个组织中的表达动态，证实了 90% 以上的基因至少在一个组织中表达，近 45% 的基因在所有组织中表达。更重要的是，这套数据有助于在基因组水平上全面了解基因的时空表达模式。

（4）B73 全基因组测序。美国玉米基因组测序计划采用 BAC-by-BAC 测序策略，对自交系 B73 的 16 848 个 BAC 进行测序，每个 BAC 的测序深度为 4~6 倍。利用 Fosmid 克隆末端序列、整合的遗传图谱和物理图谱进行序列组装；对未覆盖的空隙（gap）和序列质量较低的区域进行重新定向测序，同时，结合甲基化选择测序和高 Cot 选择测序的序列数据，改善序列质量；利用软件预测结合玉米 EST 数据、全长 cDNA 等信息，对玉米基因组进行注释。在 B73 参考基因组序列（第一版）中，公布了 2 048Mb 的玉米基因组 DNA 数据（Schnable 等，2009），序列准确率为 99.975%。如果按 2 300Mb 计算玉米基因组，那么，约 10.8% 的玉米基因组序列在第一版参考基因组序列中丢失。在这些丢失的基因组序列中，70%（170Mb）的可能未被物理图谱所覆盖，24%（60Mb）的是包括染色体结、着丝点在内的串联重复序列，6%（20Mb）的是由于 4~6 倍的测序覆盖度不够而引起的丢失。在 B73 第一版参考基因组序列中，75.6% 为 I 类转座子，8.6% 为

Ⅱ类转座子，转座子序列占总序列的 84.2%，只有大约 425Mb 为非重复序列，预计编码 32 450 个基因，其中 91% 的基因通过 RNA 测序所证实。在 B73 基因组注释中，实际使用了 6 万余条代表 20 867 个基因的全长 cDNA，而这 2 万多个基因只有 18 329 个包含在 32 450 个预测的基因中，因此，预测 B73 基因组实际编码的基因数为 32 450 ×（20 867/18 329），约为 37 000 个基因。另外，由于全长 cDNA 文库不可能包括全部的玉米基因，假定只包含了 85% 左右的玉米基因，那么，预计玉米基因组所能编码的基因总数大约为 4.2 万个。

玉米基因组所编码的基因具有以下特点：①平均长度 3 982bp，比高粱（3 458bp）和水稻（3 685bp）的基因略长；②平均一个基因含 5.6 个外显子，与高粱相同，略低于水稻（6.2 个）；③一个外显子的平均长度 302bp，与水稻（300bp）的外显子相当，比高粱（280bp）的外显子略长；④平均一个内含子长 513bp，明显长于高粱（430bp）和水稻（393bp）的内含子；⑤转录本平均长度 1 684bp，与高粱（1 562bp）和水稻（1 872bp）的相当；⑥37.6% 的基因具有选择性剪接转录本，明显高于高粱（6.5%）和水稻（25%）。

3. 玉米基因组的结构与变异

（1）玉米与大刍草的基因组差异。玉米是大约 1 万年以前从大刍草（*Zea mays* ssp. *parviglumis*）驯化而来。欲探究玉米的遗传多样性，必须了解玉米地方品种和近缘种大刍草的遗传多样性。在分子标记水平上的研究发现，大刍草的许多等位基因在玉米自交系的基因组中并不存在（Vigouroux 等，2005）。在经过自然选择和人工选择的玉米自交系中，遗传多样性较大刍草明显减少，仅保留了其祖先大刍草中的 57% 遗传多样性、地方品种的 77% 遗传多样性（Wright 等，2005；Tenaillon 等，2001）。即在玉米驯化过程，大刍草中的许多遗传变异因自然适应性和人工实用性选择而逐渐丢失。随着地方品种 Palomero Toluquno（Palomero）基因型 EDMX - 2233（该品种为墨西哥爆裂玉米）基因组测序的完成（Vielle - Calzada 等，2009），人们对玉米自交系基因组与地方品种基因组的差异也有了更全面的了解。与自交系 B73 基因组相比，Palomero 基因组要小 22% 左右，DNA 重复序列要少约 20%，也即，B73 基因组的增加主要是由 DNA 重复序列增加所致。在 Palomero 基因组中，共有 653 个长 0.5～2.5kb 的 DNA 区段与 B73 完全一致，一致性区段的总长度约 544.6kb。这些一致性区域含有 458 个非蛋白质编码区段和 188 个蛋白质编码的基因区段，其中几个一致性区段位于驯化相关基因 *tb1* 的上游区域、*tga1* 的上游和下游区域。另外，比较大刍草和地方品种间在这些一致性区段内的核苷酸变异，发现这些区段的遗传多样性在地方品种中大量丢失且少数区段完全失去了多样性，因而推测，这些一致性区域在驯化过程中可能受到较强的人工选择，而这些受到驯化和选择的基因大多与非生物逆境胁迫（金属离子）响应相关。据此，科学家推论：在玉米地方品种生长地区的土壤中，非生物逆境胁迫在玉米驯化中起着重要的选择性作用。

（2）玉米自交系间基因组的差异。玉米是表型变异最为丰富的作物，无论是植株的高度、形态和颜色，还是种子的形状、色泽和大小，无论是雌穗还是雄穗，都会产生种类繁多的表型变异。这些丰富的表型变异源于基因组间的广泛遗传变异。基于分子标记和测序技术的研究发现，玉米任何 2 个自交系间在核苷酸水平上的平均遗传差异与人类和黑猩猩之间的遗传差异相当（Tenaillon 等，2001）。玉米自交系间丰富的遗传多样性主要源自三个方面：结构变异（structure variation，SV）、单核苷酸多型性（SNP）变异和表观遗传变异（epigenetic variation）。

结构变异是指存在于基因组上的从 Kb 到 Mb 大小区段的缺失、插入、重复和复杂多位点的变异，这种结构变异可归纳为两种主要类型，一种是染色体片段的插入或缺失，表现出对应位点等位基因的有或无的变异（presence/absence variation，PAV）；另一种是基因拷贝数目的变异（copy number variation，CNV）。而将小片段的插入/缺失变异定义为 In/Del（insertion/deletion），以区别于结构变异。在玉米自交系中，这两种变异普遍存在，并导致了重要的表型变异。例如，Fu 和 Dooner（2002）对 B73 和 McC 自交系中含有 bronze（bz）的 BAC 片段进行了测序，比较这 2 个自交系中大约 150kb 的 bz 基因组区段，发现这两个自交系的反转座子的数目和位置明显不同，在 McC 中，该区段内所含有的反转座子序列在 B73 中缺失了约 40kb；更为重要的是，在该 150kb 区段内，2 个自交系所含有的基因也不完全相同，其中 6 个基因为 B73 和 McC 所共有，4 个在 B73 中缺失，在 DNA 水平上丧失了微共线性（图 3 - 1）。据此推测，在 B73×McC 杂合体基因组中，40％的基因呈现所谓的半合子（hemizygote）状态。以后研究发现，这种现象与 He-litron 转座子有关，并且这种基因组的结构变异在玉米自交系间广泛存在。Lai 等（2010）将 Mo17 中的 2 040Mb 无间隙序列（nongapped sequences）匹配到 B73 参考基因组上，比较分析发现，Mo17 基因组中重复序列约占有 80％，与 B73 基因组比较，Mo17 有约 900 万个 SNP、100 万个 In/Del 以及 2 000 个基因的 PAV，B73 中有余个 5kb 左右的区段在 Mo17 中缺失，90％的缺失区段为转录区段。研究还发现，在 B73 中存在的 296 个基因，在另外 6 个自交系中（至少有 1 个自交系）发生了缺失，来自同一杂种优势类群的郑 58、掖 478 和 5003 具有相同的基因缺失现象。对 104 个玉米自交系的基因组序列比较，进一步证实了 PAV 变异类型在玉米自交系间普遍存在（Chia 等，2012）。

比较基因组杂交（comparative genomic hybridization，CGH）研究发现，玉米自交系间存在大量的拷贝数变异位点。与 B73 基因组比较，供试的自交系中共有数百个位点的拷贝数增加，还有更多的位点（至少在 1 个自交系中）拷贝数减少甚至丢失（Springer 等，2009）。这些具有 PAV 和 CNV 变异类型的基因可能是玉米基因组的一种特异性，它们往往发生在基因家族中。基因家族中一个成员的插入或丢失的遗传效应可以由其他成员的功能冗余所缓冲或补偿，因此，有人推测这些结构的变异不可能导致大的质量性状变异，更可能与数量性状变异相关（Swanson - Wagner 等，2010）。

单核苷酸多型性变异是指基因组上单个核苷酸的点突变，一般将变异频率大于 1％的单核苷酸变异称为 SNP。点突变包括插入、缺失、颠换与转换等 4 种主要类型，其中插入与缺失又统称为 In/Del。颠换（transversion）是特指嘌呤与嘧啶之间的替换，如 dAMP 可被替换成 dTMP 或 dCMP 等；转换（transition）是特指嘌呤与嘌呤、嘧啶与嘧

啶之间的替换，如 dAMP 可被替换成 dGMP、dTMP 可被替换成 dCMP。理论上，每一个 SNP 位点的颠换和转换之比为 2∶1。SNP 在 CG 序列上出现最为频繁，且多是 C 转换为 T，因为 C 可在第五位发生甲基化修饰成为 m⁵C，随后，m⁵C 在第四位发生氧化脱氨而自发转换为 T。

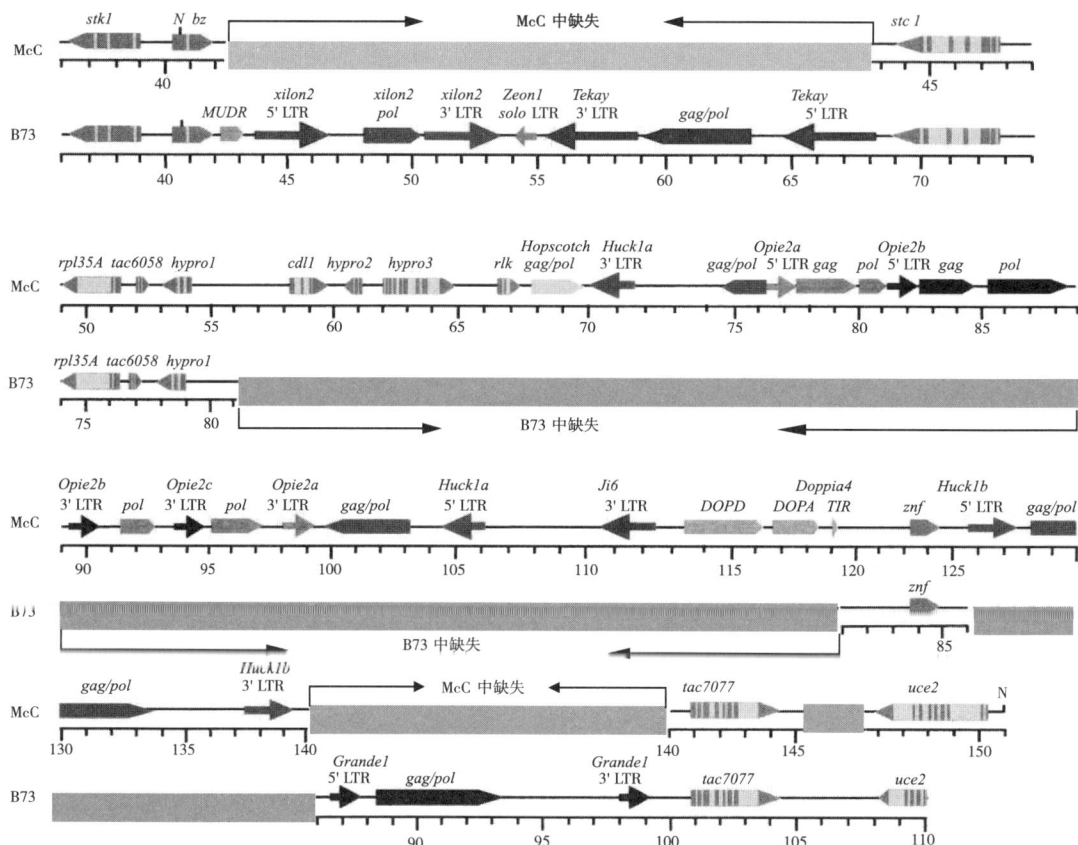

图 3-1　自交系 McC 和 B73 中 *bz* 基因组区段的基因和转座子组织

注：彩图中黄色和棕色箭头表示结构基因，其他颜色箭头为各类转座子区。浅黄色长方形框表示 B73 中存在的等位区段在 McC 中缺失，浅紫色长方形框表示 McC 中存在的等位区段在 B73 中缺失。

玉米基因组中的 SNP 非常丰富。一般而言，任何 2 个玉米自交系间，大约 100bp 的 DNA 序列中就有 1 个 SNP。优良自交系间，基因非编码区平均约 30bp 具有 1 个 SNP，平均 80～100bp 具有 1 个 In/Del 变异，而基因编码区平均约 120bp 存在 1 个 SNP（Ching 等，2002）；在地方品种间，大约 30bp 的 DNA 序列中就具有 1 个 SNP。可见，地方品种间的遗传变异要比自交系间的变异更丰富，这也说明在自交系选育过程中，育种者在追求优良性状的人工选择过程中，导致遗传多样性逐渐丧失。随着 DNA 测序技术的发展和成本的降低，玉米自交系间全基因组遗传多样性的比较研究也随之展开，覆盖全基因组的 SNP 不断被发掘。对我国广泛利用的 6 个优良玉米自交系（郑 58、昌 7-2、5003、掖

478、X178 和 Mo17）的基因组序列分析发现，在 200bp 非重复序列中大约有 1 个 SNP，平均每个基因有 14 个 SNP，编码区内平均有 4 个 SNP；另外，还鉴定了数以万计、长度 1.0～6.0bp 的 In/Del 多态性（Lai 等，2010）。

　　表观遗传变异是指在 DNA 序列没有改变的情况下，DNA 或染色质的被修饰状态（DNA 甲基化、组蛋白甲基化和乙酰化等）、调控基因转录活性的改变，进而导致组织/个体表型的改变，这类变异可以遗传。表观遗传变异可以体现在不同个体之间，或同一个体的不同组织器官之间，甚至在不同环境胁迫下的个体之间。仅就 DNA 甲基化的修饰而言，在玉米全基因组范围内，DNA 序列重复区域、转座子区域的甲基化水平高于基因富集区；在染色体水平上，着丝点区域的 DNA 甲基化程度最高，常染色质区的 DNA 甲基化较低；在基因水平上，基因间区的 DNA 区段甲基化水平高于基因内，转录起始位点上游序列的甲基化水平高于基因编码区（Wang 等，2009）。不同自交系间，DNA 甲基化的位点和水平不同，组蛋白甲基化和乙酰化的位点和水平也存在差异。如果杂交种各位点的 DNA 甲基化、组蛋白甲基化或去乙酰化水平与父本中对应位点的 DNA 和组蛋白的修饰状态相同，而与 DNA 序列无关，杂交种表现为母本性状，这种现象称为父本印记（imprinting）的表观遗传。杂交种的亲本印记现象可能部分解释杂种优势形成的遗传基础（Haun 和 Springer 2008；Swanson - Wagner 等，2009）。

第三节　基因定位与遗传连锁图

一、基因和 QTL 的命名

1. 基因的命名原则

（1）基因的命名是以与其突变体表现型有关的英文单词中开头 2～3 个字母的斜体表示。例如，控制玉米籽粒饱满/皱缩的基因，用"皱缩"的英文单词 shrunken 开头的两个字母"sh"表示；控制雄花可育/不育的核基因，用"雄性不育"的英文单词 male sterility 两个单词的第一个字母"ms"表示。

（2）控制相对性状的等位基因的表示。显性基因用大写字母表示，隐性基因用小写字母表示。例如，显性非糯胚乳基因用单词 waxy 的"Wx"表示，隐性糯性胚乳基因用"wx"表示。

（3）复等位基因的表示。可在基因字母的右上角加写一个小写字母或数字表示，如，A^b、A^d、a^b、a^d、a^{m-1}、a^{m-2}。

（4）控制同一单位性状的非等位基因的表示。除最初发现的基因外，以后相继发现的基因应在基因字母后加上数字表示，如 sh、$sh2$、bt、$bt2$，或在基因代号后加写一个破折号和发现者的实验室代号，如 $sh2-6801$。

　　如果这一新发现的非等位基因还未能进行基因定位，在基因代号的右上角加写一个"＊"号表示。例如 bt^*-7011，待完成基因定位后，应改写为 $bt2-7011$。

（5）由转座子引起的插入突变基因，由于其易发生回复突变，因此又称为易变基因（mutable gene），则在突变基因名后或右上角用"m"字母加以标注。例如 a^{-ml} 或 sh^{m-1}。

2. QTL 的命名原则　McCouch 等（1997）提出了一个水稻的 QTL 命名法，该命名法对其他植物的 QTL 命名也具有重要的参考价值。

QTL 命名式为：q＋性状（大写英文字母）＋破折号＋染色体或连锁群代号＋发现的序号。

QTL 全名通常用斜体表示。

QTL 命名举例：①玉米第三染色体上的第 1 个株高 QTL，命名为：$qPH\text{-}3.1$。②玉米第四染色体上的第 2 个穗行数 QTL，命名为：$qKRN\text{-}4.2$。

二、遗传连锁图

1. 遗传图谱的定义　遗传图谱（或连锁图谱）是以基因或标记为图标、以减数分裂中同源染色体上的基因或标记间的重组率为图距，将彼此连锁的基因或标记绘制成的线状遗传图谱。为纪念遗传学家 Thomas Hunt Morgan 的重要贡献，将 1% 重组率定义为 1 centi-Morgan（cM）的遗传图距单位。一般情况下，基因（或 QTL，或标记）间的重组率反映了它们之间的相对遗传距离，重组率越大，其间的遗传距离越远；相反，重组率越小，遗传距离越近。第一张玉米遗传图谱为 Emerson 等（1935）所总结，它包含有 400 多个基因及其变异的描述、基因的位置、排列次序及相对遗传图距。查阅遗传图谱便可基本了解基因间的重组事件及其发生的频率，但它并不能反映基因间实际物理距离的大小，因为同源染色体间的交换，是发生在"交换热点"序列间的一种染色体"断裂—错接"的分子生物学事件，交换频率的高低取决于交换热点的分布密度，与物理图距不相关，有些物理距离较大的区段交换热点分布较少，测得的遗传图距也就较小。

2. 遗传作图　遗传作图是将遗传分离群体中彼此连锁的基因或性状或分子标记（DNA 上的特异序列）以相对遗传图距绘制线性图的过程。遗传图谱在理论和应用研究中具有广泛的应用价值。①遗传作图提供了一种在分离群体中追踪遗传标记与目标性状共分离的方法，它可用于对目标性状进行分子标记辅助选择和遗传改良；②遗传图谱可用于同一物种不同进化阶段以及不同物种之间的比较基因组研究，以揭示物种进化过程中的重要遗传事件，如染色体加倍、染色体片段的重组、染色体片段的缺失或重复等；③遗传图谱也是构建物理图谱的基础，可指导基因组片段的整合、重叠群的构建等；④高分辨率的遗传图谱是基因图位克隆的重要前提。

遗传作图有两个基本要求：一是选择具有广泛遗传多样性和表型多样性的亲本，二是由这样的亲本杂交所衍生的足够大的分离群体。常用的分离群体包括临时性作图群体（如 F_2 群体、回交群体等）和永久性作图群体（如重组自交系群体、双单倍体群体等）。用于遗传作图或检测两亲本间遗传多样性的标记主要包括：形态标记（如叶色、籽粒形态等）、蛋白质标记（如同工酶标记）和 DNA 分子标记。其中，DNA 分子标记又可大致区分为：基于分子杂交技术的标记，如 RFLP（Restriction Fragment Length Polymorphism）；基于 PCR 技术的标记，如 AFLP（Amplified Fragment Length Polymorphism）、RAPD（Random Amplified Polymorphism DNA）、SSR（Simple Sequence Repeat）等；基于测序技术的标记，如 In/Del、SNP。在众多类型的分子标记中，SSR 标记应用最广，SNP 标记最为丰富。因此，当今也通常将 DNA 分子标记简称为"分子标记或标记"。

Davis 等（1999）提出了玉米"核心标记"（Core marker）的概念，并将拷贝数低、多态性高、在染色体上均匀分布的 90 个标记称作"核心标记"。利用这 90 个核心标记将玉米 10 条染色体分成 100 个小的染色体区段，每个染色体区段称作"bin"，bin 间的边界由核心标记所界定，即使用 90 个核心标记将玉米基因组分成 100 个 bin，平均每个 bin 长约 17cM。因此，染色体越长，bin 的数目就越多。玉米第一条染色体最长，可分成 12 个 bin，而第 7 条染色体最短，只有 6 个 bin。每个 bin 的表示方式为：染色体编号加"."加 bin 的编号，而 bin 的编号则是由染色体顶部向底部依次以 00、01、02……12 表示，如第二条染色体的第 9 个 bin 被标记为 2.09 bin。这些核心标记为利用不同作图群体绘制的遗传图谱间的比较及整合奠定了基础。近年来，在对较多自交系进行全基因组 SNP 分析的基础上，又将发生交换的 SNP 为边界，对全基因组的"bin"进行划分与界定。

另外，在 Davis 等（1999）所构建的玉米遗传图谱中，还包含了 237 个来源于水稻、大麦、燕麦、小麦等物种的分子标记，这些位点为禾本科作物间的比较基因组作图提供了重要的参考位点。玉米核心标记及其 bin 的组成如图 3 - 2 所示。

三、基因的效应

基因是一个具有特定功能的 DNA 片段。在各种类型的基因中，结构基因（structural gene）是指能通过转录和翻译过程，以合成出的多肽及酶类作为自己最终的表达产物，直接和间接地控制着各种性状的不同状态的基因。一些结构基因以自身蛋白质的质量和数量直接控制或表现为性状，如种子内贮存蛋白质的含量高低等；但绝大多数结构基因的产物是以酶活方式参与各种酶促生化反应，或以转录因子调控基因的转录等间接地控制着性状，如淀粉的糯与非糯是由 wx/Wx 基因的产物淀粉酶的作用间接控制的，而且这些性状的表现往往不是简单地由一个基因、一个反应过程所能完成的，多个基因的产物或以上下游关系参与接力式生化反应，或以互作方式共同调控基因的转录起始等。同时，一个基因也不仅仅只控制一个性状的表达，如此，基因的产物在控制性状的表型效应上便会表现出"一因多效"或"多因一效"等现象。

许多基因表现出明显的剂量效应（dosage effect），如 Y 和 y 是可以通过肉眼直接识别表型的具有剂量效应的基因。在三倍体的胚乳细胞内，Y 基因会有 YYY（三式）、YYy（复式）、Yyy（单式）和 yyy（零式）4 种基因型，随着 Y 基因的成分增多，玉米胚乳中类胡萝卜素含量增多，黄色加深，基因拷贝数与胚乳中类胡萝卜素含量呈正相关。又

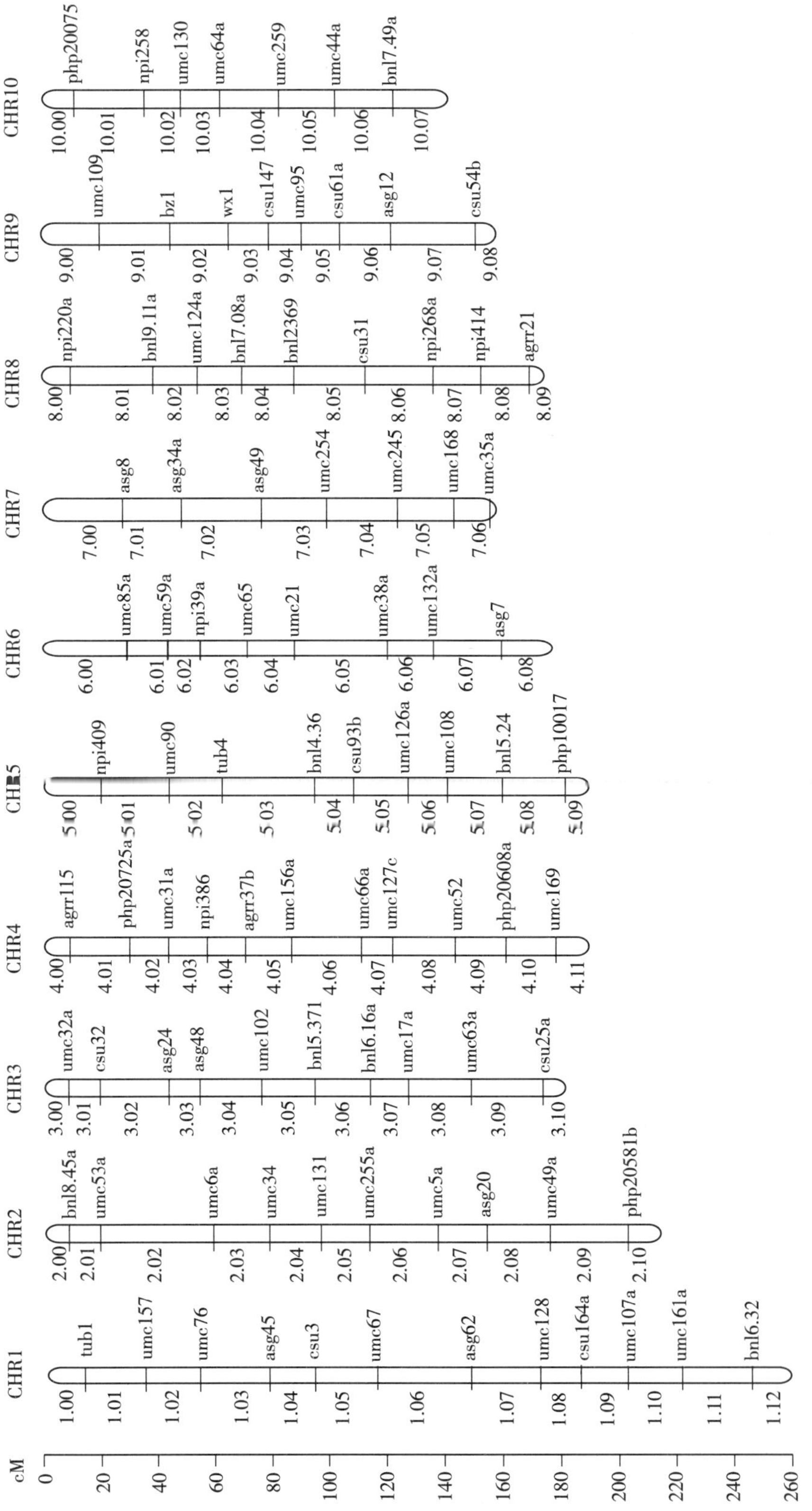

图 3-2　玉米基因组上的核心标记及bin的划分

如，在 Ac/Ds 两因子转座控制体系中，任何一个 Ac/Ds 因子的插入和切离，都会造成靶基因控制的性状出现突变和回复突变的不稳定遗传现象；但随着 Ac 基因剂量的增加，这种突变和回复突变的现象都会推迟发生，表现一种负的剂量效应。Schwartz（1965）通过脂酶基因 E_2、乙醇酸脱氢酶基因 Adh、淀粉酶基因 Amy、过氧化氢酶基因 Cat 的同工酶的研究，均证实了这种由于基因剂量的增加，而引起基因产物含量的增加所表现的剂量效应现象。过氧化氢酶为四聚体蛋白，当用电泳检测 $cat\,FF$ 基因型个体时，仅获得 1 条移动较慢的四聚体蛋白带；当检测 $Cat\,FF$（♀）× $Cat\,VV$（♂）杂种 F_1 胚乳（FFV）内 Cat 同工酶的电泳图谱时，发现有迁移率从小到大的 4 条（FFFF、FFFV、FFVV、FVVV）四聚体蛋白带，没有 VVVV 带；而在 $Cat\,VV$（♀）× $Cat\,FF$（♂）的 F_1 胚乳（VVF）内，出现 VVVV、VVVF、VVFF、VFFF 4 条具有不同小分子量的快带肽链和大分子量的慢带肽链随机聚合的四聚体蛋白带，没有 FFFF 带。显然，这是由于胚乳细胞内 $CatF$、$CatV$ 基因剂量决定的剂量效应。

基因的"多因一效"是十分普遍的现象。玉米正常叶绿素的形成与 50 多对不同基因有关，其中任何一对发生突变都会导致叶绿体的丧失和改变。已知玉米胚乳紫色糊粉层的形成是由 A_1、A_2、A_3、C、R、P_r 等显性基因和 1 个隐性基因 i 共同决定的。

基因多效性是指一个基因发生突变后带来系列表型改变的遗传现象和生理现象，其本质是一个基因产物参与多种生化反应过程。玉米中一些十分明显的多效性基因有 al、cl、Lw、$Lw2$、$Lw3$、$Lw4$、Vp、$Vp2$、$Vp5$、$Vp8$ 等，它们会同时影响叶绿素、类胡萝卜素和种子休眠期。另外，控制性转换和植株高度的基因有 an、d、$d2$、$d3$、$d5$、$d8$ 等。与此同时，还必须指出的是，大多数基因的作用效应实质上都是细胞自主性的，也就是说，不论是因染色体畸变还是基因突变而表现出的表现型，在整体上都是相嵌合的、花斑化的，因为这些基因的产物只影响一个细胞的自身代谢，很少或根本不影响邻近的细胞和组织，基因产物一般不具备细胞间的扩散效应。大量研究表明，表现有细胞自主性的基因有 A、$A2$、Ac、Bm、Bt、CMS　S、Ds、Dt、$Dt2$、$Dt3$、Lg、$Lg2$、$rf3$、sh、$sh2$、Spm、Su、Wx 等。

基因的重叠作用是由于不同的非等位基因，通过不同的代谢途径控制着同一个性状的表型而形成的。它与多基因簇中的重复基因如 $Zein$（醇溶蛋白基因）是不同的遗传学概念。这种重复基因的作用一般较难进行研究和分析，因为每一份重复基因的表达一般不会达到完全的程度，加之这些基因的产物又缺乏累加的剂量效应，因而对单个基因的鉴定和定位研究就显得比较困难。但由两对独立遗传的重叠基因所控制的性状，其 F_2 表现出 15∶1 的表型分离，在遗传上容易判断。玉米中已被鉴定的重叠基因较多，如棕色籽粒白色幼苗（lemon kernel and white seedling：lw）基因 $lw3$ 和 $lw4$，植物颜色苍白（pale green：pg）基因 $pg11$ 和 $pg12$，软质胚乳（soft endosperm：sen）基因 $sen3$ 和 $sen4$、$sen5$ 和 $sen6$ 等。

等位基因之间的遮盖作用被定义为显性和隐性效应，而非等位基因之间的遮盖作用则被定义为上位性效应。上位性基因中起遮盖作用的基因如为显性基因，称为显性上位基因；起遮盖作用的基因如为隐性基因，称为隐性上位基因。上位效应的产生是由于在"多因一效"的表达过程中，上位基因所控制的酶促反应位于下位基因所控制的酶促反应的上游，上位基因控制反应的产物可能是下位基因所控制反应的前体物。如控制胚乳蛋白层色泽的 C 与 Pr 基因就具有隐性上位效应，隐性 c 基因为隐性上位基因；在基因型为 $C\_$ 的个体中，C 基因控制的酶促反应为 Pr 基因控制的酶促反应提供了合成紫色素和红色素的前体物质。在基因型为 $ccPr\_$ 的个体中，由于 C 基因突变为 c，导致 C 基因控制的酶促反应不能完成，Pr 基因控制的酶促反应所必需的前体物质缺乏，Pr 活性不能得到表现，表现为 Pr 基因效应被 cc 基因所遮盖。

当一个基因的表达直接受到另一个基因产物所调控时，这种效应被称为抑制效应。例如，C 基因的表达受到 In 基因的抑制，在 $In\_C\_$ 基因型个体中，C 基因的效应不能表现，$In\_C\_Pr\_$ 或 In_C_prpr 胚乳的蛋白质层为白色；在 $inin$ 的遗传背景中，in 基因对 C 基因表达的抑制效应解除，$ininC\_Pr\_$ 或 $ininC\_prpr$ 胚乳的蛋白质层表现为紫色或红色。

第四节　遗传体系

一、质量性状

玉米性状根据其表型变异的连续性和对环境的敏感性可以分为两类：质量性状和数量性状。质量性状是指在分离群体中表现为不连续变异、可明确分组的性状，如籽粒颜色（黄与白）、籽粒形状（饱满与凹陷）、籽粒品质（糯与非糯）。数量性状是指在分离群体中表现为连续变异、不能明确分组的性状，如籽粒产量、生物学产量、植株高度、蛋白质含量及生育期长度等。经典遗传学理论广泛用于这两类性状的遗传研究。玉米中已经详细研究和报道的质量性状很多，特别是关于籽粒特性、颜色、株型、配子体发育以及核外遗传等遗传体系的研究比较深入，相关内容可参阅刘纪麟主编的《玉米育种学（第二版）》。

随着现代生物技术的发展，cDNA 克隆技术、同源克隆技术、转座子标签技术及图位克隆技术等在玉米遗传学研究中得以广泛应用，一批控制质量性状的基因先后已被克隆，特别是一些控制玉米籽粒淀粉和蛋白质特性、玉米花序形态建成和小花发育的基因已被克隆（申晓蒙等，2014），这为玉米重要质量性状形成的遗传解析提供了可能。部分已被克隆的质量性状基因及其功能见表 3-2。

表 3-2 部分已被克隆的质量性状基因及其编码产物

符号	基因名	基因产物	参考文献
Wx	waxy	颗粒结合淀粉合酶 1	Shure 等，1983
Cl	colored aleurone 1	Myb 转录因子	Paz-Ares 等，1987
$o2$	opaque-2	亮氨酸拉链结构域蛋白	Schmidt 等，1990
$zag1$	zea agamous 1	MADS-box 转录因子	Schmidt 等，1993
$ts2$	tasselseed 2	脱氢酶/还原酶	Delong 等，1993
$Su1$	sugary 1	异淀粉酶型脱支酶	James 等，1995
$fl2$	floury 2	22-kD α-醇溶蛋白	Coleman 等，1995
$R1$	colored 1	bHLH 转录因子	Walker 等，1995
$Rf2$	fertility-restorer 2	乙醛脱氢酶	Cui 等，1996
$Y1$	Yollow 1	八氢番茄红素合成酶	Buckner 等，1996
$lg1$	liguleless 1	SBP-box 转录因子	Moreno 等，1997
$lg2$	liguleless 2	b-ZIP 转录因子	Walsh 等，1997
$ids1$	indeterminate spikelet 1	AP1 转录因子	Chuck 等，1998，2008
$sid1$	sister of indeterminate spikelet 1	AP2 转录因子	Chuck 等，1998，2008
ae	amylose-extender	淀粉分支酶 Ⅱ B	Kim 等，1998
$fea2$	fasciated ear 2	富含亮氨酸重复的类受体蛋白	Taguchi-shjiobara 等，2001
$ba1$	barren stalk 1	bHLH 结构域蛋白	Gallavotti 等，2004
$De-B30$	De-B30	19-kD α-醇溶蛋白	Kim 等，2004
$td1$	thick tassel dwarf 1	富含亮氨酸重复的类受体激酶	Bommert 等，2004
$ra1$	ramosa 1	C2H2 锌指蛋白	Vollbrecht 等，2005
$ra2$	ramosa 2	LOB 结构域蛋白	Bortiri 等，2006
$ra3$	ramosa 3	海藻糖磷酸酶	Satoh-Nagasawa 等，2006
Mc	mucronate	16-kD γ-醇溶蛋白	Kim，2006
$rtcs$	rootless concerning crown and seminal roots	LOB 结构域蛋白	Taramino 等，2007
$fl1$	floury 1	转膜蛋白	Holding 等，2007
$ts4$	tasselseed 4	microRNA172	Chuck 等，2007
$spi1$	sparse inflorescence 1	YUCCA 蛋白	Gallavotti 等，2008
$tsh4$	tasselsheath 4	SBP-box 转录因子	Chuck 等，2009
$ts1$	tasselseed 1	脂氧合酶	Acosta 等，2009
$Pr1$	red aleurone 1	类黄酮 3'-羟化酶	Sharma 等，2011
$o5$	opaque-5	单半乳糖二酰基甘油合酶	Myers 等，2011
$o7$	opaque-7	酰基辅酶 A 合成酶	Wang 等，2011
$vt2$	vanishing tassel 2	色氨酸氨基转移酶	Phillips 等，2011
$o1$	opaque-1	肌球蛋白 Ⅺ	Wang 等，2012
$ct2$	compact plant 2	G 蛋白 α 亚基	Bommert 等，2013

二、数量性状

1. 玉米重要的数量性状及其遗传特征

（1）玉米重要的数量性状。在玉米遗传改良中，相对于质量性状而言，数量性状尤为重要且备受关注，许多重要的产量、品质和抗逆性相关性状均表现为数量性状。被纳入育种目标的主要数量性状如下：

产量相关性状：生物学产量、籽粒产量、穗粒数、穗行数、行粒数、百粒重、单株穗数等。

植株性状：株高、穗位高、叶长、叶宽、叶夹角、雄穗分枝数、雄穗颖花数及根系性状等。

品质性状：籽粒含油量、籽粒蛋白质含量、植株含糖量、纤维素含量、类胡萝卜素含量等。

生育期性状：抽雄期、散粉期、抽丝期、成熟期、抽丝至散粉间隔期等。

抗逆性状：耐旱性、耐渍性、耐盐性、抗病性和抗虫性等。

（2）数量性状的遗传特征。早在1909年，Nilson-Ehle就提出了利用多基因假说（Multiple-factor hypothesis）来解释数量性状的遗传基础和遗传规律。多基因假说认为数量性状是由一群数目众多、效应微小、容易受到环境因素影响的微效多基因所控制，这些基因彼此独立地按孟德尔遗传规律传递，各对等位基因表现为不完全显性，起增效或减效作用；尽管单个基因的作用效应微小，但多基因的效应可以累加，产生加性效应。因此，个体某一性状的表型值是由微效多基因的遗传效应值与环境因素共同作用所形成的最终结果。

大量的研究和生产实践表明，各对等位基因的异质杂合状态会产生一定的显性或超显性效应，非等位基因间（或连锁或独立）也会相互作用产生非等位基因间的互作效应（上位性效应），这些非加性类型的遗传效应在玉米杂交种或异质程度较高的地方品种中是广泛存在的。显性或超显性效应是以等位基因的异质杂合状态为基础的，没有异质杂合基因型也就无所谓显性或超显性效应。杂合个体中微效基因的异质状态及其显性/超显性效应是不可忽视的重要遗传效应。因此，玉米杂种优势的利用一方面是综合各亲本内的优良加性基因，另一方面也利用最理想的异质基因型所产生的显性或超显性效应及非等位基因间的上位效应。即玉米数量性状的遗传控制包括加性效应、显性效应和上位效应等3种类型。

2. 玉米数量性状遗传的研究方法　相关内容可参阅刘纪麟主编的《玉米育种学（第二版）》。

3. 玉米数量性状遗传研究的现状及发展趋势

（1）玉米数量性状位点的鉴定。由于玉米育种的重要目标性状大多数为数量性状，因此，数量性状的遗传基础一直是玉米遗传学研究的热点和重点领域。经典的数量性状遗传研究一般采用特定的遗传交配设计，如 NC 遗传交配设计（North Carolia genetic mating design）、完全双列杂交、不完全双列杂交等，来估算性状的变异分布、性状间的相关性、遗传率、基因对数、基因作用方式与效应、杂种优势、一般配合力和特殊配合力等，并基于这些信息，指导玉米育种实践。

自 20 世纪 80 年代以来，随着分子标记技术广泛应用于数量性状的遗传研究，数量性状位点（quantitative trait locus：QTL）的鉴定与定位已成为作物数量遗传学研究的热点领域。QTL 是指控制数量性状的遗传位点或染色体区段，即经典数量遗传学中的微效多基因位点。QTL 定位（QTL mapping）是基于特定的遗传设计建立标记基因型与数量性状表现型之间的联系，进而确定控制数量性状的遗传位点在基因组上的分布、位置、效应及作用方式等。也就是说，QTL 定位是基于分子标记技术分析分离群体中各个体的基因型，基于试验数据评价各个体或家系特定数量性状的表现型，基于特定的统计模型建立分子标记基因型与数量性状表现型之间相关性的一种应用基础研究。因此，高密度的分子标记基因型、准确的数量性状表现型和合适的统计模式与遗传作图方法是 QTL 定位的基础。在玉米中，基因型分析所使用的分子标记主要包括 RFLP、AFLP、SSR、CAPS、In/Del 和 SNP 等；常用的作图群体主要有 F_2 群体、回交（backcross：BC）群体、$F_{2:3}$ 家系、重组自交系（recombinant inbred line：RIL）群体、导入系（introgression line：IL）群体、近等基因系（near isogenic line：NIL）群体和自然群体等。常用的统计分析方法包括：单标记法、区间作图法、复合区间作图法和关联分析法等。

不同的研究者采用不同的作图群体和作图方法，分别对众多的玉米数量性状进行了大量的 QTL 分析，每个性状都鉴定到许多 QTL。随着分子标记密度的增加、定位群体遗传结构的改进（如 MAGIC 群体的创建、关联分析群体的组建），被鉴定到的 QTL 数目还在不断增加。在玉米中，QTL 分析已涉及的性状和所鉴定的 QTL 位点信息可参见 www. maizegdb. org。

（2）玉米重要数量性状位点的克隆。相对于模式作物水稻而言，已克隆的玉米重要数量性状 QTL 相对较少，主要原因有：①玉米基因组较大（2 400Mb），重复序列多（占全基因组的 85％左右），可供参考的基因组（B73）序列公布较水稻迟而且存在较多间隙（gap）。②自交系间的遗传变异非常丰富，这虽为分子标记开发和基因精细定位提供了遗传基础，但同时也增加了候选基因确定的难度。③玉米个体较大，以较大的分离群体进行精细定位所需的种植面积大，而且在大面积田间种植的条件下，严格控制环境条件，获取准确的数量性状表现型难度较大。综上种种，玉米中目前已被克隆的 QTL 基因仍旧较少。以下简述几个已被克隆的重要数量性状基因。

tb1（*teosinte - branched 1*）：为研究玉米与其祖先大刍草在植株形态上的差异，Doebley 等（1993）利用玉米×大刍草的杂交后代进行了 QTL 分析，在第一染色体长臂上鉴定了一个控制分枝数、可解释 40％表型变异的 QTL 位点 *tb1*。玉米 *tb1* 突变引起顶端优势的丧失，腋生芽过度生长。在 *tb1tb1* 纯合植株主茎的基部茎节产生大量分蘖，一些上部茎节有长的次生分枝，次生分枝上发育有雄花序。由于分蘖和上部的次生分枝来源于腋生分

生组织，推测 *tb1* 可能控制腋生分生组织的发育状态。Doebley 等（1997）采用 *Mutator*（*Mu*）介导的转座子标签技术克隆了 *tb1*，该基因属 *TCP* 基因家族成员，编码 1 个 bHLH 植物转录调节因子。玉米 *tb1* 等位基因的表达水平比大刍草等位基因高，说明在玉米中 *tb1* 基因可能行使负调控功能，抑制侧枝分生和生长。Studer 等（2011）进一步研究发现，调控这种转录水平差异的功能位点位于 *tb1* ORF 上游的 $-65.6 \sim -58.7$kb，相对于大刍草的 *tb1* 等位基因，玉米 *tb1* 基因在该区段存在 1 个 Hopscotch 转座子的插入，插入的序列使该区域又形成了一个增强子（enhancer），促进玉米 *tb1* 基因的表达。同时，在玉米驯化过程中，*tb1* ORF（Open Reading Frame）上游的 $-65.6 \sim -58.7$kb 区段受到强烈的正向选择。

tga1（*teosinte glume architecture 1*）：花序和籽粒的形态在大刍草与玉米间具有明显的差异，大刍草籽粒具有坚硬的外壳，而玉米籽粒没有。在玉米驯化过程中，哪些遗传行为的改变促使了大刍草籽粒逐渐去掉了坚硬的外壳而演化成种子裸粒的栽培作物？Doebley 和 Stec（1993）利用玉米×大刍草的杂交后代进行 QTL 分析，发现了一个主效 QTL *tga1* 和几个微效 QTL 与大刍草和玉米间的籽粒形态差异相关。在玉米遗传背景下，大刍草的 *tga1* 等位基因可导致壳斗和颖片增大，并且表皮细胞呈硅质化。在大刍草遗传背景下，玉米 *tga1* 等位基因导致壳斗和颖片减少，不能很好地包裹籽粒。Wang 等（2005）使用比较基因组学研究策略确定了 *tga1* 所在的 BAC，基于 BAC 序列开发标记，利用 3 100 个 F_2 个体，根据交换单株及其表型将 *tga1* 定位于约 6.0kb 的区段，该区段编码 1 个 SBP（squamosa promoter binding protein）转录因子基因。他们进一步利用 6.0kb 区段内的 7 个重组事件，将 *tga1* 限定于 1 042bp 的片段内。玉米和大刍草在此区段，存在 2 个 SNP 的差异（-1 024 和 $+18$ 位点），编码区的 SNP 导致一个氨基酸的替换。一个 W22 背景的突变体 *tga1 - ems1*，在 *tga1* 编码产物的第 5 个氨基酸发生替换，导致花序结构和籽粒形态显著改变。对 *tga1* 基因的遗传多样性分析发现，在驯化过程中该基因启动子区可能受到了强烈的选择，而第一外显子区也受到了中度选择。

Vgt1（*Vegetative to generative transition 1*）：Salvi 等（2007）采用图位克隆策略分离了控制玉米花期的 QTL *Vgt1*。Salvi 等以在 N28 遗传背景中导入含有 *Vgt1* 基因片段的 NIL - C22 - 4 和轮回亲本 N28 为杂交亲本（两者在散粉期和节间数目两个性状上表现出明显差异）构建了约 1 万个单株的 F_2 群体，利用导入片段两侧标记 DABO7 和 UMC89a 分析了其中 4 526 个单株，鉴定到了 485 个交换单株，将交换单株自交获得 $F_{2:3}$ 家系。从 $F_{2:3}$ 家系中鉴定纯合的交换单株，再行自交，最终得到 69 个纯合且在 DABO7 和 UMC89a 间发生交换的家系。在 *Vgt1* 区段开发了 17 个 AFLP 标记，利用 69 个家系将 17 个 AFLP 标记定位在 *Vgt1* 区段。通过每个家系与亲本 N28 和 C22 - 4 表型（散粉期和节间数目）的比较，最终将 *Vgt1* 定位在大约 2kb 的区间内。这个区间是一个位于转录因子 *ZmRap2.7* 上游约 70kb 的非编码区。关联分析表明，*Vgt1* 区域内的 3 个多态性位点与花期高度相关。转基因结果证实，*Vgt1* 顺式调节下游功能基因 *ZmRap2.7* 的表达，进而影响营养生长向生殖生长的转换。

qHO6（High Oil 6）：玉米种子的含油量是一个数量性状，受 QTL 所控制。Zheng 等（2008）利用由一个高油玉米自交系和一个普通玉米自交系杂交，以普通玉米自交系为轮回亲本回交得到的 BC_2 群体，鉴定到一个位于第 6 染色体上的油分含量 QTL（*qHO6*），该 QTL 可以解释 11% 的种子含油量的变异及 9.5% 的胚油含量的变异。利用 4 000 多个 BC_5S_1 单株将 *qHO6* 定位于 4.8kb 的区间。该 4.8kb 的片段是 *DGAT1-2*（acyl-CoA：diacylglycerol acyltransferase）基因的一部分，位于该基因的 $3'$-末端。在该区间内，2 个等位基因仅在 DGAT1-2 编码蛋白的第 469 位氨基酸上存在差异（苯丙氨酸的插入/缺失）。转基因和关联分析结果也证实，该位点为引起了油分含量变化的功能位点，1 个苯丙氨酸的插入可以增加油分含量，*DGAT1-2* 基因就是 *qHO6* 的功能基因。

qPH3.1（*Plant Height 3.1*）：Teng 等（2013）精细定位并克隆了玉米第 3 染色体上的一个株高主效 QTL *qPH3.1*。SL15 是一个在综 3 遗传背景中导入了由分子标记所界定的外源染色体片段的代换系，且其株高显著高于受体亲本综 3，节间长度显著长于综 3，但节间数目与综 3 相同，雄穗的长度与综 3 无显著差异。细胞学研究发现，SL15 的节间细胞显著长于综 3，表明代换系 SL15 相对于综 3 节间的延长是由于细胞的纵向增长，而非细胞数目的增加。Teng 等进一步采用连锁分析和染色体片段置换作图策略，将 *qPH3.1* 定位于 12.6kb 的染色体区间，分离到一个与水稻 *OsGA3ox2* 高度同源的基因，命名为 *ZmGA3ox2*。通过 *ZmGA3ox2* 基因的表达分析、内源激素分析和外源施用激素研究等证实，*ZmGA3ox2* 在 2 个亲本间的表达差异引起了内有活性 GA 水平的差异，最终导致了两个亲本间株高的差异。候选基因的关联分析发现，*ZmGA3ox2* 基因启动子区的 2 个多态性位点与株高变异显著关联。对一个 *dwarf-1*（*d1*）的等位突变体 *d1-6016* 的分析证实，*d1-6016* 的株高矮化是由于 *ZmGA3ox2* 基因大片段缺失所致。该研究说明，*ZmGA3ox2* 启动子的自然变异可导致玉米株高的数量变异。

FEA2（*Fasciated Ear 2*）：玉米的祖先大刍草具有仅两行籽粒的果穗，经过漫长的人工驯化和选择，现代栽培玉米已进化成穗行数为 8～20 行的果穗，籽粒产量得到不断增加。Peter Bommert 等（2013）证明玉米穗行数（KRN）的形成始于花序分生组织，并且受 CLAVATA WUSCHEL 负反馈途径的调控。从 2000 年开始，Peter Bommert 等经过连续 4 年的图位克隆研究，利用 B73×Mo17 的 250 个 RIL 群体，在第 4 染色体近着丝点附近约 5.4cM 区域，定位到可解释 8.4% 的穗行数变异的 QTL。生物信息学和分子生物学分析表明，该区间内编码 180 个基因，其中 *FEA2* 确定为控制 KRN 的重要候选基因。*FEA2* 是一个拟南芥 *CLAVATA2*（*CLV2*）的同源基因，编码类 LRR 受体蛋白（leucine-rich repeat receptor-like protein），它可与 CLAVATA3（CLV3）结合调节 WUSCHEL（WUS）转录因子的表达，进而调节花序分生组织的大小。由于近着丝点附近交换率低，实施基因的精细定位难度大，Peter Bommert 从 W22 的 EMS 诱变群体中发现了 3 个突变体，基于突变体的表型证实了 *FEA2* 基因的自然变异可引起玉米穗行数的数量变异。

（3）展望。第一个从农作物中分离克隆的重要性状的 QTL 是控制番茄果实大小的主效 QTL *fu2.2*（Frary 等，2000），它编码一个与人类致癌基因具有同源性的蛋白质。随后，在不同作物中许多 QTL 相继被克隆，如水稻开花期 QTL *Hd1*（Yano 等，2000）、*Hd6*（Takahashi 等，2001）和 *Hd3a*（Kojima 等，2002），穗粒数 QTL *Gnla*（Ashikari 等，2005），控制耐盐性的 QTL *SKC1*（Ren 等，2005），水稻单株产量 QTL *qGY2-1*（He 等，2006），耐淹性 QTL *Sub1A*（Xu 等，2006），粒宽和粒重 QTL *GW2*（Song 等，2007），控制水稻产量株高和生育期多效性的 QTL *Ghd7*（Xue 等，2008），以及控制株型和产量的 QTL *IPA1*（Jiao 等，2010；Miura 等，2010）等。

尽管人们开展了大量的玉米数量性状的研究，有关 QTL 的研究报道也渐趋增多，但大部分仍停留在 QTL 的初定位水平上，精细定位和分离克隆的 QTL 仍为鲜见。近年来，科学家为探究玉米数量性状的分子基础，通过构建 NIL、NAM、MAGIC、CUBIC 等特殊的材料及群体将复杂的数量性状转变成简单的孟德尔因子（Dell 等，2015；Liu 等，2020），成功克隆了一批育种重要目标性状 QTL，如玉米穗行数 QTL *KRN2*（Chen 等，2022）、株型 QTL *UPA1* 和 *UPA2*（Tian 等，2021）、穗粒数 QTL *KRN6*（Jiao 等，2020）和 *qEL7*（Ning 等，2021）、抗旱性基因 *ZmVPP1*（Wang 等，2016）、抗病 QTL *qHSR1*（Zou 等，2014）。同时，随着玉米自交系 B73 全基因组测序的完成，大量的分子标记及其快捷的基因型分析技术（如高通量的测序技术、全基因组的 SNP 检测技术等）的发展，高分辨率的玉米 HapMap V2、数以万计的 EST 和全长 DNA 等序列信息及功能分析数据的释放等，无疑将为 QTL 的遗传剖析和分子诠释提供更为坚实的基础。可以乐观地展望，在不久的若干年内，必将迎来玉米 QTL 分离克隆的盛期。

第五节　核质互作的遗传体系——细胞质雄性不育

玉米的遗传物质包含核基因组和胞质基因组，后者也被称为核外遗传体系，它包括叶绿体 DNA（chloroplast DNA，cpDNA）、线粒体 DNA（mitochondrion DNA，mtDNA）及一些附加因子（episome）。在 cpDNA 中编码有合成叶绿素的有关基因、RuBP 羧化酶大亚基的基因等，而在 570kb 的环状玉米 mtDNA 上，编码有 *Cytb*、*Cox I*、*Cox II*、*atp* 等与能量代谢有关的基因。在细胞中，核基因组和胞质基因组相互作用，共同决定着细胞行使正常功能和个体性状表现。细胞质雄性不育（cytoplasm male sterility：CMS）不仅是杂种优势利用的重要种质资源，也是研究核-质基因组互作机制的典型性状，当细胞核具有不育基因型（*rfrf*），细胞质也具有不育基因或不育胞质（T、S 或 C）时，植株表现为雄性不育。而其他任何一种组合，如正常胞质（N）与不育核基因型（*rfrf*）或不育胞质与可育核基因型（*Rf _*）的组合时，都表现为雄性可育。

一、玉米细胞质雄性不育的分类

自玉米雄性不育被发现到 20 世纪 70 年代，玉米科学工作者陆续发现了百余种 CMS

的材料。1971 年 Beckett 以带有不同恢复基因的恢复系测定其与不育系的恢-保关系，并辅以对 T 型玉米小斑病抗性鉴定方法，将不同地理来源的 30 份玉米 CMS 系划分为 T、S、C 三大类群。此后，郑用琏等（1982）根据玉米 CMS 恢复专效性的原理，利用一套测验种有效地将 T、S、C 三种不育胞质区分开来，发展了 Beckett 的玉米 CMS 分类方法，并于 2003 年开发了基于 PCR 技术的快速准确的胞质鉴定方法。CMS‐T、CMS‐C 表现典型的孢子体不育特征，CMS‐S 表现典型的配子体不育特征。

二、细胞质雄性不育基因

1. 胞质不育基因位于线粒体基因组 随着分子生物学研究技术的发展，特别是限制性核酸内切酶发现和分子杂交技术的发明，为揭示雄性不育的遗传机制提供了有效的研究手段。Pring 等（1977，1978）首次利用 *EcoR* Ⅰ、*Hind* Ⅲ、*BamH* Ⅰ、*Sa1* Ⅰ 和 *Xho* Ⅰ等限制性核酸内切酶对 CMS‐T、S、C 及正常玉米（N）的线粒体 DNA 和叶绿体 DNA 进行 RFLP 图谱研究，第一次提出了玉米 CMS 的不育基因可能存在于线粒体基因组上。为开展植物 CMS 分子机理的研究奠定了基础。

2. 线粒体 DNA 读码框与细胞质雄性不育 线粒体是具有半自主性的细胞器，mtD-NA 上具有若干完整的遗传信息编码 ORF 并能翻译线粒体自身代谢所需的部分蛋白质。Rorde（1980）对 CMS‐T、S、C 和正常胞质玉米的黄化幼苗线粒体体外翻译产物经 SDS‐PAGE 分离，证明不同胞质玉米的线粒体可合成不同的多肽（表 3‐3）。正常细胞质（N）线粒体合成一种 21kD 的特异蛋白质，在 CMS‐T 线粒体中存在一种 13kD 的特异蛋白质，称为 T 多肽，其表达受到核恢复基因的抑制；CMS‐C 细胞质线粒体中合成 17.5kD 的特异蛋白质，CMS‐S 细胞质中存在 58～88kD 的 8 种特异蛋白。

表 3‐3 不同胞质类型的玉米细胞质雄性不育线粒体特异多肽的比较

胞质类型	13kD	15kD	17.5kD	25kD	58kD	88kD
CMS‐T	+			+		
CMS‐C			+			
CMS‐S					+	+
N		+		+		

注：CMS：细胞质雄性不育；kD：原子质量单位；N：正常胞质。

（1）CMS‐T 胞质不育基因。从 CMS‐T 型不育系的愈伤组织中，利用小斑病 T 小种选择压筛选出抗小斑病 T 小种的可育突变体，该突变体缺乏 CMS‐T 线粒体中的 13kD 特异蛋白，暗示这种蛋白质可能与 CMS‐T 的不育性相关。对这一可育突变体 mtDNA 的 RFLP 分析发现，一个 6.3kb 的 *Xho* Ⅰ片段取代了 CMS‐T 中一个 6.6kb 的片段，该片段与玉米 *atp6*、*rrn26*（26S rRNA 基因）和叶绿体 *tRNA‐Arg* 基因具有较高的同源性，表明该片段是经历了系列重组事件而产生、编码两个 ORF 的嵌合基因 *T‐orf13* 和 *T‐orf25*，其中，*T*

$-orf25$ 的翻译产物 25kD 蛋白没有胞质类型的特异性；$T-orf13$ 编码的 13kD 蛋白为内膜结合蛋白质，在可育突变体中的 $T-orf13$ 基因内插入了 5bp 的片段引起读码框的移码，形成一个提前终止密码子，只能合成一条 8.3kD 的多肽，植株育性从不育转为可育。这一研究表明，$T-orf13$ 的产物与雄性不育性和对小斑病 T 小种的专化敏感性明显相关，$T-orf13$ 基因被证明为孢子体雄性不育材料 CMS-T 的细胞质不育基因。

许多研究表明，CMS-T 玉米线粒体 ORF13 是一种可与内膜结合的毒性蛋白，在植株的根、茎、叶、花序中都有表达，只不过花药绒毡层细胞对其毒性反应较其他组织细胞更为敏感。ORF13 蛋白含有 115 个氨基酸，当第 83 位至第 115 位 C 端的 33 个氨基酸区段发生缺失，突变体对 T 毒素表现抗性。但当缺失第 84 位至第 115 位 C 端的 32 个氨基酸，突变体对 T 毒素却表现敏感。即当 ORF13 蛋白只有 N 端的 82 个氨基酸，突变体对 T 毒素表现抗性，大于或等于 83 个氨基酸，突变体对 T 毒素表现敏感。另外，当第 39 个氨基酸突变成 Asp，或 N 端的第 2 位至第 11 位氨基酸发生缺失，突变体均表现对 T 毒素的抗性。在蛋白质结构上，ORF13 第 11 位至第 31 位氨基酸、第 35 位至第 55 位氨基酸和第 61 位至第 83 位氨基酸区域共形成 3 个疏水性 α 螺旋，3 个螺旋嵌于线粒体内膜上，形成膜上通道，小斑病 T 毒素与第 39 位氨基酸结合，使通道孔径加大，线粒体内离子和小分子泄漏，膜两边的电位势崩溃，最终导致线粒体破裂，花药绒毡层异常解体从而导致雄性不育和对 T 毒素的敏感。当 α 螺旋区氨基酸发生缺失或第 39 位氨基酸突变成 Asp 时，ORF13 均不能跨膜或 T 毒素不能与 ORF13 结合，从而使突变体表现为对 T 毒素的抗性。

（2）CMS-C 胞质不育基因。在孢子体雄性不育材料 CMS-C 的线粒体中，也发现了与雄性不育有关的嵌合基因 $atp9-c$、$coxⅡ-c$ 和 $atp6-c$。其中 $atp9-c$ 的 5′-和 3′-侧翼均有重组事件发生，从 5′-UTR 到转录起始点前插入有不同的启动子，编码区不变，不影响 $atp9$ 的转录。$coxⅡ-c$ 由 $atp6$ 基因编码区的一部分与 $coxⅡ$ 基因重组而成。$atp6-c$ 是由来源于 $atp9$ 基因的 5′-端区段、未知来源的 441 个核苷酸的可读框和截短了的 $atp6$ 基因三部分组成，其转录可能受 $atp9$ 的启动子所控制，合成的融合蛋白与正常的 $atp6$ 相比，截短了 N 端的 23 个氨基酸。薛亚东等（2022）的研究证明，在线粒体 F1Fo-ATP synthase（F-type ATP synthase）的组装过程中，atp6-c 与 ATP8、ATP9 的竞争结合力强于 ATP6 蛋白，导致 F1Fo-ATP synthase 的功能丧失，$atp6-c$ 编码的蛋白 atp6-c 可能与 CMS-C 的细胞质育性有关。

（3）CMS-S 胞质不育基因。在配子体雄性不育材料 CMS-S 的 mtDNA 中有一段重组 DNA 区域，即 R 区，它存在于线粒体主基因组的 $δ-δ′$、$ψ-ψ′$ 位置，S1、S2 质粒的同源区域可与其发生重组。在不同核背景的育性回复突变体中，该区域都发生了重排，其中有一个 1.6kb 的转录片段在回复突变体中消失。核恢复基因 $Rf3$ 对 R 区序列表达具有抑制作用。序列分析表明，R 区是一个嵌合基因，含有 $orf355$ 和 $orf77$ 两个可读框，其中有些区域与 $atp9$ 的侧翼序列及编码区具有很高的同源性。另外，$orf77$ 所推测的氨基酸序列与 $atp9$ 所编码的蛋白质有部分同源，即线粒体基因组重组破坏了 $atp9$ 的正常结构，这可能是造成 S 细胞质雄性不育的原因（图 3-3）（Zabala 等，1997）。

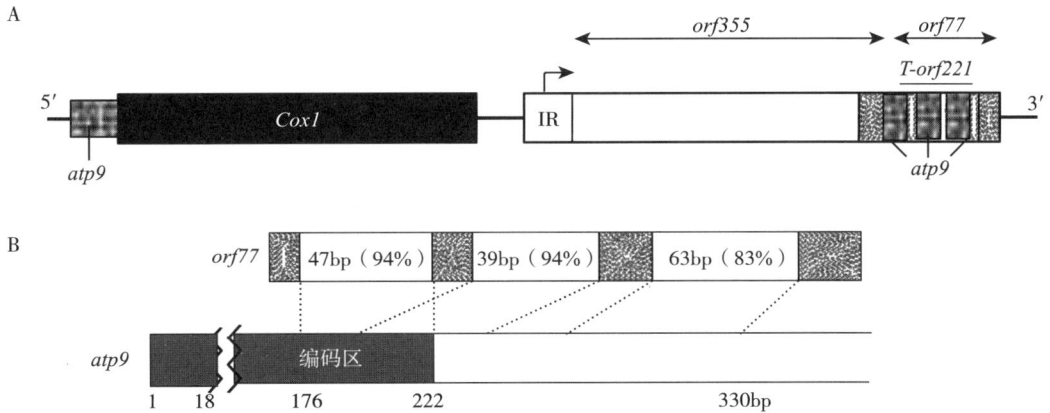

图 3 - 3　*orf355* 和 *orf77* 在 R 区的位置及其结构

张方东等（2000）用人工合成的 R 区特异引物从唐徐、WB 两种 S 细胞质 mtDNA 中扩增到一个与 CMS - S 的 R 区域相同的 1kb 片段，以此片段为探针，筛选 Mo17 CMS - J 文库，从一个亚克隆中分离出一个 6.7kb 的片段，并成功克隆到了 *orf77* 基因。*orf77* 中有 3 段序列与玉米线粒体 *atp9* 基因编码区及其 3′-侧翼同源，为一嵌合基因。在 6.7kb 片段的 R 区上游含有 *Cox Ⅱ* 基因。对 R 区内部结构研究发现，不同来源的 S 细胞质之间有微小的差异，这种差异可能与 S 组材料育性的不稳定性有关。进而，张方东等利用克隆的 *orf355 - orf77* 片段置于大肠杆菌细胞内进行表达和蛋白毒性研究，发现 ORF355 对大肠杆菌的生长具有明显的抑制作用。

细胞程序性死亡（programmed cell death，PCD）是生物细胞自主有序的启动体内固有的基因表达和代谢程序，进而诱发细胞的凋亡。Chase 等（2007）推测玉米 CMS - S 的配子败育与 PCD 有关。Zhang 等（2005）对近等基因系 S - Mo17^{rf3rf3} 和 S - Mo17^{Rf3rf3} 不同发育时期花粉的表达研究，发现许多细胞凋亡相关基因在近等基因系间差异表达，mtDNA 被降解以 200bp 为单位的 Ladder。花粉母细胞分裂后光学镜检（穆蕊等，2006）也证明，玉米 CMS - S 的花粉败育与花药绒毡层细胞提前发生 PCD 有关，为玉米细胞质雄性不育机理的研究提供了新的思路。

张赛群等（2004）以 R 区探针进行 Northern 分析发现，S - Mo17^{Rf3rf3} 基因型植株的雄穗小花与不育基因型 S - Mo17^{rf3rf3}）相比，2.8kb 和 1.6kb 两个转录本表达量减少或消失。Xiao 等（2006）通过对 *orf77* 转录本研究推测：*Rf3* 基因产物能对 1.6kb 转录本 5′-末端的茎环结构进行剪切，从而使其顺利降解，恢复花粉功能。玉米 CMS - S 的不育性和恢复性是一个非常复杂的过程，涉及一系列基因的表达调控，因此，克隆核恢复基因 *Rf3* 是揭示 CMS - S 育性分子机理的关键所在。

三、细胞质雄性不育的核恢复基因

经典遗传学研究表明，玉米 CMS - T 型不育系的育性恢复受 *Rf1* 和 *Rf2* 两对具有显性互补效应的基因控制，不育性的完全恢复需要同时具有以上两对显性基因，缺一不可，任何一对为隐性纯合时，即表现雄性不育。$Rf1$ 位于 3 号染色体短臂，$Rf2$ 位于 9 号染色体靠近 Wx 基因座附近（Duvick 等，1961；Snyder 和 Duvick，1969）。而 $Rf8$ 和 Rf^* 可部分恢复育性（Wise 等，1999）。$Rf1$、$Rf8$ 和 Rf^* 可对 $orf13$ 转录本加工并同时减少 ORF13 蛋白质（Wise 等，1996）。$Rf1$ 可减少 ORF13 蛋白的表达丰度近 80%。

CMS-C 的恢复基因比较复杂。Josephson（1978）认为至少有 3 对恢复基因与 CMS-C 不育性的恢复有关，它们分别为 $Rf4$、$Rf5$、$Rf6$。研究证明，C 组 CMS 中的 C、RB、ES、Bb 胞质不育系的育性恢复受显性单基因 $Rf4$ 控制。Johnson（1984）将 $Rf4$ 定位在 8 号染色体上。陈伟程（1979）和秦泰辰（1984）认为，C 组 CMS 的育性恢复受两对独立且具有重叠效应的基因 $Rf4$、$Rf5$ 控制，在两对基因中只要有一个显性基因，雄花恢复可育。除了以上这两个强恢复基因外，可能还有其他恢复修饰基因参与 CMS-C 育性恢复的调控。

CMS-S 属于配子体不育，其育性表现受配子体的核—质基因型互作控制，核育性恢复基因为显性基因 $Rf3$。F_1 植株表现为半可育，花药中 50% 的花粉带有 $Rf3$，表现为可育；50% 的花粉带有 $rf3$，表现为不育；F_1 植株自交时，仅带有 $Rf3$ 的花粉参与授粉，F_2 群体中，全可育：半可育植株为 $1：1$，没有全不育单株分离。Gracen 和 Grogan（1974）认为在 $Rf3$ 基因座可能还存在一些具不同恢复效应的复等位基因。Langhnan 等（1978）在研究 CMS-S 的回复突变时发现，除已定位在第 2 染色体长臂上的 $Rf3$ 外，可能在其他染色体上还有影响 CMS-S 育性的恢复基因（Rf^*），它们可能是经转位而整合到多个不同的染色体座的结果，几乎所有的 Rf^* 基因都是纯合致死或半致死的。从 26 份墨西哥玉米种和 6 份墨西哥类玉蜀黍中，共发现了 51 个恢复基因，其中 42 个恢复基因可定位在第 2 染色体长臂上，这 42 个中的 5 个则位于 $wph1-rf3$ 区域，3 个与 $rf3$ 紧密连锁（Kamps 和 Chase，1997），说明玉米第 2 染色体长臂可能是 CMS-S 核恢复基因的富聚区域。

随着基因组学的发展，高分辨率的玉米遗传图谱的构建为 CMS 核恢复基因的分子标记定位奠定了基础。Wise 和 Schnable（1994）利用 RFLP 将 $Rf1$ 定位于第 3 染色体的 umc97～umc92，$Rf2$ 位于第 9 染色体的 umc153～susl。Kamps 等（1997）和石永刚等（1997）将 $Rf3$ 定位在 2 号染色体的 bnl17.14～whp1，距 bnl17.14 约 6.4cM，距 whp1 约 4.3cM。Qin 等（2021）利用回交群体将 $Rf3$ 基因精细定位在以上区段内仅有两个编码 PPR 类蛋白基因的区域，随后通过候选基因关联分析和 CRISPR/Cas9 突变技术，证实了 $PPRK2$ 为 CMS-S 的育性恢复基因。

汤继华（2001）利用恢复系凤可 1 和 A619 及不育系 CMS-C237、CMS-CMo17 杂交组合分离群体的遗传分析表明，凤可 1 含两对重叠恢复基因 $Rf4$、$Rf5$，A619 含恢复基因 $Rf4$。利用 SSR 将主效基因 $Rf4$ 定位在 8 号染色体短臂，与标记 bnlg2307 的遗传距离为 25.4cM，2014 年进一步将 $Rf5$ 定位于物理距离仅有 82 284bp。

Cui 等（1996）利用 $Mutator$ 转座子插入诱变技术，在 178 300 个单株的群体中获得

6 株 $rf2-m$ 的突变体，并从构建的 cDNA 文库中分离到 2.2kb 的 $Rf2$ 基因的 cDNA 片段，该 cDNA 为乙醛脱氢酶基因（$ALDH$）的产物。为此，Cui（1996）等提出了两种假说来解释 $Rf2$ 基因引起育性恢复的机理。其一为"代谢"假说：当花药绒毡层细胞发生能量亏缺时，由 ALDH 催化脂肪酸的 α-氧化作用，所产生的能量可以给予补偿；另外，当 URF13 蛋白质的功能发生改变，而导致丙酮酸进入厌氧发酵时，ALDH 在解除乙醛毒性方面也行使功能。其二为"互作"假说，即 $Rf2$ 产物（ALDH）与 URF13 蛋白质发生直接或间接的互作，从而减轻毒性作用。$Rf2$ 的产物可能会修饰线粒体内膜的某些成分或催化膜上醛类物质发生氧化作用，从而改变 URF13 与内膜的结合力。Liu 等（2001）分析证实，$rf2$ 编码一种在线粒体基质中积累的可溶性蛋白（mtALDH）；在 $rf2$ 纯合的不育系中，仍然有正常量的 ALDH 蛋白，但是没有正常的 mtALDH 活性。这说明 $rf2$ 并没有改变 ALDH 的表达，只是改变了 ALDH 的活性；同时还说明，ALDH 活性是恢复 CMS-T 育性所必需的。尽管 $rf2rf2$ 基因型植株的其他组织同样需要 ALDH，但小孢子绒毡层细胞的需求量要比其他组织高得多。

Qin 等（2021）将玉米 CMS-S 主要恢复基因 $Rf3$ 精细定位在 2.09bin 仅包含两个编码 PPR 蛋白基因的区间内，进一步通过基因编辑敲除突变并结合关联分析证实，在自交系 B73 基因组中缺失的 PPR 基因是 CMS-S 育性恢复基因 $Rf3$；研究还发现，$Rf3$ 靶向线粒体，与 CMS-S 不育基因 $orf355$ 共转录的 orf77mRNA 结合，抑制 orf77 的编辑和降解，并通过未知机制加速 $orf355$ 的降解，从而导致 CMS-S 的育性恢复。

第六节　转座子及其遗传控制

一、转座子的发现

Emerson（1941）首先报道了由 $p1-vv$ 基因所引起的玉米果皮红白条纹相间的突变体及其遗传机制。在籽粒发育的过程中，突变的白色果皮背景上，由于发生较高频率的回复突变而出现红色条纹（图 3-4）。Rhoades（1938，1941）在研究玉米糊粉层色素遗传时，第一个提出了由 Dt 基因控制另一个位点 A 的突变及回复突变的实例和遗传假说（图 3-4）。1944 年，McClintock 使用适当的遗传标记，分析染色体结构变异时，在玉米第 9 染色体短臂末端发现了一个反向重复片段，该片段导致了染色体的顶端缺失，进而形成因双着丝粒染色体引发的"断裂-融合-桥-循环"（breakage-fusion-bridge-cycle，BFBC）的细胞学现象。BFBC 导致了无着丝粒染色质片段的丢失和双着丝粒染色体的随机断裂，在减数分裂过程中，这一反向重复片段的同源区段配对、交换，形成染色单体后期 II 桥，进而引发 BFBC（图 3-5），出现许多非期望的、不稳定的变异。McClintock 在研究 BFBC 引发突变体的过程中，意外观察到了在玉米胚乳和叶片上的一种花斑性状，细胞学研究发现，花斑表型与第 9 染色体短臂特定位点的 BFBC 相关，她将断裂位点定义为"$dissociation$"（Ds），并证明只有当基因组上存在显性因子"$activator$"（Ac）时，染色

体才在 Ds 处发生断裂，AC/Ds 也会从断裂的靶位点切除并转座——插入到新的位点上，而且 Ac 剂量的增加会推迟 Ac/Ds 切除的时间，减少回复频率，这种现象也被称为 Ac 的负剂量效应，如 Ac 插入玉米 $p1-vv$ 等位基因所引起的籽粒果皮花斑具有这一显著特征，$p1-vv$ 纯合子表现轻度花斑，而杂合子表现中度花斑。Ac 的存在是 Ds 诱导染色体 BFBC 以及 Ds 转座所必需的前提条件。为鉴定不同的 Ds 因子，McClintock 将邻近 $wx1$ 的 "Ds" 定义为 "标准位置的 Ds"。当 Ds 从标准位置转座到 $c1$ 基因附近或 $c1$ 基因内时，由此所引起的突变定义为 $c1-m1$。在 $c1-m1$ 等位基因中，Ds 因子能以两种不同状态存在：①Ds 引起高频率的染色体 BFBC，但转座频率低；②Ds 低频率的染色体 BFBC，但转座频率高。为此，McClintock 第一次划时代地提出了玉米中存在由两个转座子（transposon 如 Ac/Ds）构成的可转座因子调控的两因子系统（two components system）。Brink 和 Nilon（1952）证实了在 20 世纪初由 Emerson 发现的 $P1-vv$ 控制花斑果皮的遗传基础实际上是由 Ac/Ds 体系在 $p1$ 位点上的转座事件所引发的一种不稳定遗传现象。

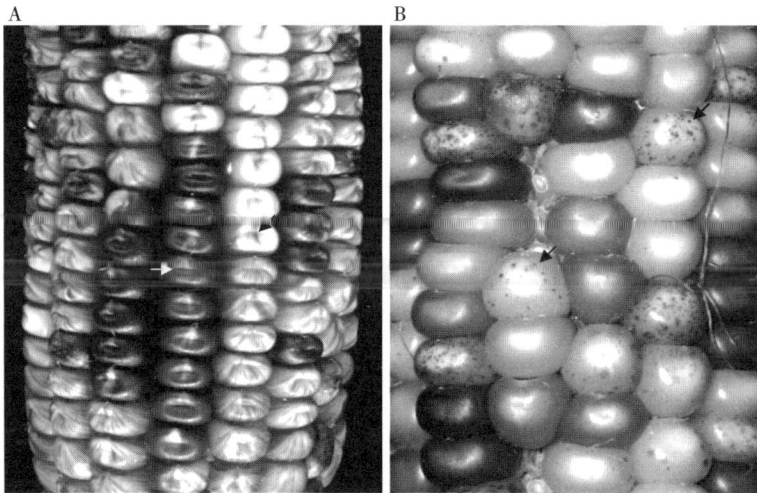

图 3-4 玉米籽粒果皮条斑和籽粒糊粉层花斑表型

注：彩图中，图 A 显示果皮上有条斑的籽粒和红色果皮的籽粒孪生于玉米果穗上，籽粒紫色糊粉层表示 Ds 由 Ac 诱导从 $r1-sc：m3$ 中解离；图 B 显示由 En/Spm 与 $a1-m1$ 等位基因相互作用形成的有色籽粒糊粉层表型，有色籽粒为不含 En/Spm 的 $a1-m1$；斑点籽粒为含有 En/Spm 的 $a1-m1$（Bennetzen J 和 Hake S，2009）。

McClintock（1950、1951）对玉米花斑糊粉层和植株色素产生的遗传基础进行了深入细致的研究，又提出了一种比 Ac/Ds 调控系统更为复杂的 $En-I$ 系统，McClintock 称这一系统为 $Spm/dSpm$ 系统（图 3-4B）。

鉴于 1947 年美国著名的遗传学家 Barbara McClintock 在对玉米糊粉层色斑不稳定遗传现象的研究过程中划时代地提出 DNA 转座现象，年已 81 岁的 Barbara McClintock 获得了 1983 年度的 Nobel 奖。

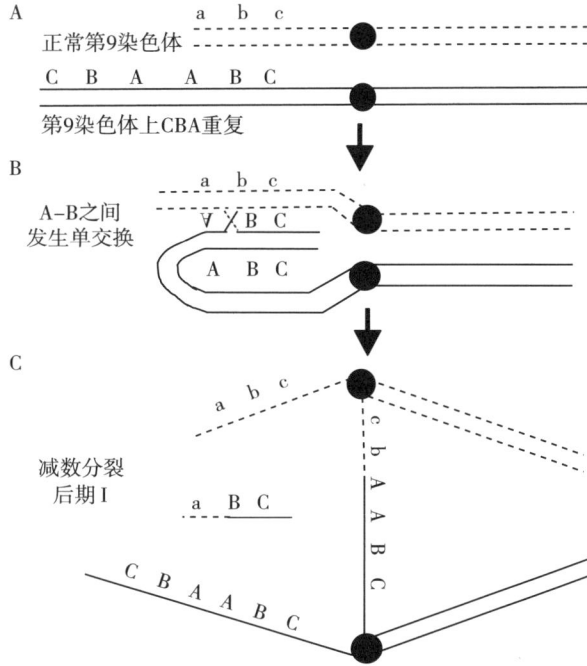

图 3-5　断裂-融合-桥-循环

注：A 表示第 9 染色体，上方虚线条为正常染色体，下方实线条为倒位重复染色体，倒位片段 *CBA*。B 显示同源染色体的配对及 ab/AB 间发生交换。C 显示减数分裂后期 I 着丝点牵引同源染色体向两极运动，形成染色单体桥。

二、玉米转座子的种类与遗传特性

在玉米中发现的转座因子控制体系（trandposable controlling elements system），除反转录转座子外，*Dt*、*Ac/Ds*、*Spm/dspm*、*Mu* 等均属于"主—仆"两因子体系（two-components），其一为自主型调控因子（autonomous regulatory element），其二为非自主型调控因子（non-autonomous controlling element）。两因子体系中的每一个因子均可引起插入位点的基因突变和回复突变，当转座因子发生非准确切除时，会使插入位点的基因形成一个稳定的隐性突变基因。自主型调控因子可以向非自主型调控因子提供特定的转座酶以调控它的遗传行为。而非自主型控制因子，只能相应地接受与其对应的自主型调控因子提供的转座酶而发生转座，影响插入位点基因的效应。在自主型调控因子不存在或处于非活化状态时，非自主型调控因子是不能完成转座的。研究表明，非自主型调控因子是由自主型调控因子的转座酶编码区发生缺失突变而衍生的。目前，根据自主型调控因子与非自主型调控因子的"主—仆"对应关系，可以将两因子转座体系分成 6 个系统和类群。本章较为详细地介绍以下 4 个系统。

1. *Dt* 系统　Marcus Rhoades（1936）在墨西哥甜玉米中发现了 *Dt* 转座系统，现在已经证明的至少有 2～3 个独立的自主型 Dt 因子 $Dt1$、$Dt2$、$Dt3$，可能也存在着与 Dt 相对应的非自主型控制因子，它们主要控制 A 基因引起可形成花青素的组织出现有色斑块，这些斑块在糊粉层上以星点的状态出现，因而定名为斑点（Dotten）。

由 Dt 引起的斑点，首先是引起花青素生物合成途径中的 $A1$ 基因突变成 a_1 或 $a_1{}^{-m}$（易变基因 a_1），使花青素的合成受到抑制，糊粉层无色。当自主型 Dt 因子不存在时，这种隐性 a_1 或 $a_1{}^{-m}$ 突变是稳定的；当有自主型 Dt 因子时，能使 a_1 或 $a_1{}^{-m}$ 发生特定频率的回复突变，形成不同活性水平的 A 基因，这种回复突变可以发生在个体发育的任何时期，从而形成大小不同的色斑。不同 Dt 所引起的回复突变的频率、时间也不相同，$Dt1$ 引起 $A_1 \rightarrow a_1{}^{-m} \rightarrow A_1$ 回复突变发生较晚，频率较低。因此，在 $Dt1$ 背景的籽粒糊粉层上，只能观察到少数有色的小斑点。$Dt2$ 引起 $A_1 \rightarrow a_1{}^{-m} \rightarrow A_1$，回复突变发生较早，并且频率较高，在 $Dt2$ 背景的籽粒糊粉层上可以观察到数目多、大小不等的色斑块。

2. Ac/Ds 体系　Barbara McClintock 发现的 Ac/Ds 系统为深刻认识转座因子调控体系的遗传学和分子生物学机制奠定了基础，也是至今所发现的最简单的转座调控系统。

Ac 是自主型调控因子，自身可以在染色体组中转座、改变其自身的活性状态，引起插入位点靶基因发生突变和回复突变，引起染色体的断裂。另外，Ac 还可以调节控制非自主型控制因子 Ds 的转座，引起 Ds 插入的靶基因突变和回复突变或染色体的断裂，造成染色体重组。

事实上，Barbara McClintock 正是根据第 9 染色体短臂出现的 BFBC 现象，划时代地提出了 Ac/Ds 可转座因子假说（transposable element hypothesis）。Ac/Ds 具有以下特点：①Ac 具有活化周期的变化，只有 Ac 被活化，Ds 及其 Ac 自身才可能发生转座和引发染色体断裂的遗传行为；②Ac 与 Ds 通常是处在不同的染色体的座位上的；③Ac 具有负剂量效应，当 Ac 剂量增加时，由 Ac 所调控的遗传行为和细胞学现象都会推迟发生；④Ds 具有不同的状态变化，表现为对插入靶基因的控制程度的差异，引起回复突变时间及频率的差异，如 Ac 不存在，由不同状态的 Ds 插入同一靶基因所形成的各种突变基因成为一组稳定的复等位基因，其所控制的表型特性也是相对稳定，并可在杂交后代表现孟德尔遗传。

Ds 的插入突变一般可以有两种主要类型：①Ds 插入在结构基因的编码区域内，从而改变结构基因产物的活性；②Ds 插入在结构基因编码区之外或调控区域，直接影响靶基因的转录水平。例如，Ds 诱发的一种凹陷胚乳突变，是由于 Ds 插入 sh 基因 $5'$-端上游 2kb 的位点上，尽管插入位点不在 sh 基因编码区，但它同样地对 sh 基因的转录产生抑制效应。

1984 年，Fedoroff 和 Sutton 采用分子生物学研究方法，从 Wx 基因位点上分离出 Ac 和 Ds 因子，采用分子杂交方法，继而从 Adh 位点上分离出不同结构状态的 Ds 因子，测定了它们的核苷酸序列，从此加深了人们对玉米转座因子分子机理的认识。

Fedoroff 首先从 Ac 转座后的回复突变个体（没有 Ac 因子）中分离出 wx 基因。利用

单链的 Wx – DNA 分子与单链的 wx^{-m} DNA 分子进行液相核酸分子杂交，获得的电镜图像中出现了单链 DNA 的环突图像，环突的 DNA 序列正是 Ac 的成分。Fedoroff 等进一步对 wx 基因中分离出来的 Ac 和 Ds 因子进行核苷酸序列分析，证明 Ac 因子含有 4 500bp，两端有 11 个碱基对的反向重复序列（TAGGGATGAAA……TTTCATCCCTG），中间含有一个转座酶基因和一个转座酶基因的调控基因。其间的间隔区为两个基因的共同调控区。已分离到的几种 Ds 因子（Ds–a、Ds–b、Ds–c），对插入靶基因的抑制程度、引起回复突变的时间及频率都存在较大的差异。序列分析表明，不同状态的 Ds 均是由 Ac 发生不同程度的缺失所引起的，而且它们的缺失又多发生在转座酶基因区域（图 3 – 6）。从 Ac 和 Ds 结构及序列可以推测，在染色体上任何具有反向重复（IR）序列的成分都可能具有 Ds 的功能，并且可以利用人工合成的 IR 序列与目的基因重组而进行基因转移。

Barbara 认为，类似 Ac 的自主型调控因子，是以一种隐蔽状态（cryptic form）存在于染色体上无活性的异染色质区。由于位置效应，这些基因的表达受到抑制，个体不会表现出转座因子调控的不稳定遗传现象。当染色体发生断裂、错接和重组后，Ac 基因移位到常染色质区，就会表现出转座的活性。

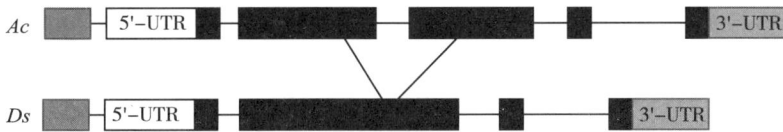

图 3 – 6　Ac 和 Ds 的结构

注：Ds 来源于 Ac 中转座酶基因不同程度的缺失。

3. spm 体系　1950 年，McClintock 和 Peterson 几乎同时发现了一个较 Ac/Ds 体系更为复杂的两因子转座体系。McClintock 将这一系统中的自主型调控因子命名为 spm 因子（suppressor – mutator）。而非自主型的控制因子，是发生缺失的 spm，也称为 $dspm$ 因子。Peterson 命名自主因子为 En 因子（enhancer），非自主因子为 I 因子（inhibitor），这两因子也可称为 En/I 或 $spm/dspm$。

spm 是一个复杂的调控因子，它由 sp（suppressor）抑制子和 m（mutator）突变子组成。$dspm$ 具有抑制插入位点基因表达的效应，而 sp 则对 $dspm$ 的抑制效应具有增强作用，m 因子有引起 $dspm$ 从插入位点转座诱导回复突变的效应。

当一个 $dspm$ 非自主型因子插入到 $A1$ 基因位点上以后，形成 $a1^{-m}$，但它并不能完全抑制 $A1$ 基因的活性，$A1$ 基因所控制的原性状还能够得到部分的表现，使 $a1^{-m}$ 基因继续产生少量的色素，糊粉层为浅色（图 3 – 4B）。当细胞内有 spm 存在并呈活化状态时，sp 因子能加强 $dspm$ 对 $a1^{-m}$ 的抑制，$a1^{-m}$ 基因上的表达完全被抑制，糊粉层表现为无色（图 3 – 4B）。当在个别细胞中，m 因子使 $dspm$ 从 $a1^{-m}$ 基因上发生转座后，使 $a1^{-m}$ 回复突变成 $A1$ 基因，就会产生在无色糊粉层背景上具有斑点的玉米籽粒（图 3 – 4B）。

McClintock 在 En/spm 因子中发现两种突变型。其一为 spm 中的 sp 因子发生突变，

m 因子正常，遗传效应为对 $dspm$ 的增强抑制效应丧失，仅具有使 $dspm$ 发生转座的功能，会形成无色糊粉层背景上有色斑的籽粒。第二种突变是 m 因子丧失诱发转座功能，sp 因子功能正常，则仅会形成无色糊粉层籽粒。McClintock 还证明 m 因子引起 $dspm$ 转座的频率和时间的差异，表现在籽粒上斑点的大小和多少，因为每一个斑点都是来自于一个转座变异细胞的无性后代群，因此转座发生得越早，所形成的斑点就愈大。在 sp 因子正常，m 因子发生突变的 spm 中，sp 因子也还具有活化与非活化的周期性变化，从而在无色的糊粉层背景上形成浅色的斑圈。

4. Mutator（Mu）

（1）Mutator 因子的发现。1978 年，爱荷华州立大学的 Donald Robertson 博士首次报道了一个玉米自交系，其具有高出一般自交系 100 倍的突变率，并表现出转座子切除所导致的体细胞回复突变的模式；致变因子（Mutator）不按孟德尔方式遗传，90％的自交后代表现出 Mutator 失活等典型特征。Robertson 将所描述的致变因子定义为 Mutator（Mu）转座因子。随后对 Mu 因子大量深入的遗传研究表明，Mu 作为转座子标签优于其他类型的转座因子。Robertson 慷慨向其他研究者提供 Mu 种质，也引发了玉米 Mu 的研究热潮。

（2）Mutator（Mu）因子的结构与特点。

①非自主型 Mu 因子。玉米各类非自主型 Mu 因子均具有与自主型 Mu 相似的两端约 220bp 的末端反向重复序列（TIR），TIR 之间为其在进化过程中捕获的玉米基因序列，各类 Mu 因子的中间区段序列有较大的差异。现已完全测序的非自主型 Mu 因子有 Mu1、Mu1.7、Mu3、Mu4、Mu7 和 Mu8。部分 Mu 因子的结构如图 3-7 所示。

②自主型 Mu 因子-MuDR。MuDR 为一类玉米自主型的 Mu 因子，DR 是为纪念 Donald Robertson 博士而命名的。MuDR 编码两个基因，mudrA 和 mudrB，如图 3-8 所示。其中，mudrA 编码蛋白 MURA，为一假定的转座酶，mudrB 编码蛋白 MURB，为一辅助基因，为转座插入所必需。mudrA 同源基因在植物、动物、真菌和细菌中广泛存在，说明该转座酶基因起源于古生物。相反，

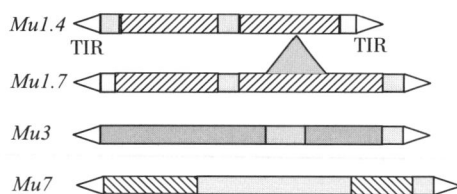

图 3-7　玉米不同类型的非自主型
Mu 因子的结构组织

注：空心白色三角形表示末端反向重复（TIR），灰色框显示非自主型 Mu 的特异结构，斜纹实体框表示各类 Mu 因子中所捕获的不同的玉米基因组序列。

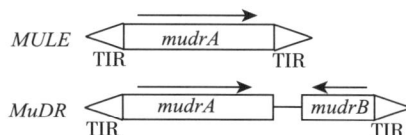

图 3-8　MuDR 和 MULE 的组织结构

注：空心三角形表示末端反向重复，线性箭头表示转录方向，空心长方框表示基因，黑色实线表示基因间区。

mudrB 则主要存在于玉蜀黍属中。在其他生物中，类似 Mu 的因子（Mu-like element：MULE）则只含有 mudrA 直系同源基因，缺乏 mudrB。在玉米中的 hMuDR 也缺乏 mudrB，是一类 MULE。除此以外，玉米基因组中至少含有其他三类 MULE：Jittery、

$TRAP$ 和 $TAFT$。

（3）转座机制。玉米 Mu 因子的切除需要完整的 $mudrA$ 产物。MURA 蛋白可能与 Mu 转座子 TIR 区 32bp 序列（GAAGGGGATTCGAAATGGAGGCGTTGGCG-TTG）特异性结合。该区域有别于以前鉴定的 $Mu1$-TIR 中的 2 个结合位点。这 2 个结合位点其中之一为 AGACGCCG，它只在 Mu 活性植株中出现；另一个结合位点为 TTTACCGT-TCCCG，它在 Mu 活性和失活植株中均出现。MURA 结合该序列的甲基化和非甲基化形式，并可形成多聚体。假设 MURA 结合 Mu TIR，则可促使它们靠近进而催化双链断裂。在玉米中，重新插入的转座事件需要 MURB 蛋白。

$Mutator$ 活化后的行为，依其被活化所在的组织不同而有所差异。Mu 系统表现很高的新的种系插入频率，经常发生在减数分裂过程中或前后的生殖细胞内，回复突变事件较为稀少，一般小于 10^{-4}。相反，体细胞回复突变事件频率高，且发生较迟。区别于其他转座子，Mu 插入的另一个特点是序列偏爱性插入，转座插入后，在 Mu 因子两端会产生靶位点 9bp 序列的特征性正向重复。

体细胞回复突变事件与 Mu 因子的切除有关。在一些情况下，这些回复事件往往高频发生，以致大多数组织表现出回复突变体。90%的突变回复事件发生在单个细胞中，且几乎所有的回复突变事件发生在最后的 3～4 次细胞分裂过程中，回复突变斑的大小依赖于被检测的等位基因。Mu 因子转座机制也可用"剪—贴"模型解释，Mu 因子切除会留下脚印，包括小的序列缺失、填充 DNA 的插入。与种系插入相反，在体细胞中的新插入与供体因子的丢失相关。

与其他植物内源转座因子研究相比，Mu 因子具有以下特点：

①拷贝数多。每个基因组有 10～100 拷贝不等。

②被证实的插入突变体大多数为隐性突变，显性突变相对稀少。这也说明大多数 Mu 因子插入后会导致靶基因失活或引发染色体重排。

③插入突变频率高。在绝大多数 Mu 种质中，基因正向突变频率为 10^{-3}～10^{-5}。并且 Mu 活性受遗传背景的影响，不同品系间由 Mu 介导的插入突变频率差异较大，因此，不能简单地比较不同 Mu 群体中不同位点的突变频率。即使在同一个 Mu 种质中，不同基因的突变频率差别也很大。

④插入位点的序列偏爱性。突变体序列分析表明，大多数 Mu 突变体都含有 $Mu1$ 和 $Mu2$ 因子（以 $Mu1$ 居多），$Mu1$ 的拷贝数普遍高于其他 Mu 因子类型，这可能与 $Mu1$ 插入位点的偏好和高转座频率有关。其他 Mu 因子也有各自的插入序列偏好，这也是 Mu 因子突变体库难以覆盖全基因组的遗传缘由。例如，$Mu8$ 因子插入到玉米 $Kn1$ 基因中较多，且易产生显性突变，原因可能是不同 Mu 因子类型插入后产生的表型不同。

三、新发现的玉米转座子 Helitron

1. $Helitron$ 的发现与结构　$Helitron$ 是一类新近发现的转座因子。研究者在对线虫、拟南芥和水稻进行比较基因组分析时，发现在这些物种的基因组中均含有一类重复 DNA 结构与细菌的滚环复制（RC）转座子相似，约占基因组序列的 2%。这类 DNA 结构中含有 DNA helicase（HEL）和复制蛋白 A（RPA‐like）等编码信息（图 3‐9），而这些蛋白与细菌中通过滚环复制（rolling circle replication）方式实现转座的 DNA 转座子相似，认为这类 DNA 结构是一类新的转座子，并称之为"*Helitron*"（Kapitonov 和 Jurka，2001）。与其他转座子比较，*Helitron* 没有末端重复序列、末端保守序列短、内部序列多态性丰富，在 5'‐末端具有保守的 TC，3'‐末端具有保守的 CTRR 序列（R 表示嘌呤），在 3'‐末端上游15～20bp 处含有一个保守性较差的、短的回文对称序列，可形成发卡结构（图 3‐10）。

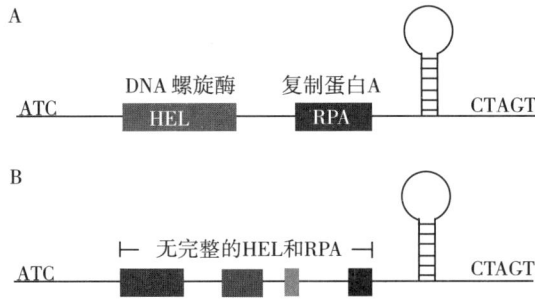

图 3‐9　玉米基因组中 *Helitron* 的结构

注：A 为自主型 *Helitron* 的结构，包括插入位点的 AT 碱基、HEL 和 RPA 的编码区、保守的末端序列及 3'‐端的发卡结构。B 表示非自主型 *Helitron* 的结构。非自主型 *Helitron* 的结构多样化，但其共性为均缺乏完整的 HEL 和 RPA 基因，它们插入基因组的不同区域，通过捕获基因序列而改变其大小。

在对线虫、拟南芥和水稻的基因组序列进行分析时，没有发现自主型的 *Helitron*，因而推测，在这些生物中，*Helitron* 可能是曾经具有活性的转座子的进化残留序列，已经失去转座活性。但 Lal 等（2003）和 Gupta 等（2005）分别在玉米中先后发现了由于 *Helitron* 插入所导致的 *Sh2* 和 *Ba1* 基因钝化，形成了两个突变基因 *sh2‐7527* 和 *ba1‐ref*，分别表现为种子不能萌发和不能产生种子的突变型。这两个突变基因的发现也首次证实在现今的玉米基因组中仍然含有活性的 *Helitron*。随后，Morgante 等（2005）采用全基因组搜索 HEL、RPA 以及保守序列的同源性序列鉴定法，对玉米自交系 B73、Mo17 和 McC 中表现出"有/无"变异的基因组区段进行详细分析，又发现了 9 个新的 *Helitron*。

Helitron	3'‐末端回文对称序列	15~20bp	保守序列
HelA‐1*	TCCCGTCGCAACGCACGGGCACGAAC	———————	CTAG
HelA‐2**	TCTCGTCGCAACGCACGGGCACTCAC	———————	CTAG
HelA‐4*	TTCCGTGGCATCGCACGGGCACCTAA	———————	CTAG
HelA‐5*	AGTCGTCGCATCGCACGGGCAACCGA	———————	CTAG
Hel1‐19**	TCCCGTGGCAACGCACGGGCACTCAC	———————	CTAG
*Rp1B71**	CCCCGTTGCAACGCACGAGCACTGAC	———————	CTAG

图 3‐10　玉米 *Helitron* 保守的 3'‐末端序列

2. Helitron 的插入位点　*Helitron* 序列多态性以及插入突变的发现，有助于比较研究玉米 *Helitron* 的结构特点和插入机制。对 *Helitron* 插入位点序列的分析发现，与其他类型的 DNA 转座子不同，*Helitron* 均十分保守地插入到 AT 碱基之间，所插入的靶位点不发生靶序列的正向重复，可以捕获宿主基因序列。在转座机制上，*Helitron* 是通过滚环复制和链置换实现其转座，并导致一种有/无的变异，因此也丰富了玉米自交系间遗传多样性。例如，Lal 等（2003）发现，1 个 *Helitron* 中含有 12 个不同基因的小片段。

3. Helitron 移动与基因片段捕获机理　玉米自主型 *Helitron* 末端没有反向重复序列，其位置的移动和基因片段的捕获，主要依赖于与其 DNA 复制相关 HEL 和 RPA 酶的活性，其中，HEL 包括滚环复制起始因子（Rep）和 DNA helicase（Hel 解旋酶）两个结构域，100 个氨基酸的 Rep 结构域是催化 DNA 内切、DNA 转移和连接的核心。而这些活性又由 Rep 结构域中保守的 3 个模体（motif）所决定（图 3-11），第一个为 DNA 结合模体，为结合 DNA 所必需；第二个为 'two-His' 模体，参与金属离子结合，为所有反应所必需；第三个模体为 'two-Tyr' 模体，参与 DNA 的内切与连接。含有 400 个氨基酸的 Hel 结构域则由 8 个保守的模体组成。在所有自主型 *Helitron* 中，Rep 结构域都在位于 Hel 结构域之前，并且在物种间具有广泛的保守性，因此，可用这些结构域的蛋白质序列，对不同基因组中多样性的 *Helitron* 进行生物信息学鉴定。RPA 是一种单链 DNA 结合蛋白，长 150～500 个氨基酸，参与 DNA 复制和修复等重要的生物过程。

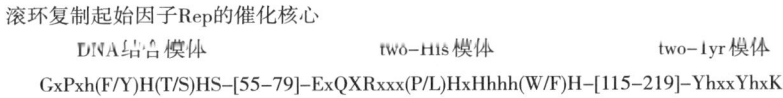

滚环复制起始因子Rep的催化核心

DNA结合模体　　　　　　　　　　two-His 模体　　　　　　　　two-Tyr 模体

GxPxh(F/Y)H(T/S)HS-[55-79]-ExQXRxxx(P/L)HxHhhh(W/F)H-[115-219]-YhxxYhxK

图 3-11　Rep 蛋白的催化核心

Helitron 移动与基因片段捕获的机理是基于细菌 RC 转座子的转座模型提出的一个假设，该假说认为 Rep 蛋白首先结合供体（*Helitron* 的 5′-末端和它的上游靶位点）和受体靶位点 DNA，切开供体 DNA 一条链，模体 3 的第一个 Tyr 残基共价结合 *Helitron* 的 5′-末端，然后，切开受体 DNA 的一条链，供体切口单链 DNA 的 5′-末端与模体 3 的第二个 Tyr 残基共价结合，受体单链 DNA 的 3′-羟基攻击供体 DNA 与 Tyr 的共价键，引起供体 *Helitron* 和受体靶位点之间单链 DNA 的转移反应。*Helitron* 的 DNA 解旋酶与供体 DNA 结合引起 DNA 从 5′-向 3′-方向解旋，使得供体的前导链 DNA 在切口处自由的 3′-羟基的引导下得以顺利合成。被置换的受体单链 DNA 则形成一个环状结构，与 *Helitron* 编码的 RPA 蛋白结合。当 Rep 蛋白达到 *Helitron* 的 3′-末端后，两个 Tyr 催化供体与受体间发生第二次单链 DNA 的链转移反应，结果一个供体 *Helitron* 的单链 DNA 拷贝就整合到了受体的靶位点上（图 3-12）。这一模型在细菌滚环复制中被部分证实，在玉米中，*Helitron* 的转座是否也按该模型进行还有待证实。

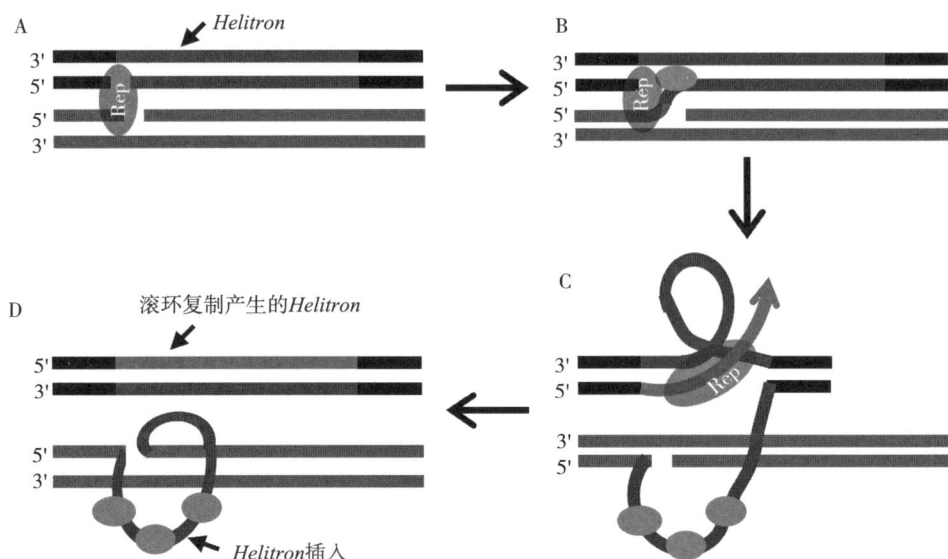

图 3-12　*Helitron* 转座的滚环复制与单链置换模型

注：A 表示 Rep 蛋白结合供体链和受体链，分别切开供体链和受体链。B 表示受体单链 DNA 的 3′-羟基攻击供体 DNA，引起供体 *Helitron* 和受体靶位点之间的单链 DNA 转移。C 表示受体单链 DNA 形成环状结构，以此环状 DNA 链为模板，供体的前导链在切口处的自由 3′-羟基引导下进行滚环复制。D 表示 *Helitron* 复制完成，供体与受体间发生第二次单链转移反应，导致一个供体 *Helitron* 的单链 DNA 拷贝整合到受体的靶位点。

四、反转录转座子

转座子从 DNA 到 RNA 再到 DNA 的拷贝转移过程被定义为反转录转座或反转座，这类转座子也被称为反转录转座子。

反转录转座是由 RNA 介导的转座过程。反转录转座子 DNA 被转录成 RNA 后经反转录酶的作用形成 cDNA，然后再整合到染色体上，插入位点同样会产生短的靶 DNA 序列的正向重复。这种必须经过 RNA 中间体的转座现象是真核生物所特有的，也是遗传上相对稳定的一种转座体系。它多以散在分布重复序列的形式存在于基因组内，进化过程中曾发生过的反转录转座事件可以通过留下的"足迹"而被发现，植物基因组中大量嵌套式反转录转座子就是在进化的进程中形成的，也成为基因组中的重要组成部分。Fu 等（2002）对玉米两个自交系 McC 和 B73 第 9 染色体含 *Bz* 基因的 BAC 文库片段序列的比较分析发现，同一物种的基因组内反转录转座子的差异是形成等位区段遗传差异的主要原因之一。

依反转录转座子 DNA 结构及反转录酶的 DNA 序列可将反转录转座子分为三类。第一类是病毒类反转录转座子。它们的转座能力是由编码反转录酶和/或整合酶赋予的，这一类也被称为病毒超家族（viral superfamily）。第二类反转录转座子的内部和外部特征都表明它们来源于 RNA 序列，不编码具有转座功能的蛋白质，这一类也被称为非病毒类超家族（nonviral superfamily）。第三类为散在分布的重复序列，这种元件的绝大部分属于两个家族，每一家族皆包含有在基因组中散在分布的许多成员，如散在分布的长重复序列、散在分布的短重复序列。

玉米中反转录转座子的大小变化在 300bp 左右，长末端重复序列（LTR）大小在 120~2 400bp。

Ty1 - copia 在苔藓门、蕨类植物门、裸子植物门、被子植物门等 100 多种植物中都存在，*Ty3 - gypsy* 在玉米和一种百合植物中有分布，*LINE* 存在于玉米、甜菜和拟南芥等植物基因组内。向日葵基因组内，3/4 的序列为 LTR 类反转录转座子。

反转录转座子的转座方式为：DNA→RNA→DNA，因此它具有以下特点：

①高拷贝性。玉米的结构基因间几乎由具 LTR 的反转录转座子填充，多数 DNA 结构完整，部分呈镶嵌方式。高等植物间基因组大 C 值的差异主要是由反转录转座子拷贝数所形成的。

②高异质性。同类群反转录转座子间（除类群特征的保守序列外）具有高度异质性。这种异质性表现在不同植物间、同一物种不同品种间和同一基因组内的反转录转座子的差异性。形成这种异质性的原因有三：一是纵向传递过程中，亲代 DNA 由于自然突变、自然选择以及"反转座爆炸"等形成反转录转座子的异质性。玉米在进化的进程中，约在 600 万年前曾经发生过一次反转录转座子爆发过程，使玉米基因组大小得以突发性的扩增。二是横向传递。如小麦与马铃薯约在 2 亿年前就发生了分化，但 *Ty1 - copia* 因子的相似性却高达 57%，表明反转录转座子可能以病原物为媒介在小麦与马铃薯基因组间进行横向传递。三是反转录过程的错读。反转录酶在转录过程中的错误概率为 10^{-4}，比 DNA 聚合酶高出 10 000 倍，从而造成同一物种的基因组中反转录转座子的遗传异质性。

③高稳定性。基于反转录转座是由 RNA 介导的，由 DNA 被转录成 RNA 后经反转录酶的作用形成 cDNA，再整合到染色体上的转座机制，因此在遗传上表现出相较于其他 DNA 转座子较高的稳定性。不会出现插入的反转录转座子被切除的回复突变效应。

五、转座子的生物学意义及其应用

1. 转座子的生物学意义

（1）共线性与多样性。共线性是一个物种的基因组序列与另一物种的基因组序列的高度同源性。共线性可扩展到非常精细的水平，乃至一个或多个基因。但这种共线性会因转座子而被破坏。如玉米和高粱中的 *Adh1* 基因是高度保守的，这种同源性可以扩展到 *Adh1* 附近的几个基因，并且这些基因的顺序与方向也是保守的，体现出玉米和高粱在 *Adh1* 附近基因组区域的共线性。但是，在与玉米基因组 *Adh1* 附近约 200kb 对应的高粱基因组约 65kb 的区段内，高粱编码的 3 个基因在玉米区段中不存在，被转座到了远离

Adh1 的区域内，而在玉米基因组该区段内所含有的 3 个反转座子在高粱的对应区段内却不存在。玉米基因组中出现在基因间的这些反转座子的插入使得玉米 4 个基因延伸约 40kb，而相应区段在高粱中则编码 7 个基因。正是由于各种转座子的出现，使得物种间显现出大量遗传多样性。

（2）基因组扩增。显花植物的基因组大小变化非常大，从拟南芥的约 130Mb 到百合科的四倍体贝母（*Fritillaria assyriaca*）约 110 000Mb。基因组大小的差异与基因组所编码基因数目的差异不一致，即 C - 值悖论。玉米基因组的扩增是通过多倍化、转座子插入、重复等机制而实现。与水稻和高粱基因组相比，一个水稻或高粱基因组片段往往对应着两个玉米基因组区段，对玉米分子进化的研究认为，玉米基因组在进化历程的约 1 150 万年前经历了一次染色体加倍，尔后，经过大量的、各种类型的转座事件，特别是在 600 万年前又发生过反转座子的爆发过程，使得基因组增大、重排且复杂化。基因间反转座子区的积累是玉米（基因组为 2 400Mb）与其近亲物种基因组（高粱 750Mb、粳稻 382.78Mb、籼稻 426.34Mb）大小差异的主要原因之一。

（3）重组与染色体结构变异。当复制型转座发生在宿主 DNA 原有位点附近时，往往导致转座子两个拷贝之间的同源重组，引起 DNA 的缺失或倒位。若同源重组发生在两个正向重复转座区之间，就导致宿主染色体 DNA 缺失；而当重组发生在两个反向重复转座区之间，则引起染色体 DNA 倒位。转座事件可使一些原来在染色体相距甚远的基因组合到一起，形成新的连锁关系，也可能产生一些具有新的生物学功能基因。

（1）基因失活和表达水平的改变。当转座子插入到基因序列内，往往造成基因的表达中断。如在 *Mu* 转座子插入 *brick1*（*brk1*）基因第二外显子产生的突变体 *brk1 - mum1* 中，*brk1* 基因丧失正常功能，而且无法检测到 *brk1* 的表达。当转座子插入到基因的 $5'$ - UTR 或转录起始位点上游区，也会影响基因的表达水平，如在 *Mu* 转座子插入到 *bd1* 的 $5'$ - UTR 区的突变体 *bd1 - mum ∷ 20250* 中，其 *bd1* 的表达水平明显下降（Chuck 等，2002）。另外，当双转座子的解离引起染色体的双链断裂，也会导致基因失活。如在 *sh - m6233* 突变体中，含有大约 4kb 长的插入片段，该片段由 2 个长约 2kb 的 *Ds* 组成，其中一个 *Ds* 以反向插入到另一个 *Ds* 的中间，形成嵌套式的双转座子（图 3 - 13）。*sh - m6233* 插入片段的这一复杂结构与高频率的染色体断裂相关。而染色体断裂、插入片段的切离和断裂末端重接则导致突变体表型的不稳定性。*Waxy* 位点有许多由于 *Ds* 插入产生的突变体，如 *Wx - m5* 是由一个 *Ds* 插入到 *Wx* 的转录起始位点－470 位点所形成的突变基因，*wx - m5 ∷ 8313* 则是由 *Wx - m5* 的 *Ds* 转座插入到第三外显子中所产生的具有双 *Ds* 因子的等位突变体。*Ds* 从 *wx - m5 ∷ 8313* 的第三外显子插入位点解离，再次插入到－470 位点下游的 $5'$ - UTR 处，并在第三外显子原插入位点留下"脚印"（GGTACGACCG-TACGAG），该新突变为 *wx - m5 ∷ 8313δ14*，它是 *wx - m5 ∷ 8313* 的衍生突变（图 3 - 14）。在 *Ac* 存在的条件，*wx - m5 ∷ 8313* 和 *wx - m5 ∷ 8313δ14* 中染色体断裂的概率是 *Wx - m5* 的 9 倍。这说明双 *Ds* 因子的反向插入结构与突变体中的染色体断裂和表型的不稳定性显著相关。

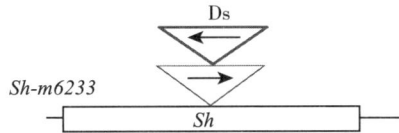

图 3 - 13　被 *Ds* 转座子插入的 *sh* - *m6233* 突变基因的嵌套式结构

注：三角形表示 *Ds* 转座子，三角形中的箭头表示转录方向，空心长方框表示 *Sh* 基因。

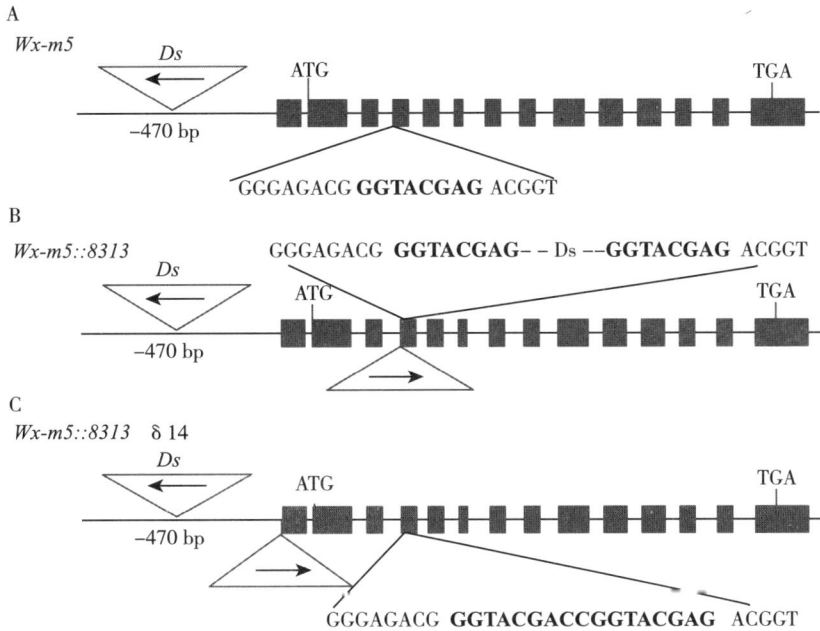

图 3 - 14　*Ds* 插入所产生的三个 Waxy 等位突变基因的结构

注：A - C 分别显示 Waxy 突变体 *Wx* - *m5*（A）、*Wx* - *m5*：：*8313*（B）和 *Wx* - *m5*：：*8313δ14*（C）的 *Ds* 转座子插入位点。三角形表示 *Ds* 转座子，三角形中的箭头显示转录方向。粗体字母表示 *Ds* 插入位点的序列（A）、靶位点的 7bp 的正向重复（B）和 *Ds* 解离后留下的序列（C）。

（5）基因组修饰。转座子的另一生物学功能是改变基因或基因组的修饰状态。所有真核生物基因组中都存在转座子，玉米 85% 的基因组为转座子和重复序列，这些转座子和重复序列被高度甲基化而处于沉默状态，转座子簇生的异染色质区域（如着丝点）的 DNA 常被超甲基化。例如，玉米 *Spm*/*En* 转座子的转录和转座活性与其启动子及邻近的 GC 富集区的甲基化水平直接相关，活性的 *Spm*/*En* 转座子在这两个位点往往是非甲基化或低甲基化状态，而沉默的转座子在这两个位点通常是被超甲基化的。植物转座元件的去甲基化会激活转座元件并使其发生移动。因而，基因组中转座子的丰度也直接影响着基因组的甲基化水平。

植物转座子沉默的另一种机制是 RNA 介导的 DNA 甲基化（RNA - directed DNA methylation，RdDM）。siRNA（small interfering RNA）是一类长 24nt 的小 RNA 分子，

其主要产生于转座子和重复序列，这类 siRNA 介导了对其同源基因组序列的 CG、CNG 和 CHH 的胞嘧啶甲基化修饰或染色质的修饰。RdDM 的主要过程是：基因组上的重复序列在 RNA 多聚酶Ⅱ的作用下转录，转录产物在 Dicer-like 3（DCL3）的作用下加工成 24nt 的 siRNAs，同时，甲基化酶 HEN1 在 siRNAs 的 3′-末端进行甲基化修饰；24nt 的 siRNAs 与 AGO4（argonaute protein 4）结合，进入含有 RNA 多聚酶Ⅴ的蛋白复合体中，随后靶向与 siRNAs 同源的基因组序列，进而在甲基转移酶 DRM2（domains rear-ranged methyltransferase 2）的作用下，对靶位点的 DNA 或染色质进行修饰。如在拟南芥卵细胞中，小 RNA-AGO9 复合体抑制大孢子母细胞周围的体细胞发生减数分裂产生配子的过程。在花粉中，营养核的染色质为一种去浓缩状态，同时，在着丝点附近的重复序列 DNA 中，CHG 和 CHH 的胞嘧啶被高度甲基化，而这一甲基化过程正是由 24nt siRNA 所介导。另外，特定的转座子在营养核中被激活，可导致衍生于转座子的小 RNA 产生，这些小 RNA 以某种未知的机制运动到精细胞中，抑制精细胞中转座子的活性，防止转座子介导的突变产生，保证上下代的遗传稳定性（Van EX 等，2011）。

2. 转座子在玉米遗传研究中的应用

（1）创造突变体。利用转座子插入可造成基因作用功效或功能改变的遗传效应，转座子系统作为一种有效的工具广泛应用于系统的和大规模的创造生物突变体材料。玉米中，已实施了多个利用玉米转座子创造突变材料的研究计划。如美国 1998 年启动的"玉米基因发掘"计划（MGDP），利用 *Mutator* 和 *RescueMu* 大规模创造玉米突变体，以用于并已实现了若干基因的克隆（表 3-4）。这些突变体保存于 Maize Genetics Cooperation Stock Center 之中，详细的突变体表型和侧翼序列的描述在相关网站中搜索获得（www.maizegdb.org），感兴趣的全球研究者均可从 Stock Center 免费索取突变体种子。我国在"十一五"期间，也启动了 *Mutator* 介导的玉米突变体创制计划，获得了大量的突变体和侧翼序列。

（2）利用转座子标签克隆功能基因。与 T-DNA 插入技术相比，采用转座子获得插入突变的优势有：①转座子通常是以完整的单一因子完成插入诱变，易于进行分子水平的分析，转座子用于基因陷阱和增强子陷阱策略时，极少产生表达的假象。对于遗传转化较为困难的玉米而言，采用转座子插入诱变比较合适，它可以通过杂交导入活化的转座子，通过转座行为不断地产生突变体。②许多转座子在转移酶存在的情况下，可通过转座子的切离或再转座，使表型回复到野生型或产生具有弱表型的等位基因，从而可确定原突变体的靶基因及效应。③有些转座子具有优先插入到遗传上连锁的"邻近"位点，通过转座子的再转座，可在一个感兴趣的特殊区域产生"本地"突变（local mutagenesis）。在玉米上，许多功能基因就是利用转座子标签技术被分离与克隆的。表 3-4 总结了采用转座子技术所分离的部分玉米基因及所利用的转座子类型和参考文献。

表 3-4　基于转座子标签技术所克隆的部分玉米基因

基因	产物	功能	转座子	参考文献
opaque-2	bZIP 转录因子	醇溶蛋白合成调节	Spm	Schmidt 等，1987
Bronze2	谷胱甘肽 S-转移酶	紫色花青素的合成	Mu	McLaughlin 等，1987
Knl	同源异形蛋白	叶细胞命运	Ds	Hake 等，1989
yl	八氢番茄红素合成酶	类胡萝卜素的生物合成	Mu	Buckner 等，1990
HM1	NADPH 依赖的 HC 毒素还原酶	真菌抗性	Mu	Gurmukh 等，1992
ij	Iojap 蛋白	叶绿体形成	Mu	Han 等，1992
ae	淀粉分支酶Ⅱ	淀粉合成	Mu	Stinard 等，1993
ts2	短链乙醇脱氢酶	性别决定	Ac	Delong 等，1993
Anl	环化酶	内贝壳杉烯合成	Mu	Bensen 等，1995
Glossy2	乙酰转移酶	表皮蜡层的形成	En/Spm	Tacke 等，1995
d3	细胞色素 P450	赤霉素合成	Mu	Winkler 等，1995
sul	α-（1，6）葡聚糖水解酶	淀粉合成	Mu	James 等，1995
hcf106	双精氨酸转位 B	蛋白质转位	Mu	Voelker 等，1995
rf2	乙醛脱氢酶	乙醛的解毒	Mu	Cui 等，1996
tbl	cycloidea	腋生器官抑制	Mu	Doebley 等，1997
vp14	木质二苯乙烯二加氧酶	ABA 合成	Mu	Tan 等，1997
glossy8	β-酮酰基还原酶	脂肪酸合成	Mu	Xu 等，1997
idl	锌指蛋白	生殖转换调节	Ds	Colasanti 等，1998
ihw4	双精氨酸转位 A	蛋白质转位	Mu	Walker 等，1999
Feal	类 CLAVATA2 蛋白	分生组织大小	Mu	Taguchi-Shiobara 等，2001
psl	番茄红素 β-环化酶	类胡萝卜素的合成	Ac	Songh 等，2003
etl	锌带蛋白	质体转录延伸	Mu	daCosta e silva 等，2004
ral	锌指蛋白	花序分枝	spm	Vollbrecht 等，2005
Glossyl	膜结合的去饱和酶/羟化酶	蜡质合成	En/Spm	Sturaro 等，2005
Bif2	PINOID 丝氨酸/苏氨酸激酶	腋生分生组织起始	Mu	Mcsteen 等，2007
bdl	APETALA2-ERF 转录因子	花序形态建成	Mu	Chuck 等，2009
camouflagel	卟啉原脱氨酶	叶绿素和血红素生物合成	Mu	Huang 等，2009

注：spm＝suppressor-mutator；Mu＝mutator；Ds＝dissociation；En/Spm＝enhancer/suppressor-mutator；Ac＝activator。

第七节　表观遗传

表观遗传（epigenetics）是指 DNA 序列不发生变化，但基因表达却发生了可遗传的改变。这种改变是细胞内遗传物质的修饰及组蛋白的修饰和构成所致，如 DNA 甲基化和去甲基化、组蛋白的乙酰化和去乙酰化，以及染色质构象变化等，这种改变在发育和细胞增殖过程中能稳定传递。玉米中的副突变（paramutation）就是一种典型的表观遗传调控模型。

一、副突变

玉米中的 B、R 和 Pl 三个基因参与花青素生物合成，其中，B 基因编码具 bHLH 结构的转录因子，可激活花青素生物合成基因的转录（Chandler 等，1989；Goff 等，1990）。在 R 或 Pl 基因存在时，可合成深色或紫色色素。隐性 bl 等位基因不能激活花青素生物合成基因的转录，即使在 R 或 Pl 存在时，植株仍然表现绿色。B' 和 $B-I$ 为 B 的等位基因，B' 控制叶鞘、茎、种皮和雄穗颜色为绿色，$B-I$ 则导致叶鞘、茎、种皮和雄穗等组织颜色变深，或出现深色色斑。但当 $B'/B-I$ 杂合体自交时，尽管减数分裂过程中染色体分离正常，但所有后代个体均表现为 B' 所控制的性状，仿佛 B' 能使 $B-I$ 变成 B'，或者 B' 能抑制 $B-I$ 的表现。这种由一个等位基因导致杂合子中的另一个等位基因沉默且可多代遗传的现象称为副突变（paramutation）。被沉默的等位基因 $B-I$ 称为易副突变（paramutable）等位基因，具有诱导其他等位基因发生沉默的等位基因 B' 称为诱副突变（paramutagenic）等位基因。一般来说，一个位点的大多数等位基因并不参与副突变，为中性（neutral）等位基因，如 bl、$B-Peru$。

二、副突变的遗传特点

副突变有三个重要的遗传特征：①即使在没有诱副突变等位基因传递的情况下，新建立的沉默表达形式仍能传给下一代；②已被沉默的易副突变等位基因可连续多代地对其同源序列起作用并使其沉默；③诱副突变等位基因的 DNA 序列没有发生改变，表明这种遗传指令和记忆是通过表观遗传实现的，不符合孟德尔遗传的分离定律。

$B-I$ 突变为 B' 的自发突变率较高，可达 $0.1\%\sim10\%$；B' 非常稳定，不易改变。但在 χ 射线的诱变下，可使 B' 基因变异。如，Gl（glossy）基因控制植株叶片蜡质层和光滑与否，与 bl 基因连锁。Coe（1966）使用 χ 射线进行了 3 个试验，①处理 $Gl\ B'/gl\ B-I$ 基因型的玉米胚 $1\sim2$d，在 2 053 株中有 8 株表现为整株深色（B-I-like）光滑的幼苗；②处理 $Gl\ B'/gl\ B-I$ 基因型的玉米胚 $2\sim5$d，在 1 100 株中有 6 株表现色斑（B-I-like）光滑的幼苗；③处理 $Gl\ B'/gl\ B-I$ 基因型的玉米 4 叶和 10 叶期植株，在老叶片和轴上产生色斑（B-I-like）。前两个 χ 射线诱变试验说明胚细胞中 B' 突变丧失了抑制 $B-I$ 的作用；而后一个 χ 射线诱变试验则说明体细胞中的 B' 突变丧失了抑制 $B-I$ 的作用。

三、b 位点的结构与表达

b 基因位点具有多种等位基因，如 bl、$B-Peru$、B' 和 $B-I$ 等。bl 和 $B-Peru$ 不参

与副突变。将 B' 和 B-I 与 B-$Peru$ 杂交，对基因内重组个体的表达分析发现，B' 和 B-I 与 B-$Peru$ 的表达受 $5'$-上游序列的调控。进一步研究发现，在 b 基因上游 100kb 区域，有一个以 853bp 序列为单位的、串联重复多次的非编码序列结构（图 3-15）。不同的等位基因所含有的串联重复次数在 1～7 次。其中，$b1$ 含有 1 个拷贝的 853bp 的序列，不参与副突变；B' 和 B-I 均含有 7 个拷贝的 853bp 的序列（Stem 等，2002）。B' 和 B-I 的串联重复序列可以双链转录，且转录水平相当。然而，依串联重复序列设计一个反向重复的发夹结构并转化 B-I 基因型植株，发现转基因后代出现类似 B' 的表型（Arteaga 等，2010）。研究表明串联重复序列是产生副突变效应所必需的，副突变的强度与串联重复的次数正相关；同时，串联重复区具有增强子的作用，可顺势调节 $b1$ 基因的表达。

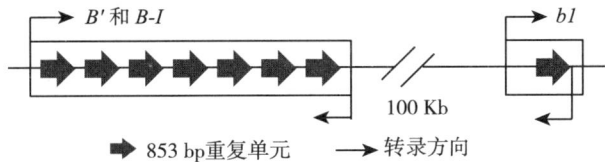

图 3-15　B'、B-I 和 $b1$ 基因上游 100kb 区域结构

注：B' 和 B-I 有 7 个以 853bp 序列为重复单位的串联重复，$b1$ 基因只有 1 个重复单位。

B' 和 B-I 对 $b1$ 转录水平的调控存在显著差异。B'/B' 或 B'/B-I 中 $b1$ 基因的转录水平只有其在 B-I/B-I 中的 1/10，也就是说，纯合和杂合 B' 基因型中，$b1$ 基因的表达水平非常低，B' 等位基因为一种失活状态，因而，花青素合成基因转录水平低，色素水平低；B-I 纯合基因型中 b 基因的表达水平相对较高，B-I 为活性等位基因；但是，在 B'/B-I 杂合子中，B-I 活性受 B' 的抑制。进一步的分析发现，B' 和 B-I 不仅具有相同拷贝数串联重复序列，并且基因编码区及其前后约 150kb 的区段具有高度的一致性，也未发现甲基化的差异和 24 nt siRNA 丰度的差异（Stem 等，2002）。

对上述结果归纳如下：①B' 和 B-I 这两个等位基因的稳定性明显不同，在杂合子中 B' 可致 B-I 沉默；②B' 和 B-I 的编码区及其上下游区 DNA 无显著差异；③$5'$-上游的串联重复区为副突变所必需，也是 $b1$ 基因的增强子；④B' 和 B-I 的 $5'$-上游的串联重复区可双链转录，且转录水平一致；⑤B'/B-I 杂合子中串联重复区 DNA 序列甲基化水平无差异，siRNA 丰度无差异；⑥B' 和 B-I 编码区的转录水平具有显著差异。那么，为什么 B' 和 B-I 的稳定性和转录水平会表现出显著差异？B' 如何导致 B-I 沉默？前者的可能解释是两者串联重复区的染色质状态存在显著差异，进而影响了增强子的功能；后者可由"RNA-反式作用模型"所解释。

四、siRNA 介导的反式作用模型

玉米 $b1$ 副突变调控总结见图 3-16。在该模型中，所谓 siRNA 介导的反式作用，是指起源于 $b1$ 上游 100kb 区域的串联重复序列的 siRNA，与 AGO4 等蛋白因子结合对其靶

位点 $b1$ 的调控。在 $B-I/B-I$ 纯合子细胞核中，$B-I$ 等位基因的串联重复序列在 RNA Pol Ⅱ 作用下双向转录，转录产物通过与反向转录产物配对或通过 MOP1 （mediator of paramutation 1） 作用形成双链 RNA （dsRNA），dsRNA 在 MOP1、RMR6 （required to maintain repression 6）、MOP2/RMR7、RMR1 和 DCL3 （Dicer – Like 3） 作用下形成 siRNAs （small interfering RNA，siRNA），进而，siRNAs 参与 RNA 介导的染色质修饰，使得 $B-I$ 等位基因处于低甲基化和串联重复序列的染

扫码看彩图

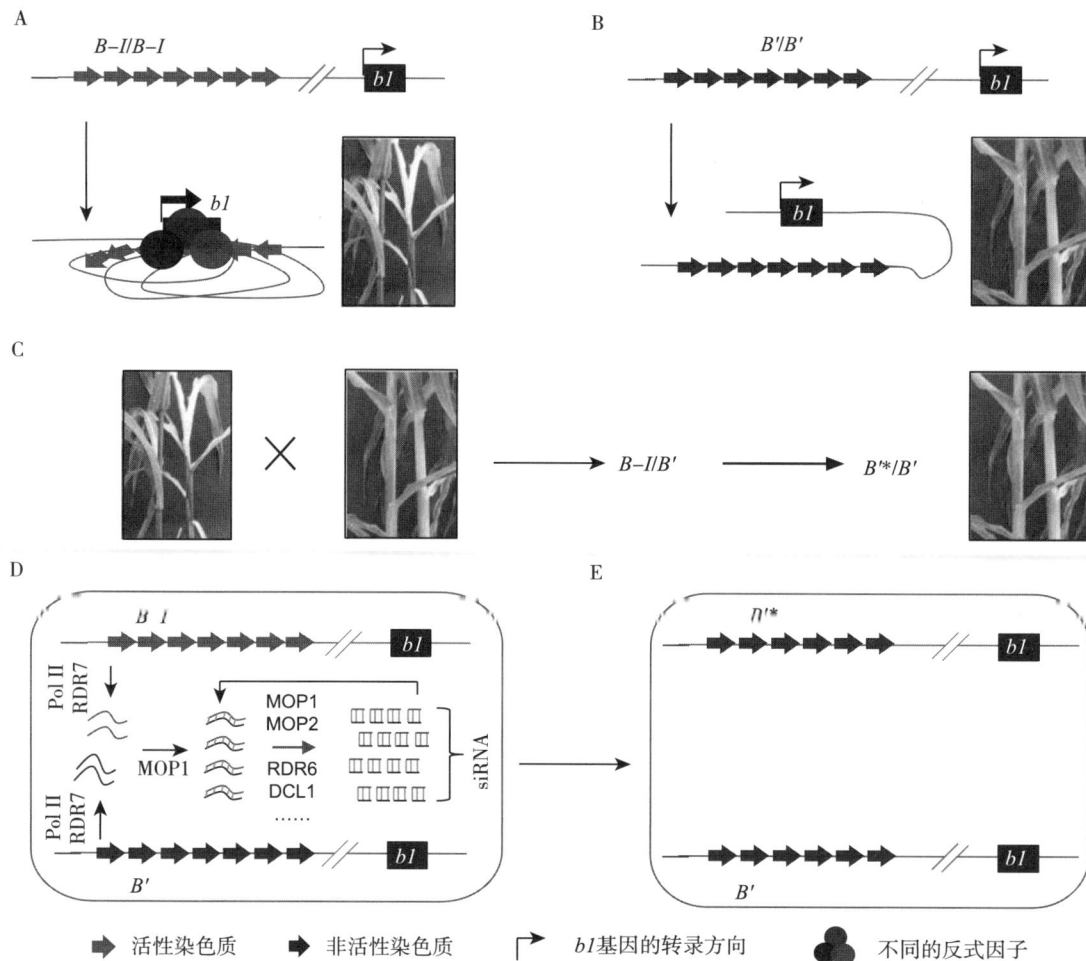

图 3 - 16　玉米 $b1$ 副突变的 RNA - 反式调控模型

注：A 为 $B-I/B-I$ 基因型中 $B-I$ 对 $b1$ 转录的长距离反式调控模型。$B-I$ 为染色质活性状态，调控 $b1$ 高水平表达，合成大量色素，植株表现紫色。B 为 B'/B' 基因型中 B' 对 $b1$ 转录的长距离反式调控模型。B' 为非活性的染色质状态，调控 $b1$ 低水平表达，合成少量色素，植株为绿色。C 显示 $B-I/B'$ 杂合子中 $B-I$ 被转化为非活性的染色质状态 $B'*$。D 显示 $b1$ 上游 -100 kb 的 7 个串联重复可在 Pol Ⅱ 作用下双向转录，转录产物形成双链 RNA，进而在 $MOP1$、$MOP2/RMR7$、$RMR6$、$DCL3*$、$HEN1*$ 等作用下形成 siRNA；siRNAs 在 AGO4、MOP2、DRD1*、DRM2* 等作用下，行使染色质修饰和 RNA 介导的 DNA 甲基化修饰功能，即 $B-I / B-I$ 和 B'/B' 杂交，总会发生副突变。E 表示 $B-I$ 受 siRNA 介导的染色质修饰和 DNA 甲基化，使得具有增强子活性的 $B-I$ 转变成为 $B'*$。星号表示从上一代为 $B-I$ 转变成的 B'。

色质状态（H3 的乙酰化、H3K9 和 H3K27 的甲基化），从而有利于其发挥增强子的功能，并阻止来自 siRNAs 对该基因的沉默（甲基化的免疫性），最终导致 $b1$ 基因高水平表达。在 B'/B' 纯合子细胞核中，B' 等位基因高度甲基化，且其串联重复序列的染色质状态（如结合了染色质修饰酶或染色质重塑酶）不利于其发挥增强子的功能，且容易受到 siRNA 介导的基因沉默，造成 $b1$ 基因的低表达。当通过杂交形成杂合体 $B'/B\text{-}I$ 时，B' 与 $B\text{-}I$ 等位基因配对，B' 重复序列上的表观遗传信息通过反式作用（如结合于 B' 重复序列上的染色质修饰酶或染色质重塑酶，或未知的结合蛋白，siRNA 等）传递给 $B\text{-}I$，从而诱导结合于 $B\text{-}I$ 的重复序列上的染色质转变为沉默状态。这种新建立的 $B\text{-}I$ 染色质沉默状态能在后代中得以维持，并能像原 B' 基因一样具有致副突变性。

主要参考文献

刘纪麟 . 2004. 玉米育种学 . 第二版 . 北京：中国农业出版社 .

赵然，蔡曼君，杜艳芳，等 . 2019. 玉米籽粒形成的分子生物学基础 . 中国农业科学，52：3495 - 3506.

Arteaga - Vazquez MA, Chandler VL. 2010. Paramutation in maize：RNA mediated trans - generational gene silencing. Current Opinion in Genetics & Development，20：156 - 163.

Bennetzen J, Hake S. 2009. Handbook of Maize, Genetics and Genomics. New York：Springer.

Bommert P, Nagasawa NS, Jackson D. 2013. Quantitative variation in maize kernel row number is controlled by the FASCIATED EAR2 locus. Nature Genetics，45：334 - 337.

Buckner B, San Miguel P, Janick - Buckner D, et al. 1996. The $y1$ gene of maize codes for phytoene synthase. Genetics，143：479 - 488.

Chen W, Chen L, Zhang X, et al. 2022. Convergent selection of a WD40 protein that enhances grain yield in maize and rice. Science，375：7985.

Chia JM, Song C, Bradbury PJ, et al. 2012. Maize hapmap2 identifies extant variation from a genome in flux. Nature Genetics，44：803 - 807.

Chuck G, Meeley R, Irish E, et al. 2007. The maize tasselseed4 microRNA controls sex determination and meristem cell fate by targeting Tasselseed6/indeterminate spikelet1. Nature Genetics，39：1517 - 1521.

Chuck G, Muszynski M, Kellogg E, et al. 2002. The control of spikelet meristem identity by the branched silkless1gene in maize. Science，298：1238 - 1241.

Coleman CE, Lopes MA, Gillikin JW, et al. 1995. A defective signal peptide in the maize high - lysine mutant Floury 2. PNAS，92：6828 - 6831.

Cui X, Wise RP, Schnable PS. 1996. The $rf2$ nuclear restorer gene of male - sterile T - cytoplasm maize. Science，272：1334 - 1336.

Davis G, McMullen M, Baysdorfer C, et al. 1999. A maize map standard with sequenced core markers, grass genome reference points and 932 expressed sequence tagged sites（ESTs）in a 1736 - locus map. Genetics，152：1137 - 1172.

Dell'Acqua M, Gatti DM, Pea G, et al. 2015. Genetic properties of the MAGIC maize population：a new platform for high definition QTL mapping in Zea mays. Genome Biology，16：167.

Doebley J，Stec A. 1993. Inheritance of the morphological differences between maize and teosinte：comparison of results for two F$_2$ populations. Genetics，134：559 - 570.

Doebley J，Stec A，Hubbard L. 1997. The evolution of apical dominance in maize. Nature，386：485 - 488.

Edwards MD，Stuber CW，Wendel JF. 1987. Molecular marker facilitated investigations of quantitative trait loci in maize 1 Number，genomic distribution and types of gene action. Genetics，116：113 - 125.

Fu H，Dooner HK. 2002. Intraspecific violation of genetic colinearity and its implications in maize. PNAS，99：9573 - 9578.

Gupta S，Gallavotti A，Stryker GA，et al. 2005. A novel class of Helitron - related transposable elements in maize contain portions of multiple pseudogenes. Plant Molecular Biology，57：115 - 127.

Haberer G，Kamal N，Bauer E，et al. 2020. European maize genomes highlight intraspecies variation in repeat and gene content. Nature Genetics，52：950 - 957.

Helentjaris T，Slocum M，Wright S，et al. 1986. Construction of genetic linkage maps in maize and tomato using restriction fragment length polymorphisms. Theoretical and Applied Genetics，72：761 - 769.

Hufford MB，Seetharam AS，Woodhouse MR，et al. 2021. De novo assembly，annotation，and comparative analysis of 26 diverse maize genomes. Science，373：655 - 662.

James MG，Robertson DS，Myers AM. 1995. Characterization of the maize gene sugary1，a determinant of starch composition in kernels. Plant Cell，7：417 - 429.

Jia H，Li M，Li W，et al. 2020. A serine/threonine protein kinase encoding gene KERNEL NUMBER PER ROW6 regulates maize grain yield. Nature Communications，11：988.

Kamps TL，Chase CD. 1997. RFLP mapping of the maize gametophytic restorer - of - fertility locus（rf3）and aberrant pollen transmission of the non - restoring rf3 allele. Theoretical and Applied Genetics，95：525 - 531.

Kapitonov VV，Jurka J. 2007. Helitrons on a roll：eukaryotic rolling - circle transposons. Trends in Genetics，23：521 - 529.

Kim CS，Gibbon BC，Gillikin JW，et al. 2006. The maize Mucronate mutation is a deletion in the 16 - kD gamma - zein gene that induces the unfolded protein response. Plant Journal，48：440 - 451.

Kim CS，Hunter BG，Kraft J，et al. 2004. A defective signal peptide in a 19 - kD - Zein protein causes the unfolded protein response and an opaque endosperm phenotype in the maize De - B30 mutant. Plant Physiology，134：380 - 387.

Klein TM，Wolf ED，Wu R，et al. 1987. High velocity microprojectiles for delivering nucleic acids into living cells. Nature，327：70 - 73.

Lai J，Li R，Xu X，et al. 2010. Genome - wide patterns of genetic variation among elite maize inbred lines. Nature Genetics，42：1027 - 1030.

Lai J，Messing J，Dooner HK. 2005. Gene movement by Helitron transposons contributes to the haplotype variability of maize. PNAS，102：9068 - 9073.

Lal SK，Giroux MJ，Brendel V，et al. 2003. The maize genome contains a helitron insertion. Plant Cell，15：381 - 391.

Lal SK，Hannah LC. 2005. Plant genomes：Massive changes of the maize genome are caused by Helitrons. Heredity，95：421 - 422.

Levings CS Ⅲ，Pring DR. 1976. Restriction endonuclease analysis of mitochondrial DNA from normal and Texas cytoplasmic male sterile maize. Science，193：158 – 160.

Liu HJ，Wang X，Xiao Y，et al. 2020. CUBIC：an atlas of genetic architecture promises directed maize improvement. Genome Biology，21：20.

Louwers M，Bader R，Haring M，et al. 2009. Tissue – and expression level – specific chromatin looping at maize b1 epialleles. Plant Cell，21：832 – 842.

Ning Q，Jian Y，Du Y，et al. 2021. An ethylene biosynthesis enzyme controls quantitative variation in maize ear length and kernel yield. Nature Communications，12：5832.

Palmer LE，Rabinowicz PD，O'Shaughnessy AL，et al. 2003. Maize genome sequencing by methylation filtration. Science，302：2115 – 2117.

Qin X，Tian S，Zhang W，et al. 2021. The main restorer $Rf3$ of maize S type cytoplasmic male sterility encodes a PPR protein that functions in reduction of the transcripts of orf355. Molecular Plant，14（12）：1961 – 1964.

Salvi S，Sponza G，Morgante M，et al. 2007. Conserved noncoding genomic sequences associated with a flowering – time quantitative trait locus in maize. PNAS，104：11376 – 11381.

Schmidt RJ，Burr FA，Aukerman MJ，et al. 1990. Maize regulatory gene opaque – 2 encodes a protein with a "leucine – zipper" motif that binds to zein DNA. PNAS，87：46 – 50.

Schnable PS，Ware D，Fulton RS，et al. 2009. The B73maize genome：complexity，diversity，and dynamics. Science，326：1112 – 1115.

Sekhon RS，Lin H，Childs KL，et al. 2011. Genome – wide atlas of transcription during maize development. Plant Journal，66：553 – 563.

Shure M，Wessler S，Fedoroff N. 1983. Molecular identification and isolation of the Waxy locus in maize. Cell，35：225 – 233.

Soderlund C，Descour A，Kudrna D，et al. 2009. Sequencing，mapping and analysis of 27，455maize full – length cDNAs. PLoS Genetics，5：e1000740.

Springer NM，Anderson SN，Andorf CM，et al. 2018. The maize W22genome provides a foundation for functional genomics and transposon biology. Nature Genetics，50：1282 – 1288.

Springer NM，Ying K，Fu Y，et al. 2009. Maize inbreds exhibit high levels of copy number variation （CNV）and presence/absence variation（PAV）in genome content. PLoS Genetics，5：e1000734.

Studer A，Zhao Q，Ross – Ibarra J，et al. 2011. A transposon insertion was the causative mutation in the maize domestication gene $tb1$. Nature Genetics，43：1160 – 1163.

Swanson – Wagner RA，DeCook R，Jia Y，et al. 2009. Paternal dominance of trans – eQTL influences gene expression patterns in maize hybrids. Science，326：1118 – 1120.

Teng F，Zhai L，Liu R，et al. 2013. $ZmGA3ox2$，a candidate gene for a major QTL，$qPH3.1$，for plant height in maize. Plant Journal，73：405 – 416.

Tian J，Wang C，Xia J，et al. 2019. Teosinte ligule allele narrows plant architecture and enhances high – density maize yields. Science，365：658 – 664.

Van E F，Jacob Y，Martienssen R. 2011. Multiple roles for small RNAs during plant reproduction. Current Opinion in Plant Biology，14：588 – 593.

Vollbrecht E, Springer PS, Goh L, et al. 2005. Architecture of floral branch systems in maize and related grasses. Nature, 436: 1119 – 1126.

Vollbrecht E, Veit B, Sinha N, et al. 1991. The developmental gene *Knotted – 1* is a member of a maize homeobox gene family. Nature, 350: 241 – 243.

Walker EL, Robbins TP, Bureau TE, et al. 1995. Transposon – mediated chromosomal rearrangements and gene duplications in the formation of the maize R – r complex. EMBO Journal, 14: 2350 – 2363.

Wang H, Nussbaum – Wagler T, Li B, et al. 2005. The origin of the naked grains of maize. Nature, 436: 714 – 719.

Wang X, Wang H, Liu S, et al. 2016. Genetic variation in ZmVPP1 contributes to drought tolerance in maize seedlings. Nature Genetics, 48: 1233 – 1241.

Weil CF, Wessier SR. 1993. Molecular evidence that chromosome breakage by Ds elements is caused by aberrant transposition. Plant Cell, 5: 515 – 522.

Wright S, Bi IV, Schroeder SG, et al. 2005. The effects of artificial selection on the maize genome. Science, 308: 1310 – 1314.

Yang H, Xue Y, Li B, et al. 2022. The chimeric gene *atp6c* confers cytoplasmic male sterility in maize by impairing the assembly of the mitochondrial ATP synthase complex. Molecular Plant, 15: 872 – 886.

Yang N, Liu J, Gao Q, et al. 2019. Genome assembly of a tropical maize inbred line provides insights into structural variation and crop improvement. Nature Genetics, 51: 1052 – 1059.

Yuan Y, Sanmigue PJ, Bennetzen JL. 2003. High – Cot sequence analysis of the maize genome. Plant Journal, 34: 249 – 255.

Zabala G, Gabay – Laughnan S, Laughnan JR. 1997. The nuclear gene *Rf3* affects the expression of the mitochondrial chimeric sequence R implicated in S – type male sterility in maize. Genetics, 147: 847 – 860.

Zhang Z, Tang W, Zhang F, et al. 2005. Fertility restoration mechanisms in S – type cytoplasmic male sterility of maize (*Zea mays* L.) revealed through expression differences identified by cDNA microarray and suppression subtractive hybridization. Plant Molecular Biology Reporter, 23: 17 – 38.

Zheng P, Allen WB, Roesler K, et al. 2008. A phenylalanine in DGAT is a key determinant of oil content and composition in maize. Nature Genetics, 40: 367 – 372.

第四章 玉米群体和数量遗传学

第一节 交配系统对群体遗传构成的影响

群体遗传学主要研究遗传群体中等位基因和基因型频率的分布规律、不同交配制度对群体结构的影响、引起群体结构变化的条件和原因，以及由此变化而产生的结果等（Falconer 和 Mackay，1996；Hartl 和 Clark，2007；王建康，2017）。特定座位上等位基因的数目、各种等位基因在群体中的存在频率、基因型的数目、各种基因型在群体中的存在频率是定义群体结构的基本遗传学参数。本节首先介绍基因和基因型频率的估计方法，然后介绍不同交配系统对群体遗传构成的影响。

一、基因频率和基因型频率

群体的遗传组成可以从两方面来考虑，一方面是群体中等位基因的存在频率，另一方面是群体中各种基因型的存在频率。假设某一座位只有一对等位基因，用 A 和 a 表示，该群体由 n 个具有二倍体遗传特性的个体组成。可能的基因型有 AA、Aa 和 aa 三种，具有这三种基因型的观测个体数（或样本量）分别是 n_{AA}、n_{Aa} 和 n_{aa}。n 个个体共携带 $2n$ 个基因，基因型为 AA 的个体包含 2 个 A 基因，基因型为 aa 的个体包含 2 个 a 基因，基因型为 Aa 的个体包含 1 个 A 基因和 1 个 a 基因。因此，两个等位基因 A 和 a 的观测频率分别为，

$$f_A = \frac{2\,n_{AA} + n_{Aa}}{2n} = \frac{n_{AA} + \frac{1}{2}\,n_{Aa}}{n}, f_a = \frac{n_{Aa} + 2\,n_{aa}}{2n} = \frac{\frac{1}{2}n_{Aa} + n_{aa}}{n} \quad (4-1)$$

三种基因型 AA、Aa 和 aa 的观测频率分别为，

$$f_{AA} = \frac{n_{AA}}{n}, f_{Aa} = \frac{n_{Aa}}{n}, f_{aa} = \frac{n_{aa}}{n} \quad (4-2)$$

根据公式（4-1）和公式（4-2）不难看出，等位基因频率可以用基因型频率表示，即，

$$f_A = f_{AA} + \frac{1}{2}\,f_{Aa}, f_a = f_{aa} + \frac{1}{2}\,f_{Aa} \quad (4-3)$$

如果一个群体具有清楚的来源，如人工控制杂交，基因和基因型往往具有特定的期望

频率。如果没有奇异分离的存在，根据公式（4-1）和公式（4-2）计算出的观测频率应该与他们的期望频率不存在显著差异。基因型频率是否符合一个期望的分离比，可以采用 χ^2 统计量进行适合性检验。适合性检验 χ^2 统计量的计算方法如下，

$$\chi^2 = \sum \frac{(O-E)^2}{E} \qquad (4-4)$$

式中，O 和 E 分别表示每个组别（即这里的基因型）的观测样本量和期望样本量。期望样本量等于对应组别的期望频率乘以总样本量 n，χ^2 统计量的自由度等于分组数减去 1。

表 4-1 给出综 3 和 87-1 两个自交系亲本衍生的 294 个重组近交家系（RIL）组成的群体中（汤华等，2004），5 个多态性分子标记的 1：1 分离比适合性检验。一个基因座位上，自交系综 3 的基因型用 AA 表示，自交系 87-1 的基因型用 aa 表示。以标记 umc1033 为例，$n_{AA}=126$，$n_{Aa}=0$，$n_{aa}=163$，$n=n_{AA}+n_{Aa}+n_{aa}=289$，5 个 RIL 家系的标记型缺失。等位基因 A 存在于亲本自交系综 3，等位基因 a 存在于亲本自交系 87-1，两个等位基因的观测频率分别为 0.436 0 和 0.564 0。RIL 群体中不存在杂合基因型，基因型的频率等于等位基因的频率。无奇异分离时，两种标记型对应的 RIL 数量应服从 1：1 的期望分离比。检验统计量的显著性概率 $P=0.029\ 5$（表 4-1），表明观测频率与 1：1 的分离比存在显著差异，但未达到 0.01 的极显著水平。从表 4-1 还可以看出，标记 bnlg127 与分离比 1：1 存在极显著差异，综 3 携带基因的频率为 0.403 4，明显低于期望频率 0.5，存在极显著的奇异分离现象。其他 3 个标记与 1：1 期望分离比不存在显著性差异，基因频率接近于期望频率 0.5。

表 4-1　一个玉米 RIL 群体中第 9 染色体上 5 个标记座位的 1：1 分离比适合性检验

标记名称	综 3 基因型	87-1 基因型	缺失	综 3 基因频率	χ^2 统计量	P 值
umc1033	126	163	5	0.436 0	4.737 0	0.029 5
phi027	141	151	2	0.482 9	0.342 5	0.558 4
bnlg127	117	173	4	0.403 4	10.813 8	0.001 0
bnlg1209	132	159	3	0.453 6	2.505 2	0.113 5
umc2119	132	156	6	0.458 3	2.000 0	0.157 3

表 4-2 给出自交系综 3 和 87-1 衍生的永久 F_2 群体中，5 个共显性分子标记的 1：2：1 分离比适合性检验，群体大小为 441。一个基因座位上，自交系综 3 的基因型用 AA 表示，自交系 87-1 的基因型用 aa 表示。以标记 umc1033 为例，$n_{AA}=83$，$n_{Aa}=208$，$n_{aa}=135$，$n=n_{AA}+n_{Aa}+n_{aa}=426$，15 个个体的标记型缺失。等位基因 A 和 a 的频率分别为 0.439 和 0.561。无奇异分离时，3 种标记型服从 1：2：1 的分离比。检验统计量的显著性概率 $P=0.001\ 6$（表 4-2），表明 3 种标记型的观测值与 1：2：1 的期望分离比存在极显著差异。从表 4-2 可以看出，存在极显著差异的标记还有 bnlg127，存在显著差异的标记有 bnlg1209 和 umc2119。这些标记座位上，综 3 等位基因的频率明显低于期望频率 0.5。标记 phi027 不存在显著的奇异分离，等位基因频率接近期望频率 0.5。

表 4-2　一个玉米永久 F_2 群体中第 9 染色体上 5 个标记座位的 1∶2∶1 分离比适合性检验

标记名称	综 3 基因型	杂合基因型	87-1 基因型	缺失	综 3 基因频率	χ^2 统计量	P 值
umc1033	83	208	135	15	0.439 0	12.929 6	0.001 6
phi027	107	207	121	6	0.483 9	1.914 9	0.383 9
bnlg127	75	197	157	12	0.404 4	34.202 8	0.000 0
bnlg1209	86	219	127	9	0.452 5	7.865 7	0.019 6
umc2119	91	204	129	17	0.455 2	7.415 1	0.024 5

二、自交交配系统对群体结构的影响

玉米是异花授粉作物，自然条件下的交配属于随机交配系统。在人工控制授粉的条件下进行自交，是产生玉米自交系的重要途径。就一对等位基因 A 和 a 来说，杂合基因型 Aa 自交将分离出 AA、Aa 和 aa 三种基因型，他们在后代群体中所占比例为 1∶2∶1。继续自交的交配类型有三种，即 $AA \times AA$、$Aa \times Aa$ 和 $aa \times aa$。纯合体 AA 和 aa 自交时，后代基因型的构成与亲代完全一样，也同样是纯合体；杂合体自交时，继续分离出 $\frac{1}{4}AA$、$\frac{1}{2}Aa$ 和 $\frac{1}{4}aa$。图 4-1 给出一个座位上两个等位基因自 F_1 代的自交分离示意图。可以看出，杂合体每自交一代则减少一半，按照 $\frac{1}{2}$，$\frac{1}{4}$，$\frac{1}{8}$，…的频率变化。假定杂合体在一个原始群体中的频率为 H_0，通过一代自交后杂合体的频率为 $H_1 = \frac{1}{2}H_0$，再通过一代自交杂合体的频率为 $H_2 = \frac{1}{2}H_1 = \frac{1}{4}H_0$。依次类推，群体中杂合体随着自交世代数的增加变得越来越少。经过 n 代自交以后，杂合体的频率为 $H_n = \left(\frac{1}{2}\right)^n H_0$。即使原始群体中杂合体频率为 1，即全部为杂合体（如杂种 F_1），7 代自交，杂合体的频率为 $\left(\frac{1}{2}\right)^7 < 1\%$，纯合体占 99% 以上。

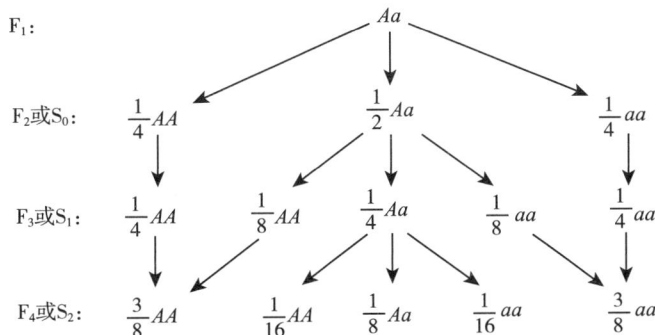

图 4-1　一对等位基因自 F_1 代连续自交的基因型分离示意图

重复自交过程中，等位基因和基因型的频率如表 4-3。随着自交世代的增加，杂合体呈现级数减少，最终趋于零。因此，自花授粉物种中，自然存在的原始品种一般来说基因型都是纯合的。从表 4-3 最后两列的等位基因频率可见，如果没有选择等因素的存在，基因频率在每一世代都是一样的，自交只改变基因型的频率而不改变等位基因的频率。

表 4-3 杂合子 Aa 自交后代的基因型频率和等位基因频率

自交代数	世代名称	基因型频率			等位基因频率	
		AA	Aa	aa	A	a
0	F_1 杂种	0	1	0	$\frac{1}{2}$	$\frac{1}{2}$
1	S_0（等价于 F_2）	$\frac{1}{4}$	$\frac{1}{2}$	$\frac{1}{4}$	$\frac{1}{2}$	$\frac{1}{2}$
2	S_1（等价于 F_3）	$\frac{3}{8}$	$\frac{1}{4}$	$\frac{3}{8}$	$\frac{1}{2}$	$\frac{1}{2}$
3	S_2（等价于 F_4）	$\frac{7}{16}$	$\frac{1}{8}$	$\frac{7}{16}$	$\frac{1}{2}$	$\frac{1}{2}$
n	S_{n-1}（等价于 F_{n+1}）	$\frac{2^n-1}{2^{n+1}}$	$\frac{1}{2^n}$	$\frac{2^n-1}{2^{n+1}}$	$\frac{1}{2}$	$\frac{1}{2}$
$n+1$	S_n（等价于 F_{n+2}）	$\frac{2^{n+1}-1}{2^{n+2}}$	$\frac{1}{2^{n+1}}$	$\frac{2^{n+1}-1}{2^{n+2}}$	$\frac{1}{2}$	$\frac{1}{2}$

记 S_n 世代中杂合基因型的频率为 $H_n = \left(\frac{1}{2}\right)^{n+1}$，两种纯合基因型的频率之和为 $(1-H_n)$。从下一节内容可以看到，这里的纯合基因型频率正好等于连续自交过程中的近交系数。对于 l 个独立遗传的基因座位，所有座位上均为纯合基因型的频率可以表示为，

$$f_{纯合} = (1-H_n)^l = \left(1-\frac{1}{2^{n+1}}\right)^l \tag{4-5}$$

表 4-4 给出不同个数独立遗传基因座位在重复自交过程中，由公式（4-5）给出的纯合基因型频率。这里的纯合，指的是在所有座位上都是纯合的。可以看出，即使两个自交系亲本之间存在很多的分离座位，如 $l=20$，S_8 世代中纯合基因型的频率也会达到 95% 以上。连锁的存在，会进一步加快基因型的纯合速度。

表 4 - 4　重复自交过程中一对和多对独立遗传基因座位上纯合基因型的频率（%）

世代	独立遗传座位的个数							
	1	2	3	4	5	10	20	30
S_0（F_2）	50.00	25.00	12.50	6.25	3.13	0.10	0.00	0.00
S_1（F_3）	75.00	56.25	42.19	31.64	23.73	5.63	0.32	0.02
S_2（F_4）	87.50	76.56	66.99	58.62	51.29	26.31	6.92	1.82
S_3（F_5）	93.75	87.89	82.40	77.25	72.42	52.45	27.51	14.43
S_4（F_6）	96.88	93.85	90.91	88.07	85.32	72.80	52.99	38.58
S_5（F_7）	98.44	96.90	95.39	93.89	92.43	85.43	72.98	62.35
S_6（F_8）	99.22	98.44	97.67	96.91	96.15	92.46	85.48	79.03
S_7（F_9）	99.61	99.22	98.83	98.45	98.06	96.16	92.47	88.92
S_8（F_{10}）	99.80	99.61	99.42	99.22	99.03	98.06	96.17	94.30

三、回交交配系统对群体结构的影响

回交是育种中常采用的一种方法，特别是用来转育由少数基因控制的质量性状。回交是指两个自交系亲本 P_1 和 P_2 的杂交 F_1 个体，与其中的某一亲本再进行杂交。如果 F_1 与 P_1 回交，这时亲本 P_1 称为轮回亲本，而另一亲本 P_2 则称为非轮回亲本或供体亲本。回交群体一般用符号 BC_{ij} 表示，其中，$i=1$ 或 2 表示轮回亲本，$j=1$，2，…表示回交代数。也可用 $P_i BC_j$ 更明确地表示不同轮回亲本的不同回交世代。在不至于混淆的情况下，也可用 BC_j 或 B_j 表示不同的回交世代。回交若干代之后有时还需要自交，这时的回交世代可用 $BC_j F_1$ 表示，用 $BC_j F_2$、$BC_j F_3$、…表示后续的自交世代。一次或少数几次回交有时又称为有限回交（limited backcross）或简单回交（simple backcross），多次回交有时又称高代回交（advanced backcross）。

育种中一般只对一个方向的亲本进行回交，遗传研究中有时还可能同时与两个方向的亲本进行回交。以一对等位基因为例，与轮回亲本 AA 回交的遗传演变如图 4 - 2 所示。每回交一代，杂合体频率减少一半，这一点与自交一样。但在自交群体中，

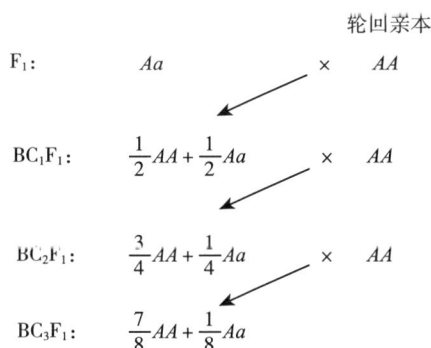

图 4 - 2　一对等位基因在连续回交过程中基因型分离示意图

两种纯合体 AA 和 aa 同时存在，而在与亲本 AA 的回交交配系统中只有一种纯合体 AA，而不会出现另一种纯合体 aa。

连续回交过程中，基因和基因型的频率如表 4 - 5 所示。随着回交世代的增加，杂合体呈现级数减少，最终趋于零。回交过程中，等位基因频率也在发生变化，表现为供体等位基因的频率呈指数下降，最终群体固定在轮回亲本的等位基因上。无选择的回交在育种

中没有太大意义。回交育种中，一般需要对少数基因控制的优异供体性状进行选择，或用紧密连锁的分子标记选择供体优异等位基因，将选择后的个体与轮回亲本回交。通过这种方法，可以将供体亲本中的少数有利基因导入到轮回亲本中，同时保持轮回亲本大多数性状的优良性。

表 4-5　杂合子 Aa 与亲本 AA 连续回交过程中基因型频率和等位基因频率

回交代数	代号	基因型频率			等位基因频率	
		AA	Aa	aa	A	a
0	F_1	0	1	0	$\frac{1}{2}$	$\frac{1}{2}$
1	BC_1F_1	$\frac{1}{2}$	$\frac{1}{2}$	0	$\frac{3}{4}$	$\frac{1}{4}$
2	BC_2F_1	$\frac{3}{4}$	$\frac{1}{4}$	0	$\frac{7}{8}$	$\frac{1}{8}$
3	BC_3F_1	$\frac{7}{8}$	$\frac{1}{8}$	0	$\frac{15}{16}$	$\frac{1}{16}$
n	BC_nF_1	$1-\frac{1}{2^n}$	$\frac{1}{2^n}$	0	$1-\frac{1}{2^{n+1}}$	$\frac{1}{2^{n+1}}$

　　表 4-5 给出的是与被选择基因没有连锁关系的座位上，基因和基因型频率的变化。回交育种中，对供体优良等位基因的选择，也势必选择了与供体基因紧密连锁的一些不利基因。那么如何既要导入理想基因而又要排除不良基因呢？假定两个自交系亲本在两个座位 A 和 B 上的基因型分别为 $AAbb$ 和 $aaBB$，亲本 $AAbb$ 为轮回亲本，携带有利等位基因 A。供体亲本的基因型为 $aaBB$，携带有利等位基因 B。杂种 F_1 的基因型为 Ab/aB。由于 a 与 B 的连锁，在选择基因 B 时就不可避免选择了 a。由于同源染色体在减数分裂过程中会发生交换，当回交的次数增多时，获得重组型配子 AB 的机会也随之增加了。重组的概率取决两个座位之间的重组率 r。如果只对 B 进行选择而不对其他座位上的等位基因实施选择，那么排除不良基因 a 的概率为 $1-(1-r)^{n+1}$（n 为回交次数），一些条件下的理论概率列于表 4-6。从中可以看出，如果重组率为 0.02，回交 5 次排除不良基因的概率为 0.114。连锁越紧密，排除不良基因越困难。在重组率较低时，回交方法排除不良基因 b 的概率比自交要高。因此，实践育种工作中，可以借助分子标记对基因 A 和基因 B 同时加以选择，获得有利重组体 AB 的机会必然大大增加。

表 4-6　排除不良基因 a 连锁于优良基因 B 的概率

重组率	一次回交	二次回交	三次回交	四次回交	五次回交	一代自交	连续自交
0.50	0.750	0.875	0.938	0.969	0.984	0.500	0.500
0.20	0.360	0.488	0.590	0.672	0.738	0.200	0.286
0.10	0.190	0.271	0.344	0.410	0.469	0.100	0.167
0.02	0.040	0.059	0.078	0.096	0.114	0.020	0.038
0.01	0.020	0.030	0.039	0.049	0.059	0.010	0.020

四、随机交配系统对群体结构的影响

用 D、H、R 表示一个群体中对应于基因型 AA、Aa、aa 的频率，等位基因 A 和 a 的频率为 p 和 q（$p+q=1$）。如果基因型 AA、Aa 和 aa 的频率可以用等位基因的频率表示为，

$$D = p^2, H = 2pq, R = q^2 \tag{4-6}$$

则称该群体处于平衡状态。公式（4-6）其实给出了平衡群体中从基因频率计算基因型频率的方法。如果一个群体的基因型频率由公式（4-6）给出，从基因频率计算公式（4-3）可以看出，等位基因 A 和 a 的频率必定为 p 和 q。

公式（4-6）表明，在一个平衡群体中，只要知道等位基因的频率，也就知道了基因型的频率，这其实是随机交配群体的一个基本特征。随机交配定义为每个个体具有同等机会与其他个体交配并产生后代个体。平衡群体在随机交配时，不同基因型间结合的频率见表 4-7。从中可以看出，随机交配后代群体的基因型频率仍然是 p^2、$2pq$ 和 q^2。因此，在后续的随机交配世代中，如果没有什么干扰因素的话，群体的遗传构成始终保持不变。换句话说，随机交配后代中基因和基因型频率与上一代相同，并满足公式（4-6）。这个现象是由 Hardy 和 Weinberg 在 1908 年同时发现，被称为 Hardy-Weinberg 平衡定律。基因型频率和基因频率满足公式（4-6）的群体，称之为处于 Hardy-Weinberg 平衡状态，或称为 HW 平衡群体。

表 4-7　平衡群体的随机交配类型及其后代基因型频率

随机交配的结合类型	结合频率	后代基因型的联合频率		
		AA	Aa	aa
$AA \times AA$	p^4	p^4	0	0
$AA \times Aa$	$4p^3q$	$2p^3q$	$2p^3q$	0
$AA \times aa$	$2p^2q^2$	0	$2p^2q^2$	0
$Aa \times Aa$	$4p^2q^2$	p^2q^2	$2p^2q^2$	p^2q^2
$Aa \times aa$	$4pq^3$	0	$2pq^3$	$2pq^3$
$aa \times aa$	q^4	0	0	q^4
合计	1	p^2	$2pq$	q^2

表 4-7 给出的是平衡群体随机交配的情形。对于一个非平衡群体来说，随机交配将使群体产生什么变化呢？考虑任意一个群体，仍用 D、H、R 表示基因型 AA、Aa、aa 的频率，但基因型频率和基因频率不一定满足公式（4-6）这种关系。根据基因频率的计算公式（4-3），得到等位基因 A 和 a 的频率 p 和 q 分别为，

$$p = D + \frac{1}{2}H, q = \frac{1}{2}H + R \tag{4-7}$$

参照表 4-7 计算随机交配结合类型的频率，以及每种结合类型的后代基因型构成，从而得到三种基因型在各种结合类型下的联合频率。以类型 $AA \times Aa$ 为例，他们产生的后代群体中基因型 AA 和 Aa 各占一半，乘以结合类型 $AA \times Aa$ 的频率 $2DH$，就得到这种结合类型后代基因型的联合频率。所有结合类型产生的后代基因型 AA 频率相加，就得到随机交配后代群体中基因型 AA 的频率。类似计算其他两种基因型的频率，计算结果列于表 4-8。可以看到，随机交配一代后即可到达 HW 平衡状态，三种基因型 AA、Aa、aa 的频率分别为，

$$D_{\mathrm{RM}} = \left(D + \frac{1}{2}H\right)^2 = p^2,$$

$$H_{\mathrm{RM}} = 2\left(D + \frac{1}{2}H\right)\left(\frac{1}{2}H + R\right) = 2pq,$$

$$R_{\mathrm{RM}} = \left(\frac{1}{2}H + R\right)^2 = q^2 \qquad (4-8)$$

公式（4-8）中，等位基因频率 p 和 q 由公式（4-7）给出。因此，不管起始群体的基因型频率如何，只要经过一代随机交配即可达到 HW 平衡状态。

表 4-8　任意基因型频率群体的随机交配类型及其后代的基因型构成

随机交配的结合类型	结合频率	后代基因型的联合频率		
		AA	Aa	aa
$AA \times AA$	D^2	D^2	0	0
$AA \times Aa$	$2DH$	DH	DH	0
$AA \times aa$	$2DR$	0	$2DR$	0
$Aa \times Aa$	H^2	$\frac{1}{4}H^2$	$\frac{1}{2}H^2$	$\frac{1}{4}H^2$
$Aa \times aa$	$2HR$	0	HR	HR
$aa \times aa$	R^2	0	0	R^2
合计	1	$\left(D + \frac{1}{2}H\right)^2$	$2\left(D + \frac{1}{2}H\right)\left(\frac{1}{2}H + R\right)$	$\left(\frac{1}{2}H + R\right)^2$

例如，一个起始群体中三种基因型 AA、Aa、aa 的频率分别为 0.18、0.04、0.78，等位基因 A 和 a 的频率分别为 $p = 0.2$、$q = 0.8$。HW 平衡时，三种基因型的频率分别为 0.04、0.32、0.64。显然，起始群体并不是一个 HW 平衡群体。但是，只要经过一代随机交配，三种基因型的频率即可变为 0.04、0.32、0.64。如果没有其他因素影响，以后的随机交配世代中，基因频率和基因型频率均保持不变。

五、Hardy－Weinberg 平衡群体的性质与检验

同时考虑 HW 平衡群体的基因和基因型频率，可以做出图 4-3 中的三条抛物线，从

中可以看出平衡群体的一些性质。HW 平衡群体中，杂合体的频率不会超过 0.5，也不可能大于纯合体的频率之和；当一个等位基因的频率是另一个的 2 倍以上时，杂合体频率介于两种纯合体之间；当一个基因具有很小的频率时，该基因大多存在于杂合体中。这里不给出这些性质的证明，感兴趣的读者可以根据微积分的知识自行验证。

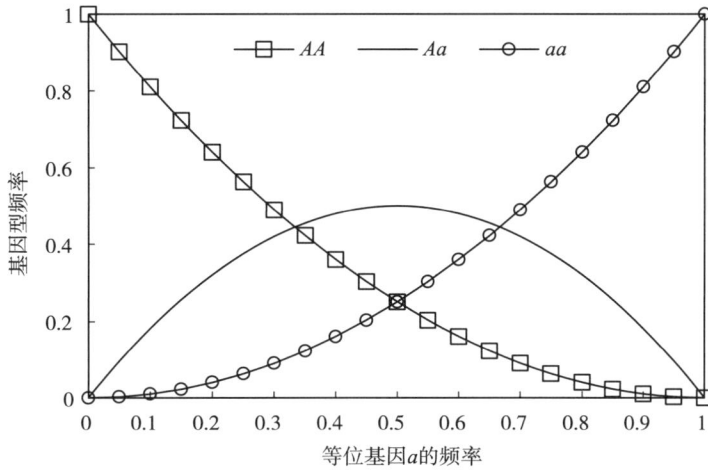

图 4-3　HW 平衡群体中基因型频率和等位基因频率的关系

　　HW 平衡定律有以下两个方面的作用：一是测定基因和基因型频率。平衡群体的三种基因型频率在图 4-3 上形成一条垂直于 x 轴的直线，交点将 x 轴分为两部分。从坐标原点到交点的距离为一个等位基因的频率，从交点到 1.0 的距离为另一个等位基因的频率。例如，三种基因型的频率为 0.49、0.42、0.09，这三点构成一条垂线并交于 x 轴的 0.3 处，等位基因 a 的频率就等于 0.3、A 的频率就等于 0.7。也就是说，只要知道平衡群体中任一基因型的频率，从此点向 x 轴作一垂线，从交点处的值即可知道基因的频率，垂线与另外两条抛物线交点对应的 y 轴即为另外两种基因型的频率。

　　二是计算隐性基因控制的性状中，正常表型中杂合体（或携带者）的频率。例如，某种疾病受一个隐性基因控制，频率为 q，纯合隐性表现出症状，杂合体并不表现出症状，致病基因携带者在正常人群中所占的比例称为携带者频率（frequency of carriers）。根据 HW 平衡定律，杂合体在平衡群体中的频率为 $2pq = 2q(1-q)$，他们表现正常但携带有致病基因，属于携带者。显性纯合体的频率为 $(1-q)^2$，表现正常，并且没有携带致病基因。这样，携带者在正常人群中所占的比例可通过公式（4-9）计算。

$$f_{携带者} = \frac{2q(1-q)}{2q(1-q)+(1-q)^2} = \frac{2q}{1+q} \qquad (4-9)$$

　　从公式（4-9）可以看到，当 q 较小时，携带者频率近似等于 $2q$。例如，一个隐性疾病基因 a 的频率 $q=0.01$，那么 HW 平衡群体中患病人数只有万分之一。但是，正常人群中携带这一致病基因的比例会高达五十分之一。因此，对于稀有隐性致病基因来说，正常人群中携带者的频率远高于患病者的频率。

由 HW 平衡定律可知，一个随机交配群体在没有外部因素的影响时，很容易达到平衡状态。因此，一个随机交配群体是否处于 HW 平衡，反过来又可以告诉我们是否存在改变群体结构的外部因素，如迁移、突变、选择等。正由于此，HW 平衡定律在群体和数量遗传学中占据非常重要的地位。当已知三种基因型的观测个数时，就可估计群体的基因频率和 HW 平衡时的期望基因型频率。也可以采用 χ^2 统计量［类似公式（4-4）］检验期望观测值和实际观测值间是否存在显著差异。一般来说，公式（4-4）给出的 χ^2 统计量自由度比分组数少 1。但是，如果需要利用观测值估计基因频率，自由度还应该减去独立基因频率的个数。

纯合双亲的杂交后代群体中，每个座位上至多存在两个等位基因。而在随机交配体中，还可能存在多于两个等位基因的座位，HW 平衡定律同样适合于复等位基因的座位。假定一个座位上存在三个等位基因 A_1、A_2、A_3，频率用 p_1、p_2、p_3 表示。HW 平衡群体中，六种基因型的频率对应于三项式平方的展开项，即，

$$(p_1A_1 + p_2A_2 + p_3A_3)^2 = p_1^2A_1A_1 + p_2^2A_2A_2 + p_3^2A_3A_3 + 2p_1p_2A_1A_2 +$$
$$2p_1p_3A_1A_3 + 2p_2p_3A_2A_3 \qquad (4-10)$$

根据表 4-2 给出的观测样本量，计算等位基因频率、HW 平衡期望样本量、检验 HW 平衡的 χ^2 统计量以及显著性概率（P 值），结果列于表 4-9。读者需要注意表 4-2 的 χ^2 统计量与表 4-9 的区别。表 4-2 中，检验的是三种基因型是否服从 1:2:1 的分离比，默认两个等位基因的频率均为 0.5，χ^2 统计量的自由度为 2。表 4-9 中，检验的是三种基因型是否处于 HW 平衡，等位基因频率未知，需要从样本观测值进行估计，χ^2 统计量的自由度为 1。从表 4-9 可以看出，标记 umc1033 显著偏离 HW 平衡，标记 bnlg127 极显著偏离 HW 平衡。如果这是一个随机交配群体，那么在这些标记座位上存在有改变群体结构的因素。

表 4-9 综 3 和 87-1 杂交衍生的永久 F$_2$ 群体第 9 染色体上 5 个标记的 HW 平衡检验

标记	观测样本量			等位基因频率		HW 平衡期望样本量			χ^2 统计量	P 值
	AA	Aa	aa	A	a	AA	Aa	aa		
umc1033	83	208	135	0.439 0	0.561 0	82.09	239.88	134.09	4.254	0.039 2
phi027	107	207	121	0.483 9	0.516 1	101.86	225.47	115.86	1.791	0.180 8
bnlg127	75	197	157	0.404 4	0.595 6	70.17	256.31	152.17	13.946	0.000 2
bnlg1209	86	219	127	0.452 5	0.547 5	88.47	237.41	129.47	1.446	0.229 1
umc2119	91	204	129	0.455 2	0.544 8	87.85	231.91	125.85	3.474	0.062 4

根据 HW 平衡定律，一个无限大随机交配群体在不存在突变和选择等改变群体结构的因素时，群体结构将世世代代保持不变。自交将改变群体结构（图 4-1 和表 4-3），随机交配群体的自交后代与自交前的群体有不同的结构。玉米育种中，随机交配群体的自交 1 代一般用 S$_1$ 表示、自交 2 代用 S$_2$ 表示等等。为方便起见，一个随机交配群体一般用 S$_0$ 表示，不区分随机交配的次数。一个 F$_2$ 群体中，如果不存在奇异分离，三种基因型的期

望频率分别为 0.25、0.5 和 0.25，这些频率正好等于 HW 平衡时的基因型频率。这就是通常也把 F$_2$ 看作一个随机交配群体的原因，也可用 S$_0$ 表示（图 4-1，表 4-3 和表 4-4）。由于两个自交系的杂种 F$_1$ 只有一种基因型，杂种 F$_1$ 的自交与杂种 F$_1$ 的随机交配自然也不会产生任何遗传上的差异。但是，F$_2$ 自交产生的 F$_3$ 群体中，三种基因型的频率分别为 0.375、0.25 和 0.375，这些频率偏离了 HW 平衡频率。因此，F$_2$ 以后的自交世代就不能再看作随机交配群体了。

第二节　亲缘关系与近交系数

前面在讨论交配系统对群体结构影响的时候，假定所研究的都是无限大群体，没有其他因素的干扰，HW 平衡也仅限于无限大随机交配的情形。实际群体中，除交配方式之外还存在多种其他因素影响群体的遗传组成。这些因素可以分成两大类型：一类叫系统过程（systematic process），例如迁移、突变和选择，他们对遗传构成的影响在程度和方向上都是可以预测的；另一类叫分散过程（dispersive process），他们对遗传构成的影响在方向上是完全随机的，例如有限大小群体的随机抽样、随机漂移，群体再分为亚群体、亚群体隔离等。本节主要介绍有限大小群体的随机漂移，以及群体遗传学中度量亲缘关系和近交程度的方法。

一、有限大小随机交配群体与近交

对于一个很大的随机交配群体，如果从中抽取一个小样本，繁衍得到的新群体与原始群体的基因频率就会存在一定差异。随机抽样引起基因频率的随机变化称为随机漂移（random drift），由于这种变化会影响到后代群体的遗传构成并具有不可逆的特性，随机漂移有时也称遗传漂移（genetic drift）。大群体中，随机漂移对等位基因频率的影响相当小，但对于一个小群体来说，随机漂移可以对等位基因频率产生较大的影响，且其影响的方向是不可预测的。小群体对基因频率的影响可以看作一个抽样过程进行研究，即样本平均数距总体平均数差异的幅度可以预测，但变化的方向完全随机。考虑容量为 N 的样本，如果有很多容量为 N 的样本，则样本群体基因频率的平均数仍然接近或等于总体群体的基因频率。但是，不同的样本群体具有不同的基因频率，样本群体基因频率之间的方差为，

$$\sigma_q^2 = \sigma_{\Delta q}^2 = \frac{q_0(1-q_0)}{2N} \qquad (4-11)$$

其中，q_0 为总体群体中某一基因的频率，Δq 表示由于随机漂移而引起的基因频率的改变量。换句话说，虽然很多样本群体综合起来考虑，基因频率的平均数没有改变，但是单个样本群体的基因频率不尽相同，有的基因频率可能低于总体的基因频率，有的基因频率可能高于总体的基因频率。如果在起始群体中抽取多个样本，每个样本群体按照相同的

样本大小继续多代随机交配繁殖和抽样后，基因频率在亚群体间的差异就变得越来越大。但是，亚群体内部的遗传差异将不断减小、相似程度不断增加。

随机漂移不仅引起群体结构的改变，还会提高亚群体内个体之间的亲缘关系，进而产生近交。近交反映一个遗传群体中不同个体之间亲缘关系的远近，近交的程度在群体遗传学中用近交系数进行度量。近交系数定义为一个座位上两个等位基因是后裔同样的概率，用 F 表示。如果两个基因能够追踪到同一个祖先亲本中的同一个基因，则称它们是后裔同样（identical by descent）基因。与后裔同样基因相对应，如果两个基因仅仅具有相同的 DNA 序列和生化功能，但不能追踪到祖先亲本中的同一个基因来源，则称它们仅仅是状态相同（identical by state）基因。为了定量研究随机漂移过程中亲缘关系和近交系数的变化规律，这里考虑最简单的一种情形，即小群体之间没有相互迁移，没有世代重叠，每个世代有相同数量的个体，个体具有相同的生存和繁殖后代能力，小群体内随机交配，不考虑选择和突变等其他改变群体结构的因素。假定世代 0 是无限大随机交配群体中抽取的一个容量为 N 的样本群体，显然，这 N 个个体之间可以认为不存在任何亲缘关系，所携带的 $2N$ 个基因之间也不存在任何后裔同样关系，近交系数视为 0，即 $F_0 = 0$。需要强调的是，亲缘关系和近交是由后裔同样基因决定的，这 N 个个体所携带的 $2N$ 个基因之间可以存在一定的状态相同关系。

接下来，将这 N 个个体作为亲本进行随机交配，并产生同样大小为 N 的后代群体。如将亲本看作 N 粒玉米种子发育而成的植株，每个植株在田间都能产生大量的雌雄配子。因此，尽管亲本数量有限，他们产生的配子群体可以看作无限大，亲本携带的每个基因在配子群体中的频率都是 $\frac{1}{2N}$，而产生 N 个随机交配后代仅需要 $2N$ 配子，这 $2N$ 个配子显然是无限大配子群体的一个随机样本。因此，某一个配子与其自身基因型完全相同的配子相结合在一起的概率就等于 $\frac{1}{2N}$。这里的 $\frac{1}{2N}$ 也可理解为，从后代群体的 $2N$ 基因中随机抽取两个，这两个基因来自上个世代同一个基因的概率，即后裔同样的概率。因此，一代随机交配后的近交系数变为 $\frac{1}{2N}$，t 代随机交配的近交系数（F_t）可以用样本量 N 和 $t-1$ 代的近交系数表示，即，

$$F_t = \frac{1}{2N} + \left(1 - \frac{1}{2N}\right)F_{t-1} \qquad (4-12)$$

公式（4-12）等号右端，第一项可以看作是一个基因与相同个体中的相同基因相结合的概率。第二项可以看作两个独立事件同时发生的概率，一是当前世代中一个等位基因没有与相同个体中的相同等位基因结合，其发生概率等于 $\left(1 - \frac{1}{2N}\right)$；二是两个等位基因在之前的世代已经是后裔同样，其发生概率正好等于前一个世代的近交系数 F_{t-1}。令 $\Delta F = \frac{1}{2N}$，于是得到随机交配 t 个世代的近交系数公式（4-13）。当 $F_0 = 0$，大小为 N 的有限群体经过 t 个世代随机交配后的近交系数由公式（4-14）给出。

$$F_t = 1 - (1 - \Delta F)^t (1 - F_0) \qquad (4-13)$$
$$F_t = 1 - (1 - \Delta F)^t \qquad (4-14)$$

从公式（4-14）可以看出，对于有限的群体大小 N，只要 t 足够大，近交系数就会趋近于 1。当 $F=1$ 时，每个亚群体形成的家系与一个自交系具有相同的遗传结构，即群体中所有 N 个个体的基因型都是纯合一致的，这样的亚群体称为一个纯系。但是，不同样本群体产生的纯系具有不同的基因型。当座位数和等位基因数较大时，几乎不可能存在基因型完全相同的两个纯系。不同的亚群体经过长期的漂变和进化过程，就会形成截然不同的亚种甚至新物种。因此，随机漂变是群体遗传学和物种形成的主要研究对象。

将不同容量、不同世代（t）的近交系数列于表 4-10。可以看出，即使是容量为 30 的小群体，经过 50 代随机漂移后其近交系数从 0 上升到 0.568 4；而容量为 10 的小群体，则从 0 上升到 0.923 1。群体大小为 1 的情形，给出的其实就是自交过程中近交系数的变化。小群体经过若干世代随机交配，群体中的基因大部分都是后裔同样，个体之间的亲缘关系越来越高，亚群体内个体之间差异不断缩小，纯合个体不断增加、杂合体不断减少，并最终固定到一个等位基因上。但亚群体之间不断分化，遗传差距会越来越大。

表 4-10　小样本群体随机交配过程中近交系数的变化

群体大小（容量）	随机交配代数							
	1	2	3	5	10	20	50	100
1	0.500 0	0.750 0	0.875 0	0.968 8	0.999 0	1.000 0	1.000 0	1.000 0
10	0.050 0	0.097 5	0.142 6	0.226 2	0.401 3	0.641 5	0.923 1	0.994 1
20	0.025 0	0.049 4	0.073 1	0.118 9	0.223 7	0.397 3	0.718 0	0.930 5
30	0.016 7	0.033 1	0.049 2	0.080 6	0.154 7	0.285 5	0.568 4	0.813 8

二、利用系谱信息计算近交系数和亲本系数

前面看到的小样本群体随机交配过程中近交系数不断增加的现象，其实质是后代群体中个体之间的亲缘关系越来越强。群体遗传研究中，近交意味着亲缘关系较近或相同的个体间的交配，或者说是具有共同祖先的个体间的交配。个体间的共祖先程度或者个体间亲缘关系的密切程度与群体大小有关。在两性生物的群体中，每个个体有 2 个亲本、4 个祖先、8 个曾祖先等等。追溯到第 t 个世代以前应有 2^t 个亲本。当 t 较小、群体又相当地大时，还可以满足非近交的要求。但在小群体中，由于样本容量是有限的，个体间必定存在某种程度的亲缘关系。一个小群体中用不着追溯多久，就会发现某两个个体的一些共同祖先。群体愈小，个体间的关系愈密切，尽管交配仍然是随机的。因此，小群体经过多代随机交配后，就可以近似看作一个自交系。

如果两个个体具有共同的祖先，或者说具有至少一个共同的祖先，则称这两个个体是祖先关联的（related by ancestry）。祖先关联的两个个体间的交配，称为近交（inbreeding)。祖先关联的程度用共祖先系数（coefficient of parentage 或 coefficient of ancestry）进行度量，共祖先系数定义为两个个体携带的基因是后裔相同的概率，用 f 表示。近交导致近交系数的增加，近交系数的增加意味着两个基因具有相同来源概率的增加。以图 4-4 为例，个体 X 携带的两个基因为 x_1 和 x_2，个体 Y 携带的两个基因为 y_1 和 y_2，他们的四个亲本为 A、B、C、D，他们的后代为 Z。共祖先系数 f_{XY} 等于个体 X 携带基因 x 和个体 Y 携带基因 y 后裔同样的概率，即，

$$f_{XY} = P\{x \equiv y\} \qquad (4-15)$$

其中，x 表示个体 X 携带的一个基因，即 x_1 或 x_2；y 表示个体 Y 携带的一个基因，即 y_1 或 y_2；$x \equiv y$ 表示基因 x 和 y 后裔同样，$\{x \equiv y\}$ 表示基因 x 和 y 后裔同样这个概率事件。显然，基因 x 为 x_1 和 x_2 的概率均为 $\frac{1}{2}$，基因 y 为 y_1 和 y_2 的概率均为 $\frac{1}{2}$，因此公式（4-15）又可以进一步表示为公式（4-16）。

$$f_{XY} = \frac{1}{4} P\{x_1 \equiv y_1\} + \frac{1}{4} P\{x_1 \equiv y_2\} + \frac{1}{4} P\{x_2 \equiv y_1\} + \frac{1}{4} P\{x_2 \equiv y_2\}$$

$$(4-16)$$

公式（4-16）是共祖先系数 f_{XY} 的一般表达式，是利用系谱信息计算共祖先系数的基础。图 4-4 中，将 Z 视为 X 与 Y 杂交产生的后代群体，Z 的近交系数 F_Z 定义为基因 z_1 与 z_2 后裔相同的概率。假定基因 z_1 来源于亲本 X、z_2 来源于亲本 Y（也可以反过来假定，不影响结论），那么，基因 z_1、z_2 后裔相同与基因 x、y 后裔相同其实是一回事。也就是说，X 与 Y 之间的共祖先系数等于他们杂交后代群体的近交系数，用公式（4-17）表示。公式（4-17）表明，一个个体的近交系数等于它的两个亲本间的共祖先系数。也就是说，只有祖先关联的亲本才会引起后代群体的近交。亲本自身的近交系数与它们后代群体的近交系数并没有直接联系。完全自交但没有祖先关联的两个亲本，也不会引起后代的近交。

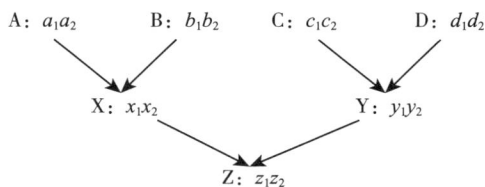

A: a_1a_2 B: b_1b_2 C: c_1c_2 D: d_1d_2

X: x_1x_2 Y: y_1y_2

Z: z_1z_2

图 4-4 一个假定的系谱中亲本和后代个体的基因型和衍生关系示意图

$$F_Z = f_{XY} \qquad (4-17)$$

仍以图 4-4 为例，假定基因 x_1 来自 A、基因 x_2 来自 B、基因 y_1 来自 C、基因 y_2 来自 D。事件 $\{x_1 \equiv y_1\}$ 等同于 A 与 C 的基因后裔同样、事件 $\{x_1 \equiv y_2\}$ 等同于 A 与 D 的基因后裔同样、事件 $\{x_2 \equiv y_1\}$ 等同于 B 与 C 的基因后裔同样、事件 $\{x_2 \equiv y_2\}$ 等同于 B 与 D 的基因后裔同样。因此，X 和 Y 间的共祖先系数还可以用 A、B 与 C、D 之间 4 个共祖先系数的平均数表示，即，

$$f_{XY} = \frac{1}{4}f_{AC} + \frac{1}{4}f_{AD} + \frac{1}{4}f_{BC} + \frac{1}{4}f_{BD} \qquad (4-18)$$

公式（4-18）基于两个个体的 4 个祖先亲本，等号右端的四项概率值分别等于公式（4-16）右端的四项概率值。此外，共祖先系数还可以基于其中一个个体的两个亲本来计算，即，

$$f_{XY} = \frac{1}{2}f_{AY} + \frac{1}{2}f_{BY} \qquad (4-19)$$

$$f_{XY} = \frac{1}{2}f_{XC} + \frac{1}{2}f_{XD} \qquad (4-20)$$

公式（4-19）和公式（4-20）表明，两个个体间的共祖先系数为一个个体与另一个个体的两个亲本间共祖先系数的平均。值得一提的是，公式（4-19）的一个重要条件是 Y 不是 X 的后代。如要计算图 4-4 中 X 与 Z 的共祖先系数，不能简单地采用公式（4-19）而把 Y 替换为 Z，因为这时，$f_{XZ} \neq \frac{1}{2}f_{AZ} + \frac{1}{2}f_{BZ}$。图 4-4 中，Z 是 X 的后代，但是 X 不是 Z 的后代。因此可以采用公式（4-20）计算 X 与 Z 的共祖先系数。由于 Z 的亲本是 X 和 Y，因此，$f_{XZ} = \frac{1}{2}f_{XX} + \frac{1}{2}f_{XY}$。

前面介绍的是两个个体之间共祖先系数的计算方法。其实，还可以计算一个个体与其自身的共祖先系数，这样的共祖先系数代表的其实是自交后代群体的近交系数。假定个体 X 携带的两个基因为 x_1 和 x_2，其近交系数等于 x_1 和 x_2 后裔同样的概率，即 $F_X = P\{x_1 \equiv x_2\}$。将公式（4-16）中的个体 Y 换成个体 X，那么个体 X 和它自己的共祖先系数 f_{XX} 为，

$$f_{XX} = \frac{1}{4}P\{x_1 \equiv x_1\} + \frac{1}{4}P\{x_1 \equiv x_2\} + \frac{1}{4}P\{x_2 \equiv x_1\} + \frac{1}{4}P\{x_2 \equiv x_2\} = \frac{1}{2}(1 + F_X)$$
$$(4-21)$$

由公式（4-21）容易知道，如果个体 X 是非自交系，即 $F_X = 0$，X 和它自身的共祖先系数 $f_{XX} = \frac{1}{2}$，也就是说自交后代的近交系数为 $\frac{1}{2}$；如果个体 X 是自交系，即 $F_X = 1$，X 和它自己的共祖先系数 $f_{XX} = 1$，也就是说自交后代的近交系数仍然为 1。

三、全同胞个体之间和半同胞个体之间的共祖先系数

自交家系、全同胞家系和半同胞家系是常见的玉米育种群体类型。同一个植株同时作为父本和母本产生的后代称为一个自交家系。玉米育种中，对单个植株进行套袋自交产生的后代即为一个自交家系。两个植株、一个作为父本、一个作为母本杂交产生的后代，称为一个全同胞家系。玉米育种中，将一个植株的花粉授到另一个植株的雌穗花丝上，雌穗上结出的种子即为一个全同胞家系。一个植株作为母本、多个植株作为父本杂交产生的后代，称为一个半同胞家系。玉米育种中，将多个植株的混合花粉授到另一个植株的雌穗花

丝上，雌穗上结出的种子即为一个半同胞家系。

图 4-5（左）给出一个全同胞家系的系谱，个体 X 和 Y 具有相同的父母本 A 和 B，是全同胞关系。在公式（4-18）中，用 A 代替 C、B 代替 D，就得到 X 和 Y 之间的共祖先系数 f_{XY} 的计算公式（4-22）。

$$f_{XY} = \frac{1}{4} f_{AA} + \frac{1}{4} f_{AB} + \frac{1}{4} f_{BA} + \frac{1}{4} f_{BB}$$

$$= \frac{1}{4} \left[\frac{1}{2}(1+F_A) + \frac{1}{2} f_{AB} + \frac{1}{2}(1+F_B) \right] \geqslant \frac{1}{4} \qquad (4-22)$$

在图 4-5 中，也可根据公式（4-19）或公式（4-20）计算亲子之间的共祖先系数。如 A 与 X 之间的共祖先系数为，

$$f_{AX} = \frac{1}{2} f_{AA} + \frac{1}{2} f_{AB} = \frac{1}{4}(1+F_A) + \frac{1}{2} f_{AB} \geqslant \frac{1}{4} \qquad (4-23)$$

因此，亲本和后代之间，以及全同胞个体之间的共祖先系数均不低于 0.25。如果亲本 A 和 B 是非自交系，它们之间无祖先关联，即 $F_A = F_B = 0$、$f_{AB} = 0$，则亲本和后代之间、全同胞个体之间的共祖先系数均为 0.25。如果亲本 A 和 B 均是自交系，即 $F_A = F_B = 1$，则二者均为 $\frac{1}{2}(1+f_{AB})$。如果 A 和 B 同时无祖先关联，二者均为 0.5。

图 4-5　一个全同胞家系（左）和一个半同胞家系（右）的系谱示意图

图 4-5 右给出一个半同胞家系的系谱，个体 Z 和 W 只有一个共同亲本 B，是半同胞关系。在公式（4-18）中，用 B 代替 C、C 代替 D，就得到半同胞间的共祖先系数 f_{ZW} 的计算公式（4-24）。

$$f_{ZW} = \frac{1}{4} f_{AB} + \frac{1}{4} f_{AC} + \frac{1}{4} f_{BB} + \frac{1}{4} f_{BC}$$

$$= \frac{1}{4} \left[\frac{1}{2}(1+F_B) + f_{AB} + f_{AC} + f_{BC} \right] \geqslant \frac{1}{8} \qquad (4-24)$$

可以看出，半同胞个体 Z 与 W 之间的共祖先系数不会低于 0.125。如果亲本之间无祖先关联，即 $f_{AB} = f_{AC} = f_{BC} = 0$，半同胞之间的共祖先系数 $f_{ZW} = \frac{1}{8}(1+F_B)$。同时，如果 B 是非自交系，则 $f_{ZW} = \frac{1}{8}$；如果 A 是自交系，则 $f_{ZW} = \frac{1}{4}$。

四、连续自交和连续回交过程中近交系数的变化

规则近交系统是指在连续多个世代中重复同一种交配方式，每个世代中，不同个体具

有相同的近交系数。规则近交系统是动植物遗传和育种研究中，通过具有亲缘关系个体之间连续不断地交配，快速产生近交家系的常用方法。这里仅介绍重复自交和重复回交两种规则近交系统。亲子交配、全同胞交配和半同胞交配等，是动物遗传育种中经常采用的规则近交系统，感兴趣的读者可参阅文后的相关参考文献（Falconer 和 Mackay，1996；王建康，2017）。

将随机交配大群体作为基础群体，视为世代 0，用 S_0 表示。之后的自交群体用 S 带一数字下标，以表示自交代数。图 4-6 给出 $t-1$ 代及其自交后代的基因型构成。世代 $t-1$ 中，个体携带的两个等位基因用 a_1 和 a_2 表示。它产生的自交后代群体中，三种基因型 a_1a_1、a_1a_2、a_2a_2 按照 1：2：1 的比例分离。基因型 a_1a_1 和 a_2a_2 的近交系数均为 1，基因型 a_1a_2 的

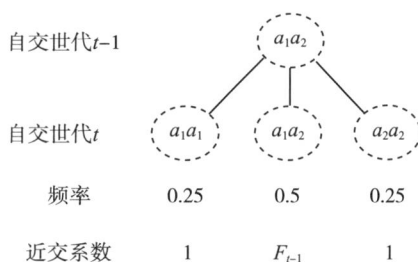

图 4-6　连续自交的系谱示意图

近交系数正好等于世代 $t-1$ 的近交系数。因此得到两个相邻自交世代近交系数的计算公式（4-25）。

$$F_t = \frac{1}{2}(1 + F_{t-1}) \text{ 或 } 1 - F_t = \frac{1}{2}(1 - F_{t-1}) \qquad (4-25)$$

其实在公式（4-21）中，如把其中的 F_X 视为自交世代 $t-1$ 的近交系数，共祖先系数 f_{XX} 代表的就是世代 t 的近交系数，同样可以得到公式（4-25）。考虑到 $F_X = 0$，进而得到自交 t 代群体的近交系数公式（4-26）。显然，当 $N=1$ 时，$\Delta F = \frac{1}{2N} = \frac{1}{2}$，这时的公式（4-14）与公式（4-26）完全相同。也就是说，自交系统的近交与大小为 1 的理想群体是等价的。

$$F_t = 1 - \left(\frac{1}{2}\right)^t (1 - F_0) = 1 - \left(\frac{1}{2}\right)^t \qquad (4-26)$$

对于任意两个亲本 X 与 Y 杂交产生的后代群体，X 与 Y 之间的共祖先系数 f_{XY} 等于基础群体的近交系数 F_0，自交后代的近交系数由公式（4-27）计算，即把公式（4-26）中 F_0 用双亲共祖先系数 f_{XY} 代替。可见，亲本间的祖先关联会进一步提高自交过程中的近交系数。如果双亲 X 与 Y 之间无祖先关联，从杂种后代群体开始的重复自交过程中，近交系数的变化与随机交配群体中任意选取一个个体的重复自交是一样的。

$$F_t = 1 - \left(\frac{1}{2}\right)^t (1 - f_{XY}) \qquad (4-27)$$

在基础群体无近交的情况下，一些自交世代的近交系数列于表 4-11。近交降低了群体中杂合型的频率，增加了纯合型频率。如用 H 表示基础群体的杂合度，表 4-11 的第三列给出不同自交世代的杂合型频率（或杂合度）。对于任意等位基因 A、a 频率分别为 p、q 的随机交配基础群体来说，$H=2pq$。对于两个纯合自交系产生的杂种 F_2 基础群体来说，$H=0.5$。

表 4-11　自交系统中近交系数和杂合型频率的变化

群体	近交系数（F）	杂合型频率 $[(1-F)H]$
S_0	0	H
S_1	0.5	$0.5H$
S_2	0.75	$0.25H$
S_3	0.875	$0.125H$
S_4	0.937 5	$0.062 5H$
S_n	$1-\left(\dfrac{1}{2}\right)^n$	$\left(\dfrac{1}{2}\right)^n H$
S_∞	1	0

在图 4-7 中，A 是轮回亲本，B 是供体亲本，X 表示两代回交群体中的一个个体。个体 A 和 D 是 X 的亲本，个体 A 和 C 是 D 的亲本，根据公式（4-17）和公式（4-20）得到 X 的近交系数计算公式（4-28）。如把 D 视为回交世代 $t-1$，X 视为回交世代 t，于是得到相邻两个回交世代近交系数的计算公式（4-29）。如果 $F_A=1$，即轮回亲本 A 是自交系，公式（4-29）与自交后代的近交系数公式（4-25）是完全一样的。

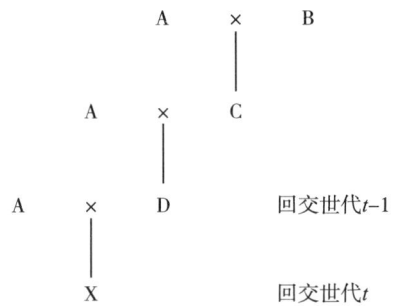

图 4-7　连续回交的系谱示意图

$$F_X = f_{AD} = \frac{1}{2}(f_{AA}+f_{AC}) = \frac{1}{2}\left[\frac{1}{2}(1+F_A)+F_D\right] \qquad (4-28)$$

$$F_t = \frac{1}{4}(1+F_A+2F_{t-1}) \qquad (4-29)$$

公式（4-29）中，令 $F_t=F_{t-1}$ 得到平衡状态的近交系数公式（4-30），这个平衡点正好等于轮回亲本自交一代的近交系数。同时还可以看出，平衡点只与轮回亲本的近交系数有关，而与供体亲本的近交系数，以及 A 和 B 之间的共祖先系数没有关系。如果轮回亲本 A 是自交系，即 $F_A=1$，重复回交群体的近交系数最终趋近于 1；如果轮回亲本 A 是非自交系，即 $F_A=0$，重复回交群体的近交系数最终趋近于 0.5。公式（4-29）两端同减去平衡频率，得到递推公式（4-31）。从递推公式（4-31）就能得到回交系统中，近交系数与回交世代数 t 和双亲共祖先系数的公式（4-32），以计算任意回交世代的近交系数。

$$\widetilde{F} = \frac{1}{2}(1+F_A) \qquad (4-30)$$

$$F_t - \widetilde{F} = \frac{1}{2}(F_{t-1}-\widetilde{F}) \qquad (4-31)$$

$$F_t = \widetilde{F} + \left(\frac{1}{2}\right)^t (F_0-\widetilde{F})，其中 F_0 = f_{AB} \qquad (4-32)$$

动植物育种中，重复回交的目的是要把供体亲本 B 的少数基因导入轮回亲本 A 中

（图 4-7），回交过程中一般都是有选择的。每个回交世代中，都要选择携带有目的基因的个体与轮回亲本进行回交。由于连锁的作用，在转移目的基因的同时，也将目的基因所在的一段染色体转移进来。因此，携带目的基因的外源片段长度是回交育种中经常关心的一个问题。对于单个显性基因控制的性状来说，回交群体中有一半个体具有供体亲本的表型、携带有待转育的目的等位基因，利用这些个体与轮回亲本继续回交即可。可以证明，回交 t 代后，携带显性目的基因的单侧外源片段平均长度为 $100/t$ cM，或双侧片段平均长度为 $200/t$ cM。对于隐性基因控制的性状，回交群体中只有一种表型，如无基因型鉴定数据，则需要自交一代后才能选择出携带目的基因的隐性纯合个体，然后与轮回亲本继续回交。可以证明回交 t 代后，携带隐性目的基因的单侧外源片段平均长度为 $200/t$ cM，或双侧片段平均长度为 $400/t$ cM。在重复回交过程中，外源片段始终处于杂合状态，外源片段的纯合型只有在自交后才能获得。其他与目的基因无连锁关系的基因组，在回交过程中会不断地趋于纯合。根据公式（4-32）计算回交多代的近交系数 F，那么 $1-F$ 还可以近似看作是目的基因之外、仍然处于杂合状态的基因组在回交群体中所占的比例。

五、自交系系谱的共祖先系数迭代计算方法

共祖先系数是群体和数量遗传学中研究个体间亲缘关系的重要参数，在动物育种值和玉米配合力预测中发挥重要作用。共祖先系数和近交系数有着紧密的关系，近交系数定义为两个等位基因是后裔同样的概率，后代的平均近交系数等于两个亲本的共祖先系数。用 f_{XY} 表示两个个体间的共祖先系数，F_X 表示个体 X 的近交系数。利用公式（4-17）和公式（4-21）给出的共祖先系数在亲子代之间的各种关系，可以计算任意系谱群体中两两个体间的共祖先系数，从而得到一个共祖先系数矩阵，这个矩阵又称为加性关系矩阵（additive relationship matrix）。个体 X 和 Y 的共祖先系数与 Y 和 X 的共祖先系数是一回事。因此，加性关系矩阵是一个对称矩阵。

利用系谱关系可以估计大量自交系之间的加性关系矩阵，与动物系谱的计算过程大致相同。区别在于亲本对后代自交系的贡献上。动物系谱中，如不考虑性染色体，作为两个亲本来说，他们对后代的贡献各占 50%。自交系一般是通过两个或多个亲本杂交、然后再连续自交并进行选择而得到的基因型纯合一致、近交系数为 1 的家系。图 4-8 给出两个自交系作亲本杂交产生新一代自交系的流程图。对每个自交系来说，一个座位上的两个等位基因都是后裔同样，因此自交系的近交系数为 1。但是，两个自交系亲本对后代自交系的贡献不像动物那样各占 50%。在单交组合产生的后代自交系群体中，由于自交过程中的随机漂变和选择等因素（图 4-8），单个亲本对后代自交系的贡献会偏离 50%。在一次回交再重复自交产生的自交系中，轮回亲本对自交系的贡献也会偏离 75%。因此，亲本对自交系的贡献是需要根据基因型数据进行估计的（Wang 和 Bernardo，2000；Bernardo，2010）。如无基因型数据，只好用无漂变和无选择的理论贡献值代替。例如，单交组合衍生的自交系中，认为两个亲本的贡献各占 50%；回交一代衍生的自交系中，认为

轮回亲本的贡献为 75%、非轮回亲本的贡献为 25%；双交组合衍生的自交系中，认为四个亲本的贡献各占 25%。

值得一提的是，在如图 4-8 产生二环系的过程中，如从 F_2 代开始采用单粒传的方法，最终获得的每个新的重组自交系都能追踪到一个 F_2 单株。单粒传可以保证最终的后代自交系群体具有最大的有效群体大小（effective population size），更适宜于开展遗传研究。

为说明亲本对后代自交系贡献的差异，图 4-9 给出自交系亲本综 3 和自交系 87-1 杂种 F_1 通过单粒传衍生的 294 个 RIL 群体中，亲本综 3 对每个后代自交系遗传贡献的次数分布。亲本贡献根据遍布玉米 10 条染色体、两个亲本之间具有多态的 261 个分子标记进行估计，不考虑缺失数据。在 294 个重组自交系中，综 3 亲本贡献的最小值为 0.270 6、最大值为 0.948 4，平均亲本贡献为 0.499 7。虽然亲本贡献的平均数接近 0.5，但是不同自交系的亲本贡献存在较大差异。重组自交系是从 F_2 世代通过单粒传的方式产生，因此选择的作用非常小。这里看到的亲本贡献差异，主要是随机漂变引起的。

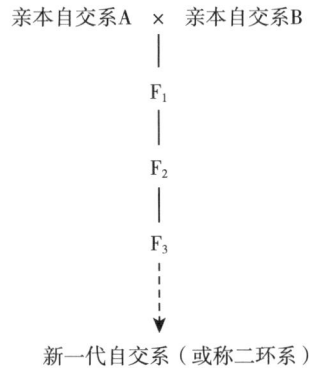

图 4-8　双亲衍生后代自交系的流程图

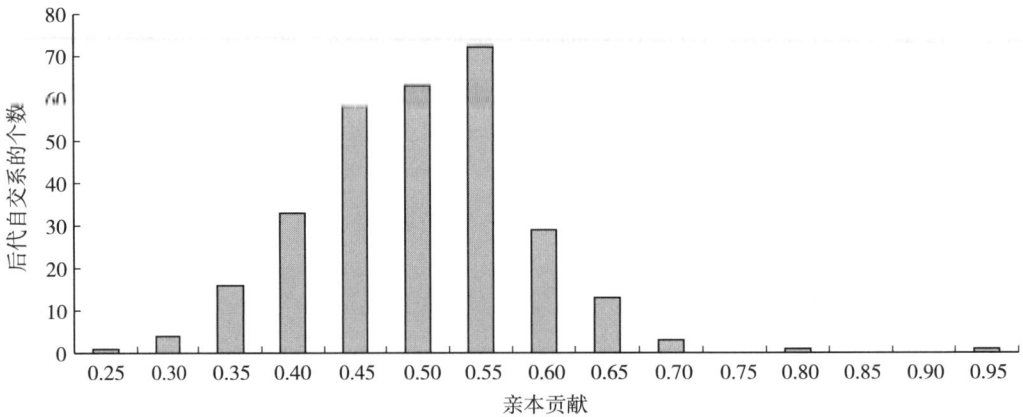

图 4-9　自交系综 3 对后代自交系亲本贡献的次数分布

在已知每个自交系亲本贡献的基础上，可以对任意系谱结构中的自交系，计算其共祖先系数矩阵。每个自交系的近交系数为 $F_X = 1$，因此，与自身的共祖先系数 $f_{XX} = \frac{1}{2}(1 + F_X) = 1$。不同自交系间的共祖先系数计算过程如下：

1. 确定一个基础群体　假定一个系谱中有 n 个自交系，所有自交系按照在系谱中的先后次序排序，亲代自交系必须排在子代的前面。将排在最前面的 p 个无祖先关联的自交系组成一个基础群体。

2. 计算基础群体中两两自交系之间的共祖先系数 近交系数和亲本系数的计算从基础群体开始。基础群体中的每个自交系都是通过连续自交产生的，其近交系数均为 1；两个自交系之间没有任何亲缘关系，共祖先系数为 0。因此，

$$f_{ij} = f_{ji} = 0, 1 \leqslant i < j \leqslant p; f_{ii} = 1, 1 \leqslant i \leqslant p \qquad (4-33)$$

3. 依次计算其余自交系与它前面自交系的共祖先系数 按照自交系在系谱中的先后顺序，依次计算自交系 i（$i > p$）与自交系 $1, 2, \cdots, i$ 之间的亲本系数。设自交系 i 的两个亲本为 g 和 h，对自交系 i 的贡献分别用 c_g 和 c_h 表示。由于自交系按先后次序排列，因此有 $g < i$ 和 $h < i$，也就是说自交系 i 的两个亲本 g 和 h 一定排在它的前面。自交系 i 与自交系 $1, 2, \cdots, i$ 之间的共祖先系数就可以用自交系 i 前面的那些共祖先系数进行计算，即，

$$f_{ij} = f_{ji} = c_g f_{gj} + c_h f_{hj}, j < i; f_{ii} = 1, p < i \qquad (4-34)$$

第三节 数量性状的群体均值和遗传方差

数量性状在遗传上同样受染色体上基因的控制，但基因个数一般较多，同时又容易受环境的影响。在多基因和环境的共同作用下，数量性状的表型呈现连续性变异、没有明显的分组趋势，需要利用概率论和数理统计的方法来研究其遗传规律。本节介绍数量性状遗传的多基因假说、单基因座位加显性遗传模型，以及表型数据的方差分析方法。

一、数量性状遗传的多基因假说

在 1900 年孟德尔的豌豆杂交试验重新发现之后，人们对数量性状是否服从孟德尔遗传规律曾存在十多年的争议，争论焦点在于数量性状表型分布中观测不到经典的孟德尔分离比。这种争议随着多基因假说的逐渐形成以及 Fisher（1918）"The correlation between relatives on the supposition of Mendelian inheritance" 这一经典文献的发表而告结束。表 4-12 是 East（1911）玉米杂交试验中的穗长数据。杂交组合的两个亲本均为自交系，但是每个亲本群体中个体的穗长并不完全相等。亲本群体内个体间的差异并不是遗传原因引起的，而是随机环境误差造成的。两个自交系的杂种 F_1 代也只有一种基因型，个体穗长表现出的差异也是随机环境误差造成的。在杂种 F_2 代群体中，不同个体具有不同的基因型，个体穗长的差异既有遗传的因素，也有随机误差的影响。

表 4-12 East（1911）杂交试验的玉米穗长表型数据次数分布

穗长（cm）	5	6	7	8	9	10	11	12	13	14	15	16	17	18	19	20	21	样本量
P_1	4	21	24	8														57
F_1					1	12	12	14	17	9	4							69
P_2									3	11	12	15	26	15	10	7	2	101
F_2			4	5	22	56	80	145	129	91	63	27	17	6	1			646

表 4-12 中，短穗自交系亲本的平均穗长只有 7cm，长穗亲本的平均穗长达到 17cm。杂种 F_1 的平均穗长为 12cm，介于两个自交系亲本之间。从穗长的次数分布来看，F_2 群体在 7～19cm 的范围内呈连续型分布，看不出明显的分组和表型分离比（表 4-12，图 4-10 上）。两个亲本平均穗长的差异大约为 10cm，如果只存在一对加性基因控制穗长，增效基因的效应在 5cm 左右，在 F_2 群体中应该有 25% 个体的穗长分布在 7cm 附近、50% 个体分布在 12cm 附近、25% 个体分布在 17cm 附近（图 4-10 中）。显然，这些理论比例与观测比例相去甚远。因此，F_2 群体中观测到的穗长表型数据难以用单基因座位的遗传模型进行解释。如假定存在多个座位影响穗长，同时短穗亲本携带降低穗长的等位基因，长穗亲本携带增加穗长的等位基因，就可以很好地解释图 4-10 上观察到的表型分布。如座位数为 5，单个增效基因的效应为 1cm，这时只有 0.01%（即 0.25^5）的 F_2 个体与短穗亲本有相同的基因型，它们的穗长分布在 7cm 左右（图 4-10 下），这个理论频率已经很接近从表 4-12 得到的观测频率了。如再考虑随机环境效应的修饰作用，图 4-10 下给出的间断性分布就变成难以看出任何分组趋势的连续型分布了。

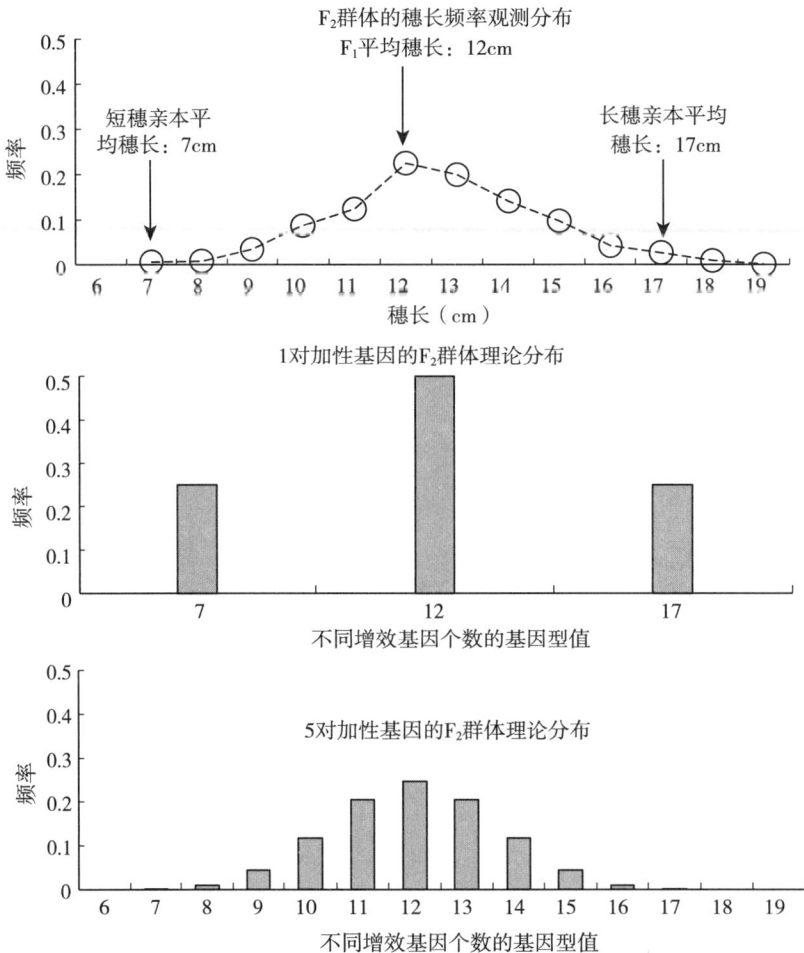

图 4-10 East（1911）杂交试验中玉米穗长的表型频率分布和遗传解释

经典数量遗传学建立在多基因假说基础之上，多基因假说认为数量性状是由微效多基因控制，同时又容易受环境的影响。经典数量遗传不着眼于研究个别基因的行为，而在于研究基因的整体效应和遗传方差。关于控制数量性状基因个数的估计，最早是1921年提出的 Castle - Wright 公式。假定某一数量性状在 k 个基因座位上存在差异，每个座位上的基因有相同的加性效应 a，无显性效应。两个自交系亲本用 P_1 和 P_2 表示，P_1 集中了所有的减效基因，P_2 集中了所有的增效基因。则 P_1 与 P_2 的表型平均数相差 $2k$ 个等位基因效应。F_2 世代具有最大的遗传分离，个体基因型中所包含的增效基因个数服从二项式分布 B（$n=2k$，$p=0.5$），其分布概率对应于二项式 $(q+p)^{2k}$ 的 $(2k+1)$ 个展开项，其中，$q=1-p$。因此，F_2 群体的遗传方差可以表示为，

$$2kpqa^2 = \frac{1}{2}ka^2 \qquad (4-35)$$

如果 F_2 世代的环境方差可以用亲本表型方差 V_{P_1} 和 V_{P_2} 的平均数进行估计，用 V_{F_2} 表示 F_2 的表型方差，减去环境方差之后即为公式（4-35）给出的遗传方差。在前面的遗传假定下，亲本 P_1 的表型平均数为 $\overline{P}_1 = m - ka$，亲本 P_2 的表型平均数为 $\overline{P}_2 = m + ka$，二者之差的绝对值为 $2ka$。因此得到 k 的估计值为，

$$k = \frac{(\overline{P}_1 - \overline{P}_2)^2}{8\left[V_{F_2} - \frac{1}{2}(V_{P_1} + V_{P_2})\right]} \qquad (4-36)$$

公式（4-36）给出的估计值又称为有效因子个数（number of effective factors）。利用表4-12的数据，可以得到 $\overline{P}_1 = 6.63$，$\overline{P}_2 = 16.80$，$V_{P_1} = 0.65$，$V_{P_2} = 3.53$，$V_{F_2} = 3.97$，因此，$k = 6.86 \approx 7$，即两个自交系亲本在穗长性状表现出的差异大约受7对独立遗传的加性基因所控制。利用公式（4-36）计算的有效因子数建立在一系列基本假定的基础上，实际群体中，这些假定有时难以完全满足，尤其是效应相等的假定。因此，这种估计只是对控制性状的基因个数提供一种参考，较准确的估计要用到第六节介绍的 QTL 作图方法。

二、群体均值和遗传方差的计算

一个理想的育种群体应该满足下面两个条件，一是具有较高的均值（假定高值是育种目标），二是具有较大的遗传方差。在方差相等的情况下，采用相同的选择标准，均值高的群体中将选择到更多符合育种要求的个体（图4-11左）。在均值相等的情况下，采用相同的选择标准，方差高的群体中将选择到更多符合育种要求的个体（图4-11右）。因此，要想尽快实现育种目标，就要创建均值高、遗传方差大的育种群体（Bernardo，2010）。同时也说明均值和方差这两个统计学参数在遗传和育种研究中的重要性。

基因对一个性状的作用表现在这个性状的表现型上，性状的表型一般是可观测和可测量的。个体或家系的基因型值一般是未知的，需要通过表型观测值进行估计。假定一个基因型在特定环境下的平均表现为 μ，表型测量中误差效应的方差为 σ_ϵ^2。也就是说，表型

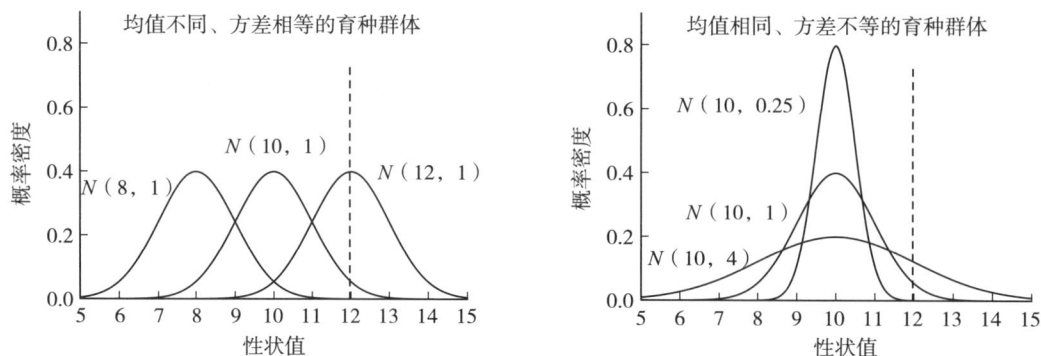

图 4-11 不同均值和方差的育种群体分布示意图

观测值服从均值为 μ、方差为 σ_ε^2 的正态分布。均值 μ 的高低由个体的基因型所决定，又称为基因型值。现有 r 个独立的重复观测值，即，

$$Y_k \sim N(\mu,\sigma_\varepsilon^2)(k=1,2,\cdots,r) \text{ 且相互独立} \qquad (4-37)$$

或用一个线性模型表示为，

$$Y_k = \mu + \varepsilon_k, \varepsilon_k \sim N(0,\sigma_\varepsilon^2)(k=1,2,\cdots,r) \text{ 独立同分布} \qquad (4-38)$$

定义样本均值 $\overline{Y}_+ = \dfrac{1}{r}\sum_k Y_k$，那么样本均值是基因型值 μ 的一个无偏估计，即，

$$\hat{\mu} = \overline{Y}_+ \sim N\left(\mu,\frac{1}{r}\sigma_\varepsilon^2\right), E(\hat{\mu}) = \mu, V(\hat{\mu}) = \frac{1}{r}\sigma_\varepsilon^2 \qquad (4-39)$$

统计上还可以证明，在所有基因型值 μ 的线性无偏估计中，公式（4-39）给出的估计值具有最小方差，统计上称之为最优线性无偏估计（best linear unbiased estimate，简称 BLUE）。一个观测值与样本均值的离差（$Y_k - \overline{Y}_+$）衡量了观测值偏离样本均值的程度，一定程度上代表了这个观测值中随机误差效应的大小。所有观测值的离差平方和称为误差平方和，用 SS_ε 表示。观测值个数减去 1 称为误差效应的自由度。误差平方和除以误差自由度称为误差均方，用 MS_ε 表示。统计上可以证明误差均方是误差方差的一个无偏估计，即，

$$\hat{\sigma}_\varepsilon^2 = MS_\varepsilon, E(\hat{\sigma}_\varepsilon^2) = \sigma_\varepsilon^2, \text{其中}, MS_\varepsilon = \frac{SS_\varepsilon}{r-1}, SS_\varepsilon = \sum_k (Y_k - \overline{Y}_+)^2$$

$$(4-40)$$

表 4-13 给出了两个自交系及其杂种 F_1 和 F_2 群体的株高调查数据。两个亲本和 F_1 各自调查了 10 个单株，F_2 群体调查了 30 个单株。利用公式（4-39）得到高秆亲本的平均株高为 210.40cm，矮秆亲本的平均株高为 153.00cm，杂种 F_1 的平均株高为 198.80cm，杂种 F_2 群体的平均株高为 189.73cm。可以看出，杂种 F_1 和 F_2 的群体均值介于双亲之间。利用公式（4-40）得到，高秆亲本的表型方差估计值为 24.71cm²，矮秆亲本群体的表型方差估计值 34.89cm²，杂种 F_1 群体的表型方差估计值为 20.40cm²，杂种 F_2 群体的表型方差估计值 692.13cm²。亲本和 F_1 群体内，个体具有相同的基因型，表型方差完全由随机误差效应引起，这三个群体具有类似的方差，都可以作为误差方差的估计值；也可同时

利用这三个群体，计算一个合并方差作为误差方差的估计值。F_2 群体内的个体有着不同的基因型，表型方差除了随机误差方差外，还有基因型差异引起的遗传方差。表 4-13 的杂种 F_2 群体表型方差远大于亲本和 F_1，表明了遗传方差的存在。

表 4-13　两个自交系亲本及其杂种 F_1 和 F_2 群体的单株株高、群体均值和表型方差

群体	单株株高（cm）	群体均值（cm）	表型方差（cm²）
高秆自交系	205，211，200，214，215，211，210，208，216，214	210.40	24.71
矮秆自交系	147，159，142，153，159，154，148，156，152，160	153.00	34.89
F_1 群体	206，198，190，200，198，197，196，205，198，200	198.80	20.40
F_2 群体	139，207，199，219，173，208，201，133，217，204，202，217，166，196，147，197，212，209，161，193，194，174，187，206，130，219，207，202，207，166	189.73	692.13

注：两个亲本和 F_1 分别调查 10 个单株，F_2 群体调查 30 个单株。

三、单基因座位加显性遗传模型

从表 4-13 可以看出，如果一个遗传群体由单一基因型构成，如自交系亲本和他们的杂种 F_1，表型方差主要归因于随机误差，利用这些群体可以估计误差方差。遗传研究中，人们更关心的是遗传效应。遗传方差在表型变异中的重要性一般用遗传方差占表型变异的比例来衡量，称为广义遗传力（heritability in the broad sense）。下面从最简单的单基因座位模型（single locus model）出发，说明遗传效应和遗传方差等数量遗传学基本概念。

假定某一基因座位上存在两个等位基因 A_1 和 A_2，用 μ_{11} 表示纯合基因型 A_1A_1 的平均表现，用 μ_{22} 表示纯合基因型 A_2A_2 的平均表现，用 μ_{12} 表示杂合基因型 A_1A_2 的平均表现。用 m 表示中亲值，即两个纯合基因型值的平均，记为 $m = \frac{1}{2}(\mu_{11} + \mu_{22})$。用 a 表示亲本离中亲值 m 的距离或两个纯合基因型差异的一半，称为加性效应，即 $a = \frac{1}{2}(\mu_{11} - \mu_{22})$。杂种 F_1 与中亲值 m 的离差称为显性效应，用 d 表示。这便是单基因座位的加显性遗传模型（additive and dominant model），是数量遗传研究中常用的一个基本模型，用图 4-12 表示。在加显性模型下，三种基因型的平均表现（或基因型值）又可以用中亲值 m、加性效应 a 和显性效应 d 表示为，

$$\mu_{11} = m + a, \mu_{12} = m + d, \mu_{22} = m - a \tag{4-41}$$

图 4-12 中，基因型 A_1A_1 的平均表现并非一定大于基因型 A_2A_2，加性效应 a 可正可负。杂合基因型 A_1A_2 的平均表现也并非一定大于中亲值，显性效应 d 也是可正可负。显性效应与加性效应的比值称为显性度（degree of dominance）。

为了在育种中利用遗传研究的结果，在估计出一个座位上等位基因的加显性效应后，往往还要确定有利等位基因的来源、杂合基因型的表现是否优于纯合型等问题。在公式

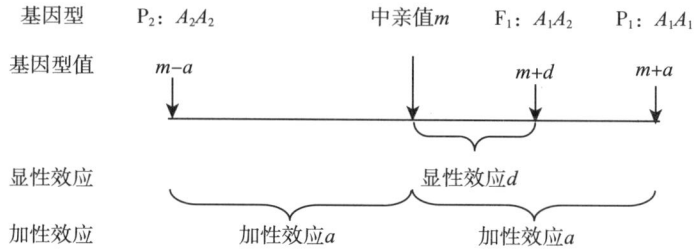

图 4-12 单基因座位的加显性效应模型示意图

（4-41）和图 4-12 中，如果加性效应 a 为正值，说明亲本 P_1（A_1A_1）携带的等位基因会提高性状的表现。如果育种对一个性状的要求是越高越好，这时可以判断出有利等位基因存在于亲本 P_1（A_1A_1）中，或者说 A_1 是有利等位基因。反之，如果加性效应 a 为负值，则说明亲本 P_1（A_1A_1）携带的等位基因降低性状的表现，亲本 P_2（A_2A_2）携带的等位基因提高性状的表现，因此有利等位基因存在于亲本 P_2（A_2A_2）中，或者说 A_2 是有利等位基因。显性度 $d/a>1$，则说明存在正向超显性，杂合型 A_1A_2 表现方向与纯合型 A_1A_1 一致，但 A_1A_2 表现高于 A_1A_1 的表现。显性度 $d/a=1$，则说明存在正向完全显性，即杂合型 A_1A_2 表现与纯合型 A_1A_1 完全一致。显性度 $0<d/a<1$，则说明存在正向部分显性，杂合型 A_1A_2 表现方向与纯合型 A_1A_1 一致，但 A_1A_2 表现低于 A_1A_1 的表现。类似地，可以定义负向超显性、负向完全显性、负向部分显性。

在表 4-13 中，假定株高受一对基因控制。高秆亲本的基因型是 A_1A_1，平均株高是 210cm。矮秆亲本的基因型是 A_2A_2，平均株高是 153cm，杂种 F_1 的基因型是 A_1A_2，平均株高是 199cm。根据公式（4-41）可以得到 $m=181.5$、$a=28.5$、$d=17.5$。显性度 d/a 为 0.61，说明高秆等位基因表现为正向部分显性，杂合型 A_1A_2 的表现偏向高秆纯合型 A_1A_1。此时由于 a 为正值，说明高秆亲本携带的等位基因增加株高、矮秆亲本携带的等位基因降低株高，降低株高的等位基因存在于平均表现为 153cm 的矮秆亲本中。当然，也可认为矮秆亲本的基因型是 A_1A_1、高秆亲本的基因型是 A_2A_2。这时根据公式（4-41）得到 $m=181.5$、$a=-28.5$、$d=17.5$。显性度 d/a 为 -0.61，说明矮秆基因表现为负向部分显性，杂合型 A_1A_2 的表现偏向高秆纯合型 A_2A_2。此时由于 a 为负值，说明矮秆亲本携带的等位基因降低了株高、高秆亲本携带的基因增加了株高，降低株高的等位基因仍然存在于矮秆亲本中。

四、单环境表型鉴定数据的方差分析与遗传力估计

假定一个遗传群体由 g 个不同基因型的个体或家系组成，在一个环境条件下共获得 r 次表型重复观测数据。μ_i 表示第 i 个基因型的平均表现或基因型值，是一个待估计的未知参数。在观测误差服从均值是 0、方差是 σ_ε^2 的正态分布，且相互独立的假定下，第 i 个基因型的第 k 个表型值 Y_{ik} 服从正态分布，即，

$$Y_{ik} \sim N(\mu_i, \sigma_\varepsilon^2) \quad (i = 1, 2, \cdots, g; k = 1, 2, \cdots, r) \qquad (4-42)$$

设 g 个基因型的总平均表现为 $\bar{\mu}_+$，每个基因型的平均表现与总平均 $\bar{\mu}_+$ 之间的离差定义为该基因型的遗传效应，用 G_i 表示，即，

$$\bar{\mu}_+ = \frac{1}{g}\sum_i \mu_i, \quad G_i = \mu_i - \bar{\mu}_+ \quad (i = 1, 2, \cdots, g) \qquad (4-43)$$

因此得到观测值的线性模型，

$$Y_{ik} = \mu_i + \varepsilon_{ik} = \bar{\mu}_+ + G_i + \varepsilon_{ik},$$

$$\varepsilon_{ik} \sim N(0, \sigma_\varepsilon^2) \quad (i = 1, 2, \cdots, g; k = 1, 2, \cdots, r) \text{ 相互独立} \qquad (4-44)$$

公式（4-44）要求误差效应相互独立且服从同一个正态分布。这一点可通过适当的田间试验设计来实现，如完全随机区组设计。进一步定义群体的遗传方差 σ_G^2 为，

$$\sigma_G^2 = \frac{1}{g-1}\sum_i G_i^2 \qquad (4-45)$$

如果能够利用观测数据 Y_{ik} 估计出群体的遗传方差 σ_G^2 和误差方差 σ_ε^2，就能计算性状的广义遗传力，即遗传方差 σ_G^2 占表型方差 σ_P^2 的比例。单环境试验中，表型方差等于遗传方差和误差方差之和。

样本总平均数 $\bar{Y}_{++}$ 定义为所有样本观测值的简单平均，第 i 个基因型的样本平均数 $\bar{Y}_{i+}$ 定义为它的 r 次重复观测值的简单平均。因此，样本观测值与样本总平均数的离差可以进一步分解为，

$$Y_{ik} - \bar{Y}_{++} = (Y_{ik} - \bar{Y}_{i+}) + (\bar{Y}_{i+} - \bar{Y}_{++}) \qquad (4-46)$$

公式（4-46）等号右端，第一项表示每个观测值与其基因型样本平均数的离差，可用于无偏估计公式（4-44）中的随机误差效应；同时，他们的平方和还可用于估计误差方差 σ_ε^2。第二项表示基因型样本平均数与总样本平均数的离差，可用于无偏估计公式（4-43）和公式（4-44）中的基因型效应 G_i；同时，他们的平方和还可用于估计公式（4-45）定义的遗传方差 σ_G^2。

用 SS_T 表示观测值与总平均数的离差平方和，称为总平方和。对总平方和作如下分解，

$$SS_T = \sum_{i,k}(Y_{ik} - \bar{Y}_{++})^2 = \sum_{i,k}(Y_{ik} - \bar{Y}_{i+})^2 + r\sum_i(\bar{Y}_{i+} - \bar{Y}_{++})^2 \text{（交叉项为 0）}$$

第二个等号后面，第一项即为公式（4-46）右端第一项的平方和，称为误差平方和，用 SS_ε 表示，其中包含有误差方差 σ_ε^2 的信息。第二项即为公式（4-46）右端第二项的平方和，称为遗传效应平方和，用 SS_G 表示，其中包含有遗传方差 σ_G^2 的信息。由于观测值均假定为随机变量 [公式（4-42）]，误差平方和 SS_ε 与遗传效应平方和 SS_G 也都是随机变量。通过计算他们的数学期望（又称期望平方和），即可得到这两个平方和与方差成分之间的关系，即，

$$E(SS_\varepsilon) = g(r-1)\sigma_\varepsilon^2 \qquad (4-47)$$

$$E(SS_G) = (g-1)\sigma_\varepsilon^2 + r(g-1)\sigma_G^2 \qquad (4-48)$$

公式（4-47）右端，σ_ε^2 前面的系数 $g(r-1)$ 称为误差效应的自由度，误差效应平方和

SS_ε 与其自由度的比值称为误差均方，用 MS_ε 表示。公式（4-48）右端，σ_ε^2 前面的系数 $(g-1)$ 称为遗传效应的自由度，遗传效应平方和 SS_G 与其自由度的比值称为遗传效应均方，用 MS_G 表示。从公式（4-47）可以得到 MS_ε 的数学期望，称为期望误差均方。从公式（4-48）可以得到 MS_G 的数学期望，称为期望遗传效应均方。从这两个期望均方，即可得到两个方差成分 σ_ε^2 和 σ_G^2 的无偏估计分别为，

$$\hat{\sigma}_\varepsilon^2 = MS_\varepsilon = \frac{SS_\varepsilon}{g(r-1)}, E(\hat{\sigma}_\varepsilon^2) = \sigma_\varepsilon^2 \qquad (4-49)$$

$$\hat{\sigma}_G^2 = \frac{1}{r}(MS_G - MS_\varepsilon), E(\hat{\sigma}_G^2) = \sigma_G^2 \qquad (4-50)$$

表 4-14 给出一个环境中多个基因型重复表型鉴定试验的方差分析结果。可以看出，总变异分解为基因型间以及随机误差两部分。基因型的自由度等于基因型个数减去 1，随机误差的自由度为 $g(r-1)$，总自由度为观测值的个数减去 1。由此可证，总自由度等于两种方差成分的自由度之和。遗传效应均方 MS_G 与误差均方 MS_ε 的比值，通常用于检验基因型间是否存在显著的表型差异。在基因型值 $\mu_i (i=1, 2, \cdots, g)$ 相互相等，或遗传效应 $G_i (i=1, 2, \cdots, g)$ 均为 0 的零假设条件下，这个比值服从自由度是 $(g-1)$ 和 $g(r-1)$ 的 F 分布，即，

$$F = \frac{MS_G}{MS_\varepsilon} \sim F[g-1, g(r-1)] \qquad (4-51)$$

因此，可通过 F 分布对基因型间是否存在显著差异进行检验。如果方差分析得到的 F 值没有超过给定显著性水平的临界值（显著性水平一般取 0.05 或 0.01），说明基因型间无显著差异，该遗传群体可能不适合这一观测性状的遗传研究。显然，这并不代表该群体对所有性状都不适合，有时还要看表型的测量误差是否太大，群体种植的环境是否有代表性等因素。当然，也可计算方差分析获得的 F 值的显著性概率，通过显著性概率与显著性水平的对比进行统计推断。

表 4-14　单环境重复表型观测数据的方差分析

变异来源	自由度	平方和	均方	期望均方
基因型	$g-1$	SS_G	MS_G	$\sigma_\varepsilon^2 + r\sigma_G^2$
误差	$g(r-1)$	SS_ε	MS_ε	σ_ε^2
总和	$gr-1$	SS_T		

在随机区组试验设计中，区组间的差异也可能是显著的。这时的方差分析表中，还要包含区组的效应，其自由度等于重复数减去 1。方差分析中增加区组效应，并不影响基因型的自由度与平方和的分解，它影响的只是随机误差的自由度和平方和。随机误差的自由度是在表 4-14 的基础上减去区组的自由度，随机误差的平方和是在表 4-14 的基础上减去区组的平方和。这时，虽然也可以对区组方差进行估计，但区组方差一般不是遗传研究关心的重点。遗传方差和误差方差的估计仍如表 4-14 进行。

单环境试验中，从分布公式（4-42）可以看出，观测值 Y_{ik} 包含了第 i 个基因型的平

均表现 μ_i 的信息。对基因型 i 来说，在误差效应服从正态分布且相互独立的条件下，重复平均数是基因型平均表现 μ_i 的最优线性无偏估计，估计值的方差等于误差方差除以重复数，即公式（4-39）。为便于说明，将公式（4-39）重记为，

$$\hat{\mu}_i = \overline{Y}_{i+}, E(\hat{\mu}_i) = \mu_i, V(\hat{\mu}_i) = \frac{1}{r}\sigma_\varepsilon^2 (i = 1, 2, \cdots, g) \qquad (4-52)$$

由公式（4-52）计算出的 $\hat{\mu}_i (i=1, 2, \cdots, g)$ 一般作为基因型值的估计，并用于育种选择、基因定位或开展其他遗传研究。显然，重复次数越多、误差方差越小，估计值 $\hat{\mu}_i$ 越接近真实值 μ_i，后续遗传分析的结果就越可靠。大多情况下，误差方差 σ_ε^2 是未知的，这时可用公式（4-49）得到的估计值 $\hat{\sigma}_\varepsilon^2$ 代替公式（4-52）中的 σ_ε^2。在获得估计值 $\hat{\mu}_i$ 的方差估计的基础上，即可开展不同基因型值的差异显著性检验，并计算基因型值 μ_i 的区间估计。

单环境条件下，一个基因型或家系的表型等于总平均数、基因型效应与随机误差效应三项之和［公式（4-44）］。在误差项服从均值为 0 的正态分布并相互独立的假定下，单个表型观测值之间的方差等于基因型效应产生的方差与随机误差方差之和，即，

$$\sigma_P^2 = \sigma_G^2 + \sigma_\varepsilon^2 \qquad (4-53)$$

群体的广义遗传力 H^2 定义为，

$$H^2 = \frac{\sigma_G^2}{\sigma_P^2} = \frac{\sigma_G^2}{\sigma_G^2 + \sigma_\varepsilon^2} \qquad (4-54)$$

因此，把公式（4-49）和公式（4-50）得到的方差估计值代入公式（4-54），就得到广义遗传力 H^2 的估计值。公式（4-54）得到的估计值可视为无重复观测表型数据的遗传力。育种选择、基因定位和后续遗传分析一般基于公式（4-52）得到的重复平均数。在重复平均数中，遗传方差与公式（4-53）中的遗传方差相同，但误差方差只有 σ_ε^2 的 $\frac{1}{r}$。如将重复平均数作为性状表型或选择标准，这时的表型方差和广义遗传力分别为，

$$\sigma_P^2 = \sigma_G^2 + \frac{1}{r}\sigma_\varepsilon^2 \qquad (4-55)$$

$$H^2 = \frac{\sigma_G^2}{\sigma_P^2} = \frac{\sigma_G^2}{\sigma_G^2 + \frac{1}{r}\sigma_\varepsilon^2} \qquad (4-56)$$

显然，重复平均数可以提高广义遗传力。单环境数据分析的实例，将在第六节介绍遗传交配设计和遗传方差估计时一并给出。

五、多环境表型鉴定数据的方差分析与遗传力估计

假定 g 个不同的基因型个体或家系、在 e 个不同环境条件下进行表型鉴定，每个环境设置 r 次重复。用 μ_{ij} 表示第 i 个基因型在第 j 个环境下的平均表现，是一个待估计的未知参数。在观测误差服从均值是 0、方差是 σ_ε^2 的正态分布，且相互独立的假定下，第 i 个基

因型在第 j 个环境下的第 k 个表型值 Y_{ijk} 服从正态分布，即，

$$Y_{ijk} \sim N(\mu_{ij}, \sigma_\epsilon^2)(i=1,2,\cdots,g; j=1,2,\cdots,e; k=1,2,\cdots,r) \text{ 相互独立}$$

$$(4-57)$$

设 g 个基因型在 e 个环境下的总平均表现为 $\bar{\mu}_{++}$，单个基因型在所有环境间的平均表现用 $\bar{\mu}_{i+}$ 表示，单个环境内所有基因型的平均表现用 $\bar{\mu}_{+j}$ 表示，即，

$$\bar{\mu}_{++} = \frac{1}{ge} \sum_{i,j} \mu_{ij}$$

$$\bar{\mu}_{i+} = \frac{1}{e} \sum_j \mu_{ij} (i=1,2,\cdots,g)$$

$$\bar{\mu}_{+j} = \frac{1}{g} \sum_i \mu_{ij} (j=1,2,\cdots,e)$$

基因型平均表现 $\bar{\mu}_{i+}$ 与总平均 $\bar{\mu}_{++}$ 的离差称为基因型效应，用 G_i 表示。环境平均表现 $\bar{\mu}_{+j}$ 与总平均 $\bar{\mu}_{++}$ 的离差称为环境效应，用 E_j 表示，即，

$$G_i = \bar{\mu}_{i+} - \bar{\mu}_{++}(i=1,2,\cdots,g)$$
$$E_j = \bar{\mu}_{+j} - \bar{\mu}_{++}(j=1,2,\cdots,e)$$

进一步定义基因型 i 和环境 j 的互作效应 GE_{ij} 为，

$$GE_{ij} = \mu_{ij} - \bar{\mu}_{i+} - \bar{\mu}_{+j} + \bar{\mu}_{++}(i=1,2,\cdots,g; j=1,2,\cdots,e)$$

可以看出，

$$\mu_{ij} = \bar{\mu}_{++} + G_i + E_j + GE_{ij}$$

因此，公式（4-57）中的表型观测值可以用下面的线性模型表示，

$$Y_{ijk} = \mu_{ij} + \epsilon_{ijk} = \bar{\mu}_{++} + G_i + E_j + GE_{ij} + \epsilon_{ijk},$$
$$\epsilon_{ijk} \sim N(0, \sigma_\epsilon^2)(i=1,2,\cdots,g; j=1,2,\cdots,e; k=1,2,\cdots,r) \text{ 相互独立}$$

$$(4-58)$$

与单环境方差分析的误差效应［公式（4-44）］类似，这里也要求误差效应相互独立，且服从同一个均值为 0 的正态分布。这一点可通过适当的田间试验设计来实现，是开展统计学估计和推断的基础。误差方差的同质性是方差分析的前提。严格地讲，如果不同环境具有不同的误差方差，就不能进行多环境联合方差分析。当环境个数较多、环境条件差异较大时，环境间的误差方差可能会存在较大差异。误差方差是否同质也需进行统计检验，限于篇幅这里就不作进一步介绍了，有兴趣的读者参考文献王建康（2017）。

在定义基因型效应、环境效应和互作效应的基础上，进一步定义遗传方差 σ_G^2、环境方差 σ_E^2 和互作方差 σ_{GE}^2，即，

$$\sigma_G^2 = \frac{1}{g-1} \sum_i G_i^2, \sigma_E^2 = \frac{1}{e-1} \sum_j E_j^2, \sigma_{GE}^2 = \frac{1}{(g-1)(e-1)} \sum_{i,j} GE_{ij}^2$$

如果能够利用观测数据 Y_{ijk} 估计出遗传方差 σ_G^2、环境方差 σ_E^2、互作方差 σ_{GE}^2 和误差方差 σ_ϵ^2，就能计算性状的广义遗传力。表 4-15 给出多环境下表型鉴定数据的方差分析结果。总离差平方和可以分解为基因型间、环境间、基因型和环境互作，以及随机误差四种变异来源的平方和之和。基因型的自由度等于基因型个数减去 1，环境的自由度等于环

境个数减去 1，基因型和环境互作的自由度等于二者自由度的乘积，随机误差的自由度为 $ge(r-1)$，总自由度为观测值的总个数减去 1，也等于以上四种变异来源的自由度之和。

表 4-15 多环境重复表型观测数据的方差分析

变异来源	自由度	平方和	均方	期望均方
基因型	$g-1$	SS_G	MS_G	$\sigma_\epsilon^2 + er\sigma_G^2$
环境	$e-1$	SS_E	MS_E	$\sigma_\epsilon^2 + gr\sigma_E^2$
基因型与环境互作	$(g-1)(r-1)$	SS_{GE}	MS_{GE}	$\sigma_\epsilon^2 + r\sigma_{GE}^2$
随机误差	$ge(r-1)$	SS_ϵ	MS_ϵ	σ_ϵ^2
总和	$ger-1$	SS_T		

根据方差分析表 4-15 中最后一列给出的期望均方，可以得到各种方差成分的无偏估计分别为，

$$\hat{\sigma}_\epsilon^2 = MS_\epsilon, \hat{\sigma}_G^2 = \frac{1}{er}(MS_G - MS_\epsilon), \hat{\sigma}_E^2 = \frac{1}{gr}(MS_E - MS_\epsilon), \hat{\sigma}_{GE}^2 = \frac{1}{r}(MS_{GE} - MS_\epsilon)$$

$$(4-59)$$

多环境条件下，一个基因型个体或家系的表现等于总平均、基因型效应、环境效应、互作效应与随机误差之和。在误差项相互独立且服从同一个正态分布的假定下，群体的表型方差等于基因型效应产生的方差、环境效应产生的方差、互作效应产生的方差与误差方差之和，即，

$$\sigma_P^2 = \sigma_G^2 + \sigma_E^2 + \sigma_{GE}^2 + \sigma_\epsilon^2 \quad (4-60)$$

公式（4-60）中，环境方差 σ_E^2 来源于一些非遗传的因素，遗传力估计不考虑这部分方差。群体的广义遗传力 H^2 定义为，

$$H^2 = \frac{\sigma_G^2}{\sigma_G^2 + \sigma_{GE}^2 + \sigma_\epsilon^2} \quad (4-61)$$

把公式（4-59）得到的方差估计值代入公式（4-61），就得到广义遗传力 H^2 的估计值。公式（4-61）得到的估计值可视为无重复观测表型数据的遗传力。遗传研究或育种选择有时基于基因型在环境和重复之间的表型平均数，不考虑环境效应，表型平均数的表型方差和遗传力分别为，

$$\sigma_P^2 = \sigma_G^2 + \frac{1}{r}\sigma_{GE}^2 + \frac{1}{re}\sigma_\epsilon^2 \quad (4-62)$$

$$H^2 = \frac{\sigma_G^2}{\sigma_G^2 + \frac{1}{r}\sigma_{GE}^2 + \frac{1}{re}\sigma_\epsilon^2} \quad (4-63)$$

与公式（4-56）类似，平均数可以提高遗传力，基因型和环境互作会降低性状的遗传力。为节省篇幅，多环境数据分析的实例将在第六节一并给出。

第四节　随机交配群体的加性方差与遗传进度

前一节介绍了如何通过表型的重复观测数据估计基因型值、误差方差、遗传方差和广义遗传力等参数。这一节不再考虑误差效应，仅对随机交配过程中能够传递到下一代的遗传效应和遗传方差作进一步分解，以预测选择对群体均值的定向改变，即遗传进度。

一、随机交配群体的均值和遗传方差

一个座位上的两个等位基因用 A_1 和 A_2 表示，在加显性模型下三种基因型 A_1A_1、A_1A_2 和 A_2A_2 的平均表现与加显性效应之间的关系已经由公式（4-41）给出，他们在一个 HW 平衡群体中的频率分别为 p^2、$2pq$ 和 q^2，其中 p 和 q 分别为等位基因 A_1 和 A_2 的频率。随机交配群体的平均数和遗传方差如公式（4-64）和公式（4-65）所示。显然，群体均值和遗传方差是群体水平的统计学参数，既依赖于三种基因型值，还依赖于他们在群体中的存在频率。

$$\mu = p^2\mu_{11} + 2pq\mu_{12} + q^2\mu_{22} = m + (p-q)a + 2pqd \qquad (4-64)$$

$$V_G = p^2\mu_{11}^2 + 2pq\,\mu_{12}^2 + q^2\mu_{22}^2 - \mu^2$$
$$= 2pq[a^2 + 2(q-p)ad + (p^2+q^2)\,d^2] \qquad (4-65)$$

参考表 4-13 中的株高数据。假定三种基因型的平均株高分别为 210、200 和 150cm，根据加显性模型得到中亲值 m、加性效应 a 和显性效应 d 分别为 180、30 和 20cm，见表 4-16。如一个随机交配群体中矮秆等位基因的频率 $q=0.1$，根据公式（4-64）得到随机交配群体的平均株高为 $\mu=207.6$cm，根据公式（4-65）得到随机交配群体的遗传方差为 $V_G=48.24$cm^2。如 $q=0.3$，那么 $\mu=200.4$cm，$V_G=273.84$cm^2。遗传参数 m、a、d 并没有变化，但随着基因频率的改变，随机交配群体的均值和遗传方差都发生了改变。

表 4-16　一个株高基因座位上三种基因型的平均表现和加、显性效应（cm）

A_1A_1	A_1A_2	A_2A_2	中亲值	加性效应	显性效应
$\mu_{11}=210$	$\mu_{12}=200$	$\mu_{22}=150$	$m=180$	$a=30$	$d=20$

公式（4-41）和图 4-12 中，中亲值 m、加性效应 a 和显性效应 d 根据三种基因型的相对表现进行定义，这些参数没有反映出群体的遗传构成。在随机交配群体中，亲本传递给后代的是它携带的等位基因，而不是它的基因型。同时，一个个体的育种价值只有在特定的群体中才能得以度量。因此，根据加显性模型定义的遗传参数，对研究随机交配群体选择前后所发生遗传结构的变化没有很大帮助。此外，从随机交配群体的遗传方差公式（4-65）来看，除了加、显性效应的平方项外，公式中还包含二者的乘积项，不是一种正交分解。

二、随机交配群体的等位基因平均效应和育种值

考虑用随机交配群体均值 μ 对三种基因型值进行矫正，得到的离差称为遗传效应，用 G_{ij} 表示，即，

$$\mu_{ij} = \mu + G_{ij} (ij = 11,12,22) \qquad (4-66)$$

对遗传效应 G_{ij} 进一步分解，得到的等位基因平均效应、育种值、显性离差等参数均为相对值，下面有些地方的讨论中略去中亲值这一项，不再一一说明。

随机交配过程中，亲本传递给后代的是它携带的一个等位基因，因此，首先研究等位基因在随机交配群体中的平均效应。以等位基因 A_1 为例，将其视为配子与群体中其他配子随机结合产生下一代。随机交配群体中，其他配子的基因型为 A_1 和 A_2，存在频率分别为 p 和 q。因此，配子 A_1 产生的后代群体中只有 A_1A_1 和 A_1A_2 两种基因型（表 4-17），其频率也分别为 p 和 q，由此得到后代群体的平均数为 $(pa + qd)$。这个平均数与随机交配群体均值 $[(p-q)a + 2pqd]$ 之间的离差，称为等位基因 A_1 的平均效应，用符号 α_1 表示，即，

$$\alpha_1 = (pa + qd) - [(p-q)a + 2pqd] = q[a + (q-p)d] \qquad (4-67)$$

类似地，配子 A_2 产生的后代群体中只有 A_1A_2 和 A_2A_2 两种基因型（表 4-17），频率分别为 p 和 q，后代群体的平均数为 $(-qa + pd)$，等位基因 A_2 的平均效应 α_2 为，

$$\alpha_2 = (-qa + pd) - [(p-q)a + 2pqd] = -p[a + (q-p)d] \qquad (4-68)$$

由此可验证，两等位基因平均效应的加权平均数为 0，即 $p\alpha_1 + q\alpha_2 = 0$。对于复等位基因，可用同样的方法定义它们的平均效应，下面的讨论同样适合于复等位基因的情形。两个等位基因平均效应之差，称为等位基因的替代效应，用 α 表示，即，

$$\alpha = \alpha_1 - \alpha_2 = a + (q-p)d \qquad (4-69)$$

表 4-17　等位基因 A_1 和 A_2 作为配子的随机交配后代基因型构成、均值和平均效应

等位基因	后代基因型和存在频率			后代群体均值	随机交配群体均值	等位基因平均效应
	A_1A_1, a	A_1A_2, d	A_2A_2, $-a$			
A_1	p	q	0	$pa + qd$	$(p-q)a + 2pqd$	$q[a + (q-p)d]$
A_2	0	p	q	$-qa + pd$	$(p-q)a + 2pqd$	$-p[a + (q-p)d]$

对于表 4-16 的三种基因型值，表 4-18 给出矮秆基因 A_2 不同频率的随机交配群体

表 4-18　不同矮秆等位基因频率的随机交配群体均值、基因平均效应和基因替换效应

效应类型	矮秆等位基因 A_2 的频率 q				
	$q=0.1$	$q=0.3$	$q=0.5$	$q=0.7$	$q=0.9$
随机交配群体均值 μ	207.6	200.4	190	176.4	159.6
高秆等位基因 A_1 的平均效应 α_1	1.4	6.6	15	26.6	41.4
矮秆等位基因 A_2 的平均效应 α_2	−12.6	−15.4	−15	−11.4	−4.6
基因 A_1 对 A_2 的替代效应	14	22	30	38	46

均值、等位基因平均效应，以及等位基因替代效应。从中可以看出，基因平均效应和替代效应因群体而异。因此，在谈到这些效应时，需要指明所采用的群体。计算这些遗传参数的群体，有时也称作参考群体，或者基础群体。

育种家往往从一个个体所产生后代群体的平均表现去判断其育种价值，称其为育种值（breeding value）。育种值越高的个体，将其作为亲本产生出后代群体的平均数就越高，因此具有更高的育种利用价值。有两种计算育种值的方法。一是利用等位基因的平均效应，将育种值定义为一个个体携带的两个等位基因平均效应之和。分别用 A_{11}、A_{12} 和 A_{22} 表示三种基因型 A_1A_1、A_1A_2 和 A_2A_2 的育种值，即，

$$A_{11} = 2\alpha_1, A_{12} = \alpha_1 + \alpha_2, A_{22} = 2\alpha_2 \qquad (4-70)$$

这种定义方法在实际中难以测量。实际育种过程中，如果将一个个体与随机挑选的大量个体进行随机交配，其后代便形成一个半同胞家系，这样的后代群体在育种中大量存在。因此，还可以利用半同胞后代家系的平均表现对育种值进行估计。将一个个体的半同胞家系平均表现与随机交配群体均值 μ 之间差异的2倍，定义为该个体作为半同胞家系亲本的育种值。这里之因此要加倍，是由于该个体仅提供了半同胞后代的一半基因，另一半来自与之随机交配的其他个体。表4-19给出不同基因型随机交配半同胞后代的遗传构成和平均表现。可以看出，纯合基因型 A_1A_1 的半同胞后代平均数等同于表4-17中基因 A_1 的后代平均数，因此其育种值等于 $2\alpha_1$。纯合基因型 A_2A_2 的半同胞后代平均数等同于表4-17中基因 A_2 的后代平均数，因此其育种值等于 $2\alpha_2$。杂合基因型 A_1A_2 产生的配子中 A_1 和 A_2 各占一半，半同胞家系的平均数等于表4-17中基因 A_1 和 A_2 两个后代均值的平均，因此其育种值等于 $\alpha_1 + \alpha_2$。显然，两种育种值的计算方法完全等价。

表4-19　不同基因型的随机交配半同胞后代基因型构成、均值和育种值

基因型	后代的基因型值和存在频率			后代群体的平均数	育种值
	A_1A_1, a	A_1A_2, d	A_2A_2, $-a$		
A_1A_1	p	q	0	$pa + qd$	$A_{11} = 2\alpha_1$
A_1A_2	$\frac{1}{2}p$	$\frac{1}{2}$	$\frac{1}{2}q$	$\frac{1}{2}(pa+qd) + \frac{1}{2}(-qa+pd)$	$A_{12} = \alpha_1 + \alpha_2$
A_2A_2	0	p	q	$-qa + pd$	$A_{22} = 2\alpha_2$

表4-16中，若矮秆基因 A_2 的频率 $q=0.1$，随机交配群体中三种基因型的育种值分别为2.8、-11.2和-25.2。在得到三种基因型的育种值后，公式（4-66）给出的基因型值和遗传效应可以进一步分解为，

$$\mu_{ij} = \mu + G_{ij} = \mu + A_{ij} + D_{ij} (ij = 11,12,22) \qquad (4-71)$$

式中，D_{ij} 为遗传效应 G_{ij} 中扣除育种值 A_{ij} 的部分，称为显性离差。这样，在单基因座位模型下，就可把个体的遗传效应分解为育种值和显性离差两部分。育种值等于个体所携带的两个等位基因平均效应之和，同时也等于半同胞家系平均数与随机交配群体均值离差的2倍；显性离差等于遗传效应与育种值之间的差值。

三、随机交配群体的遗传方差分解

公式（4-71）表明，随机交配群体中定义的基因型遗传效应可以分解为育种值与显性离差两部分之和。请读者自行验证，公式（4-71）中三种基因型遗传效应与基因型频率的加权平均数为0；三种育种值与基因型频率的加权平均数为0；三种显性离差与基因型频率的加权平均数为0；同时，育种值与显性离差的加权协方差也为0。将育种值引起的方差称为加性方差，显性离差引起的方差称为显性方差（或非加性方差）。如此，公式（4-65）给出的随机交配群体遗传方差可进一步分解为加性方差与显性离差之和的形式，即，

$$V_A = p^2 A_{11}^2 + 2pq A_{12}^2 + q^2 A_{22}^2 = 2pq \alpha^2 = 2pq \left[a + (q-p)d \right]^2 \tag{4-72}$$

$$V_D = p^2 D_{11}^2 + 2pq D_{12}^2 + q^2 D_{22}^2 = 4 p^2 q^2 d^2 \tag{4-73}$$

$$V_G = p^2 G_{11}^2 + 2pq G_{12}^2 + q^2 G_{22}^2 = V_A + V_D \tag{4-74}$$

利用表4-16的数据，表4-20给出了五种等位基因频率的随机交配群体中，三种基因型的育种值和显性离差，以及加性方差和显性方差的分解结果。三种基因型在不同群体中具有与表4-16相同的平均表现，加显性效应也没有任何变化。由于三种基因型存在频率的差异，不同群体的均值、各种基因型的育种值和显性离差不同；不同群体的遗传方差、加性方差和显性方差也不同。

表 4-20　不同基因频率随机交配群体的遗传效应和遗传方差分解

遗传参数	基因型	矮秆等位基因 A_2 的频率 q				
		$q=0.1$	$q=0.3$	$q=0.5$	$q=0.7$	$q=0.9$
基因型值 μ_{ij}	A_1A_1	210	210	210	210	210
	A_1A_2	200	200	200	200	200
	A_2A_2	150	150	150	150	150
遗传效应 G_{ij}	A_1A_1	2.4	9.6	20	33.6	50.4
	A_1A_2	−7.6	−0.4	10	23.6	40.4
	A_2A_2	−57.6	−50.4	−40	−26.4	−9.6
育种值 A_{ij}	A_1A_1	2.8	13.2	30	53.2	82.8
	A_1A_2	−11.2	−8.8	0	15.2	36.8
	A_2A_2	−25.2	−30.8	−30	−22.8	−9.2
显性离差 D_{ij}	A_1A_1	−0.4	−3.6	−10	−19.6	−32.4
	A_1A_2	3.6	8.4	10	8.4	3.6
	A_2A_2	−32.4	−19.6	−10	−3.6	−0.4
遗传方差 V_G		48.24	273.84	550	677.04	393.84
加性方差 V_A		35.28	203.28	450	606.48	380.88
显性方差 V_D		12.96	70.56	100	70.56	12.96

随机交配过程中，一个个体传递给下一代的是它携带的一个等位基因。后代个体中的另外一个等位基因，来自另外一个亲本个体。育种过程中常关心的是选择之后的后代群体会发生什么样的变化。育种值一般根据一个个体半同胞后代的平均表现来定义，个体育种值高低代表的其实就是这个个体后代群体平均表现的高低。以表 4-20 中 $q=0.1$ 为例，基因型 A_1A_1 的遗传效应为 2.4，反映的是个体自身表现与群体均值之间的差异；它的育种值为 2.8，反映的是基因型 A_1A_1 的随机交配半同胞后代与群体平均数之间的差异；二者并不相等，他们之间的差异即为显性离差。从公式（4-73）来看，显性离差和显性方差纯粹是由显性效应 d 引起的。如果一个座位上的显性效应 d 为 0，显性离差和显性方差也将为 0。但从公式（4-72）来看，育种值和加性方差中既包含加性效应，又包含显性效应。

前面利用最简单的单基因座位模型将遗传效应分解为育种值和显性离差两部分之和，进而把群体遗传方差也分解为加性方差和显性方差两部分之和。这些结论可以推广到多基因座位和复等位基因的情形。只需要把育种值和显性离差看作是所有控制性状基因的效应之和、加性方差和显性方差看作是所有控制性状基因的累积贡献即可。

表 4-16 和表 4-20 的例子中，杂合基因型的平均表现介于两个纯合基因型之间、表现为部分显性。个体的平均表现越高，其育种值也越高。根据高育种值进行选择时，后代群体中等位基因 A_1 的频率将逐渐增大，直至矮秆等位基因 A_2 完全消失。这种情况下，根据育种值的选择与根据个体自身表现的选择，最终结果不会有太大的差别。为进一步说明个体本身表现与育种值的差异，现假定杂合基因型的平均株高为 240，纯合基因型的平均株高与表 4-16 相同。此时，加性效应仍为 30，但显性效应为 60，为加性效应的 2 倍（表 4-21）。

表 4-21　一个假定的超显性株高基因座位上三种基因型的平均表现和加显性效应

A_1A_1	A_1A_2	A_2A_2	中亲值	加性效应	显性效应	随机交配群体最高均值
$\mu_{11}=210$	$\mu_{12}=240$	$\mu_{22}=150$	$m=180$	$a=30$	$d=60$	217.5

对于表 4-21 的三种基因型值来说，可以证明当等位基因 A_2 的频率为 0.25 时，随机交配群体有最高均值 217.5。当 A_2 的频率低于 0.25 时，基因型 A_1A_1 有最低的育种值，A_2A_2 有最高的育种值，杂合基因型 A_1A_2 的育种值介于两种纯合基因型之间（图 4-13 左）。因此，根据高育种值进行选择时，势必增加等位基因 A_2 的频率。其结果是，随着等位基因 A_2 频率增加，群体平均数不断提高、群体得到不断地改良。当等位基因 A_2 的频率高于 0.25 时，基因型 A_1A_1 有最高的育种值、A_2A_2 有最低的育种值、杂合基因型 A_1A_2 的育种值仍介于两种纯合基因型之间（图 4-13 左）。因此，根据高育种值进行选择，势必降低等位基因 A_2 的频率。其结果是，随着等位基因 A_2 频率降低，群体平均数也在不断提高、群体也会得到不断改良。

当等位基因 A_2 的频率等于 0.25 时，三种基因型的育种值均为 0。根据育种值进行选择等同于无选择，不会改变等位基因 A_2 的频率。其结果是，随机交配群体均值一直维持在 217.5 的最高点位置上。其实在 A_2 的频率等于 0.25 情况下，任何等位基因频率的改变，都会降低随机交配后代群体的均值。这样的结果，恰恰说明根据育种值进行选择的合理性。这时的群体已经达到最高的均值（图 4-13 左），或位于一个选择高原上，若没有新的基因和变异产生，不可能再有进一步的改良。此时如根据个体自身表现进行选择，反而会引起后代群体均值的下降。因此，只有根据育种值进行选择，才能将群体一直维持在选择高原的位置上。

图 4-13 右给出了加性方差、显性方差和总遗传方差随等位基因频率的变化曲线。同样可以看出，当等位基因 A_2 的频率等于 0.25 时，群体的加性方差为 0。这时根据育种值进行选择时，群体结构将不会发生任何改变，但是，这时不代表群体的遗传方差也为 0，因此，遗传方差并不是决定遗传进度的本质因素，只有加性方差才能决定选择所产生的遗传进度。由此可便于理解，经典数量遗传研究中为什么要对遗传方差作分解，以及加性方差在选择中的重要性。

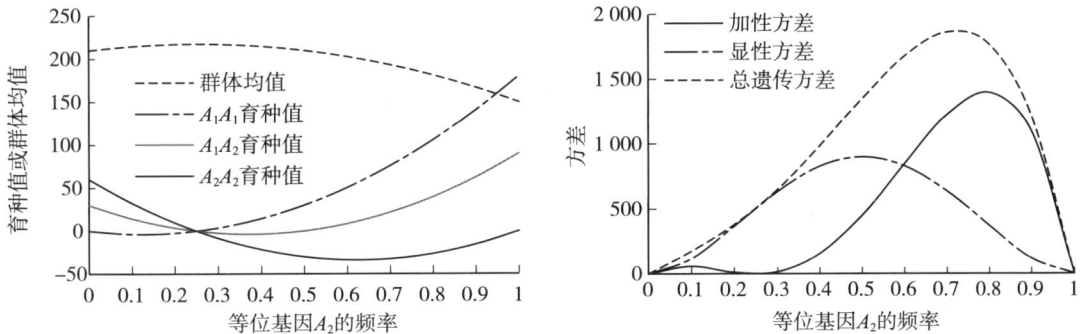

图 4-13　一个超显性座位上不同基因频率的随机交配群体中，三种基因型的育种值（左）和群体遗传方差的构成（右）

对表 4-21 的遗传模型来说，最高的随机交配群体均值为 217.5，显然远低于杂合基因型的平均表现 240。如根据个体自身表现进行选择，很可能只选择到平均表现最高的杂合基因型。选择发生后，等位基因 A_2 的频率为 0.5，随机交配后代的平均表现为 210，低于最高的群体均值 217.5。因此在随机交配的情况下，根据个体自身表现的选择不是最好的选择方法。只有根据育种值的选择，才能将群体均值一直维持在最高值 217.5。显然，在超显性存在的情况下，随机交配群体均值不可能达到杂合基因型的平均表现。

这其实又从另外一个侧面反映了杂交种选育的重要性。玉米是雌雄同株异花物种，随机交配是自然条件下的繁殖方式。但是，育种家可以通过人工控制开展自交，并选育优良自交系。每个自交系都可通过控制自交，繁殖出大量基因型纯合一致的后代。两个自交系间杂交又能获得大量座位上基因型高度杂合、但基因型高度一致的优良杂交种。以表 4-21 的遗传模型为例，杂交种的平均表现可以达到 240，远高于两个自交系的平均表现 210 和 150，也远高于最高的随机交配群体均值 217.5。因此，杂交种的选育提供了极大化群体均值的重要途径，使得群体平均表现可以一直维持在 240 的最高水平上，远高于随机交配所能到达的最高群体均值。

四、随机交配群体的亲子间协方差与同胞家系间方差

一个个体与其他个体随机交配产生的后代，称为一个半同胞家系。在两个等位基因的单座位模型下，半同胞家系依基因型可以分为三种类型（表4-22）。每种家系类型的存在频率为 HW 平衡时三种基因型的频率。作为亲本，基因型值等于随机交配群体均值、育种值和显性离差三者之和。半同胞后代的均值等于随机交配群体均值加上育种值的一半。

由表4-22的亲代表现和半同胞家系均值，同时考虑到育种值与显性离差的协方差为0，可以得到亲代和子代之间的协方差（Cov_{OP}），以及半同胞家系平均数之间的方差（Cov_{bHS}，也称为半同胞家系间的协方差）分别为，

$$Cov_{OP} = Cov\left(A+D, \frac{1}{2}A\right) = \frac{1}{2}Cov(A,A) = \frac{1}{2}V_A \qquad (4-75)$$

$$Cov_{bHS} = Cov\left(\frac{1}{2}A, \frac{1}{2}A\right) = \frac{1}{4}Cov(A,A) = \frac{1}{4}V_A \qquad (4-76)$$

从表4-22最后一列给出的家系内方差，可以得到半同胞家系内的平均方差（Cov_{wHS}）为，

$$Cov_{wHS} = \frac{3}{4}V_A + V_D \qquad (4-77)$$

计算家系内的平均方差时，当然也要考虑三种基因型对应家系的存在频率。显然，公式（4-76）的家系间方差与公式（4-77）的家系内方差之和，等于公式（4-65）或公式（4-74）给出的总遗传方差。从中可以看出，半同胞家系之间只包含 $\frac{1}{4}$ 倍的加性方差，不包含任何显性方差；剩余遗传方差存在于半同胞家系内部。因此，基于半同胞家系开展育种工作时，不仅要注重半同胞家系间的选择，半同胞家系内的个体选择也不能忽视。

表4-22　随机交配半同胞家系的遗传构成、后代均值和家系内方差

半同胞类型	存在频率	亲代基因型值的分解	半同胞后代的遗传构成			后代群体均值	家系内方差
			A_1A_1	A_1A_2	A_2A_2		
A_1A_1	p^2	$\mu+A_{11}+D_{11}$	p	q	0	$\mu+\frac{1}{2}A_{11}$	$pq(a-d)^2$
A_1A_2	$2pq$	$\mu+A_{12}+D_{12}$	$\frac{1}{2}p$	$\frac{1}{2}$	$\frac{1}{2}q$	$\mu+\frac{1}{2}A_{12}$	$\left(\frac{1}{4}+pq\right)a^2+\frac{1}{4}d^2-\frac{1}{2}(p-q)ad$
A_2A_2	q^2	$\mu+A_{22}+D_{22}$	0	p	q	$\mu+\frac{1}{2}A_{22}$	$pq(a+d)^2$

两个特定个体交配产生的后代群体称为一个全同胞家系。在两个等位基因的单座位模型下，全同胞家系依亲本基因型分为6种类型（表4-23），存在频率为 HW 平衡时三种基因型频率之和的平方展开项，即 $(p^2A_1A_1+2pqA_1A_2+q^2A_2A_2)^2$ 的展开。各种类型全

同胞家系的中亲值、后代基因型的构成，以及后代平均表现和家系内方差也同时在表 4-23 中给出。根据表中全同胞家系的频率和平均表现，可以得到中亲与全同胞后代之间的协方差（$Cov_{O\bar{P}}$），以及全同胞家系平均数之间的方差（Cov_{bFS}，也称为全同胞家系间的协方差），分别为，

$$Cov_{O\bar{P}} = \frac{1}{2} V_A \qquad\qquad (4-78)$$

$$Cov_{bFS} = \frac{1}{2} V_A + \frac{1}{4} V_D \qquad\qquad (4-79)$$

从表 4-23 最后一列给出的家系内方差，可以得到全同胞家系内的平均方差（Cov_{wFS}）为，

$$Cov_{wFS} = \frac{1}{2} V_A + \frac{3}{4} V_D \qquad\qquad (4-80)$$

计算家系内的平均方差时，要考虑六种全同胞家系的存在频率。显然，公式（4-79）的家系间方差与公式（4-80）的家系内方差之和，等于公式（4-65）或公式（4-74）给出的总遗传方差。从中可以看出，全同胞家系之间只包含 $\frac{1}{2}$ 倍的加性方差和 $\frac{1}{4}$ 倍的显性方差；剩余遗传方差存在于全同胞家系内部。如不考虑随机误差的干扰，全同胞家系间选择和家系内选择能够利用相同数量的加性方差，获得相似的遗传进度。

表 4-23　随机交配群体中全同胞家系的遗传构成、子代均值和家系内方差

全同胞类型	存在频率	中亲值（$\bar{P}$）	子代基因型的频率			子代均值（O）	家系内方差
			A_1A_1	A_1A_2	A_2A_2		
$A_1A_1 \times A_1A_1$	p^4	a	1	0	0	a	0
$A_1A_1 \times A_1A_2$	$4p^3q$	$\frac{1}{2}(a+d)$	$\frac{1}{2}$	$\frac{1}{2}$	0	$\frac{1}{2}(a+d)$	$\frac{1}{4}(a-d)^2$
$A_1A_1 \times A_2A_2$	$2p^2q^2$	0	0	1	0	d	0
$A_1A_2 \times A_1A_2$	$4p^2q^2$	d	$\frac{1}{4}$	$\frac{1}{2}$	$\frac{1}{4}$	$\frac{1}{2}d$	$\frac{1}{2}a^2 + \frac{1}{4}d^2$
$A_1A_2 \times A_2A_2$	$4pq^3$	$\frac{1}{2}(-a+d)$	0	$\frac{1}{2}$	$\frac{1}{2}$	$\frac{1}{2}(-a+d)$	$\frac{1}{4}(a+d)^2$
$A_2A_2 \times A_2A_2$	q^4	$-a$	0	0	1	$-a$	0

五、表型选择及其遗传进度

随机交配群体中，加性方差 V_A 占表型方差 V_P 的比例称为狭义遗传力，用 h^2 表示。表型方差 V_P 等于加性方差 V_A、显性方差 V_D 和误差方差 V_ε 之和，即，

$$h^2 = \frac{V_A}{V_P} = \frac{V_A}{V_A + V_D + V_\varepsilon} \tag{4-81}$$

表 4-23 中，如把子代均值作为因变量、中亲值作为自变量进行回归分析，可以发现公式（4-81）给出的狭义遗传力 h^2 正好等于回归系数，因此，公式（4-81）定义的狭义遗传力还能够用于预测后代群体的平均表现，进而估计选择引起的群体平均数的变化，即遗传进度。

育种中，最简单的选择形式就是根据表型挑选满足一定条件的个体，并将它们作为亲本随机交配产生下一世代的育种群体。这样的选择没有利用任何家系或亲本信息，个体表型是唯一的选择标准，因此称为个体选择（individual selection），有时也称混合选择（mass selection）或表型选择（phenotypic selection）。实质上，选择首先引起的是等位基因频率的改变。正是由于基因频率发生了变化，数量性状的群体均值才会在上下代之间出现差异。控制数量性状的基因个数较多，个体的基因型不易鉴定和区分，因此，难以研究控制数量性状的基因频率在上下代之间的变化量。但是，选择发生前后群体平均数的变化还是可以预测的，这就是遗传进度（genetic gain），也称选择响应（response to selection）。遗传进度一般用 R 表示，即，

$$R = \bar{Y} - \mu \tag{4-82}$$

其中，μ 为选择前随机交配群体均值，$\bar{Y}$ 为中选个体的随机交配后代均值。遗传进度是衡量选择效果的一个重要指标。中选个体所构成群体的平均数 $\bar{X}$ 与未选择随机交配群体均值 μ 之差，称为选择差，用 S 表示，即，

$$S = \bar{X} - \mu \tag{4-83}$$

一个群体在两个连续世代中的表现，可用坐标表示亲子两代某性状之间的关系（图 4-14）。横坐标 x 表示双亲的中亲值，纵坐标 y 表示子代的平均表现。考虑一个 HW 平衡群体，不进行选择时相邻世代的群体平均数是相同的，均为 μ。如果将子代表现 Y 对亲代表现 X 做回归分析，回归直线将通过坐标原点 (μ, μ)（图 4-14）。

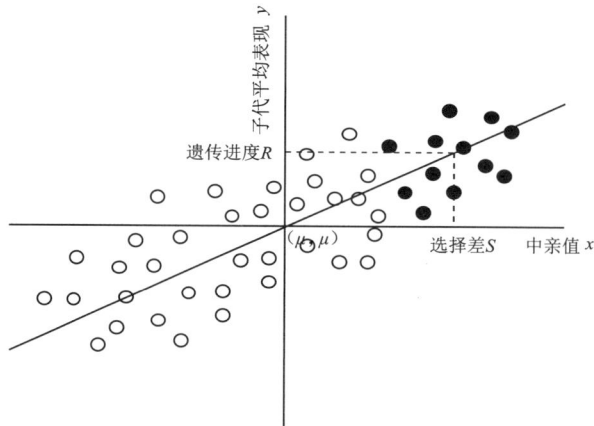

图 4-14 随机交配群体中的截尾选择、选择差和遗传进度示意图

现在假定亲代有一些个体中选了，例如选择若干具有较高表型的亲本个体，图 4-14 中用实心圆点表示。子代表现对亲代表现的回归系数为，

$$b_{OP} = h^2 = \frac{\bar{Y} - \mu}{\bar{X} - \mu} = \frac{R}{S} \qquad (4-84)$$

因此得到从选择差和狭义遗传力预测遗传进度的方法，即，

$$R = h^2 S \qquad (4-85)$$

影响选择差的因素有两个：一个是选择比例（即中选个体的比例），另一个是被选择群体的表型方差。如对选择差进行标准化处理，就得到一个不依赖表型方差的量，称之为选择强度（intensity of selection），用 k_p 表示选择比例为 p 的选择强度，即，

$$k_p = \frac{S}{\sqrt{V_P}} \qquad (4-86)$$

公式（4-86）给出的选择强度 k_p 只依赖于选择比例的高低，而与群体均值和表型方差无关。但是，在对育种群体开展选择时，知道的往往是选择比例，如根据某一性状表型选择表现最高的 5% 或 1% 的个体，这样的选择也称截尾选择（truncated selection）。表 4-24 给出一些选择比例对应的选择强度，假定表型服从正态分布。将选择比例 p 视为标准正态分布的右尾概率，表 4-24 第一行为右尾概率 p 对应的标准正态分布临界值，第二行 Z 为临界值 X 对应的概率密度函数值，利用微积分知识可以证明概率密度与选择比例两者的比值，即公式（4-86）给出的选择强度。显然，选择强度 k_p 随着选择比例的降低而逐渐增加。选择强度越大，表明中选个体的比例越少。

表 4-24 不同选择比例的标准化选择强度

选择比例 p	0.5	0.4	0.3	0.2	0.1	0.05	0.01	0.001	0.000 1
临界值 X	0.000 0	0.253 3	0.524 4	0.841 6	1.281 6	1.644 9	2.326 3	3.090 2	3.719 0
概率密度 Z	0.398 9	0.386 3	0.347 7	0.280 0	0.175 5	0.103 1	0.026 7	0.003 4	0.000 4
选择强度 k_p (Z/p)	0.797 9	0.965 9	1.159 0	1.399 8	1.755 0	2.062 7	2.665 2	3.367 1	3.958 5

从选择强度公式（4-86）和遗传进度公式（4-85），即可得到预测遗传进度的几个常用且相互等价的计算公式，即，

$$R = k_p h^2 \sqrt{V_P}, \ R = k_p h \sqrt{V_A}, \ R = \frac{k_p V_A}{\sqrt{V_P}} \qquad (4-87)$$

其中，h 表示狭义遗传力的平方根。对于表 4-18 和表 4-20 中 $q=0.9$ 的随机交配群体来说，如假定误差方差为 100，那么狭义遗传力 $h^2 = 0.77$。如选择株高较高的 10% 个体，根据公式（4-87）得到的遗传进度为 30.08，中选个体的随机交配后代均值将从选择前的 159.60 提高到 189.68；如选择株高较高的 1% 个体，遗传进度为 45.68，群体均值将从选择前的 159.60 提高到 205.28。这些结果均基于单基因座位模型。多基因模型下，单个基因的效应和遗传方差远低于表 4-18 和表 4-20 给出的数值，大多数数量性状的狭义遗传力也很低，因此每个选择世代的遗传进度也不会太高。

公式（4-87）建立在多基因假说、随机交配群体遗传效应和遗传方差分解，以及亲子之间相关关系分析的基础之上，是经典数量遗传理论的重要组成部分，同时也体现了数量遗传在育种中的应用价值。因此，国外也有人将公式（4-87）称为育种家公式（breeders' equation）。从这些公式中，不难看出提高遗传进度的几种可能途径。

1. 使用较小的选择比例，即提高选择强度　当选择比例 $p=10\%$ 时，选择强度为 1.755 0；选择比例 $p=1\%$ 时，选择强度为 2.665 2（表 4-24）。因此，$p=1\%$ 的遗传进度约是 $p=10\%$ 的 1.52 倍。需要注意的是，采用较高的选择强度，需要增加被选择个体或家系的数量。有时，用于重组下一轮群体的个体又不能太少，否则会有遗传漂变和随机误差的影响。如需 20 个个体互交形成下一轮群体，$p=10\%$ 时只需评价 200 个个体；$p=1\%$ 时，则需要评价 2 000 个个体。因此，在实际育种中提高选择强度会受到群体大小的限制，是有限度的。

2. 提高加性方差V_A在遗传方差中所占的比例　在相同选择强度条件下，遗传进度的大小是由加性方差 V_A 和狭义遗传力 h^2 二者乘积的平方根决定的。从公式（4-74）可以看到，个体表型方差中包含一倍的加性方差。尽管如此，由于单个个体的表型中往往包含较大的随机误差效应，个体水平的遗传力并不会太高。公式（4-76）和公式（4-79）表明，半同胞家系间包含 $\frac{1}{4}V_A$，全同胞家系间包含 $\frac{1}{2}V_A$，均低于个体表型中的加性方差。但是，可以通过提高家系内的个体数量，降低家系平均数的随机误差，从而提高家系平均数的狭义遗传力，获得高于个体选择的遗传进度。与半同胞家系相比，全同胞家系间包含更高比例的加性方差，基于全同胞家系平均数的选择效果也会优于半同胞家系选择。此外，还可考虑同时利用多种亲缘关系群体的表型数据，构建最优选择指数并进行选择，以获得更高的遗传进度。在下一节可以看到，自交家系中包含了超过一倍的加性方差，基于自交家系的平均表现进行选择，必然会优于基于半同胞或全同胞的家系选择。

3. 提高加性方差V_A本身　加性方差 V_A 可以通过引入新的种质，从而引入新的基因来实现。引入新的基因会引起遗传方差的增加，刚开始的几个育种周期可能会由于连锁累赘等原因造成群体均值的下降，但随着重组机会的不断增加，连锁累赘效应会不断下降，中长期遗传进度会得到不断提高。

4. 降低非遗传方差　误差方差以及基因型与环境之间互作方差的任何程度的降低，都会引起遗传力的增加，进而提高选择的遗传进度。随机误差方差可通过适当的田间试验设计、增加重复次数得以控制。通过对育种目标环境群体的划分，可以有效降低基因型与环境互作方差，提高遗传力。

以上 4 个方面，强调的都是单个育种周期的遗传进度。不同选择方法的育种周期有长有短，实践中还可计算单位时间的遗传进度。对单位时间或年份遗传进度来说，可考虑通过异地加代或温室种植等方式缩短育种周期，进而提高年份遗传进度。在选择强度保持不变的情况下，如将育种周期缩短一半，单位时间的遗传进度就会提高一倍。当然，如果在缩短育种周期的同时，选择强度有所下降或变得很低，单位时间遗传进度也可能不会提高太多。

六、遗传相关和相关遗传进度

育种中往往同时存在多个待改良的性状，统称为育种目标性状。这些性状之间还往往存在着不同程度的相关，有些可能是正相关（如产量构成因素与产量、生育期与产量等），有些可能是负相关（如产量构成因素之间、产量与品质等）。显然，性状之间的相关依赖于所采用的参照群体。同样两个性状，在不同群体中相关的程度也会存在一定差异，有时甚至存在正负号的方向性差异（Yao 等，2018）。引起遗传相关的主要原因有两个：一是控制不同性状基因之间的紧密连锁，二是同一个基因的一因多效性。当连锁紧密到一定程度时，从遗传上严格区分紧密连锁与一因多效是十分困难的。

由于遗传相关的存在，对性状 1 的选择势必影响到性状 2 的遗传构成，引起性状 2 群体均值的变化。这时，性状 2 观测到的遗传进度称为相关遗传进度（correlated genetic gain）或间接遗传进度（indirect genetic gain）。假定性状 1 和性状 2 的遗传力平方根分别为 h_1 和 h_2，对性状 2 直接选择的遗传进度用 R_2 表示，对性状 1 选择引起的性状 2 的相关遗传进度用 R_2^* 表示，两个性状之间的遗传相关系数为 r。在选择强度相同的情况下，可以证明相关遗传进度和直接遗传进度的比值为，

$$\frac{R_2^*}{R_2} = \frac{rh_1}{h_2} \tag{4-88}$$

从公式（4-88）可以看出，如果性状 1 和性状 2 之间有较高的遗传相关，同时性状 2 有较低的遗传力、性状 1 有较高的遗传力，这时，性状 1 选择对性状 2 产生的间接遗传进度甚至有可能超过对性状 2 直接选择的遗传进度。因此，育种中一些目标性状的改良可以通过其他相关性状的选择来实现。这样的选择又称相关选择（correlated selection）或间接选择（indirect selection）。那些受选择的非育种目标性状，有时也称次级性状（secondary trait）。对于目标性状遗传力较低或难以准确鉴定时，直接选择的效果就会很差。这时可以考虑选择与目标性状高度相关、同时遗传力又较高的性状，通过相关遗传进度来实现对目标性状的改良。例如，单株产量在育种早期世代的遗传力很低、测量误差较大，直接选择的效果不会太好。而一些与光合作用有关的生理性状可能与产量存在一定程度的正相关、又易于精确测量。因此，在早期分离群体中，可以通过对这些性状的选择，来间接提高最终的单株和群体产量。产量构成性状的遗传力一般都高于产量自身的遗传力，同时又与产量存在一定程度的正相关。因此，在育种早期世代，育种家对产量构成性状进行选择，都是为了间接提高最终的产量性状遗传进度。此外，当目标性状的表型鉴定成本较高时，也可以考虑选择与目标性状高度相关、同时又便于测量的性状，以提高育种的成本收益。对于杂交种育种来说，杂交种表现出来的遗传进度才是育种的最终目标，育种过程中对自交系自身表现的评价与选择，以及对自交系测交表现的评价与选择，都是为了间接地

提高最终由杂交种表现出来的遗传进度。

相关遗传进度还有另外一个方面的作用，就是育种地点的选取问题。例如，早期世代的选择一般在育种试验田里进行，但最终的品种需要种植在农民的土地上。如果把产量在育种试验田中的表现看作性状 1，在农民土地里的表现看作性状 2。育种家选择的是性状 1，但其目标其实是希望在性状 2 上取得较高的遗传进度。要达到这一目的，就要求性状 1 和性状 2 之间存在较高的正向遗传相关。如果产量在育种试验田的表现与在农民土地上的表现没什么关系，即性状 1 和性状 2 之间没有太大的遗传相关，那么，育种试验田中表现很好的基因型，将其种植到农民的土地上却不一定有很好的产量表现。其实，还可以把育种试验田看作一种环境，农民的土地和种植方式看作另外一种环境。只要这两个环境之间有较高的相似性，就可以预期育种性状在这两个环境间具有较高的相关性。因此，育种家需要对育成品种的最终种植环境进行仔细分析，种植育种材料和进行选择的试验环境条件，要尽可能接近未来育种品种的种植环境、耕作制度和生态条件。只有这样，育种过程中选择产生的遗传进度，才能在未来的农业生产中体现出来。

第五节　自交系选择与杂种优势利用

前一节介绍随机交配群体遗传效应和遗传方差的分解，进而得到狭义遗传力的估计并用于预测选择对群体均值的定向改变。本节将介绍重复自交过程中群体均值和遗传方差的变化规律、自交系选育方法、近交衰退和杂种优势现象及其数量遗传学研究方法，最后简单介绍杂种优势产生的遗传学基础。

一、双亲 F_2 自交后代群体的均值和遗传方差分解

以两个自交系 A_1A_1 和 A_2A_2 为亲本配制杂交组合、自交产生 F_2 分离群体，然后不断地自交纯合并选择，是选育新一代优良自交系的常用方法。目前，玉米育种家也大量采用单倍体诱导的方法，从杂种 F_1 直接产生出新一代自交系。这里以双亲衍生的 F_2 群体为例，说明自交家系的亲子间协方差，以及自交家系间和自交家系内遗传方差的构成。F_2 群体等价于 $p=q=0.5$ 的随机交配群体，在 F_2 群体中，三种基因型的频率分别为 $\frac{1}{4}$、$\frac{1}{2}$ 和 $\frac{1}{4}$。在单基因座位加显性模型下，不考虑中亲值 m，可计算出 F_2 群体的均值和遗传方差分别为，

$$\mu_{S_0} = \frac{1}{4} \times a + \frac{1}{2} \times d + \frac{1}{4} \times (-a) = \frac{1}{2}d \qquad (4-89)$$

$$V_{S_0} = \frac{1}{4} \times a^2 + \frac{1}{2} \times d^2 + \frac{1}{4} \times (-a)^2 - (\mu_{S_0})^2 = \frac{1}{2}a^2 + \frac{1}{4}d^2$$

$$(4-90)$$

如下定义加性方差和显性方差，

$$V_A = \frac{1}{2} a^2, V_D = \frac{1}{4} d^2 \qquad (4-91)$$

这样就把 F_2 群体（或 S_0）的遗传方差分解为两部分，即，

$$V_{S_0} = V_A + V_D \qquad (4-92)$$

如将公式（4-91）中的 V_A 看作多个座位上加性方差之和、V_D 看作多个座位上显性方差之和，公式（4-92）的分解也同样适合于多基因座位控制的数量性状。

根据 F_2 群体的基因型构成，可以将自交 S_1 家系分为三种类型（表 4-25）。基因型 A_1A_1 自交后代的基因型只有 A_1A_1，另外两种基因型的频率为 0，家系平均数等于 a；基因型 A_1A_2 自交后代与杂种 F_1 自交后代有相同的分离，家系平均数等于 $\frac{1}{2}d$ [公式（4-89）]；基因型 A_2A_2 自交后代的基因型只有 A_2A_2，家系平均数等于 $-a$（表 4-25）。进而得到自交一代家系平均表现之间的均值和方差分别为，

$$\mu_{S_1} = \frac{1}{4} \times a + \frac{1}{2} \times \frac{1}{2} d + \frac{1}{4} \times (-a) = \frac{1}{4} d \qquad (4-93)$$

$$V_{bS_1} = \frac{1}{4} \times a^2 + \frac{1}{2} \times \left(\frac{1}{2} d\right)^2 + \frac{1}{4} \times (-a)^2 - (\mu_{S_1})^2$$

$$= \frac{1}{2} a^2 + \frac{1}{16} d^2 = V_A + \frac{1}{4} V_D \qquad (4-94)$$

根据表 4-25 最后一列给出的家系内方差，同时考虑三种家系的频率计算家系内的平均方差，得到家系内平均方差为，

$$V_{wS_1} = \frac{1}{4} \times 0 + \frac{1}{2} \times \left(\frac{1}{4} a^2 + \frac{1}{4} d^2\right) + \frac{1}{4} \times 0 = \frac{1}{4} a^2 + \frac{1}{8} d^2 = \frac{1}{2} V_A + \frac{1}{2} V_D$$

$$(4-95)$$

表 4-25　自交一代 S_1 家系的遗传构成、家系平均数和家系内方差

自交家系类型	存在频率	亲代基因型值	自交后代的遗传构成			自交后代群体均值	自交家系内的遗传方差
			A_1A_1	A_1A_2	A_2A_2		
A_1A_1	$\frac{1}{4}$	a	1	0	0	a	0
A_1A_2	$\frac{1}{2}$	d	$\frac{1}{4}$	$\frac{1}{2}$	$\frac{1}{4}$	$\frac{1}{2} d$	$\frac{1}{2} a^2 + \frac{1}{4} d^2$
A_2A_2	$\frac{1}{4}$	$-a$	0	0	1	$-a$	0

如不考虑家系结构，三种基因型在 S_1 混合群体中的频率分别为 $\frac{3}{8}$、$\frac{1}{4}$ 和 $\frac{3}{8}$，可得到混合自交一代群体的均值和遗传方差分别为，

$$\mu_{S_1} = \frac{1}{4} d \qquad (4-96)$$

$$V_{S_1} = \frac{3}{4} a^2 + \frac{3}{16} d^2 = \frac{3}{2} V_A + \frac{3}{4} V_D \qquad (4-97)$$

显然，自交家系间方差 [公式（4-94）] 与自交家系内方差 [公式（4-95）] 二者之

和，正好等于无家系结构混合群体的遗传方差［公式（4-97）］。由于自交 S_1 世代不再是一个 HW 平衡群体，公式（4-97）的总遗传方差与公式（4-92）的总遗传方差也不再相等。

此外，还可以计算 F_2 代个体与其自交家系平均数间的协方差，即，

$$Cov_{S_{0:1}} = \frac{1}{4} \times a \times a + \frac{1}{2} \times d \times \left(\frac{1}{2}d\right) + \frac{1}{4} \times (-a) \times (-a) - \left(\frac{1}{2}d\right) \times \left(\frac{1}{4}d\right)$$

$$= \frac{1}{2}a^2 + \frac{1}{8}d^2 = V_A + \frac{1}{2}V_D \tag{4-98}$$

如用 $F_n = 1 - \left(\frac{1}{2}\right)^n$ 表示自交 n 代（即 S_n）的近交系数，表 4-26 给出了不同自交世代的家系间遗传方差、家系内遗传方差，以及总遗传方差。可以看出，随着自交代数的增加，家系间的方差逐渐增大。当自交无穷多代后，家系间的遗传方差等于 F_2 群体中加性方差的两倍。随着自交代数的增加，家系内的方差逐渐降低。当自交无穷多代后，家系内的遗传方差等于 0，即家系内不存在遗传变异。

表 4-26　不同自交世代的近交系数及家系间和家系内遗传方差的构成

世代	近交系数（F）	自交家系间		自交家系内		合计	
		V_A	V_D	V_A	V_D	V_A	V_D
S_1（F_3）	$\frac{1}{2}$	1	$\frac{1}{4}$	$\frac{1}{2}$	$\frac{1}{2}$	$\frac{3}{2}$	$\frac{3}{4}$
S_2（F_4）	$\frac{3}{4}$	$\frac{3}{2}$	$\frac{3}{16}$	$\frac{1}{4}$	$\frac{1}{4}$	$\frac{7}{4}$	$\frac{7}{16}$
S_3（F_5）	$\frac{7}{8}$	$\frac{7}{4}$	$\frac{7}{64}$	$\frac{1}{8}$	$\frac{1}{8}$	$\frac{15}{8}$	$\frac{15}{64}$
S_n（F_{n+2}）	$F_n = 1 - \left(\frac{1}{2}\right)^n$	$2F_n$	$F_n(1-F_n)$	$1-F_n$	$1-F_n$	$1+F_n$	$1-F_n^2$
S_∞（F_∞）	1	2	0	0	0	2	0

表 4-26 给出的方差成分构成，可用于比较自交过程中家系间选择与家系内选择的相对效率。由于自交家系间包含更多的加性方差，根据家系均值开展家系间选择应该是自交系选育工作的重点。S_1～S_3 的家系内还存在一定量加性方差，选择也是有效的。但随着自交世代的增加，基因型不断纯合、家系内的遗传差异越来越小，最后形成的自交系是近交系数等于 1 的纯系。这时，家系内选择不再产生任何遗传进度。

二、近交对群体均值的影响

由公式（4-89）和公式（4-93）可知，自交 S_1 的群体均值相对于 F_2 群体降低了 $\frac{1}{2}d$。考虑更一般的情形，在单基因座位加显性遗传模型下，p 和 q 分别表示参照群体中

等位基因 A_1 和 A_2 的频率，参照群体的均值用 μ_0 表示，即，

$$\mu_0 = (p-q)a + 2pqd \qquad (4-99)$$

用 F 表示近交系数，表 4-27 给出近交群体的遗传构成，将最后一列相加即可得到近交群体的均值，即，

$$\mu_F = (p-q)a + 2pqd - 2pqdF \qquad (4-100)$$

根据表 4-27 给出的遗传构成，也可计算近交群体的遗传方差，但其表达式比较复杂，这里就不列出了。显然，当 $F=0$ 时，公式（4-100）就变为公式（4-99）；当 $F=1$ 时，近交群体由两个自交系基因型 A_1A_1 和 A_2A_2 构成，存在频率分别为 p 和 q。因此，公式（4-100）给出的群体均值具有广泛代表性。计算近交群体均值相对于无近交随机交配群体的变化量，即，

$$\Delta\mu = \mu_F - \mu_0 = \begin{cases} -2pqdF & \text{（单基因座位）} \\ -2(\sum pqd)F & \text{（多基因座位）} \end{cases} \qquad (4-101)$$

推广到多基因座位和复等位基因的情形，在不存在连锁不平衡的假定下，公式（4-99）至公式（4-101）也都是适用的，只不过要对不同座位的贡献求和而已。

表 4-27　近交群体的遗传构成

基因型	存在频率	基因型值（不考虑中亲值）	频率×基因型值
A_1A_1	$p^2 + pqF$	a	$p^2a + pqaF$
A_1A_2	$2pq(1-F)$	d	$2pqd - 2pqdF$
A_2A_2	$q^2 + pqF$	$-a$	$-q^2a - pqaF$

公式（4-101）得到的变化量衡量了由近交引起的群体均值的变化程度。当显性效应 d 为正值时，近交群体的均值就会下降，这一现象称为近交衰退（inbreeding depression）。如不考虑基因频率的变化，近交衰退只与显性效应有关，显性效应越大，近交衰退越严重。只要杂合基因型的表现不等于两种纯合基因型的平均数，就会出现近交衰退，衰退的方向为隐性纯合基因型的表现。同时还可以看出，近交衰退是近交系数 F 的线性函数。这一线性关系在玉米株高和产量等性状上都可以观察到（Hallauer 等，2010），说明了多基因加显性模型在数量遗传研究中的有效性。

三、两个近交系的杂交后代群体均值

用 p 和 q 表示近交系亲本 P_1 中等位基因 A_1 和 A_2 的频率，亲本 P_2 的等位基因频率用 $p+x$ 和 $q-x$ 表示。从小群体遗传漂移理论来看，两个亲本的基因频率相差越大，表明近交程度越高。假定近交系群体内部仍然是随机交配，公式（4-102）和公式（4-103）给出两个亲本群体均值的表达式，由此得到中亲值公式（4-104）。

$$\mu_{P_1} = (p-q)a + 2pqd \qquad (4-102)$$

$$\mu_{P_2} = \left[(p+x)-(q-x)\right]a + 2(p+x)(q-x)d$$
$$= \mu_{P_1} + 2xa - 2(p-q)xd - 2x^2d \tag{4-103}$$

$$\mu_{\overline{P}} = \frac{1}{2}\mu_{P_1} + \frac{1}{2}\mu_{P_2} = \mu_{P_1} + xa - (p-q)xd - x^2d \tag{4-104}$$

亲本群体 P_1 产生两种配子型 A_1 和 A_2 的频率分别为 p 和 q，亲本群体 P_2 产生两种配子型 A_1 和 A_2 的频率分别为 $p+x$ 和 $q-x$，其杂交 F_1 群体由亲本 P_1 的配子和亲本 P_2 的配子随机结合而产生，由此就能计算出杂交 F_1 群体的基因型频率。表 4-28 给出了亲本配子型及其频率，以及杂交 F_1 后代的基因型及其频率。根据后代群体的基因型频率，即可得到杂交后代均值，见计算公式（4-105）。杂交 F_1 代均值与中亲之间的离差，用 H_{F_1} 表示，由公式（4-106）计算得出。

$$\mu_{F_1} = \mu_{P_1} + xa - (p-q)xd \tag{4-105}$$

$$H_{F_1} = \mu_{F_1} - \mu_{\overline{P}} = \begin{cases} x^2d \text{（单基因座位）} \\ \sum (x^2d) \text{（多基因座位）} \end{cases} \tag{4-106}$$

表 4-28　两个近交系亲本的配子频率及其杂交后代群体的遗传构成

近交系亲本 P_1		近交系亲本 P_2		杂交 F_1 后代群体	
配子型	频率	配子型	频率	基因型	频率
A_1	p	A_1	$p+x$	A_1A_1	$p^2 + px$
A_2	q	A_2	$q-x$	A_1A_2	$2pq - (p-q)x$
				A_2A_2	$q^2 + qx$

公式（4-106）得到的变化量衡量了由杂交引起的群体均值相对于中亲值的变化程度。当显性效应 d 为正值时，杂交后代群体的均值就会增加，这一现象称为杂种优势（hybrid vigor or heterosis）。公式（4-106）得到的杂种优势，又称中亲优势，与公式（4-101）给出的近交衰退类似，中亲优势也是只依赖于每个基因座位上的显性效应。加性基因（即显性效应为 0）不会引起近交衰退，也不会引起杂种优势。表 4-28 中的杂交 F_1 经过一代随机交配即可得到一个 HW 平衡群体，不妨也将其称为 F_2。根据这个 F_2 的遗传构成计算其均值和中亲优势，可以发现 F_2 的中亲优势等于 F_1 中亲优势的一半。继续随机交配的话，只要基因频率保持不变，中亲优势也将维持不变。

公式（4-106）表明，中亲优势的大小依赖于两个亲本群体基因频率差异的平方。基因频率无差异的两个群体，杂交也就不会产生杂种优势。基因频率在一个群体中为 0、在另一个群体中为 1 时，这时的两个亲本都是纯系，中亲杂种优势达到最高值。推广到多基因，如果不同座位上基因的显性效应有不同的方向，这时的中亲优势就会相互抵消。因此，看不到中亲优势的杂交 F_1 中，不一定代表无显性效应存在。当所有等位基因频率在两个亲本中只有 0 和 1 两种取值时，中亲优势等于显性效应的代数和。

四、杂种优势与杂交种选育

以随机交配为主的物种，近交往往会引起个体繁殖力和生活力的下降，这一生物学现象称为近交衰退。人们在观察到近交衰退这一现象的同时，还观察到两个近交系或两个种之间的杂交往往表现出一定的优势，近交引起的繁殖力和生活力下降，往往会在近交系之间的杂种中得到恢复，这就是杂种优势现象。近交衰退和杂种优势可以看作是一个问题的两个方面，近交衰退程度高的物种，其杂种优势一般也比较高；杂种优势程度高的物种，其近交衰退的程度一般也比较大。由于长期选择和进化的作用，在以自交繁殖方式为主的物种中，近交衰退和杂种优势的程度要远低于随机交配物种。基因型接近纯合的近交系，即使发生进一步的近交，群体结构不会发生大的变化，也就观察不到明显的近交衰退，但两个纯系之间的杂交仍会出现杂种优势。

由于杂种优势现象的普遍存在，通过自交或近交选育近交系，然后通过配制近交系之间的杂交组合来利用杂种优势，就成为一种重要的育种方法。在玉米、高粱、水稻、油菜、棉花等重要作物中，杂交种选育已经取得巨大成就，这些作物的杂交品种已经在农业生产中发挥了巨大作用。杂种优势是杂种超越亲本的一种遗传现象，一个杂种可以是来自两个群体间的杂交，但更普遍地是指两个或多个自交系间的杂交，一个杂交种可以是两个自交系亲本之间的单交（single cross）、三个自交系亲本之间的三交或顶交（three‐way cross or top cross），以及四个自交系之间的双交（double cross）等。

近交衰退和杂种优势都是一个相对的概念，需要一个参照物才能对它们进行度量。杂种优势可以用两个亲本的中亲值作参照，近交衰退的参照群体可以看作是一个无限人的随机交配群体。为方便起见，在杂种优势的理论研究中，多采用公式（4‐106）定义的中亲优势。而在实际应用中，人们更倾向于采用超中亲的百分数来表示杂种优势。育种家有时关心的可能还有超高亲优势，或相对于对照品种的优势。因此，杂种优势有时也用超高亲或超对照品种的百分数表示。

公式（4‐106）表明，两个亲本之间基因频率的差异越大、差异的座位越多，亲本间的遗传差异越大，杂种优势也就越大。但有一些研究表明，这一结论仅在一定范围内成立，超过一定的范围，随着遗传差异的增加，杂种优势还会下降，甚至出现杂种不育的现象。Moll 等（1965）从 4 个玉米种植地区、每个地区选取两个品种组成 8 个亲本群体，配制了所有可能的 28 个杂交 F_1 群体。按照亲本品种的地理差异从小到大的顺序，把这些杂交 F_1 群体分成 7 组，表 4‐29 给出每组杂交 F_1 和 F_2 的单株平均产量（单个群体根据至少 100 个单株计算，单位为 lb，1lb＝0.453 592kg）。亲本群体内杂交的遗传差异度最低，作为对照列于表 4‐29 第一行。显然，随着两个杂交亲本遗传差异的增大，F_1 和 F_2 的产量不断增加，中亲优势和高亲优势也不断增加，但增加到一定程度后，产量和杂种优势反而会下降。最后一种杂交类型，波多黎各和墨西哥两个亲本品种的差异达到最高，但它们 F_1 的平均产量只有 0.323lb，甚至还低于群体内杂交的平均产量 0.352lb。

表 4-29　玉米杂交 F_1 的平均单株产量（lb）与亲本群体遗传差异的关系

杂交亲本	F_1产量	F_2产量	F_1中亲优势	F_1高亲优势
群体内随机交配	0.352			
同一个地区的两个自交系	0.392	0.359	0.040	0.023
美国东南×中西群体	0.488	0.456	0.076	0.063
美国东南×波多黎各群体	0.520	0.454	0.134	0.102
美国中西×波多黎各群体	0.520	0.456	0.140	0.114
美国东南×墨西哥群体	0.405	0.372	0.081	−0.013
美国中西×墨西哥群体	0.380	0.355	0.062	−0.026
波多黎各×墨西哥群体	0.323	0.313	0.031	−0.031

五、杂种优势的遗传基础

人们对杂种优势的含义有三种不同的看法（Coors 和 Pandey，1999；Bernardo，2010；Hallauer 等，2010；王建康，2017）：①凡是 F_1 基因型值高于亲本中亲值，均应视为杂种优势，这种杂种优势概念与显性效应有类似的含义。②杂种优势和显性是同一生理和遗传现象，只是表现的程度有所不同。只有杂种表现比高值亲本更高，或比低值亲本更低时才有杂种优势。因此杂种优势与超显性有相似的含义。③认为应对 F_1 进行连续自交，F_1 的表现比最高的重组近交系还大，或比最低的重组近交系还小时，才有杂种优势。对任何一种作物来说，如果杂种优势充分大，生产杂交种经济可行，那么就可以考虑选育杂交种作为品种。不同作物有不同的杂种优势，异花授粉作物的杂种优势最高，可以超过中亲表现的 100％以上，常异花授粉作物的杂种优势为 30％～60％，自花授粉作物的杂种优势相对较低。关于杂种优势的遗传基础，遗传学上有两种截然不同的假说，即显性假说（dominance hypothesis）和超显性假说（overdominance hypothesis）。但两者有一个共同点，均认为杂种优势是不同遗传结构的亲本杂交后，彼此遗传物质（基因）相互作用的结果。

显性假说认为显性基因的聚合和等位基因间的互作是造成杂种优势的原因，杂种优势是由于杂合子中隐性不利基因被掩盖而引起的，杂种优势是多对基因共同作用的结果。对于显性假说有两种反对意见。其一，如果显性假说成立，实践中应该能够选育到与杂交种表现同样优良的自交系。但截至目前，至少在玉米上还没有选育到与优良杂交种表现相当的自交系。当然，玉米育种中出现的这种现象还可能与选择的方式有关。玉米杂交育种中，育种家一般只根据测交组合的表现选择产量性状，很少选择自交系自身的产量表现。如果能像测交组合表现那样选择自交系，自交系与杂交种之间的差异也许就没有目前观察到的那么大。通过对自交系自身产量的选择，最终是否会得到与优异杂交种表现相当的优异自交系，有待通过育种实践来检验。其二，当显性效应存在时，F_2群体的分布应该是偏态的。而实际中，对于具有杂种优势的许多性状来说，它在F_2群体中表现为对称的近似正态分布。但是，如果考虑到控制性状的基因很多，它们之间还存在连锁这一事实，就会对上面的质疑做出较好的解释。由于存在多基因间的连锁，尤其是有利基因与不利基因处于紧密连锁状态时，很难选择到所有座位上都是优良等位基因的近交重组基因型；多个基因存在时，即使存在显性效应，F_2群体的分布偏度也是很微小的。

超显性假说认为同一个座位上不同等位基因的相互作用是造成杂种优势的原因，杂种优势是由于杂合基因型优于两个纯合基因型而引起的。假定三种基因型A_1A_1、A_1A_2和A_2A_2的平均表现为a、d和$-a$，杂种优势是由于$d>a$引起。对超显性来说，选育到与杂交种一样优良的自交系是不可能的，但基因间的紧密连锁会引起假超显性（pseudo‐overdominance）。基因间的连锁可分为相引连锁（coupling linkage）和互斥连锁（repulsion linkage），两个有利基因间的连锁或两个不利基因间的连锁称为相引连锁，一个有利基因和一个不利基因间的连锁称为互斥连锁，假超显性一般是由互斥连锁引起。

除同一个座位上不同等位基因的相互作用（即加显性效应）外，不同座位之间基因的上位性效应也会产生杂种优势。过去的经验数据大多支持杂种优势是由部分显性或完全显性造成的，上位性和超显性的作用较小。最近借助分子数据的研究似乎又表明，各种遗传效应都会在杂种优势中起作用。Tang 等（2010）利用玉米优良杂交种豫玉 22 衍生的永久F_2群体，结合覆盖全基因组 261 个 SSR 标记的基因型数据，研究了玉米产量及产量构成性状杂种优势的遗传基础。在产量、穗长、穗行数和百粒重四个性状中，共定位到 13 个与杂种优势有关的座位，上位性检测中得到的加加上位互作 QTL 最多，显性效应和加加互作是决定豫玉 22 杂种优势的主要因素。Lariépe 等（2012）利用多个重组近交家系群体开展遗传交配设计，对玉米重要农艺性状进行 QTL 定位研究，检测出的产量 QTL 大多具有明显的超显性。

杂交种选育和农业生产中，人们最关心的当然还是产量性状的杂种优势。产量也许是终极的、复杂程度最高的一个数量性状，其形成涉及众多生理过程和发育阶段，无疑受大量基因的影响（Guo 等，2013，2014；Shang 等，2016；Liu 等，2017；Aakanksha，2021）。因此，期望用一种遗传模型来解释所有与产量和杂种优势有关的基因座位与遗传机制，很可能是不切合实际的。与任何遗传研究一样，研究结果依赖于采用的遗传材料和群体类型。利用不同物种、不同材料、不同群体，得到的结论不尽一致，也是正常的。最终要想完全说明杂种优势的遗传基础，需要把单个基因在染色体上的位置和功能，以及不同基因之间的相互关系了解清楚（王建康，2017；王建康等，2020）。

第六节　遗传交配设计与数量性状基因定位

数量遗传研究中，除了非遗传效应外，人们更关心遗传方差的分解和估计。为达到这一目的，就需要开展遗传交配设计，以产生具有一定亲缘关系的家系群体（王建康，2017）。限于篇幅，本节仅介绍与玉米杂交种选育和杂种优势遗传解析相关的两种交配设计，最后简单介绍数量性状的基因定位方法。

一、双列杂交设计与配合力分析

对一个特定的自交系，如果利用大量其他自交系与其杂交，这些杂交组合的平均表现与所有可能组合形成群体的均值之间的差异，称为该自交系的一般配合力（general combining ability，GCA）。如用 Y 表示自交系 P_1×自交系 P_2 杂交 F_1 的表现，μ 表示所有组合的群体均值，离差（$Y-\mu$）就可以按照公式（4-107）进行分解。公式右端的前两项为两个亲本的一般配合力，最后一项称为两个亲本 P_1 和 P_2 的特殊配合力（specific combining ability，SCA）。

$$Y - \mu = GCA_{P_1} + GCA_{P_2} + SCA \qquad (4-107)$$

根据 HW 平衡定律，任一群体只要随机交配一代即可达到 HW 平衡。因此，所有杂交组合放在一起可以看作一个 HW 平衡群体。GCA 与随机交配群体的育种值相似，其中仅包含加性效应和加加互作效应；SCA 与随机交配群体的显性离差相似，其中仅包含显性离差以及与显性有关的互作效应。开展配合力分析的常用遗传交配设计是双列杂交（diallel cross design or diallel mating design）（Comstock 等，1949）。

根据交配设计的父母亲本是否相同、是否包含反交、是否包含自交等因素，双列杂交又可以分成很多类型。这里仅介绍玉米育种最常用的一种设计，设有 m 个父本自交系来自杂种优势群 A，n 个母本自交系来自杂种优势群 B，配制 $m\times n$ 个所有可能的杂交组合，每个组合有 r 个观测值。用 $i=1, 2, \cdots, m$ 表示群 A 自交系，$j=1, 2, \cdots, n$ 表示群 B 自交系，$k=1, 2, \cdots, r$ 表示重复，公式（4-108）给出每个观测值 Y_{ijk} 的线性分解模型。

$$Y_{ijk} = \mu + GCA_i + GCA_j + SCA_{ij} + \varepsilon_{ijk} \qquad (4-108)$$

显然，公式（4-108）给出的线性模型与公式（4-58）并没有本质区别，因此可以采用类似的方法估计公式（4-108）中的各种效应，进行方差分析（表4-30）。

表4-30 一组父本自交系与一组母本自交系的双列杂交方差分析表

变异来源	自由度	均方	固定模型期望均方	随机模型期望均方
杂种优势群 A	$m-1$	MS_A	$V_\epsilon + nr V_A$	$V_\epsilon + r V_{AB} + nr V_A$
杂种优势群 B	$n-1$	MS_B	$V_\epsilon + mr V_B$	$V_\epsilon + r V_{AB} + mr V_B$
交互作用 AB	$(m-1)(n-1)$	MS_{AB}	$V_\epsilon + r V_{AB}$	$V_\epsilon + r V_{AB}$
随机误差	$mn(r-1)$	MS_ϵ	V_ϵ	V_ϵ
总和	$mnr-1$			

从表 4 - 30 最后两列给出的期望均方，可以得到两种效应模型下各种方差成分的估计值。方差成分 V_A 是优势群 A 自交系的一般配合力方差，V_B 是优势群 B 自交系的一般配合力方差，V_{AB} 是两个杂种优势群的特殊配合力方差。一般配合力（GCA）方差越大、特殊配合力（SCA）方差越小，利用 GCA 预测杂交组合表现的效果就会越好。

二、双亲 RIL 群体和永久 F_2 设计

研究显性效应以及与显性有关的上位型互作，需要采用包含杂合基因型的遗传群体。传统回交、F_2 和 $F_{2:3}$ 等群体可用来研究这些遗传效应，但这些群体中包含的基因型一般难以重复，难以开展多环境有重复的表型鉴定试验。为了避免这一问题，人们提出并构建出了永久杂合基因型群体，如永久 F_2（Hua 等，2003；Chen 等，2007；Guo 等，2014；Liu 等，2017）和永久回交群体（Li 等，2008；Aakanksha 等，2021）。该类群体由纯系衍生而来，基因型可从他们的纯系亲本推测出来，因此在遗传研究中只需对纯系群体开展基因型鉴定，而用于构成永久杂合群体的纯系亲本既可以是一个杂种 F_1 的加倍单倍体家系（DH 家系），也可以是一个杂种 F_1 连续自交得到的重组近交家系（RIL）。目前，永久杂合群体已在水稻、小麦、玉米、棉花等作物中被创建出来，也开发了针对这类群体的分析方法和计算机软件（Zhang 等，2022）。

豫玉 22 是一个强优势杂交组合（汤华等，2004），亲本自交系综 3 选自一个综合种，亲本自交系 87 - 1 选自美国先锋公司的杂交种 87001，属于"温热 I 群×综合种选系"杂优模式。2000 年从豫玉 22 的 F_2 分离群体中随机挑选 300 个单株，按照单粒传方法连续自交至 F_7 代，构建一个包含 294 个 RIL 的纯系群体（Guo 等，2013；Guo 等，2014）。将 294 个 RIL 随机等分成两组，采用无放回抽样的方法，从两组家系中各随机选择一个作亲本配制一个杂交组合，共配制 147 个杂交组合。经过三轮随机分组和组配，共获得 441 个杂交组合，他们在一起形成一个"永久 F_2"群体。表型鉴定试验分别于 2003 年和 2004 年在中国农业大学昌平实验站和河南省浚县农业科学研究所（现鹤壁市农业科学院）进行。田间采用完全随机区组设计，单行区三次重复，行长 4m，行间距 0.67m，密度 45 000 株/hm²。成熟时从每行的第 3 株开始连续收获 10 个穗子，晒干后用于室内考种。表 4 - 31 和表 4 - 32 分别给出 10 个 RIL 和 10 个永久 F_2 杂交组合，在三种环境下小区产量的三次重复观测数据，这些 RIL 和杂交组合中都不包含缺失表型数据。

需要说明的是，由于组配的随机性，表 4 - 32 中 10 个组合的两个 RIL 亲本并不包含在表 4 - 31 中。从表 4 - 31 和表 4 - 32 的重复观测数据，利用第三节介绍的方法进行单环境方差分析，估计每个环境下基因型间的方差以及随机误差方差，进而估计广义遗传力。每个群体的区组自由度为 2、基因型自由度为 9、误差自由度为 18。方差分析的均方、方差成分和广义遗传力的估计值结果见表 4 - 33（区组均方及其方差成分未给

出）。从表中 F 统计量可以看出，不管是 RIL 群体还是永久 F_2 群体中，10 个基因型的小区产量差异都达到显著或极显著水平。三个环境中，RIL 群体的一次重复广义遗传力在 0.60 和 0.91 之间；永久 F_2 群体的一次重复广义遗传力在 0.45 和 0.78 之间，明显低于 RIL 群体广义遗传力的估计值。重复平均数的遗传力均高于无重复（一次重复）表型的遗传力。

表 4 - 31　自交系综 3 和 87 - 1 衍生的 10 个 RIL 小区产量的多环境重复观测数据

自交系编号	环境 I			环境 II			环境 III		
	重复 I	重复 II	重复 III	重复 I	重复 II	重复 III	重复 I	重复 II	重复 III
RIL02	2.559	2.655	2.430	2.250	2.340	2.250	4.086	4.185	4.005
RIL14	2.655	2.498	2.745	2.610	2.205	2.745	1.346	2.120	2.805
RIL23	2.925	2.970	2.700	2.790	3.105	3.060	3.893	3.195	3.150
RIL42	2.565	2.205	1.800	4.005	3.690	3.225	3.834	4.725	4.328
RIL52	3.060	2.610	2.723	3.600	3.105	3.150	3.663	3.708	3.888
RIL58	1.935	2.160	2.138	2.160	2.925	1.710	4.271	3.173	4.316
RIL69	1.845	1.688	2.250	2.385	2.025	2.565	3.729	3.645	1.880
RIL72	3.825	3.578	3.803	3.735	5.040	4.455	3.330	3.296	3.381
RIL73	4.320	4.118	4.140	4.905	4.320	3.960	4.059	3.897	4.289
RIL78	2.813	3.330	2.813	3.690	3.150	3.510	2.889	1.553	2.124

表 4 - 32　自交系综 3 和 87 - 1 衍生的 10 个永久 F_2 杂交组合小区产量的多环境重复观测数据

组合编号	环境 I			环境 II			环境 III		
	重复 I	重复 II	重复 III	重复 I	重复 II	重复 III	重复 I	重复 II	重复 III
IF1	6.255	5.580	5.079	7.650	7.245	7.380	7.460	8.100	7.799
IF2	8.280	6.278	5.580	5.580	6.255	6.210	7.394	8.123	6.332
IF3	3.488	2.663	1.868	5.805	5.625	5.805	6.953	6.359	5.451
IF4	6.885	5.468	7.853	7.830	6.570	8.460	6.872	8.883	8.930
IF6	4.163	4.680	5.693	7.065	7.200	6.660	7.461	7.232	7.115
IF7	6.435	6.075	7.223	7.110	6.615	6.930	7.191	5.985	8.105
IF8	6.621	6.553	5.657	6.120	6.525	6.525	6.993	6.327	6.404
IF9	6.075	5.175	4.005	6.570	6.615	5.445	7.506	6.287	7.619
IF10	4.523	4.275	4.140	4.500	5.400	5.040	6.485	7.140	5.850
IF11	3.555	2.903	1.193	3.870	4.680	5.220	4.730	5.409	5.702

表 4 - 33 RIL 群体和永久 F_2 群体的单环境方差分析及遗传方差和遗传力估计

群体类型	环境	均方		F 统计量	方差估计值		广义遗传力	
		基因型	随机误差		基因型	随机误差	一次重复	重复平均数
RIL 群体	环境Ⅰ	1.533	0.050	30.903***	0.495	0.049	0.909	0.968
	环境Ⅱ	2.044	0.162	12.622***	0.627	0.162	0.795	0.921
	环境Ⅲ	1.807	0.318	5.682***	0.496	0.318	0.610	0.823
永久 F_2 群体	环境Ⅰ	7.399	0.714	10.367***	2.228	0.714	0.757	0.904
	环境Ⅱ	2.958	0.262	11.274***	0.899	0.262	0.774	0.911
	环境Ⅲ	2.075	0.595	3.487*	0.493	0.595	0.453	0.713

注：*，***分别表示 0.05 和 0.001 水平下差异显著。

利用第三节的方法进行多环境联合方差分析估计环境间方差、基因型间方差、基因型和环境互作方差，以及随机误差方差，进而估计广义遗传力。区组自由度为 6、环境自由度为 2、基因型自由度为 9、基因型与环境互作自由度为 18，误差自由度为 54。不管是 RIL 群体还是永久 F_2 群体，环境间方差、基因型间方差，以及基因型和环境互作方差都达到显著或极显著水平。两个群体的方差成分和遗传力估计值见表 4 - 34。永久 F_2 群体的环境方差和基因型方差均明显高于 RIL 群体，同时也具有较高的随机误差方差。多环境联合方差分析中，永久 F_2 群体的广义遗传力高于 RIL 群体。说明在多环境试验中，由于基因型和环境互作的存在，单环境遗传力高，联合分析的遗传力不一定高。

表 4 - 34 RIL 群体和永久 F_2 群体三个环境联合方差分析的遗传方差和遗传力估计

群体类型	方差估计值				广义遗传力估计值	
	环境	基因型	基因型×环境	随机误差	基于一次重复	基于环境和重复的平均数
RIL 群体	0.094***	0.311***	0.342***	0.177	0.375	0.699
永久 F_2 群体	0.812***	1.033***	0.260ns	0.524	0.569	0.877

注：*，***分别表示 0.05 和 0.001 水平下差异显著，ns 表示 0.05 水平下差异不显著。

用 V_A 和 V_D 表示 F_2 群体中的加性方差和显性方差，则 RIL 群体的遗传方差为 $2V_A$，永久 F_2 群体的遗传方差为 V_A+V_D。因此，可以利用表 4 - 33 和表 4 - 34 中 RIL 群体遗传方差的一半去估计加性方差 V_A，然后从永久 F_2 群体遗传方差减去加性方差，以作为显性方差 V_D 的估计，结果列于表 4 - 35。从表中可以看出，对于小区产量来说，显性方差远高于加性方差，狭义遗传力远低于广义遗传力。说明实际育种中，难以利用 RIL 的产量精确地预测杂种 F_1 的产量。

表 4-35 永久 F₂ 群体中加性方差、显性方差和遗传力的估计值

数据类型	加性方差	显性方差	误差方差	狭义遗传力	广义遗传力
环境Ⅰ	0.247	1.981	0.714	0.084	0.757
环境Ⅱ	0.314	0.585	0.262	0.270	0.774
环境Ⅲ	0.248	0.245	0.595	0.228	0.453
联合分析	0.156	0.878	0.524	0.100	0.664

三、数量性状基因定位方法

同时利用一个遗传群体的基因型和表型鉴定数据，可以把控制数量性状的基因（quantitative trait gene or locus，简称 QTL）定位在特定染色体的特定位置上，并估计单个座位上基因的遗传效应。寻找 QTL 在染色体上的位置并估计其遗传效应的过程，称为 QTL 作图或定位（QTL mapping）。自 Lander 和 Botstein（1989）提出区间作图方法以来，QTL 定位已经成为动植物数量性状遗传研究的主要方法。根据定位结果对数量性状基因进行精细定位、图位克隆，利用定位到的紧密连锁标记对数量性状进行辅助选择等，都有成功的例子，一般而言，只要存在基因型分离和明显表型差异的群体，都可用于基因定位研究。尽管基本原理相似，但不同群体的遗传构成存在较大差异，基因定位的具体算法往往存在较大差异。这里以结构最简单的 DH 群体为例，说明数量性状基因的完备区间作图方法（inclusive composite interval mapping，ICIM）。更多群体或更多作图方法，可参看王建康（2009）、李慧慧等（2010）以及《基因定位与育种设计》一书。

在只有一个 QTL（Q 和 q 表示该座位上的 2 个等位基因）的加性遗传模型下，两种纯合 QTL 基因型 QQ 和 qq 的基因型值 G 可统一表示为，

$$G = m + aw \tag{4-109}$$

其中，m 代表纯合基因型 QQ 和 qq 的平均数，a 为加性效应，w 是 QTL 基因型的指示变量，w=1 代表基因型 QQ，w=-1 代表基因型 qq。QTL 作图时，个体的 QTL 基因型事先是未知的，遗传参数 a 有待估计，但个体的标记型是已知的。由于标记和 QTL 之间存在连锁关系，标记型提供了个体 QTL 基因型的连锁信息。

假定 2 个多态性标记之间存在 1 个 QTL，两个亲本的基因型分别为 AAQQBB 和 aaqqbb。标记间的重组率用 r 表示，标记 A 与 QTL 间的重组率用 r_L 表示，QTL 与标记 B 间的重组率用 r_R 表示。类似 QTL 基因型定义两个标记的指示变量，分别用 x_L 和 x_R 表示。两个标记座位在 DH 群体存在四种标记型，每种标记型下两种 QTL 基因型的存在频率可通过 QTL 与两个标记位点间的重组率来估计。表 4-36 给出 4 种标记型中两种 QTL 基因型的期望频率，从中可以得到，

$$E(w \mid x_L, x_R) = c_L x_L + c_R x_R \tag{4-110}$$

其中，$c_L = \dfrac{r - r_L + r_R - 2 r_L r_R}{2r(1-r)}$，$c_R = \dfrac{r + r_L - r_R - 2 r_L r_R}{2r(1-r)}$，二者均为重组率的

函数。

表 4-36　DH 群体中两个相邻标记座位上四种标记型中 QTL 基因型的期望频率

标记型	频率	标记指示变量		QTL 基因型的频率		QTL 指示变量的期望 $E(w \mid x_L, x_R)$
		x_L	x_R	$QQ\ (w=1)$	$qq\ (w=-1)$	
$AABB$	$\frac{1}{2}(1-r)$	1	1	$\dfrac{1-r_L-r_R+r_L r_R}{2r(1-r)}$	$\dfrac{r_L r_R}{1-r}$	$1-\dfrac{2r_L r_R}{1-r}$
$AAbb$	$\frac{1}{2}r$	1	-1	$\dfrac{(1-r_L)r_R}{r}$	$\dfrac{r_L(1-r_R)}{r}$	$\dfrac{r_R-r_L}{r}$
$aaBB$	$\frac{1}{2}r$	-1	1	$\dfrac{r_L(1-r_R)}{r}$	$\dfrac{(1-r_L)r_R}{r}$	$\dfrac{r_L-r_R}{r}$
$aabb$	$\frac{1}{2}(1-r)$	-1	-1	$\dfrac{r_L r_R}{1-r}$	$\dfrac{1-r_L-r_R+r_L r_R}{2r(1-r)}$	$-1+\dfrac{2r_L r_R}{1-r}$

在公式（4-110）基础上，单基因座位加性效应模型［公式（4-109）］中基因型值 G 对标记型的条件期望可表示为，

$$E(G \mid x_L, x_R) = m + b_L x_L + b_R x_R \qquad (4-111)$$

其中 $b_L = a \times c_L$，$b_R = a \times c_R$，二者均为 QTL 加性效应 a 和重组率的函数。从上述推导过程可以看出，公式（4-111）中的系数 b_L 和 b_R 既包含有 QTL 的位置信息（即 QTL 与两个侧连标记之间的重组率），又包含有 QTL 加性效应的信息。反过来，如果能够估计公式（4-111）中标记变量前面的系数，就能推断 QTL 在标记区间上的相对位置，并估计其加性遗传效应。

假定一个 DH 群体中有 n 个家系，某个数量性状的表型值和 $m+1$ 个已排好顺序（即遗传连锁图谱）的标记基因型都是已知的。考虑到多个 QTL 的情形，利用公式（4-111）即可得到表型与全基因组标记的一个线性回归模型，

$$Y_i = b_0 + b_1 x_{i,1} + b_2 x_{i,2} + \cdots + b_{m+1} x_{i,m+1} + \varepsilon_i \qquad (4-112)$$

其中，$i=1$、2、$\cdots$、n，n 为群体大小；Y_i 是第 i 个 DH 家系的表型；b_0 是线性回归模型的常数项；b_j 是表型对第 j 个标记变量的偏回归系数，$j=1$、2、$\cdots$、$m+1$；$x_{i,j}$ 是第 j 个标记在第 i 个 DH 家系中的指示变量，亲本 P_1 标记型用 1 表示，亲本 P_2 标记型用 -1 表示；ε_i 是残差项，服从均值为 0、方差为 σ_ε^2 的正态分布。从推导过程可以看出，表型对标记的偏回归系数只依赖于两个相邻标记所标定区间上的 QTL，不受其他区间上 QTL 的影响。公式（4-111）和公式（4-112）是 ICIM 方法实现背景控制的理论基础。

完备区间作图方法的基本思想是用所有标记信息构建公式（4-112）给出的回归模型，通过对表型值的矫正控制背景遗传变异，对矫正后的表型值进行区间作图。考虑到 QTL 个数通常比标记个数少，可以采用逐步回归策略进行模型选择，以选择公式（4-112）中的重要标记变量；未中选标记的偏回归系数设为 0。如当前扫描位置的标记区间为（k，$k+1$），观测值可矫正为，

$$\Delta Y_i = Y_i - \sum_{j \neq k, j \neq k+1} \hat{b}_j x_{ij}, (i=1,2,\cdots,n) \qquad (4-113)$$

其中，$\hat{b}_j$是公式（4-112）中对应回归系数的估计值。如果样本量足够大、而且（k，$k+1$）的左右相邻区间上均不存在 QTL，估计值 $\hat{b}_k$ 和 $\hat{b}_{k+1}$ 仅包含当前扫描区间（k，$k+1$）上 QTL 的位置和加性效应信息。因此在随后的区间作图中，表型矫正值 ΔY_i 就不会遗漏当前扫描区间（k，$k+1$）上 QTL 的任何信息。同时，通过在公式（4-113）中引入其他标记回归系数对表型值进行矫正，有效地控制了其他区间和染色体上 QTL 的影响。当扫描位置移动到下一个标记区间时，矫正表型值 ΔY_i 才会发生改变。

ICIM 的参数估计和假设检验与简单区间作图类似，只是将简单区间中的性状观测值替换为公式（4-113）得到的矫正值。与简单区间作图相比，ICIM 放弃了简单区间作图中单条染色体至多存在一个 QTL 的假定。当然，ICIM 对连锁 QTL 的区分也是有限度的，需要假定位于同一个连锁群或染色体上的两个或多个 QTL 被至少一个空白区间分隔开来。

利用前面提到的豫玉 22 衍生 RIL 群体和永久 F_2 群体，对穗长性状进行 QTL 作图，结果列于表 4-37。利用 294 个 RIL 组成的作图群体，定位到 3 个 LOD 统计量超过 3 的 QTL，分别位于第 5、6、8 条染色体上（表 4-37）。三个 QTL 的加性效应有正有负，说明增加穗长的等位基因在两个自交系亲本中分散分布。以这些 RIL 之间的 441 个随机杂交 F_1 为作图群体，定位到 7 个 LOD 统计量超过 3 的 QTL，第 2、5、7 条染色体上各有一个，第 8、10 条染色体上各存在两个连锁 QTL（表 4-37）。这两个作图群体的原始亲本都是自交系综 3 和 87-1，但由于群体遗传构成的差异，检测到的 QTL 存在较大差异。显然，只有加性效应较大的 QTL 才可能在 RIL 群体中被检测出来。只有显性效应而无加性效应的 QTL，不可能在 RIL 群体中被检测到。因此，永久 F_2 群体检测到更多 QTL 也属正常。比较两个群体中检测到 QTL 的位置，位于第 5 染色体上的 QTL 位置相距较远，难以看出他们位于相同的座位上，但位于第 8 染色体上的 QTL 位置相距较近，很可能就是同一个 QTL。

表 4-37 豫玉 22 衍生 RIL 群体和永久 F_2 群体的穗长性状 QTL 作图

群体	QTL 名称	染色体	位置/cM	左侧标记	右侧标记	LOD 值	PVE/%	加性效应	显性效应
RIL	qEL5	5	132	umc1060	umc1990	3.23	3.41	−0.29	
	qEL6	6	23	bnlg1538	bnlg391	6.16	7.83	0.44	
	qEL8	8	69	umc1562	bnlg666	5.27	6.09	0.39	
永久 F_2	qEL2	2	194	umc1464	bnlg1520	5.32	3.51	0.37	0.13
	qEL5	5	189	umc2164	umc1155	5.34	4.28	−0.37	0.27
	qEL7	7	251	umc2197	phi116	3.59	2.54	0.29	0.30
	qEL8-1	8	38	phi065	umc1741	4.36	3.22	0.16	0.48
	qEL8-2	8	64	umc1460	umc1562	16.64	13.03	0.74	0.19
	qEL10-1	10	108	bnlg1655	phi062	4.29	3.07	0.15	0.47
	qEL10-2	10	122	umc1911	umc2043	6.41	4.34	0.39	0.14

四、连锁和关联两种常用基因定位方法比较

分子标记大多是没有功能的 DNA 序列，基因定位一般通过检测多态性标记与性状间是否存在关联，进而判断分子标记与控制性状的基因是否存在遗传上的连锁关系。标记与QTL 的连锁会导致群体中存在连锁不平衡。也就是说，不同标记型构成的亚群体中，QTL 基因型有着不同的存在频率。因此，不同 QTL 基因型引起的表型效应差异，势必导致不同标记型构成的亚群体有着不同的均值。因此可以根据不同标记型均值间是否存在显著差异，来判断标记与控制性状基因是否存在连锁关系。连锁分析的群体，一般是表型差异较大的两个纯系亲本杂交衍生的后代。在这些群体中，座位间的连锁会导致群体中亲本型的比例高于重组类型。因此只要存在连锁关系，在群体中就能观测到连锁不平衡。此外，连锁群体具有明确的等位基因和基因型频率，不存在群体结构问题。这些群体中看到的不平衡，代表的就是座位间在遗传上的连锁关系，不平衡与遗传连锁互为因果关系。在人类和动物遗传学研究中，连锁分析一般建立在核心家系群体的基础之上。在家系群体中，个体之间具有相似的亲缘关系，不存在复杂的群体结构问题，座位间的不平衡和遗传上的连锁互为因果关系。因此，基于这些群体能够从不平衡度的高低，估计基因间的遗传连锁距离，从而构建遗传连锁图谱，开展数量性状基因的连锁定位研究（王建康等，2020）。

关联分析定位基因的基本原理与连锁分析其实没有本质差异，二者都是通过检测标记与性状的关联程度，然后判断有无与标记连锁的性状基因。但是，关联分析的群体一般为自然群体，来源比较复杂。在这些群体中，长期的随机交配会掩盖不同座位间的连锁关系。导致存在遗传上连锁的两个座位，但却不一定能够看到不平衡的存在。如果个体来自具有不同遗传结构的群体，混合群体中还会产生独立遗传座位间的不平衡。也就是说，两个座位间的不平衡关系不仅可以由遗传连锁产生，不同结构群体的混合也能产生不平衡。来源复杂的关联分析群体中看到的不平衡，有时不一定代表遗传上的连锁关系，不平衡与遗传连锁不一定存在必然的因果关系。因此在关联分析中，一方面要做大量标记的基因型鉴定，从中寻找与性状基因连锁更紧密的标记，期望这些标记与连锁基因间的不平衡尚未被随机交配完全打破；另一方面，还要对关联分析的群体做结构分析，以避免群体结构差异而引起的标记与基因间的不平衡。

目前，很多物种的基因组测序已完成。在测序基础上，人们开发出数十万甚至上百万的 SNP（single nucleotide polymorphisms）标记。因此，对关联群体开展大规模、高通量的分子标记基因型鉴定变得越来越现实。但是，对群体结构的有效分析，以及如何有效排除群体结构引起的不平衡现象，仍然是很困难的。一个关联分析群体存在什么样的结构往往是未知的，如何借助统计方法准确衡量群体结构，并消除群体结构对遗传分析的影响，仍是关联分析中受关注的问题。此外，不平衡还受选择和随机漂变等因素的影响，如何排除这些因素引起的不平衡也显得十分重要。由于自然群体中诸多因素对不平衡的影

响，如何抽样建立遗传研究群体在关联分析中就显得尤为重要。目前，建立在自然群体基础上的基因定位仅仅称之为关联分析，这种关联是否代表遗传上的连锁有待进一步验证。连锁分析中存在的大部分问题，可能同时也是关联分析的问题。人类关联分析研究中发现的大量遗传力丢失问题（Maher，2008），可能也从另一个侧面反映了关联分析方法的局限性。

主要参考文献

李慧慧，张鲁燕，王建康．2010．数量性状基因定位研究中若干常见问题的分析与解答．作物学报，36：918－931．

汤华，黄益勤，严建兵，等．2004．玉米优良杂交种豫玉 22 产量性状的遗传分析．作物学报，30：922－926．

王建康．2009．数量性状基因的完备区间作图方法．作物学报，35：239－245．

王建康．2017．数量遗传学．北京：科学出版社．

王建康，李慧慧，张鲁燕．2020．基因定位与育种设计．第二版．北京：科学出版社．

Aakanksha，Yadava SK，Yadav BG，et al．2021．Genetic analysis of heterosis for yield influencing traits in *Brassica juncea* using a doubled haploid population and its backcross progenies. Frontiers in Plant Science，12：721631．

Bernardo R. 2010. Breeding for quantitative traits in plants. 2nd edition. Woodbury，Minnesota：Stemma Press.

Chen W，Zhang Y，Liu X，et al．2007．Detection of QTL for six yield related traits in oilseed rape (*Brassica napus*) using DH and immortalized F_2 populations. Theoretical & Applied Genetics，115：849－858．

Comstock RE，Robinson HF，Harvey PH. 1949. A breeding procedure designed to make maximum use of both general and specific combining ability. Agronomy Journal，41：360－367．

Coors JG，Pandey S. 1999. Genetics and exploitation of heterosis in crops. Madison，Wisconsin：American Society of Agronomy Inc.，Crop Science Society of America Inc.

East EM. 1911. A mendelian interpretation of variation that is apparently continious. American Naturalist，44：65－82．

Falconer DS，Mackay TFC，1996. Introduction to quantitative genetics. 4th edition. Essenx，England：Longman.

Guo T，Li H，Tan J，et al．2013．Performance prediction of F_1 hybrids between recombination inbred lines derived from two elite maize inbred lines. Theoretical & Applied Genetics，126：189－201．

Guo T，Yang N，Tong H，et al．2014．Genetic basis of grain yield heterosis in an "immortalized F_2" maize population. Theoretical & Applied Genetics，127：2149－2158．

Hallauer AR，Carena MJ，Filho JBM. 2010. Quantitative genetics in maize breeding. Ames：Iowa State University Press.

Hartl DL，Clark AG. 2007. Principles of population genetics，4th edition. Sunderland，MA：Sinauer Assoicates Inc. Publishers.

Hua J，Xing Y，Wu W，et al. 2003. Single – locus heterotic effects and dominance by dominance interactions can adequately explain the genetic basis of heterosis in an elite rice hybrid. PNAS，94：2574 – 2579.

Lander ES，Botstein D. 1989. Mapping mendelian factors underlying quantitative traits using RFLP linkage maps. Genetics，121：185 – 199.

Larièpe A，Mangin B，Jasson S，et al. 2012. The genetic basis of heterosis：multiparental quantitative trait loci mapping reveals contrasted levels of apparent overdominance among traits of agronomical interest in maize (*Zea mays* L.) . Genetics，190：795 – 811.

Li L，Lu K，Chen Z，et al. 2008. Dominance，overdominance and epistasis condition the heterosis in two heterotic rice hybrids. Genetics，180：1725 – 1742.

Liu P，Zhao Y，Liu G，et al. 2017. Hybrid performance of an immortalized F_2 rapeseed population is driven by additive，dominance，and epistatic effects. Frontier in Plant Science，8：815.

Maher B. 2008. The case of the missing heritability. Nature，456：18 – 21.

Moll RH，Lonnquist JH，Fortuno JV，et al. 1965. The relationship of heterosis and genetic divergence in maize. Genetics，52：139 – 144.

Shang L，Liang Q，Wang Y，et al. 2016. Epistasis together with partial dominance，over – dominance and QTL by environment interactions contribute to yield heterosis in upland cotton. Theoretical & Applied Genetics，129：1429 – 1446.

Tang J，Yan J，Ma X，et al. 2010. Dissection of the genetic basis of heterosis in an elite maize hybrid by QTL mapping in an immortalized F_2 population. Theoretical & Applied Genetics，120：333 – 340.

Wang J，Bernardo R. 2000. Variance of marker estimates of parental contribution to F_2 and BC_1 – derived inbreds. Crop Science，40：659 – 665.

Yao J，Zhao D，Chen X，et al. 2018. Use of genomic selection and breeding simulation in cross prediction for improvement of yield and quality in wheat (*Triticum aestivum* L.) . Crop Journal，6：353 – 365.

Zhang L，Wang X，Wang K，et al. 2022. GAHP：An integrated software package on genetic analysis with bi – parental immortalized heterozygous populations. Frontiers in Genetics，13：1021178.

第五章 玉米常规育种原理与方法

（陈彦惠）

玉米是人类定向进化最成功的一个植物物种。7 000～10 000 年前起源于美洲大陆的野生玉米（Wilkes，2004），通过自然选择的进化过程，从野生状态逐渐演变成为人工栽培的玉米，栽培玉米又经历了漫长的进化、驯化和现代育种的演变过程，逐渐形成了现在人们所熟知的作物类型和形形色色的不同品种。2002 年，玉米超越水稻和小麦成为世界第一大粮食作物。从人工驯化的玉米到现代玉米演化的漫长过程中，早期的种植者选择了满足人类不同需求和爱好、适应不同环境条件、丰产性好等变异丰富的玉米类型，为现代玉米生产的持续发展提供了重要的种质基础。

现代玉米杂交育种技术起始于 20 世纪初期，孟德尔遗传规律的重新发现，随机化、重复等田间试验鉴定技术和生物统计技术的广泛应用，为玉米育种的发展提供了科学基础。美国学者 Shull（1908）提出，从自然异交品种中自交纯化自交系，培育杂交品种，利用杂种优势的现代玉米育种技术，使玉米品种改良实现了重大突破。经过 100 多年的研究和利用，虽然发展了不同方式的育种技术和方法，但时至今日，玉米杂种优势利用技术的育种原理和方法仍然没有发生根本性变化。玉米杂种优势的利用是遗传学理论应用于育种实践并取得巨大社会经济效益的成功范例。玉米杂种优势的利用是 20 世纪作物育种的一个重大突破，也是促进 20 世纪农业生产技术水平显著提高所取得的巨大科技成就之一。

第一节 玉米育种历史与现状

一、美国及其他国家玉米育种历史与现状

（一）玉米杂交育种技术形成前的育种研究与品种改良

玉米是一种同株雌雄异位、自然异交率高达 99％以上的异花授粉作物。在哥伦布发现新大陆之前，美洲当地居民根据个人喜好和适应环境的要求，在田间收获玉米时，对果穗容易识别的性状（如籽粒颜色和质地等）进行了有效选择，同时，由于自然选择，保留了抗病虫性、光周期的适应性、耐旱、耐热、耐冷等玉米类型。在一个玉米群体中，当选择和繁殖的个体形成相对固定的特征特性、基因组达到一定的遗传平衡时，便形成了适应于当地的地方品种。在不同环境条件下形成了不同的玉米生态类型或地方品种。由于不同地方居民的相互流动，导致不同地方品种的相互交流，以及不同地方品种在同一地块的相邻种植，不仅由于天然杂交和偶然的混合进一步拓宽了原来地方品种的遗传变异性，而且

也扩大了品种的广泛适应性。人工选择和自然选择共同作用的结果是培育出了适应不同环境的各类地方品种。虽然早期育种者利用的选择方法与现代育种方法相比要简单得多，但是他们仍然选择和创造了上百个玉米种族（Race）和数以千计的自然授粉地方品种（open pollination variety）（Hallauer，2009）。

20 世纪以前，混合选择（mass selection）是玉米育种普遍采用的方法。该方法通过选择收获后的优良果穗，或通过选择田间优良植株上的优良果穗，混合后形成下一代的种子。19 世纪中后期，利用该方法培育出了美国众多的地方品种，但是这个过程并不完全是有计划的一个育种结果。美国东北部种植的玉米主要是北方硬粒复合种，美国西南部种植的玉米主要是南方马齿复合种，两类种质具有明显的特性差异和生态适应性。当欧洲移民沿着东海岸向美国中西部迁移时，接触到更多遗传变异的玉米种质，通过种质的交换，使北方与南方不同的种质相互杂交渗进，进一步扩大了玉米的遗传变异。在这个迁移过程中，所创造的丰富遗传变异为近代玉米育种奠定了重要的种质基础。早期育种采用简单的混合选择方法，如有的选择了果穗行数、硬粒或马齿、籽粒颜色、丰产性等，有的选择了早熟、矮秆、无分蘖和株型等，培育出了具有不同性状特征、适应不同特殊环境的地方品种。

混合选择最成功的一个例子是瑞德黄马牙（Reid Yellow Dent）玉米品种的培育。1847 年在伊利诺伊农场，Robert Reid 播种了从俄亥俄州带来的 Gordon Hopkins 品种，因缺苗而补种了一部分当地的 little yellow 品种，2 个品种在田间发生了天然杂交，Robert Reid 对杂交后代进行混合选择，之后又经过 James Reid 在隔离条件下混合选择，终于育成了瑞德黄马牙品种，它的丰产性能和广泛的适应性使其成为当时美国玉米带的主要推广品种。在美国推广杂交种之前的 50 年中，瑞德黄马牙及其衍生品种约占美国玉米带播种面积的 75%。之后这个品种成为了杂交育种选育自交系的主要来源之一，如美国早期的自交系 WF9、Tr、P8 等都是从瑞德黄马牙中直接分离出来的。

穗行法（ear-to-row）是从群体中选择的优良单穗，第 2 年在一个隔离区内种成穗行进行比较试验，以穗行为单位进行选择，通过混合后形成下一代的种子。1896 年 Hopkins 首次提出后代家系鉴定的穗行法，并在伊利诺伊农业试验站开始了 Burr white 玉米品种的生化成分和其他农艺性状的改良。该试验的最初 28 年是采用穗行法进行选择，之后采用品系内杂交和混合选择，试验从 1896 年起，连续选择了 100 多年未曾中断。试验结果充分证明了对玉米籽粒油分和蛋白质向高含量和低含量选择的有效性。Smith 等（1985、1987）报道了穗行选择法对穗位高度的选择作用。Smith 和 Bruson 在 1913—1922 年比较了穗行选择和混合选择对玉米产量的改进效果，表明 2 种选择方法对玉米产量改进效果基本相近，穗行选择法略优于混合选择法。

利用品种间杂种优势的研究与应用可追溯到 18 世纪，植物学家曾观察和记载了植物的杂种优势现象（Knight，1799）。达尔文（Darwin，1877）是第一个利用玉米品种试验观察到玉米杂种优势的科学家。他通过自交、杂交发现，杂交玉米不同生长发育时期的植株高度比自交玉米分别高出 9%～19%，试验证明了玉米自交有害、杂交有益的结论，证明了玉米存在有杂种优势。Beal（1880）进行了玉米自然授粉品种间的杂交试验，发现品种间杂交种比亲本品种增产显著，因此，建议可以采用品种间杂交种的方法来提高玉米产量。此后，许多学者进一步证实了 Beal 的结果（Sanborn，1890；McClure，1892 和 Webber，1900）。Morrow 和 Gardener（1893）制定了生产品种间杂交 F_1 种子的程序。Richey（1922）进行了大量品种间杂交种的产量比较。结果表明，大多数杂交品种的产量高于亲本的产量，并发现不同籽粒类型品种间的杂交组合多数表现增产。与混合选择以及穗行选择比较，品种间杂交是育种技术的一个进步。它包括对父本、母本双方的选择和杂交种的鉴定，利用了玉米的杂种优势，但由于其增产有限和稳定性的问题，加之不久后自交系间杂交种技术的应用，品种间杂交玉米在美国并没有作为商品种子大量利用。

19 世纪 50 年代到 20 世纪早期，美国玉米育种家利用混合选择、穗行选择和品种间杂交等技术，培育出了众多自然授粉的优良品种和品种间杂交品种，不仅在当时生产上推广利用，而且为 20 世纪 20 年代以后选育自交系杂交种奠定了材料基础。

（二）玉米杂交育种技术形成后的育种研究与品种改良

玉米杂交育种技术的形成，应追溯到 1904 年 Shull 开始的玉米地方品种的自交和杂交试验。Shull（1908）通过试验分析认为，自然授粉的玉米品种群体是由一系列杂合基因型个体组成，通过控制授粉自交 5～7 代，可以从中获得性状均一但长势很弱的纯合自交系，但是弱势的自交系之间杂交，其 F_1 优势可以恢复，并且生长势、产量等可能优于选系来源的亲本自然授粉品种的个体。Shull 于 1908 年第一次提出了纯系育种方法和选配自交系间杂交组合的基本育种程序，从遗传理论上和育种方法上为玉米自交系间杂交育种奠定了科学基础。East（1908、1909）和 Collins（1910）也开展了类似的玉米自交和杂种优势试验，并对杂种优势提出了一些理论解释。因当时自交系产量太低，虽然在理论上选育玉米自交系的育种是可行的，但从商品种子生产角度看并不可行。直到 1918 年 Jones 提出了利用双交种的建议，才使玉米自交系间杂交种产生了商业杂交种的价值。因此，在 20 世纪 20 年代中期，以生产和销售玉米杂交种子为主的美国种子公司开始兴起，种子公司发展成为一种新兴蓬勃发展的科技服务商业模式。Wallace 于 1926 年建立了美国第一家种子公司——杂交玉米公司，而后发展成为杜邦-先锋种子公司。1927 年 Funk 建立了冯克兄弟种子公司，之后相继建立了其他的杂交玉米种子公司。在美国玉米带各州立大学和试验站的帮助下，这些种子公司和一些种子生产农场开始了杂交玉米种子的生产和销售，促使玉米杂交种在全美迅速推广和普及。

20 世纪 30 年代后，美国玉米生产上杂交种的应用经历了品种间杂交种、双交种、三交种和单交种的发展过程。统计资料表明，1934 年美国玉米双交种占玉米播种面积的 0.4%，到 1944 年达到 59%，在美国玉米带主要州所占的面积达到 90%，到 1956 年在全美已普及玉米双交种。从 20 世纪 30 年代中期至 60 年代，生产上种植的主要是双交种和一小部分三交种。到 20 世纪 60 年代后，经过不断地优中选优，与早期选育的自交系相比，育成的自交系产量和农艺性状得到了明显提高和改善，生产单交种的种子成本显著降低。因此，1963 年当迪卡种子公司生产的第一个单交种 XL45 商品种子推出后，因其高产性和整齐度优于双交种，在生产上得到迅速推广。随后不同种子公司也相继育成了一批优良的单交种，取代了生产上的大部分双交种，20 世纪 70 年代末，单交种成为生产上利用的主要类型。回顾 140 多年美国玉米生产的发展历史可以看出，杂交种的选育和推广巨大地提高了美国玉米的单产和总产。在 1865—1935 年的 70 年间，美国玉米产量基本保持在 1 650kg/hm² 左右，即在玉米杂交种推广之前，美国玉米平均单产基本没有提高，但是从 20 世纪 30 年代末开始在生产上推广双交种以来，玉米单产和总产一直保持稳定持续提升的趋势，1939 年全美平均单产为 1 650kg/hm²，到 2007 年提高到 9 480kg/hm²，近70 年间单产提高了近 5 倍。

（三）玉米育种技术研究与发展

孟德尔定律的重新发现和经典遗传学的建立，生物统计学与遗传学结合发展起来的数量遗传学，以及 DNA 双螺旋结构的发现和分子遗传学的建立等生命科学的迅速进展，为玉米杂交育种方法的不断发展奠定了重要的理论基础。自 Shull（1908）提出纯系育种法后，美国将遗传理论与玉米育种和生产实践紧密结合，研发了一系列玉米杂种优势利用的育种技术与方法。

19 世纪后期和 20 世纪初期，玉米育种主要利用表型的混合选择、后代家系的穗行选择和自然授粉品种间杂交种的选择 3 种方法。1908 年以来，自交系杂交育种技术不断完善，并在玉米育种中成功应用，实现了玉米杂交种的大面积推广。因此，利用杂种优势已经成为玉米育种研究的主要目标。

Davis（1927）首次提出了评价玉米自交系的一个重要指标——配合力，并建议利用顶交法评定自交系的配合力。Jenkins 等（1932）和 Hayes 等（1946）的研究得到了相似的结果，进一步证实了顶交法测定自交系配合力的可靠性。Sprague 等（1940）首次提出了一般配合力和特殊配合力的概念，认为前者是加性遗传方差的估值，后者为非加性遗传方差的估值。Jenkins 等（1932）提出利用单交种产量预测双交种产量的方法，大大提高了选育双交种的育种效率，并提出了玉米自交系配合力早代测交法，认为在自交系选择的早代，不同家系的配合力存在遗传上的差异。Richey（1927）依据杂交优势显性互补理论提出了利用双回交体系的聚合改良法。Hayes 等（1939）报道了经过 2～3 次回交对改良自交系产量性状的作用，证明回交改良法对改进自交系数量性状的有效性。系谱选择是自花授粉作物育种普遍采用的方法，Hayes 等（1939）提出利用系谱选择从优良单交种中可能选出超过亲本配合力和性状更优的新自交系，即二环系法。吴绍骙的试验不仅证明了利用二环系法选育优良自交系的可行性，而且还证明了亲本自交系遗传背景与杂交种杂种优势之间的关系，提出双亲亲缘关系远，杂种优势大，反之，亲缘关系近，杂种优势小。Stadler（1944）提出了配子选择法，认为在自交系改良时，通过对杂合测验种优良配子的选择比直接选择优良单株更为有效。Chase（1949）发现美国玉米带的玉米单倍体自然发生率为 0.1%，并建议在玉米自交系选育中利用单倍体技术。Coe 培育了单倍体诱导系——Stock 6，单倍体诱导率提高 10 倍以上。在此基础上，科学家又成功培育出更高诱导率的单倍体诱导系。随着单倍体加倍等技术的改进，有力地促进了单倍体育种技术的广泛利用，目前，单倍体育种已成为美国大型种子企业商业化育种中普遍采用的方法。

Jenkins 等（1932）提出了利用轮回选择方法对玉米群体进行改良的建议，并设计了针对一般配合力提高的轮回选择法。之后，Sprague 等（1950）的研究都肯定了轮回选择对群体改良的作用。Hull（1945）设计了用自交系作测验种的特殊配合力轮回选择方法。Comstock 等（1949）设计了同时用 2 个群体互为测验种的相互轮回选择方法。Russel（1984）的研究证明，应用轮回选择法改良爱阿华坚秆综合种（stiff stalk synthetic），不仅综合种自身的产量和性状得到遗传进展并保持了一定的遗传变异，而且从不同改良轮次群体中分离出高配合力自交系。Hallauer 等（1988，2009）综述了轮回选择的各种方法对玉米群体改良和育种应用的大量研究，轮回选择成为美国大学和公益性研究机构开展群体改良、创制育种新资源的重要方法。

20 世纪 40 年代以来，玉米育种工作者逐步接受了杂种优势类群（heterotic group）和杂种优势模式（heterotic pattern）的概念，并广泛应用于自交系改良和预测杂交组合。育种家根据种质来源、系谱关系、遗传结构差异等，将自交系或群体划分为不同杂种优势类群，建立相应的杂种优势模式。来源于同一杂种优势类群内自交系间杂种优势小，来源于不同杂种优势类群自交系间杂种优势大。根据杂种优势模式可以更有预见性地实现育成杂交种的杂种优势利用最大化。据 Darrah 和 Zuber 的调查结果（1986），1984 年美国用于商业杂种的种质来源可以归纳为 4 个杂种优势群：瑞德黄马齿（reid yellow dent）种质（占总量的 48.9%）、兰卡斯特（lancaster）种质（占 32.6%）、爱阿华马齿（iodent）种质（占 3.6%），以及其他来源种质，包括亚、非、拉美洲的热带、亚热带和温带的种质（约占 15%）。在这 4 个类群中，来自瑞德和兰卡斯特 2 个优势类群的自交系在商业杂交种中的比重高达 81.5%，从育种实践中总结出美国玉米带杂种优势的主要模式是瑞德黄马齿×兰卡斯特。随着美国商业化育种进程的发展，通过美国各类种质的杂交和外来种质的渗进掺和，原有的杂种优势类群和杂种优势模式的实质内容也发生了一些变化，进一步概括美国玉米带的主要杂种优势模式为 BSSS×Non-BSSS（Mikel 和 Dudley，2006）。

美国从 1951 年开始利用雄性不育系杂交种，一些掺和型的 S 型细胞质雄性不育系杂交种被投入生产，随即大量推广 T 型细胞质雄性不育系杂交种。由于不需要人工去雄，种子质量好，雄性不育系杂交种迅速普及，至 1970 年，美国 80% 以上的商品玉米杂交种子都属于 T 型雄性不育细胞质类型。同年，全美由南至北暴发了 T 小种斑病，造成严重减产。因此，T 型雄性不育细胞质杂交种被迫停止使用，全部玉米商品杂交种子又改为正常细胞质类型。70 年代中期又开始利用 C 型和 S 型细胞雄性不育系生产杂交种子，但推广面积有限。

20 世纪 80 年代以来，分子生物技术迅猛兴起，传统育种技术与分子育种新技术紧密结合，分子育种技术已经成为玉米育种程序中一个必不可少的技术手段，加速了玉米育种的步伐，提高了育种效率。从 1992 年开始，转基因技术的进步与突破促进了转基因品种的培育，先后有转基因抗螟虫玉米、抗根虫玉米、转基因抗（耐）除草剂玉米、转基因耐旱玉米、既抗虫又抗除草剂（BT/HT）玉米等相继在美国推广种植。随着人们对控制玉米重要性状遗传结构的解析，以及玉米 B73 等自交系基因组测序的完成，新一代测序技术的不断革新进步，基因型检测成本不断降低，开发了 SNP 高通量分子标记，同时建立了籽粒微切削取样、DNA 快速提取、引物加注、PCR 扩增、数据读取及分析选择全程现代化的流水线设备，实现了种质和中试材料遗传信息的全自动化分析。随着分子鉴定选择技术、QTL 分析和关联分析、全基因组预测等多种育种新技术广泛用于发现、解析和鉴定控制产量、抗逆等农艺性状的基因，为育种家优选目标材料提供了新的工具，提高了选择效率。目前，分子标记辅助育种技术与常规育种紧密结合，并成功应用于商业育种。

（四）其他国家和国际机构玉米育种的发展和现状

20 世纪 20 年代中后期，苏联、欧洲一些国家和中国相继开始了玉米自交系杂交育种的工作，第二次世界大战之后，南美和拉美一些国家（如墨西哥、阿根廷、巴西等）、东南亚和非洲一些国家（如泰国、印度尼西亚、津巴布韦、加纳、尼日利亚等）也相继开展了玉米杂交种的育种工作。与此同时，美国的一些自交系和杂交种也相继传入这些国家和地区，有的被直接利用，有的与当地种质结合利用，进一步丰富了当地的种质资源，提高了玉米杂交种的水平。

总部位于墨西哥的国际玉米和小麦改良中心（CIMMYT）是一个非营利性的国际研究机构，获得联合国发展计划、世界银行、福特基金、洛克菲勒基金、美洲发展银行以及一些国家给予的资金资助。CIMMYT 的主要任务是通过玉米、小麦的品种改良、生产技术改进和技术培训等活动以提高发展中国家的农业生产水平，缓解世界日益紧张的粮食匮乏问题。CIMMYT 的玉米研究计划主要是针对热带和亚热带地区（包括中南美洲、非洲和亚洲一些发展中国家），解决玉米生产中的品种和技术问题。

CIMMYT 在墨西哥境内，按自然生态区域设置了 5 个研究站：Poza Rica 研究站（21°N；60m）、Obregon 研究站（28°N；39m）、Tlaltizapan 研究站（19°N；940m）、El Batan 研究站（20°N；2 249m）、Toluca 研究站（20°N；2 640m）。在墨西哥境外的不同地区设置了 3 个研究站：国际玉米和小麦改良中心中海拔地区研究站（CIMMYT Mid - Altitude Research Station，津巴布韦）、苏南湾农场（Farm Suwan，泰国）、国际玉米和小麦改良中心/国际热带农业研究所（International Institute for Tropical Agriculture，Cote d'ivoire）。除上述相关的试验研究站之外，CIMMYT 还组织了广泛的国际合作，共同完成其下延的研究工作和世界各地区的生态适应性试验，使 CIMMYT 选育的各类玉米种质材料能在不同地区和国家广泛利用。

从 CIMMYT 设置的玉米育种研究站的地理位置可以看出，其玉米育种研究是针对热带和亚热带地区的需要安排的。与一般的观点相反，CIMMYT 玉米育种计划的目的不是直接向农户发放最终育种成果——玉米品种和杂交种，而是向有关的国家育种单位和私营种子公司提供育种的中间产物：一系列具有高产潜力、优良农艺性状、抗耐主要病虫害的经过改良的玉米种质材料（含基因库、群体、开放授粉品种、自交系及杂交种）。CIM-MYT 的玉米育种体系可分为 5 个阶段（图 5-1）。

20 世纪 60—70 年代，CIMMYT 玉米育种的主要任务是选育、组建和保存广基的基因库（gene pool），并在改良基因库的基础上合成高级群体（advanced unit population）。基因库是多种多样的种质在连续重组中形成的混合体，在连续重组的过程中，可以根据育种的需要及时剔除或加入某些种质材料。据 1978—1979 年 CIMMYT 玉米改良报告，基因库（pool 15～pool 26）已经过 6～12 轮的选择和重组。在已组建的 27 个基因库中，适应热带低海拔地区的 12 个基因库基本适应亚热带；温带地区的 8 个基因库（pool 27～pool 34）已经过 5～11 轮的选择和重组；适应热带高海拔地区的 7 个基因库（pool 1～pool 7）为新组建的 C₀ 群体。此外，还组建了适应温带北部、中部、南部地区的 3 个基因库。CIMMYT 在改良基因库的基础上，合成了 26 个高级群体，其亲本是来自相应基因库中的最优家系，这些最优家系是经过 CIMMYT 组织的国际合作的多点试验后（IPTT 试点含墨西哥和另外 5 国）精选出来的。将这些最优家系多次重组而成为高级群体。例如，高级群体 Tuxpeno（pop 21）是从基因库 tropical late white dent（热带晚熟白马牙，Pool 24）中精选的 54 份家系反复重组而成。这些基因库和高级群体育成后，再提供给有关国家和地区公有育种机构和私营种子公司，继续改良或直接用于生产。

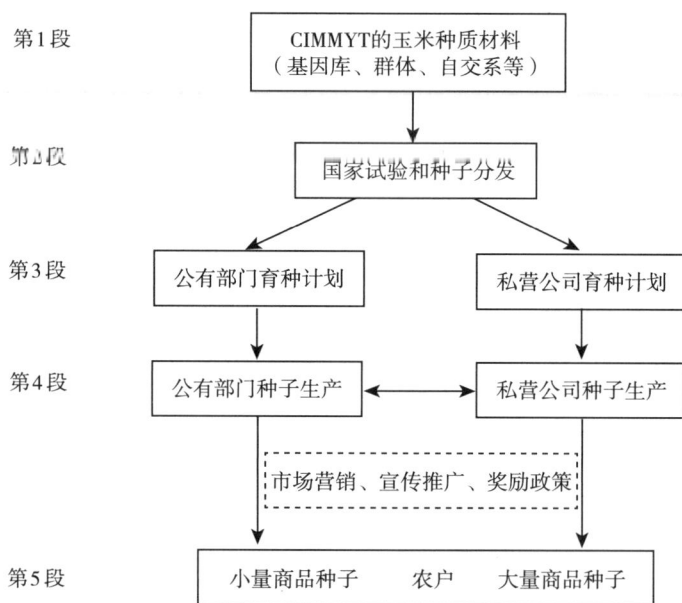

图 5-1　CIMMYT 玉米种质材料的流程

20 世纪 80 年代以后，中南美洲、非洲和南亚一些发展中国家对玉米杂交种的需要逐渐增加，CIMMYT 从 20 世纪 80 年代中期开始，也相应地加强了自交系育种及杂种优势的利用研究，已育成一批以 CML 命名的自交系和杂交种，在适应地区试验和推广。据报道，按学科分类，1994 年 CIMMYT 有关玉米的研究计划分类比例为：育种研究占 59%，其余农艺 21%、生理 8%、病理与虫害 12%。按产物分类：群体改良占 34%、自交系与杂交种占 20%、开放授粉品种占 15%、自然资源与作物管理占 25%、遗传资源占 6%。1998 年 CIMMYT 已向合作研究者提供了 58 个优良的新自交系，其中，适应热带低海拔地带的有 29 个自交系，适应亚热带的有 19 个自交系，适应中海拔地带的有 10 个自交系。在 1991—1998 年间，CIMMYT 向合作研究者提供了 420 份自交系，这些自交系除了适应不同生态地区外，还包括一些抗螟、抗病毒、耐酸性土壤的自交系以及 QPM 自交系。极大地丰富了发展中国家玉米杂种优势利用的种质资源。

二、我国玉米育种的历史与现状

玉米大约在 16 世纪初期被引入中国，至今已有 500 多年的历史。21 世纪以来，玉米种植面积逐年扩大，2007 年玉米种植面积达到 2 940 万 hm²，超过水稻，居第一位；2011 年总产量达到 2.11 亿 t，超过水稻，列第一位。目前，玉米已经成为我国三大粮食作物之首。玉米在中国分布广泛，东北、华北、黄淮海和西南是我国的玉米主产区，除此之外，几乎中国各省（自治区、直辖市）都可种植。由于我国幅员辽阔，具有多样的气候生态环境和不同的耕作栽培制度，玉米在长期的自然选择和人工选择下，形成了极丰富的地方品种资源。在 1949 年以前，全国各地生产中种植的玉米都是地方品种。

（一）我国近代玉米育种的启蒙和创建时期（1926—1949 年）

我国近代的玉米育种工作开始于 1926 年，迄今已有近百年的历史。最早从事玉米育种的机构和学者是南京金陵大学农学院的王绶、郝钦铭、翁德齐和孙仲逸。他们从 1926 年开始分离玉米自交系并组配杂交种作为教学之用。该校北平燕京分场的卢纬民也于 1929 年起开始玉米育种工作。1930 年南京中央大学农学院赵连芳、金善宝与丁振麟也开始了玉米育种工作，至 1934 年已选育自交系 500 余份，并选出其中 40 余份自交系做杂交之用。同年，金善宝发表了《近代玉米育种法》（1934），首次系统地介绍了美国的近代玉米育种方法。河北省立农学院的杨允奎于 1930 年以后也开始了玉米育种研究。1931 年山西省铭贤学校在太谷开展了美国玉米品种引种试验，从中选出金皇后品种，1936 年在山西平定、汾阳等县进行区域试验并开始试种，之后金皇后成为该省的主要玉米品种，并流传到华北和东北部分地区。新中国成立后，又流传到西南和东南各省，成为 20 世纪 50 年代至 60 年代中期栽培面积最大的玉米品种之一。范福仁于 1936—1943 年在广西农事试验场较系统地开展了玉米自交系选育和杂交种组配试验，先后从中国的广西、云南、贵州，以及美国征集 413 份玉米品种分离自交系，于 1941—1942 年对 111 份单交种和 178 份双交种进行了多点比较试验，育成了一些有利用价值的自交系与双交种。张连桂、李先闻从 1936 年起在四川省农业改进所进行玉米育种工作，征集四川各县玉米农家品种 132 份分离自交系，1939—1940 年进行顶交种比较试验，选出配合力较高的自交系 21 份，1942 年进行单交种比较试验，并配制双交组合，于 1943—1945 年进行了双交种比较试验，育成

458、452、411 和 404 等 4 个双交种。该所还在 1936 年从美国引进"可利"品种，经过 8 年繁殖选择已驯化为适应当地条件的优良品种，并在彭县、崇宁等县推广种植（四川省农业改进所，1940）。1938 年吴绍骙、蒋德麒从美国带回玉米杂交种共 64 份，于 1938—1940 年由原中央农业实验所主持分别在成都、贵阳、昆明、柳州等地进行了比较试验，鉴定出有利用价值的 Wisc. 696 和 Cornell 29 - 3 等杂交种（马保之、范福仁等，1940；戴松恩，1941；马保之，1948）。抗日战争期间，从事玉米育种的研究者还有金陵大学农学院的郝钦铭、张学明和吴绍骙等，1941 年西北农学院王绶等与西北区推广繁殖站合作开展了玉米地方品种改良和自交系选育工作，育成了武功白玉米和武功综交白玉米。杨允奎（1949）自 1942 年起，以四川地方早熟玉米品种为主要材料开始分离自交系，至 1946 年进入测交组合比较试验。根据试验结果选出 10 个亲缘相异的优良自交系，经过两代混合花粉杂交，于 1947 年育成川大 20 综合品种。1947—1948 年吴绍骙、郑廷标在金陵大学农学院进行了硬粒型与马齿型品种间杂交组合比较试验，获得较好的增产效果。1947—1949 年陈启文等在山东莒县等地进行了玉米品种试验，并开始自交系育种工作。原华北农事试验场于 1939 年起从事玉米农家品种的改良，选出了华农 1 号和华农 2 号 2 个玉米品种，之后曾在华北部分地区推广种植。

1926—1949 年是我国近代玉米育种的启蒙和创建时期，在玉米品种的改良和自交系杂种的选育方面都曾取得一些成果，特别是广西农事试验场的试验规模较大，成果较佳，但因处于抗日战争和解放战争时期，受经费和条件的限制，这些成果都未能在生产上得到广泛应用。

（二）我国玉米农家种改良和品种间杂交种及双交种利用时期（1949—1966 年）

我国玉米育种和杂种优势利用是在新中国成立之后才得以有计划、有步骤地连续开展。从 1949 年到 1978 年间，我国玉米育种发展主要经历了几个阶段：20 世纪 50 年代初期，以筛选利用农家良种和选育利用品种间杂交种及综合种为主；20 世纪 50 年代末期至 60 年代，以选育利用双交种为主；20 世纪 60 年代末期至今，以选育利用单交种为主。

1950 年 2 月，农业部召开了"全国玉米工作座谈会"，5 月颁布了《玉米良种普及计划草案》，要求广泛开展群众性选种留种活动，评选地方优良品种，随即在全国开展了大规模的群众性农作物良种评选活动。据农业部统计，全国搜集整理出 14 000 多份地方农家品种，评选出良种 2 000 个，在生产上推广应用 200 多个，种植面积较大的有 43 个，占玉米总面积的 85% 以上。这一时期，从众多农家品种中评选出的优良农家品种一般比普通农家种增产 10% 以上。代表性品种有：金皇后、英粒子、金顶子、白鹤、旅大红骨、四平头、白马牙、华农 2 号、小粒红、大粒红、安东黄马牙 11 号、黄县二马牙等。地方农家良种的推广普及逐步替换了低产的农家种，实现了玉米良种的第一次品种更换，促进了当时农业生产的发展。

1949 年底，农业部召开了全国农业工作会议，吴绍骙的《利用杂交优势增进玉米产量》提出一方面选育与利用技术简单、需时较短的品种间杂交种；另一方面着手开展时间较长、增产显著的自交系间杂交种选育。1950年2月农业部召开"全国玉米工作座谈会"。制定了《全国玉米改良计划》（农业部，1957），根据当时我国育种基础薄弱的实际情况，提出以推广品种间杂交种为先行，同时发展综合品种，以满足当时生产需要。会议委托吴绍骙和李竞雄分别指导山东省和东北地区的玉米品种改良和生产。但同时明确提出了以选育自交系间杂交种作为我国玉米育种的发展方向。通过玉米品种间杂交种的研究，选育并推广了一批优良的品种间杂交种，如坊杂2号（小粒红×金皇后）、春杂2号（东陵白马牙×197）、夏杂1号（华农2号×英粒子）、公交82号（大金顶×铁岭黄马牙）、百杂6号（干白顶×安东黄马牙11号）、潍杂1号（二伏糙×金皇后）、川农1号（南充秋子×f-I福5号）、坊杂4号、齐玉24、齐玉26等，还有河北省的白头霜×大红袍，东北地区的大金顶×铁岭黄马牙，湖北省的大籽黄×金皇后等。1954年后，北京的春杂号、夏杂号、山西的晋杂号、河南的百杂号、陕西的陕玉号、辽宁的凤杂号、四川的川农号、广西的品杂号、浙江的浙杂号等品种间杂交种，也先后在生产上得到推广应用。品种间杂交种比当地农家品种增产10%～30%，逐步取代了小粒红、白马牙、金顶子等农家品种，完成了品种间杂交种取代农家种的第二次更换。1955年，在推广玉米品种间杂交种的同时，河南农学院与洛阳专区农业科学研究所合作，利用90个单交种混合育成了混选1号综合品种，在当时的玉米生产上得到了大面积的推广应用。不久，相继育成了豫综1号、冀综1号等综合品种。随着双交种和单交种的迅速推广，综合品种应用逐渐退出生产。

农业部于1957年发布了"关于进行玉米杂交种育种工作的意见"后，全国各地加快了玉米自交系间杂交育种的工作，相继育成一批高产双交种，据中国农业科学院统计，全国共育成玉米双交种50个，在生产上大面积推广应用的有17个。双交种一般比品种间杂交种增产22%～27%，比农家品种增产30%～33%。例如山东省农业科学研究所育成了双跃3号、双跃4号，其中双跃3号在全国累计推广340多万hm²；北京农业大学育成了农大3号、农大4号、农大7号，其中农大4号在山西省推广种植30多万hm²；华北农业科学研究院育成了春杂5号、春杂12；吉林省农业科学院育成吉双83；河南新乡地区农业科学研究所的新双1号、新双2号等。其中新双1号在全国累计推广1 000万hm²以上。到20世纪60年代中期，双交种已在生产上大面积种植。双交种的推广应用实现了玉米品种的第三次品种更换。

（三）我国玉米单交种利用发展初期（1966—1976年）

1963—1966年，我国第一个玉米单交种新单1号（混517×矮金525）由河南省新乡地区农业科学研究所张庆吉、宋秀岭主持选育而成，并在生产上大面积推广，标志着我国玉米育种从以选育双交种为主转向培育单交种为主的新阶段。同期育成的玉米单交种还有中国科学院遗传所的群单105（矮金525×C103），以及20世纪60年代后期，丹东市农业科学院育成的单交种丹玉6号（旅28×自330），推广到全国20多个省、自治区、直辖市，累计推广面积达1 133.33万hm²。1971年2月，在海南崖县（现为崖州区）召开"全国（杂交高粱、杂交玉米）育种座谈会"。会议指出，玉米杂交种的选育和利用要以单交种为主，特别强调选育自交系"要用优良杂交种分离二环系，以达到稳定性快、一般配合力高和自身产量高的目的"。在这个时期选育并在生产上推广面积较大的品种还有：中国农业科学院育成的白单 4 号（唐四平头×埃及 205）、河南农学院的豫农 704（二南24×矮金 525）、河南省农业科学院的郑单 2 号（唐四平头×获白）、吉林省农业科学院的吉单 101（吉 63×M14）。据 1976 年 3 月农林部在山东临朐县召开的"全国杂交玉米科研推广会议"统计，全国杂交玉米种植面积达 1 000 多万 hm²，占玉米总面积的 55%，其中玉米单交种已占杂交种种植面积的 55%。

（四）我国玉米单交种利用快速成长期（1976 年至今）

1976 年至 20 世纪 90 年代初期，我国玉米单交种得到了广泛普及，同时选育的单交种水平也得到不断地提升。1975 年，李竞雄等选育出中单 2 号（Mo17×自 330）杂交种，标志着我国玉米单交种的组配和推广已经进入了相对成熟的时期，杂交玉米育种实现了丰产、多抗和广适性三大育种目标的统一，获国家技术发明奖一等奖。使杂种优势利用进入了一个新的时代，单交种推广普及速度加快，种植面积不断攀升。1979 年中国农业科学院等单位合作育成了株型紧凑、叶片直立的玉米自交系黄早四，同时从美国引进了自交系Mo17。国内育种单位利用黄早四和 Mo17 为亲本选育了一批玉米新品种。1979 年李登海育成了紧凑型玉米杂交种掖单 2 号（掖 107×黄早四），并在全国创造了 11 250kg/hm² 夏玉米单产最高纪录，在全国推广 20 年之久。同年，辽宁省丹东市农业科学研究所选育出丹玉 13（Mo17Ht×E28）单交种，在我国东华北和黄淮海玉米产区迅速得到大面积推广，该品种曾获得国家科技进步奖一等奖。这两个代表性品种实现了高产、广适、多抗等优良性状的有机结合。同时期选育并大面积推广的品种还有：掖单 4 号（U8112×黄早四）、烟单 14（黄早四×Mo17）、沈单 7 号（沈 5003×E28）、陕单 9 号（武 107×Mo17）、豫玉 2 号（郑 32×黄早四）、豫玉 3 号（美 3184×黄早四）、京早 7 号（黄早四×罗系 3）、四单 8 号（系 14×Mo17）、白单 9 号（C546×吉 63）等一批优良单交种。其中，沈单 7 号获国家科技进步奖一等奖，四单 8 号获国家技术发明奖二等奖。20 世纪 80 年代末至 90 年代期间，中国农业大学培育出农大 60（沈 5003×综 31）、农大 65（综 3×牛 2-1）、吉林省农业科学院的吉单 159（吉 845×丹 340）等。李登海培育出掖单 13（掖 478×丹 340）和掖单 12（掖 478×掖 515）等掖单系列紧凑型大穗杂交种的选育，标志着我国在玉米育种方面探索出一条通过紧凑大穗获得高产的新途径，以及以提高群体生产力获得高产的新路子。其中掖单 13 被全国 16 个省、自治区、直辖市审（认）定，创下了全国年种植近 333.33 万 hm² 的纪录，被农业部列为"八五""九五"期间玉米主推品种，并获得国家科技进步奖一等奖。

21 世纪 90 年代中后期，利用引进的美国杂交种为材料选育出一批 P 群种质自交系，创立 P 群×黄改等新的杂种优势模式，育成了一批抗病、抗旱、高产、优质的玉米杂交种，如农大 108（黄 C×178）、农大 3138（P138×综 3）、豫玉 22（综 3×豫 78-1）、沈单 16（K12×沈 137）、鲁单 981（齐 319×lx9801）等，这些品种遗传基础广泛，融入了北美种质、热带和亚热带种质及国内地方种质，表现出高产、稳产、优质、抗倒、耐旱、耐瘠薄和抗多种病虫害等诸多优点。在我国东北、华北、西北春玉米区、黄淮海夏播玉米区和西南山地玉米区广为种植。其中，农大 108 获国家科技进步奖一等奖，豫玉 22、鲁单 981、沈单 16 和豫玉 18 获国家科技进步奖二等奖。此外，应用面积较大的品种还包括：吉单 159（吉 846×丹 340）、四单 19（通 566－1×7922）、本玉 9 号（7884－7×Mo17）、成单 14（郑 32×200B）、川单 9 号（48－2×沈 5003）等。

21 世纪初由于国际跨国公司直接参与竞争，我国玉米育种和生产发展到了一个新阶段，改变了高秆、稀植、大穗品种的选育模式，将耐密性、结实率和出籽率作为玉米育种目标的核心，育种理念进一步强调了耐密性，提高群体生产力。郑单 958（郑 58×昌 7－2）、浚单 20（浚 9058×浚 926）、先玉 335（PH6WC×PH4CV）、中单 909（郑 58×HD568）、蠡玉 16（953×91158）等品种的育成或引进，标志着中国玉米育种进入了一个新时期。郑单 958 和浚单 20 在我国玉米生产上影响最大，2 个品种都获得了国家科技进步奖一等奖。郑单 958 株型紧凑耐密、结实性好、出籽率高，高产稳产，适应性广，制种产量高，商业竞争突出，它的推广使黄淮海夏玉米产区原来玉米的种植密度得到了大幅提高。郑单 958 自 2000 年起推广区域覆盖了中国玉米带的黄淮海夏玉米区，东华北、西北春玉米区，是中国应用面积最大、应用时间最长的玉米品种。

（五）我国现代玉米育种主要成就

现代玉米杂交育种技术发源于美国，我国玉米育种研究起始于 20 世纪 20 年代，早期的研究主要集中在地方品种的鉴定比较与评价，以及美国等外来品种的引进，目的是筛选优良的种质和品种。随着美国玉米杂种优势利用的杂交育种技术的引进，当时的南京金陵大学、北平农业试验站及广西、四川、贵州、云南、重庆等地的农业研究机构相继开展了自交系选育、品种间杂交种和双交种组配与评价等研究，通过试验鉴定出了一些增产显著的品种间杂交种和双交种。

与美国玉米带优越的自然和生产条件相比，我国玉米带的条件具有特殊性。例如，我国夏玉米产区农业生产实行一年两熟的耕作制度，玉米生长发育期明显要短于美国玉米带，西南玉米产区复杂多变的自然生态环境和生产条件，玉米生产所面临的病虫害、干旱、阴雨寡照等生物和非生物逆境与美国玉米带相比差别很大。1949 年新中国成立后，我国在引进美国杂交玉米育种技术的基础上，结合我国农业生产的自然条件和耕作制度等特点和要求，针对玉米生产不同发展阶段所面临的突出问题和特殊问题，通过对引进技术的不断消化、改进和提高，发展了适应我国玉米生产发展需求的新技术，培育出了能够满足我国复杂多变的耕作制度和特殊气候生态环境的新种质和新品种，支撑了我国玉米产业持续稳定地发展与提高。我国玉米育种技术发展与创新主要表现在以下几个方面。

1. 育成了不同类型的优良杂交种，提高了我国玉米的生产水平　我国玉米杂种优势的利用，经历了品种间杂交种、综合种、双交种（三交种）和单交种不同类型品种的发展过程。20 世纪 50 年代初期，美国生产上已经大规模推广双交种，但由于新中国成立初期受到各种条件的限制，为了满足生产的需求，在生产上迅速推广了春杂号、齐玉号等品种间杂交种。同时"混选1号"等综合种也在生产上得到大面积推广。直接利用综合种的杂种优势，是基于新中国成立之初我国玉米育种科研基础薄弱、生产水平低的状况，能够迅速解决当时生产问题的一个成功技术。选育综合种作为育种原始材料是玉米育种的通行做法，但综合种在生产上大面积推广利用是我国独有的。直到20世纪70年代后，CIM-MYT在非洲等发展中国家推广热带、亚热带玉米综合种的实践，进一步证明了综合种的生产应用价值。20世纪50年代中期至60年代中期，利用地方农家种选育出了第一批一环系，组配出农大号、双跃号等双交种，在全国生产上广泛普及，使我国玉米生产水平上了一个新台阶。1963年，中国第一个玉米单交种新单1号选育和推广，标志着我国玉米育种从以选育双交种为主转向培育单交种为主的新阶段。新单1号的育成与美国大面积推广单交种时期基本相同，而早于英、俄、德诸国，使我国也成为世界上大规模应用单交种最早的国家之一。到20世纪80年代中期，除西南玉米产区外，我国玉米生产上已经全面普及了单交种。单交种推广阶段，我国经历了五次大规模的玉米品种更新换代，玉米育种科技人员在不同年代育成六代单交种。第一代代表品种有新单1号、群单105、丹玉6号等。第二代代表品种有吉单101、郑单2号、豫农704等。第三代代表品种有中单2号、烟单14、丹玉13等。第四代代表品种是沈单7号、掖单13、郑单14等。第五代代表品种有农大108、鲁单981、豫玉22等。第六代代表品种是郑单958、浚单20等。这些品种的大面积推广，促进了我国玉米单产水平和总产的大幅度提高，与1965年相比，2011年我国玉米单产和总产分别提高了3.8倍和8.14倍（于天宇等，2013）。

2. 加快自交系和杂交种育种技术的研究 20世纪50年代，河南农学院吴绍骙提出了异地培育理论，即利用我国疆土广袤，南北气候差别大，南方秋冬季节温光条件优越，适于农作物生长的有利条件，将玉米育种材料夏季在北方种植一代，冬季移至南方再种植一代或两代，南北交替种植，一年繁殖2～3代，以加速世代选育，缩短育种年限。异地培育不但加速了新品种选育的进程，而且由于不同选育区域存在较大的生态差异，增加了育种材料的选择压力，有助于提高其适应性与抗逆性。该方法首先在玉米育种中倡导采用，并在短时间内推广到水稻、棉花、高粱等数十种作物，目前已成为国内作物育种的重要手段。

20世纪70年代，新乡地区农业科学研究所等单位提出在自交系配合力测定中采用"测用结合"的方法，改变了利用顶交法先测一般配合力、再测特殊配合力的繁琐方法，选用优良骨干自交系作为测验种与待测系测交，然后根据测交种表现评估自交系的一般配合力和特殊配合力，实现了一般配合力与特殊配合力测定的结合，实现了自交系配合力测定与优良杂交组合选配结合，加快了育种进程。"测用结合"的骨干系测交法已经成为国内外玉米育种中常用的方法。

单倍体育种是加快玉米自交系选育的重要方法，中国农业大学陈绍江等在引进美国利用籽粒颜色遗传标记Stock6诱导系的基础上，为了改变其受环境和遗传背景的限制，建立了利用籽粒油分含量作为遗传标记的单倍体诱导和鉴定技术。通过北京高油群体

（BHO）和美国原始孤雌生殖诱导系杂交，成功选育了国际上第一个高油型单倍体诱导系农大高诱 1 号，籽粒油分达到 7.5%，诱导率 10% 左右。在此基础上选育了农大 2 号、农大 5 号等系列诱导系，诱导率可达 8%～15%，甚至达到 20% 以上。利用高油诱导系作父本，普通玉米作母本杂交，由于花粉直感效应导致杂交当代籽粒的高油化，而单倍体籽粒油分含量较低。根据油分花粉直感效应鉴别单倍体的原理，研发出国际上第一台油分检测与筛选的核磁共振单倍体自动化筛选设备，单倍体的鉴别准确性可以达到 90% 以上，实现了高通量、自动化、智能化的单倍体筛选。

3. 雄性不育三系配套等种子生产技术的研究　利用玉米雄性不育系、保持系和恢复系实现三系配套制种，不仅可降低种子成本，而且可以提高种子质量。我国玉米雄性不育系的研究始于 20 世纪 50 年代后期，李竞雄等（1961）、杨允奎等（1962、1963）报道了不育性恢复性的遗传测定结果。60 年代初期，中国农业科学院、华中农学院、河南农学院、辽宁省农业科学院等单位相继开展了玉米雄性不育的研究。1970 年前后，雄性不育系杂交组合开始进行生产试验和示范种植。但由于大多数组合都属于 T 型细胞质，抗病性和恢复性均有缺陷，不能保证三系亲本繁育和制种质量。1972 年吴绍骙、李竞雄从美国引进 C 型雄性不育材料，1976 年华中农学院等单位育成一批国内起源的 S 组雄性不育材料（唐徐型、双型、辽型、21A 型等）。在这两类雄性不育细胞质的基础上各单位先后育成或转育了一批雄性不育系及杂交种。1980 年夏季湖北省和河南省相继鉴定了华玉 1 号和 C 豫农 704，并进入生产示范，1983—1985 年在全国玉米育种"六五"协作攻关的推动下，又育成和转育了华玉 2 号、S 中单 2 号、C73 单交、C 郑单 2 号、C 京早 7 号等雄性不育系杂交种。据不完全统计，1987 年湖北、四川、河南三省已推广雄性不育系杂交种约 10 万 hm²。20 世纪 90 年代，华中农业大学育成了恢复型雄性不育胞质杂交种华玉 3 号和华玉 4 号，中国农业大学育成了 C 型雄性不育胞质杂交种农大 3138，河南农业大学育成了 C 型雄性不育胞质杂交种豫玉 22，均已在生产上大面积种植，如 2003 年豫玉 22 号制种面积达 866.67hm²，可供 16.67 万 hm² 大田生产使用。

20 世纪 80 年代，陈伟程等提出利用在基因型上存在一定差异的姊妹系配制姊妹种，再利用姊妹种生产改良单交种子生产的新技术，成功解决了部分单交种制种产量低而不稳、成本高、无法大面积推广的难题；并对姊妹系选育方法及相关理论进行了系统研究。将 Mo17 与姊妹系豫 20 杂交的姊妹单交种豫 12 代替 Mo17 进行制种，可使玉米制种产量提高 30%～40%，大幅度降低了生产成本。应用该项技术生产的中单 2 号、丹玉 13 等主推种的改良单交种，在 12 个省（自治区）推广 617.8 万 hm²。

建立我国西北玉米制种基地也是我国玉米种子生产的一个特色，20 世纪 90 年代前，我国杂交玉米制种基地大多集中在东北春玉米区。由于玉米成熟后温度急剧下降等气候原因，导致杂交种子水分含量高的问题非常突出，黄淮海夏玉米区制种基地，由于隔离区小、自然灾害频繁导致产量低而不稳的问题非常突出。针对这些问题，1992 年河南农业大学陈伟程等首先在甘肃张掖开展了玉米杂交制种的研究和制种试验，研究结果证明，生产的杂交种子在产量、质量和降低生产成本上效果非常突出，提出了我国玉米种子生产要充分利用我国西北得天独厚的自然和生产条件，在西北的甘肃和新疆春播玉米区建立规模化的制种基地，逐步实现我国玉米种子生产基地从东北向西北的战略转移目标。20世纪90年代后，西北玉米制种基地的建设为满足我国玉米生产提供数量足、质量优的种子发挥了重要作用。我国西北春播玉米区不仅具有丰富的光热气候资源，灌溉农业，气候干燥，病虫害发生较轻，还具有良好的天然隔离条件。多年的实践证明，在西北进行种子生产，不仅高产、稳产，而且籽粒饱满、色泽鲜亮、含水量低、易贮存干燥、质量高、成本低。

4. 种质创新与杂种优势模式研究　我国地域辽阔，形成了黄淮海、东华北、西南、西北等不同的玉米主产区。玉米核心种质创新是我国玉米种质创新的重点，在不同时期创造了不同玉米产区的核心种质，建立和发展了适应不同玉米产区的杂种优势模式。20世纪70年代以前，利用我国优良的地方品种、品种间杂交种和综合种为基础材料，选育出了具有我国地方种质资源遗传基础的一批一环自交系，并在一环系的基础上又选育出了二环系或多环系。例如，获白、唐四平头、旅28、旅9、混517、矮金525、许052、金03、英64、吉63、昌7-2、京7、浚926、lx9801、K12、掖515、吉853、E28、丹340、丹337、丹黄02等优良自交系。70年代以后，随着国外种质的不断引进和不断创新，选育出了具有国外种质遗传基础的一批自交系，例如，铁7922、郑32、沈5003、U8112、掖107、掖478、许178、P138、豫87-1、齐319、丹598、丹599、C8605、丹9046、S37、48-2、18-599、自330等自交系。关于杂种优势模式的研究，美国的主要模式是瑞德与兰卡斯特，欧洲是欧洲硬粒型与美国马齿型，热带亚热带是Tuxpina与ETO或Suwan-1与Tuxpeno等，我国的杂种优势模式研究也经历了一个不断创新发展的过程，创造了适应我国不同特殊耕作制度和复杂生态条件的杂种优势模式，20世纪80年代以前我国杂种优势模式可以初步归纳为硬粒型×马齿型和本国系×外国系，20世纪80年代后，我国自交系可以归纳为5大杂种优势群，总体上围绕"本国系×外国系"杂种优势利用的原则，在不同玉米主产区发展了多种杂种优势模式，并形成了较为突出的主体模式。我国黄淮海产区杂种优势模式的建立是我国育种的一个重要创新，黄淮海一年两熟夏玉米是世界各国玉米生产中的一种特殊耕作制度，而且夏玉米生长季节各种自然灾害频繁发生，照搬美国瑞德与兰卡斯特的杂种优势模式在黄淮海产区往往不行。20世纪80—90年代，兰卡斯特或瑞德与旅大红骨或唐四平头的杂种优势模式比较适应黄淮海夏玉米区，东华北春播玉米区的主体杂种优势模式为兰卡斯特或瑞德与旅大红骨或唐四平头。我国西南玉米产区具有复杂的生态环境，一方面，受到北方温带种质和杂种优势模式的影响；另一方面，注意将热带外来种质或西南地方种质与温带适应种质杂交或渐渗杂交，发展了北方温带与热带及亚热带玉米种质的多种杂种优势模式，瑞德-Tuxpeno×兰卡斯特-Suwan是西南区重要的杂种优势模式。21世纪以来，在我国玉米育种中已形成唐四平头、旅大红骨或者自330、瑞德、兰卡斯特、P群或者温热I种质等为主的杂种优势类群。近年来，黄淮海改良瑞德与唐四平头的主体模式更加突出。

群体改良是采用轮回选择创新优异种质的重要方法。20世纪70年代中期以后，为了丰富育种的遗传基础，我国各地的科研单位组建了一批综合种群体，开展了轮回选择的群体改良研究。例如，中综 2 号、中综 24 号、辽旅综、豫综 2 号、豫综 5 号、川农温热群体、雄性不育恢复性群体、金系综合种、忻综 5 号、吉综 A、吉综 B、中农高油群体、陕综长穗群体、东农群体、黄倒挂、81-17、桂集 1 号等。采用不同的群体改良方法，经过"六五"到"八五"对群体进行改良研究，改良群体自身产量、配合力等目标性状得到了提高，同时从中选育了一批自交系，如综 3、综 31、辽轮 814、五 C42 等。多数研究结果表明，各种轮回选择方法对群体改良是有效的，经过几轮改良后，群体自身产量、配合力等目标性状均得到改良提高。国内各单位在对各种轮回选择方法比较的基础上，提出了一些适应我国科研实际操作的改良新方法。例如，中国农业科学院刘新芝、彭泽斌等提出了 S1＋HS 轮回选择的方法，并对中综 4 号群体进行了多轮改良。辽宁省农业科学院王延波等提出 S1 密植选择结合优良种质导入选择法，通过对"辽综"群体进行了 30 多年 6 轮的改良，从不同轮次中选育出辽轮 10732、辽 1401、辽 1412、辽 1708、辽 7980、辽 6160、辽 3088 等 7 个自交系，组配 8 个杂交种，其中 3 个杂交种通过了国家审定，5 个杂交种通过辽宁省审定，该项研究获得国家科技进步奖二等奖。河南农业大学陈彦惠等提出利用开放式"S1＋半姊妹复合轮回选择"的群体改良方法，将唐四平头和金皇后地方种质融合成"黄金"群体，将美国外来的种质结合组成豫综 5 号群体，通过 30 多年的持续改良，从 2 个不同轮次改良群体中培育出优良玉米自交系豫 82、豫 537A、豫 25、新自 588、新自 534、川 3411 等 18 个自交系。组配了在黄淮海、西南、西北审定和大面积应用的品种 14 个，该项研究曾获得国家科技进步奖二等奖。近年来，贵州省农业科学院陈泽辉利用轮回选择改良的"苏兰群体（苏湾＋兰卡）"取得了较好的进展。

5. 特殊专用玉米的品质育种　我国甜玉米育种开始于 20 世纪 60 年代，因受当时条件限制中途停顿。1980 年前后，随着改革开放的深入，国内经济形势的发展和外贸出口的需要，一部分科研单位开展了系统的甜玉米育种工作，进展较快。上海市农业科学院育成农梅一号、中国农业科学院育成了超甜玉米甜玉 2 号，适应性较广，推广面积较大。中国农业大学育成了甜单 1 号、江苏省淮安市农业科学研究所等单位育成的甜玉米品种等在生产上推广，并加工成罐头和冷冻食品进入国际市场。进入 20 世纪 90 年代以后，甜玉米育种进展加快，各单位先后育成并通过审（认）定的品种有：普甜 8701、普甜 8914、加甜 16（上海市农业科学院育成）；甜玉 4 号（中国农业科学院作物研究所育成）；农大甜单 8 号（中国农业大学育成）；华甜玉 1 号（华中农业大学育成）；农甜 1 号（华南农业大学育成）。上述甜玉米品种已在上海、武汉、广州、北京等大城市和一些中等城市郊县大面积种植。近年来，全国多数省份都有甜玉米品种通过审定，如京科甜 168、中农大甜 419、京科甜 2000、苏甜 8 号、华甜玉 4 号、粤甜 15 号、科甜 2 号、中农甜 488 等。

支链淀粉玉米（糯玉米）和直链淀粉玉米能产生高含量的特殊品质淀粉，都是重要的工业原料。糯玉米还是良好的鲜食玉米和饲料。我国从 20 世纪 80 年代中后期开始糯玉米育种，至 90 年代，已育成一些糯玉米杂交种大面积种植，有苏玉糯 1 号（江苏省沿江地区农业科学研究所育成）、中糯 1 号（中国农业科学院育成）、渝糯 1 号和渝糯 7 号（重庆市农业科学研究所育成）。21世纪90年代初，中国农业大学、华中农业大学开始高直链淀粉玉米育种，现已育成一些高直链淀粉自交系，进入组合试验阶段。近年来，全国多数省份都有糯玉米品种通过审定，例如，京科糯2000、中糯318、津糯206、莱农糯10、郑黑糯、郑彩糯948、苏玉糯18、渝糯8号、渝糯13、粤紫糯3号、美玉6号、浙凤糯5号、沪玉糯4号。

中国农业大学从20世纪80年代初开始高油玉米育种研究，已选育出一批含油量高10%左右的自交系，并育成籽粒含油量达8.8%的杂交种，早期推广的品种有中农大1号，1996—1997年又通过北京市和天津市品种审定了高油115品种，在生产上得到大面积推广种植。

第二节　玉米育种的种质资源

种质资源是育种工作的物质基础，任何一个成功的育种家，无不十分重视利用优质丰富多样的种质资源。但是，由于广泛利用杂种优势，凡在推广玉米杂交种的地区，许多地方品种都被杂交种取代，种质的资源已变得比过去简单，部分地区甚至出现种质贫乏的现象。未来玉米遗传改良的增益依赖于是否能创造出满足生产所需的遗传变异，随着育种目标的发展变化，对杂交种的产量、品质和抗逆性的要求不断提高。因此，玉米种质资源在育种中的作用就显得更加重要了。

一、美国和欧洲玉米种质资源利用现状

（一）种质资源利用的种族和自然授粉品种

栽培玉米起源于野生的大刍草，美洲大陆原居民创造了丰富的玉米遗传变异。Sturtevant（1899）根据玉米籽粒类型将玉米种质分为6类，Kuleshov（1933）又进一步将其分为8类。Anderson等（1942）通过研究玉米种质资源的大量样本后，提出了玉米种族（race）的概念，一个种族在表型上具有共同的特定性状、遗传上具有大量共同基因的一类品种或群体。一个种族在特定的环境条件下通过长期的种植繁殖保持了相对稳定的一个整体，不同的种族是在不同的环境条件下形成的。种族不同于Kuleshov采用简单籽粒类型作为标准来分类，而是综合性状、适应性等为标准将一个种族与另外种族区分开。Wellhausen等根据玉米在不同环境下农艺和生理等性状等试验结果，系统划分和描述了美洲大陆的种质资源样本，并列举了已报道的285个种族（Wellhausen等，1952，1969，1972；Goodman等，1988），除去报道中重复种族外，主要包括130多个种族。Paterniani和Goodman（1977）分析了玉米种族对不同海拔条件的适应性，发现约50%的种族适应低海拔（0～1 000m）种植，约10%的适应中度海拔（1 000～2 000m），约40%的适应高海拔（2 000m以上）。

Wellhausen（1952）分析了美国玉米带马齿型玉米的种质来源，认为美国玉米带的玉米是通过美国北方硬粒型与南方马齿型反复杂交形成的。北方硬粒型玉米品种的来源目前

似乎还不清楚，推测可能来源于从美国西南衍生的墨西哥 Harinoso de Ocho 和危地马拉高地的 San Marcenö 和 Serrano 种族；南方马齿型玉米与墨西哥中部的几个马齿型玉米种族有关，Tuxpeno 种族对于南方马齿型的形成的贡献最大。Brown 等研究了美国 9 个种族后认为，大平原硬粒型、大平原粉质型、Pima‑Papago、西南半马齿型对美国玉米育种几乎没有影响。衍生的南方马齿型是南方马齿型与东南硬粒型、北方硬粒型和玉米带马齿型杂交后产生的。衍生的南方马齿型比南方马齿型玉米籽粒凹面小，丰产性更高。Wellhausen 进一步追踪了墨西哥 Tuxpeno 种族的系谱，墨西哥的 Harinoso Flexible 与 Teocintle 种族之间杂交形成了 Olotillo 种族；墨西哥的 Harinoso de Guatemala 与 Teocintle 种族杂交形成 Tepecintle 种族；最后 Olotillo 与 Tepecintle 种族杂交形成了 Tuxpeno，Tuxpeno 是现代墨西哥玉米丰产优异的种族之一，也是美国玉米带南方马齿型玉米最重要的亲本来源之一。

19 世纪 50 年代至 20 世纪初，美国的欧洲移民向东部迁移和美国西部扩张横跨北美大陆时，特别是在西部开发过程中，培育出了大量天然授粉品种和品种间杂交种。在这个过程中，日照长度是影响玉米从南向北迁移的重要因素。通过品种间杂交和自然突变，再加以人工选择和自然选择，形成了适应美国不同环境的天然授粉品种。例如，1866—1910 年间培育的瑞德黄马牙，1855—1885 年间培育的 Leaming Corn，1869—1920 年间培育的 Lancaster Sure Crop，1890—1903 年间培育的 Minnesota 13，1891—1896 年间培育的 Northwestern Dent，这些种质对现代育种产生了重大影响。1898 年，Sturtevant 列出了美国命名的 507 个玉米品种，将它们划分为 323 个马齿型类型，69 个硬粒型，63 个甜质型，27 个软质型（粉质）和 25 个爆裂型。1916 年美国已命名的地方品种有 1 000 个，其中 750 个是 1840 年以后随美国玉米带向北和向西扩张时期育成的。对美国玉米生产和杂交种选育产生重要影响的天然授粉品种主要包括：Longfellow、Leaming、Lancaster Sure Crop、Reid Yellow Dent、Boone County White、Northwesten Dent、Minnesota 13，以及 Chester Leaming、Richey Lancaster、Johnson County Whit、Troyer Reid、Funk Yellow Dent、Iodent Reid、Osterland Reid、Funk Strain 176A。其中，瑞德黄马牙是当时美国玉米生产上最流行的品种，1936 年美国农业部年鉴中有 21 个州都推荐种植该品种，估计最高时占美国玉米种植面积的 75% 以上。瑞德黄马牙种质在美国现代杂交玉米中的地位非常重要。利用瑞德黄马牙及其衍生品种选育出了大量的优良自交系，它们占美国玉米杂交种 50% 的血缘。Sprague 1934 年用 20 个自交系合成了坚秆综合种（BSSS），其中 15 个自交系（占 75%）可以追溯到瑞德黄马牙。瑞德黄马牙和衍生品种 Osterland Reid、Troyer Reid、Iodent Reid、Funk Reid 和 BSSS 种质，它们分别占现代美国杂交玉米种质的 4%、11%、15%、13% 和 5%。

（二）早期杂交育种种质资源的遗传基础

美国科学家 20 世纪 20 年代起，利用不同的天然授粉品种选育出了第一批一环系。现代商业杂交种的许多亲本仍然可以追溯到这批自交系，其中，代表性的包括：WF9、

Oh07、C107、TR、L23、L289、L317、L304A、L、I205、LAN、IDT、I159、I224、P33 - 16、B164、W20、A、R4、Os420、Os426、A109、C49。利用这些自交系组配了美国第一批玉米杂交种。例如，从瑞德黄马牙中选出的自交系 WF9 是 1935 年美国第一个双交种 U. S. 13 的亲本之一。1942 年，用 WF9 培育成 24 个玉米杂交种，占美国玉米带 5 个州玉米生产面积的 93%。20 世纪 60 年代早期，许多小型公司生产的商业单交种 WF9×C103 推广超过 10 年以上。从 Troyer Reid 中选育的自交系 TR 是印第安纳州的第一个商业杂交种 Hoosier Hybrid 的亲本。C103 来自 Lancaster Sure Crop，在美国玉米带中部，C103 开花中晚，是第一个大面积推广单交种 Dekalb 805 的亲本。其他自交系来源分别是：Oh07 源于 Leaming，L 和 L23 源于 Chester Leaming，I205、LAN、IDT、I159 和 I224 源于 Iodent Reid，L289、L317 和 L304A 源于 Richey Lancaster，P33 - 16 源于 Johnson County White，B164 源于 Troyer Reid，W20、A 和 R4 源于 Funk Yellow Dent，OS420 和 Os426 源于 Osterland Reid，A109 和 C49 源于 Minnesota 13。据统计，1936 年美国 367 个优良自交系分别来自 96 个不同的天然授粉品种，其中，瑞德黄马牙及其衍生瑞德品种选系有 36 个，占 367 个自交系的 10%。

20 世纪 40 年代以后，美国利用一环系杂交后代或者自交系间合成的综合种选育出了大批的二环系，代表性自交系有：Oh43、Mo17、B14、B37、B73、B79、A632、A634、A635、4A、PH207、Idt4A、Idt、5A、Idt6A、W59、W153、VA35 等。二环系的选育和应用进一步提高了自交系和杂交种的产量，加快了杂交种的商业化进程。例如，从 W8 和 Oh40B 杂交后代中选育出自交系 Oh43，Mo17 自交系是从 C103×187 杂交种中选育而来，1968 年，Mo17 与 N28 配制出了广泛应用的杂交种，1973 年又与 B73 配制出另一个著名的杂交种，还与 A634 组配出广泛应用的早熟杂交种；从 Os420×Os426 组合中选育出了大量从早熟至中晚熟的 Osterland Reid 系列自交系，并与其他自交系杂交选育出 A26。自交系 A26 和 C49（来自 Minnesota 13）杂交选育出明尼苏达自交系 A109；利用 Idt4A 和 PH207 杂交和回交，选育出具有重要商业价值的自交系 Idt5A 和 5B，Idt5A 组配了推广面积大的商业杂交种。为了花期协调和提高炭疽病、茎腐病的抗性，通过 Idt5A 与 Idt55B 杂交选育出优良自交系 Idt6A，配出了多个重要的商业杂交种。B164 与 Idt 杂交后选育了 Idt3A 等 3 个重要的商业自交系；从爱阿华坚秆综合种的不同改良轮次中选育出 B14、B37 和 B73。杂交种 B73×Mo17 在 1973 年首次商业化，表现极其突出，很快成为非常受欢迎的杂交种。

（三）现代商业育种种质资源的遗传基础

20 世纪 70 年代以前，美国玉米带利用的大多数自交系来自公立育种项目，而当代商业杂交种的亲本大都源于企业选育的自交系，Mikel 等（2006，2011）分析了 2004—2008 年间商业杂交种的遗传背景，包括种业巨头孟山都（含迪卡、Asgrow、Holden）、杜邦先锋和先正达（含 No - vartis 和 Northrup king）等种子企业，通过对商业杂交种的 530 个亲本自交系 PVP 及专利资料的剖析，分析了商业杂交种在现代育种中的贡献，以及母本群和父本群的遗传基础。现代玉米商业种质大体归结为 9 个主要来源。

现代商业玉米杂交种的母本群可归结为几个经过相互改良的亚群，包括 B73/B14（如 LH146Ht、LH174、LH202、LH222、LH227）、B73/B37（如 LH117、LH195、LH200、LH235、LH242、LH198、LH200、PHK29）、B73/Maize Amargo（PH09B、PHP38、PHHB9、PHW52、PHHB4）和 B37/B14/Maize Amargo（PH07D、PH38D、PH44A、PHKV1、PH1W2、PH79A、PH22G 等）。它们的主要来源可分为两类。一类是 SSS 种质，主要包括 B14、B73、B37 等自交系，其中，自交系 B73 提供了 11.7％的遗传贡献（孟山都 12.0％，先锋 8.6％，先正达 21.0％）。在 305 个自交系中，由 B73 衍生的占 126 个。由于 B73 农艺性状较好，最终选择常偏向 B73，使实际应用中 B73 的遗传贡献在增加，而 B14 和 B37 遗传贡献下降。例如源于 B73 的衍生系 DK90D、JD28、DKF-BLL、DF2FACC 对孟山都的现代种质基础影响很大，遗传贡献分别达到 9.1％、8.6％和 5.0％。一类是 Maize Amargo 种质，Maize Amargo 种质很独特，主要来源于 2 个自交系 B96 和 B64。在先锋 SSS 种质中，PHG39（含有 69％的 SSS 和 25％的 Maize Amargo）的遗传贡献最大，由此衍生了 PHP38、PHHB9、PHR61、PHW52、PH07D 等一大批优良母本自交系。

现代玉米商业杂交种的父本群可归结为兰卡斯特种质、Oh43 类种质、LH82 类种质、Iodent 种质、Oh07 类种质、Min13 种质和 LH12 类种质等 7 个来源。

兰卡斯特种质：Mo17 作为兰卡斯特的代表系，通过对 1984—2008 年间 1 132 个在美国 PVP 或专利登记的自交系遗传背景进行分析，Mo17 对现代种质基础的遗传贡献接近 2％。如孟山都利用 Mo17 主要通过 LH51 及其他衍生系 LH210、LH213、LH216 等。自 21 世纪 80 年代中期，Mo17 的遗传贡献开始下降，而在此之前，SS×Mo17 曾是最广泛采用的遗传模式。目前，Mo17 在现代商业育种中用得很少，对现代种质基础的遗传贡献非常小。尽管如此，47 个现代商业自交系与 Mo17 有关。先锋公司对 Mo17 改良很少，大多数先锋系与 Mo17 关系很远（Smith 等，1997）。先锋公司 20 世纪 80 年代的兰卡斯特（C103、Mo17 等）主要通过 PHG71 等 SS 种质和 PH814、PH848 等 NSS 种质得到应用。在孟山都，Mo17 的遗传贡献被来自先锋杂交种 3737 的 Iodent 种质所取代（Mikel，2011）。

Oh43 类种质：Oh43 含有 25％的 Minn13 和 Funk 以及 50％的兰卡斯特的独特种质，因此对许多现代自交系都产生过重要影响，但累积的遗传贡献并不是很大。在先锋公司，Oh43 主要与 Oh07 - Midland、Iodent 等相互改良而得到应用。在过去 35 年间，先锋 3737 促进了 Oh43 遗传背景的广泛应用，先锋 3737 的亲本之一 PHG47 含有来自 PH041 的 Oh43 及其他复杂的遗传背景（Troyer 等，2010；Smith 等，1987；Troyer 等，2010）。PHG47 由 50％的 MKSDTEC10 综合种、25％的 Oh43、12.5％的 WF9 和 12.5％Idoent 育成（Smith 等，1987）。在孟山都，虽然 Oh043 的遗传贡献只有 3.9％，但对孟山都的种质基础却影响很大，Oh43 主要通过与兰卡斯特相互改良和先锋杂交种 3737、3558 等得到应用（Mikel，2011）。2004—2008 年间登记的孟山都的遗传资源中，115 个自交系与

Oh43 有关，如 LH59 源于 Oh43 与兰卡斯特；LH168 源于 3558 和 Oh43。Oh43 与其他种质改良培育的自交系还包括 LH85、LH163、PHAJ0、PHJ89 等。

LH82 类种质：LH82 由 Minn13 的衍生系 610（由 W153R 选育而来）和 LH07 选育而成。W153R 含有 87.5% 的 Minn13 和 12.5% 的 Funk 黄马牙，LH07 含有 75% 的先锋杂交种 3558、25% 的 Krug 自交系 N22A，LH82 及其衍生系 LH283 对现代商业种质的遗传贡献分别为 3.7% 和 3.0%。LH82 与先锋 Iodent 种质有关（Nelson 等，2008；Kahler 等，2010）。LH82 与 Oh43、先锋 3535、3704 等改良育成了 LH168、LH172、LH176 等自交系。用 LH82 和 Va99 改良育成了重要的自交系 LH283，孟山都用 LH283 及先锋 3737 等育成了许多重要的自交系，如 I113752 和 I226218，在商业育种发挥了重要的作用（Mikel，2011）。

Iodent 种质：在现代商业育种中，Iodent 的利用持续增加，尤其是先锋 Iodent 对现代商业育种发挥非常重要的作用。先锋 Iodent 源于 Iowa 试验站瑞德黄马牙（Troyer，2004），PH207 是先锋 Iodent 的骨干系，在现代种质基础中的遗传贡献为 15.1%，该系及其衍生系几乎占到先锋现代自交系的 50%。其他 Iodent 衍生系还包括：PH207 选育的 PHG29、PHG50、PHG25 等，PHG29 选育的 PHP02、PHN82 等，PHR25 选育的 PHTD3 等。其他公司的 Iodent 种质主要来源于先锋杂交种，其中影响最大的是 3737（Mikel 等，2006；Troyer 等，2010）。3737 含有 Iodent 自交系 PHG29，该杂交种的成功利用是先锋的 Iodent 种质，并在先锋以外的商业育种公司也得到了广泛应用（Troyer，1999；Troyer 等，2010）。

Oh07 类种质：Oh07 - Midland 源于 Leaming，由 Iowa 长穗和 Iowa 双穗 C. I. 540 选育而成。Ph595 自交系遗传基础丰富，50% 源于先锋的母本系综合种（源于 Midland 黄马牙和 Oh07 各占 25%）。先锋公司现代材料大约 30% 源于 PH595，其在当代商业杂交种中的遗传贡献为 3%（Mikel，2011）。PH595 及其他 Iodent 种质与 SS 组配是先锋公司中熟商业杂交种的常用模式。由 PH595 衍生的 PHR03 在先锋公司现代种质中应用广泛，其遗传贡献达到 7.5%。此外，源于 PH595 的系还有 PHG35、PHV78、PHG84、PHK56、PHN46 等。含 Oh43 的 PHG47 与源于 Oh07 的 PHG35 育成了重要的自交系 OHK56。先锋公司利用 Oh07 - Midland 和母本系复合种相互改良，育成 PHR03、PHN46、PH38B、PHBE2 等优良自交系。

Minn13 种质：在现代玉米杂交种之前，Minn13 在北美 15 个州广泛种植了 40 多年（Troyer 等，2010），由其衍生的先锋早熟 Iodent、与 3737 衍生的 DK3IIH6，以及 Oh43、LH82、A632（含 25% 的 Minn13 和 75% 的 B14）等对现代育种产生了一定影响，1984—2008 年间 Minn13 对现代商业种质累积遗传贡献大约 4%（Troyer 等，2010）。

LH123 种质：LH123 源于先锋杂交种 3535，含有 Oh43/兰卡斯特。LH123 还与 Mo17 相互改良，育成 LH185、LH211、LH212、LH213、LH216、LH287 等系列自交系，对孟山都公司的种质遗传基础影响较大（Mikel 等，2006）。

（四）美国杂种优势类群和杂种优势模式

美国是利用玉米杂种优势最早和最成功的国家，也是形成杂种优势类群和研究杂种优势最早的国家。迄今为止，利用时间最长，使用范围最广的仍然是两大杂种优势类群及其杂种优势模式：瑞德黄马牙和兰卡斯特。这是玉米育种者公认的温带地区杂种优势类群和杂种优势模式。也被世界各地区作为优良种质利用。其后，Rauffman（1982）报道了leaming（黎明）和 midland（米兰得）2 个杂种优势类群及其杂种优势模式，但实际利用价值远远不及前面 2 个杂种优势类群（详见本章附表 5-1）。

从瑞德黄马牙（reid yellow dent）和兰卡斯特（lancaster sure crop）2 个群体形成的历史及发展演化过程，可以找到它们在玉米杂种优势利用方面占有如此重要地位的答案。在瑞德黄马牙形成之初，就经历一次偶然性的混合花粉杂交重组过程。Robert Reid 于1847 年晚春在伊利诺伊州播种了 Gordon Hopkins，一个晚熟的马齿型品种，因种子成熟度不高而缺苗，不得已在缺苗处补播 Little Yellows（小籽黄），一个早熟的印第安硬粒型品种，因而产生了天然混合花粉杂交的早熟与晚熟、马齿型与硬粒型的杂交后代，经过Robert Reid 和 Jmnes Reid 父子 40 余年对其熟期、穗粒性状的精心选择，于 19 世纪末育成瑞德黄马牙，该品种曾获得 1893 年芝加哥世界博览会金奖。据 1936 年美国农业部年报记载，Reid Y. D. 当时已成为美国最大的推广品种，被推荐至美国中部的 21 个州种植。从 19 世纪末至 20 世纪 30 年代约 50 年间，该品种群体种植面积估计占美国玉米带玉米面积的 75% 以上。

瑞德黄马牙育成后，各地玉米育种家继续选育和改良，先后出现了若干个衍生群体，其中有 Funk Yellow Dent Reid（Eugene "Gene" Funk D 1901 选育）、Osterland Reid（Henry Osterland 1930 年前后选育）、Troyer Reid（Troyer Bros 1916 年前后选育）、Iodent Reid（Lyman C Burnett 1910 年前后选育）、Stiff Stalk Synthetic（BSSS，Sprague G F 20 世纪 30 年代初育成）。上面所列的瑞德黄马牙及其衍生群体，之后均成为选育自交系的主要亲本材料，从中育成了许多优良自交系，诸如 R4、38-11、B14、B14A、B37、B64、B68、B73、B84、1205、Qs420、A109、A632 等，这些都是众多杂交种的亲本，在美国玉米杂交种的遗传背景中约占 50%。

兰卡斯特（Lancaster Sure Crop）是 Hershey 家族于 1910 年前后育成的品种群体。据 1936 年美国农业部年报记载，该品种被推荐在美国东部各州种植。在 Hershey 家族种植玉米过程中，大约在 19 世纪后期，Lancaster Sure Crop 与迟熟马齿型品种金皇后偶然混合花粉杂交，这些杂交后代在大田中又与 Lancaster Sure Crop 回交，并在回交后代中不断选择亮黄色硬粒白轴长穗类型。但由于品种间混合花粉杂交，以致该品种群体的整齐度不高，1949 年，Jones 用 Lancaster Sure Crop 育成 C103 自交系，C103 以后成为第一个大面积种植的单交种 Dekalb 805 的亲本。1964 年，Zuber 又育成了著名的二环系 Mo17。

Richey Lancaster（瑞齐兰卡斯特）品种是 Lancaster Sure Crop 的衍生群体，是

Richey 家族迁入伊利诺伊州北部后，将从宾夕法尼亚州带来的 Lancaster Sure Crop 品种经过数十年混合选育而成。从 Richey Lancaster 品种中筛选出一系列优良自交系，例如6-5、C14-8、L3、L9、L289、L317、Oh40B 等。这些自交系又是美国一些优良杂交种的亲本。现在 Lancaster Sure Crop 优势群的自交系基本上是从一环系 C103 和 Oh40B 中选育的二环系和多环系。

随着美国商业化育种进程的发展，原有的杂种优势类群和杂种优势模式的实质内容也发生一些变化，例如，瑞德黄马牙被不同育种家分化为 BSSS 种质和爱阿华马齿 Iodent 种质，通过外来种质渗透形成了 Maiz Amargo 种质，BSSS 和 Maiz Amargo 种质属 BSSS 杂种优势类群，而 Iodent 种质不属于 BSSS 杂种优势类群，兰卡斯特杂种优势类群也已经不是原来认为纯正的兰卡斯特种质，分化为兰卡斯特亚群和 OH43 亚群等。据 Mikel 和 Dudley 调查结果（2006），在美国商业玉米种质中，BSSS 为 38.7%，兰卡斯特占24.1%，Iodent 占 12.7%，3 个杂种优势类群对商业杂交种的贡献率最大，进一步概括美国玉米带的主要杂种优势模式为 BSSS×Non-BSSS。

（五）欧洲及其他国家的种质资源研究

哥伦布 1492 年返回欧洲大陆时将玉米引入欧洲，最早引进的是早熟硬粒型的Coastal Tropical 和 Caribbean 及爆裂玉米，由于早期引入的玉米不适应欧洲的环境，因此在之后 5 个世纪中，又不断从美国引进新种质，经过 500 年的适应性选择，培育出了一些从地中海到北欧适应更广泛的玉米品种。大约在 1900 年，美国玉米带马齿型玉米成为了欧洲种质的一个重要部分。通过不同时期不断引进的新种质、欧洲早熟硬粒型与后期引进种质间的杂交，加上在欧洲环境下人工选择等，培育出了欧洲遗传变异丰富的种质资源。Leng 等（1962）对欧洲搜集的资源样本分析，认为欧洲种质至少有 11个种族：小穗硬粒型玉米、小籽硬粒型玉米、八行硬粒型玉米、地中海硬粒型玉米、硬粒与马齿型杂交种的衍生硬粒型玉米、多行偏马齿型玉米、钩形马齿型玉米、美国玉米带马齿型玉米、硬粒与马齿型种族杂交衍生后代玉米、长籽粒马齿型玉米、20 世纪 40 年代后现代商业杂交种。

欧洲种质由于适应温带的气候条件和日长，具有早熟、抗病虫、耐旱、耐冷、成熟后茎秆直立抗倒、籽粒脱水快、丰产性好等优点，因此，对于我国温带玉米育种来说，是除了美国种质之外利用价值较高的玉米资源。欧洲植物育种研究协会（EUCARPIA）保存有从欧洲各国所搜集到的 6 000 份资源样本。第二次世界大战后，欧洲广泛利用美国种质选育自交系，因此，欧洲商业育种的主要杂种优势模式是欧洲硬粒型玉米×美国马齿型玉米，或者是美国马齿型玉米×美国马齿型玉米。西班牙 Sinobas 和 Monteagudo（1996）研究了西班牙地方玉米品种群体和美国 2 个基础杂种优势类群的衍生群体 BS13（爱阿华硬秆改良群体）以及 Lancaster Composite A.（兰卡斯特复合种 A）之间的杂种优势关系，发现 Andaluz 等 4 个西班牙地方品种群体和 BS13 之间，都具有较高的特殊配合力，是优良的杂种优势模式。

二、热带及亚热带玉米种质资源利用现状

（一）主要代表种族

玉米在起源中心及相邻地区长期的进化过程中演化出了丰富的遗传变异类型，因此，玉米种质资源中最大的遗传多样性来自于热带及亚热带地区、中南美洲、非洲低纬度地区以及东南亚地区的玉米种质。早期驯化的大多数玉米种族和天然授粉品种，能够适应不同纬度、不同海拔高度的遗传变异类型以及一般和特殊用途的玉米类型在美国和中南美洲国家的种质资源库中保存有大量热带及亚热带玉米种质资源，例如 CIMMYT 在墨西哥的玉米种质资源库（服务于中美洲和加勒比海地区），哥伦比亚在麦德林城的种子贮藏中心（服务于玻利维亚、智利、厄瓜多尔、秘鲁、委内瑞拉），巴西在 CNPMS－EMBRAPA 的巴西种质库（服务于阿根廷、乌拉圭、圭亚那），美国在科罗拉多和爱荷华的国家种质资源贮藏库等。表 5-1 列出了有关玉米种族研究的情况。

表 5-1　墨西哥、中美、南美、欧洲和美国玉米种族分布

来源	地点	样本数目	研究的种族数	亚族
Wellhausen 等（1952）	墨西哥	2 000	32	
			古老的地方种族	4
			哥伦布时代前的外来种族	4
			史前的混合种质形成的种族	13
			现代初期的种族	4
			不好确定来源的种族	7
Hathaway（1957）	古巴	—	7	
			商业性的种族	4
			地方种族	3
Roberts 等（1957）	哥伦比亚	1 999	23	
			原始的种族	2
			外引的种族	9
			哥伦比亚混合种族	12
Wellhausen 等（1952）	中美洲	1 231	13	
			原始外来的及其衍生的种族	11
Brieger 等（1958）	巴西	3 000	52	
			阿根廷	11
			安第斯山脉东部斜坡上	1
			Under the Capricorn	26
			亚马孙盆地	14

（续）

来源	地点	样本数目	研究的种族数	亚族
Ramirez 等（1960）	玻利维亚	844	32	
Brown 等（1977）	西印度群岛	135	7	
Timothy 等（1961）	智利	39～114	19	
Grobman 等（1961）	秘鲁	1 600	49	
			原始的种族	5
			古代衍生的种族	19
			最近衍生的种族	9
			外引的种族	5
			早期的种族	5
			未被确切分类的种族	5
Timothy 等（1963）	厄瓜多尔	675	23	
Grant 等（1963）	委内瑞拉	685	19	
Brown 等（1977）	美国	—	9	
Brandolini（1969）	欧洲	6 000	33	
总计			285	

Wellhausen（1978）描述了在玉米研究项目中广泛应用的 4 个具有代表性的拉丁美洲热带优良种族，即 Tuxpeno 种族、古巴硬粒玉米、沿海热带硬粒玉米和 ETO 种族。Tuxpeno 种族是墨西哥纯马齿型玉米的一个代表种，起源于墨西哥海湾一带，种质组成复杂，有白粒（Tuxpeno-1）和黄粒（Tuxpeno B. P. C15）等衍生类群。古巴硬粒玉米种族是由一些巴西黄色或橘黄色硬粒型玉米育成。沿海热带硬粒玉米种族广泛分布于热带低地地区，是热带玉米自交系的丰产性种质资源，种质遗传基础较窄。ETO 种族是一个综合种，20 世纪 40 年代选育而成，在热带和亚热带玉米改良中起着重要的作用，其遗传基础广泛，包括哥伦比亚、墨西哥、古巴、委内瑞拉、巴西、阿根廷和美国等地的许多种质，有白色和黄色胚乳 2 种类型。

（二）主要热带玉米种质资源

墨西哥玉米小麦改良中心（CIMMYT）、非洲国际热带农业所（IITA）和泰国科研机构对热带低地（海拔）种质资源开展广泛研究，将种质资源分为热带低海拔（0～1 000m）和热带中海拔（1 000～2 000m）种质资源。CIMMYT 基于这些种质基础，又融合了新的种质资源，选育出适应于热带低地的 15 个优良玉米群体（12 个相应的基因库）和 6 个 QPM 群体。这些热带低地玉米群体根据种质的遗传背景、籽粒颜色（黄、白色）、籽粒类型（马齿、硬粒）和熟期（早、中、晚）组建而成。从 IITA 的热带低地玉米种质资源的抗条纹病毒病高产玉米群体中选育的 TZSR‐W‐1 和 TZSR‐Y‐1，分别为白粒和黄粒的晚熟半硬粒玉米材料。随后，IITA 相继选育出一大批不同生育期、不同籽粒颜色和不同质地的热带玉米群体。泰国以加勒比海的优良黄色硬粒种质为基础选育出 Suwan‐1 品种，主要含有 Tuson、沿海热带硬粒玉米、古巴硬粒玉米、阿根廷硬粒玉米、Tuxpeno 和菲律宾种质等。早在 1960 年泰国引进危地马拉热带低地品种金黄粒 Tiquisate、古巴玉米血缘的白粒半马齿和金黄硬粒种族的杂交后代。1967 年，泰国从 CIMMYT 引进了加勒比海热带硬粒和马齿（Tuxpeno）材料，其适应性和籽粒类型与 Tiquisate 种质类似。然后从引进的这些种质材料中，筛选了 36 个综合种重新进行组群和选择，经过 4 个周期的轮回选择，选育出的群体产量比黄金粒 Tiquisate 提高了 20%～30%，并命名为泰 1 号综合种。其后又通过与来源于菲律宾的 DMR1 和 DMR5 进行了 3 次回交，命名为 Suwan‐1。Suwan‐1 不仅在泰国得到大面积推广应用，在其他国家也被广泛使用，或直接作为 OPVs 栽培，或是用作选育自交系的材料。Suwan‐1 曾用来与美国、巴西、菲律宾和其他国家的优良自交系杂交，育成产量突出、抗病性好、适应热带的三交种或双交种。

热带、亚热带中海拔玉米产区主要分布在非洲，这一地区的育种材料要求抗病性强，不但对普通多发病害具有抗性，还要求对非洲主要病害（例如条纹病、普通锈病、病毒病）具有抗性和耐性。相当多的热带中海拔地区的优良种质选自津巴布韦。20 世纪津巴布韦通过一些国家玉米项目的实施，开始选育出一系列表现突出的 OPVs 和杂交种。育种项目中除使用当地的优良种质外，还有来自美国含 Tuxpeno 血缘的 Hickory King 品种。1963 年津巴布韦发放了世界上第一个商业用单交种 SR52。1985 年，CIMMYT 在津巴布韦的哈拉雷大学设立了玉米育种项目，进一步拓宽非洲热带中海拔地区的玉米种质基础，主要目标是选育抗条纹病及其他一些主要病害的种质。项目不但注重自交系和杂交种的选育，对 OPVs 和综合种的选育也给予了足够的重视。在这个育种目标下，已经选育出了一些优秀的抗病自交系。IITA 针对非洲撒哈拉地区的生态环境，选育出 2 个表现优秀的群体 TZMSR‐W 和 TZEMSR‐W，前者为晚熟白粒种质，后者为早熟种质，都适宜海拔 1 000～1 600m 的中海拔地区。IITA 和喀麦隆、扎伊尔等国家的相关研究机构进行协作研究，已经发放了一批适应于热带中海拔地区的优良自交系。

（三）亚热带玉米种质资源

CIMMYT 育成了许多适应亚热带玉米产区的基因库和群体。这些群体是温带和热带玉米优良种质相互渗入的产物。近年来，CIMMYT 的亚热带种质对大斑病和普通锈病的抗性有很大的提高。在早熟的亚热带白粒和黄粒群体中，Pop48 和 pool30 的一般配合力都较高。在中熟群体中，Pob42 和 Pob47 的产量配合力较高。Siwdent‐1（中熟白粒马齿型）Pob500 和 Slawdent‐1（晚熟白粒马齿型）Pob600 是 2 个抗大斑病的群体，群体选自墨西哥商品杂交种的 S1 代系和 CIMMYT 的抗病优良亚热带系的杂交组合，除了抗大斑病外，这两个群体对普通锈病和涝灾也有一定的抗性。

在利用亚热带种质资源方面，印度选育出的亚热带种质具有耐寒性的优点，可以在印度南部地区冬季种植。例如，利用 3 个杂交种（Vijay×Pioneer102、Pioneer114×Vijay 和 Ganga5×Pioneer104）组配的复合种 Partap 表现出较好的耐寒性，通过轮回选择，对其不断改良，从 20 世纪 80 年代开始，从中选育并发放了一批 OPV 品种。从 CIMMYT 群体 Pob44 中选育出的 Lakshmi，也是印度比哈尔地区冬季玉米生产广泛种植的一个 OPV 品种。印度冬季玉米生产上普遍利用的 2 个非常规杂交种 Ganga safed 2 和 High Starch，其亲本含有美国和加勒比海玉米种质。

美国许多玉米研究项目把温带和热带玉米自交系的杂交组合作为选育新的亚热带和热带自交系的来源。夏威夷大学首先在美国自交系对热带和亚热带玉米产区的适应性改良工作上取得实效。许多选育出的自交系具有对常见病虫害的抗性，但它们共同的缺陷是对热带、亚热带产区常见病害的抗性较差，尤其是易感叶部病害。这些自交系通过夏威夷大学协作项目——玉米自交系抗性育种项目发放到全世界。

20 世纪 80 年代，美国联合多个拉丁美洲国家启动了拉丁美洲玉米研究计划（LAMP），针对热带、亚热带玉米种质资源的搜集、繁殖、鉴定和评价等开展研究，经过 5 个阶段的研究，共鉴定评价了 12 113 份种质资源样本，鉴定出比较优异的样本 268 份。为了利用这些优异资源，美国接着又启动了玉米种质扩增计划（GEM），目的是将热带、亚热带外来种质导入美国玉米带的商业玉米种质中，拓宽美国玉米杂交种的遗传基础，把优良的热带种质与温带种质结合，向北推进。由于全球气候变暖，干旱等将成为玉米生产的主要挑战，需要培育出耐干旱等逆境条件的玉米高产高效杂交种。通过 LAMP 和 GEM 计划的实施，不仅鉴定出一批优良热带、亚热带玉米种质，而且还培育出了耐旱、耐冷、早熟、高产的新自交系和商业杂交种。例如，通过回交、自交等技术，成功将热带种质导入温带 B14 自交系中，选育出早熟的 B14 改良系密尼苏达 A，成为了商业利用的重要亲本之一。

（四）热带及亚热带玉米杂种优势类群和杂种优势模式

墨西哥以及中南美地区，许多育种家以 CIMMYT 为中心，研究开发了热带、亚热带地区的杂种优势类群与杂种优势模式，Wellhausen（1978）、Goodman 等（1988）先后提出墨西哥地方品种 Tuxpeno 和哥伦比亚的合成群体 ETO 是热带、亚热带地区的 2 个基础杂种优势类群和杂种优势模式。Vasal 等（1994）根据研究结果，提出了 Tuxpeno I 和 Mexcla Tropical Blanco 等 7 个热带、亚热带杂种优势类群及其杂种优势模式。Vasal 与 Srinivasan（1994）用 CIMMYT 选自热带种质的 92 份自交系，用 CML9（Tuxpeno 血缘）和 CML21（ETO 血缘）作测验种，按特殊配合力将自交系分为 2 个群体，再经多次混合花粉杂交重组成 2 个广基群体：THG "A"（热带杂种优势类群 A）和 THG "B"（热带杂种优势类群 B）。这两个群体又配对成为杂种优势模式。他们用同样的方式将选自亚热带种质的数十份自交系测交分为 2 个群体，分别重组成 STHG "A"（亚热带杂种优势类群 A）和 STHG "B"（亚热带杂种优势类群 B），这两个群体又成为杂种优势模式，

Vasal 和 Srinivasan（1994）总结了 CIMMYT 的 6 个国际合作的双列杂交多点试验结果，归纳出适应热带、亚热带地区不同熟期的 19 个杂种优势模式。Hack 等（1991）提出了 ETO - ILLinois 和 Temp Lado Blanco 杂种优势模式。Goodman（1988）提出了中南美洲地区的 Cuban Flint 等 6 个杂种优势类群及其杂种优势模式。上述杂种优势类群为热带、亚热带地区提供了玉米育种丰富的种质资源，也为温带地区玉米育种拓宽了种质基础。

Everett 等（1995）研究了适应非洲中高地带和东部、南部非洲亚热带地区的杂种优势类群及其组合模式：一个属硬粒型模式 Ecuador 573×ETO，另一个是马齿型模式 Tuxpeno×Kitale Synthetic Ⅱ。

三、我国玉米种质资源利用现状

（一）玉米种质的主要类型

随着哥伦布发现美洲大陆后，玉米开始由美洲迅速向世界各地传播。而引入我国的时间则在明朝中叶以后，明朝正德年间（公元 1511 年）《颍州志》中有关于玉米的记载。根据各省通志、府县志和其他文献的记载，玉米在 1643 年已经传播到河北、山东、河南、陕西、甘肃、江苏、安徽、浙江、福建、广东、广西、云南等 12 省。清初 50 多年间，到 17 世纪末康熙三十九年，方志中有关玉米的记载比明代多了辽宁、山西、江西、湖南、湖北、四川等 6 省。到 1718 年为止，有关玉米的记载又增加了台湾、贵州两省。从 1511—1718 年间，玉米在我国已经传遍 20 省（徐尚忠，1987；周洪生，2000）。经过长期驯化、人工选择和自然选择，形成了适应我国各种生态条件的地方玉米品种。主要包括硬粒型、马齿型和中间型地方品种，以及少量糯质、粉质和爆裂玉米品种。例如，北方春玉米区的火苞米、金顶子、白苞米、老来皱、霜打红、白顶、高桩；北方夏玉米区的野鸡红、小红粒、金棒棰、小白糙、干白顶；华北玉米区的武陟矮、石灰篓、大红袍、七叶糙、紫玉米、红玉米；南方玉米区的小金黄、满堂金；西南玉米区的大籽黄、南充秋子等；西南山地丘陵地区的黄石赖、白石赖、紫秆子、大方青秆等；还有各地的大黄苞谷、大白苞谷、二道早、小黄苞谷、小白苞谷等。

我国玉米品种资源的收集与整理工作始于 20 世纪 50 年代中期，当时在我国农业合作化高潮来临之际，为避免农作物地方品种因推广优良品种而丢失，农业部曾于 1956 年和 1957 年 2 次下令收集各地农作物的地方品种。据 1958 年 1 月在北京召开的"全国大田作物品种会议"统计，全国共收集到包括玉米在内的 43 种大田作物国内品种（含重复）、国外品种共 1.2 万份（董玉琛，1999），据 1958 年年底统计，经过这两次资源收集后，全国共收集保存玉米品种 11 400 份。在 1982—1994 年间，全国 32 个单位联合攻关，再次开展作物的种质资源收集工作，收集的重点是玉米的种质资源。据统计，全国共收集、整理、鉴定、编目玉米种质资源 17 843 份（表 5 - 2）。其中，国内玉米地方品种 13 521 份，占资源总数的 75.78%，群体 57 份，自交系 2 216 份，其他 60 份，共计 15 854 份；国外引入品种 977 份，自交系 1 012 份，共 1 989 份，国内和国外各类种质资源合计 17 843 份

（中国农业科学院作物品种资源研究所，1996）。

表 5-2　中国玉米资源的来源及组成

来源组成	地方品种	群体	自交系	其他	合计
中国	13 521	57	2 216	60	15 854
国外引入	977	—	1 012	—	1 989
合计	14 498	57	3 228	60	17 843

在我国早期考察、征集和整理的 13 521 份玉米地方品种中，种植时间最长、分布最广的是硬粒型品种，已有 500 多年的历史。硬粒型玉米是我国主要的地方品种，例如，河南省农业科学院 1957 年收集保存的 835 份玉米地方品种中，硬粒型 676 份，占 81%。根据原华北农业科学研究所 1957 年在新疆征集的 110 份玉米地方品种中，硬粒型品种有108 份，占 98.1%。由于历史上从多途径多次地引入，并在全国各地复杂的生态条件下长期种植，因而形成了多种多样生态适应型的地方品种。硬粒型玉米突出的特点是耐瘠薄、耐旱、早熟、品质好、抗逆性强，有许多地方品种较适应丘陵山区和生育期较短的早熟地区。硬粒型玉米在我国分布较广，例如，北方春玉米区的火苞米和金顶子，北方夏玉米区的唐山四平头、野鸡红和小粒红，黄淮海夏玉米区的金棒槌、武陟矮玉米和濮阳石灰篓，东南玉米区的小金黄和满堂金，西南玉米区的大子黄和南充秋子等。马齿型玉米引入我国的时间较短，大量引入马齿型玉米是在 1930 年前后，仅有 90 多年的历史。例如，东北的白鹤是 1927 年由吉林公主岭农业试验场从美国的沃特泊尔品种中选择而形成的，金皇后是 1930 年由山西铭贤学校自美国引入，英粒子原产于欧洲，是 1943 年由丹麦传入辽宁。曹镇北、潘桂娣将我国的马齿型玉米分为 2 个生态型，即北方马齿型和南方马齿型。北方马齿型主要是从美国玉米带和欧洲等高纬度地区引入，这种类型具有广泛的适应性和丰产性，引入后种植面积迅速扩大，成为全国各地的主要马齿型地方品种，例如各地的金皇后、白马牙品种，以及由美国双交种演变形成的各种马齿型地方品种都属于这一类。南方马齿型主要是从印度、缅甸、泰国、墨西哥等低纬度地区引入，这种类型具有丰产性，但因对光照敏感，在北方种植不能正常开花结实，只适于在低纬度地区种植，例如普照包谷、腾冲大花包谷就属于这一类型。1970 年以后引进的墨西哥群体和泰国玉米群体，在上述地区种植后，由于适应性的选择和种质渐渗的缘故，也正在向地方品种演变。

中间型玉米品种，或称半马齿型，是马齿型玉米和硬粒型玉米天然杂交后，经人工选择逐步形成的适应当地自然条件的地方品种。这种类型具有较广的适应性和丰产性，籽粒品质优于马齿型，因此也是各地主要的地方品种类型。凡是引入马齿型玉米较早和较多的地区，中间型玉米地方品种也较多，反之，硬粒型地方品种则占比重较大。表 5-3 中数据表明，河北省引入马齿型玉米比湖北省多，该省征集的 330 份玉米地方品种中，中间型品种有 121 份，占 36.7%，硬粒型品种有 148 份，占 44.8%，而同年湖北省征集的 803份地方品种中，硬粒型有 575 份，占 71.6%；中间型有 168 份，只占 20.9%。

表 5-3　玉米地方品种资源类型

来源组成	份数	硬粒型		马齿型		中间型		糯质型		爆裂型		甜质型	
		份数	占比(%)	份数	占比(%)	份数	占比(%)	份数	占比(%)	份数	占比(%)	份数	占比(%)
河北	330	148	44.8	54	16.4	121	36.7	1	0.3	4	1.2	2	0.6
湖北	803	575	71.6	31	3.9	168	20.9	6	0.7	23	2.9	0	0.0

注：根据 1984 年河北省玉米品种志和 1984 年湖北省玉米品种资源名单的数据整理。

糯质玉米最早在我国发现，它是一个隐性胚乳突变体，我国糯质玉米的种质资源极其丰富，据西南玉米区各省地的不完全统计，当地糯玉米品种有 500 多个。曾孟潜（1987）论证，糯质玉米的形成早于 1760 年，并推断糯质玉米最初形成的地区是在云南西双版纳等热带、亚热带地区，那里的糯质玉米种质资源十分丰富，当地的傣族、哈尼族等少数民族人民种植和食用的基本都是糯质玉米，而且还存在像四路糯等具有一系列原始性状的糯质玉米品种，从当地收集的糯质玉米品种都具有中国糯质玉米的同工酶标记带。根据上述事例，可以认为，中国云南西双版纳等热带、亚热带地区是糯质玉米的起源中心。

在起源上，爆裂型玉米是最早栽培的玉米类型之一，可能与硬粒型玉米同时引入我国。爆裂型玉米常与硬粒型玉米在同一地区种植，但由于大多数爆裂型玉米品种具有授粉的隔离性，授以非爆裂型品种的花粉一般不能结实，因此，能够保持其种性不变。在我国虽然种植的时间较长，但品种数量不多。在我国西南部爆裂型玉米品种稍多，例如湖北省 1984 年征集的玉米地方品种中爆裂型品种有 23 份。爆裂玉米可分为 2 种主要类型：一种是珍珠型，籽粒呈圆形，全部为角质胚乳；另一种是米粒型，籽粒小而细长，顶部有尖刺。

甜质玉米引入我国比马齿型玉米更晚，只有 60 多年的历史。因此，我国玉米地方品种中，甜质玉米数量很少。但在近十年，随着我国的经济改革和对外开放，许多玉米育种单位从美国、加拿大、泰国、日本等引进了一批甜质型玉米杂交种和自交系，并开展了育种工作，已经积累了较丰富的甜质玉米种质资源。甜质玉米属隐性主效基因控制的胚乳突变休。生产上大量使用的甜质玉米，按照基因型分类，主要可分为 3 种类型：一种是普甜玉米，主要是利用 $su1$ 的隐性纯合体；另一种是超甜玉米，主要是利用 $sh2$、$bt1$ 和 $bt2$ 的隐性纯合体；第三种是加强甜玉米，利用 $su1$ 的隐性纯合体与加甜基因（se）等互作而形成近似的超甜玉米。

（二）我国种质资源利用状况

在我国现有的普通玉米种质资源中，根据其来源和育种实用的角度来划分，玉米种质大致可分为两大类，即我国的地方品种资源和外来的种质资源（包括温带种质、热带或亚热带的材料及野生近缘种）。

1. 地方种质资源的利用　在我国玉米自交系间杂交育种的初期，许多优良自交系是从农家品种中分离出来的。在自交系间杂交种普及的今天，为了丰富选系材料和解决特定的育种目标，如抗病性、抗旱性、早熟性、耐荫性、耐寒性以及对特殊条件的适应性等，天然授粉的地方品种仍是不可缺少的重要基因来源。地方品种资源是一个储藏着有利遗传性状潜力的基因库。我国早期育种和生产上应用的玉米自交系，很多都是从地方品种群体及品种间杂交种中选育出来的。

从 20 世纪 50 年代初，我国开始从国内地方品种中选育了一批优良自交系，例如，从唐山四平头农家种中选育的唐四平头，从旅大红骨农家种中选育的旅 28、旅 9、旅 9 宽，从金皇后中选育的金 03、金 09、金 31 等，从获嘉白马牙中选育的获白，从英粒子中选育的长 3、英 64，从桦甸红骨子中选育的甸 11、桦 94，从金皇后与武陟矮品种间杂交种中选育的矮金 525。20 世纪 60 年代至 80 年代后期，我国自交系选育进入以二环系为主的时期，一环系选育已经很少。但目前在西南地区还有直接利用地方品种选育出的自交系。据不完全统计，从地方品种中直接选育的、在育种和生产中应用较为广泛的自交系约有 100 多个，但目前对我国玉米育种和生产发挥重要作用的地方种质，主要包括唐山四平头和旅大红骨 2 个种质。

唐山四平头是河北省唐山的地方品种，籽粒白色硬粒型，在华北地区具有广泛适应性。20 世纪 50 年代初，中国农业科学院（原华北农业科学研究所）以农家种唐山四平头为基础材料选育出唐四平头自交系，用其组配了多个在我国 20 世纪 70—80 年代初期推广的第一批杂交种。1974 年中国农业科学院作物育种栽培研究所等单位，从唐四平头天然突变的杂株穗行中选优株连续多代自交，育成了黄色籽粒的黄早四自交系。由于黄早四具有配合力高、适应性广、株型紧凑等优点，于 20 世纪 70—90 年代初在我国玉米育种和生产中应用十分广泛。围绕着黄早四的改良和利用，40 多年来选育出了育种和生产利用的黄早四衍生系 70 多个（图 5-2）。其中，安阳市农业科学院选育的昌 7-2 是唐四平头种质代表性的自交系之一。昌 7-2 继承了黄早四配合力高和雄穗发达等优点，并且抗逆性强，适应性广，利用昌 7-2 组配了 10 多个生产应用杂交种，产生最大影响的杂交种是组配的郑单 958。在东北春玉米区，黄早四衍生系吉 853 组配了 30 多个生产上利用的杂交种。唐四平头种质主要衍生系有双 105、双 741、H201、掖 81515、掖 5327、DH05、文黄 31413、Lx9801、鲁原 133、鲁原 33、齐 310、齐 401、齐 137、H21、多黄 27、四自四、京 404、京 24、黄野四、D 黄 212、冀 35、京 7、京 7 黄、K12、武 314 等。

旅大红骨地方品种源于辽宁省的 2 个农家品种大金顶和大红骨，从旅大红骨中直接选育出了著名自交系旅 28、旅 9 和旅 9 宽等，早期选配出丹玉 6 号等杂交种，在生产上大面积应用。旅 9 宽与 A619 杂交选育出二环系 E28，组配出丹玉 13 杂交种，该品种是 20 世纪 80 年代至 90 年代初我国玉米生产上广泛利用的品种。旅 9 宽与有稃玉米杂交，通过多代自交育成丹 340，组配出掖单 13 等 20 多个杂交种，掖单 13 是 20 世纪 90 年代我国玉米生产上广泛利用的品种。此后选育出 60 多个丹 340 衍生自交系（图 5-3）。其中，丹 598 组配出 47 个杂交种通过审定，其他衍生系丹 337、丹黄 02 和丹 99 长等自交系也得到广泛应用。20 世纪 90 年代利用旅大红骨自交系组配的杂交种在我国东北春播区和黄淮海夏播区生产上发挥了重要作用，分别与改良瑞德种质自交系、Mo17 改良自交系组配的杂

白马牙 → 唐四平头 → 黄早四

哲446×四-287←金03×444←A619×
昌7-2

602←502×丹340×
KM36　H201,
601←515×丹340×
哲01←维尔44×
0610←4767×

A619←四444
X201
251LA

502×H21→DLX9801
LX9801

× 京7黄→凌92-6→凌66
× 5237→凌92-8, NL167
× 7922→P97
× 美国杂交种×昌7-2→HD5686
× 丹598×昌7-2→M5972
× 京244→京68
× 铁99030→铁0203-1
× D981→L292
× K12→T172

×
LX03-2

× 京24×
LX03-2

× 变异株×
明518

K12, 陕314,
黄野四、吉853与
高抗倒材料群体
WK798-2

天涯四×武109×
海系103→白野四、白野四2
丹598 ⑦61←三团×5344×维金矮525×
5987
文青1331←文黄31413
丹340←郑25、5237、1331、196
衡白1522→齐401
蒙461←维尔44×维尔29×
维春→K12 → H9-21→H9-21改
× Q1251×广西综合种→新红
A26←5003×
H84→H21
武314←黄爆粒玉米×320D×
黄野四×墩子黄×野鸡红×
京7×
原齐701→鲁原133
华凤100×C103→掖515
黄野四3→野鸡红×
昌7×京7黄
京7黄
京404←墨群体×
金矮525×维尔44×三团→双741, 双105
新77
冀35←冀多142×
D114→D黄212
Z354→424
周系215←旅9宽×
群福333→鲁原133
5984←丹598×
金C2→齐310
黄428←E28×
自330
早熟302→京24
宁晨39←78599×黄早四×
冀多142→冀35
R479←贵州农家种黄糯玉米×
吉63→773-1
翔23←丹360×
北黄四←新乡黄早四×
金矮525→4011, DH40
双黄74×双741×
× ?→4S
D黄21←D729×
丹340→西502
武黄21←武105×
综3←Z3-97
× 变异株→L12

选系

丹340→津01-津02, 54309
扎L143→391
444→T301
HM1×（西502×599）→M251
吉853
D6蜜、吉856, 吉854

3411→DH05
掖478→0013
H21→Lx9801
?→5237
?→211

黄早四-15, 84-108/84-108-1←黄系群体→

齐137, 沈502, 原辐黄, CN962, 黄早四-13, 多黄27, 8723, 白早四×Mo17×石140-2

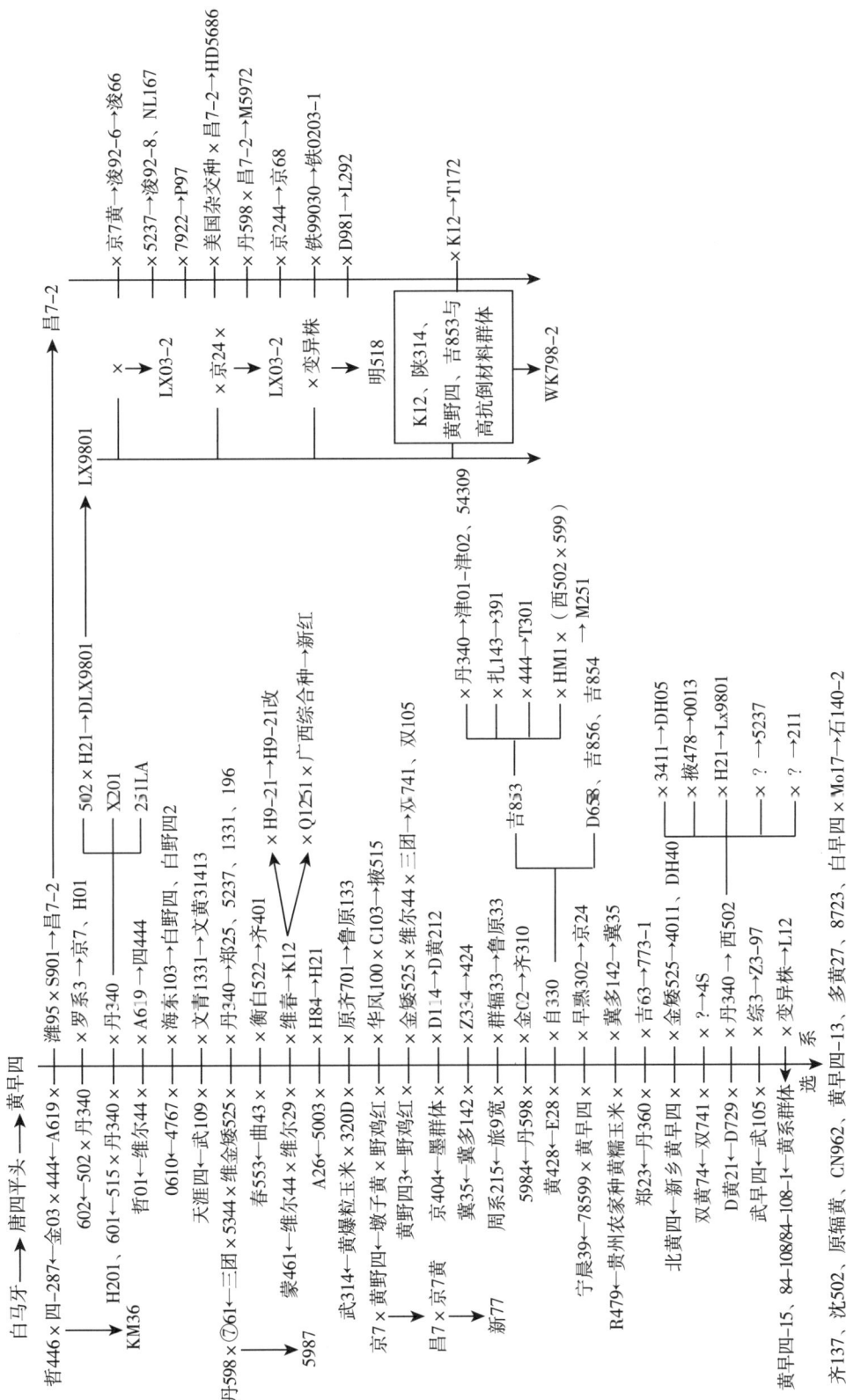

图5-2　黄早四及其衍生自交系系谱

大金顶×大红骨 → 旅大红骨

丹99 ← 旅大红骨 → F349
旅10 ← 旅大红骨 → 旅28 — ×H95→丹
　　　　　　　　　　　　 — ×Mo17→四751、四154→丹337
　　　　　　　　　　　　 — ×独春×旅9宽×郑22→丹

周系215←黄早四× ┐
　　　　　　　　　├ 旅9宽 ← 旅9
A619Ht× ────────┘

旅9 → 白骨旅9×有稃玉米（辐）

丹T35←黄早四× ┐
　　　　　　　　├ E28
冀428←丹340杂× ┘

白骨旅9×有稃玉米（辐） → 辐80　　丹360 ┬ →360选
　　　　　　　　　　　　　　　　　　　　├ →丹3600
　　　　　　　　　　　　　　　　　　　　├ ×美黄→瓦138
　　　　　　　　　　　　　　　　　　　　└ ×黄早四→郑23

沈151、沈2805←丹340×郑22× ───── 丹340

A28←146×掖478× ————— ×81162→四A273
420←148×掖478× ————— ×丹9046→L218
承系36←中黄64× ————— ×吉853→津1、津2
铁9010←抗1× ————— ×515×黄早四→H201
丹232←旅9宽Ht× ————— ×C8902→D9125
48-2←S37×Mo17× ————— ×海东502→承系1
X201、2511A、5026-2、5237、196、郑25←黄早四× ————— ×5003
丹341、LD61、K15、K16←旅系群体 ————— ×黄早四→西502 ┬ ×掖478→360
三团9、丹三团-9、丹黄02、K3←旅系群体 ————— ×Mo17→T121 ├ ×3411→DH05
　　　　　　　　　　　　　　　　　　　　　　　　　　　　├ ×XH21→Lx9801
B0122←7922× ————— ×478×（478×Suwan1→承系38 ├ ×X？→5237
沈151、沈2805× ————— ×丹599、CII361、CII382、T28 └ ×X？→211
N998←P521（来自丹玉15）× ————— ×H201→S121、S122
54309←吉853× ————— ×齐319→T6

T302←Mo17× ┐
东D202←美杂多行自交系× ├
9847←丹598×H340× ├ 丹598 ← 丹黄02、丹黄11、 F118←502选系× ————— ×78599-31×丹340→9212
E28、丹599混粉×C101←变异株× ├　　　　78599符合杂交选系 OH43、丹340、 ————— ×海92-1×2303→922
沈3117←丹341× ┘　　　　　　　　　　　　　　　　　　　　　　　 ————— 变异株→LD61

C168　　　　　　　　　　　　　　　　　　　　　　　　　　　　系选
　　　　　　　　　　：　　丹黄34、340-5、8-93、沿江、D34、D45

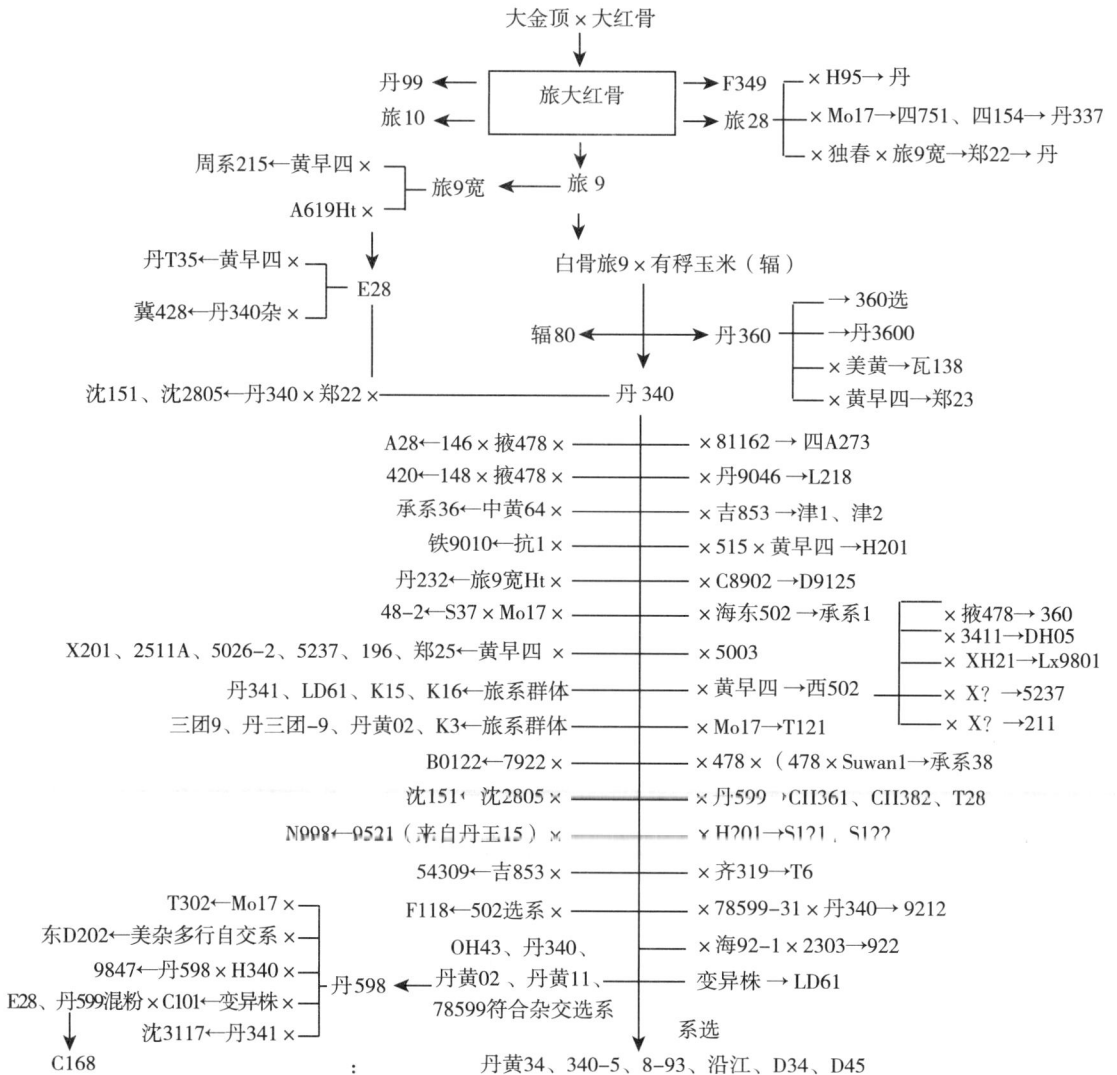

图5-3　丹340及其衍生自交系系谱

交种占审定品种的 17.5% 和 17.8%。旅大红骨种质衍生系有丹 360、丹 341、郑 22、郑 35、辐 80、营 138、LD61、铁 9010、瓦 138、丹 3056、丹 T35、丹 232 等。

我国自 20 世纪 30 年代引入金皇后后，在我国生态条件下产量表现突出，籽粒马齿型，株高适中，果穗大，长度达到 20~25cm，生育期较长，耐肥水，在北方玉米产区迅速推广应用，20 世纪 50 年代成为生产上推广面积最大的地方品种。20 世纪 50—80 年代作为选育一环系的资源培育出多个优良自交系，如，矮金 525、金 02、金 03、金 09、金 31、816 等，其中，矮金 525 是我国第一个单交种新单 1 号的亲本，该杂交种于 60 年代种植面积超过 133 万 hm²。此外，利用矮金 525 还配制了豫农 704、郑单 1 号、忻黄单 4 号等杂交种。利用金 03 作亲本，先后育成忻黄单 2 号、忻黄单 22 号、晋单 3 号、晋单 5

号、晋单9号、运单1号、同单20、太单13、新单8号、鲁单15等一系列优良杂交种。20世纪80年代后期，该种质在育种和生产上逐渐退出。为了进一步挖掘这些资源，河南农业大学陈彦惠等利用金皇后选系组成的金系综合种，通过群体改良后，又与黄早四衍生系杂交形成了融合2个来源的"黄金群"群体进行群体改良，从中选出豫25等多个自交系和杂交种，在生产上得到广泛应用。

从河南获嘉白马牙的地方品种中选出的获白自交系，具有抗矮花叶等多种病害，是非常好的抗源，组配的杂交种在20世纪60—70年代得到广泛应用，例如，郑单2号、郑单1号、冀单10号、博单1号、丰单1号、苏玉2号、新单7号等。育成获白衍生系有获选、获唐黄（获唐白×Mo17Ht）、济系21（矮金525×获白）等自交系，配制了唐抗3号、唐抗5号、郑单5号等杂交种，其中唐抗5号影响较大。

21世纪后期，国内多个育种单位采取国内两大地方种质唐山四平头和旅大红骨种质融合的策略，利用丹340衍生系与黄早四衍生系杂交，分离出多个优良自交系，例如，西502等，用它们与瑞德或兰卡斯特种质自交系杂交选育杂交种。此外，西南玉米产区还有继续利用地方种质选育出自交系的例子。从贵州地方品种交麻二黄早中选育出优良自交系交51，组配的杂交种已超过29个。从地方品种衡白多穗中选育出糯玉米自交系衡白522，用其组配了4个糯玉米杂交种在生产上推广应用。

2. 外来种质的引进与利用 自20世纪70年代开始系统引进国外玉米种质以来，外来玉米种质一直在我国的玉米育种和生产中发挥着重要作用，其中，美国玉米带的优良玉米种质发挥的作用最大。从某种意义而言，我国玉米杂种优势的利用历史，就是引进、利用、吸收、消化、再创新美国玉米代种质的历史。目前，我国玉米生产上所使用的优良自交系，很大一部分是直接从国外引进或从国外杂交种中选育而来。20世纪70年代开始，从美国引进了一些自交系，直接利用最成功的自交系是Mo17。除了Mo17外，直接利用引进系选配的杂交种在我国育种和生产上应用的并不多。20世纪80年代后期，我国主要是利用引进的国外杂交种为选系材料育成一大批自交系。例如，从美国杂交种3382中选育出铁7922，从3147中选育出沈5003等，从P78599杂交种中选育出的齐319等，然后又通过这些自交系间杂交改良，从中选育出掖478、郑58等优良自交系。

美国兰卡斯特种质代表性的自交系Mo17，自1973年引入我国后，直接利用Mo17先后组配选育出中单2号、丹玉13、烟单14、四单19、本玉9号、豫单5号等杂交种，在20世纪80—90年代的玉米生产上得到大面积推广。经过50多年的改良选择，在Mo17遗传背景下，通过掺和其他种质育成了50多个衍生的优良自交系（图5-4），组配了生产应用的杂交种至少有98个，由此可见，以Mo17为代表的兰卡斯特种质在我国玉米育种和生产上具有非常重要的地位，在东北春播玉米产区更为突出。除了Mo17外，兰卡斯特种质代表系还有齐302、齐35、原武02、豫12、豫20、豫374、许052、漯12、中黄17、获唐黄、吉846、吉842、丹1324、龙抗11、4F1、吉419、吉495、吉1037等。

美国瑞德种质的引进和改良在我国玉米育种中的地位也十分突出。从20世纪50年代开始，我国引进了一批瑞德种质，如M14、W24、W59E、B73、Va35等，并用于双交种

Reid yellow Dent × Iowa Goldmine
↓
Krug   Lancaster
↓   ↓
CI.187–2 × C103
├ × 金31 → 长
├ × 金03 → 长554
├ × 长3 → 龙系17
├ × 阿谢黄 → 阿西10、阿西
├ × M14 → 龙抗31B
├ × 铁13 → 福746
├ × Va17 → Va22
├ × 罗31B → 龙系39 × Bup64 → 龙系85
├ × 矮3317 → 485
├ × 桦94 → 扎903
└ T8 × Va35 × 矮11 → 潍矮141
↓
Mo17

9248←L105 × —— × B37 → 495
长 C659、A513←金皇后 × —— × 二马黄 → 许05
4417←哲917 × 合344←五霜 × —— × 太183 × 齐302、齐35
B417←485 × —— × 获唐白42 × 海1917 → 获唐黄17、获唐黄
吉5002←吉846 × —— × L105 × 8112 → 四387
13247←丹1324 × —— × B68Ht → 四419
48–2←S37 × 丹340 × —— × 许053 × 系14
龙系5←W153 × —— × 903 → 扎917、扎918
龙系2、CKEX113←匈骨11A × —— × 吉69 × 5003 → K14
丹1324、丹12343←NN14B × —— × 81162 → 通LH3
四751、四154←E28 × —— × 白早四 → 石140-3
关17, 商27263、关17–1←关73 × —— × 金09 → 412
沪150、龙抗11←自330 × —— × 楚201 → 419
龙抗92←铁133 × 红玉米 × —— × 矮金525 → 416
吉842、吉846←吉63 × —— × 冬黄 → 冬10、冬17
豫12←豫20 × —— × U8112 × Mo17 → W9706
莫许三南←二南24 × 许502 × —— × 获白 → 3841
南23–32←B73 × —— × 78599 × Mo17 → KM12
T121←丹340 × —— × 掖107 × 78599 → S457
WG5603←CML213 × —— × CML270 → Y3052
L237←沈137 × —— × Suwan1 → 吉1037
T302←丹598 × —— → S37 × （自330 × 掖107）→ M268
↓
D185、4F1、477、412、龙抗65B、中黄17、5213、中黄204、465、b414、495、427、485

图 5–4 Mo17 及其衍生自交系系谱

和三交种的选育。20 世纪 80 年代后期，利用引进的一批美国杂交种（如 XL80、3147 和 3382 等）为材料，从中分离出了瑞德血缘占主要成分的优良自交系，例如，掖 107、U8112、沈 5003、铁 7922、掖 478、郑 32 等，这类自交系的种质被称为瑞德或改良瑞德种质（图 5–5），组配了我国 20 世纪 80 年代至今生产上一大批大面积推广的杂交种。在瑞德种质中，掖 478 特别突出，20 世纪 90 年代后围绕着掖 478 改良，选育出了生产上利用的掖 478 衍生自交系至少 30 个，组配了 58 个审定的杂交种。由掖 478 衍生的自交系郑 58 影响最大，21 世纪后，围绕着郑 58 改良选育出了一批郑 58 衍生系。沈 5003 衍生自交系至少 30 个，组配生产利用的杂交种至少 24 个；铁 7922 衍生自交系至少 18 个，组配生

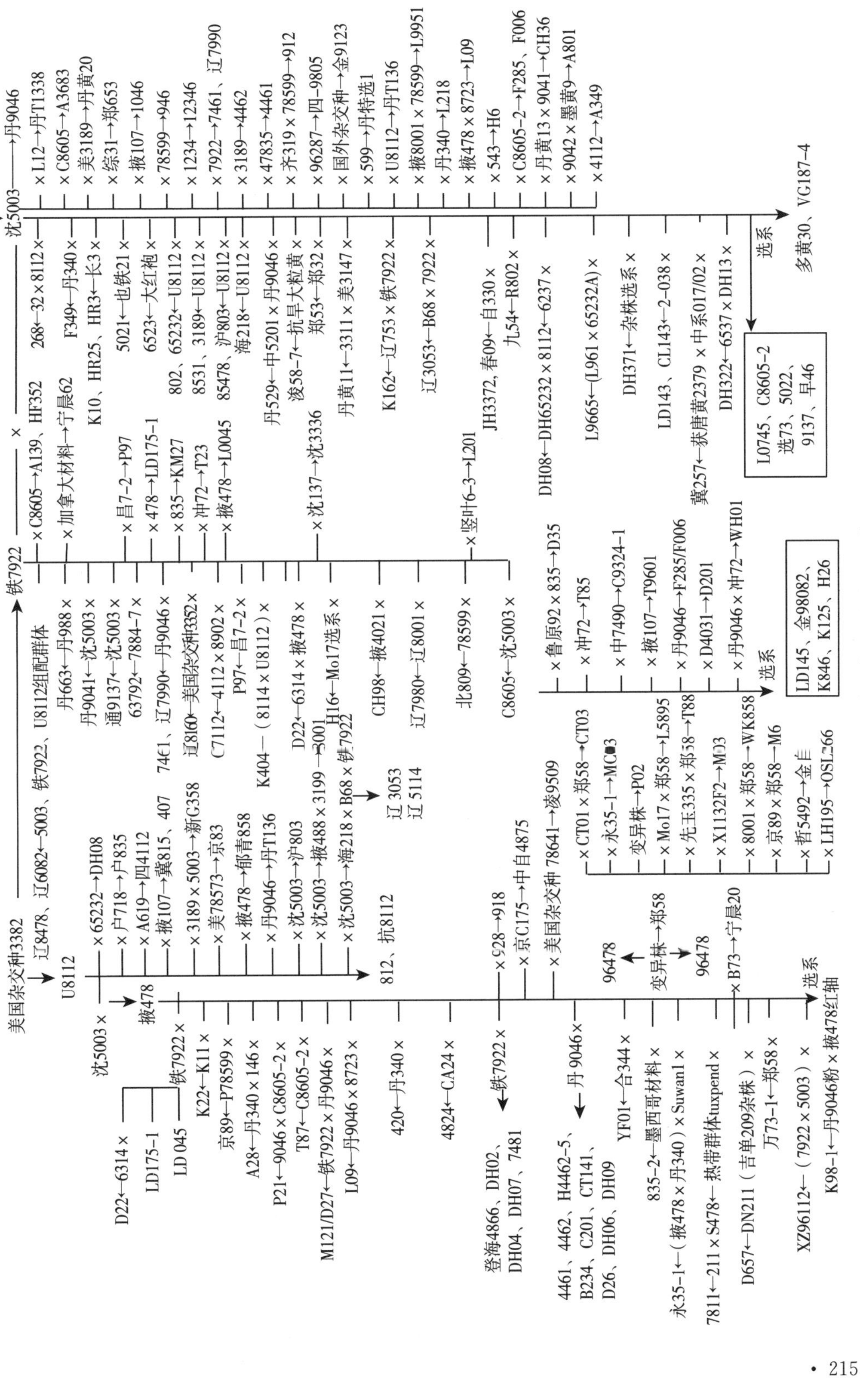

图5-5　改良瑞德及其衍生自交系系谱

产利用的杂交种至少 23 个。沈 5003 与铁 7922 杂交选育出了另外 2 个优良自交系铁 C8605 - 2 和丹 9046，铁 C8605 - 2 的衍生自交系有 16 个，组配 14 个生产应用的杂交种，丹 9046 的衍生自交系至少有 30 个，组配生产应用的杂交种至少 10 个以上。瑞德种质选系还有掖 3189、掖 4866、掖 832、DH15、郑 30、郑 653、辽 2345、辽 511、K22、武 109、鲁原 92 等。

20 世纪 90 年代，从美国引进了 P78599、6JK111 和 87001 等先锋公司的一批杂交种，国内育种单位利用这些杂交种为基础材料分离了一批优良自交系，例如，沈 137 来源于美国杂交种 6JK111，组配生产利用的杂交种 33 个。利用 P78599 等杂交种选育出了许 178、P138、豫 87 - 1、齐 319、丹 598、丹 599、沈 137、沈 139、丹 3130、丹 998、丹 9195、89 - 1、901141、旱 21、698 - 3、18599 等优良自交系，形成了近年来我国独特的杂种优势类群 P 群（图 5 - 6），由于该群含有一定的热带种质，P 群又被称为温热 I 群（滕文涛等，2004），这类种质与 BSSS、瑞德、旅大红骨、唐四平头等都可以组配出强优势的杂交组合，而与兰卡斯特、Suwan、ETO 等之间杂种优势不强。利用 P 群种质自交系组配了 60 多个生产上利用的杂交种，其中，由许 178 组配了农大 108、由豫 87 - 1 组配了豫玉 22、由齐 319 组配了鲁单 981 最具代表性。在 20 世纪 90 年代后期和 21 世纪初期，这批材料为提高我国玉米产量发挥了重要作用。此外，利用齐 319 组配了 10 多个杂交种，利用丹 988 组配了 7 个生产上利用的杂交种，利用其衍生系组配了 5 个生产上利用的杂交种。

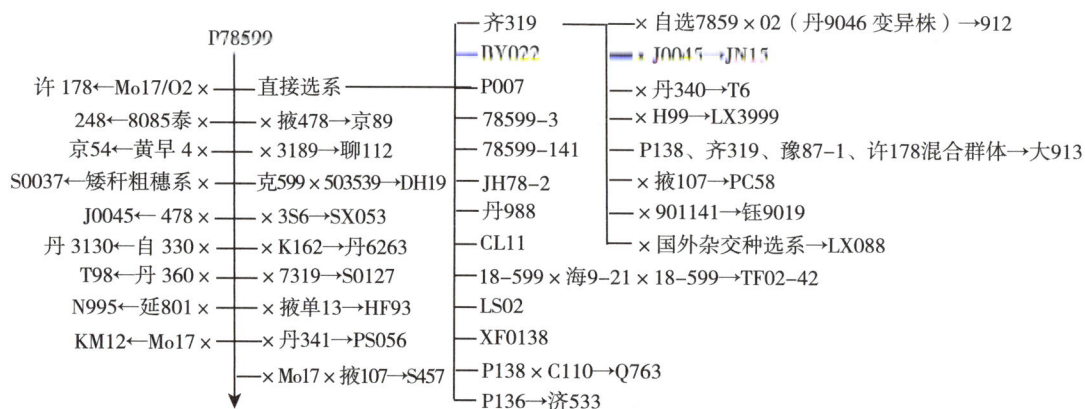

图 5 - 6 P78599 选系及其衍生自交系系谱

利用热带及亚热带种质，我国选育出了一批适应西南玉米产区的优良自交系，如，四川农业大学从热带种质 Suwan1 选育出适应丘陵山区种植的优良自交系 S37，配制了雅玉 2 号（铁 7922×S37）、雅玉 3 号（3H2×S37）等，从 CIMMYT 热带玉米群体墨黄 9 号中选育出 M9、双 M9、MH256 等自交系，培育出桂单 26 号（73×M9）、桂单 22（5 公×双 M）、桂玉 609（MH256×GW309）等杂交种。

进入 21 世纪以来，以先玉 335 为代表的美国杂交种被引入我国，以德美亚系列为代表的法国、德国等欧洲杂交种被引入我国，各育种单位和种子企业从中选育出了一批新的自交系，例如，联创 808、中单 909、京科 968、农大 372 等近期审定品种的亲本中都含有这些种质的血缘。

3. 玉米生产主要利用的杂交种 在我国，一个玉米新品种若要进入市场或在生产上得到推广利用，必须通过国家或省级的品种审定。20 世纪 80 年代初，为了保障农业生产用种安全、保障品种使用者的权益，我国农业主管部门建立作物品种审定制度。2000 年我国政府正式颁布了种子法，继续实施包括玉米等主要农作物的品种审定制度。附表 5-2 列出了 2000—2016 年国家审定的 300 个普通玉米新品种，这些审定的品种必须是通过国家农业主管部门组织主持的国家试验。为了适应市场对品种的需求，2014 年起国家农业主管部门改变了国家试验单一的品种审定渠道，建立了"国家"试验、"绿色通道"试验和"联合体"试验的多渠道品种审定制度。2017 年后每年有 500～900 个玉米品种通过国家审定。审定品种的井喷有利于将品种入市的决定权交给了企业、种植品种的选择权交给了农民、品种优劣的评价权交给了市场，但也带来了品种多而杂、遗传同质化严重等问题。

通过对 2000—2016 年我国审定的 300 个玉米品种及其双亲自交系的来源分析发现，目前，我国生产上利用的杂交种种质来源主要包括以下几类：以黄早四为代表的唐四平头种质衍生自交系（图 5-2）；以丹 340 为代表的旅大红骨种质衍生自交系（图 5-3）；以 Mo17 为代表的改良兰卡斯特种质衍生系（图 5-4）；以掖 478 为代表改良瑞德种质衍生自交系（图 5-5），这类自交系数量最多；以齐 319 为代表的 P 群种质血缘的自交系（图 5-6）；用近几年引进国外新杂交种的直接选系或者改良国内种质后的选系，还有利用热带、亚热带种质改良国内种质的选系。

（三）我国杂种优势类群和杂种优势模式

从 20 世纪 80 年代中期，我国开始系统研究国内玉米杂交种的种质遗传基础。吴景锋（1983）和曾三省（1990）先后分析了当时国内主要玉米杂交种亲本自交系的亲缘关系和种质基础。70 年代末主要为金皇后、获白、唐四平头、旅大红骨、兰卡斯特，到 20 世纪 80 年代后期，金皇后、获白种质逐渐减少并淘汰，改良瑞德群呈上升趋势。陈刚（1994）通过对丹玉号杂交种系列的分析，认为它们的遗传基础主要来源于国内地方品种旅大红骨与美国的兰卡斯特和瑞德等 3 个系统。陈彦惠等（1995）用育种骨干自交系作为研究材料，根据 105 个杂交组合的产量表现、杂种优势和自交系的一般和特殊配合力等，比较分析了自交系间的遗传差异，将我国主要骨干自交系划分为唐四平头、旅大红骨、瑞德、兰卡斯特和 RL 5 个杂种优势类群，并进一步分析比较了不同杂种优势模式的特点。王懿波等（1997）对"八五"期间全国各省审（认）定的 115 个杂交种及其 234 个亲本自交系进行遗传分析，结合育种实践，将我国主要自交系分为五大杂种优势类群、9 个亚群；将我国玉米主要种质的杂种优势模式概括为 10 种主体模式、16 种子模式。他认为在 1980—1994 年间我国玉米生产上利用的主要种质为改良瑞德、改良兰卡斯特、唐四平头和旅大红骨等 4 个杂种优势类群；利用的主要杂种优势模式是：改良瑞德×唐四平头、改良瑞德×旅大红骨、Mo17 亚群×唐四平头、Mo17 亚群×自 330 亚群。郭海鳌等（1998）综合分析了吉林省玉米种质类群，认为 20 世纪 60—70 年代该省玉米杂交种的遗传组成主要属于 3 个杂种优势类群：英粒子（英 55、英 64 等）、铁岭黄马牙（铁 84、铁 13 等）、兰卡斯特（0h43、Oh45、M14 等）。80—90 年代该省玉米种质主要来源于瑞德、旅大红骨、兰卡斯特、唐四平头和自 330 等。李建生等（2011）以中国大面积推广的 71 个优良玉米杂交种的 84 份自交系为材料，利用 SSR 分子标记计算的遗传距离将其划分为 5 个主要杂种优势类群，根据杂交种的年种植面积，分析了 1992—2001 年我国杂种优势类群及其模式的变化趋势。结果表明，十年来，我国玉米杂种优势类群的主次地位发生了一定的变化。从 20 世纪 90 年代初期至中期，前 5 位的杂种优势模式是瑞德×唐四平头、自 330×Lancaster、兰卡斯特×唐四平头、兰卡斯特×E28 和瑞德×自 330。到 2001 年，前 5 位的主要杂种优势模式是瑞德×温热 I、瑞德×自 330、瑞德×唐四平头、自 330×温热 I 和兰卡斯特×唐四平头。孙琪等（2014）分析了 2001—2012 年国家审定 266 个杂交种杂种优势类群及其模式。结果表明，主要杂种优势模式是瑞德×唐四平头（占 32.6%）、瑞德×旅大红骨（占 16%）、温热 I（P 群）×瑞德（占 9.62%）、温热 I（P 群）×唐四平头（占 8.56%）和温热 I（P 群）×旅大红骨（占 6.41%）。

我国从群体改良的角度研究了群体间的杂种优势类群和模式。20 世纪 70 年代后期，吉林省农业科学院玉米研究所用地方品种铁岭黄马牙和英粒子为测验种，对 93 份自交系进行配合力测定，选出与铁岭黄马牙配合力高的自交系 20 份，经多次杂交组配和混合花粉杂交，育成综合种吉综 A；选出与英粒子配合力高的自交系 20 份，用同样方法合成综合种吉综 B。在 80 年代后期，吉林省农业科学院玉米研究所用相应的改良系和近缘系为主体，先后合成了吉 63 群、Mo17 群、黄早四群等代表不同杂种优势类群的改良群体。陈庆华等（1998）总结他们持续 24 年的群体选育改良工作，成功地组建了辽旅群体（旅大红骨种质）、辽综群体（非旅大种质的对应群体）和辽巨群体（哈大顶种质）等杂种优势类群。河南农业大学汪茂华（1978）在对大量自交系配合力测定的基础上，根据特殊配合力分为 2 个群，组建了二南 24 群体和 525 群体。陈彦惠等从 20 世纪 80 年代开始，在对不同来源种质鉴定评价和系统研究的基础上，确定用高产优质的瑞德和兰卡斯特国外种质构建豫综 5 号群体，用多抗广适的中国地方种质唐四平头和金皇后构建黄金群体，利用开放式"S1＋半姊妹复合轮回选择"与分子评价的群体改良技术，经 5 轮的轮回选择后，获得了聚合国内与国外种质高产优质广适多抗优良基因、遗传变异丰富的 2 个新群体。依据配合力测定、杂优类群划分和育种应用表明，瑞德—兰卡斯特×唐四平头—金皇后是适应我国特有的玉米杂优利用新模式，拓宽了我国玉米种质基础和杂种优势模式。

中国农业科学院作物研究所、广西农业科学院玉米研究所、吉林农业科学院玉米研究所等单位先后开展了热带、亚热带玉米种质利用的研究。华中农业大学、贵州农学院和贵州省农业科学院等单位先后对西南山区玉米品种资源开展了应用研究。据韦国能（1998）报道，自 1978 年从 CIMMYT 引进墨白 1 号（Tuxpeno 1）、墨白 94（Tuxpeno I

P. B. C15）、苏湾 1 号（Suwan 1）和墨黄 9 号（Amarillo Dentado2）后，这些群体已成为广西、云南生产种植的品种，并作为选育自交系的亲本，例如墨黄 9 号和墨白 1 号是广西 1980 年以来大面积种植的桂顶号、南顶号等顶交种的亲本，表明这几个热带、亚热带群体是适合我国南方的杂种优势类群。荣廷昭等（1998）、任洪等（1998）报道了利用苏湾 1 号选系与温带种质选系组配高产杂交种的研究结果。陈彦惠等（2000）报道了我国温带玉米种质与热带、亚热带种质之间的 80 个杂交组合的试验结果。提出自 330×963（Pop21）、苏湾 1 号×豫综 5 号、墨黄 9 号×黄早四、墨黄 9 号×旅 9 等潜在杂种优势模式。刘纪麟等（1998）、张祖新等（1994，1995）、卢洪等（1994）研究了我国三峡地区玉米地方品种与国外主要玉米种质间的杂种优势模式，用从三峡地区选出的 127 份地方品种供试，用美国种质 BSSSC9、兰卡斯特和热带、亚热带种质墨黄 9 号、苏湾 2 号为测试种，选出了兰花早、巫溪玉米 14 等 5 个地方品种初级杂种优势类群和兰花早×BSSSC9、兰花早×兰卡斯特等 9 种杂种优势模式。在此基础上，合成了地方种质、美国种质和热带、亚热带种质各占适当比例的 4 个高级杂种优势类群：WBM、WLS、LBM 和 LLS。李新海等（2003）研究了 10 个热带、亚热带群体与我国玉米骨干自交系之间的杂种优势关系，结果表明，Pop43、Pop21 分别与 Mo17、自 330 和丹 340 具有较大潜力的杂种优势模式。李明顺（2005）以具有代表性的 7 个国内群体和 6 个 CIMMTY 热带、亚热带群体为试验材料，研究了温带种质与热带、亚热带种质之间的杂种优势关系，结果表明，中综 5 号×WBM - C4、Pob 21×吉综 A、Pob 43×吉综 A、中综 5 号×中群 14、中综 5 号×Pob28、Suwan 1×吉综 A、Pob 501×吉综在北方具有较大利用潜力；中综 5 号×Pob43、Pob43×吉综 A、Pob 501×吉综 A、辽旅综×Suwan 1、金皇后×Suwan 1、中群 14×Suwan 1 等在南方具有较大利用潜力。番兴明等（2002）研究了选自五大热带、亚热带玉米群体 Suwan - 1、Pop21（Tuxpeno）、Pop32（ETO）、Pop28 和地理族 Antigua 的 25 个自交系与代表我国北方温带玉米四大优势群的 4 个自交系丹 340、黄早四、B73 和 Mo17 的杂种优势关系，发现 Suwan - 1 与瑞德、ETO 与瑞德、Pop28 与瑞德、Pop28 与旅大红骨、Suwan - 1 与兰卡斯特、Tuxpeno 与兰卡斯特是具有较大潜力的杂种优势模式。尤其是 Suwan - 1×瑞德已被国内育种家广泛使用，并在生产中发挥了作用，代表品种已在西南地区推广面积较大的杂交种是雅玉 2 号和川单 10 号。

近年来，利用 SSR 和 SNP 分子标记及基于重测序技术的基因分型法对自交系进行杂种优势群划分进行了大量的研究。黎裕等（2010）使用 MaizeSNP50 芯片对 367 份在中国育种中广泛应用的玉米自交系进行基因分型，将其划分为 Reid、Lancaster、P、TSPT 和 Tem - tropic I 5 个亚群；刘昌林等（2015）使用 SNP 标记对 240 份玉米自交系遗传特征进行分析，将其划分为 Lan、LRC、PB、Reid 和 SPT 5 个亚群。随着测序技术的发展，基因组重测序能够获得高密度的 SNP，为杂种优势群的划分提供了更多的信息。王宝宝等（2020）对中国和美国不同育种年代的 350 份代表性自交系进行基因组重测序，以鉴定该群体的 SNP 信息，并解析其群体结构，发现这些自交系可以被分为 4 个杂种优势群，即 SS 群、NSS 群、IDT 群和 HZS 群；李春辉等（2022）使用基因组重测序技术鉴定

1 604 份玉米自交系的 SNP 信息，并解析其群体结构，将其划分为 11 个亚群，即 SPT1、SPT2、PA1、PA2、PB、Iodent、Lancaster1、Lancaster2、Zi330、Amargo、BSSS，又依据玉米育种发展历史，将这些亚群归为 6 个在玉米育种历程中有代表性的主要杂种优势群，分别为 SPT、PA、PB、SS、NSS 和 Iodent 群。侯阁阁等（2022）对中国、美国不同育种年代代表性自交系和热带亚热带 572 份玉米自交系进行基因组重测序鉴定的 SNP 信息进行群体结构分析，将其划分为 6 个杂种优势群，即中国 SS 群、美国 SS 群、NSS 群、SPT 群、温热 P 群和热带亚热带玉米群。

（四）扩大种质遗传基础的途径

玉米育种是一个不断优中选优的过程，在这个过程中，育种家往往会集中在个别优异育种材料（骨干系）上进行改良和提高，导致育种遗传基础变窄的趋势，遗传多样性的降低，优中选优与遗传多样性不能协调发展，突破性新品种选育的难度加大，生产上利用的品种遗传同质性高，往往给生产带来潜在的威胁。因此，扩增现有育种的遗传基础就显得十分重要。扩大种质资源利用的途径主要包括我国适应性地方品种潜力的挖掘，以及外来种质的引进、消化、改良和再创新等。

1. 加强地方品种种质利用 地方品种一般未经过现代育种技术的改进，绝大多数材料丰产性潜力小，存在着明显的缺点，不符合现代农业生产的要求，但往往具有某些特殊的性状，如抗某些病虫害等特殊逆境，适合当地人们的特殊饮食习惯，适应特定的地方生态条件等特性，包括具有一些在目前看来虽然并不重要的特殊经济价值的特性。由于近几十年高产优良玉米杂交种的推广和普及，绝大多数地方品种都已被取代，目前，这些地方种质资源主要存放在国家或省级品种资源库，对于今后玉米生产的发展仍具有较高的利用价值。育种实践表明，由于我国玉米生产耕作制度和生态环境复杂多变，地方种质是我国玉米育种和生产不可或缺的优异种质。因此，充分挖掘地方品种的遗传潜力，并鉴定、改良和利用，筛选出对未来育种有用的优异基因资源。

从国内利用玉米地方品种资源的情况可以看出，从马齿型或中间型地方品种选系较为有效，我国早期育成的 6 个优良的一环自交系，基本都是来自马齿型和中间型玉米品种（品种间杂交种）。这是因为马齿型和中间型玉米在进化上是最年轻的类型，具有较好的丰产、适应性和配合力。同时，各地的育种试验表明，利用国内极其丰富的硬粒型地方品种筛选自交系，经常出现配合力不高、适应性狭窄、自交后生活力严重衰退、植株偏高或株型散乱等问题，因此，筛选出优良自交系的概率极低，往往育种多年而一无所获，以致最终放弃这项工作。导致这种现象的原因之一是硬粒型玉米在进化上都是较古老类型，而现代美国马齿型玉米的进化与形成比我国引进硬粒型玉米至少晚两百多年，加之，这类玉米引进后又长期在同一个地区种植，处在一个封闭的状态下，以致形成了上述的某些缺点。但硬粒型地方品种具有许多可贵的优良性状，例如对某种生态条件的特殊适应性（耐荫性、耐瘠性、耐旱性、耐寒性、耐盐碱性等），以及良好的籽粒品质与食味等。

为了利用玉米地方品种（尤其是硬粒型地方品种）种质资源，下列方法可能是有效的。一是重组大群体选系的方法。重组大群体选系就是改变从地方品种直接选系的方法，可以克服和缓解直接从地方品种选系时出现的缺点，提高筛选优良自交系的概率。另外，将优良的地方品种（或来自地方品种的一环系）和优良的外来品种（或自交系）杂交重组，可以有效地打破遗传连锁，随机交配1~2次可增加群体内交换。在分离世代中，从较大的群体中选择较多的优良个体进行自交分离，可选出具有地方品种某些优良性状、配合力高、适应性广、生活力较强和株型较好的自交系。例如77自交系，其遗传成分包含黄县小粒黄和乌江玉米2个地方品种种质及美国自交系的种质。因此，这个系配合力和丰产性较高，籽粒品质较好，而且适应性较广，由其组配的杂交种能在西南山区、四川盆地以及山东平原种植。矮金525自交系由河南地方品种武陟矮和引进品种金皇后杂交重组后选育而成。吉63自交系也包含地方品种铁岭黄的种质。因此，它们都具有类似的优点。二是缓和的近亲杂交选择方法。缓和的近亲杂交可以避免玉米地方品种因不耐连续自交，生活力严重衰退，保留地方品种种质的一种选择方式。当直接从地方品种选系时，或在含有地方品种种质的重组后代中出现不耐自交个体时，就可以采用缓和的近亲杂交选择。这一方法的要点是不进行多代连续自交，不求迅速分离纯合，避免生活力急剧衰退而失去选择的机会。而是在大群体中选择较多的优良个体，在自交分离的过程中，根据后代生活力衰退的程度和性状分离的表现，灵活地插入系内或同源系间的姊妹交（或混合授粉），采用系内选株自交和系间（同源系间）姊妹交（混合授粉）交替进行的近亲选择方式。使后代在自交分离的过程中适当地进行近亲的重组，交替进行，逐步达到纯合的目的。三是回交方法。地方品种的丰产性能往往达不到目前育种目标的要求，但某些特殊优异的性状是育种所需要的，例如，地方品种具有的早熟、矮秆等优良性状对于实现我国选育适宜籽粒机械化收获品种来说是重要的。因此，可以采用回父选育的方法，把地方品种的这些优异特性导入到现有的骨干自交系中。

2. 扩大外来玉米种质利用　外来玉米种质资源包括两大类：一是从国外引入的经过现代育种技术改良而选育的温带杂交种、自交系或群体材料；二是从热带、亚热带的低纬度地区引入的并不完全适应温带种植的杂交种、自交系或群体材料。外来玉米种质来自不同的生态地区，具有与本地玉米种质不同的性状、遗传基础和适应性。因此，利用或导入外来种质，可以丰富当地玉米种质，扩大遗传基础，改进玉米的农艺性状，增强丰产性、抗病性和适应性。从我国玉米育种的实际经验分析，美国玉米带的各类玉米材料是现在最有价值的外来种质，而热带和亚热带玉米种质在今后玉米育种中将起到日益重要的作用。

（1）美国玉米带和欧洲种质的利用。美国玉米带的种质，无论品种与群体或杂交种与自交都有很高的利用价值。一方面，我国大部分玉米产区处于温带，将美国等温带的玉米引种到我国后，由于生态类型相似，生长比较适应；另一方面，引入的外来材料多数是经过现代育种技术改良选育而来。美国玉米带的种质有的可以直接用于生产；有的可以作为分离自交系的原始材料；有的可以和地方玉米材料重组后用来选育自交系。例如早期引进的金皇后，曾长期在生产上大面积种植，之后又成为品种间杂交种的主要亲本和分离自交系的原始材料。早期引进的一些美国双交种和品种在生产上种植后，已和地方种质掺和，形成一些中间型品种群体。例如旅大红骨，已从中筛选出了若干优良的自交系。几十年来，我国玉米生产上主推杂交种亲本之一的种质来源是美国种质。例如，20世纪70—80年代的主推品种中单2号、丹玉13，90年代的主推品种掖单13、沈单7号、农大108，21世纪以后的主推品种郑单958、浚单20、先玉335都是具有美国瑞德和兰卡斯特种质。粗略统计，美国种质在我国玉米杂交种生产中所占的比例超过50%。美国玉米带的玉米种质具有以下共同的优点：适应性较广，基本上能适应我国大部分玉米产区直接或间接利用；配合力较高，可以分离出高配合力的自交系，用美国自交系和中国自交系杂交，出现强优势杂交种的概率较高。近年来，引进的一批杂交种还具有抗病性强、秆硬抗倒、收获时籽粒脱水快和株型紧凑等特点。这些优良的杂交种反映了美国的育种水平，并在一定程度上代表了美国现代玉米的种质水平。因此，应加强对美国玉米带玉米种质的利用。欧洲玉米种质具有早熟、耐密、高产、成熟时籽粒脱水快、适应籽粒机收等优点，例如，近年来，从欧洲引进的德美亚系列杂交种在黑龙江得到了大面积推广，由此可见，欧洲玉米种质对于我国东北早熟玉米区以及选育适宜籽粒机收品种具有较高的利用价值。

对于美国温带种质可采用下列利用方式：直接利用引进的自交系，组配中系×美系杂交种；对美国优良自交系与国内优良自交系采用饱和回交或非饱和回交进行改进；引进美国优良杂交种和群体直接分离自交系；美国种质和我国地方品种重组后筛选自交系；组成美国种质群体或中、美种质群体，在生产上直接利用或开展群体改良从中选育自交系。采用以上方法利用美国玉米带种质，不仅在技术上没有特殊的困难，而且具有较丰富的遗传基础和较高的种质水平，能在较短的期限内取得较大的遗传进展。但是在采取以上方法时要注意遵循杂种优势模式的基本原理。

（2）热带、亚热带玉米种质的导入和利用。热带及亚热带玉米长期生长在低纬度、高温、短日照的环境中，对光照和温度反应较敏感，引种到温带后往往表现出不适应，难以直接利用，甚至不能直接作为选育自交系的原始材料。但这类种质一般表现出生长茂盛、茎秆坚硬、根系发达、叶片浓绿、叶肉厚、雄花发达、苞叶紧。具有抗病虫、耐旱、耐涝、抗倒、持绿度高等特点，对不良环境条件有着特别的抗性。因此，这类种质利用的第一个目的是转移有利基因，如抗病、抗虫或其他特殊性状。研究表明（陈彦惠等，2000；番兴明，2003），热带和亚热带种质的群体或自交系与温带种质的群体或自交系之间杂交，具有较强的杂种优势。由于这两类种质长期以来遗传交流较少，遗传差异较大，利用热带和亚热带种质可以拓宽温带玉米的种质基础。因此，利用这类种质的第二个目的是增加温带育种材料的遗传多样性，提高杂种优势潜力，以及探索杂种优势的新模式。美国玉米带马齿型玉米是18世纪和19世纪美国北方硬粒种与南方马齿型不断杂交重组的结果。温带玉米与热带和亚热带玉米种质的杂交和渗进，可能是今后获得较大玉米遗传变异的一个重要途径。

遗憾的是，热带和亚热带玉米种质具有较强的光周期敏感性，把它们引入温带地区种植，随着纬度的增高和日照的延长，其生育期和开花期也相应延迟，甚至只能进行营养生长，而不能开花结实，形成繁殖和鉴定上的特殊困难，难以直接利用。如果将热带玉米种质与温带玉米种质杂交，由于适应性的关系，在杂交后代中，外来热带种质的有利基因常被适应性较强的温带种质的基因掩盖，有利基因鉴定困难，或者连锁遗传，后代常常出现一些不良性状，难以进行选择；或因选择不慎，而将有利基因丢失。因此，热带和亚热带种质在温带利用首先要采用合理的鉴定、交配和选择方法，才能克服上述困难。利用和导入热带和亚热带玉米种质有下列方法：

直接引进利用。我国一部分位于热带、亚热带和温带低纬度地区（包含海南、云南、广西、贵州、台湾等）可以直接引种热带和亚热带玉米，例如从墨西哥国际小麦玉米中心引进的墨白 1 号（Tuxpeno 1）和从泰国引进的苏湾 1 号（Suwan 1）在云南、广西、贵州都得到大面积种植。云南农业科学院引进的热带自交系可以直接选配杂交组合。

热带、亚热带种质经过中间地区进行适应性鉴定选择，逐渐将适应性的基因型转移到较高纬度地区。如吴景锋等（1987）将北也门铁哈玛（Tihama，位于北纬 14°红海沿岸低海拔地区）的白粒玉米综合种先引至白塔纳（Baitna，位于北纬 16°，海拔 1 100m），在 1978—1980 年，按照适合温带利用的要求，选择株高 2.5m 以下、穗位 1m 左右、吐丝早、抗病、抗倒、叶色深的优良植株自交，从大群体中选留了 6 个基本株的 45 份自交 4 代的种子。1981 年引至北京种植，由于生态条件差异太大，大多数系出现了严重雌雄不调现象，未收到种子。其中 3 个系雌雄基本协调，继续自交系选择，直到 1983 年完成 7 代自交后，选出了适应温带种植、性状基本稳定的也铁 19 和也铁 21 两个自交系。上述成功事例表明，某些热带玉米种质引到温带时，经过中间地带过渡，由于环境和基因型的互作影响，而出现个体间性状的变异，在过渡条件下，从大群体中按适合温带利用的性状进行选择，得到一些对光周期钝感的基因型材料或自交系，再逐步引到纬度更高的地区，继续鉴定和选择，可以获得基本适应温带地区的具有热带种质的群体或自交系。

热带种质具有的一些特殊抗逆性状常常是温带育种材料所不具有的，例如，一些热带玉米种质具有特殊的抗病虫性，据 Brewbaker（1974）报道，加勒比玉米种的一些品种（例如 Anitigua、Chanddle、Cuban Flint、Early Caribbean 等）带有 Mv 主效基因，具有抗玉米花叶病毒的特性。玉米族 Amagaceno、Clavo、Comiteco、Sabanero 以及分别从 Perux Narino 和 Cuban 选出的自交系 CM105 和 CM111，对锈病具有多基因抗性，并用它们作为抗源，与美国玉米带的材料杂交和回交转育，把这些热带种质有利的抗性基因导入许多自交系中。徐尚忠等（1987）在印度尼西亚农家品种"柏拉玛地"选系中发现了抗玉米大斑病的主效基因 HtNB，并用杂交以及饱和和非饱和回交方法，成功地把这一抗性基因转育到多个温带种质的衍生系中。

将热带种质导入温带种质时，由于热带玉米在高纬度地区雌雄不协调和结实困难，在初次杂交时，一般在一个热带玉米基本能正常结实的中间地带（如海南）进行温带种质与热带种质的杂交，得到杂交种子后再异地种植，在纬度较高的地区进行选择或回交转育。例如夏威夷正处在赤道和美国玉米带的中间，可以很容易得到美国玉米带种质×热带种质的种子，再在美国玉米带进行选育适应的玉米群体和自交系。华中农业大学玉米研究室曾在广西南宁配制若干适应的自交系×帕拉玛地的种子，再带回武汉正常季节春播，继续回交和选择，得到了具有帕拉玛地抗病性的适应性自交系和转换系。

　　建立温带种质与热带种质充分重组的群体或种质库，采用杂交或回交方法进行选择和改良。这是充分利用热带种质，把热带种质导入温带种质中最有效的途径。20 世纪 70 年代，四川农业大学曾开展了热带、亚热带与温带种质综合种的改良研究，云南、广西、贵州等省、自治区农业科学院（所）也引进数批热带玉米种质，开始利用并导入地方种质中。Lonnquist（1974）、Goodman 等（1988）和 Eberhart 等（1995）研究证明，由热带和亚热带玉米参与组成的群体比单纯由美国玉米带种质组成的群体遗传变异大。将热带种质导入适应的种质极大地增加了遗传的多样性，提供新的基因和基因型供育种之用。赖仲铭等（1983）用玉米地方种质与墨西哥种质的双列杂交分析，也证实了上述看法。

　　若用杂交方法将热带亚热带种质导入温带群体，可以构成半外来群体，在这个群体中，温带、热带亚热带遗传种质各占 50%。但当热带亚热带种质导入温带时，不可避免地将晚熟、高秆、雌雄不协调、不孕、经济系数低等一系列不良性状引入到杂种群体中，又由于这两类种质的遗传差异较大，杂交后代中分离范围广，从中直接选出适应温带利用自交系的概率较低。因此，组成这种群体或种质库是一个缓慢的过程，不能急于求成。为了使这两类种质充分重组，当获得温带地方种质×热带种质的杂交或综合种群体后，在开始自交和选择之前，必须进行多代的自由授粉。Brown 等（1977）、Lonnquist（1974）的试验表明，这种群体至少需要 5 代的自由授粉才能使有利基因重组，因此，必须使群体内的个体间不断随机交配，经过若干代缓和选择才能达到这一目的。如果采用急剧的自交选择，由于连锁群没有打破，会在基因重组前就丧失有利基因。只有耐心地进行缓和选择才能把有利的基因和基因群从不良基因的连锁群中逐渐分离出来，达到基因的充分重组。而这种基因充分重组的群体或种质库可能会产生无限的新基因型，产生大量的变异，这在长远的育种方案中将发挥作用。

　　在温带生态条件下，采用混合选择可以有效地改良温热重组群体的适应性和降低光周期敏感性。早熟性和株高是选择优先考虑的 2 个目标性状，早吐花丝这一性状的遗传力较高，而且它与株高、穗位高、叶片数、籽粒含水量的相关系数均较高。Hallauer 和 Sears 用混合选择法对 3 个晚熟半外来群体进行 6 轮早熟性选择，结果表明，平均每轮提早开花 1.8d，散粉至抽丝间隔时间缩短 0.3d，株高下降 7.2cm，穗位高下降 5.2cm，产量增加 100kg/hm²。因此，从热带种质中，通过选择早吐花丝这一目标性状，可以有效地选到适应于温带的材料。

　　由于热带种质和温带种质遗传上的巨大差异，在二者的杂交组合分离世代中具有广泛的多样性，常常需要用温带种质适度回交转育并进行审慎的选择，才能取得预期的效果，选出具有热带遗传成分占 1/4、1/8、1/16 等有利基因性状稳定的适应性种质后代。Fallury 等（1999）评价了用不同温热遗传成分所组成的单交、三交、双交杂交组合，结果表明，含有 10%～60% 热带遗传成分的杂交种产量和农艺性状优于含有 60% 以上热带成分的杂交种，Echandi（1996）认为含有 25%～50% 的外来种质群体可以达到适应种质的产量水平。Bridges（1987）认为当外来种质与适应种质表现相似时，回交法不如 F_2 系谱法选育效果好，但当适应种质优于外来种质时，回交法优于 F₂ 系谱法。陈彦惠（2000）研究发现，含有 25% 热带成分的自交系能较好地适应温带生态环境，光周期敏感性状明显弱于 50% 和 75% 的自交系。在利用热带亚热带种质中，应以 25% 以下的热带遗传成分为宜。原美国 DK 种子公司在利用热带亚热带种质时，该类型的比例一般控制在 15%。

长期以来，人们对热带种质的研究和利用重点集中在群体上，忽视了热带、亚热带地区商业杂交种和自交系的利用，实际上，它们是经过多轮遗传改良选育出优良基因频率较高的基因型。陈彦惠等（2000）用 CIMMYT 的 10 个自交系和代表我国主要杂种优势模式的 6 个自交系为材料，研究了热带自交系在温带育种中的遗传潜力，结果表明，温热杂交种具有一定的杂种优势，温热杂交种的特点是果穗长、行粒数多、千粒重高、持绿性好、抗病性强，从中鉴定出的一些杂交组合产量达到或超过了温带的商业杂交种，但仍表现出一定的光周期敏感性，成熟期植株和穗位高大、果穗细、穗行数少，尚未达到商业利用的指标，直接利用热带自交系是不可行的。因此，育种上利用温热自交系为基础材料，采用杂交或回交的方法，将热带有利基因导入温带自交系中，其效果明显优于利用热带和亚热带群体。针对温热杂交种的突出问题，我国不同杂种优势类群的自交系具有不同的优点，例如，5003、478 自交系等矮化基因可降低株高和穗位高；黄早四自交系早熟基因可降低生育期等周期敏感性状；旅 9 自交系的穗粗基因可增加穗行数和果穗粗度；Mo17 自交系穗长基因可提高行粒数。以上均具有特殊的利用价值。

第三节　玉米自交系选育与改良方法

一、玉米自交系的基本特性

玉米自交系是从玉米品种群体或各类杂交种经过连续多代自交和选择分离出的基因型纯合的后代。自交系不是直接用于生产，而是利用其作为亲本配制强优势杂交种在生产上使用。杂交种的优良种性来自亲本自交系，杂交种的增产潜力取决于亲本自交系的合理组配。因此，选育优良的自交系是利用杂种优势的基础，也是玉米育种工作的重点和难点。

一个优良的自交系应具备哪些条件呢？应具备什么性状呢？这是一个难以简单回答的问题。因为育种既是一门科学，也是一门艺术，每一位育种家都是在某一特定的环境中根据其自身的经验、学识和模式进行自交系的选育。育种家只能从纷繁细微的性状中归纳出对自交系性状的一些基本要求。

（一）农艺性状方面

1. 植株性状　由于自交系的许多性状是可以遗传的，选育的自交系应符合育种目标的要求，例如，株型是紧凑、半紧凑；植株高度适中、穗位适中偏低；叶片宽窄适度，茎上部叶片较上冲，穗位适中偏低；茎秆坚韧有弹性，抗茎部倒折，根系和支持根发达，抗根倒。

2. 穗部性状 穗部性状一般由穗型、粒型、穗行数等构成，自交系选育中最好兼顾长穗型和粗穗型的选择；自交系的穗行数一般幅度为 10～20 行，14～18 行比较适中；一般偏硬粒型的自交系易于组配出品质优良的杂交种，偏马齿型的自交系容易组配出产量和淀粉含量比较高的杂交种；苞叶严实不露尖，不过长，成熟时苞叶松散；籽粒中大或大粒，粒色一致；穗轴较细，质地结实；果穗出籽率高，容重高。

3. 抗逆性 对当地主要病（虫）害的一种或多种（例如大斑病、小斑病、茎腐病、病毒病、丝黑穗病、纹枯病、锈病、螟虫、蚜虫等）具有抗性或耐性。对当地特殊灾害性条件（如暴风雨、干旱、水涝、低温、高温、盐碱等）具有抗性或耐性。

4. 整齐一致性 要求农艺性状在外观上要整齐一致，在基因型上要基本纯合。

（二）配合力

配合力是指杂交亲本在其杂种后代的杂种优势中发挥作用的潜在能力，自交系配合力的高低决定着未来育成杂交种的增产能力和利用价值，因而是自交系最重要的性状。配合力分为一般配合力和特殊配合力，前者的遗传基础是来源于亲本的基因加性效应，后者决定于亲本基因的非加性效应，二者在遗传上具有相对的独立性。因此，在自交系的选育上，二者不可偏废。优良自交系应具有高或较高的一般配合力，在此基础上，通过优良自交系之间的合理组配，获得高或较高的特殊配合力。

（三）产量性状

生长健壮、产量相对较高的自交系，能够提高繁殖和制种产量，降低种子成本。长势弱、产量低的自交系，往往不便于繁殖应用。因此，目前，在生产上广泛推广单交种的情况下，要求自交系的产量高显得更加重要。

（四）适宜繁殖制种的性状

为了便于繁殖和配制杂交种，降低种子生产成本，优良自交系还应具备下列性状：种子发芽势强，幼苗生长势强，易于保苗，雌、雄花期协调，散粉通畅，花粉量较大，尤其是父本自交系，吐丝较快，结实性好，有较高的籽粒产量，尤其是母本自交系，便于繁殖和制种。

综上所述，归纳成选育自交系的 4 个基本原则：①坚持配合力与农艺性状并重的原则。前者是有利基因互作的实质反应，后者是基因型与环境互作的表型，二者结合起来，不至于"以貌取人"，减少选系的误差。②不求全才、不弃偏才的原则。选育自交系时，只要求综合性状较好，并且没有突出的不良性状便可入选，在育种过程中，再深入认识和发掘它们的潜力，加以利用。对个别有特殊优良性状（如对某种病害的抗性）的株系应予保存，不轻易舍弃，可改造后用其所长。③坚持性状多样化原则。在选择高配合力的前提下，选育自交系的性状要求多样化，无论是株型、穗型、生长期、抗逆性的选择均应如此，不应按一种固定模式选育自交系，性状的多样性反映基因型的差异，按固定要求选择会丧失某些有利的基因型，最终降低杂种优势的潜能。④坚持杂种优势类群的原则。在同一个杂种优势类群内，不同材料的杂交，通过优中选优，培育出高配合力的自交系，然后，根据杂种优势模式，与来源于另一杂种优势类群选育的自交系杂交，从而保证商业杂交种 F_1 的杂种优势最大化。

二、选育自交系的原始材料

选育自交系的原始材料，如优良品种、综合种、改良群体、杂交种及其后代和自交系变异单株等。原始材料是选育优良自交系的重要基础。原始材料选择得恰当与否，是育种工作成败的关键之一。美国玉米育种家 Brown（1972）曾指出："过去育种工作的某些失败，与其说是育种方法问题，倒不如说是育种材料问题"。究竟选用什么样的原始材料，应根据育种目标和具体条件来决定。一般要求具有广泛的适应性，遗传多样性，优良性状多，丰产性能强，具有优良基因频率高的"高起点"材料，"优中选优"是自交系选育的一个基本原则。用于选育自交系的原始材料简介如下：

（一）地方品种群体

地方品种曾是早期用来选育自交系的原始材料，但随着大量自交系和杂交种的引进和交流，从地方品种选育自交系逐渐被忽视。用地方品种选育自交系，可以得到具有特殊适应性的自交系。例如我国西南山区部分特殊生态条件地区，一般外来的自交系和杂交种都难以适应，而少数来自地方品种的自交系及其组配的杂交种，则能适应当地条件。在地方品种中，出现高配合力和优良株型自交系的概率一般较低，因此应从较多的品种和较大的群体中进行筛选，或从有地方品种血缘的原始材料中间接筛选，这是一个薄弱环节，需要进一步探讨和开发利用。

（二）窄基选系群体

窄基选系群体是用 2～3 个优良自交系组配的杂交种，即通常的单交种和三交种，包括当地推广和从外地或外国引进的适应本地条件的单交种和三交种，以及为选系而自行组配的单交种和三交种。这是现在普遍利用的原始材料，而利用单交种选系则更为广泛。加列耶夫（1974）认为，以国内外高产的杂交种为原始材料选育自交系最有效。Dudley（1984）认为，对一定地区有利的等位基因是高度集中在该地区适用的最优单交种中。从理论上分析，适应在一定生态地区推广的最优单交种或三交种必然集中了较多的有利等位基因。同样，从外地和国外引进的，但适应当地种植的优良单交种（或三交种），也是有利等位基因高度集中的类型。因此，从这类原始材料中可以轻易选出性状优良并具有较高配合力的自交系。

（三）广基选系群体

广基选系群体是多系复交种和综合杂交种群体。这类杂交种具有广泛的遗传多样性，用来作为选育自交系的原始材料，可以选出在性状上有较大差异的优良自交系，因此，也是现在普遍采用的原始材料。从理论上分析，这类杂交种虽具有较多的有利等位基因，但因为受连锁群的影响，很难在少数世代达到基因间的充分重组，有利等位基因不像窄基杂交种那样，处于高度集中的状态，而是处在相对分散的状态。因此，用综合杂交种等广基杂交种选育自交系，出现高配合力优良自交系的概率并不太高，国内外育种实践也证实了这一点。为了克服这一弱点，在选育自交系时必须注意三点：一是从大群体中选择较大量的个体分离自交系；二是用经过多代随机交配重组的群体作为原始材料选育自交系；三是用经过轮回选择改良后的高轮次群体作为材料，因其有利等位基因频率较高，则较易选出高配合力的优良自交系。Russell（1984）研究证实，从高轮次改良的爱阿华坚秆综合种选出的自交系比低轮次选出的自交系具有较高的配合力。

（四）引进的不适应材料×适应材料

这里提到的不适应材料和适应材料包括自交系、品种和群体。由于受连锁群和环境条件的双重影响，不适应的基因型在杂交组合中处于劣势，在分离中，其基因容易被掩盖，或者被排斥而淘汰，用这类材料选育自交系时，应经过多代随机交配，充分重组后再开始选育自交系。同样也应采取大群体选择，在选择过程中应特别注意保留不适应基因型提供的某些有利性状。

（五）野生近缘种×玉米材料

从这类原始材料选出的自交系，可能从野生近缘种中得到某些特殊抗性和配合力的有利基因，丰富玉米的种质资源。但由于种间杂交困难；染色体组之间不配时，互相排斥；杂交后代不育或向亲本回复等原因。选育自交系的难度很大，当前采用这类原始材料选育自交系的较少。

三、选育自交系的基本方法

玉米自交系选育是一个连续套袋自交与严格选择相结合的过程。选择又包含直观性状和配合力两个方面，一般要经过5~8代的自交和选择，才能获得基因型纯合的性状稳定一致的自交系。选育自交系的方法如下：

（一）常规选育法

1. 种植原始材料，自交获得 S_1 果穗　在选育自交系之前，应根据育种目标慎重选用原始材料，在能力可以承受的范围内，以有较多的原始材料为佳，这样可以增加自交系之间的遗传差异。选定原始材料后，每个材料种一个小区，种植株数不等，因原始材料的种类而定，窄基的杂交种可种50~100株，广基的综合杂交种需种300~500株。当进入开花期，在其中选择生长良好、发育正常的植株套袋自交。在当选的植株雌穗即将吐丝时，用硫酸钠纸袋将雌穗套上；当雌穗吐丝后的第 1 天下午，再用较大的硫酸钠纸袋把雄花序套上，起隔离作用，避免异花粉污染。在雄花序套袋后的次日上午，当露水干燥后，用雄花袋收集新鲜花粉，迅速授在同株的雌穗花丝之上，再立即把已授粉的雌穗套袋隔离，标记区号和名称。成熟时收获，即为自交果穗。

2. 自交后代的直观选择 把收获的自交（S_1）果穗，在第一年正常播种季节，按同一亲本来源与自交果穗的序号种成穗行，每一穗行种 $10\sim20$ 株。一个育种单位，一般都要做大量的自交果穗，以便进行严格的选择，增加分离优良自交系的概率。自交系早代（$S_1\sim S_2$），尤其是自交一代（S_1）和自交二代（S_2），相当于杂交二代（F_2）和杂交三代（F_3），是性状急剧分离的世代，无论在自交系间或自交系内都表现出不同程度的生活力衰退和多种多样的性状分离现象，因此，是对自交系直观性状进行汰劣选优的最佳世代。根据育种目标，在系间和系内，对自交系的性状进行选择，首先把生活力严重衰退和性状不良的穗行淘汰，然后在保留的穗行中选优良植株 $3\sim5$ 株继续套袋自交，收获后，按果穗性状再作选择，每个穗行最后保留 $2\sim3$ 个自交果穗，形成下一世代的穗行。

选择是多次分期进行的，植株性状在田间选择，果穗性状在室内选择。某些具体性状则应在它们的表现时期进行选择，例如幼苗生长势在出苗到三叶期鉴定和选择，抗病性则在该病害盛发期鉴定和选择。

对性状的选择是有主次的，对一些重要的限制性性状的选择要严格。例如生长势弱、不抗倒折、抗病性弱、生产力低、结实性差、雌雄花期间隔大、花粉过少或散粉不畅等性状，都会影响自交系本身的繁殖和制种，也会影响杂交种的性状。因此，凡是具有上述不良性状的穗行或植株，都应及时淘汰，不在其中自交保留后代。对于植株和果穗的其他性状，在进行选择时，则应尽量保持其遗传的多样性，防止因偏爱而选择某种单一类型。例如只选择紧凑株型而忽视正常株型，只选择早熟性而忽视其他熟期类型。如果这样做，不仅会造成性状上的单一化，也会造成遗传上的狭隘，在进行不适当的性状选择和淘汰时，会伴随发生有利等位基因的丧失、适应性和配合力的降低。

当自交系进入中期世代（S3～S5），基因型的纯合程度提高，系内的性状逐渐由分离趋向 致。而自交系间（包含 些同源自交系甚至姊妹系间）的性状则表现出明显的或某种程度上的区别。因此，直观选择的强度也相应降低，一般只淘汰少数劣系，在多数保留系内选择具有典型性状的优良植株自交 $3\sim5$ 穗，室内穗选 $2\sim3$ 穗，供给下一代种成穗行。自交中期世代，可能仍有少数系性状在继续分离，遇到这种情况，则仍按分离世代的选择方法处理。

当自交系进入后期世代（S5～S8），基因型已基本纯合，当系内性状已经稳定，个体之间性状整齐一致时，一般不再进行直观性状的选择和淘汰，只在系内选具有典型性状的优良植株（非混杂株）自交保留后代，当自交系性状完全稳定后，则可采用自交和系内姊妹交或混合花粉授粉隔代交替的方法保留后代，这样既有利于保持自交系的纯度，又可保持自交系的生活力，避免因长期连续自交，一味追求纯度而导致自交系生活力的过分衰退，造成育种应用中的困难。

至于自交系早代直观选择的强度，则不可能是固定的，而是由育种家根据自身的承受能力、具体地选育自交系材料的类别和数量，对某些性状的认识与判断，通过选择和淘汰，最终保留一个在育种上合理大小的选择群体。

3. 自交系的配合力测定　直观选择主要是以表型性状为依据的，表型是基因型与环境互作的反应。因此，对表型的选择也在某种程度上反映对自交系有利等位基因的选择。自交系的配合力是指其组配杂交种的能力，是通过所组配的杂交种的表现进行估算的。因此，配合力实质上是自交系所内含的控制性状有利基因的位点数目的多少及其互作的结果，当然也包含与环境互作的效应。一个自交系的有利基因位点越多，则它的一般配合力也越高，反之，则一般配合力越低。所谓特殊配合力，则是自交系间控制性状的有利基因互作的结果，属于显性和上位性遗传效应。由此可见，只有用一般配合力高的自交系为亲本，再经过自交系间合理的组配，以获得高的特殊配合力的组合，才能选育出最优的杂交种。因此，选育自交系时，必须进行配合力测定，按配合力的高低，对自交系进一步选择。

用来与自交系杂交测定，评价其配合力的品种、自交系、单交种等统称为测验种。这种杂交称为测交，产生的杂交种称为测交种。测定自交系配合力时，测验种选用得是否合适，也直接关系到配合力测定的准确性。

一般认为，在测定一般配合力时，用品种、综合种作测验种，因其遗传基础复杂，包含有各种不同的配子，可以测出一般配合力。再对一般配合力高的自交系测定其特殊配合力，选出所需要的优良杂交种。张庆吉（1958）用 W153R、A165-2 和金 131 三个自交系作测验种，分别对 131、A347-b-2-1、150b-2-16、1505b-2-4 和通 6 五个自交系进行配合力测定，所测得的配合力顺序基本一致。用自交系作测验种有较大的优越性和可靠性，它可以及早测出优良自交系的特殊配合力，把选育杂交种测定自交系配合力的过程合并，测用结合，直接选出丰产的杂交种，显著缩短育种程序和年限，如张庆吉等（1998）采用自交系作测验种，直接根据特殊配合力采用"测用结合"的方法育成了著名的新双 1 号。20 世纪 80 年代后，国内外许多试验表明，用自交系作测验种，可以同时测出待测系的一般配合力和特殊配合力，这样可以测用结合，及早确定高产组合，提高育种效率。如果担心用 1～2 个常用优良自交系作测交，可能会漏掉一些优良的早代系，可在第一次早代测交中，配合力表现不是很好但农艺性状表现好的不予淘汰，第二次用另外一些测验种进行测交，这样就可以减少漏掉好材料的机会。

从选育杂交种的目的出发，目前自交系配合力的测定，育种家一般都是按照杂种优势模式的原理，从一个杂种优势类群材料间杂交后代中选择的待测系，应该从杂种优势模式的对应杂种优势类群中选择育种骨干自交系作为测验种，把配合力测定与杂交组合选配结合融为一个整体。例如，利用唐四平头杂种优势类群的昌 7-2 与 H21 杂交后代中分离的一组待测系，根据瑞德与唐四平头或 P 群与唐四平头的杂种优势模式，可以选择郑 58，齐 319 作为测验种。一般来说，选育分离的待测系数量较多，早代测定时常常选用的骨干自交系测验种数量较少，若待测系接近稳定或稳定后选用的骨干自交系测验种数量则较多。

究竟在什么世代测定自交系配合力较好？早期的研究存在不同的意见。从理论上讲，自交系的一般配合力属于加性遗传效应，受有利等位基因位点数目多少的影响，是可遗传的。因此，自交早代和自交晚代的配合力是相关的。Jenkins 等（1932）和 Sprague 等（1950）最早提出了自交系配合力早代测交的方法。其后，许多研究结果也证实了自交系的配合力早代与晚代的相关性。北京农业大学（1957）和中国农业科学院作物研究所（1961）的研究也得到类似的结论。但从育种实践上讲，是否采用早代测定的方法则受育种目标、育种程序和经济效益等方面的影响。例如，在群体改良过程中，以提高有利等位基因频率为主要目标，因此适宜采用早代测定，以便选出高配合力的早代自交系，加速重组改良群体。而在选自交系时，一方面必须同等重视对自交系的农艺性状和配合力的选择；另一方面，虽然早代测定是有效的，但从程序上和经济效益上考虑，对自交系中、后期世代的配合力测定仍是不可缺少的。在自交系选育过程中，并不能因为采用了早代测定就可以免去中、后期测定。因此，实际上国内外大多数育种家都在自交系从性状分离转向稳定世代（多数在 $S_3 \sim S_4$）开始测定自交系的配合力，当完成配合力鉴定时，自交系也达到基本纯合状态。这时，便可根据农艺性状和配合力相结合的育种目标选出性状稳定的优良自交系。

4. 自交系选育中注意的问题

（1）早代要重视穗行间选择，做到优中选优。S_1 不同的穗行来源于上一代不同基本株（杂交后代分离的世代群体单株），在 S_2 中，凡是从同一个 S_1 穗行得来的各穗行称为姊妹行，每一姊妹行得到自交系选育后期称为姊妹系。S_1 穗行、姊妹行、姊妹系均来源于同一原始的 S_0 基本株，它们之间的遗传差异较小，而不同基本株间的遗传差异较大。并且不同穗行表型差异随着自交代数的增加而增大，S_3 以后，各世代系内表型选择的成功率降低。因此，穗行间的选择是早代选择重点，在优良材料的后代中选优良穗行，再从优良穗行中选择优良单株，而不应把选择重点放在穗行内。

（2）合理利用适度近交方式，增加基因重组机会。理论上，一次选株，连续自交，使其基因型可以迅速纯合。选育自交系效果受基本株自身基因型影响很大，甚至很大程度上决定于选株的准确性。若采用选择单株进行穗行间（内）姊妹交，让其后代适度近交，一是能使后代尽可能地聚集多个经选择的优良单株带来的优良基因，增加打破基因连锁、优良基因间重组的机会，提高优良基因型个体出现的概率。二是适度近交可以减轻因连续自交所带来生活力急剧衰退的缺陷，有利于一些优良基因的表达和选育自交系生活力、产量水平的提高。

（3）增设自交系对照，加强观察鉴定，提高选择的准确性。育种家根据育种目标要求，有目的选择性状互补亲本作杂交，在分离后代相邻种植选育自交系材料的亲本自交系作对照，便于在田间观察比较分析当选单株是否符合育种目标，一般可以在 S_3 或 S_4 代田间种植不同分离穗行时相邻种植对照。相邻种植亲本对照的方法对于有限回交后代的鉴定选择，效果可能更好。在选育自交系过程中，应认真观察鉴定，充分了解基本材料的状况，在此基础上，才能做到正确选择。各生育期选择的重点不同，苗期选择正常苗，淘汰过弱苗或旺苗；授粉自交时选择株型好、雌雄协调的植株；成熟时重点放在抗病性、整齐度、抗倒性方面；室内考种重点放在穗部和籽粒性状。此外，根据各性状遗传规律不同，各世代选择重点也应不同。一般来说，遗传较简单和遗传力高的性状稳定快，可以早代严格选择，如出籽率、穗行数；遗传较复杂和遗传力低的性状可放晚代选择，如单株产量、千粒重稳定速度慢。在基因型鉴定方面，可以借助分子标记辅助选择技术，提高鉴定的准确性和效率。

（4）创造适应目标性状表现的鉴定条件，高密度种植加大选择压力强度。选育条件一定要符合育种目标和要求。如高肥水、高密度以及病菌接种或重病区夏播等条件下，使各种基因型得以充分表现，以便于选择。例如从种植育种的基础材料开始到自交的不同世代都可在较高密度下进行，加大逆境压力的环境。近年来，在国内育种普遍采用高密度逆境条件选育自交系，一般认为，S_0代可以稀植，比如 67 500 株/hm^2，但在 $S_1 \sim S_3$ 要高密度种植大群体，密度范围在 120 000～180 000 株/hm^2，多数在 150 000 株/hm^2，而 S_4 以后就可以降至 60 000 株/hm^2。高密度条件下选择时，抽雄到吐丝间隔天数（ASI）、穗位高和果穗结实性及秃尖程度这些指标比较重要，因为抽雄到吐丝间隔天数是反映高密度逆境下雌雄是否协调特性的一个重要指标，而果穗结实性及秃尖程度是反映高密度逆境下能否稳产的一个重要指标。高密度逆境下，株高、穗位高比正常密度下一般要高，因此，在高密度条件下更能鉴定选择出植株高度、穗位高度适中的单株，鉴定选择到抗倒伏和倒折能力强的单株或穗行。

(二) 自交系其他选育方法

除常规选育方法外，还有一些其他方法用于选育自交系，作为常规方法的一种演变和补充。

1. 系谱选择法 系谱选择法是 Hayes 等（1939）提出的，这种方法和常规方法的主要区别在于选育自交系时，所用的亲本原材料是按计划组配的杂交种，组配杂交种的亲本也是经过选择的具有许多优良性状的自交系。用这些自交系组成杂交种作为原始材料，以后就按常规的方法和程序选育自交系，因此也是常规方法的发展和补充。用这种方法选育自交系，从亲本的来源一直到自交系的育成，都有明确的系谱可查，对分析自交系亲缘关系和组配杂交种是有价值的。

2. 单穴法 单穴法是 Jones 和 Singleton（1934）提出的。这种方法和常规方法的区别在于对自交后代的种植方式。单穴法是把自交果穗在田间种成每穗一穴 3 株，而不是像常规种成穗行。采用单穴法选育自交系可以增加原始自交穗数和节省试验地面积。但主要的缺点是自交后代株数过少，因而限制了在分离世代中系内的选择机会。在实际工作中，很少采用这种方法。

3. 单行选择法 高学曾（1980）介绍了法国卡瓦杜尔（Cavadour）种子公司的自交系单行选择法。这种方法原是美国卡吉尔种子公司创造的，是在常规法和系谱法基础上的改进。具体育种程序如下：

一般采用 2 个广基的（双交种、综合杂交种）和 4 个窄基的（单交种 F_2 代）群体作为选育自交系的原始材料。每个广基群体自交 2 000 株；每个窄基群体自交 1 000 株，收获时选留一半自交穗，共约 4 000 个自交穗。

S_1 代：每个 S_1 代种子分为 3 份，2 份分别种在南北 2 个试验站对农艺性状观察选择，根据两地表现，选出 5% 的系（200 个），同年冬季，在每季圃内把当选自交系预留的种子种成穗行，每穗行选收 4 个自交穗。

S_2 代：将 S_2 种在南北 2 个试验站。北方站只作观察，不选株自交。只在南方站进行选系和选株自交。S_2 代共 200 个系，每系 4 个穗行。根据两地表现选 50%～60% 的系，即 100～120 个系，一般每系只选 1 个穗行，每行只选留 1 个自交穗。在特殊情况下，每个系内可选 2 个穗行。

S_3 代：在南北 2 个试验站种穗行，根据两地表现，在南方站选择 30%（30～40 个）优系，每系只留 1 个自交穗。

S_4 代：只在南方试验站种植。每系种 30 株全部自交，选留 20 个自交穗。不进行系间选择，仍保留 30～40 个系。

S_5 代：每系在南方站种 20 个穗行，不进行系间选择，收获时，每系中选留最好的和最整齐的一行。另一半 S_4 代的种子种在制种区，与 8～12 个优良单交种进行测交，下一年经过测交种比较试验，选出一般配合力最高的 10 个自交系，再与 10 个优系进行双列杂交，继续测定一般配合力，最后决选出自交系。

这一方法的特点是：在自交系早代 S_1～S_3，按农艺性状表型选择，大量淘汰，进入测交配合力的自交系只占约 1%。除 S_2 代外，每个系只种 1 个穗行，只选留 1 个自交穗，因此工作量少，可容纳较多的材料。侧重于系间选择和一般配合力选择。

4. 单倍体加倍选育自交系方法

（1）单倍体育种技术简况。早在 1949 年 Chase 就提出了单倍体选育自交系的方法，原理是利用自然发生或人工培育的单倍体植株，经过染色体组的人工加倍或自然加倍而获得纯合的二倍体植株，再从其中选育成自交系。由于是从单倍体植株的一组染色体（n）加倍成为二倍体（$2n$），全部基因位点都是纯合状态，因此自交系的性状是稳定而整齐一致的，不会发生性状分离，因而缩短了自交系的选育过程。一般只需 2 年就能获得纯合的自交系，显著地缩短了选育自交系年限。因此，单倍体育种将成为玉米育种的有效方法之一。

利用单倍体选育纯合二倍体优良自交系，难点主要在于受遗传基础（基因型）和选择概率 2 个因素的限制。一方面是单倍体发生的频率低。据 Chase（1952）报道，单倍体自然发生频率平均约为 0.1%；另一方面是受亲本基因型的限制。往往容易发生单倍体的基因型不一定符合育种目标需要，而获得的单倍体也不一定是来自最好的配子。因此，育成符合育种目标的优良单倍体和纯合自交系的概率是很低的。因此，必须不断改进诱导和筛选单倍体的种质材料，完善单倍体育种技术，提高选择概率，才能广泛用于玉米自交系的选育。

诱导产生单倍体的方法，大体可分为三类：第一类是小孢子和花药人工培养，诱导细胞无性繁殖集团（愈伤组织），再分化形成再生植株，从中选择单倍体植株，用秋水仙碱处理幼苗，促使其染色体加倍，成为纯合二倍体自交系。国内一些科研单位，如中国科学院遗传研究所和植物研究所、南开大学、广西农业科学院玉米研究所都曾应用这种方法获得一些花培玉米单倍体和少数二倍体后代；第二类是利用物理和化学诱变产生单倍体植株，再加倍成为二倍体纯合自交系；第三类是利用单倍体诱导系结合性状标记基因，诱导和筛选单倍体和纯合二倍体。美国和苏联已育成了一些优良的玉米单倍体诱导系，而且对玉米单倍体的鉴别、筛选、育种方法已经日趋完善。因此，近十多年来，许多美国玉米种子公司都在使用这种方法选育自交系，以期加快育种速度，缩短新杂交种推出的时间，达到占有和扩大市场的目标。

迄今为止，单倍体发生的机制仍然不是很清楚。一种情况，可能是一个精核与极核结合，另一个精核丧失，因此，未受精的单倍体卵细胞随受精极核细胞的分裂而发育单倍体胚。另一种情况，可能是花粉管进入胚囊时摧毁了卵细胞，以致一个精核与极核结合，另一个精核则发育成单倍体胚。玉米单倍体发生的频率，随不同的亲本组合而变异甚大。因此，单倍体的发生由遗传基因控制。例如 Chase（1949）使用的 A385、Coe 使用的 Stock 6、Kermicle 使用的 ig（indeterminate gametophyte）、Tymov 和 Zavalishina 使用的 ZMS（zarodyshevy marker sara tovsky）、Chalyk 使用的 KMS（korichnevy marker saratovsky）以及 MHI（moldavian haploid inducer）等，都可产生约 3% 的单倍体胚。MHI 最高可以产生约 10% 的单倍体胚。以上列举的材料（系）都是极好的玉米单倍体诱导系。用它们作为亲本（父本或母本）之一与优良自交系或优良群体杂交后，在杂交种子中可诱导出一定数量的孤雌或孤雄配子形成的单倍体胚的种子。通常单倍体植株在生育过程中，平均有 0.4%～1.2% 的细胞可以自然加倍而形成二倍体细胞。因此，单倍体植株可以产生少量的正常花粉和卵细胞，单倍体植株自交后，可以获得少量组合的二倍体籽粒。由于单倍体植株雌雄花期不吻合，而且产生的正常花粉粒较少。虽然自然加倍的频率有限，但如果获得的单倍体植株数量很多，就可能将单倍体快速选育自交系的方法实际应用于玉米育种计划。为了提高选择和鉴别单倍体的准确性，必须把颜色标记性状导入单倍体诱导系，以便于从杂交种子和植株中区分单倍体。

（2）利用不定胚 ig 基因选育自交系。ig 基因是 Kermicle 从自交系 W23 中发现的。在初生胚的发育过程中，这个基因能够消除卵原细胞分裂的精确信息。因此，即使卵原细胞不能正常分裂形成 8 个细胞，或者不能抑制细胞的持续分裂，以致形成卵和极核的数目不稳定，同时也影响了正常的双受精过程。在 ig 基因的作用下，通常每一果穗上，约有 50% 的正常籽粒，约 6% 的多胚籽粒，约 7% 为异雄核受精（heterofertilization）籽粒，约有 45% 的胚乳是多倍体，约有 3% 的胚是单倍体。其中 58% 是母本单倍体，42% 是父本单倍体。父本单倍体的产生，可能是卵囊不能正常分化形成卵细胞造成的，当精核进入卵囊之后，一个精核与极核结合，发育成胚乳，另一个精核则发育形成父本单倍体胚。部分母本单倍体来自多胚籽粒：如果卵细胞受精之后，分裂形成双胚，则这两个胚的基因型相同；如果卵细胞分裂形成 2 个卵细胞，然后分别与 2 个来源不同的精核结合，则发育成 2 个基因型不同的胚；如果 2 个卵细胞中的一个与精核结合，而另一个卵细胞未受精，则其中一个胚是二倍体，另一个胚则为单倍体。

现在使用的单倍体诱导系是 W23ig（$R-nj$）。它的农艺性状很差，植株脆弱，容易倒伏。它带有 $R-nj$ 标记基因，该基因可在胚乳顶端的糊粉层形成紫色斑块标记，同时，在胚芽鞘形成紫色标记。因此，可以使用 $R-nj$ 标记基因来鉴定和选择单倍体胚的籽粒。由于 $R-nj$ 标记为显性性状，当 W23ig（$R-nj$）和无色胚芽的亲本杂交后，得到的杂交籽粒中出现无色胚芽的籽粒，就可能是单倍体胚籽粒。实际育种应用时，带 ig 基因的材料必须作为母本，经过与优良父本授粉后，才能获得父本单倍体。张铭堂（1996）试验研究结果表明，利用 ig 材料作母本，杂交后，产生 52 476 粒种子，其中，无色胚芽种子 4 967 粒（9.6%），将上述种子种成植株，全部自交，共获得 27 个纯合二倍体果穗（即单倍体加倍果穗）。其中 19 穗是母本纯合体，8 穗是父本纯合体。由于受 W23 不良遗传背景的影响，利用 W23ig（$R-nj$）作为单倍体诱导系并不是理想的材料，如果要更好地利用 ig 进行单倍体育种选育自交系，还需要将 ig 导入优良的遗传背景中去。

（3）利用 Stock6 选育自交系。美国 Northrup King 种子公司于 20 世纪 50 年代发现一个高频率诱导单倍体的材料——早熟白色硬粒型玉米，由于不具备育种的实际价值，便将其送给威斯康辛大学作为遗传研究之用。1956 年 Ed Coe 发现这份材料有利用价值，将它命名为 Stock6，并将 $R-nj$ 导入其中，之后又将形成紫色叶片、茎秆、雄穗和花药的几个显性色素基因导入其中，现在使用的 Stock6 是经过 2 次回交和 2 次自交而成的 BC2S2 Stock 6，其 90% 个体的显性色素基因已达到纯合，其余仍有分离。BC2S2 Stock 6 纯合个体的基因型为 ABPICR-njy，表现型是果穗籽粒为白色硬粒型，籽粒顶部有紫色斑块和紫色胚芽；植株具有深紫色的叶片、茎秆、雄穗和花药。因此，具有三重性状标记，如果使用绿色植株和黄色籽粒的玉米作母本与 Stock6 作父本杂交，可根据杂交籽粒胚乳颜色、籽粒顶部和胚芽颜色、植株颜色三方面的表型进行鉴别，用以区分二倍体和单倍体籽粒和植株，以及杂交籽粒或自交籽粒。如果籽粒呈淡黄色，就是杂交籽粒；呈深黄色，就是母本自交籽粒；如果籽粒顶部有紫色斑块而胚芽无色，则是单倍体胚的籽粒；如果穗株瘦弱，叶片叶鞘绿色，则是来自母本的单倍体植株；如果植株瘦弱而叶片叶鞘为紫色，则是来自父本 Stock 6（$R-nj$）的单倍体植株；如果植株高壮，具紫色叶片叶鞘，则是杂交植株；而生长势介于单倍体植株和杂交植株之间的植株则是由单倍体加倍而形成的双二倍体（double haploid）植株。

单倍体育种是对配子的选择（gamete selection）。每一个配子（卵或精核）具有一套染色体组，每一个基因都是以单一形式存在。每一个配子体或单倍体，都必须接受环境的挑战，承受自然选择的压力。因此，许多单倍体的卵细胞不能发育而退化成无胚种子；有些单倍体种子因发育不良，以致不能发芽；或者，即使发芽，因幼芽生长势太弱而死亡。因此，可以正常发育的单倍体植株，其遗传基础相当良好。从单倍体加倍而获得的纯合二倍体自交系，必然适应性较好、性状稳定。

据张锦堂（1996）报道，用单交种 Oh43×Mo17 作母本，用 Stock6（$R-nj$）单倍体诱发系作父本，杂交后获得 660 穗共 305 100 粒种子，首先进行籽粒筛选，淘汰大量（99.4%）杂交籽粒（紫胚芽）和自交籽粒（深黄色），选出紫顶和无色胚芽种子 1 730 粒（0.6%），作为可能的单倍体种子播种，在幼苗 2~3 叶期，经 0.05% 秋水仙碱处理，出现白化、矮化等突变苗 23 株，其余 1 506 株生长至成熟，最后共获得 249 个双单倍体纯系，经过同工酶分析、形态性状鉴别和产量测试后，已育成 2 份优良自交系作为高产杂交种的亲本，进入市场销售。

实际育种操作时，Stock6 必须作为父本，而选用优良的群体和杂交种作为母本，利用 Stock6 所诱导的单倍体中，98.5% 是母本单倍体，只有 1.5% 是父本单倍体。因此，Stock6 诱导优良单倍体的效率显然比 ig 单倍体诱导系高。

5. 辐射诱变选育自交系方法 辐射诱变选育自交系法是利用核反应堆和放射性同位素产生的辐射能量（包括 α、β、γ 射线、X 射线、中子等）诱发染色体结构变异或基因位点突变，扩大玉米表型性状的变异范围，达到选育自交系的目的。Stadler（1944）报道了 χ 射线诱变提高玉米籽粒胚乳突变体频率的结果，至今美国密苏里大学仍利用 χ 射线作玉米染色体畸变研究，但对玉米诱变育种的报道很少。国内利用辐射诱变育种取得了较大进展，已选育出原武 02、原辐 17、双 26A 等自交系和雄性不育系。据王琳清等（1985）不完全统计，截至 1984 年，已育成鲁原单 4 号、中原单 4 号等 11 个玉米品种，种植面积累计在 140 万 hm² 以上。

选用辐射诱变选育自交系原始材料的原则与常规方法选育自交系基本一致，即遗传基础优良的、变异丰富的品种群体，各类杂交种都可作为原始材料，除此之外，辐射诱变容易引起基因位点突变，因此也可选用优良自交系作为原始材料，例如陈万金等（1985）用公 70 自交系为原始材料，经辐射处理后，选育出原辐 17，成为中原单 4 号的母本自交系。

选定原始材料后，要进行辐射处理。处理时要选用合适的剂量和确定照射的部位，一般以"半致死剂量"处理突变频率较高，又能保存较多的存活后代，提供选择的机会。但因处理的对象材料不同、部位不同，对辐射反应的敏感性是有差异的。例如自交系比杂交种、花粉比子房、湿种子比干种子的辐射反应较为敏感，只能忍受较低的辐射剂量。一般用于玉米辐射诱变的剂量范围为 4 000~30 000R，因照射对象而定。例如山东省农业科学院原子能农业应用研究所 1971 年用 ⁶⁰Co γ 射线照射早熟玉米单交种——武单早的风干种子，选育出原武 02 自交系，所用剂量为 30 000R，剂量率为 2 728.4R/h；陈万金、龚胤昕等用 ⁶⁰Co γ 射线照射公 70 自交系的花粉，选育出原辐 17 自交系，所用剂量为 4 000R。朱斗北等（1985）进行玉米辐射诱变研究时，用 ⁶⁰Co γ 射线照射自交系黄早四，所用剂量为 20 000R，剂量率为 88.5R/min。

由于玉米经过辐射处理后会引起广泛的遗传变异和严重的生理损伤，因此对辐射诱变选育自交系的早期世代（M_1~M_2）的处理方法和常规选育自交系方法是不同的。其要点如下：

诱变一代（M_1）：把照射后得到的全部种子单粒播种，精细管理。M_1 代受辐射影响，表现出严重的生理损伤现象，有的生活力降低，有的成为畸形，有的不能发芽或发芽后死亡等，这都是不能遗传的。真正的遗传突变在 M_1 代一般不会出现，因此，除自然淘汰外，通常对 M_1 代采用套袋自交、套袋混合授粉或在隔离区繁殖，尽量保存突变基因型。

诱变二代（M_2）：这一代是性状大量分离的世代，同时仍存在辐射损伤的较大影响。因此，M_2 代可种成穗行，每个穗行种植较多的株数，用来扩大变异范围，进行系间和系内的严格选择。根据育种目标，着重对有利突变性状（如早熟性、优良株型、抗病性等）进行穗行和单株的鉴定和选择。对不利的突变性状（如畸形株、白化苗、黄化苗、雄穗退化、皱折叶片等）予以淘汰。当选的植株进行套袋自交。

诱变三代（M_3）及以后各代：由于辐射损伤逐渐消失，突变的性状已明显表现，M_3 代和以后各代就可按常规选育自交系方法处理。

四、自交系改良的方法

在育种实践中，常常会遇到一些优良的自交系（包括一些主要的亲本自交系）具有某些性状上的缺点，这些缺点会在一定程度上影响自交的利用，因此，对这类具有较多优良性状而又有个别不良性状的自交系进行育种改良，便可以提高它们的利用价值。

（一）回交法

1. 基本原理 回交法是改良玉米自交系最常用的一种有效方法。回交法的原理是，以能提供某种优良性状的有利基因（或基因群）的自交系作为供体，通过连续回交输入到需要改良的受体——优良自交系，使回交后代不断增加优良自交系的遗传比重，达到育种所需的优良自交系性状的表现程度为止。在回交过程中，通过综合性状的选择和鉴定，保留非轮回亲本提供的某种有利基因（或基因群）和受体系的绝大部分遗传成分。在回交过程的中间和后期，有时需要再采用 1~2 次自交方法，其目的是使转育的目的基因达到纯合。当供体系和受体系杂交后，二者的遗传成分各占 50%，以后每回交一次，受体系的遗传成分则增加 1/2，随着回交次数的增加，受体系的遗传成分也相应增加，至回交 5 次后，受体系的遗传比重已达 98.4% 以上，供体系的遗传比重只占 1.5% 左右。基于上述原理，在采用回交法改良自交系时，根据育种目标性状的要求，掌握适当的回交次数，用以调整受体系遗传成分的比重，另外，在回交改良过程中，注意选留供体系的某些优良性状的有利基因（或基因群），防止其流失就显得十分重要。

2. 应用范畴 回交法在改良玉米自交系时应用范畴广泛，几乎可以应用于所有性状的改良，包括简单遗传的性状、数量性状及细胞质遗传性状。但是，在改良简单遗传的性状时利用更为普遍。

（1）简单遗传的性状。受主效基因控制的抗病性（如玉米抗大斑病和抗小斑病基因）、各种玉米胚乳品质性状（如各种胚乳突变体基因），以及受主效基因控制的矮秆性状等。

（2）数量性状。受微效多基因控制的各种性状，如产量性状、早熟性、品质性状（高蛋白质和高油分等）、植株高度及抗病性（玉米茎腐病、大斑病、小斑病、锈病等抗性）。

（3）细胞质遗传性状。各种细胞质雄性不育类型。

3. 育种程序和应注意的事项

（1）回交法的育种程序。首先用供体系和需要改良的优良自交系杂交，将 F_1 代再与优良自交系回交，后代继续用优良自交系回交数次，当优良自交系的性状充分表现时，便停止回交，而在回交后代中选株自交 1～2 次，便可得到纯合的改良系。其育种的基本程序可写成下式：

$$[（A×B)×A1-6 次]⊗1-2 次→改良系$$

如果供体系提供的有利基因是显性的，则回交改良程序可完全按上式进行。如果供体系提供的有利基因是隐性的，则需在回交过程中插入自交，使隐性性状在后代表现出来，以便选株继续回交。在整个回交改良的过程中，都要紧扣改良的目标性状和优良自交系的综合性状进行穗行和单株选择，必要时还应在适当的世代进行配合力测定，才能获得成功。

（2）应用回交法的注意事项。

①供体系的选择。供体系首要条件是具有改良目标性状的有利基因（或基因群），而且这种目标性状是便于区别的，可以通过直观选择或较简单的测试方法鉴定。与此同时，应具有较少的不利基因，而且这种不利基因不与改良目标性状的有利基因连锁，否则，会在改良自交系时，又带来新的不良性状。除农艺性状外，配合力的高低是不可忽视的重要条件，加列耶夫（1974）认为采用回交法时，应选择高配合力的材料作为供体系。这样才不至于降低改良系的配合力。

②回交的次数。回交的次数因育种目的和改良的目标性状的遗传性质而定。如果为了保留优良自交系的全部优良性状，改良它的个别不良性状，而这一性状又受主效基因控制时，则采用饱和回交，回交不少于 5 次，使优良自交系的遗传比重达到 98％以上。如果改良的目的是保留受体系和供体系双方的部分优良性状，则回交次数可减少至 1～2 次，根据具体的育种目标而定。如果改良的目标性状属于数量性状，育种的目的是将这些有利的基因位点输入优良自交系中去，则不宜多次回交，否则，会完全排斥供体系的遗传成分。Dudley（1982，1984）的研究结果表明，当一个亲本比另一个亲本具有较多有利基因位点时，在自交或选择之前用具有较多有利等位基因数目的亲本至少回交一次是有优越性的。吉林省四平市农业科学院盖儒学等（1997）报道了他们对黄早四、M017 改良系的研究结果，其中 2 个优良的 M017 改良系 751、154 均选自 M017×E28/M017，即用高配合力的优良自交系 E28 作为供体系对 M017 进行改良，改良时只用 M017 回交一次后按目标性状选育而成。它们的遗传成分含有 75％的 M017 血缘和 25％的 E28 血缘。这两个改良系表现在单株产量、果穗性状及雄穗性状的一般配合力（GCA）效应值都高于 M017。这两个改良系和黄早四及其改良系之间的杂交组合的各性状特殊配合力（SCA）综合效应值

也显著高于黄早四×M017（CK）。这一成功事例表明在对优良自交系进行改良时选好供体系和掌握回交次数的重要性。

③回交后代群体的大小。回交后代群体的大小由改良的目标性状在后代中出现的概率而定，如果目标性状是受较少基因位点控制，则从较少的后代群体中选出具有目标性状的个体；如果目标性状受较多基因位点控制，具有目标性状的个体出现的频率较低，则要求扩大后代群体，才可能选出所需要的个体。在回交后代中，极端个体（包含显性纯合的和隐性纯合的）出现的频率为 $(1/2)^n$，n 表示控制目标性状的基因位点数，因此，随着基因位点数目的增加，极端个体出现的频率下降，如受 2 对基因控制的性状，其极端个体出现的频率为 $(1/2)^2 = 1/4$，而受 10 对基因控制的性状，其极端个体出现的频率为 $(1/2)^{10} = 1/1\,024$，为了有较大把握选出这些极端个体，还需要适当地扩大群体。但是，由于受育种条件的限制，不能无限制地扩大群体。因此，对受众多基因位点控制的数量性状，采用单纯的回交改良方法，效果往往是不理想的。

④回交后代配合力的测定。对优良自交系进行回交改良时，不能只注重目标性状和直观性状的选择，同时应重视后代配合力的测定，测定配合力的世代和方法可参照选育自交系的方式进行。当采用饱和回交时，可在开始自交的同时进行测交，并根据测交结果，选出几个高配合力的改良姊妹株，保存下来。当采用 1～2 次回交改良时，可在分离世代选株自交和测交，进行配合力鉴定。最后按农艺性状和配合力选出几个改良的姊妹系。

（二）配子选择法

配子选择法的依据是优良配子的发生频率高于优良合子的发生频率，按理论计算，如果优良配子的发生频率为 1/100，则优良合子的发生频率为 $(1/100)^2 = 1/10\,000$。因此，对优良配子进行选择，用优良配子来改良自交系，可能比选择优良合子（个体）的效果更好。配子选择法的育种程序由下列步骤构成：

①按育种目标选择一个品种群体（或多系杂交种、综合杂交种）作为优良配子的供体（A），对需要改良的自交系（B）混合授粉，获得 B×A 的种子。

②种植 B×A 较大的群体，同时种植测验种（T）和原自交系（B）。从 B×A 群体中选株自交一二百穗（S₁）；同时，用自交株的另一半花粉对测验种授粉，获得 T×（B×A）S₀的测交组合；再用测验种（T）的混合花粉授在原自交系（B）上，获得 B×T 的种子。

③用 B×A 作为对照，进行测交组合比较试验，根据试验结果选出超过对照的若干测交组合，再按测交组合找出相应的（B×A）S₁种子。

④把选出的（B×A）S₁种成穗行，继续自交选择，最后选出几个稳定的姊妹系。

配子选择法无论在理论上还是实践上都存在一些缺点。其一，优良配子所携带的一组染色体，经过杂交、自交和选择一系列过程后，必然发生重组、分离，不可能按原有的纯合状态保存下来；其二，育种的程序比较繁琐；其三，实际选择的对象仍然是异质性的合子——杂交后代，因此选择效果并非理论计算出的频率。由于以上原因，自从 Stadler（1944）提出配子选择法以来，其在实际育种中应用并不多，辽宁省农业科学院在 20 世纪

70 年代曾用配子选择法改良了一些亲本自交系。

（三）聚合改良法

聚合改良法是采用相互回交法的同时改良优良单交种的 2 个亲本自交系。其理论依据是 2 个亲本自交系必须具有较多的有利基因，相互作为供体和受体进行回交改良，可补充各自缺少的有利基因位点，提高配合力。聚合改良的基本程序如下：

①将优良单交种 B×A 同时用 2 个亲本自交系 A 和 B 回交 3～5 次，获得（B×A）×B3～5 和（B×A）×A3～5。

②从两群体回交后代中选株自交，结合选择，分别得到两群改良的姊妹系（改良的 A 系姊妹系和 B 系姊妹系）。

③组配 A 群改良系×B 群改良系的杂交组合，以原单交种 A×B 为对照，选出超过对照的改良组合和改良的 A 系和 B 系。

在改良过程中，采用此法进行选择时，要尽量保留供体系某些性状的有利基因。

第四节　玉米杂交种选育

玉米杂交育种工作，难点在选育优良自交系，重点在选配优良杂交种，核心是鉴定双亲的一般配合力和特殊配合力，大量的工作是多年多点杂交组合的鉴定试验，筛选出双亲特殊配合力高、综合性状优良的杂交组合。因此，评价玉米自交系的配合力是十分重要的。

一、玉米自交系配合力的概念

一个自交系的优良与否，虽然与其外表性状、自身的产量有很大关系，但决定自交系优劣的重要标准则是自交系的配合力。实践证明，自交系的表型性状与配合力并无明显的相关性。目前还没有一个方法可以根据自交系的某些表型性状来准确地判断其配合力。必须通过杂交，从杂交种的产量表现来判断配合力的高低。因此，测定自交系配合力是一项艰巨而且重要的工作。

自交系的配合力是指自交系组配杂交种的能力，是根据它组配的杂交种产量（或其他产量性状）的平均值进行估算的。因此，配合力的高低是自交系具有的决定产量性状有利基因位点数目的多少及其互作的结果。Sprague 和 Taturm（1942）将配合力分为一般配合力和特殊配合力。一般配合力是指一个自交系与一个品种或许多自交系杂交所表现的产量等性状表现的能力。如 Mo17 自交系与黄早四、E28、330、丹 340 等自交系杂交后代产量均较高，即表明 Mo17 具有较高的一般配合力。自交系加性有利基因位点越多，则它的一般配合力越高，反之，则一般配合力越低。特殊配合力是自交系间控制产量性状有利基因互作的结果，属于显性和上位性遗传效应，是不能稳定遗传的部分。由此可见，在选配杂交亲本时，只有在选定一般配合力较高的基础上，再合理组配自交系间的组合，以获得较高的特殊配合力，才能选育出高产杂交组合。

配合力是评价自交系的重要标准，配合力测验必须通过杂交后代试验才能测定。根据测定配合力目的、试验规模等要求的不同，自交系配合力的测定，可以采用顶交法、双列杂交法和多系测交法等。

顶交法：通常是选用自由授粉品种作测验种，分别和许多自交系测交。如选定 A 品种作测验种，与所有的自交系测交，可得到 A×1、A×2、A×3⋯A×n 等 n 个测交组合，第二年，采用有重复的间比法进行测交组合比较试验，根据产量等性状的高低，先选出若干高产的测交组合，再选出这些组合相应的亲本自交系，即高配合力的自交系。其理论依据是，由于采用同一个测验种，假设它们个体间的基因型是相同的（实际并不尽然），那么，推断它们的测交组合之间的产量差异是来自被测自交系之间的基因型差异，凡产量高的测交组合表明它们的亲本自交系的有利基因位点多，因此，配合力高。选用自由授粉的品种群体作为测验种，因其配子具有遗传多样性，基因型是杂合的，因此可以避免或减少在测交组合中的显性和上位性效应，能够比较准确地鉴定自交系的配合力。反之，如采用纯合和遗传基础狭窄的材料（如用一个自交系作测验种），就难以避免测交组合之间出现不同程度的显性和上位性效应，即自交系间特殊配合力的影响，而造成测定自交系一般配合力的偏差。因此，采用顶交法时，应选用适宜的测验种，才能得到可靠的测定结果。现在发展的趋势，已不限于利用自由授粉品种作测验种，而是更多地选用综合杂交种和多系杂交种作为测验种。

测定自交系的配合力时，选择适宜的测验种是必需的。朱光焕等（1963）用不同粒型的 6 个测验种测定 8 个马齿型自交系和 7 个硬粒型自交系，结果表明，与自交系同类型的测验种，测交产量偏低；与自交系异类型的测验种，测交产量偏高；中间类型的测验种（春杂 1 号和 3811×C17）无论对马齿型或硬粒型自交系的测交产量则很少表现这种现象。将其作为测验种可能是合适的。姜承光（1986）用三类测验种——地方品种、单交种和综合杂交种分别测定 10 个自交系的配合力，结果表明，以综合杂交种组配的测交组合的产量与自交系的一般配合力效应呈极显著正相关，说明用综合杂交种测定自交系的一般配合力在所用的三类测验种里最可靠。白玉玲（1988）通过对四类测验种（自交系及其相应的单交种、双交种和综合品种）测定玉米自交系配合力的效果进行比较，结果表明，自交系及其相应的单交种与待测系之间存在显著的互作效应，因此，几个自交系或单交种的测交结果不尽一致。但四类测验种的测交结果趋势基本一致，而且与待测系的一般配合力呈显著正相关。因此多个自交系或单交种的测交平均值可以排除测验种与待测系之间的特殊配合力影响。双交种和综合品种的测交结果趋势大致相同，而且与待测系一般配合力的变化趋势相吻合。因此，用双交种作测验种，可以准确地测定待测系的一般配合力。同时，测验种自身一般配合力的高低对测交结果没有显著影响。因此，认为选用多个高配合力的自交系或其组成的双交种测定自交系配合力的方法是可行的。

双列杂交法：Jinks（1954）提出了双列杂交设计测定自交系配合力的方法，并由

Griffing（1956）发展成为一个估计一般配合力和特殊配合力等效应值的有效方法。

双列杂交法是把一组待测定的自交系配成可能的杂交组合，按照随机区组设计进行田间试验，获得各个杂交组合的产量（或其他数量性状）平均值后，可以按亲本来源排列成二向表，然后按假定的数学模式分析估算出自交系的一般配合力和特殊配合力。关于配合力的方差分析法可参阅本书第四章。

双列杂交法的优点是可以同时估算自交系的一般配合力和特殊配合力，而且在分析时是基于一级统计数值，如平均数、总和数等。因此，在统计学上是比较可靠的，估算出的配合力数值也是比较准确的，可以对产量和其他数量性状许多复杂观察值提供一个概括，以及预测某些优良杂交组合的产量和性能趋势。但在育种实践中，当有大批的自交系需要测定配合力时，则因测交组合数很多，试验规模巨大，会超过试验单位的承受能力和扩大试验误差。因此，在选育自交系早期，不宜采用双列杂交法。一般先采用顶交法测定自交系的一般配合力，经过一次配合力筛选后，将选出的配合力较高和性状优良的少部分自交系再用双列杂交法进一步测定，以便决选出优良自交系，同时筛选出高特殊配合力的强优势杂交组合。

多系测交法：多系测交法是测定自交系配合力通用的方法，所有的测验种都是育种家按育种目标和经验判断选出的若干个优良自交系（骨干系），这些系有的是现有优良杂交种的亲本系，有的是新选育或引进的高配合力自交系。将其作为测验种，分别与自交系测交，得到几组测交组合，次年进行测交组合比较试验。田间试验设计按测交组合数目多少而定。若组合数目较少，可采用随机区组设计；若组合数目较多，则采用间比法设计。多系测交法可以同时评价自交系的一般配合力和特殊配合力，同时选出高配合力的自交系和强优势的杂交组合，因此是一种把自交系配合力测定和杂交种选育相结合的快速有效的方法。

多系测交法实际也是一种变相的 M×N 杂交法，多系测交法所得到的自交系的一般配合力值是依据多系测交组合产量（或其他数量性状）的平均数估算而来，相对地削弱了用单一自交系测交时产生的特殊配合力影响。因此在理论上也是有证据的。姜承光（1986）和白玉玲（1988）的配合力研究也证实了用多系测定自交系配合力是可行的。

二、玉米杂种优势类群与杂种优势模式

(一) 意义

玉米育种的核心是利用杂种优势，而杂种优势利用是一个系统工程，从育种种质的选择开始，经过改良，从中选出自交系，到组配成优良杂交种等各个环节的关系是紧密相连的。因此，合理选择亲本种质是选育优良自交系和杂交种取得成效的基础。而对亲本种质的合理选择及运用，关键在于对玉米遗传种质的来源、系谱关系及遗传差异的分析和掌握程度，并据此将玉米种质合理地划分为不同的杂种优势类群，建立起相应的杂种优势组合模式。在同一优势类群中，有目的地选择优良自交系或合成综合群体，有计划地改良创

新，与来源于不同优势群的自交系，根据杂种优势模式进行组配，这样可以大大减少盲目性，提高育种效率，同时，也可避免玉米种质亲缘关系混杂和杂种优势模式的混乱。因此，正确划分种质优势类群并建立起相应的杂种优势模式是玉米育种取得成功的重要策略。

（二）原理与方法

2个自交系或2个群体间的杂种优势取决于双亲遗传差异的大小，即取决于双亲基因频率差异和显性水平。Falconer（1981）提出了数量性状杂种优势表达的公式，即平均优势值 $H = \sum dy^2$，d 为显性效应，y^2 为双亲不同基因频率的平方，这里的 d 值并不排除基因位点间的部分、完全显性和超显性效应的作用。特定的2个杂种优势类群杂交，其杂交种优势是特定的，因而不同的优势群间杂交将有不同的 $\sum dy^2$ 值，而且 d 和 y 值是未知的，因此，不同类群间的杂交种优势有多大，是否能形成最佳的杂种优势模式是不易准确预测的。但是人们可以采用分析和研究不同材料遗传差异的方法来研究这一问题。下面介绍几种对玉米种质优势群划分和杂种优势模式建立的方法：

1. 基于大量杂交试验，根据配合力分析、杂种优势表现来推断 根据最大最小的原则，对种质材料杂种优势类群划分，即同一类群体内的材料间杂交组合表现产量低、配合力低、杂种优势小，不同材料的杂交组合表现产量高、配合力高、杂种优势大，将产量和配合力的高低、优势的大小作为划群的主要标准，然后再建立不同的杂种优势模式。如墨西哥国际玉米小麦改良中心，在开展玉米杂交育种时，首先测定群体配合力和杂种优势的表型，找出可能的杂种优势模式，从可能的杂种优势模式的相应群体中选育自交系，然后再组配新的杂交组合（Vassal，1986）。又如 Tsotsis（1974）和 Kauffmann（1982）对来自于美国玉米带不同品种群体和群体间杂交种优势进行分析发现，Midland × Leaming 的平均优势要比美国玉米带目前受到人们广泛利用的杂种优势模式瑞德×兰卡斯特高。因此，推断 Midland × Leaming 这一杂种优势模式有可能是未来一个新的杂种优势模式。采用测定配合力和杂种优势表型的方法效果较好，但需要大量杂交试验，工作量大。

2. 根据种质地理起源和亲缘关系分析来推断 吴绍骙（1939）用选自于不同遗传来源自交系间的杂种优势进行比较研究，有力地证明了亲缘关系与杂种优势之间的关系。利用3组杂交种进行了比较试验，一组为选自于同一基本材料的双亲自交系配成的单交种，一组为双亲自交系选自于具有一半共同遗传来源的基本材料的杂交种，一组为双亲自交系选自于不同的基本材料的杂交种。结果表明，亲缘关系愈远，杂种优势愈大；反之，亲缘关系愈近，杂种优势就愈小。符合杂种优势模式的不同优势群体由于它们在不同的生态环境中承受不同的选择压力，亲缘关系远，影响不同类群产量的基因频率必然存在差异，因而必然会产生较大杂种优势。因此，根据种质地理起源和亲缘关系划分杂种优势群和建立杂种优势模式也是可行的。目前，国内外许多学者就是根据种质地理来源和亲缘关系及育种实践，总结和推导了许多杂种优势类群和杂种优势模式，虽然这些模式属于经验主义。

随着育种学科的发展，国内外育种种质的大量引进和互导掺和，一个自交系或群体等原始材料的地理来源、血缘关系可能是混杂的，不易分清。因此，根据地理起源系谱分析法对这类自交系及其来源不清的自交系进行杂种优势类群划分优势明显。

3. 利用分子标记分析技术分析遗传结构来判断 分子标记技术为从分子水平划分杂种优势类群和挖掘杂种优势模式提供了新的工具。与传统划分方法相比，利用分子标记可以排除环境干扰因素，以遗传物质 DNA 为检测对象，不受试验材料发育阶段和器官组织部位的影响，可测出 DNA 分子碱基发生的任何变异，包括碱基替换、重排、插入、缺失、易位、倒位和重复序列变异等，这些多态性变异除了编码区外，还包括非编码区及影响基因表达的沉默遗传密码重叠区等。若将分子标记技术应用于种质分类研究，就可以得到有关群体目的片段内基因的 DNA 序列资料，从分子水平上分析不同种质的遗传结构及其遗传差异，可以预测杂种优势模式。分子标记方法有多种，大致可分为三类：第一类是基于 DNA 分子杂交的分子标记，如限制性片段长度多态性（RFLP）标记；第二类是基于聚合酶链式反应（PCR）的 DNA 分子标记，如 SSR 标记；第三类是基于基因组测序技术开发的 SNP 标记。Marilyn 等（2007）利用 53 对多态性丰富的 SSR 引物对 CIMMYT 的 7 个群体和 57 个自交系进行了杂种优势类群划分，结果与 CIMMYT 试验证明已有的杂种优势类群关系吻合。袁力行等（2000 年）用 AFLP、RFLP、RAPD 和 SSR 等 4 种分子标记技术分析我国 15 个骨干自交系的遗传多样性，并在此基础上研究不同分子标记遗传距离与 F_1 产量和特殊配合力的相关性，分子标记结果与系谱分析基本一致。李建生等（2004）利用 SSR 分子标记分析我国大面积推广的 71 个优良玉米杂交种的 84 份亲本自交系，并进行了杂种优势类群划分，结果表明，分子标记结果与系谱分析基本一致。当前，尽管利用分子标记划分玉米杂种优势类群行之有效，但面对构建杂种优势模式，完全依靠分子标记技术而抛弃对育种材料的田间组配鉴定与评价显然是不合适的，还需要数量遗传分析，更重要的是与配合力分析、系谱分析育种家的实践经验相结合，才能发挥重要的作用。

三、亲本玉米自交系的选择

优良自交系是选配优良杂交种的基础，有了优良自交系，就可以根据亲本选配原则，通过一定的选配程序和方法，组配、评选和鉴定出适合本地需要的优良杂交种。亲本自交系的选择，首先应遵循杂种优势模式的原则，选择不同杂种优势类群间的自交系组配杂交组合，其次是根据配合力的大小、亲缘关系远近、性状互补和有利于种子生产等优良性状，将具有不同遗传特点、不同优良性状的双亲组合在一起，使双亲的各个优良性状得以最大程度地发挥和互补，获得一个杂种优势强、性状优良的杂交种。不同类型的杂交种在选配亲本上虽然有一些差别，但作为亲本自交系必须具备下列基本条件：

1. 具有较高的配合力 自交系配合力的高低决定着玉米杂交种的产量。双亲配合力高，玉米杂交种的产量就高；反之，杂交种产量就低。因此，在选配杂交种时，应选择配合力高，尤其是一般配合力高的自交系作亲本，最好2个亲本的配合力都高，这样能将较多的有利基因传递给杂交种，使杂交种的产量等性状表现强大的杂种优势。若受其他性状的限制，至少应有一个亲本具有高配合力的，另一个亲本的配合力也应较高。2个配合力都低的亲本很难组配优良杂交种。

2. 具有良好的农艺性状并互补 实践证明，只有亲本性状优良，才能组配出符合育种目标的杂交种。因此，作为杂交种亲本的自交系应具有良好的农艺性状，株型良好、生长势较强、根系发达、茎秆坚韧、抗病、抗倒、抗逆性强、适应性广、果穗发育好等优良性状。通过杂交使优良性状在杂交种中得到累加和加强。不仅要掌握亲本性状的表现型，还要了解有关性状的遗传特点和自交系与杂交种性状间的相关关系。据河南农业大学玉米研究所试验，自交系与杂交种在穗行数、穗长、千粒重、穗粒数、株高等性状具有显著的正相关。因此，在亲本选配时，应根据遗传特点，合理选配亲本，达到性状间的互补。

3. 亲本之间的地理距离和亲缘关系远、遗传差异大 地理距离大，亲缘关系远的双亲所组配的杂种优势大；反之，杂种优势小。地理距离和亲缘关系远的实质是遗传差异大。因此，在玉米杂交种的选配过程中，应当注意选择那些地理距离大、亲缘关系远的自交系作亲本。这是由于它们彼此遗传基础不同，杂交后，不同的有利基因产生互作效应，获得较高的特殊配合力。因此，来自于不同杂种优势类群的自交系组配或利用国内血缘和美国血缘的自交系组配时，出现强优势杂交组合的频率较高。反之，若双亲的亲缘关系很近，尽管它们具有较好的特征特性，也很难选配出杂种优势较大的、能推广与生产的杂交种。

4. 亲本自身产量高，两亲花期相近 亲本产量高是提高繁殖亲本和杂交制种产量的重要基础，尤其是目前生产上广泛推广单交种，亲本自交系的产量高低显得更为重要。应选择双亲中产量较高的自交系作母本，选择花粉量较大、植株稍高的自交系作父本。同时要注意生育期相近的2个自交系作亲本，并以生育期偏早的自交系作母本，这样可以避免制种时调节播种期的麻烦，才能使亲本繁殖和杂交制种建立在可靠的基础上，提高制种产量，降低制种成本。

四、玉米杂交种的选配与鉴定

根据组成玉米杂交种亲本的性质和数目不同，可以分为单交种、三交种、双交种和综合种等类型。由于不同类型杂交种的遗传特点、生产表现、适应能力不同，因此，可根据不同自然条件和耕作栽培制度的要求，选育出各种类型的杂交种以满足生产上的需要。

（一）单交种和改良单交种

单交种是由2个自交系组配而成，其组合方式为A×B。单交种的组配实际上是结合自交系配合力测定时完成的，当采双列杂交法和多系测交法测定自交系配合力时，就可选出若干个强优势的单交种，在此基础上对这些单交种进一步试验，并分析这些单交种及其亲本系的有关性状和繁殖制种的难易程度，判断最后决定选出可能投入生产的优良单交种。

单交种是当前在生产上利用最广、增产效果最显著的一种类型。它具有优势强、生长健壮、性状整齐一致和亲繁制种程序比较简单等优点。但有些组合制种产量偏低、成本较高是它的主要缺点。因此，提出了利用改良单交种的方式来克服上述缺点。

改良单交种是加进姊妹系杂交的环节来改良原有的单交种。例如单交种 A×B，它的改良单交种有 （A×A'）×B、A×（B×B'）、（A×A'）×（B×B'）等 3 种方式，A' 和 B' 相应为 A 和 B 的姊妹系。利用改良单交种的原理有两点：一方面是利用姊妹系之间近似的配合力和同质性，以保持原有单交种的杂种优势水平和整齐度；另一方面是利用姊妹系之间遗传成分中微弱的异质性，获得姊妹系间一定程度的优势，使植株的生长势和籽粒产量有所提高。因此利用改良单交种，既可保持原单交种的生产力和性状，又可增加制种产量，降低种子生产成本。1987—1988 年河南农业大学和四川省农业科学院作物研究所玉米室合作配制的中单 2 号、73 单交的改良单交种，多点试种结果表明，改良单交种的产量和原单交种持平。而改良单交种的制种产量则比原单交种的制种产量有较大幅度的增长。

（二）三交种和双交种的组配

三交种是先用 2 个自交系组配成单交种，然后再和另一个自交系杂交而成。杂交组合方式为 （A×B）×C。双交种是由 4 个自交系先组配成 2 个单交种再杂交组配成双交种。杂交组合方式为 （A×B）×（C×D）。

三交种和双交种都是根据单交种的试验结果组配的。1934 年 Jenkins 经过周密的试验后，提出利用单交种产量预测双交种产量的方法，第一种方法是根据 4 个亲本系可能配制的 6 个单交种的平均产量预测双交种的产量，公式如下：

$$双交种（AB×CD）=1/6（AB+AC+AD+BC+BD+CD）$$

第二种方法是根据 6 个可能的单交种中的 4 个非亲本单交种的平均产量预测双交种的产量。公式如下：

$$双交种（AB×CD）=1/4（AC+AD+BC+BD）$$

按同样的原理也可预测三交种的产量，公式如下：

$$三交种（AB×CD）=1/2（AB×BC）$$

上述方法都是以一组当选的优良自交系，采用双列杂交法取得单交种的产量后，再按产量预测方法配制出相应的双交种和三交种。除此之外，还可用优良的单交种作测验种，分别与一组无亲缘关系的优良自交系和单交种测交，配制出双交种和三交种。

（三）综合杂交种的组配

综合杂交种是用若干个优良自交系（一般不少于 8 个）或自交系间杂交种经过充分自由授粉选育而成，或是通过群体改良轮回选择方法选育而成。综合杂交种是遗传性复杂、遗传基础广阔的群体。组配综合杂交种必须遵守下列原则：第一，群体应具有遗传成分的多样性和丰富的有利基因位点；第二，群体在组配过程中，应使全部亲本的遗传成分有均等机会参与重组，并且达到遗传平衡状态。

　　综合杂交种的亲本材料是根据育种目标的需要选定的，一般是用具有育种目标性状的优良自交系作为原始亲本，也可加进适应性强的地方品种群体作为原始亲本。为了获得丰富的遗传多样性，作为原始亲本的自交系数目应较多，一般用 10～20 个系，多者可达数十个系。如著名的爱阿华坚秆综合种（BSSS）是用 16 个优良自交系组成；陕综 1 号（长穗大粒群体）是用 19 个优良自交系组成；陕综 3 号（硬粒群体）是由 21 个系和地方品种组成，云南省农业科学院 81 - 17 综合种也是由地方品种和自交系组成。组配综合杂交种可采用下列方法：

　　1. 直接组配　把选定的若干个原始亲本自交系（含地方品种）各取等量种子混合后，单粒或双粒点播，在隔离区中，精细管理，力保全苗，任其自由授粉，并辅助授粉。成熟前只淘汰少数病、劣株和果穗，不进行严格选择，尽量保存群体的遗传多样性。以后连续在隔离区，自由混合花粉杂交繁殖 4～5 代，达到遗传平衡程度，就组成了基础群体。

　　2. 间接组配　把选定的若干原始亲本自交系（含地方品种）按双列杂交方式套袋授粉，配成可能的单交组合，在全部单交组合中各取等量的种子混合，以后连续在隔离区内自由授粉繁殖 4～5 代，每代只淘汰病劣株穗，不进行严格选择，逐渐达到遗传平衡。

　　除这种方法外，还可采取成对杂交的方式，配成单交种和双交种，例如用 16 个原始系，可先用套袋授粉配成 8 个单交种，再配成 4 个双交种。从双交种中各取等量种子混合，然后在隔离区中自由混合花粉杂交繁殖 3～4 代，达到遗传平衡。

　　有时为了特殊的育种目的，需要加强某一原始亲本的遗传成分。如在改良地方品种群体时，可将地方品种作为母本，用选定的若干优良自交系分别和地方品种授粉，获得若干顶交组合，然后从顶交组合中各取等量种子混合，连续在隔离区自由混合花粉杂交繁殖 4～5 代，进行混合选择，成为遗传平衡的基础群体。

（四）杂交种鉴定与审定

　　玉米杂交种鉴定通常涉及一个多层次的鉴定体系，各个育种单位要经历杂交种初步鉴定试验、产量比较鉴定试验和多点多年份鉴定等程序。在初步鉴定阶段，由于育种家组配的组合较多，应在 1～2 个环境中进行鉴定，该阶段一般不设重复，进行 1 年；而后从初步鉴定试验中选择优良组合在 3～4 个等环境中进行产量比较试验，该阶段一般设 2～3 次重复，进行 1 年；从产量比较试验中筛选出的优良组合要在更多环境条件下进行多点多年的鉴定，一般不设重复，要进行 2 年甚至更多年份的鉴定。鉴定时重点考查的性状包括：①产量性状（产量调整为 14％含水量），如是适宜籽粒机收杂交种，应考察收获时籽粒的含水量；②容重；③倒折性、倒伏性；④散粉时间、吐丝时间、雌雄开花间隔；⑤在寒冷、潮湿条件下的发芽率；⑥抗病性；⑦综合外观性状。如适宜籽粒机收的杂交种鉴定还要注意以下几个性状影响含水量——开花时间、粒型（硬质与粉状）、苞叶特性（衰老，松壳；绿色，紧皮、长短等）。开花期与籽粒产量、开花期与籽粒含水量、籽粒含水量与籽粒产量呈极显著正相关，因此，在选择适宜机收玉米品种时，应注意上述几个性状的观察和记载。

由各育种单位鉴定出来的优良杂交种之后，必须经过全国和省（自治区、直辖市）的种子管理部门主持，或者种子公司及科企联合体主持的区域试验、生产试验，才能通过品种审定和推广。品种区域试验的主要目的是鉴定参试杂交种的产量及主要性状，确定其适应种植的地区范围。区域试验按一定的程序与方法进行，首先由各育种单位提供详细的试验资料和结果，申报参试品种，并经审查合格才能进入区域试验。区域试验按多次重复的随机区组设计，区域试验要由专职技术人员执行，一般进行 2 年，最后汇总试验数据，进行统计分析，写成试验总结报告。根据区域试验结果和玉米品种审定标准，推荐符合条件的玉米杂交种参加生产试验。生产试验的目的是取得该杂交种生产技术上有关的数据资料，以便提出高产栽培的主要技术措施。生产试验需要写成技术性总结报告。推荐符合条件的玉米杂交种申请品种审定。品种审定是新品种推广的一项法定制度，在一个省（自治区、直辖市）内推广的品种由省（自治区、直辖市）的作物品种审定委员会审定，在全国范围推广的品种由全国农作物品种审定委员会审定。品种审定的基本程序是，由育种单位或育种家提出品种审定申请书，附申报审定品种的区域试验和生产试验等的详细资料，并繁殖一定数量的亲本自交系和杂交种种子，有时还需经过现场检查。由农作物品种审定委员会有关专家审阅，提出审定意见，最后表决通过。品种审定制度具有权威性，只有经过审定的品种才能在一定的区域推广种植。

第五节　玉米育种策略

一、玉米育种的特殊性

玉米的天然异花授粉习性与遗传基础的杂合特性，以及因此产生的利用自交系间 F_1 代的杂交优势的育种程序，形成了玉米育种的特殊性。

（一）育种周期长，育种具有双重目标

玉米育种包含分离筛选自交系和组配鉴定杂交种 2 个步骤。要使众多杂合的基因位点，经过自交分离和选择获得大多数有利基因位点达到纯合或稳定的自交系，通常需要 6～8 代。要对杂交种的生产力和适应性作出较为准确的鉴定，一般又需要 3～4 年。育种目标既包括了对自交系的要求，又包括了对杂交种的要求。选育的自交系不是直接用于大田生产，而是用于选配优良杂交组合，同时，根据自交系的农艺性状并不能准确预测出其产量配合力，因此，评价自交系的核心指标是产量配合力，在选配杂交组合时，若一个亲本某些性状有缺陷，还可以通过双亲性状互补加以克服。优良杂交种和优良自交系的选择标准并不完全一致，杂交种的选择标准必须符合大田生产的要求。

（二）选育优异杂交种概率低，需要大量基因型的筛选鉴定

几乎没有例外，任何一个成功的玉米育种家和研究机构，都是从丰富的原始材料或种质库中分离大量的自交系，又组配大量的杂交组合进行试验，最后只选出个别优异的杂交种投入生产利用。因为优异的自交系和突出的杂交组合出现的概率极低。当一个位点杂合时，自交后代出现显性纯合和隐性纯合的概率为 $1/4$，当 n 个位点时，自交后代出现全部位点基因纯合个体的频率为 $(1/4)^n$，位点越多，自交后代出现全部位点基因纯合个体的概率越低。假设显性基因为有利基因，隐性基因为不利基因。当隐性基因杂合时，隐性基因效应被掩盖，不可能淘汰掉，因此很难筛选出大多数位点都是显性纯合的优异自交系。国内外选育自交系的实践充分证明了这一点。我国现在用于配制大量杂交种的亲本自交系不过 30 多个，美国亦是如此，能大量利用的亲本自交系也不过 50 个，它们都是从数量庞大的穗行中筛选出来。根据 Lindstrom（1939）对美国农业部和 24 个育种试验站早期选育自交系的数量分析，大约 2.4% 的自交系在早期杂交育种中是有用的，Hallauer（1983）分析了 1939—1979 年艾奥瓦州公立和私人育种部门选育自交系的情况，推测 40 年间艾奥瓦州通过自交、测交共选育的自交系大约 72 万个，根据 1986 年美国种子市场调查，用于商业杂交种的亲本自交系 38 个，约占选育自交系总数量的五万分之一。美国先锋种子公司每年大约选育出 7 000 多份新系，安排 15 000 份杂交组合的鉴定，约在 250 个不同地点种植 450 000 个小区，通过所有这些试验，在正常年景每年可提供 7～10 个商品杂交种。由此可见，玉米育种的巨大工作量。虽然对这些优良亲本自交系的当选概率难以作出精确统计，但粗略估计，大约只是万分之一。杂交种的情况也差不多，每个玉米育种家和研究机构，每年配出数千个或上万个组合，而最后能在生产上大面积推广的优良杂交种却寥寥无几。在育种实践中，只有极少的组合同时具有高一般配合力和高特殊配合力效应，即在加性效应基础上加上了上位性和显性效应，才能表现出很高的生产力和适应性。概括地说，利用丰富的种质资源，分离大量的自交系，配制大量的杂合组合，经认真鉴定筛选，育成少数优异的自交系和强优势的杂交种，是国内外玉米育种共同的经验，指望从少数材料中筛选出优异的自交系和杂交种是不现实的。

当育成优良的杂交种后，怎样把杂交种迅速用于大面积生产，使研究成果转化为生产力是玉米育种后续的研究课题，不解决这一问题，育种成果将束之高阁。必须从生产技术、生产基地、经营管理、经济效益和社会效益等方面考虑，因地制宜地建立玉米种子生产体系，稳定地生产出高质量、高产量、低成本的亲本自交系种子和商品杂交种子，才能扩大杂交种的种植面积，延长杂交种的使用年限。

总之，玉米育种的核心是充分利用杂种优势，而杂种优势是一个复杂的生物现象，目前，它的遗传机制并不清晰。配合力是衡量自交系间杂种优势的最重要指标，由于自交系的配合力与农艺性状之间的相关程度较低，根据基因型的表型性状无法判断配合力的高低，这与自花授粉作物杂交育种后代根据表现型选择标准明显不同，因此，玉米杂交育种只能通过建立不同杂种优势类群，在同一个杂种优势类群内，不同材料杂交通过优中选优

培育出高配合力的自交系，然后，根据杂种优势模式，与来源于另一杂种优势类群选育的自交系杂交，从而保证商业杂交种 F_1 的杂种优势最大化。由此可见，玉米杂交育种是一个系统工程，从种质资源的选择开始，利用不同育种方法经过改良从中选出自交系，到组配成优良杂交种等各个环节环环相扣，紧密相连。因此，玉米育种家在开展育种工作时，必须有全局的考虑，形成育种的策略，用以指导育种工作，达到事半功倍的效果。

二、玉米育种目标

每一个育种家在开展育种工作时，都要提出自己的育种目标，作为选择鉴定的依据和预期的育种结果。这里不打算列举具体的育种目标以及各种目标性状的指标，而只提出制订育种目标时必须考虑的几个方面：

现代化的玉米生产可以概括为用最小的投入（人力、物力、财力、能源）获取最大数量的健康优质产品。高产和优质总是育种家追求的最终目标，但因为产品的用途不同，或受经济发展水平的限制，对高产和优质两大性状要求不是等同的。我国的大田玉米，大部分作为饲料和工业原料，小部分作为粮食，现在仍以高产作为育种的第一目标，对品质的要求则放在次要地位。而一些特殊用途的玉米，如甜玉米和高赖氨酸玉米，品质的要求则比较严格，但对产量的要求也不容忽视，高产与优质是并重的。因为只有两者兼备的品种，才能产生经济效益，才能被生产者和消费者接受。

高产是一个综合指标，可以通过不同途径来实现。许多研究证明，产量的提高主要归因于产量潜力的提高和抗逆特性的改良。因此，高产品种分两大类：一类是高产再高品种，目标是大幅度提高单产潜力，不断追求理论上能达到的高产目标；另一类高产品种是具有一定高产潜力，而又能使生产的投入和损失减少到最低限度的经济高效型品种。后者不是以追求单纯的高产为目的，而是把资源节约、环境保护、综合抗性和广泛的适应性集于一体的高产品种。例如，它们有高的经济系数，极低的空秆率、秃尖率和倒折率，有高度的抗病性和抗虫性，有极强的抗旱性和耐瘠性等等。产量潜力的提高主要依赖于玉米产量杂种优势的表现，产量杂种优势表现是一个数量遗传性状，用单株或小区为单位来鉴定产量表现出遗传力较低，因此，只能依靠在多个独立环境条件下鉴定杂交种的产量结果才可靠。如果产量受基因位点间互作的控制，育种只能依据多个环境下鉴定的产量结果选择才可靠，如果产量受显性基因控制，育种只能依据鉴定特殊基因位点内互作效应进行选择才可靠，如果产量受微效多基因位点控制，育种只有依赖长期的轮回选择或优良自交系间循环改良（二环系法）。国内外实践证明，随着玉米产量水平的不断提升和玉米生产机械化的推广普及，提高种植密度已成为实现持续高产最重要的途径。在过去几十年里，美国生产上应用的玉米杂交种单株产量并没有明显提高，而产量提高的主要原因是种植密度的提高和抗逆性的增强（Duvick，2004）。近年来，美国平均产量在 10 500kg/hm²，种植密度在 90 000 株/hm² 以上。与美国相比，目前我国的玉米种植密度和产量仍有进一步提高的空间。例如，我国黄淮海产区平均产量在 6 000kg/hm²，种植密度为 60 000 万株/hm² 左右。

因此，实现进一步高产的最大潜力在于提高种植密度。在玉米群体高密度逆境条件下，玉米避荫综合征（shade avoidance responses，SAR）是高密度逆境常常发生的一种现象，当玉米处于这种逆境条件下，将会改变原来的生长模式和光合产物分配方式，最终导致产量降低。玉米耐密性的实质是在高密度环境下群体光合效率高，遮荫综合征低，群体即单位面积产量高。因此，选育具有耐密株型和耐密特性品种是实现高产的重要研究方向。

玉米其他许多目标性状都是从属于高产优质两类性状的，有些性状是获得高产和优质的条件，有些性状是它们的限制因素。因此，育种可以通过改良限制因素来实现目标。例如，抗病性也是保证和获得高产与优势的条件，戴景瑞（2000）分析了我国华北春玉米区1984—1997年7轮的区域试验结果，产量居首位的品种从第一轮到第七轮单产水平并没有提高，但这些新品种之因此在区域试验中比对照增产10%以上，并获得审定和大面积推广，主要是在抗病性上取得了重要的进展，及时育成了较抗病的新品种，才保证了在栽培条件不断改进的基础上玉米单产获得稳定的提高。又如，株型这一综合性状，可使玉米品种的植株和群体具有较高的绿叶面积和较高的光合效率，是保证获得高产和优势的条件。因此，不能忽略对株型的选择。必须了解株型和种植密度相联系，而种植密度又和光照条件和土壤肥力相联系，某种株型的品种是否获得高产，必受种植地区的生态条件、耕作制度的影响。从这个角度讲，株型也是一种适应性。因此，不能简单地认为"理想株型"就是紧凑株型，实际上，"理想株型"是不存在的，只有"适合株型"，即对某一生态和栽培条件下适合的株型，除松散株型之外，其余的中间株型（正常株型）、半紧凑株型和紧凑株型都是可以因地制宜选用的。

为了便于叙述，这里把所有限制产量和品质的性状统称为稳产性状。如抗倒折性、抗病虫害性、抗寒性、抗旱性、耐高温性、耐荫性以及适应性（对环境反应不敏感）等，上述性状在一定条件下都会影响产量和品质。如，优良品种常因倒伏而造成减产和品质下降；适应性不强的高产品种，常因种植地区和年份不同而使产量变化悬殊，不能稳定增产。可见，这些育种目标性状是相互制约的。除高产、优质之外，必须具有较好的综合性状和较强的适应性，才是一个优良的玉米杂交种，才能在生产上推广利用。单纯追求高产或优质性状，忽略其他性状的配合，都会导致育种的失败，优良品种的标准是动态不断变化的，任何一个品种都不可能是十全十美的，也许存在感染某一种病害或干旱敏感等缺点，但从大面积生产应用的角度看，绝不能存在有严重致命的缺陷。

Duvick等（2004）对美国1930年到2000年不同年代育成的杂交种进行比较分析发现，品种的遗传增益贡献率达到57%～60%。品种遗传增益一方面依赖于适应更高种植密度条件下的玉米结实性、抗倒性、抗病虫性等群体产量的提高；另一方面也依赖于新的高产栽培技术的普及应用，产量的提高是品种改良与现代高产栽培技术综合作用的结果，因此，高产育种目标的实现必须考虑品种的改良要与新的栽培生产条件以及变化的环境条件相适应。由于全球气候的变化，水、土资源等环境质量的限制，成为了再进一步提高产量的限制因素，如，为了减少施肥量，培育耐低氮的高产品种，为了减少干旱的危害，培育耐旱的高产品种成为国内外玉米育种的重要目标。

玉米生产农业现代化的重要标志是实现玉米生产全程机械化。近年来，随着我国农村生产方式的改变，选育适应玉米全程机械化的品种成为了我国育种的一个重要目标。玉米全程机械化包括机播、机管、机收等，机收又包括果穗机收和籽粒机收。但选育籽粒机收品种是最重要的育种目标。虽然国外发达国家玉米生产上早已实现了机械化收获，但选育出适应我国特殊的耕作制度，尤其是夏播玉米产区的机收品种仍然面临着巨大的挑战。要实现这一育种目标，包括现有的育种思路、杂种优势模式、种质资源的选择、品种鉴定技术等都需要调整或改变。实现籽粒机收玉米品种育种目标的核心，是增加种植密度、提高抗逆性和降低收获时籽粒含水量。目前，我国玉米生产上应用的杂交种的生育期、收获时籽粒含水量均达不到机收的要求，因此，通过缩短生育期，用生育期换取籽粒水分的降低和籽粒破损率的降低；通过改造现有品种的株型，增加种植密度，实现产量的提高；通过提高根、茎抗倒伏等抗逆能力以及成熟后茎秆站立能力，减少落穗率，适应籽粒机收，减少田间机收带来的损失。

还应提到的是，玉米育种是以利用杂种优势为主，以选育并利用单交种为主要目的，是从选育自交系开始。因此，应重视对自交系农艺性状的选择。虽然农艺性状好的自交系不一定具有高配合力，但是农艺性状差、生产力低的自交系，即使配合力高，由于繁殖和制种产量低，种子成本高，在商品化生产上也是难以接受的。因此，选育自交系时，显然应把农艺性状、一般配合力和特殊配合力作为育种目标，给予同等的重视，才有可能育成强优势的杂交种，而且便于繁殖制种，用于商品化生产。从商业化种子生产角度看，除了要求亲本自交系高产和便于制种外，还要求生产的杂交种子活力强、发芽率高、耐贮藏等。

三、玉米育种原始材料选择

原始材料是育种的种质基础，丰富的原始材料虽然对育种是必需的。但每一个育种单位都受到人员、财力和条件的限制，不得不把育种规模控制在可以承受的范围内，为此，必须审慎地选用原始材料。育种家总是根据经验和理论分析，按育种价值选用原始材料。从竞争的现状出发，育种家选用原始材料时，必然要考虑育种的进展和效益。优先考虑的必然是近期的（3~5年）育种效果，其次是中长期的（8~10年）可能的进展。因此，原始材料的选用，应以遗传基础较简单的杂交种为主，以遗传基础较复杂的综合种和合成群体为辅；以适应的外来材料和地方材料为主，以不适应的外来材料，以及不适应的外来材料×地方材料为辅。Bliss和Gates、Bailey和Comstock所作的计算机模拟研究结果表明，来自单交种的新自交系的平均遗传值接近其双亲的平均数，只有极少数超过其高值亲本。平均遗传值的频率随基因的互斥而降低，随连锁群的结合而提高。经过每轮选系间杂交，使新系获得实质性的改进，达到近似轮回选择的效果。遗传基础较简单的杂交种，可以接近其育种目标自由组配，也容易引进（例如直接引进适应的杂交种），虽然它的遗传基础较窄，但可以同时用若干个杂交种，因而可以从数量上保证遗传变异的多样性。既可以根据育种进展随时加入新的育种材料，也可以及时剔除，使育种材料不断更新。遗传基础较复杂的综合种，尤其是加入了不适应种质的合成群体，由于使它达到遗传重组和平衡的困难，或者受地区适应性的限制，虽然具有丰富的遗传基础，但对其组成和利用都不能急于求成，只能用于中长期的育种目标。以上两类原始材料配合使用，可以不断充实育种的种质基础，扩大遗传变异的多样性，也有利于缩短育种周期，兼顾近期和中长期育种目标的需要。

根据杂种优势模式，选择若干杂种优势类群（A 与 B、C 与 D、E 与 F 等）作为原始材料进行育种，可减少盲目性，提高育种效率。杂种优势类群内含的有利基因较多，一般配合力较高，农艺性状较优。因而从中筛出高配合力优良自交系的概率较高，育成的自交系也便于按杂种优势群系谱归类。用来自同一杂种优势模式中相对应的两群优良自交系相互组配，因杂种优势群之间具有较高的特殊配合力，因此在两群优良自交系之间组配，也会提高选出强优势组合的概率。当然，来自非同一杂种优势模式的优势群选出的优良自交系，因具有较高的一般配合力，也可能组配成强优势杂交种。应遵循杂种优势模式，既要灵活运用，又要突破固定的模式。

四、玉米育种方法的采用

玉米育种方法是多种多样的，究竟用什么方法进行育种？育种家主要考虑的是不同方法有效性和可行性（包括方法的难易、规模的大小、人力和经济的承受力等），并根据自己的经验和知识灵活采用适宜的育种方法，形成自己的育种体系。如果只是机械地搬用经典的方法，将难以达到预期的效果。

自交系的育种方法是与原始材料的种类以及育种目标性状相关联的，例如用单交种和一些商品杂交种等作原始材料，自然采取常规的二环系育种方法；用合成群体选育自交系，一般采取各种轮回选择方法；至于配子选择法和聚合改良方法，前者因其程序较繁琐，后者因其局限性，一向较少采用。由于国内外玉米育种单位都大量用不同自交系的单交种等作为原始材料，因此二环系育种（二环系育种法实际上是常规选系法和系谱法的结合）自然成为最通用的方法。二环系育种方法的显著优点是方法简易灵活，效果较好。国内外很多优良自交系都是从遗传基础较窄的单交种选出的二环系，证实了这种方法的效果。这种方法的简易性也是显而易见的，以一个单交种作为选育自交系的原始材料，由于其 F_1 代个体间遗传基础的同质性，不需要大量的原始单株自交，只需自交 10～20 株，至分离世代（S_2）有 200～300 株，便可供严格的表型选择之用，到性状开始稳定世代（S_3～S_4），选留 20% 的株系（40～60 个）进行配合力选择，最后选约 1/10 的稳定系进入试配组合。遗传基础是否会因为采用二环系育种法而日益变得狭窄呢？答案将是否定的。因为，从选育自交系的原始材料数目而言，显然，只用一个或少数单交种时，遗传基础是比较狭窄的。但任何育种家都可按自己的需要，轻而易举地组配较多的单交种作为原始材料，因而可以不断丰富遗传基础，增加遗传变异的多样性。从育种的过程而言，任何一次二环系的育种只是长期育种过程中的一轮选择，每个育种家都是按自己的目标与经验组配最优的组合作为原始材料，并在特定的条件下进行自交选择，因此遗传基础是在不断提高，也在不断加入新的成分和进行分离重组。总之，它是一个促使遗传基础发展进化的过程，而不是促使遗传基础贫乏衰退的过程。

回交育种法是改良自交系的有效途径，但回交育种法的应用是很灵活的。显然，饱和回交仅下列情况是必需的，即在进行主效单基因转移时（如抗病基因的转移）和核代换时（如细胞质不育系的转育）要求保留优良自交系的全部或绝大部分核背景，常常采用连续5代以上的回交育种。但是，在多种情况下，当非轮回亲本的目标性状属于数量性状时，则不宜采用饱和回交。回交的次数是灵活的，只能根据回交后代的性状改良程度作出判断，适可而止。对非饱和回交改良后代的处理方法，实际上类似二环系育种法，育种的目标已不仅限于轮回亲本系个别性状的改良，而更接近新系的重新分离。

利用遗传基础复杂的综合品种或群体作为原始材料选育自交系时，可以采用两种方法：一种是结合群体改良，在轮回选择的同时，分离自交系。另一种是按二环系育种方法直接分离自交系。前者育种的目的以群体改良为主，需要缩短每轮的时间，选择的主要性状是配合力。因此，在选择原始株自交的同时，就进行配合力测定，根据配合力测定的结果，选出 10%～20% 的原始自交株，每株的一半种子用于重组改良群体，另一半种子用于选育自交系。后者育种的目的主要是分离自交系，一般不测定原始自交株的配合力。因此，早代主要按农艺性状的表型进行选择。由于综合品种或群体具有复杂的遗传基础，群体内的个体间遗传上的差异性，无论采用哪种方法选育自交系，都需要选择较多的原始株自交，一般 100～200 个植株或更多一些。到分离世代，需 1 000 以上甚至几千个单株，才能从中筛选出优良自交系。如果只从少量原始株和较小的分离群体中进行选择，在极其复杂的基因分离群体中，是难以选出最优重组个体的。由此可见，利用综合品种或群体选育自交系应该十分谨慎。因为工作量大，育种过程长，一般育种单位只能承受少数群体，如果原始群体本身并不具备丰富的遗传基础，或者选择方法不当，都可能达不到预期的育种效果。因此，从育种方法考虑，也应以二环系育种和回交改良为主，保证近期育种目标的实现。以轮回选择为辅，提供中长期的育种材料。两方面选育的自交系又可交叉利用，互相补充，从而构成一个比较完整的育种体系。

在育种方法上还必须考虑的一个问题，是怎样处理农艺性状选择和配合力选择的关系。众多的研究表明，农艺性状是可遗传的，自交系早代和晚代的配合力是相关的。农艺性状的优劣和配合力的高低有时是一致的，有时是不一致的，要选育成农艺性状优良和配合力高的自交系，对两者都应给予同等的重视。但在育种过程中，对农艺性状的选择和配合力的鉴定是否同时进行呢？虽然从理论上讲自交系配合力早代测定与晚代的结果是相关的，但由于自交系的性状分离，最高配合力的自交系并不能在早代测定时就稳定下来，早代测定的结果并不能代替晚代测定的结果，自然以晚代测定的结果更为可靠。因此，在自交系的性状从分离转向稳定的过渡世代（S_3～S_4）进行配合力测定是合适的。因对分离中的穗行和个体进行了表型选择，大量的穗行被淘汰，只有一部分农艺性状优良的系进入配合力测定，随着配合力测定的过程，自交系也达到了纯合稳定，从而选出农艺性状优良、配合力高的系参加组合试验。这是一种合乎逻辑的育种程序。

20 世纪 80 年代以来，特别在 90 年代，分子生物技术在玉米育种中得到广泛的应用。1992 年起，转基因玉米包括转 Bt 基因抗螟玉米、转抗除草剂玉米已在美国玉米带大量种植，并取得显著增产效益。随着转基因技术的发展，可望进一步克服物种间的生殖隔离，便于导入异种的有利基因，更有效地改变和提高玉米的种性。分子标记技术已经广泛用于玉米遗传育种研究。将分子标记用于辅助选择，在一定条件下，可加速玉米育种进程，提高选择效果；用于遗传多样性研究，可鉴别玉米种质的多样性和差异；用于 QTL 定位和利用研究，可以探明受多基因控制的玉米产量性状和品质性状的基因座位数目和效应，认识杂种优势的机理；基于基因定位，可以进行基因克隆制作精确的玉米基因图谱，最终可能破译玉米的全部遗传密码，调控玉米性状的遗传行为。随着分子生物技术的不断改进和完善，必将更广泛地用于玉米遗传育种的研究之中，促进育种的创新与发展。

应该充分估计分子生物技术对传统玉米育种所起的辅助促进和深化提高的作用，同时，应该正确处理二者的关系。分子生物技术与传统育种方法，不能相互代替，不能相互排斥，必须相互结合，平行发展，才能发挥最佳的育种功能。任何先进的分子生物技术应用于玉米育种，都必须通过反复的田间检验之后才能证实它的效果，如无论采用转基因技术或分子标记辅助选择技术获得的抗病单株，在其繁殖的过程，都不可避免地要进行个体的、群体的、后代的、多年的、多生态条件的、多遗传背景的田间抗病性和生产力鉴定，只有当该性状能够稳定地遗传表达，并表现出增产或提高品质时，才能对此项分子生物技术的成败做出最后的结论。

在玉米育种中利用分了生物技术时，不能忽视可能出现的问题：①利用分子生物技术的局限性；②利用分子生物技术可能产生的负面生态效应。其局限性主要表现在技术和经济两方面。如转基因玉米，已知成功事例都停留在对少数有限基因的操作和调控水平上，而玉米育种目标所需要的高产、优质、多抗性等性状，是受微效多基因控制的。可否将多个基因同时转入一个或多个自交系背景中，并能稳定地遗传和表达，而获得强优势杂交种呢？显然受到当前技术水平的限制，短期内难以解决。同时，因分子生物技术研究需要仪器、药剂、人才、投入昂贵，大多数研究单位均无力承担，限制了它的普及。现在全球最大的两家生物技术化学药业公司——孟山都和杜邦，已分别与全球大型农化公司拜耳和陶氏购并和控股。新成立的跨国大型种子企业具有强大的资金、人才、科技和产品销售优势。这些企业除了在美国大量销售和种植转基因作物，并逐步向发展中国家推广。在我国加入世贸组织（WTO）后，这种趋势可能发展更快，对此应有应变的措施。用长远观点、生态观点分析，生产用种的简单化必然降低种质资源的多样性，使自然界大量作物品种资源逐渐消失；转基因单一抗性品种的利用也可能出现危害性更强的病菌和害虫突变类型。因此，应该在肯定和利用分子生物技术成果的同时，加强传统育种与分子生物技术的有机结合，尽力保护种质资源（特别是我国丰富的玉米地方品种资源）的多样性，避免可能出现的负面影响，防患于未然。

附表

附表 5 - 1　各国玉米主要杂种优势类群和杂种优势模式

国家（地区）	杂种优势类群（含衍生群）	类型和来源	基因优势模式（含衍生群）	研究者
美国	瑞德黄马牙	黄马齿型，暗红穗轴，由 Robert Reid 和 Reid 父子用迟熟马齿型品种 Gordon Hopkins 的天然混合花粉杂交后代经长期选育而成	Lancaster S C×Reid Y D	Darrah 等（1986）Troyer（1999）
	特洛依瑞德	Reid Y D 的衍生群体，经 Troyer Brus. 选育改良，比瑞德黄马牙的籽粒和果穗稍大一些		
	冯克瑞德皇马牙	Reid Y D 的衍生群体由 E "Gene" D Funk 选育改良，籽粒齿型较深，抗病性较好		
	阿斯特兰瑞德	Reid Y D 的衍生群体由 Henry Osterland 选育改良，较早熟，株高和穗位较低		
	爱阿华瑞德	Reid Y D 的衍生群体由 Burnet 采用穗行选择改良，较早熟，籽粒饱满光润，角质较多		
	爱阿华硬秆综合种	Reid Y D 的衍生群体由 Sprague 用 16 份自交系合成，其中 10 份含部分瑞德黄马牙血缘		
	爱阿华硬秆改良群体	BSSS 的改良群体由 Hallauer 等进行 7 轮半姊妹选择和 2 轮 S_2 选择而成		
	兰卡斯特	淡黄硬粒型，白穗轴，由 Hershey 家族用 Lancaster 地方品种与迟熟马齿型品种金皇后的天然杂交后代，在大田中又和兰卡斯特地方品种回交 8～12 代选育而成		
	黎明	Leaming 于 19 世纪 50 年在俄亥俄州西南部选育的地方品种	Leaming×Lancaster S C Midland×Lancaster S C Leaming×Midland	Kauffmann（1982）
	米兰得	美国堪萨斯州东南部地方品种		

（续）

国家 （地区）	杂种优势类群 （含衍生群）	类型和来源	基因优势模式 （含衍生群）	研究者
墨西哥 CIMMYT 热带和 亚热带 玉米区	塔克斯潘诺	热带晚熟白马齿型墨西哥地方品种，分布在以 Tuxpan 为中心的墨西哥东部沿海 500m 以下地区		
	塔克斯潘诺 1 （群 21）	热带晚熟白马齿型，是 Tuxpeno 的衍生群体，以 Tuxpeno 种质为主，包含一些中美加勒比、扎伊尔材料的合成群体		
	爱托（群 25）	Chavarriaga 于 1940 年在哥伦比亚合成的广基群体，种质包含哥伦比亚的 Commun 和 Chococeno 两个以及 Venezuela1；后来又掺和了墨西哥、巴西、阿根廷和美国的一些自交系和品种		
	热带梅芝克拉-布兰可（群 22）	热带晚熟白马齿-白马齿型		
	不兰-克里斯塔林诺（群 23）	白硬粒型群体，由墨西哥、哥伦比亚、加勒比、中美、印度、泰国和菲律宾的材料间杂交种分离的自交系合成		
	塔克斯潘诺-加勒比（群 29）	白马齿型群体，由 Tuxpeno 古巴硬粒种和 ETO 合成		
	爱托-布兰可（群 32）	热带晚熟白硬粒型群体；由南美、古巴、墨西哥和美国玉米带种质合成		
		热带晚熟白马齿型群体是 Tuxpeno 的衍生群体，由 Tuxpeno 的 16 份 S_1 代系合成		
		从热带中熟黄马牙、黄硬粒基因库中筛选的 6 个家系合成		
		从热带中熟黄硬粒基因库中筛选的 54 个家系合成的改良群体		
		从热带晚熟黄硬粒基因库中筛选的 50 个家系合成的改良群体		
		从温带中熟白硬粒基因库中筛选的 65 份家系合成的改良群体，含古巴硬粒、ETO、Tuxpeno 和美国玉米带、印度、尼泊尔种质		

（续）

国家（地区）	杂种优势类群（含衍生群）	类型和来源	基因优势模式（含衍生群）	研究者
墨西哥CIMMYT热带和亚热带玉米区		用热带晚熟黄马牙基因库筛选的 27 份家系和热带中熟黄马牙基因库筛选的 52 份家系合成的改良群体		
		中晚熟白色半马齿型改良群体，由 ETO Blanco 与美国玉米带 7 份抗锈病系和 18 份抗玉米叶斑病系合成		
		不明		
		从温带早熟黄硬粒基因库中选出的 240 份家系合成的改良群体		
		从温带中熟白马牙基因库筛选的 274 份家系合成的改良群体，主要由 Tuxpeno 种质掺和美国玉米带抗高粱条斑病和抗玉米大斑病的自交系合成		
		从温带中熟黄硬粒基因库选出的 169 份家系合成的改良群体		
		热带中熟黄硬粒基因库，已经 10 轮以上的改良		

附表 5-2　2000—2016 年国家审定的玉米品种

序号	审定年份	品种名称	组合	选育单位
1	2000	通单 24	78-84-7H×铁 7922	吉林省通化市农业科学院
2	2000	吉单 255	吉 002×S8-101	吉林省农业科学院玉米研究所
3	2000	四密 25	81162×7922	吉林北方农作物优良品种开发中心
4	2000	辽单 30	8112×辽 1412	辽宁省农业科学院作物研究所
5	2000	东单 8 号	LD175×LD53	辽宁东亚种子科学研究院
6	2000	丹玉 26	丹 9046×丹 598	辽宁省丹东农业科学院
7	2000	登海 9 号	DH65232×8723	山东莱州市农业科学院
8	2000	屯玉 1 号	冲 72×辐 80	山西屯留玉米种子专业公司
9	2000	郑单 958	郑 58×昌 7-2	河南省农业科学院粮食作物研究所
10	2000	农大 81	D15×D16	中国农业大学作物学院
11	2000	豫玉 23	478×昌 7-2	河南省安阳市农科所
12	2000	豫玉 22	综 3×87-1	河南农业大学玉米研究所
13	2000	鲁单 50	鲁原 92×齐 319	山东省农业科学院玉米研究所
14	2000	鄂玉 10 号	Z069×S7913	湖北十堰市农业科学研究所

（续）

序号	审定年份	品种名称	组合	选育单位
15	2000	黔单 10 号	93 - 63×Q102	贵州省农业科学院旱粮所
16	2000	渝单 5 号	478×095	重庆市农业科学研究所
17	2001	铁单 16	铁 9206×铁 D9125	辽宁省铁岭农业科学院
18	2001	农大 108	黄 C×178	中国农业大学
19	2001	东单 13	LD175 - 1×LD61	辽宁东亚种子科学研究院
20	2001	户单 2000	Q763×L6	陕西秦龙绿色种业有限公司
21	2001	登海 11	DH65232×DH40	山东省莱州市农业科学院
22	2001	农单 5 号	农系 531×农系 110	河北农业大学
23	2001	承玉 5 号	853×1154	河北承德县种子公司
24	2001	郑单 18	郑 29×昌 7 - 2	河南省农业科学院粮食作物研究所
25	2001	雅玉 10 号	YA3237×200B	四川省雅安市玉米研究开发中心
26	2001	成单 19	成 687×7327	四川省农业科学院作物研究所
27	2001	蠡玉 6 号	618×811	北京奥瑞金种业股份有限公司，河北省蠡县玉米研究所
28	2001	皖单 8 号	皖系 46×文黄 31413	安徽省农业科学院作物研究所
29	2001	蜜玉 8 号	Mo17×金银束二环系	江苏徐淮地区淮阴农业科学研究所
30	2002	濮单 3 号	P97×9212	河南省濮阳市农业科学研究所
31	2003	吉单 327	96478×吉 992	吉林吉农高新技术发展有限公司
32	2003	通吉 100	C8605 - 2×吉 853	吉林省通辽市农业科学研究院，吉林吉农高新技术发展有限公司
33	2003	强盛 31	918×919	山西省农业科学院种苗公司
34	2003	迪卡 3 号	6053×DH0514	孟山都公司
35	2003	辽 613	辽 68×丹 340	辽宁省农业科学院玉米研究所
36	2003	东单 60	A801×丹 598	辽宁东亚种业有限公司
37	2003	沈玉 17	沈 151×沈 137	沈阳市农业科学研究院
38	2003	濮单 6 号	P97×9444	河南省濮阳农业科学研究所
39	2003	郑单 518	选 73×昌 7 - 2	河南省农业科学院粮食作物研究所
40	2003	冀玉 988	5304 - 48×黄选 921 - 6	河北省农林科学院粮油作物研究所
41	2003	农大 62	WN11A×D16	中国农业大学
42	2003	京科 8 号	吉 853×P007	北京市农林科学院玉米研究中心
43	2003	京科 23	B12×京 54	北京市农林科学院玉米研究中心
44	2003	浚单 20	9058×浚 92 - 8	河南省浚县农业科学研究所
45	2003	迪卡 1 号	ML346×DH0513	孟山都公司
46	2003	川单 23	5022×A318	四川农业大学玉米研究所
47	2003	黔兴 2 号	78599 - 3×交 51	贵州省种子公司

（续）

序号	审定年份	品种名称	组合	选育单位
48	2003	渝单 7 号	268×87-1	重庆市农业科学研究所
49	2003	承玉 11	承系 27×承系 36	河北省承德裕丰种业有限公司
50	2003	中单 18	吉 853×中自 4875	中国农业科学院作物研究所
51	2003	濮单 4 号	9401×9212	河南省濮阳农业科学研究所
52	2003	冀玉 10 号	冀 257×冀 1198	河北省农林科学院粮油作物研究所
53	2004	吉单 261	W9 706×吉 853	吉林吉农高新技术发展有限公司
54	2004	通科 1 号	9137×391	内蒙古通辽市农业科学研究院
55	2004	辽单 565	中 106×辽 3162	辽宁省农业科学院玉米研究所
56	2004	银河 14	Mo17×54309	吉林省公主岭市种子公司
57	2004	辽单 120	辽 8478×郑 22	辽宁省农业科学院玉米研究所
58	2004	费玉 3 号	费 03×费 04	山东省费县种子公司
59	2004	丹科 2151	丹 717×丹 598	辽宁省丹东农业科学院
60	2004	农大 95	F349×W222	中国农业大学
61	2004	强盛 1 号	912×922	山西省农业科学院种苗公司
62	2004	奥玉 3101	OSL001×丹 598	北京奥瑞金种业股份有限公司
63	2004	登海 3660	DH19×DH12	山东登海种业股份有限公司
64	2004	三北 6 号	S0073×B0049	三北种业有限公司
65	2004	迪卡 5 号	H462×CZ924	孟山都公司
66	2004	京科 25	J0045×吉 853	北京市农林科学院玉米研究中心
67	2004	永 99-5	永 3141×冀 161	河北省冀南玉米研究所
68	2004	宽诚 1 号	海 35×海 91	河北省宽城种业有限责任公司
69	2004	先玉 335	PH6WC×PH4CV	铁岭先锋种子研究有限公司
70	2004	金海 5 号	JH78-2×JH3372	山东省莱州市金海作物研究所
71	2004	承玉 15	543×承系 36	河北承德裕丰种业有限公司
72	2004	登海 3632	DH08×DH14	山东登海种业股份有限公司
73	2004	遵玉 8 号	78599-141×L9665	贵州省遵义市种子公司
74	2004	清玉 4 号	QY03×1286	湖北清江种业有限责任公司
75	2004	资玉 3 号	8698-2×Y78698	四川省万发种子科技开发研究所
76	2004	奥玉 17	618×831	河北省石家庄蠡玉科技开发有限公司
77	2005	京玉 7 号	京 501×京 24	北京市农林科学院玉米研究中心
78	2005	CF024	X090×X178	中国农业大学
79	2005	良星 4 号	良 12×良 11	山东省德州市良星种子研究所

（续）

序号	审定年份	品种名称	组合	选育单位
80	2005	长城 303	Y977×X201	中种集团承德长城种子有限公司
81	2005	屯玉 88	T301×T302	山西屯玉种业科技股份有限公司
82	2005	辽单 129	辽 8160×吉 853	辽宁省农业科学院玉米研究所
83	2005	富友 99	C7112×吉 853	辽宁省东亚种业有限公司
84	2005	辽单 127	辽 6082×丹 3130	辽宁省农业科学院玉米研究所
85	2005	鲁单 9002	郑 58×Lx9801	山东省农业科学院玉米研究所
86	2005	丹玉 86	丹 988×138	辽宁省丹东农业科学院
87	2005	中科 2 号	CT141×吉 853	河南科泰种业有限公司，北京中科华泰科技有限公司
88	2005	先玉 420	PH6WC×PH6AT	铁岭先锋种子研究有限公司
89	2005	32D22	PH09B×PHPMO	铁岭先锋种子研究有限公司
90	2005	屯玉 42	T98×T87	山西屯玉种业科技股份有限公司
91	2005	万孚 1 号	凌 9509×9808	沈阳隆迪种业有限公司
92	2005	永玉 3 号	永 31257×连 1538	河北省冀南玉米研究所
93	2005	聊玉 18	835－2×3087	山东省聊城市农业科学研究院
94	2005	滑 986	HF93×HF08	河南省滑丰种业有限责任公司
95	2005	秀青 73－1	永 35－1×永 35－2	中种集团承德长城种子有限公司
96	2005	泰玉 2 号	齐 319×3841	山东省泰安市农星种业有限公司
97	2005	登海 3622	DH158×DH323	山东登海种业股份有限公司
98	2005	屯玉 27	成自 273×成自 275	四川省农业科学院作物研究所
99	2005	遵玉 8 号	78599－141×L9665	贵州省遵义市种子公司
100	2005	渝单 8 号	478×561	重庆市农业科学研究所
101	2005	鄂玉 16	Y8g61－51214×美 22	湖北省十堰市农业科学院
102	2005	奥玉 3202	OSL048×8085（泰）	北京奥瑞金种业股份有限公司
103	2005	登海 3831	DH08×DH81	山东登海种业股份有限公司
104	2005	正红 2 号	48－2×236	四川农业大学
105	2005	川单 29	SAM3001×SAM1001	四川农业大学
106	2005	禾盛玉 6 号	N995×N998	北京八达岭仙农玉米研究所，湖北省种子集团公司
107	2005	渝单 15	549×S37	重庆市农业科学研究所
108	2006	京科 308	母本 JN15×J24－2	北京市农林科学院玉米研究中心
109	2006	兴垦 10 号	兴垦自 101－1×兴垦自矮 34	内蒙古丰垦种业有限责任公司
110	2006	长城 315	北 711×M8349－1	中种集团承德长城种子有限公司
111	2006	农华 98	YF01×YF02	北京金色农华种业科技有限公司

（续）

序号	审定年份	品种名称	组合	选育单位
112	2006	长城 1142	V14×489	中种集团承德长城种子有限公司
113	2006	承玉 20	承系 53×承系 60	河北承德裕丰种业有限公司
114	2006	万孚 2 号	H16×F118	邢成久
115	2006	吉农大 302	km11×km12	吉林农大科茂种业有限责任公司
116	2006	秀青 74-5	Jk88×434	中种集团承德长城种子有限公司
117	2006	秦龙 13	旱 46×L676	陕西秦龙绿色种业有限公司
118	2006	兴垦 3 号	兴垦自 167-1×改良 Mo17	内蒙古丰垦种业有限责任公司
119	2006	吉单 415	8902×承 351	吉林省农业科学院玉米研究所
120	2006	登海 3312	H4462-5×掖 81162	山东登海种业股份有限公司
121	2006	三北 9 号	S457×B08	三北种业有限公司
122	2006	铁单 20	铁 97005-1×铁 D9125	辽宁省铁岭市农业科学院，辽宁铁研种业科技有限公司
123	2007	京单 28	郑 58×京 024	北京市农林科学院玉米研究中心
124	2007	利合 16	CKEXI13×LPMD72	山西利马格兰特种谷物研发有限公司
125	2007	吉农大 115	KM36×KM12	吉林农大科茂种业有限责任公司
126	2007	吉东 16	四 287×D22	吉林省吉东种业有限责任公司
127	2007	吉东 28	KX×D22	吉林省吉东种业有限责任公司
128	2007	雷奥 1 号	L4005×吉 853	沈阳市雷奥玉米研究所
129	2007	泽玉 17	L0745×吉 853	沈阳市雷奥玉米研究所
130	2007	佳尔 336	E221×吉 853	吉林省王义种业有限责任公司
131	2007	德单 8 号	D657×D658	北京德农种业有限公司
132	2007	辽单 527	辽 7980×丹 598	辽宁省农业科学院玉米研究所
133	2007	海禾 17	LS02×L12	辽宁海禾种业有限公司
134	2007	宁玉 309	宁晨 20×宁晨 07	南京春曦种子研究中心
135	2007	齐单 1 号	XF0138×SX211	山东鑫丰种业有限公司
136	2007	丹玉 96	丹 6263×丹 99 长	丹东农业科学院
137	2007	中迪 985	A139×T28	辽宁丹铁种业科技有限公司
138	2007	东单 80	C260×C168	辽宁东亚种业有限公司
139	2007	明玉 2 号	海 9818×明 2325	葫芦岛市龙湾新区明育玉米科研所
140	2007	利民 3 号	M286×M251	松原市利民种业有限责任公司
141	2007	东 315	Y731×18-599	四川省农业科学院作物研究所，四川农业大学玉米研究所
142	2007	川单 418	SCML202×金黄 96B	四川农业大学玉米研究所
143	2007	禾玉 9566	F36×F66	北京中农三禾农业有限公司

（续）

序号	审定年份	品种名称	组合	选育单位
144	2007	三北 11	S0127×B0122	三北种业有限公司
145	2007	强盛 11	大 913×B4	山西强盛种业有限公司
146	2007	奥玉 28	PS098×PS051	德农正成种业有限公司
147	2007	临奥 9 号	PS098×PS056	庞良玉
148	2008	京玉 16	京 89×京 572	北京市农林科学院玉米研究中心
149	2008	吉农大 578	KM36×KM27	吉林农大科茂种业有限责任公司
150	2008	宁玉 525	宁晨 62×宁晨 39	南京春曦种子研究中心
151	2008	三北 338	北 802×R479	三北种业有限公司
152	2008	吉单 88	吉 046×丹 598	吉林省农业科学院玉米研究所
153	2008	齐单 6 号	SX053×SX2	山东鑫丰种业有限公司
154	2008	天泰 33	PC58×PC68	山东天泰种业有限公司
155	2008	辽单 527	辽 7980×丹 598	辽宁省农业科学院玉米研究所
156	2008	沈玉 26	S3152×S5137	沈阳市农业科学院
157	2008	振杰 1 号	聊 112×Lx9801	聊城市华丰玉米育种研究所
158	2008	农乐 988	NL278×NL167	新乡市种子公司
159	2008	联创 5 号	CT07×Lx9801	河南科泰种业有限公司
160	2008	渝单 19	8954×交 51	重庆市农业科学院
161	2008	北玉 16	BY022×BY021-2	沈阳北玉种子科技有限公司
162	2008	隆玉 68	珏 9019×节水 1	石家庄珏玉玉米研究所
163	2008	金农 718	JN29×M16	北京金农科种子科技有限公司
164	2008	东白 501	F12×K0325	辽宁东亚种业有限公司
165	2009	京科 389	MC03×京 2416	北京市农林科学院玉米研究中心
166	2009	元华 116	WFC0142×WFC0296	曹丕元，徐英华
167	2009	雷奥 150	9714×z3-87	沈阳市雷奥玉米研究所
168	2009	宏育 203	L201×Y08	吉林市宏业种子有限公司
169	2009	宽诚 60	海 34×k404	河北省宽城种业有限责任公司
170	2009	承玉 358	承系 72×承系 52	承德裕丰种业有限公司
171	2009	铁研 124	铁 98131×铁 0203-1	铁岭市农业科学院
172	2009	中农大 4 号	D340×HZ127B	中国农业大学
173	2009	中地 77	HF352×HF295	中地种业（集团）有限公司
174	2009	登海 662	DH371×DH382	山东登海种业股份有限公司
175	2009	嘉农 18	2511A×P02	葫芦岛市农业新品种科技开发公司
176	2009	登海 3769	DH19×武 62	山东登海种业股份有限公司
177	2010	华农 18	M6×京 68	北京华农伟业种子科技有限公司，北京市农林科学院玉米研究中心

（续）

序号	审定年份	品种名称	组合	选育单位
178	2010	浚研 18	W4722×FL209	浚县丰黎种业有限公司
179	2010	京单 68	CH8×京 2416	北京市农林科学院玉米研究中心
180	2010	京单 58	CH3×京 2416	北京市农林科学院玉米研究中心
181	2010	盛单 219	SD116×SD93	大连盛世种业有限公司
182	2010	良玉 188	M60×S121	丹东登海良玉种业有限公司
183	2010	伟科 606	WK7×WK8	郑州市伟科农作物育种技术研究所
184	2010	农华 101	NH60×S121	北京金色农华种业科技有限公司
185	2010	登海 605	DH351×DH382	山东登海种业股份有限公司
186	2010	蠡玉 37	L5895×L292	石家庄蠡玉科技开发有限公司
187	2010	金湘 369	Y012×T398	怀化金亿种业有限公司
188	2010	三峡玉 3 号	XZ96112×XZ-215	重庆三峡农业科学院
189	2010	黔单 24	1061×947	贵州省旱粮研究所
190	2010	天玉 168	TF02-42×TF02-13	成都天府农作物研究所
191	2010	华鸿 898	428×861	吉林省王义种业有限责任公司
192	2010	苏玉 29	苏 95-1×JS0451	江苏省农业科学院粮食作物研究所
193	2011	辽禾 6 号	SD7928×SD8738	大连盛世种业有限公司
194	2011	吉东 49	XF×D22	吉林省吉东种业有限责任公司
195	2011	华农 18	M6×京 68	北京华农伟业种子科技有限公司，北京市农林科学院玉米研究中心
196	2012	龙作 1 号	中 M-8×L237	黑龙江省农业科学院作物育种研究所
197	2012	丹玉 606	丹 1133×丹 37	丹东农业科学院
198	2012	京农科 728	京 MC01×京 2416	北京农业科学院种业科技有限公司
199	2012	奥玉 3801	OSL272×J24	北京奥瑞金种业股份有限公司
200	2012	蠡玉 86	L5895×L5012	石家庄蠡玉科技开发有限公司
201	2012	泽玉 709	634150×TM	长春市宏泽玉米研究中心
202	2012	农华 032	7P402×良玉 S121	北京金色农华种业科技有限公司
203	2012	良玉 99	M03×M5972	丹东登海良玉种业有限公司
204	2012	美豫 5 号	758×HC7	河南省豫玉种业有限公司
205	2012	伟科 702	WK858×WK798-2	郑州伟科作物育种科技有限公司，河南金苑种业有限公司
206	2012	五谷 704	6320×WG5603	甘肃五谷种业有限公司
207	2012	帮豪玉 108	8865×281H	湖北恩施自治州农业技术推广中心
208	2012	同玉 11	S17×S52	四川省云川种业有限公司
209	2012	鲁单 9088	lx088×lx03-2	山东省农业科学院玉米研究所
210	2012	苏玉 36	苏 95-1×JS06766	江苏省农业科学院粮食作物研究所

（续）

序号	审定年份	品种名称	组合	选育单位
211	2012	金山 27	金自 L610×昌 7-2	通辽金山种业科技有限责任公司
212	2012	良玉 208	M01×S122	丹东登海良玉种业有限公司
213	2012	东裕 108	P2237×K3841	沈阳东玉种业有限公司
214	2012	京科 968	京 724×京 92	北京市农林科学院玉米研究中心
215	2012	佳禾 158	LD140×LD975	围场满族蒙古族自治县佳禾种业公司
216	2012	登海 6702	DH558×昌 7-2	山东登海种业股份有限公司
217	2012	德利农 988	万 73-1×明 518	德州市德农种子有限公司
218	2012	中单 909	郑 58×HD568	中国农业科学院作物科学研究所
219	2012	浚单 29	浚 313×浚 66	浚县农业科学研究所
220	2012	屯玉 808	T88×T172	天津科润津丰种业有限责任公司
221	2012	甘鑫 128	4185×7311	武威市农业科学研究院
222	2012	沈玉 33	沈 3336×沈 3117	沈阳市农业科学院
223	2012	源育 16	Y9137×811-816-9-6	石家庄蠡玉科技开发有限公司
224	2012	三北 89	D21×A919	三北种业有限公司
225	2012	荃玉 9 号	Y3052×18-599	四川省农业科学院作物研究所
226	2012	天玉 3000	YL051×910-1	云南隆瑞种业有限公司
227	2012	川单 189	SCML203×SCML1950	四川农业大学玉米研究所
228	2012	福单 2 号	E538×165	湖南省永顺县旱粮研究所
229	2012	苏玉 30	HL40×YJ7	江苏沿江地区农业科学研究所
230	2013	明玉 19	明 84×明 71	葫芦岛市明玉种业有限责任公司
231	2013	奥玉 3804	OSL266×丹 598	北京奥瑞金种业股份有限公司
232	2013	京科 665	京 725×京 92	北京市农林科学院玉米研究中心
233	2013	铁研 358	铁 T0278×铁 T0403	铁岭市农业科学院
234	2013	潞玉 36	LZM2-18×LZF4	山西潞玉种业股份有限公司
235	2013	富尔 1 号	L201×T166	本溪满族自治县农业科学研究所
236	2013	黎乐 66	C28×CH05	浚县丰黎种业有限公司
237	2013	蠡玉 86	L5895×L5012	石家庄蠡玉科技开发有限公司
238	2013	圣瑞 999	圣 68×圣 62	郑州圣瑞元农业科技开发有限公司
239	2013	三峡玉 9 号	XZ049-42×XZ41P	重庆三峡农业科学院
240	2013	极峰 30	QY-1×Q2117	河北极峰农业开发有限公司
241	2013	金玉 506	S273×QB506	贵州省旱粮研究所
242	2013	陵玉 987	LSC107×LSC37	仁寿县陵州作物研究所
243	2013	中梁 319	S975-22×S799-1	孙晓磊
244	2013	佳 518	佳 2632×佳 788	围场满族蒙古族自治县佳禾种业公司
245	2013	屯玉 188	WFC2611×WFC96113	曹冬梅，徐英华，曹丕元

（续）

序号	审定年份	品种名称	组合	选育单位
246	2013	纪元 101	廊系-33×廊系-1	河北新纪元种业有限公司
247	2013	MC220	京 X220×京 C632	北京市农林科学院玉米研究中心
248	2014	安旱 10	J12×ZJ01	李平
249	2014	九玉 5 号	AS014×AS078	内蒙古九丰种业有限责任公司
250	2014	飞天 358	FT0908×FT0809	武汉敦煌种业有限公司
251	2014	宇玉 30	SX1132-2×SX3821	山东神华种业有限公司
252	2014	华农 887	B8-2-1×京 66	北京华农伟业种子科技有限公司
253	2014	华农 866	B280-1-1×京 66	北京华农伟业种子科技有限公司
254	2014	锦华 150	5H558×B8328	北京金色农华种业科技有限公司
255	2014	德育 977	LK910×LK122	吉林德丰种业有限公司
256	2014	吉农大 668	Km8×F349	吉林农大科茂种业公司
257	2014	良玉 918	良玉 M53×良玉 S127	丹东登海良玉种业有限公司
258	2014	锦润 911	锦 02-59×锦 04-77	锦州农业科学院
259	2014	强盛 369	抗 559×Y72	山西强盛种业有限公司
260	2014	华农 138	B105-4-1×京 66	天津科润津丰种业有限责任公司，北京华农伟业种子科技有限公司
261	2014	梦玉 908	DK58-2×京 772-2	合肥丰乐种业股份有限公司
262	2014	宝玉 168	802×6107A	河南省宝丰县农科所
263	2014	NK071	京 388×京 372	北京市农林科学院玉米研究中心
264	2014	平玉 8 号	武 9086×5172	平顶山市农业科学院，武威市农业科学研究院
265	2014	延科 288	莫改 42×黄改 6334	延安延丰种业有限公司
266	2014	仲玉 998	H08×998	仲衍种业股份有限公司
267	2014	宝玉 918	QS6822×QS50	贵州禾睦福种子有限公司
268	2014	联创 799	CT3141×CT5898	北京联创种业股份有限公司
269	2015	佳禾 18	佳 788-2×F11	围场满族蒙古族自治县佳禾种业公司
270	2015	元华 8 号	WFC0148×WFC0427	曹冬梅，徐英华
271	2015	先达 101	NP1914×NP1941-357	先正达（中国）投资有限公司
272	2015	吉东 81	M407×F62	吉林省辽源市农业科学院
273	2015	农华 205	H985×B8328	北京金色农华种业科技股份有限公司
274	2015	东单 119	F6wc-1×F7292-37	辽宁东亚种业科技股份有限公司，辽宁东亚种业有限公司
275	2015	巡天 1102	H111426×X1098	河北巡天农业科技有限公司
276	2015	裕丰 303	CT1669×CT3354	北京联创种业股份有限公司
277	2015	登海 685	DH382×DH357-14	山东登海种业股份有限公司
278	2015	滑玉 168	HF2458-1×MC712-2111	河南滑丰种业科技有限公司

（续）

序号	审定年份	品种名称	组合	选育单位
279	2015	伟科 966	WK3958×WK898	郑州伟科作物育种科技有限公司
280	2015	农大 372	X24621×BA702	北京华奥农科玉育种开发有限公司
281	2015	联创 808	CT3566×CT3354	北京联创种业股份有限公司
282	2015	农华 816	7P402×B8328	北京金色农华种业科技股份有限公司
283	2015	郑单 1002	郑 588×郑 H71	河南省农业科学院粮食作物研究所
284	2015	豫单 606	豫 A9241×新 A3	河南农业大学
285	2015	苏玉 41	苏 95-1×JS09306	江苏省农业科学院粮食作物研究所
286	2015	汉单 777	H70202×H70492	湖北省种子集团有限公司
287	2015	辽单 588	辽 8821×S121	辽宁省农业科学院玉米研究所，辽宁东方农业科技有限公司
288	2015	新玉 52	472R×231	新疆华西种业有限公司
289	2015	科河 24	KH786×KH467	内蒙古巴彦淖尔市科河种业有限公司
290	2015	五谷 568	H9310×WG603	甘肃五谷种业有限公司
291	2015	绵单 1256	绵 723×S52	绵阳市农业科学研究院
292	2015	荣玉 1210	SCML202×LH8012	四川农业大学玉米研究所
293	2015	卓玉 2 号	QB662×2219	贵州卓信农业科学研究所
294	2015	野风 160	M13B×ZX424	北京金色农华种业科技股份有限公司
295	2015	青青 009	ZHF408×ZHL908	贵州省遵义市辉煌种业有限公司
296	2015	康农玉 007	FL316×FL218	四川高地种业有限公司
297	2015	天单 101	C38012×S52	四川省云川种业公司
298	2016	陕单 609	91227×昌 7-2	西北农林科技大学
299	2016	延科 288	莫改 42×黄改 6334	延安延丰种业有限公司
300	2016	华美 2 号	NP01283×NP01200	恒基利马格兰种业有限公司

主要参考文献

陈启文，邹国光，王大刚，等.1962.山东省玉米杂交育种的途径与经验.中国农业科学，3（11）：32-34.

陈庆华，邓尔超，王延波，等.1998.玉米群体改良在创造新种质资源和选系中的效应与方法探讨.辽宁农业科学（2）：3-8.

陈伟程，季良越，刘宗华，等.1994.玉米不同自交世代产生的姊妹系组配改良单交种的研究.中国农业科学，27（5）：27-32.

陈伟程，罗福和，季良越.1979.玉米 C 型胞质雄花不育的遗传及其在生产上的应用.作物学报，5（4）：21-28.

陈彦惠.1996.玉米遗传育种学.郑州：河南科学技术出版社.

陈彦惠.2000.中国温带玉米种质与热带、亚热带种质研究.北京：中国农业大学.

陈彦惠，刘新芝，彭泽斌，等.1995.玉米杂种优势类群和模式的研究：玉米自交系优势类群的划分和优势模式初探.河南农业大学学报，29（4）：341-347.

陈彦惠，汪茂华.1988.对两个玉米群体进行特殊配合力轮回选择的研究.作物学报，14（3）：221-226.

陈彦惠，王利明，戴景瑞.2000.中国温带玉米种质与热带、亚热带种质杂优组合模式研究.作物学报，26（5）：557-564.

陈泽辉，王安贵，祝云芳.2020.西南玉米品种生态.北京：中国农业出版社.

戴景瑞.1998.我国玉米生产发展的前景及对策.作物杂志（5）：6-11.

戴景瑞，鄂立柱.2010.中国玉米育种科技创新问题的几点思考.玉米科学，18（1）：1-5.

戴景瑞，鄂立柱.2018.百年玉米，再铸辉煌：中国玉米产业百年回顾与展望.农学学报，8（1）：74-79.

番兴明.2003.热带亚热带玉米种质的利用.昆明：云南科学技术出版社.

范福仁.1948.广西玉蜀黍育种工作.中华农学会报（188）：31-36.

库丽霞，孟庆雷，侯本军，等.2012.轮回选择对豫综5号玉米群体产量性状配合力的改良效果.作物学报，38（2）：215-222.

赖仲铭，杨克诚.1983.全姊妹轮回选择与混合选择对玉米群体改良效果的初步研究.作物学报，9（1）：7-16.

李竞雄.1961.雄花不孕性及其恢复性在玉米双交种中的应用.中国农业科学，2（6）：19-24.

李明顺.2006.13个玉米群体的配合力和遗传多样性分析.北京：中国农业科学院.

李新海，袁力行，李晓辉，等.2003.利用SSR标记划分70份我国玉米自交系的杂种优势群.中国农业科学，36（6）：622-627.

黎裕，王天宇.2010.我国玉米育种种质基础与骨干亲本的形成.玉米科学，18（5）：1-8.

刘纪麟.2002.玉米育种学.第二版.北京：中国农业出版社.

刘纪麟，李小琴，李建生，等.2000.华玉4号雄性不育化育种过程及其种子生产体系.玉米科学，8（1）：11-14.

刘纪麟，熊秀珠.1985.两个优良的玉米雄性不育系唐徐Mo17cms和双Mo17cms.湖北农业科学，24（12）：1-3.

刘纪麟，熊秀珠，李建生.1985.玉米雄性不育系杂交种华玉2号（双自）的育种过程、主要性状及栽培要点.湖北农业科学，24（11）：1-4.

刘纪麟，郑用琏，张祖新，等.1998.三峡地区玉米地方品种杂种优势群的初探.作物杂志（S1）：6-12.

刘志斋，吴迅，刘海利，等.2012.基于40个核心SSR标记揭示的820份中国玉米重要自交系的遗传多样性与群体结构.中国农业科学，45（11）：2107-2138.

刘仲元.1964.玉米育种的理论和实践.上海：上海科学技术出版社.

马保之，范福仁，等.1940.广西引种美国杂交五蜀泰结果简报.广西农业，7（4）.

潘光堂，杨克诚.2012.我国西南地区玉米育种面临的挑战及相应对策探讨.作物学报，38（7）：1141-1147.

荣廷昭.2003.西南生态区玉米育种.北京：中国农业出版社.

荣廷昭，李晚忱，潘光堂.2003.新世纪初发展我国玉米遗传育种科学技术的思考.玉米科学，11（S2）：42-53.

荣廷昭，潘光堂，黄玉碧，等.1998.热带玉米种质在温带玉米育种的应用.作物杂志（S1）：12-14.

苏俊.2011.黑龙江玉米.北京：中国农业出版社.

滕文涛，曹靖生，陈彦惠，等.2004.十年来中国玉米杂种优势群及其模式变化的分析.中国农业科学，37（12）：1804-1811.

汪黎明，孟昭东，齐世军.2020.中国玉米遗传育种.上海：上海科学技术出版社.

汪黎明，王庆成，孟昭东.2010.中国玉米品种及其系谱.上海：上海科学技术出版社.

王懿波，王振华，王永普，等.1997.中国玉米主要种质杂交优势利用模式研究.中国农业科学，30（4）：16-24.

吴景锋.1983.我国主要玉米杂交种种质基础评述.中国农业科学，16（2）：1-8.

吴景锋.1995.我国玉米杂交种发展的主要历程、差距和对策.玉米科学，3（1）：1-5.

吴绍骙.1962.对当前玉米杂种育种工作三点建议.中国农业科学，3（1）：1-10.

吴绍骙，陈伟程.1978.关于玉米育种的几个问题.中国农业科学，11（1）：19-24.

吴绍骙，程剑平，陈伟程，等.1960.异地培育对玉米自交系的影响及其在生产上利用可能性的研究（第一报）.河南农学院学报，1（1）：124-153.

徐庆章，黄舜阶，李登海.1992.玉米株型在高产育种中的作用Ⅱ：不同株型玉米受光量的比较研究.山东农业科学，24（4）：5-8.

徐尚忠，刘曙东，熊秀珠，等.1987.印尼农家品种"柏拉玛地"选系对玉米大斑病抗性遗传的研究.中国农业科学，20（3）：48-55.

杨允奎，杜世灿，段光辉，等.1962.利用玉米雄性不育特性制造杂种的研究.作物学报（1）：35-42.

曾三省.1990.中国玉米杂交种的种质基础.中国农业科学，23（4）：1-9.

张连桂.1947.玉米育种之理论与四川省杂交玉米之培育.农报，12（1）.

张铭堂，李建生，才卓.2011.作物遗传学发展历程回顾与玉米育种目标的前瞻.玉米科学，19（2）：1-5.

张庆吉.1998.河南省玉米杂交种选育工作的回顾和展望.作物杂志（S1）：95-98.

赵久然，郭景伦，郭强，等.1999.应用RAPD分子标记技术对我国骨干玉米自交系进行类群划分.华北农学报，14（1）：32-37.

赵久然，李春辉，宋伟，等.2018.基于SNP芯片揭示中国玉米育种种质的遗传多样性与群体遗传结构.中国农业科学，51（4）：626-644.

Barata C，Carena MJ. 2006. Classification of North Dakota maize inbred lines into heterotic groups based on molecular and testcross data. Euphytica，151（3）：339-349.

Bennetzen JL，Hake SC. 2012. Handbook of Maize：Genetics and Genomics. New York：Springer-Verlag Press.

Bennetzen JL，Hake SC. 2012. Handbook of Maize：Its Biology. New York：Springer-Verlag Press.

Brown WL，Goodman MM. 1977. Races of Maize. In Corn and Corn Improvement. Madison，WI：American Society of Agronomists.

Carena MJ. 2005. Maize commercial hybrids compared to improved population hybrids for grain yield and agronomic performance. Euphytica，141：201-208.

Chalyk ST，Rotarenco VA. 1999. Using maternal l plants in recurrent selection in maize. Maize Genetics Cooperative News Letter，73：56-57.

Chang MT. 1992. Preferential fertilization induced from Stock 6. Maize Genetics Cooperative Newsletter，66：99-100.

Chase SS. 1949. Monoploid frequencies in a commercial double cross hybrid maize，and in its component single cross hybrids and inbred lines. Genetics，34（3）：328－332.

Comstock RE，Robinson HF，Harvey PH. 1949. A breeding procedure designed to make maximum use of both general and specific combining ability. Agronomy Journal，41（8）：360－367.

Darrah LL，Zuber MS. 1986. 1985 United States farm maize germplasm base and commercial breeding strategies. Crop Science，26（6）：1109－1113.

Dudley JW. 1982. Theory for transfer of Alleles 1. Crop Science，22（3）：631－637.

Dudley JW. 1984. Theory for identification and use of exotic germplasm in maize breeding programs. Maydica，29：391－407.

Duvick DN，Smith JSC，Cooper M. 2004. Long term selection in a commercial hybrid maize breeding program. Plant Breeding Reviews，24：109－151.

Eberhart SA，Salhuana W，Sevilla R，et al. 1995. Principles for tropical maize breeding. Maydica，40：339－355.

Fernandes JS，Franzon J. 1997. Thirty years of genetic progress in maize（*Zea mays* L.）in a tropical environment. Maydica，42：21－27.

Goodman MM，Brown WL. 1988. Races of Corn//Corn and Corn Improvement. Madison，WI：ASA，CSSA，and SSSA.

Hallauer AR，Carena MJ. 2009. Maize Breeding//Cereals，Carena M J（eds.）Handbook of Plant Breeding. New York：Springer：3－98.

Hallauer AR，Miranda JB. 1988. Maize Breeding，2nd edn. Ames，IA：Iowa State University Press.

Hanson WD，Johnson EC. 1981. Evaluation of an exotic maize population adapted to a locality. Theoretical and Applied Genetics，60：55－63.

Hayes HK，Johnson IJ. 1939. The breeding of improved selfed lines of corn. Agronomy Journal，31（8）：710－724.

Hayes HK，Rinke EH，Tsiang YS. 1946. The relationship between predicted performance of double crosses of corn in one year with predicted and actual performance of double crosses in later years. Agronomy Journal，38（1）：60－67.

Jenkins MT，Brunson AM. 1932. Methods of testing inbred lines of maize in crossbred combinations. Agronomy Journal，24（7）：523－530.

Knight TA. 1799. An account of some experiments on the fecundation of vegetables. Philosophical Transactions of the Royal Society of London，89：195－204.

Kuleshov NN. 1933. World's diversity of phenotypes of maize. Agronomy Journal，25（10）：688－700.

Lamkey KR，Hallauer AR. 1986. Performance of high×high，high×low，and low×low crosses of lines from the BSSS maize synthetic. Crop Science，26（6）：1114－1118.

Li CH，Guan HH，Jing X，et al. 2022. Genomic insights into historical improvement of heterotic groups during modern hybrid maize breeding. Nature Plants，8（7）：750－763.

McClure GW. 1892. Corn Crossing. Bulletin：University of Illinois Agricultural Experiment Station：73－101.

Mikel MA. 2008. Genetic diversity and improvement of contemporary proprietary North American dent corn. Crop Science，48（5）：1686－1695.

Mikel MA. 2011. Genetic composition of contemporary U. S. commercial dent corn germplasm. Crop Science，51 (2)：592 – 599.

Mikel MA，Dudley JW. 2006. Evolution of North American dent corn from public to proprietary germplasm. Crop Science，46 (3)：1193 – 1205.

Moreno – Gonzalez J，Ramos – Gourcy F，Losada E. 1997. Breeding potential of European flint and earliness – selected U. S. corn beltdent maize populations. Crop Science，37 (5)：1475 – 1481.

Nelson PT，Coles ND，Holland JB，et al. 2008. Molecular characterization of maize inbreds with expired U. S. plant variety protection. Crop Science，48 (5)：1673 – 1685.

Radoric G，Jelovac D. 1995. Identification of the heterotic pattern in Yugoslav maize germlasm. Maydica，40：223 – 227.

Ramirez E，Timothy DH，Diaz B，et al. 1960. Races of Maize in Bolivia. Washington，DC：NAS – NRC Publication.

Russell WA. 1984. Agronomic performance of maize cultivars representing different eras of breeding. Maydica，29：375 – 390.

Shull GH. 1908. The composition of a field of maize. Journal of Heredity，4：296 – 301.

Smith JS，Chin ECL，Shu H，et al. 1997. An evaluation of the utility of SSR loci as molecular markers in maize (*Zea mays* L.)：Comparisons with data from RFLPs and pedigree. Theoretical Applied Genetics，95：163 – 173.

Smith JSC，Duvick DN，Sith OS，et al. 2004. Changes in pedigree backgrounds of Pioneer brand maize hybrids widely grown from 1930 to 1999. Crop Science，44 (6)：1935 – 1946.

Sinobas J，Monteagudo I. 1996. Heterotic patterns among U. S. corn belt and Spanish maize populations. Maydica，41：143 – 148.

Smith JSC，Goodman MM，Stuber CW. 1985. Genetic variability within U. S. maize germplasm. II. Widely – used inbred lines 1970 to 1979. Crop Science，25 (4)：681 – 685.

Smith JSC，Simth OS. 1987. Associations among inbred lines of maize using electrophoretic, chromatographic, and pedigree data. Theoretical Applied Genetics，73 (5)：654 – 664.

Sprague GF，Brimhall B. 1950. Relative effectiveness of two systems of selection for oil content of the corn kernel. Agronomy Journal，42 (2)：83 – 88.

Stadler LJ. 1944. Gamete selection in corn breeding. Journal of the American Society of Agronomy，36：988 – 989.

Tracy WF，Chandler MA. 2008. The historical and biological basis of the concept of heterotic patterns in corn belt dent maize//Lamkey KR，Lee M (eds.) . Plant breeding：The Arnel R，Hallauer international symposium. Ames，Iowa，USA：Blackwell Press：219 – 233.

Troyer AF. 1999. Background of U. S. hybrid corn. Crop Science，39 (3)：601 – 626.

Troyer AF. 2004. Background of U. S. hybrid corn II. Crop Science，44 (2)：370 – 380.

Troyer AF，Mikel MA. 2010. Minnesota corn breeding history：Department of agronomy and plant genetics centennial. Crop Science，50 (4)：1141 – 1150.

Uhr DV，Goodman MM. 1995. Temperate maize inbreds derived from tropical germplasm：I，Testcross yield trials. Crop Science，35 (3)：779 – 784.

Vasal SR, Dhillon BS, Stinivasan G, et al. 1994. Breeding intersynthetic hybrids to esploit heterosis in maize. Maydica, 39: 183 - 186.

Wang BB, Lin ZC, Li X, et al. 2020. Genome - wide selection and genetic improvement during modern maize breeding. Nature Genetics, 52 (6): 565 - 571.

Wellhausen EJ, Fuentes A, Hernandez C, et al. 1957. Races of Maize in Central America. Washington, DC: NAS - NRC Press.

Wellhausen EJ, Roberts LM, Hernandez X, et al. 1952. Races of Maize in Mexico. Cambridge: Bussey Institution of Harvard University Press.

Wilkes G. 2004. Corn, strange and marvelous: but is a definitive origin known? //Smith C W, Betran J, Runge E C (eds.). Corn: Origin, History, Technology, and Production. Wiley, Hoboken, NJ: 3 - 63.

Wu SK. 1939. The relationship between the origin of selfed lines of corn and their value in hybrid combination. Agronomy Journal, 31 (2): 131 - 140.

Zambezi BT, Horner ES, Martin FG. 1986. Inbred lines as testers for general combining ability in maize. Crop Science, 26 (5): 908 - 910.

第六章　特殊品质专用玉米育种原理与方法

（李建生）

玉米的用途非常广泛，不仅可以作为饲料和口粮，而且还可用作蔬菜、制作休闲食品，以及工业加工原料等。根据美国玉米种植者协会的调查，在普通的美国超级市场，平均有 1 200 个产品含有玉米成分。根据消费市场容量，可以将玉米划分为两个主要类型：一是用作饲料和粮食的大宗玉米，这类玉米统称普通玉米；另外一类是市场容量相对较小，对其品质有特殊要求的专用玉米，一般又称特殊用途的专用玉米，比如甜玉米、糯玉米、高直链淀粉玉米、高油玉米、优质蛋白质玉米等。由于特殊用途的专用玉米具有独特的使用价值，往往比普通玉米有更高的经济价值，因此又有高附加值玉米之称。与普通玉米相比，每一类专用玉米所要求的化学物质的组分、含量、理化特性、风味等都不尽相同。在美国等发达国家，特殊品质的专用玉米一直占有相当稳定的市场份额，例如自从 20 世纪 90 年代中期以来，这类玉米的种植面积约占玉米总面积的 5％～10％。由于历史原因，我国特殊品质的专用玉米育种起步晚，育种水平远远落后于普通玉米。改革开放以来，随着我国人民生活水平的不断提高和玉米加工业的蓬勃发展，特用玉米的市场需求越来越大，对特用玉米的研究提出了更高的要求，因此，特用玉米育种愈来愈受到广泛重视，并成为玉米育种的重要研究方向之一。

第一节　特殊品质专用玉米的分类和研究概况

一、普通玉米籽粒的营养成分及化学组成

（一）普通玉米籽粒的营养成分

普通玉米籽粒的主要营养成分是淀粉、蛋白质和脂肪，此外还有少量糖、纤维素和矿物质。由表 6-1 可见，在籽粒的各个部分，营养成分的分布是不均衡的，胚乳和胚芽是养分的主要储存场所，种皮和种脐只含有很少量的营养物质。从表 6-2 可以看出，淀粉是胚乳的主要成分，占胚乳总重量的 87％左右，此外，胚乳还含有少量蛋白质，虽然其含量仅有 8％左右，然而，由于胚乳在全籽粒中占的比重较大，胚乳蛋白质在全籽粒蛋白质中仍具有举足轻重的作用。在玉米胚芽中含有较多的蛋白质和脂肪，它们的含量分别是 18％和 33％。

表 6 - 1　普通玉米籽粒不同部分主要营养成分重量的百分比（%）

	淀粉	脂肪	蛋白质	灰分	糖类	无法计算部分
胚乳	98.1	15.4	73.8	17.9	28.9	26
胚芽	1.5	82.6	26.2	78.4	69.4	12
种皮	0.6	1.3	2.6	2.9	1.2	54
种脐	0.1	0.8	0.9	1.0	0.8	7

表 6 - 2　普通玉米籽粒不同部分主要营养成分含量的百分比（%）

	淀粉	脂肪	蛋白质	灰分	糖类	无法计算部分
胚乳	87.6	0.8	8.0	0.3	0.62	2.7
胚芽	8.3	33.2	18.4	10.5	10.8	8.8
种皮	7.3	1.0	3.7	0.8	0.34	86.7
种脐	5.3	3.8	9.1	1.6	1.6	78.6

（二）籽粒营养成分的化学组成

淀粉是玉米的主要储存物质，它的含量约占籽粒干重的 70%。玉米淀粉包括直链淀粉和支链淀粉两种。普通玉米籽粒中，直链淀粉含量为 23%～25%，支链淀粉含量为 75%～77%。成熟玉米籽粒中还含有 1.5% 左右的可溶性糖，其中绝大部分是蔗糖。

玉米全籽粒的蛋白质含量约为 10%。按其溶解性的不同，玉米蛋白质可分成五大类：溶于水的白蛋白、溶于盐的球蛋白、溶于酒精的醇溶蛋白、溶于稀碱的谷蛋白和不溶于液体溶剂的硬蛋白。各类蛋白质的氨基酸含量有较大差别，例如，玉米醇溶蛋白中的赖氨酸和色氨酸含量低，分别是 0.2% 和 0.1%；而谷蛋白中的氨基酸组成较为平衡，含有 2.5%～5% 的赖氨酸。醇溶蛋白是普通玉米籽粒蛋白质的主要组分，约占总数的 50% 以上；其次是谷蛋白，占 35% 以上；其余的为白蛋白、球蛋白和硬蛋白，各占 5% 以下。

玉米胚芽和胚乳的蛋白质组分也存在较大差别，胚乳中醇溶蛋白占 43% 左右，而谷蛋白仅有 28%。在胚芽蛋白中，谷蛋白是其主要成分，约 54%，醇溶蛋白仅 5.7%。因此，玉米胚芽中每百克蛋白质的赖氨酸和色氨酸含量分别是 6.1% 和 1.3%，而玉米胚乳中每克蛋白质的赖氨酸和色氨酸分别为 2.0% 和 0.5%（表 6 - 3）。相对而言，玉米胚芽蛋白的营养价值明显优于胚乳蛋白。

普通玉米籽粒的油分含量一般为 4.5% 左右，其中 80% 以上存在于玉米的胚中。组成玉米油的脂肪酸包括软脂酸（C16：0）、硬脂酸（C18：0）、油酸（C18：1）、亚油酸（C18：2）、亚麻酸（C18：3）、月桂酸（C12：1）、豆蔻酸（C14：1）、棕榈油酸（C16：1）、花生酸（C20：1）、山嵛酸（C22：1）、芥子酸（C22：2）、二十四烷酸（C24：1），其中软脂酸、硬脂酸、油酸、亚油酸和亚麻酸是其主要组分，约占玉米籽粒总油分含量的

99% （图 6-1）。此外，在玉米油中，还含有一些磷脂、维生素 E 等。

表 6-3　普通玉米胚芽和胚乳的氨基酸组分（%）

氨基酸	胚芽	胚乳
赖氨酸	6.1	2.0
组氨酸	2.9	2.8
精氨酸	9.1	3.8
天门冬氨酸	8.2	6.2
谷氨酸	13.1	21.3
苏氨酸	3.9	3.5
丝氨酸	5.5	5.2
脯氨酸	4.8	9.7
甘氨酸	5.4	3.2
丙氨酸	6.0	8.1
缬氨酸	5.3	4.7
胱氨酸	1.0	1.8
蛋氨酸	1.7	2.8
异亮氨酸	3.1	3.8
亮氨酸	6.5	14.3
络氨酸	2.9	5.3
苯丙氨酸	4.1	5.3
色氨酸	1.3	0.5

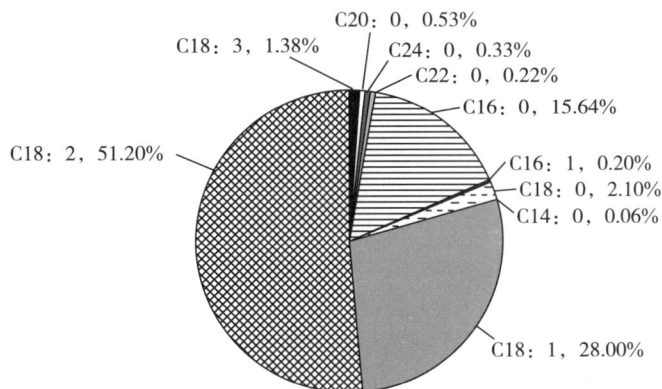

图 6-1　玉米籽粒油分中各类脂肪酸组分的百分比（李惠，2013）

二、特殊品质的专用玉米分类和品质改良的意义

（一）特殊品质的专用玉米分类

由于玉米的用途十分广泛，不同的用途对品种品质的要求不尽相同。玉米用途的广泛性决定了特殊品质专用玉米育种目标的多样性。根据被改良品质性状的化学性质，可以将特殊品质专用玉米育种大致分成四大类：玉米油分育种、玉米碳水化合物育种、玉米蛋白质育种，以及其他特殊目的的育种（图6-2）。玉米油分育种包括以提高籽粒总含油量为目的的高油玉米育种和改良玉米油品质为目的的优质玉米油分育种，主要是提高玉米油中不饱和脂肪酸的含量。玉米碳水化合物育种可以进一步分成甜玉米育种、支链和直链淀粉育种等。甜玉米育种的目的是增加乳熟期籽粒的含糖量，以适应鲜食和加工的需要。增加籽粒直链和支链淀粉的含量则主要是满足淀粉加工工业的要求。玉米蛋白质育种的最终目的在于提高籽粒的营养价值，它包括增加蛋白质含量的高蛋白质育种和改良蛋白质质量的优质蛋白质育种。

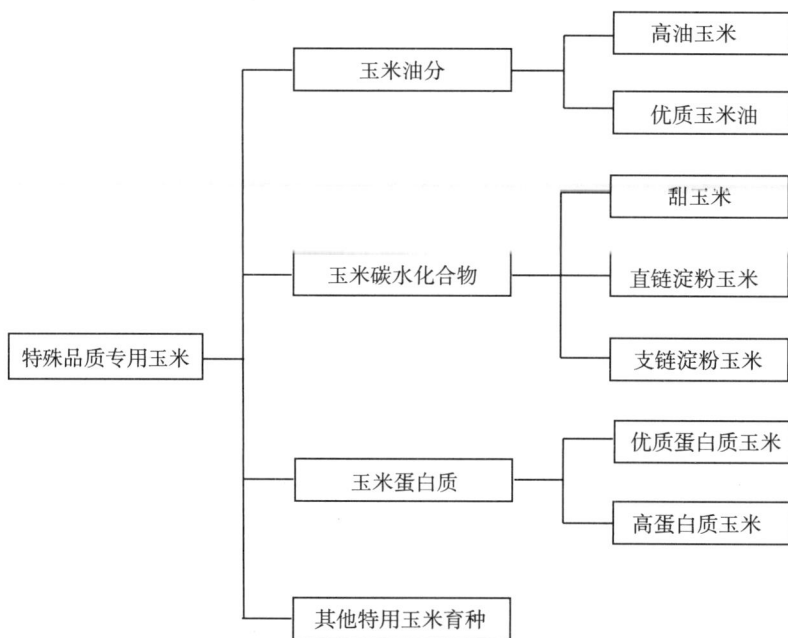

图6-2 特用玉米分类

（二）玉米油分品质育种的意义

从能量转化的角度而言，油脂的发热量远高于蛋白质和碳水化合物的发热量。在这个意义上，高油玉米无论是作为粮食还是饲料，都将提供比普通玉米更高的能量。因此，高油玉米是生产高能量家禽饲料的理想原料。

近年来，随着营养学的发展，人们普遍认识到，过多地食用动物油是引起心血管疾病的主要原因之一，植物油的消费量日益增加。在植物油的加工生产中，玉米油表现了更大的消费潜力。这是因为玉米是一种高产作物，而且玉米油主要存在于胚中，经过玉米胚和胚乳分离，可以分别生产出高质量的淀粉和大量的玉米油。目前，玉米油已被广泛地用于生产黄油、沙拉油、食用油和各类食品，并成为国际市场畅销的油脂产品之一。

不饱和脂肪酸是人类和动物不可缺少的脂肪酸。亚油酸属于不饱和脂肪酸，是人体不可少的"必需脂肪酸"，但是人体不能合成亚油酸，必须从膳食中补充，因此，亚油酸的含量是衡量油脂质量的重要指标。在玉米油中，亚油酸含量较高，因此玉米油的营养价值也较高。玉米油中不含容易酸败的高度不饱和脂肪酸、共轭脂肪酸等，因此不易氧化变质。玉米油中的维生素 E 含量较高（90～250mg/g），使玉米油具有延缓衰老、强身健体的作用，同时长期食用玉米油可以减少体内脂肪的累积，预防心血管病。因此，玉米油又被誉为"健康营养油"。玉米油不仅仅是一种重要的食用油，其在非食品工业中也有广泛用途，是涂料、油漆和橡胶工业的原料之一。综上所述，开展玉米油品质育种，在不显著降低玉米产量的基础上，进一步提高籽粒油分的含量，必将促进玉米的综合利用，进而提高经济价值。

（三）玉米碳水化合物品质育种的意义

淀粉是玉米碳水化合物的主要成分，是淀粉工业的主要原料。玉米淀粉不仅自身用途广泛，还可以进一步加工转化成高果糖糖浆、燃料、酒精等，因此，玉米淀粉的生产在整个玉米加工业中占有十分重要的地位。为了使玉米淀粉更好地适应各种需求，往往要对玉米淀粉进行适当的化学修饰。近年来，随着人们对绿色健康食品需求的日益提高，以及环境保护意识的不断增强，玉米淀粉的遗传修饰受到普遍关注，因为遗传的修饰可以节省成本，减少环境污染，更重要的是经过遗传改良的玉米淀粉不需要添加任何化学试剂，纯属自然食品，在食品工业中有广泛的利用前景。高直链淀粉不仅是制作胶片不可或缺的材料，还被广泛应用于食品工业，像布丁等食品的增稠剂等。高直链淀粉的另一个潜在利用途径是作为制造可降解塑料的原料。支链淀粉则适宜作为纺织工业和造纸工业的原料之一，并广泛地应用于食品工业。在亚洲国家，以支链淀粉为主的糯玉米是人们喜爱的鲜食玉米品种之一。经过遗传育种途径培育的各类淀粉修饰型玉米新品种属于增加附加值的农作物品种。推广这类品种不仅有助于玉米的综合利用和深加工，而且可以提高农民的收入。

甜玉米又称蔬菜玉米，是近几十年来发展较快的一种新型蔬菜品种，由于高端甜玉米品种可以直接生吃，甜玉米又有水果玉米之称。据美国农业部调查，在所有蔬菜作物中，甜玉米的总产值排在鲜售市场产品的第四位，加工产品的第二位。可见甜玉米已成为美国的重要蔬菜作物。因此，在玉米碳水化合物的品质改良中，甜玉米育种占有最重要的地位。

在适宜的采收期内，籽粒含糖量高是甜玉米最显著的特点。普通玉米乳熟期籽粒总糖含量约 5％，而普甜玉米和超甜玉米的总糖含量分别是 15％和 30％左右。营养丰富是甜玉米的又一特色，它的籽粒含油量是普通玉米的一倍，蛋白质含量也高于普通玉米，加之甜玉米是在乳熟期收获，此时醇溶蛋白质刚刚开始合成，因此籽粒中氨基酸组成较平衡，蛋白质品质优良。优良的甜玉米品种，一般每公顷产鲜果穗 15～22t，其经济价值是普通玉米的 4～6 倍，甜玉米还可直接加工成罐装和冷冻产品，进一步提高经济价值。开展甜玉米育种既可满足城乡人民物质生活的需要，又有利于提高玉米产品的经济价值，增加农民的收入，提高农业效益。

（四）玉米蛋白质品质育种的意义

通常，谷物蛋白质营养价值的高低取决于它的蛋白质含量、必需氨基酸的数量，以及可供人体消化和利用的程度。对于大多数谷类作物来说，赖氨酸是第一限制性氨基酸，人和单胃动物都无法在体内合成这种氨基酸。在主要的谷类作物中，玉米蛋白质的含量和赖氨酸的含量均偏低，根据联合国粮农组织和世界卫生组织 1973 年颁布的蛋白质评分标准，玉米蛋白质的评分最低，仅有 41 分。为了提高玉米蛋白质的营养价值，就必须设法增加籽粒的蛋白质含量，或者提高赖氨酸的含量。

国内外的营养试验一致表明（Pradilla 等，1975；Maner，1975），随着籽粒赖氨酸含量的增加，玉米蛋白质的消化率、生物价、净蛋白质利用率等营养指标都有显著改善。对每个成人每天供应 300g 高赖氨酸玉米就足以维持体内氮素的平衡。如用普通玉米则需要 600g，中国农业科学院作物所 1981 年的养猪试验表明，在饲料蛋白质水平相同的条件下，用高赖氨酸玉米饲养的猪比普通玉米饲养的日增重提高 1 倍多，料肉比则减少 1/3。此外，食用高赖氨酸玉米可以有效地防止癞皮病。

三、特殊品质专用玉米遗传育种的研究概况

（一）玉米油品质育种的研究概况

美国 Illinois 大学农业试验站的 Hopkins 等科学家于 1896 年率先开展高油玉米的研究，这是一项纯理论的长期研究计划，其目的仅仅是为了证明基于人工的选择是否可以提高或降低玉米籽粒含油量（Dudley，1992）。他们选用玉米地方品种"Burrist White"作基础材料，采用混合选择法开展含油量的多代连续选择。经过 100 个世代的选择，伊利诺伊高油群体（IHO）的籽粒含油量由原始的 4.69％提高到 20.37％（图 6-3）。他们还开展了低含油量群体的选择，经过 85 代的选择伊利诺伊低油群体（ILO）含油由 4.69％下降到 0.05％（图 6-3）。在经过多代选择后，为了进一步了解选择的反应，他们又开展了反向的选择试验，创建了伊利诺伊反转高油群体（SHO）；伊利诺伊反向低油群体（RLO）；伊利诺伊反向高油群体（RHO）。该项目经由三代科学家群体完成，历时 116 年。然而，可能是由于选择方法的问题，特别是供试材料遗传变异有限，后期群体含油量提高得十分缓慢。加之长期的近亲交配，个体的生活力急剧下降，使伊利诺斯高油群体基

本上失去了直接的育种利用价值。

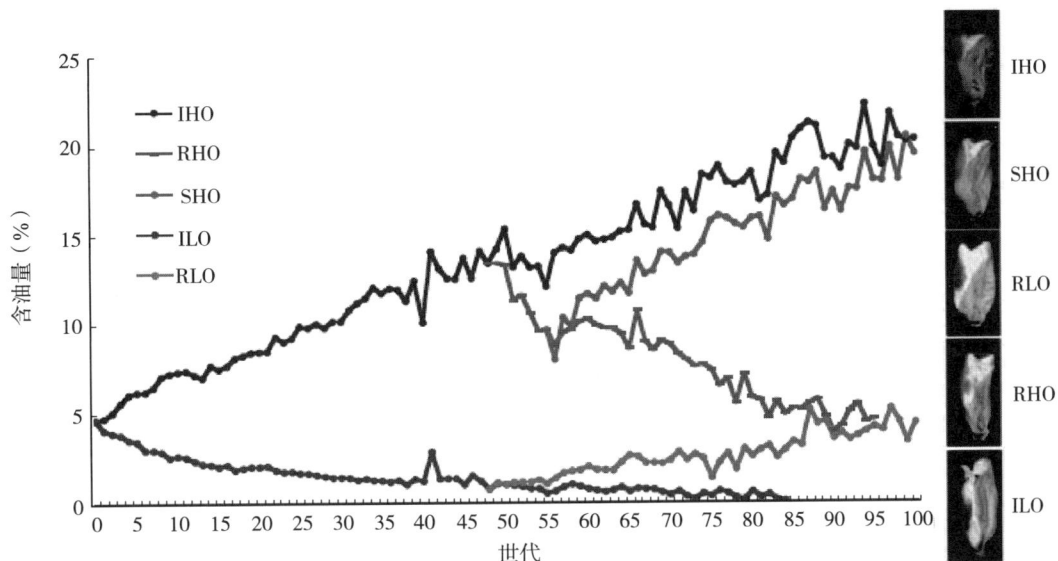

图 6-3　伊利诺伊高油品系世代选择籽粒含油量变化示意图
IHO：伊利诺伊高油群体；SHO：伊利诺伊反转高油群体；RLO：伊利诺伊反向低油群体；RHO：伊利诺伊反向高油群体；ILO：伊利诺伊低油群体

以提高籽粒含油量为目的的高油玉米育种开始于 20 世纪 40 年代后期，当时的主要工作是采用回交的方法改良双交种的含油量。到 20 世纪 60 年代，Alexander（1971）利用核磁共振仪，在不损伤种子的情况下，快速分析籽粒的含油量，对玉米油的品质育种起了巨大的推动作用，并取得了一定的成绩。在 1970 年以后，Alexander 曾经选育了 AE（alexho elite）、UHO（ultra high-oil）、DO（disease oil synthesic）、ARYD（arnel'S reid yellow dent）、rSSSCHO（stiff-stalk synthetic）、BS10HO（lowa2-ear）等用于育种目的的高油玉米群体，并育成一批高油玉米自交系和杂交种。尽管这些高油玉米杂交种的含油量明显高于普通杂交种，但是在其他性状方面，仍无法与最优良的普通玉米杂交种相比。

在 20 世纪 80 年代初，中国农业大学（原北京农业大学）宋同明从美国引进了高油玉米种质和高油玉米育种技术，开始了我国高油玉米遗传改良的研究。在引进的基础上，相继组建了亚伊高油（AIHO）、抗病高油（Syn. D. O.）、瑞德高油（RYDHO）等高油群体；经过近 20 年的潜心努力，创造性地发展了高油玉米种质资源，使我国在这一领域的研究达到世界领先水平，例如，在美国大面积种植的 5 个高油玉米杂交种的平均含油量是 5.93%，其中含油量最高的为 7.3%；而中国农业大学玉米改良中心最新发放的 3 个高油玉米杂交种的平均含油量是 9.0%，其中最高的为 9.7%。在宋同明教授的带领下，不断创新种质与选育技术，相继培育并推广了一批高油玉米品种，如农大高油 1 号、高油

115、吉油 1 号等。

玉米育种家认识到，在高油玉米的品质育种中，除了提高籽粒含油量以外，还应该重视对玉米油质量的改良，比如提高不饱和脂肪酸——亚油酸的含量；减少油酸、棕榈酸和硬脂酸的含量。许多学者（Jellum 和 Widstrom，1983；Pamin 等，1985）开展了玉米油脂肪酸成分的遗传研究，这些研究结果为改良玉米油的质量提供了有益信息。

（二）碳水化合物品质育种概况

在特殊品质专用玉米育种中，甜玉米的利用具有最悠久的历史。与普通玉米类似，人类对甜玉米起源的准确时间尚不清楚。事实上，在哥伦布 1492 年到达美洲大陆之前，中美洲和南美洲的印第安人就有种植甜玉米的历史。在南美洲，最著名的两个古老的甜玉米地方品种是 Chullpi 和 Maiz Dulce（Tracy，2001）。关于现代甜玉米的起源，存在两种假说。Erwin A T 等认为现代甜玉米是独立起源的，其理由是缺少考古学证据证明甜玉米起源。在大田可以观察到随机的 su_1 甜玉米突变。直到 19 世纪，在美国都没有甜玉米的文字报道。Manglesdorf 等（1974）则认为，北美洲的甜玉米来自于地方品种 Maiz Dulce。他们发现现代甜玉米有许多共同的形态学特征。另外，在许多古老玉米地方品种背景，su_1 几乎是致死的。该基因的遗传可能需要积累提高种子出苗的修饰基因。在美国，有关现代甜玉米品种的最早报道始于 1844 年，当时最著名的甜玉米品种有三个，"Darlings Early""Stowell's Evergreen" 和 "Crosby"（Tracy，2001）。

胚乳突变基因 su_1 是甜玉米育种的主要种质资源之一。在玉米进化过程中，这一突变在不同的玉米品种中发生过许多次，然而，直到 1911 年，Eilst 和 Hayer 才详细地描述了 su_1 基因的效应，纯合的 su_1 突变体可以显著提高籽粒糖分的含量，尤其是水溶性多糖的含量。Langhnan（1953）首次报道了 sh_2 基因的效应，纯合 sh_2 籽粒蔗糖的含量是普通玉米的 10 倍，是 su_1 纯合体的 2 倍，因此，sh_2 玉米又称超甜玉米。这一基因的发现为甜玉米育种提供了新的资源。之后，随着一些新的胚乳突变基因被陆续发掘（Cameron 和 Teas，1956），例如 bt_1、bt_2、se 这些基因也分别被用于甜玉米育种。

目前，生产上利用的甜玉米品种几乎都是单交种。第一个甜玉米杂交种 "Golden Cross Bantam" 由美国的 Smith 于 1933 年育成。随着这一杂交种的成功利用，新的甜玉米单交种相继问世。这些优良新品种的利用，使美国甜玉米的产量迅速提高。尽管第一个超甜玉米品种 "Illinois Super Sweet" 在 1954 年就已育成，但是直到 20 世纪 70 年代初，大多数甜玉米品种都是由 su_1 控制的普甜玉米。近几十年来，育种学家更多的重视对超甜玉米和加甜玉米的研究和利用。

美国甜玉米主要用于鲜穗、速冻加工和制罐加工。美国是世界上最大的甜玉米生产国。人均消费各类甜玉米 11.7kg，其中 3.87kg 新鲜甜玉米、4.18kg 冷冻甜玉米、3.73kg 罐头甜玉米。根据美国农业部的统计，2010 年全美鲜穗甜玉米总产 134.5 万 t；2009 年加工甜玉米总产 313.7 万 t。泰国是亚洲主要的甜玉米生产国，主要用甜玉米加工制罐和原料出口。根据曼谷邮报 2006 年 11 月的估计，泰国甜玉米每年将有 20% 到 30%

的成长速率。泰国将从现在每年使用 450t 甜玉米种子，生产 40 万 t 甜玉米，增加到每年使用 600t 甜玉米种子，生产 50 万 t 甜玉米。2002 年 3 月 18 日，荷兰西格斯种业公司宣布开始销售高端品质的甜玉米新品种蜜瑞（Mirai）。1997 年开始在日本销售并获大众喜爱。2001 年占有日本 20% 的销售市场。蜜瑞于 2002 年开始在美国上市，售价是其他玉米的两倍。由于蜜瑞的品质特别优良，深受消费者喜爱，销售量急剧增加。

我国甜玉米育种工作大约始于 20 世纪 60 年代初期。1968 年北京农业大学首次培育出普甜玉米品种北京白砂糖。20 世纪 70 年代，中国农业科学院作物所、上海市农业科学院作物所等单位先后开展甜玉米育种研究。1984 年上海市农业科学院育成了普甜玉米综合种农梅 1 号。中国农业科学院 1984 年培育了我国第一个超甜玉米综合种甜玉 2 号。伴随着我国改革开放的不断深入，我国甜玉米育种工作有了长足的进步，相继育成了一大批甜玉米新品种，对我国甜玉米的发展起到重要的作用。这些品种包括：中国农业大学的甜单 8 号，上海市农业科学院的沪单系列，华中农业大学的华甜玉 1 号（金银 99），华南农业大学的农甜 1 号等。根据广东农业厅王子明等的统计，1996 年我国甜玉米的种植面积有 2 000hm²，2000 年种植面积达到 9.33 万 hm²，2005 年是 20 万 hm²，2010 年达到 33.33 万 hm²，2012 年发展到 40 多万 hm²。广东的甜玉米生产和消费一直位于全国前列，2004 年种植面积 8.67 万 hm²，2005 年 10 万 hm²，2006 年 11.73 万 hm²。近十几年来，云南、广东、广西等省份的反季节甜玉米也有较大的发展。

受隐性基因 wx 控制的糯玉米能够使玉米籽粒产生近乎 100% 的支链淀粉。糯玉米是最早在中国发现的，1908 年由 Collins 带到美国。美国糯玉米的育种工作开始于 1937 年，到现在为止，wx 基因已被转育到许多自交系中，并已生产较多的商品杂交种。据 Ferdason（1994）的估计，至少有 6 家美国种子公司在从事糯玉米育种研究。糯玉米杂交种的种植面积约占全美玉米面积的 5%，主要用于加工支链淀粉。尽管我国农民，特别是西南山区的农民，有较长的种植糯玉米历史，但是系统开展糯玉米杂交种选育工作始于 20 世纪 80 年代。由于我国人群有喜好食用糯米的习惯，鲜食糯玉米深受城乡人民的欢迎。20 世纪 90 年代，由江苏省南通市农业科学研究院选育的苏玉糯 1 号成为我国第一个大面积推广的鲜食糯玉米杂交种。根据中国作物学会鲜食分会的统计，目前我国鲜食糯玉米杂交种的面积达到 66.67 万 hm²。大面积推广的品种有苏糯系列、中糯系列、京科糯系列、垦糯系列、沪糯系列、渝糯系列等，其中垦粘 1 号、京科糯 2000、万糯 2000 的推广面积较大。

改革开放以来，我国鲜食玉米持续快速发展，在优化种植业结构、推进农业产业化发展、增加农民收入、提高农业效益、改善人们的膳食结构等方面日益发挥重要的作用。鲜食玉米已成为我国特色农业、都市农业和农业产业化发展的新亮点。

（三）蛋白质品质育种研究概况

玉米籽粒蛋白质含量的研究和玉米含油量的研究有同样长的历史。Hopkins 1896 年在开展籽粒含油量的混合选择的同时，还开展蛋白质含量的选择。经过 76 个周期的选择后，高蛋白质群体（IHP）的蛋白质含量显著提高，由原始群体的 10.9% 增加到 25.4%（Dudley，1977）。Illinois 大学的这项玉米高蛋白质育种计划历时近一个世纪，前后经过五代人的不懈努力，取得了众所周知的进展。遗憾的是采用这种方案所增加的玉米蛋白质大多是营养价值较低的醇溶蛋白。由此可见，为了提高玉米籽粒的营养价值，单靠提高籽粒蛋白质含量是远远不够的，重要的是必须努力改良蛋白质的质量，尤其是增加必需氨基酸——赖氨酸的含量。

Mertz 等（1964）首次发现隐性突变基因 $opaque_2$（简称 o_2）。纯合 o_2 玉米胚乳中的赖氨酸含量比普通玉米增加 70%，全籽粒赖氨酸含量高出 1 倍（Glover 等，1975）。这一重大发现为玉米蛋白质品质育种开辟了新的途径。从那时起，以利用 o_2 为代表的胚乳突变体培育高赖氨酸玉米品种一度成为玉米育种中的热门课题之一，许多国家先后开展以利用 o_2 为主要途径的高赖氨酸玉米育种工作。然而，由于 o_2 基因本身存在一些不良效应，大大限制了高赖氨酸玉米的广泛利用。尽管 o_2 基因已经被广泛地转育到各类自交系、综合种、群体，以及同名杂交种中，但是这些品种并没有大面积用于生产。

随着 o_2 修饰基因的发现（Paez 等，1969），国际玉米小麦改良中心（CIMMYT）的玉米育种学家在 Vasal 博士的带领下，从 1970 年初开始改变了以往的育种策略，设计了利用修饰基因，选育硬粒高赖氨酸玉米的育种方案。新的育种方法克服了 o_2 基因的一些不良效应，从而使玉米蛋白质品质育种获得了新的转机。20 世纪 80 年代后期，他们已经育成若干个产量水平接近于普通玉米的硬粒型或半硬粒型的群体。这些群体籽粒性状得到明显改善的硬粒型或半硬粒型的 o_2 群体，又被称为优质蛋白玉米（QPM，quality protein maize）。20 世纪 90 年代，在 CIMMYT 的倡导下，非洲和亚洲的一些发展中国家也开展了优质蛋白玉米杂交种的选育。最近，CIMMYT 新发放了一批优质蛋白玉米杂交种。

进入 20 世纪 70 年代以后，中国农业科学院、北京农业大学（现中国农业大学）等单位陆续开展了高赖氨酸玉米的育种工作。经过多年的努力，我国高赖氨酸玉米育种工作取得了一些可喜进展。中国农业科学院和北京农业大学先后育成了若干个高赖氨酸玉米杂交种，并进行了试验示范，例如，中单 206、农大 102 等（石德权和李竞雄，1982；郑长庚等，1981）。20 世纪 90 年代末，中国农业科学院的石德权等也育成了半硬质胚乳的优质蛋白玉米杂交种"中单 9406"和"中单 9409"。21 世纪以来，云南省农业科学院番兴明团队利用 CIMMYT 的玉米优质蛋白种质资源，结合我国国内的优良材料，培育了优质蛋白玉米杂交种，并在西南地区推广，产生了一定的社会经济效益（Liu 等，2019）。

第二节　玉米品质性状的遗传

一、玉米籽粒油分含量和脂肪酸组分的遗传

（一）玉米籽粒油分含量的遗传

普通玉米籽粒的含油量有一个较为广泛的变异，而且大部分变异是可以遗传的。Alexader 和 Creech（1976）对 342 个美国自交系的油分分析表明，含油量的变幅是 2.0%～10.2%。在 Bauman 等（1963）的研究中，F_1 和 F_2 家系籽粒的含油量相关系数为 0.75，F_2 和 F_3 家系的相关系数变化在 0.54～0.84。含油量的遗传受到许多基因的控制，按照经典数量遗传学的方法，根据对伊利诺高油群体不同时代品系的估计，在第 28 轮、76 轮和 90 轮，控制含油量的位点分别是 33 个、54 个和 69 个（Dudley 和 Lambert，1992）。但是 Miller 等（1981）对轮回选择群体 Reid Yellow Dent 含油量的分析表明，加性的遗传变异存在显著差异，而显性的遗传变异不存在显著差异，按照这一结果，加性基因效应对含油量的影响比显性大。

从 20 世纪 90 年代开始，随着分子生物学的发展，分子标记技术被用于研究玉米油分的遗传机理。利用 RFLP 分子标记分析伊利诺伊高油遗传基础发现了分布于玉米全基因组的 49 个位点与伊利诺伊高油群体的油分含量显著相关。Yang 等（2010）利用来自北京高油群体的自交系 BY804 为材料，采用 SSR 分子标记来分析高油资源的遗传基础，发现少数油分主效 QTL，大量微效 QTL，以及两位点的上位性效应均影响籽粒油分含量。Zheng 等（2008）克隆了第一个控制玉米油分和油酸组分含量的数量性状位点。该位点编码了一个乙酰辅酶 A：二酰甘油酰基转移酶基因（DGAT1-2）。来自于高油玉米的 DGAT1-2 有利等位基因仅仅增加胚的含油量，对胚体积和籽粒产量没有影响。Chai 等（2011）发现几乎所有玉米野生近缘种大刍草均含有 DGAT1-2 高油等位基因。在 19 世纪早期北美北方硬粒型和南方马齿型玉米地方品种中，DGAT1-2 高油等位基因的频率分别是 94% 和 90%；在美国玉米带的马齿品种中，优良等位基因的频率下降到 38.5%；而在 20 世纪早期选育的现代玉米自交系中仅有 10%。DGAT1-2 高油等位基因的丢失可能是由 20 世纪初自交系选育过程中的遗传漂变。直到最近，李建生实验室借助于高密度的 SNP 标记，利用 508 份自交系组成的自然群体，采用全基因组关联分析的方法发现了 74 个玉米油分含量和组分显著关联的位点。基于加性模型的分析，26 个与含油量显著关联的位点可解释 83% 的表型变异，证明多基因的加性作用是玉米含油量累积的重要遗传基础（Li 等，2012）。

（二）玉米油脂肪酸组分的遗传

玉米油质量的高低取决于各类脂肪酸的相对比例，而各类脂肪酸的含量同样受遗传的控制。根据 Jellum（1970）的调查，不同玉米自交系油酸含量的变异是 14%～64%；而亚油酸的变异为 19%～71%。从表 6-4 可知，对于软脂酸、油酸和亚油酸，加性基因效应起着最重要的作用。遗传相关的分析表明（表 6-5，Widstrom 等，1975），油酸和亚油酸是高度负相关（$r=-0.96$）。含油量与油酸表现正相关，而与亚油酸表现负相关，它们的 r 值分别是 0.51 和 -0.48。在不饱和脂肪酸（油酸、亚油酸和亚麻酸）和饱和脂肪酸（软脂酸）之间，存在着高度的负相关（$r=-0.99$）。植物油脂生物合成的研究早已证明，脂肪酸的生物合成途径是：月桂酸→肉豆蔻酸→软脂酸→硬脂酸→油酸→亚油酸。根据这一合成途径，就不难解释，油酸和亚油酸，不饱和脂肪酸和饱和脂肪酸之间的遗传相关。

表 6-4　各类脂肪酸的遗传方差分析

来源	脂肪酸的方差					
	自由度	软脂酸	硬脂酸	油酸	亚油酸	亚麻酸
世代间	15	5.44**	0.077**	88.38**	118.16**	0.003
加性	3	26.59**	0.136**	432.77**	576.78**	0.004
显性	3	0.72*	0.136**	3.20*	6.95**	0.003
互作	9	0.13	0.037	1.97	2.35**	0.002
机误	102	0.23	0.031	1.14	0.86	0.006

注：* 表示 5% 的显著差异；** 表示 1% 的显著差异。

　　脂肪酸的含量除了受到多基因体系的控制外，同时还与某些主效基因的作用有关。在第四染色体的长臂上，有一个控制高亚油酸的隐性基因。第五染色体的长臂上有一个影响亚油酸和油酸含量的基因（Widstrom 和 Jellum，1974），第二染色体也可能携带一个与亚油酸合成有关的基因（Plewa 和 Weber，1975）。Jellum 和 Widstrom（1983）的研究证明，来源于尼泊尔地方品种的三个自交系，带有一个高硬脂酸的隐性基因，它可以使硬脂酸含量提高到 10%，是普通玉米品种的 5 倍。

表 6-5　籽粒含油量与脂肪酸成分的遗传相关

项目	脂肪酸					不饱和脂肪酸	含油量（%）
	软脂酸	硬脂酸	油酸	亚油酸	亚麻酸		
产量（Mg/ha）	0.27	−0.27	0.16	−0.21	−0.14	−0.18	0.05
软脂酸（%）		−0.22	−0.29	0.04	0.04	−0.99**	−0.06
硬脂酸（%）			0.42*	−0.43**	0.31	0.09	0.06
油酸（%）				−0.96**	−0.02	0.22	0.51**
亚油酸（%）					−0.09	0.05	−0.48**
亚麻酸（%）						−0.22	−0.45**
不饱和脂肪酸（%）							0.06

注：不饱和脂肪酸包括油酸、亚油酸、亚麻酸。* 和 ** 分别表示 5% 和 1% 的显著差异水平。

二、胚乳碳水化合物成分的遗传

（一）胚乳碳水化合物突变基因的效应和遗传方式

　　在玉米基因库中，存在若干个影响胚乳碳水化合物化学成分的突变基因，这些基因被称为胚乳突变基因。根据突变基因对淀粉合成影响的程度，它们被分为两种类型：淀粉缺陷型和淀粉修饰型。淀粉缺陷型的胚乳突变基因通过减少底物的供应限制淀粉的合成，结果是淀粉的含量显著降低，而还原糖、蔗糖或者水溶性多糖的含量显著提高，例如，su_1、sh_2、bt_1、bt_2等。这些突变基因是甜玉米育种的重要资源。淀粉修饰型突变基因可以改变淀粉的化学或物理属性，但淀粉的含量并未显著下降。它们是淀粉品质遗传改良的重要资源，如 ae、du、su_2、wx 等。表 6-6 仅列举了在碳水化合物品质育种中有实际或潜在利用价值的胚乳突变基因。

第一个普甜基因 su_1 是由 East 和 Hayes 于 1911 年发现。在乳熟期，纯合 su_1 的还原糖和蔗糖含量增加，尤其是一种溶于水带有大量葡萄糖分支的水溶性多糖含量极高（表 6-6）。而后的研究证明，在 SU_1 的位点可能编码了一个与玉米淀粉合成有关的去分支酶基因（Smith 等，1997）。在成熟的籽粒中，因淀粉含量急剧减少，种子皱缩干瘪。

表 6-6　胚乳碳水化合物突变基因符号、位点、基因功能和籽粒表现型

基因名称	符号	染色体位点	基因功能	籽粒表现型
直链淀粉扩增	ae	5L-17	淀粉分支酶Ⅱb	无光泽，半透明，有时半饱满
显性直链淀粉扩增	$Ae-5180$	5L	淀粉分支酶Ⅱ	稍微皱缩，不透明至无光泽
易脆-1	bt_1	5L-12	葡萄糖焦磷酸羧化酶	凹陷，不透明至无光泽
易脆-2	bt_2	4S-67	葡萄糖焦磷酸羧化酶	凹陷，不透明至无光泽
暗胚乳	du	10L-28	淀粉合成酶Ⅱ	不透明至无光泽
皱缩-1	sh_1	9S-28	蔗糖合成酶	凹陷，不透明至无光泽
皱缩-2	sh_2	3L-127	葡萄糖焦磷酸羧化酶	凹陷，不透明至无光泽
皱缩-4	sh_4	5L-75	磷酸吡哆醛合成酶	凹陷，不透明至无光泽
甜质-1	su_1	4S-66	淀粉合成过程的分支酶	皱缩，玻璃质
甜质-2	su_2	6L-54	淀粉合成酶Ⅱa	部分无光泽至无光泽，基部蚀刻
增甜	sc	2L-531	淀粉代谢相关基因	色泽淡，脱水慢
蜡质	wx	9S-56	淀粉粒结合的淀粉合成酶	不透明

Longhnan（1953）对 sh_2 基因效应的研究表明，sh_2 突变体籽粒的含糖量是普通玉米的 10 倍，其中大部分是蔗糖，而水溶性多糖的积累较少（表 6-7）。成熟的 sh_2 籽粒仅有少量淀粉，种子凹陷干瘪。bt_1 和 bt_2 的基因效应和 sh_2 基因非常相似（Cameron 和 Teas，1965）。现代分子生物学的研究表明，sh_2 和 bt_2 分别是葡萄糖焦磷酸羧化酶（AGPase）大亚单位和小亚单位结构基因的突变（Smith 等，1997）。AGPase 是植物内合成 ADP 葡萄糖的关键酶，而 ADP 葡萄糖则是淀粉生物合成的底物。由于上述基因都可以显著提高籽粒中蔗糖的含量，籽粒甜度大增，因此称它们为超甜基因，是超甜玉米育种的主要基因资源。

表 6-7 单、双和三隐性胚乳突变体不同时期碳水化合物的含量（%）

基因	时间（d）	还原糖	蔗糖	总糖	WPS	淀粉	干物质
正常	16	9.4	8.2	17.6	3.7	39.2	15.7
	20	2.4	3.5	5.9	2.8	66.2	27.1
	24	1.6	2.6	4.8	2.8	69.2	37.2
	28	0.8	2.2	3.0	2.2	73.4	43.8
Ae	16	8.6	21.9	30.6	5.7	20.8	18.4
	20	4.8	13.9	18.7	4.2	37.6	26.0
	24	3.1	8.3	11.4	3.7	48.9	34.0
	28	1.9	7.4	9.4	4.4	49.3	37.5
Du	16	8.8	15.5	24.2	4.1	25.1	16.2
	20	4.8	10.5	15.3	2.7	44.6	25.6
	24	2.8	6.1	9.0	2.4	56.5	33.5
	28	1.3	6.7	8.0	1.9	59.9	38.9
sh_2	16	6.9	21.4	28.3	5.6	22.3	16.8
	20	4.9	29.9	34.8	4.4	18.4	20.3
	24	4.4	24.9	29.4	2.4	19.6	22.9
	28	3.6	22.1	25.7	5.1	21.9	26.3
Su	16	9.2	16.5	25.7	14.3	23.3	19.9
	20	5.4	10.2	15.6	22.8	28.0	25.6
	24	3.6	9.5	13.1	28.5	29.2	30.5
	28	3.9	4.4	8.3	24.2	35.4	37.6
su_2	16	7.4	10.5	16.7	3.6	39.3	17.5
	20	3.5	9.2	12.7	3.1	50.7	24.9
	24	1.9	2.6	4.5	2.5	63.9	34.9
	28	1.4	1.9	3.3	1.9	64.6	43.6
Wx	16	10.1	9.6	19.7	3.5	34.1	14.9
	20	3.5	5.2	8.7	2.3	53.3	23.9
	24	2.5	4.5	7.0	2.8	61.9	33.1
	28	1.6	1.7	3.3	2.2	69.0	37.3
ae su	16	6.9	12.6	19.6	3.7	18.3	19.3
	20	3.7	8.3	12.0	3.6	29.3	24.8
	24	2.2	5.3	7.6	3.6	37.2	31.5
	28	2.1	5.3	7.4	3.2	34.4	33.9
ae wx	16	6.1	23.8	29.9	4.2	19.7	18.3
	20	3.8	23.2	27.0	4.6	26.6	23.5
	24	3.9	17.9	22.4	5.6	37.1	25.0
	28	3.2	12.3	15.4	4.6	39.5	28.3

（续）

基因	时间（d）	还原糖	蔗糖	总糖	WPS	淀粉	干物质
du wx	16	7.3	25.5	32.8	5.5	21.3	21.2
	20	4.1	15.8	19.9	12.2	34.3	25.7
	24	3.8	11.6	15.4	11.4	37.9	30.4
	28	3.0	9.5	12.5	11.6	45.4	34.8
sh₂ su	16	8.9	24.1	33.1	5.0	7.2	20.5
	20	8.1	25.4	33.5	4.9	11.7	23.8
	24	7.1	19.1	27.8	4.6	14.4	25.2
	28	5.7	20.1	24.5	4.9	15.7	24.6
su su₂	16	4.9	16.8	21.8	33.7	11.9	20.1
	20	2.8	11.2	14.1	31.5	20.1	28.5
	24	2.4	9.6	12.0	31.0	20.5	31.1
	28	2.5	10.4	12.8	36.9	18.9	35.4
ae du su	16	12.8	24.8	37.3	9.6	23.6	17.3
	20	9.2	18.0	27.2	12.4	30.9	22.6
	24	4.7	15.5	21.3	16.1	32.7	25.8
	28	4.6	10.6	15.3	18.2	38.0	27.6
ae du wx	16	6.8	39.9	46.7	4.2	15.9	18.5
	20	4.1	34.6	38.7	3.6	26.2	24.6
	24	3.6	30.7	34.3	4.5	31.1	25.8
	28	4.4	23.7	28.1	4.9	32.0	24.5
ae su su₂	16	8.5	23.2	31.7	6.6	23.8	20.3
	20	3.5	9.7	13.2	10.4	41.6	27.1
	24	2.7	7.9	10.6	10.6	39.6	31.5
	28	2.4	8.6	11.0	11.0	41.0	34.1
ae su wx	16	8.0	28.2	36.2	4.5	22.0	16.3
	20	5.2	21.9	27.0	8.4	30.7	21.7
	24	3.5	15.0	18.5	12.2	38.5	25.8
	28	2.8	11.9	13.9	12.4	38.3	26.2
du su wx	16	5.9	16.8	21.7	24.4	14.7	22.0
	20	3.2	10.2	13.4	36.1	21.4	27.9
	24	2.9	7.8	10.7	38.4	17.5	33.4
	28	2.3	6.7	9.0	47.5	15.9	35.3
du su₂ wx	16	9.3	25.7	34.9	4.6	17.2	15.2
	20	5.2	19.5	24.8	14.8	24.7	20.8
	24	3.0	10.6	13.3	14.3	33.9	27.9
	28	2.7	8.9	11.6	16.7	38.1	30.7

　　加强甜基因 se 属于 su_1 的主效修饰基因，来源于玻利维亚地方品种与两个甜玉米自交系的复合杂交的后代（Fergus，1978）。由于基因 se_1 可以抑制糖分变成淀粉的转换速率，双隐性突变体（su_1/su_1；se/ae）籽粒的蔗糖含量进一步提高，但水溶性多糖仍维持较高含量。这种双隐性突变体兼有普甜和超甜玉米的品质特点。su_1 和 se 双隐性突变体系与 su_1/su_1 单突变体杂交的 F_2 表现两对基因的分离比例，从而证明，se 是 su_1 基因的隐性修饰基因，只有在纯合 su_1 的条件下，se 基因才可能表达。最近，Kaeppler 和 Tracy 的实验室揭示了 se 基因的功能。他们通过籽粒发育过程中转录组学的分析，发现在 se 籽粒中，许多淀粉合成基因表达水平显著降低，而淀粉分解基因表达水平显著上调。由此证明 se 基因是与淀粉代谢相关的基因（Zhang 等，2019）。

　　wx 基因是最早在中国发现的一个胚乳突变基因。它可以使籽粒产生近乎 100% 的支链淀粉。wx 基因也是最早被克隆的胚乳突变基因（Smith 和 Martin，1997），它编码了一个与淀粉粒结合在一起的淀粉合成酶基因（GBSS）。ae 基因的效应在于增加籽粒中直链淀粉的比重。在许多自交系背景中，纯合 ae 品系的直链淀粉约从野生型的 25% 提高到占籽粒总淀粉的 50% 以上。Kim 等（1998）发现 ae 基因是淀粉分支酶 Ⅱ b 结构基因的突变体，纯合 ae 分支酶 Ⅱ b 的活性仅是正常型的 20%。纯合 du 基因的突变体降低支链淀粉的比例，以及胚乳中淀粉的含量。该基因可能是一种分子量特别大的淀粉合成酶 Ⅱ 基因的突变（Gao 等，1998）。Zhang 等（2004）su_2 编码一个淀粉合成酶 Ⅱ a 的基因。在玉米籽粒发育过程中，该基因编码的蛋白以可溶性形式存在。突变体的效应是增加支链淀粉中短链葡聚糖的丰度，减少中长链的比例。

　　到目前为止，在玉米碳水化合物的品质育种中，所利用的胚乳突变体都受隐性基因的控制，只有当这些基因达到纯合状态时才表现其固有的品质特征。现以 su_1 基因为代表，简述它们的遗传方式。如图 6 - 4 所示，普甜品系— su_1/su_1（$su_1/su_1/su_1$）和正常品系杂交的 F_1 甜质性状被掩盖，仅在 F_2 才分离出 1/4 的普甜突变体。

亲本		su_1/su_1（$su_1/su_1/su_1$）	×	+/+（+/+/+）
		普甜型	↓	正常型
F_1		+/su_1（+/su_1/su_1）	↓	正常型
F_2	1/4	+/+	（+/+/+）	正常型
	1/4	+/su_1	（+/+/su_1）	正常型
	1/4	su_1/+	（su_1/su_1/+）	正常型
	1/4	su_1/su_1	（$su_1/su_1/su_1$）	普甜型

图 6 - 4　普甜基因 su_1 的遗传方式

注：括号内为胚乳基因型。

　　籽粒碳水化合物的化学成分除由上述主效基因控制外，同时还受到由背景基因型提供的多基因体系的制约。由于多基因的作用，对于不同核背景的单基因突变体，碳水化合物的含量会有一个变化的幅度。例如，在不同的核背景中，ae 品系的直链淀粉含量变幅为

$50\% \sim 70\%$。LI 和 Corke（1999）观察到，对于淀粉修饰型的 su_2 和 du 突变体，不同遗传背景和突变基因共同影响直链淀粉等理化特性。突变基因 su_1、sh_2、bt_2 和 wx 的表达均不同程度地受到遗传背景的修饰。通过对普甜玉米的双列杂交分析表明，还原糖、蔗糖和水溶性多糖三个品质性状的一般配合力方差均达到显著水平。由此说明，加性的基因效应对糖分的累积有较重要的影响。

（二）基因间的相互作用

籽粒碳水化合物的成分不仅受到等位基因的控制，非等位基因的相互作用同样可以影响碳水化合物的成分。许多学者（Creech，1962；Creech 和 McArale，1966；Garwood 和 Creech，1976；Churchill 和 Andrew，1984）利用不同的双隐性、三隐性突变体材料，研究了隐性单基因的互作效应，为在育种中有效地利用这些突变体提供了有益的信息。

从表 6-7 可以看出，在 sh_2 和 su_1 双隐性突变体中，sh_2 基因强烈地抑制 su_1 对水溶性多糖的累积，授粉后 28d，水溶性多糖的含量仅 4.9%，比 su_1 单突变体低 5 倍，显然 sh_2 对 su_1 表现了隐性上位性效应。bt_2 与 su_1 的互作效应和 sh_2 相同。ae 基因对 su_1 基因也具有隐性上位性效应。当 su 分别与 su_2、wx 及 du 结合时，双突变体籽粒可溶性多糖的水平总是与纯合 su_1 相当。可见，su_1 基因对这些基因有上位性效应。双隐性突变体 ae/ae、wx/wx 的蔗糖含量比它们的单突变体提高 $2 \sim 10$ 倍，ae 和 wx 的互作表现了累加效应。

Creech（1962）发现了一个十分有趣的现象，在授粉后 28d，ae、du 和 wx 三隐性突变体籽粒的蔗糖含量高达 23.7%，但这三种单突变体单独存在时，都不累积很多的蔗糖。这种三隐性突变体被称为新的超甜类型。由 su_1、du 和 wx 组成的双隐性突变体，授粉后 28d，水溶性多糖达到 47.5%，三个基因的互作表现了累加的效应。特别值得提到的是，du、su_1 和 su_2 对直链淀粉的合成也表现了累加效应，三隐性突变体的直链淀粉含量为 73%，甚至高于 ae 基因的效应。

三、籽粒蛋白质成分的遗传

（一）籽粒蛋白质含量的遗传

籽粒蛋白质含量是一个受多基因控制的数量性状，根据 Dudley（1977）的估计，在伊利诺伊高蛋白（IHP）和伊利诺伊低蛋白（ILP）群体之间，至少有 122 个基因位点与蛋白质含量有关。然而对于这些基因作用方式却有许多不尽相同的报道。早年的研究认为，低蛋白质对高蛋白质表现部分显性到完全显性。但是，蛋白质含量的 GCA/SCA（一般配合力对特殊配合力）值最高，由此说明，加性基因效应在蛋白质含量的遗传中起着重要作用。在蛋白质含量的变异中，由杂种优势提供的遗传方差仅占总方差的 7%（Dudley，1977）。

玉米种质资源的蛋白质含量有较广泛的变异。由表 6-8 可见，在前南斯拉夫玉米地方品种中，硬粒型、马齿型和中间型品种的蛋白质含量变异分别是 $9.4\% \sim 16.9\%$、

9.6%～15.2%和8.4%～16.1%，伊利诺伊高蛋白群体虽然经过了76代选择，蛋白质含量已提高13.3%，但群体的遗传变异仍没有枯竭（Dudley，1977）。一般认为籽粒蛋白质含量与产量之间存在一定程度的负相关，例如，两者的相关系数是－0.70，并达到5%的显著水平。

表6-8　前南斯拉夫玉米地方品种蛋白质含量的变异

品种类型	硬粒型	马齿型	中间型
品种数目	453	470	263
蛋白质含量变幅（%）	9.4～16.9	9.6～15.2	8.4～16.1

（二）籽粒醇溶蛋白的遗传

醇溶蛋白是玉米胚乳蛋白质的主要组分，约占籽粒蛋白质的50%以上，它的含量与籽粒蛋白质的质量有十分密切的关系。因此，醇溶蛋白的研究受到广泛的重视。玉米的醇溶蛋白是由约30种溶解性相同、氨基酸组成相似、但净电荷不等的多肽构成（Gentinetta等，1975）。根据醇溶蛋白的溶解性和分子结构，将其分为 α、β、γ 和 δ 四种类型。玉米 α 醇溶蛋白是玉米胚乳中主要的储藏蛋白。由于每个醇溶蛋白结构基因只编码一种多肽，因此 α 醇溶蛋白实际上是由一个包含四个基因家族（zlA，zlB，zlC，zlD）的超级基因家族所控制，每个基因家族由若干个结构基因组成。在玉米自交系 B73 基因组中，已经鉴定出41个不同 α 醇溶蛋白家族的基因（Feng，等，2009）。根据分子量的大小，α 醇溶蛋白至少被分为四个亚单位：22kD、20kD、14kD 和 10kD。22kD 和 20kD 亚单位结构基因在染色体上有相对集中的位置。22kD 亚单位基因家族的成员不连续地分布在第四染色体的两个臂上，而与20kD 亚单位有关的 Zp27、Zp28、Zp30 基因则都连锁地排列在该染色体短臂上。有七个属于20kD 亚单位的结构基因，集中在约80个遗传单位的节段内。值得一提的是 Zp1、Zp2 和 Zp3 三个基因紧密连锁，在染色体上以一个基因簇的形式存在。

几乎所有醇溶蛋白的基因都是在籽粒授粉后15d 在胚乳三倍体细胞的同一细胞器——蛋白质体中同步表达。这种时间和空间的完全一致说明，在醇溶蛋白基因家族间有某种程度的相关性。DNA 的指纹分析和 cDNA 与 mRNA 的分子杂交试验一致表明（Park 等，1980），22kD 和 20kD 亚单位的基因家族之间存在同源序列。

四、籽粒高赖氨酸含量的遗传

（一）高赖氨酸基因的效应和作用机制

美国普渡大学 Mertz 等 1964 年首次报道 o_2 突变体可以显著提高籽粒赖氨酸含量以来，新的高赖氨酸突变体被陆续发现，它们是 fl_2（Nelson 等，1965）、o_7（McWhirter，1971）、fl_3、o_6（Ma 和 Nelson，1975）、De^*-30（Soave 和 Salamini，1979）。由表6-9可以看出，这些突变体改变了籽粒蛋白质的氨基酸组成，尤其是增加赖氨酸的含量。进一步对突变体蛋白质组分的分析一致表明，所有高赖氨酸突变体都显著地减少醇溶蛋白的含量，不同程度地增加白蛋白、球蛋白，或者谷蛋白的含量。正是这一原因，才使籽粒赖氨酸含量得以提高。深入研究揭示了高赖氨酸基因引起醇溶蛋白减少的奥秘。高赖氨酸基因属于醇溶蛋白结构基因的调节基因，比如 o_2 基因编码一个调控醇溶蛋白基因表达的主效转录因子。不同高赖氨酸基因对醇溶蛋白基因表达的程度和方式是不同的。就醇溶蛋白减少的程度而言，四种基因作用强度的顺序是 $o_7 > o_2 > fl_2 > De^* - B30$（Save 和 Salamini，1979）。根据 Soave 等（1976）的研究，o_2 基因主要是抑制醇溶蛋白 22kD 亚单位的合成，而 fl_2 是限制醇溶蛋白所有亚单位的累积。o_7 基因侧重于减少 20kD 亚单位的含量（Fonzo 等，1979）。由于在醇溶蛋白的累积过程中，各个亚单位呈一定比例，某个亚单位合成受阻，必然影响整个醇溶蛋白的累积。Pedersen 等（1980）发现，在 o_2 突变体中，20kD 亚单位的 mRNAs（信使 RNA 聚合酶）比 22kD 亚单位的更丰富。有趣的是，在这些高赖氨酸基因所在的染色体上，均携带有一系列醇溶蛋白的结构基因。

表 6 - 9　高赖氨酸基因符号、染色体位点和表现型

基因符号	染色体位点	基因功能	籽粒表现型
O_2	7 - 16	调控醇溶蛋白基因转录因子	粉质胚乳，不透明
Fl_2	4 - 63	醇溶蛋白信号肽缺陷	粉质胚乳，不透明
O_7	10 - 87	类酰基激活酶蛋白	粉质胚乳，不透明
Fl_3	8 - 0	PLATZ 蛋白	粉质胚乳，不透明
$De^* - 30$	7	醇溶蛋白信号肽缺陷	胚乳缺陷

随着玉米分子生物学和基因组学的进展，其他多个玉米优质蛋白突变体基因也被分别克隆。Coleman 等（1997）发现半显性的粉质胚乳高赖氨酸基因 Fl_2 是一个醇溶蛋白基因信号肽 C 端的缺陷型，影响 24kD α - 玉米醇溶蛋白在胚乳组织的积累。显性基因 $De^* - 30$ 是玉米醇溶蛋白基因信号肽的缺陷，引起籽粒醇溶蛋白含量的减低（Kim 等，2004）。WANG 等（2011）发现 o_7 编码了一个类酰基激活酶蛋白，突变体 o_7 的类酰基激活酶蛋白基因缺失，导致胚乳蛋白体积和数量减少，引起醇溶蛋白含量的减低，而赖氨酸含量增加。LI 等（2017）克隆了粉质胚乳突变体 Fl_3 基因。该基因是一个富含 AT 与锌结合的蛋白 PLATZ（plant AT - rich sequence - and zinc - binding），在胚乳淀粉细胞中特异表达。

（二）高赖氨酸基因的遗传方式和基因间的互作

一些高赖氨酸基因已经被分别定位到不同染色体的位点上（表 6 - 10）。粉质型胚乳是高赖氨酸突变体籽粒的典型特征。由于粉质胚乳的效应，籽粒外观呈不透明状（图 6 - 5），且籽粒密度下降，粒重减轻。通过电子显微镜的观察可以发现，o_2 在突变体胚乳中，蛋白质体和淀粉粒的体积变小，数量减少，排列松散。

所有高赖氨酸突变体都是由主基因控制、表现质量性状的特征。但是，不同突变基因的显性程度是不同的，o_2、o_6、和 o_7 属于完全隐性、fl_2 表现半显性，$De^* - 30$ 是显性的。现以 o_2 为例，说明隐性高赖氨酸基因的遗传。如图 6-5 所示，纯合 o_2 突变体与正常型玉米杂交，F_1 表现正常。F_2 籽粒发生分离，3/4 的籽粒表现正常型，1/4 为粉质型，并含有较高的赖氨酸。

表 6-10　突变体胚乳氨基酸成分的比较（mg/100mg 蛋白质）

氨基酸	+	o_2	+	fl_2	+	o_7	+	fl_3	+	o_6
赖氨酸	1.6	3.7	1.6	3.4	1.8	3.2	1.6	2.7	1.6	3.3
色氨酸	0.3	0.7	0.3	0.9						
组氨酸	2.9	3.2	2.9	2.4	3.4	3.5	3.5	4.1	2.9	3.0
精氨酸	3.4	5.2	3.4	4.3	2.9	3.3	2.8	3.2	3.0	4.0
天门冬氨酸	7.0	10.8	7.0	10.9	6.1	12.1	5.9	7.2	5.7	9.8
谷氨酸	26.0	19.8	26.0	20.6	20.6	23.2	20.4	20.0	20.5	23.0
苏氨酸	3.5	3.7	3.5	3.6	3.7	4.0	3.5	3.7	3.5	3.7
丝氨酸	5.6	4.8	5.6	5.3	5.1	4.8	5.4	5.1	5.1	4.8
辅氨酸	8.6	8.6	8.6	10.0	10.9	8.8	10.2	10.1	10.6	7.1
甘氨酸	3.0	4.7	3.0	3.7	2.8	3.4	2.5	3.0	2.5	3.4
丙氨酸	10.1	7.2	10.1	8.6	7.8	7.1	8.1	7.6	8.2	7.4
缬氨酸	5.4	5.3	5.4	5.6	3.3	3.2	3.2	3.2	3.2	3.2
胱氨酸	1.8	0.9	1.8	1.6						
蛋氨酸	2.0	1.8	2.0	3.4	2.6	2.6	2.0	1.7	2.6	3.2
异亮氨酸	4.5	3.9	4.5	4.2	3.6	3.2	3.8	3.8	3.9	3.6
亮氨酸	18.8	11.6	18.8	13.9	15.3	10.7	15.9	14.2	16.0	11.8
酪氨酸	5.3	3.9	5.3	4.7	3.8	2.1	4.4	3.7	4.1	3.9
苯丙氨酸	6.5	4.9	6.5	5.4	6.1	4.7	6.8	6.3	6.5	5.1

注：＋表示对应的普通玉米。

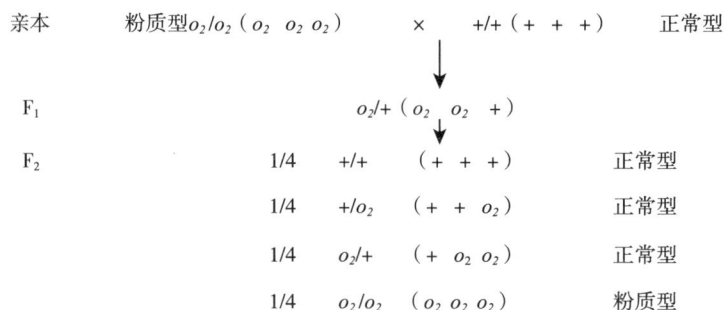

图 6-5　o_2 基因的遗传方式
注：括号内为胚乳基因型。

fl_2 基因的遗传方式见图 6-6，由于 fl_2 基因具有剂量的效应，两种胚乳基因型（＋$fl_2 fl_2$ 和 $fl_2 fl_2 fl_2$）的表现型相同，因此 F_2 正常型和粉质型籽粒的分离比例是 1：1（图 6-6）。由于同样的原因，以 fl_2 作父本的 F_1 表现型与 fl_2 作母本是不一致的，前者属于粉质型，后者是正常型。o_7 基因表现了较为复杂的遗传方式，它的胚乳表现型似乎是一种阈值性状。在 o_7 突变体与普通玉米杂交的分离世代，按表现型分类，纯合 o_7 的频率总是低于期望的比值。

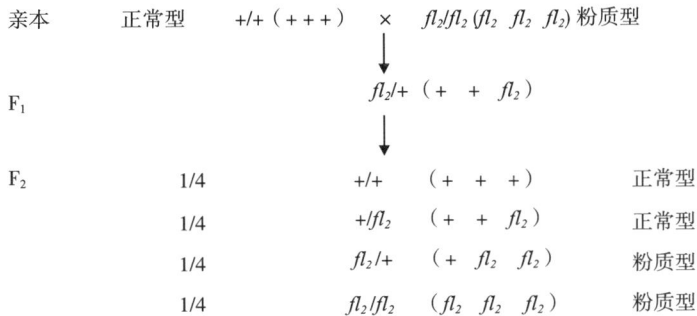

亲本	正常型	+/+（＋＋＋）	×	fl_2/fl_2 ($fl_2\ fl_2\ fl_2$) 粉质型

↓

F_1		$fl_2/+$　（＋　＋　fl_2）

↓

F_2	1/4	+/+	（＋　＋　＋）	正常型
	1/4	+/fl_2	（＋　＋　fl_2）	正常型
	1/4	$fl_2/+$	（＋　fl_2　fl_2）	粉质型
	1/4	fl_2/fl_2	（fl_2　fl_2　fl_2）	粉质型

图 6-6　fl_2 基因的遗传方式
注：括号内为胚乳基因型。

基因间的互作试验表明（Fonzo 等，1980），在纯合 o_2 的背景中，四种剂量 fl_2 基因型的蛋白质组分既不表现剂量的效应，又不存在显著差异，而仅仅表现 o_2 的特征。可见 o_2 对 fl_2 具有上位效应。双隐性突变体 o_2/o_2、o_7/o_7 的醇溶蛋白含量比单突变体进一步减少，由此说明 o_2 和 o_7 对醇溶蛋白合成的限制具有累加的作用。Fornasari 等（1982）的研究表明，o_7 对 fl_2 也表现上位的效应。Glover 等（1975）研究了 o_2 基因与胚乳突变基因的互作效应（表 6-11），结果表明，当 o_2 与一系列胚乳突变基因结合时，籽粒赖氨酸和色氨酸的含量不同程度地提高，并达到或超过纯合 o_2 的水平，相反，醇溶蛋白的水平进一步下降。遗憾的是，这种赖氨酸含量的提高是由胚与胚乳比例变化所引起。双隐性突变体进一步干扰淀粉的合成，导致胚乳重量的降低，而胚的比重相应提高。正是这一缘故，双隐性突变体的粒重普遍较轻，以至于很难用于育种。然而，o_2 和 su_2 的双隐性突变体对淀粉的合成有较小的影响，而且籽粒硬度有明显改善，因此，被认为是一种有希望用于育种的突变基因组合。

表 6-11　双隐性突变体氨基酸、蛋白质和醇溶蛋白质含量的比较

	＋	o_2	bt_2o_2	suo_2	sh_2o_2	duo_2	aeo_2	wxo_2	su_2o_2
赖氨酸	1.6	3.5	5.3	3.9	4.2	3.7	3.9	3.7	4.0
色氨酸	0.3	0.8	1.3	0.8	1.2	1.0	0.9	0.8	1.0
蛋白质（%）	11.6	10.1	14.9	13.3	18.7	9.7	10.9	9.6	10.7
醇溶蛋白	60.8	29.2	3.2	3.2	1.3	14.6	20.1	23.7	18.5

注：＋表示野生型，即没有突变的普通玉米。赖氨酸和色氨酸的单位为 g/蛋白质总量。

（三）修饰基因的作用和遗传

在高赖氨酸玉米的育种实践中，常常发现当把 o_2 基因转育到某些品系的背景中时，该基因所特有的粉质胚乳会发生不同程度的变化。这种表现型的变化被认为是修饰基因作用的结果（Magoja 和 Bertoia，1984）。在 o_2 基因纯合的条件下，修饰基因的作用在于增加籽粒中的硬质胚乳，使粉质胚乳转变成半硬质或硬质胚乳。被修饰籽粒的外观和普通玉米极为相似。根据表现型的差异，修饰型籽粒被分为两大类：规则型和不规则型（Vasal，1975）。在规则型中，硬质胚乳位于籽粒顶部或上部，而不透明的部分位于基部。对于不规则型，硬质胚乳以点状、带状、桥状等形式分布在籽粒的不同部位。大多数修饰基因都表现为规则型的修饰。

从表 6-12 的结果不难看出，修饰基因对籽粒蛋白质和赖氨酸含量的影响是明显的。随着籽粒硬度的提高，蛋白质含量上升，但赖氨酸含量下降。分析表明，籽粒中硬质和粉质胚乳比值的变化是引起这种结果的直接原因。在硬质的胚乳组织中含量有更多的醇溶蛋白，性状间的相关分析表明（Gupta 等，1983），修饰型 o_2 粒重的增加与醇溶蛋白和淀粉的含量呈高度正相关，相关系数分别是 0.80 和 0.95。电子显微镜的观察也发现（Robutti 等，1974），在修饰型 o_2 籽粒中，存在许多小型蛋白质体。这些蛋白质体进一步和基质蛋白及淀粉粒结合，形成具有较坚实结构的硬质胚乳组织，最终使籽粒密度增加，透明度被改善，粒重也随之提高。

表 6-12 o_2 修饰基因对胚乳蛋白质和赖氨酸含量的影响

胚乳类型	蛋白质含量		赖氨酸/干物质		赖氨酸/蛋白质	
	%	修饰型/粉质型比例	%	修饰型/粉质型比例	%	修饰型/粉质型比例
正常型	10.8	1.17	0.20	0.63	1.84	0.53
接近正常型	10.5	1.13	0.26	0.81	2.50	0.71
75%修饰	10.4	1.12	0.27	0.84	2.66	0.76
50%修饰	9.4	1.01	0.28	0.88	3.04	0.87
25%修饰	9.4	1.01	0.29	0.91	3.11	0.88
接近 o_2 型	9.5	1.03	0.32	1.00	3.43	0.98
标准 o_2	9.3	1.00	0.32	1.00	3.50	1.00

遗传研究表明（Vasal，1975）：在修饰型 o_2 的分离世代，籽粒透明度从不透明至完全透明呈连续分布。由此说明，o_2 胚乳的修饰受到许多基因控制，表现数量性状的遗传特点。表 6-13 是 8 个修饰型 o_2 亲本组成的不完全双列杂交试验的结果，从中可以得出以下几点结论：其一，就修饰基因对 o_2 籽粒的影响而言，加性基因的效应比显性更为重要。其二，修饰基因有部分显性的效应。其三，在供试的亲本中，隐性修饰基因的频率高于显性。然而，对于胚乳的修饰，显性的基因效应是显著的，但加性的效应并不显著。这些不

一致的结果表明，修饰基因的遗传是复杂的。

表 6-13 o_2 修饰基因遗传变异的估计

遗传成分	方差	备注
D	0.137 9	加性变异
F	−0.071 3	显性基因对隐性的相对频率
H_1	0.115 1	显性变异 1
H_2	0.071 6	显性变异 2
H_1/D	0.913 5	显性度平方
$H_2/4H_1$	0.155 5	负等位基因对正等位的频率

在玉米基因组中，已经定位了 7 个 o_2 基因的修饰位点。它们分布在玉米 6 条不同染色体上。直到最近，中国科学院上海生命科学研究所亚永睿研究员的实验室鉴定出一个修饰 o_2 基因的主效数量性状位点 qγ27（Liu 等，2016；2019）。它位于玉米第 7 染色体上靠近 27kD aγ-玉米醇溶蛋白基因座。该位点的作用是增加玉米 27kD aγ-醇溶蛋白基因的表达。玉米醇溶蛋白对胚乳组织蛋白质体的形成起到重要的作用，在 o_2 突变体中，蛋白质体的数量和大小的显著减少是导致不透明粉质胚乳的主要原因。27kD aγ-玉米醇溶蛋白的高表达，增加了 γ-醇溶蛋白的含量，促进了淀粉颗粒周围众多小蛋白体的形成，使 o_2 突变体的胚乳由完全的粉质转变成部分的硬质。进一步的研究发现：o_2 修饰因子，qγ27，是玉米 27kD aγ-醇溶蛋白基因拷贝数的变异。拷贝数的增加引起 27kD aγ-玉米醇溶蛋白基因表达量的提升。该发现为加速 QPM 育种提供了一个有用的基因资源。

最近，上海交通大学工文琴教授和上海生命科学研究所亚永睿研究员的团队构建了 K0326Y 与来源于美国的普通 o_2 自交系 W64Ao_2 的 F_2 群体，并分离出群体中完全硬质和粉质的极端个体，采用测序技术对全硬质和粉质的极端个体混池测序，鉴定到了多个修饰因子的 QTL 位点；同时，通过对两组优质蛋白玉米和 o_2 突变体进行 RNA-seq 分析，共鉴定到了 1 791 个共同差异表达基因。发现了一些与多个胚乳修饰因子遗传位点紧密相连的候选基因，这些基因具有结构变异和表达水平改变等遗传特征。由此提出了解释优质蛋白玉米硬质胚乳形成的分子机制模型（Li 等，2020）。

五、玉米籽粒颜色的遗传

（一）籽粒颜色的表现和控制籽粒颜色的基因

通常，成熟玉米籽粒颜色的变化范围是白色到黑色。籽粒颜色的表现主要由花青素和类胡萝卜素色素两种色素决定。花青素主要与紫色和黑色有关，而类胡萝卜素主要与黄色有关。花青素和类胡萝卜素二者组分的不同组合又能产生黄色、紫色、红色等不同颜色。此外，二者还含有不同类型的花青素、维生素 A 原、玉米黄素、叶黄素等营养物质。因此，五颜六色的鲜食玉米不仅增强了广大消费者的视觉吸引力，而且还提供了人类需要的特殊微量营养元素。

　　玉米花青素和类胡萝卜素存在于玉米籽粒的不同部位，并随玉米籽粒发育而发生变化。玉米花青素主要储藏于玉米糊粉层、盾片、果皮等组织。由于花青素是水溶性物质，在籽粒发育过程中，大量累积的花青素也会渗透到胚乳组织。玉米类胡萝卜素存在于玉米胚乳、胚、幼苗，以及突变的植株中。玉米籽粒颜色的最终表现由三个因素决定，一是单个控制颜色基因位点的等位基因，二是基因表达的特定组织，比如果皮、糊粉层、胚乳等，三是不同基因间的相互作用。此外，对于鲜食玉米，采收时籽粒还没有完全成熟，而一些颜色基因的表达大多是在籽粒灌浆的中后期，因此，采收的时期也影响籽粒的色泽。

　　由于玉米籽粒的颜色容易鉴别，因此，籽粒颜色是早期普通遗传学和细胞遗传学研究的理想性状，有比较系统深入的研究。由表 6 - 14（Coe 和 Neuffer，1977）可见，在玉米染色体上至少有 14 个位点与籽粒不同部位花青素及相关色素的生物合成有关，最终影响色素的组分、颜色深浅，以及在不同组织的分布。A 基因位于第 3 染色体，是花青素合成的结构基因，编码二氢槲皮素还原酶。位于第 5 染色体的 A_2 基因与 A 是互补的，可能是隐花青素双氧化酶的结构基因。B 基因在第 2 染色体上，控制糊粉层、盾片，甚至果皮的颜色，编码一个核转录激活蛋白。Bz 和 Bz_2 是铜色籽粒的控制基因，分别位于第 9 和第 1 染色体上。前者编码 UDP 葡萄糖类黄酮 3 - O 糖基转移酶，后者编码 24kD 谷胱甘肽 S 转移酶。位于第 9 染色体的 C 基因是花青素代谢途径中的一个调节基因。C_2 是查耳酮合成酶基因，位于第 4 染色体。显性 Ch 籽粒表现是巧克力色的果皮，该基因位于第 2 染色体长臂。P 基因是累积红色鞣酐类色素必需的调节基因，位于第 1 染色体。P 蛋白的功能是增强色素基因 a 的转录。In 和 P^r 是色素的修饰基因，分别位于第 7 染色体和第 5 染色体。后者编码一个类黄酮 3 - 羟化酶。它们与控制色素的结构基因互作影响籽粒色泽，并表现剂量的效应。在表 6 - 15 的这些基因中，有些基因对所有组织的色素形成都是必不可少的，如 A，另外一些基因，像 C、P 等，则有比较强的专化性，仅仅与个别或少数组织的色素形成有关。有些基因座位，例如 A、P 等，分化出了许多等位基因，构成各自的复等位基因系列。

表 6 - 14　控制玉米籽粒不同组织花青素及相关色素的基因

组织	基因符号										
糊粉层	A	A_2	$B-Peru$	B_z	B_{z2}	C	C_2			In	P^r
盾片	A	A_2	$B-Peru$	B_z	B_{z2}	C					P^r
胚芽	A	A_2		B_z	B_{z2}	C				P_u	P_{u2}
漆红果皮	A							$P-RR$			
铜色果皮	a							$P-RR$			
巧克力果皮							Ch				
紫色果皮	A	A_2	B	B_z	B_{z2}			P			

（二）籽粒不同组织色泽的遗传

普通玉米的果皮通常都是无色透明的。P 基因同时决定果皮和穗轴两种组织的颜色。为了方便区别 P 基因对不同组织的颜色效应，常常用 P 加两个后缀字母分别表示果皮和穗轴的颜色。前一个字母代表果皮颜色，后一个字母代表穗轴颜色，同时用 r、w、o、c 和 v 分别表示红色、白色、橘黄色、白顶和杂色，例如 $P-ww$ 表示白果皮和白穗轴，$P-wr$ 表示白果皮和红穗轴，$P-rr$ 表示红果皮和红穗轴，$P-vv$ 表示花斑果皮和花斑穗轴。该基因位点包括一系列复等位基因，这些复等位基因在自然玉米群体中都有一定的比例出现。玉米果皮是由母本子房壁发育而来，而子房壁是体细胞组织，因此果皮表现型完全由母本基因型决定，与授粉当代父本花粉的基因型无关。

大多数普通玉米的糊粉层是无色的。但是在特定色素基因的作用下，玉米糊粉层可以由无色转变成黑色、紫色、红色、棕色，甚至花色等不同色泽。如表 6-15 所示，已经发现有 9 个限制性基因和两个修饰基因与花青素及其相关色素形成有关（Neuffer 等，1997）。这些基因的不同组合使糊粉层产生从深紫色到纯白色等不同颜色。在 A、A_2、C、C_2、R 五个基因中，只要有一个基因是隐性的，就不会有色素出现，表现白色。R 基因和 B 基因是互补基因，作用相似，可以相互取代。对于 Bz 和 Bz_2，只要有一个基因是隐性的，就会产生棕色素及微量的紫色素，混合形成古铜色。如果 Bz 和 Bz_2 都处于隐性状态，则不再产生色素，表现白色。P^r 和 In 基因是色素的修饰基因。A 等基因与 P^r 基因结合产生紫色素，与 p^r 基因结合产生红色素。in 基因的功能是提高花青素的含量，最终是增加颜色的强度。凡是有 in 基因的组合，颜色就深；而凡是有 In 的组合颜色就淡。此外，在 A 等 9 个显性基因共同存在的情况下，不同自交系或杂交种，糊粉层颜色深浅还有很大的差别。由此说明还有一定数目的微效基因对糊粉层色泽有重要的修饰作用。

表 6-15　玉米花青素及相关色素基因的互作效应与糊粉层颜色变异

限制基因	修饰基因			
	P^r, In	P^r, in	p^r, In	p^r, in
所有颜色基因都存在	紫色	深紫色，棕色果皮	红色	深红色
a	无色	淡棕色，棕色果皮	无色	无色，淡棕色果皮
a_2	无色	淡棕色，棕色果皮	无色	无色，淡棕色果皮
B_z	紫铜	棕紫色，棕色果皮	红铜色	粉红色，黄棕果皮
B_{z2}	紫铜	棕紫色，棕色果皮	红铜色	粉红色，黄棕果皮
$B_z B_{z2}$	接近无色	—	无色	—
c	无色	无色	无色	无色
C_1-I	无色，少量紫点	浅色，少量深紫点	无色，少量红点	浅红色，少量深红点
c_2	无色	浅紫色	无色	浅红色
r	无色	无色	无色	无色

这些控制籽粒颜色的基因基本上都是质量性状基因，表现典型的孟德尔遗传。对于两对互补基因组合 A/a；R/r，后代有色籽粒与无色的分离比例是 $9 : 7$。三对互补基因组合 A/a；C/c；R/r，后代有色籽粒与无色的分离比例是 $27 : 37$。所有互补基因对 P^r 都表现上位性效应，C/c；P^r/p^r 组合后代紫：红：白的分离比例是 $9 : 3 : 4$。

决定玉米淀粉层色泽的基因有 y_1、y_8、y_9、y_{10} 和 Wc。这些基因影响类胡萝卜素组分和含量。胚乳淀粉层主要存在黄白两种颜色，但是在表现的程度上有一定的差异。位于第 6 染色体的 Y_1 是八氢番茄红素合成酶基因（PSY）。它是类胡萝卜生物合成途径起始位置最关键的酶之一。显性 Y_1 产生黄色淀粉层，隐性 y_1 产生白色淀粉层。纯合的隐性基因 y_8、y_9 和 y_{10} 产生较浅的黄色淀粉层。Wc 的显性基因能使由 Y_1 引起的黄胚乳的顶部变为白色，并使其他部分变为淡黄色。Yan 等（2010）利用候选基因关联方法克隆了类胡萝卜素含量的主效 QTL，为 β 胡萝卜素羟基水解酶基因（$crtRB1$）。该位点的优良等位基因可以使玉米类胡萝卜素含量达到 10mg/g 的水平。

第三节 高油玉米育种原理与方法

一、高油玉米的育种目标和策略

尽管玉米油分育种包括高油玉米育种和优质玉米油育种，但是在现阶段，高油玉米是玉米油分育种的主体。由于大多数普通玉米品种的含油量为 $4.0\% \sim 5.0\%$，因此，高油玉米的最低指标应在 6.0%。在其他性状方面，高油玉米的育种目标和常规育种相同。高油玉米品种的农艺性状和抗病性应与生产上推广的品种保持同一水平，产量指标不应显著地低于现有推广的优良品种，一般减产不超过 5%。

玉米油是玉米胚芽重要的储藏物质之一，然而，玉米胚芽是由盾片和胚组成，虽然玉米盾片的重量仅是全籽粒的 12%，但盾片的含油量则占玉米总含油量的 85%，因此，玉米盾片是玉米油最重要的储藏器官。通常，玉米油是以油质体的形式沉积在盾片的软组织中。在发育的玉米籽粒中，油分的大量累积开始于授粉后 15d，然后继续增加到授粉后 45d，并维持在一个相对稳定的水平，直至成熟。Misevic 等（1987）比较了含油量分别为 5%、7% 和 9% 的三组玉米杂交种全籽粒油分累积效率，结果表明，在三组材料中，油分累积效率存在显著的差异，其中含油量 9% 的杂交种最高，而含油量 5% 的杂交种最低。从表 6-16 的结果可以看出，高油玉米杂交种的含油量与胚芽的重量和胚芽/胚乳比呈高度的正相关。基于以上这些研究结果，高油玉米育种的一个基本策略之一是重点选择控制胚芽和胚乳大小，改变胚芽与胚乳比值和增加油分在盾片中积累效率的有利基因的基因型。

表 6-16　高油玉米和普通玉米籽粒、胚芽与含油量的比较

杂交种	籽粒重（g/10粒）	胚芽重（g/10粒）	胚芽/籽粒	籽粒含油量（%）
Mo17×B73	4.06	0.331	8.2	4.5
R806×B73	3.02	0.371	12.3	6.9
$AEC_2 7×B73$	3.22	0.339	12.4	7.3
$UHOC_0 340×B73$	3.31	0.440	13.3	9.0

注：R806、$AEC_2 7$ 和 $UHOC_0 340$ 为高油自交系。

二、高油玉米的种质创新和高油杂交种群（体）选育

优良的种质是玉米育种的重要物质基础。由于高油玉米是一种由人工创造的特殊玉米类型，因此，种质的创新对于高油玉米的育种具有更重要的意义。玉米籽粒的含油量受微效多基因控制，而且表现出较高的遗传力，因此，轮回选择是创造高油玉米新种质的最有效方法，这一经验已经被愈来愈多的育种实例所证实。高油玉米轮回选择最经典的例子是：IHO 群体的改良。但是，长期的近亲交配已使这一群体无法直接利用。采用适当的方式引入一些优良种质资源有助于克服它的缺点。另一个成功的例子是，以玉米品种 Reid Yellow Dent 为基础材料的高油玉米轮回选择（Miller 等，1981）。基本的程序是，每轮选 400 个果穗，从每个果穗上取 100～300 粒种子，进行单粒的油分分析，选含油量最高的籽粒种成穗行，作为下一轮的亲本，经过七轮选择，籽粒含油量由 4.04% 提高到 10.91%，平均每轮增加含油量 0.07%（表 6-17）。随着含油量的逐渐增加，群体的产量并没有显著变化，但是，需要指出的是，收获期的含水量有所增加。大群体选择和单粒油分分析是 Reid Yellow Dent 群体含油量显著提高的重要经验。

表 6-17　R. Y. D. 高油玉米群体轮回选择进展

轮数	累计选择差（%）	平均值（%）
0	0.00	4.04
1	1.42	5.18
2	2.91	6.02
3	5.05	6.98
5	7.69	7.68
6	9.35	8.43
7	10.91	9.12

早期的研究普遍认为（Alexander，1971），当群体的含油量提高到 8% 以上时，含油量的继续提高，伴随着产量的明显下降，二者呈显著负相关。Reid Yellow Dent 群体的高油轮回选择的结果说明，在选择的过程中，只要同时注意含油量和产量，就可以获得双高（高油、高产）的玉米群体。基于这种观点，Meller 等（1981）提出了同时兼顾含油量和

产量的轮回选择方案。基本的改良程序如下：在基础群体中，选优良 S_0 植株自交，同时与测验种测交，以 S_1 果穗或者 S_1 单粒种子为单位，分析籽粒油分含量。尔后，根据含油量的资料和测产的结果，挑选最优家系组成下轮群体，经过若干轮的选择，群体的含油量和产量将会同时被改良。

中国农业大学宋同明等在 20 世纪 80 年代开始了以玉米育种为目的的高油玉米群体改良计划（Song 和 Chen，2004）。利用轮回选择的方法创造了一批高油玉米群体（图 6-7），如含油量达到 17.86% 的亚伊高油群体（AIHO）、含油量 13.90% 的抗病高油群体（Syn. D. O.）、含油量 12.08% 的利得高油群体（RYDHO）。经过 18 代的选择，BHO 含油量由最初的 4.71% 提高到 15.55%。经过 7 代选择，KYHO 的含油量由 3.73% 增加到 11.57%。经过近 20 年的潜心努力，创造性地发展了高油玉米种质资源，使我国在这一领域的研究达到世界领先水平，例如，在美国大面积种植的 5 个高油玉米杂交种的平均含油量是 5.93%，其中含油量最高的为 7.3%；而中国农业大学玉米改良中心最新发放的 3 个高油玉米杂交种的平均含油量是 9.0%，其中最高的为 9.7%。在宋同明教授的带领下，不断创新种质与选育技术，相继培育并推广了一批高油玉米品种，如农大高油 1 号、高油 115、高油 601、高油 647、高油 6 号、吉油 1 号等。

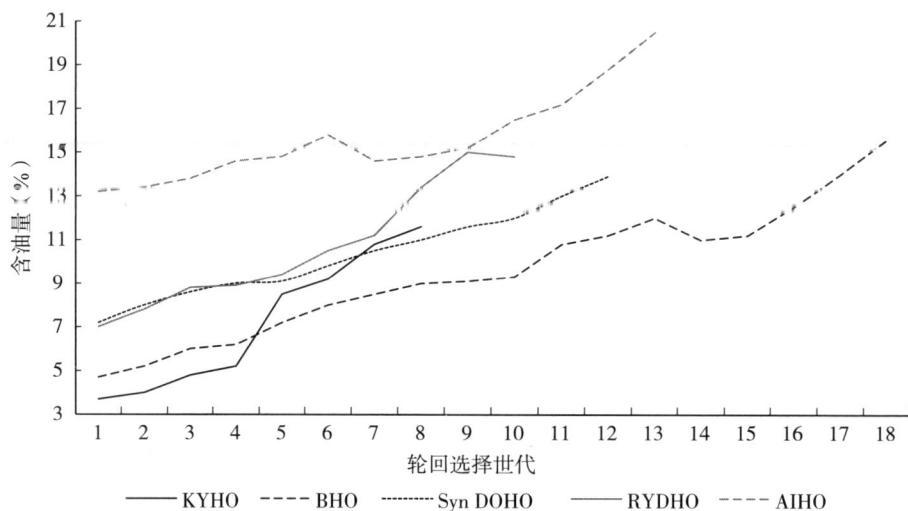

图 6-7　中国农业大学 5 个高油群体不同世代籽粒含油量的改良进展

在现阶段，利用高油玉米群体分离自交系是选育高油自交系最主要的途径，因此连续自交选择便是选育高油自交系的重要方法。在选育过程中，除了含油量以外，其他性状的选择和普通玉米育种相同。根据玉米含油量的遗传规律，高油玉米杂交种的含油量往往是双亲含油量的平均值，例如，以一个含油量为 8% 的高油自交系与含油量是 4% 的普通自交系杂交，F_1 的含油量可达到 6% 左右。而利用两个高油自交系组配的杂交种，尽管含油量显著提高，但是籽粒产量过低，难以与普通玉米竞争。因此，组配高油玉米杂交种的基本原则是高油玉米自交系与优良普通玉米自交系杂交，即一个亲本是高油自交系，另外一个亲本是优良普通自交系,例如,21 世纪初大面积推广的高油玉米杂交种——农大高油 115 的亲本组合就是 GY220×1145。GY220 是从美国亚历山大高油群体 C23 中的优良单株经 10 代自交而成,1145 是来自美国先锋公司杂交种的普通玉米自交系。该品种籽粒产量 6.3~6.75t/hm², 粗脂肪含量 8.3%, 粗蛋白 11.02%, 籽粒赖氨酸 0.42%, 粗淀粉 66.29%。按含油率 8% 计算每公顷可产 600kg 玉米油。

三、高油玉米的"三利用模式"

花粉直感效应是指 F₁ 授粉当代表现父本的某些特性的遗传现象。早期的研究已经表明,利用花粉直感的作用可以提高杂交种 F₁ 籽粒的含油量。由于玉米油主要储存在胚芽中,而玉米胚芽的发育需要父母本双方基因的共同作用,因此杂交种双亲对籽粒的含油量均有重要影响。以高油玉米作为授粉者,接受花粉的 F₁ 籽粒的含油量也随之提高,增加的数值大约等于父母本含油量之差乘以 0.35, 即父本含油量比母本提高 1%, 籽粒含油量比母本增加 0.35%。籽粒含油量的提高主要归因于胚的体积和重量的增加。

玉米雄性不育杂交种为利用花粉直感效应增加玉米籽粒含油量提供了有效途径。以普通玉米的雄性不育杂交种为母本,用高油玉米杂交种作为授粉者即可生产产量水平和普通玉米相当,含油量明显提高的玉米籽粒。此外,这种生产模式还可避免杂交种自交的衰退作用,充分发挥 F₁ 的杂交优势作用。在此基础上,中国农业大学的宋同明提出了高油玉米"三利用模式",即花粉直感对含油量的增加效应、雄性不育的增产效应和杂交优势的增产效应,并将其赋予实践。1998 年中国农业大学在北京市示范"三利用模式"约 13.3hm², 其中雄性不育杂交种农大 3138 与授粉者农大高油 115 按 4∶1 或 4∶2 种植,不育农大 3138 接受高油 115 花粉后,产量比可育农大 3138 增产 3%~5%, 籽粒含油量由 3.87% 提高到 5.25%, 增加了 35.7%。

四、利用优良基因分子标记的高油玉米分子育种

随着玉米油分和组分主效 QTL 被精细定位和克隆,以及分子标记成本的不断降低、分子标记辅助选择为玉米油分的分子育种提供了新的技术与工具。与传统作物育种技术相比,分子标记辅助选择可以在幼苗期甚至播种前直接进行基因型选择,不仅节省时间和资源,还提高了选择的准确度。位于玉米第 6 染色体上控制油分和组分的 $DGAT_{1-2}$ 有利等位基因是一个苯丙氨酸(F469)的插入,导致玉米胚中含油量和油酸组分的显著提高 (Zheng 等,2008)。Chai 等(2012)利用重测序技术和候选基因关联分析,开发了 $DGAT_{1-2}$ 有利等位基因的功能分子标记(图 6 - 8)。Hao 等(2014)利用分子标记辅助回交将 $DGAT_{1-2}$ 有利等位基因分别转育到我国推广面积最大的玉米杂交种郑单 958 的两个亲本,培育了籽粒油分显著提高、籽粒产量与普通郑单 958 相当的 HO - 958。在一定程

度上，解决了玉米籽粒产量与油分负相关的矛盾。

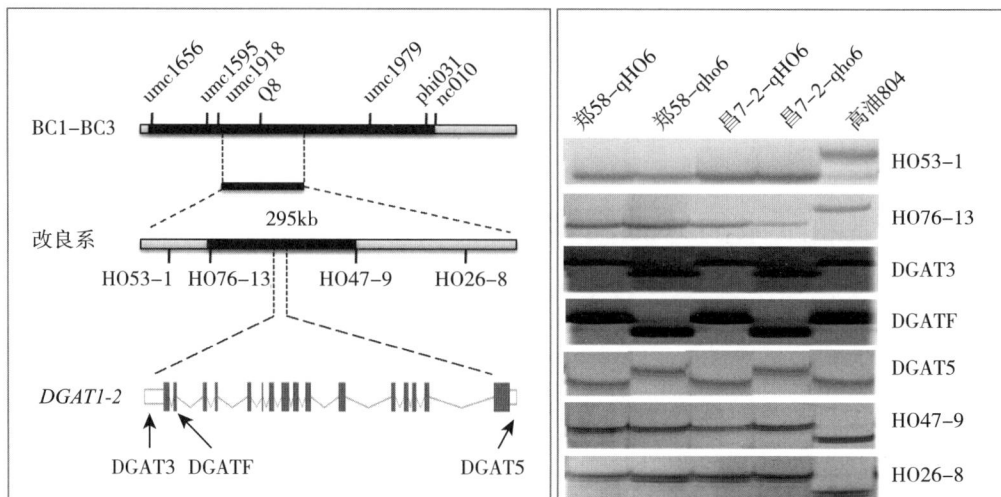

图 6-8　HO-958 双亲及原始亲本目的基因位点和分子标记示意图

通过分子标记辅助回交，已经将高油自交系的目的基因片段成功地转育到郑单 958 的两个亲本。基于 53.7K 的 SNP 标记的分析，双亲遗传背景的回复率分别达到 96% 和 94%。如图 6-8 所示，改良后的双亲（郑 58-qHO6 和昌 7-2-qHO6）的有利等位基因来自高油自交系（BY804），三个基因内的标记 DGAT3、DGATF 和 DGAT5 与 BY804 一致；而目标片段两侧的标记（H053-1，H076-13，H047-9，H026-8）均回复到原始亲本。郑 58-qHO6 和昌 7-2-qHO6 含油量分别提高到 4.4% 和 4.9%，而原始亲本郑 58 和昌 7-2 的含油量分别是 3.6% 和 4.4%。但是，单穗粒重没有显著差别。两年 10 个点的品比试验表明，HO958 的含油量是 4.96%、产量 13.6t/hm²，对照含油量是 3.92%、产量 13.5t/hm²。改良后的 HO958 籽粒油分含量提高了 26.5%（表 6-18）。

表 6-18　HO958 及亲本与原始杂交种及亲本油分含量与产量比较

项目	郑 58	郑 58-qHO6	昌 7-2	昌 72-qHO6	郑单 958	HO 958
含油量	3.6%	4.4%	4.1%	4.9%	3.92%	4.92%
籽粒产量（t/hm²）					13.5	13.6

第四节　鲜食玉米育种原理与方法

一、鲜食玉米育种的基因资源和遗传分类

（一）鲜食玉米的特点与分类

鲜食玉米是指在玉米籽粒发育的乳熟期，或者乳熟期后期采收用作蔬菜、水果，或者食品的新鲜玉米。这类玉米还可以进一步加工成为不同类型的冷冻或者罐头产品。与普通

玉米相比，鲜食玉米的一个重要特点是利用了与碳水化合物代谢有关的隐性胚乳突变基因，改变了玉米籽粒的化学成分，增加了乳熟期籽粒糖分的含量，或者改良淀粉的特性等。鲜食玉米作为一种特殊的食品，另外一个重要特点是它的果穗和籽粒的商品性，籽粒的适口性和风味等性状与普通玉米有明显的差别。此外，由于长期人工选择的结果，鲜食玉米，特别是甜玉米，在籽粒产量、成熟期、株型、抗病性等农艺性状方面与普通玉米有相当的差别。因此，鲜食玉米的育种就是以特殊的胚乳突变基因为资源，同时针对鲜食玉米的特殊性状进行改良，培育适合市场需求的鲜食玉米新品种。

根据籽粒营养成分的特点，鲜食玉米可以大致分为鲜食甜玉米和鲜食糯玉米两大类型。甜玉米是东西方人群普遍喜爱的鲜食玉米；由于亚洲人群有喜爱消费糯米食品的习惯，鲜食糯玉米在我国、韩国等亚洲国家有较大市场。在鲜食甜玉米和糯玉米的基础上，影响鲜食玉米品质的不同胚乳突变基因的相互作用还可以形成不同的修饰类型。在甜玉米类型中，又有加强甜玉米、部分修饰甜玉米。在糯玉米类型中，有不同比例和不同类型的糯加甜等。依据籽粒颜色，鲜食玉米又分为黄色、双色、红色、紫色、花色及白色等。在我国上海和江浙等地区，白色的糯玉米深受消费者喜爱。但是，就营养学而言，有颜色的鲜食玉米有更多的微营养元素，比如黄色鲜食玉米富含类胡萝卜素，它们是维生素 A 原的前体。紫色鲜食玉米富含花青素，它是一种有益于人类健康的抗氧化剂。

（二）甜玉米育种的基因资源和遗传分类

根据控制甜玉米特性的基因型，可分为普通甜玉米、超甜玉米、加强甜玉米。对于由 su_1 基因控制的普甜玉米，适宜采收期的蔗糖和水溶性多糖（WSP）的含量分别是普通玉米的 2 倍和 10 倍。水溶性多糖的主要成分是一种称为植物糖原的物质，是玉米所特有的一种碳水化合物。WSP 由许多分枝的葡萄糖长链所构成，主链长度是 10～14 个葡萄糖分子，支链长度是 6～30 个葡萄糖分子。普甜玉米 WSP 含量为籽粒干重的 25% 以上，但普通玉米几乎不积累这种物质（Marshall 和 Whelan，1974）。由于水溶性多糖的提高，普甜玉米不仅具有一定甜味，而且有一种独到的糯性，但是普甜玉米的突出问题是，适宜的采收期特别短，通常只有 1～2d 时间，而且收获后，糖分迅速转化，品质下降。由 sh_2、bt 和 bt_2 控制的超甜玉米的主要特点是籽粒中蔗糖含量极高，例如，sh_2 甜玉米的蔗糖含量占籽粒干重的 35% 以上，是普甜玉米的 2 倍，但是，超甜玉米缺少水溶性多糖，碳水化合物的总量有所降低。超甜玉米的显著优点是甜度增加，采收期和储存期相对延长，一般可达一周左右，它的主要问题是种子发芽率低、苗期生活力弱。由于上述特点，普甜玉米主要用作加工各类罐头，而超甜玉米是鲜售和冷冻产品的主要类型。

根据胚乳突变基因的数目，甜玉米又可分为单隐性甜玉米，如 su_1 基因、sh_2 基因等；双隐性甜玉米，例如 su_1、se_1。通过 se_1 基因的修饰作用，这种双隐性甜玉米籽粒的蔗糖含量显著提高，并达到 sh_2 基因型的水平，同时又使水溶性多糖仍维持较高的含量，并在一定程度上克服了 su_1 基因型糖分转化快的缺点。三隐性甜玉米有 su_1、se_1、sh_2，ae、du、wx。三隐性甜玉米 su_1、se_1、sh_2 具有 sh_2 基因的高糖分浓度，甜度维持的时间较长，脆而坚硬的果皮及低淀粉含量；se_1 基因的增强糖分含量，软嫩程度，适口性及乳酪质感，以及 su_1 基因的柔软，特殊的糯性，鲜嫩等优点。ae、du、wx 三隐性甜玉米蔗糖的含量达到超甜玉米的水平。

随着甜玉米育种的发展，更多的胚乳突变基因以及他们的互作类型被利用。为了避免概念和术语的混乱，Courter 和 Rhoades（1982）提出了甜玉米分类方案（表 6-19）。这种分类方案是以育种中利用的主要胚乳突变基因为依据，同时考虑到各种修饰的加甜基因型。它包括了现有商品甜玉米品种和自交系的所有已知基因，以及它们的互作形式，今后可能发现的新突变基因，也可以随时加入到这个分类清单中。所谓加甜的类型是指在某个特定的甜质基因型基础上，加入另外一些胚乳突变基因，使籽粒品质得到进一步改善的甜玉米品种，加甜的类型又可分成全部修饰和部分修饰两大类。全部修饰的加甜实质上是一种双隐性的类型。对单个基因作用产生的加甜类型，通常产生 25% 的修饰效应，例如 su_1 和 sh_2 的加甜类型，其杂交种的基因型是（su_1/su_1；$+/sh_2$），它的籽粒表现型和普甜玉米完全相同，但是杂合 sh_2 的分离使杂交种的果穗上有 1/4 的籽粒是双隐性的超甜类型（su_1/su_1；sh_2/sh_2），而其他 3/4 仍是普甜类型，结果 25% 的籽粒被修饰。这种混合型果穗含糖量比普甜玉米提高 50% 左右，同时还保持普甜玉米的大部分水溶性多糖。两个主效基因作用的部分加甜类型涉及两个杂合的胚乳突变基因，例如，su_1 和 se、sh_2 的部分加甜类型，杂交种的基因型是（su_1/su_1；$+/se$；$+/sh_2$）。在 F_1 的果穗上，产生 9/16 单隐性籽粒、6/16 的双隐性籽粒和 1/16 的三隐性籽粒。结果使 44% 的籽粒品质被修饰。

表 6-19　甜玉米的遗传分类

I	甜突变体（su） A. "标准"甜玉米：全部玉米表现甜玉米表现型（su） B. 加甜类型，由另一些基因作用使糖分增加 （1）部分修饰作用 　（a）单一主基因作用：bt、bt_2、sh_2、se，大约 25% 的甜玉米籽粒被修饰而增甜 　（b）多个基因的作用：当 se 和 sh_2 共同修饰时，大约 44% 的籽粒被修饰 （2）100% 的修饰作用 　（a）主效基因作用：例如纯合 su 和 se，全部籽粒修饰 　（b）微效基因作用：du、fl_2、O_2、su_2、wx，表现不同程度的微效修饰
II	其他突变体 A. 单基因 （1）皱缩型 　（a）sh 　（b）sh_2 （2）易碎型 　（a）bt 　（b）bt_2 B. 多基因 （1）$ae+du+wx$
III	乳熟期鲜食的普通玉米品种

（三）鲜食糯玉米育种的基因资源和遗传分类

鲜食糯玉米育种主要是利用胚乳隐性突变基因 wx。纯合 wx/wx 基因型的籽粒支链

淀粉含量几乎达到 100%。在玉米 WX 基因位点，至少包含 31 个变异位点的不同等位基因（Nelson，1959）。这些等位基因的特性基本相同，它们之间的交换频率极低。不同等位基因的功能和表型有一定的差别，比如标准的等位基因 $wx_1 - c$ 直链淀粉的含量几乎为零，$wx_1 - a$ 等位基因直链淀粉的含量是 $4\%\sim5\%$，而普通玉米直链淀粉含量是 25% 左右。事实上，糯玉米可以划分为两大类型，一是用于加工蜡质淀粉的糯玉米，二是用作鲜食的糯玉米。二者的共同点都是利用隐性突变基因 wx，而主要的区别在于，加工淀粉的糯玉米更注重籽粒产量；鲜食糯玉米更注重鲜食玉米的特性，比如鲜食果穗的商品外观品质，食味口感品质等，以满足不同人群对鲜食玉米的需求。

　　鲜食糯玉米和甜玉米是鲜食玉米的两大主要类型。二者具有各自的鲜明特点。育种家曾经试图将这两种类型结合到一起，培育又甜又糯的新类型。然而，控制甜度的 su_1，sh_2 等基因在玉米碳水化合物的生物合成途径的上游发挥作用，而 wx 基因在其下游，因此，su_1，sh_2 等基因对 wx 是上位的。此外，su_1 或者 sh_2 与 wx 的双隐性突变体种子极其干瘪，出苗极差，种子生产难度大。参照修饰型甜玉米的方法，我国育种家培育了糯加甜修饰型鲜食玉米新类型。图 6 - 9 所示，以双隐性自交系（$wx/wx\ sh_2/sh_2$）为父本，解决了制种产量低的问题，同时母本自交系和 F_1 杂交种的表型都是糯玉米，对种子出苗没有影响。但是，在采收和消费的 F_1 果穗上产生的 3/4 的糯玉米籽粒和 1/4 的甜玉米籽粒，这类鲜食玉米又可称为 13 型甜糯玉米，即甜粒与糯粒的比例是 1∶3。由于糯性籽粒与甜质籽粒的含水量不同，这类玉米加工后商品外观不一致，因此，糯加甜鲜食玉米的主要的销售市场是鲜果穗。

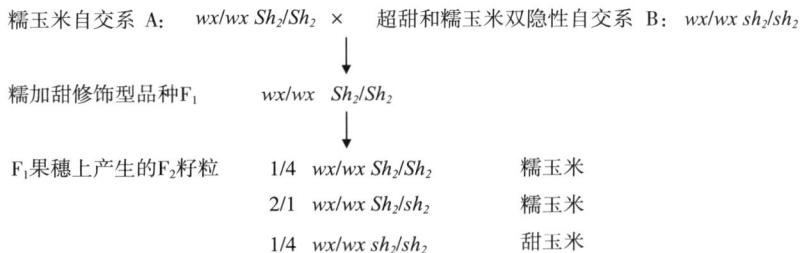

糯玉米自交系 A：　$wx/wx\ Sh_2/Sh_2$　×　超甜和糯玉米双隐性自交系 B：$wx/wx\ sh_2/sh_2$

↓

糯加甜修饰型品种F_1　　wx/wx　Sh_2/Sh_2

F_1果穗上产生的F_2籽粒　1/4　$wx/wx\ Sh_2/Sh_2$　　糯玉米

2/1　$wx/wx\ Sh_2/sh_2$　　糯玉米

1/4　$wx/wx\ sh_2/sh_2$　　甜玉米

图 6 - 9　玉米甜加糯修饰型品种示意图

二、鲜食玉米的育种目标

　　鲜食玉米作为一种类似于蔬菜和水果的特殊产品，不仅用途广泛，既可以煮熟后直接食用，又可以制成各种风味的罐头和加工食品、冷冻食品，而且不同的消费人群对鲜食玉米的爱好也不尽相同。因此，在制定鲜食玉米的育种目标时，必须考虑到广大消费者以及食品加工工业对鲜食玉米品种的一些特殊要求，而在抗病性和一些农艺性方面，鲜食玉米的育种目标和常规玉米育种是一致的。综上所述，现将鲜食玉米的育种目标大致归纳如下三类：

（一）品质性状育种目标

品质性状是鲜食玉米最重要的育种目标。鲜食玉米的品质又可进一步分为商品外观品质、食用口感品质和营养品质。商品外观品质包括果穗秃尖度、籽粒色泽及光亮、苞叶颜色、长度及松紧度等。对于针对鲜苞市场的鲜食玉米，商品外观品质是至关重要的。要求果穗不露尖、不秃尖，苞叶颜色绿、苞穗长度适中，籽粒色泽一致、光亮。黄白双色甜玉米是比较流行的鲜苞甜玉米，特别要求黄白色泽分明。对于加工型鲜食玉米，除了要求苞穗长度适中外，还要求苞叶不能太紧，有利于机械去苞叶，籽粒色泽一致，淡黄色最佳。食用口感品质有果皮厚度，食后皮渣的感觉，不同的香味，籽粒质地，柔韧度等。高端优质鲜食玉米要求香味纯正，质地柔嫩，果皮薄，食后无皮渣感觉。营养品质包括蛋白质，糖分的种类及含量、不同类型的淀粉及其含量，维生素 A 原、维生素 E 等微营养元素的含量。

（二）果穗及籽粒性状育种目标

果穗及籽粒性状包括果穗均匀度，籽粒排列整齐度，籽粒结实饱满程度，以及籽粒大小，深度等。鲜食玉米以白色穗轴为最佳。从表 6-20 可见（Kankis 和 Davis，1986），

表 6-20 甜玉米性状的相对重要性

性状		鲜穗产品	加工产品		
			整粒	糊状	冷冻加工
产量性状	鲜穗重量	1	3	3	2
	籽粒重量	1	3	3	1
	单位面积的果穗数	3	2	2	3
果穗性状	果穗不露出苞叶	3	2	2	2
	旗叶	3	2	2	2
	穗长	2	2	2	3
	白花丝	3	2	3	3
	满尖	3	2	2	3
	苞叶易脱去	1	3	3	3
	带苞叶果穗外观	3	2	2	3
	白色穗轴	3	3	3	3
籽粒性状	籽粒大小	2	3	1	2
	籽粒深度	1	3	2	2
	籽粒颜色	2	3	3	3
	籽粒质地	2	3	3	2
	味道	3	3	2	3
	花丝附带颜色	2	2	2	2
	黑色层	1	3	2	1

注：1. 相对不重要；2. 中等重要；3. 非常重要。

用于不同目的的甜玉米品种，对其产量、果穗及籽粒性状的要求也不一样，例如，籽粒的深度对于作为鲜售的甜玉米品种显得并不重要，但是对于以加工罐头为目的的甜玉米品种，籽粒深度是一个较重要的性状。

（三）农艺性状和抗性的育种目标

鲜食玉米农艺性状的育种目标与普通玉米有一些相似。由于鲜食玉米往往是以单位面积鲜苞的产量计算产值，有时还要考虑单个鲜穗的品质和重量，因此株型等农艺性状与普通玉米有一定的差别。鲜食玉米的生育期是指从出苗到采收的天数。鲜食玉米品种的生育期应符合当地生态条件的要求。但是，早熟品种早上市，更受种植户的欢迎。对于抗逆性和抗病性，鲜食玉米品种的育种目标应该与普通玉米是一致的。新品种需要抗当地流行的主要病虫害，抗倒伏也是鲜食玉米育种的重要目标。由于全球气候的变化，水涝和干旱发生的频率有增加的趋势，新品种的耐涝，耐寒，以及耐热性也已经成为重要的育种目标。与普通玉米不同，鉴于鲜食玉米是在乳熟期收获，后期的一些叶部病害就显得不十分重要，保持中等以上的抗性即可。

种子发芽率是鲜食玉米，特别是超甜类型甜玉米，重要的育种目标。尽管可能有许多因素与出苗率低有关，但是，一般认为，主要的原因在于胚乳突变基因抑制籽粒淀粉的合成，使胚乳淀粉显著减少，粒重减轻。例如，sh_2突变体的平均百粒重仅相当于正常籽粒的 50% 和 su 突变体籽粒的 70% 左右。此外，甜玉米种子成熟干燥时，胚乳可溶性糖含量高，胚乳逐渐皱缩，果皮分离，造成果皮破裂，容易导致病原菌侵入。许多的研究表明（Andrew，1982；Rowe 和 Garwood，1978），即使是同一胚乳突变基因，在不同的核背景中，种子发芽率和苗期生长势都存在显著差异。这些结果说明，核背景的影响是存在的。不同的核背景可能是通过修饰基因，或者是微效多基因，对胚乳突变基因的效应起一定的修饰作用。因此，通过适宜的选择，可以累积这些有益的修饰基因或微效多基因，从而削弱胚乳突变基因的不良效应，提高种子发芽率和苗期生长势。Andrew（1982）发现，在四种不同温度条件下，甜玉米种子发芽率总是和种子的大小呈极显著的正相关，选择籽粒容重高的品种有助于提高甜玉米的发芽率。

三、鲜食玉米特殊性状的改良

（一）营养强化鲜食玉米品种选育

随着全球粮食产量的不断提高，人类长期面临的饥饿问题已经有很大改善，而微营养缺乏问题已经成为当今世界发展中国家公共卫生面临的一个巨大挑战。联合国粮农组织已经将食物和营养安全列为现代农业的重大问题。2017 年我国也启动了《国民营养计划》。鲜食玉米不仅含有多种人类健康所需的营养元素，而且蒸煮加工时间短，减少了营养元素的损失，有利于吸收，因此，鲜食玉米是营养强化食物的理想载体之一。培育优良营养强化鲜食玉米新品种对提高全民营养健康水平有重要意义。

除了蛋白质、糖分和脂肪外，鲜食玉米还含有维生素 E、维生素 A 原等类胡萝卜素、叶酸、花青素等类黄酮物质。维生素 E 作为一种脂溶性抗氧化剂，对预防冠心病、糖尿病等有显著效果。玉米类胡萝卜素中的维生素 A 原具有维持正常视觉、促进免疫球蛋白合成，维持儿童骨骼正常生长发育的作用。玉米特有的叶黄素可吸收蓝光等有害光线，目前已经证明对降低老年性眼球视网膜黄斑有明显作用。叶酸作为水溶性 B 族维生素，是人体细胞生长和人类繁殖所必需的物质。花青素是一种抗氧化的类黄酮素，对促进血液循环，降低胆固醇，保护血管健康有一定作用。针对现阶段公民健康的需求，营养强化型鲜食玉米分别包括：高维生素 E、高维生素 A 原、高玉米黄素、高叶酸、高花青素，以及高赖氨酸甜玉米，或者糯玉米品种。

根据广东省农业科学院胡建广研究员的研究（个人交流），在不同甜玉米种质资源中，维生素 E、类胡萝卜素、叶酸、类黄酮等营养元素存在广泛的遗传变异。α-生育酚变幅在 106.1～3 975.5μg/100gFW（鲜重）；维生素 E 变幅为 240.7～7 654.0μg/100g FW；维生素 C 变幅范围是 3.78～20.93mg/100g FW；叶黄素含量的遗传变异变幅为 75.6～4 225.1μg/100gFW；叶酸含量集分布在 30～200μg/100g FW。这些特殊的资源是营养强化鲜食玉米育种的重要物质基础。

21 世纪初以来，随着作物基因组学的发展，以分子标记和常规育种技术相结合的分子育种开始应用于作物的遗传改良，展现了广阔的应用前景。利用基因组学技术解析玉米重要营养品质性状的遗传学机理，挖掘新的优良等位基因，开发用于分子育种的功能标记，为提升营养强化鲜食玉米育种的效率提供了强有力的工具。中国农业大学利用分子标记定位了 31 个影响玉米籽粒类胡萝卜素 QTL，并与国际玉米小麦改良中心等国际单位合作，用基于代谢驱动的候选基因关联方法克隆了类胡萝卜素含量的主效 QTL-β 胡萝卜素羟基水解酶 1 基因（crtRB1），还克隆了能提高玉米籽粒 α 胡萝卜素的 β 胡萝卜素羟基水解酶 3 基因（crtRB3），鉴定出在黄玉米中能提高类胡萝卜素总量的八氢番茄红素合成酶基因（PSY1）的优良等位基因，发现在现代优良育种材料中，PSY1 优良等位基因频率高达 97%。LI 等（2012）从 508 份玉米资源中挖掘到维生素 E 代谢途径的重要基因 VTE4 的优良等位基因，能提高维生素 E 主要组分 a-生育酚含量 2.2 倍，并开发了 2 个功能分子标记。中国农业科学院生物技术所开发了鉴定高叶酸含量玉米的功能分子标记。

营养强化鲜食玉米育种策略是，在保持现有鲜食玉米品种品质，产量和抗性不变的基础上，增加微量营养元素的含量，与对照比较，达到统计学的显著水平。在现阶段，利用控制营养元素含量优良等位基因的分子标记，采用分子育种的方法是培育优良营养强化鲜食玉米新品种的有效途径。中国农业大学国家玉米改良中心与广东省农业科学院合作，培育了五个高维生素 E 含量的甜玉米新品种，总维生素 E 含量平均达到 61μg/g，比对照提高 17.5% 以上。北京市农林科学院与中国农业科学院生物技术所合作，利用高叶酸功能分子标记选育的糯玉米新品种京科糯 928，叶酸含量达到 305.43μg/100g（董会等，2019）。

（二）鲜食玉米果皮厚度改良

对于鲜食玉米，无论是甜玉米，还是糯玉米，果皮厚度都是一个十分重要的性状，因为它的厚薄与鲜食玉米籽粒的质地有密切的关系。玉米果皮是母体组织，其厚薄为数量性状遗传。果皮细胞的层数介于 $4 \sim 18$ 层之间，厚度在 $75 \sim 180 \mu m$，每一层细胞大约是 $18 \mu m$ 厚度。果皮由非消化性纤维素组成，果皮太厚会影响口感，以及甜玉米品质。种皮愈薄，籽粒质地愈柔嫩，但是如果太薄则籽粒容易爆裂及感粒腐病。玉米的糊粉层是三倍体胚乳组织外层，通常由一层细胞组成。某些玉米品种有多层糊粉层。糊粉层组织酥软，容易分解，并含有大量蛋白质。增加糊粉层厚度，可能有助于降低果皮的厚度。

一些研究已经表明（Helm 等，1970；Tracy 和 Schmidt，1987），胚乳突变基因对种皮厚度的影响是显著的，比较一致的看法是，su_2 突变体的种皮最厚，而 su_1 和 sh_2 突变体的种皮较薄。从表 6-21 可知，甜玉米自交系的核基因型背景及与胚乳基因的互作对种皮厚度有最显著的影响。进一步的分析表明，在 10 种胚乳突变体中，不同自交系种皮厚度的排列顺序与亲本自交系的种皮厚度呈高度正相关。说明自交系的核背景对控制甜玉米种皮的厚薄起着重要的作用。尽管对种皮厚度的遗传控制还有待进一步的研究，但是在鲜食玉米育种中，对种皮的厚度进行选择是必要的。

表 6-21　自交系遗传背景和胚乳突变基因对种皮厚度的影响

变异来源	自由度 df	均方 MS
基因型	69	3 422*
自交系	6	21 672**
胚乳突变基因	9	3 310*
自交系×突变基因	54	1 413**
果穗/基因型	140	495**
籽粒/果穗	420	34
位置/果穗	1 260	72**

注：＊和＊＊分别表示 5% 和 1% 的差异显著水平。

（三）鲜食玉米的基本隔离群和 Ga 基因利用

不同类型的鲜食玉米自交系及杂交种可能携带不同的胚乳突变基因，因此，在组配甜玉米杂交种时，一定要严格以基本隔离群为单位。例如，在组配单交种时，携带 su_1 基因的自交系只能和另一个 su_1 自交系相配，而携带 sh_2 基因的自交系只能和另一个 sh_2 自交系相配，否则就会造成甜玉米品种的混杂，F_1 代成为非甜型籽粒的果穗，按甜玉米遗传分类而划分的基本隔离群列于表 6-22，在甜玉米品种亲繁、制种和推广过程中必须遵循这一原则。在鲜食糯玉米品种亲繁、制种和推广过程中也必须遵循这一原则。

位于第四染色体上 Ga1 基因是一个显性的配子体基因控制的杂交不亲和基因。该位点有 3 个等位基因，分别是 Ga-S、Ga-M 和 ga1，其中 Ga-S 杂交不亲和的能力最强，主要存在于爆裂玉米和极少数的美洲玉米当中；Ga-M 杂交不亲和的能力中等，存在于少数爆裂玉米和一年生大刍草中，绝大部分的温热带玉米都是 ga 类型。Ga 位点由两个因子共同调控杂交不亲和的性状，一是花丝决定因子，使花丝具有抵御非同型花粉结实的能力；二是花粉决定因子，使花粉具有突破花丝阻碍授粉结实的能力。Ga-S/Ga-S、Ga-M/Ga-M、ga/ga 基因型植株可以接受 Ga-S 和 Ga-M 基因型的花粉，并结实，ga 基因型花粉能够给 Ga-M/Ga-M 和 ga/ga 基因型植株授粉结实，但无法使 Ga-S/Ga-S 基因型植株授粉结实。研究表明 Ga-S/Ga-S 基因型植株同时具备花丝和花粉决定因子的功能，而 Ga-M/Ga-M 基因型植株只具备突破 Ga-S/Ga-S 基因型花丝阻碍的花粉决定因子功能，失去了花丝阻碍非同型花粉受精结实的花丝决定因子的功能，ga/ga 基因型植株丧失了花丝和花粉决定因子的功能。这就为利用 Ga 基因生产不需要隔离的鲜食玉米提供了条件。种植带有 Ga-S 基因的鲜食玉米杂交种不必与普通玉米品种隔离，仍能保持鲜食玉米的特性。中国科学院陈化榜团队克隆了 Ga1 基因，并揭示了该基因的机理。ZmGa1P 编码了一个在花粉中表达的果胶甲酯酶。ZmGa1P 蛋白主要位于生长花粉管的顶端，是花粉管生长所需的蛋白（Zhang 等，2018）。

表 6-22 鲜食玉米的基本隔离群

编号	突变体名称	基因符号
Ⅰ	甜质 1	su
Ⅱ	皱缩 2	sh₂
Ⅲ	易碎 1	bt
Ⅳ	易碎 2	bt
Ⅴ	直链淀粉扩增，暗胚乳，蜡质	ae du wx
Ⅵ	蜡质	wx
Ⅶ	马齿	大田玉米
Ⅷ	待补充的类型	

最近，陈化榜团队又解析了 Ga2 位点的遗传规律，并揭示了玉米单向杂交不亲和机理（Chen 等，2022）。遗传分析发现杂交不亲和是由雌性/花丝决定因子和雄性/花粉决定因子共同作用的结果。前者表现为孢子体、单基因、隐性遗传；后者表现为配子体、单基因、显性遗传。他们分别克隆到 Ga2 位点的雌性和雄性决定因子 ZmGa2F 和 ZmGa2P，它们均编码果胶甲酯酶（Pectin Methylesterases，PME）。免疫细胞学观察发现：不亲和组合中 ga2 花粉管顶端的甲酯化程度较亲和组合显著升高。酵母双杂交试验表明 Zm-Ga2P 和 ZmGa2F 不存在直接互作，但二者均与另一果胶甲酯酶 ZmPME10-1 高度互作。这些研究对利用 ga1 和 ga2 基因实现玉米无隔离制种及生产的目标奠定了理论基础。

（四）甜玉米的芳香味

甜玉米的风味是芳香类化合物决定的。通常决定玉米风味的 7 种芳香类化学成分有腐烂皮蛋气味的硫化氢，臭硫黄味的甲硫醇类，水果味较浓的乙醛，轻微水果味的乙醇，硫黄味的乙硫醇，玉米香味的二甲基亚砜，以及某些未知的成分，其中二甲基亚砜是决定甜玉米的芳香味的主要化学物质。事实上，人们感觉到的甜玉米风味并不是某一种芳香类物质决定的，而是若干芳香类物质混合的结果。尽管这些化学物质的遗传控制至今尚不清楚，但是在甜玉米品种间，二甲基亚砜和硫化氢的含量有较广泛的变异。甜玉米等鲜食玉米的风味和芳香气味是可以通过育种方法选择固定的（Tracy，2001）。

四、鲜食玉米的育种方法

鲜食玉米，无论是甜玉米，还是糯玉米，作为一种特殊的商品，性状的整齐一致是其最基本的要求。为了达到这一目的，鲜食玉米育种应当以选育优良的自交系间单交种为主，而优良自交系则是育种工作的重点。鲜食玉米育种就是在选择适宜胚乳突变基因基础上，采用不同的育种方法，培育品质性状、农艺性状、抗病性、抗逆性优异的自交系，并组配优质，抗病，耐逆境，适应推广地区生态环境，满足不同消费人群需求的鲜食玉米单交种。

（一）选育鲜食玉米自交系的种质资源

种质资源是作物育种重要的物质基础，所用种质资源是否携带育种目标需要的优良等位基因是作物育种成败的关键因素。鲜食玉米育种的种质资源大致有两类，一类是甜质，或者糯质玉米资源，另外一类是普通玉米资源。前者与后者比较，主要有两点区别，一是前者携带有特殊的胚乳突变基因，如 su、sh_2、wx 等，二是经历了若干轮针对鲜食玉米特殊性状的选择。

用于甜玉米育种的甜质资源主要有两个来源：开发授粉的甜玉米地方品种和商业化的甜玉米杂交种。在美国玉米带，20 世纪初，大约有 300 个甜玉米地方品种被用于早期甜玉米杂交种选育，其中 Golden Bantam 对现代甜玉米杂交种的选育贡献最大。1933 年注册的美国第一个甜玉米单交种的亲本就选自该品种。我国甜玉米杂交种选育开始于 20 世纪 80 年代，欧美的商业化甜玉米杂交种是选育甜玉米自交系的主要资源，例如华中农业大学选育华甜玉 1 号的一个亲本自交系来源于美国甜玉米杂交种 Illinois Early Sweet。我国云南、贵州和四川等地的少数民族一直有以糯玉米作为口粮的习惯，而且西南地区也是糯玉米的起源地之一，当地有大量的糯玉米地方品种资源（荣廷昭等，2003）。这些地方品种是鲜食糯玉米育种的优良资源。21 世纪初，我国南方推广面积较大的鲜食糯玉米杂交种苏玉（糯）1 号的一个亲本就源自地方品种（谢孝颐和薛林，1997）。随着玉米现代种业技术的发展，鲜食玉米的育种资源也迅速地从利用地方品种选育一环系转变为利用自交系间杂交种选育二环系的时代。

由于大多数控制玉米农艺、抗病等性状的基因在鲜食玉米和普通玉米之间是相同的，因此，利用优良普通玉米资源改良鲜食玉米是可行的。一般而言，普通玉米资源的农艺性状、抗病性等要优于鲜食玉米。对于甜质，或者糯质玉米资源，由于经历了人工选择，鲜食玉米特有的果穗、籽粒、风味等性状与普通玉米资源有较大差别。因此，有效地利用这两类资源各自的优点是鲜食玉米育种的重要策略。

（二）选育鲜食玉米自交系的方法

1. 系谱选择　连续自交选择的系谱法是鲜食玉米自交系选育的主要方法。在分离世代，按照育种目标，选择优良家系的优良单株自交。再将中选的单株种成穗行，继续自交选择，直到自交系稳定。对于宽基选系群体，一般需要自交 7～8 代；窄基选系群体需要自交 5～6 代。为了加快自交纯合的速度，也可以采用单倍体育种的方法。但是，在使用来自于 STOCK6 的诱导系诱导甜玉米的单倍体时，由于大多数甜玉米种质均携带单倍体诱导系颜色标记基因 R-nj 的抑制基因，导致胚乳顶部的紫色斑点不明显，难以利用这个色素的标记鉴别诱导的单倍体籽粒。

2. 回交选育法　为了增强鲜食玉米自交系的抗病性，增加鲜食玉米的色泽，改善鲜食玉米品质，回交选育法常常被用于鲜食玉米自交系的改良。回交选育法的基本目的是将主效基因控制抗病、颜色、品质等优良等位基因转育到优良鲜食玉米自交系的背景中。因此，回交育种需要有一个携带目的基因的供体材料作为非轮回亲本，优良鲜食玉米自交系为轮回亲本。

图 6-10 是利用回交选育法改良抗锈病的甜玉米自交系。以超甜玉米自交系 D 为轮回亲本，普通玉米抗锈病自交系 A 为非轮回亲本。两者杂交得到 F_1。由于显性基因作用，F_1 籽粒是正常的。选抗病的 F_1 自交后，获得正常型籽粒和超甜籽粒 3∶1 分离的果穗，从中挑选凹陷的超甜籽粒作为下一代的种子，再用自交系 A 回交。尔后按相同步骤重复进行，经 5～6 代回交，最后自交一代便育成与超甜玉米自交系 D 相同的超甜自交系 B。在回交育种中应特别注意下列两个问题，其一，每回交一代要自交一代，使隐性甜质基因纯合；其二，每次回交应尽量选择和轮回亲本相似的单株。

在回交育种中，还可以采用另一种转育方法，即连续回交两代再自交一代的方法。这种转育方法，每三个育种季节可回交两代，与回交与自交交替的方法相比，转育年限明显缩短，从而加速育种进程。当采用此法时，应适当增加连续回交二代的群体含量，因为在回交二代的分离群体中，仅仅有 1/4 自交果穗表现突变籽粒类型的分离。

回交选育法还可被用于利用普通玉米资源改良鲜食玉米自交系。在普通玉米资源与鲜食玉米自交系杂交后，再用鲜食玉米自交系回交 1～2 次，将多基因控制的鲜食玉米特有的果穗、籽粒、风味等性状转育到选系群体中，有利于选育优良鲜食玉米自交系。

3. 轮回选择法　轮回选择法也是鲜食玉米育种的有效方法之一。与普通玉米的轮回选择相同，轮回选择首先必须有一个遗传基础复杂的优良基础群体。基础群体的合成有两个途径：一是用许多不同来源、不同类型，但都带有鲜食玉米育种需要的胚乳突变自交系，或品种相互杂交、混合繁殖获得带有某种突变基因的基础群体。二是以现有优良群体为材料，把某个突变基因转育到这个群体的背景中，获得携带突变基因的群体。然后，再

普通玉米自交系A Rp/Rp；Sh_2/Sh_2 × 超甜玉米自交系D rp/rp；sh_2/sh_2

↓

F$_1$　　　　　（A×D）Rp/rp；Sh_2/sh_2　　　　自交选纯合抗病sh_2

↓

F$_2$　　　　　（A×D）$Rp/-$；sh_2/sh_2×D　　　选类似A单株回交

↓

BC$_1$F$_1$　　　[（A×D）×D] $Rp/-$；Sh_2/sh_2　　自交选纯合抗病sh_2

↓

BC$_1$F$_2$　　　[（A×D）×D] $Rp/-$；sh_2/sh_2×D　选类似A单株回交

↓

BC$_2$F$_1$　　　[（A×D）×D^2] $Rp/-$；sh_2/sh_2　　自交选纯合sh_2

↓

BC$_n$F$_1$　　　[（A×D）×D^n] $Rp/-$；sh_2/sh_2　　选类似A单株回交

↓

B Rp/Rp；sh_2/sh_2　　　　　抗病超甜玉米自交系B

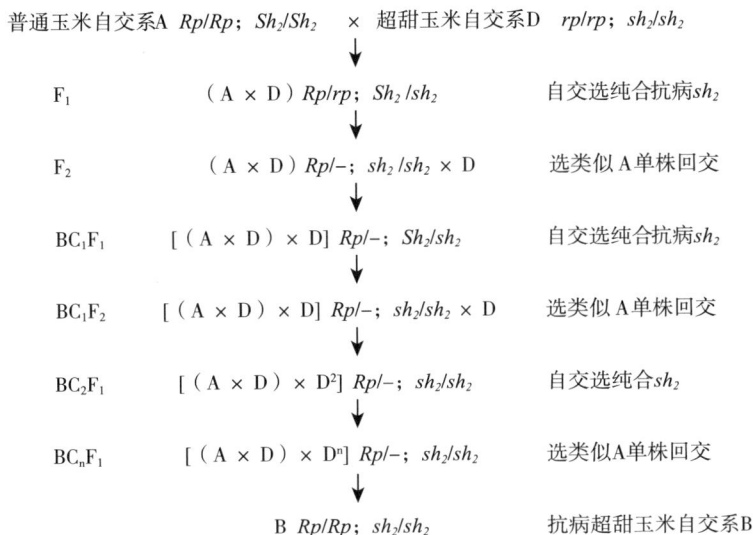

图 6-10　鲜食玉米回交育种程序

参照轮回选择的一般程序，按照育种目标的要求进行轮回选择。经过改良的鲜食玉米群体可作为选育鲜食玉米自交系的优良基础材料。利用轮回选择改良鲜食玉米果皮厚度就是一个成功的例子。Ito 和 Brebacker（1981）采用混合选择改良甜玉米的果皮厚度，经过三个轮回的选择，果皮厚度由 C$_0$ 的 $74\mu m$ 减低到 C$_3$ 的 $53\mu m$，平均每轮降低 $6.8\mu m$。

4. 双隐性鲜食玉米自交系的选育　胚乳突变体基因互作的研究已经表明，不同类型的双隐性突变体可以进一步改良胚乳碳水化合物的特性。同时某些双隐性突变体还可以综合两个单隐性突变体的特点，克服单隐性突变体在品质或农艺性状的不足。此外，糯加甜修饰型鲜食玉米需要利用 wx 和 sh_2 的双隐性突变体自交系为父本。培育双隐性鲜食玉米自交系的方法主要有两种，即杂交选育法和回交选育法。

杂交选育法的基本方法是选两个不同类型的单隐性品种或自交系杂交，由于两个隐性基因是非等位的，F$_1$表现正常籽粒，F$_2$自交后，籽粒类型发生分离，其中 9/16 是正常籽粒，6/16 是纯合单隐性基因型，1/16 为纯合双隐性基因型。从自交果穗中选纯合双隐性籽粒做下一代种子。然后按育种目标，通过多代自交选择，可以育成双隐性的甜玉米自交系。

回交法选育双隐性自交系分两个步骤进行，第一步分别转育两个同名的单隐性自交系，第二步用两个同名单隐性自交系合成双隐性自交系。现以 sh_2 和 wx 双隐性自交系为例说明如下：第一步用优良自交系 A 为轮回亲本，分别同 sh_2 和 wx 材料回交，经过多代回交，分别得到自交系 A sh_2/sh_2 和自交系 A wx/wx。第二步将 A sh_2/sh_2 和 A wx/wx 杂交，杂交种的基因型为 $A+/sh_2$；$+/wx$，再将杂交种自交，通过隐性基因的分离和重组，可以获得 1/16 的 sh_2/sh_2；wx/wx 双隐性个体，经过籽粒类型鉴定和后代品质分析，可以选到性状稳定的纯合双隐性自交系——A sh_2/sh_2；wx/wx。

（三）组配鲜食玉米杂交种的基本原则

有了优良的鲜食玉米自交系，还必须组配成优良的鲜食玉米杂交种，才能在生产上利用。在选配鲜食玉米单交种时，应根据育种目标的要求，着重考虑以下三方面的因素：首先，鲜食玉米自交系应具有较高的配合力，不仅要注重产量的配合力，更重要的是要注重品质性状的配合力；其次，参与组配的亲本自交系应属于不同的杂种优势群，只有这样才能配出强优势的组合；最后，应选择综合性状优良和性状可以互补的自交系作亲本。

黄白分离的双色甜玉米是一种流行的甜玉米杂交种。组配双色甜玉米杂交种时，一个亲本自交系的颜色基因型为 Y/Y，另一个为 y/y。F_1 代基因型是 Y/y，商品果穗是黄白分离，大约 3/4 黄粒，1/4 白粒，因此又称"金银粟"甜玉米。对于糯加甜的修饰型鲜食玉米杂交种，一个亲本是单隐性的糯玉米自交系（wx/wx），另外一个亲本是糯质和甜质的双隐性自交系（wx/wx；sh_2/sh_2；或者 wx/wx；su/su）。通常，以单隐性的糯玉米自交系（wx/wx）作为母本，双隐性自交系作为父本。

第五节　优质蛋白质玉米育种原理与方法

一、优质蛋白质育种中的问题和解决途径

自 Mertz 等 1964 年发现 o_2 具有提供玉米赖氨酸含量的效应到现在已有五十多年，在此期间，o_2 基因已经被引入到许多的玉米材料中，但是直到今天，高赖氨酸玉米仍未大量用于生产，其根本原因在于纯合 o_2 的籽粒存在一些不良性状：籽粒容重偏低，粒重较轻，一般比同一遗传背景的普通玉米减产 10% 以上；粉质胚乳的籽粒易遭受病虫的危害，特别感穗粒腐病，抵抗仓库害虫的能力也比普通玉米低；籽粒成熟期，籽粒失水慢，含水量高；不透明的籽粒外观往往不受市场欢迎。以上不良性状归结于 o_2 突变体特有的粉质胚乳。因此，设法改良 o_2 籽粒的质地，便成为高赖氨酸玉米育种的首要任务。

面对高赖氨酸育种的一些难点，育种家们一直在寻找解决的途径。例如，以普通玉米为材料，采用轮回选择的方法直接提高赖氨酸的含量；利用 o_2 和其他胚乳突变基因的双隐性突变体，甚至考虑利用多糊粉层的材料（Glover，1975）。然而，所有这些方案都没有获得理想的效果。

从 1972 年起，以 Vasal 为首的 CIMMYT 玉米育种家，改变了以往的育种策略，制定了利用修饰基因为主要种质，改良 o_2 粉质胚乳，选育籽粒半硬质或全硬质的优质蛋白质玉米（QPM）品种的新策略。在这一策略的指导下，CIMMYT 已经培育一批带有修饰基因的优质蛋白质群体，使高赖氨酸玉米育种取得了很大进展，优质蛋白质群体的产量和普通玉米群体的产量相差无几。在南美洲、非洲和亚洲的一些发展中国家，个别优质蛋白质群体已经达到甚至超过作为对照的普通玉米品种（Paliwal 和 Sprague，1981）。实践证明，利用修饰基因是克服 o_2 不良效应的最有效方法之一。

随着修饰基因的累积，o_2的籽粒逐渐地由粉质型转变成半硬乃至全硬类型。胚乳结构的变化使与其有关的不良性状被克服。修饰型的o_2籽粒虽然在内部结构和外观上与普通玉米极为相似，但仍保留了o_2基因控制的优良生化特征。如表6-23所示，优质蛋白质群体的蛋白质含量与普通玉米略同，但赖氨酸和色氨酸的含量远远高于普通玉米。

表6-23 QPM群体和普通玉米全籽粒生化分析结果

样本	蛋白质含量（%）	色氨酸在蛋白质中的含量（%）	赖氨酸在蛋白质中的含量（%）
白色 Heo₂ B. U. Pool	11.2	0.96	4.29
白色 Heo₂ Pop. 40	11.2	0.90	4.11
热带白色 Heo₂	9.8	0.92	3.91
普通玉米（对照）	10.6	0.57	2.60

二、优质蛋白质玉米育种的种质资源和育种目标

遗传和生化的研究已经表明，在玉米的基因库中，存在许多高赖氨酸突变体。但是，除了o_2外，其突变体都存在一些难以克服的缺陷或问题，很难在育种中应用。例如，fl_2基因表现半显性的遗传，在育种利用的程序上更为复杂。纯合o_6突变体表现苗期致死。粉质基因fl_3的种子相当轻，在某些核背景中，种子不易发芽。基于上述原因，o_2突变体仍是优质蛋白质育种中广泛利用的基础材料。

大量的试验证明，在不同来源的玉米种质中，o_2修饰基因的频率有广泛的差异。根据CIMMYT多年的经验，起源于古巴和加勒比海的黄色硬粒玉米材料带有较高频率的修饰基因。

选育籽粒赖氨酸含量较高的玉米品种无疑是高赖氨酸育种的重要目标。但是，育种实践证明，以o_2突变体为供体，提高籽粒的赖氨酸含量并不难办到。目前，限制高赖氨酸玉米育种的主要问题不是赖氨酸的含量，而是o_2基因附带的不良性状——粉质胚乳。因此，优质蛋白质玉米育种的主攻方向应当是在保持o_2赖氨酸含量不显著下降的前提下，改良籽粒的胚乳结构，选择半硬质以至全硬质的品种。除此之外，在产量、生育期、农艺性状、抗逆性等方面，还应遵循常规育种的育种目标和一般原则。综上所述，可以将优质蛋白质育种的目标归纳如下：①全籽粒赖氨酸含量在0.4%左右，而不片面追求其含量的进一步提高。②在保持赖氨酸含量的基础上，以半硬质和全硬质胚乳为主要选择标准，着重改良胚乳结构。③在产量方面，高赖氨酸玉米品种应与生产上推广的优良品种保持相近的水平。在农艺性和适应性方面，高赖氨酸玉米品种应不亚于推广的优良品种。④在抗病性方面，除了针对本地区的主要病虫害外，主要的目标应该是提高品种抗穗粒腐病的能力。

三、优质蛋白质玉米育种的方法

（一）杂交育种法

采用这种方法，首先要选择一个带有修饰基因的硬质胚乳 o_2 种源，以提供 o_2 和 o_2 修饰基因。将供体与普通玉米材料杂交，然后自交。从理论上讲，在自交的果穗上，纯合 o_2 籽粒应占 1/4，在有光源的毛玻璃选种台上，对 o_2 籽粒进行单粒选择。挑选那些籽粒不透明、但又带有角质斑块的半硬质胚乳籽粒。次年，把中选的籽粒种成家系，再按育种目标选优良单株自交。收获后，按上述方法继续选择修饰型 o_2 籽粒。把选中的籽粒一分为二，一半进行品质分析，一半作为下一代种子。经过 5～6 代的连续选择和品质分析，可能获得性状稳定的半硬或全硬的 o_2 自交系。其育种程序详见图 6-11。为了有效地选择 o_2 修饰基因，在每个自交世代之间，可选择优良家系相互混合授粉，使修饰基因有一个重组的机会，而不是急剧自交。

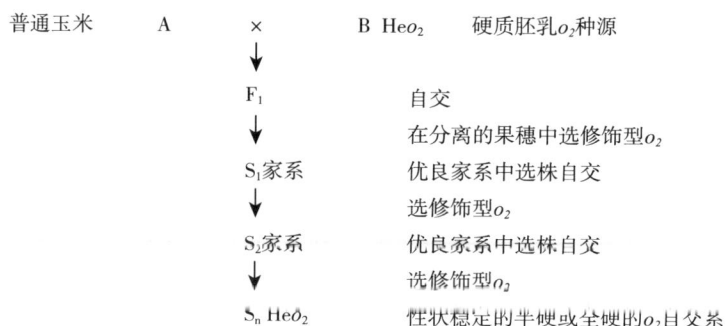

普通玉米　　 A　　　×　　　B Heo_2　　硬质胚乳 o_2 种源
　　　　　　　↓
　　　　　　 F$_1$　　　　　　自交
　　　　　　　↓　　　　　　在分离的果穗中选修饰型 o_2
　　　　　　 S$_1$ 家系　　　　优良家系中选株自交
　　　　　　　↓　　　　　　选修饰型 o_2
　　　　　　 S$_2$ 家系　　　　优良家系中选株自交
　　　　　　　↓　　　　　　选修饰型 o_2
　　　　　　 S$_n$ Heo_2　　　性状稳定的半硬或全硬的 o_2 自交系

图 6-11　优质蛋白质玉米杂交育种程序

（二）回交育种法

回交育种法的基本原理是以硬质 o_2 种源作为非轮回亲本，用优良自交系作轮回亲本，通过连续回交结合修饰型 o_2 籽粒的选择和赖氨酸含量分析，将半硬质或硬质 o_2 的性状转育到优良自交系背景中。如图 6-12 所示，用优良自交系作母本，与硬质 o_2 种源杂交。F_1 自交并从分离的自交果穗中选半硬或全硬 o_2 籽粒，组成 F_2 家系。将优良的 F_2 家系混合授粉或姊妹交，并进行赖氨酸含量分析，使修饰基因有一个重组的过程，再以半硬或全硬的 F_3 家系为母本和轮回亲本回交。以后，按此步骤连续回交 5～6 代，再自交 2～3 代，待性状全部稳定后，便育成半硬或全硬的 o_2 自交系 Heo_2A。然后，再进行配合力鉴定，并试配杂交组合。

（三）轮回选择育种法

实践证明，轮回选择是培育硬质高赖氨酸玉米群体的有效方法之一。轮回选择的基

硬质胚乳o_2种源 B Heo_2 　 × 　 A 　 普通玉米

↓

F₁（B Heo_2 × A）　　　　　自交

选半硬或全硬的o_2籽粒

F₂（B Heo_2 × A）　　　　　优良家系混合授粉

↓

F₃（B Heo_2 × A）× A　　　回交

↓

BC₁F₁（B Heo_2 × A²）　　　自交

选半硬或全硬的 o_2 籽粒

BC₁F₂（B Heo_2 × A²）　　　优良家系混合授粉

↓

BC₁F₃（B Heo_2 × A²）　 × A 回交

↓

BCₙF₃（B Heo_2 × Aⁿ）　　自交1~2代

↓

A HEo_2

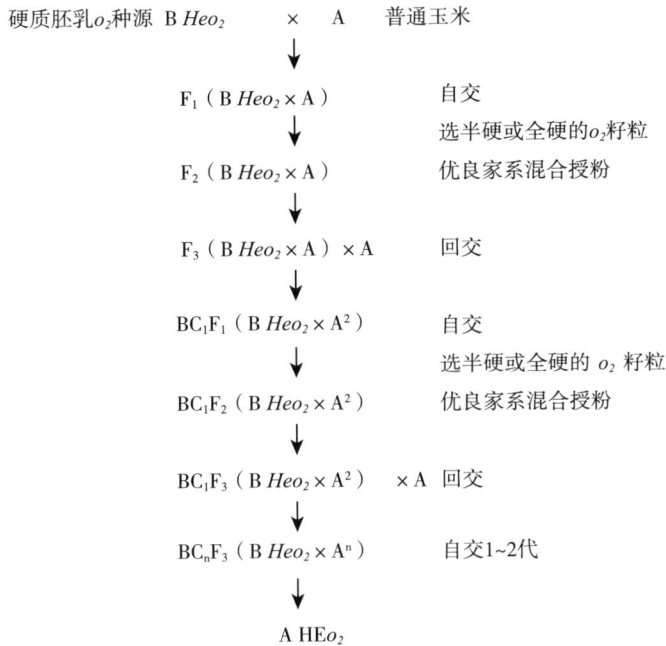

图 6 - 12　优质蛋白质玉米回交育种程序

础群体，既可以是粉质的 o_2 群体，也可以是硬质的 o_2 群体。其基本做法是，在基础群体中挑选约 150 个果穗，在这些果穗上分离有半硬、全硬或硬胚乳斑块的籽粒。从中选果穗上最好的籽粒，一半种成穗行，另一半用作赖氨酸含量分析。开花期根据田间鉴定和品质分析的结果，选最优良的家系进行相互全姊妹交。收获后选择优良果穗的最好籽粒组成下轮选择的基础群体。经过若干个轮回的选择，修饰基因逐步累积，胚乳结构不断改善，同时其他性状也得到改良，便育成优良的优质蛋白质玉米群体。例如，CIMMYT 的育种家用两个粉质 o_2 玉米群体为基础材料，经过九轮的选择，籽粒的硬质已达到或接近普通玉米的水平，从而把粉质的 o_2 群体改良成优质蛋白质 o_2 群体。这些优良的高赖氨酸玉米群体，既可以直接用于生产，又可以用作选择自交系的材料。

四、优质蛋白质玉米育种应注意的问题

（一）蛋白质品质分析的必要性

在高赖氨酸玉米育种中，品质的分析是必不可少的手段，尤其是在选育硬质 o_2 自交系或群体时。这是因为硬质胚乳 o_2 籽粒在表现型上和正常玉米籽粒极为相似。常用的分析指标包括全籽粒的赖氨酸含量、胚乳中的赖氨酸含量，以及总蛋白质中赖氨酸的含量。根据 CIMMYT 的经验，采用特殊的胚乳品质分析，既可以不伤害种胚，又比用全籽粒品质分析更有代表性。这种方法是使用特制的小钢钻，沿着胚乳钻若干个孔眼，然后收集胚乳进行品质分析，钻过孔的种子仍具有发芽能力。

（二）o_2 修饰基因的选择

在利用修饰基因改良 o_2 籽粒硬度的过程中，早代的选择压力不宜过大，选择群体的含量不可太少，以免造成修饰基因的丢失。随着选择世代的提高，可适当提高选择强度。由于修饰基因的作用容易受到环境的影响，为了提高选择效果，获得胚乳硬度稳定的品系，应设多点进行家系的鉴定。在修饰型 o_2 群体中，籽粒透明度的变异系数大、遗传力高。由于籽粒透明度同样是修饰基因的表现型之一，如果以籽粒透明度为选择指标，同时进行必要的品质分析，也可以提高对修饰基因的选择效果。CIMMYT 采用的 o_2 籽粒硬度分级标准列于表 6 - 24。

表 6 - 24　优质蛋白质玉米籽粒硬度分级标准

级别	标准
1	100%的硬质胚乳
2	75%的硬质胚乳
3	50%的硬质胚乳
4	25%的硬质胚乳
5	100%的粉质胚乳

目前，优质蛋白育种中利用的大多数硬质胚乳 o_2 种源，均起源于热带或亚热带玉米。因此，这些热带或亚热带种质是优质蛋白质玉米育种最重要的修饰基因资源。然而，这些外来种质在温带地区往往表现植株高大、迟熟、经济系数低等缺点，以至于很难直接用于育种。为了克服这些问题，可先采用温和的选择，逐步排除这些不良反应，使其适应温带地区的环境条件。最近，Liu 等（2016）采用基因组学技术鉴定的 o_2 修饰基因位点为利用分子标记技术鉴定，选择和累积 o_2 修饰基因提供了新的途径。

（三）优质蛋白质杂交种的组配和隔离种植

用各种方法选育的半硬或全硬 o_2 自交系都必须严格按照育种程序进行配合力鉴定。在此基础上，选择属于不同杂种优势群、性状可以互补、配合力高、赖氨酸含量和胚乳硬度稳定的 o_2 自交系组配杂交组合，进行组合鉴定及区试。在组配半硬或全硬的 o_2 杂交种时，一个特别应注意的问题是，首先要了解不同半硬或全硬 o_2 自交系的修饰基因作用方式，以便使修饰基因能在杂交种背景中充分表达。

优质蛋白质玉米品种的区试应放在隔离区中进行，防止和普通玉米串粉。如有普通玉米品种对照，必须及时去雄。高赖氨酸玉米品种的亲繁、制种和生产栽培都应在隔离条件下进行。

第六节　淀粉加工型专用玉米育种原理与方法

一、加工型蜡质淀粉玉米育种原理与方法

纯合 wx/wx 基因型产生几乎 100% 的支链淀粉，这种淀粉具有很强的糯性，因此 wx 玉米俗称糯玉米。由于糯玉米籽粒没有光泽，籽粒外表呈蜡质，因此，糯玉米淀粉又称蜡质玉米淀粉。尽管在特用玉米的家族中，糯玉米的种植历史较长，但是现代加工型糯玉米的育种开始于 20 世纪 40 年代。当时在美国，加工淀粉的主要原料是从东南亚进口木薯。第二次世界大战期间，难以再从东南亚进口木薯。Iowa 农业试验站的科学家发现糯玉米淀粉可以替代木薯淀粉。从此，糯玉米被用作生产淀粉的原料。而后，基于蜡质玉米淀粉特有的凝胶和流变学特征，蜡质玉米淀粉被广泛地应用到食品工业中，比如蛋糕、布丁等食品的定性剂，冷冻食品的稳定剂等，以及造纸、纺织、轻工等非食品工业中，比如纸张的涂层、浆纱剂、复水性强的黏合剂等。

与鲜食糯玉米育种目标不同，加工型蜡质淀粉玉米育种目标与普通玉米更加相似。由于加工型蜡质玉米主要供应给湿磨工业用于加工蜡质淀粉，单位面积的籽粒产量是主要的育种目标。此外，蜡质淀粉玉米品种的农艺性状，抗病性等多与推广地区的主推普通玉米品种相同。蜡质淀粉玉米育种就是在 wx 突变基因基础上，采用不同的育种方法，培育高产、农艺性状、抗病性、抗逆性优异的自交系，并组配高产、抗病、耐逆境、适应推广地区生态环境的玉米单交种。由于 wx 基因除了对玉米籽粒支链淀粉和直链淀粉的比值有显著的影响外，对其他性状几乎不存在任何负效应，因此，以 wx 基因为资源的回交育种是糯玉米育种的主要方法。

利用籽粒和花粉碘染色是鉴定 wx 基因最标准的分析方法，用稀释的碘液染色，wx 基因纯合突变体的籽粒淀粉颜色呈红褐色，而普通玉米籽粒淀粉表现深蓝色。此外，籽粒无光泽的蜡质外观也是鉴定 wx 的重要方法。但是，玉米籽粒含水量影响糯玉米表型的鉴定，一般在含水量 16% 以下时，容易辨别糯性和非糯性的籽粒。在培育糯玉米自交系的回交育种中，通过花粉染色可以在授粉前有效地鉴定杂合的 wx 基因型，以便连续回交，从而提高回交育种的效率。

二、加工型高直链淀粉玉米育种原理与方法

自 20 世纪 50 年代发现玉米高直链淀粉基因 ae 以来，经过数十年的努力，实现了高直链淀粉玉米杂交种的商业化（Vineyard 等，1958）。商业化的杂交种有两种类型：直链淀粉含量在 $50\%\sim60\%$ 的 V 号（Class V）和直链淀粉含量为 $70\%\sim80\%$ 的 Ⅶ 号（Class Ⅶ），因此，现阶段高直链淀粉育种的目的就是选育适合淀粉加工工业需要的 V 型和 Ⅶ 型淀粉的杂交种，直链淀粉含量的指标分别是 50% 和 $70\%\sim80\%$。在其他农艺性状、抗逆

性等方面，高直链淀粉的育种目标和普通玉米是一致的。

尽管早期的一些研究表明，在普通玉米种质资源中，籽粒直链淀粉的含量存在一定程度的变异。对 200 份普通玉米自交系和杂交种的直链淀粉含量调查的结果表明，其变异率为 0~36%，然而，直到 20 世纪 50 年代发现 *ae* 基因，才使高直链淀粉育种取得重大突破。从此，有效利用 *ae* 基因便成为高直链玉米育种的主要研究内容。当育种学家将 *ae* 基因转育到不同的自交系中时，发现自交系间的直链淀粉含量存在较广泛的变异。Vineyard 等（1958）分析了携带同一来源 *ae* 基因的 135 份自交系的直链淀粉含量，其变化范围是 36.5%~64.9%，这些差别归因于 *ae* 修饰基因的作用，进一步的分析发现，加性的修饰基因起到重要的作用。另一些研究发现，携带不同 *ae* 等位基因自交系的直链淀粉含量变化在 56.6%~64.5%。由此，可以推测，*ae* 等位基因和修饰基因的互作决定了籽粒直链淀粉的含量。这就提示育种家在开展高直链淀粉育种时，既要注意对 *ae* 等位基因的选择，还应注重对修饰基因的选择。

由于 *ae* 基因表现隐性单基因的遗传，回交育种的方法已经被成功地应用于高直链淀粉的育种计划。一个常用的策略之一是将生产上广泛利用的普通优良玉米杂交种转育成高直链的玉米杂交种。像加工型蜡质淀粉玉米一样，高直链淀粉玉米主要供应给湿磨工业厂家用于加工高直链淀粉。因此，为了获得更高产出的高直链淀粉，一般选用出粉率高的马齿玉米杂交种亲本自交系作为非轮回亲本。为了累积所需要的修饰基因，提高直链淀粉的含量，在每一个回交世代应进行自交，以便选择修饰基因。此外，在回交的过程中，回交群体的大小是至关重要的。假如非轮回亲本拥有必要的修饰基因，在下一次回交前，较大的自交群体有利于修饰基因的累积。如果轮回亲本带有必要的修饰基因，可能更容易获得高直链淀粉的目系。通常，直链淀粉含量超过 70%~80% 的玉米杂交种需要更多的修饰基因。另外，出苗率低、出苗慢也是高直链淀粉玉米的重要问题之一，提高高直链淀粉玉米自交系和杂交种的出苗率和出苗速度也是重要的育种目标。

利用优良普通玉米种质资源，与 *ae* 基因结合，采用传统的系谱方法选育优良高直链淀粉玉米自交系也是重要的育种方法之一。与其他多基因控制的性状一样，轮回选择也是提高玉米直链淀粉含量的有效育种程序。如表 6 - 25 所示（Fergason，1994），经过 10 个世代的直链淀粉含量的轮回选择，群体的直链淀粉含量由第一轮的 68.8% 提高到第十轮的 84.8%，增加了 23%。

表 6 - 25　*ae* 群体轮回选择的结果

轮数	1	2	3	4	6	7	8	9	10
直链淀粉含量（%）	68.8	71.8	73.0	74.3	79.8	80.0	81.0	83.0	84.8

突变基因 *ae* 的自交系遗传背景不仅影响直链淀粉的含量，而且影响 *ae* 基因的表现型。在不同遗传背景的纯合 *ae* 自交系中，有些自交系籽粒的大小完全正常，另一些则严重凹陷；籽粒的颜色也由半透明到不透明。这种现象增加了依靠表现型进行选择的难度，

因此在开展高直链淀粉玉米育种中，淀粉品质的分析是必不可少的环节，常用的直链淀粉分析方法有碘染色法、酶法和 DSC 法（差热扫描仪）。

由于淀粉合成受阻，籽粒重量轻，通常高直链淀粉玉米杂交种的产量比普通玉米杂交种减产 18%～27%。加之，高直链淀粉玉米杂交种需要隔离种植，生产高直链淀粉玉米籽粒的成本显著高于普通玉米。然而，由于高直链淀粉在食品、造纸、纺织、糖果、黏胶等工业中的特殊用途，淀粉的附加值高。目前，普通玉米淀粉的价格大约为 1 800 元/t，而 V 号高直链淀粉的价格在 6 000～8 000 元/t。加工淀粉的湿磨工业厂家往往会通过订单种植的方式，商业化开发高直链淀粉玉米。

主要参考文献

邓澄欣 . 1983. 选育优质蛋白质玉米种质的进展 . 作物学报（9）：165 - 172.

董会，徐丽，史亚兴，等 . 2019. 糯玉米鲜子粒和熟子粒叶酸含量分析及评价 . 玉米科学，27（2）：16 - 20.

李慧 . 2013. 利用全基因组关联分析剖析玉米籽粒油分累积的遗传机理 . 北京：中国农业大学 .

荣廷昭，黄玉碧，田孟良，等 . 2003. 西南糯玉米种质资源的利用与改良研究 . 玉米科学（11）：11 - 13.

石德权，李竞雄 . 1982. 硬质胚乳高赖氨酸玉米的选育研究 . 中国农业科学（4）：1 - 5.

谢孝颐，薛林 . 1997. 高产优势多抗糯玉米杂交种苏玉（糯）1 号选育报告 . 玉米科学（3）：11 - 15.

郑长庚，许启凤，吴显荣，等 . 1981. 高营养玉米的选育和利用 . 北京农业大学学报（7）：25 - 31.

Alexander DE. 1971. Progress in breeding maize for oil content//Proceeding of 5th Meeting of the Maize and Sorghum Selection of Eucarpia.

Alexander DE. 1988. High - oil corn：Breeding and nutritional properties//Proceeding of Annual Corn and Sorghum Industry Research Conference.

Alexader DE，Creech RG. 1977. Breeding special industrial and nutrition types//Corn and Corn Improverment. American Society of Agronomy，Inc.

Andrew RH. 1982. Factors influencing early seeding vigor of shrunken - 2maize. Crop Science，222：263 - 266.

Bauman LF，Conway TF，Watson SA. 1963，Heritability of variation in oil content of individual corn kernels. Science，139：498.

Cameron JW，Teas HJ. 1965. Carbohydrate relalionships in developing and mature endosperms of brittle and ralated maize genotypes. American Journal of Botany，41：50 - 55.

Chai YC，Hao XM，Yang XH，et al. 2012. Validation of DGAT1 - 2 polymorphisms associated with oil content and development of functional markers for molecular breeding of high - oil maize. Molecular Breeding，29：939 - 949.

Chen Z，Zhang Z，Zhang H，et al. 2022. A pair of non - Mendelian genes at Ga2 locus confer unilateral cross - incompatibility in maize. Nature Communicaitons.

Churchill GA，Adrew RH. 1984. Effects of two maize endosperm mutants on kernel maturity，carbohydrates，and germination. Crop Science，24：76 - 81.

Coe EH，Neuffer MG. 1977. The genetics of corn//Corn and Corn Improvement. American Society of Agronomy.

Coleman CE，Clore AM，Ranch JP，et al. 1997. Expression of a mutant alpha - zein creates the floury2 phenotype in transgenic maize. PNAS. USA，94：7094 - 7097.

Creech RG. 1962. Genetic control of carbohydrate synthesis in maize on endosperm. Genetics，52：1175 - 1186.

Creech RG，McArale FJ，1966. Gene interaction for quantitative changes in carbohydrates in maize kernels. Crop Science，6：193 - 194.

Dudley JW. 1977. 76 generations of selection for oil and protein percentage in maize. Ames，Iowa：Iowa State University Press.

Dudley JW，Lambert RJ. 1992. Ninety generationa of selection for oil and protein in maize. Maydica，37：81.

Feng LN，Zhu J. 2009. Expressional profiling study revealed unique expressional patterns and dramatic expressional divergence of maize alpha - zein super gene family. Plant Science Letters，69（6）：649 - 59.

Fergason V. 1994. Highamylose and waxy corns//Specialty Corn，CRC Press，Inc.

Fonzo ND，Fornasari E，Salamini F，et al. 1980. Interaction of the mutant floury - 2snd opaque - 7 with opaquo2 in the snythesis of endosperm proteins. Journal of Heredity，71：397 - 402.

Fonzo ND，Gentinetta E，Salamini F. 1979. Action of the opaque - 7mutation of the accumulation of storage products in maize endosperm. Plant Science Letters，14：185 - 187.

Fornasari E，Fonzo ND，Salamini F. 1982. Floury - 2 and opaque7 interaction in the synthesis of zein polypeptydes. Maydica，27：185 - 187.

Gao M，Wanat J，Stinard PS，et al. 1998. Characterization of dull1，a maize gene coding for a noval atrach synthesis activities of maize endosperm. Plant Cell，10：399.

Garwood DL，Shannon JC，Creech GR. 1976. Starch of endosperm possessing different alleles at the amylose - extebder locus in *Zea mays L*. Cereal Chemistry，53：335.

Gentinetta E，Malamini F. Lorenzoni C，et al. 1975. Protein studies in 46 opaque - 2strains with modified endosperm texture. Maydica，20：1 - 17.

Glover DV，Crane PL，Misra PL. 1975. Genetics of endosperm mutant in maize as releted to protein quality and quantity//High - Quality Maize. Stroudsburg，Penn：CIMMYT - Purdue Hutchinson and Ross Inc.

Gupta HO，Singh RP. 1983. Evaluation of normal opaque - 2 and modified opaque - 2maize varieties for some chemical traits. Indian Journal of Agricultural Sciences，53：767 - 770.

Hao Xiaomin，Li Xiaowei，Yang Xiaohong，et al. 2014. Transferring a major QTL for oil content using marker - assisted backcrossing into an elite hybrid to increase the oil content in maize. Molecular Breeding，34：739 - 748.

Helm JL，Glover DV，Zuver MS. 1970. Effect of endosperm mutant on pericarp thickneas in corn. Crop Science，10：195 - 196.

Ito GM，Brebacker JL. 1981. Gentic adivance through mass selection for tenderness in sweet corn. Journal of the American Society for Horticultural Science，106：469.

Jellum MD. 1970. Plant introduction of maize as a source of oil with unusual fatty acid composition. Journal of Agricultural & Food Chemistry，18：365.

Jellum MD，Widstrom NW. 1983. Inheritance of stearic acid in germ oil of the maize kernel. Hered，74：

383 - 384.

Kim Kyung - Nam，Dane K. 1998. Molecular cloning and characterization of the Amylose - Extender gene encoding starch branching enzyme IIB in maize. Plant Molecular Biology，38：945 - 956.

Kim CS，Hunter BG，Kraft J，et al. 2004. A defective signal peptide in a 19 - kDa alpha - zein protein causes the unfolded protein response and an opaque endosperm phenotype in the maize De - B30 mutant. Plant Physiology，134：380 - 387.

Li C，Xiang X，Huang Y，et al. 2020. Long - read sequencing reveals genomic structural variations that underlie creation of quality protein maize. Nature Communications.

Li H，Peng ZY，Yang XH，et al. 2013. Genome - wide association study dissects the genetic architecture of oil biosynthesis in maize kernels. Nature Genetics，45：43 - 50.

Li JS，Harold C. 1999. Physicochemical properties of maize starches expressing dull and sugary - 2mutants in different genetic backgrounds. Journal of Agricultural & Food Chemistry，47：4939 - 4943.

Li Q，Yang XH，Xu ST，et al. 2012. Genome - wide association studies identified three independent polymorphisms associated with a - tocopherol content in maize kernels. PLoS ONE，7（5）：e36807.

Li QJ，Wang J，Ye X，et al. 2017. The maize imprinted gene floury3 encodes a PLATZ protein required for tRNA and 5S rRNA transcription through interaction with RNA polymerase Ⅲ. Plant Cell，29：2661 - 2675.

Liu H，Huang Y，Li X，et al. 2019. High frequency DNA rearrangement at qγ27 creates a novel allele for quality protein maize breeding. Communications Biology，2：460 - 468.

Liu H，Shi J，Sun C，et al. 2016. Gene duplication confers enhanced expression of 27 - kDa γ - zein for endosperm modification in quality protein maize. PNAS，113：4964 - 4969.

Ma Y，Nelson OE. 1975. Amino acid composition and storage protein in two new high - lysine nutants in maize. Cereal Chemistry，52：412 - 419.

Magoja JL，Bertoia L. 1984. Endosperm structure of modified floury - 2 flint lines. Maize Genetics Cooperative News Letter，58：132 - 133.

Maner JH. 1975. Quality protein maize in swine nutrition//High - quality protein maize. Stroudabung, Penn：CIMMYT - Purdue. Dowden，Hutchinson & Ross Inc.

Manglesdorf AC. 1974. Corn：Its origin evolution and improvement. Belknap. Cambridge，MA：Harvard University Press.

McWhirter KS. 1971. A floury endosperm high lysine locus on chromosome 10. Maize Genetics Cooperative News Letter，45：184.

Merts ET，Bates LC，Nelson OE. 1964. Mutant gene that change protein composition and increases lysine content of maize endosperm. Science，14：279 - 280.

Miller RL，Dudley JW，Alexander DE. 1981. High intensity selection for percent oil in corn. Crop Science，21：433 - 437.

Misevic D，Alexander DE，Dumanovic J，et al. 1987. Grain filling and oil accumulation of high - oil and standard maize hybrids. Genetik，19：27.

Nelson OE. 1959. Intracistron recombination in the Wx/wx region in maize. Science，130：794.

Nelson OE，Merts ET，Bates LB. 1965. Second mutant gene affecting the amino acid patttern of Maize endosperm proteins. Science，150：1471-1472.

Neuffer MG，Coe EH，Wessler SR. 1997，Mutanta of Maize. New York：Cold Spring Harbor Laboratory Press.

Paez AV，Heln JL，Zuber AS. 1969. Lysine content of opaque-2maize kernels having different phenotypes. Crop Science，9：251-252.

Paliwal RL，Sprague EW. 1981. Improving adaptation and yield dependability in maize in the developing world. EI Batan：CIMMYT Mexico.

Pamin K. 1985. Genetic variation and selection response in fatty acid composition and percent oil in two population of corn. Plant Breeding Abstracts，55：565.

Pamin K，Compton WA，Walker CE，et al. 1986. Genetic variation selection response for oil composition in corn. Crop Science，26：279-282.

Park WD，Lewis ED，Rubenstein I. 1980. Heterogeneity of storage proteins in maize. Plant Physiology，67：98-106.

Pedersen K，Bloom KS，Anderson J N，et al. 1980. Analysis of the complexity and frequency of zein genes in the maize genome. Biochemistry，19：1644-1650.

Pradilla AG，Harpstead DD，Sarria D，et al. 1975. Quality protein maize in human nutrition//High Quality Protein Maize. Stroudsburg，Penn：CIMMYT-Purdue Dowden，Hutchinson & Ross Inc.

Robutti JL，Hoseney RC，Wasson CN. 1974. Modified opaque-2 corn endosperms II structure viewed with a scanning electron microscope. Cereal Chemistry，51：173-180.

Rowe DE，Grawood DT. 1978. Effect of four maize endosperm mutants on kernel vigor. Crop Science，18：709 721.

Smith AM，Denyer K，Martin C. 1997. The synthesis of the starch granule. Annual Review of Plant Physiology and Plant Molecular Biology，48：67-87.

Soave C，Righetti O，Lorenzoni C，et al. 1976. Expressivity of the opaque-2 gene at the level of zein molecular components. Maydica，21：61-75.

Soave C，Salamini F. 1979. High-lysine genes in maize theoretical and applied aspects. Monografia Digeget Agrar，4：107-140.

Tracy WF. 2001. Sweet Corn//Specialty Corn. Boca Raton：CRC Press，Inc.

Tracy WF，Schmidt DH. 1987. Effect of endosperm type on pericarp thickness in sweet corn inbreds. Crop Science，27：692-694.

Vasal SK. 1975. Use of genetic modifiers to obtain normal type kernels with the opaque-2gene//High Quality Protein Maize. Stroudsburg：Dowden，Hutchinson & Ross.

Vineyard ML，Bear ML，MacMaster MM，et al. 1958. Development of amylomaize-corn hybrid with high amylose starch. Agronomy Journal，50：595.

Wang G，Sun X，Wang G，et al. 2011. Opaque7 encodes an acyl activating enzyme-lie protein that affects storage protein synthesis in maize endosperm. Genetics，189（4）：1281-1295.

Widstrom NW，Jellum MD. 1974. Chromosome location of gene controlling oleic and linoleim acid comiposition in the germ oil of two maize inbreds. Crop Science，14：1113-1115.

Widstrom NW，Jellum MD. 1975. Inheritance of kernel fatty acid composition among six maize inbreds. Crop Science, 15：44-46.

Yan JB, Kandianis CB, Harjes CE, et al. 2010, Rare genetic variation at zea mays crtRB1 increases β-carotene in maize grain. Nature Genetics, 42：322-327.

Yang XH, Guo YQ, Yan JB, et al. 2010. Major and minor QTL and epistasis contribute to fatty acid compositions and oil concentration in high-oil maize. Theoretical & Applied Genetics, 120：665-678.

Yang XH, Li JS. 2019. High-oil maize genomics. Cham：Springer：305.

Zhang X, Karl J, Haro von M, et al. 2019. Maize sugary enhancer1 (se_1) is a gene affecting endosperm starch metabolism. PNAS, 116 (41)：20776-20785.

Zhang XL, Christophe C, Vlada R, et al. 2004. Molecular characterization demonstrates that the *Zea mays* gene sugary2 codes for the starch synthase isoform SSIIa. Plant Molecular Biology, 54：865-879.

Zheng PZ, Allen WB, Roesler K, et al. 2008. A phenylalanine in DGAT is a key determinant of oil content and composition in maize. Nature Genetics, 40：367-372.

Zhang ZB, Zhang Z, Chen D, et al. 2018. A pectin methylesterase gene at the maize Ga1 locus confers male function in unilateral cross-incompatibility. Nature Communictions, 9：3678.

第七章 青贮玉米育种原理与方法

（潘金豹）

发展节粮型畜牧业是保障畜产品有效供给、缓解供求矛盾、丰富居民膳食结构的重要途径，是我国畜牧业健康可持续发展的重要战略措施。青贮玉米具有产量高、营养丰富、易青贮等特点，是发展节粮型畜牧业不可或缺的基础饲料，对我国"节粮型"畜牧业的发展具有决定性的作用。大力发展青贮玉米是推进农业结构调整，发展节粮型畜牧业，促进我国畜牧业健康可持续发展的国家战略。

我国青贮玉米育种和生产利用发展较晚，2000 年以前主要使用玉米秸秆、玉米农家种、分蘖型饲草玉米或普通玉米代替，生物产量低，且营养品质难以保证，严重影响了牛奶品质和养牛业发展，畜牧业迫切需要高产优质青贮玉米品种。经过 20 多年的努力，我国青贮玉米育种水平大幅度提升，育成的青贮玉米新品种已经接近国际先进水平。育成的最优青贮玉米新品种的生物产量达到了 22 500kg/hm²，干物质含量 35％左右，淀粉含量35％左右，中性洗涤纤维 35％～40％。以奶牛业为主体的草食家畜的大发展必将带动我国青贮玉米的大发展，并对协调种植业和养殖业的关系、促进农牧协调持续发展、有效地增加农民收入和提高农村经济水平具有重要的作用。另外，草食家畜的发展必将增加农田有机肥的施用量，这对提高土壤有机质、培肥地力、增加土壤蓄水保肥能力，大力发展高效节水农业具有重要意义。

第一节 青贮与青贮玉米的概念

一、青贮的历史、概念、原理和方法

（一）青贮的历史

人类通过青贮保存饲料至今已有几千年的历史了。"青贮"一词来源于希腊语"silos"，是指在地下挖坑或挖洞贮藏。19 世纪中叶以前，瑞典和波罗的海国家一直用草做青贮。大约 1860 年，青贮被引进到匈牙利，随后迅速扩展到德国。1877 年，法国农场主 Auguste Goffart 根据制作青贮玉米的经验，发表了关于青贮的第一本书，他被称为"现代青贮之父"。1876 年，在美国的马里兰州 Francis Morris 建造了第一个地窖，1879 年，Goffart 青贮玉米的美国版本出版，到 1900 年，美国有十多万个地窖，大多数是塔状的。据历史资料记载，我国在南北朝时期（距今约 1 500 年）就开始采用很完备的干草调制和贮存方法。600 多年前元代《王祯农书》中记载有苜蓿、马齿苋等青饲料的发

酵方法，其实就是青贮原理的应用。

（二）青贮的概念与原理

青贮是一种将高水分的青绿饲料长期保存的贮存技术或方法，青贮既可减少青绿饲料的养分损失，又有利于动物消化吸收。

青贮的基本原理是，在密封的状态下，利用乳酸菌的发酵作用，产生大量乳酸，使饲料呈酸性，从而抑制有害菌生长，达到长期保存青绿饲料。

青贮的基本方法是，将高水分的青绿饲料压实封闭，使青绿饲料与外部空气隔绝，造成内部缺氧、厌氧发酵、产生乳酸，从而可以长期保存。青贮饲料的发酵过程一般分为4个阶段：有氧呼吸期、厌氧微生物竞争期、乳酸积累期和乳酸相对稳定期。

（三）影响青贮质量的关键因素

决定青贮成败和质量最重要的几个因素是含水量、含糖量和缓冲能力。为了保证获得良好的发酵，减少营养物质损失，调制出优质的青贮饲料，青贮料的含水量一般要求在60%～70%。在青贮过程中含水量过高，会产生许多问题。一是渗液问题。在青贮料压实时，部分养分会随着水分一起被挤压出来。当水分含量超过75%时，就会产生渗液。渗液不仅损失养分，还污染环境。二是抑制腐败菌繁衍的临界pH随水分含量而变化，高水分青贮料易产生腐败菌发酵，导致养分损失，降低青贮料营养价值。三是降低含水量可抑制微生物活动，对不良菌效果特别明显。如果水分降到70%左右，乳酸发酵活跃，而丁酸生成将受到抑制。四是即使青贮饲料的碳水化合物含量适合于正常发酵，高水分青贮饲料的采食量常常很低。

含糖量与青贮质量的优劣有非常密切的关系。含糖量必须达到一定水平，才能保证乳酸菌正常发酵，生成乳酸，降低pH，抑制丁酸菌的发酵，并防止蛋白质降解为氨。很多试验表明，含糖量高，青贮品质就好。因此，含糖量较低的饲料不易或不能作为青贮的饲料。

缓冲能力对青贮质量和有机物的消耗影响很大。缓冲能力低，青贮的pH下降很快，可以迅速杀死腐败细菌和丁酸菌，同时抑制乳酸菌的繁殖，有机物不再被细菌分解利用，使青贮料长期保存。

由于玉米含有较高的、具有较低缓冲能力的淀粉和糖，青贮4d后，pH就很快下降到4.0，而大豆青贮60d时，pH才下降到4.2，其主要原因是大豆含有大量的具有较强缓冲能力的蛋白质，而淀粉和糖的含量较少，造成乳酸菌增殖较慢。

二、青贮玉米原料和青贮玉米饲料

（一）青贮玉米原料

青贮原料是指用于制作青贮的原料。用于青贮饲料的原料来源极广，禾本科作物、豆科作物，作物块根、块茎、树叶以及水生饲料等均可用来青贮。但是，用得最多的是青贮玉米，其次是高粱。玉米是高产饲料作物，富含糖分，被认为是"近似完美"的青贮原料。

（二）青贮玉米饲料

青贮饲料是指青贮发酵而成的饲料。是将高水分的青绿原料切碎、在封闭缺氧条件下，通过乳酸菌发酵后得到的发酵饲料。

玉米具有许多作为青贮饲料特性：

（1）青贮玉米不会造成叶片损失，整株收获，鲜重一般每公顷 67.5～97.5t，干物质产量高。

（2）青贮玉米有一个较长的收获期。青贮玉米的适宜收获期在乳线 1/4 至 3/4 时，最佳收获期是籽粒乳线发育到 1/2 时。在这段时间内，随着收获期的延迟，玉米秸秆（STOVER）的营养品质降低。但是，随着具有高消化力籽粒的发育，青贮玉米的品质不会受到影响。

（3）在适宜收获期，具有干物质含量高（30％～40％）、含水量适宜（60％～70％）、非结构碳水化合物含量高及缓冲能力低（缓冲度只有 2.91％）等特点，可持续地完成发酵作用，青贮饲料质量好。

在良好的管理条件下，与苜蓿和其他饲料比较，青贮玉米具有较高的能量和摄入量。尽管青贮玉米有较高的中性洗涤纤维含量（NDF）和酸性洗涤纤维含量（ADF），但是，由于青贮玉米的木质素含量较低，从而使木质素与中性洗涤纤维的比例及木质素与酸性洗涤纤维的比例较低，即纤维的木质化程度较低，导致纤维的消化和利用较高。因此与其他高纤维饲料作物不同，青贮玉米是一种高纤维但具有高能量的饲料。青贮玉米主要的营养缺陷是蛋白质含量较低。

三、玉米青贮和青贮玉米

（一）玉米青贮

玉米青贮是指以玉米植株等为原料，进行青贮发酵、饲料制作的一种加工和利用方式。普通玉米、高淀粉玉米、高油玉米、优质蛋白玉米、甜糯玉米、饲草玉米、青贮玉米等所有类型的玉米都可以作为青贮原料，制作玉米青贮饲料。

（二）玉米青贮的类型

根据所利用的部位，可将玉米青贮分为：玉米全株青贮、玉米秸秆青贮、玉米果穗湿贮和玉米籽粒湿贮。

1. 玉米全株青贮　是指在玉米籽粒乳线 1/2～3/4 期间，收获包括玉米果穗在内的地上部青绿植株，经切碎、密封、发酵后，调制成饲料，饲喂以牛羊为主的草食家畜。全株玉米青贮是优质青贮玉米饲料的主要来源。

2. 玉米秸秆青贮　在玉米果穗收获后，将其秸秆收集并经切碎、发酵后用于草食牲畜的饲料。玉米秸秆青贮是玉米秸秆利用最有效的方法之一，其他利用的方式还有玉米秸秆的碱化处理、氨化处理和微贮等。

3. 玉米果穗青贮 仅用玉米的果穗（带苞叶和穗柄等）或果棒（不带苞叶和穗柄）作为青贮原料，将其切碎（破碎）、发酵后，用于草食牲畜的饲料。

4. 玉米籽粒青贮 用新鲜的玉米籽粒作为青贮原料，将其破碎、发酵后，用于草食牲畜的饲料。其水分含量为 $28\%\sim35\%$。果穗、果棒或籽粒青贮淀粉含量大幅度提高，可作为精饲料，以及猪饲料等。

（三）青贮玉米和青贮玉米品种

青贮玉米的概念有广义和狭义之分，广义的青贮玉米泛指与玉米青贮饲料有关的所有内容，包括品种、原料、饲料等。狭义的青贮玉米是特指主要用于玉米全株青贮的玉米品种。

根据青贮玉米的特征特性及用途，青贮玉米品种可划分为 4 种类型。

（1）专用型青贮玉米品种。专门为制作青贮饲料而选育的青贮玉米品种称为专用型青贮玉米品种。该类品种具有生物产量高和适口性好等特点，能够满足牛羊等草食牲畜对青贮饲料品质的需求。专用型青贮玉米品种生物产量潜力大，在同等条件下其生物鲜重和生物产量均显著超过大田籽粒玉米。不同品种之间，青贮品质差异较大，生产上应根据实际需要合理选择品种。优良的专用型青贮玉米品种具有较高生物产量和优良的青贮品质，是高产奶牛、高端肉牛和肉羊的重要饲料来源。一般的专用型青贮玉米品种生物产量高、适口性好，但青贮品质一般，适合作为中低产奶牛、一般肉牛、肉羊的饲料来源。

（2）通用型青贮玉米品种。通用型青贮玉米品种具有籽粒产量高、生物产量较高和青贮品质好等优点，符合普通玉米和青贮玉米审定标准。与专用型青贮玉米品种比较，优点是青贮品质优良，还可根据玉米市场需求变化，种植者在收获期决定是收获籽粒还是用于青贮原料；缺点是生物产量较低，持绿性较差。

（3）兼用型青贮玉米品种。粮饲兼用型品种最初的定义是持绿性较好的活秆成熟的普通玉米品种，在收获期一株两用，先收获果穗，用于籽粒，然后切碎茎叶，用于青贮。现在多与通用型青贮玉米品种混用。

（4）饲草型玉米品种。饲草型玉米品种是一类植株高大、茎叶繁茂、结实性很差、籽粒产量低、青贮品质差的品种。有一年生和多年生的，也有分蘖，如英红、东陵白、玉草 6 号等。主要优点是生物产量高，适合不发达地区和对青贮品质要求不高的畜牧场种植。

第二节 国内外青贮玉米发展概况

一、欧洲青贮玉米发展概况

欧洲每年种植 600 多万 hm^2 的青贮玉米，其中法国和德国种植面积最大，超过欧洲青贮玉米种植面积的一半。2016 年，欧洲青贮玉米种植面积达 614.5 万 hm^2，其中以法国和德国种植面积最大，占欧洲总面积的 60%。英国、丹麦、荷兰等国种植的玉米几乎全部是青贮玉米。

德国 2016 年玉米种植总面积是 250 万 hm^2，其中青贮玉米种植面积达到 213.8 万 hm^2，占总玉米面积的 85.5%，普通籽粒玉米占玉米总面积的比例不足 15%。种植类型为专用型青贮玉米和通用型青贮玉米两种类型，以通用型为主，占整个青贮玉米种植面积的 60% 以上。

二、美国青贮玉米发展概况

在美国，种植玉米的目的有两个：生产粮食或生产青贮饲料。他们通常到了收获季节才决定是收获籽粒还是收获全株（用于青贮）。因为播种时，很难预测年底对青贮饲料的需要量，也很难预测玉米的生长发育状况。当严寒或干旱造成多年生饲料豆类减产时，当水分胁迫或早霜限制籽粒产量时，用于青贮玉米生产的面积将增加。然而，当其他饲料作物充足时，而且适合玉米籽粒生产时，生产者会选择在市场上销售粮食。在相当长的一个阶段，美国的玉米品种将保留这种双重目的，且重点是放在粮食生产上，而不是放在青贮饲料生产上。因此，具有足够籽粒产量的玉米种质资源将成为美国未来提高饲料潜能的遗传基础材料。

美国青贮玉米的种植面积占玉米种植面积的 8% 左右，其中威斯康星、纽约和明尼苏达种植面积最大（表 7-1）。

表 7-1 美国青贮玉米主产区种植面积统计

州名	1988—1997 年青贮玉米平均收获面积（1 000hm^2）	1988—1997 年青贮玉米占美国及各州玉米种植总面积的百分比（%）
威斯康星	327	22
纽约	218	47
明尼苏达	217	8
南达科他	177	12
宾夕法尼亚	173	30
密歇根	128	13
爱荷华	122	2
北达科他	111	32
内布拉斯加	104	3
加利福尼亚	95	56
美国总量	2 417	8

20 世纪早期以来，美国青贮玉米的产量一直在显著地增长。以干物质产量为准，青贮玉米以每年 90kg/hm^2 的速度直线上升。由于美国的育种家根据籽粒产量而不是植株的生物产量为基础进行玉米杂交种的选育，因此植株生物产量的提高主要是籽粒部分产量提

高了，从而提高了收获指数。

1931—1991 年，玉米籽粒的蛋白质含量由 10％下降到 8.7％，全株的蛋白质含量由 8.5％下降到 7.4％。中性洗涤纤维含量显著下降；酸性洗涤纤维含量显著下降；离体净消化力显著增加；细胞壁消化力显著增加；每吨玉米产奶量显著增加。单位面积玉米产奶量显著增加。

三、我国青贮玉米发展概况

我国青贮玉米品种选育与示范推广应用经历了 3 个时期。第一个时期为探索期（1980—2001 年）。这个时期的育种目标是提高产草量，解决草食家畜填饱肚子的问题，对青贮品质没有要求。审定和推广的品种为农家种和饲草型青贮玉米，如科多 4 号、东陵白等。1985 年，我国首次审定了由中国科学院遗传与发育生物学研究所育成的分蘖型青饲专用晚熟品种京多 1 号。"七五"期间，我国将青贮玉米育种列为国家科技攻关计划，并以多秆多穗，青枝绿叶、富含糖分、适口性好和生物产量高为主要育种目标，从此青贮玉米品种选育有了良好开端（盛良学等，2002）。1988 年由辽宁省农业科学院原子能所育成的青贮玉米辽原 1 号，通过辽宁省农作物品种审定委员会审定；1989 年由中国科学院遗传与发育生物学研究所育成的分蘖型青贮专用晚熟品种科多 4 号通过天津市审定。此后各地先后育成了辽洋白、龙牧 1 号、辽青 85、沪青 1 号、晋单饲 28、科多 8 号、中原单 32、津饲 251、科青 1 号等青贮玉米新品种（孙世贤等，2005；盛良学等，2002）。

第二个时期为快速发展期（2002—2014 年），以 2002 年全国农业技术发展中心发文，组织全国青贮玉米品种区试为标志，我国青贮玉米品种选育与推广应用进入快速发展期。这个时期的主要特点是明确了评价青贮玉米品种的产量标准和品质标准，提出了以产量为主兼顾青贮品质，大力发展专用型青贮玉米的育种目标和育种方向。

从 2015 年开始进入到高质量发展时期，以 2015 年中央 1 号文件为标志，强调产量与品质同等重要，明确了高产优质专用型青贮玉米品种的评价标准，提出了高产优质专用型青贮玉米和粮饲通用型青贮玉米品种的育种目标和育种方向。

2015 年中央 1 号文件明确提出"开展粮改饲和种养结合模式试点，促进粮食、经济作物、饲草料三元种植结构协调发展。"粮改饲的重点是调整玉米种植结构，大规模发展适于奶牛、肉牛、肉羊等草食动物畜牧业需求的青贮玉米，实行以养定种，订单种养。同时因地制宜，在适合种优质牧草的地区推广牧草，将单纯的粮仓变为"粮仓＋奶罐＋肉库"，将粮食、经济作物的二元结构调整为粮食、经济、饲料作物的三元结构。在国家调结构、"粮改饲"政策的推动下，我国的青贮玉米产业快速发展。种植面积由 2016 年的 107 万 hm² 提升至 2022 年的 200 多万 hm²，有效解决了秸秆还田和农牧交错地带粮饲争地问题，实现了牛羊圈养，减轻了过度放牧、草场退化等生态问题。发展青贮玉米促进了农业种植业结构调整，大幅度提高了农牧民收入，实现了粮、经、饲三元结构的有机结合，对畜牧业发展起到了积极的推动作用。

第三节　青贮玉米育种方向和目标

一、青贮玉米营养成分的化学分析

一般采用概略养分分析法或纯养分分析法分析青贮玉米和其他饲料的营养成分。概略养分分析首先采用于德国，迄今已有 100 多年，在营养学中应用最多，是评定饲料营养价值的最基本的方法。概略养分分析只测定水分、粗蛋白、粗脂肪、粗纤维、粗灰分和无氮浸出物 6 项指标，每一项都不是纯粹的化合物，而是含有几种成分（表 7-2）。

概略养分分析存在下列主要缺点：①无法区分具有相同蛋白质含量的不同饲料的营养价值。粗蛋白质含量是根据氮含量估计的，没有区别真蛋白质和非蛋白质含氮物质；蛋白质的营养价值（蛋白质的品质）决定于氨基酸的组成和含量，蛋白质含量相同，营养价值不一定相同。②粗纤维中各种成分的营养价值差异很大。其中，半纤维素和纤维素较易消化，而木质素几乎不能被消化。另外，应用酸碱处理时，大部分半纤维素和纤维素被溶解，被计算在无氮浸出物中。因此，即使粗纤维含量相同，其营养价值也不同。③无氮浸出物是一种估算值，其中淀粉和糖极易消化，而被稀酸、稀碱溶解的纤维素、半纤维素和木质素较难消化。不同类型的饲料，无氮浸出物的主要成分差异很大。能量饲料中的无氮浸出物主要是淀粉和糖，而粗饲料中的无氮浸出物以纤维性物质为主。因此，不同饲料的无氮浸出物含量虽然相同，其营养价值相差很大。④粗灰分含量的分析，在营养上的意义不大。在灰分含量很高的饲料里，钙、磷往往是缺乏的，而动物对矿质元素需要量最大的就是钙和磷。⑤缺乏维生素的分析。

表 7-2　青贮饲料品质的常规分析

指标	分析方法	主要成分
水分	近 105℃ 条件下，烘干至恒重	水分和一切挥发性物质
粗蛋白	凯氏定氮法	蛋白质、氨基酸和其他非蛋白质含氮物
粗脂肪	醚浸出	脂肪、油类和蜡等
粗纤维	经过酸、碱煮沸、过滤	纤维素、半纤维素和木质素等
粗灰分	在 550℃ 条件下灼烧	矿物质元素
无氮浸出物	100 减去上述部分的总和	淀粉、糖等

纯养分分析用来测定饲料中的纯养分，可以比较准确地评价某种饲料的化学成分。在测定粗蛋白的基础上，已进一步测定真蛋白（TP）、非蛋白氮（NPN）、α-氨基酸、氨基酸和有效氨基酸（可利用氨基酸）；在粗脂肪中，进一步测定各种脂肪和脂肪酸；在粗纤维中，测定中性洗涤纤维、酸性洗涤纤维、酸性洗涤木质素、纤维素、半纤维素和木质素；在无氮浸出物中进一步测定各种糖和淀粉；矿物质测定各种常量和微量元素；增加了各种维生素的分析。

通常采用 Van Soest 的洗涤方法测定中性洗涤纤维含量、酸性洗涤纤维含量、酸性洗涤木质素含量、纤维素含量、半纤维素含量和木质素含量。分析的原理如下：用中性洗涤剂（pH＝7）消化饲料，蛋白质、脂肪和无氮浸出物（糖类、淀粉和果胶）等细胞内溶物，溶于中性洗涤剂中，不溶的部分被称为中性洗涤纤维（NDF），中性洗涤纤维主要包括半纤维素、纤维素、木质素和灰分。将中性洗涤纤维用酸性洗涤剂消化，能溶于酸的叫作酸性洗涤可溶物，不溶的物质被称为酸性洗涤纤维（ADF），酸性洗涤纤维主要包括纤维素、木质素和灰分。将酸性洗涤纤维用 72％的硫酸处理，可溶的部分称为纤维素，不溶的部分称为酸性洗涤木质素（包括木质素和灰分）。将酸性洗涤木质素灼烧，木质素燃烧分解，剩余部分为灰分。半纤维素含量等于中性洗涤纤维含量减去酸性洗涤纤维含量；纤维素含量等于酸性洗涤纤维含量减去酸性洗涤木质素；木质素含量等于酸性洗涤木质素减去灰分。

尽管喂养试验是评价饲料品质的最好方法，但是当评价大量杂交种和栽培措施时，喂养试验花费太大，很难实施。因此，其他的研究方法应运而生。最新采用的分析方法可以大规模地对饲料的营养品质进行评价。Tilley 和 Terry 设计了利用瘤胃的胃液进行 48h 离体消化的方法，这种方法是许多现代技术的基础，在处理前后分别测定饲料的中性洗涤纤维含量，可以确定细胞壁的可消化力，即通常所说的细胞壁消化力（CWD）。

二、评价青贮玉米的主要指标

选育青贮玉米杂交种，应兼顾产量和品质两个方面，二者同等重要，不可偏废。通常采用干物质含量、生物干重或生物产量（t/hm²）和生物鲜重（t/hm²）3 个指标评价青贮玉米的产量。采用粗蛋白含量、淀粉含量、脂肪含量、中性洗涤纤维含量、酸性洗涤纤维含量、木质素含量、离体消化力、细胞壁消化力、每吨产奶量和每公顷产奶量等指标评价青贮玉米的品质。评价青贮玉米最重要的指标是生物产量、干物质含量、淀粉含量、NDF 含量和 NDF 消化率。

干物质含量和含水量是非常重要的指标，具有两方面的作用。一是用于计算生物产量（生物干重），在收获期，先测定玉米植株的含水量和生物鲜重，然后折成生物产量，计算公式是：生物产量（t/hm²）＝生物鲜重×干物质含量＝生物鲜重×（100％－含水量）。二是用于判断青贮玉米的最适宜收获期。综合考虑青贮玉米的产量、品质和青贮要求，含水量在 60％～70％期间，即干物质含量在 30％～40％期间，是青贮玉米的最适宜收获期。在此期间收获的青贮玉米，秸秆和籽粒的营养质量高，木质素含量低，适口性好。收获过早，不仅生物产量降低，而且不利于青贮；收获过晚，造成营养品质下降，也不利于青贮。当植株的含水量在 60％～70％期间，玉米处在蜡熟期，从籽粒顶部算起，乳线在 1/4～3/4 之间。

生物干重科学地反映了生物产量的高低，是评价生物产量的唯一标准。水分不是有机物质，不具有能量，不应计算在生物产量之内。在最适收获期，不同地区、不同栽培条件下种植的不同品种，含水量差异很大。由于含水量存在显著差异，生物鲜重相同的青贮玉米生物产量不同，反之，生物产量相同的青贮玉米生物鲜重也有很大差别。因此，不能以生物鲜重作为青贮玉米生物产量的指标。

蛋白质至少可被分成非蛋白质氮（NPN）、真蛋白质和束缚蛋白三大类。青贮玉米中的大多数可溶性蛋白以非蛋白质氮的形式存在，它们迅速转化成氨，然后被微生物利用或被瘤胃壁吸收。真蛋白质可以被缓慢降解，有些在瘤胃中未被降解的蛋白质，被小肠吸收。束缚蛋白主要是指蛋白质-木质素结合体、蛋白质-单宁酸复合体，这些束缚蛋白不会在瘤胃中被降解。

以前，人们一直认为淀粉几乎可以被全部降解，并且几乎可以完全被反刍动物利用，因此，动物营养学家和植物育种学家没有将淀粉作为研究的重点。最新的资料表明，①不同品种之间，淀粉消化率存在差异；②在籽粒成熟过程中，不同生理时期，淀粉消化率存在差异。

中性洗涤纤维能被动物部分利用，被利用的程度与采食量有关。植物细胞的中性洗涤纤维含量越低，动物的采食量越高，中性洗涤纤维被利用的程度越高。酸性洗涤纤维很难被动物消化，酸性洗涤纤维与动物的消化率有关，含量越高，消化率越低。木质素是不能被动物消化的部分，是限制植物细胞壁被消化利用的主要因素。细胞壁木质化程度特别重要，细胞壁木质化程度一般用木质素/中性洗涤纤维的比值或木质素/酸性洗涤纤维的比值表示。细胞壁木质化程度影响纤维降解的程度，因而影响消化力。随着青贮玉米成熟度的增加，多数组织的木质化程度提高，消化力下降。

食物中的碳氮比也会影响营养品质。如果食物中的氮不能满足瘤胃中微生物的需要，饲喂多余的碳水化合物无效，甚至是有害的。如果食物中有过剩的氮，碳水化合物的不足会导致产生过剩的非蛋白氮，非蛋白氮发酵产生氨，被瘤胃壁吸收后在肝脏转化为尿素，然后排出体外。在这种情况下，饲喂较多的碳水化合物可以提高发酵效率和提高瘤胃中氨的利用率。

三、青贮玉米的育种方向和目标

（一）青贮玉米品种的主要特点

青贮玉米杂交种必须兼顾产量和品质，二者同等重要，不可偏废。总体来说，无论选用什么类型的青贮玉米，理想的青贮玉米杂交种必须具有下列特点：①生物产量高。在正常栽培条件下，适时收获的优良青贮玉米杂交种的生物产量比同一生态区主推的普通玉米品种增产 10% 以上。②营养品质好，摄入量高，消化率高。品质优良的青贮玉米杂交种应具有较高的淀粉含量和细胞壁消化力，适量的矿质元素和维生素，较低的中性洗涤纤维含量、酸性洗涤纤维含量、木质素含量。③成熟期适宜。晚熟玉米杂交种具有较大的叶面积指数、较长的叶面积持续时间和较高的干物质产量。因此，只要能适时收获，应选育较晚熟的青贮玉米杂交种。青贮玉米的适宜收获期处在蜡熟期，植株的含水量在 60%～

70％期间，籽粒乳线位置在 $1/4 \sim 3/4$ 之间。在生产上要合理搭配选用品种，使用不同熟期的品种，既可以解决收获、加工贮藏机械的不足，也可以最大限度地提高产量。④抗病性好。病害不仅会降低青贮玉米的生物产量，而且会严重地影响茎叶的营养品质。青贮玉米杂交种必须高抗大斑病、小斑病、丝黑穗病、黑粉病等主要病害。由于病毒病在玉米主产区有扩展趋势，而锈病从南到北也时有发生，在育种过程中，应加强对病毒和锈病抗性的选择。⑤抗倒性强。倒伏对青贮玉米的影响比普通玉米更大，生物产量的减产可高达40％。另外，倒伏不利于机械化收割，也会降低营养品质。抗倒性与植株的健壮程度、茎秆的含糖量密切相关，应注意选择含糖量较高的材料。抗虫性与品质负相关，增加玉米植株的纤维含量、木质素含量和硅含量可以提高对第二代欧洲玉米螟和其他害虫的抗性，这会导致在玉米叶片、叶鞘和茎叶中含有较高的 NDF。

（二）青贮玉米育种方向和目标

与普通玉米杂交种不同，青贮玉米杂交种既要考虑果穗和籽粒的产量，同时还要考虑玉米秸秆的产量和品质，即青贮玉米必须以玉米整个植株为研究对象，在提高生物产量的同时，改善玉米全株的营养品质。因此，青贮玉米品种的育种方向是选育籽粒产量高、秸秆产量高和秸秆品质优良的高产优质青贮玉米杂交种。具体目标如下：①成熟期：与当地大面积推广的普通玉米品种熟期相当，最晚不超过 5d；②抗倒性：倒伏倒折率小于当地大面积推广的普通玉米品种；③抗病性：田间自然发病和人工接种鉴定，对当地主要病害均达到中抗及以上；④持绿性：在最佳收获期，绿叶数占可见叶片数 80％以上；⑤产量：籽粒产量与当地大面积推广的普通玉米品种相当，生物产量增产 15％以上；⑥品质：干物质含量 35％左右，全株淀粉含量 35％左右，中性洗涤纤维含量≤40％，中性洗涤纤维消化率≥60％。

第四节　青贮玉米重要性状的遗传

一、籽粒和茎秆对青贮玉米产量和品质的影响

植株的形态在遗传上变异相当大，植株的每一部位都具有明确的品质特征，因此改变植株的形态是提高营养价值的一个可行的方法。籽粒是影响消化率的主要因素，许多人认为杂交种穗大，干物质含量高，适宜作为青贮玉米品种。虽然这个观点似乎完全合理，也可能为选择青贮玉米品种提供最简单的指导，但研究表明籽粒与茎秆之比、全株干物质产量和营养价值之间的关系并不存在简单的相关。

籽粒与秸秆的比值变异范围为 $0 \sim 60\%$ 及以上（不育或空秆种质，籽粒/秸秆＝0），即使籽粒形成被阻止，有人认为在一定的环境条件下，全部非结构性碳水化合物的量也很高。空秆玉米与普通玉米相比，在茎秆中积累了更多的可溶性碳水化合物，而总的干物质含量和消化力有可能超过普通玉米。但是也有报道认为可育玉米比空秆玉米的全部非结构

性碳水化合物和整株消化率更高。在普通玉米植株中，非结构性碳水化合物大部分以淀粉形式存在于籽粒中；而在空秆玉米中，碳水化合物以可溶性碳水化合物形式存在于茎叶组织中。Burgess 和 Nicholson 发现普通青贮饲料玉米和空秆青贮饲料玉米在干物质吸收率、消化率和实际奶产量上没有区别。在一个关于养羊的类似的比较中，干物质的消化率也没有区别。

许多研究表明，尽管玉米籽粒所占比例很重要，但对青贮饲料品质不起主要作用。虽然增加籽粒产量是提高干物质含量的一种有效方法，但是只要干物质含量能达到有效的发酵，整秆玉米的营养价值对籽粒的依赖并不太大。

二、青贮玉米品质性状存在的遗传变异

一些研究者发现，在不同玉米种质资源之间品质性状存在显著的差异，并证明了可从遗传上改良玉米植株的纤维含量。美国威斯康星大学为了扩大茎叶的纤维含量和木质素含量的差异，利用 S1 家系选择法，通过两轮双向轮回选择，得到 WFISIHI 和 WFISILO 两个群体。改良计划的初衷是评价叶鞘纤维含量对抗虫性的作用，同时也阐明了改良纤维含量和成分的方法。通过双向选择，两个群体在茎叶的中性洗涤纤维含量、酸性洗涤纤维含量和木质素含量方面显著不同。在茎和叶鞘组织中，WFISIHI C2 群体与 WFISILO C2 群体的中性洗涤纤维含量相差 10% 以上，木质素含量相差 1% 以上。在 C1 群体中，基于对 S1 家系的评价，茎和叶鞘的所有性状的广义遗传力都高，超过了 80%。Wolf 等对从 WFISIHI 和 WFISILO 群体选出的 S1 家系进行了测交试验，认为根据茎和叶鞘成分选育自交系是有效的，测配的杂交种纤维成分发生了变化，提高了消化率。

以自交系和杂交种为材料进行的其他几个饲草试验表明，茎叶和全株的品质存在遗传变异。作为全面评价玉米杂交种计划的一部分，美国已经开始对青贮玉米杂交种的产量和品质进行广泛的评价。在综述这些研究时，应考虑到试验的区域以及可接受的农艺性状。在一些研究中收获时期变化很大，表现为干物质含量变化大；在另一些研究中，生物产量、籽粒产量和果穗含量差异很大，因此很难阐明品质性状的变异范围。但是，趋势是明显的。茎叶的细胞壁含量和消化力与全株的细胞壁含量和消化力变化幅度一样，说明茎叶和籽粒共同影响着全株的营养品质。

与杂交种比较，在自交系之间，茎叶的细胞壁含量和消化力变化幅度较大，这说明选择品质优良的自交系可以有效地改善杂交种的饲草品质。在威斯康星大学，对所选育的骨干自交系进行了评价。通过调节播期，使所研究的自交系在收获时处在相同的生理阶段。在相同的乳线期或干物质含量进行比较，早熟自交系与晚熟自交系的营养品质存在显著差异。例如，在一个较早的试验中，自交系 W629A 与 W845 处于基本相同的乳线期，离体净消化率（分别为 71.6% 和 77.9%）和细胞壁消化力（分别为 53.8% 和 61.1%）显著不同。同样地，在美国的自交系之间，组成成分和消化率存在着变异，并且来源于 Mo17 和 H99 的种质在青贮玉米育种工作中是有用的。

在对自交系的成分进行详细地研究中，Lundvall 和 Jung 等人设计了一个试验。选用 45 个自交系，两个收获时期：早期（吐丝期）和晚期（生理成熟期/黑层期）；分析不同收获时期不同自交系的节间和叶片的品质变化，分析节间的消化动力学。结果表明，无论是早期收获，还是晚期收获，这 45 个自交系的 48h 离体消化率存在显著差异。对于节间的中性洗涤纤维含量，早收与晚收相关性不显著，对于消化力，早收与晚收低度相关。同样，节间的中性洗涤纤维含量与叶片的中性洗涤纤维含量相关性不显著，节间的消化力与叶片的消化力低度相关。基于这些结果，可以在接近生理成熟时，分析茎叶的品质，选育品质优良的自交系。营养成分和消化动力学的研究表明，一些普通玉米自交系（例如：B77 和 R227），至少在吐丝期，在中性洗涤纤维含量、中性洗涤纤维消化率和中性洗涤纤维消化量等品质性状方面不亚于褐色中脉玉米自交系。Jung 等建议采用短发酵时间（12～36h）或长发酵时间（96h）筛选纤维消化速度快和纤维消化量高的自交系。

三、青贮玉米主要性状的配合力、遗传力与选择

在早期研究中，Roth 等人以 8 个玉米自交系为材料，采用双列杂交遗传设计，对青贮玉米品质性状的配合力进行了研究。他们认为，离体干物质消化率（IVDMD）、蛋白质、中性洗涤纤维/细胞壁成分（NDF/CWC）、酸性洗涤纤维（ADF）和酸性洗涤木质素（ADL）的一般配合力大于这些品质性状的特殊配合力。

20 世纪 90 年代，德国开展了一系列研究，始于 Dhillon 等人。用于研究的自交系共 12 个，其中 6 个硬粒型、6 个马齿型，分属于两个杂种优势群。在北欧，这两个杂种优势群构成了最优秀的籽粒杂交种和青贮杂交种。他们采用双列杂交设计，测配了 66 个杂交种，用于研究产量性状和青贮品质性状。在青贮试验中，为了最大限度地减小生理阶段的差别，所有杂交种在吐丝后一定天数收获。对茎叶产量、全株干物质产量和收获指数等产量性状的研究表明，①茎叶产量、全株干物质产量和收获指数等几乎所有被研究的农艺性状的一般配合力和特殊配合力差异显著；②果穗产量的特殊配合力差异显著，但果穗产量的一般配合力不显著；③这些性状的基因型与环境互作（G×E）、一般配合力与环境互作（GCA×E）差异显著；④茎叶干物质产量和收获指数的特殊配合力与环境互作（SCA×E）差异显著；⑤果穗产量、茎叶产量和全株干物质产量的特殊配合力方差大于一般配合力方差，表明显性效应对籽粒产量和全株产量的杂种优势具有较大影响；⑥茎叶产量、全株产量和收获指数的狭义遗传力大于籽粒产量的狭义遗传力，分别为 55.8%、28.9%、55.9% 和 11.6%。

对中性洗涤纤维、酸性洗涤纤维、酸性洗涤木质素和有机物体外消化率（IVDOM - organic matter in vitro digestibility）等品质性状的研究表明，尽管大多数品质性状的一般配合力和特殊配合力都达到了显著水平，但是与农艺性状不同，品质性状的一般配合力大于特殊配合力，与环境的互作较低。所有品质性状的狭义遗传力都高于 80%。只要考虑

成熟期的差异，有关品质性状的上述结果（高配合力、高遗传力等）均被其他学者证实了。作者还认为，应该在适宜青贮的时期，而不是晚在籽粒收获的时期对茎叶成分和消化率进行选择。Gurrath 等支持上述结论，并认为，对玉米生物产量的选择应该在适宜青贮的时期或是在籽粒收获期。

在法国，Barriere 等报道，品质性状的遗传力高。在两个含有 *bm3* 基因的综合种（*synthetics*）中，干物质消化力的广义遗传力分别为 53% 和 71%；他们进一步研究发现，干物质消化力的多元遗传力较高，分别为 66% 和 78%。

Geiger 和 Seitz 等利用 11 个硬粒型自交系和 11 个马齿型自交系，进行不完全因子交配设计。研究了自交系和杂交种的粗蛋白、可代谢能量产量（MEY - metabolizable energy yield）和可代谢能量含量（MEC - metabolizable energy content）的配合力以及遗传相关。除了籽粒产量和全株可代谢能量产量两个性状外，其他性状的特殊配合力显著大于零，但只是稍微大于一般配合力。他们发现，茎叶和全株的粗蛋白含量的一般配合力与自交系成分显著相关；粗蛋白是可以高度遗传的。这与前面的研究结果一致。对于硬粒型自交系，茎叶和全株的一般配合力与每株的可代谢能量含量相关；对于马齿型自交系，只与全株产量显著相关。Gurrath 等也得到了相似的结论。他们使用与 Dhillon 等人相同的自交系和杂交种，对自交系和相应杂交种的茎叶性状进行相关分析，收获期为适宜青贮的时期。有机物体外消化力、中性洗涤纤维和酸性洗涤木质素之间高度相关，相关系数分别为 0.78、0.71 和 0.81。上述结果说明，间接选择青贮玉米的品质性状与根据品质性状的一般配合力进行直接选择，都是有效的。

20 世纪 70 年代末，荷兰学者已经注意到青贮玉米消化率的变异，并对用于选择的品质性状给予了高度重视。Deinum 和 Bakker 对一个商业化杂交种的全株性状和茎叶性状作了评价，其中包括离体有机物消化力和细胞壁成分。全株消化力与细胞壁消化力高度相关（$r=0.8$），而与果穗含量无关。Deinum 又对大量的来自欧洲各地的玉米杂交种进行了研究，证明了上述结论。尽管果穗含量与茎叶中的细胞壁含量可能正相关，但是至少可以说，细胞壁消化力与籽粒灌浆相互独立。Deinum 和 Bakker 通过计算认为，可通过下面任意一种方法提高 1% 的全株消化率：①果穗含量增加 6%~8%；②细胞壁消化力提高 2%~3%。

Dolstra 和 Medema 以 10 个玉米单交种为材料，测定了茎秆（注意：不包括叶片）的消化率，发现茎秆的细胞壁消化率的遗传力超过了全株消化力的遗传力（77%：64%），并认为对茎叶的消化力，特别是茎叶的细胞壁消化力进行选择，比在全株水平进行选择更有效。Dolstra 等对 44 个 S2 家系进行了评价，这 44S2 家系来源于由 4 个硬粒型和 5 个马齿型自交系组配的单交种，这些单交种在全株消化率方面差异很大。他们也观察到，在改善茎叶和全株营养品质方面，细胞壁消化率是最重要的选择因子。另外，与其他品质性状比较，细胞壁消化率受成熟度（收获时期）的影响最小。

使用 Tilley 和 Terry 的标准方法或改良方案测定消化力，都较烦琐。因为细胞壁的木质化程度与细胞壁消化力高度相关，因此在选择时有必要测定木质素含量。许多研究报道，木质素含量与全株消化力高度负相关（例如，$r=-0.81$，$r=-0.96$），自交系的木质素含量与其组配的杂交种的消化力相关。但是，如 Roth 等人所报道的那样，木质素的绝对含量几乎没有生理意义。木质素与纤维素结合的程度比木质素含量更重要，木质素与纤维素结合会降低消化率。可以预料，即使在木质素含量变化范围较窄的条件下，消化率也会发生变化。

致力于提高青贮玉米营养品质的轮回选择计划，报道很少。在利用轮回选择方法，提高青贮玉米的生物产量，改善青贮玉米的营养品质方面，唯一见报道的是 Hunter 的研究工作。他利用 S1 家系选择法，对 CGSynA 和 Wigor 两个群体进行了两轮选择。CGSynA 群体是加拿大的一个早熟马齿型群体，属北美种质；Wigor 是来自欧洲的早熟硬粒型群体。对 CGSynA 群体进行 5 种选择方案，每种方案有一个选择标准。方案 1 的选择标准是生物产量高；方案 2 的选择标准是全株体外消化率高；方案 3 的选择标准是全株体外消化率低；方案 4 的选择标准是可消化干物质产量高；方案 5 的选择标准是籽粒产量高。对 Wigor 群体只进行 4 和 5 两种选择方案。1984 年对 C_0、C_1 和 C_2 的产量和品质进行了评价和比较，结果见表 7-3。

表 7-3 两个玉米群体不同选择标准对生物产量及品质性状轮回选择结果

群体	选择标准	生物产量（t/hm²）			体外可消化干物质（g/kg）		
		C_0	C_1	C_2	C_0	C_1	C_2
CGSyn A	籽粒产量高	10.7	10.9	11.0	713	699	708
	生物产量高	10.7	10.9	12.4	713	701	716
	可消化干物质产量高	10.7	11.2	12.8	713	707	713
	全株体外消化力高	10.7	10.5	11.1	713	694	714
Wigor	全株体外消化力低	10.7	11.6	11.7	713	711	694
	籽粒产量高	6.0	6.6	9.1	720	724	711
	可消化干物质产量高	6.0	8.9	11.6	720	720	722

注：C_0 为原始合成群体，C_1 为改良 1 代，C_2 为改良 2 代。

对于 CGSyn A 群体，根据籽粒产量进行选择，对提高生物产量和消化力几乎无效果；根据生物产量或可消化干物质产量进行选择，对提高生物产量最有效；根据任何一种选择标准，都不能有效地提高全株的消化力；根据体外消化力进行选择，对提高生物产量没有什么作用。无论是根据籽粒产量还是生物产量，对产量水平较低的 Wigor 群体进行选择较容易。以生物产量为选择标准，选择效果非常有效，生物产量从 6.0t/hm² 增加到 11.6t/hm²，但是，消化力没有发生相应的变化。唯一的结论是，对于利用 S1 法提高生物产量，直接选择（根据生物产量进行选择）比间接选择（根据籽粒产量进行选择）更有效。在提高营养品质方面，根据消化力进行选择，进展不大，令人失望。但这也提供了一个有力的证据，即品质性状是高度遗传的。

对数量性状基因座（QTL）作图，可以确定控制青贮品质性状的主要基因在基因组中的位置。Lubberstadt 等以两个硬粒型玉米自交系为亲本，得到 380 个 F_3 家系。然后用两个不同来源的马齿型自交系作测验种，分别与这 380 个 F₃ 家系杂交。使用 89 个限制性片段长度多态性对产生 F₃ 家系的 345 个 F₂ 单株也进行了基因组分析。评价的性状包括干物质产量、淀粉含量、IVDOM、ADF、MEC 和粗蛋白含量。干物质产量和淀粉含量的遗传力较高（>0.64），IVDOM、ADF 和 MEC 的遗传力较低（<0.45），粗蛋白的遗传力介于 0.35～0.59。在 4～10，每一个测交组合都可以检测到 QTL。在所有测交组合中，对粗蛋白的研究结果是一致的，而对干物质产量、淀粉含量、IVDOM、ADF 和 MEC 的研究结果存在差异。正如预料的那样，IVDOM、ADF 和 MEC 等消化力性状之间高度相关。除了两个特例外，在所研究的两个测交组合中，所有 QTL 对性状产生变异的作用都小于 10%。两个例外是，在第一条染色体上控制干物质产量的 QTL（测交组合 1 的 R^2=15.5%，测交组合 2 的 R^2=19.5%）和在第三条染色体上控制 IVDOM 的 QTL（测交组合 1 的 R^2=13.0%，测交组合 2 的 R^2=11.4%）。在一些 QTL 位点，干物质产量的上位性作用显著，但是，对于品质性状的 QTL，上位性作用不太重要。正如 Melchinger 等所强调的那样，对于遗传力中等或较低的那些性状（应用标记辅助选择可能最有效），检测到 QTL 的概率相当低。因此，只有在所研究的群体中 QTL 表现一致，利用 QTL 进行选择才有实际效果。在随后研究中，Lubberstadt 等对另外三套试验材料的 QTL 的一致性进行了评价，这些材料来源于由 4 个硬粒型自交系形成的不同群体。从 4 个作图群体中得到的家系与同一个马齿型测验种杂交。研究表明，群体间的 QTL 结果并不一致。作者认为，在应用标记辅助选择之前，需要对每一个群体分别进行 QTL 分析。目前，只有几个优良的群体可以应用标记辅助选择。

第五节　青贮玉米杂交种选育

一、种质资源的收集与筛选

（一）普通玉米种质是选育青贮玉米杂交种的重要基础

甜玉米农艺性状较差，产量较低。与普通玉米比较，甜玉米的整株干物质产量降低大约 40%，粗蛋白和可消化干物质至少降低 50%。甜玉米的另一个明显的缺点是籽粒水分散失速度非常低。要使甜玉米的整株干物质含量达到 300～350g/kg，必须在更晚的生理阶段收获。延迟收获不但增加了玉米变质变腐的危险，而且由于纤维素和木质素含量的提高降低了茎秆的营养品质。

与甜玉米一样，鲜食糯玉米也不宜作为青贮饲料。不过，糯玉米胚乳对农艺性状的影响不像甜玉米那样明显。目前，关于糯玉米的饲料价值研究报道的不多。现有文献认为，普通玉米杂交种和其近等基因糯玉米之间在饲料品质上没有明显差异。

奶牛和肉牛的饲喂试验表明，与普通玉米比较，优质蛋白玉米不存在代谢上的优势，优质蛋白玉米的青贮饲料价值没有显著差异，在饲料吸收率、饲料效率、产奶量和牛奶成分上均没有差别。

隐形基因 *bm* 控制玉米叶片中脉呈褐色，木质素含量低，作青贮饲料的营养价值很高。但是导入 *bm* 基因的杂交种生长速度低、早期生长势弱、易倒伏、开花延迟、籽粒产量低、抗性差。在育种上必须解决好高产、优质和抗性的矛盾。

分蘖玉米具有较低的籽粒/秸秆比值，在收获时整株的水分含量在不同基因型间差别很大。高含水量对贮存有一定影响，进而会影响体外消化率。

高油玉米的含油量较高，具有较高的能量。用高油玉米籽粒饲喂家禽、猪和奶牛，可以提高日增重。但是，作为青贮玉米，高油玉米与普通玉米在营养品质上并无显著差异。这是因为，即使含油量提高一倍，相对于整株干物质产量，只有 2% 的能量变化。因此，在育种上应着重考虑产量因素。

综上所述，普通玉米是选育青贮玉米杂交种的基础，应充分利用遗传变异广泛的普通玉米，加速选育青贮玉米杂交种。同时应加强基础研究，特别是群体合成和改良工作。通过轮回选择，得到遗传变异广泛、产量潜力大、品质优良、配合力高的优良青贮玉米群体。在美国，具有足够籽粒产量的玉米种质资源将成为未来提高饲料潜能的遗传基础。

（二）国内青贮玉米育种进展

近年来，国内育种单位和企业广泛收集种质资源，加强青贮玉米种质资源的鉴定、筛选与改良利用。20 世纪 80 年代，利用美国先锋公司的 PN78599 等玉米杂交种，选育出 MC30、DH28、115、NDX、丹 9195 等一批一般配合力高、青贮品质优、抗倒伏、抗叶斑病的 P 群自交系，并组配了多个国审青贮玉米新品种。因此，应通过多种渠道广泛收集种质资源，加强青贮玉米种质资源的鉴定、筛选与改良利用。

近年来，国家玉米产业技术体系收集了大量热带、亚热带青贮玉米种质材料，对收集的种质资源进行鉴定筛选并改良利用，解决了热带、亚热带在温带地区往往表现得晚熟、高秆、易倒伏、雌雄不协调、结实率低、经济系数和产量较低等问题。

二、青贮自交系的选育

针对不同生态区特点，采用"优种质、高密度、大群体、变换地、强胁迫、严选择"玉米自交系选系方法和"同群优系聚合"自交系改良技术，以当地青贮玉米优良群体和自交系为核心，挖掘地方特色种质，通过导入和扩增优异外来种质，与国内外优良青贮玉米种质融合，创制配合力高、高产优质、抗病抗倒、持绿性好、活秆成熟、抗逆性强、适应性广的优良青贮玉米自交系。

同时应加强褐色叶中脉基因型（*bm*）、高花青素、高油、高赖氨酸玉米的研究和利用，利用常规育种手段和分子育种手段将 *bm*、高花青素、高油、高赖氨酸基因导入优良青贮玉米种质中，培育褐色中脉（低木质素）、高花青素、高油、高赖氨酸青贮玉米新品种。

三、青贮玉米杂交种的主要杂优模式

（一）专用型青贮玉米品种主要种质和杂优模式

为增加植株高度、延长生育期、增强持绿性、抗病性和生物产量等，专用型青贮玉米品种较多利用了 P 群种质、热带、亚热带种质。需要注意的是利用热带血缘种质比例不宜过大，且要高度重视"易制种"这个目标。目前很多青贮品种推广面积不大的主要原因是制种产量低，种子成本高，竞争力差。

"瑞德（或改良瑞德）×P 群"是当前专用型青贮玉米品种最主要的杂优模式，能够突出植株高大、生育期延长、持绿性好、生物产量高，品质指标也能达标。

（二）通用型玉米品种主要种质和主要杂优模式

目前，我国通用型玉米品种选育的主要种质仍集中在 Reid 群、Lancaster 群、唐四平头、旅大红骨和 X 群。主要杂优模式有①SS ×NSS 杂优模式，如先锋系列品种；②改良瑞德×黄改系，如类郑单 958；③X 系×黄改系，如京科 968 等系列品种。京科 968 是代表性品种，在通辽等地区作为粮饲通用型玉米品种示范推广约 26.7 万 hm²。

主要参考文献

梁晓玲，雷杰刚，阿布来提，等 . 2003. 青贮玉米育种及其生产 . 玉米科学（专刊）；73 - 75.

潘金豹，张秋芝，郝玉兰，等 . 2002. 我国青贮玉米育种的策略与目标 . 玉米科学，10（4）：3 - 4.

王元东，段民孝，邢锦丰，等 . 2002. 青贮玉米育种研究进展 . 玉米科学，10（4）：17 - 21.

Almirall A，Casanas F，Bosch l，et al. 1996. Genetic study of the forage nutritive value in the Lancster variety of maize. Maydica，41：227 - 234.

Argillier O，Barrière Y. 1996，Genetic variation for digestibility and composition traits of forage maize and their change during the growing season. Maydica，41：279 - 285.

Argillier O，Méchin V，Barrière Y. 2000. Inbred line evaluation and breeding for digestibility related traits in forage maize. Crop Science，40：1596 - 1600.

Bal MA，Coors JG，Shaver RD. 1996. Kernel milk line stage effects on the nutritive value of corn silage for lactating dairy cows. Journal of Dairy Science，79（Suppl. 1）：150.

Bertoia LM，Buark R，Torrecillas M. 1994. Identifying inbred lines capable of improving ear and stover yield and quality of superior silage maize hybrids. Crop Science，42：365 - 372.

Boppenmaizer J，Melchinger AE，Brunklaus JE，et al. 1992. Genetic diversity for RFLPs in European maize inbred：I. Relation to performance of flint x dent crosses for forage traits. Crop Science，32：895 - 902.

Cherney JH. 1990. Normal and brown - midrib mutation in relation to improved lignocelluloses utilization// Jung H G，Buxton D R，Harris P J. Forage Cell Wall Structure and Digestibility. New York，USA：205 - 214.

Crookston RK，Kurle JE. 1988. Using the kernel milk line to determine when to harvest corn for silage. Journal of Production Agriculture，1：293 - 295.

Cusicanqui JA，Lauer JG. 1999. Plant density and hybrid influence on corn forage yield and quality. Agronomy Journal，91：911 - 915.

Daynard TB，Hunter RB. 1975. Relationships among whole - plant moisture，grain moisture，dry matter yield，and quality of whole - plant corn silage. Canadian Journal of Plant Science，55：77 - 84.

Deinum B，Bakker JJ. 1981. Genetic differences in digestibility of forage maize hybrids. Netherlands Journal of Agricultural Science，29：93 - 98.

Deinum B，Struik PC. 1988. Genetic and environmental variation in quality of forage maize in Europe. Netherlands Journal of Agricultural Science，36：400 - 403.

Dhillon BS，Gurrath PA，Zimmer E，et al. 1990. Analysis of diallel crosses of maize for variation and covariation in agronomic traits at silage and grain harvests. Maydica，35：297 - 302.

Dolstra O，Medema JH，de Jong AW. 1993. Genetic improvement of cell wall digestibility in forage maize performance of inbred lines and related hybrids. Euphytica，65：187 - 194.

Ferret A，Casanas F，Verdu AM. 1991. Breeding for yield and nutritive value in forage maize：an easy criterion for stover quality and genetic analysis of Lancaster variety. Euphytica，53：61 - 66.

Frey TJ，Coors JG，Shaver RD，et al. 2004. Selection for silage quality in the Wisconsin quality synthetic and related maize populations. Crop Science，44（4）：1200 - 1208.

Ganoe KH，Roth GW. 1992. Kernel milk line as a harvest indictor for corn silage in Pennsylvania. Journal of Production Agriculture，5（4）：519 - 523.

Geiger HH，Seitz G，Melchinger AE，et al. 1992. Genotypic correlations in forage maize. Relatinships among yield and quality traits in hybrids. Maydica，37：95 - 99.

Gentinetta E，Bertolini M，Rossi I，et al. 1990. Effect of brown midrib - 3mutant on forage quality and yield in maize. Journal of Genetics & Breeding，44：21 - 26.

Gurrath PA，Dhillon BS，Pollmer WG，et al. 1991. Utility of inbred line evaluation in hybrid breeding for yield，and stover digestibility in forage maize. Maydica，36：65 - 68.

Hunter RB. 1986. Selecting hybrids for silage maize production：A Canadian experience//Breeding of Silage Maize. Dolstra O，Miedema P，eds. Wageningen，The Netherlands：13th Congr. of the maize and sorghum section Eucarpia.

Jung HG，Mertens DR，Buxton DR. 1998. Forage quality variation among maize inbred：in vitro fiber digestion kinetics and prediction with NIRS. Crop Science，38：205 - 210.

Lacount JG，Drackley LK，Cicela TM，et al. 1995. High oil corn as silage or grain for dairy cows during an entire lactation. Journal of Animal Science，78（8）：1745 - 1754.

Ladely SR，Stock RA，Klopfenstin TJ，et al. 1995. High - lysine corn source of protein and energy for finishing calves. Journal of Animal Science，73：228 - 235.

Lee MH，Brewbaker JL. 1984. Effect of brown midrib - 3 on yields and yield components of maize. Crop Science，24：105 - 108.

Marvin HJP，Krechting CF，Loo EN，et al. 1995. Relationship between cell wall digestibility and fibre composition in maize. Journal of the Science of Food and Agriculture，69（2）：215 - 221.

Méchin V, Argillier O, Hébert Y, et al. 2001. Genetic analysis and QTLmapping of cell wall digestibility and lignification in silage maize. Crop Science, 41: 690 - 670.

Miller JE, Geadelmann JL, Marten GC. 1983. Effect of the brown midrib - allele on maize silage quality and yield. Crop Science, 23: 493 - 496.

Mohammad B, Reddy MB, Mohammad S. 1999. Genetic analysis of forage yield and related agronomic characters in maize. Crop Research Hisar, 17 (2): 219 - 225.

Redfearn DD, Buxton DR, Hallauer AR, et al. 1997. Forage quality characteristics of inbred corn lines and their derived hybrids. U. S. Dairy Forage Research Center Research Summaries, 3: 14 - 15.

Roth LS, Marten GC, Compton WA, et al. 1970. Genetic variation for quality traits in maize forage. Crop Science, 10: 365 - 367.

Russeell JR, Irlebeck NA, Halluer AR, et al. 1992. Nutritive value and ensiling characteristics of maize herbage as influenced by agronomic factors. Animal Feed Science and Technology, 38: 11 - 24.

Seitz G, Geige HH, Schmidt GA, et al. 1992. Genetic correlations in forage maize. Relationship between inbred line and testcross performance. Maydica, 37: 101 - 105.

Stock R, Huffman R, Klopfenstein T. 1993. High lysine corn and protein source on receiving and finishing health and performance of calves. Nebraska Beef Cattle Reports, 59: 54 - 56.

Struik PC. 1983. The effects of short and long shading, applied during different stages of growth, on the development, productivity and quality of forage maize (*Zea mays* L.). Netherlands Journal of Agricultural Science, 31: 101 - 124.

Struik PC, Deinum B, Hoefsloot JMP. 1985. Effects of temperature during different stages of development on growth and digestibility of forage maize (*Zea mays* L.). Netherlands Journal of Agricultural Science, 33: 105 - 120.

Thorstensson EMG, Buxton DR, Cherney JH. 1992. Apparent inhibition to digestion by lignin in normal and brown midrib stems. Journal of the Science of Food and Agriculture, 59: 183 - 188.

Vattikonda MR, Hunter RB. 1983. Comparison of grain yield and whole - plant silage production of recommended corn hybrids. Canadian Journal of Plant Science, 63: 601 - 609.

Weiss WP, Wyatt DJ. 2000. Effect of oil content and kernel processing of corn silage on digestibility and milk production by dairy cows. Journal of Animal Science, 83 (2): 351 - 358.

Weller RF, Phipps EH, Cooper A. 1985. The effect of brown - 3gene on the maturity and yield of forage maize. Grass and Forage Science, 40: 335 - 339.

Wolf DP, Coors JG, Albrcht KA, et al. 1993. Forage quality of maize genotypes selected for extreme fiber. Crop Science, 33: 1353 - 1359.

Wolf DP, Coors JG, Albrecht KA, et al. 1993. Agronomic evaluations of maize genotypes selected for extreme fiber concentrations. Crop Science, 33: 1359 - 1365.

第八章　爆裂玉米育种原理和方法

（史振声）

爆裂玉米是专门用来制作爆玉米花的特用玉米。用爆裂玉米制作的玉米花，具有营养丰富、适口性好、安全卫生、加工简单、口味多样、易于消化等优点，是一种既传统又现代的营养零食。美国是世界上最大的爆裂玉米生产国、消费国和出口国。1990年，美国爆裂玉米的年收获面积达10多万hm²，年产4.5亿kg。爆裂玉米是美国特用玉米出口中最多的玉米种类。从20世纪80年代开始，我国爆裂玉米产业迅速发展，爆玉米花已成为我国的休闲食品之一。然而，由于我国爆裂玉米研究及产业起步较晚，目前我国爆裂玉米食品工业使用的原料玉米50%以上仍依赖进口。因此，开展爆裂玉米育种对我国爆裂玉米产业发展具有重要意义。

第一节　爆裂玉米的起源、基本特性与育种现状

一、爆裂玉米的起源

对爆裂玉米起源的探寻一直是玉米起源研究的重要组成部分。关于爆裂玉米的起源，一种被较广泛认同的说法是，最早的爆裂玉米种植者是中美洲或南美洲的印第安人。他们有烤玉米吃的生活习惯，因此，推测他们可能对爆裂玉米有人工选择的改良。Erwin提出，爆裂玉米是一种硬粒玉米的突变种。但是1955年Brunson提出，爆裂玉米的膨爆性能是由许多基因控制的性状，这一观点动摇了Erwin的理论。美国对大量现存的爆裂玉米品种的研究表明，美国爆裂玉米远比硬粒玉米、马齿玉米和粉质玉米复杂得多，探明爆裂玉米的起源还需要做大量的工作。

二、爆裂玉米基本特性

根据籽粒的形态，爆裂玉米被划分为两种类型，即米粒型和珍珠型。米粒型品种籽粒长形，状如稻米，顶端有尖刺，颗粒很小。美国早期的爆裂玉米品种及我国农家种爆裂玉米都属于这种类型。珍珠型爆裂玉米籽粒更接近圆形，顶端无刺。目前生产上的爆裂玉米特别是爆裂玉米自交系，有许多介于米粒形和珍珠形之间，没有严格的粒形界限。

爆裂玉米的籽粒颜色有白色、黄色、红色、紫色、黑色、咖啡色，以及不同程度的

过渡颜色。白色和黄色是由胚乳颜色决定的，是爆裂玉米的基本颜色。其他颜色主要由果皮颜色决定，如紫色、红色、咖啡色等，有的颜色产生在糊粉层上，如黑色、蓝色、粉红色等。在爆玉米花加工生产上，黄色更具商业开发价值。由于胚乳颜色受多基因控制，黄色爆裂玉米的颜色深浅有明显差异，从浅黄色到橙黄色不等。除了受胚乳颜色决定以外，籽粒颜色和光泽也受果皮影响，因品种不同而存在明显差异，有的光亮，有的灰暗。爆玉米花的颜色取决于胚乳的颜色，白胚乳的爆玉米花洁白如雪，而黄胚乳玉米的爆玉米花则带有淡淡的黄色。由于彩色爆裂玉米的颜色产生在果皮或糊粉层上，因此爆玉米花的颜色不受其影响，仅爆花后的果皮呈褐色或颜色较深而已。

爆裂玉米的粒重主要受遗传控制，千粒重最小的仅几十克，例如我国爆裂玉米农家种；大粒的可达到200g以上，例如沈爆4号等。果穗大小和穗形因品种不同而存在较大差异，小穗品种穗长只有几厘米，穗粗不到1.5cm，穗重不到10g。大穗品种穗长可达20cm以上，穗重达150g以上。爆裂玉米的穗形与普通玉米一样，主要有长筒形、短筒形、长锥形、短锥形，也有草莓形、圆球形等。爆玉米花用的爆裂玉米，长筒形和长锥形籽粒更受欢迎。而微型穗、球形及草莓形穗、彩色爆裂玉米多作为观赏型爆裂玉米和标本。穗轴的颜色主要有白色和红色，其中白色的商品性更好。有些爆裂玉米的穗轴颜色与果皮颜色相一致，如咖啡色、紫红色等，果皮颜色浅的穗轴颜色就浅，反之就深。

爆裂玉米的最重要特征是在常压加热条件下可爆成玉米花，而不同的种质在爆花性能上存在较大差异。衡量爆花性能的指标主要有粒重、爆花率、膨胀倍数、花形等。用爆裂玉米爆制的玉米花与普通马齿玉米不同，花的形状因品种而异。爆裂玉米的花形有球形和蝶形之分，多数介于两者之间（图8-1）。据研究，爆裂玉米的爆花性能至少受4~5对基因控制。花形在玉米花加工生产上十分重要，根据花形，爆裂玉米品种被分为球形花品种、蝶形花品种和混合花形品种。蝶形玉米花的形状为不规则的，炸开的玉米花，花瓣向不同方向伸展，形状如展开的蝴蝶翅膀。球形玉米花呈圆球形，典型的球形花表面纹理细致，无伸展的小刺。除了典型的球形和蝶形花以外，更多的是介于两者之间的形状，有的状如蘑菇，有的如刚刚开放的玫瑰，有的似游动中的金鱼。用来制作微波炉玉米花的品种中，蝶形花品种最受欢迎，膨胀体积大，且膨爆充分，皮壳脱落得干净，口感酥脆，入口即化。但是蝶形花品种用作即食玉米花或摊点销售时则会由于外形、不抗抓、易碎、损耗大等原因而不受欢迎。球形花形状美观、裹糖容易、不易破碎，适合制作即食型裹糖玉米花等产品，但缺点是膨胀体积较小，口感偏硬。因此，影剧院、商场、街头商贩的摊点往往选择混合花型的品种。同时花形也受栽培条件、加工工艺、加工机器的影响，但主要受遗传控制。

团状花　　　　　　　　　球形花

扫码看彩图

蝶形花　　　　　　　　　金鱼花

经典球形花　　　　　　　光滑球形花

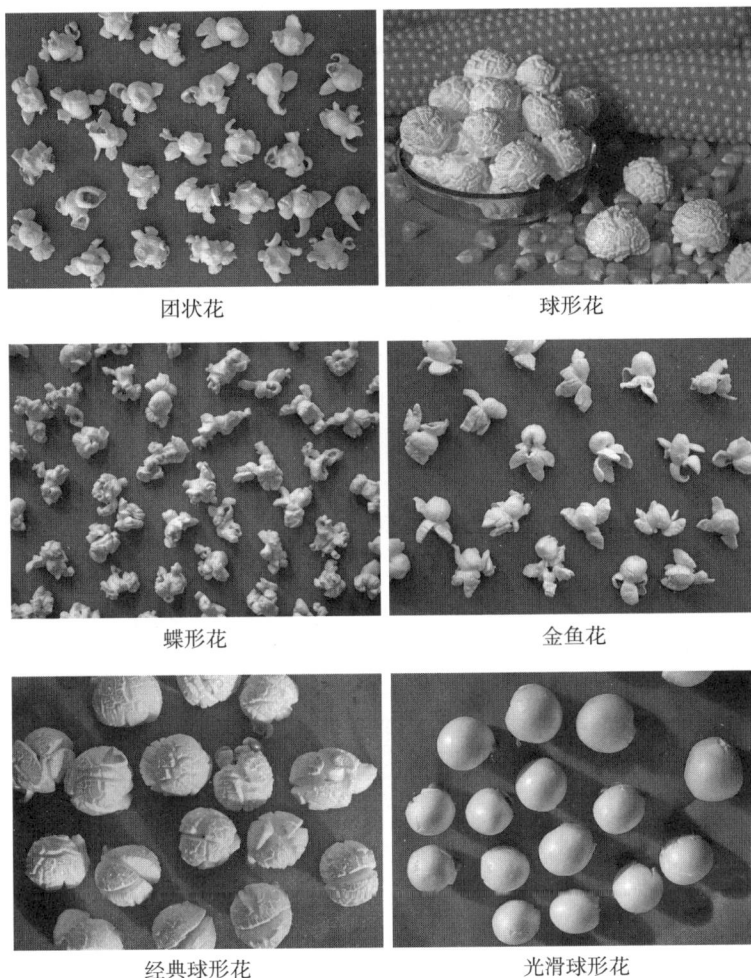

图 8-1　不同形状的玉米花

三、爆裂玉米育种现状

爆裂玉米引入我国的时间没有确切考证，一般认为是与普通玉米同时引进的。在 20 世纪 80 年代以前，爆裂玉米在我国仅作为农业大学和农业科研单位的玉米标本、乡村庭院观赏品种，或家用爆玉米花品种来种植，没有规模生产。当时，在我国本土种植的爆裂玉米仅限于米粒型的紫红色或白色的观赏型爆裂玉米。20 世纪 80 年代开始，美国爆裂玉米产品进入我国，特别是爆裂玉米在我国形成产业以后，国外爆裂玉米种质不断引入。这些本土种质和外来种质共同成为我国爆裂玉米育种的基础材料。

早在 19 世纪 80 年代，美国爆裂玉米就已经开始商业化和工业化生产。最早用于生产的是一个叫作 Spanish 的常规品种，是介于硬粒与爆裂玉米之间的品种。爆花品质一般，但颗粒大，玉米花粗糙，适合焦糖玉米花加工工艺。但不久就被膨爆性能更好的南美类型

爆裂玉米品种所取代。世界第一个用于商业生产的爆裂玉米杂交种始于 1934 年，是由明尼苏达农业试验站 Hays 和 Jonson 选育，研发的 Minhybrid 250，双亲自交系均选自密西根爆裂玉米。由于密西根爆裂玉米来源于 Japanese Hulless，因此属于姊妹交单交种。该品种只适合美国北部种植。1940 年美国印第安纳州和堪萨斯州农业试验站又筛选出了适合美国中部玉米带的爆裂玉米杂交种。

我国爆裂玉米育种始于 20 世纪 80 年代末，最初用于小面积生产的是由中国农业科学院李丹选育的常规品种黄玫瑰，属于蝶形花品种，来源于国外爆裂玉米杂交种。当时我国的爆裂玉米还局限于摊点制作。1996 年我国第一家生产微波炉玉米花的企业在上海成立。2010 年后，工业化加工生产的即食玉米花陆续形成规模。这种即食型玉米花初期使用的品种均为蝶形花品种，近年球形花品种更为盛行。我国第一个爆裂玉米单交种沈爆 2 号诞生于 1989 年，由沈阳农业大学选育并通过审定。此后，陆续有沈爆 3 号、津爆 1 号、豫爆 1 号、沈爆 4 号、沈爆 5 号、金爆 1 号新品种通过审定。最近 10 年，随着国内外市场对爆裂玉米品质要求的不断提高，一批优质的球形花、高爆倍数的蝶形花品种陆续通过国家审定。代表性的品种有佳球 105、佳球 196、佳蝶 270、斯达爆 2 号、沈爆 11、申科爆 1 号、冀科爆 1 号。

第二节　爆裂玉米的育种目标与特殊性状评价标准

爆裂玉米用途的特殊性和专门性使其具有独特的育种目标，主要包括膨爆品质特性，以及适应性和产量等。

一、爆裂玉米的膨爆品质

爆裂玉米膨爆品质主要包括食用品质、加工品质和商业品质。食用品质的主要是口感酥脆、较轻的皮渣感和无不良味道。酥脆程度主要取决于品种的膨爆性能，即是否充分膨化，充分膨化的品种玉米花疏松、质脆、均匀、达到入口即化的口感效果。试验表明，不同品种玉米花的口感存在明显差异。膨爆性能较差的品种爆花较小、膨胀不充分、质地不均匀、吃起来有硬心。

果皮是玉米籽粒的组成部分。研究表明，在所有玉米类型中爆裂玉米的果皮相对较厚。正是由于厚而坚韧的果皮才使其能爆出玉米花。因此，在爆裂玉米育种中过于强调减少果皮厚度不是一个好的办法。有效的解决办法是选择爆花时果皮容易破碎成碎片的和容易脱落的品种。除了果皮以外，籽粒尖冠也是影响玉米花口感的因素之一。因此，在育种选择上同样需要注意选择尖冠残留较小的品种。史振声测定结果表明（表 8 - 1），不同品种果皮含量存在明显差异，尖冠最大与最小的相差 40.0%，果皮最大与最小的相差 27.0%。

表 8 - 1　不同商品爆裂玉米的果皮和尖冠含量比较

样品名称	粒重	尖冠		果皮		皮和尖冠	
	（g/百粒）	重量（g）	占粒重比例（%）	重量（g）	占粒重比例（%）	重量（g）	占粒重比例（%）
佳球 100（中国）	19.053	0.151	0.80	1.609	8.42	1.760	9.24
蓓芬（美国）	20.421	0.173	0.84	1.774	8.70	1.947	9.50
Jumbo（美国）	19.528	0.176	0.90	1.705	8.73	1.881	9.63
Vogel - 1（美国）	19.514	0.205	1.05	1.785	9.15	1.963	10.10
Vogel - 2（美国）	19.202	0.194	1.02	1.736	9.14	1.931	10.18
Weaver（美国，蝶形）	18.589	0.140	0.75	1.768	9.51	1.907	10.26
Weaver（美国，球形）	20.956	0.196	0.93	1.958	9.48	2.153	10.27
宝维尔（美国，球形）	19.227	0.145	0.75	1.956	10.17	2.100	10.93

　　玉米花的味道和风味在品种间存在差异。造成玉米花芳香味的是一些呋喃、吡咯、碳酰和取代酚等化学物质。一般情况下，在爆裂玉米育种中选择味道的通常做法是在选择过程中剔除带有不良味道的材料。除了某些不良气味，在成品玉米花加工过程中由于油脂、糖等配料的加入，往往使品种间玉米花味道的细小差异被掩盖。

　　加工品质包括膨胀倍数、爆花率、适合加工工艺的花形等。膨爆性能是玉米花加工业评价品种的重要指标，通常采用两种方法表示：一是体积与重量比。即爆花后玉米花体积/爆花前玉米粒重量。在美国，商业上采用250g爆裂玉米样本，用油爆花后的玉米花体积，商业上可接受的是体积为40cm³ 以上的品种。二是体积与体积比。即爆花后玉米花体积/爆花前玉米粒体积。该方法也称作膨胀倍数法，由于此方法易于理解和操作，我国习惯采用这种方法。在育种实践上，尤其是在进行单穗选择时受样品量的限制，更有可操作性。按照我国《NY/T 523—2020 专用籽粒玉米和鲜食玉米标准》的爆裂玉米膨胀倍数检验方法，以 50mL 籽粒爆花后的玉米花毫升数换算成的膨胀倍数来衡量品种的膨爆性能。测量籽粒容积采用100mL 直筒量筒，测量玉米花容积采用 1 000mL 的锥形量筒。需要注意的是，采取不同规格的测量器具其结果会产生差异，规格过小的量具由于产生较大的空隙而导致容积夸大，样本量越小其误差也越大。孙淑凤等（2021）研究表明，用1 000mL 直筒量筒测量玉米粒体积更加准确，与谷物容重器测得的结果相一致。因此认为，采取以重量定容积的方法更加适用。即取 1 000mL 的大样本称重，再按 50mL 玉米所含的克数来取样。大量测试结果表明，对于绝大多数品种及自交系来说，50mL 爆裂玉米的重量基本都在 45g 左右。这种方法对于育种上玉米花的单穗筛选更有实用价值，为了尽可能少地破坏种子，可以减少取样数量，样品量也可以不是整数。

　　爆花率是商业上最重要的产品指标，也是品种指标的重要组成部分。爆花率即每百粒玉米能够正常爆花的粒数。但是作为一个真正的爆裂玉米，不同材料之间爆花率差异并不大。从理论上讲，一个爆裂玉米自交系或杂交种籽粒间的基因型是一样的，其爆花率应为100%。但是，生产过程中的病虫危害、霉菌浸染、雨水浸泡、机收损伤、脱粒破损等都会影响爆花率，另外，不同爆裂玉米品种对生物或非生物逆境反应的不同也会造成爆花率的差异。

商业品质包括颗粒大小和均匀度、粒形整齐度、粒色纯度、色泽光亮度等。爆裂玉米的颗粒大小是衡量品种和产品的重要指标之一。美国将爆裂玉米分为大、中、小三种规格：大粒 52～67 粒/10g；中粒 68～75 粒/10g；小粒 76～105 粒/10g；超过 105 粒/10g 的为最小粒。目前我国进口的爆裂玉米产品大多属于大粒级，我国已通过审定品种如沈爆 3 号、沈爆 4 号、佳蝶 117 等均属于大粒范围。我国爆裂玉米品种审定标准还没有对粒度大小做具体规定。

籽粒均匀度主要由遗传因素决定。穗形和行数直接影响籽粒大小，筒形穗的基部、顶部和中部之间粒重差异较小，而锥形穗变化较大。同普通玉米一样，同样重量的果穗，行数多籽粒就小，反之就大。

爆裂玉米籽粒的颜色和光泽在品种间有明显差异。史振声等研究表明，即使胚乳颜色相同，因其果皮颜色和质地不同也会导致籽粒颜色不同，光亮或灰暗度也不同。光亮度受果皮厚度的影响不大。胚乳颜色在品种之间存在差异，商品爆裂玉米分黄色和白色两种，但是黄色爆裂玉米品种之间颜色深浅也有所不同，市场上对橙黄色更加偏爱，因其在长时间贮存后褪色较轻而卖相更好。

二、爆裂玉米的花形

爆裂玉米的花形受多基因控制，遗传方式复杂，只有将相关优良基因聚合才能获得最大的花形比例。与球形花相比，蝶形花品种的选育相对容易。目前，在国内外市场上有 100% 蝶形花品种，但是还没有 100% 球形花的玉米。史振声研究表明，我国球形花品种的球形率已经达到了相当高的水平（表 8-2）。虽然将玉米花分成蝶形和球形两种花形，但更多的品种花形介于两者之间。任何一个品种的单个玉米花之间其形状都不会完全相同。

玉米花的大小受籽粒大小和膨爆性能影响。以球形玉米花为例，史振声等调查结果表明，玉米花的直径最大的可达到 25mm，最小的仅有 7mm。至于大花还是小花更符合育种目标，取决于市场需求即企业对产品的定位和加工工艺的需要。

表 8-2 不同爆裂玉米品种、产品的花形比较

样品品种 或产品品牌	膨胀倍数	爆花率 （%）	典型球形花 （%）	近球形花 （%）	蝶形花 （%）
Vogel（美国）	37.0	96.4	16.7	74.1 中间形	9.2
宝维尔（美国）	30.0	95.3	0.0	5.5 近球形	94.5
蓓芬（美国）	22.5	80.8	65.7	32.0	2.3
佳球 100（中国）	28.2	94.3	70.4	30.0	0.0
Jumbo（美国）	25.0	89.4	68.0	16.4	15.1
Weaver-1（美国）	40.0	91.7	0.0	0.0	100.0
Weaver-2（美国）	19.6	85.5	51.0	26.0 非球	

注：爆花率为正常花占总花数的比例；球花率指球形花占正常花总数的比例；小花率为小花占全部花的比例。

在花形选育过程中，需要对选择世代的单个果穗进行花形测定，通过花形基因的累积实现对花形的选择。史振声研究表明，在杂交授粉中，F_0的花形由母本决定而无花粉直感效应，因此推测是胚乳基因型 $3n$ 染色体的特殊遗传方式所致，即母体的 $2n$ 对父本的 $1n$ 起决定作用。在杂交籽粒的 $3n$ 胚乳中，$2n$ 来源于母本，$1n$ 来源于父本，当球形花×蝶形花时 F_0 表现为球形。反之，当蝶形花×球形花时，F_0 则表现为蝶形。

爆裂玉米花形育种的难点是对花形基因型的表型检测。由于杂合胚乳和花形的母体效应，使花形测定难以获得准确的结果。同时，经过爆花测定后虽然得到了花形结果但却失去了种子。这种花形"测不准"和种子"得不到"的双重问题，使花形育种增加了难度。这可能就是国内外爆裂玉米花形育种选育进程缓慢的原因之一。分子标记辅助选择育种技术的应用将会给这些问题的解决带来希望。双单倍体育种技术的应用将使这个问题迎刃而解，由于 DH 系果穗上所有种子的基因型相同，只要将少量籽粒爆花就可准确完成花形的穗选，且不会破坏较多的种子。

三、爆裂玉米的产量、抗逆性和适应性指标

与普通玉米不同的是，爆裂玉米的产量是在品质达标基础上的育种目标。一个杂交种要获得较高的产量，首先是双亲具有较高配合力。虽然在爆裂玉米方面还没有明确的杂种优势类群划分，但是双亲在遗传背景、生理特性、形态及生态等方面的差异同样可以作为杂交种组配的基本依据。每穗粒数和粒重共同决定单株的产量，即果穗越大、粒重越高，单株产量就越高。在籽粒大小、穗形、穗长、穗粗、穗轴粗细等方面的遗传规律与普通玉米没有明显不同，在育种选择上可参照普通玉米进行。与普通玉米育种相同，品种耐密性成为爆裂玉米育种的重要指标之一。

玉米病害直接影响爆裂玉米品质，大小斑病、拟眼斑病、弯孢菌叶斑病、纹枯病、茎腐病、瘤黑粉病等主要病害的发生都将导致籽粒充实度下降，最后使膨爆性能降低。其他病害如顶腐病、粗缩病、丝黑穗病对产量的影响更大。为了保证产量和品质，我国爆裂玉米品种审定标准中对主要病害揭出了与普通玉米一样的严格标准。

害虫对爆裂玉米的危害主要体现在两个方面：一是造成产量损失，如苗期地上害虫、一代玉米螟、蚜虫、红蜘蛛等；二是导致品质下降，如二代玉米螟、蚜虫、红蜘蛛等，危害的后果是灌浆受阻使籽粒充实度不足。玉米对虫害的抗性品种间存在差异，因此选择有明显效果。除了转基因手段之外，挖掘玉米内源抗虫基因来解决爆裂玉米虫害问题是一种更理想的解决办法。1990 年美国成功选育出高抗二代欧洲玉米螟爆裂玉米综合种就是一个很好的范例。玉米自身含有一种叫"丁布"（DIMBOA）的物质，有明显的抗玉米螟作用，并有研究认为还有其他物质也与抗螟有关。沈阳农业大学李新华等（1994）对玉米螟不同抗性的普通玉米自交系接种研究表明，不同自交系受玉米螟危害程度有明显差异，抗性与"丁布"含量呈正相关。

爆裂玉米与甜玉米、糯玉米一样，一些品种对除草剂比较敏感。对苗前除草剂的敏感

性可导致缺苗、弱苗、小老苗，其影响甚至一直到成熟；对苗后除草剂敏感的，轻则导致弱苗、小苗，重可造成死苗，最终影响产量。因此，选育抗除草剂品种是爆裂玉米育种的重要部分。

对于爆裂玉米来说，要爆制出理想的玉米花，必须保证籽粒完好。爆裂玉米中经常出现一种由遗传控制的籽粒破裂现象，该性状由多基因控制，在灌浆过程中果皮自然开裂，轻度的使其不能爆花，重度的容易产生籽粒霉变。穗上发芽同样属于受遗传控制的性状，灌浆中后期在穗上发芽，最后导致不能爆花。因此，在自交系选育中须对这两种性状严加淘汰。危害籽粒的另外一个病害是穗粒腐病。穗粒腐病不仅影响产量，同时会对品质造成影响。病害浸染后，轻则造成花小、花形不正常，重则导致死豆，最后失去商业利用价值。

根据不同种植区域选育生育期合适的品种是爆裂玉米育种首先要考虑的问题。适宜的生育期既要考虑自然资源的充分利用，又要保证籽粒的充分成熟。同时，生育期对爆裂玉米机收特别是机收籽粒尤为重要。史振声等研究表明，目前我国生产上的爆裂玉米大多属于平展型和半紧凑株形。虽然其植株高度和生育期与普通玉米没有差别，但仍具有突出的耐密性和较大的适宜密度范围。以沈爆 3 号、沈爆 4 号为例，在沈阳地区种植，在每公顷54 000～67 500 株密度范围内，产量和品质没有明显差异。

适宜的株高和穗位对抗倒伏和密植十分重要。爆裂玉米一般茎秆较细，因此提高茎秆强度和韧性是提高抗倒性的有效途径。对于普通饲料玉米来说，较短的生育期和较快的籽粒脱水速度是适合机收的重要指标。但在爆裂玉米上则有更高的要求，即在生理成熟后茎秆坚韧不倒，在田间保持较长的站立时间是爆裂玉米机收对品种要求的必备条件。据美国研究，爆裂玉米机收的籽粒含水量须达到 16％以下才比较适合机械收获。这是由于收获时籽粒含水量高会使籽粒果皮破损进而导致爆花率下降、膨胀倍数降低。

根倒、茎倒和果穗脱落是影响爆裂玉米机收的重要因素。由于爆裂玉米机收对籽粒含水量的要求要比普通玉米高，因此，爆裂玉米在达到生理成熟后在田间的站立时间要比普通玉米更长。根倒和茎倒主要与遗传因素有关，可以通过育种选择获得抗性。果穗脱落是玉米机收的常见问题，造成果穗脱落的原因，一是品种穗柄韧性差，二是玉米螟钻蛀穗柄使果穗脱落或导致收割机触碰茎秆时穗柄断裂落穗。史振声等（2005）对玉米螟危害的调查表明，同样在玉米螟钻蛀的情况下，茎和穗柄坚硬的品种穗柄脱落相对较轻。

苞叶也是爆裂玉米育种中需要重视的性状之一，苞叶直接影响爆裂玉米的商业品质和加工品质。苞叶过短会造成果穗外露，易受雨水、霉菌和昆虫侵害，而苞叶太长、层数太多、包裹太严不利于籽粒脱水。

第三节　爆裂玉米育种方法

一、爆裂玉米的种质资源创新与利用

与普通玉米育种一样，种质资源是爆裂玉米育种之本。但是爆裂玉米种质资源的贫乏给育种带来了难度。我国爆裂玉米产业和育种研究起步较晚，种质资源基础弱，目前还没有成型的可用于育种的爆裂玉米群体。群体构建成为爆裂玉米育种的基础性研究工作，广泛搜集种质资源，通过资源整理，利用现代生物技术手段进行资源分析，进而构建出优良的爆裂玉米群体。利用国内外现有的杂交种或自交系构建群体也可以作为群体创制的有效办法。

在我国，完全本土的爆裂玉米种质在产量、农艺性状、品质、商品性等各个方面与育种要求还有很大距离，因此直接通过一环系法选育自交系几乎没有可能。这些资源在生育期、抗性，特别是适应性方面有一定优势，可以作为育种资源的一部分加以利用。

早在 1930 年，美国用于自交系选育的种质是此前的常规品种 Japanese Hulless，White Rice，Quees Gold，Yellow Pearl，Super gold，South American，Spanish，Superb 和 Tom Thumb。20 世纪 90 年代，美国普渡大学、艾奥瓦州立大学和内布拉斯加大学发放了一些爆裂玉米综合种，作为自交系选育的种质。它们是普渡的 HPXCD - 1，HPXD - 2；艾奥瓦的 BSP1C1，BSPW1C1，BSP2C1，BHPXD - 1C2 和 BSPM1C1；内布拉斯加的 YPILFWS（1），SGIILFWS。一些新选育的爆裂玉米群体也被陆续列入此后的发放计划之中。

二、普通玉米种质资源的利用

爆裂玉米普遍存在的问题是农艺性状较差，如抗倒性、抗病性、抗虫性、适应性远不及普通玉米，且种质资源十分有限。美国爆裂玉米育种研究表明，用普通玉米（马齿或硬粒）种质改良爆裂玉米是　种行之有效的办法。普通玉米种质的渗入会使爆裂玉米的膨爆性能降低，可以通过适度回交使其得到恢复，对回交群体施加一定强度的膨爆性能选择压力。显然，用普通玉米改良爆裂玉米花费的时间要长。Johnson 和 Eldredge 讨论了用爆裂玉米作轮回亲本进行回交，膨胀倍数会得到迅速恢复，建议要达到可接受的膨胀体积需回交 1～2 次，但当时对爆裂玉米的膨胀倍数要求较低，以现在商业上对膨胀体积的要求，达到可接受的膨胀体积，回交的次数还要多。美国用马齿玉米改良的爆裂玉米自交系 HP68 - 07H 和 HP72 - 11 于 1990 已经用于玉米花加工业。

三、爆裂玉米的选系与杂交种组配方法

普通玉米育种采用的一环系法、二环系法、回交选育法、轮回选育法都是爆裂玉米育种的有效方法，可根据种质资源、育种条件和育种目标灵活运用。二环系法是目前我国爆裂玉米育种最常用的选育方法，国内外的杂交种甚至市场上的商品玉米都可作为自交系选育的种质资源。

爆裂玉米杂交种和普通玉米一样，同样可以采取单交种、三交种、顶交种和双交种的组配方式。我国爆裂玉米育种早在 2003 年就已进入单交种阶段，目前生产上只有很少量

的综合种在使用。考虑到爆裂玉米种子产量较低，美国采取三交种方式降低种子生产成本。不同的组合方式各有利弊，可根据实际情况进行。

单交种的突出优点表现在农艺性状的整齐度和品质的一致性上。随着爆裂玉米市场的激烈竞争，加工企业对原料品质的要求越来越高。除了受栽培因素影响以外，品质主要取决于品种品质及其一致性，单交种无疑是最佳选择。

爆裂玉米自交系产量远低于普通玉米，制种田单位面积的产量一般为 1 050～2 250kg/hm²，而三交种和双交种产量可达 4 950～7 500kg/hm²。三交种和双交种的制种成本仅是单交种的 1/4 左右。但是，用单交种生产出的籽粒相当于 F_3 代，因此，在颗粒大小、粒形、颜色等方面的整齐度显然不如单交种。对此，在三交种和双交种配制中要在亲本相关性状的选择上给予注意，即在粒形、颜色、颗粒大小方面其亲本自交系之间应尽可能小些。爆裂玉米三交种和双交种的利用除了可降低种子生产成本以外，三交种和双交种更广泛的适应性和综合抗性也是其有利的一面。

第四节　爆裂玉米的品质改良

一、爆裂玉米的膨爆机理

爆裂玉米的膨爆机理是爆裂玉米育种的重要基础研究。Hoseney 和 Matz 认为有两种作用导致爆裂玉米爆花：一个是膨胀作用，一个是成花作用。爆裂玉米被加热到 180～195℃时，籽粒中的水分膨胀形成蒸汽，由于果皮包裹使其产生强大的蒸汽压，当压力达到果皮承受的极限时，果皮瞬间爆裂，降压的作用使胚乳膨胀。因此，完好的果皮和适当的水分含量是爆裂玉米膨胀的两个因子。果皮的坚韧程度越高，承压的能力越强，爆花就越好。含水量越高、蒸汽压越大，爆破力就越强。有研究表明，爆裂玉米的果皮厚度为0.04～0.08mm，果皮承受高压的机械强度是普通玉米的 4 倍，导热系数是普通玉米的1.9 倍，因此加热后可使籽粒内部在很短时间内升温、升压。玉米花形成于半透明的胚乳，爆裂玉米的胚乳较大，约占籽粒总重量的 80%，其中 90% 为淀粉。爆花时，胚乳中的淀粉颗粒并不膨胀而是加热时被胶化，爆花时瞬间的压力释放使其向三维方向伸展，最终形成玉米花。蒸汽压的大小取决于胚乳的微观结构即空隙度的大小。软质胚乳由于存在较大的空隙，可以容纳较多的蒸气，因此使蒸汽压相对较小。反之，硬质胚乳的空隙较小，消减蒸汽能力差，从而导致较高的蒸汽压，膨爆性能好。但是，也并非硬质胚乳含量越高越好。大个的玉米花和高的膨胀倍数取决于硬质胚乳与软质胚乳的适中比例。分析认为，过高的硬质与软质胚乳比例可能导致蒸汽压过大、爆裂时间过早，这可能是导致爆花效果并不好的原因之一。这与水分过高导致的爆花效果不好可能是一个机理。

二、爆裂玉米爆花率与膨胀倍数

爆花率是衡量产品的重要指标之一。然而，作为真正的爆裂玉米，理论上其爆花率应该达到 100%，除非是利用普通玉米与爆裂玉米杂交的后代选系的早代。因此，爆花率并不是衡量品种的首要指标。在育种和生产实践中，未能 100% 爆花的原因主要由虫蛀、病害，以及收获、精选、贮藏过程的机械伤害等因素导致。因此，爆裂玉米品质的核心是膨爆性能。

爆裂玉米的膨胀倍数除了胚乳的膨爆性能有差异以外，花形也是影响膨胀倍数的重要因素。蝶形花品种的膨爆性能最好，一般在 30 倍以上，最高可达到 40 倍。典型的球形花品种膨胀倍数较低，大多在 25 倍左右，最高可达 28 倍左右。中间型品种因基因型不同，其膨胀倍数在 20～35 倍。Ziegler 研究表明，HPXD - 1 的籽粒硬度与膨胀倍数之间没有相互关系，在 BSP_1C_1 世代中相关不显著（$P = 0.05$，$r = 0.30$）。Pordesimo 对爆裂玉米籽粒物理性质与膨胀体积之间关系的文献综述时评价了籽粒圆度、大小、比重、弹性与微波爆花情况下的关系。球体值大于 0.7 的品种膨胀值最大。在个别品种中，大粒导致较低的爆花率，个别品种中较大的比重导致较大的膨胀体积和较大的玉米花。籽粒弹性与微波炉玉米花品质没有关系。Mohamed 等报道，膨胀体积与平均果皮厚度、玉米花球形度、硬度呈正相关。

无论是商业上还是育种选择上，玉米花体积测定采取的是一定气介条件下的玉米花容积。因此，颗粒越小就意味着单位体积玉米粒的粒数就越多，玉米花就越多。玉米花多也意味着单个玉米花之间的空隙就多，也导致较大的膨胀体积。单纯追求高膨胀倍数必然导致小颗粒的选育倾向。但是，追求大花小膨胀倍数还是追求小花高膨胀倍数，最终还要取决于市场的需求。

Ashman 通过两年的施氮肥试验数据评价了爆裂玉米总蛋白含量、醇溶蛋白、含油量与膨胀体积的关系。随着施氮量的增加，爆裂玉米籽粒总蛋白和醇溶蛋白明显增加，但膨胀体积不变。膨胀体积与含油量之间也没有显著的相关关系。Thomas - Compton 等对爆裂玉米和 CIMMYT 的硬质胚乳优质蛋白玉米与爆裂玉米杂交后代的衍生系总蛋白和赖氨酸含量的研究表明，在保留膨爆性能的同时可以改进爆裂玉米的营养品质。史振声等（2014）研究表明，可以通过糯质基因转育来提高爆裂玉米的营养品质。

1987—1990 年，艾奥瓦州立大学利用若干综合种的 S_1 品系和少量的不同阶段的自交系进行的农艺性状与膨胀体积的关系研究，结果表明，1987 年 500 个样本，产量＝－0.2，成熟期＝0.2，茎秆强度＝0.2；1988 年，148 个样本，成熟期＝－0.3，茎秆强敌＝0.2；1989 年，341 个样本，成熟期＝－0.2；1990 年，509 个样本，产量＝0.4，成熟期＝－0.1，株高＝0.2，接种茎腐病的落地穗＝－0.1，未接种的茎腐病落地穗＝－0.1，二代欧洲玉米螟比例＝－0.2，抗根到＝0.3。其他性状，如株高、穗位、带支持根的节数、功能支持根的节数、根倒、茎倒、分蘖、茎粗、茎秆抗压力等，与膨胀体积之间的相关性也都很低。在 BHPXD - 1 - 2 做的膨胀体积改良 S_1 的两轮选择中也指出，膨胀体积与农艺性状之间没有关系。相反，在分离世代品系选育中，在不减弱农艺性状时膨胀体积得到了明显改进。国内有关膨胀体积与农艺性状相关性的研究结论与美国研究结果不尽一致，甚至相反，可能与试材的局限性及试验方法有关。

三、爆裂玉米花形

爆裂玉米的花形与普通玉米的玉米花形状截然不同。普通玉米的玉米花是在密闭设备下制得，爆花后的形状基本上属于玉米粒的膨大，形状与玉米粒接近。而爆裂玉米花的形状完全失去了玉米粒的形态，并且因遗传原因而花形各异。球形花与蝶形花是爆裂玉米花的两个极端花形，对应的品种分别称为球形花品种和蝶形花品种，蝶形花品种的蝶形率最高可达100%，而球形花目前国内外市场上的品种最高的球形率也仅在70%～80%。混合花品种的花形与典型花品种除了花形比例不同以外，最大区别还在于玉米花形状的不典型性。中间型品种的玉米花呈现不规则形状，有的与球形花更接近，有的更接近典型的蝶形花，而更多的是介于两者之间的过渡形状。一个品种的花形，由于遗传基础的复杂性，加之种植条件、爆花设备及爆花操作的影响，使这类品种的玉米花形状更加复杂多变。

四、爆裂玉米籽粒大小和粒形

影响玉米花大小和花形的另一因素是籽粒大小和形状，主要由遗传因素决定。在胚乳质地相同情况下，籽粒大玉米花就大，反之就小。史振声等（1990，1992）研究表明，球形花品种的颗粒越圆，玉米花就越接近球形，而扁形粒的玉米花形状较差；蝶形花品种，籽粒越圆，花形就越规整。籽粒越长玉米花撕裂程度越大，蝴蝶状的翼展角度就大。籽粒顶端带有尖刺也是爆裂玉米中常见的粒形。一般情况下，带有尖刺的籽粒其多为蝶形花，且玉米花往往更不规则。

决定玉米花大小和形状的另外一个因素是软质胚乳所占的比例和在胚乳中的分布。软质成分较多的蝶形花品种，玉米花形状较为收敛，反之伸展度就大。球形花品种，软质胚乳的分布部位不同也导致花形的变化。史振声等研究表明，软质胚乳分布在籽粒中间的，玉米花呈圆球形，中心有一定的空洞。软质胚乳分布在籽粒顶部且较多时，其玉米花呈扁球形。

即使是同一个品种，由于籽粒着生果穗的部位不同，也会导致籽粒大小和形状不同，从而导致花形的变化。例如果穗基部和尖部的籽粒往往呈不规则的圆形，果穗尖部籽粒较小而基部的较大，中间的籽粒则呈不同程度的扁圆形。这些都导致玉米花的多种形状和不同大小，特别是对于蝶形花品种。

第五节　观赏型爆裂玉米育种

爆裂玉米中有形状各异和不同颜色的果穗，特别是精致细小的果穗和晶莹剔透的颗粒令人爱不释手。人们将爆裂玉米作为一种纯天然的装饰品，国内更是将爆裂玉米作为一种新型文玩。目前我国观赏型爆裂玉米品种主要来源于本土的农家种，有紫、红、白三种颜色。一些特殊类型的品种主要来源于国外，如草莓玉米等。观赏型爆裂玉米可以作为原生态的装饰品，也可制作成精美的挂件，还可利用籽粒、叶片、苞叶、茎秆来拼图作画。根据市场需求，观赏型育种主要可以分为以下几个方向。

一、观赏型爆裂玉米果穗性状

1. 果穗大小　目前市场的要求更倾向于小微型果穗，分大小两种规格，大穗的在7cm左右，小的在5cm左右。我国爆裂玉米农家种是迷你型观赏玉米的最好资源，其特点是果穗小，籽粒小，结实饱满，不掉粒，颜色好。一般果穗长度5～15cm，长锥形，胚乳100％硬质，晶莹光亮。农家种小微型果穗的特点是行列不整齐，要使行列整齐还要下些工夫。实践证明，行列整齐的品种往往落粒较重。根据市场需要，还可以通过与硬粒、马齿玉米杂交培育果穗更大的观赏玉米。

2. 果穗及籽粒颜色　与普通玉米一样，爆裂玉米颜色主要由果皮颜色、胚乳颜色和糊粉层颜色决定。我国农家种爆裂玉米主要是紫红色和白色两种，属于果皮颜色。黄、白颜色由胚乳决定，也有的是黄白相间的杂色品种。而黑、蓝等颜色由糊粉层决定，遗传规律与普通玉米相同，可以根据需要确定具体的选育目标。此外，还可以通过蓝色糊粉层与黄色胚乳的双层搭配创造出绿色玉米等。

3. 穗形　除了常见的长锥形以外，国外引进的草莓形、圆形、扁形玉米成为目前抢手的穗形。与普通玉米一样，穗形是受遗传控制的数量性状，可以通过定向的选育而获得。

二、观赏型爆裂玉米农艺性状

1. 多穗性　观赏型爆裂玉米普遍具有多穗和多分枝的特点。一个茎秆一般可结穗2～3个，多的达5～7个。除了主茎之外，分枝也可正常结穗，且分枝上的果穗与主茎差别不大。这些特性有利于收获较多的果穗。

2. 农艺性状　观赏型爆裂玉米的雄穗较大、雄穗分枝较多、雄花小、穗多而密集、花粉量大，且散粉时间持续较长。这些特性对保证结实饱满、不秃尖、果穗不畸形，以及果穗间的大小一致也十分重要。观赏型爆裂玉米以小型、微型穗为主，因此，植株矮、营养体小、适合密植的品种是对农艺性状选择的方向。米粒形和珍珠形都是观赏型爆裂玉米所需要的籽粒类型。

3. 植株　爆裂玉米既可以拿整个植株来观赏，也可以用植株不同部位来拼图作画。微小型植株的爆裂玉米可以像养花一样种在庭院或家庭盆栽。用于拼图作画的，其茎、叶片、雄穗、苞叶等器官都可以朝着不同大小、不同颜色、不同形态进行选育，如紫叶玉米、条纹叶玉米、不同颜色的花丝等。

三、观赏型爆裂玉米其他性状

有稃玉米和雄穗结籽玉米也是国外观赏玉米之一。稃的大小、长短、颜色在个体之间都有不同。稃的颜色与苞叶一样，主要有绿色（成熟后枯黄）和不同深浅的红色、咖啡色、紫色等。雄穗结籽是玉米的返祖现象，在雄穗上既有雄花也有雌花。结籽的雄穗也因个体不同而各异，有的雄穗形态正常但结有籽粒，有的雄穗状如高粱，这些品种都可作为观赏玉米种植。

第六节　爆裂玉米杂交种制种技术

爆裂玉米制种技术与普通玉米大致相同，但需要特别注意以下几点。

一、更严的隔离措施

爆裂玉米与其他玉米混交产生的 F_1，果穗和籽粒形态都介于爆裂玉米和普通玉米之间，颗粒大小比较接近，机械筛选难以去除，人工去除也有较大难度。因此对隔离区的要求更加严格。

二、谨慎使用除草剂

爆裂玉米对除草剂较普通玉米更加敏感，当双亲敏感程度差异较大时，除草剂可导致花期不调甚至花期不遇。在爆裂玉米杂交种生产过程中，对于一般敏感的品种，使用浓度应控制在使用说明的下限范围。

三、保证播种质量

爆裂玉米自交系籽粒小，活力弱，拱土能力差，对播种质量要求高。一是注意土温低、土壤黏重的地块播种不要过早。二是覆土不要太厚，墒情适宜、土壤结构良好情况下机械播种的覆土厚度以 5.0cm 左右，人工播种以 3cm 左右为好。同时注意要用包衣防治地下害虫。

四、严格去杂、及时去雄

保持爆裂玉米的品质特性是爆裂玉米种子生产中的重中之重，因此，爆裂玉米品质要比产量更加重要。自交系纯度是造成产品质量问题的根源，自交系受非爆裂玉米污染导致的品质问题要比制种田隔离区问题严重得多。爆裂玉米母本自交系×非爆裂玉米产生的后代混杂在自交系中之后，如果再与父本爆裂玉米杂交，籽粒外观和大小更接近爆裂玉米，特别难以去除和筛掉。因此，必须保证爆裂玉米自交系的纯度，制种田去杂要更加严格。另外，爆裂玉米苞叶短、吐丝早，吐丝与散粉时间吻合，去雄不及时更容易造成自交。

主要参考文献

李新华.1987.玉米抗螟性的鉴定及其遗传规律.沈阳农业大学学报，18（2）：7-15.

李新华，陈瑞清.1994.玉米抗螟机制的研究.辽宁农业科学（4）：30-33.

李云，史振声，王建，等.2014.糯质与非糯质爆裂玉米同型系杂交种的产量和品质比较.玉米科学，22（6）12-15.

罗梅浩，张颖.2009.不同玉米品种的抗螟性研究，河南农业大学学报，43（5）：543-547.

倪绯，史振声，王志斌，等.2011.沈爆3号在不同密度下的冠层结构和生理特征研究.玉米科学，19（1）：83-86.

史振声.1990.爆裂玉米爆制玉米花的研究.辽宁农业科学（3）：39-41.

史振声.1990.综合因素对爆裂玉米花产量和品质的影响.沈阳农业大学学报，21（专辑）：39-43.

史振声.1992.沈农系列爆裂玉米新品种综合研究.沈阳农业大学学报，23（3）：209-214.

史振声.2001.美国爆裂玉米的历史和发展.玉米科学，9（2）：8-10.

史振声.2002.我国爆裂玉米科研和产业现状与发展战略.玉米科学，10（3）：3-6.

史振声，张喜华.1994.特种玉米育种·栽培·加工.辽宁：辽宁科学技术出版社.

史振声，王志斌，李凤海.2001.沈爆2号爆裂玉米新品种选育报告.辽宁农业科学（4）：48-49.

史振声，孙淑凤，王志斌，等.2019.中国爆裂玉米育种30年.玉米科学，27（1）42-45.

史振声，王志斌，李凤海.2003.我国爆裂玉米的品种评价与区域性分析.玉米科学，11（4）：12-14，18.

史振声，赵娜，吴玉群，等.2005.种植密度对沈爆3号爆裂玉米产量和品质的影响.玉米科学，13（增）：130-132、134.

史振声，张喜华，吴玉群.2006.辽宁省2005年辽宁省玉米减产的主要因素分析.辽宁农业科学（5）：19-21.

史振声，钟雪梅，孙淑凤，等.2018.中美几个爆裂玉米品种产品品质的比较.玉米科学，26（5）：7-13.

孙淑凤，张喜华，王志斌，等.2019.球形花爆裂玉米爆花品质影响因子研究.玉米科学，27（5）：22-27.

孙骥，史振声，李荣华.2006.不同肥料种类对沈爆3号玉米生长发育、品质及产量的影响.杂粮作物，26（2）：88-90.

孙淑凤，张喜华，史振声.2021.爆裂玉米爆花品质检测方法研究.玉米科学，29（5）：81-87.

王虹，史振声.2014.种植密度对爆裂玉米产量及品质的影响.耕作与栽培，201（6）：1-4.

王志斌，史振声 . 2011. 我国爆裂玉米科研及产业发展的问题 . 玉米科学，19（6）：82 - 87.

扬令贵 . 1998. 爆裂玉米的开发及新品种选育 . 四川农业科技（4）：7.

曾三省 . 1999. 爆裂玉米的品质及其选育 . 玉米科学，7（1）：14 - 17.

Arnel RH. 1994. Specialty Corn. Ames：Iowa State University.

Ashman RB. 1987. Registration of HPXD - 2 popcorn（maize）germplasms. Crop Science，27：1318.

第九章　玉米抗病性遗传与育种

（徐明良　王晓鸣）

第一节　玉米抗病性遗传与育种概述

一、植物抗病研究进展

（一）植物免疫机制

植物整个生长阶段一直处于生物和非生物胁迫之中。在寄主与病原物的长期激烈竞争中，植物病原物（如真菌、细菌、病毒和线虫等）进化并形成了各种各样的侵染机制；相应地，寄主植物也进化并形成了多样性的防御机制来抵御病原物的入侵。植物缺少动物中特有的免疫细胞和循环系统，不能利用循环的免疫受体检验异源分子以触发免疫反应。为此，植物的每个细胞都必须具备有效激发免疫反应的能力来抵御病原物的侵染（Spoel等，2012）。

植物细胞壁是病原物在侵染植物时首先遇到的障碍，当植物防御途径被激活后，细胞壁上述能积累胼胝质，起到屏障加固的作用。植物细胞表面镶嵌着模式识别受体（pattern recognition receptors，PRRs）蛋白，当截获到病原物或微生物相关分子模式（pathogen‐associated molecular patterns，PAMPs 或 microbe‐associated molecular patterns，MAMPs）时，如脂多糖、肽葡聚糖和细菌的鞭毛蛋白，植物随即启动自主防御反应，这一过程称为病原物相关分子模式触发的免疫反应（PAMP‐triggered immunity，PTI）。为规避植物的 PTI 反应，病原物会向植物细胞内直接释放效应分子，如丁香假单胞菌（*Pseudomonas syringae*）含有数十个效应分子，其中有些效应分子，如 AvrPto1，可以通过抑制寄主免疫相关蛋白提高病原菌的毒力。在与病原物的竞争过程中，植物细胞内的免疫受体，即抗病蛋白（resistant protein），能共同进化并直接或间接识别病原物的效应分子。植物可以利用其细胞内免疫受体检测病原菌的效应分子，也称为"无毒"信号，激活效应分子触发的免疫反应（effector‐triggered immunity，ETI），也即抗病基因介导的抗性，其特征是过敏反应（hypersensitive response，HR）。过敏反应通常与感染细胞的程序性死亡和抗菌分子的产生相关，坏死斑周边组织的抗菌分子将病原物限制在坏死斑内，形成局域性抗性。植物的 PRR 蛋白激发的免疫（PTI）常常响应有限数量的MAMP 分子，这些分子在主要的微生物中相对保守，因此表现出广谱的抗性；而抗病蛋白促发的免疫（ETI）针对特异性的效应分子，故在病原菌不同小种间具有高度多态性

（Jones 等，2006；Spoel 等，2012）。

局域性过敏反应可促发整个植株对后续病原物侵染的免疫反应，这一现象被称为系统获得性抗性（systemic acquired resistance，SAR）。这一广谱的抗性能持续较长时间或传递至后代（glazebrook，2005）。在病原菌侵染部位中会诱发产生各种信号分子，如水杨酸（salicylic acid，SA）、甲基水杨酸（methyl salicylic acid，MeSA）、甘油－3－磷酸（glycerol－3－phosphate，G3P）等，传输至植株的各个部位，当植物组织感知到这些信号分子后会引起水杨酸的积累。有研究表明，水杨酸及其类似物能瞬间促发细胞内氧化还原状态改变，促使寡聚体 NPR1（nonexpressor pathogenisis－related gene 1）的二硫键还原，转化为单体 NPR1。单体 NPR1 蛋白转移到细胞核中，与 TGA（TGACG－binding）家族转录因子成员结合形成复合体，介导转录重构并起始多个病程相关蛋白的表达。这些蛋白的协同作用使植物建立起有效的系统获得性抗性（Fu 等，2013）。

病程相关蛋白（pathogenesis－related protein，PR）是植物免疫调控的具体执行者，植物基因组中含有大量编码 PR 蛋白的基因序列。PR 蛋白包括水解酶（如 β－1，3－葡聚糖酶、几丁质酶）和防御素（defensins）两大类。水解酶水解病原菌的细胞壁，而防御素分解病原菌的细胞膜，二者具有很强的抗菌功能。PR 蛋白的合成既能被病原菌诱导，又能被免疫分子，如水杨酸等诱导。在植物中已鉴定出 14 类 PR 蛋白（PR1～PR14），不同病原菌诱导不同种类的 PR 蛋白。在拟南芥中，PR1、PR2（β－1，3－葡聚糖酶）和 PR5（奇甜蛋白）可被水杨酸诱导，抵御活体营养型病原菌；而 PR3（一种几丁质酶）、PR4（一种几丁质酶）和 PR12（防御素）可以被茉莉酸诱导，抵御死体营养型病原菌。此外，细胞内质网上有一组蛋白参与 PR 蛋白的正确折叠、运输和分泌（Van Loon 等，1999）。

（二）植物抗病的遗传基础

植物病原菌在寄主上的生长和繁殖需要从寄主汲取养分。按养分汲取的方式不同，将病原菌分为死体、活体和半活体营养型三类。在寄生过程中，死体营养型病原菌先杀死细胞，再汲取养分，其典型特征是向寄主释放各种植物毒素和细胞壁降解酶，促使细胞坏死并释放养分。相反，活体营养型病原菌可以操控寄主生理过程保证其存活，再从活体细胞中吸取养分。活体营养型病原菌分泌有限的细胞壁降解酶，一般不产生毒素，大部分专性活体营养型病原菌丝会形成一种称为吸器的特殊结构，专门用于养分的吸收。半活体营养型病原菌一般在侵染植物的早期表现活体营养型特征，到后期表现为死体营养型的致病特征。

植物抗不同类型病原菌的分子机制差异很大。植物抗活体营养型病原菌的遗传主要表现为"基因—基因"模式。抗病基因介导的抗性常常产生过敏反应，将病原菌限制在侵入点，使其无法进一步获得水分和养分。在分子机制上，抗病基因介导的抗性激活 SA 依赖的信号途径，诱导一系列与防御相关基因的激活，同时产生系统获得性抗性（SAR）。植物抗死体营养型病原菌的遗传不符合"基因—基因"模式。现有很多报道认为，某些植物模式分子识别受体（PRRs）参与对病原菌的识别，如类受体蛋白激酶（receptor - like protein kinases，RLKs）。茉莉酸（jasmonic acid，JA）和乙烯（ethylene，ET）介导的防御反应在抗死体营养型病原菌方面起关键作用。死体营养型病原菌能产生寄主选择性毒素（host specific toxins，HSTs），在寄主组织上产生坏死斑。植物针对死体营养型病原菌能产生一组小分子富含半胱氨酸的防御素，增加病原菌膜的通透性，阻止菌丝扩展。细胞的过敏性坏死可以提高寄主对活体营养型病原菌的抗性，却降低了对死体营养型病原菌的抗性，这是由于它为死体营养型病原菌的入侵提供了入口。

　　根据抗性遗传的特性，植物对病原物的抗性可分为质量抗性和数量抗性，前者受主基因（R 基因）控制，而后者受微效多基因调控。质量性状抗性大部分在对活体营养型病原菌的抗性中发现，而数量性状抗性存在于对活体、半活体和死体营养型病原菌的抗性中。抗病主基因赋予植物对某一病原菌或生理小种特异完全的抗性，由于 R 基因的抗性很容易被新产生的生理小种所克服，在实际应用中有较大的风险。数量性状抗性受微效多基因控制，每个基因表现部分抗性，对病原菌的选择压力较轻，抗性不易丧失。数量抗性在植物育种上有很大的应用价值，虽然单个抗病基因的效应较小，但将多个抗病基因累加后可以获得育种上需要的抗性水平。与质量抗性相比，数量抗性通常具有持久性和广谱性，在生产上具有更高的应用价值（St Clair，2010）。

　　过去的 20 多年中，在植物中至少克隆了来自 20 个物种的 112 个 R 基因，这些基因大致可以分为 5 种类型：①NBS - LRR（nucleotide binding site - leucine rich repeats），即核苷酸结合位点—富含亮氨酸重复，如抗大麦白粉病 A 位点、抗亚麻锈病的 $L6$ 基因等；②LRR - TM（leucine rich repeats - transmembrane domain），即富含亮氨酸重复—跨膜类，如番茄抗叶霉病的 Cf 9 基因；③LRR TM STK（leucine rich repeats - transmembrane domain - serine/threonine kinases），即富含亮氨酸重复—跨膜—丝氨酸/苏氨酸激酶类，如水稻抗白叶枯病基因 $Xa21$；④STK（serine/threonine kinases），即丝氨酸/苏氨酸激酶类，如番茄中的抗细菌性斑点病基因 Pto；⑤其他没有保守功能域的 R 基因都归为第 5 类。此外，还克隆了若干隐性抗病基因，如水稻中的抗白叶枯病基因 $xa34$，抗多种病毒的基因 $elF4E$，这些隐性基因通过改变其关键氨基酸而不被病原菌识别和利用，表现出被动的抗性。在玉米中克隆的 $Hm1$ 基因编码 HC 毒素降解酶，抗玉米圆斑病（Zhang 等，2013）。

　　数量性状抗性可涵盖植物的很多生物学过程，Poland 等（2009）对植物的数量抗病基因提出了以下 6 种假设，包括：①调控形态性状和发育过程的基因；②参与基础免疫反应的基因突变或等位基因；③编码降解病原菌产生毒素的基因；④协助防御信号传导的基因；⑤与生物钟调控相关的基因；⑥弱化的抗病等位基因或一组特异的以前未发现的新基因。有关数量抗性的候选基因报道较多，但克隆的很少。小麦中克隆的 $Lr34$ 基因具有持久的抗病能力，在生产上使用已经超过 50 年，能同时抵抗叶锈病、条锈病和白粉病，它编码一个三磷酸腺苷盒式转运子（Krattinger 等，2009）。Fu 等（2009）克隆了 $Yr36$ 基因，它可以在 25～35℃的条件下发挥广谱抗条锈病致病菌小种的功能。

（三）抗病基因在育种中的应用

病害是限制作物产量的主要因素之一，有的病原菌释放的毒素还会降低作物的品质，危害人类健康。因此，病害防治是生产上的一个重要议题。与常规的化学防治相比，利用抗病基因培育抗病品种更加经济有效。分子标记辅助选择育种（molecular marker - assisted selection，MAS）可以大大缩短育种年限，在抗病主基因的导入，特别是多个抗病数量基因的整合方面有明显的优势。因此，定位和克隆抗病基因或数量性状位点（quantitative trait locus，QTL）、开发与抗病位点相关的功能标记可以快速有效地聚合优势基因，提高抗病育种的效率。

水稻科学家 Singh 等（2001）利用 MAS 将水稻中三个抗性基因 *xa5*、*xa13* 和 *Xa21* 聚合到品种 PR106 中，改良后的 PR106 具有更广谱的抗性。Suh 等（2011）将澳洲野生稻的 *Bph18* 基因通过分子标记辅助回交（marker - assisted backcrossing，MABC）导入粳稻品种 Junambyeo 中，筛选到 4 个农艺性状与回交亲本相同并且高抗水稻褐飞虱的高世代回交材料。以上例子说明，定位并克隆抗病基因，通过 MAS 技术将抗病基因导入或聚合到优良品种中是植物高效抗病育种的重要策略。

二、玉米抗病遗传育种的历史和现状

（一）玉米抗病性的遗传研究

与禾谷类作物水稻和小麦等相比，玉米育种中所利用的抗病主基因极少，主要是抗大斑病的 *Ht* 基因系列和抗普通锈病的 *Rp* 类基因，而大量使用的是数量抗病基因。形成这种状况可能有两方面原因，一是玉米为异花授粉作物，其基因组复杂性远远高于水稻和小麦，二是玉米中重要的病害主要是死体营养型病原菌引起的，如茎腐病、穗腐病、纹枯病等，抵御此类病原菌有赖于基因组中大量的数量抗性基因。Wisser 等（2006）总结了 50 篇有关玉米抗病基因定位的论文，涵盖 437 个 QTL 和 17 个主基因。结果表明，这些基因/QTL 覆盖了 89% 的玉米基因组，不同抗病基因的分布是非随机的，倾向于在基因组上成簇分布。

目前，玉米中克隆到的抗病基因有 14 个：*Hm1*（抗圆斑病），*Rp1 - D*（抗普通锈病），*RppC* 和 *RppK*（抗南方锈病），*Ht1* 和 *Htn1*（抗大斑病），*ZmCCT*、*ZmAuxRP1* 和 *Rcg1*（抗茎腐病），*ZmFBL41*（抗纹枯病），*ZmTrxh* 和 *ZmABP1*（抗甘蔗花叶病毒病），*ZmGDIα - hel*（抗粗缩病）和 *CCoAOMT2*（抗小斑病和灰斑病）。Johal 等（1992）克隆了第一个玉米抗病基因 *Hm1*，该基因编码一个 NADPH 依赖的还原酶，可以使病菌（*Cochliobolus carbonum* race 1）产生的 HC 毒素毒性位点的羰基失活，从而实现抗病。*Rp1 - D* 编码一个典型的 NBS - LRR 抗病基因，介导玉米对锈病的小种特异性抗性（Collins 等，1999）。抗南方锈病基因 *RppC* 和 *RppK* 编码典型的核苷酸结合结构域及富含亮氨酸重复的受体蛋白（Deng 等，2022；Chen 等，2022）。*Ht1* 编码一个核苷酸结合结构域及富含亮氨酸重复的受体（NLR）蛋白，*Htn1* 编码一个与细胞壁相关的类受体激酶（WAK - RLK1）（Thatcher 等，2022；Hurni 等，2015）。*ZmCCT* 编码含有 CCT 功能域的转录辅助因子，*ZmAuxRP1* 编码生长素调控蛋白，二者介导玉米禾谷镰孢茎腐病的抗性（Wang 等，2017；Ye 等，2019）。*Rcg1* 编码一个含有 NBS - LRR 结构的抗病蛋白，介导玉米炭疽茎腐病的抗性（Frey 等，2011）。*ZmFBL41* 通过泛素化并降解木质素合成酶 ZmCAD，负调控纹枯病的抗性（Li 等，2019）。*ZmTrxh* 和 *ZmABP1* 编码的蛋白均有分子伴侣活性，抑制甘蔗花叶病毒的积累（Liu 等，2017；Leng 等，2017）。*ZmGDIα* 编码的蛋白为宿主感病因子，其转座子插入的剪接突变体 *ZmGDIα - hel* 表现出对粗缩病的抗性（Liu 等，2020）。此外，*CCoAOMT2* 编码咖啡酰辅酶 A - O - 甲基转移酶，同时抗小斑病和灰斑病（Yang 等，2017）。

　　Zhao 等（2012）利用 MAS 将来自吉 1037 的丝黑穗病主效抗病 QTL（*qHSR1*），导入 10 个高配合力但感病的玉米自交系（吉 853、444、98107、99094、昌 7 - 2、V022、V4、982、8903 和 8902）中，改良后自交系抗丝黑穗病的能力显著提高。由改良自交系组配的杂交种抗病性显著增强，而其他农艺性状没有明显改变。

（二）玉米抗病育种的历史与现状

　　长期以来，玉米病害一直是影响我国玉米高产稳产的主要限制因素之一。玉米病害种类多、分布广、危害重、变化快。据报道，我国玉米生产上发生过的病害有 30 余种，其中危害严重的病害有大斑病、小斑病、丝黑穗病、茎腐病、穗腐病、纹枯病、全蚀病、矮花叶病、粗缩病、瘤黑粉病、弯孢叶斑病、锈病和苗枯病等。

　　20 世纪 60 年代以前，我国主要推广农家品种、品种间杂交种、综合品种、双父种和三交种，主要病害为大斑病、小斑病、丝黑穗病等。自 20 世纪 60 年代开始推广单交种以来，品种的遗传基础变得狭窄，导致 20 世纪 70 年代大斑病、小斑病和丝黑穗病大流行。20 世纪 80 年代以后，随着感病单交种的大面积推广，使得原来的次要病害也逐渐流行起来。春玉米区主要流行大斑病、丝黑穗病和茎腐病；夏玉米区主要流行小斑病、茎腐病、矮花叶病等。随着全球气候变暖、耕作方式改变和新品种推广，我国玉米病害的发生情况也有所变化。目前在东北春玉米区，大斑病和丝黑穗病是普遍性病害，黄淮海夏玉米区以茎腐病、粗缩病、小斑病和南方锈病为主，西南春玉米区以纹枯病、灰斑病和穗腐病为主，而西北春玉米区以丝黑穗病、瘤黑粉病和普通锈病为主要流行病害（王振营等，2019）。以往的次要病害渐次上升为主要病害，如南方锈病在夏玉米区南部严重发生，瘤黑粉病成为生产中的突出问题，土传病害日益加重，细菌性病害发生渐多。近年来，推广面积最大的郑单 958 由于茎腐病发病严重，前景堪忧。随着先玉 335 的大面积推广，东北玉米主产区本已基本控制的大斑病又成为最主要的病害。

　　分析我国玉米病害流行的规律可以发现，品种遗传基础狭窄是造成玉米病害有规律发生和流行的重要原因之一。因此，在拓宽玉米种质遗传基础的前提下，有重点地加强抗病育种工作，把长远的种质基础拓宽与近期的抗病育种工作相结合，才能有效地防止玉米病害的流行（王晓鸣等，2006）。在抗源收集和鉴定方面，我国从20世纪70年代开始，针对不同时期发生的玉米主要病害如大斑病、小斑病、丝黑穗病、茎腐病、矮花叶病、南方锈病、穗腐病，合作开展了大规模的抗病性鉴定工作（郭满库等，2007；段灿星等，2012；段灿星等，2022），同时辅以轮回选择改良群体、拓宽遗传基础、积累优良基因、筛选抗病材料。在大量筛选抗病种质资源和抗性遗传研究的基础上，开展玉米抗病育种工作，主要包括高配合力抗病优良自交系的选育、骨干系抗性改良、抗病综合群体构建和"热带"基础抗病材料的拓宽等工作。选育了一批兼具多抗的玉米自交系和杂交种，并先后投入生产，如大面积推广的丹玉13和中单2号等杂交种兼抗多种病害，使得大斑病、小斑病、丝黑穗病等基本得到控制，茎腐病得到缓解。20世纪90年代后，在抗病遗传研究方面做了大量工作，明确了玉米的抗病主基因和数量性状基因（QTL）两种不同的遗传方式。进入21世纪后，全国多家科研机构开展了玉米主要抗病基因/QTL的克隆和分子标记辅助选择育种，鉴定出了大量的玉米抗病QTL位点，克隆了包括丝黑穗病、茎腐病、南方锈病、纹枯病、粗缩病和矮花叶病的抗病基因/QTL。利用丝黑穗病和茎腐病的抗病分子标记改良了一批优良自交系，培育或改良了一批优良的抗病杂交种。

尽管我国在玉米抗病遗传育种的理论和实践上都取得了令人瞩目的成就，但最基本的问题还是未得到完全解决。首先是我国玉米种质资源遗传基础趋于狭窄的现状没有得到根本解决，大量参照郑单958和先玉335杂优模式的模仿式育种限制了生产上种质资源的进一步拓宽。种质资源的鉴定和利用没有有效结合，不少抗病资源作用没有得到充分的发挥。由于种植密度的增加、氮肥的过量施用和极端气候环境频发等因素，农田生态环境发生了巨大的变化，为病原菌的寄生、积累和病害流行提供了条件。在抗病育种中，往往重视了主要病害而忽视了次要病害的潜在威胁，缺乏长远计划和整体布局，抗病育种进展缓慢。特别是近年来茎腐病、大斑病、灰斑病、粗缩病、南方锈病、纹枯病、穗腐病等上升为主要病害，严重影响了玉米的产量和品质。因此，需要加大力度开展玉米抗病基础理论研究，以便有效地指导玉米抗病育种工作。

第二节　玉米抗叶斑病的遗传与育种

一、玉米抗大斑病的遗传与育种

（一）大斑病特征特性

1. 病害严重性　大斑病是我国气候条件较凉爽的平原春玉米区和高海拔山地玉米区最主要的病害。20世纪80年代后，由于利用了来自美国材料的抗病基因，生产中大斑病得到了有效控制。但自2010年以来，随着一批与先玉335遗传背景相似的感大斑病品种的推广，在2012年和2013年，大斑病在黑龙江、吉林、辽宁北部、内蒙古东北部、山西北部再度大范围暴发，对玉米生产造成较大影响。

2. 病害症状　病菌主要侵染叶片，发病始于植株下部叶片。感病品种叶片被病菌侵染后，初期呈现出水渍状圆形小斑点；病斑逐渐扩大，中央为灰褐色；小病斑很快跨过小叶脉形成大型、中部灰褐色或灰白色、梭状、周围无褐色边缘的病斑。在抗病品种上，病斑具有褐色边缘或褪绿变黄的区域。病斑一般宽 1～2cm、长 5～10cm，条件适宜时，病斑长度可扩大至 20cm 以上。如果发病期间降雨多、田间湿度大，在病斑表面病菌可长出大量的分生孢子梗和分生孢子，形成一层黑色霉状物。当大斑病发生严重时，导致叶片枯死，造成籽粒灌浆不足，产量下降。

3. 病菌形态特征　病原菌无性态为大斑凸脐蠕孢 [*Exserohilum turcicum*（Pass.）Leonard et Suggs]，是病菌在田间侵染和完成病害循环的基本形态；有性态为大斑刚毛球腔菌 [*Setosphaeria turcica*（Luttrell）Leonard et Suggs]，仅偶在培养中产生。大斑凸脐蠕孢在病斑上形成单生或数根丛生的分生孢子梗，不分枝，孢子梗直或呈膝状弯曲，深褐色，有多个分隔，长可达 $300\mu m$，宽 7～11μm，在顶端或膝状弯曲处产孢并留有明显的孢痕；分生孢子直，典型为长梭形，浅褐色或灰橄榄色，中部宽两端渐狭小，有 2～7 个假隔膜，在基部细胞底部有向外突出的脐点，分生孢子大小为（50～140）$\mu m \times$（15～20）μm。

4. 病原菌生理小种分化　玉米大斑病菌具有两个层次的生理分化。在寄主种水平上被划分为玉米专化型（*Setosphaeria turcica* f. sp. *zeae*）和高粱专化型（*S. turcica* f. sp. *sorghi*），玉米专化型病菌只侵染玉米，而高粱专化型既侵染玉米，也侵染高粱及苏丹草和约翰逊草。在玉米种质水平上，又根据对玉米种质中携带的抗病基因 *Ht1*、*Ht2*、*Ht3* 和 *HtN* 的毒性差异划分为不同的生理小种。

目前，采用以无效抗病基因的序号作为玉米大斑病菌生理小种的名称。0 号小种对具有 *Ht1*、*Ht2*、*Ht3*、*HtN* 显性单抗病基因背景的玉米毒力弱，侵染后仅在叶片上引起褪绿型病斑，在病斑上不产生或产生很少的分生孢子。1 号小种对具有 *Ht1* 基因背景的玉米有毒力，引起萎蔫型病斑并大量产生分生孢子，但对有 *Ht2*、*Ht3*、*HtN* 基因背景的玉米无毒力。0 号和 1 号小种是目前在我国分布最广泛的小种，同时在我国各地也存在许多其他的致病小种，如 1N、23N、13N 等（赵辉等，2007；苏前富等，2008）。

5. 病害循环　玉米收获后，大量带有病菌的秸秆堆放在田头村边，田间也会留有许多未被粉碎、保留在土表的病残体，这些病残体在冬季处于比较干燥环境下，在病残体中的大斑病菌形成能抵御不良环境的休眠菌丝体或厚垣孢子，并主要依靠这种方式越冬。如果收获时病残体被机械粉碎并翻入田土中，带菌玉米组织很易在土壤中腐烂，病菌失去存活的基础而最终死亡。翌年，当出现适宜的降雨和在适宜的温度条件下，在地表病残体或堆垛秸秆中存活的菌丝或厚垣孢子萌发，经过生长，产生新的分生孢子，并通过风雨传入田间，形成初侵染并引起病害流行。大斑病菌也可以通过种子黏附携带的方式越冬，但一般认为由于种子携带病菌的数量有限，其对于大斑病的流行不具备重要作用。

田间大斑病的发生常常具有侵染中心，少量先发病植株产生较多的病斑。在适宜条件下，大斑病菌从侵染至形成新的分生孢子仅需 10～14d，因而先发病植株就通过不断在病斑上产生病菌的分生孢子而成为田间病害扩散中心。

病菌侵染与玉米叶片抗性有关。玉米植株下部叶片最早衰老，因此也最早发病，中部和上部叶片发病较迟。如果田间环境适宜发病，很快就会形成全株发病，但仍然是中下部叶片发病较重。

6. 病害流行规律 玉米大斑病属于气流传播病害，病菌借助风雨在植株间、田块间和地区间传播，温度和湿度适宜时，大斑病发生大流行。大斑病流行的适宜条件为高湿低温环境。当田间温度为 20～25℃、相对湿度高于 90％时，大斑病发生快，易于形成病害流行。因此，在北方春玉米种植区，当玉米进入大喇叭口至灌浆期时，如果田间温度较低、遇到连续阴雨，在感病品种上，病菌从孢子萌发→侵染叶片→形成病斑→产生新分生孢子的一个完整病害周期仅需要 7～10d，就可能发生大斑病的暴发与流行。

大斑病的流行也与玉米抗病性水平及病菌群体数量和生理小种变异有密切关系。2012年和2013年大斑病在黑龙江、吉林、辽宁、内蒙古、山西、河北的大流行主要与各地普遍种植感大斑病品种有关。感病品种多年种植后，在田边村旁堆放的大量秸秆中携带有数量巨大的病菌，形成了翌年的初侵染菌源。同时，对大斑病菌变异的监测表明，病菌在各地的生理小种组成已经趋于多元化（王玉萍等，2007）。因此，丰富而致病性多样的菌源、大量的感病品种种植和玉米生长中前期温度持续偏低、降雨偏多的条件是导致大斑病在我国再度暴发的重要原因。

（二）玉米大斑病的抗性鉴定方法

1. 病菌培养 在接种前需要进行病原物接种体的繁殖。常用的繁殖方法是将培养基平板培养的病菌接种于经高压灭菌的高粱粒上（高粱粒培养基制备方法：高粱粒煮 30～40min 后，装入三角瓶中，于 121℃下灭菌 1h，冷却后备用），在 23～25℃下黑暗培养。培养 5～7d 后，菌丝布满高粱粒。以水洗去高粱粒表面菌丝体，然后将其摊铺于洁净瓷盘中，保持高湿度，在室温和黑暗条件下培养。镜检确认产生大量分生孢子后，直接用水淘洗高粱粒，配制接种悬浮液。悬浮液中分生孢子浓度调至 $1×10^5～1×10^6$ 个/mL。若暂时不接种，将产孢高粱粒逐渐阴干，在干燥条件下保存或冷藏保存。在接种前取出保存高粱粒，保湿，促使大斑病菌产孢。带菌高粱粒应在当年使用。

2. 田间接种 接种时间为玉米展 13 叶期至抽雄初期，早熟品种宜在展 10 叶期接种。接种时间选择在傍晚。接种采用喷雾法，在接种悬浮液中加入 0.01％吐温（v/v），喷雾接种植株叶片，接种量控制在 5～10mL/株。

3. 调查标准 根据中华人民共和国农业行业标准《NY/T 1248.1—2006》（王晓鸣等，2006），玉米抗大斑病病害调查应在乳熟后期进行。目测每份鉴定材料群体的发病状况，重点部位为玉米果穗的上方和下方各 3 叶，根据病害症状描述，对每份材料记载病情级别。田间病情分级、相对应的症状描述及对应的抗性水平评价见表 9-1。

表 9 - 1　玉米抗大斑病鉴定病情级别划分与抗性评价

病情级别	症状描述	抗性评价
1	叶片上无病斑或仅在穗位下部叶片上有零星病斑，病斑占叶面积少于或等于 5%	高抗（highly resistant，HR）
3	穗位下部叶片上有少量病斑，占叶面积 6%~10%，穗位上部叶片有零星病斑	抗（resistant，R）
5	穗位下部叶片上病斑较多，占叶面积 11%~30%，穗位上部叶片有少量病斑	中抗（moderately resistant，MR）
7	穗位下部叶片或穗位上部叶片有大量病斑，病斑相连，占叶面积 31%~70%	感（susceptible，S）
9	全株叶片基本为病斑覆盖，叶片枯死	高感（highly susceptible，HS）

（三）玉米大斑病抗性遗传与育种

就大斑病抗性而言，玉米自交系从高抗到高感表现出巨大差异，且质量和数量抗性并存。质量性状呈现小种特异的抗性，由单个或少数几个基因控制，以病斑类型表现出来，如产孢量减少的褪绿——坏死斑。数量性状的抗性无小种特异性，由若干或多基因控制，表现为病斑数量减少和病斑面积缩小。

迄今为止，陆续发现了多个主基因抗性位点，包括 $Ht1$、$Ht2$、$Ht3$、$Htn1$、$ht4$、$Htm1$ 和 Bx。1963 年，Hooker 等从玉米自交系 GE440 和爆裂玉米妇人指中鉴定到 $Ht1$ 基因。携带显性基因 $Ht1$ 的玉米表现出褪绿斑的抗性，降低坏死区域的产孢量，减轻二次侵染。该基因位于玉米 2 号染色体的长臂上，介于分子标记 umc22a 和 umc122a 之间，编码一个核苷酸结合结构域及富含亮氨酸重复的受体（nucleotide - binding leucine - rich repeat，NLR）蛋白（Thatcher 等，2022）。$Ht2$ 和 $Ht3$ 也表现为褪绿斑抗性。$Ht2$ 表现部分显性，其表达取决于遗传背景。$Ht2$ 基因定位到 8 号染色体的 460kb 区域，在 B73 物理图谱上介于 143.92~144.38Mb 之间。$Ht3$ 独立于 $Ht1$ 和 $Ht2$，确切的染色体位置还未见报道。$Htn1$ 基因，曾被称为 HtN 基因，在墨西哥玉米品种 Pepitilla 中被发现，该基因能延缓病症的发展，推迟病菌孢子的形成，在 B73 和 H4460 自交系上会诱导出小坏死条纹。$Htn1$ 基因被定位在 8 号染色体长臂上，Hurni 等（2015）发现该基因编码一个与细胞壁相关的类受体激酶（Cell Wall - associated - Receptor - like kinase 1，WAK - RLK1），参与免疫反应。$Htm1$ 是在自交系 H102 中发现的，是 $Htn1$ 的同类物。对玉米综合种 BS08 进行轮回选育时发现一个隐性的抗病基因 $ht4$，在病原菌的侵入点表现为圆形褪绿晕环，$ht4$ 基因定位于 1 号染色体短臂上，靠近着丝粒区，能够抵抗北美地区所有大斑病菌 O、1、23 和 23N 号等生理小种。另外，基因 Bx 在玉米苗期阶段起抗病作用，位于 4 号染色体短臂，它控制合成环形异羟肟酸，能减少病斑的数量和大小。有趣的是，玉米 B14 相关的自交系中有一个显性的抑制基因 $Sht1$，能抑制 $Ht2$、$Ht3$ 和 $Htn1$ 的表达。

除质量抗性基因外，还报道了一系列抗大斑病的数量性状位点（QTL）。Freymark 等（1993）分析 B52/Mo17 组配的 150 个 $F_{2:3}$ 家系时，在染色体 1S、3L 和 5S 上发现控制病斑数目的 QTL，在 7L 和 8L 上的 QTL 控制病情严重度，在 7L 和 5L 上存在控制病斑大小的 QTL。Dingerdissen 等（1996）将同样的群体种在非洲肯尼亚中高海拔地区，在 1 号染色体着丝粒附近和染色体 2S、3L、5S、6L、7L、8L 和 9S 上发现有控制病情严重度和病斑扩展速度的 QTL，单个 QTL 解释的变异在 10%～38%。Chung 等（2011）利用热带自交系 CML52 和 DK888 作为供体亲本组配近等基因系（Near‑isogenic line，NIL）群体和重组自交系（Recombinant inbred lines，RILs）群体，共定位到了 5 个抗大斑病的 QTL，分别位于 bins 1.06、1.07/08、5.03、6.05 和 8.02/03，其中 bins 1.06、5.03 和 6.05 上的三个 QTL 在两个群体中能同时检测到。另外，在多个群体中都检测到 bin8.05/06 位置存在 QTL，目前已经有精细定位，巧合的是两个主效基因 *Ht2* 和 *Htn1* 也在该区域内。总的来看，目前报道的抗大斑病 QTL 位点在染色体上的分布是分散的。

控制大斑病最有效的方法是在育种中引入抗病种质。20 世纪 60—70 年代，*Ht1* 基因已在 90% 商业玉米杂交种中应用，而 *Ht2*、*Ht3* 和 *HtN* 的利用相对有限。正是由于 *Ht1* 基因的大规模应用，导致 1 号小种成为优势小种。与主效抗病基因不同，数量抗病基因抗病持久，对所有生理小种都具有抗性作用，对培育稳定抗病品种更为有效。

二、玉米抗小斑病的遗传与育种

（一）小斑病特征特性

1. 病害严重性　小斑病在我国玉米种植区普遍发生，是夏玉米区最具有流行风险性的病害。由于育种家在品种选育过程中的自然抗病性选择，小斑病在主要发生区域未出现过大流行，但每年在局部地区仍有偏重发生的记载。与大斑病相似，小斑病一旦流行，其造成的损失是巨大的。1970 年，美国小斑病的严重发生，导致全国玉米减产 1 650 万 t，直接经济损失超 10 亿美元。

2. 病害症状　小斑病主要发生在玉米叶片上。发病初期，叶片上可见分散的褪绿斑点；在小斑病感病品种上，随着病害发展，叶片上病斑扩大，但一般因受叶脉限制而沿叶脉方向扩展，呈现长椭圆形或不规则的长方形，黄褐色，有时具有深褐色边缘；病斑多为（10～15）mm×（3～4）mm，但一些品种，由于病斑扩展突破叶脉限制，因此其宽度可达 5～8mm；也有一些品种的病斑为褐色线状，长度超过 30mm；在抗小斑病品种上，病斑多为点状坏死的小型斑。小斑病菌能够侵染果穗，导致果穗上籽粒表面布满病菌的黑褐色菌丝和分生孢子，形成霉变。

3. 病菌形态特征　小斑病菌无性态是侵染玉米和完成周年病害循环的基本方式。病菌的无性态为玉蜀黍平脐蠕孢 ［*Bipolaris maydis*（Nisikado et Miyake）Shoemaker，异名：*Helminthosporium maydis* Nisikado et Miyake，*Drechslera maydis*（Nisikado et Miyake）Subramanian et Jain］。病菌的有性态为异旋孢腔菌 ［*Cochliobolus heterostro-*

phus（Drechsler）Drechsler，异名：*Ophiobolus heterostrophus* Drechsler]，在人工培养中可见。

玉蜀黍平脐蠕孢的分生孢子梗从发病组织的气孔或细胞间隙伸出，单生或数根成束，深褐色，不分枝，长度 $60\sim160\mu m$；分生孢子长椭圆形，淡褐色，中部细胞较宽，向两端变细并逐渐弯曲，端部钝圆，孢子大小为（$30\sim110$）$\mu m\times$（$10\sim15$）μm；分生孢子基部有一个明显的脐点，但不外突。

4. 病原菌生理小种分化　根据玉米小斑病菌对不同细胞质类型玉米在致病性方面的差异，将病菌划分为 3 个生理小种，O 小种对普通细胞质类型玉米有致病性，没有明显的细胞质专化致病性；T 小种和 C 小种则分别对 T 细胞质类型玉米和 C 细胞质类型玉米致病性强，表现为专化致病性。在中国，由于较少使用 T 细胞质和 C 细胞质玉米，因此小斑病菌 O 小种一直为优势小种，分离频率在 $85\%\sim95\%$，而 T 小种和 C 小种出现频率较低（李聪聪等，2020）。

5. 病害循环　玉米小斑病菌主要以深褐色、具有厚壁的休眠菌丝体和分生孢子在玉米病残体上越冬，气候越干燥，在病残体中存活的病菌越多。翌年春天，当出现适宜的温度与湿度条件时，休眠的病菌萌动生长并产生新的分生孢子，形成田间小斑病发生的初侵染源。玉米病残体上形成的病菌分生孢子主要借助风雨向田间传播及在不同地块间传播。在高温高湿条件下，病菌只需 $5\sim7d$ 即可完成一个侵染循环。

6. 病害流行规律　小斑病主要通过气流进行田间传播，种子带菌也是病菌的越冬方式之一。病害的发生一般始于植株下部的衰老叶片，然后逐渐向中部叶片和上部叶片扩展。田间小斑病的流行主要受到品种抗病性水平的影响，部分品种的抗病性较弱，是造成局部地区小斑病偏重发生的根本原因。田间气候条件决定小斑病发生的时期，高温高湿将导致小斑病快速发生与扩展，而高温低湿条件不利于小斑病的发生与流行，较低的湿度不利于病菌的萌发与侵染，也不利于病菌在侵染后产生新的分生孢子。

（二）玉米小斑病的抗性鉴定方法

1. 病菌培养　在接种前需要进行病原物接种体的繁殖。常用繁殖方法是将培养基平板培养的病菌接种于经高压灭菌的高粱粒上（高粱粒培养基制备方法：高粱粒煮 $30\sim40min$ 后，装入三角瓶中，于 121℃下灭菌 1h，冷却后备用），在 $25\sim28$℃下黑暗培养。培养 $5\sim7d$ 后，菌丝布满高粱粒。用水洗去高粱粒表面菌丝体，然后将其摊铺于洁净瓷盘中，保持高湿度，在室温和黑暗条件下培养。镜检确认大量产生分生孢子后，直接用水淘洗高粱粒，配制接种悬浮液。悬浮液中分生孢子浓度调至 $1\times10^{5}\sim1\times10^{6}$个/mL。若暂时不接种，将产孢高粱粒逐渐阴干，在干燥条件下保存或冷藏保存。在接种前取出保存高粱粒，保湿，促使小斑病菌产孢。带菌高粱粒应在当年使用。

2. 田间接种　接种时期为玉米展 13 叶期至抽雄初期。早熟品种宜在展 10 叶期接种。接种时间选择在傍晚。接种采用喷雾法，在接种悬浮液中加入 0.01%吐温（v/v），喷雾接种植株叶片，接种量控制在 $5\sim10mL$/株。

3. 调查标准　　根据中华人民共和国农业行业标准《NY/T 1248.1—2006》（王晓鸣等，2006），玉米抗小斑病病害调查应在乳熟后期进行。目测每份鉴定材料群体的发病状况。重点部位为玉米果穗的上方和下方各 3 叶，根据病害症状描述，对每份材料记载病情级别。田间病情分级、相对应的症状描述及对应的抗性水平评价见表 9-2。

表 9-2　玉米抗小斑病鉴定病情级别划分与抗性评价

病情级别	症状描述	抗性评价
1	叶片上无病斑或仅在穗位下部叶片上有零星病斑，病斑占叶面积少于或等于 5%	高抗（HR）
3	穗位下部叶片上有少量病斑，占叶面积 6%～10%，穗位上部叶片有零星病斑	抗（R）
5	穗位下部叶片上病斑较多，占叶面积 11%～30%，穗位上部叶片有少量病斑	中抗（MR）
7	穗位下部叶片或穗位上部叶片有大量病斑，病斑相连，占叶面积 31%～70%	感（S）
9	全株叶片基本为病斑覆盖，叶片枯死	高感（HS）

（三）玉米小斑病抗性遗传与育种

20 世纪 50—60 年代，美国大量种植带有 T 型雄性不育胞质的玉米杂交种。1961 年在菲律宾曾报道对 T 型雄性不育胞质高度感染的小斑病菌 T 小种，1969 年在美国也发现小斑病菌 T 小种，1970 年美国种植的玉米中 90% 属于 T 型不育胞质杂交种，结果导致小斑病大暴发，产值损失达 10 亿美元。研究发现 T 小种能产生 T 毒素，它是一类直链的聚酮化合物。同时，T 型不育胞质线粒体通过重组偶然产生 $T-urf13$ 基因，其编码的 URF13 蛋白（分子量为 13kD）在内膜上以寡聚体方式相结合形成一种通道。T 毒素与 URF13 蛋白特异结合后将通道的孔径扩大，造成线粒体内膜通透性增加，失去功能，严重时导致细胞死亡，从而有利于小斑病菌寄生。因此，玉米小斑病产生的真菌代谢物 T 毒素与寄主中一个特异的致病基因编码的 URF13 蛋白相互作用决定了病菌对 T 型胞质玉米的特异致病性，但是其致病的机理尚不清楚。细胞核中有很多的不育胞质育性恢复基因（Rf）可以抑制 T 型不育胞质的不育性，降低线粒体中 URF13 蛋白的水平，但是却不能恢复 T 型不育胞质对小斑病的抗性。

玉米对小斑病 O 小种的抗性同时涉及质量和数量抗性位点。隐性质量抗病基因 $rhm1$ 定位在 bin6.00，在植株开花前完全抗小斑病，开花后抗性下降，这一特性极大降低了其商业应用价值。另一个隐性抗病主基因 $rhm2$ 也定位在 bin6.00，与 $rhm1$ 位点相距约 10cM。Zhao 等（2012）用抗病自交系 H95rhm 和感病自交系 H95 组配的 F_2 及 BC_1 定位群体，将 $rhm1$ 定位在 8.56kb 的区间，该区域只包含一个候选基因，为赖氨酸/组氨酸转运子（Lysine histidine transporter 1，LHT1）。比较抗病自交系 H95rhm 与感病自交系 B73、H95 以及 Mo17 的 LHT1 位点，发现抗病自交系的 LHT1 等位基因存在 354bp 的插入，导致蛋白合成提前终止。

大多数玉米杂交种依赖数量抗性抵御小斑病的侵染，这类抗性主要以加性遗传方式为主，在育种中易于利用。Jiang 等（1999）利用一个热带自交系在 3 号染色体上定位了一个抗病 QTL。利用来自 Mo17×B73 的 RIL 群体，Carson 等（2004）定位到了与发病率相关的 QTL 位点 11 个，与发病进程相关的 QTL 位点 8 个。Balint - Kurti 等（2006）用同样的群体，在温室苗期定位到 6 个 QTL，成株期抗病 QTL 2 个，位于 bin1.08/09 和 bin3.04。在 B73×Mo17 的 IBM 群体上构建 RIL 群体，在不同环境下测验到抗小斑病的 4 个共同 QTL，两个位于 bin3.04，一个位于 bin1.10，还有一个位于 bin8.02/03。比较上述两个群体，发现存在一些共同的 QTL。另外，还利用其他定位群体定位了一些抗小斑病 QTL。通过 QTL 位点的比较，发现玉米抗小斑病有 2 个热点 QTL 区域，分别位于 bins3.04、6.01。Negeri 等（2011）认为抗小斑病的 QTL 可能通过影响开花期进而达到抗病的目的。通过对抗小斑病自交系（NC250P）和感病自交系（B73）组配的渐渗系分析发现，bins3.03/04、6.01、9.02/03 这三个片段的渗入能显著提高植株的抗病水平，其中 bin6.01 片段的替换仅能提高植株营养生长期对小斑病的抗性。Kump 等（2011）用巢式关联群体（nested association mapping，NAM）对小斑病抗性进行关联分析，定位获得 32 个 QTL，可解释 74% 的表型变异（包含家系的平均效应），为了验证开花期的 QTL 是否具有一因多效的功能，同时定位了抗小斑病和开花期性状的 QTL，发现两种性状有 8 个 QTL 的置信区间重叠。

三、玉米抗灰斑病的遗传与育种

（一）灰斑病特征特性

1. 病害严重性 灰斑病也是易造成玉米生产重大损失的病害之一。灰斑病在世界上有较广泛的分布，在我国北方春玉米区、西南玉米区流行，属于常发病害。2003 年以来，受印度洋季风的影响，灰斑病在云南、四川、湖北的高海拔山区快速传播，田间发病严重，一般田块减产 5%～30%，重病田块减产高达 80%（赵立萍等，2015）。在一些非洲国家，因灰斑病的流行，玉米产量损失 30%～50%。

2. 病害症状 灰斑病菌主要侵染叶片，也侵染叶鞘和苞叶。叶片受侵染后由于产生大量病斑而快速干枯死亡。在灰斑病发生初期，叶片上呈现褪绿小点，因而不易与其他叶部病害相区别。随着病害发展，病斑沿叶脉方向扩展，很少横向跨越叶脉，因而呈现为与其他叶斑病不同的长矩形条斑或两端不规则的条斑，一般长度为 10～20mm。在感病玉米上，病斑多，灰色或浅黄褐色，田间湿度高时，病斑两面均可产生大量灰白色的霉层，是病菌的孢子梗和分生孢子；在具有抗病性的玉米上，病斑稀疏，较小，不规则，具有褐色边缘。

3. 病菌形态特征 多种尾孢属真菌能够引起症状相同的玉米灰斑病（Crous 等，2011）。在我国北方地区引起灰斑病的是玉蜀黍尾孢（*Cercospora zeae - maydis* Tehon & Daniels），而在西南地区引致灰斑病的则是玉米尾孢（*C. zeina* Crous & Braun）（刘庆奎等，2013）。

玉蜀黍尾孢在培养中的生长速度较玉米尾孢快，并且多数能够产生紫红色的尾孢菌素；分生孢子梗常常成束穿过病斑上的气孔，深褐色；分生孢子无色，多为倒棍棒形或近圆柱形，具多个分隔，顶部逐渐变细、钝圆，基部平截，一般大小为（40~80）μm×（5~8）μm。

玉米尾孢在培养中生长速度较慢，不产生紫红色的尾孢菌素；分生孢子梗成束产生，褐色；分生孢子无色，多个隔膜，宽纺锤形，大小为（60~70）μm×（7~8）μm，顶端钝，基部平截。

4. 病害循环 玉米灰斑病菌主要以菌丝体在玉米植株病残体内越冬。翌年在适宜的温度与湿度条件下，从越冬菌丝体上生长出分生孢子，通过风雨的传播侵染玉米植株。病菌侵染玉米后，经过 2 周的潜育与扩展，在玉米叶片上形成病斑并产生新的分生孢子，在田间进一步传播侵染。低温和高湿条件有利于病菌的发育和侵染，风雨是病害传播的重要条件。在热带及亚热带的云南局部地区，病菌不存在越冬，可以在周年种植的玉米上持续侵染危害。

5. 病害流行规律 玉米灰斑病的流行主要与环境条件密切相关。当平原地区田间温度低、降雨多或在高海拔地区玉米田常常处于云雾笼罩中、环境湿度大时，灰斑病就发生早、发病重。病害发生的适宜温度为 22℃左右、相对湿度 80% 以上，在这样的温度与湿度条件下，病菌分生孢子萌发快，叶面易形成水膜，利于孢子入侵，病斑扩展迅速，病害在较短时间内即可完成一个周期，因而田间病菌孢子积累多，侵染菌源大，病害易流行。玉米品种抗病性弱是近期灰斑病流行的重要原因。

（二）玉米灰斑病的抗性鉴定方法

1. 病菌培养 尾孢菌在一般培养基上不易产孢，因此选用玉米叶粉碳酸钙琼脂培养基（MLPCA）（玉米叶粉 15g、碳酸钙 2g、琼脂 15g、蒸馏水 1L）。待病菌产孢后，用含 0.1% 吐温 20 的水洗下孢子，配制分生孢子浓度为 $2.5×10^3$ 个/mL 的接种悬浮液。

2. 田间接种 接种时期为玉米 9~11 叶期。接种时间选择在傍晚或阴天。接种可以选用两种方法：①常规叶片喷雾法，该方法简便，在田间湿度持续较高的鉴定圃比较适宜；②灌注法，用手提式高压注射器（喷嘴处装有 20mL 注射器针头），从植株喇叭口处平行插入，将病菌孢子悬浮液以 10 mL/株的用量注入植株心叶中。

3. 调查标准 在玉米进入乳熟后期进行调查。目测每份鉴定材料群体的发病状况。调查重点部位为玉米果穗的上方叶片和下方 3 叶，根据病害症状描述，逐份材料进行调查并记载病情级别（表 9-3）（晋齐鸣等，2016）。

表 9-3 玉米抗灰斑病鉴定病情级别划分与抗性评价

病情级别	症状描述	抗性评价
1	叶片上无病斑或仅零星病斑，病斑占叶面积少于或等于 5%	高抗（HR）
3	叶片上有少量病斑，占叶面积 6%~10%	抗（R）
5	叶片上病斑较多，占叶面积 11%~30%	中抗（MR）
7	叶片上有大量病斑，病斑相连，占叶面积 31%~70%	感（S）
9	叶片基本被病斑覆盖，叶片枯死	高感（HS）

（三）玉米灰斑病抗性遗传与育种

研究表明，玉米灰斑病抗性属于数量性状，由微效多基因控制，以加性遗传效应为主。迄今为止，研究者利用不同的群体，定位了大量抗灰斑病的 QTL，在玉米所有染色体上均有分布。Clements 等（2000）找到 5 个与灰斑病抗性显著相关的 QTL，这些 QTL 以加性效应为主，可解释 51%～58.7% 的表型变异。在 VO613Y 和 Pa405 组配的群体中定位到 2 个抗灰斑病 QTL，分别位于 2 号和 4 号染色体长臂上，可解释表型变异率 40%～47%。用 Va14 和 B73 组配群体进行两年两代的抗灰斑病 QTL 定位研究，检测到 3 个稳定的 QTL，分别位于 1 号、4 号和 8 号染色体上，可分别解释表型变异率 35%～56%、8.8%～14.3% 和 7.7%～11%。利用玉米的巢式关联群体和近等基因系（NIL）检测到 3 个抗灰斑病 QTL，分别位于 bins1.04、2.09、4.05。用分离群体分组分析方法检测出 4 个抗灰斑病 QTL，位于 bins1.05/06、5.03/04、5.05/06、3.04。将 IBM 群体种植于三个环境中调查对灰斑病的抗性表型，检测到 5 个显著性 QTL，分别位于 bins 1.05、2.04、4.05、9.03、9.05，置信区间均小于 3cM；将 RIL 群体种植于两个环境中，检测到位于 bins2.04、7.05 的两个抗灰斑病 QTL。将上述两种结果比较，最终确定两个 QTL 热点区域，分别位于 bins1.05/06、2.03/05。Shi 等（2007）用概述和元分析的方法分析位于 IBM2 2005 遗传图谱上 57 个抗灰斑病的 QTL，最终确定 26 个真实 QTL 和 7 个一致性 QTL。王平喜等（2014）以 IBM2 2008 Neighbors 为参考图谱，整合 65 个抗玉米灰斑病 QTL，采用元分析方法获得 11 个"一致性"QTL，分别位于 bins1.05、1.06、2.03、2.07、3.02、4.05、5.03、5.05、7.02、8.07、9.03。Zhang 等（2012）利用抗病自交系 Y32 和感病自交系 Q11 组配的分离群体定位到了 4 个 QTL，分别位于 1 号、2 号、5 号和 8 号染色体上。位于 bin8.01/03 的主效抗病 QTL-$qRgls1$ 被精细定位到 1.4Mb 的范围，能提高抗病率 19.7%～61.3%；Xu 等（2013）将位于 bin5.03/04 的主效 QTL-$qRgls2$ 定位到约 1Mb 的区域，靠近 5 号染色体着丝粒。

四、玉米抗圆斑病的遗传与育种

（一）圆斑病特征特性

1. 病害严重性　玉米圆斑病曾经在我国北方地区的一些品种上发生严重，近年在西南地区发生普遍。圆斑病不仅在叶片上形成大量病斑，导致叶片早衰死亡，同时病菌还严重侵染果穗，致使籽粒大量霉烂，造成更大的生产损失。在一些感病玉米品种上，发病率高达 70%～90%，对生产影响明显。21 世纪以来，我国部分地区圆斑病的发生有加重的趋势。

2. 病害症状　玉米圆斑病菌不但侵染叶片、叶鞘、苞叶，还严重侵染果穗。叶片被侵染初期，出现散生的黄色小斑点，随着病害发展，逐渐扩展为具有轮纹的、中央灰褐色的长圆形病斑。与其他叶斑病不同，圆斑病致病菌的不同生理小种在引起的病斑类型方面存在差异。1 号和 2 号小种侵染后形成圆形病斑，3 号小种则形成褐色的长线条状病斑。病菌侵染玉米果穗，严重时导致果穗及苞叶部分或全部变黑，似炭化状，从籽粒外表直至穗轴中央完全变黑。

3. 病菌形态特征　玉米圆斑病菌主要以无性态完成田间的侵染和病害循环。病菌无性态为玉米生平脐蠕孢［*Bipolaris zeicola* (Stout) Shoemaker，异名：*Helminthosporium carbonum* Ullstrup，*Helminthosporium zeicola* Stout，*Drechslera zeicola* (Stout) Subramanian and Jain，*Drechslera carbonum* (Ullstrup) Sivan.］，有性态为炭色旋孢腔菌（*Cochliobolus carbonum* Nelson），仅培养时偶见。

玉米生平脐蠕孢分生孢子梗单独或成丛从病斑组织上伸出，暗褐色；分生孢子深褐色，长椭圆形，较直，中部略宽，两端渐狭，端部钝圆，具有深色的细胞壁，多隔膜，大小多为（40～100）μm×（13～15）μm。

4. 病菌的生理小种分化　玉米生平脐蠕孢存在生理小种分化，迄今已报道了 5 个生理小种：CCR0、CCR1、CCR2、CCR3 和 CCR4。在我国，小种 CCR1、CCR2 发现于东北地区，CCR3 发现于陕西，在西南地区也有分布。

5. 病害循环　玉米圆斑病菌主要以休眠菌丝体在病残体上越冬，带菌种子也是越冬的重要方式之一。在翌年玉米播种后，遇到适宜的降雨条件，病残体中的休眠菌丝体开始生长，产生新的分生孢子，借助风雨传入田间进行侵染。经过 7～14d，叶片上形成病斑并产生新的分生孢子，成为田间病害循环的新菌源。

6. 病害流行规律　玉米圆斑病的田间流行主要依靠风雨对病菌分生孢子的传播，带菌种子也是病害传播方式之一。田间环境条件是影响圆斑病流行的重要因素，当田间温度为 25℃左右、相对湿度 75% 以上时，圆斑病易流行。在玉米生长中期，遇到降雨偏多、温度偏高的环境时，田间圆斑病发生严重。种植密度高、地势低洼的玉米田发病较重。

（二）玉米圆斑病的抗性鉴定方法

病菌培养、田间接种与调查标准参见小斑病一节。

（三）玉米圆斑病抗性遗传与育种

玉米圆斑病菌的 1 号生理小种（CCR1）能产生寄主特异的化合物 HC‑toxin，是病原菌侵染寄主的关键毒力因子。HC‑toxin 是一种含氧环四肽物质，为低分子量的真菌代谢物。在抗病玉米中发现一种酶可以降解 HC‑toxin，使得病原菌失去致病性。早在 1947 年就在 1 号染色体上发现了一个单一的显性基因 *Hm1* 可以抗 CCR1 生理小种。1992 年 Johal 等通过转座子标签的方法克隆到 *Hm1* 基因，这一基因编码 NADPH 依赖的还原酶（HCTR），能失活 HC‑toxin，从而防止 CCR1 生理小种侵染。这是科学家第一次从植物上克隆获得的抗病基因，揭示了植物中存在通过化学物质互作进行调控的抗病模式。所有植物种类，包括与玉米亲缘很近的物种，对玉米生平脐蠕孢 CCR1 生理小种均免疫，测试的所有植物都含 *Hm1* 的同源基因，保持 HCTR 的功能活性，暗示所有 *Hm1* 的同源基因来源于一个共同的祖先。在大麦中沉默 *Hml* 同源基因后对 CCR1 生理小种表现感病。考虑到 *Hml* 同源基因在所有禾谷类植物中都存在，并介导对 CCR1 生理小种的抗性，因此，在玉米中发现的隐性感病突变体可能是一种特例。

基于现代玉米二倍体是从一个古四倍体进化而来的研究结论，玉米基因组中还保留大量的重复基因，Chintamanani 等（2008）在 9 号染色体上鉴定到与 *Hml* 同源的第二个显性抗病基因 *Hm2*，其编码的蛋白缺少 52 个氨基酸残基，覆盖整个第 5 外显子。*Hm2* 介导的抗性表现与发育进程有关，在苗期无功能，在开花期有部分抗性，可以推测 *Hml* 是 *Hm2* 的祖先。

五、玉米抗弯孢叶斑病的遗传与育种

（一）弯孢叶斑病特征特性

1. 病害严重性 弯孢叶斑病在我国广泛发生，曾在北方一些省份流行并造成较重的生产损失，如辽宁省南部地区在 1996 年因该病流行玉米损失近 2.5 亿 kg。目前，弯孢叶斑病每年在我国局部地区仍有较重发生，在黄淮夏玉米区属于常见的重要病害之一，2013 年在安徽北部地区发生严重。

2. 病害症状 弯孢叶斑病菌以侵染玉米叶片为主，也侵染叶鞘和苞叶。叶片发病初期，散生许多黄色小斑点，逐渐扩大为直径 1～2mm 的圆形病斑，病斑中部灰白色，边缘多为褐色，有的产生褪绿晕圈。在感病品种上，病斑多而密集，常常造成病斑连片而引起叶片干枯。

3. 病菌形态特征 弯孢属真菌是引起玉米弯孢叶斑病的致病菌，已经报道有 10 余个弯孢种能够引起弯孢叶斑病。在中国，新月弯孢［*Curvularia lunata* （Wakker）Boedijn］是最主要的致病种，并以无性态完成田间侵染和病害循环，其有性态为新月旋孢腔菌（*Cochlibolus lunatus* Nalson et Haasis）。

新月弯孢的分生孢子梗在病斑表面单生或丛生，深褐色；分生孢子深褐色，典型的呈菱角状弯曲，多为 4 个细胞，中间 2 个细胞较大、褐色，两端的细胞色淡、较小，分生孢子大小为（20～30）μm×（10～15）μm。

4. 病原菌生理小种分化 病原菌尚未见小种分化的报道，但病菌分离物存在致病力分化，强致病力分离物主要分布在华北以及东北的南部地区（薛春生等，2008）。

5. 病害循环 弯孢叶斑病菌主要以菌丝体的形式在病株残体上潜伏越冬，分生孢子也是越冬形态之一。翌年春季和夏季，当温度较高、湿度适宜时，病残体中休眠的菌丝恢复生长，产生分生孢子，并通过风雨传播进入玉米田，形成侵染，或侵染多种杂草等寄主。在高温高湿条件下，被侵染的玉米和杂草出现病斑，并在病斑上产生新的分生孢子，形成田间弯孢叶斑病流行的基础菌源。条件适宜时，引起大范围的病害流行。

6. 病害流行规律 弯孢叶斑病主要通过风雨的作用进行田间病害的传播和流行。由于病菌在较高温度条件下生长发育更好，因而病害在高温高湿环境下发生严重，而在冷凉和降雨少的地区病害发生较轻。由于沿海玉米种植区易出现持续较长时间的高温高湿环境，夏玉米区在玉米生长中期恰是雨热同期，因此这些玉米种植区弯孢叶斑病的发生偏重。

玉米弯孢叶斑病病菌具有发育快的特点，完成一个病害循环周期仅需 7～14d，因而田间易产生大量的病菌分生孢子，形成巨大的病害侵染源，这也是该病害易于大范围流行的重要原因之一。

（二）玉米弯孢叶斑病的抗性鉴定方法

1. 病菌培养　在接种前进行病原物接种体的繁殖。常用繁殖方法：将在马铃薯葡萄糖琼脂（PDA）培养基平板培养的病菌接种于经高压灭菌的高粱粒上扩大繁殖，在 25～28℃下培养 5～7d，菌丝布满高粱粒，倒出并铺于垫有灭菌纸的瓷盘中保湿，待产生大量分生孢子后阴干待用。由于弯孢菌易在 PDA 平板培养中产生大量的分生孢子，因此也可以采用制备大量 PDA 平板进行病菌培养和分生孢子收集。接种悬浮液中分生孢子浓度调至 $1×10^5～1×10^6$ 个/mL。

2. 田间接种　接种时期为玉米喇叭口期（11 叶期）至抽雄初期。接种选择在傍晚或阴天时进行。接种采用喷雾法，在接种悬浮液中加入 0.01% 吐温（v/v），喷雾接种植株叶片，接种量控制在 10～20mL/株。

3. 调查标准　根据中华人民共和国农业行业标准《NY/T 1248.10—2016》（王晓鸣等，2016），玉米抗弯孢叶斑病病害调查应在乳熟后期进行。目测每份鉴定材料群体的发病状况。重点部位为玉米果穗的上方和下方各 3 叶，根据病害症状描述，对每份材料记载病情级别。田间病情分级、相对应的症状描述见表 9-4。

表 9-4　玉米抗弯孢叶斑病鉴定病情级别划分与抗性评价

病情级别	症状描述	抗性评价
1	叶片上无病斑或仅有无孢子堆的过敏性反应	高抗（HR）
3	叶片上有少量孢子堆，占叶面积小于 25%	抗（R）
5	叶片上有中量孢子堆，占叶面积 26%～50%	中抗（MR）
7	叶片上有大量孢子堆，占叶面积 51%～75%	感（S）
9	叶片上有大量孢子堆，占叶面积 76%～100%，叶片枯死	高感（HS）

（三）玉米弯孢叶斑病抗性遗传与育种

我国大部分玉米优良自交系及它们的杂交种或多或少感染弯孢叶斑病。玉米抗弯孢叶斑病属数量性状，受微效多基因控制。近年来，该病在我国东北的南部地区发病严重。利用丹 340 和沈 135 组配的 $F_{2:3}$ 群体进行抗病 QTL 分析，1999 年检测到 4 个 QTL，分别位于 6 号、6 号、8 号和 10 号染色体上，2000 年检测到 6 个 QTL，分别位于 6 号、6 号、7 号、7 号、7 号和 10 号染色体上。其中 10 号染色体上的 QTL 是两年共同的，来源于抗病亲本沈 135。Hou 等（2013）利用抗病自交系沈 137 和感病自交系黄早 4 的分离群体检测到 4 个 QTL，可以解释总表型变异的 38.8%。接种病原菌 C. lunata 后，受干旱诱导的基因 ZmDIP 在玉米叶片中的表达量发生变化，研究发现，该基因是通过 ROS 及 ABA 信号途径参与调节玉米叶片抗弯孢病菌的。小麦类萌发素蛋白（germin - like protein，GLP）和翻译起始因子 eIF - 5A 可能在抗弯孢叶斑病中发挥重要作用。玉米抗病自交系 78599 和感病自交系 E28 接种 C. lunata 菌株 CX - 3，在展 6～7 叶期取第 4 片叶进行蛋白表达分析，得到 27 个差异表达蛋白，这些蛋白参与光合作用、呼吸作用、氧化应激及干旱胁迫等信号途径。两个参与胁迫途径的蛋白——谷胱甘肽过氧化物酶（glutathione per-oxidase，GPX）和翻译起始因子（translation initiation factor，eIF - 5A）在抗病自交系中上调表达，可能参与抗弯孢叶斑病反应。

六、玉米抗南方锈病的遗传与育种

（一）南方锈病特征特性

1. 病害严重性　南方锈病在我国南方玉米区、西南玉米区为常见病害，在夏玉米区也时常严重发生或在局部严重发生。南方锈病病菌主要侵染玉米的叶片，当病害发生较早时，常常导致叶片布满病菌的夏孢子堆，造成叶片早枯，可以引起 20%～40% 的产量损失。20 世纪 90 年代后期、21 世纪初期，南方锈病在我国部分地区发生严重，特别是2015 年、2017 年和 2021 年在玉米主产区之一的黄淮地区大范围暴发，对夏玉米生产影响极大。

2. 病害症状　南方锈病病菌侵染玉米植株的所有地上部绿色组织，对叶片、茎秆和苞叶的生长和绿色组织光合作用的正常进行影响极大。在感病品种上，发病初期在叶片上产生大量的黄色小点，小病斑逐渐隆起形成直径约 1mm 的疱状夏孢子堆。当夏孢子堆突破叶片表皮层后，散出大量的橘黄色夏孢子并随风飘散，覆盖整个叶片。在具有抗性的品种上，无夏孢子堆或夏孢子堆无法突破表皮层而失去散出夏孢子的作用，或在夏孢子堆周缘出现褪绿圈或紫红色的抗病反应。

3. 病菌形态特征　南方锈病致病菌为多堆柄锈菌（Puccinia polysora Underw.），为专性寄生真菌，寄主范围较狭窄。多堆柄锈菌具有多为椭圆形、金黄色、表面有大量细小刺状物的单细胞夏孢子，大小为（28～38）μm×（23～30）μm。冬孢子不常见，近椭圆形或不规则形，栗褐色，中间具一个隔膜，底部有一个短柄。

4. 病菌的生理小种分化　南方锈病菌具有生理小种分化，至少已经报道了 10 个生理小种 EA1、EA2、EA3、PP3、PP4、PP5、PP6、PP7、PP8 和 PP9。不同的国家与地区也有不同毒力型的报道。我国对南方锈病的小种尚缺乏研究。

5. 病害循环　在中国广大的南方锈病发生区域，多堆柄锈菌较少形成冬孢子，因此无法以冬孢子的形式越冬，而其夏孢子在玉米收获后很快就失去存活能力，同样无法越冬。因此玉米南方锈病的发生菌源应该来自其他地区，主要通过台风等热带气旋的北上带来病菌的夏孢子，引发大范围的南方锈病发生。当田间南方锈病发生后，病菌产生新的夏孢子并通过风雨的作用而形成田间新的侵染与病害循环，造成局部的病害流行，但这种循环只发生在当季。在局部地区，病菌可能也会以少量冬孢子完成越冬并在翌年形成初侵染源。在热带及亚热带地区，由于玉米的周年种植，南方锈病可以以夏孢子的形式完成周年多次的侵染循环。

6. 病害流行规律　根据相关研究，南方锈病在亚热带和温带玉米种植区的流行与每年北上的台风有关，而台风形成地点、时间与运行路线对于病害的发生地域有极大影响（王晓鸣等，2020）。南方锈病病菌能够在较宽的温度范围内萌发和侵染，并在较短的周期内完成病害循环。病菌可以在高温高湿下侵染玉米，而症状的出现需要较低的温度环境。因此，在田间温度为25℃左右、具有较高湿度的条件下，南方锈病快速发生，如果风雨较多，易形成病害的局部流行。

（二）玉米南方锈病的抗性鉴定方法

1. 病原菌采集　由于病菌为活体寄生，可以利用玉米幼苗扩繁病菌，以获得夏孢子，但往往数量有限。对于大规模接种，可在田间玉米植株发病时采集严重感染南方锈病的病叶或用纱布直接从病叶上擦取病菌的夏孢子。由于南方锈病病原菌易失活，因此宜在接种前采集。

2. 田间接种　接种时期为玉米喇叭口期。接种时间选择在傍晚。将收集的病叶在水中揉洗使夏孢子落入水中，或将带有大量夏孢子的纱布剪成小块放入水中揉洗。带菌的液体进行过滤，控制夏孢子浓度 1×10^5 个/mL，向接种液中加入0.01%吐温（v/v）。接种米用喷雾法。喷雾接种玉米叶片，接种量控制在 $10 \sim 20$ mL/株。

3. 调查标准　在玉米进入乳熟后期进行调查。调查时目测每份鉴定材料群体的发病状况。调查重点部位为玉米果穗的上方叶片和下方3叶，根据病害症状描述，逐份材料进行调查并记载病情级别（表9-5）（李坡等，2021）。

表9-5　玉米抗南方锈病鉴定病情级别划分与抗性评价

病情级别	症状描述	抗性评价
1	叶片上无病斑或仅有无孢子堆的过敏性反应	高抗（HR）
3	叶片上有少量孢子堆，占叶面积小于25%	抗（R）
5	叶片上有中量孢子堆，占叶面积26%～50%	中抗（MR）
7	叶片上有大量孢子堆，占叶面积51%～75%	感（S）
9	叶片上有大量孢子堆，占叶面积76%～100%，叶片枯死	高感（HS）

（三）玉米南方锈病抗性遗传与育种

迄今已从玉米种质中获得了一些具有病菌小种特异抗性、遗传特征清晰的抗南方锈病基因。1957年，Storey等在肯尼亚玉米种质中鉴定出两个抗病基因——*Rpp1* 和 *Rpp2*。

Rpp1 基因高抗 EA1 小种，而 Rpp2 基因抗小种 EA1 和 EA2 的侵染。这两个基因相互间存在连锁关系，但两者在染色体上的物理位置未知。Robert（1962）发现抗病基因 Rpp3~Rpp8 存在于 11 个玉米自交系中，它们对多堆柄锈菌的 6 个生理小种反应各异。Chávez-Medina 等（2007）研究表明，Rpp9 基因是从南非的一个玉米种质中被发现的，抗美国玉米带的南方锈病菌 9 号优势小种。该基因定位在 10 号染色体短臂，与普通锈病抗病基因 Rp1 和 Rp5 紧密连锁。抗病基因 Rpp10 和 Rpp11 同样存在于肯尼亚材料中，Rpp10 基因抗生理小种 EA1 和 EA3，而 Rpp11 对上述两个小种呈不完全抗性。Chen 等（2004）在自交系 Qi319 中定位到一个抗南方锈病的基因 RppQ，该基因与 Rp1 和 Rpp9 同位于 10 号染色体短臂。Zhou 等（2007）将 RppQ 定位于标记 MA7 和 M-CCG/E-AGA 之间。利用抗病自交系 W2D 和感病自交系 W22 组配的 F₂ 群体，Zhang 等（2010）将一个显性基因 RppD 精细定位于 10 号染色体短臂约 3.7cM 的区间，并通过测定 RppD 基因与另外两个基因 RppQ 和 RppP25 的等位性关系，证明 RppD 是一个新的抗病基因。在至少 4 个分离群体中定位到抗南方锈病的 QTL，在 10 号染色体短臂上均检测到一个抗南方锈病的主效 QTL，与 Rpp9 处于同一位置，另外，在 3 号、4 号、8 号和 9 号染色体上定位到了微效 QTL。基于精细定位的进展和相关技术的融合，Deng 等（2022）和 Chen 等（2022）分别克隆了玉米抗南方锈病的基因 RppC 和 RppK，二者均编码典型的核苷酸结合结构域及富含亮氨酸重复的受体蛋白，可分别感知效应子 AvrRppC 和 AvrRppK，诱发防御反应。

七、玉米抗普通锈病的遗传与育种

(一) 普通锈病特征特性

1. 病害严重性　普通锈病在我国春玉米区常发，在部分北方地区和西南高海拔玉米种植区发生较重。病害发生严重时，叶片两面均布满深褐色的夏孢子堆，导致叶片光合作用受阻，无法为籽粒的灌浆合成营养物质，造成玉米减产。普通锈病一般可导致玉米产量损失 10%~20%，发生严重时减产可达 50%。

2. 病害症状　普通锈病主要发生在玉米叶片上，病害严重时病菌也侵染叶鞘、苞叶。发病初期在叶片正反两面出现浅黄色的点状病斑，病斑逐渐发展，呈现近圆形、直径约 1mm、黄褐色、疱状隆起的病菌夏孢子堆，随着隆起处寄主表皮的破裂，从中散出大量深褐色、粉状的病菌夏孢子。在玉米生育后期，在叶片上出现黑色的冬孢子堆并散出冬孢子。

3. 病原菌形态特征　玉米普通锈病病原为高粱柄锈菌（*Puccinia sorghi* Schw.）。病菌夏孢子近球形或矩形，表面生有密集的细刺，单个时为浅褐色，大量聚集时呈现深褐色，夏孢子直径为 25~30μm；冬孢子椭圆形，褐色，双细胞，表面光滑，中间有一隔膜，两端钝圆，顶部壁厚达 4~6μm，大小为（30~45）μm×（15~25）μm；冬孢子具有一个浅褐色的长柄，不脱落。

4. 病原菌生理小种分化 玉米普通锈病菌存在生理小种分化，国际上已报道 15 个生理小种，但由于缺乏一套公认的具有单基因抗性的鉴别寄主，因此未形成统一的小种鉴别标准。

5. 病害循环 普通锈病病菌在温带玉米产区以病残体上的冬孢子方式完成越冬。翌年春季，在适宜的温度与湿度条件下，冬孢子萌发后形成担子并产生担孢子，经过风雨传播，担孢子进入玉米田，成为普通锈病的初侵染源；在新疆，病菌则以休眠夏孢子方式越冬并形成初侵染源；在亚热带玉米种植区，夏孢子也可以完成越冬。田间普通锈病发生后，病斑上产生的大量夏孢子就成为了田间不断再侵染的菌源，借助风雨的作用，病害在田间传播和蔓延。

6. 病害流行规律 玉米普通锈病的发生与流行需要较低的温度与适宜的湿度条件。因此，各地普通锈病发生及流行与当地的气候环境密切相关。如果 7—8 月出现较多降雨、同时伴随着较低的温度（20～25℃），普通锈病将偏重发生。

（二）玉米普通锈病的抗性鉴定方法

1. 病菌采集 病菌采集方法同南方锈病，但普通锈病的夏孢子可以在 −20℃ 且密封的条件下保存至翌年接种时使用。

2. 田间接种和调查标准 普通锈病的田间接种和调查标准同南方锈病。

（三）玉米普通锈病抗性遗传与育种

玉米抗普通锈病取决于 $Rp1$ 位点，该基因位于 10 号染色体短臂近端粒区域，包含多个 NBS-LRR 同源基因成员。通过转座子标签的方法，Collins 等（1999）在 $Rp1-D$ 单倍型（含 9 个同源基因成员）中鉴定出了一个抗病基因成员 $Rp1-D$，当在 $Rp1-D$ 基因中插入 Ds 或 Mu 转座子时产生感病的 $Rp1-D$ 突变体，一旦当 Ds 转座子切离时又回复到抗病 $Rp1-D$ 基因表型。通过转基因的手段进一步验证了 $Rp1-D$ 基因抗锈病的能力。$Rp1-D$ 基因表现病菌小种特异的抗性，编码核苷酸结合位点—富含亮氨酸重复（NBS-LRR）蛋白，属于典型的抗病基因类别。在 $Rp1-D$ 单倍型中，$Rp1-D$ 基因位于最远端的一个家属成员，另外 8 个成员与抗锈病特性似乎无关。

$Rp1-D$ 单倍型有三种来源，两个来自非洲玉米地方品种 Kitale 和 Njoro，一个来自南美洲玉米地方品种 Cuzco。来自非洲的两个单倍型相似性较高，都含 9 个成员，但与来自南美洲的不同（只含 5 个成员）。非洲和南美洲的单倍型对玉米普通锈病抗性相同，都带有抗病基因 $Rp1-D$，只是在序列上两类 $Rp1-D$ 抗病基因间存在三个碱基的差异，造成一个氨基酸残基的替换。在同一单倍型内的家族成员间相似度高于不同单倍型中的成员，表明同一单倍型的家族成员存在抗性方面的协同进化。

表现病菌小种特异抗性的玉米自交系存在自发的高频率（0.016%～0.5%）的感病突变。这些突变体表现为抗病力下降、拟病斑性状、非亲本的小种特异性抗性等。$Rp1$ 单倍型抗性的不稳定性是由于细胞减数分裂过程中串联重复成员间"不对等重组"的结果，这些重组事件对现存的家族成员重新洗牌，产生新的 $Rp1$ 单倍型。

玉米不同自交系中 $Rp1$ 单倍型的成员数目变异很大，从 1 个（A188 相关的一些材料）到 50 多个（带有 $Rp1-A$ 和 $Rp1-H$ 特异的单倍型）不等。$Rp1$ 相关基因的遗传变异非常大，如 A188 中的单个成员与 $Rp1-A$ 和 $Rp1-H$ 单元型中的众多成员相比，没有发现完全相同的基因。

抗病基因 $Rp1-D$ 很容易通过回交转育导入到感病自交系中，显示小种特异的抗性。1985—1999 年，美国约 40％商业化甜玉米品种带有 $Rp1-D$ 基因。然而，从 1999 年以后，病原菌进化出了对 $Rp1-D$ 基因有毒力的小种。因此，在育种上需要寻找新的抗病主基因或 QTL，以培育持久的抗普通锈病玉米品种。

通过遗传分析发现，加性和显性效应在普通锈病抗性中都很重要，其中加性效应抗病作用更大。Danson 等（2008）在 10 号染色体上定位到 3 个抗普通锈病的 QTL，分别位于 bins10.00、10.02、10.03。Ren 等（2021）结合关联分析和连锁遗传在染色体 bins 1.05、4.08 上定位到 2 个一致性的 QTL。

八、玉米叶斑病抗病性鉴定方法及标准的适用性

对叶斑病的抗性调查标准和抗性评价标准适用于玉米品种和自交系抗病性的评判。无论是人工接种鉴定或田间自然发病下的抗性鉴定，该标准对育种过程中的抗性材料选择都具有较好的适用性。抗性标准级别的划分主要依据果穗相邻部位叶片被害程度而定，由于玉米的"棒三叶"是籽粒获得光合产物的主要来源，其健康程度与产量密切相关。对于抗性基因/QTL 挖掘中的调查指标，则需要根据不同病害、不同抗性机制所调控的抗性表型特征予以鉴定，如抗侵染表型下的叶片病斑有无特征、抗扩展表型下的叶片病斑面积特征、抗繁殖表型下的病斑中病菌孢子数量特征等。

第三节　玉米抗茎腐病的遗传与育种

一、玉米抗腐霉茎腐病的遗传与育种

（一）腐霉茎腐病特征特性

1. 病害严重性　腐霉茎腐病是一种发生在玉米灌浆阶段、对玉米产量影响较大的病害。腐霉茎腐病的发生还引起植株倒伏，对机械化收获造成重大影响。在腐霉茎腐病发生较重的年份，田间发病率一般为 20％左右，感病品种发病率甚至高达 40％～80％。我国在 20 世纪 80 年代曾出现过腐霉茎腐病的发生高峰，目前该病害在各地均有发生。

2. 病害症状　腐霉茎腐病为后期病害，发生突然，其典型症状：玉米进入灌浆期后，在短短的数日内，全株叶片突然失绿，呈现青灰色并下披，果穗穗柄失去支撑力并下垂，此时植株仍保持直立；经过 2～3 周，植株下部的 1～3 茎节表皮变色发褐，茎髓组织被分

解，茎秆变空失去支撑力，遇风易倒折；植株根系变黑并发生腐烂。

3. 病菌形态特征 多种腐霉菌可以侵染玉米引致茎腐病，主要有肿囊腐霉（*Pythium inflatum* Matthews）、禾生腐霉（*Pythium graminicola* Subramaniam）、瓜果腐霉[*Pythium aphanidermatum* (Edson) Fitzpatrick]等。腐霉属卵菌，寄主广泛、腐生性强，主要栖息于土壤中。腐霉菌菌丝粗大无色、无分隔，宽 $4\sim8\mu m$；游动孢子囊形态多样，球状、指状、棒状等；游动孢子肾形，双尾鞭；藏卵器球状，表面光滑或有小刺状突起，卵孢子充满或不充满藏卵器；雄器与藏卵器同丝或异丝，每个藏卵器一个或多个雄器。腐霉菌在人工培养基上生长快，菌落圆形，气生菌丝灰白色，茂密。游动孢子囊形状、藏卵器大小及壁特征、雄器来源及数量是鉴别不同腐霉菌种的重要特性。肿囊腐霉的游动孢子囊多为指状膨大，大小约为 $55\mu m\times18\mu m$；藏卵器直径约 $20\mu m$，壁光滑无纹饰，卵孢子充满藏卵器；雄器异丝生，每个藏卵器 $1\sim3$ 个。

4. 病害循环 腐霉菌以卵孢子或菌丝体的方式在土壤中存活和越冬，或在遗留及翻耕至土壤中的病残体上越冬。卵孢子具有较强的抗逆能力，土壤中可存活多年。玉米种植后，在适宜的土壤温度和湿度条件下，卵孢子萌发产生新的菌丝或休眠的菌丝体生长出新菌丝。菌丝可以直接侵染玉米根系，在田间有积水的时，病菌形成游动孢子囊并向水中释放游动孢子，孢子经过游动直接到达玉米根系进行侵染或随水流在田间扩散。在玉米生长期间，病菌从根系逐渐扩展至地表 $1\sim3$ 节，在适宜的条件下快速繁殖，引起茎腐病的发生。玉米收获后，根系和基部的发病茎节遗留在田间，病菌进入土壤或在病残体中越冬。

5. 病害流行规律 腐霉菌具有产生游动孢子的能力，因此，田间漫灌及过多的降雨易形成积水，病菌游动孢子随水流移动而造成病害在田块间扩散，同时田间的机械操作（土地翻耕、播种等）也可以将病田土壤中的病菌带至无病田，造成腐霉茎腐病的逐渐扩散。腐霉茎腐病的流行和暴发与气候条件密切相关。当玉米进入灌浆期后，如遇连续的强降雨或漫灌，导致土壤湿度高、温度降低，此时已经侵染在根系中的病菌获得快速繁殖的环境条件，同时灌浆期玉米茎秆中营养成分的转移导致其活力开始下降，病菌迅速从根系进入茎秆中并大量繁殖，数日内破坏了 $1\sim3$ 茎节的组织结构。此时，如果降雨或漫灌停止，又遇晴好天气，玉米叶片蒸腾量急剧上升，而茎秆中的输水组织却被破坏，因而导致全株叶片突然失绿下垂，茎腐病的表象显现，形成病害暴发流行的结果。

（二）玉米腐霉茎腐病的抗性鉴定方法

1. 病菌培养 在接种前需要进行病原物接种体的繁殖。常用繁殖方法：将在 PDA 平板培养基上培养的病菌接种于经高压灭菌的玉米粒上（玉米粒培养基制备方法：玉米粒浸泡 12h，然后煮 $30\sim40min$，装入三角瓶中于 121℃下灭菌 1h，冷却后备用），在 $23\sim25℃$下黑暗培养。培养 $7\sim10d$ 后，菌丝布满玉米粒。在接种前从三角瓶中倒出玉米粒，进行土壤接种。

2. 田间接种 接种时期为玉米大喇叭口期（V10）至抽雄初期（VT）。接种可全天进行。接种采用土壤埋接法，在接种植株茎基部旁侧挖开表土（深 $5\sim10cm$），露出部分根系，将长满腐霉菌的玉米粒投入土中，每株接约 30 粒；接种后及时覆土，并保持土壤的湿润，以使病菌能够正常侵染根系组织并沿根系向茎秆蔓延。

3. 调查标准 按行以手指按捏地表上方第 2 茎节，茎秆发生空、软或茎节明显变褐为发病株；计算每份鉴定材料的总株数和发病株数，计算发病株率。病情分级、抗性评价见表 9 - 6（王晓鸣等，2016）。

表 9 - 6 玉米抗腐霉茎腐病鉴定病情级别划分与抗性评价

病情级别	描述	抗性评价
1	发病株率 0～5.0%	高抗（HR）
3	发病株率 5.1%～10.0%	抗（R）
5	发病株率 10.1%～30.0%	中抗（MR）
7	发病株率 30.1%～40.0%	感（S）
9	发病株率 40.1%～100%	高感（HS）

（三）玉米腐霉茎腐病抗性遗传与育种

玉米不同自交系抗腐霉茎腐病表现出显著的差异，经过大规模种质资源的筛选，国内外学者已鉴定出一批抗性种质。玉米抗腐霉茎腐病的遗传较为复杂，在不同染色体上都鉴定到抗病 QTL 位点。Yang 等（2005）在 4 号染色体上鉴定到一个显性的抗病位点 $Rpi1$。Duan 等（2019）从抗病自交系 X178 中鉴定到两个独立的显性基因，$RpiX178-1$ 和 $RpiX178-2$，分别被限定到物理距离约 700kb 和遗传距离 2.4cM 范围内。Song 等（2015）在抗病自交系 Qi319 中发现了两个独立遗传的显性基因 $RpiQI319-1$ 和 $RpiQI319-2$，前者被进一步定位到约 500kb 的区间内。

二、玉米抗镰孢茎腐病的遗传与育种

（一）镰孢茎腐病特征特性

1. 病害严重性 镰孢茎腐病是一种引起玉米植株早衰、籽粒灌浆不足而造成减产的茎腐病，发病植株茎秆易倒折，不利于玉米的机械收获。美国许多州有该病的发生，一般引起 5%～10% 的产量损失，在发病率 90%～100% 的重病田，减产高达 50%。镰孢茎腐病在我国各地发生普遍，特别是在小麦—玉米连作区，大量的秸秆还田导致土壤中的镰孢菌获得丰富的生长基质，种群数量得以快速增加，加剧了玉米镰孢茎腐病大发生的风险。

2. 病害症状 与腐霉茎腐病急速发病不同，镰孢茎腐病发病较慢，病株逐渐出现叶片黄枯的症状，下部茎节渐渐产生褐色病变，茎秆变软、缢缩，内部茎髓分解，仅保留呈现紫红色的坏死维管束组织，植株易倒折。由于茎节中水分传送组织被破坏，果穗苞叶渐干枯、松散，果穗下垂。

3. 病菌形态特征 多种镰孢菌引起玉米镰孢茎腐病，主要致病菌有禾谷镰孢（*Fusarium graminearum*）、拟轮枝镰孢（*F. verticillioides*）、亚黏团镰孢（*F. subglutinens*）等。禾谷镰孢的大分生孢子镰刀状，无色，具 3～5 个隔，大小为（20～40）μm×（3.5～4.5）μm；菌落背面多产生紫红色色素。麦粒培养时可形成子囊菌的有性阶段玉蜀黍赤霉［*Gibberella zeae*（Schwein.）Petch］。子囊壳黑色球形；子囊棍棒形，大小为（60～85）μm×（6.5～11.0）μm，内含 8 个纺锤形、无色，子囊孢子具 1～3 隔的。

4. 病害循环 镰孢茎腐病是以土壤传播为主的病害。各种致病相关镰孢菌以子囊壳、菌丝体或分生孢子在病残体、土壤中或种子上越冬，形成翌年的侵染源。玉米播种后，土壤中的镰孢菌通过菌丝生长侵染玉米的根系，或附着在种子上的镰孢菌分生孢子、潜伏在种子内部的菌丝直接侵染根系，病残体上的子囊壳释放子囊孢子并侵染植株或通过土壤侵染根系。在玉米生长过程中，根系中的镰孢菌以菌丝或分生孢子通过维管束系统进入茎髓组织中。在玉米生长后期，随着茎秆组织活力的下降，镰孢菌在茎秆中大量繁殖，堵塞水分输送的导管和破坏茎髓组织，形成茎组织腐烂。当玉米收获后，带有大量病菌的玉米茎秆与根系组织遗留在田间，成为下一年的侵染源。

5. 病害流行规律 发生在玉米生长后期的镰孢茎腐病与早期的镰孢根腐病有密切的关系，因此，引起根系和茎节发病的环境条件都对镰孢茎腐病的流行产生影响。镰孢茎腐病的流行受到土壤中致病菌群体数量的影响，在我国由于玉米长期处于单作或与同样是镰孢菌寄主的小麦连作，以及多年秸秆还田，因此土壤中镰孢菌数量快速上升，病害随之加重，易于在适宜的气候下流行。在有漫灌条件的地区，田间大水漫灌造成病菌在田块间传播，是引起茎腐病发生的诱因。时雨时晴的天气有利于病菌在寄主组织中的扩展，加速茎腐病的发生。玉米生长后期遇到偏高的温度，也有利于镰孢茎腐病的流行。

（二）玉米镰孢茎腐病的抗性鉴定方法

1. 病菌培养 在接种前需要进行病原物接种体的繁殖。常用繁殖方法：将培养基平板培养的病菌接种于经高压灭菌的玉米粒或小麦粒上（玉米粒培养基制备方法参见腐霉茎腐病抗病接种鉴定方法一节；小麦粒培养基制作：小麦粒浸泡过夜，装入三角瓶中，于 121℃下灭菌 1h，冷却后备用），在 23～25℃下黑暗培养。培养 5～7d 后，菌丝布满玉米粒或麦粒。接种前从三角瓶中倒出玉米粒或麦粒，进行土壤接种。

2. 田间接种和调查标准 镰孢茎腐病田间接种方法、调查方法、发病级别记载及抗性划分标准同腐霉茎腐病（石洁等，2016）。

（三）玉米镰孢茎腐病抗性遗传与育种

玉米对镰孢茎腐病的抗性遗传机制较为复杂。早期 Pè 等（1993）在 1 号、3 号、4 号、5 号和 10 号染色体上检测到 5 个抗病 QTL 位点。Yang 等（2010）在抗病自交系 1145 中定位到两个抗镰孢茎腐病 QTL，主效 *qRfg1* 和微效 *qRfg2*，其中主效 QTL-*qRfg1* 最终被定位到玉米 10 号染色体上 500kb 的区间范围内，能稳定提高抗病率 32%～

43%。Ye 等（2013）的研究发现，带有抗病 QTL - $qRfg1$ 的近等基因系中，水杨酸和酚酸类物质的含量较高，镰孢菌侵染后可以立即释放，抵御病原菌的入侵，从而提高抗性。Wang 等（2017）通过图位克隆途径获得了 $qRfg1$ 位点的抗病基因 $ZmCCT$，这一基因含 CCT 功能域，当 CACTA 样转座子插入到起始密码子上游 2.4kb 的调控区时会造成组蛋白 H3K4me3 的选择性消耗，从而抑制病原菌诱导的 $ZmCCT$ 表达，导致感病。Zhang 等（2012）将另一个微效 QTL - $qRfg2$ 定位到 1 号染色体上约 300kb 的范围内，能提高抗病率约 10%。Ye 等（2019）通过图位克隆途径获得了抗病基因 $ZmAuxRP1$，编码生长素调节蛋白。$ZmAuxRP1$ 基因在病菌侵染后下调，减少吲哚 - 3 - 乙酸（IAA）的生物合成，同时促进苯并噁嗪类积累，从而增加对茎腐病及穗腐病的抵抗力。

三、玉米抗炭疽茎腐病的遗传与育种

（一）炭疽茎腐病特征特性

1. 病害严重性　炭疽茎腐病是一个广泛发生的世界性病害，2010 年以来，在中国局部地区已有发生（王晓鸣等，2018）。从 20 世纪 70 年代后，炭疽茎腐病逐渐成为美国玉米生产中最重要的病害之一，因其不但可导致 40% 的产量损失，更是引起玉米大量倒伏而无法进行机械收获，倒伏后的产量损失高达 80%。

2. 病害症状　炭疽茎腐病的发生可以分为三个阶段：植株生长中期，病菌在叶片上引起不规则、具红褐色边缘的病斑，病斑上可见黑色小点，大量病斑导致叶片枯萎；在玉米吐丝期后，在上部叶鞘内侧的茎秆表面及下部茎秆上产生大量黑点，即病菌的器官，严重时茎秆几乎变黑；病害继续发展，茎基部的节位表皮变色，出现褐色条纹，内部组织变软、变黑，轻推植株即可倒伏。

3. 病菌形态特征　引致炭疽茎腐病的是禾生炭疽菌［*Colletotrichum graminicola* (Ces.) Wilson］，有性态为禾生小丛壳（*Glomerella graminicola* Politis）。无性态的分生孢子盘黑色，上生许多深褐色、硬直的刚毛；分生孢子镰刀状，无色单胞，端部较尖，大小为（20～30）μm×（3.5～5.0）μm。

4. 病害循环　炭疽茎腐病致病菌主要以休眠菌丝体的形式在地表的玉米病残体中越冬，或以拟菌核在土壤中越冬。翌年，在适宜的温度与湿度条件下，在堆放于田边或在地表未腐烂病残体中越冬的病菌恢复生长，产生新的分生孢子，通过风雨传播至玉米植株上进行侵染。在炭疽叶斑上，病菌继续产生大量分生孢子并经雨水作用流入叶鞘内侧侵染茎秆，在生长后期引起茎腐病。

5. 病害流行规律　由于病菌主要通过玉米病残体越冬，因此，病残体的多少以及植株远离病残体的程度与翌年病害发生的严重度密切相关。较低的温度、潮湿的气候有利于病菌的生长，而免耕、玉米连作有利于增加土壤中病菌的群体数量，都将加重炭疽茎腐病的发生。

（二）玉米炭疽茎腐病的抗性鉴定方法

1. 病菌培养　在接种前繁殖病菌以获得足量的分生孢子。病菌在马铃薯葡萄糖琼脂（PDA）或马铃薯胡萝卜琼脂（PCA）平板培养基上生长，培养条件为 25℃、12h 光照/12h 黑暗交替。培养 10d 后可以产生分生孢子。用无菌水从培养基平板上洗下分生孢子，将孢子悬浮液浓度调至 2×10^5 个/mL 用于注射接种。

2. 田间接种　在玉米吐丝后约 10d 进行接种，接种部位为气生根上方的第 1 茎节（伸长的茎节）。采用具有侧开口（防止玉米茎髓组织堵塞）的金属注射器将 2mL 孢子悬浮液注射进茎髓组织中。

3. 调查标准　调查在乳熟期（约在接种后 30 d）进行。①根据接种茎节的发病株数确定抗性水平（表 9-7）；②剖茎调查每株的发病茎节数量，计算每份材料的平均发病茎节数。依据平均数，确定抗病性水平（表 9-8）。

表 9-7　基于发病率的玉米抗炭疽茎腐病鉴定的病情级别与抗性划分

病情级别	描述	抗性评价
1	接种节发病株率 0～5.0%	高抗（HR）
3	接种节发病株率 5.1%～10.0%	抗（R）
5	接种节发病株率 10.1%～30.0%	中抗（MR）
7	接种节发病株率 30.1%～40.0%	感（S）
9	接种节发病株率 40.1%～100%	高感（HS）

表 9-8　基于病节数量的玉米抗炭疽茎腐病的病情级别与抗性划分

病情级别	描述	抗性评价
1	接种节不发病或轻微发病	高抗（HR）
3	接种节及第 2 节轻微发病	抗（R）
5	接种节及第 2、第 3 节轻微发病	中抗（MR）
7	接种节及第 3、第 3 和第 4 节发病	感（S）
9	发病节数超过 5 节	高感（HS）

（三）玉米炭疽茎腐病抗性遗传与育种

Weldekidan 等（1993）在抗病玉米自交系 DE811ASR 的 4 号染色体的长臂上定位到一个抗炭疽茎腐病的主效 QTL——*Rcg1*，进一步将它精细定位到标记 FLP8 和 FLP27 之间。从抗病自交系 DE811ASR 的 BAC 文库中筛选到覆盖定位区段的阳性克隆。通过测序、序列比较分析发现一个抗病候选基因，具有典型的 NBS-LRR 功能域，然而，这一候选基因在常见的 B73 和 Mo17 基因组中却没有。Frey（2006）通过转座子插入的方法证明了该基因为 *Rcg1*。Frey 等（2011）证明，*Rcg1* 基因能通过回交转育的方法导入，携

带 *Rcg1* 自交系配制的杂交种能显著提高对炭疽茎腐病的抗性，在接种条件下，每公顷产量提高约 667kg。

四、玉米茎腐病抗性鉴定方法及标准的适用性

当前采用的对茎腐病的抗性调查标准和抗性评价标准是一种定性描述玉米品种和自交系抗病性的指标。抗性调查指标及对应的抗性水平评价所依据的是鉴定群体与产量存在显著相关性的发病率或茎节发病的严重程度，这种标准对于育种材料或品种的抗性定性判断是可行的。由于田间土壤埋接病菌接种体无法准确定量、埋接的根系部位较为随机、土壤湿度的控制较难等原因，以及标准中的病级划分缺乏数量性状的连续性特征，特别是调查时主要以人工手捏或目测茎秆判断抗病水平，并未看到茎秆内的真实发病状况，因此该标准并不适用于抗病基因的发掘和定位等研究。目前在抗茎腐病基因挖掘研究中，可以采用茎秆定量注射病菌进行接种的方法，然后在充分发病后纵剖茎秆，测量病斑扩展长度，获得具有连续特征的发病水平数据，据此可以进行抗病菌扩展能力相关的抗病基因或 QTL 位点的挖掘。

第四节 玉米抗纹枯病的遗传与育种

一、纹枯病特征特性

1. 病害严重性 纹枯病是亚洲玉米生产中的突出病害问题之一，特别是在南亚、东南亚和我国的西南地区、东南地区对玉米生产影响极大。在我国，由于玉米多年连作以及种植密度的提升，纹枯病的发生区域更广，发病程度加重。在南方一些玉米纹枯病常发区，感病品种的田间发病率为 50%~90%，造成产量损失 10%~30%。

2. 病害症状 纹枯病发病始于苗期，在玉米进入抽雄和灌浆期后病害发展迅速。由于病菌存在于土壤中，因此病害侵染从地表的叶鞘开始。在侵染初期，叶鞘上出现椭圆或不规则的、大小不一的灰色病斑。病斑逐渐扩大，常常相互汇合而形成大型的云纹状病斑，逐渐包裹叶鞘，横向沿叶鞘扩展至叶片，在叶片上引起大片灰褐色的枯死；垂直沿叶鞘向上扩展至果穗的苞叶，造成苞叶组织出现云纹状坏死，病菌甚至可穿透苞叶侵染籽粒，引起穗腐病。当田间湿度高时，在茎秆表面、苞叶内侧和外侧均可出现从白色逐渐变为深褐色的颗粒物，是病菌菌丝形成的拟菌核。

3. 病原菌形态特征 玉米纹枯病主要致病菌为茄丝核菌（*Rhizoctonia solani* Künh）、玉蜀黍丝核菌（*Rhizoctonia zeae* Voorhees）和禾谷丝核菌（*Rhizoctonia cerealis* Vander Hoeven），其中茄丝核菌为主要致病菌。茄丝核菌菌丝粗壮，直径为 8~12μm，分枝处为近直角或锐角，有显著的缢缩，近分枝处产生隔膜；不产生分生孢子；菌丝细胞多核。

4. 病菌的菌丝融合群 茄丝核菌中存在不同的菌丝融合群。东北地区、黄淮地区以及西南地区都有不同的菌丝融合群组成，但各地区内分布最广的优势融合群均为AG1－IA。

5. 病害循环 不同种的玉米纹枯病菌均以菌丝体或菌核的方式在病田土壤中和植株病残体上越冬。在土壤中至少可存活2年的菌核是玉米纹枯病的主要初侵染源。当土壤中湿度、温度条件适宜时，菌核萌发并长出菌丝。病菌具有很强的腐生能力，因此菌丝体在土壤中不断扩展，接触到玉米幼苗后，从开始枯死的最下部叶鞘侵入，逐渐引起叶鞘发病和形成新的拟菌核。当玉米收获时，大量拟菌核脱落并进入田土中，或者菌丝随秸秆还田而被大量遗留在田间，构成翌年的初侵染菌源。

6. 病害流行规律 玉米纹枯病菌在田间主要通过水流、机械耕作等途径进行田块间的传播；收获后带菌病残体的搬运也可以造成病菌菌核的扩散。纹枯病菌对温度和湿度具有很强的适应力，但当日平均气温处于25℃左右时，病菌生长最快，病害也发展最快，而当环境温度低于20℃或高于30℃时，纹枯病的发展较慢。在雨日多、雨量大而导致田间湿度大时，病菌生长迅速，病斑扩展快。

二、玉米纹枯病的抗性鉴定方法

1. 病菌培养 接种采用强致病力的AG1－IA融合群菌株，在接种前需要进行病原物接种体的繁殖。常用繁殖方法：将在PDA平板培养基上培养的病菌接种于经高压灭菌的高粱粒上（高粱粒培养基制备方法：高粱粒洗净，然后煮30～40min，装入三角瓶中于121℃下灭菌1h，冷却后备用），在25℃下黑暗培养。培养7～10d后，菌丝布满高粱粒。在接种前从三角瓶中倒出高粱粒，备用。也可用小麦粒等谷粒代替高粱粒。

2. 田间接种 接种时间为玉米大喇叭口期（V10），接种在傍晚或阴天进行。将高粱培养物以每株2粒的用量接种在玉米植株基部从下往上第3可见叶鞘内侧。

3. 调查标准 在玉米进入乳熟后期进行调查。每份材料逐株调查，调查重点部位为果穗以下茎节，记载病情级别（表9－9）。根据病情级别计算各鉴定材料的病情指数（表9－10），最后依据每份材料的病情指数确定其抗病水平（李晓等，2016）。

表9－9 玉米抗纹枯病鉴定病情级别划分

病情级别	症状描述
0	全株无症状
1	果穗下第4叶鞘及以下叶鞘发病
3	果穗下第3叶鞘及以下叶鞘发病
5	果穗下第2叶鞘及以下叶鞘发病
7	果穗下第1叶鞘及以下叶鞘发病
9	果穗及其以上叶鞘发病

$$病情指数 = \frac{\sum(病害级别 \times 该级别植株数)}{最高病级 \times 调查总株数} \times 100$$

表 9-10　玉米对纹枯病的抗性水平划分

成株期病情指数	抗性评价
0～20.0	高抗（HR）
20.1～40.0	抗（R）
40.1～60.0	中抗（MR）
60.1～80.0	感（S）
80.1～100	高感（HS）

三、玉米纹枯病抗性遗传与育种

玉米对纹枯病的抗性表现为典型的数量性状特征。Zhao 等（2006）利用高抗自交系 R15 和感病自交系掖 478 组配的分离群体，在两个环境中鉴定出 3 个一致性的 QTL，分别位于玉米 2 号、6 号和 10 号染色体上，解释 3.73%～10.35% 的性状变异。利用大规模 RNA 测序技术分析高抗自交系 R15 的应答反应，获得了 1476 上调和 1754 下调表达的基因，这些基因归为 11 个功能类别，最主要的是在代谢作用、信号传导和细胞运输通路中。纹枯病菌侵染后激发很多与抗性相关的催化酶应答，如几丁质酶、葡聚糖酶、苯丙氨酸裂解酶，其他的还有一些病程相关基因和防御途径中的基因也与抗纹枯病有关。Li 等（2019）发现，E3 连接酶 F-box 基因 ZmFBL41 的变异与玉米抗纹枯病有关。ZmFBL41 蛋白负调控植物免疫，通过泛素化并降解木质素合成酶 ZmCAD，从而削弱玉米对纹枯病的抗性。

四、玉米纹枯病抗性鉴定方法及标准的适用性

对纹枯病的抗性调查指标和病情指数计算是一种较好的定性玉米品种和自交系抗病性的指标，但仍不适用于抗病基因的发掘和定位等研究。可以将发病部位的定性调查转为接种点病斑向上扩展的长度值调查，用以判断玉米材料抵御病菌扩展的能力，可区分不同自交系等研究种质的抗性水平，也符合抗性基因/QTL 等数量性状鉴定的研究需求。

第五节　玉米抗丝黑穗病的遗传与育种

一、丝黑穗病特征特性

1. 病害严重性　丝黑穗病是严重威胁玉米生产的重要病害，一旦流行，将对玉米生

产带来极大的经济损失。我国春玉米区分别在 20 世纪 70 年代后期、90 年代中后期和 21 世纪初期发生过三次大流行，严重发病地块植株发病率超过 50%，造成极大的生产损失，其中 1994 年全国玉米因丝黑穗病减产约 3 亿 kg，2002 年吉林省玉米因丝黑穗病造成产量损失约 1.3 亿 kg（王晓鸣等，2003）。

2. 病害症状　丝黑穗病菌在玉米种子萌发时侵入生长点，在植株生长过程中逐渐表现出症状。幼苗阶段，植株偏矮，出现分蘖，叶片有黄白色条纹。玉米抽雄后，可见雄穗花序被破坏，小花变为黑色的菌瘿，破裂后散出黑色的病菌冬孢子；有时雄穗畸形，呈叶片状簇生。果穗畸形，多变为短粗，但苞叶正常，内部却无穗轴及籽粒发育；在正常果穗成熟阶段，病穗内部充满黑色的病菌冬孢子，常常撑破苞叶而散出。

3. 病原菌形态特征　玉米丝黑穗病致病菌为丝孢堆黑粉菌玉米专化型 [*Sporisorium reilianum* (Kühn.) Langad. et Full. f. sp. *zeae*]。冬孢子堆主要产生在花序组织中，中间残存有被破坏的丝状寄主维管束组织。冬孢子深褐色，近球形，表面布满细刺，直径约 10μm。

4. 病原菌的生理小种分化　丝黑穗病菌具有生理分化。在种的水平上被划分为玉米专化型和高粱专化型，前者仅侵染玉米，后者仅侵染高粱。目前在高粱专化型中已鉴定出 4 个生理小种，而在玉米专化型中，已经观察到不同来源的菌株对玉米品种存在致病力差异，可能存在生理小种的分化，但仍缺乏细致的研究。

5. 病害循环　丝黑穗病为土传病害，属于系统侵染、周年单循环病害。秋季，田间发病植株上产生的大量病菌冬孢子直接散落到土壤中，形成翌年最主要的初侵染源。玉米播种后，土壤中的病菌萌发并侵入玉米胚芽鞘，随后进入到顶端分生组织中，随植株发育继续生长，系统侵染果穗和雄穗并完成周年病害循环。

6. 病害流行规律　玉米丝黑穗病以土壤传播为主，病菌冬孢子在土壤中可存活多年，其他传播途径包括带菌粪肥、黏附病菌的种子。玉米丝黑穗病流行受到多个因素的制约：①土壤中的病原菌数量对病害是否暴发有直接的影响，玉米丝黑穗病的流行年份，土壤中均因田间多年发病而积累了大量的病菌，极大提高了侵染发生的概率。②玉米播种期的气候及土壤条件影响病菌的侵染：由于是玉米萌发期系统侵染的病害，因此玉米播种后的土壤温度与湿度对玉米萌发与病菌侵染重合时间的影响极大，地温低、土壤干燥则玉米出苗期延长，利于病菌的侵染，因而早播地块发病偏重；而地温高、湿度适宜，则玉米萌发快、出土早，被病菌侵染的概率较低。病菌在 15～35℃时可以侵染，侵染的适宜温度为 20～30℃，最适侵染温度 25℃；土壤相对含水量小于 12% 时不利于病菌萌发，含水量大于 29% 时有利于种子快速萌发，丝黑穗病发生轻。③品种抗病性弱，即使采取防病措施，也会有相当数量的植株被侵染。

二、玉米丝黑穗病的抗性鉴定方法

1. 病菌采集　在田间采集玉米丝黑穗病植株上的发病果穗或雄穗，采集宜在病穗外部包膜未破裂时进行。所采集病穗在通风处阴干，在干燥条件下保存。鉴定材料播种前，将保存的丝黑穗病病穗外部包膜破碎，收集病穗中的丝黑穗病菌冬孢子。冬孢子团用50目细箩过筛，使病原菌成为均一的菌粉。每100g菌粉拌100kg过筛的细土，病菌与土壤充分拌匀，配制成0.1%菌土用于接种。

2. 田间接种　接种在播种时同步进行。采用穴播法，将配制好的0.1%菌土以每穴100g用量覆盖玉米种子。

3. 调查标准　根据中华人民共和国农业行业标准《NY/T 1248.3—2006》，在玉米进入乳熟后期进行调查。每份鉴定材料至少选取100株，逐株调查，分别记载调查总株数、发病株数，计算发病株率（王晓鸣等，2006）。田间病情分级、相对应的描述及抗性划分见表9-11。

表9-11　玉米抗丝黑穗病鉴定病情级别与抗性划分

病情级别	描述	抗性评价
1	发病株率0%～1.0%	高抗（HR）
3	发病株率1.1%～5.0%	抗（R）
5	发病株率5.1%～10.0%	中抗（MR）
7	发病株率10.1%～40.0%	感（S）
9	发病株率40.1%～100%	高感（HS）

三、玉米丝黑穗病的抗性遗传与育种

玉米对丝黑穗病的抗性由多基因控制，根据所用研究群体的不同，基因的作用模式从加性占主导，到部分显性、超显性均存在。Lübberstedt等（1999）利用欧洲自交系组配的分离群体，在法国和中国吉林进行性状鉴定，分别定位到了3个和8个抗性QTL位点。Chen等（2008）在高抗自交系吉1037染色体bin2.09上定位到了一个主效QTL（$qHSR1$），能减低发病率25%。Wang等（2012）利用144个自交系进行关联分析，找到了18个与抗丝黑穗病相关的基因。综合现有的QTL定位结果，除7号染色体外，在其余染色体上均有抗病QTL。Zuo等（2015）利用高抗亲本吉1037和高感亲本黄早四构建的回交群体，将玉米抗丝黑穗病QTL-$qHSR1$定位到了152kb的物理距离范围内。通过转基因功能互补和RNA干扰试验，证实了一个编码细胞壁相关激酶的基因$ZmWAK$即为主效的抗病QTL-$qHSR1$。病原菌丝孢堆黑粉菌在苗期侵入玉米幼根，通过中胚轴韧皮部向上生长，最终在雌雄穗部位形成病害。抗病基因$ZmWAK$在围绕韧皮部的中柱鞘和木质部薄壁细胞中大量表达，诱导SA相关抗病基因的表达，抑制丝轴黑粉菌的定向生长，从而减轻病害的发生。

Zhao等（2012）利用分子标记辅助选择将高抗自交系吉1037的bin2.09主效位点导入10个不同的感病玉米自交系中，显著提高了这些自交系对丝黑穗病的抗性。利用这些改良的自交系组配的杂交种在丝黑穗病抗性上也有明显提高，同时其他农艺性状基本不受影响。

四、玉米丝黑穗病抗性鉴定方法及标准的适用性

上述抗丝黑穗病鉴定采用的病情级别与抗性划分指标适用于对玉米品种和自交系抗病性的定性评价，指标中不同级别对应的发病率与产量损失程度相关，也与生产中对抗感品种的判断及抗病品种推广利用选择有关。若进行抗病基因的发掘和定位等研究，可以采取按照实际发病率而非发病率分段的指标进行记载，以适应抗性基因/QTL 等数量性状鉴定的研究需求。

第六节　玉米抗穗腐病的遗传与育种

一、玉米抗镰孢穗腐病的遗传与育种

大量调查表明，在我国由多种镰孢菌引起的穗腐病对玉米生产影响明显，主要的镰孢穗腐病有两种：①拟轮枝镰孢穗腐病，即国际上称为 Fusarium ear rot（FER）的穗腐病；②禾谷镰孢穗腐病，又称为赤霉穗腐病，即国际上称为 Gibberella ear rot（GER）的穗腐病。目前，拟轮枝镰孢穗腐病和禾谷镰孢穗腐病在我国分布最为广泛，黄曲霉、木霉、青霉等引致的穗腐病也常见，但生产风险较小。

（一）镰孢穗腐病特征特性

1. 病害严重性　镰孢穗腐病不仅因直接引起籽粒腐烂而减产，更由于病菌在玉米籽粒中产生多种对人畜有严重毒害作用的真菌毒素而引发食品与饲料安全问题。在我国，玉米镰孢穗腐病发生非常普遍，特别是在玉米生长后期遇到持续降雨或遇到蛀穗害虫偏重发生时，穗腐病的发生更为严重。我国目前种植的多数玉米品种籽粒脱水慢，采收后如果不能够及时晾晒，会发生严重的镰孢穗腐病问题。

2. 病害症状

（1）拟轮枝镰孢穗腐病。果穗上分散或大片出现粉白色的菌丝，籽粒因病菌的侵染而腐烂。有时被侵染的籽粒变为浅紫色。在穗腐病发生轻微时，籽粒表面无明显可见的病菌菌丝，但布满紫红色的放射状条纹。

（2）禾谷镰孢穗腐病。被侵染的果穗常常从穗尖向下发生大片甚至整个果穗的腐烂，腐烂籽粒变为紫红色，穗轴也变为紫红色。

3. 病原菌形态特征　田间侵染过程中主要为病菌的无性态。

（1）拟轮枝镰孢［*Fusarium verticillioides*（Sacc.）Nirenberg。异名：串珠镰孢 *F. moniliforme* Sheld.］，培养中菌落粉白色，在菌丝上以长串珠状方式产生大量卵形、无色的小型分生孢子；大型分生孢子较少，镰刀形，具 3～5 隔，多为 3 隔；3 隔的大分生

孢子大小为（20～40）μm×（3～4.5）μm，5 隔的大分生孢子大小为（30～50）μm×（3～4.5）μm。

（2）禾谷镰孢（*Fusarium graminearum* Schwabe）。在培养中产生紫红色色素，无小型分生孢子，大型分生孢子镰刀形，略弯曲，具 5～6 隔，大小为（40～55）μm×（3～4.5）μm；有厚垣孢子。

4. 病害循环　镰孢菌既能够在土壤中或在作物和杂草的病残体上以菌丝或厚垣孢子方式越冬，也可以在玉米种子表面附着或在种子内部寄生而越冬。玉米播种后，种子携带的镰孢菌直接侵染玉米并进入幼苗维管束系统；土壤和病残体中的菌丝恢复生长，到达玉米根系进行侵染。玉米组织内部的病菌可以通过维管束系统进入果穗，而土壤中的病菌可以产生大量分生孢子，随气流从花丝上侵入或被可危害果穗的害虫携带并最终通过害虫取食形成的籽粒伤口进入籽粒，引起穗腐病。秋收后，玉米残体上携带的大量镰孢菌回到土壤中或植株残体成为土壤中镰孢菌生长发育的营养基质。

5. 病害流行规律　镰孢穗腐病的流行主要受到玉米生长后期降雨过多和穗部害虫危害严重的影响。降雨多导致田间湿度大，玉米籽粒脱水慢，病菌在籽粒上可以大量繁殖，因而穗腐病加重，同时风雨有助于空气中病菌更多地扩散到果穗上虫害等造成的伤口，侵染并引起穗腐病。玉米果穗被玉米螟、桃蛀螟等蛀食严重、伤口多，淀粉等籽粒成分直接成为镰孢菌生长的营养基质，同时各种害虫也携带有镰孢菌分生孢子，当害虫取食籽粒时，病菌孢子即可附着在这些部位并开始生长。

（二）镰孢穗腐病的抗性鉴定方法

1. 病菌培养

（1）注射接种体的培养因病原菌不同而异。

①拟轮枝镰孢产孢培养。将马铃薯葡萄糖液体培养基（potato and dextrose liquid medium：马铃薯 200g，葡萄糖 20g，蒸馏水 1 000mL）分装在三角瓶中（500mL 三角瓶中分装 150mL），高压灭菌 20min，接入 2～3 块面积约 0.25cm² 的轮枝镰孢 PDA 培养物，在 25℃、自然光条件下静置培养 10～15d。用双层纱布过滤培养物获得分生孢子悬浮液，用无菌水将浓度调至 2×10⁶个/mL，立即用于接种。

②禾谷镰孢产孢培养。配置如下成分的产孢培养基：磷酸二氢钾（KH_2PO_4）2.0g，硝酸钾（KNO_3）2.0g，氯化钾（KCl）1.0g，硫酸镁（$MgSO_4$）1.0g，硫酸铁（$FeSO_4$）0.002g，三氯化铁（$FeCl_3$）0.002g，硫酸锰（$MnSO_4$）0.002g，硫酸锌（$ZnSO_4$）0.002g，葡萄糖 1.0g，蒸馏水 1 000mL。分装在三角瓶中（500mL 三角瓶中分装150mL），高压灭菌 20min，接入 2～3 块面积约 0.25cm² 的禾谷镰孢 PDA 培养物，在 25℃、自然光条件下振荡（120 转/min）培养 7d。用双层纱布过滤培养物获得分生孢子悬浮液，用无菌水将浓度调至 2×10⁶个/mL，立即用于接种。孢子悬浮液可在 2～4℃条件下保存 3～4 周。

（2）牙签接种体的培养。在 PDA 平板培养基或倒有 PDA 培养基的 100mL 容量烧杯中接种轮枝镰孢或禾谷镰孢。培养 7d 后，将无菌牙签（经过浸泡去除消毒剂成分并高压灭菌 20min）接入长满镰孢菌的培养基中，在 25℃ 条件下黑暗培养 7～10d，待菌丝生长至牙签 1/3 处后即可用于接种。

2. 田间接种 接种时期为玉米吐丝 10～15d（R1），接种可全天进行。

（1）注射法接种。接种器具为可进行连续定量注射的连动注射器。将注射器吸液管置于病菌的分生孢子悬浮液中，金属的注射针管从果穗顶端上方的花丝通道部位侧边插入到花丝通道中间，定量注入 2mL 接种液。每株仅接种第一个果穗。

（2）籽粒伤口接种。

①针刺注射接种。采用与花丝通道相同的器具，在果穗中上部苞叶外进行穿刺，当针刺入籽粒时，同时进行注射接种。

②铁钉带菌接种。用端部钉有 2～5 个金属钉的木棒穿刺果穗中上部苞叶，深度约 5mm，直至籽粒中部；穿刺前，金属钉先在病菌孢子悬浮液中浸蘸，以使病菌孢子附着在钉子上，穿刺时即完成对籽粒的接种。

③牙签接种。将经过培养后带有大量病菌菌丝的牙签直接在果穗中上部苞叶外刺入并达到籽粒中部。为确保菌丝被带入籽粒，可以采用双牙签法，也可以用尖的金属器具先在果穗上钻孔，然后插入带菌牙签。

3. 调查标准 在玉米生理成熟后（R6）进行调查。采收接种果穗，去除苞叶后逐穗调查，对果穗籽粒被病菌侵染的面积进行分级记载（表 9-12）。计算每份鉴定材料果穗的平均发病级别，并依据平均级别确定该鉴定材料对穗腐病的抗病性（表 9-13）（王晓鸣等，2016；Reid 等，2002）。

表 9-12 玉米抗镰孢穗腐病鉴定的病情分级标准

病情分级	描述
1	发病面积占果穗总面积 0～1%
3	发病面积占果穗总面积 2%～10%
5	发病面积占果穗总面积 11%～25%
7	发病面积占果穗总面积 26%～50%
9	发病面积占果穗总面积 51%～100%

表 9-13 玉米对镰孢穗腐病抗性的评价标准

平均病级	抗性评价
0～1.5	高抗（HR）
1.6～3.5	抗（R）
3.6～5.5	中抗（MR）
5.6～7.5	感（S）
7.6～9.0	高感（HS）

（三）镰孢穗腐病抗性遗传与育种

拟轮枝镰孢（*Fusarium verticillioides*）和层出镰孢（*Fusarium proliferatum*）是玉米镰孢穗腐病（FER）的主要致病菌，严重影响玉米的产量和品质。病原菌侵染玉米果穗后会产生一类对人类和动物有害的真菌毒素，称为伏马菌素（fumonisin）。伏马菌素可以在没有或很少有症状的籽粒中积累到很高的浓度。美国食物药物管理局所规定的食用玉米粉中伏马菌素的最高含量不得超过 $2\sim4mg/kg$。玉米自交系和杂交种在抗镰孢穗腐病及其产生的伏马毒素方面存在遗传差异，尚无任何一个玉米种质对这二者显示完全的抗性。在遗传上，抗镰孢穗腐病和伏马毒素的含量存在高度的负相关，暗示玉米基因组中这两个性状共享抗性因子。玉米对镰孢穗腐病和伏马毒素的抗性属数量性状，平均遗传力决定于所用的群体，从低、中、高均有分布。QTL 分析鉴定出了大量效应值低且群体特异的QTL，分布于玉米整个基因组上。Pérez - Brito 等（2001）在两个 $F_{2:3}$ 群体中分别定位到9 个和 7 个 QTL，只有 3 个 QTL 在两个群体中共享。利用 87 - 1 和综 3 组配的 RIL 群体，Ding 等（2008）在 3 号染色体上定位到 2 个一致性的 QTL，其中主效 QTL 可以解释性状变异 $13\%\sim22\%$。Robertson 等（2006a，2006b）利用玉米两个群体在 4 号、5 号染色体上发现了对镰孢穗腐病和伏马毒素都有抗性的 QTL；利用 GEFR（亲本为 GE440和 FR1064）和 NCB（亲本为 NC300 和 B104）两个群体定位抗镰孢穗腐病及伏马菌素污染的 QTL，分别检测到 7 个和 5 个 QTL，其中 GEFR 群体中 1 号染色体上的抗病 QTL与标记 bnlg1953 连锁，能够解释 18% 的表型变异。NCB 群体中 3 号染色体上的抗病QTL 与分子标记 bnlg1063 连锁，能解释 11% 的表型变异率，其余 QTL 抗病效应都低于 10%。

赤霉穗腐病（GER）主要由禾谷镰孢（*Fusarium graminearum*）引起，不仅影响玉米产量，其分泌的毒素（主要为 DON）还严重影响玉米品质。在自然条件下，禾谷镰孢通过花丝进行侵染，抗性可能发生在菌丝在花丝内生长（花丝抗性）及在籽粒间扩展（籽粒抗性）两个阶段。这两类抗性均受多基因控制，且受环境影响。Ali 等（2005）在四种环境下对花丝和籽粒分别接菌，共定位到 11 个花丝抗病 QTL 和 18 个籽粒抗病 QTL，解释抗性的变异介于 $6.7\%\sim35.0\%$，而在不同环境下能同时被检测到的只有 $1\sim2$ 个 QTL，说明大多数 QTL 对穗腐病的抗性受环境影响较大。利用 DH 系群体定位到 $4\sim6$ 个抗GER 和毒素污染的 QTL，共解释表型变异的 $29\%\sim35\%$，两个性状的遗传相关性高达 $0.89\sim0.95$。新近发现抗茎腐病的 *ZmAuxRP1* 基因对镰孢穗腐病同样具有抗病效应（Ye等，2019）。

二、玉米抗黄曲霉穗腐病的遗传与育种

（一）黄曲霉穗腐病特征特性

1. 病害严重性　黄曲霉穗腐病是重要的玉米穗腐病之一，病菌侵染玉米籽粒后产生具有致癌作用的黄曲霉素，被污染的籽粒无法用作口粮或饲料，因而该病害受到高度关注。根据有关报告，2012年美国22个玉米生产州及加拿大渥太华地区因曲霉穗腐病（以黄曲霉穗腐病为主）导致玉米减产240万t，占各种病害引发减产总量的8.8%，曲霉穗腐病是以上地区的第二大病害因素。

2. 病害症状　黄曲霉穗腐病发生在玉米果穗上。在田间处于长期潮湿条件下，或玉米采收后无法及时晾晒，在果穗的部分籽粒上出现松散的、黄绿色绒球状的霉层，严重时会导致1/3或1/2的果穗发霉。

3. 病菌形态特征　黄曲霉穗腐病致病菌为黄曲霉（*Aspergillus flavus* Link：Fr.）。病菌从被侵染的籽粒中穿透表皮产生较长的、肉眼可见的、黄绿色的分生孢子梗；在分生孢子梗顶端有一个膨大近球状的顶囊，顶囊表面再生一层或两层辐射状的小梗，顶端生出短串的、近球状、表面有微刺的分生孢子；包括顶囊在内的整个产孢结构呈球状、黄绿色。

4. 病害循环　黄曲霉腐生性强，病菌越冬场所主要为玉米病残体和土壤，种子也可携带病菌。在适宜的环境下，黄曲霉可以在土壤中和植株病残体上长期进行腐生性生长，不断产生分生孢子并通过气流和风雨传播。当玉米果穗因各种原因受伤或被害虫蛀食后，空气中的病菌通过这些伤口侵染玉米籽粒，菌丝在籽粒间蔓延，在高湿度条件下引起黄曲霉穗腐病。玉米收获后，空气中的病菌附着在病残体上或落入土壤中越冬。

5. 病害流行规律　黄曲霉穗腐病的发生与流行主要受到玉米生长后期田间湿度及果穗被害虫危害状况的影响。害虫危害重、伤口多，病菌侵染多；田间降雨多、湿度大，不利于果穗的脱水，而利于病菌的繁殖生长，导致病害发生重。

（二）黄曲霉穗腐病的抗性鉴定方法

玉米对黄曲霉穗腐病存在两种抗性：与种皮相关的抗性和种子内部的抗性。因此，接种方法不同，揭示的抗性构成不同。

1. 病菌产孢培养　采用玉米轴培养基（容积500mL的三角瓶中加入粉碎且灭菌的玉米轴颗粒50g，加入无菌水100mL），接菌后在28℃条件下培养21d，用含有0.1%吐温20的无菌水洗涤并经4层无菌纱布过滤。制成的孢子悬浮液浓度调至$9×10^7$个/mL，立即用于接种或在4℃条件下临时保存。

2. 田间接种

（1）注射接种法。接种在玉米吐丝后7d进行，从苞叶侧面插入针管（14号针头），在苞叶与籽粒之间的空隙处注射接种3.4mL孢子悬浮液。

（2）带菌麦粒灌心接种法。接种时期为玉米喇叭口期。用手持灌注器具在每株玉米喇叭口中灌注带黄曲霉菌的麦粒1g。

（3）籽粒鉴定法（kernel screening assay，KSA）。采集未发病籽粒，每份材料选择10粒表面健康的籽粒。用0.5%的次氯酸钠消毒并用无菌水冲洗并干燥。将表面消毒处理后的籽粒浸入分生孢子浓度为$1×10^5$个/mL的接种悬浮液中接种，然后单粒放入24孔的

Nunc 培养板孔穴中，密封后（保持相对湿度 95%±2%）在（26±2）℃条件下培养 15d。鉴定设置 3 次重复（Williams 等，2011；2013）。

3. 调查标准　注射和灌心接种法在玉米生理成熟后进行调查，依据果穗发病水平、籽粒中黄曲霉素含量、籽粒中黄曲霉菌含量进行抗病性分析或综合进行抗病性分析。籽粒鉴定法采用也可以根据籽粒被黄曲毒侵染的百分率进行抗病性分析。

（1）果穗发病水平调查。采收接种果穗，去除苞叶后逐穗调查，对果穗籽粒被病菌侵染的面积进行分级记载，计算每份鉴定材料果穗的平均发病级别，并依据平均级别确定该鉴定材料对曲霉穗腐病的抗病性（参见镰孢穗腐病）。

（2）籽粒中黄曲霉素含量检测。随机采收 10 株接种的果穗，在 38℃条件下干燥 7d，脱粒并混匀，四等分两次分样并对一份进行磨粉。取 50g 粉通过高压液相色谱法进行黄曲霉素含量检测。根据籽粒被黄曲霉素污染程度，确定鉴定材料的抗性水平。目前，尚未有关于籽粒中黄曲霉素含量与玉米抗性水平对应的划分标准，建议可以根据表 9-14 进行初步分析。

（3）对黄曲霉菌的定量检测。从玉米籽粒中提取总 DNA，采用 qRT-PCR 技术定量检测其中黄曲霉菌的 DNA，计算两者比值，评价鉴定材料对病菌的抗性水平。针对黄曲霉 *ITS1* 基因区段和玉米 *α-tubulin* 基因的特异性引物分别是 Af2（正向引物 5-AT-CATTACCGAGTGTAGGGTTCCT-3，反向引物 5-GCCGAAGCAACTAAGG-TACAGTAAA-3，产物大小 73bp）和 *Zmt3*（正向引物 5-TCCTGCTCG ACAATGAGGC-3，反向引物 5-TTGGGCGCTCAATGTCAA-3，产物大小 63bp）。迄今尚未有关于籽粒中黄曲霉菌含量与玉米抗性水平对应的划分标准，建议可以根据表 9-15 进行初步分析。

（4）籽粒被侵染率鉴定法。调查籽粒被黄曲霉定殖的百分率，并根据表 9-16 中标准划分抗性。

表 9-14　玉米籽粒中黄曲霉素含量（μg/g）与抗病性评价

黄曲霉素含量	抗性评价
0~0.1	高抗（HR）
0.2~1.0	抗（R）
1.0~2.0	中抗（MR）
2.1~4.0	感（S）
>4.0	高感（HS）

表 9-15　玉米籽粒中黄曲霉含量（mg/g）与玉米抗病性水平划分

黄曲霉含量	抗性评价
0~2.0	抗（R）
2.1~4.0	中抗（MR）
>4.0	感（S）

表 9-16　玉米籽粒被黄曲霉定殖百分率与抗病性评价

病情级别	黄曲霉定殖率（%）	抗性评价
1	0	高抗（HR）
2	1～20	抗（R）
3	21～50	中抗（MR）
4	51～70	感（S）
5	71～100	高感（HS）

（三）黄曲霉穗腐病抗性遗传与育种

发掘和利用寄主抗病因子是减轻黄曲霉穗腐病和黄曲霉毒素积累的主要途径。在世界各地已经鉴定出了许多抗黄曲霉穗腐病的玉米种质。通常情况下，抗黄曲霉玉米种质会携带一些不良农艺性状，比如晚熟、配合力低等。而且，目前大多数商业化的玉米品种对黄曲霉毒素的积累还是缺少足够的抗性。迄今，培育抗黄曲霉侵染的玉米优良自交系已有成功的事例，如自交系 Mp717 同时表现高抗黄曲霉和优良农艺性状。黄曲霉穗腐病抗性和黄曲霉毒素水平之间显著相关，两者都是受多基因控制的数量性状，遗传力从低到中等，存在高度的基因型/环境的变异。Paul 等（2003）定位到 4 个抗黄曲霉素积累的 QTL，但其中几个 QTL 受坏境影响较大，只能在一个年份中被检测到。除了 9 号染色体以外，在玉米的其他染色体上均检测到抗性 QTL，遗传效应由低到中等，其中的两个位于 2 号染色体的 afl3 和 4 号染色体上的 alf5 位点的 QTL，在多个环境条件下均能检测到，两者共同至少能解释表型变异的 20%。在自然条件下同时感染 *Fusarium* spp. 和 *Aspergillus* spp. 时，Williams 等（2011）可以观测到玉米杂交种中的黄曲霉毒素和伏马毒素的积累呈正相关，两个抗黄曲霉毒素积累的自交系——Mp717 和 Mp317，同样显示很低水平的伏马毒素含量。以上结果显示，玉米抗这两种病害的很多基因可能是共享的，因而培育镰孢穗腐病的抗病品种可能对黄曲霉穗腐病也有抗性，反之亦然。

三、玉米穗腐病抗性鉴定方法及标准的适用性

目前，我国玉米抗两种镰孢穗腐病鉴定采用的病情级别与抗性划分标准基本适用于对玉米品种和自交系抗病性的定性评价，其指标中不同级别对应的果穗发病面积变幅较大，主要是定性区分抗病与感病类型，以便育种和生产应用，而对基因挖掘研究并非十分适用。对于抗病基因的发掘和定位等研究，果穗发病面积的连续性数值采集是准确鉴定抗病基因/QTL 的基础。因此，细化数据采集方法和发展以自动图像识别技术为支撑的较为精准的果穗发病面积获取技术是未来抗穗腐病基因研究的重要需求。

第七节 玉米抗病毒病的遗传与育种

一、玉米抗矮花叶病的遗传与育种

(一)矮花叶病特征特性

1. 病害严重性 矮花叶病在我国分布较广泛,20 世纪 80 年代在局部地区发生严重,特别是在华北北部的河北和山西、西北的甘肃东部和陕西中部及西南局部地区。一般年份,矮花叶病造成玉米 5%~10%的产量损失,而在重病田,生产损失超过 30%。玉米矮花叶病具有暴发性、迁移性和间歇性的特征,当田间出现大量明显的病株后,再行防控已经无效,因而是影响玉米生产的重要病害之一。

2. 病害症状 典型的矮花叶病症状主要是叶片上出现大量散发在全叶的圆形褪绿斑点,褪绿点与正常色泽区域交织而形成"花叶"。发病重植株显著变矮,甚至不抽雄不结穗,叶片早衰枯死;发病轻植株能够结穗,但果穗较小,籽粒不饱满,叶片普遍因褪绿而颜色变浅。

3. 病毒形态特征 多种病毒可引起症状相同的玉米矮花叶病,在我国主要致病病毒为甘蔗花叶病毒(*Sugarcane mosaic virus*,SCMV),山西等地还有白草花叶病毒(*Penniserum mosaic virus*,PenMV),国外以玉米矮花叶病毒(*Maize dwarf mosaic virus*,MDMV)为主,还有约翰逊草花叶病毒(*Johnson grass mosaic virus*,JGMV)、高粱花叶病毒(*Sorghum mosaic virus*,SrMV)、玉米花叶病毒(*Zea mosaic virus*,ZeMV)等,其分布区域不同。甘蔗花叶病毒的病毒粒子呈弯曲线状,750nm×13nm,无包膜,单链 RNA;在寄主组织中能够产生风轮状、管状和卷叶状内含体。

4. 病毒的株系 在我国,曾认为玉米矮花叶病的致病病毒为 MDMV-B 株系和 MDMV-G 株系所致,现已证明分别是甘蔗花叶病毒和白草花叶病毒(蒋军喜等,2003)。

5. 病害循环 甘蔗花叶病毒除侵染玉米外还可以侵染多种多年生杂草并在其上越冬,也可以通过玉米种子带毒方式越冬。翌年,带毒种子长成幼苗后,直接成为田间的传毒中心,经蚜虫的取食和迁飞传毒,病害很快在田间传播。此外,早春季节,蚜虫通过取食地边带有病毒的多年生杂草而获毒,然后迁飞至玉米田,传播病害。带毒植株产生的花粉也能够传播甘蔗花叶病毒。夏季高温抑制病毒病的表现,秋季蚜虫又将病毒再传给杂草,完成病害循环。

6. 病害流行规律 玉米矮花叶病的流行取决于两个主要因素:带毒种子和传毒蚜虫数量。带毒种子在田间较早形成随机分布的病毒病传播中心,一旦田间出现蚜虫,很快病毒就会传至周边的健康植株并进一步扩大发病半径。因此,种子带毒率越高,病害流行越迅速。如果种子是健康的,毒源主要依赖于地边的带毒多年生杂草。由于蚜虫迁飞能力较弱,常常是地边的玉米幼苗先发病,逐渐向中心扩散,其整田的病害发生速度要低于种子带毒引发的病害流行。玉米矮花叶病需要通过多种蚜虫以非持久性方式传播才发生流行,因此与蚜虫种群增殖、迁飞有关的制约因素都会影响矮花叶病的田间流行，例如，田间传毒蚜虫种类决定病毒的传毒效率，蚜虫种群数量和有翅蚜的多少决定病害扩散的速度，田间温度决定蚜虫的发育进度、种群繁殖及有翅蚜的形成，进而影响玉米矮花叶病的流行。

（二）矮花叶病的抗性鉴定方法

1. 毒源采集　采集田间具有典型玉米矮花叶病症状的植株叶片，用摩擦接种法接种感病玉米幼苗以纯化毒源。对采集的病毒株系应进行生物学鉴定或血清学鉴定，确认分离物为甘蔗花叶病毒（*Sugarcane mosaic virus*，SCMV）。病毒毒源保存在防虫温室玉米幼苗上或将具有典型症状的病叶保存在 -20℃的冰箱内。

2. 田间接种　在玉米 3～4 叶期接种，采用摩擦接种法。将保存的病叶剪碎并置于无菌研钵中，同时加入病叶量 10 倍的 0.1mol/L、pH7.0 的磷酸缓冲液，在低温条件下研磨，配制接种悬浮液，然后用棉棒蘸取少量接种悬浮液，在叶面轻度摩擦造成微伤。每株接种 2 片叶。

3. 调查标准　调查在玉米大喇叭口期进行。逐株调查发病症状，记载症状级别并判断苗期的抗病性水平（表 9-17）（王晓鸣等，2006）。

表 9-17　玉米苗期抗矮花叶病鉴定病情级别划分

病情级别	描述	抗性评价
1	苗期发病株率 0%～5.0%	高抗（HR）
3	苗期发病株率 5.1%～15.0%	抗（R）
5	苗期发病株率 15.1%～30.0%	中抗（MR）
7	苗期发病株率 30.1%～50.0%	感（S）
9	苗期发病株率 50.1%～100%	高感（HS）

（三）玉米矮花叶病抗性遗传与育种

在美国玉米种质中，自交系 Pa405 在田间和温室条件下高抗玉米矮花叶病（MDMV）和甘蔗花叶病毒病（SCMV）。3 个欧洲玉米自交系 D21、D32 和 FAP1360A 在田间和温室中也高抗 SCMV，Melchinger 等（1998）在这三个自交系中发现了两个显性的抗性基因：位于 6 号染色体短臂的 *Scmv1* 和 3 号染色体着丝粒附近的 *Scmv2*。Xia 等（1999）利用（D32×D145）F$_2$ 群体对 SCMV 进行 QTL 定位研究，除了上述两个主效抗病位点外，还在 1 号、5 号和 10 号染色体上检测到 3 个微效 QTL。陈旭等（2005）利用 X178 和 B73 的 F$_2$ 群体，采用春播和夏播方式，定位获得 5 个抗病 QTL，位于 2 号、3 号、5 号、6 号和 9 号染色体上。吴建宇等（2002）以高抗玉米甘蔗花叶病毒的自交系四一为父本，与 Mo17 组配了 F$_2$ 群体进行定位，将 *Scmv1* 定位在 6 号染色体 bin6.00/01，*Scmv2* 定位在 3 号染色体 bin3.04/05，两个区段都小于 2cM。liu 等（2009）利用黄早四和 Mo17 的 239 个 RILs 群体定位到一个主效基因，位于 6 号染色体，可以解释表型变异的 50% 以上。总之，不同研究者在欧洲、中国、巴西的热带等抗病种质中反复证实了两个主效抗病位点 *Scmv1* 和 *Scmv2* 的存在。

在初步定位的基础上对这两个基因开展了一系列的精细定位工作，初期的精细定位将 *Scmv1* 定位在8.7cM，*Scmv2* 定位在26.8cM范围内。赵荣兵等（2011）进一步将 *Scmv1* 定位在1.38cM区间。SCMV接种试验证明 *Scmv1* 在接种早期起作用，而 *Scmv2* 主要在后期起作用，二者表现为上位性互作。同时携带 *Scmv1* 和 *Scmv2* 的近等基因系完全抗 SCMV病毒。Tao等（2013a）采用一个抗病基因位点固定，另一个分离的单基因分离后代群体进行精细定位，将 *Scmv1* 限定在112kb，*Scmv2* 限定在500kb范围内，同时获得了两个位点的抗病候选基因。Liu等（2017）进一步研究表明，*ZmTrxh* 是 *Scmv1* 位点的抗病基因，编码非典型h型硫氧还蛋白，具有分子伴侣活性，抑制SCMV病毒的积累；Leng等（2017）证实，*ZmABP1* 是 *Scmv2* 位点的抗病基因，编码生长素结合蛋白，同样具有分子伴侣活性。

在Pa405中的抗MDMV主基因 *Mdm1* 与 *Scmv1* 共分离，抗引起玉米病毒病的小麦条纹病毒的3个主基因 *Wsm1*、*Wsm2* 和 *Wsm3*，分别位于bins 6.00/01、3.04/05、10.04/05。携带 *Scmv1* 和 *Scmv2* 片段的近等基因系F7R对SCMV、MDMV、ZeMV和WSMV等病毒都表现出完全抗性。研究证明，在6号染色体短臂区域同时携带 *Mdm1*、*Scmv1* 和 *Wsm1* 基因，分别抗MDMV、SCMV和WSMV。3号染色体近着丝粒区域同时携带 *Scmv2* 和 *Wsm2* 基因，分别抗SCMV和WSMV。目前尚不清楚是基因的多效性还是不同抗病基因聚合在一起显示对多个不同的马铃薯Y病毒属病毒的抗性。

在抗病育种方面，同时整合 *Scmv1* 和 *Scmv2* 两个位点可以高抗SCMV病毒病，如 Lubberstedt等（2006）开展了分子标记辅助回交转育工作，将来自抗病亲本FAP1360A 中的 *Scmv1* 和 *Scmv2* 两个染色体片段导入到感病亲本F7中，获得了遗传背景相同的，携带不同抗病基因片段的一系列近等基因系。在感病自交系的F7背景中整合 *Scmv1* 和 *Scmv2* 的近等基因系F7R，在感病自交系Mo17中导入抗病亲本四一的 *Scmv1* 和 *Scmv2* 二个区段的近等基因系等，均高抗SCMV病毒。

二、玉米抗粗缩病的遗传与育种

（一）粗缩病特征特性

1. 病害严重性　玉米粗缩病在我国许多地区发生，但目前对河南东部与南部、山东西部与西南部、安徽北部、江苏北部以及河北南部玉米生产影响最大。粗缩病是一种毁灭性病毒病害，一旦严重发生，基本可以造成80%以上的产量损失甚至绝产。

2. 病害症状　玉米粗缩病侵染主要发生在苗期，5~6叶开始出现明显的症状。在苗期，心叶基部及中脉两侧出现褪绿并逐渐透明的条点，进一步发展为在叶背面沿叶脉出现白色蜡状突起条纹。发病植株明显矮化，节间紧缩，茎秆粗大，顶叶簇生，叶片厚而色泽浓绿。发病严重植株不抽雄不吐丝，容易枯死。

3. 病毒形态特征　有多种病毒可以引起玉米粗缩病。在我国，玉米粗缩病的致病病毒为水稻黑条矮缩病毒（*Rice black - streaked dwarf virus*，RBSDV）和南方水稻黑条矮缩病毒（*Southern rice black - streaked dwarf virus*，SRBSDV）（Bai 等，2002）。国外报道的还有玉米粗缩病毒（*Maize rough dwarf virus*，MRDV）、里奥夸尔托病毒（*Mal de Rio Cuarto virus*，MRCV）。水稻黑条矮缩病毒的粒子为球状体，直径 70～75nm，具双层蛋白质衣壳。

4. 病害循环　在我国黄淮玉米—小麦连作区，玉米粗缩病病毒主要在冬小麦及多年生杂草和休眠或滞育状态的传毒昆虫灰飞虱体内越冬。翌年小麦返青后，麦田中的灰飞虱开始活动取食获毒并在小麦上进一步传毒。5—6 月间，小麦逐渐成熟，第一代灰飞虱成虫从麦田迁飞至早播的玉米田或水稻秧田，引起玉米粗缩病。玉米不是灰飞虱喜食的寄主，因此在夏季灰飞虱主要在水稻及杂草上活动，并在秋季再度迁飞至小麦田越冬。

5. 病害流行规律　玉米粗缩病病毒不能经土壤、汁液摩擦和种子传播，唯一的传播途径是昆虫介体。在我国，灰飞虱能够携带并传播水稻黑条矮缩病毒，而白背飞虱可以传播南方水稻黑条矮缩病毒。灰飞虱在染毒植株上取食 30 min 可获毒，经过体内循回期后，即可终生传毒，属于持久性传毒，但所产虫卵不传毒。灰飞虱具有随气流远距离迁飞的能力，因此一些地方玉米粗缩病的发生与外来虫源有关。玉米粗缩病的暴发与流行受到传毒虫源群体大小以及传毒昆虫带毒率高低的影响。如果灰飞虱越冬后种群数量大、带毒率高，又在适宜的气候条件下发育正常，迁飞期与玉米敏感的苗期相吻合，玉米粗缩病将暴发。冬季干燥，有利于灰飞虱越冬代存活，早春气温高，降雨少利于灰飞虱若虫羽化与繁殖。当春季气温为 15～28℃ 并维持较长时间，利于灰飞虱的发育，而 30℃ 以上高温则不利灰飞虱的发育。

（二）粗缩病抗病性接种鉴定方法

由于粗缩病传毒介体灰飞虱虽可以人工饲养，但难度较大，因此一般进行玉米抗粗缩病鉴定主要采取自然接种法。

1. 鉴定圃设置　采用小麦与玉米间作方式进行自然传毒，即玉米播种在与麦田相邻的田块。根据各地常年灰飞虱迁飞高峰时期，提前播种玉米。麦田中越冬的灰飞虱在小麦上获毒，在玉米 3～4 叶期，提前收获小麦，迫使灰飞虱向玉米幼苗迁移；如果麦田中灰飞虱数量很大，一般也会自然大量向玉米幼苗迁移，造成较好的病毒接种效果。

2. 调查标准　调查分别在大喇叭口期与灌浆期进行。苗期调查植株是否出现矮化及是否有叶脉褪绿和脉突出现。成株期调查发病率、植株矮化程度、上部茎节是否矮缩、结实率和结实状况。根据不同的症状表现，确定抗病性水平。目前尚缺乏统一的抗性鉴定标准，研究者常用的评价方法有依据发病率评价抗病性的指标（表 9 - 18），依据严重度并计算病情指数的评价抗病性的指标（表 9 - 19 和表 9 - 20）（苗洪芹等，2005；路银贵等，2007）或采用综合植株矮化程度和果穗缩小程度的抗性评价指标（表 9 - 21）（王晓鸣等，2016）。

表 9 - 18　玉米粗缩病发病率与抗性划分指标

病情级别	描述	抗性评价
1	发病株率 0%～1.0%	高抗（HR）
3	发病株率 1.1%～5.0%	抗（R）
5	发病株率 5.1%～10.0%	中抗（MR）
7	发病株率 10.1%～30.0%	感（S）
9	发病株率 30.1%～100%	高感（HS）

表 9 - 19　玉米粗缩病严重度划分

病情级别	描述
0	植株正常
1	株高为健株株高的 4/5 左右，仅上部数叶出现脉突
2	株高为健株株高的 2/3 左右，整株显症
3	株高为健株株高的 1/2 左右，整株显症
4	株高为健株株高的 1/3 以下，整株显症或提早枯死

表 9 - 20　玉米抗粗缩病鉴定病情指数与抗性评价

病情指数	抗性评价
0～1.0	高抗（HR）
1.1～5.0	抗（R）
5.1～10.0	中抗（MR）
10.1～30.0	感（S）
30.1～100.0	高感（HS）

表 9 - 21　玉米粗缩病抗性鉴定病情分级与抗性划分

病情级别	描述	抗性评价
1	植株株高为正常株高的 80% 以上，果穗长度为正常的 80% 以上	高抗（HR）
3	植株株高为正常株高的 61%～80%，果穗长度为正常的 51%～80%	抗（R）
5	植株株高为正常株高的 41%～60%，果穗长度为正常的 21%～50%	中抗（MR）
7	植株株高为正常株高的 31%～40%，无果穗	感（S）
9	植株株高为正常株高的 0～30%，无果穗	高感（HS）

（三）玉米粗缩病抗性遗传与育种

　　玉米抗粗缩病呈数量性状遗传，由多个数量性状位点（QTL）控制。杨兴飞等（2010）研究表明，不同玉米种质与粗缩病的抗性相关，唐四平头群和 P 群总体抗性最好，Reid 群较差，旅大红骨和 Lancaster 群抗感变异较大。路银贵等（2001）从美国引进的材料中筛选到高抗粗缩病的 E13 和 E115 自交系，并在国内自交系中发现 178、P138、901141、9138 和沈 137 的抗性表现较好。在抗性遗传研究方面，王安乐等（2000）指出玉米抗粗缩病性状为数量性状，微效多基因的加性效应在抗性中起主导作用。Di Renzo 等（2002）利用 Mo17 和 BSL14 组配的 $F_{2:3}$ 家系，通过多点试验表明，玉米抗 MRCV 遗传力在 0.44～0.56，受环境影响明显。Di Renzo 等（2004）在 BSL14 和 Mo17 的 227 个 F_3 家系中通过复合区间作图定位了两个粗缩病抗病位点，分别位于 bin1.03 和 bin8.03/04。史利玉等（2011）利用 514 个 SNP 标记和 72 个 SSR 标记在 X178 和 B73 组配的 89 个 F_8 代重组自交系中定位了一个粗缩病主效抗病 QTL，位于 bin8.03。Luan 等（2012）将玉米粗缩病剖分成节间缩短、蜡突、雄穗穗型和总体抗性四指标，在 $F_{2:3}$ 家系中通过复合区间作图，在 2 号、6 号、7 号、8 号和 10 号染色体上定位到 5 个 QTL，位于 bin8.06 的 QTL 位点为主效抗病位点。由于不同研究人员所用材料不同，定位结果也不尽相同，但其中也有在不同材料组合中均起作用的位点，如位于 bin8.03 上的 QTL 位点。Tao 等（2013b）将 bin8.03 位点的主效抗病 QTL - qMrdd1，精细定位在分子标记 M103 - 4 和 M105 - 3 之间，物理距离 1.2Mb。qMrdd1 位点显示隐性抗病特点，其隐性等位基因能减低病情指数 24.2%～39.3%。Liu 等（2020）进一步研究发现，qMrdd1 位点包含一个抗病相关基因 ZmGDIα，编码 Rab GDP 解离抑制子 α。野生型的 ZmGDIα 为宿主感病因子，在病毒侵染过程中被病毒 P7 - 1 效应子招募，引起感病；当 helitron 转座子插入到第 10 内含子时引起可变剪接，其编码的 ZmGDIα - hel 突变体不易被病毒 P7 - 1 效应子招募，从而限制病毒在植物内的移动，产生数量性状抗性。鉴于该位点在不同组合中均能解释较大表型变异率，精细定位此 QTL 将有利于抗病基因的克隆，培育抗病杂交种，推动玉米抗粗缩病的研究与利用。

三、玉米病毒病抗性鉴定方法及标准的适用性

目前我国玉米抗病毒病鉴定采用的病情级别标准中的级别划分是依据群体发病水平对产量影响程度而确定的。两种病毒病对产量的影响水平不同，因此，矮花叶病在发病 50% 以上、粗缩病在发病 30% 以上即被评定为高感，而且各级别所对应的发病率区间并不均衡。这种标准对于玉米品种和自交系抗病性的定性评价是适用的，也便于田间的调查操作，抗病与感病区分明显。但这种标准对于抗病基因挖掘与定位不十分适用。因此，调查时采用发病率的连续性数值或植株相对矮化的指标或结实率指标，都可以揭示玉米种质对这两种病毒病的不同抗病表型特征，更有利于对抗病毒病基因的挖掘与深入研究。

主要参考文献

陈旭，李新海，郝转芳，等.2005.玉米抗矮花叶病 QTL 定位.作物学报，31（8）：983 - 988.
段灿星，崔丽娜，夏玉生，等.2022.玉米种质资源对拟轮枝镰孢与禾谷镰孢穗腐病的抗性精准鉴定与

分析．作物学报，48（9）：2155 - 2167.

段灿星，朱振东，武小菲，等．2012. 玉米种质资源对六种重要病虫害的抗性鉴定与评价．植物遗传资源学报，13（2）：169 - 174.

郭满库，王晓鸣．2007. 玉米种质资源抗矮花叶病鉴定．植物遗传资源学报，8（1）：11 - 15.

蒋军喜，陈正贤，李桂新，等．2003. 我国 12 省市玉米矮花叶病病原鉴定及病毒致病性测定．植物病理学报，33（4）：307 - 312.

李聪聪，王亚娇，栗秋生，等．2020. 河北省玉米小斑病菌优势生理小种鉴定及 ITS 序列分析．玉米科学，28（1）：172 - 176.

刘庆奎，秦子惠，张小利，等．2013. 中国玉米灰斑病病原菌的鉴定及其基本特性研究．中国农业科学，46（19）：4044 - 4057.

路银贵，邓风，苗洪芹，等．2007. 河北省主推玉米品种对粗缩病抗性鉴定及病情指标与产量损失率关系研究．植物保护，33（6）：90 - 93.

苗洪芹，田兰芝，路银贵，等．2005. 简便易行的玉米粗缩病严重度分级标准．植物保护，31（6）：87 - 89.

史利玉．2010. 玉米粗缩病抗性遗传研究．雅安：四川农业大学．

苏前富，宋淑云，王巍巍，等．2008. 吉林省玉米大斑病菌生理小种的组成变异与动态预测．玉米科学，16（6）：123 - 125.

王安乐，赵德发，陈朝辉，等．2000. 玉米自交系抗粗缩病特性的遗传基础及轮回选择效应研究．玉米科学，8（1）：80 - 82.

王平喜，简银巧，张红伟，等．2014. 基于元分析的抗玉米灰斑病 QTL 比较定位．玉米科学，22（1）：56 - 61.

王晓鸣，晋齐鸣，石洁，等．2006. 玉米病害发生现状与推广品种抗性对未来病害发展的影响．植物病理学报，36（1）：1 - 11.

王晓鸣，晋齐鸣，王作英，等．2003. 2002 年东北玉米丝黑穗病暴发原因与防治建议．植保技术与推广，23（3）：12 - 14.

王晓鸣，刘骏，郭云燕，等．2020. 中国玉米南方锈病初侵染源的多源性．玉米科学，28（3）：1 - 14，30.

王晓鸣，王振营．2018. 中国玉米病虫草害图鉴．北京：中国农业出版社．

王玉萍，王晓鸣，马青．2007. 我国玉米大斑病菌生理小种组成变异研究．玉米科学，15（2）：123 - 126.

王振营，王晓鸣．2019. 我国玉米病虫害发生现状、趋势与防控对策．植物保护，45（1）：1 - 11.

吴建宇，丁俊强，杜彦修，等．2002. 两个玉米矮花叶病显性互补抗病基因的发现和定位．遗传学报，29（12）：1095 - 1099.

薛春生，肖淑琴，翟羽红，等．2008. 玉米弯孢菌叶斑病菌致病类型分化研究．植物病理学报，38（1）：6 - 12.

杨兴飞，温广波，杨轶．2010. 玉米不同种质对粗缩病的抗性鉴定和分析．玉米科学，18（3）：144 - 146.

赵辉，高增贵，张小飞，等．2007. 东北春玉米区大斑病菌生理小种鉴定．植物保护，33（6）：31 - 34.

赵立萍，王晓鸣，段灿星，等．2015. 中国玉米灰斑病发生现状与未来扩散趋势分析．中国农业科学，48（18）：3612 - 3626.

赵荣兵，王永霞，丁俊强，等．2011. 玉米矮花叶病抗病基因 *Rscmvl* 的精细定位．玉米科学，19（4）：

10 - 13.

Ali ML，Taylor JH，Jie L，et al. 2005. Molecular mapping of QTL for resistance to Gibberella ear rot，in corn，caused by *Fusarium graminearum*. Genome，48（3）：521 - 533.

Bai FW，Yan J，Qu ZC，et al. 2002. Phylogenetic analysis reveals that a dwarfing disease on different cereal crops in China is due to rice black streaked dwarf virus （RBSDV）. Virus Genes，25（2）：201 - 206.

Balint - Kurti PJ，Carson ML. 2006. Analysis of quantitative trait loci for resistance to southern leaf blight in juvenile maize. Phytopathology，96（3）：221 - 225.

Carson ML，Stuber CW，Senior ML. 2004. Identification and mapping of quantitative trait loci conditioning resistance to southern leaf blight of maize caused by *Cochliobolus heterostrophus* race O. Phytopathology，94（8）：862 - 867.

Chávez - Medina JA，Leyva - López NE，Pataky JK. 2007. Resistance to *Puccinia polysora* in maize accessions. Plant Disease，91（11）：1489 - 1495.

Chen CX，Wang ZL，Yang DE，et al. 2004. Molecular tagging and genetic mapping of the disease resistance gene *RppQ* to southern corn rust. Theoretical and Applied Genetics，108（5）：945 - 950.

Chen G，Zhang B，Ding J，et al. 2022. Cloning southern corn rust resistant gene *RppK* and its cognate gene *AvrRppK* from *Puccinia polysora*. Nature Communications，13（1）：4392.

Chen YS，Chao Q，Tan GQ，et al. 2008. Identification and fine - mapping of a major QTL conferring resistance against head smut in maize. Theoretical and Applied Genetics，117（8）：1241 - 1252.

Chintamanani S，Multani DS，Ruess H，et al. 2008. Distinct mechanisms govern the dosage - dependent and developmentally regulated resistance conferred by the maize *Hm2* gene. Molecular Plant - Microbe Interactions，21（1）：79 - 86.

Chung CL，Poland J，Kump K，et al. 2011. Targeted discovery of quantitative trait loci for resistance to northern leaf blight and other diseases of maize. Theoretical and Applied Genetics，123（2）：307 - 326.

Clements MJ，Dudley JW，White DG. 2000. Quantitative trait loci associated with resistance to gray leaf spot of corn. Phytopathology，90（9）：1018 - 1025.

Collins N，Drake J，Ayliffe M，et al. 1999. Molecular characterization of the maize *Rp1 - D* rust resistance haplotype and its mutants. The Plant Cell，11（7）：1365 - 1376.

Crous PW，Groenewald JZ，Groenewald M，et al. 2011. Species of *Cercospora* associated with grey leaf spot of maize. Studies in Mycology，68（1）：237 - 247.

Danson J，Lagat M，Kimani M，et al. 2008. Quantitative trait loci （QTL） for resistance to gray leaf spot and common rust diseases of maize. African Journal of Biotechnology，7（18）：3247 - 3254.

Deng C，Leonard A，Cahill J，et al. 2022. The RppC - AvrRppC NLR - effector interaction mediates the resistance to southern corn rust in maize. Molecular Plant，15（5）：904 - 912.

Ding JQ，Wang XM，Chander S，et al. 2008. QTL mapping of resistance to Fusarium ear rot using a RIL population in maize. Molecular breeding，22（3）：395 - 403.

Di Renzo MA，Bonamico NC，Díaz DD，et al. 2002. Inheritance of resistance to Mal de Río Cuarto （MRC） disease in *Zea mays* L. The Journal of Agricultural Science，139（1）：47 - 53.

Di Renzo MA，Bonamico NC，Díaz DG，et al. 2004. Microsatellite markers linked to QTL for resistance to Mal de Rio Cuarto disease in *Zea mays* L. The Journal of Agricultural Science，142（3）：289 - 295.

Dingerdissen AL，Geiger HH，Lee M，et al. 1996. Interval mapping of genes for quantitative resistance of maize to *Setosphaeria turcica*，cause of northern leaf blight，in a tropical environment. Molecular Breeding，2（2）：143－156.

Duan CX，Song FJ，Sun SL，et al. 2019. Characterization and molecular mapping of two novel genes resistant to *Pyhtium* stalk rot in maize. Phytopathology，109（5）：804－809.

Frey TJ. 2006. Finemapping，cloning，verification，and fitness evaluation of a QTL，Rcg1，which confers resistance to *Colletotrichum graminicola* in maize. New York：University of Delaware.

Frey TJ，Weldekidan T，Colbert T，et al. 2011. Fitness evaluation of Rcg1，a locus that confers resistance to *Colletotrichum graminicola*（Ces.）GW Wils. using near‐isogenic maize hybrids. Crop Science，51（4）：1551－1563.

Freymark PJ，Lee M，Woodman WL，et al. 1993. Quantitative and qualitative trait loci affecting host‐plant response to *Exserohilum turcicum* in maize（*Zea mays* L.）Theoretical and Applied Genetics，87（5）：537－544.

Fu ZQ，Dong X. 2013. Systemic acquired resistance：turning local infection into global defense. Annual review of Plant Biology，64：839－863.

Fu D，Uauy C，Distelfeld A，et al. 2009. A kinase‐START gene confers temperature‐dependent resistance to wheat stripe rust. Science，323（5919）：1357－1360.

Glazebrook J. 2005. Contrasting mechanisms of defense against biotrophic and necrotrophic pathogens. Annual Review of Phytopathology，43（1）：205－227.

Hooker AL，Johnson PE，Shurtleff MC，et al. 1963. Soil fertility and northern corn leaf blight infection. Agronomy Journal，55（4）：411－412.

Hou J，Xing YX，Zhang Y，et al. 2013. Identification of quantitative trait loci for resistance to Curvularia leaf spot of maize. Maydica，58（3－4）：266－283.

Hurni S，Scheuermann D，Krattinger SG，et al. 2015. The maize disease resistance gene *Htnl* against northern corn leaf blight encodes a wall‐associated receptor‐like kinase. Proceedings of the National Academy of Sciences of the United States of America，112（28）：8780－8785.

Jiang JC，Edmeades GO，Armstead I，et al. 1999. Genetic analysis of adaptation differences between highland and lowland tropical maize using molecular markers. Theoretical and Applied Genetics，99（7/8）：1106－1119.

Johal GS，Briggs SP. 1992. Reductase activity encoded by the *HM1* disease resistance gene in maize. Science，258（5084）：985－987.

Jones JDG，Dangl JL. 2006. The plant immune system. Nature，444（7117）：323－329.

Krattinger SG，Lagudah ES，Spielmeyer W，et al. 2009. A putative ABC transporter confers durable resistance to multiple fungal pathogens in wheat. Science，323（5919）：1360－1363.

Kump KL，Bradbury PJ，Wisser RJ，et al. 2011. Genome‐wide association study of quantitative resistance to southern leaf blight in the maize nested association mapping population. Nature Genetics，43（2）：163－168.

Leng P，Ji Q，Asp T，et al. 2017. Auxin binding protein 1 reinforces resistance to sugarcane mosaic virus in maize. Molecular Plant，10（10）：1357－1360.

Li N，Lin B，Wang H，et al. 2019. Natural variation in *ZmFBL41* confers banded leaf and sheath blight resistance in maize. Nature Genetics，51（10）：1540 - 1548.

Liu C，Hao Z，Zhang D，et al. 2015. Genetic properties of 240 maize inbred lines and identity - by - descent segments revealed by high - density SNP markers. Molecular Breeding，35（7）：1 - 12.

Liu Q，Deng S，Liu B，et al. 2020. A*helitron* - induced RabGDI α variant causes quantitative recessive resistance to maize rough dwarf disease. Nature Communications，11（1）：495.

Liu Q，Liu H，Gong Y，et al. 2017. An atypical thioredoxin imparts early resistance to sugarcane mosaic virus in maize. Molecular Plant，10（3）：483 - 497.

Liu XH，Tan ZB，Rong TZ. 2009. Molecular mapping of a major QTL conferring resistance to SCMV based on immortal RIL population in maize. Euphytica，167（2）：229 - 235.

Luan J，Wang F，Li Y，et al. 2012. Mapping quantitative trait loci conferring resistance to rice black - streaked virus in maize（*Zea mays* L.）. Theoretical and Applied Genetics，125（4）：781 - 791.

Lübberstedt T，Xia XC，Tan G，et al. 1999. QTL mapping of resistance to *Sporisorium reiliana* in maize. Theoretical and Applied Genetics，99（3）：593 - 598.

Lübberstedt T，Ingvardsen C，Melchinger A E，et al. 2006. Two chromosome segments confer multiple potyvirus resistance in maize. Plant Breeding，125（4）：352 - 356.

Melchinger AE，Kuntze L，Gumber RK，et al. 1998. Genetic basis of resistance to sugarcane mosaic virus in European maize germplasm. Theoretical and Applied Genetics，96（8）：1151 - 1161.

Negeri AT，Coles ND，Holland JB，et al. 2011. Mapping QTL controlling southern leaf blight resistance by joint analysis of three related recombinant inbred line populations. Crop Science，51（4）：1571 - 1579.

Paul C，Naidoo G，Forbes A，et al. 2003. Quantitative trait loci for low aflatoxin production in two related maize populations. Theoretical and Applied Genetics，107（2）：263 - 270.

Pérez - Brito D，Jeffers D P，González - de - León D，et al. 2001. QTL mapping of *Fusarium moniliforme* ear rot resistance in highland maize，México. Agrociencia，35（2）：18 - 196.

Poland JA，Balint - Kurti PJ，Wisser RJ，et al. 2009. Shades of gray：the world of quantitative disease resistance. Trendsin Plant Science，14（1）：21 - 29.

Reid LM，Woldemariam T，Zhu X，et al. 2002. Effect of inoculation time and point of entry on disease severity in *Fusarium graminearum*，*Fusarium verticillioides*，or *Fusarium subglutinans* inoculated maize ears. Canadian Journal of Plant Pathology，24（2）：162 - 167.

Ren J，Li Z，Wu P，et al. 2021. Genetic dissection of quantitative resistance to common rust（*Puccinia sorghi*）in tropical maize（*Zea mays* L.）by combined genome - wide association study，linkage mapping，and genomic prediction. Frontiers in Plant Science，12：692205.

Robert AL. 1962. Host ranges and races of the corn rusts. Phytopathology，52（10）：1010 - 1012.

Robertson LA，Kleinschmidt CE，White DG，et al. 2006a. Heritabilities and correlations of Fusarium ear rot resistance and fumonisin contamination resistance in two maize populations. Crop Science，46（1）：353 - 361.

Robertson LA，Jines MP，Balint - Kurti PJ，et al. 2006b. QTL mapping for Fusarium ear rot and fumonisin contamination resistance in two maize populations. Crop Science，46（4）：1734 - 1743.

Shi LY，Li XH，Hao ZF，et al. 2007. Comparative QTL mapping of resistance to gray leaf spot in maize based on bioinformatics. Agricultural Sciences in China，6（12）：1411 - 1419.

Singh S，Sidhu JS，Huang N，et al. 2001. Pyramiding three bacterial blight resistance genes（*xa5*，*xa13* and *Xa21*）using marker - assisted selection into indica rice cultivar PR106. Theoretical and Applied Genetics，102（6）：1011 - 1015.

Song FJ，Xiao MG，Duan CX，et al. 2015. Two genes conferring resistance to *Pythium* stalk rot in maize inbred line Qi319. Molecular Genetics and Genomics，290：1543 - 1549.

Spoel SH，Dong X. 2012. How do plants achieve immunity? Defence without specialized immune cells. Nature Reviews Immunology，12（2）：89 - 100.

St Clair DA. 2010. Quantitative disease resistance and quantitative resistance loci in breeding. Annual Review of Phytopathology，48：247 - 268.

Storey HH，Howland AK. 1957. Resistance in maize to the tropical American rust fungus，*Puccinia polysora* Underw. Heredity，11（3）：289 - 301.

Suh JP，Yang SJ，Jeung JU，et al. 2011. Development of elite breeding lines conferring *Bph18* gene - derived resistance to brown planthopper（BPH）by marker - assisted selection and genome - wide background analysis in japonica rice（*Oryza sativa* L.）. Field Crops Research，120（2）：215 - 222.

Tao YF，Jiang L，Liu QQ，et al. 2013a. Combined linkage and association mapping reveals candidates for Scmv1，a major locus involved in resistance to sugarcane mosaic virus（SCMV）in maize. BMC Plant Biology，13（1）：162.

Tao YF，Liu QC，Wang HH，et al. 2013b. Identification and fine - mapping of a QTL，qMrdd1，that confers recessive resistance to maize rough dwarf disease. BMC Plant Biology，13（1）：145.

Thatcher S，Leonard A，Lauer M，et al. 2022. The northern corn leaf blight resistance gene *Htl* encodes an nucleotide - binding，leucine - rich repeat immune receptor. Molecular Plant Pathology，doi：10. 1111/mpp. 13267.

Van Loon LC，Van Strien EA. 1999. The families of pathogenesis - related proteins，their activities，and comparative analysis of PR - 1 type proteins. Physiological and Molecular Plant Pathology，55（2）：85 - 97.

Wang C，Yang Q，Wang WX，et al. 2017. A transposon - directed epigenetic change in *ZmCCT* underlies quantitative resistance to Gibberella stalk rot in maize. New Phytologyst，215（4）：1503 - 1515.

Wang M，Yan J，Zhao J，et al. 2012. Genome - wide association study（GWAS）of resistance to head smut in maize. Plant Science，196：125 - 131.

Weldekidan T，Hawk JA. 1993. Inheritance of anthracnose stalk rot resistance in maize. Maydica，38（3）：189 - 192.

Williams WP，Alpe MN，Windham GL，et al. 2013. Comparison of two inoculation methods for evaluating maize for resistance to *Aspergillus flavus* infection and aflatoxin accumulation. International Journal of Agronomy，2013（6）：1 - 6.

Williams WP，Ozkan S，Ankala A，et al. 2011. Ear rot，aflatoxin accumulation，and fungal biomass in maize after inoculation with *Aspergillus flavus*. Field Crops Research，120（1）：196 - 200.

Wisser RJ，Balint - Kurti PJ，Nelson R J. 2006. The genetic architecture of disease resistance in maize：a synthesis of published studies. Phytopathology，96（2）：120 - 129.

Xia XC，Melchinger AE，Kuntze L，et al. 1999. Quantitative trait loci mapping of resistance to sugarcane mosaic virus in maize. Phytopathology，89（8）：660－667.

Xu L，Zhang Y，Shao SQ，et al. 2013. High－resolution mapping and characterization of *qRgls2*，a major quantitative trait locus involved in maize resistance to gray leaf spot. BMC Plant Biology，14（1）：230.

Yang DE，Jin DM，Wang B，et al. 2005. Characterization and mapping of *Rpi1*，a gene that confers dominant resistance to stalk rot in maize. Molecular Genetics and Genomics，274：229－234.

Yang Q，Yin GM，Guo YL，et al. 2010. A major QTL for resistance to Gibberella stalk rot in maize. Theoretical and Applied Genetics，121（4）：673－687.

Yang Q，He Y，Kabahuma M，et al. 2017. A gene encoding maize caffeoyl－CoA O－methyltransferase confers quantitative resistance to multiple pathogens. Nature Genetics，49（9）：1364－1372.

Ye JR，Guo YL，Zhang DF，et al. 2013. Cytological and molecular characterization of quantitative trait locus *qRfg1*，which confers resistance to Gibberella stalk－rot in maize. Molecular Plant－Microbe Interactions，26（12）：1417－1428.

Ye JR，Zhong T，Zhang DF，et al. 2019. The auxin－regulated protein ZmAuxRP1 coordinates the balance between root growth and stalk rot disease resistance in maize. Molecular Plant，12（3）：360－373.

Zhang DF，Liu YJ，Guo YL，et al. 2012. Fine－mapping of *qRfg2*，a QTL for resistance to Gibberella stalk rot in maize. Theoretical and Applied Genetics，124（3）：585－596.

Zhang Y，Luebberstedt T，Xu ML. 2013. The genetic and molecular basis of plant resistance to pathogens. Journal of Genetics and Genomics，40（1）：23－35.

Zhang Y，Xu L，Fan XM，et al. 2012. QTL mapping of resistance to gray leaf spot in maize. Theoretical and Applied Genetics，125（8）：1797－1808.

Zhang Y，Xu L，Zhang DF，et al. 2010. Mapping of southern corn rust－resistant genes in the W2D inbred line of maize（*Zea mays* L.）. Molecular Breeding，25（3）：433－439.

Zhao M，Zhang Z，Zhang S，et al. 2006. Quantitative trait loci for resistance to banded leaf and sheath blight in maize. Crop Science，46（3）：1039－1045.

Zhao XR，Tan GQ，Xing YX，et al. 2012. Marker－assisted introgression of *qHSR1* to improve maize resistance to head smut. Molecular Breeding，30（2）：1077－1088.

Zhao YZ，Lu XM，Liu CX，et al. 2012. Identification and fine mapping of *rhm1* locus for resistance to southern corn leaf blight in maize. Journal of Integrative Plant Biology，54（5）：321－329.

Zhou CJ，Chen CX，Cao PX，et al. 2007. Characterization and fine mapping of *RppQ*，a resistance gene to southern corn rust in maize. Molecular Genetics and Genomics，278（6）：723－728.

Zuo WL，Chao Q，Zhang N，et al. 2015. A maize wall－associated kinase confers quantitative resistance to head smut. Nature Genetics，47（2）：151－157.

第十章　玉米耐非生物逆境的遗传与育种

（李新海）

非生物逆境是指除昆虫、微生物、病毒等生物因素以外，对植物生长和发育不利的环境，包括作物生长所需水分不足或者过量、生长季节短暂性或持续性高温或低温、偶尔出现异常的空气湿度、土壤高盐或高碱或重金属污染、紫外线辐射等。各种非生物逆境还可交叉发生，对作物的生长发育和生产造成了不利的影响。近年来，由于人类活动而引发的极端天气或气候异常变化日益增多，因天气、环境和资源分配不均衡造成的非生物胁迫对农作物生产的影响愈发严重。联合国粮农组织预测至 2050 年，全球人口数量将突破 90 亿，届时粮食产量需要在现有基础上增加 70%。为了保障人类的食品安全供给，要尽量避免突发或多发性的非生物逆境对农业产生的负面影响（http://www.agri.cn）。因此，提高作物耐非生物逆境能力，保持农业稳产增产是今后作物育种面临的巨大挑战。

第一节　玉米耐非生物逆境育种历史与现状

一、作物非生物逆境类型

从农作物耕种史看，在导致农作物产量不稳定的因素之中，非生物逆境占 60%～80%。由于非生物逆境多数是由气候环境变化造成的，其发生具有不确定性，因此，在农业生产上耐非生物逆境品种的选育和栽培管理尤为重要。玉米作为全球的主要粮经饲作物，在其生长期间受影响的非生物逆境很多，其中干旱、低温、高温高热、盐碱、淹水、强风暴雨等自然环境条件引起的逆境都属于影响较大的非生物逆境。目前，研究耐非生物逆境的目的主要是发掘和利用玉米中优异的抗逆性种质资源，通过人为选择和遗传改良增加或保持玉米在非生物逆境下的产量并改善品质。随着科技创新和发展，合成生物学、生物组学、人工智能设计等都将为玉米耐非生物逆境育种提供良好的平台，为玉米高产、稳产创造条件。

二、作物耐非生物逆境育种历史与现状

非生物逆境因环境变化而产生，属于多基因控制的数量性状，耐非生物逆境育种研究比较滞后。传统育种方法通过多年多点人为制造逆境进行压力选择，改善了作物对非生物胁迫的耐受性，培育出一批优良的品系或品种。目前我国农业生产上大面积种植的品种都

是经过多轮压力选择出来的，与早期品种相比，本身已具有耐多种非生物逆境特性，但遇到突发性的中高强度非生物逆境，仍然会发生大范围减产或者绝产，因此，品种的耐非生物逆境能力仍需持久改良。长期以来，作物耐非生物逆境育种受到多种因素影响，一是耐非生物逆境育种的重点放在产量上，而非关注特定的耐逆境性状；二是耐非生物逆境相关的直接或间接表型性状多与环境互作等因素相关联，不利于育种家有效选择。

耐非生物逆境遗传机制研究以及基因工程技术的发展，为耐非生物逆境育种提供了新途径。目前，在拟南芥、水稻和其他作物中已鉴定到许多与非生物逆境反应相关的基因，并验证了其功能。Seki等（2002）列出了拟南芥中53个冷逆境、277个干旱逆境和194个盐逆境耐性相关表达基因，并对其基本功能进行阐述。借助这些基因，采用分子育种手段，将提高耐非生物逆境种质改良和创新效率，促进耐非生物逆境育种进程。在非生物逆境压力条件下，持续开展群体改良，将能够提高耐非生物逆境育种效率。近年来，多组学和生物技术的发展，辅助以高通量测序技术和表型性状鉴定，有助于加速解析作物耐非生物逆境生理与遗传机制，挖掘野生近缘种、地方品种或外引种质蕴含的新基因，加速改良传统品种的耐非生物逆境能力，从而培育耐逆性新品种。

第二节 玉米耐旱性遗传与育种

一、干旱逆境概述

在非生物胁迫逆境中，干旱对农作物造成的损害居首位。一般情况下，年降水量在200mm以下的地区被称为干旱区，年降水量在200～500mm的地区被称为半干旱区。从全球分布来看，干旱区占地球陆地面积的较大部分，一般不适合作物生长，是耐旱育种重点开发的潜力区域。对作物造成伤害的干旱逆境可分为3种，即大气干旱、土壤干旱和生理干旱（宋凤斌等，2005）。3种干旱类型往往相互结合发生，给作物带来更大的伤害。

二、玉米耐旱性研究现状

玉米耐旱性是指玉米对水分胁迫的适应和抵抗能力，即在水分亏缺条件下，玉米具有的生长发育受影响最小、产量损失最少的能力。玉米在生长过程中需水量多，但籽粒产量高，因此水分利用率相对较高。玉米的耐旱性表现有3个方面，即躲避干旱、抵御抗旱和忍耐干旱。玉米躲避干旱的主要途径是改变自身生育期，使散粉吐丝提早或延迟。根据当地气候特征，可以通过调节播期来躲避不利的生长环境，避开玉米水分临界期与降水较少时期的重合。另外，也可以通过适当深播避开表层的干旱土壤，促进根系向下延伸，维持玉米在干旱条件下的水分供给。玉米抵御干旱的主要途径是改变形态特征或生理状态维持体内较高的水势状况。玉米根系较发达，有较强的吸水和防止水分蒸发的功能，可抵抗短期干旱胁迫。在干旱环境中，玉米可以通过卷缩叶片、气孔半开放来减少蒸腾速率，使植株具有忍耐较长时间水分亏缺的能力。玉米忍耐干旱即通常说的耐旱性，指玉米受到干旱胁迫后，通过各种生物学机制仍然能够保持较高的产量。

玉米植株高大，属于耗水量较多的作物。在玉米生长期内，一般需要 500～1 100mm 的降水量。在玉米生长的任何时期都可能发生干旱胁迫，造成最终的产量损失。干旱胁迫与正常生长条件下的玉米产量间差距有 20%～25% 可以通过耐旱遗传改良弥补，20%～25% 可以通过水土保持等农业措施改良，剩余的 50%～60% 需要依靠灌溉措施（Edmeades 等，2006）。因此，在未来 50 年内，考虑到气候变化的不稳定因素，耐旱玉米品种仍将为维持产量稳定起到关键性作用。

玉米耐旱性是复杂的数量性状，受多基因控制，性状表现连续变异，个体在数量和程度上的差异只能通过度量才能具体化，其表型易受环境条件影响等，耐旱性研究相对较难（莫惠栋，2003）。主要表现有：①干旱胁迫发生的不确定性。玉米生长的地区大多受不定期发生的降雨、降雨持续时间和强度影响，耐旱性对干旱胁迫的强度、时间和环境依赖性很大。②多种非生物逆境胁迫的交互影响。干旱与其他非生物胁迫，尤其是弱光、高温和高湿等胁迫的相互交叉发生或同时出现。③难以准确地进行表型评估。对于玉米植株而言，用于耐旱鉴定的表型调查设备都需要相对较大的空间运行和便利性，在雨养条件下耐旱鉴定试验重复性差，田间试验难以有效管理，造成耐旱表型较难衡量。④与耐旱性紧密相关的产量性状遗传力低。玉米在干旱胁迫下的雌雄开花不协调对产量的稳定性造成极大的影响（Edmeades，2013）。

目前，国内外学者对玉米耐旱性研究主要有以下几方面：①高通量、便捷、精准化的玉米耐旱性表型学。耐旱精准鉴选标准体系的构建一直是玉米耐旱遗传改良的限制因素。在玉米耐旱高通量表型鉴定方面，德国 Lemna Tec 公司的 3D 植物成像系统可以对大量植株进行全自动、高通量、无损伤的成像分析（www.lemnatec.de）。另外，CIMMYT（国际玉米小麦改良中心）科学家通过喷洒可视试剂方法，然后利用遥控飞机拍摄来监控植株生长图像的非接触性感应技术，可以同时监测植株高度、NDVI（冠层归一化差值植被指数）、叶片萎蔫系数等性状。②玉米耐旱性与环境互作及水分高效利用研究。在强调玉米耐旱性的同时，往往需要与丰产性统一起来，因此更为突出耐旱性与环境互作。科迪华（原杜邦先锋公司）已通过先进的建模技术开发出耐旱产品 AQUAmax（Messina 等，2022）。依据源-库理论，主要集中点是根系和蒸腾作用两方面，研究证明，根冠小（缩小根冠）、根系深（促进根深）、初生根根毛量多是耐旱性的主要根形态指标。③玉米耐旱相关性状的基因发掘与应用技术。目前，对搜集到的 520 份耐旱转基因和突变体的研究结果元分析发现，至少有 487 个验证过的转基因植株具有耐旱性，涉及至少 100 个耐旱基因（Blum，2014）。以往遗传研究更加倾向于研究控制耐旱性 QTL（数量性状位点）的组成型性状和诱导型性状相应基因，而发掘优异等位基因将有可能比基因本身更多地用于耐旱性遗传改良。Liu 等（2013）对已克隆的玉米 *ZmDREB1* 和 *ZmDREB2* 基因在水稻、高粱和玉米间的进化关系和共线性系统分析，发现 *ZmDREB2.7* 的自然变异对玉米耐旱性有着重要贡献。因此，发掘和利用耐旱基因的遗传变异或耐旱单体型将是一种有效提高耐旱性手段。④玉米耐旱性种质筛选及育种利用。研究发现，来自温带的材料高产、早熟、茎秆质量好，但来自热带、亚热带的种质对非生物逆境有很好的抗性，而且籽粒品质好。在我国常用的种质资源中，外引种质类群中含有大量的耐旱等位基因，是玉米耐旱品种选育的优良种质。随着种质进化和改良，鉴于原始玉米种群或种质中存在大量的优异等位基因，耐旱性种质鉴定和利用将更为重要。

三、玉米耐旱性生理和遗传特性

干旱胁迫对玉米影响的典型形态特征是叶片颜色从绿色变绿灰色，再到黄色；叶片卷曲，直至完全卷曲。与此同时，植株生理特征表现为光合作用下降。如果干旱胁迫发生在玉米开花前 7~10d，会造成花粉丧失活力，吐丝延缓，雌雄开花间隔（anthesis silking interval，ASI）变长。在整个过程中，生理脱水影响植物各种生理生化反应，如生长抑制、呼吸增强、光合降低、代谢失调、膜伤害等。为适应环境，玉米在长期演化过程中形成了一套感受和传导干旱信号的系统，并以一系列遗传和生理发育机制来响应环境胁迫，最大限度地减轻干旱胁迫所造成的伤害，从而维持正常生长过程。

（一）玉米耐旱性生理学特性

生理学上解释的耐旱性是指通过生理调控减少水分散失和保持较高水势状况。从微观上讲，干旱胁迫对植株造成的伤害是一个复杂的有机体生理生化变化过程，从细胞脱水到代谢紊乱，再到机械损伤不可修复。在这个过程中，涉及多种生理生化代谢反应，通过这些变化重建内部平衡体系，维持生存。Töpfer 等（2020）模拟特殊的景天酸代谢途径（CAM）循环，结合气体交换，植物在温带气候中能够节约至少 50% 的水分并保持 80% 的产量。耐旱性强的植株可以通过这些变化主动吸收贮藏水分，减少蒸腾，保持体内相对较高的水势，维持细胞生长和光合作用的进行。

1. 形态适应特征与耐旱性　耐旱性强的适应性形态特征有叶片表面的绒毛多、气孔多且小、输导组织发达、角质或蜡质层较厚、根系发达等。玉米的叶片有蜡质分泌，干旱越严重，蜡质越多，部分耐旱玉米种质也具有这个特性，而且玉米的茎秆可以储藏大量水分，对于后期向果穗转运水分非常有利（宋凤斌等，2005）。

干旱胁迫下，根长是玉米耐旱性表现的主要特征。Moser 等（2006）采用两个开放授粉群体和两个杂交种研究热带玉米干旱胁迫下的籽粒产量和收获指数，发现根系的穿透能力和利用深层地下水的能力可以有效地减轻散粉前干旱造成的负面效应。另外，根系的耐缺水能力也与玉米发芽和出苗整齐度密切相关。研究表明，出苗率与玉米中胚轴的长度有关，而中胚轴长度也与玉米的耐深播性状相关。玉米主要通过延伸中胚轴的长度而出苗，一些耐深播性状与中胚轴的伸长密切相关。对不同玉米自交系的耐深播能力及深播胁迫的生理响应进行分析，发现深播处理后，中胚轴部位赤霉素（GA）与生长素（IAA）含量均显著提高，中胚轴细胞显著伸长，且不同玉米品种的耐深播能力不同。

2. 渗透调节与耐旱性　　渗透调节是植物适应干旱的重要机制之一。渗透调节是指在干旱胁迫时，植物体内会积累多种无机和有机物质，从而降低渗透势，增加细胞液浓度，维持一定渗透压，保障植株在缺水时正常生长。研究显示，干旱胁迫下各种渗透调节物质对玉米苗期耐旱性的相对贡献率大小顺序为：K^+/Ca^{2+}＞可溶性糖＞游离氨基酸＞脯氨酸（Pro）。其中，在细胞叶肉细胞微结构中发现 Ca^{2+} 稳态平衡对于干旱胁迫下叶片衰老过程非常重要。干旱胁迫下，玉米根、茎、叶中脯氨酸的积累发挥重要的渗透调节作用。

3. 光合作用与耐旱性　　水分利用效率（water use effeciency，WUE）能够通过植物的光合和蒸腾特性综合反应，一般认为耐旱性强的品种具有较高的光合速率。光合作用与气孔调节互相联系，相互影响。玉米对缺水最早的适应性响应就是调节气孔开张大小，阻止水分散失。气孔对空气中的水分饱和度有明显的响应机制，空气中水分含量下降会导致气孔关闭。当叶片水势下降到一定程度后，就会引起气孔全部关闭，光合和蒸腾作用受到影响。

4. 激素调节与耐旱性　　植物激素在干旱发生时发挥着重要的调节功能。脱落酸（ABA）是耐旱性研究中的关键性物质，ABA 含量在植物适应干旱的遗传和生理机制中起到重要作用，包括影响气孔开张程度及时间、部分酶类活性以及 ABA 诱导的下游基因表达量等。研究发现，不同耐旱玉米基因型中叶片 ABA 含量高峰值的出现时间与干旱诱导蛋白有一定关系，推测 ABA 可能是水分亏缺的一种化学信号。这一信号会启动一系列干旱诱导基因的表达。研究证实外源 ABA 在不同时间内可以提高玉米水势，提高光合速率，增加玉米体内游离氨基酸含量，增强玉米的渗透调节能力，增强抵御活性氧毒害的能力等（de Souza 等，2014）。

5. 抗氧化防御系统与耐旱性　　干旱胁迫下，玉米所受到的干旱伤害与脂质过氧化所引起的膜伤害相关，而导致脂质过氧化的因素是体内活性氧的积累。不同耐旱性玉米的超氧化物歧化酶（SOD）、过氧化氢酶（CAT）及过氧化物酶（POD）类酶活性存在差异。耐旱性较强的玉米，在干旱胁迫下这三种酶的活性相对较高，从而有效地将活性氧清除，阻抑膜脂过氧化。丙二醛（MDA）是膜脂过氧化的产物之一，能引起细胞膜的功能紊乱。体内 MDA 含量能反映干旱胁迫后由氧自由基积累所致的膜脂过氧化程度，从而反映出玉米细胞受损伤的程度。

（二）玉米耐旱性遗传学基础

由于耐旱性的复杂性和难以直接度量，在玉米耐旱性遗传解析时，往往使用干旱胁迫下产量以及产量相关性状（每株穗数、穗长、单穗重、单穗粒数、百粒重等）、形态学性状（株高、穗位高、植株散粉和吐丝时间、ASI、根的相关性状等）和生理生化性状（光合蒸腾作用、植株水分状况、ABA 含量等）等确定玉米耐旱性。研究表明，作物在不同生育阶段对水分胁迫有不同的感应能力，玉米在干旱胁迫下 ASI 越短，结穗率越高，籽粒产量越高，说明品种的耐旱能力越强。大量研究表明，与耐旱性相关的性状在很大程度上受基因加性效应影响，通过发掘玉米耐旱性基因/QTL，可以进行分子标记辅助选择，创制耐旱材料。

在耐旱分子遗传方面，植物本身感知和传导逆境信号，启动相关基因表达，进而激活相应的代谢途径。在干旱胁迫下，信号传导以后，各种胁迫相关基因被激活，依据基因表达产物，干旱胁迫诱导表达基因可以划分为两大类：第一类是功能蛋白基因，包括水通道蛋白、胚胎发育晚期丰富蛋白、渗透蛋白和抗氧化酶等。例如，叶片的表皮蜡可以保护植物免受水分流失及逆境压力，玉米 glossy6 基因参与细胞角质层蜡的运输和耐旱性（Li等，2019）。另一类是调控基因，即在胁迫响应中调控信号传导和基因表达的基因，如转录因子家族和蛋白激酶家族成员等。

1. 玉米耐旱主效 QTL 与优异等位变异 QTL 分析可应用于辅助育种研究，奠定了耐旱性遗传研究基础。目前在玉米上已经发掘出超过 2 200 多个 QTL，涉及耐逆性状的QTL 超过 800 多个。虽然检测到的耐旱性状相关 QTL 很多，但 QTL 克隆成功的例子并不多见。主要原因归结于耐旱性是一个难以准确测量的数量性状，上位性以及与环境互作等增加了研究难度。

CIMMYT 的热带玉米种质耐旱分子育种项目启动于 1990 年，一开始便侧重于玉米耐旱性及其关键性状的 QTL 发掘。经过多年研究创建 6 个热带玉米群体，构建一个玉米耐旱性关键相关性状的通用连锁图谱，开展 40 余次耐旱性鉴定，发现耐旱性相关性状QTL 与群体间互作很大（Ribaut 等，2008）。利用 meta - QTL 元分析，Almeida 等（2013）总结前人的研究结果，将已经发表的不同玉米群体在不同环境条件下发掘出的耐旱相关 QTL 进行整合，在玉米基因组上发现一些耐旱相关性状通用 QTL。在玉米 10 条染色体上都存在与耐旱相关的通用 QTL，主要集中在第 1、2、3、5、6 和 9 号染色体上，在一些通用 QTL 区段内预测了可能的耐旱相关基因。

新的遗传材料和序列信息共享平台为研究耐旱调控的遗传基础提供了机遇。关联分析是建立在连锁不平衡基础之上对传统 QTL 作图方法的补充，它利用现有的自然群体重组对发掘的候选基因进行检测，分析等位基因功能多样性，可以检测到微效 QTL，对认识调控耐旱性 QTL 候选基因提供了大量信息。基于连锁不平衡的关联分析，对双亲 QTL连锁分析定位具有互补优势，可以用来鉴定控制复杂性状的优异等位变异。利用 1 536 个单核苷酸多态性（single nucleotide polymorphism，SNP）芯片，开展玉米耐旱相关 ABA途径上基因多态性 SNP 位点研究，同时发现许多与耐旱性相关 SNP 位点。进一步利用耐旱 SNP 信息，在玉米第 1、3、6、8 和 10 号染色体上找到 53 个耐旱 SNP 变异位点，鉴定出 41 个耐旱功能单体型，其中 32 个为同时与两个环境或两种性状极显著相关的 SNP位点。基于新一代测序技术的全基因组关联分析是一种发掘耐旱候选基因的有效途径。Xu 等（2014）通过非同义 SNP 发掘出 271 个耐旱相关的候选基因，涉及激素调控、糖代谢、信号转导等多个耐旱生理过程，70% 的候选基因在两种水分条件下呈现差异性表达。

2. 玉米耐旱调节蛋白基因 调节蛋白基因是一类对逆境作出响应的基因。转录因子是调节基因中的一大类，包含 NAC 类、MYB（v - myb avian myeloblastosis viral onco-gene homolog）类、WRKY（with conserved 60 amino acid long WRKY domain）类、

DREB（dehydration responsive element binding protein）类等。利用一个关键性转录因子可以调控多条耐旱途径，促进多个功能基因表达，更有效地增强耐逆性。在耐旱胁迫反应过程中，不同转录因子之间存在着交叉和互作，如在干旱胁迫响应基因的启动子顺式作用元件区域存在不依赖于 ABA 途径中的 DREB 转录因子的功能结合区域，并且作为一个耦合元件在依赖于 ABA 途径中的 ABRE（ABA responsive element）发挥作用（Nakashima 等，2014）。MYB 转录因子不仅受干旱影响，而且能够对光信号、营养缺失、温度、高盐、紫外辐射等其他非生物胁迫和病毒等生物胁迫产生应答，激活并调控植物体中相关基因的表达。玉米中克隆的转录因子 *ZmMYB - R1* 基因，受到高温、高盐、ABA、低温、干旱的诱导，且不同胁迫处理下该基因的表达模式不同，NAC 转录因子在生物胁迫或非生物胁迫的耐逆性响应中起着重要作用。玉米中过表达多个 NAC 可以分别提高玉米苗期和拟南芥的耐旱性。

3. 玉米耐旱功能蛋白基因 功能蛋白基因如水通道蛋白、胚胎发育晚期丰富蛋白、渗透蛋白等可以维持干旱胁迫下植株保持高水势和正常生长，在植物抵御干旱机制途径中发挥着重要作用。从玉米中克隆到信号转导途径中关键酶酯酶 C 基因 *ZmPLC1*，其过表达植株对干旱胁迫的抗性明显增强，耐盐、耐冷性也有不同程度的提高。由此证明 *ZmPLC1* 基因在玉米对逆境条件的应答反应中起重要作用，可以保证生物膜脂质的构成稳定性（Zhai 等，2013）。LEA 蛋白是一类重要的细胞脱水保护蛋白，可以通过少量水分帮助维持细胞特有结构，以适应干旱胁迫的影响。LEA 蛋白除抗脱水保护功能外，还作为分子伴侣在渗透调节以及逆境信号传导方面具有重要作用。脱水保护蛋白中还有一类伴侣蛋白，如热激蛋白（heat - shock proteins）及泛素（ubiquitin extension protein）等。这些分子伴侣，通过与变性或异常的蛋白质结合，或对蛋白质在干旱胁迫发生错误折叠后，修补恢复其天然构象，从而避免细胞结构损伤。研究表明，HSP90 家族广泛参与各类生物及非生物的胁迫响应。在玉米中克隆到一个热激蛋白基因 *ZmHSP90 - 1*，研究表明，转 *ZmHSP90 - 1* 基因拟南芥幼苗和成株期耐高温和干旱的能力都有不同程度的提高。

4. 玉米耐旱表观遗传学调控 表观遗传学研究改变了对基因组的诸多传统认识，促进了转录调控和转录后调控遗传研究的发展，并证实一些 miRNA（microRNA）在植物感受逆境胁迫并产生适应性过程中发挥重要作用，成为作物响应非生物逆境胁迫的重要调控因子。植物 miRNA 是一种来源于非蛋白编码基因，长度约为 21～24 nt，以序列特异性方式在转录、转录后和翻译水平上对靶基因表达进行调控。Sun 等（2022）在 8 号染色体上找到一个仅在干旱胁迫下检测到的环境特异性调控 sRNA 的 eQTL 热点 *DRESH8*，缺少 *DRESH8* 的玉米，比野生型对照玉米更耐旱。

四、玉米耐旱性育种

玉米耐旱育种在于改变基因型对干旱胁迫的反应，实现耐旱性和高产的最优组合。在干旱胁迫下，产量水平降低，遗传力下降，选择增益比正常条件下低。因此，耐旱育种应利用和创造各种耐旱基因和高产基因重组表达的环境条件。玉米在大田进行耐旱性鉴选，宜在同一环境下设置多种胁迫处理条件，正常灌溉处理可鉴定稳产性，干旱胁迫处理可筛选耐旱基因型。

（一）玉米耐旱性种质资源

玉米种质资源中蕴含着许多功能性位点或可遗传变异。美国玉米种质经历两个世纪的持续改良，有利等位基因频率较高，对世界玉米育种的发展产生了很大影响。1995年，美国启动了玉米种质扩增（GEM）计划，旨在从拉丁美洲引进热带、亚热带种质资源，经过适应性、配合力、农艺性状和遗传评价，以半外来种质形式用于美国玉米育种。实施20多年来，该项目明显增强了美国玉米育种的创新能力，为改善新品种的品质，提高抗逆性、抗病性和产量水平提供了种质资源储备（Edmeades等，2006）。目前耐旱性全基因组选择仍处于探索阶段，但它在未来创制优异种质育种领域是一个潜在的和非常有价值的技术手段。如何在短期内提升耐旱育种水平在很大程度上仍然依赖于优良等位基因和优异种质资源。

不同玉米品种的耐旱性存在着广泛的遗传变异。许多胁迫耐性的等位基因都以低频率形式存在于大多数育种群体中，通过施加干旱胁迫，原始育种材料中存在的有用遗传变异在逆境下被显现出来。另外，许多未经改良过的农家品种有时由于产量低或适应性不强而造成一些独特的等位基因难以评估。玉米耐旱种质的利用可以从最简单的育种群体、农家种和近缘植物到复杂的外源种群中筛选。

（二）玉米耐旱性育种方法

CIMMYT于1975年启动玉米耐旱育种项目，当时主要采用全同胞轮回选择方法，通过对试验田在时间和强度上进行水分管理来模拟干旱。在干旱和灌溉两种环境下对Tuxpeño Sequía群体进行8轮耐旱性选择和改良，取得了很大进展。另一种耐旱育种策略是通过不同自交系间杂交，然后在干旱胁迫下对分离后代进行多年多点测验，再根据耐旱相关的表型性状来选择优良个体。常规耐旱育种方法主要侧重于选育多点环境下稳定高产、抗逆的品系，玉米耐旱改良取得了显著性成效。CIMMYT的许多热带玉米群体就是通过这种方法进行改良，如Tuxpeño Sequía、La Posta Sequía、DTP-1和DTP-2等（Edmeades等，2006）。

采用常规育种方法，在温带地区每年只能进行一次耐旱性选择，且需要仔细控制田间胁迫强度，速度慢，费时费力。随着胁迫程度增强，选择难度增大，群体内所有植株的耐旱性迅速下降，难以准确鉴别个体之间的差别。在大多数情况下，由于胁迫环境下产量性状的遗传力降低，以及受环境本身固有的变异等因素影响，只能做到有限的遗传改良，而且育种周期长，人力消耗大。借助玉米全基因组测序，特别是遗传育种学与分子生物学、功能基因组学、比较基因组学和生物信息学等多学科的相互交融，为玉米耐旱育种提供了新的思路和契机。

1. 耐旱分子标记辅助选择　耐旱性分子标记辅助选择主要根据目标环境特征，设计适宜的耐旱选择程序，结合分子标记辅助选择（Marker‑assisted selection，MAS）技术，鉴定和利用现有优良耐旱种质。CIMMYT 采用 AC7643 作为供体，通过对杂交获得的 F_2 群体进行遗传分析，找到与干旱相关的 QTL，其中有 5 个 QTL 被回交转入到受体 CML247 中，改良了 CML247 的耐旱性（Ribaut 等，1999）。先正达公司通过聚合 12 个耐旱 QTL，选育出 Agrisure Artesian 杂交种，2012 年 1 107 个试验中，产量提高 16.8%。科迪华基于 QTL 热点区段利用种质本身基因进行杂交，以吐丝能力强和保持较长时间持绿性为耐旱性特征，通过 DH 系选择出 AQUAmax 产品，在 3 606 个干旱胁迫和 7 663 个正常环境下进行高强度测试，分别显示出 8.9% 和 1.9% 的遗传增益（Messina 等，2022）。目前，MAS 技术已在玉米育种上得到广泛应用，借助 MAS 经过多次回交和杂交可以把不同的有利基因聚合到同一个遗传背景，以培育优质、高产和抗逆新品种。

2. 耐旱转基因育种　耐旱转基因育种尽管难度较大，但是科研人员也研发出少量耐旱转基因产品。拜耳集团（原孟山都公司）在玉米抗旱转基因研发中一直处于引领地位，在 2014 年开始商业化销售转基因抗旱玉米 Droughtgard® 杂交种。转基因抗旱玉米 MON87460，包含一个来源于土壤枯草芽孢杆菌的冷休克蛋白基因（*cspB*），其作为分子伴侣可以调节受水分胁迫伤害后的基因组 RNA 修复，主要通过增加玉米穗粒数来提高玉米产量（Castiglioni 等，2008）。2012 年通过 2 000 个田间对比试验，MON87460 的玉米杂交种表现出 $0.31t/hm^2$ 的产量优势。其他几家大公司都在推进转基因耐旱玉米研发。科迪华已通过转基因产品与主推杂交种 AQUAmax 对比推出"第 2 阶段"的转基因耐旱品种。陶氏益农公司开发的 Smartstax 技术，将 8 个外源基因同时插入受体基因组，推出耐旱产品（http：//mobile.dow.com/）。总体来看，转基因耐旱作物研发取得了较好进展，在以温室盆栽种植为主的基础上，逐步在大田条件下进行耐旱性鉴定。

五、玉米耐旱性鉴定指标与鉴定方法

(一) 耐旱性鉴定指标

经济、有效、快速的耐旱鉴定方法是玉米耐旱遗传研究和育种改良的前提。玉米在萌发期受到干旱胁迫会影响幼苗生长，造成出苗困难、苗弱、成活率低、根系发育受阻等不利影响。苗期需水相对较少，但若土壤过于干旱，幼苗生长不好，营养生长受到抑制。从拔节、孕穗到抽雄开花是玉米营养生长和生殖生长并进的旺盛生长期，需要水量约占总需水量的一半，开花前后对水分最为敏感，为玉米的水分临界期。孕穗灌浆完成以后需水量较少，干旱有利于玉米脱水成熟。在玉米耐旱性鉴定过程中，土壤墒情实时监测非常关键，其主要是以土壤墒情实时监测技术和玉米旱情判别指标等开展农田用水的基础性研究。干旱胁迫下，产量是玉米耐旱性育种最重要的性状，一些与产量相关的次级性状易于调查，同时育种家常常采用多个性状数据形成的选择指数或育种值来评估干旱下的产量。不少学者从形态性状、生理性状和产量性状等方面进行研究，提出耐旱鉴定指标。

1. 形态指标　水分亏缺导致玉米植株表观性状发生改变，因此可以用形态指标评价玉米品种的耐旱性强弱。耐旱能力较强的玉米品种具有适应干旱胁迫的形态结构特征，如发达的根系、较大的根冠比、较大的叶面积指数、叶脉分布较密、叶表面绒毛较多等。但各指标对耐旱的贡献程度不同，调查难易度也不同，因此耐旱性评价有必要对耐旱相关指标进行筛选，以有效提高玉米耐旱性鉴定效率。杨娟等（2021）选择抗旱差异较大品种进行苗期耐旱机制研究，发现玉米根系相比于地上部对干旱胁迫的反应更敏感，其中耐旱品种有较大的根体积、根长、根重。

2. 生理指标　玉米植株体内的多种生理生化指标可以间接评价供试材料的抗旱性强弱，主要包括抗氧化保护酶活性、渗透调节物质及光合荧光参数。沈业杰等（2012）将叶片含水量、游离脯氨酸、丙二醛、可溶性糖、叶绿素等生理生化指标作为筛选抗旱玉米品种的间接指标。陈春梅等（2014）通过逐步回归分析筛选出 SPAD、净光合速率（Pn）、光化学效率（Fv/Fm）等 5 个光合参数作为玉米抗旱性鉴定的生理指标。

3. 产量指标　产量是玉米植株通过各种生理生化代谢的综合结果，是选择抗旱性玉米品种的一项重要指标。通过不同水分处理条件下的产量计算与耐旱相关的指标，以此来评价玉米品种的耐旱性强弱。耐旱系数是干旱条件下产量与灌水条件下产量的比值，广泛用于作物耐旱性评价指标，但耐旱系数只能表示作物稳产性，不能反映高产或高产潜力。随着对耐旱性研究的深入，干旱敏感指数、胁迫敏感指数、干旱伤害指数、平均生产力、几何平均生产力、算数平均生产力、耐旱指数等被提出并运用于耐旱性评价。为突出作物自身耐旱性同时将胁迫强度加入鉴定指标，耐旱指数（drought tolerance index，DTI）成为种质资源抗旱性鉴定评价的优选指标。

（二）玉米耐旱性评价分析方法

玉米耐旱性是复杂的生物性状，与品种基因型、种植环境有关，还受胁迫的生育时期、胁迫强度及持续时间的影响。因此，玉米耐旱性研究不能只通过单一性状指标或单一方法进行耐旱性评价，需要测定与耐旱相关的指标，并对所测指标及其耐旱性进行综合评价。

1. 基于单指标直接评价法　基于干旱和灌水条件下的产量计算各玉米品种的耐旱能力的强弱。产量是评价作物抗旱性最直接、最可靠的指标，以产量为基础鉴定的结果能反映供试材料真实耐旱水平，但试验周期长，受环境的影响较大，年际间和试点间的可比性较差，适合多年多点的耐旱性鉴定试验。

2. 基于多指标综合评价法　综合两个或两个以上不同的指标进行评价，可有效减小单指标评价的试验误差，目前常用的综合评价法有：模糊隶属函数法、平均耐旱系数法、灰色关联分析法、相关性分析、主成分分析、聚类分析等方法。其中，模糊隶属函数法为分别计算所测指标的隶属度，求各性状平均隶属值，根据平均隶属值大小来评价玉米品种耐旱性强弱，平均隶属值越大，品种耐旱性越强。平均耐旱系数法为分别计算各性状抗旱系数，将各抗旱系数相加后求平均值，根据平均抗旱系数的大小来评价作物的耐旱性强弱，值越大，品种耐旱性越强。一般分为 5 个耐旱级别，由强到弱依次为强、较强、中等、较弱、弱。灰色关联分析法为根据灰色系统理论将所测指标与品种进行关联分析，对参考和比较数列进行处理，求出两个数列的灰色关联系数及关联度大小，依此筛选出关联程度较高的指标，来评价作物耐旱性强弱。玉米耐旱性评价中，筛选与产量指标存在显著相关的指标作为耐旱性鉴定的间接指标；可与耐旱相关指标进行系统聚类，筛选耐旱性较强的品种。以耐旱性鉴定的第一性状指标产量为基础，结合筛选出的与耐旱显著相关的形态和生理指标，综合评价玉米品种的耐旱性，使鉴定的结果更准确可靠。

3. GGE 双标图法　GGE 双标图分析系统可用一个图表直观地综合反映区域试验品种（系）的高产稳产性、试验点评价和品种生态区划分，应用方便快捷，可提高研究效率（严威凯等，2001）。GGE 是去除了环境效应对品种稳定性的干扰，分析与品种紧密相关的基因效应和基因与环境互作效应。耐旱鉴定试验数据集可以近似地看成一个二维矩阵品种（G）×环境（E），用近似的方法对原矩阵进行奇异值分解（SVD）。试验的数据集就分成了若干个主成分（PC），每一个主成分都由 G 的得分和 E 的得分组成，G×E 的数据集反映在二维图上是以（G＋E）个点来体现的，可以从图中得出品种（G）、环境（E）及品种（G）与环境（E）互作的效应（GE）等一系列信息。

六、玉米表型可塑性与耐旱性

（一）表型可塑性概念

植物在适应环境过程中，可通过调整其表型特征向有利于物种适合度方向发展，以最大限度地减小不良环境给物种生存造成的不利影响，这种响应特征被称为适应性的植物表型可塑性。植物表型可塑性由植物形态塑性、生理及生态可塑性组成（Dostál 等，2016）。通常情况下，植物通过其表型可塑性在异质环境中调节自身的生理生态或形态特征，完成资源的利用和分配，从而适应生存条件。最初表型可塑性被认为是一种负面干扰，是一种"环境噪声"，掩盖了生物体"真实"的基因特征。如今通过一系列试验证明，表型可塑性确实存在，其反映了生物与环境之间的关系，已成为生态学家和遗传学家研究的重点问题之一。

（二）表型可塑性对干旱胁迫的响应

水分作为重要的非生物因子，可显著影响植物的生长发育和形态特征，缺乏水分会延缓或抑制植物的正常生长。随着水分减少，植物倾向于增加根部的生物量，向更深的地下延伸以汲取足够的水分。水分长期匮乏时，植物总叶片数降低、叶片缩小甚至脱落，防止水分过度散失。干旱胁迫减弱了植物的基径、株高和叶片的生长，干旱程度越高，对其生长的抑制作用越显著，这是缺失水分带来的负面影响。水分过多同样会阻碍植物正常生长，叶面积显著降低，叶片将多数干物质用来形成保卫细胞，增加叶厚，阻止叶片外部水分进入内部，维持叶片水分平衡。因此，水分的盈亏不仅影响植物的生长，还对表型的重构具有一定的作用。

（三）表型可塑性与玉米育种

可塑的表型变化被称作基因型-环境相互作用，在玉米育种中扮演着重要角色。除此之外，表型的稳定遗传在应对复杂的环境变化中也起着至关重要作用，可以采用去掉易受环境影响的基因也就是表型可塑性高的基因，使表型在不同环境下能够稳定表达，同时也可以筛选出在不同环境下表现稳定的农艺性状，以实现稳定产量的目的。Alvarez Prado 等（2014）研究发现，玉米籽粒脱水速率和灌浆持续时间的塑性等级最高，最大籽粒含水量的塑性等级最低。Kusmec 等（2017）对 5～11 个不同环境下玉米 23 个性状的表型可塑性及其遗传结构进行研究，结果显示，大部分性状的表型均值和可塑性候选基因在结构和功能上均不同。这种独立的遗传控制表明，人们能够半独立地选择表型均值和可塑性，从而产生既具有高的平均表型值，又具有适合目标环境的可塑性品种。因此，深入认识玉米表型可塑性的生理及遗传机制，对玉米品种遗传改良具有重要意义。

第三节　玉米耐冷性遗传与育种

一、玉米耐冷性概述

冷害与冻害是影响植物生长的重要非生物逆境之一，同时气温高低还决定了全球作物的种植区划分布。全球有 42% 的陆地面积所在的温度低于 -20℃，因此在大多数地区，植物需要具备渡过低温环境的能力才能生存下来（Miura 和 Furumoto，2013）。耐冷性一般是指在温带气候环境条件下，植物在生长过程中遭受到寒冷（0～15℃）或者冰冻（小于 0℃）压力下所产生的耐受性。一般来讲，来源于温带地区的植物都会或多或少地表现出不同程度的耐冷性。

玉米是一种起源于热带及亚热带地区的 C4 植物，对低温相对敏感。生长的最适温度为 30～35℃（Miura 和 Furumoto，2013）。当温度降到此范围以下时，玉米生长速度逐渐下降。在 6～15℃的范围内玉米可以存活，但植株生长会受到很大影响，温度下降至 6～8℃时幼苗将停止生长（Presterl，2007）。玉米不同生育期遭遇冷害均会影响生长发育。在萌发期若遭受低温伤害，会影响玉米各个生育期的生长发育，如叶片发育、幼苗的光合效率、生理生化指标和根系发育等。芽期遭遇冷害可能影响其生长发育。苗期低温会降低叶片的光合速度，减少干物质积累，降低株高，进而抑制营养生长，延迟生殖生长。若低温持续 10d，全株干物质将降低 21.4%，且干物质积累减少程度与低温持续的时间正相关（史占忠等，2003）。孕穗期和灌浆期是玉米生理生长的关键时期，如果遇到低温，会抑制雌花分化，抽雄缓慢，授粉困难，延迟成熟，最终导致减产。

二、玉米耐冷性遗传

耐冷性机制分为避冷性和耐冷性两种。一般种植于温带气候条件，经常经历低温环境生长的植物都有耐冷性特点，也称为冷驯化。植物的耐冷性过程涉及不同的代谢途径、多个基因的表达和修饰等。如热激蛋白、冷激蛋白、分子伴侣、转录因子、抗氧化酶、防冻剂、脱水素等的变化和生理生化水平上的调节（Miura 和 Furumoto，2013）。玉米起源于热带地区，极易受到冷害影响。

玉米响应冷胁迫属于复杂的数量遗传性状，受多基因控制，且受环境影响较大。目前定位出一些玉米不同生育时期耐低温相关 QTL。这些 QTL 遍布 10 条染色体上，如 Fracheboud 等（2004）在玉米苗期第 6 号染色体上定位到一个 QTL 与低温下 3 个性状相关，能解释 18.1%～32.8%的表型变异。在玉米中已鉴定出一些依赖 ABA 信号转导途径的低温诱导表达基因以及一些不依赖于 ABA 信号传导的低温诱导表达基因。

三、玉米耐冷性育种

许多热带或亚热带起源物种易受低温伤害，并表现出各种冷害症状，例如生长迟缓或叶片坏死。冷驯化过程中植物会发生许多生理和分子变化，目前，已从植物中分离出多种低温诱导基因，多数基因增强植物对冷胁迫的耐受性，其中，ICE1 - CBF/DREB1 (inducer of CBF expressions) 依赖性途径可能在调节冷信号中起核心作用（Miura 和 Furumoto，2013）。在耐冷胁迫的植物中，许多与渗透保护剂合成有关的基因，例如脯氨酸、季胺和其他胺等有机化合物，以及各种糖和糖醇，例如甘露醇、海藻糖和半乳糖醇，会在渗透调节过程中被积聚。

玉米种质耐冷性鉴定主要分为田间鉴定法和室内鉴定法。田间鉴定通常利用自然低温环境，必要时通过调整播期创造低温胁迫条件，直接观测相关性状评价耐冷特性。室内鉴定则利用人工生长箱等控制光温湿条件，然后测定相关形态及生理生化指标评价耐冷性。研究发现，田间耐冷性直接鉴定成本较高，需要异地重复鉴定，易受年份间气候条件变化影响，结果不够准确，因此通常需要室内鉴定加以辅助，以获得较稳定可靠的鉴定结果（Hodges 等，1994）。因此选择最佳的耐低温基因型时，实验室和田间评价都是有必要的。实验室内可以创造适宜的低温条件，田间试验则提供更加真实的室外环境。此外，耐低温育种的主要目标是提高玉米的产量，因此应评估与产量相关的农艺性状，进一步认识材料的育种潜力。

如何提高玉米对低温的耐受能力一直是玉米育种进程中长期存在的问题。随着玉米种植面积从低纬度热带地区向高纬度温带地区的扩展，为防止低温造成生长周期延长等问题，需要培育生长周期短的品种。早熟的北方硬粒玉米是玉米种植发展史上较为著名的品种，其适应了美国东北部的冷温带地区气候（Rebourg 等，2003）。欧洲的硬粒自交系具有耐低温性良好、早期活力高和生长周期短等特点，为春季低温和潮湿地区的育种提供了宝贵资源（Tenaillon 等，2011）。提前播种可以应对全球气候变暖以及夏季缺水等问题，但播种期提前会增加玉米暴露于低温环境的风险，因此需要培育更耐低温的品种来降低这种风险。在温带地区提早播种，将有利于玉米田间的脱水干燥并扩大经济效益。优先培育生长周期较长、耐低温性较强的基因型可以提高玉米产量。

通过各种途径鉴定了部分玉米种质资源的耐低温性，筛选出一批耐低温性较好的种质资源，为玉米耐低温育种提供了材料基础（表 10 - 1）。前期鉴定出的玉米耐低温种质类型多是群体，Eagles 等（1983）以发芽天数、生长指数和叶绿素含量等为指标鉴定不同群体的耐低温性，筛选到热带高海拔地区的耐低温群体 Pool5（Eagles 等，1983）。Brandolini 等（2000）以群体低温处理后的发芽指数、相对发芽率和植株生长速率等为指标，鉴定出 PoblacionD、PoblacionE、PMS636、BOZM696 和 BOZM855 等耐低温性较强的群体。这些群体的遗传变异较丰富，可能含有较多耐低温优异等位基因，可利用群体作为供体，改良现有自交系或杂交种的耐低温性。

从种质来源看，耐低温种质多来自高纬度冷凉或高海拔地区，扈光辉等（2008）筛选出 5 份来源于法国和俄罗斯的玉米萌发期耐低温种质，这些种质经过长期的自然和人工选择，可能已逐步适应当地的低温气候条件。因此可以充分利用冷凉地区的地方种质资源，创造适当的低温逆境条件，开展耐低温种质的鉴定、改良和创新。Hodges 等（1994）以相对活力百分比、相对发芽率和田间出苗率等为指标，筛选到 4 个玉米耐低温自交系。杨光等（2012）通过玉米萌发期室内耐低温性鉴定结合田间验证筛选出耐低温自交系。李红飞等（2014）以相对发芽率和平均发芽时间为指标，从 654 份玉米自交系中筛选出 30 份耐低温自交系。

表 10 - 1　部分耐低温玉米种质

耐低温种质	鉴定指标	引用文献
BOZM855、BOZM696、PMS636、PoblacionD、PoblacionE	相对发芽率、发芽指数、植株生长速率	Brandolini 等（2000）
Pool5	发芽天数、叶片数、生长指数、叶绿素含量、叶绿素荧光	Eagles 等（1983）
Aranga1、Viseu	发芽率、发芽天数、发芽速率、幼苗活力、存活率、叶色	Rodríguez 等（2010）
CO266、CO304、CO305、CO306	相对发芽率、相对活力百分比、田间出苗率	Hodges 等（1994）
2001 - F32、FR1454、HR295、LINEKIN060、KN3	发芽率、发芽指数	扈光辉等（2008）
YW9706、YW9816、ZD5114	萌发期和苗期低温胁迫下生理生化指标	杨光等（2012）
P9 - 10、220	相对发芽率、平均发芽时间	李红飞等（2014）

第四节 玉米耐热性遗传与育种

一、玉米耐热性概述

全球气温升高、温室效应已成为人们关注的焦点。高温高热不仅影响农作物生长，而且会诱发恶劣天气。植物耐热性有耐高温与耐高热两种。一般高温温度低，但持续时间长；高热持续时间短，但温度高，如干热风。

当植物遭受热胁迫时，种子的萌发率、光合效率和产量都会下降。玉米喜温但忌高温，适宜的温度是玉米高产的重要条件之一，玉米在生殖生长期间遭受到干热，绒毡膜细胞的功能丧失，花药发育不良，极端或持续高温均会对玉米的生长发育产生不利影响。玉米在 33～40℃ 的高温条件下，尤其在玉米开花期如遇高温，其生物量、增产指数和收获指数等均会下降。抽穗开花期若出现持续高温，花粉管则无法正常伸长和散粉，花粉量下降、花粉活力低，结实率降低（文章等，2019）。温度升高同时也会引起病虫害的发生，进而影响农作物品质等相关性状。

二、玉米耐热性遗传

在高温逆境下，植物表现出多种避热或耐热性生存机制，通过长期的进化和形态适应可以短暂地规避突发性的高温，例如改变叶片方向、蒸腾冷却或改变细胞膜脂成分等。气孔的闭合和减少水分流失等是植物常见的热驯化特征。

植物在生长发育过程中遭遇暂时或持续高温会发生很多生理生化反应，而且植物对高温的反应随着高温的程度和持续时间以及植物类型会有很多变化。其中，高温胁迫的主要后果之一是产生过量的活性氧（ROS），过量的活性氧在植物信号传导过程中造成蛋白、脂质或核酸的氧化损伤，从而损坏细胞和代谢功能直至细胞死亡。高温耐受机制有离子转运蛋白、渗透保护剂、抗氧化剂、解毒酶及其他与信号级联和转录控制有关的因子。乙烯响应因子（ethylene response factors，ERFs）参与多种生物和非生物胁迫反应的调控，Huang 等（2020）研究表明，ERF95 和 ERF97 可以与 HSFA2 形成蛋白二聚体，正向调控拟南芥热胁迫。

尽管植物在不同发育阶段遭受到高温胁迫的反应有很大差异，但热胁迫会影响植物的整个生长。在种子发芽过程中，高温可能会减慢或完全抑制发芽，具体取决于植物种类和胁迫强度。高温可能会对光合作用、呼吸作用、细胞膜的稳定性产生不利影响，并且还会调节激素以及代谢产物水平。此外，在整个植物个体发育中，各种热休克蛋白、其他胁迫相关蛋白的增强表达以及活性氧的产生构成了植物对热胁迫的主要应激反应。综合研究结果，玉米主要通过以下几种途径参与调控耐热性。

（一）过氧化系统的应答

正常状态下，玉米体内 ROS 的产生与清除过程处于动态平衡状态。高温胁迫下，ROS 增加但因无法及时清除而出现堆积，从而加速脂质过氧化等反应进程，并产生丙二醛（MDA）等有毒物质，进一步破坏膜系统，使相对电导率上升。有研究表明，玉米在借助 SOD 活性的增强来清除多余 ROS 的同时，还会产生可被 CAT、POD 清除的 H_2O_2，且二者的活性与 SOD 活性变化趋势大体相同。这 3 种酶在高温胁迫中的作用时间点稍有不同，前期以 SOD 与 CAT 为主，POD 在中期发挥作用，而 SOD 和 POD 对胁迫后期至关重要（于康珂等，2017）。不同玉米品种中对应指标的变化也存在差异，与耐热基因型相反，热敏感型的酶活性下降，MDA 含量上升，耐热性强的品种变化幅度小（孙宁宁等，2017）。

（二）信号传导系统的应答

热激处理玉米幼苗后发现其内生性 H_2O_2 增加，且高峰要早于交叉适应的产生时间；而对幼苗施加外源 H_2O_2 也会产生交叉适应性，表明 H_2O_2 在诱导幼苗交叉适应性反应中起信号传递作用（Gong 等，2001）。

（三）热激蛋白的应答

高温胁迫下，植物体通过改变脱落酸、乙烯、赤霉素、吲哚乙酸及脯氨酸等内源激素含量参与逆境调控，增强植株对高温的耐受性，其中 ABA 能够诱导产生热激蛋白（HSP）。与抗氧化酶系统的活性变化一样，热激蛋白的积累也与植物耐热性的形成密切相关。HSP 是一类氨基酸序列和功能极为保守的蛋白质，按照分子量可将其分为 5 个不同家族：HSP100、HSP90、HSP70、HSP60 及 smHSPs（smallHSPs），其中 HSP70 和 smHSPs 的关注度较高。研究发现，HSP70 家族可参与正常蛋白质的合成、折叠和运输以及胁迫伤害蛋白质的修复和重折叠过程，表明该家族极可能在玉米对高温胁迫的应答过程中发挥重要作用（Sung 等，2003）。

在玉米耐热性相关基因挖掘方面，克隆出玉米耐热相关基因 *ZmGOLS2*，并在拟南芥中验证了其可增强植株对干旱、高温和盐胁迫的抗性（Gu 等，2016）。董伟（2016）在 POB21 中克隆到与植株耐旱性及耐高温性相关基因 *ZmGLYI-8*。Sun 等（2012）在烟草中验证 *ZmHSP16.9* 基因可以增强植物的耐热性。

三、玉米耐热性的鉴定方法

为应对热胁迫，植物采用了多种机制，包括维持膜的稳定性、清除 ROS、产生抗氧化剂、积累和调节相容性溶质、诱导丝裂原活化蛋白激酶（MAPK）和钙依赖性蛋白激酶（CDPK）级联等。除遗传方法外，还可以通过在不同环境压力下对植物进行预处理或应用外源渗透保护剂（如甘氨酸、甜菜碱和脯氨酸）来增强作物的耐热性。HSP 不仅有助于耐热性的标记辅助育种，而且还为克隆和表征潜在的遗传因子奠定了基础。通过构建宿主特异性胁迫诱导性的启动子 ERF95 和 ERF97，异位组成表达或可用于作物的耐热性改良（Huang 等，2020）。由于对热敏感的植物缺乏积聚这些物质的能力，因此可以通过外用渗透保护剂来提高此类植物的耐热性。此外，参与渗透调节、ROS 解毒、光合作用反应和生物合成过程的蛋白质遗传改良已在开发具有高温逆境耐受性的转基因植物方面取得了积极成果。

对玉米耐热性的鉴定主要采用以下 3 种方法：①田间直接鉴定法。即在自然高温条件下以作物的直观性状变化指标评价作物的耐热性，如叶片的长、宽、颜色等外部形态指标；以空秆率、结实率、千粒重等产量性状为代表的经济性状指标。该方法虽能客观反映不同基因型品种间的耐热性差异，但因无法保证环境的一致性，数据易受年份和地区的影响，需进行多年重复。②人工模拟直接鉴定法。即在由设备构建的高温环境中鉴定热感指数、热害指数等相关指标，该方法能确保环境一致，但因设施空间有限，无法进行大批量鉴定。③间接鉴定法。即通过观察细胞结构及生理生化特性在高温下的变化而对植物耐热性进行鉴定。该方法的常见适用指标可分为以下 4 类：一是微观结构指标，如气孔密度、花粉活力、气孔开度与花丝活性等；二是生理生化指标，如气孔导度、膜的热稳定性、酶活性、冠层温度衰减等；三是光合作用相关指标，如净光合速率（Pn）、最大光合化学效率、非光化学淬灭系数、叶绿素含量、叶绿素荧光等；四是分子生物学指标，如 HSP 的组分和相关基因的表达量等（胡俊杰，2022）。

目前对玉米耐热性等级的判断标准尚不完善，前期研究发现产量、百粒重、穗长、穗粗和结实率等性状指标均可用于评价玉米杂交种花期耐热性（于康珂等，2016）。任仰涛等（2019）等以雌雄间隔期、果穗秃尖长、空秆率、畸形穗率、苞叶过短株率及增产幅度等作为评价玉米耐热性的综合指标，发现 9 份满足雌雄间隔期≤3d、秃尖长≤2.0cm、空秆率≤1/50、畸形穗率≤1/20、苞叶过短株率≤1/20 且增产幅度≥3.0% 的高耐热性材料。参照上述标准对不同材料的耐热性强弱进行分析，可以提高筛选效率，为品种推广提供数据支持。

第五节　玉米耐盐碱遗传与育种

一、玉米耐盐碱性概述

盐碱胁迫对植物产生两个主要影响，即渗透压和离子毒性。由于土壤中存在超量的盐分，土壤溶液中盐分的渗透压超过植物细胞中的渗透压，因此限制了植物吸收水分和矿物质的能力，导致细胞膨胀和膜功能的降低以及胞质代谢的降低，最终使植物受到胁迫伤害。土壤盐碱化一般是指土壤中含盐量超过 0.3%，使农作物低产或不能生长。随着耕地逐渐减少，土壤盐碱化日益加重，严重阻碍着农业发展。玉米属于非耐盐碱植物，在轻度盐碱土上生长会受到明显的抑制，严重影响玉米的种植。因此，提高玉米的耐盐碱性对于进一步扩大玉米生产有重要意义。传统育种方法虽然在耐盐碱种质的选育与利用上有一定的进展，但是尚未培育出耐盐碱能力有实质性提高的作物品种。

二、玉米耐盐碱性分子机理

作物在盐碱胁迫条件下会通过生理生化的变化产生对盐碱的耐性。作物对盐碱胁迫的耐性分为避盐和耐盐。在高盐浓度环境下，作物遭受盐害时首先是水势降低。当土壤含盐量超过 0.3% 时，大量的可溶性盐会使土壤水势显著降低，植物吸水出现困难。此时，植物光合作用的能量大量用于维持体内较高的渗透压，使生长发育受到抑制；叶片气孔关闭，阻碍 CO_2 的吸收，光合作用进一步下降。长时间的严重盐胁迫能导致植物萎蔫死亡。在高盐土壤中，钠盐对植物细胞膜系统产生破坏作用，使膜的正常功能受损，干扰光合作用、呼吸作用和养分吸收与运输等一系列生理生化过程。盐胁迫下，高浓度的钠离子强烈地抑制植物对钾离子和钙离子的吸收。因此，盐碱地上的植物表现严重缺钾、钙、氮、磷等营养元素，导致生理性饥饿，生长发育不良，直至死亡。在盐胁迫下，植物体内的活性氧代谢平衡受到破坏，SOD 大量增加，SOD 清除剂受到破坏或活性降低（刘纪麟，2002）。

在玉米中发现脯氨酸合成相关基因、保护酶相关基因、LEA 蛋白家族的基因以及转录因子等与耐盐碱性相关。已初步明确了玉米脯氨酸合成相关基因 ZmP5CS 和 ZmPP2C 与耐盐碱性相关（Tan，2010）。保护酶相关基因 ZmGST23 和 Zm-APX 的表达量与盐碱胁迫相关（李玥，2014；张慧敏，2016）。玉米 LEA 蛋白家族的基因 ZmDHN13、ZmLEA3、ZmLEA5C 及转录因子 ZmbZIP72、ZmWRKY17 等基因可提高拟南芥等植物的耐盐碱性（刘洋，2014；Cai 等，2014），WRKYs 是参与植物发育防御调节的重要转录因子家族，对转 ZmWRKY114 基因水稻的研究结果表明，ZmWRKY114 基因是一个负调控因子，通过维持低水平脯氨酸含量，提高丙二醛含量，调控植物对 ABA 的敏感性，参与盐胁迫下调控反应（Bo 等，2020）。在盐胁迫响应中，作为一个中枢信号传递体，SOS2-SnRK3.11-CIPK24 发挥着重要作用（Chen 等，2021）。

三、玉米耐盐碱性育种

在选育耐盐碱玉米品种过程中，如何选取有代表性的指标来准确反映玉米耐盐碱性是一个重要的基础工作。玉米耐盐碱胁迫的能力可以通过多个指标来反映，常用耐盐碱指标大致包括以下几种类型：形态指标、生理指标、生长指标、含水量指标等。仅通过单一指标评价不够准确，引用数学计算等方法综合评价，能够更为真实地反映玉米耐盐碱能力。较为常用的分析方法有聚类分析法、加权隶属函数分析法、主成分分析法和综合评分法等。其中隶属函数法的计算方法简单，并且可以综合反映多个指标，应用较为广泛，缺点是仅能比较品种间耐盐碱能力，不能进行有效分类；聚类分析是对样本间进行分类，但缺点是无法对比耐盐碱力大小。因此，作物耐盐碱评价方法一般采用聚类分析和隶属函数两种方法综合评价（刘纪麟，2002）。

在玉米耐盐碱资源评价方面，杨淑华等（2011）通过盐碱胁迫后的生理生化指标测定等方法在 69 个玉米自交系中筛选出高耐盐碱性的玉米自交系，如掖 478、Bup 43、沈5003、丹黄 02。孙浩等（2016）对 12 份我国夏玉米品种进行了耐盐碱性分级。张林等（2016）建立了玉米耐盐碱评价的体系，同时利用该体系评价了 50 份美国引种玉米自交系的耐盐碱性。目前不同研究人员所鉴定的材料差异较大，公认的耐盐碱性较强的玉米自交系材料偏少。因此，需要加强玉米自交系和杂交种的耐盐碱性评价工作，寻找高耐盐碱的玉米种质资源是今后玉米耐盐碱性研究中的工作重点。

第六节　玉米耐重金属胁迫遗传与育种

一、玉米耐重金属胁迫概述

土壤重金属污染对种植在污染土地上的作物有毒害作用，其中一些重金属容易在作物体内进行积累，对其生长和粮食健康安全造成严重的威胁。对作物影响较大的重金属有镉（Cd）和铅（Pb）。Cd 和 Pb 在玉米植株不同器官的分布规律不受土壤污染程度的影响，但不同重金属元素的分布规律不同。Cd 最易在玉米植株体内富集，而 Pb 是较难吸收的重金属元素（李静等，2006）。玉米对土壤 Cd 有一定的耐受性，但高浓度 Cd 胁迫会降低种子发芽率、光合作用、生长及产量等。玉米对 Cd 的毒性反应因种质、生长介质、胁迫程度有所不同。Cd 主要积累在分生组织中，会导致细胞周期持续时间延长，从而抑制叶片的生长和细胞的伸长（Bertels 等，2020）。

二、玉米耐重金属胁迫遗传

在玉米不同染色体上挖掘到一些耐重金属胁迫相关 QTL。Zhao 等（2018）在玉米第2 号染色体上 SYN27837 和 SYN36598 之间区域定位了与叶片 Cd 含量相关 QTL，同时挖掘到 3 个候选基因，其中一个基因与水稻 *OsHMA3* 和 *OsHMA2* 基因功能相似。

在玉米耐重金属胁迫相关基因研究方面，高清松等（2010）克隆并鉴定到一个类ABC1 基因 *ZmABC1 - 10*，并验证其在 Cd 应答因子发挥的重要作用。Shen 等（2013）发现，Pb^{2+} 胁迫下 12 个差异表达的光合作用触角蛋白均为下调基因，有 6 个与脂质运输和代谢相关的转录本表达量显著升高。玉米对 Pb 的高度积累和耐性可能是一个复杂的数量性状，并受多个基因控制。Zhou 等（2013）定位到 10 个 *ZmNAS* 基因，均能响应 Ni、Fe、Cu、Mn、Zn、Cd 等重金属离子胁迫，除 *ZmNAS6* 外，其余 *ZmNAS* 基因仅在根组织中表达，另外发现玉米幼苗中 *ZmNAS* 基因的表达受茉莉酸、脱落酸和水杨酸的调控。

陈建伟（2015）通过酵母文库筛选等方式发现，9 个可能耐 Cd 胁迫的基因，2 个可能耐 Ni 胁迫的基因。Liu 等（2019）发现，Cd 会诱导作物 MAPK 活化和 ROS 产生，直接诱导 *ZmRBOHs* 表达。在玉米根系中，Cd 胁迫通过 ROS 诱导激活 *ZmMPK3 - 1* 和 *ZmMPK6 - 1*。张扬等（2020）发现，*ZmOPR5* 基因受 Cd 胁迫诱导表达，同时在不同基因型和组织部位中存在显著差异。袁亮等（2021）在玉米受 Cd 胁迫下挖掘到 8 个显著关联的 SNP 位点，并确定了其候选基因。另外，Gao 等（2019）筛出 5 个玉米中响应 Cd 胁迫差异表达的 miRNAs。

三、玉米耐重金属胁迫育种

植物抵抗镉胁迫是一个复杂的生理过程，若仅通过单个指标进行评价则不够全面。目前玉米耐重金属种质鉴定尚无统一标准，前人研究通常根据玉米生物量、产量、籽粒重金属含量、对重金属的富集系数、转运系数指标以及其他特定指标进行鉴定。王民炎等（2016）根据玉米生物量、产量、籽粒 Cd 含量以及对 Cd 的富集系数和转运系数等指标进行评价，分别筛选出 3 个 Cd 低积累品种。

不同玉米品种对重金属的吸收存在明显差异，通过分析比较重金属在农作物地上部各器官中（尤其可食部分）的积累水平，从而筛选出既不影响农作物产量且可食部分重金属含量在安全食用范围内的农作物品种。杨惟薇等（2014）通过对不同生育时期和玉米组织对 Pb 的积累能力进行测定，筛选出一个抗性强且对 Pb 累积能力最弱的品种桂香糯 6 号。干蔚等（2014）研究了在高浓度 Pb 胁迫下 25 个玉米品种的生长、产量变化，以及根、茎叶和籽粒 Pb 含量的差异，筛选出寻单 7 号为 Pb 低累积品种。

目前对重金属低累积作物还没有明确定义，多数学者筛选低累积品种的标准为供食用器官重金属富集能力较弱（重金属含量不超过国家食品卫生有关标准），而对受重金属胁迫下作物生长及产量变化研究相对较少。

主要参考文献

陈春梅，高聚林，苏治军，等 . 2014. 玉米自交系吐丝期叶片光合参数与其耐旱性的关系 . 作物学报，40（9）：1667 - 1676.

陈建伟 . 2015. 玉米耐镉基因的筛选与分析 . 南京：南京农业大学 .

高清松，杨泽峰，周勇，等 . 2010. 一个玉米类 ABC1 基因 *ZmABC1 - 10* 的克隆及其对镉等非生物胁迫的应答 . 作物学报，36（12）：2073 - 2083.

扈光辉 . 2008. 耐冷玉米种质资源的筛选与鉴定 . 杂粮作物，28（6）：370 - 373.

胡俊杰 . 2022. 玉米耐热性评价体系的建立和应用 . 武汉：华中农业大学 .

李红飞，郭薇，覃光恒，等 . 2014. 玉米耐低温种质资源的初步鉴定和筛选 . 中国种业（6）：30 - 32.

李静，依艳丽，李亮亮，等 . 2006. 几种重金属（Cd、Pb、Cu、Zn）在玉米植株不同器官中的分布特征 . 中国农学通报（4）：244 - 247.

李玥.2014.玉米逆境响应基因 *ZmGST23* 的克隆及表达分析.兰州：甘肃农业大学.

刘纪麟.2002.玉米育种学（第二版）.北京：中国农业出版社.

刘洋.2014.玉米 LEA 蛋白基因 *ZmDHN13*，*ZmLEA3* 和 *ZmLEA5C* 的分离与功能分析.泰安：山东农业大学.

任仰涛，金彦刚，李辉晖，等.2019.江苏淮北地区 29 个玉米新品种耐高温胁迫筛选.中国种业（6）：38 - 42.

沈业杰，尹光华，佟娜，等.2012.玉米抗旱相关生理生化指标研究及品种筛选.干旱区资源与环境，26（4）：176 - 180.

史占忠，贾显明，张敬涛，等.2003.三江平原春玉米低温冷害发生规律及防御措施.黑龙江农业科学（2）：7 - 11.

宋凤斌，王晓波等.2005.玉米非生物逆境生理生态.北京：科学出版社.

孙浩，张保望，李宗新，等.2016.夏玉米品种盐胁迫耐受能力评价.玉米科学，24（1）：81 - 87.

孙宁宁，于康珂，詹静，等.2017.不同成熟度玉米叶片抗氧化生理对高温胁迫的响应.玉米科学，25（5）：77 - 84.

王民炎，王爱云，贺喜全，等.2016.玉米品种 Cd 富集差异研究.土壤与作物，5（4）：248 - 254.

文章，王芳，谢刘勇，等.2019.玉米自交系花期耐热能力的评价.玉米科学，27（6）：31 - 38.

严威凯，盛庆来，胡跃高，等.2001.GGE 叠图法：分析品种×环境互作模式的理想方法.作物学报，27（1）：21 - 28.

杨光，刘宏魁，李世鹏，等.2012.玉米抗冷种质资源的筛选与鉴定.玉米科学，20（1）：57 - 60＋66.

杨娟，姜阳明，周芳，等.2021.PEG 模拟干旱胁迫对不同抗旱性玉米品种苗期形态与生理特性的影响.作物杂志（1）：82 - 89.

杨惟薇，刘敏，曹美珠，等.2014.不同玉米品种对重金属铅镉的富集和转运能力.生态与农村环境学报，30（6）：774 - 779.

于康珂，孙宁宁，詹静，等.2017.高温胁迫对不同热敏型玉米品种雌雄穗生理特性的影响.玉米科学，25（4）：84 - 91.

于蔚，李元，陈建军，等.2014.铅低累积玉米品种的筛选研究.环境科学导刊，33（5）：4 - 9＋104.

袁亮，孟鑫，汪亚龙，等.2021.镉胁迫下甜、糯玉米开花期性状的全基因组关联分析.植物遗传资源学报，22（2）：438 - 447.

张慧敏.2016.玉米抗氧化相关基因 *Zm - APX* 的克隆及功能分析.郑州：河南农业大学.

张林，杨剑飞，于立伟，等.2016.玉米苗期耐盐碱鉴定体系优化及 50 份美国自交系耐盐碱性鉴定.种子，35（5）：94 - 98.

张扬，林建新，刘双梅，等.2020.*ZmOPR5* 参与玉米耐镉性生理机制的初步研究.植物遗传资源学报，21（5）：199 - 208.

Almeida GD，Makumbi D，Magorokosho C，et al. 2013. QTL mapping in three tropical maize populations reveals a set of constitutive and adaptive genomic regions for drought tolerance. Theoretical and Applied Genetics，126：583 - 600.

Alvarez PS，Sadras VO，Borrás L. 2014. Independent genetic control of maize （*Zea mays* L.） kernel weight determination and its phenotypic plasticity. Journal of Experimental Botany，65：4479 - 4487.

Bertels J，Huybrechts M，Hendrix S，et al. 2020. Cadmium inhibits cell cycle progression and specifically accumulates in the maize (*Zea mays* L.) leaf meristem. Journal of Experimental Botany, 71 (20): 6418-6428.

Blum A. 2014. Genomics for drought resistance: getting down to earth. Functional Plant Biology. http://dx.doi.org/10.1071/FP14018.

Bo C, Chen H, Luo G, et al. 2020. Maize *WRKY114* gene negatively regulates salt-stress tolerance in transgenic rice. Plant Cell Reports, 39: 135-148.

Brandolini A, Landi P, Monfredini G, et al. 2000. Variation among Andean races of maize for cold tolerance during heterotrophic and early autotrophic growth. Euphytica, 111: 33-41.

Cai G, Wang G, Wang L, et al. 2014. A maize mitogen-activated protein kinase kinase, *ZmMKK1*, positively regulated the salt and drought tolerance in transgenic *Arabidopsis*. Journal of Plant Physiology, 171: 1003-1016.

Castiglioni P, Warner D, Bensen RJ, et al. 2008. Bacterial RNA chaperones confer abiotic stress tolerance in plants and improved grain yield in maize under water-limited conditions. Plant Physiology, 147: 446-455.

Cheng D, Tan M, Yu H, et al. 2018. Comparative analysis of Cd-responsive maize and rice transcriptomes highlights Cd co-modulated orthologs. BMC Genomics, 19: 709.

de Souza TC, Magalhães PC, de Castro EM, et al. 2014. ABA application to maize hybrids contrasting for drought tolerance: changes in water parameters and in antioxidant enzyme activity. Plant Growth Regulation, 73 (3): 205-217.

Dostál P, Fischer M, Prati D. 2016. Phenotypic plasticity is a negative, though weak, predictor of the commonness of 105 grassland species. Global Ecology & Biogeography, 25 (4): 464-474.

Eagles HA, Hardacre AK, Brooking IR, et al. 1983. Evaluation of a high altitude tropical population of maize for agronomic performance and seedling growth at low temperature. New Zealand Journal of Agricultural Research, 26: 281-287.

Edmeades G, Bänziger M, Campos H, et al. 2006. Improving tolerance to abiotic stresses in staple crops: a random or planned process? //Crosbie T, Eathington S, Sr G, et al. Plant Breeding: The Arnel R Hallauer International Symposium. Lowa: Blackwell Publishing: 293-309.

Edmeades GO. 2013. Progess in achieving and delivering drought tolerance in maize: an update. New York City: ISAAA.

Fracheboud Y, Jompuk C, Ribaut JM, et al. 2004. Genetic analysis of cold-tolerance of photosynthesis in maize. Plant Molecular Biology, 56 (2): 241-253.

Gao J, Luo M, Peng H, et al. 2019. Characterization of cadmium-responsive MicroRNAs and their target genes in maize (*Zea mays*) roots. BMC Molecular Biology, 20: 14.

Gong M, Chen B, Li ZG, et al. 2001. Heat-shock-induced cross adaptation to heat, chilling, drought and salt stress in maize seedlings and involvement of H_2O_2. Journal of Plant Physiology, 158 (9): 1125-1130.

Gu L, Zhang Y, Zhang M, et al, 2016. *ZmGOLS2*, a target of transcription factor *ZmDREB2A*, offers similar protection against abiotic stress as *ZmDREB2A*. Plant Molecular Biology, 90: 157-170.

He CT, Ding ZH, Mubeen S, et al. 2020. Evaluation of three wheats (*Triticum aestivum* L.) cultivars as sensitive Cd biomarkers during the seedling stage. PeerJ, 8 (6): e8478.

Hodges DM, Hamilton RI, Charest C. 1994. A chilling resistance test for inbred maize lines. Canadian Journal of Plant Science, 74 (4): 687 - 691.

Huang J, Zhao X, Burger M, et al. 2020. Two interacting ethylene response factors regulate heat stress response. The Plant Cell, 33 (2).

Kong X, Pan J, Zhang M, et al. 2011a. *ZmMKK4*, a novel group C mitogen - activated protein kinase kinase in maize (*Zea mays*), confers salt and cold tolerance in transgenic *Arabidopsis*. Plant, Cell and Environment, 34: 1291 - 1303.

Kong X, Sun L, Zhou Y, et al. 2011b. *ZmMKK4* regulates osmotic stress through reactive oxygen species scavenging in transgenic tobacco. Plant Cell Reports, 30: 2097 - 2104.

Kusmec A, de Leon N, Schnable PS. 2018. Harnessing phenotypic plasticity to improve maize yields. Frontiers in Plant Science, 9: 1377.

Li L, Du Y, He C, et al. 2019. Maize *glossy6* is involved in cuticular wax deposition and drought tolerance. Journal of Experimental Botany. doi: 10. 1093/jxb/erz131.

Liu J, Wang F, Yu G, et al. 2015. Functional analysis of the maize C - Repeat/DRE motif - binding transcription factor *CBF3* promoter in response to abiotic stress. International Journal of Molecular Sciences, 16: 12131 - 12146.

Liu S, Wang X, Wang H, et al. 2013. Genome - wide analysis of *ZmDREB* genes and their association with natural variation in drought tolerance at seedling stage of *Zea mays* L. PLoS Genetics, 9 (9): e1003790.

Liu Y, Liu L, Qi J, et al. 2019. Cadmium activates *ZmMPK3 - 1* and *ZmMPK6 - 1* via induction of reactive oxygen species in maize roots. Biochemical and Biophysical Research Communications, 516: 747 - 752.

Messina CD, Ciampitti IA, Berning D, et al. 2022. Sustained improvement in tolerance to water deficit accompanies maize yield increase in temperate invironments. Crop Science. https: //doi. org/ 10. 1002/csc2. 20781.

Miura K, Furumoto T. 2013. Cold signaling and cold response in plant. International Journal of Molecular Sciences, 14: 5312 - 5337.

Moser SB, Feil B, Jampatong S, et al. 2006. Effects of pre - anthesis drought, nitrogen fertilizer rate, and variety on grain yield, yield components, and harvest index of tropical maize. Agricultural Water Management, 81 (1 - 2): 41 - 58.

Nakashima K, Yamaguchi - Shinozaki K, Shinozaki K. 2014. The transcriptional regulatory network in the drought response and its crosstalk in abiotic stress responses including drought, cold and heat. Frontiers in Plant Science, 5: 170.

Presterl T, Ouzunova M, Schmidt W, et al. 2007. Quantitative trait loci for early plant vigour of maize grown in chilly environments. Theoretical and Applied Genetics, 114 (6): 1059 - 1070.

Rebourg C, Chastanet M, Gouesnard B, et al. 2003. Maize introduction into Europe: the history reviewed in the light of molecular data. Theoretical and Applied Genetics, 106: 895 - 903.

Ribaut JM, Betrán J, Monneveux P, et al. 2009. Drought tolerance in maize. //Bennetzen JL, Hake SC. Handbook of Maize: Its Biology. New York: Springer: 311 - 344.

Rodríguez VM, Romay MC, Ordás A, et al. 2010. Evaluation of European maize (*Zea mays* L.) germplasm under cold conditions. Genetic Resources and Crop Evolution，57：329 – 335.

Seki M，Narusaka M，Ishida J，et al. 2002. Monitoring the expression profiles of 7 000 *Arabidopsis* genes under drought，cold and high – salinity stresses using a full – length cDNA microarray. The Plant Journal，31：279 – 292.

Shen Y，Zhang Y，Chen J，et al. 2012. Genome expression profile analysis reveals important transcripts in maize roots responding to the stress of heavy metal Pb. Physiologia Plantarum，147：270 – 282.

Sun L，Liu Y，Kong X，et al. 2012. *ZmHSP16. 9*，a cytosolic class Ⅰ small heat shock protein in maize (*Zea mays*)，confers heat tolerance in transgenic tobacco. Plant Cell Reports，31：1473 – 1484.

Sun X，Xiang Y，Dou N，et al. 2022. The role of transposon inverted repeats in balancing drought tolerance and yield – related traits in maize. Nature Biotechnology. https：//doi. org/10. 1038/s41587 – 022 – 01470 – 4.

Sung DY，Guy CL. 2003. Physiological and molecular assessment of altered expression of *Hsc70 – 1* in *Arabidopsis*. evidence for pleiotropic consequences. Plant Physiology，132：979 – 987.

Tan M. 2010. Analysis of DNA methylation of maize in response to osmotic and salt stress based on methylation – sensitive amplified polymorphism. Plant Physiology and Biochemistry，48：21 – 26.

Tenaillon MI，Charcosset A. 2011. A European perspective on maize history. Comptes Rendus Biologies，334：221 – 228.

Töpfer N，Braam T，Shameer S，et al. 2020. Alternative crassulacean acid metabolism modes provide environment – specific water – saving benefits in a leaf metabolic model. The Plant Cell，32：3689 – 3705.

Xu J，Yuan Y，Xu Y，et al. 2014. Identification of candidate genes for drought tolerance by whole – genome resequencing in maize. BMC Plant Biology，14：83.

Zhai S，Gao Q，Liu X，et al. 2013. Overexpression of a *Zea mays* phospholipase C1 gene enhances drought tolerance in tobacco in part by maintaining stability in the membrane lipid composition. Plant Cell，Tissue and Organ Culture，115 (2)：253 – 262.

Zhao X，Luo L，Cao Y，et al. 2018. Genome – wide association analysis and QTL mapping reveal the genetic control of cadmium accumulation in maize leaf. BMC Genomics，19：91.

Zhou X，Li S，Zhao Q，et al. 2013. Genome – wide identification，classification and expression profiling of nicotianamine synthase (NAS) gene family in maize. BMC Genomics，14：238.

第十一章　玉米雄性不育的遗传与育种

（汤继华，　李建生）

雄性不育是高等植物中普遍存在的一种生物学现象，根据 Kaul（1988）的报道，人们已经在 43 个科 162 个属的 320 种植物中发现了雄性不育。尽管雄性不育对于植物自身生长发育是一种不正常的性状，但是这种特性对于杂种优势的利用具有十分重要的意义。随着主要农作物和蔬菜等杂种优势的广泛利用，雄性不育的研究和利用已成为植物育种学的重要内容。此外，目前广泛利用的植物雄性不育大多数是受细胞核和细胞质两套遗传体系控制的质核互作雄性不育，因此，植物雄性不育常作为研究植物细胞核和细胞质相互关系的一种模式性状受到高度重视。玉米育种学的主要任务就是利用杂种优势，采用雄性不育系生产杂交种子，不仅能节省大量去雄人工，降低种子成本，而且可以减少因去雄不彻底所造成的混杂，提高种子纯度和产量，充分发挥杂种优势的作用。进入 21 世纪以来，随着我国现代农业的发展，农村劳动力成本显著提高，在我国主要玉米制种产区，玉米雄性不育利用需求愈来愈迫切。因此，在雄性不育的基础上利用杂种优势是玉米育种学的主要内容之一。

第一节　玉米雄性不育的基本概念和研究概况

一、玉米雄性不育的基本概念

在玉米有性繁殖过程中，不能产生具有正常功能花粉的现象称为雄性不育。在自然条件下，有许多因素可以引起玉米的雄性不育，例如高温、干旱、辐射、化学药物处理、遗传突变以及营养元素的缺乏等。然而，唯有遗传控制的雄性不育才能在育种中加以利用，原因是由外界因素造成的雄性不育都无法将其不育性稳定地传递给后代。受遗传控制的不育性按其遗传特点可大致分为两大类：一类是细胞核雄性不育，另一类是细胞质雄性不育。

细胞核雄性不育的遗传因子位于核染色体的特定位点。它们绝大多数是由隐性单基因控制，常用符号 ms 表示。只有当 ms 纯合时才表现不育，正常玉米自交系通常带有显性可育基因，以核不育单株为母本与正常玉米自交系杂交，杂种一代全部表现可育；杂种二代出现育性分离，其中 3/4 是可育株，1/4 是不育株，表现孟德尔式的遗传方式。近年来，生物技术的飞速发展使人们可以借助基因工程的方法创造新的雄性不育系。由于基因工程不育系的育性基因大多都整合到核基因组中，并表现孟德尔式的遗传，因此，常常将这些不育材料归入到核不育的类型。

细胞质雄性不育主要受核外遗传物质的控制，不育性仅通过母本传递给后代，表现为非孟德尔式的遗传。此外，其育性还受到核基因的调控，具有恢复功能的核基因可以克服细胞质不育的效应，事实上，这种雄性不育是细胞质遗传结构的突变与核基因相互作用的结果，因此属于核质互作类型。由于这种类型容易实现不育系、保持系和恢复系的配套，是当前玉米育种中利用的主要类型。

二、玉米雄性不育的研究概况

玉米细胞质雄性不育的研究，最早可以追溯到 20 世纪 30 年代。Rhoades（1930）首次从一个来自秘鲁的原始材料中发现了雄性不育的单株，对这些材料的进一步研究表明，雄性不育性通过母本传给后代，表现出非孟德尔式的遗传。Jones（1950）最先提出，细胞质雄性不育性是由细胞质结构的变异与隐性核基因相互作用的结果，而育性的恢复是显性核基因引起的。Jones 的理论对于指导当时的雄性不育育种工作起到了十分重要的作用。到了 20 世纪 70 年代，玉米育种学者们陆续发现了近百种细胞质雄性不育材料，由于这些不育系材料都是发现者根据自己的兴趣来命名，难以知道它们之间的相互关系。Beckett（1971）依据雄花育性恢复的专效反应，把细胞质雄性不育系划分成 T、C 和 S 组 3 个基本类群。

早期的玉米育种家主要对 T 组和 S 组雄性不育材料开展了研究。原始的 T 型不育系起源于一些带有 Mexican June 亲缘的玉米品种（Rogers 和 Edwardson，1952），而最早发现的 S 型不育系是从美国农业部收集到的遗传材料中分离出来的（Duvick，1965）。1970 年，由于玉米小斑病 T 小种的流行，T 型不育系被迫停止使用。尔后，各国玉米育种学家陆续开展了新一代细胞质雄性不育系的选育，并取得明显进展。C 型不育系来自巴西的玉米品种 Churny，其不育性稳定，花粉败育彻底，因此受到广泛的重视。Gabay - Laughnan 和 Laughnan（1983）发现的 EP 型不育系或许是一种不同于 S 和 C 型的新类型，它带有多年生大刍草的细胞质。我国科学家也在中国玉米种质中选育出一系列新的胞质不育材料，如双- cms、唐徐- cms、P - cms 等。

20 世纪 80 年代，人们运用电子显微镜技术，在超微结构水平观察雄性不育的方式和发生时期，发现不同类型的细胞质雄性不育系的败育方式和时间明显不同（Lee 等，1979；1980），并有孢子体不育和配子体不育之分，从而为在细胞水平上探讨雄性不育的机理提供了重要信息。近年来，随着生物技术的不断进步，人们已经从分子水平来探索细胞质雄性不育的遗传奥秘。Levings 和 Pring（1976）通过对不同类型不育系线粒体 DNA 的比较研究，首次提出线粒体 DNA 可能是细胞质不育基因载体的观点，为深入研究细胞质雄性不育的分子机理起到了巨大的推动作用。T 型胞质雄性不育恢复基因 Rf_2 的克隆是玉米细胞质雄性不育基础研究的又一个重大进展（Cui 等，1996）。所有这些基础研究进展，为雄性不育系在玉米育种中的应用开辟了广阔的前景，使细胞质雄性不育的育种工作又有了新的发展。

Singleton 和 Jones（1930）描述了第一例细胞核雄性不育现象，其不育性受隐性突变基因控制，被定名为 ms_1。而后陆续发现了一系列的细胞核雄性不育基因，分别被定位在玉米细胞学图谱的不同染色体位点。李竞雄等（1998）报道，人们已发现 32 个细胞核雄性不育基因，其中 4 个显性基因，28 个隐性基因，并分别被定位到玉米分子标记图谱的相应位点。最近，玉米核不育基因的克隆与功能解析工作取得了显著进展，已经有近 20个细胞核雄性不育被克隆，而且利用细胞核雄性不育进行不育化制种的 SPT 技术研究也取得了一定的进展。

三、玉米雄性不育的应用概况

玉米是世界上最早利用雄性不育系生产杂交种的作物之一。自从 1950 年第一个玉米雄性不育系杂交种问世以来（Forde 和 Leaver，1980），玉米细胞质雄性不育在育种中研究与应用都曾经有过较大的发展。仅 1970 年，美国雄性不育杂交种的种植面积已达到玉米总面积的 $75\% \sim 80\%$（Duvick 和 Noble，1978）。当时所利用的不育系材料几乎全部为 T 型胞质，由于 T 型不育胞质对玉米小斑病 T 小种表现高度的专化感染，导致 20 世纪 70年代初玉米小斑病在美国的暴发流行，使玉米生产蒙受巨大损失，玉米雄性不育系利用也因此一度进入低潮。

随着玉米雄性不育基础研究的不断深入，20 世纪 80 年代中期，许多美国种子公司又开始利用细胞质雄性不育系生产玉米杂交种子，细胞质雄性不育系杂交种子的产量已占整个种子产量的 12%，其中 C 型不育系占 8%，S 型不育系占 3.3%。到 20 世纪 90 年代初，美国玉米雄性不育系杂交种的产种量达到整个种子产量 20% 左右。由于特定的生态环境，从 20 世纪50 年代后期至今，苏联及其后的独联体国家利用细胞质雄性不育杂交种的工作从未中断。

我国也是开展细胞质雄性不育研究较早的国家之一。李竞雄等（1961）在 20 世纪 60年代初就开始雄性不育的研究工作。当时利用的不育胞质资源大多数是从国外引进的 T型不育系。进入 20 世纪 70 年代以来，国内部分育种单位先后育成了一批高抗玉米小斑病T 小种的新型不育系，如双- cms（辽宁省昭乌达盟农科所）、唐徐- cms（华中农业大学玉米研究室）、L2- cms（辽宁省农业科学院）、ZIA- cms（河北省农业科学院）等。近年来，为了进一步提高玉米杂交种的质量，国内一些玉米育种单位加强了玉米雄性不育的育种工作，并取得了可喜进展。在我国生产上大面积利用的雄性不育系杂交种主要有 S 胞质的中单 2 号、华玉 4 号、京科 968 等品种，C 胞质的豫玉 22、农大 3138、郑单 958、登海618、登海 605 等品种。

第二节 玉米细胞质雄性不育的分类

一、恢复专效性分类的原理和方法

在雄性不育的育种中，育种学家面临的第一个问题就是从众多的不育材料中挑选出哪些类型作为基本的不育细胞质资源。不育细胞质分类研究可以为育种家提供有益的信息，因此不育细胞质分类的研究对于雄性不育育种具有十分重要的意义。人们已经发现了 100 多种不同来源的细胞质雄性不育，并根据不育材料的来源或产地冠以不同的类型，例如，T 型不育细胞质是以其产地 Texas 而得名，EK 型不育细胞质来源于玉米品种 Eearly King，故称 EK 型，从单交种（唐四平头×徐 5R）后代选育的不育细胞质称为唐徐型。由于细胞质雄性不育实质上是一种细胞质基因的遗传突变，突变是随机发生的，而且可以重演，因此不同来源的不育细胞质可能在遗传上属于同一类型。尽管按产地和来源命名不育系类型对于区别不同的不育系是必要的，但是这种方法并不能反映各类不育细胞质在遗传上的异同。

雄性不育育种的实践表明，不同的细胞质雄性不育系对不同的自交系具有不同的恢复反应，即某个自交系能够恢复某些类型的雄性不育系，而对另一些不育系则是保持的。特定的恢复系只能对特定类型的不育系起作用，恢复性反应表现出一定程度的专效性。遗传分析结果表明，恢复专效性的本质是不同的恢复系携带有不同的恢复基因，而不同的雄性不育系有不同的细胞质不育基因，特定的恢复基因只对特定的不育基因起作用。根据这一现象，选用若干个带有特定恢复基因的自交系与雄性不育系测交，依据测交后代的育性反应，就可以把不育系归并为不同的组群。

Beckett（1971）在对 28 个不同类型的雄性不育系进行广泛测交的基础上，选择出 4 个有代表性的自交系作测验种，根据测交后代的雄花育性反应，把这些雄性不育细胞质分成 3 个主要的类群，即 S 组、C 组和 T 组。在各个组内，各种细胞质类型的育性反应基本相似，如 VG、RD、ML 型等雄性不育系，尽管它们由不同的育种学家独立发现，但其测交后代都表现相似的育性反应，因此它们都被归于 S 组。Gracen 和 Grogan（1974）的研究进一步支持了 Beckett 的结论。由 Beekett 设计的雄性不育细胞质分类程序详见图 11-1。

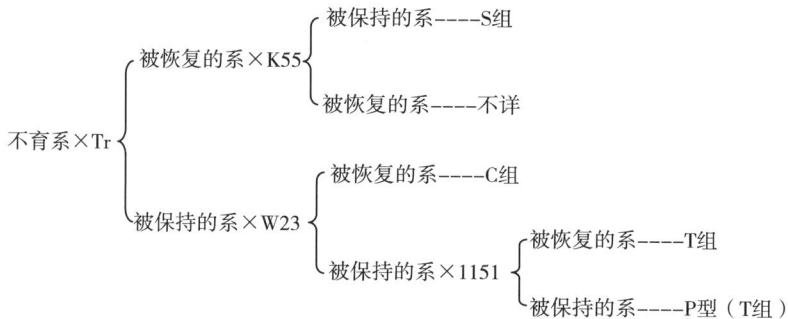

图 11-1　雄性不育胞质分类程序 I

从图 11-1 中可见：凡被 Tr 恢复，而被 K55 保持的雄性不育系都属于 S 组；能够被 Tr 保持，但被 W23 恢复的雄性不育系归于 C 组；测验种 Tr 和 W23 均无法恢复，但能被 1151 恢复的雄性不育系属于 T 组（除 P 型外）。

郑用琏（1982）和温振民（1983）根据 Beckett 提出的恢复专效性原理，研究了国内若干细胞质雄性不育系的大田育性反应，并提出了一组相应的胞质分类测验系，从而建立了我国自己的不育胞质分类体系。按照郑用琏提出的分类程序（图 11 - 2）：凡被恢 313 恢复的属于 S 组；被恢 313 保持，而被自凤 1 恢复的属于 C 组；对恢 313

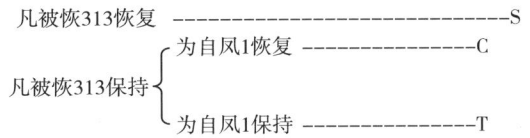

```
凡被恢313恢复  ————————————————————S
                 ┌ 为自凤1恢复 ——————————C
凡被恢313保持 ┤
                 └ 为自凤1保持 ——————————T
```

图 11 - 2　雄性不育胞质分类程序Ⅱ

和自凤 1 均表现不育的属于 T 组。李小琴（2000）利用一套同核异质的不育系测定了 55 个新发放的玉米自交系对不同不育胞质的大田育性反应，鉴定出：1 个能恢复 T、C 和 S 三组不育胞质的全效恢复系——HZ32，以及 C 组的专效恢复系——吉 6759、P111 等；S 组的专效恢复系——恢 313、801；以及对 C 组和 S 组均具有恢复能力的双效恢复系——S7913、牛 2 - 1 等。

二、线粒体 DNA 的多态性与不育细胞质的分类

Levings 和 Pring（1976）首次采用限制性内切酶分析技术比较了玉米正常细胞质（N 型）和 T 型线粒体 DNA（mtDNA）的异同。结果表明，当用同一种内切酶消化来自同一核背景的 N 型和 T 型线粒体 DNA 后，两类材料的电泳图谱存在明显的差别。随后，Pring 和 Levings（1978）用同样的方法分析了 T、C、S 和 N 型的线粒体 DNA，发现在 4 种细胞质之间，线粒体 DNA 存在明显的多态性。根据电泳图谱的差别，C、S 和 T 三种不育胞质与正常胞质的相似性分别是 88%、78% 和 73%。这些重要的发现不仅为深入研究玉米雄性不育的机理指明了方向，而且为利用分了技术划分不育细胞质提供了可能性。谢友菊和戴景瑞（1988）利用限制性内切酶分析技术研究了国内不同玉米细胞质雄性不育系线粒体 DNA 的多态性，根据酶切后电泳图谱的差别，将唐徐- cms 和双- cms 划分到 S 组，而把 Y 型不育系定为 T 型。

由于线粒体 DNA 限制性内切酶分析技术需要提取大量的线粒体 DNA，此外直接利用限制性内切酶酶切，电泳的带型比较复杂，限制了这一技术在胞质分类上的应用。随着一大批线粒体功能基因的克隆，以线粒体功能基因为探针的 RFLP 技术已被广泛用于雄性不育胞质的分类研究。韦桂旺等（1997）选用 44 种酶/探针的组合分析了 2 套同核异质不育系线粒体 DNA 的 RFLP，发现由 *BamH* Ⅰ/*cox* Ⅱ组合揭示的线粒体 DNA 的多态性可以区别 T、C、S 和 N 型的细胞质类型，RFLP 的分类结果和田间恢复专效性的分类结果一致。张方东（1999）和李小琴（2000）的研究进一步发展和完善了线粒体 DNA 的 RFLP 分类方法。他们选用了更多的酶/探针组合，增加了不同核背景的不育系，仍获得了相似的结果。根据他们的结果，在 *BamH* Ⅰ/*atp9*、*BamH* Ⅰ/*cox* Ⅱ和 *Pst* Ⅰ/*atp9* 等酶切/探针组合的分子杂交图谱中，总带纹少，特异带纹清晰，可以有效地区别 T、C、S 三种不育胞质类型。Liu 等（2002）根据 T、C、S 胞质的 mtDNA 特异基因片段分别在 *T - urf13*、*atp6c*、*orf355 - orf77* 中，对其特异基因片段设计引物，利用 PCR 方法可以

快速鉴定玉米不育胞质类型。采用线粒体 DNA 的 RFLP 和 PCR 技术对不育胞质进行分类不必进行大量的田间育性测验，并能在苗期获得试验结果，具有快速、简便的特点。因此，这种方法不仅成为玉米不育细胞质分类的重要手段，而且对于鉴定玉米雄性不育系及不育系杂交种的纯度具有一定的利用潜力。

在玉米线粒体主基因组之外，还存在一些具有独立复制能力的小分子量的 DNA，被称为质粒或类质粒。在不同类型的雄性不育材料之间，质粒也表现出明显的多态性，其中最典型的是 S1 和 S2 质粒。S1 和 S2 的分子量分别是 6.4kb 和 5.4kb，为线状的双链 DNA（Kemble 等，1980）。对于绝大多数 S 组不育系，除了 S-cms WF9 外，均能检测到 S1 和 S2，而在其他类群的胞质不育系中均未发现 S1 和 S2。因此，这两种质粒可以作为 S 组不育胞质的辅助鉴定指标。在 C 组的不育系中发现了 C 组不育胞质特有质粒 C1 和 C2，分子量分别是 1.75kb 和 1.42kb，这两种质粒也可作为 C 组不育胞质的辅助鉴定指标。

三、主要不育胞质类群的表现型特征

按照恢复专效性的分类方法，绝大多数细胞质雄性不育系都被划分到 T、C 和 S 三个基本的组群中（表 11-1）。在 3 个主要的组群之间，除了存在大田恢复性反应的不同外，它们的表现型也各有不同程度的差异，这些表现型的特异性常可以作为细胞质分类的辅助指标。T 组不育系育性高度稳定，不育系花药全部干瘪，颖壳不外露，花粉败育较彻底，败育花粉呈完全畸形且数量很少。在分离世代，T 组不育系的育性分离多表现为质量性状的特点。此外，T 组不育系最显著的表型特征是对玉米小斑病菌 T 小种和玉米黄色斑病菌（*Phyblosticaea maydis*）均表现高度专化感染。病原菌 T 小种分泌的毒素不仅明显地抑制 T 型不育系幼苗初生根的伸长（Lim 和 Hooker，1972），而且能抑制花粉的萌发和生长（Laughnan 和 Gabay，1973）。杀虫剂 Methomy 也专化毒害 T 组的不育系，用 Methomy 处理 T 型不育系所引起的生理反应和 T 小种的效应是相似的（Koeppe 等，1978）。

表 11-1 玉米雄性不育细胞质的分类结果

组群	主要细胞质类型
T	HA、P、Q、RS、SC、T、1A、7A、17A……
S	B、CA、D、RK、F、G、J、K、L、M、ME、ML、MY、PS、R、S、SD、TA、TC、VG、W、双、唐徐、小黄、大黄……
C	Bb、C、ES、PR、RB……

S 组包括 100 多种不育细胞质类型，是三个主要组群中最大的一个组。在我国的地方种质中，S 组不育胞质出现的频率较高，例如华中农业大学玉米研究室先后从玉米地方品

种大籽黄和小籽黄中获得的大黄-cms和小黄-cms（李建生等，1993），以及 WB-cms 均属于 S 组的不育系。S 组的某些自交系有花药外露的现象，但不开裂，败育花粉多呈三角形或多角形，一些败育花粉有部分淀粉的累积，有时还可能有极个别正常花粉粒。S 组的不育系对玉米小斑病 T 小种不具有专化感染。在分离世代，S 组不育系的育性反应往往呈连续分布。某些 S 组的不育系对环境较敏感，当环境变化时，育性反应也随之变化。然而这种对环境反应的不稳定性，随核基因型的不同而有较大差异，在某些核基因型中不育性高度稳定，在另一些核基因型中不育性常随环境而发生变化。在一些特殊的核基因型中，S 组的不育系常产生低频率的回复突变。

　　C 组的不育细胞质类型已经从最早的 2 种扩大到 6 种。C 组不育系的雄花形态特征和 T 组不育系相似，但玉米小斑病 T 小种不专化感染 C 组的不育系。魏建昆（1988）曾报道在四川雅安采集到对 C 型不育系表现专化感染的玉米小斑病 C 小种。李大良等（1995）以 10 套同核异质（N、C、RB、ES）品系及 CMS-C 胞质背景的 3 个杂交种为材料，通过对田间观测的 4 个病理指标的鉴定和分析，结果表明 C 小种对 C 组 CI 亚群雄性不育胞质具有专化性侵染的特点。但在不同病理指标、不同核型之间所表观的专化性程度却有较大差别；CII、CIII 亚群胞质无专化侵染现象。高志环等（2000）研究发现，小斑病 C 小种不是严格针对 C 细胞质感染，毒素的作用位点是细胞膜而不是线粒体。在某些特殊的核基因型背景中，C 型不育系可能会出现不育性的延迟回复突变，即在吐丝后几天内，雄花花序的某些分枝或节段出现花药外露并部分散粉的现象。

四、不育细胞质的进一步分类

　　20 世纪 70 年代初期，玉米小斑病 T 小种的暴发流行给人们留下了极其深刻的教训，导致这一结果的重要原因之一是单一化大面积推广应用 T 型不育系杂交种，最终导致遗传的脆弱性，而单一的遗传结构很难应对复杂的环境变化。因此，扩大细胞质的遗传基础，谋求胞质资源的多样化，已经成为雄性不育系育种的基本原则之一。在雄性不育的育种中，为了扩大不育细胞质的遗传基础，有两条途径可供选择：一条是利用各种方法发掘新的不育细胞质类型，另一条是寻找现有不育细胞质的遗传差异。然而，开发新型不育细胞质的工作进展并不十分理想，陆续发现的不育细胞质类型几乎没有超出 T、C 和 S 三大组的范围。仅发现 EP 型不育系似乎不属于 T、C 和 S 三个组群中的任何一组，它可能是一种新的类型。因此，对现有组群的进一步分类自然受到了广泛的重视，尤其是对 S 组的进一步划分，由于它包含了最多的不育细胞质类型。随着分子生物技术的发展，特别是细胞器 DNA 分离、鉴定和克隆技术的进展，使人们能够深入到分子水平比较不同类型的细胞质不育系线粒体 DNA 和叶绿体 DNA 的差异，在分子水平上为不育细胞质的进一步分类提供依据。

　　Pring 等（1980）运用限制性核酸内切酶技术分析了 C 组不同类型不育系的线粒体 DNA 和叶绿体 DNA，发现在 C 组内，不同类型不育系的线粒体 DNA 存在有明显的差异，用同样的方法却没有观察到叶绿体 DNA 的变异。根据被限制性内切酶消化的线粒体 DNA 电泳模式的特异性，可以将 C 组的不育细胞质分成 3 个亚组：CⅠ亚组包括 C 型，CⅡ亚组包括 RB、BB 和 E 型，ES 型属于 CⅢ亚组。Yang 等（2022）分析了玉米 CⅠ、CⅡ和 CⅢ亚组中 C 型胞质不育系的线粒体基因 *atp6c* 序列差异，发现 3 个亚组中 *atp6c* 基因的 DNA 序列完全相同，说明只有一种 C 型不育胞质。

Sisco 等（1985）采用线粒体核酸内切酶分析、F_1 花粉形态观察、大田恢复性反应等 5 种方法研究了 S 组不育细胞质的异质性。利用 25 种不同类型不育细胞质和 36 个不同核基因型，通过对试验结果的综合分析认为，S 组的不育细胞质至少可以再分成 5 个亚组：CA、B/D、LBN、ME 和 S（表 11-2）。他们还建议把 CA 亚组作为标准 S 组。供试的 25 种不育细胞质有 18 种属于该亚组。CA、B/D 和 LBN 亚组有相似的线粒体 DNA 电泳图谱，但是它们对部分恢复系 C092 的育性反应不尽相同。在自交系 W182BN 的核背景中，LBN 型不育细胞质的线粒体核酸带有 LBN1、LBN2 两条特异的双链 RNA。ME 和 S 亚组的不育细胞质各自具有特异的线粒体 DNA 电泳图谱，在不育系和恢复系杂交的 F_1 中，M 和 S 亚组的不育系比 CA 亚组有更多的可育花粉。

表 11-2　玉米 S 型不育胞质的亚组的分类

亚组	主要细胞质类型
CA	CA、EK、F、G、H、1A、J、K、L、M、ML、MY、PS、R、SD、TA、VG、W
B/D	B、D
LBN	LBN
ME	ME
S	S、TC、I

第三节　玉米细胞质雄性不育的基础研究

一、玉米细胞质雄性不育的细胞学研究

（一）正常花药的发育和花粉的形成

花药是花粉形成和发育的场所。成熟的玉米花药有 4 个花粉囊，每个花粉囊都包含 1 个药室和 4 层细胞组成的药室壁。原始的花药组织起源于雄蕊原基。随着雄蕊的发育，在这群细胞的 4 个角隅上分化出有较大体积、细胞核显著的孢原细胞。孢原细胞经过 1 次平周分裂形成 2 层细胞，外层为初生壁细胞，内层为初生造孢细胞。前者继续分化形成药室内壁、中层和绒毡层；后者进一步发育形成圆柱状排列的花粉母细胞。花粉母细胞进行减数分裂，产生小孢子。小孢子在花药中继续发育最终形成花粉粒。Warmke 和 Lee（1977）将花粉形成过程大致分为 9 个时期。这些时期的主要细胞学特征如下：①前胼胝

质期。花药的 4 层壁和造孢细胞发育成熟，造孢细胞的有丝分裂停止，但胼胝质尚未形成。②中胼胝质期。胼胝质首先沿着边缘的造孢细胞在质膜和细胞壁之间逐渐沉积，直到完全地包围每一个细胞。尔后，胼胝质随着花粉母细胞的分离而彼此分开。在这一时期，绒毡层细胞经过 1 次有丝分裂，形成双核细胞。③减数分裂期。每个花粉母细胞经过连续 2 次的分裂，产生 4 个小孢子。④四分体期。4 个小孢子被 1 个不完整的壁所分隔。此时绒毡层细胞继续加厚，并且充满了细胞质和细胞器，几乎没有液泡。⑤幼龄小孢子期。随着胼胝质的溶解，小孢子被释放到药室中。这一时期的小孢子含有许多小液泡，同时，绒毡层开始正常解体，内壁的界限已经消失。⑥单核小孢子中期。小孢子已经形成具有双层结构的外壁，细胞轮廓清晰而规则。同时，在绒毡层细胞内壁的外侧有规律地排列着大量的乌氏体。⑦单核小孢子晚期。小孢子有 1 个较厚的外壁和较大的中间液泡，而且体积也显著增大。随着小孢子的生长发育，绒毡层被挤压成扇形的迂回带。⑧幼龄花粉期。小孢子经有丝分裂形成营养核和生殖核。细胞质围绕着生殖核成为一个小的生殖细胞。此时，绒毡层进一步解体。⑨近成熟花粉期。随着淀粉等营养物质在花粉内的累积，中间液泡消失，双层的花粉壁进一步发育，外壁呈刻蚀状，内壁较厚。生殖细胞有丝分裂产生 1 对雄配子体。成熟的玉米花粉粒包含 3 个细胞核，其中 2 个较小的为生殖核，一个较大的为营养核，花粉粒内充满大量营养物质和细胞器。当花粉成熟时，花药壁也发生相应的变化，花药外壁高度角质化，中层消失或被挤压成一条细带。绒毡层正常解体，仅残存细胞壁和空泡状的乌氏体。

（二）T 组不育系的小孢子败育特征

根据 Warmke 和 Lee 的观察（1977），从前胼胝质期到减数分裂期，T 型不育系的小孢子发育和保持系没有差别。小孢子败育发生在减数分裂期后不久，最早能观察到的败育现象是绒毡层线粒体的异常。在四分体的线毡层细胞中，可以看到基质透明，脊不规则的线粒体。之后，线粒体进一步退化，最终线粒体膨胀，基质混浊，脊消失。中层和小孢子细胞线粒体也有同样的变化，值得一提的是，在小孢子发育过程中，T 型不育系绒毡层线粒体结构的异常，与用 T 小种毒素处理 T 型不育系引起的叶片和胚根线粒体的变化几乎完全相同。到了单核小孢子中期，随着线粒体的退化，T 型不育系的绒毡层细胞质和核糖体大量消失，绒毡层提前解体。在这一时期，不育系和保持系的小孢子表现出明显差异，前者的小孢子轮廓不规则，细胞壁较薄。单核晚期的小孢子带有许多小液泡，但不能形成正常胞质类型的中央大液泡。

另一些学者（Colhoun 和 Steer，1981；夏涛和刘纪麟，1989）在对 T 型不育系的观察中还发现，在某些自交系背景中，部分花药的败育发生在小孢子母细胞时期。夏涛和刘纪麟（1989）曾观察到，减数分裂后，胼胝质不能裂解，致使四分体相互粘连，形成巨型孢子团块。在花粉发育后期，T 型不育系的花药干枯并崩溃，2 个药室之间的分隔破裂，残留的小孢子都没有内壁，外壁部分发育，而且被折叠挤压成为伸长的孢子团块。

（三）C 组不育系的小孢子败育特征

C 型不育系的雄花败育开始于四分体期，最早在绒毡层表现异常现象。Lee 等（1979）依据小孢子败育的时间和绒毡层退化的特征，把 C 型不育系的雄花败育分成两种类型。第一种类型的小孢子在单核期败育，绒毡层提前退化；第二种类型的小孢子败育发生在四分体时期，但绒毡层的异常一直保留到开花期才解体。

在第一种败育类型中，四分体绒毡层细胞是双核的，拥有大量的小液泡。在单核小孢子中期，绒毡层很少有乌氏体形成，小孢子外壁能开始发育，但受到明显的抑制，或推迟发育。到了单核小孢子晚期，绒毡层的细胞质变得稀薄，内质网肿胀，大量细胞随之完全解体，同时，小孢子的细胞质也开始退化，小孢子轮廓不规则，最后药室崩溃，只留下药室外壁，退化的绒毡层细胞块和外壁部分发育的小孢子粘连在一起。

第二种败育类型的最显著特征是四分体早期的绒毡层细胞高度液泡化和明显的径向伸长。四分体后期，径向伸长的绒毡层占据大部分药室。同时，四分体也开始退化，胼胝质壁降解，在四分体之间，还可以观察到胼胝质的碎片，几乎所有的小孢子都无法形成外壁，直到开花期，异常的绒毡层才开始解体，药室随之破裂，残留伸长的四分体和绒毡层细胞团。

然而，C 型不育系除了表现上述两种败育形式外，还有另一些形式，如 Colhoun 和 Steer（1981）观察到，在 C 型不育系的某些花药中，绒毡层是单核的，但小孢子的败育发生在外壁形成以前。类似于 Lee 等（1979）所描述的第一种类型，但小孢子败育时间与第二种类型相同。夏涛和刘纪麟（1989）也发现，在同一花药的不同药室有两种败育形式并存的现象。这些结果似乎说明，C 型不育系的小孢子败育可能是一个连续的过程，在小孢子败育的一个特定阶段之内，绒毡层发育不正常，导致花粉败育。

Yang 等（2022）研究发现，C 型不育系花药 S8b 时期的绒毡层纵向伸长，S9 时期的绒毡层细胞并未出现收缩现象，内部线粒体收缩呈不规则月牙状。保持系的花药从 S10 时期开始内部逐渐充实，体积不断膨大；而不育系的花药从 S11 开始逐渐收缩，直至干瘪。保持系的成熟花药的绒毡层正常退化，花粉散落在花药室中，不育系花药的绒毡层膨大、空泡化，解体的小孢子残余紧贴在绒毡层上（图 11-3）。

（四）S 组不育系小孢子的败育特征

S 型不育系花粉败育的时期较晚，几乎所有的小孢子都能通过减数分裂，形成细胞壁发育完好的二核花粉粒，花药组织也是正常的。在幼龄花粉期，S 型不育系的花粉粒突然崩溃解体，剩下空囊状的花粉壁，到花粉成熟期，药室内仅残留紊乱的细胞质团块和混淆的内壁。在 S 型不育系花粉败育之前，唯一能够观察到的异常现象是花粉粒内膜结构的螺旋式凝集（Lee 等，1980）。然而，这种现象也曾在正常发育的花粉粒中观察到，只是在 S 型不育系中这一现象出现的频率较高，夏涛等（1989）也观察到 S 型不育系花粉粒膜结构的某些变异。在花粉粒崩溃前，有许多大的膜状体，并以团聚的形式存在，这些膜状体结构可能是与细胞骨架形成有关的微管。

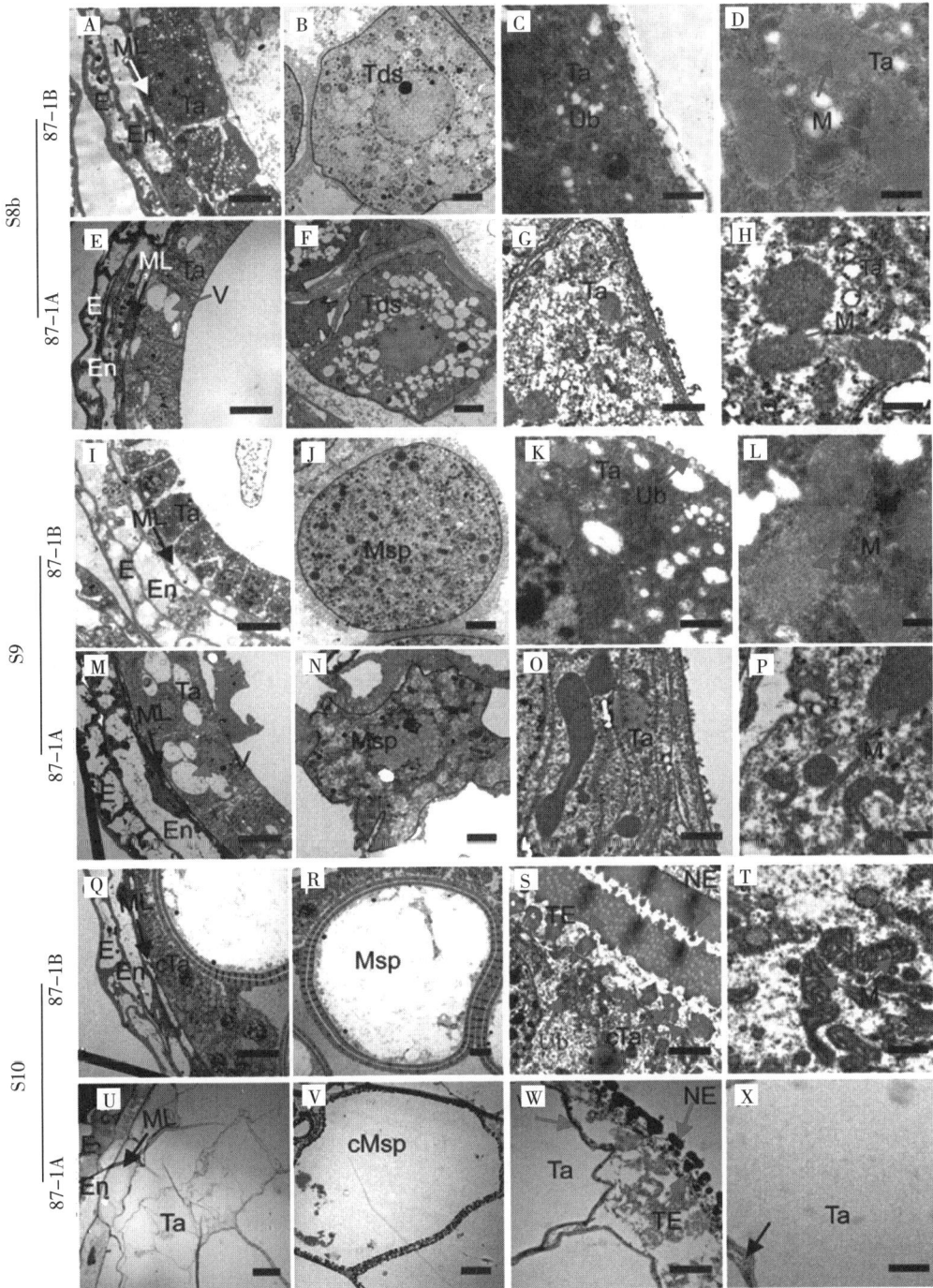

扫码看彩图

图 11-3 C 型不育系花粉母细胞绒毡层异常

A～F. 花药四层细胞结构，标尺＝10μm　G～L. 小孢子，标尺＝5μm　M～R. 放大的绒毡层，标尺＝5μm

S～X. 绒毡层内部放大的线粒体，标尺＝0.5μm　S8b. 减数分裂Ⅱ后的四分体　S9. 早期单核小孢子　S10. 晚期单核小

孢　E. 表皮层　En. 内皮层　ML. 中间层　Ta. 绒毡层　cTa. 解体的毡层　Dy. 二分体　Tds. 四分体　Msp. 小孢子

CMsp. 解体的小孢子　P. 花粉　Ub. 乌氏体　V. 液泡　NE. 小孢子内壁　TE. 小孢子外壁　M. 线粒体

综合上述研究结果可以看出，T 型和 C 型不育系的小孢子败育较早，早期观察到的特异性变化发生在绒毡层，属于孢子体结构的异常。由于绒毡层在花药中所处的特殊位置，对小孢子的发育起着十分重要的作用。花粉母细胞以及小孢子形成和发育过程中的营养物质和水分等，都必须通过绒毡层输送或经过它同化。甚至最后，绒毡层细胞本身也解体，以供应花粉的发育。一旦绒毡层发生异常，养分供应的过程必然遭到破坏，小孢子由于得不到所需的营养物质，从而导致败育。S 型不育系的小孢子败育较迟，败育发生在小孢子发育的后期，花药组织都是正常的，因此，败育可归咎于配子体本身的异常。由于 S 型不育系小孢子败育的发生带有某种突然性，且败育现象持续时间短，人们对这一过程的特异性变化仍然了解甚少。

二、玉米细胞质雄性不育的生理学研究

（一）主要不育细胞质类型的细胞参数

一些细胞参数，如原生质的黏滞度、细胞的水透性和水势、叶绿体数目等，曾经被作为生理指标来比较不同品种的生活力和适应性。为了估计不育细胞质主要类型的细胞质量，魏建昆等（1988）在同一核背景下，研究了 4 种细胞质（T、C、S 和 N）的若干细胞参数。原生质的黏滞度是衡量细胞质量的重要生理指标之一。黏滞度高表明细胞质中含有较多的大分子活性物质，或者具有较高强度的细胞质结构，采用细胞离心处理和观察细胞质壁分离的形式，是估计原生质黏滞度常用的方法。当细胞被离心时，对于黏滞度不同的细胞，其原生质被全部抛向细胞某个角隅的时间不尽相同。黏滞度愈高所需的时间愈长。生理学的研究证明，细胞质壁分离的形式和细胞黏滞度有明显相关性。在高浓度溶液中，黏滞度高则细胞总是表现凹型的质壁分离；反之，表现凸型的质壁分离。

从表 11-3 可以看出，经离心后，正常细胞质（N）的叶绿体被抛向细胞角隅所需的时间最长，而且表现凹型的质壁分离。T 型细胞质叶绿体很容易地被抛到某个角隅，其质壁分离为凸型。由此证明，正常细胞质的黏滞度最高，而 T 型细胞质的黏滞度最低，S 和 C 型细胞质介于两者之间。在活的植物细胞中，原生质体总是按一定的方式，在细胞内作环流运动，原生质的这种运动和细胞的有氧代谢密切相关。生长旺盛的细胞通常有较活跃的原生质流，原生质流的停止标志着细胞的死亡。而且细胞受到损伤，或者遭到病原危害时，原生质流的速度常常降低或者停止，例如 Merts 和 Arntzen（1973）观察到，用 0.3% 的 T 小种毒素处理 T 型细胞质，原生质流的速度下降，20～30min 后，原生质流停止，因此，原生质流的快慢常常反映了细胞生活力的强弱。根据魏建昆等（1988）的研究（表 11-3），正常细胞质的原生质流最活跃，T 型细胞质的原生质流速度最慢。

表 11-3　不同细胞质类型的细胞参数

核基因型	细胞质类型	叶绿体移动所需时间（min）	质壁分离类型	原生质流速度（μm/s）	反质壁分离时间（min）
C103	T	12.1±1.3	凸型	16.4±0.3	1.7±0.14
C103	C	15.4±2.0	凸型/凹型	16.7±0.4	2.1±0.11
C103	S	16.8±1.5	凹型	17.3±0.3	5.0±0.00
C103	N	30.6±1.3	凹型	21.1±0.4	5.6±0.21

另外一些研究表明（Hooker 等，1970），T 型不育系的细胞质膜和线粒体膜对 T 小种毒素特别敏感。细胞质膜的变异直接影响细胞的水透性，此外细胞的水透性与细胞内含物的浓度密切相关。魏建昆等（1988）以质壁分离复原（从质壁分离状态回复到正常状态）时间作为相对指标，研究了不同细胞质的水透性。从表 11-3 可以看出：T 型不育系的细胞反质壁分离时间最短，因此水透性最高；正常类型细胞反质壁分离时间最长，则水透性最低；S 和 C 型不育系细胞的水透性居中。

上述研究结果似乎说明：雄性不育细胞质不仅影响小孢子的正常发育，而且对细胞质膜的结构、原生质的质量以及细胞代谢的活力有明显的负效应。然而，对于不同的不育细胞质，负效应的程度有显著差异，根据上述细胞学参数可得出以下结论：T 型不育系细胞的质量最差，S 型不育系的细胞更接近于正常类型。

（二）细胞质雄性不育的生化特性

植物任何性状的产生、发育和建成无不以代谢为基础，雄性不育性也不例外。因此，研究不育系的代谢特点是探讨雄性不育机理的基本途径之一。

淀粉的累积是花粉成熟的重要标志，因此，花粉粒中淀粉的含量常常是衡量花粉可育或败育的有效指标之一，正常花粉能被 I-KI 染成蓝色，标志着它含有丰富的淀粉。S 型不育系的花粉绝大部分不能被 I-KI 染色，但有极少数花粉被部分染色，这一结果至少说明，S 型不育系花粉的败育与碳水化合物代谢的严重破坏有关。

通过对花药中氨基酸成分的分析表明，雄性不育系、保持系有明显的差异，在 T 型不育系的小孢子败育过程中，丙氨酸、缬氨酸、蛋氨酸及天门冬酰胺的含量增加，当引入恢复基因后，这些氨基酸含量下降。花粉败育晚期的花药几乎没有脯氨酸和蛋氨酸（杜尔宾和巴利洛娃，1975）。脯氨酸是绝大多数蛋白质不可缺少的成分，其中包括在代谢过程中起重要作用的各种酶。显然，这种氨基酸的缺乏，势必阻碍正常生理代谢。一些氨基酸在花药中的过量累积，同样也会使正常生理代谢受到影响。

上述氨基酸成分在不育系花药中的变异，使人们有理由认为，不育细胞质能够影响蛋白质的生物合成。花药中可溶性蛋白质的分析进一步证实了这一推论。在蛋白质的电泳图谱中，保持系有 18 条带，而 S 型不育系和 T 型不育系分别有 15 条和 14 条（杜尔宾和巴利洛娃，1975）。曾孟潜等（1987）的研究结果表明，不同类型的不育系之间不仅存在蛋白质质量的差异，而且还有蛋白质数量的差异。

由于酶在控制生化代谢中所处的重要地位，因此在有关雄性不育系代谢特点的研究中，不育系和保持系不同酶的比较研究受到广泛的重视，并取得许多的成果，主要的研究结果如下：

细胞色素氧化酶和苹果酸脱氢酶是位于线粒体内的重要酶类，特别是细胞色素氧化酶，它是呼吸链上主要的氧化-还原酶，其合成受到细胞核和细胞质的双重控制。Ohmasa等（1976）发现，在正常细胞质的花药和小孢子发育过程中，细胞色素氧化酶和苹果酸脱氢酶的活性迅速增加，但是在 T、C 和 S 3 种不育细胞质条件下，这两类酶的活性降低，其中，T 型不育系的酶活性最低。同时开展的细胞学观察表明，当这两类酶的活性下降到最低点时，小孢子的发育停止，从另一个侧面说明细胞质雄性不育可能与线粒体变化有关。

β-淀粉酶和 α-淀粉酶是 2 个与碳水化合物代谢有关的酶类。前人研究结果表明，T型不育系花药中的 β-淀粉酶的活性明显低于保持系（Peterson 等，1972）。在 S、T 和 C型不育系花药中，α-淀粉酶同工酶的数目或数量都比保持系低（曾孟潜等，1987）。

许珂等（2008）采用 SDS-PAGE 双向电泳对玉米 C 型细胞质雄性不育系 C48-2 及其保持系单核期的花药线粒体蛋白质进行了分离，通过 10 个差异表达在 2 倍以上的蛋白质点进行肽指纹图谱分析，发现 2 个蛋白质点，分别是谷氨酸脱氢酶（GDH）和依赖电压阴离子通道蛋白 1（VDAC1）。其中 GDH 的高表达会影响正常的氮代谢，导致细胞的能量供应发生障碍，有可能导致雄性不育；VDAC1 是线粒体外膜上控制细胞通透性的蛋白，与植物的程序性死亡密切相关。汪静等（2017）等以玉米细胞质雄性不育系 C48-2、保持系 N48-2 和育性恢复 F_1（C48-2×18-599 白）雄穗为材料，测定了线粒体膜相关生理指标。结果发现，从花粉母细胞时期到双核期，不育系 C48-2 雄穗线粒体的膜吸光度、膜电位荧光强度、Ca^{2+} 含量和 Cyt c/a 比值下降，MDA 含量上升，且各指标均在单核期和双核期与 N48-2 和 F_1（C48-2×18-599 白）存在显著差异。

如上所述，通过对有关代谢产物以及有关酶系的比较研究，可以清楚地看到，雄性不育系和保持系之间存在明显的差异。因此，可以认为有关酶系的变异，包括蛋白质表达的调控、酶活性强度、酶作用方向的变化等，引起正常代谢过程的紊乱，从而导致雄性不育。然而，由于细胞质雄性不育的特殊性和植物体内生理生化反应的复杂性，雄性不育系在代谢过程中所表现出的异质性，究竟是雄性不育的原因还是结果，仍然无法定论，真正弄清雄性不育生理生化的本质，还有待进一步的研究。

三、玉米细胞质雄性不育的分子生物学研究

（一）细胞质不育基因的分离、克隆及雄性不育的机理

现代遗传学研究表明，在高等植物的遗传体系中，除了核基因组外，线粒体和叶绿体是具有部分自主遗传能力的细胞器。自从 Levings 和 Pring（1976）首次提出线粒体 DNA

可能是细胞质不育基因载体的观点后，玉米细胞质雄性不育基因鉴定、分离和克隆的研究一度成为植物分子生物学的热点领域。对玉米线粒体主基因组的结构分析和对线粒体蛋白质翻译产物的比较研究，从分子水平揭示了不育胞质和可育胞质之间的遗传差异，为分离和克隆细胞质不育基因奠定了基础。

由于 T 型细胞质的特殊性，T 型细胞质不育基因的研究较为深入。Forde 和 Leaver（1980）在 T 型不育系线粒体蛋白质体外翻译产物中检测一个分子量为 13kD 的特异蛋白质，命名为 T-多肽，并发现恢复基因 Rf_1 能抑制 T-多肽的表达。之后，Dewey 等（1986）从 T 型线粒体 DNA 的 COSMID 文库中筛选到一个 TURF2H3 的差异片段，通过序列分析发现了 2 个开放阅读框（open reading frame），orf13 和 orf25。此外，对 T 型不育回复突变体的研究发现，所有的回复突变体都表现出抗小斑病 T 小种的特性，而它们的 T-orf13 基因或者缺失，或者被插入了其他片段。T-orf13 基因的突变与育性的回复和抗病性的转变密切相关，由此人们推测 T-orf13 基因可能就是 T 组不育系的胞质育性基因。

在 T 组不育胞质线粒体基因组中，由线粒体 DNA 分子间和分子内重组产生的 T-urf 编码一个分子量为 13kD 的多肽，这一 DNA 片段命名为 T-urf 基因。免疫学的试验证明，T-urf 基因的产物就是 Forde 和 Leaver 在 1980 年发现的 13kD 多肽，称为 URF13 蛋白质。进一步的研究表明，URF13 蛋白质是线粒体内膜上的一种组分，与内膜的通道结构有关，玉米小斑病 T 小种产生的 T 毒素能与 URF13 蛋白质的特定部位结合，使通道的口径加大，造成线粒体内离子和小分子的泄漏，最终导致线粒体破裂（Levings 和 Siedow，1992）。早期对 T 型不育系雄花败育的细胞学观察已经证明，绒毡层细胞线粒体的破裂是导致花粉不育的直接原因，有理由相信 URF13 蛋白质与雄性不育有关。然而，在 T 型不育系的绒毡层细胞中，是何种物质、在何种条件下与 URF13 蛋白质结合导致雄性不育，还有待进一步的研究。

玉米线粒体主基因组的一个突出的特点是在环状的 DNA 分子中存在许多重复序列。这种结构很容易在基因内或基因间引发一系列的重组事件，从而导致基因的重排或嵌合。已经有一些证据表明，玉米线粒体功能基因的嵌合可能是产生雄性不育的原因。Dewey 等（1991）在 C 组不育系的线粒体中发现了 3 个嵌合基因，分别是 atp6c、atp9c 和 cox//c，其中 atp6c 在玉米线粒体中是单拷贝的，而嵌合基因编码的蛋白质比正常的 ATP6 少 23 个氨基酸。Yang 等（2022）通过遗传转化证明了 atp6c 是玉米 C 型胞质的不育基因，该基因编码蛋白通过影响 ATP 酶复合体 F_0 亚基的装配效率，致使 ATP 酶复合体装配过程中 F_1' 积累增加，ATP 酶数量减少，导致超氧阴离子（O_2^-）含量、过氧化氢（H_2O_2）含量、SOD 酶活性和 MDA 含量相对较高，诱发不育系绒毡层提前进入 PCD，从而导致雄性不育。

Zabala 等（1997）发现，在玉米 S 组不育胞质线粒体主基因组的 $\delta-\delta'$ 和 $\psi-\psi'$ 区域有一段特殊的重复序列，被命名为 R 区。在所有 S 组回复突变体的 R 区均可以检测到 DNA 的重排，并发现 2 个开放阅读框（ORF），命名为 orf77 和 orf355，其中 orf77 是一个

$atp9$ 的嵌合基因。S 组不育胞质的 R 区有若干个 $atp9$ 嵌合基因的转录本，在正常胞质中它们不表达，而恢复基因 Rf_3 能够降低主要转录本的转录。张方东（1999）在 S 组不育胞质的 R 区中检测到 4 个 ORF，分别是 $orf77$、$orf99$、$orf123$ 和 $orf235$，其中 $orf77$ 与 Zabala 等（1997）的结果完全相同，$orf123$ 和 $orf235$ 与 $orf355$ 部分同源，$orf99$ 是一个新的序列。Xiao 等（2006）研究发现，S 型胞质不育系线粒体基因组 $orf355-orf77$ S 区域的共转录与其育性密切相关，其 2 个转录本 1.6kb 和 2.8kb 的数量在含有恢复系的小孢子中显著降低。利用 5′RACE 方法研究发现，恢复系的小孢子与不育系小孢子相比，1.6kb 转录本的在 5′端有 9 个碱基的删除，从而消除了 5′端的颈环结构。推测 5′端颈环结构的消除是 S 型胞质不育 $orf355-orf77$ 的 1.6kb 转录本发生降解的主要原因。同时 2.8kb 的转录本可以裂解为 1.6kb 的转录本，从而导致 2.8kb 的转录本数量减少。

Xiao 等（2020）利用酵母单杂交筛选出一个转录因子 $ZmDREB1.7$，在玉米 S 型不育系小孢子发育的大液泡时期高表达，从而激活 S 型不育基因 $orf355$ 的表达。而 $ZmDREB1.7$ 缺失的弱等位基因启动子中的一个关键未折叠蛋白反应（UPR）基序 Δpro，具有部分恢复了玉米 CMS-S 的雄性不育能力。此外，$orf355$ 在线粒体中的表达激活线粒体的逆行信号，进而诱导 $ZmDREB1.7$ 的表达。

（二）细胞质不育恢复基因的定位、克隆及育性恢复的机理

近年来，随着高密度玉米分子标记图谱的发展，玉米雄性不育恢复基因的定位工作取得了较大的进展。Wise 等（1994）利用 RFLP 分子标记将 Rf_1 定位在第 3 染色体的 UMC153 和 UMC92 标记之间，图谱距离分别为 1.2cM 和 9.5cM；将 Rf_2 定位于第 9 染色体的 UMC153 和 UMC95 之间，图谱距离分别是 3.8cM 和 7.1cM。Kamps 和 Chase（1995）用 RFLP 标记将 Rf_3 基因定位于第 2 染色体的 BNL 7.14 和 whpl 之间，图谱距离是 6.4cM。石永刚等（1997）进一步把 Rf_3 定位在 RFLP 标记 UMC49 和 RAPD 标记 E08-1.2 之间，图谱距离分别缩短到 2.7cM 和 4.8cM。Sisco（1991）将 Rf_4 基因定位在第 8 染色体上，与 RFLP 标记 NBL114 相距 1.5cM。汤继华利用 RFLP 标记将其定位在第 8 染色体短臂上，定位与 RFLP 标记 npi220 和 csu29 分别在 7.1cM 和 11.7cM 的遗传距离内。牟碧涛等（2019）对玉米 C 型胞质雄性不育的两份强恢复系材料 Z16 和 7250-14-1 中的恢复基因进行了定位：Z16 所含恢复基因被定位于分子标记 B-1 至第 8 染色体短臂末端区域，物理距离为 494kb；7250-14-1 所含恢复基因被定位于分子标记 B-1 与 Chr8-86080 之间，物理距离为 249kb。

Cui 等（1996）利用 Mu 转座系统，采用转座子标签法在 178 300 个单株中筛选出 6 株 rf_2-m 突变体。通过构建 cDNA 的文库分离到一个 2.2kb 含 Rf_2 基因的片段。测序结果表明，Rf_2 编码了乙醛脱氢酶（ALDH）的基因。根据这一重要的发现，Cui 等（1996）提出了 2 种假说来解释由 Rf_2 基因控制的育性恢复机理，一个是代谢假说；另一个是互作假说。按照代谢假说：当 T 型胞质的绒毡层细胞发生能量亏损时，由 Rf_2 编码的乙醛脱氢酶催化 a-脂肪酸氧化，产生能量，以补偿绒毡层细胞能量的不足；此外，当线粒体结

构发生变化时，会引起丙酮酸厌氧发酵，产生有毒的乙醛，乙醛脱氢酶可以解除乙醛的毒性。根据互作假说的解释，通过 Rf_2 编码的乙醛脱氢酶与 URF13 蛋白质直接或间接互作，或者减轻 URF13 蛋白质的毒害作用，或者修饰线粒体内膜的结构，改变 URF13 蛋白质的结合能力。

Qin 等（2021）克隆了玉米 S 型胞质雄性不育恢复主基因 Rf_3 PPRK2，PPRK2 靶向线粒体，对 S 型不育基因 $orf355 - orf77$ 的转录本表达的显著减少主要在 $orf355$ 的裂解部位，而 PTE2 显著增加 S - Mo17$Rf_3Rf_3{}^{al}$ 中 $orf77$ 的表达，推测 Rf_3 恢复可能是通过抑制 $orf355$ 水平来提高 CMS - S 的恢复能力。

综合分析近年来玉米雄性不育分子生物学的一系列进展，对于 T 组雄性不育的机理，一种更可能的解释是，$T - urf$ 基因是线粒体基因组上可以导致雄性不育的结构变异，雄性不育的表现还需要类似于 T 毒素物质的作用，而 Rf_2 编码的乙醛脱氢酶对类似于 T 毒素物质具有明显的解毒作用。然而，由于线粒体遗传体系的特殊性，难以利用现有的分析核遗传行为的方法加以研究。因此，玉米细胞质雄性不育恢复机理的深入研究还有待于进一步深入开展。

第四节　细胞质雄性不育恢复性的遗传

尽管细胞质雄性不育性由核外遗传体系支配，但是不育性的恢复同时受到核遗传体系的控制。位于染色体上的恢复基因能够克服细胞质的不育性，使其表现型发生改变，由不育转变为恢复。但是，不育细胞质并未发生遗传变化，例如，当一个细胞质雄性不育系与一个携带恢复基因的恢复系结合时，尽管细胞质是不育的，但仍能产生有功能的花粉。恢复基因表现孟德尔式的遗传，它们多数是显性的，常用 Rf 表示，对应的 rf 为不育基因。因此，细胞质雄性不育恢复性遗传，实质上是在不育细胞质背景下的质量性状遗传。由于恢复基因的作用是专效的，T、C 和 S 组雄性不育的恢复受不同的恢复基因控制，并表现不同的遗传方式。

一、T 型不育恢复性的遗传

T 型雄性不育的恢复受 2 对显性互补基因 Rf_1 和 Rf_2 的控制。Rf_1 位于第 3 条染色体的短臂上（Duvick 等，1961）；Rf_2 位于第 9 条染色体上，靠近蜡质基因 Wx（Snyder 和 Duvick，1969）。T 型不育性的完全恢复需要同时具有 2 个显性基因，缺一不可（图 11 - 4）。但是，2 个显性基因可以是纯合的，也可以是杂合的。例如，Rf_1Rf_1

$$P_1 \qquad\qquad P_2$$
$$\text{T-cms }(rf_1rf_1\,rf_2rf_2) \times \text{N }(Rf_1Rf_1\,Rf_2Rf_2)$$

F_1　　　T-cms（$Rf_1rf_1\,Rf_2rf_2$）正常散粉

　　　　　　自交

F_2

9 T-cms（Rf_1Rf_2）：
$$\begin{cases}\text{3 T-cms }(Rf_1rf_2)\\ \text{3 T-cms }(rf_1Rf_2)\\ \text{1 T-cms }(rf_1rf_1\,rf_2rf_2)\end{cases}$$

可育：不育=9：7

图 11 - 4　T 型不育恢复性的遗传方式示意图

Rf_2Rf_2、Rf_1Rf_1 Rf_2rf_2 和 Rf_1rf_1 Rf_2Rf_2 三种基因型均能产生有正常功能的花粉。如果 2 对的恢复基因中的任何 1 对为隐性纯合，雄性不育性便不能被恢复。

T 型雄性不育的恢复属于孢子体类型，花粉育性的反应取决于孢子体（母体）的基因型，而与配子体（花粉）的基因型无关。例如，杂合基因型 Rf_1rf_1 Rf_2rf_2，可以产生全部可育的花粉，尽管有 25% 花粉的基因型是 rf_1rf_2，但是，由于孢子体基因型是可育的，它们能形成正常花粉。对于这种类型，由于 rf_1 或 rf_2 基因可以通过花粉传递，因此 F_2 代会出现一定比例的不育株。

根据 T 型不育恢复性的遗传方式，不育系的核基因型分别有 3 种：$rf_1rf_1 rf_2rf_2$、$Rf_1Rf_1 rf_2rf_2$ 和 $rf_1rf_1 Rf_2Rf_2$。相应恢复系的核基因型也有 3 种：$Rf_1Rf_1 Rf_2Rf_2$、$rf_1rf_1 Rf_2Rf_2$ 和 $Rf_1Rf_1 rf_2rf_2$。它们之间的对应关系归纳于表 11-4。对 T 型不育系及恢复系的大量研究表明，大多数不育系和恢复系均带有 Rf 基因，不育系和恢复系往往仅存在一对基因的差别。因此，常常表现类似显性基因的遗传方式，F_2 代的育性呈 3∶1 分离。

表 11-4　T 型不育系和相应恢复系的核基因型

不育系	恢复系	F_1
$(rf_1rf_1 rf_2rf_2)$	$(Rf_1Rf_1 Rf_2Rf_2)$	$(Rf_1rf_1 Rf_2rf_2)$
$(Rf_1Rf_1 rf_2Rf_2)$	$(rf_1rf_1 Rf_2Rf_2)$	$(Rf_1rf_1 Rf_2rf_2)$
$(rf_1rf_1 Rf_2Rf_2)$	$(Rf_1Rf_1 rf_2rf_2)$	$(Rf_1rf_1 Rf_2rf_2)$

Wisc 等研究表明（1999），T 型雄性不育的恢复除与 Rf_1 和 Rf_2 基因有关外，还发现其他与育性恢复有关的基因，如 Rf_8 和 Rf^*，这些基因相互作用才能使育性得以恢复。

二、S 型不育恢复性的遗传

S 型雄性不育的恢复由显性基因 Rf_3 控制，定位在第 2 染色体的长臂上（Laughnan 和 Glabay，1978）。S 型不育的恢复方式不同于 T 型不育，它们的育性反应由花粉自身基因型决定，不受母体基因型控制，属于配子体类型。如图 11-5 所示，虽然恢复型 F_1 的育性被恢复，但是花粉发生育性分离，其中 50% 花粉可育，50% 败育；前者携带 Rf_3 基因，后者含有 rf_3 基因。由于 rf_3 基因无法通过花粉传递给后代，不育系和恢复系的 F_2 代出现不育株，但仍有 50% 植株表现和 F_1 相同的花粉分离。

一些研究表明，S 型不育的恢复性遗传除了标准恢复基因 Rf_3 以外，可能有另外一些恢复基因与 S 不育的育性反应有关。Gracen 和 Gorgan 于 1974 年就注意到，在 S 组内某些不育细胞质的恢复性有差异。从表 11-5 可以看出，尽管 S、M、ME、CA 和 PS 都属于 S 组的不育细胞质，但是它们对于 A632、A239 等自交系有不尽相同的育性反应。由此他们认为，在 Rf_3 位点可能还存在另一些恢复效应稍有不同的复等位基因。

根据 Josephson 等（1978）报道，当 S 组的 W、R、M、VG 和 CA 型不育系同某些

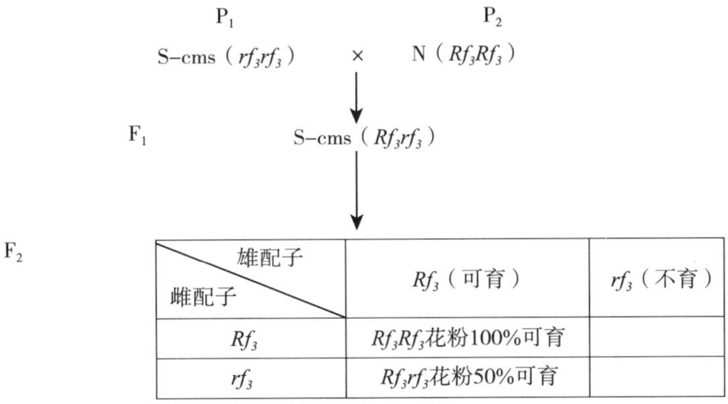

$$P_1 \qquad\qquad\qquad P_2$$
$$\text{S-cms}\,(rf_3 rf_3) \quad\times\quad \text{N}\,(Rf_3 Rf_3)$$

$$F_1 \qquad\qquad \text{S-cms}\,(Rf_3 rf_3)$$

F₂

雄配子 雌配子	Rf_3（可育）	rf_3（不育）
Rf_3	$Rf_3 Rf_3$花粉100%可育	
rf_3	$Rf_3 rf_3$花粉50%可育	

图 11-5　S 型不育恢复性的遗传方式示意图

自交系回交后，回交后代的育性表现 3：1 的分离。Sisco 等（1985）观察到，在某些 S 组不育系与恢复系杂交的 F_1，正常花粉不是 50%，而是 $60\%\sim75\%$。这些研究结果一致表明，对于 S 组某些不育系的恢复需要 1 个以上的恢复基因，除了 Rf_3 以外，可能还存在另外的恢复基因。Kamps 和 Chase（1995）的研究发现，玉米自交系 Va20 携带了一个 S 组雄性不育的新恢复基因。对三交群体分子标记的分析证明，Va20 携带的恢复基因与标准恢复基因 Rf_3 的分子标记 Whp 和 bnl17 是不连锁的，由此推测新的恢复基因与 Rf_3 是独立遗传的。

表 11-5　S 组内不育系恢复性的差异

育性级别	A632	A239	Av490-2	Av×187v-2
S、G、J、SD 等	1	1	1	3
M	5	5	2	5
ME	5	5	5	1
L	5	5	5	5
CA	5	5	1	3
PS	1~3	5	1	1

注：1 级为全不育，5 级为全可育，2~4 级为半不育。

在自然条件下，S 组某些特定遗传背景的雄性不育系会发生低频率的回复突变。雄性不育的回复突变又可分为细胞核和细胞质突变两种类型。细胞核回复突变体是核基因 rf 向 Rf 的回复突变，从而使雄性不育转变为雄性可育，细胞核回复突变基因表现孟德尔式的遗传。细胞质的回复突变则与细胞质遗传结构的变异有关，表现母系遗传的特征。Laughnan 和 Gabay（1978）利用相互易位技术对细胞核回复基因的研究表明，大部分细胞核回复突变基因和标准恢复基因 Rf_3 是非等位的，它们位于不同的染色体连锁群，因此，他们把这些基因标记为 Rf^*。几乎所有的 Rf^* 基因都是纯合致死或者半致死。例如，一些细胞核回复突变体自交仅产生带 50％可育花粉的个体，在另一些细胞核回复突变体中，带 Rf^* 的雄性配子不能正常发育，由它们产生的合子，其发育也受到阻碍（Gabay - Laughnan 和 Laughnan，1983）。因此他们推测：Rf^* 似乎是一种游离基因，它有类似大肠杆菌 F 因子的作用，细胞核回复突变是 Rf 转位或整合到一系列染色体位点的结果。由于这些位点控制着玉米正常发育，Rf^* 的转位或整合影响了该位点正常基因的表达，从而产生有害的效应。

三、C 型不育恢复性的遗传

由于 C 型不育系发现较迟，研究利用比较晚。Josephson（1978）认为，至少有 3 个恢复基因与 C 型不育的恢复有关，它们分别是 Rf_4、Rf_5 和 Rf_6。陈伟程等（1979）的研究也认为，有 2 个恢复基因控制 C 型不育的育性恢复。Vidakovic（1988）则认为，至少有 3 对基因与 C 型的育性恢复有关，而且在 3 对基因之间存在互补的基因效应。秦泰辰（1989）研究结果表明，C 群不育系的育性恢复有 3 个基因位点：Rf_4 和 Rf_5 具有很强的恢复力，基因间作用为重叠显性；Rf_6 恢复力较弱，易受环境影响。Hu 等（2006）研究发现，恢复基因 Rf_5 存在一个显性抑制基因 $Rf-I$，该基因对恢复基因 Rf_4 不具有抑制作用。Kohls 等（2011）通过对 B37C 和 K55 组成的 F_2 群体育性进行 QTL 分析，检测到 3 个 C 型不育系育性部分恢复的主效位点和 4 个微效位点。同时聚合这些位点能完全恢复不育系育性，说明 C 型不育性的部分恢复受主效基因体系和微效基因体系的共同调控。

邵可可（2010）将恢复基因 Rf_4 定位第 8 号染色体短臂上的分子标记 X - 21 - 1 与 X - 33 之间的 60kb 区间内。曹皓飞（2014）把恢复基因 Rf_5 定位在第 2 号染色体上分子标记 chr2.09 - 36 与 chr2.09 - 6＋1 之间的 82kb 区间。河南农业大学汤继华教授实验室最近的研究证明，该区间内的 PPR 基因是 C 型胞质不育的恢复基因 Rf_5。该基因通过对 C 型胞质雄性不育基因 $atp6c$ 进行部分剪切，提高了 ATP 酶复合体的组装效率而引起育性恢复。

四、部分恢复性的遗传控制

细胞质雄性不育的育性反应，除保持不育和完全恢复外，在这 2 个极端类型之间还存在一些过渡类型，称之为半不育或部分恢复，育性的部分恢复受许多因素的影响，而且表现极不稳定，因此，对部分恢复的遗传研究相当困难。根据现有的资料，可以将部分恢复的遗传控制归纳为单基因控制的部分恢复、修饰基因控制的部分恢复和微效多基因作用的部分恢复。

Duvick（1965）发现，将（T - cms M14×SK2）F_1 和 SK2 回交，后代不育株和部分恢复株的比例是 1∶1，但用（T - cms M14×Ky21）与 SK2 杂交，可以看到可育株

和部分恢复株表现为呈 1：1 的分离（表 11-6）。因此，他认为 M14 可能携带特殊的恢复基因。进一步的研究证实，在 rf 位点存在一个控制 T 型不育系部分恢复的单基因 rf^m，该基因对 rf_1 表现显性，但对 Rf_1 表现隐性，因此 T-cms（$Rf_1{}^m$-Rf_2-）的基因型表现部分恢复，而 T-cms（$Rf_1{}^m Rf_1 Rf_2$-）的基因型育性完全恢复。M14、SK2 和 Ky21 的基因型分别是 $Rf_1{}^M Rf_1{}^M Rf_2 Rf_2$、$rf_1 rf_1 Rf_2 Rf_2$ 和 $Rf_1 Rf_1 Rf_2 Rf_2$。Duvick 还提出，在 rf_1 位点可能存在一系列复等位基因，它们各自具有不同的表现能力。

表 11-6　不同回交组合的育性反应

组合名称	不育（%）	部分恢复（%）	恢复（%）
T-cms（C106×Ky21）×C106	47	47	6
T-cms（K77×Ky21）×K77	46	24	30
T-cms（SK×Ky21）×SK	48	1	51

细胞质不育的恢复除受主效基因调控外，修饰基因也可能影响恢复性反应，它们通过对主效基因的修饰作用，使恢复性发生不同程度的变化。某些恢复型组合，由于缺少必需的修饰因子，而表现部分恢复。从表 11-6 可以看出，如果把部分恢复归并到恢复类型，3 个回交组合不育株和可育株均表现近似 1：1 的分离，符合主效基因的分离比例。然而更详细地分析发现，3 个回交组合的部分恢复株变化显著。由于 3 个组合的主效基因来自同一核背景，而且回交亲本都是 T 型不育系的保持系，因此可以推测，部分恢复株的变异是修饰基因作用的结果。自交系 SK 带有使育性恢复所需要的全部修饰基因，而 C106 几乎不带有任何这类基因。

众多的研究表明，在许多不育系与恢复系杂交组合的分离世代，特别是 S 型不育的恢复型组合，育性反应并非总是表现典型的两极分化，往往会出现少数呈连续分布的中间类型，但是它们总的分离比例仍与主效基因的期望值相符。根据这一现象推测育性的反应受到两套核遗传体系的控制：一类是主效基因体系；另一类是微效基因体系。前者表现质量遗传的特点，而那些呈连续分布的中间类型常常是后者作用的结果。然而，主效基因在控制育性反应方面仍占主导地位。

郑用琏（1982）发现，在一些 S 型不育系与恢复系杂交的 F_2，发现极少数不育单株（表 11-7）。这一发现是微效多基因作用的一个典型例子。根据理论的推测，S 组不育系的 F_2 不可能出现不育株，在这些组合中，不育株的出现显然是有含有 rf_3 基因的雄配子参与受精的结果。一个可能的解释是，个别 rf_3 的雄配子受微效多基因的作用，从而具备了参与受精的能力，使 rf_3 基因能够通过花粉传递。S 组不育系花粉的观察结果，进一步支持了这种解释。经 I-KI 染色，几乎所有 S 组不育系都存在少数部分可染的花粉。通常这些部分可染的花粉无法参与受精，但是在分离世代，随着微效多基因的分离和重组，个别基因型为 S-cms（rf_3）的部分可染花粉可能累积较多的微效基因致使育性进一步向可育方向转化，产生极端的类型。

表 11-7 S 组雄性不育组合 F₂ 育性分离比例

组合名称	总株数	育性级别				
		1	2	3	4	5
唐徐-cms（Mo17×525）F₂	140	2	1	1	0	136
二马牙-cms（咸 202×525）F₂	132	3	6	3	2	118
M-cms（77×五 151）F₂	141	4	1	3	16	117

第五节 细胞质雄性不育的育种原理和方法

一、不育系和保持系的选育

选育优良不育系是雄性不育育种的首要任务。由于不育系必须依靠保持系才能繁殖后代，并把不育性状遗传下去，因此，在选育不育系的同时，还要进行保持系的选育，二者是一个统一的整体。选育雄性不育系有多种方法，其中包括回交转育法、人工诱变选择法、远缘杂交法等。回交转育法简单易行，是最常用的方法，目前生产上推广的雄性不育系大多数是利用回交转育法育成的。

（一）回交转育法

回交转育法的基本原理是用现有稳定的雄性不育系作为基础材料，以优良自交系为转育对象，通过连续回交和定向选择，将不育系提供的不育细胞质和优良自交系的核基因型结合起来，育成不育性稳定、综合性状优良的新不育系。

具体的方法是用稳定的雄性不育系作非轮回亲本，选择优良自交系作轮回亲本，进行多代回交。每次回交选择具有轮回亲本性状的雄性不育株授粉。一般回交 5～6 代即可育成不育性稳定的优良不育系，而轮回亲本便是该不育系的保持系。回交转育法的育种程序如图 11-6。

在运用回交转育法选育不育系的过程中，应特别注意以下几点：

（1）选择带有抗病细胞质的不育系作非轮回亲本，作为轮回亲本的自交系，应具有较好的综合性状和较高的配合力。这是关系到新育成的不育系能否用于生产的关键。

（2）并不是所有的优良自交系都可以直接转育成不育系，主要取决于该自交系是否带有能保持细胞质雄性不育的核基因——rf。因此，在挑选轮回亲本时，首先要进行测交鉴定。某些自交系可能带有杂合的 rf 基因，在分离世代育性会发生两极分化。在这种情况下，可结合进行两极的定向选择，同时育成相应的不育系、保持系和恢复系。

77唐徐型-cms × Mo17

（不育系） ↓ （优良自交系）

选不育株 F_1 × Mo17

↓

BC_1 × Mo17

↓

…

BC_5 × Mo17

↓

Mo17唐徐型-cms × Mo17

（不育系） （保持系）

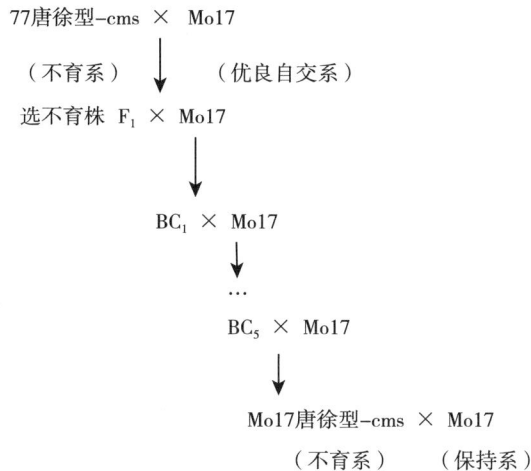

图 11-6 不育系回交转育法示意图

（二）人工诱变选择法

应用人工诱变处理能够引起玉米细胞质的遗传突变，诱导产生雄性不育株。通过对诱变后代的适当选择，可以从中得到稳定的雄性不育系。γ射线、快中子等各种电离辐射能源以及各种化学诱变剂，都能诱导产生雄性不育。

通常，辐射处理后代不育株出现的比例，同照射剂量不存在相关性，而同被处理种子的遗传基础关系密切。遗传基础复杂的地方品种、综合种等出现不育株的概率较大；相反，遗传基础单—的自交系出现不育株的概率较小。因此，在应用人工诱变选择不育系时，要选用遗传基础复杂的材料进行辐射处理。辐射处理的后代，可能出现2种类型的雄性不育株：一种属于细胞核雄性不育；另一种属于细胞质雄性不育。前者的育性表现孟德尔式的分离，难以获得稳定的不育系。后者的育性表现母本遗传方式，通过单株成对授粉和选择，可以使不育性稳定，育成雄性不育系。

例如，1961年，辽宁省昭乌达盟农科所用钴^{60}Coγ射线处理品种间杂交种（斯士吉娜×自壤铁岭黄）F_1，在M_3的穗行中发现4株雄性不育株。用同穗行可育株和多父本的混合花粉分别与不育株授粉。经后代鉴定，选出一个完全不育的穗行，最后育成双型不育系。

（三）自然变异不育株的利用

在一些玉米地方品种、群体，甚至在自交系间的杂交种中，常常可以发现一些自然变异的雄性不育株，通过有目的的选择可以获得新的不育系。例如，华中农业大学玉米研究室育成的唐徐型不育系，就是通过自交系间的杂交种所获得。首先是在唐四平头与徐5R的F_1发现不育株，尔后选用77作轮回亲本进行多代回交，育成CMS-唐徐型77不育系（刘纪麟和熊秀珠，1985）。自然变异细胞质雄性不育株的出现有2种可能的解释：一种是不育株直接来源于细胞质突变；另一种是细胞质突变早已发生，而核内的不育基因 rf 未达到纯合。我国有较为丰富的玉米种质资源，可能也具有多样化的胞质类型，这些细胞质资源将有待进一步开展。根据华中农业大学玉米研究室的研究，在我国的地方品种中，S 型不育细胞质的突变频率较高，现已从地方品种小籽黄和大籽黄与有关自交系的杂交种中筛选出小黄型和大黄型不育系。恢复专效性和线粒体 DNA 的分析表明，这些不育系均属于 S 组细胞质（李建生等，1993）。在大田发现不育株后，首先要设法将不育株保持下来，通常采用以下几种方法：

（1）用同一材料的可育株和不育株成对授粉，结合后代的育性鉴定，继续选择不育株和对应的可育株，从而获得相应的不育系和保持系。如果成对杂交的 F_1 全部可育，可将其自交，分离不育株，同时研究后代育性分离规律，确定不育性是属于核不育类型，还是细胞质不育类型，以便加以利用。

（2）用公共保持系同不育株杂交。假如杂交后代能保持不育，说明这种不育株的细胞质可能属于 S 或 C 型的某一组。再用优良自交系作轮回亲本，通过回交选择也可育成新的不育系。所谓公共保持系，就是指那些对 T、C 和 S 型不育系都具有保持能力的自交系。这些系有 77、HZ-2411、金 26-1、Mo17、C103、B37、郑 58、昌 7-2、豫 87-1、综 3 等。

（四）远缘杂交法

水稻和小麦雄性不育系育种的实践已经证明，利用远缘杂交是培育雄性不育系的有效途径。在玉米中，也有通过远缘杂交获得雄性不育系的例子，如 FP 型不育系，它是以多年生玉米（Zea perennis）为母本，用普通玉米材料多代回交，最后用自交系 W23 杂交而育成。在长期的进化过程中，玉米近缘属的一些种可能发生相似的细胞质突变，对这些种的细胞质进行筛选，并通过连续回交把适合的玉米细胞核置换到这些细胞质中，将有可能创造出新的不育系。

在分类学上，玉蜀黍属仅有玉米一个种，有关玉米的远缘杂交实质上是一种属间的交配，玉米和某些近缘属间的杂交可能会有一定的困难。然而，随着生物技术的不断完善和发展，将有助于克服这些困难。在玉蜀黍族中，摩擦禾属（Tripsacum）与玉米的关系最为密切，它们和玉米一样都起源于拉丁美洲，可能有一些共同的遗传变异。因此，在利用远缘杂交选育不育系时，应对这个属材料的细胞质给予更多的重视。

二、恢复系的选育

对于雄性不育性的利用，不育系、保持系和恢复系缺一不可，只有做到"三系"配套，才能将恢复型雄性不育杂交种用于生产。对恢复系的选育，除了要符合常规育种目标外，还应使其具备恢复性稳定、恢复力强（杂交后代的恢复株率在 80% 以上）的特点。选育恢复系的方法有以下几种：

（一）回交转育法

运用回交法选育恢复系的原理和选育不育系相似。它的主要目的就是把已有恢复基因导入到优良自交系的核基因组中，使优良性状和恢复性结合起来，通过连续回交和对恢复性的选择选育出优良的恢复系。当某一优良杂交组合的父本不具有恢复能力时，可采用这一方法将父本自交系转育成恢复系。具体的转育方法有两种，第一种方法是直接用优良自交系和恢复系回交，同时进行测交，以测交结果作为恢复系选择的标准。第二种方法是通过不育细胞质提供育性的指标性状，进行回交转育。

转育方法 I 如图 11-7 所示：用恢复系 AR 作母本，和优良自交系 M 杂交，然后用 M 作轮回亲本连续回交。由于回交当代无法鉴别中选单株是否带有 Rf 基因，因此每次回交的同时要用中选单株花粉与不育系测交。依据测交后代的育性反应，对回交的家系进行取舍。测交后代表现可育，证明该中选单株带有 Rf 基因，在下一轮回交时，从该家系中选单株回交，同时淘汰表现不育的家系。经 5～6 代回交，直到回交后代与轮回亲本完全相似，此时再选择恢复力强的单株自交 1～2 代，分离出含有纯合 Rf 基因的恢复系 MR。运用这种方法选育恢复系，每代必须测交鉴定中选株的恢复性，因此工作量较大。

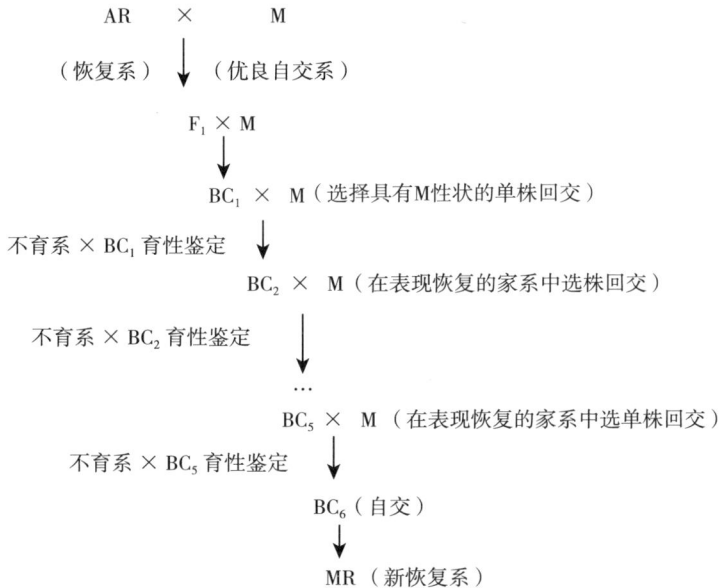

图 11-7　恢复系转育方法 I 示意图

转育方法 II （图 11-8）又称间接转育法。采用这种方法时，首先要用不育系与已有恢复系杂交一次，其目的是利用不育系提供的不育细胞质，使 Rf 和 rf 基因均能表达。由于用作回交的群体都带有不育细胞质，凡 $rfrf$ 基因型表现不育，相反 $Rfrf$ 基因型则表现可育。因此，在回交过程中，每次均选可育株为母本，这样既可保留 Rf 基因，又能逐步用优良自交系的核基因型代换原恢复系的核基因型，最终育成具有优良性状的新恢复系。回交 5～6 代以后，当回交后代性状与轮回亲本完全一致，而且育性正常时，再自交 1 代，将杂合的 rf 基因分离出来，便可获得 Rf 基因纯合的新恢复系。

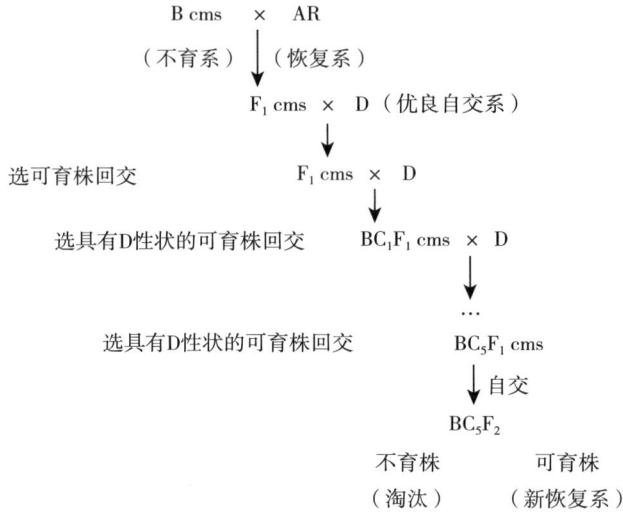

$$B\ cms\quad\times\quad AR$$
（不育系）　　　（恢复系）

$$F_1\ cms\quad\times\quad D\ （优良自交系）$$

选可育株回交　　　　　$F_1\ cms\quad\times\quad D$

选具有D性状的可育株回交　　$BC_1F_1\ cms\quad\times\quad D$

$$\cdots$$

选具有D性状的可育株回交　　$BC_5F_1\ cms$

自交

$$BC_5F_2$$

不育株　　　　可育株
（淘汰）　　　（新恢复系）

图 11-8　恢复系转育法 Ⅱ 示意图

这种方法以回交当代的育性反应作为指示性状，便于选择，减少了恢复性测验的工作量，因而简便易行。但是，由于转育时要利用雄性不育系作为第一次杂交的母本，因此育成的恢复系具有不育细胞质，新育成的恢复系和不育系有一定的亲缘关系，可能会影响恢复系的配合力。

（二）测交筛选法

根据细胞质-核互作不育性的遗传原理，在细胞质雄性不育的背景下，受核基因控制的雄性可育和不育是一对相对性状。在不同的玉米种质中，不仅存在一定数量的不育基因，恢复基因也会有较广泛的分布。因此，以不育系作测交种，与现有优良自交系进行广泛测交，根据测交后代的育性反应，可以筛选出优良的恢复系。具体做法是用不育系作母本和许多优良自交系测交，然后鉴定这些组合的大田育性反应。如果某个组合正常开花散粉株率在 80% 以上，说明这一组合的父本具有恢复能力，属于该不育系的恢复系。反之，如果某个组合表现雄花不育，则这一组合的父本没有恢复能力，可以将其进一步转育成不育系。此外，某些被测的自交系可能带有杂合的恢复基因，测交组合会表现育性分离。通过自交选择可以使恢复基因纯合，获得恢复力强的恢复系。根据现有的试验资料，在我国现有的优良自交系中，S 型和 C 型恢复基因出现的频率较高。因此，用广泛测交筛选法有可能选出一定数量的恢复系。

（三）集恢选育法

集中恢复力（集恢）选育法的要点和理论依据是将一定数量的恢复系和优良自交系进

行复合杂交，组配成综合群体，在遗传物质重组的过程中，使恢复基因与其他性状优良基因结合起来。由于在组配群体时，加入了相当比例的恢复系，在这样的综合品种中出现具有恢复力单株的概率较高，因此增加了选育恢复系的机会，可以优中选优，育成恢复力强、性状优良、配合力高的恢复系。例如，华中农业大学用此法配成的恢综 1 号，从中选出二环系 42 个，其中强恢复系 14 个，占 33.3%；半恢复系 19 个，占 45.2%；弱恢复系 6 个，占 14.3%；无恢复力系仅 3 个，占 7.1%。集恢选育法还可以用于轮回选择的育种方案中。在组配基础群体时，有计划地导入一定量的各类细胞质不育系的恢复系，使各类恢复基因在群体中有较高的频率，经过若干周期的轮回选择，就可能获得许多性状得到改良，而又带有恢复基因的优良自交系，这些自交系又可以作为恢复系生产"三系"杂交种。

三、雄性不育性育种的若干问题

（一）不育性育种和常规育种的关系

雄性不育性育种是玉米育种总体方案中的一部分，它的育种目标和常规育种目标是一致的，只是在常规育种基础上又增加了育性这一特定性状，即雄性不育的保持性和恢复性。因此，在雄性不育的育种中，除了针对育性开展选择外，其余性状都和常规育种相同，因此要重视配合力、抗病性、农艺性状、丰产性和育性的综合改良，不能孤立地对育性进行选择。否则，即使完成了"三系"配套，如果丰产性、抗病性、农艺性状中的某一项不过关，仍然难以用于生产。

在雄性不育育种的过程中，常常采用转育的方法选育不育系和恢复系，而且往往是在肯定了优良组合后，再将亲本自交系分别转育成相应的不育系和恢复系，配制成同名的雄性不育系杂交种。这种方式将不育性育种和常规育种机械地分成前后两段，使不育性育种总是落后于常规育种，跟不上品种更换的形势。如果将雄性不育育种和常规育种有机地结合起来，就可以简化育种程序，缩短育种周期，加快雄性不育育种的步伐。

配合力测定是常规育种的重要环节，而开展雄性不育育种必须进行育性测定。如果选用适宜的不育系作测交种，就可以把配合力和育性的测定结合为一体。通过一次测交，既可以了解自交系的配合力，又可以了解它们的育性反应，从而大大缩短不育性育种的周期。这种方式的具体做法是，在选育多种细胞质类型和多种优良核背景不育系的基础上，选择适宜的不育系作为测交种，有计划地同多个自交系测交，同时鉴定它们的配合力和育性反应，从中直接挑选"三系"配套的优良杂交新组合。

（二）多种细胞质类型的利用

1970 年美国玉米带小斑病 T 小种大流行的事件，不仅给玉米生产造成了十分严重的损失，而且在人们思想上产生了极大的消极影响。研究表明，小斑病 T 小种对玉米 T 型细胞质专化性感染，是引起这一事件的直接原因。但 T 小种仅与 T 组的细胞质存在特殊的互作关系，C型和S型不育细胞质资源对T小种均无专化感染。自1970年以来，各国玉米育种学家先后育成一大批抗小斑病T小种的优良不育系，使雄性不育系的利用工作有了较大进展。例如，1977年原中国农林科学院等4个单位对国内新育成的13个雄性不育系的接种鉴定表明，双型、唐徐型、L3型对小斑病T小种没有专化感染，属于抗病类型，因此，利用这些类型的雄性不育系杂交种不会引起T小种的再度流行。

遗传的脆弱性是导致1970年玉米T型小斑病流行事件的另一个重要原因。当时在美国玉米带80%左右的玉米杂交种带有T型细胞质（Duvick和Noble，1978）。在雄性不育育种中，利用多样化的不育细胞质源是克服遗传脆弱性的有效途径。培育多细胞质雄性不育系杂交种的具体方法是，利用同一核背景选育多种细胞质不育系，同时选育多型的恢复系。将多种细胞质不育系和多型恢复系组配的同名杂交种按比例混合，即可合成多细胞质雄性不育系杂交种。例如，华中农业大学玉米研究室在Mo17背景下育成双型Mo17不育系、唐徐型Mo17不育系，并引进C型和S型Mo17不育系，将这些不育系和多恢复系自凤1杂交，然后混合成多细胞质的华玉2号雄性不育系杂交种。由于这种杂交种具有多种细胞质，从而增加了杂交种对环境的适应性和对潜在病虫害的应变能力。即使出现了对某种细胞质专化感染的新生理小种，也只能危害这类杂交种中的部分成员，不会造成毁灭性的危害。同时，多细胞质杂交种还可以抑制新小种的增长速度，避免病害的大流行。此外，还应加强对病原菌变异的监测工作，而多种细胞质不育系是监测病原菌变异的理想材料。

（三）多种方式利用雄性不育系

雄性不育性杂种优势的利用有多种方式，恢复型雄性不育系单交种是生产上利用"三系"最常见的方式。这种方式以雄性不育系作母本，恢复系作父本，在隔离条件下，不用人工去雄，便可生产杂交种。

雄性不育系三交种是利用雄性不育系杂交种的又一途径。首先用异型保持系和不育系杂交，获得雄性不育系单交种，然后再和恢复系杂交配成恢复型三交种。用这种方式生产杂交种时，单交和三交都不需要人工去雄，而且还可以大幅度提高制种产量，进一步降低种子成本。例如，20世纪80年代中期，华中农业大学玉米研究室育成的（Mo17cms双型×B84）×牛2-1，就是属于这一类雄性不育系杂交种，其中B84是Mo17cms双型的异型保持系。这两个系的核基因型不同，杂交后有一定优势。同时由于B84不带有Rf_3基因，使单交种仍保持不育。当不育单交种和恢复系牛2-1杂交后，育性恢复正常，并有较强杂种优势。

掺和型雄性不育系杂交种也是经常利用的一种方式。为避免高温干旱等逆境条件对恢复型杂交种的育性造成的影响，在恢复型杂交种中掺和30%左右的正常杂交种，雄性不育成为掺和型杂交种，可以避免逆境气候条件对恢复型杂交种育性的影响。

上述多种雄性不育系杂交种类型，包括多细胞质类型的杂交种，可根据实际情况，本着保证优势、保证质量、方便制种、节约制种的原则，灵活使用。

（四）雄花育性的分级标准

在开展雄性不育性育种时，育性的鉴定是必不可少的。将雄花育性的五级分级标准归于表 11-8，从中可以看出，分级的主要依据是花药外露和花粉败育的程度，其中花粉的败育尤为重要。为了有效鉴定花粉育性，除了田间鉴定外，室内花粉的镜检也是必要的。通常，在统计雄性不育系和杂交种的不育株和可育株的百分比时，把 1、2 级作为不育株计算，而把 3、4 和 5 级统称可育株。在选育不育系时，应严格选择 1 级单株或家系，在选育恢复系时，则应尽量选择具有 5 级恢复能力的单株或家系。

表 11-8　玉米雄花育性的分级标准

级别	级名	雄花性状
1	完全不育	花粉干瘪，不露出颖壳，无花粉或花粉败育
2	高度不育	少数花粉露出颖壳，无花粉或花粉败育
3	部分可育	花药半饱满，多数花药外露，部分散粉
4	高度可育	花药饱满，花粉正常，大部分花药外露，开花散粉
5	完全可育	正常开花，大量散粉

第六节　细胞核雄性不育的研究与利用

一、利用细胞核雄性不育系的意义

利用核不育系生产玉米杂交种，除了具有和细胞质不育系相同的优点外，还具有以下特点：一是核不育系及其杂交种的细胞质都是正常的，不至于发生某种病原菌对特殊细胞质的专化感染。二是不育性受核基因控制，可以通过回交转育法把不育基因引入到任何一个自交系。三是所有的正常自交系都可作为核不育系的恢复系，不经过特殊选择即可获得大量恢复系。然而，利用核不育的主要困难是不育系的育性分离和不稳定。随着生物技术的进步，人们提出了多种核不育利用策略，并取得了不同程度的进展。按照细胞核雄性不育基因的不同，可将核不育为 3 种主要类型，即由细胞核基因控制的雄性不育、由光温调控的环境与基因型互作雄性不育、基因工程雄性不育。

二、利用细胞核不育的原理和方法

（一）形态标记性状利用的原理和方法

从玉米基因连锁群的图谱中可以查到，一些隐性核不育基因 ms 和某些形态标记性状是连锁的。通过 Ms 基因和控制形态标记性状基因的连锁，就可以在杂交制种时，利用标记性状淘汰不育系中的可育株。例如，位于第 6 染色体上的 ms_1 和控制籽粒颜色的 Y 基因是连锁的，因此，以籽粒颜色作为标记，可以获得完全不育的后代。在这种体系中，不育系的基因型是 ms_1y/ms_1y，保持系基因型为 ms_1y/Ms_1Y：前者籽粒白色，雄性不育；后者籽粒黄色，雄花正常。用保持系给不育系授粉产生两类个体：一类是白色籽粒，雄性不育；另一类是黄色籽粒，雄花可育。采用特殊的电子仪器，可以很容易地将两者分开（李竞雄等，1998）。然而，由于 ms_1 与 Y 基因的遗传距离为 5.7cM，连锁不够紧密，基因间的交换仍可产生少量的可育单株。周洪生等提出利用 ms_2 和三叶期黄绿苗基因 V 的紧密连锁培育核不育的方案，ms_2 和 V 基因的遗传距离是 1.0cM。然而，雄性不育的黄绿苗对种子生产有一定的影响（李竞雄等，1998）。

（二）双杂合系利用的原理

Patterson（1973）在深入研究玉米染色体结构变异的基础上，提出了利用双杂合系保持核不育性的方法。所谓双杂合系是指带有杂合核不育基因（ms）和杂合重复-缺失体（Dp-Df）的自交系。在双杂合的有性繁殖过程中，能产生 2 种类型的雄配子，一种带有正常染色体和不育基因 ms，另一种带有重复-缺失体和可育基因 Ms。由于重复和缺失的效应，使后一种类型形成花粉较小的次正常花粉，在受精的竞争中，次正常花粉被淘汰。但是，它们的雌配子可以产生比正常籽粒稍小的种子，用双杂合系的花粉给核不育系授粉，可保持后代的不育性，而双杂合系自交可繁殖其本身。双杂合系实际上是核不育系的一种保持系。

Patterson（1973）将 3 个 ms 基因与相应的 4 个相互易位系结合起来，育成了 4 套核不育材料。大田的育性鉴定表明，核不育系的可育株率仅有 0.2%～0.3%，由此说明，就不育性而言，这些不育系已达到标准。然而，至今为止这些材料尚未用于生产。其主要原因是，作为保持系的双杂合体是由次正常卵细胞发育而成，种子粒小，出苗差，加之由重复-缺失带来的不平衡效应，使保持系生长势弱，植株矮小。此外，极少量的交换可以产生完全可育的个体。通过筛选和累积有益的修饰基因和利用 B 染色体部分地替代重复-缺失体中的重复节段，减少不平衡的效应，将有希望克服双杂合系的缺点。

三、创造基因工程不育的策略

（一）利用核糖核酸酶基因（RNase）创造不育系的策略

绒毡层是高等植物花粉赖以形成的重要组织，利用 RNase 基因在绒毡层细胞中的特异表达，降解 RNA，使蛋白质合成受阻，结果是绒毡层细胞被破坏，花粉不能正常发育，产生雄性不育。目前广泛采用的 RNase 基因有两种，分别是来自淀粉芽孢杆菌的 Barnase 和米曲霉的 RNase-T1。利用 RNase 基因创造基因工程不育系的一个先决条件是必须具有在绒毡层细胞特异表达的启动子，植物基因工程不育系常用的启动子是 TA29（Mariani 等，1990）。

利用 *RNase* 基因产生的不育系与正常系杂交，后代出现可育株和不育株 1∶1 的分离，不能作为稳定的保持系。Mariani 等（1990）将 *TA29 - Barnase* 基因与抗除草剂的 *Bar* 基因串联在一起，使不育基因和抗除草剂基因紧密连锁，通过使用除草剂在苗期杀死可育单株。创造 RNase 基因雄性不育恢复系的基本思路是利用 *Barstar* 基因，该基因编码了 RNase 的抑制蛋白；RNase 与 RNase 抑制蛋白形成复合体，结果是 RNase 被抑制，绒毡层细胞恢复正常，花粉可育。

（二）利用诱导型启动子与 *Ms* 基因结合创造不育系的策略

Albertsen 等（1993）根据转座子的作用原理，提出了利用诱导型启动子与可育基因 *Ms* 结合创造基因工程不育系的策略。在这一体系中，*Ms* 的原始启动子被来自一个化学诱导基因的启动子替代，形成修饰型不育基因。由于可育基因的原始启动子被替代，可育基因失去正常功能，产生雄性不育；通过化学诱导可以使可育基因表达，不育性被恢复。为了保证有效地诱导表达，诱导型启动子必须具备以下条件：一是在诱导物存在时，启动子能高效表达；二是诱导物不影响玉米正常的代谢；三是诱导物不会影响其他基因表达。

在不使用化学诱导物的条件下，携带修饰型不育基因的材料全部雄性不育，可直接用于生产杂交种。在不育系与正常系的杂交种中，修饰型不育基因呈杂合状态，育性恢复正常。在繁殖不育系时，只需喷洒化学诱导物，使部分修饰型不育基因植株产生可育花粉，便可达到繁殖不育系的目的。

（三）SPT 技术的原理与应用

2006 年，美国杜邦先锋公司推出了一种新型玉米基因工程不育制种技术，即 SPT（seed production technology）。该技术综合利用了转基因技术、花粉败育技术和荧光蛋白筛选技术，将玉米花粉自我降解基因、雄性育性恢复基因和红色荧光蛋白标记基因组合在一起，构建遗传转化载体，并导入到玉米隐性核雄性不育系中，从而恢复不育系的育性并能有效繁殖。该转基因株系自交后，产生 50% 的不育系种子（非荧光种子）和 50% 的保持系种子（荧光种子），然后通过荧光筛选技术，分离这 2 种具有恢复基因和没有恢复基因的种子，从而实现一系两用的目的。非荧光种子可以作为不育系，用于玉米杂交育种和杂交制种；荧光种子自交产生保持系后代和正常颜色不育系种子。由于不育系本身及其生产出来的商品种子不含有转基因成分，因此，该项技术并不需要经过美国农业部、环保署和药物与食品监督局的特别批准。该技术于 2011 年 6 月被美国农业部动植物卫生检验署解除转基因管制审批。

隐性核不育基因是应用玉米 SPT 技术的前提和基础。目前，已克隆的玉米隐性核不育基因达 16 个。*Ms1* 基因编码一个 LBD 类转录因子，参与调控玉米小孢子壁的发育（万向元等，2017）。*Ms7* 基因编码一个 PHD - finger 类转录因子，是拟南芥 *Ms1* 和水稻 *PTC1* 的同源基因，调控玉米的花粉发育（Zhang 等，2018）。*Ms8* 基因编码一个 β - 1，3 - 半乳糖基转移酶蛋白，可以与阿拉伯半乳糖蛋白、生物素 2、生物素 4、线粒体外膜孔蛋白及 ATP 酶复合体第 1 亚基等蛋白质互作，参与花药早期物质合成、绒毡层细胞程序性死亡调控和线粒体代谢等过程（Wang 等，2013）。*Ms9* 基因编码一个植物特异的 R2/R3 MYB 类转录因子，参与调控玉米花粉发育（Albertsen 等，2016）。*Ms22 /MSCA1* 基因编码一个谷氧还蛋白，*ms22* 突变体缺乏孢原细胞，花药细胞形态分化成类似于叶片细胞（Chaubal 等，2003）。*Ms23* 与 *Ms32* 基因分别编码一个 bHLH 类转录因子，在减数分裂前期的花药中特异表达，主要调节花粉发育过程中绒毡层细胞和中层细胞的分裂和分化（Moon 等，2013；Nan 等，2017）。*Ms26* 基因编码一个细胞色素 P450 家族蛋白，是拟南芥 *CYP704B1* 基因的同源基因，该基因编码的蛋白质属于长链脂肪酸 ω-羟化酶，可以参与合成花粉发育过程所需的孢粉素单体物质（Djukanovic 等，2013）。*Ms30* 基因编码一个 GDSL 脂肪酶，参与玉米花药外壁和角质层的脂质代谢（万向元等，2017）。*Ms33* 基因编码一个 GPAT 蛋白，是玉米花药外壁和花药角质层形成所必需的（万向元等，2017）。*Ms45* 基因编码一个异胡豆苷合成酶类似蛋白，可能参与生物碱合成途径。该基因突变后导致花粉外壁不能正常形成，最终花粉败育（Cigan 等，2001）。*OCL4* 基因编码一个 HD-ZIP 类转录因子，调控毛状体的发育和花药细胞壁的分裂和分化（Vernoud 等，2009）。*MAC1* 基因编码一个小的分泌蛋白，是拟南芥 *TPD1* 和水稻 *TDL1A* 的同源基因，主要调控花药发育早期的孢子细胞的分裂增殖（Wang 等，2012）。*IPE1* 基因编码一个 GMC 氧化还原酶，与 *Ms26* 和 *Ms45* 共同调控花药角质层和花粉外壁的合成（Chen 等，2017）。*APV1* 编码一个细胞色素 P450 家族蛋白，是拟南芥 *CYP703B2* 基因的同源基因，合成花粉发育过程所需的孢粉素单体物质（Somaratne 等，2017）。*Ms6021* 编码一种脂肪酰基载体蛋白还原酶，与拟南芥 *Ms2* 和水稻 *DPW* 同源，参与花药角质层和花粉外壁的发育（Tian 等，2017）。

四、环境与基因互作型雄性不育的研究进展

由光、温介导的水稻天然雄性核不育株农垦 58S 的发现开启了农作物环境与基因互作雄性不育研究的新篇章（石明松，1981）。根据环境与基因的互作关系，可以将光、温介导的生态核雄性不育系分为以下 3 种类型：以光周期反应为主，温度反应为辅的光敏核雄性不育系；以温度反应为主，光周期反应为辅的温敏核雄性不育系；由光周期和温度协同调控的光温敏核雄性不育系（Chen 等，2014）。与细胞质雄性不育系相比，光、温敏核雄性不育系不受恢复基因限制，几乎所有自交系都能使其育性恢复，利用范围较细胞质雄性不育系更加广泛，在不同的生态环境条件下可以实现一系两用，简化制种程序，提高制种效率（袁隆平，1990）和组配出强优势组合的频率（Lopez 和 Virmani，2000）。近年来，我国科研工作者相继在玉米中发现了多个光、温敏核雄性不育材料，主要是温敏和光敏两种核雄性不育类型，如温敏核雄性不育系琼 6Qms（赫忠友等，1995）、琼 68Qms（付志远等，2004）、9417（李维平等，2004）和 HEms（赫忠友等，2016）等。这些生态核雄性不育材料的发现为"两系"制种技术在玉米中的应用提供了材料保证。利用温敏型雄性

不育系的这一特性，可以实现"两系法"生产玉米雄性不育杂交种。由于在自然条件下温度变化的复杂性，如何有效利用温敏型雄性不育有待于更深入的研究。

郝忠友等于 1995 年首次报道了玉米温敏型雄性不育琼 6Qms，研究表明，琼 6Qms 的雄花败育主要是由花药颖壳不开裂造成的（郝忠友等，1995）。琼 6Qms 的育性转换主要受温度影响，表现高温不育（>31℃），低温可育（<27℃），日照长度对其颖壳开裂有一定的影响，长日照促进颖壳闭合，短日照促进颖壳开裂（汤继华等，2000）。琼 6Qms 的不育性由 2 对隐性重叠基因 tms1 和 tms2 控制，分别位于第 3 和第 5 染色体上（付志远等，2004）。温敏不育系琼 68ms 是从琼 6Qms 中发现的自然突变株，其花药颖壳正常开裂，花粉粒 K-KI 染色后全部为典败型（花粉败育）。琼 68ms 的育性转换仅受温度影响，与日照长度无关，其育性转换温度区间是 30～33℃，当临界温度高于 33℃ 时表现不育，最高温度低于 30℃ 时表现可育（付志远等，2004；汤继华等，2006）。琼 68Qms 的不育性由单隐性基因 tms3 控制（Tang 等，2006）。Hems 光敏核质雄性不育系是郝忠友等人于 2005 年在自交系 A619 中发现的雄性不育突变材料。不同光波长、光质、海拔高度、光温条件下的多点试验结果表明，Hems 表现光质敏感，短波弱光（低海拔<800m）不育，短波强光（高海拔>1 000m）可育（赫忠友等，2016）。

外界光、温条件改变容易引起光、温敏核雄性不育系育性的波动，严重影响种子纯度（Woo 等，2008），是限制其利用的重要因素。水稻光、温敏不育基因的克隆和改造为解决这一问题提供了借鉴。通过功能分子标记辅助选择聚合光敏核雄性不育基因 pms3 和温敏核雄性不育基因 tms5，获得了育性转换起点温度降低的稳定不育系（Li 等 2009）；通过 CRISPR/Cas9 定点改造 TMS5 基因（籼稻）和 CSA 基因（粳稻），获得了新的不含转基因光、温敏核雄性不育系（Zhou 等，2016；Li 等，2016）。可见，对光、温敏核雄性不育基因进行定位和克隆是获得育性稳定光温敏不育材料的关键。因此，对已有玉米光、温敏核雄性不育系基因精细定位和克隆，并阐明其作用的分子机理，开发其功能分子标记是利用和扩繁光、温敏核雄性不育系资源的重要环节。

主要参考文献

曹浩飞 . 2014. 玉米 C 型胞质雄性不育恢复基因 Rf_5 的精细定位 . 郑州：河南农业大学 .

陈伟程，段韶芬 . 1986. 玉米 C 型胞质雄性不育恢复性遗传研究 . 河南农业大学学报，20：125-140.

陈伟程，罗福和，季良越 . 1979. 玉米 C 型胞质雄花不育的遗传及其在生产上的利用 . 作物学报，5：21-28.

杜尔宾，巴利洛娃 . 1980. 植物细胞质雄性不育的遗传学原理（中译本）. 袁妙藻，俞志隆，李桃生译 . 北京：农业出版社 .

高志环，薛勇彪，戴景瑞 . 2000. 玉米小斑病菌 C 小种毒素的致病作用位点 . 科学通报，45：622-626.

郝忠友 . 1995. 温敏雄性不育玉米的发现及初步研究 . 作物杂志（2）：1-2.

李大良，陈伟程，罗福和，等 . 1995. 玉米 C 群不同亚群雄性不育胞质对小斑病（Bipolaris maydis）C 小种侵染的病理反应研究 . 玉米科学，3（4）：62-67.

李建生，徐尚忠，赖青茹，等 . 1993. 对两个玉米雄性不育系的细胞质分类研究 . 作物学报，19：156-164.

李竞雄.1961. 玉米雄花不孕性及其恢复性在玉米双交种中的应用. 中国农业科学，6：19-24.

李竞雄，周洪生，孙荣锦.1998. 玉米雄性不育生物学. 北京：中国农业出版社.

李小琴.2000. 玉米 WB 型新不育系及 CMS 分类方法的研究. 广州：华南农业大学.

刘纪麟.1979. 玉米雄性不育系育种作物育种学. 北京：农业出版社出版：450-464.

刘纪麟，熊秀珠.1985. 两个优良的玉米雄性不育系：唐徐 Mo17cms 和双 Mo17cms. 湖北农业科学
（12）：1-3.

刘纪麟，熊秀珠，李建生.1985. 玉米雄性不育系杂交种华玉 2 号（双自）的育种过程、主要性状及栽
培要点. 湖北农业科学（11）：1-4.

牟碧涛，赵卓凡，岳灵，等.2019. 两份玉米 CMS-C 恢复系的育性恢复力测定及恢复基因的分子标记
定位. 作物学报，45（2）：225-234.

秦泰辰，徐明良，邓德祥.1989. 玉米雄性不育性研究 V. C 群与 Y 型不育系恢复基因的确定. 江苏农业
学报，5（2）：7-14.

邵可可.2011. 玉米 C 型胞质雄性不育育性恢复主基因 Rf_4 的精细定位与图位克隆. 郑州：河南农业
大学.

石永刚，郑用琏，李建生，等.1997. 玉米 S 组 CMS 育性恢复基因的分子标记定位. 作物学报，23：1-6.

汤继华，赫忠友，谭树义，等.2000. 玉米温敏型核雄性不育系育性机制转换研究. 河南农业大学学报，
34（1）：4-6.

万向元，吴锁伟，周岩，等.2017a. 植物花粉发育调控基因 $Ms1$ 及其编码蛋白：ZL201410381072.5.06-16.

万向元，吴锁伟，周岩，等.2017b. 一种玉米花粉减数分裂后发育调控基因 $Ms30$ 的 DNA 序列及其编码
蛋白：ZL201410703778.9.04-12.

万向元，吴锁伟，周岩，等.2017c. 玉米花粉发育调控基因 $Ms33$ 的 DNA 序列及其编码蛋白：
CN201610880590.0.02-15.

汪静，徐浩，王继玥，等.2014. 玉米 CMS-C 不育系及其保持系线粒体膜通透性的比较分析. 植物生
理学报，50（6）：823-828.

韦桂旺，郑用琏，张德华，等.1997. 玉米 CMS 材料线粒体 DNA 遗传多态性的研究. 遗传学报，24：
66-77.

温振民.1983. 玉米雄性不育胞质鉴定与分类问题的探讨，遗传学报，10：477-482.

夏涛，刘纪麟.1989. 玉米细胞质雄性不育的细胞学研究. 作物学报，15：97-103.

谢友菊，戴景瑞.1988. 用线粒体 DNA 鉴定玉米雄性不育细胞质的研究. 遗传学报，15：335-339.

许珂，曹墨菊，朱英国，等.2008. 玉米 C 型细胞质雄性不育系 C48-2 及其保持系线粒体差异蛋白分析.
作物学报，34（2）：232-237.

张方东.1999. 玉米 S 组 CMS 胞质育性相关基因的克隆与结构分析. 武汉：华中农业大学.

郑用琏.1982. 若干玉米细胞质雄性不育类型育性机理的研究. 华中农学院学报（1）：44-50.

Albertsen MC，Fox TW，Trimnell MR.1993. Cloning and utilizing a maize nuclear male sterility
gene. Lawrence：48th Annual Corn & Sorghum Research Conference：224-233.

Albertsen M，Fox T，Leonard A，et al. 2016. Cloning and use of the *ms9* gene from maize：US20150191743A1.
01-28.

Beckett JB. 1971. Classification of male-sterile cytoplasms in maize（*Zea mays* L.）. Crop Science，11：
724-727.

Chaubal R，Anderson J，Trimnell M，et al. 2003. The transformation of anthers in the *mscal* mutant of maize. Planta，216（5）：778-788.

Chen X，Zhang H，Sun H，et al. 2017. Irregular pollen exine1 is a novel factor in anther cuticle and pollen exine formation. Plant Physiology，173（1）：307-325.

Cigan A，Unger E，Xu R，et al. 2001. Phenotypic complementation of ms45maize requires tapetal expression of *MS45*. Sexual Plant Reproduction，14（3）：135-142.

Colhoun CW，Steer MW. 1981. Microsporogenesis and the mechanism of cytoplasmic male sterility in maize. Annals of Botany，48：417-424.

Cui X，Wise RP，Schnable S. 1996. The *rf2* nuclear restore gene of male-sterile T-cytoplasm maize. Science，272：1334-1336.

Dewey RC，Levings Ⅲ CS，Timothy DH. 1986. Novel recombination in the maize mitochondrial genome produce a unique transcriptional unit in the Texas male-sterile cytoplasm. Cell，44：439-449.

Dewey RC，Timothy DH，Levings Ⅲ CS. 1991. Chimeric mitochondrial genes expressed in the C male-sterile cytoplasm of maize. Current Genetics，20：475-482.

Djukanovic V，Smith J，Lowe K，et al. 2013. Male-sterile maize plants produced by targeted mutagenesis of the cytochrome P450-like gene（*MS26*）using a re-designed I-CreI homing endonuclease. The Plant Journal，76（5）：888-899.

Duvick DN，Snyder RJ，Anderson EG. 1961. The chromosomal location of *Rf1*，a restorer gene for cytoplasmic pollan sterile maize. Genetics，46：1245-1252.

Duvick DN. 1965. Cytoplasmic pollen sterility in corn. Advanced Genetics，13：1-56.

Duvick DN，Noble SW. 1978. Current and future use of cytoplasmic male sterility for hybrid seed production. In Maize Breeding and Genetics. New York：John Wiley & Sons，Inc：256-277.

Forde BG，Leaver CJ. 1980. Nuclear and cytoplasmic genes controlling synthesis of variant mitochondrial polypeptides in male-sterile maize. PNAS，77：418-422.

Gabay-Laughnan S，Laughnan JR. 1983. Characteristics of low frequency male-fertile revenants in S male-sterile inbred lines of maize. Maydica，28：251-263.

Gracen VE，Grogan CO. 1974. Diversity and suitability for hybrid production of different sources of cytoplasmic male sterility in maize. Agronomy Journal，66：654-657.

Hooker AL，Smith D，Lim S，et al. 1970. Reaction of corn seedling with male-sterile cytoplasm to *H. maydis*. Plant Disease Reporter，54：708-712.

Hu YM，Tang JH，Yang H，et al. 2006. Identification and mapping of *Rf-I* an inhibitor of the *Rf5* restorer gene for Cms-C in maize（*Zea mays* L.）. Theoretical and Applied Genetics，113：357-360.

Jones DF. 1950. The interrelation of plasmagenes and chromogenes in pollen production in maize. Genetics，35：507-512.

Josephson LM，Morgan JM. 1978. Genetics and inheritance of fertility restoration of male sterile cytoplasms in corn. Proceeding of the 33rd Annual Corn and Sorghum Research Conference，33：48-59.

Kamps T，Chase C. 1995. The maize inbred line Va20 carries a new restoring gene for S-type cytoplasmic male sterility（CMS）. Maize Genetic Coop Newsletter，69：24-25.

Kaul MLH. 1988. Male Sterility in Higher Plants. Berlin：Springer-Verlag.

Kemble RJ，Bedbrook JR. 1980. Low molecular weight circular and linear DNA in mitochondria from normal and male-sterile *Zea mays* cytoplasm. Nature，284：565-566.

Koeppe DE，Cox JK，Malone CP. 1978. Mitochondrial heredity，a determinant in the toxic response of maize to the insecticide methomyl. Science，201：1227-1229.

Kohls S，Stamp P，Knaak C，et al. 2011. QTL involved in the partial restoration of male fertility of C-type cytoplasmic male sterility in maize. Theoretical and Applied Genetics，123：327-338.

Laughnan JR，Gabay-Laughnan S. 1983. Cytoplasmic male sterility in maize. Annual Review of Genetics，17：27-40.

Laughnan JR，Gabay SJ. 1973. Reaction of geminating maize pollen to *Helminthosporium maydis* pathotoxins. Crop Science，13：618-684.

Laughnan JR，Gabay SJ. 1978. Nuclear and cytoplasmic mutation to fertility in S male sterile maize//Maize Breeding and Genetics. New York：John Wiley & Sons，Inc：427-477.

Lee SLJ，Earle ED，Gracen VE. 1980. The cytology of pollen abortion in S cytoplasmic sterile corn anthers. American Journal of Botany，67：237-245.

Lee SLJ，Gracen VE，Earle ED. 1979. The cytology of pollen abortion in C cytoplasmic sterile corn anthers. American Journal of Botany，66：657-667.

Levings Ⅲ CS，Pring DR. 1976. Restriction endonuclease analysis of mitochondrial DNA from normal and Texas cytoplasmic male-sterile maize. Science，193：158-169.

Levings Ⅲ CS，Siedow JN. 1992. Molecular basis of disease susceptibility in the Texas cytoplasm of maize. Plant Molecular Biology，19：135-147.

Li QL，Zhang DB，Chen MJ，et al. 2016. Development of japonica photo-sensitive genic male sterile rice lines by editing carbon starved anther using CRISPR/Cas9. Journal of Genetics and Genomics，43（6）：415-419.

Li XQ，Yuan LP，Deng HF，et al. 2009. Utilization of recombination effect of *PGMS* genes and *TGMS* genes of rice. Science & Technology Review，27（3）：74-79.

Lim SM. 1972. Disease determinant of *Helminthosporium maydis* race T. Phytopathology，62：968-971.

Liu ZY，Peter SO，Long MH，et al. 2002. A PCR assay for rapid discrimination of sterile cytoplasm types in maize. Crop Science，42：566-569.

Lopez MT，Virmani SS. 2000. Development of TGMS lines for developing two-line rice hybrids for the tropics. Euphytica，114（3）：211-215.

Mariani C，Beuckeleer MD，Truettner J，et al. 1990. Induction of male sterility in plants by a chimaeric ribonuclease gene. Nature，347：737-741.

Merts SM，Miller JR，Arntzen CJ. 1973. The effect of *Helminthosporium maydis* pathotoxin on cellular electrochemical membrane potential and ion transport in *Zea mays*. Plant Physiology，51：S16.

Moon J，Skibbe D，Timofejeva L，et al. 2013. Regulation of cell divisions and differentiation by MALE STERILITY32 is required for anther development in maize. The Plant Journal，76（4）：592-602.

Nan G，Zhai J，Arikit S，et al. 2017. *Ms23*，a master basic helix-loop-helix factor，regulates the specification and development of the tapetum in maize. Development，144（1）：163-172.

Ohmasa M，Watanabe Y，Murata N. 1976. A biochemical study of cytoplasmic male sterility of corn：alteration of cytochrome oxidase and malate dehydrogenase activities during pollen development. Japanese Journal of Breeding, 26: 40 - 50.

Patterson EB. 1973. Genic male sterility and hybrid maize production. Proceedings of the Seventh Meeting of Eucarpia: Maize and Sorghum Section: Part1. Zagreb.

Peterson PA, Reddy M, Tipoon CZ. 1972. Amylase activity differences between N and T cytoplasm of maize. Genetics, 71 (3): part1.

Pring DR, Conde MF, Leving Ⅲ CS. 1980. DNA heterogeneity within the C group of maize male sterile cytoplasm. Crop Science, 20: 159 - 162.

Qin XE, Tian SK, Zhang WL, et al. 2021. The main restorer *Rf3* of maize S type cytoplasmic male sterility encodes a PPR protein that functions in reduction of the transcripts of orf355. Molecular Plant, 14: 1961 - 1964.

Rhoades MM. 1930. Cytoplasmic inheritance of male sterility in *Zea mays*. Science, 73: 340 - 341.

Rogers JS, Edwardson JR. 1952. The utilization of cytoplasmic male - sterile inbreds in the production of corn hybrids. Agronomy Journal, 44: 8 - 13.

Sisco PH. 1991. Duplications complicate genetic mapping of *Rf₄*, a restorer gene for CMS - C cytoplasmic male sterility in corn. Crop Science, 31: 1263 - 1266.

Sisco PH, Gracen VE, Everett HL, et al. 1985. Fertility restoration and mitochondrial nucleic acids distinguish at least five subgroups among CMS - S cytoplasm of maize (*Zea mays* L.). Theoretical and Applied Genetics, 71: 5 - 19.

Snyder RJ, Duvick DN. 1969. Chromosomal location of *Rf2*, a gene for cytoplasmic pollen sterile maize. Crop Science, 9: 156 - 157.

Somaratne Y, Tian Y, Zhang H, et al. 2017. *ABNORMAL POLLEN VACUOLATION1* (*APV1*) is required for male fertility by contributing to anther cuticle and pollen exine formation in maize. The Plant Journal, 90 (1): 96 - 110.

Tang JH, Fu ZY, Hu YM, et al. 2006. Genetic analyses and mapping of a new thermo - sensitive genic male sterile gene in maize. Theoretical and Applied Genetics, 113 (1): 11 - 15.

Tian Y, Xiao S, Liu J, et al. 2017. *MALE STERILE6021* (*MS6021*) is required for the development of anther cuticle and pollen exine in maize. Scientific Reports, 7 (1): 16736.

Vernoud V, Laigle G, Rozier F, et al. 2009. The HD - ZIP IV transcription factor *OCL4* is necessary for trichome patterning and anther development in maize. The Plant Journal, 59 (6): 883 - 894.

Vidakovic M. 1988. Genetics of fertility restoration in cytoplasmic male sterility of the C - type (cms - C) in maize (*Zea mays* L.). Maydica, 33: 51 - 64.

Wang C, Nan G, Kelliher T, et al. 2012. Maize *multiple archesporial cells 1* (*mac1*), an ortholog of rice TDL1A, modulates cell proliferation and identity in early anther development. Development, 139 (14): 2594 - 2603.

Wang D, Skibbe D, Walbot V. 2013. *Maize male sterile 8* (*Ms8*), a putative β - 1, 3 - galactosyltransferase, modulates cell division, expansion, and differentiation during early maize anther development. Plant Reproduction, 26 (4): 329 - 338.

Warmke HE, Lee SLJ. 1977. Mitochondrial degeneration in Texas cytoplasmic male sterile corn anther. Journal of Heredity，68：213－222.

Wise RP，Gobelman－Werner K，Pei D，et al. 1999. Mitochondrial transcript processing and restoration of male fertility in T－cytoplasm maize. Sex Plant Reproduction，11：380－384.

Wise RP，Schnable PS. 1994. Mapping complementary genes in maize：positioning the *rf1* and *rf2* nuclear－fertility restorer loci of texas（T）cytoplasm relative to RFLP and visible markers. Theoretical and Applied Genetics，88：785－795.

Xiao H，Zhang F，Zheng Y. 2006. The 5' stem－loop and its role in mRNA stability in maize S cytoplasmic male sterility. Plant Journal，47（6）：864－872.

Xiao SL，Zang J，Pei YR，et al. 2020. Activation of mitochondrial *orf355* gene expression by a nuclear－encoded DREB transcription factor causes cytoplasmic male sterility in maize. Molecular Plant，13：1270－1283.

Yang H，Xue Y，Li B，et al. 2022. The chimeric gene atp6c confers cytoplasmic male sterility in maize by impairing the assembly of the mitochondrial ATP synthase complex. Molecular Plant，15（5）：872－886.

Zabala G，Gabay－Laughnan S，Laughnan JR. 1997. The nuclear gene *Rf3* affects the expression of the mitochondrial chimeric sequence R implicated in S－type male sterility in maize. Genetics，147：847－860.

Zhang D，Wu S，An X，et al. 2018. Construction of a multicontrol sterility system for a maize male－sterile line and hybrid seed production based on the *ZmMs7* gene encoding a PHD－finger transcription factor. Plant Biotechnology Journal，16（2）：459－471.

Zhou H，He M，Li J，et al. 2016. Development of commercial thermo－sensitive genic male sterile rice accelerates hybrid rice breeding using the CRISPR/Cas9－mediated TMS5 editing system. Scientific Reports，6：37395.

第十二章　玉米氮磷高效遗传与育种

（袁力行，　陈范骏）

我国是世界人均占有资源匮乏的国家之一，长期以来我国粮食增产过多依赖于水肥资源的大量投入。张福锁等（2008）在全国粮食主产区 1 333 个田块上对三大粮食作物肥料利用率的分析结果表明，氮肥、磷肥和钾肥的养分利用率分别为 27.5%、11.6% 和 31.3%。肥料利用效率低下直接增加了农业成本，从而导致农民增产不增收。同时，大量化肥因未能被作物利用，从而导致农田土壤酸化（Guo 等，2010）、水系富营养化和大气氮沉降等严重的环境问题。因此，提高土壤养分利用效率，保护生态环境，是发展我国资源节约型与环境友好型高效农业亟待解决的重大问题。

玉米是我国重要的粮食、饲料、经济及生物能源作物，在国内外的需求量与日俱增。1985—1994 年间，化肥投入对于我国玉米单产增加的贡献率最大，占 51.4%，品种改良的贡献率占 35.5%。而在一些发达国家，遗传贡献可以达到 50% 以上（Duvick，2005）。在现代农业生产中种植养分高效的高产作物品种，充分发挥作物自身吸收利用养分资源的生物学潜力，能够在较低肥料投入的前提下保持与提高单位面积产量，减少养分在土壤中的残留和损失。因此，提高作物养分效率的遗传改良和育种工作日益受到重视，许多国家、国际研究机构和跨国育种公司都把这项研究工作列为优先发展领域。

第一节　玉米氮高效性状生理与遗传基础

一、玉米氮营养高效的生理与分子基础

（一）玉米氮营养高效的生理基础

耕地土壤表层中的全氮含量一般介于 0.03%～0.4%。土壤中的氮素形态可分为无机氮与有机氮，其中有机氮比例占 95% 以上。有机氮包括蛋白质、游离氨基酸、氨基糖和其他未确定的化合物。无机氮化合物包括铵（NH_4^+）、亚硝态氮（NO_2^-）、硝态氮（NO_3^-）、氧化亚氮（N_2O）、氧化氮（NO）和单质氮（N_2）。铵态氮、亚硝态氮和硝态氮是构成土壤氮素供应的主要形态，占土壤全氮的 2%～5%。在好气和 pH 大于 5.5 的土壤条件下，土壤氮素以硝态氮为主。以尿素、磷酸二铵等形态施入土壤的氮肥会在短时间内转化为硝态氮。在 5～35℃温度范围内，温度每升高 10℃，硝化作用增加 2 倍。除了被土壤微生物吸收利用外，硝酸盐可以在土壤中转化为多种形态，如被反硝化为 NO、N_2O 等。在淹水、酸性土壤及冷凉土壤环境中，由于硝化作用被抑制，铵成为重要的氮素养分

形态（Marschner，1995）。铵态氮带正电荷，易被晶格膨胀型黏粒固定。固定在晶格中的铵可以被钙、镁、钠、氢阳离子置换出来，但不能被钾离子置换，原因是钾离子使晶格收缩。因此，铵在土壤中迁移速率很慢，不易淋失损失。硝态氮带负电荷，不能被土壤胶体和黏土矿物所吸附，因此容易随水移动。它虽然易被植物吸收，但也容易造成向土壤深层的淋失，尤其是降雨和灌溉过多的情况下。

通常认为，作物当季的平均氮肥利用率仅为 30%～40%。未被作物吸收的氮素可能被土壤固定，淋失到土壤深层，以铵、氮氧化物质形态挥发到大气中等。在我国，水稻、小麦和玉米的氮肥农学效率（施肥产量-空白产量）/施肥量）分别为 10.4kg/kg、8.10kg/kg 和 9.8kg/kg，氮肥利用率仅分别为 28.3%、28.2% 和 26.1%（张福锁等，2008）。优化氮肥投入技术、减少氮肥在土壤中的损失，可以有效地提高氮肥利用率。这些技术包括氮肥总量控制、分期调控、水肥一体化技术、测土配方施肥，以及新型肥料等。除此之外，选育具有较高氮效率的作物新品种——氮高效作物品种，是另一条提高氮肥利用率的有效途径。

氮素是植物体必需的、主要的大量营养元素之一，其高效利用可分为 2 个方面。在营养生长期，氮素高效主要表现为生物量的增加，这决定于植物对氮的吸收、贮藏及同化氨基酸的效率。此时，正在生长的叶片、茎和根是氮素的主要库。对大多数作物而言，虽然铵态氮和少量硝态氮在根中同化，但叶片是无机氮的主要同化器官。根系吸收的硝态氮主要在叶片中同化成氨基酸，合成植物生命活动需要的蛋白质和酶，进而控制光合作用、物质生产及生物量的增长。在生殖生长期，氮素高效利用主要表现为产量增加和籽粒蛋白质含量的增加。这不仅涉及氮素的吸收与同化，更重要的还表现在营养器官中氮素的再转移与再利用。此时，除了根系吸收外，茎叶成为氮素的供给源器官，但叶片还同时担负着光合作用的任务，如何协调根中氮素吸收、叶中氮素的转运与稳定光合物质生产，并在稳定籽粒蛋白质含量的前提下提高产量，是实现高产与氮高效协同的关键因素。

从氮效率的定义可以看出，想要实现高产与氮高效的同步提高，途径之一是在保持现有产量前提下，减少氮肥的投入，而另一条途径是在不增加氮肥投入的条件下，提高作物产量。第一条途径可以通过提高氮素吸收效率，即植物从土壤中吸收累积氮素的能力实现，可以用植株的总吸氮量来表示。第二个途径依赖于提高植株体内氮素利用效率，也称氮素生理利用效率，即是在相同的总吸氮量条件下，产生更多的干物质，并转移至籽粒中，从而实现高产。Moll 等（1982）认为，低氮条件下，决定氮效率的主要贡献是氮利用效率；在高氮供应条件下，则为氮吸收效率。但 Kamprath 等（1982）比较了 3 个氮供应水平下氮素吸收与氮素利用效率的相对贡献却认为，在低氮与中氮水平下，产量与吸收效率密切相关；而在高氮条件下，氮素利用效率则更为重要。米国华等（1998）比较了 35 个玉米品种的氮效率差异后认为，在低氮供应条件下，氮吸收效率是决定氮效率的关键因素；而在高氮条件下，氮素吸收效率与利用效率对氮效率有相同的贡献（图 12-1）。Wiesler 等（2001）和 Worku 等（2007）的结果也表明，无论氮水平如何，氮吸收与氮利用过程对整体植株的氮效率有同等重要的贡献。在不同研究结果之间，氮素吸收效率与氮素利用效率对氮效率（产量）的贡献不同，其原因可能与低氮的胁迫程度有一定关系。如果氮素胁迫很严重，则氮素利用效率的贡献会增加。

根系是植物吸收养分的主要器官。玉米根系吸收氮素主要依赖于根系形态（即根表吸收面积）和氮素生理吸收（即单位根表面积上的氮素吸收速率）2个方面。玉米根系可以通过根系形态与生理学反应来适应土壤环境中氮素供应强度的变化，以最大限度地有效吸收土壤中的氮素养分资源。短期缺氮，根系的生理学反应（根系氮素吸收系统的调节）可能是主要的机制；而随着缺氮时间的延长，根系的适应性生长则可能占主导地位。如果缺氮持续时间过长，则植株可能降低生长速率来最终适应土壤氮素的供应强度。在田间条件下，根系的生理学反应和形态学反应可能同时存在。

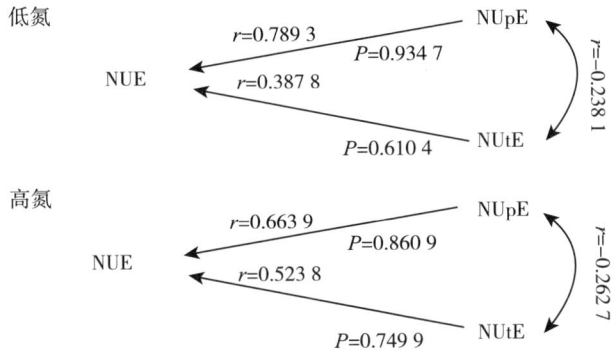

图 12-1　玉米氮素吸收效率（NUpE）、氮素利用效率（NUtE）与氮效率（NUE）的相关关系

注：r 为相关系数，P 为通径系数。

（二）玉米根系氮素吸收过程与调节机制

氮素在土壤中主要以质流形式运输，一些模型研究认为，根系形态的大小会限制氮素吸收（Burns，1980；Fitter 等，1991），因此增加单位根表面积的最大氮素吸收速率可以增加对氮的获取能力（Mackay 和 Barber，1986）。也有研究认为，土壤溶液中硝酸盐浓度临界值约为 0.02mmol/L，低于该值后作物根系对硝酸盐的吸收才受到限制（Burns，1980；Greenwood 等，1989）。然而，在高产田作物根际的硝酸盐浓度通常可以高达 20mmol/L，氮作物根系吸收能力对增施氮肥仍产生强烈的响应（Pearson 和 Jacobs，1987；Morgan，1988；Greenwood 等，1989）。Robinson 等（1994）分析认为，这是由于涉及硝酸盐吸收的有效根长只占总根长的很小部分，在不施氮与施氮条件下分别只有总根长的 11% 和 3.5%。这说明，虽然根系具有较高的吸氮活力，但植物并非全部能够依赖于根系吸氮活力来满足其氮素需求。在田间条件下，多数研究表明，根系形态在玉米氮高效吸收中起重要的作用，尤其是当氮素供应强度不能达到植株最大生长速率的情景下（Mackay 和 Barber，1986；Sattelmacher 等，1995；Wiesler 和 Horst，1994；春亮等，2005；Coque 和 Gallais，2006）。也有研究表明，玉米产量和根的数量呈负相关关系（Gallais 和 Coque，2005），原因可能是过大的根系消耗了更多的碳水化合物。Lawlor（2002）认为，非充足供应条件下，增加根系体积和根长密度可能促进氮高效吸收。Liu 等（2009）比较氮高效自交系 Ye478 和氮低效自交系 Wu312 的根系及氮素吸收系统活性，结果表明，在田间条件下 Ye478 具有较大的根系，但其氮素吸收速率却较低。这说明，在田间较长时间的低氮胁迫环境下，植株增加氮素吸收量可能主要依靠发展较大的根系，扩大吸收面积，而不是提高单位根长的氮素吸收活性。氮素吸收系统活性及氮素转运蛋白基因表达的上调，可能在短期氮素供应不足时起重要作用，但这种作用不足以满足作物长期的氮素需求。植株必须通过根系的扩展，在更大的土壤空间内寻找氮素，而后可能在局部氮素充足的微小区域，提高氮吸收系统的活性。Mackay 和 Barber（1986）调查了高肥型（B73×Mo17）和低肥型（Pioneer 3732）玉米基因型，在高、低氮（不施）条件下的根系生长、植株重量及含氮量变化。结果表明，除了最初的 31d，2 个基因型的氮吸收速率非常相似。施氮后低肥型（Pioneer 3732）的根长和根表面积没有增加，而高肥型（B73×Mo17）则受到促进。施氮处理到吐丝中期时，2 种土壤上高肥型（B73×Mo17）的根长比低肥型（Pioneer 3732）分别高 36% 和 39%。全生育期中，高肥型（B73×Mo17）较强的根系生长，可能是该杂交种在高氮条件下生长量大的原因之一。

关于根系形态在氮素高效吸收中的贡献，田间试验结果与模型分析存在一定差异，原因可能是模拟研究大多是在一个封闭的培养体系中进行，而且是一个相对短期的过程。而在田间土壤条件下，作物生育期很长，硝酸盐在土壤中是不断运移的。如果不被作物吸收，硝酸盐很可能会在作物生长的后期下移到土壤深层，从而大大降低其空间有效性。尤其是玉米抽雄后吸收的氮素要达到总需氮量的 30%~50%，根系的重要性可能显得更为突出。Akintoye 等（1999）、Wiesler 等（2001）、春亮等（2005）和 Worku 等（2007）的研究均表明，在低氮环境下，氮效率与后期根系生长及开花后氮素吸收具有很强的相关性。在优化施肥条件下，由于后期土壤中的氮素很可能耗竭，或因土壤干旱等因素造成氮素供应不足，这种情况下，后期较大的根系仍然很重要。田间条件下，全生育期土壤水分含量波动很大，短期水分供应不足经常发生。这种情况下硝酸盐的质流速率会显著降低，植物会更加依赖土壤中硝酸盐扩散和根系截获而吸收氮素。因此，较大的根系可以最大限度地减轻这种水分变化带来的影响，以保证氮素吸收能满足植株生长的需要。此外，由于铵主要被土壤颗粒吸附，移动性很小，因此，当铵在土壤氮素供应中的比例增加时，根系大小的重要性也随之加强。

（三）氮高效玉米的理想根构型

根构型（root system architecture，RSA）即根系在土壤中的空间构型。对磷高效理想根构型已有深入研究，在菜豆、大豆、玉米中的研究表明，增加作物浅层根系有利于磷的高效获取（Lynch，1995；Liao 等，2004）。由于磷主要在土壤表层分布，且移动性差，相对较浅的根系有利于磷的高效获取。硝酸盐作为土壤氮素的主要形态移动性很强。高强等（2003）研究表明，1mm 降水量分别使在玉米田 15 cm、45 cm 和 75 cm 土壤剖面处标记的硝态氮向下淋洗了 0.16 cm、0.08 cm、0.04 cm。目前国内外玉米生产中一次性施肥（又称"一炮轰"）农户有很大比例。在这种情况下，硝酸盐淋失的可能性更大。因此，通过选择具有合理根系构型的氮高效品种可以进一步提高硝态氮吸收，减少其向深层的淋失损失。深根型品种可以通过养分水分的高效利用，进而提高玉米对环境的抗逆性和产量的稳定性。

模型分析表明，增加土壤深层根系分布，减少表层土壤的根系分枝，可以显著提高氮素及水分的空间有效性，从而增加产量（King 等，2003）。不同玉米品种的比较分析也表明，增加 30 cm 以下土层中的根量，可以显著降低硝酸盐向深层的淋失损失（Wiesler 和 Horst，1993，1994）。前期根系生长势强，快速建立较大的根系可以有效地吸收硝态氮，从而提高氮素吸收效率。因此，通过增加深层根系量，培育深根型品种，在后期截获不断下移的硝酸盐，可能是高产条件下进一步提高玉米氮素利用率的重要机制。

如前所述，在土壤局部存在较高浓度的氮素时，会刺激该位置植物根的侧根伸长和二级侧根的发生（Drew 等，1973；Drew，1975；Drew 和 Saker，1975），在自然生态条件下，根的这种能力有助于植物高效利用来自土壤矿化的有限氮素（Jackson 等，1990；Jackson 和 Caldwell，1993）。但在田间施肥条件下，这种特性是否有助于作物高效利用土壤氮素受到质疑（Garnett 等，2009）。对于玉米等宽行作物而言，肥料通常施在植株的一侧，人为造成了土壤中氮素供应的不均一性。在限制氮肥施用的条件下，氮素分布的不均一性更加显著。如果根系对局部高浓度氮素具有较强的响应能力，显然有助于其高效利用这些异质性分布的氮素。增加根系生长可能与地上部竞争养分，从而减少地上部的生长。然而，氮素缺乏条件下地上部叶片及根中都积累了大量的碳水化合物（王艳等，2001；Krapp 等，2011），如果将这些化合物用于根系生长，进而从土壤中获得更多的氮素，应该有利于植株整体的生长。

近年来，针对低氮投入的玉米生产体系，通过模型模拟，Lynch 提出"steep，cheap，deep"类型的氮高效理想根构型（Lynch，2013）。该理想根构型具体表现在：①主根较粗，上面长有较长的侧根，能够抵抗苗期的低温胁迫。②种子根构型存在两种情况。当茎生的节根还没有完全发育时，氮高效的种子根应该是角度小、分布浅、直径较细并长有发达的侧根和根毛，这样有利于吸收表层土的氮素养分。如果节根已经发育，并且长有大量的侧根。这样种子根对表层土氮素的吸收功能将被代替。此时，理想的种子根应该是角度大、分布深、直径较粗、长有并不密集的侧根，有利于吸收下层土壤中的氮素，与节根的功能相互补充。③理想的地下节根应该是数目适度，角度大而根深，有不密集但较长的侧根，保证深层土壤氮素养分的吸收。④地上第一轮节根密集，角度小而根浅，有不密集但长度长的侧根，保证浅层土壤养分的有效获取。此外，理想玉米根系具有较多皮层通气组织，从而减少了根系生长的碳消耗。

米国华等（2016）提出玉米氮高效吸收的理想根构型的基本特点是：①苗期初生根和种子根应分布较浅，主要分布在基肥集中、土壤温度较高的表层土壤中。增加侧根数量与长度，以充分利用养分，特别是磷这样主要依靠扩散在土壤中移动的养分，其在春季土壤温度较低时扩散速度更慢（Chassot 和 Richner，2002）。②成熟植株胚生根失去主导作用（Hochholdinger 等，2004；Niu 等，2010），根系吸收营养主要靠胚后根（节根）。地下节根（节根位置 1~4）应具有较强的穿透土壤的能力，以便在后期生长到更深的土壤中，有效地获取水分和向下移动的硝酸盐以及其他流动养分；根系角度应该更小，直径较粗，以增加其穿透能力（Cahn 等，1989）；侧根增长，以便于探索更大的土壤体积，并能有效地吸收水分和硝酸盐等流动养分（Lynch，2013）。这些根系的最大深度应在 80 cm 左右，因为基施 ^{15}N 可向下运移 60 cm（Ju 等，2007）。③地上节根（节根位置 5 及以上，包括支根）应该角度更大、直径更粗壮，以增强根系抗倒伏能力；增加通气组织，以节约建立根所需的碳和养分资源；增加侧根密度与长度，以吸收表土中丰富的养分，特别是那些流动性较差的养分。④每个节根位置的节根不宜太多，避免植株间对资源的竞争，减少植株内茎、根对碳的竞争。⑤侧根对局部硝酸盐的响应能力（向肥性反应）强。在优化供氮条件下，氮投入量相对降低，土壤氮素分布的空间异质性增加。侧根向肥性反应能力强有助于高效利用局部富集的硝酸盐（图 12-2）。

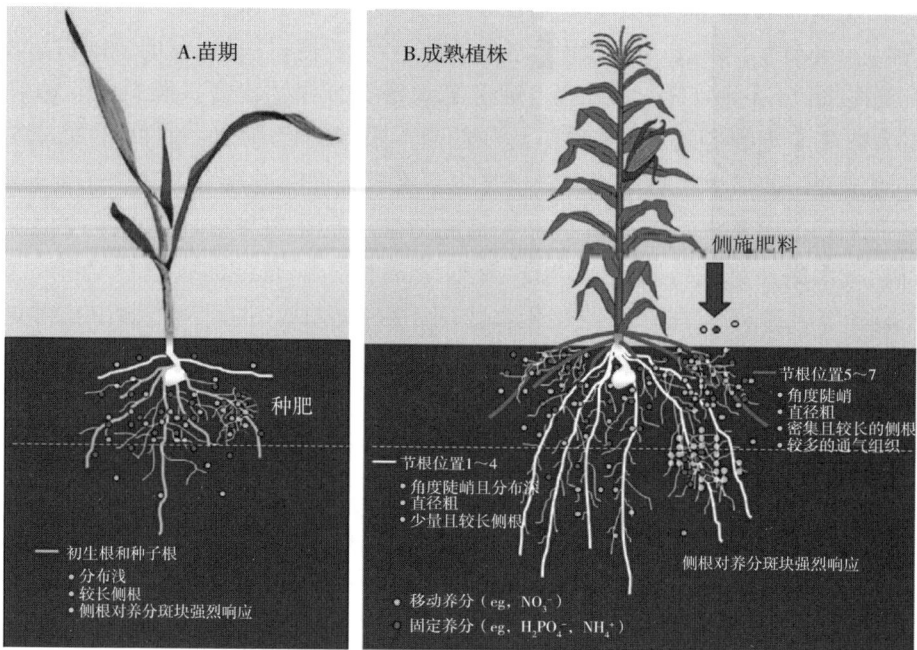

图 12-2　集约化养殖系统中玉米高产氮高效及高水分利用效率的理想根构型模式图

陈范骏等（2004）选用对氮反应有典型差异的 2 个玉米杂交种西玉 3 号和高光效 1 号，发现在土培低氮条件下，氮高效品种西玉 3 号的根长、根表面积及根重增加幅度大，显著超过高光效 1 号，因而它具有较强的氮素截获能力，以适应低氮环境。低氮有利于根的伸长，平均轴根长增加，氮高效自交系 478 的根长要显著高于 CA170。水培条件下，利用对氮反应有典型差异的玉米自交系 478、H21、Wu312、综 31、白磁进行研究，发现低氮下，5个自交系根系干重、总根长、根轴总长与总吸氮量显著线性相关，而高氮条件下不表现相关性，说明在氮素胁迫的条件下，根系形态对氮吸收效率起重要作用（王艳等，2001）。进一步研究发现，在氮素供应不足时，通过增加轴根（包括胚根和节根）的伸长进而增加根系总根长和根表面积是提高氮吸收能力的重要过程；而在供氮充足时，增加侧根生长可以提高氮吸收能力（Wang等，2005）。

在田间条件下，玉米不同阶段根系发育与氮素吸收、氮效率之间的相关性报道不多。春亮等（2005）以氮效率不同的4个玉米杂交种组合为材料，在田间2个氮水平下，动态比较4个玉米杂交种的根系生长、氮素吸收动态及其与产量的关系。结果表明，氮高效杂交种（NE1和ND108）吸氮量显著高于氮低效品种，但这种差异主要来自吐丝后氮累积量，而在前期不同基因型间氮素累积差异不显著。2个氮水平下，氮高效品种NE1和ND108均具有较大的根系。灌浆成熟期根系大小与吐丝后及全生育期氮素累积具有较好的正相关，体现了后期根系大小在决定氮素累积中的主导地位。后期氮素吸收能力强有利于减缓叶片等光合器官中氮素的输出，从而维持其较长的光合活性，促进籽粒的结实与正常发育，因而对产量提高有决定性作用。

在氮素供应充足条件下，地上部（库）的生长势大小是决定氮素累积能力的最终因素（Cooper和Clarkson，1989）。研究表明，这种地上部的氮素的需求主要是靠增加根系生长来满足的，而不是靠增加单位根长的氮素吸收速率。与W312相比，氮高效基因型Y478在具有发达根系的同时，也具有较强的叶片扩展能力，但其氮素吸收速率则显著小于W312（Tian等，2006）。因此，叶片面积、根系长度与氮累积量之间呈明显正相关。这些研究表明，促进根系生长，挖掘根系的生物学潜力，可以提高玉米植株对氮素的获取能力。

（四）根系生长对氮素供应的反应

根构型对土壤养分有效性改变的响应是其适应环境变化的一种重要机制。根际氮素供应强度可以通过2种方式显著地调控根系的生长：一种是通过影响植株体内的氮素营养状况，植株体内的氮素营养状况信号可以通过某种机制传递到根部，调节根的生长；另一种是根际硝酸盐作为信号，直接调控局部侧根的生长。虽然对氮素调控拟南芥根生长的分子机制已有较多研究，但对氮素调节玉米根生长的生理机制了解很少。在玉米中，低浓度硝酸盐促进根的伸长，而高浓度硝酸盐抑制（Tian等，2005）。在水培条件下，出苗30 d内低氮处理使节根伸长增加63％，而使节根数下降40％（Gaudin等，2011）。低氮条件下，玉米根系的伸长，可能有利于其利用深层次的氮素，尤其是向下淋失的硝酸盐（Wiesler和Horst，1994）。低氮增加玉米根中生长素的水平，生长素通过一氧化氮（NO）介导的信号途径刺激根的伸长（Zhao等，2007）。在高氮下，细胞分裂素含量增加，可以一方面拮抗生长素的作用，另一方面可能促进乙烯的产生（图12-3），从而抑制根的伸长（Tian等，2005；Tian等，2009；Mi等，2008）。

在玉米中，适当的低氮条件刺激侧根的生长（Chun等，2005；Gaudin等，2011）。

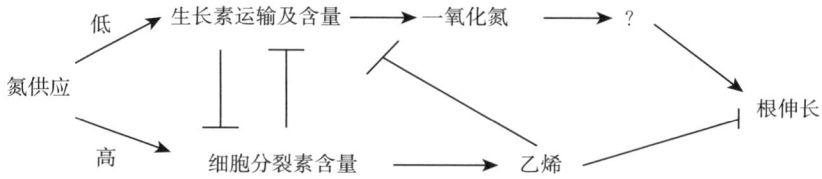

图 12-3　氮素供应调节玉米根伸长的生理机制

在水培条件下，适当的低氮可以增加侧根数、侧根总长度、单位轴根的侧根长度，但根毛密度下降（Gaudin 等，2011）。在琼脂培养系统中，在供应 0.01～1.0mmol/L 硝酸盐范围内，增加硝酸盐浓度可以增加侧根的长度。当硝酸盐供应浓度超过 1.0mmol/L 后，侧根长度开始下降；当超过 5～10mmol/L 后，侧根密度也开始下降（郭亚芬等，2005）。通过测定植株体内的硝酸盐含量，发现当地上部硝酸盐含量达到 0.1mmol/g 干重时，侧根长度开始下降，当地上部硝酸盐含量达到 0.16mmol/g 干重时，侧根密度开始下降（图 12-4），同时根冠比也开始下降。与氮低效基因型 W312 相比，氮高效基因型 478 可以在较高的硝酸盐供应浓度条件下保持侧根的正常生长。

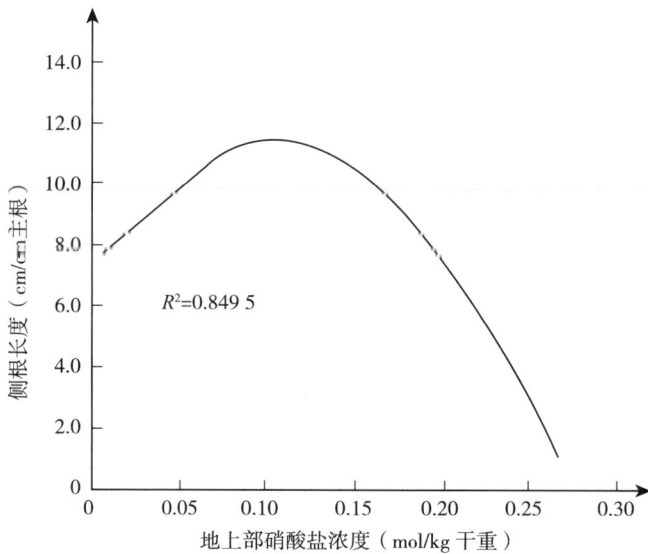

图 12-4　玉米（自交系 478）植株硝酸盐浓度与侧根生长之间的函数关系

在农田生态系统中，由于施肥、灌溉等造成不同土层土壤养分分布具有很大的时空变异性。早期研究发现，植物根系生长具有一定的向肥性，根系具有伸入硝酸盐富集区的能力，侧根量在该区域会大量增加（Drew 和 Saker，1975），这主要表现在一级侧根的伸长和二级侧根数量的增加。如果局部供应铵，则主要表现在侧根数量的增加，而侧根长度增加幅度较小。这种向肥性反应对其最大限度地利用土壤中有限的氮素资源具有重要的意义，同时，对硝酸盐的向肥性反应可能促进其他难溶性养分（如磷）的吸收（Robinson，1996），而且，在与微生物、杂草等竞争条件下，可以增加植物自身的氮素竞争力（Hodge，1999）。局部硝酸盐供应显著刺激玉米侧根伸长（图 12 - 5）。1mmol/L 硝酸盐对刺激玉米侧根伸长具有最佳的促进效果（郭亚芬等，2005）。在 pH 为 5～7 的范围内，局部供应硝酸盐对侧根伸长的刺激效果没有显著影响。利用生长素运输抑制剂阻断地上部向根的生长素运输后，局部供氮对侧根的刺激效果显著减弱（Guo 等，2005），这说明生长素运输系统参与了这个调节过程。硝酸盐供应降低了生长素向局部供应硝酸盐部位的运输，使该部位生长素浓度趋于最优，进而有利于侧根的伸长。但这种生长素浓度的变化只能解释表现型的 1/3，说明还有其他因素参与控制局部供氮调控侧根的伸长（Liu 等，2010）。基因芯片研究发现，局部供氮刺激了生长素响应因子，乙烯受体、细胞分裂素氧化酶基因表达，说明激素互作参与了这一过程。硝酸盐转运蛋白和硝酸盐同化基因、糖转运蛋白基因及蔗糖合成酶基因表达均被上调，说明被刺激侧根部位的碳氮代谢活动受到促进。最后，局部供氮刺激了细胞分裂与扩张相关基因，如膨胀素、红维素合成酶、松弛素、水孔蛋白等编码基因的表达，这些可能是决定侧根生长的功能基因（Liu 等，2008）。

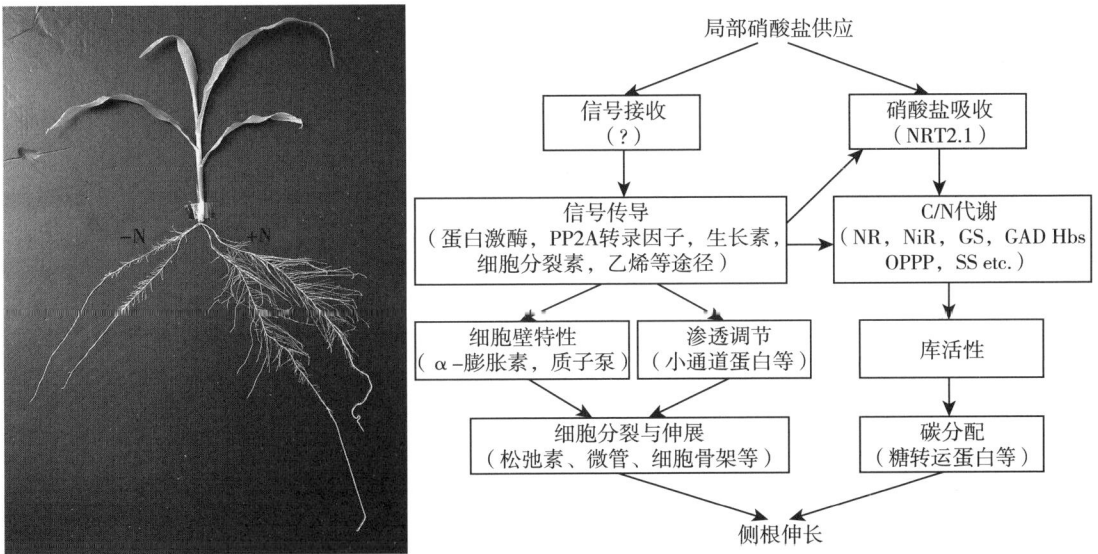

图 12 - 5　局部供应硝酸盐刺激玉米侧根伸长的可能机制

缺氮是否增加根系的绝对生长量，取决于缺氮胁迫的程度，包括氮素供应强度和缺氮持续时间。Mackay 和 Barber（1986）认为，如果田间氮素胁迫水平不足以使玉米减产 20%以上，则增施氮肥虽然使地上部生物量增加，但根重下降。缺氮导致冠根比的下降是一个普遍存在的现象（Scheible 等，1997）。低氮条件下，虽然根吸收的氮仍然是首先运输到地上部，但植株会将更大比例的同化氮分配到根部，从而促进根的生长。同时，缺氮增强了根调运韧皮部中碳水化合物的强度。在质子 ATPase 的作用下，更多的糖向根中卸载。Scheible 等（1997）认为，拟南芥叶片中的硝酸盐浓度可能是控制冠根比的重要信号来源，随着地下部硝酸盐浓度的增加，冠根比直线上升。郭亚芬等（2005）的研究表明，玉米地上部叶片的全氮浓度和硝酸盐浓度与冠根比之间的关系可以用指数式衰减函数（exponential decay，$y = y_0 + A_1 e^{(-x/t_1)}$）来描述。当地上部叶片的硝酸盐含量达到 0.16mmol/g 干重，或全氮含量达到 1.6mmol/g 干重时，冠根比开始显著增加（图 12-6）。

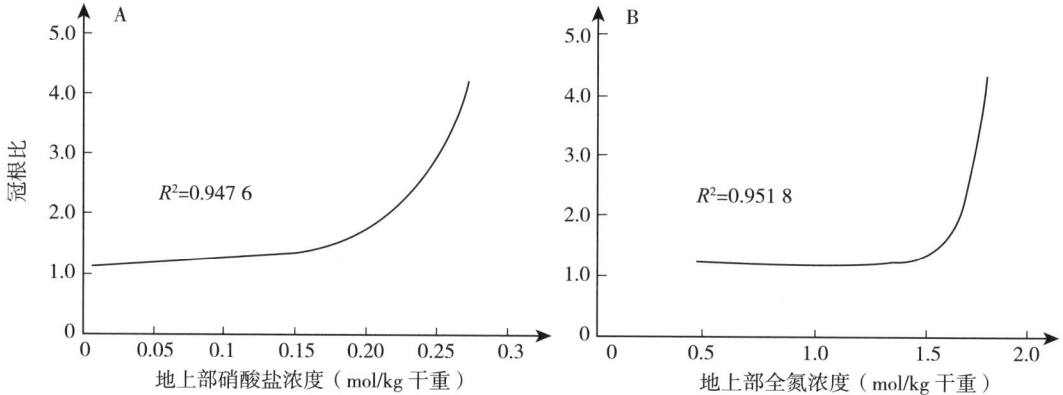

图 12-6　玉米叶片硝酸盐浓度（A）和全氮浓度（B）与冠根比的相互关系

二、玉米根系生理与氮素高效吸收

（一）硝酸盐的吸收

由于硝酸盐带有负电荷，植物吸收硝酸盐是逆电化学势的过程。每吸收 1 个单位硝态氮，同时要吸收 2 个单位的质子。质子来源于根细胞膜上的 $H^+ - ATP$ 酶。根细胞膜上存在 3 种类型的硝酸盐转运系统：一是组成型高亲合力硝酸盐转运系统；二是诱导型硝酸盐转运系统；三是低亲合力硝酸盐转运系统。当土壤硝酸盐浓度小于 1mmol/L 时，植物对氮素吸收主要依靠高亲合力吸收系统，这两个系统的吸收动力学曲线都具有饱和吸收的特征。而且 iHAT 的活性需要外界硝酸盐的诱导，其吸收动力学的 K_m 值约为 5 μmol/L（Tsay 等，2011）。当土壤硝酸盐浓度超过 1mmol/L 时，植物依靠低亲合力吸收系统吸收氮素，其吸收动力学 K_m 值约为 5mmol/L（Tsay 等，2011）。此时高亲合力吸收系统通常处于抑制状态，作用较小（Crawford 和 Glass，1998）。硝酸盐吸收系统依赖于细胞膜上的硝酸盐转运蛋白。硝酸盐转运蛋白分为高亲合力硝态氮转运蛋白（NRT2）和低亲合力转运蛋白（NRT1）两大家族。每个蛋白家族都有多个基因家族成员。

玉米作为旱地作物，硝酸盐转运被认为是其根系吸收氮素的主要形式。硝酸盐转运蛋白被认为是玉米根系硝酸盐吸收的关键。Trevisan 等（2008）通过表达和原位杂交结果推测 ZmNRT2.1 的功能是硝酸盐吸收，而 ZmNRT2.2 则可能参与硝酸盐的木质部装载过程。Liu 等（2009）对不同玉米品种的硝酸盐转运蛋白基因表达水平进行研究发现，在氮高效品种 478 中，ZmNRT1.1，ZmNRT2.1 和 ZmNRT2.2 基因的硝酸盐诱导表达量比氮低效品种 W312 更高，持续时间更长。随着玉米基因组测序完成，通过生物信息学分析，Plett 等（2010）找到了玉米中与拟南芥 NRT 家族基因同源的 10 个 NRT1 家族基因和 4 个 NRT2 家族基因。利用这些基因信息，Garnett 等（2013）对不同氮浓度全生育期水培的矮生玉米进行研究，结果发现，*ZmNRT2. 1* 和 *ZmNRT2. 2* 的表达量超过了其他检测的 NRT2 家族基因和 NRT1 家族基因。这 2 个基因的表达水平变化与该玉米材料高亲和的硝酸盐吸收能力变化存在相关关系。整合其他物种的研究结果，推测玉米硝酸盐吸收能力可能同时受到转录水平和翻译后水平的调控。Liseron - Monfils 等（2013）在玉米中找到了 8 个碱基的特定基本序列（CGACCCTT），在硝酸盐转运蛋白 NRT1 和 NRT2.1 基因的启动子中高频出现。这些顺式作用元件对调控目标基因的表达有重要作用，影响玉米植株在不同发育时期氮吸收和同化能力。

（二）铵盐的吸收

铵是土壤中的重要氮素供应形态之一，在淹水条件下以及低 pH 的土壤上，铵的硝化作用会受到抑制，当铵与硝酸盐共同存在时，最适于植物生长，而且植物通常优先吸收铵。但是，在单纯供铵条件下，过量吸收会造成铵毒害。生理学研究发现，在植物根内存在 2 种不同的铵吸收系统：高亲和力与低亲和力的铵转运系统（Wang 等，1993）。当土壤中铵浓度较低时，根系吸收铵依赖于高亲和系统，具有饱和动力学特征（K_m 值通常低于 100 $\mu mol/L$）。低亲和系统则在土壤中铵浓度达到毫摩尔范围时才起主要作用，表现出线性特征。在低氮胁迫下，植物根内的高亲和力铵吸收能力明显增加。近年来，在模式植物拟南芥的研究中发现，AMT 形式的铵转运蛋白介导的高亲和力的 NH_4^+ 跨膜运输是植物根部吸收铵的主要途径（Loqué 等，2006；Yuan 等，2007）。拟南芥 AMT 基因家族一共有 6 个成员。通过对不同 AMT 成员的细胞学和亚细胞学定位，以及对它们单个缺失和多个缺失突变体的表型分析表明，*AMT1；1* 和 *AMT1；3* 蛋白基因在根表皮细胞（包括根毛）的质膜上表达，对 NH_4^+ 具有高亲和力（$K_m=50\sim61$ $\mu mol/L$）。这两个成员共同负责介导 NH_4^+ 从生长介质向根皮细胞内的跨膜运输，然后进入共质体运输，能够解释根部大约 60%～70% 的高亲和力的铵转运能力。AMT1；5 蛋白有着类似的生理功能，具备更高的亲和力（$K_m=4.5$ $\mu mol/L$），但只能解释 5%～10% 的铵转运能力。不同的是，AMT1；2 蛋白在根皮层细胞和内皮层细胞的质膜上表达，对 NH_4^+ 具有相对较低的亲和力（$K_m=244$ $\mu mol/L$），从而介导质外体途径中的 NH_4^+ 向细胞内的跨膜运输，能解释大约 20% 的高亲和力的铵转运能力。植物在根内组织协调不同的 AMT 成员，从而有效地从土壤中吸收铵（图 12 - 7）。

利用酵母铵吸收功能缺失的突变体筛选玉米根部特异性 cDNA 文库，克隆到 2 个铵转运蛋白基因，命名为 *ZmAMT1；1a* 和 *ZmAMT1；3*。它们的蛋白产物属于 AMT1 家族成员（图 12 - 8）。在拟南芥突变体中通过异源表达试验证明它们都具有高亲和铵吸收能力，K_m 分别为 48 $\mu mol/L$ 和 33 $\mu mol/L$。原位杂交的结果显示 2 个基因都定位在根的表皮细胞中，表明其功能是从根际获取铵态氮。通过建立 $^{15}NH_4^+$ 吸收速率与 *ZmAMT* 基因/蛋白表达量的相关性的方式，揭示 *ZmAMT1；1a* 和 *ZmAMT1；3* 转录本在不同氮处

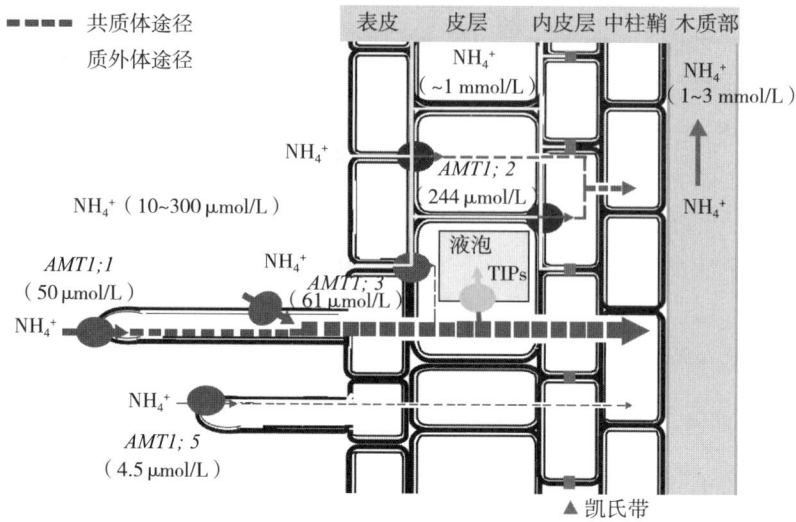

图 12 - 7　植物根中 AMT 转运蛋白介导的高亲和力的 NH_4^+ 跨膜运输模式图

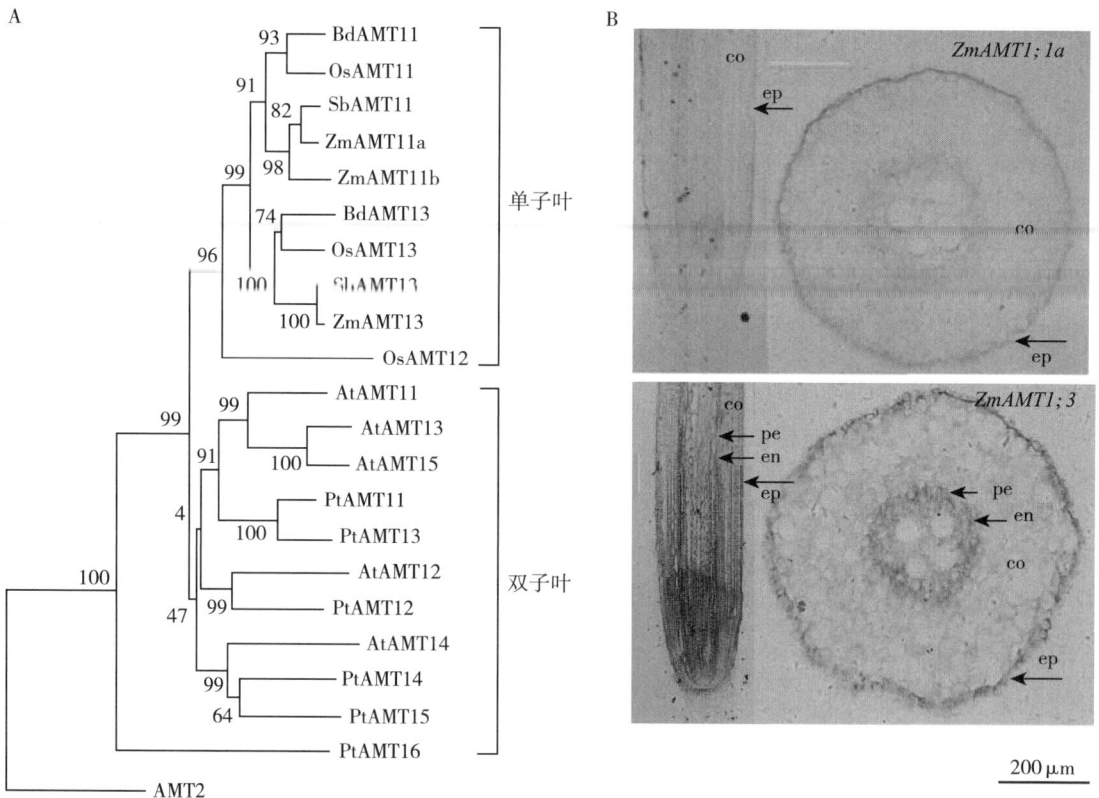

图 12 - 8　植物 AMT1 家族基因序列的进化树分析（A）及通过原位杂交的方法检测（B）

注：ep 表示表皮，co 表示皮层，en 表示内皮层，pe 表示中柱鞘。3 个 *ZmAMTs* 与其他单子叶序列明显聚集在 *AMT1；1* 或 *AMT1；3* 分支中。*ZmAMT1；1a* 和 *ZmAMT1；3* 在根尖表皮细胞中表达最强，*ZmAMT1；3* 在根中柱中，特别是在中柱鞘细胞层中强烈表达。

理、不同玉米品种中的调控模式。与以往报道的拟南芥 AtAMT 不同，2 个玉米 AMT 在转录和蛋白水平上都受供铵诱导表达上调，与玉米根系在供铵后 $^{15}NH_4^+$ 吸收速率增加相一致。这些结果说明 *ZmAMT1；1a* 和 *ZmAMT1；3* 是负责玉米根系吸收铵态氮的关键转运蛋白（Gu 等，2013）。

（三）氮素吸收的调控

一般而言，硝酸盐与铵等养分的吸收并不是一个独立的过程，要受到植株内部养分状态信号和外界环境信号的双重调控。当养分供应强度超过植株最大生长速率所需的养分浓度时，养分吸收主要由库强度所控制，而库强度又取决于生长速率和发育阶段（Cooper 和 Clarkson，1989）。玉米单株叶面积增长速率快的基因型，其养分吸收速率也快，最终可以维持叶片氮浓度的稳定。当外界养分供应强度低于生长的最适养分供应浓度后，地上部生长依赖于养分吸收能力。当长期处于养分供应不足环境条件下，植物可以通过某种机制下调其生长速度，减少生长对养分的需求，使植株的养分浓度达到新的稳态，而这一过程最终会反映到养分吸收速率上。但是，当植株遇到短期的养分供应强度的改变时，通常不会很快改变生长速度，而是首先通过调节根的生长及其生理学反应，如养分转运蛋白的表达及活性等，去应对环境养分供应强度的变化。对于氮素吸收而言，起调节作用的信号至少来自 3 个方面：一是外界硝酸盐和铵供应强度信号。硝酸盐吸收及硝酸盐转运蛋白基因的表达需要外界硝酸盐供应的诱导。二是植株内部氮素状态信号，这可能通过根的韧皮部汁液中的氨基酸，如谷氨酰胺（Gln）浓度的变化传递到根部，当韧皮部汁液中的氨基酸浓度下降时，可以上调硝酸铵盐的吸收，及某些相应的硝酸盐及铵转运蛋白基因的表达。通常所有的高亲合力硝酸盐及铵转运蛋白均受氮代谢产物，如谷氨酰胺等的反馈抑制（Gansel 等，2001；Lejay 等，2003；Nazoa 等，2003；Okamoto 等，2003；Vidmar 等，2000a）。三是光周期信号，光照条件下硝酸盐及铵转运蛋白基因表达增强，这可能通过糖信号途径及植株内部氮素状态信号来介导。

三、氮利用过程的生理基础与调节机制

（一）氮素同化、利用和再转运机制

在吸氮量相同条件下，如果一个品种的氮素生理利用较高，则意味着可以在较低总吸氮量的条件下获得较高产量，如果氮素吸收过程不受限制，则意味着可以在减少施氮量的前提下达到相同的产量。对于营养生长而言，氮素生理利用效率的计算公式是单位植株总吸氮量所产生的生物量，也就是器官含氮量（g/kg）的倒数，可以简单表示为 $NUtE_{biomass}$。随着施氮量的增加，以生物量表示的氮素生理利用效率 $NUtE_{biomass}$ 会下降，这是由于有些氮素以硝酸盐和蛋白质的形态贮存。在相近吸氮量条件下，这个值在不同基因型之间差异很小。因此对于以产量为目标的氮高效而言，研究营养生长期的氮素利用效率意义不大。以籽粒产量为目标的氮素生理利用效率，其计算公式是单位植株总吸氮量所

产生的籽粒产量，可以简单表示为 $NUtE_{grain}$。此时，氮素生理利用效率涉及 2 个重要因素，一是营养器官中氮素的转运效率，或者植株的氮收获指数。二是籽粒蛋白质的含量（g/kg）。在相同的氮素生理利用效率下：如果一个品种营养器官中的氮素转运效率较低，即成熟时植株的氮收获指数较低，也就是成熟时保持更多的绿色叶片，则其籽粒的含氮量必然下降；相反，如果一个品种的营养器官中的氮素转运效率较高，也就是成熟时有更多的叶片变黄，则其籽粒的含氮量会增加。换言之，如果要在保证籽粒蛋白质含量的前提下增加氮素生理利用效率，则必然要求营养器官中的氮素转运效率要高，收获时植株的氮素收获指数较高，也就是有更多的氮素转运到籽粒中，而不是保留在叶片中，原因是籽粒产量主要来源于灌浆期叶片合成的光合产物，而叶片中的氮又占营养器官中氮素转运的最大比例。如果叶片中的氮素被转运出去的多，或转运出去的早，则光合产物生产必然受影响，最终影响产量。

事实表明，玉米现代育种通过综合抗性的提高，增加了不同氮水平下的籽粒产量（Tollenaar 和 Wu，1999）。相应地，新品种的氮素吸收量也同步增加（McCullough 等，1994；Rajcan 和 Tollenaar，1999a，1999b；Mi 等，2003）。同时，现代品种叶片衰老显著推迟，其中一方面有生育期延长的贡献，但在籽粒成熟时，的确有更多的叶片保持绿色，即叶片的保绿性增加（Valentinuz 和 Tollenaar，2004）。这使得灌浆期叶片光合下降速率得到延缓（Ding 等，2005）。虽然绿熟品种在吐丝-成熟期的氮素吸收量及吸收比例均增加（Rajcan 和 Tollenaar，1999b），但生产每 100kg 籽粒所需的吸氮量有下降的趋势，相当于提高了氮素生理利用效率。究其原因，是由于现代绿熟品种的籽粒蛋白质含量显著下降（Duvick 和 Cassman，1999），因此籽粒生长对氮素的需求下降，这样，虽然绿熟品种吐丝-成熟期叶片中氮素再利用效率较低，但是通过增加后期氮素吸收也能维持籽粒生长的需要。研究表明，低氮下的玉米氮效率与籽粒氮含量呈显著负相关（Wu 等，2011）。如何在稳定籽粒蛋白质含量的前提下提高氮素生理利用效率，或者说，如何在稳定籽粒产量的前提下，提高营养器官中氮素的转运效率，提高氮素收获指数，是现代品种进一步提高氮效率的关键限制因素。

提高作物氮生理效率可能的途径有 2 条。一是提高叶片中单位氮素的光合效率，也就是光合氮利用效率，即在较低的叶片含氮量条件下，维持较高的光合效率。不同作物之间，氮素利用效率存在很大差异，通常 C_4 作物，如玉米的氮素利用效率高于 C_3 作物如小麦。原因可能与 C_4 作物的光合氮利用效率较高有关，即达到相同的净光合效率，C_4 作物所需的单位叶片面积含氮量要低于 C_3 作物；相应地，在相同的叶片含氮量条件下，C_4 作物的光能利用率要显著高于 C_3 作物（Sinclair 和 Horie，1989）。Paponov 等（2003）比较了 2 个不同氮效率的玉米杂交种，发现低氮供应条件下，氮高效基因型叶片面积下降较少，但叶片含氮量下降较多。比较单位氮素或单位叶绿素的光合效率，氮高效品种显著高于氮低效品种，而且氮高效品种在低氮条件下，叶片中积累的糖较少，淀粉相对积累较多，这可能减少糖分对光合速率的抑制作用。Tian 等（2006）的研究表明，氮高效基因型掖 478 与氮低效基因型 Wu312 间的光合速率没有差异，但掖 478 叶片的硝态氮浓度较低（刘金鑫等，2009）。Echarte 等（2008）比较了一个老品种 Pride 5（1959 年育成）和一个新品种 NK N25‐J7（2004 年育成），他们发现新品种在灌浆期的光合氮利用效率要优于老品种 [新、老品种分别为 26.1 和 23.2 μmol CO_2/（gN·s）]。其原因是，低氮条件下玉米新品种（NK N25‐J7）叶片的 CER 的下降幅度要低于老品种，新品种叶片吸收单位光合光量子流密度产生的光合速率更高。这说明 CO_2 同化过程仍然是决定光合氮利用效率的主导因素。深入理解籽粒灌浆期叶片光合速率的生理调控机制，将对氮素生理利用效率的遗传改良具有重要启示。

另一条途径是从整体植株的角度出发，优化氮素在不同器官间的分配。将对光合作用贡献较小的器官中的氮素优先转移出去，维持甚至提高剩余的关键叶片的光合效率。比如在玉米中，现代玉米绿熟品种具有更高的源库比（Rajcan 和 Tollenaar，1999a），可能存在叶片冗余的问题。通过提高下部叶片的氮素转运效率，维持中上部受光状态较好的叶片中氮素含量的稳定，也许可以既维持光合物质生产，又提高氮素生理利用率。因此，提高玉米的氮生理利用效率需着重考虑氮素的叶片的同化过程和氮素从叶片向籽粒的转运过程。

根系吸收的硝酸盐少数在根表皮及皮层细胞中还原或贮存到液泡中，一些硝酸盐还可能再外流到根外（Glass，2003），而多数硝酸盐通过木质部运送到地上部，在叶片中被还原。当氮素吸收超过氮素需求时，多余的氮素会在叶细胞的液泡中贮存（Martinoia 等，1981；Miller 和 Smith，1996）。植物吸收的铵则主要在根中被同化。硝酸盐首先在硝酸还原酶的作用下还原为亚硝酸盐，被运输进入质体/叶绿体，然后在亚硝酸还原酶的作用下还原为铵，再被谷氨酰胺合成酶（glutamine synthetase，GS）同化为谷氨酰胺。谷氨酰胺又在谷氨酸合酶（glutamate synthase，GOGAT）的作用下分解为 2 个谷氨酸。谷氨酸可以进一步代谢成为其他氨基酸和含氮化合物（Oaks，1994；Lam 等，1996）。GS 不仅参与铵的初级同化，还负责同化光呼吸作用以及叶片衰老过程中蛋白质降解释放的铵。GS 分为两类，GS1 为细胞质型，GS2 为质体型。在水稻中发现有 4 个 GS1 基因编码（*OsGLN1.1*～*OsGLN1.4*），其中 *OsGLN1.1* 在根和地上部均有表达，*OsGLN1.2* 和 *OsGLN1.3* 在根中和小穗中表达（Ishiyama 等，2004；Tabuchi 等，2005）。在玉米中有 5 个 GS1 基因（*ZmGLN1.1*～*ZmGLN1.5*）和 1 个 GS2 基因（*ZmGS2*）。

在营养生长期，根、叶片、茎等营养器官是利用氮素的库。而进入生殖生长期后，营养器官开始衰老，其中的氮素成为收获器官，如籽粒中的氮的主要来源，进入籽粒的氮素主要用于蛋白质的合成。对小麦、水稻而言，开花前营养器官中积累氮素转移出的氮素可占到籽粒中总氮的 80% 以上。而对于玉米而言，这个比例要低一些，通常为 60%～70%。其余的氮素要依靠开花后根系对土壤中氮素的吸收。籽粒灌浆期营养器官中氮素向籽粒的转运说明，氮素的吸收同化通常不能满足籽粒的需求。增加玉米后期氮素的供应，通常能增加籽粒的蛋白质含量。这说明，籽粒蛋白质含量可能决定于氮的供应，而不是籽粒中蛋白质合成速度。

在营养器官中，叶片中氮素再利用对籽粒氮素含量的贡献最大。叶片衰老可能受

SAG12 基因调控，该基因编码一个半胱氨酸蛋白酶，在衰老过程中特异表达。在营养器官氮素转移过程中，首先要将蛋白质分解成氨基酸，这主要通过 3 种途径：①叶绿素降解；②液泡和自噬途径；③26S-泛素蛋白酶降解途径（Liu 等，2008）。叶片中大约 80% 的氮素主要以蛋白质的形态存在于叶绿体中（Makino 和 Osmond，1991），其中 Rubisco 占的比例最大，在玉米中为 20%。Rubisco 是叶片衰老过程中氮素再利用的主要来源（Millard，1988）。活性氧代谢以及蛋白酶 CND41 可能参与调控其降解过程（Zimmermann 和 Zentgraf，2005；Kato 等，2004）。在自噬作用过程中，自噬体把细胞质中的蛋白质及蛋白质复合体，以及来自叶绿体的 Rubisco 转运到液泡中。在液泡中，这些蛋白质被外肽酶及内肽酶所水解（Ishida 等，2008）。水解产物氨基酸被转运出去，实现再利用。在氮素再利用过程中，26S-泛素蛋白酶的主要作用是将一些短命的或者不正常的蛋白分解，从而保证细胞的正常功能。在此过程中，发现有一个编码 RING 型泛素蛋白 E3 连接酶的基因 NLA，在缺氮胁迫条件起到作用。

功能基因组学及突变体研究已经鉴定出一些与氮再利用效率相关的重要酶类（Masclaux-Daubresse 等，2010；Buchanan-Wollaston 等，2003；Guo 等，2004），其中包括细胞质谷氨酰胺合成酶 GS1、谷氨酸脱氢酶 GDH 和天冬酰胺合成酶 AS（Masclaux-Daubresse 等，2008）。蛋白质分解后产生的氨基酸，在叶肉细胞的液泡中暂时贮藏后，被载到韧皮部，向籽粒运输。运输的形式主要是谷氨酰胺、天冬酰胺、谷氨酸、天冬氨酸、丝氨酸、丙氨酸等（Sanders 等，2009）。其中在谷类作物中，主要是以谷氨酰胺的形态运输。

在蛋白质分解过程中也产生部分氨，细胞质中的谷氨酰胺合成酶 GS1 可以同化这部分氨。拟南芥衰老过程中，除 *Gln1.5* 之外的所有 *GS1* 基因表达增加（Guo 等，2004），其中 *Gln1.1* 的表达增加了 5 倍。研究表明，GS1 活性可能与氮的再利用密切相关。将玉米谷氨酰胺合成酶基因 *Gln1.3* 和 *Gln1.4* 突变后，籽粒大小和籽粒数量显著减少（Martin 等，2006）。但只有 *Gln1.4* 在衰老过程中表达上调。除了 GS 和 GDH 外，其他一些转氨酶也可能参与叶片氮再利用的调控。

（二）玉米氮利用效率的调控机制

要实现氮高效的遗传改良，首先要了解植物在不同氮素供应条件下的生长表现，以及背后的生理学及形态学机制，进而发现控制这些生理与形态反应过程的遗传学基础与候选基因。对于实际育种工作而言，还要确定哪些生长表现是主动的氮素获取机制，哪些只是被动的适应机制。同时，还要区分短期缺氮的瞬时反应和长期的氮素缺乏的适应性反应。作物地上部对缺氮的反应包括降低叶片扩展、叶绿素含量和单叶光合速率，在极端的缺氮条件下，才会减少叶片数和出叶速率（Muchow，1988）。缺氮降低叶片伸展速率，主要是通过降低叶片细胞伸长速率和最终细胞长度，对细胞分裂影响较小（Snir 和 Neumann，1997）。缺氮条件下，叶绿体变小、变平，类囊体膜变少、折叠不规则，基粒片层减少，基质比例增加，光捕获蛋白、Rubisco 和 ATP 合成酶减少（Laza 等，1993；Kutik 等，

1995）。但也研究表明缺氮对单位叶绿素的类囊体组分、电子传递活性、放氧速率均影响较小（Evans 和 Terashima，1987）。单位叶绿素的 Rubisco 和可溶性蛋白含量显著下降，说明缺氮对 CO_2 同化的影响要大于对光能捕获的影响（Lawlor，2002）。这些生理形态反应的总体结果是降低群体光合作用，减少光合产物合成。缺氮细胞间 CO_2 浓度会上升（Paponov 和 Engels，2003），说明光合速率的下降主要是由于碳还原系统活性的下降，而不是气孔导度的下降（Thiagarajah 等，1981）。一般而言，叶片伸展对低氮的敏感性要高于叶绿素含量和光合速率（Radin 和 Boyer，1982），也就是说，在较长期氮供应不足条件下，作物更倾向于减少叶片的伸展（叶面积），但维持较高的叶绿素含量和光合速率。因此，在田间条件下，轻微的缺氮并不会产生显著的老叶黄化现象，尤其是在营养生长期。比较明显的老叶黄化症状往往从吐丝期开始显现，此时穗和籽粒发育需要更多的氮素，下部叶片中氮素的转移显著加快。

供氮不足加速叶片衰老，尤其是下部叶片的衰老及其中蛋白质分解，同时产生的氨基酸等向新生叶运输。Paponov 和 Engels（2003）的研究表明，玉米籽粒灌浆期叶片光合速率的下降速率要远高于叶片含氮量的下降速率，导致单位叶片氮的光合速率下降。这说明，转运出去的氮可能主要是光合作用相关蛋白中的氮素。因此，氮素转运这一调节机制只能在一定程度上克服或缓解氮素供应不足带来的影响。在长期氮素供应不足的条件下，从土壤中高效获取氮素资源，延迟后期叶片的衰老才是提高氮效率真正有效的途径（Mi 等，2010；Gaju 等，2011）。

在玉米中，缺氮对吐丝的影响要大于对抽雄的影响（Bonaparte，1975），因此表现出抽雄期至吐丝期间隔时间（anthesis - silking interval，ASI）的延长（Lafitte 和 Edmeades，1994a），很大程度上影响雌穗的授粉，造成顶端籽粒的败育（图 12 9）。在氮素供应不足条件下，保证雌穗的发育和籽粒结实率，是提高氮素生理利用效率的重要因素。Kamprath 等（1982）结果表明，新杂交种的氮利用率提高与氮吸收率提高、单株穗数增加相关，吐丝期氮浓度与单株穗数相关。Anderson 等（1984，1985）认为多穗玉米可以更有效地利用积累氮用于籽粒生产，并将更多的总植株氮和干物质分配到籽粒生产。多穗玉米的植株氮再转运量大，较多地转入籽粒，因此认为在低氮条件下选择玉米的多穗性可区分氮利用效率的大小，在高肥或低肥下选择单株穗数与直接选择氮效率（籽粒产量/供氮量）同样有效。研究表明，对玉米进行多轮的耐低氮或耐干旱选择，结果会使植株以最少的生物量产生最多的籽粒数，也就是增加了籽粒库的强度，而且在非胁迫条件下有同样的表现。这说明，较大的库，如花和籽粒的发育能力是一个耐各种胁迫的组成型性状（Lafitte 和 Edmeades，1995）。

Amiour 等（2012）研究发现，缺氮条件下，玉米生长受阻，营养生长期和成熟期的含氮组分显著下降，一些关键的植物的生物学过程表现上调或下调，主要包括光合作用、碳代谢及其上下游代谢途径。缺氮条件下，一些生物和非生物胁迫的转录本、蛋白质和代谢产物得到积累。这些遗传与代谢上的氮响应在玉米不同的发育时期有所不同。组学试验研究还表明，缺氮后许多对胁迫响应物质和植物的防御机制发生了上调，主要涉及碳代谢、木质素合成、细胞壁物质的生物合成等。组学研究的整合不是线性的，由于不同水平的调控似乎是一个基因表达产物的逐步积累。这些组学研究的潜在用途是为了提高对整个植株氮经济学的理解，并应用于栽培和育种。在蛋白质和转录物积累水平上，仅存在有限的联系，表明转录物和蛋白质积累的变化是独立发生的。在所有的植物主要生物学过程中，转录物积累水平上能观察到明显的不同，说明植物对长期缺氮的响应主要是通过改变基因的表达来编码涉及不同代谢途径的酶以及其他一些在作物生长、信号传导、转录物调节过程中发挥关键作用的蛋白质。缺氮后代谢物含量明显下降，在代谢物组学水平上很少观察到功能多样性的变异，但是缺氮后受到明显影响的生物学过程是广义上的碳代谢，包括光合作用、糖和有机酸的合成。在转录物组和蛋白质组水平上，缺氮后许多对胁迫的响应物质和植物的防御机制发生了上调，表明缺氮引起植物的响应与其他一些生物和非生物胁迫引起的响应很相似。

图 12-9　缺氮条件下老叶黄化现象（左）及顶端籽粒的败育（右）

四、玉米氮高效的遗传机制

（一）氮利用效率遗传研究进展

　　阐明氮效率的遗传控制规律，对于氮高效品种选育有重要价值。陈范骏等（2003）在筛选氮高效玉米自交系工作的基础上，利用 NCⅡ 设计，在 2 个氮水平下（200kg/hm² 和不施氮），对 18 个自交系配合力做出评价。结果表明，高氮条件下，氮效率受非加性效应控制，而在低氮条件下，氮效率受加性效应控制，2 个氮水平下，氮吸收效率的遗传力均大于氮利用效率的遗传力，说明在低氮条件下选择氮高效吸收特征的基因型是可行的。

　　玉米是利用杂种优势的作物，氮高效育种需要了解氮高效杂种优势表现的规律。用 18 个自交系组配成 72 个杂交组合，以农大 108 的产量为对照，在 2 个氮水平下种植，发现氮高效杂交组合多数为中效×高效或高效×高效类型。2 个氮水平下，氮效率性状 F₁ 代都表现近中亲遗传和超显性遗传共存的特点，而且氮利用效率杂种优势组合的频率要高于吸收效率杂种优势的组合。总结亲本组成规律，氮高效组合的组配可分两大类型：一是主要决定于母本的吸收和利用效率；二是父母本的吸收效率和利用效率互补。若在低氮条件下进行氮高效育种，母本的遗传特性对 F_1 代各性状影响较大，因此应注重对母本氮效率性状的选择，尤其是氮吸收效率的选择以及亲本间氮效率性状的优势互补（陈范骏等，2006）。

现代育种主要是对地上部性状的选择，很少关注根系性状。要在高产的基础上实现养分高效利用，需要根系性状的遗传改良，采取"根系育种"的策略。陈范骏等（2003）对玉米根系性状的遗传规律及其分子遗传控制进行了长期深入的研究。利用 7 个自交系及其组配的 21 个杂交种，在 2 个氮水平下分析了的玉米根系性状的遗传特点及其受氮水平的影响（Chun 等，2005）。结果表明，自交系根系性状对氮水平变化的影响要显著小于其杂交种后代。在 2 个氮水平下，根系性状（如总根长、总侧根长）均具有强烈的杂种优势，且受一般配合力（GCA）和特殊配合力（SCA）的双重控制。氮水平对杂种优势、GCA、SCA 均有显著影响。低氮增加总根长和总轴根长的杂种优势，说明根系性状遗传改良可以在低氮环境下选择。亲本与杂种后代之间在根生物量、总根长、总轴根长、总侧根长、轴根数等性状存在显著相关性。说明可以利用亲本来预测杂种后代的这些根系性状。研究还发现：高氮下，根系性状除轴根长以外均以非加性遗传为主；氮胁迫下，除轴根数以外的根系性状以加性遗传为主，这与氮效率的控制方式相同。在高、低氮水平下，根干重、总根长和侧根长的广义遗传力均较高；与高氮处理相比，在低氮胁迫下，根系性状的广义遗传力表现为下降趋势，根干重、总根长和侧根长的狭义遗传力有上升的趋势（春亮等，2005）。

Wu 等（2011）研究表明，如果用（低氮产量/高氮产量）×低氮产量作为氮效率的评价指标，则氮效率的广义遗传力为 0.38。而且，氮效率与低氮下的产量、穗粒数、粒重、株高、叶绿素含量呈显著正相关，而与籽粒氮含量、ASI 负相关。

（二）氮利用效率及相关性状的分子遗传学进展

发掘控制氮效率及相关性状的数量性状位点（QTL），是通过分子标记辅助选择（marker assisted selection，MAS）育种手段改良氮效率的必备条件。Agrama 等（1999）利用 $F_{2:3}$ 群体在两个氮水平下对玉米的穗粒数、千粒重等产量组分和穗位叶面积、株高等农艺性状进行了 QTL 定位研究，两个氮水平下共定位到 11 个 QTL。法国的 Hirel 小组利用 RIL 群体针对影响玉米氮效率的相关的酶（硝酸还原酶、谷氨酸盐合成酶等），籽粒产量及其组分（穗粒数、千粒重、籽粒含水量），秸秆产量、整株生物量，籽粒含氮量、秸秆含氮量、整株含氮量，开花后期籽粒氮转移量，收获指数、氮收获指数、氮利用效率，生育期，农艺性状等许多相关的生理指标进行了较为系统的遗传分析（Hirel 等，2001；Gallais 和 Hirel，2004；Coque 和 Gallais，2006；Martin 等，2006；Coque 等，2008）。研究结果表明，许多生理性状及田间的农艺性状与植物体内多个氮和碳新陈代谢酶编码的基因有显著连锁关系，如 QTL 分析发现，在位于第 5 号染色体 gln4 位点附近，有多个性状紧密连锁，包括产量和生理性状。且进一步的研究表明，这个位点与玉米开花后期氮素转移相关的多个 QTL 连锁，是氮效率的一个候选基因。郑祖平（2004）以玉米自交系 Mo17×黄早四的 RIL 群体为作图群体，对高、低氮 2 个氮水平下的 17 个产量组分和农艺性状进行了 QTL 检测及效应分析，总计检测到 91 个 QTL。刘宗华等（2007a；2008）以农大 108 的 203 个 $F_{2:3}$ 家系为材料在 2 个氮水平下对株高和叶绿素含量进行了动态 QTL 分析，结果表明，不同时期的株高均值在 2 个氮水平下无显著差异，株高建成具有明显的时空表达特性。在对玉米穗部性状的 QTL 分析中发现，2 个氮水平下定位到的 53 个穗部性状 QTL 均主要集中在第 1、2、8 和 9 号染色体上（刘宗华等，2007b）。

中国农业大学资源与环境学院利用大根系氮磷高效型自交系掖 478 和小根系氮磷低效型自交系 Wu312，构建了重组自交系和以 Wu312 为轮回亲本的高代回交群体。在田间正常施氮磷、缺氮、缺磷条件下，共定位到 281 个 QTL，分别控制产量相关性状（百粒重、穗粒数）、地上部茎叶性状（株高、穗位高、叶面积、秸秆生物量）以及不同生育阶段玉米根系性状（轴根数、轴根长、总根长、总根表面积、根重）、吐丝后期根拔拉力（Liu 等，2011；蔡红光等，2011；Cai 等，2012a；2012b；2012c）。Meta - QTL 分析表明，QTL 主要分布于第 10 号染色体的 56 个区域内，产量与根系相关性状存在部分遗传连锁关系，其中染色体臂 1.03/1.04、1.06/1.07、2.04、3.04/3.05、6.02～6.04、7.03、10.04～10.06 是控制产量、根系相关性状的重要 QTL 区域（图 12 - 10），加性效应主要是来自于亲本掖 478。这一研究结果，为进一步根系性状的精细定位、图位克隆，以及基于根系的玉米氮高效遗传改良工作奠定了基础。

（三）现代玉米育种进程中根系构型的遗传机制

理想的根系构型是实现作物高产和养分高效的重要保障，根系遗传改良将引领农业生产的"第二次绿色革命"。长期以来，由于在田间条件下调查根系表型存在工作量大、通量低、人为误差大等限制因素，使得大部分根系遗传研究很难反映田间真实的根系构型，且多数为室内模拟条件下苗期根系表型的初定位研究。因此，开展田间根系构型遗传研究对作物密植增产和水肥高效利用性状遗传改良尤为重要。（Ren 等，2022）

为了提高田间根系表型测定的通量和准确度，中国农业大学资源与环境学院搭建了基于二维图像开展根系高通量表型测定平台，大幅度提高了在田间条件下测定玉米根系构型的效率。利用含有 64 份美国、114 份 CIMMYT 和 200 份中国自交系的玉米关联群体，通过 2 年 2 点的田间试验，挖取并定量分析近 1.5 万株玉米的根系构型，发现中国现代玉米育种选择了陡峭的根系（图 12 - 11），与陡峭根系构型相关的有利等位变异也在育种进程中得到不断累积。研究还解析了不同育种年代间根系相关基因的选择特征，揭示了 24.3% 的已知根系基因在玉米驯化和改良过程中受到了选择（图 12 - 12）。

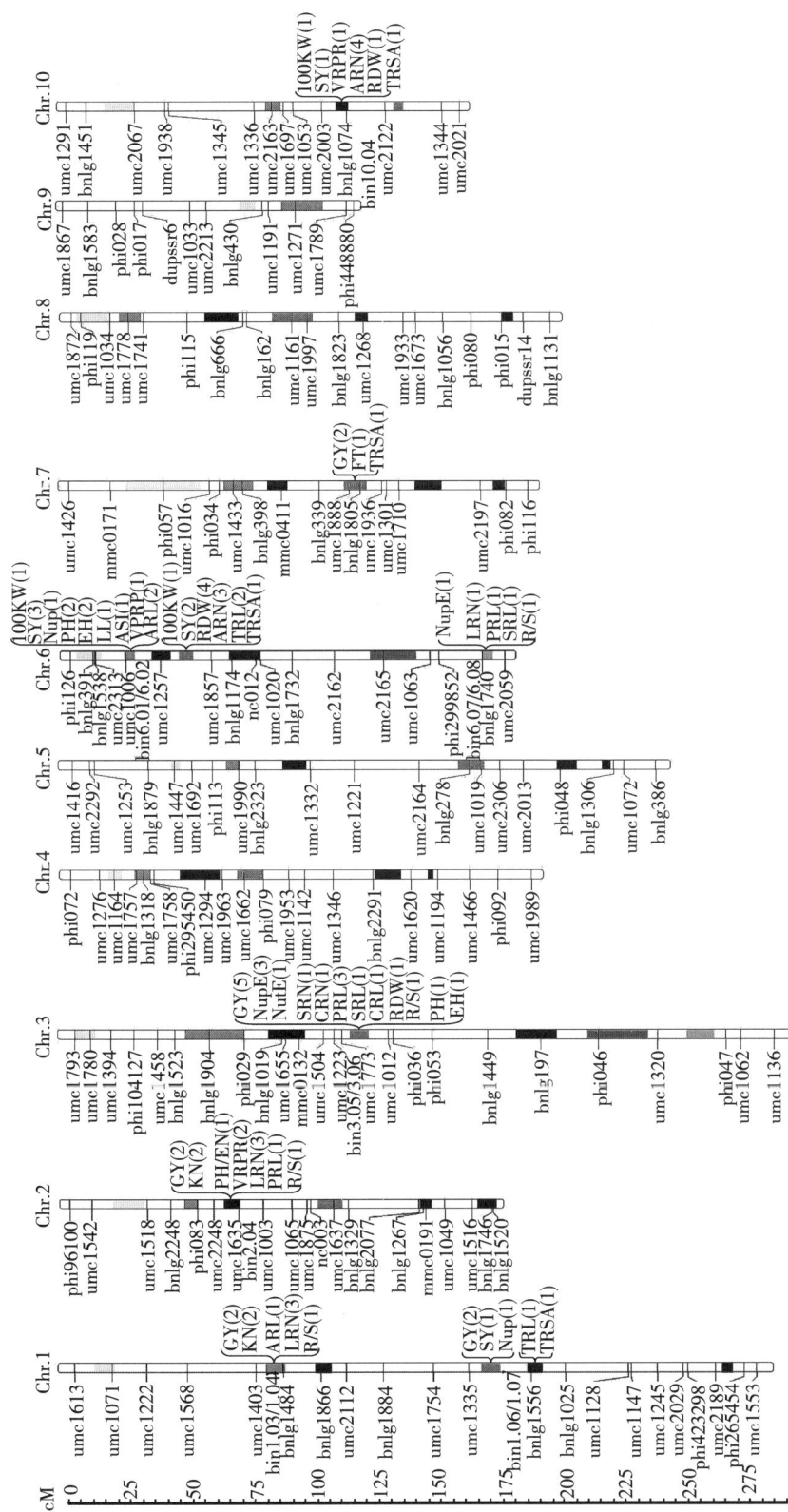

图12-10　Ye478×Wu312重组自交系和回交群体定位的QTL的Meta-QTL分析结果

注：10条染色体不同颜色柱子为Meta-QTL得到的QTL聚集区域。图中标识性状的位置为控制产量、根系相关性状的重要QTL遗传连锁区域，其中英文缩写GY代表产量，100KW代表百粒重，KN代表穗粒数，SY代表秸秆生物量，Nup代表氮吸收，PH代表株高，EH代表穗位高，LA代表叶面积，LL代表叶长，AS代表吐丝-散粉同隔期，ARN代表轴根数，ARL代表轴根长，TRL代表总根长，TRSA代表总根表面积，RDW代表根重，VRPR代表根拔拉力。括号内数字表示检测到此性状的次数。

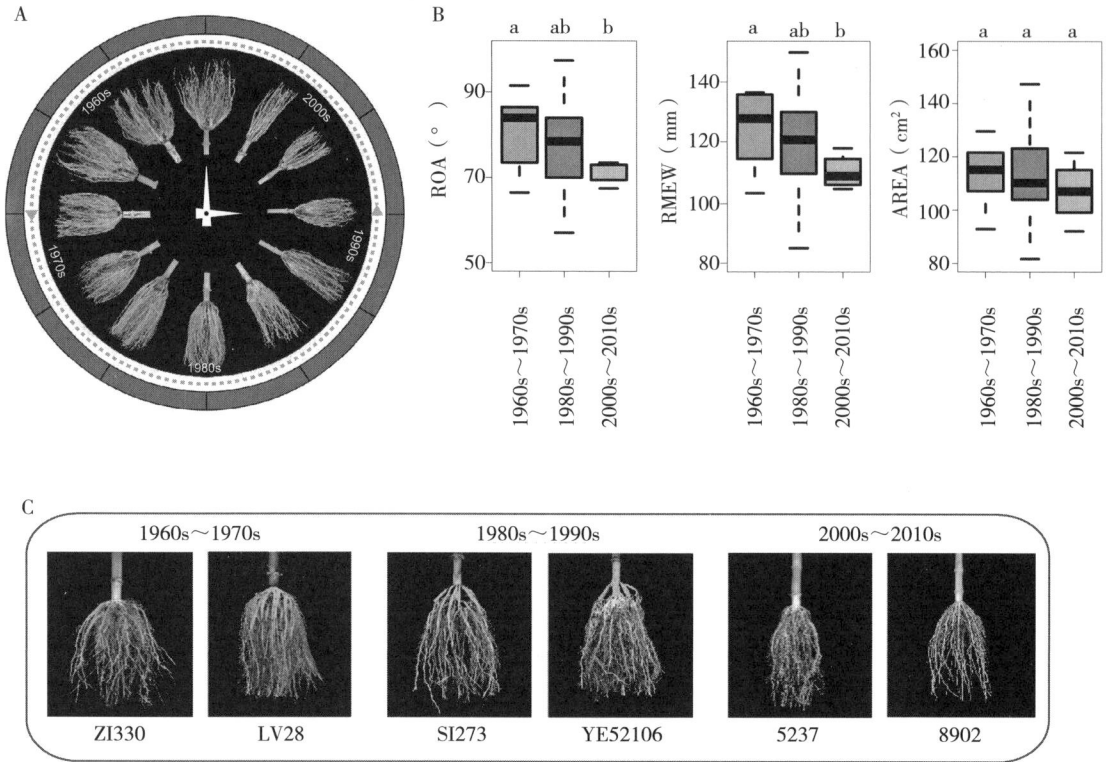

图 12-11 我国现代育种进程中玉米根系构型的变化特征

A. 关联群体中自交系的根系构型随育种进程的变化特征 B. 我国不同玉米育种时期的根系开放角度（ROA）、根系平均宽度（RMEW）和投影根系面积（AREA）的比较 C. 我国不同玉米育种时期的代表性自交系

通过全基因组关联分析和基于根系转录组的共表达分析，发掘到 81 个玉米根系构型候选基因，并利用转基因玉米明确了其中 2 个候选基因（$ZmRSA3.1$ 和 $ZmRSA3.2$）的功能。同时发现这 2 个基因对应的有利等位变异，在中国现代玉米育种进程中得到逐渐累积，并在杂交种水平上证明了其在玉米耐密高产中的重要贡献（图 12-13）。最后，分子生物学、植物生理学、生物信息学等证据表明，$ZmRSA3.1$ 和 $ZmRSA3.2$ 通过与生长素响应因子互作，介导生长素通路控制玉米根系生长角度与深度（图 12-14）。

综上所述，该研究成果通过根系表型和遗传学的证据，系统揭示了中国现代玉米育种改良进程中根系构型的演变特征，并且在田间条件下发掘鉴定到了根系构型的关键基因，为未来基于根系遗传改良提高玉米产量与水肥利用效率提供了重要的基因资源。

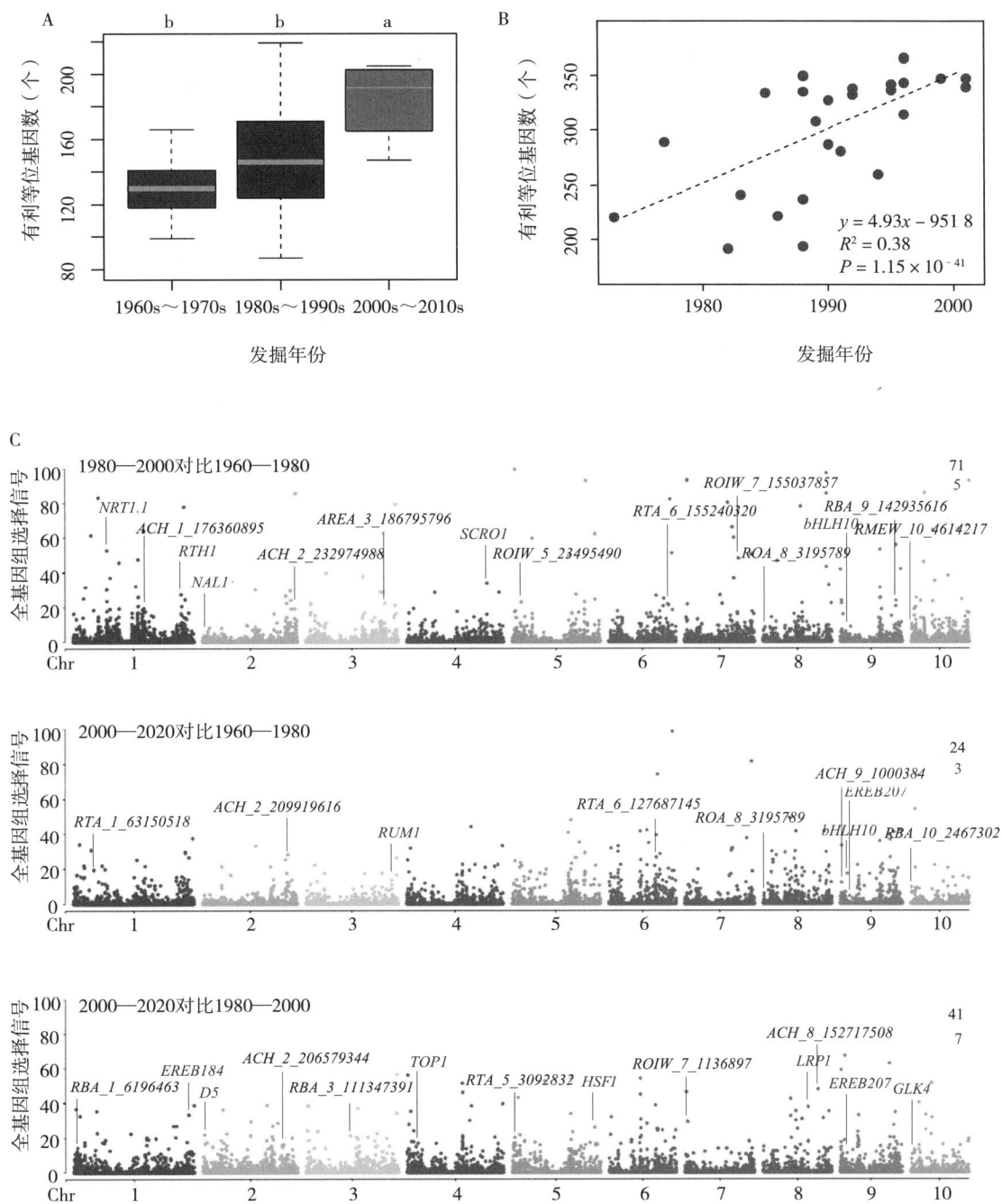

图 12-12 我国现代育种进程中不同育种年代间玉米根系构型的选择特征

（Ren 等，2022）

A. 我国不同育种时期发放的玉米自交系中与根系构型有利等位变异数量的比较 B. 从关联群体的自交系中选育出的我国玉米杂交种中有利等位变异的数量在育种进程中的变化趋势 C. 我国不同玉米育种时期的全基因组选择信号

A

发掘年份	1989	1991	1996	2000
亲本	DAN340 × Ye478	HuangC × 178	Chang7-2 × Zheng58	PH4CV × PH6WC
	♂ ♀	♂ ♀	♂ ♀	♂ ♀
等位基因组合	CT CT	CT TA	TT CT	TT TT
杂交	掖单13（YD13）	农大108（ND108）	郑单958（ZD958）	先玉335（XY335）

B

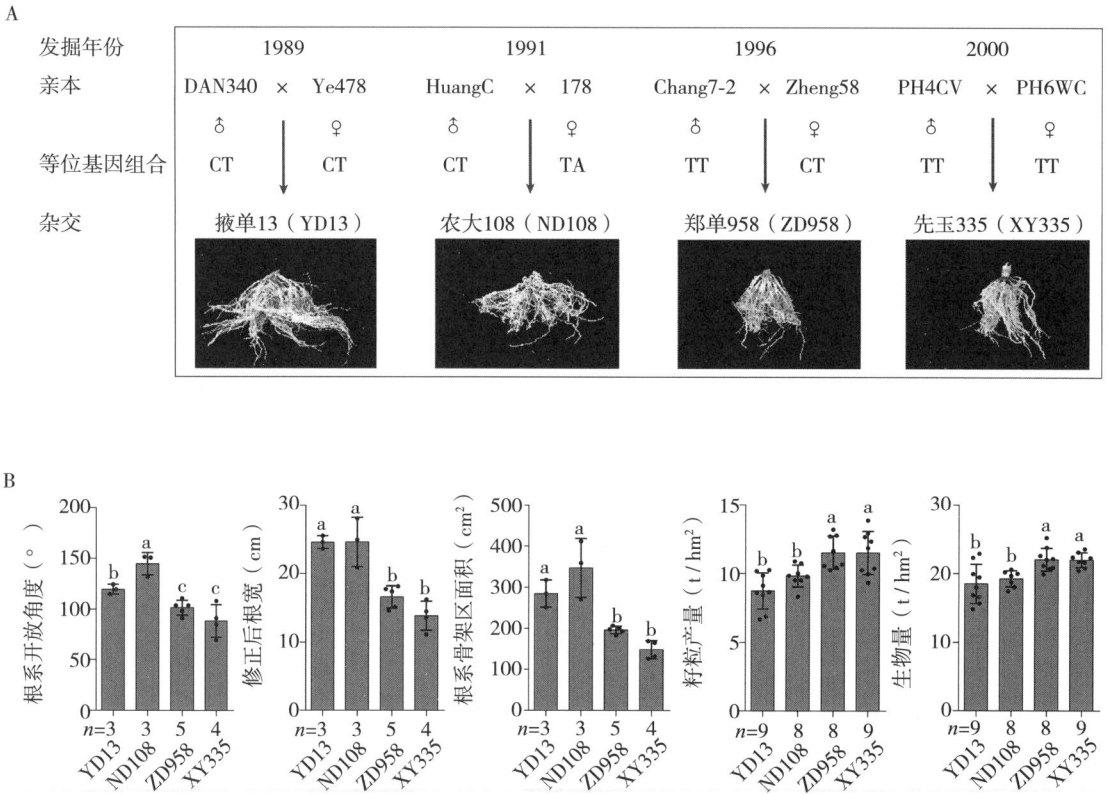

图 12-13　玉米根系构型候选基因（*ZmRSA3.1* 和 *ZmRSA3.2*）在中国现代育种进程中的贡献

A. 我国不同育成时期的 4 个杂交种的亲本和杂交种的根系构型　B. 我国不同育成时期的 4 个杂交种的根系开放角度、校正后根宽、根系骨架区面积、籽粒产量和生物量比较

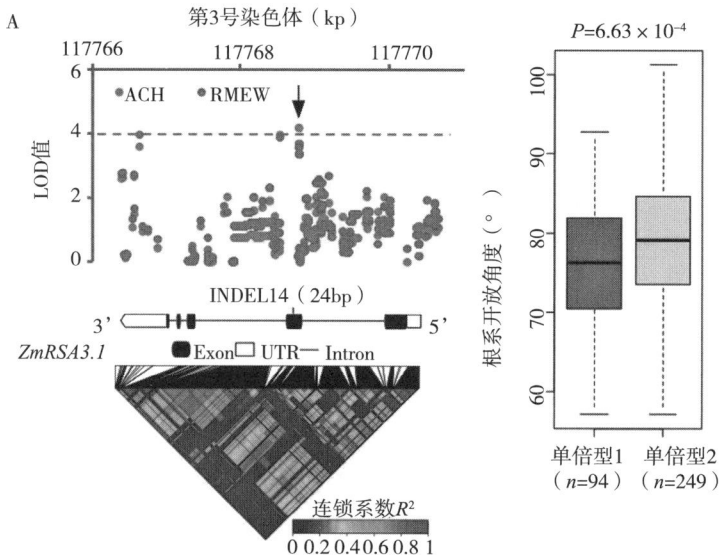

A

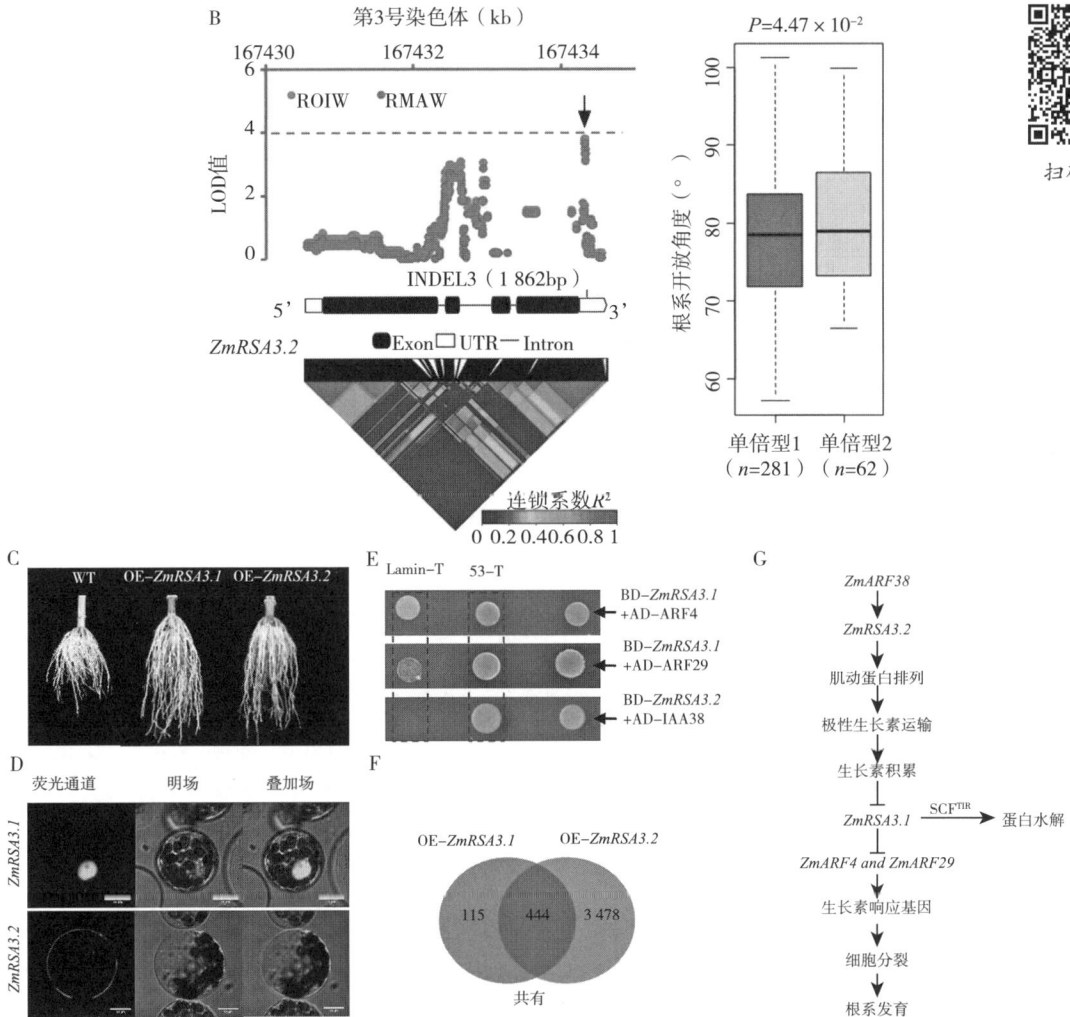

图 12-14　玉米根系构型候选基因（ZmRSA3.1 和 ZmRSA3.2）的功能验证

A～B. 全基因关联分析鉴定到 ZmRSA3.1 和 ZmRSA3.2 为根系构型变异的候选基因。ZmRSA3.1 由根系骨架区面积（ACH）、根系平均宽度（RMEW）共同定位，ZmRSA3.2 由矫正后根系宽度（ROIW）和根系最大宽度（RMAW）共同定位。每组图包括部分曼哈顿图（左上）、候选基因结构、连锁不平衡热图（左下）和不同单倍型的根系开放角度（右）　C. 野生型、ZmRSA3.1 和 ZmRSA3.2 过表达植株的根系表型　D. ZmRSA3.1 和 ZmR-SA3.2 的亚细胞定位结果　E. 利用酵母双杂试验验证 ZmRSA3.1 和 ZmARFs（ZmARF4 和 ZmARF29）之间以及 ZmRSA3.2 和 ZmIAA38 之间的互作　F. 从野生型、ZmRSA3.1 和 ZmRSA3.2 过表达植物根系转录组分析鉴定到的差异表达基因数的维恩图　G. ZmRSA3.1 和 ZmRSA3.2 控制玉米根系发育的初步工作模型

第二节　玉米磷高效性状的生理与遗传

一、玉米磷高效性状的生理与分子基础

（一）磷肥的作用、土壤分布及特性

磷是所有生物体的一种必需的大量元素，植物体的含磷量大约为干物重的 $0.2\%\sim$

1.1%，其中大部分是有机态磷，约占全磷量的 85%。在细胞中的无机磷主要分布于细胞质或液泡中。在种子中，植酸盐是磷的主要贮存形态。磷是核苷酸、磷脂和 ATP 的重要的结构组分，也是光合作用和氧化代谢过程的底物和调节因子，并且还参与了蛋白磷酸化和去磷酸化的信号转导过程。由于磷在这些重要的生物生化反应中起作用，磷可以影响植物生理过程的诸多方面，如光合作用、碳氮代谢、脂肪代谢、抗寒性、抗旱性等。磷在植物体内的移运性很强，在缺磷条件下磷能够从老叶向新生器官移动，因此老叶的缺磷症状更明显。

我国土壤的全磷含量大部分变化在 200～1 100 mg/kg 之间，其中全磷含量最低的是广东浅海沉积物发育的红壤，在 40 mg/kg 以下，最高的达到 1 700 mg/kg 以上（熊毅等，1987）。我国土壤耕层的全磷含量为 717 mg/kg。我国土壤的全磷含量随风化程度增加而减少，北方地区，如新疆风化程度小的风蚀漠境土全磷含量为 1 000～1 100 mg/kg，而南方，例如广东海南风化程度较高的砖红壤全磷含量为 130～260 mg/kg，土壤全磷含量表现为从北向南减少的趋势。土壤全磷含量只是表明一个土壤的磷素贮备，它和土壤对作物的供磷能力相关不大。但当土壤全磷含量低于 300 mg/kg 时，植物就有可能缺磷（鲁如坤，1998）。土壤有效磷水平是直接决定土壤磷素供应能力的一项指标，也是土壤有效养分中最敏感的一个指标。Olsen 法测试土壤有效磷（P）水平大于 20 mg/kg 的土壤称之为有效磷丰富的土壤；土壤有效磷少于 10 mg/kg 的土壤被称为缺磷土壤；土壤有效磷少于 5 mg/kg 的土壤被称为严重缺磷土壤。从我国土壤磷营养的变化趋势来看，1980—2006 年，土壤的 Olsen-P 浓度从 7.4 增加到 20.7 mg/kg，这主要依赖于农田系统中大量磷肥的投入。

磷在土壤中的有效性通常是限制作物生长的重要因子，在农田系统中，投入磷肥的当年利用率只有 10%～20%，累积利用率约为 50%（Holford，1997）。在土壤溶液中，植物可以有效利用的磷一般不超过 10 μmol/L（Bieleski，1973）。在 pH 5～6 条件下，植物对磷有最大的吸收速率，此时磷的主要形态是 $H_2PO_4^-$。土壤中 80% 的磷被固定为植物难以吸收的各种形态的有机磷和无机磷（Marschner，1995；Holford，1997），磷在土壤中扩散系数很低，为 10^{-15}～10^{-12} m^2/s（Schachtman 等，1998）。缺磷土壤在世界各地都有分布，特别是极低或极高 pH 的土壤上，尤其是热带、亚热带的酸性土壤。在热带地区土壤的重要特征是阳离子淋失严重，但富含铝氧化物和铁氧化物，随着 pH 下降到 5 或以下，铝氧化物和铁氧化物的含量会迅速增加，这些化合物与土壤中的磷反应形成难溶性铝磷及铁磷化合物，极大地降低磷的生物有效性（Hinsinger，2001）。在较干旱的碱性土壤，尤其是石灰性土壤中，碳酸钙含量很高。因此磷很容易被钙离子所沉淀，有时也被镁离子沉淀。此外，土壤质地及结构、土壤水分状况、土壤温度等，也会影响到磷的有效性。比如在中国东北春玉米区，早春低温通常导致磷供应不足，即使土壤并不缺磷的情况下，基肥中增加磷肥通常能促进幼苗的生长。伴随着磷有效性的降低，其他养分元素有效性也受到影响。在酸性土壤上容易缺乏钙、镁、锌；在碱性土壤上容易缺铁和锌。而且，在酸性土壤上还容易发生铝毒。在缺磷胁迫条件下，植物通过根际的生理生化反应增加磷的有效性，其中包括分泌有机酸根、氨基酸、糖类、质子、磷酸酶等。

（二）玉米磷高效吸收的根系形态

在不同耐低磷玉米基因型的筛选及研究中发现，耐低磷玉米基因型在根系形态上具有更强的可塑性，如低磷胁迫下有更明显的侧根数量、侧根根长、节根或气生根长、根毛长度的增加（Calderón - Vázquez 等，2009）。在生理过程方面，具有更强的质子、有机酸阴离子释放和更高的酸性磷酸酶活性以及互惠的菌根共生体的形成等，具体总结见表 12 - 1。此外，耐低磷的基因型还可以通过增加体内磷的再循环，改变体内碳水化合物的分配等方式来提高磷的利用效率，增加获取土壤磷的潜力。在这些低磷适应过程中，不管是对 Pi 直接吸收还是通过各种生理过程间接促进其吸收利用，根系都发挥着关键作用。

表 12 - 1　耐低磷玉米基因型低磷适应性状

	低磷适应性状	参考文献
形态特性	侧根数目及长度 节根长度 根毛长度	Li 等，2006；Zhu 等，2004 Pellerin 等，2000 Zhu 等，2005b
生理特性	与菌根真菌共生 根表有机酸分泌 酸性磷酸酶活性 根际 pH	Bucher，2007 Yun 和 Kaeppler，2001 Gaume 等，2001 Liu 等，2004
生化特性	磷吸收的动力学参数	Raghothama 和 Karthikeyan，2005 Machado 和 Furlani，2004
分子调节	转录因子、翻译后修饰	Bari 等，2006 Li 等，2008

磷在土壤中的移动性很小，其扩散距离只有 $1\sim2mm$，扩散速率也很慢，在高肥力土壤中为 $30\ \mu m/h$，在缺磷土壤上仅有 $10\ \mu m/h$（Mackay 和 Barber，1986）。植物一般仅能吸收距根表面 $1\sim4mm$ 根际土壤中的磷（李庆逵，1986）。磷主要借助扩散方式迁移到根表。这样，根系的形态发育必然影响着作物的生长及对磷的吸收。而植物根系在发育过程中也具有很高的可塑性，这种可塑性使它们能感受外界磷营养水平和植物体内的磷营养水平而做出相应的适应性反应，即发生了根系形态上的变化。

玉米的根系属于须根系，根据发育的时间和部位可分为胚生根以及胚后根，其中胚生根包括一条主胚根和数条种子根，而胚后根包括地下节根与地上气生根（Hochholdinger 等，2004）。对于各时期的根系贡献，赵延明（2003）的研究指出，在玉米节根大量发生之前，胚生根在植株营养中起主导作用。节根一旦形成，它将构成了整个玉米根系的骨架，对玉米吸收土壤中的磷非常重要。节根的磷吸收活力强，吸收量大，起主导作用的时间长，从拔节前到抽雄期，植株中的 ^{32}P 有 90% 左右是由节根来吸收。Mollier 和 Pellerin（1999）的研究表明，缺磷并没有明显降低轴根的长度，但是缺磷抑制了轴根的产生和侧根的伸长。Pellerin 等（2000）在连续 3 年的大田玉米试验中研究了缺磷条件下玉米不定根的数量和生长速率。研究表明，缺磷延长了不定根的生长间隔期，主要降低了 $4\sim7$ 节上的节根数。Hajabbasi 和 Schumacher（1994）的研究也得出相同结论。另外，Pellerin 等（2000）的研究也表明，缺磷对不定根的影响主要发生在生育早期，由此降低了以后植株对磷的吸收能力。他们发现土壤中磷有效性对玉米侧根密度没有影响，但对轴根出生速率有明显影响。随着地上节根的形成和地下节根的衰老，吐丝期气生根吸收的 ^{32}P 占总根系吸收的 52%；此外，根系吸收活力在土层中的垂直分布随生育期变化，在拔节前后，最活跃的吸收层是 10 cm 处，其次是 20 cm 处，二者占该生长期总吸收量的 90% 左右。

玉米根系生长对磷养分供应具有很强的可塑性生长反应。短期缺磷显著增加玉米的根冠比，表明光合产物优先向根系分配，根中碳水化合物的比例和糖浓度都增大（Khamis 等，1990），在水培体系中，短期缺磷增加玉米节根的伸长（图 12-15，Liu 等，2004）。缺磷还促进玉米侧根数量与长度、增加总根长（Gaume 等，2001；Liu 等，2004；Li 等，2007a，2007b；Zhu 和 Lynch，2004）。由于磷在土壤中的移动性较差，因此较发达的侧根在磷高效吸收中更为重要。但在长期供磷不足、导致严重缺磷条件下，由于地上部光合作用下降严重、同化产物供应不足，根系生长会受到抑制。Mollier 和 Pellerin（1999）在一个磷浓度接近 10 μmol/L 的营养液培养的试验中研究了缺磷对玉米根系和发育的影响，发现在刚缺磷后，缺磷植株根冠比增大，根系生长出现一个绝对增长趋势，表现在根的生物量增加、侧根较长，但随着缺磷时间增加，根系生物量明显降低，表现在形态学上就是各种根的数量、长度或密度的降低。

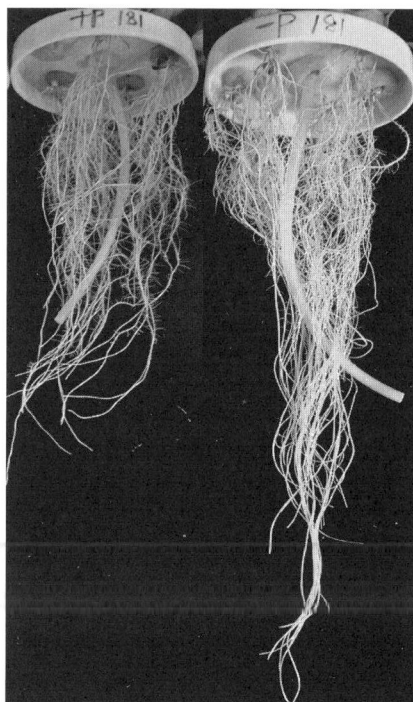

图 12-15　缺磷（右）刺激玉米根伸长
（米国华和陈范骏提供）

根的构型显著影响磷的高效吸收。由于磷更多地分布在表层土壤，移动性又弱，因此在相同的同化物及磷供应条件下，将更多的根系分布于表层土壤，有利于更经济、高效地吸收磷（Lynch，2005）。Lynch 和 Ho（2005）的研究表明，与增加根分泌物、菌根等缺磷反应相比，改变根构型最为经济。Zhu 等（2005a）在玉米中发现有同样的规律。但值得注意的是，在土壤表层干旱条件下，浅根系的玉米可能不利于植株的生长（Ho 等，2005）。另外，田间条件下，局部磷和铵的同时施用能够显著促进玉米苗期根系生长，早期玉米的生长速率增加 18%～77%。与局部单施磷或局部施用尿素和磷处理相比，根层局部施用铵和磷使根系干重分别增加 21%～23% 和 32%～36%，总根长分别增加 22%～38% 和 25%～32%，一级侧根密度和长度显著增加（Ma 等，2013）。

在磷胁迫下，如何高效利用有限的磷而维持根的生长，是一个重要的生理过程。研究表明，缺磷会导致根系皮层细胞分解，产生较多的通气组织，释放的磷可以被用于维持根生长点的功能。玉米及菜豆不同基因型间通气组织的产生能力存在显著差异，与不形成通气组织的根相比，根横切面上形成 20% 的通气组织可以节省 50% 的根系呼吸消耗（Fan 等，2003；Lynch，2008）。根内产生较多通气组织的基因型通常更耐低磷（Fan 等，2003；Lynch 和 Ho，2005；Lynch，2011）。但要注意的是，较细的根，以及较多的通气组织可能不利于根系穿透土壤（Zhu 等，2005b；Fan 等，2007）。

大量研究表明，根毛对磷的吸收有着重要的作用。在缺磷条件下，玉米根毛长度仍可增加 180%。并且遗传研究表明，玉米根毛的遗传变异与磷高效吸收相关（Zhu 等，2005b），也暗示了根毛在玉米耐低磷中的关键作用。然而，对玉米中已鉴定出 3 个根毛突变体 rth1、rth2、rth3（Wen 和 Schnable，1994）的研究发现，在田间条件下只有 rth1 对玉米生长有影响，而另外 2 个突变体则生长正常。因此在土壤条件下，根毛在玉米养分吸收，尤其是磷吸收中的作用仍值得探讨。

（三）玉米磷高效吸收的根系生理

玉米根系可以通过许多生理生化变化增加根际土壤中有效磷浓度及高效吸收磷的能力。这些过程主要涉及合成和分泌大量的有机酸、酸性磷酸酶，分泌质子降低根际的 pH 以及提高磷转运系统的活性（即磷酸盐转运蛋白表达等）（Lambers 等，2006）。

土壤中的磷浓度很少超过 2 $\mu mol/L$，而植物细胞中的磷浓度则相当高，通常在 2～20mmol/L 之间。根系为了吸收土壤中的磷必须克服这个逆浓度梯度。生理学研究已经证明，根系从土壤中吸收磷的过程是通过耦合 $H^+ - P$ 转运蛋白共运输过程完成的。在玉米中报道了 6 个磷酸盐转运蛋白基因，其中 ZmPht1.2 和 ZmPht1.4 是等位变异（Nagy 等，2006），其功能可能涉及磷的吸收、转运和菌根共生系统中磷的运输。ZmPht1.1 和 ZmPht1.2/ZmPht1.4 的 cDNA 序列非常接近，用 Northern 技术很难区分其表达。它们在所有器官中均表达，在根中有最大表达量，且受缺磷和低磷（100 $\mu mol/L$）诱导，但在缺磷 3 d 后才显著增强。ZmPht1.3 在所有器官中均表达，在花药及花粉粒中表达量最大，在根内的表达量居中，在缺磷 24 h 内其表达即上调，但是在雄穗中除外。但表达所要求的低磷浓度为 50 $\mu mol/L$，Pht1.5 的表达量很低，几乎检测不到。

玉米是容易受菌根侵染的作物之一（Paszkowski 和 Boller，2002），多项研究表明，在缺磷条件下接种菌根可以显著地促进玉米生长（Gavito 和 Varela，1995；Kaeppler 等，2000；Kothari 等，1990；Wright 等，2005）。在玉米根系与菌根共生的界面上存在磷转运蛋白 ZmPht1.6，它在正常根中没有表达，但在田间土壤中受菌根侵染的根中有强烈表达，与水稻、苜蓿、马铃薯、番茄等植物中菌根诱导表达的 Pht1 转运蛋白基因的同源性较高，可能是一个低亲合力磷转运蛋白。因此，这个转运蛋白参与到菌根途径吸收的磷向玉米根系中的转运过程，是根表磷吸收过程的一个重要的补充。在菌根侵染条件下，玉米侧根突变体（lateral rootless 1，lrt1）可以正常生长（Paszkowski 和 Boller，2002）也很好地证明了这一点。还有研究表明，欧洲与非洲的玉米品种之间菌根侵染程度有差异，欧洲玉米品种 River 在低磷下生产较差，但对菌根的响应程度高，非洲品种 H511 具有较大的根冠比，更耐低磷，但对菌根接种的响应低（Wright 等，2005）。总体来看，尚没有文献证明玉米耐低磷的基因型差异与被菌根侵染能力有直接关系。

研究表明，土壤有机磷的矿化与土壤磷酸酶的活性有密切的相关，尤其是土壤中的有机磷几乎占土壤总磷量的 80% 以上。在缺磷条件下，玉米能高效分泌酸性磷酸酶，以活化土壤中的有机磷（Gaume 等，2001；Sachay 等，1991）。不过相对豆科作物来说，禾本科作物，如玉米的有机酸分泌量还是很低的。

缺磷的玉米根系也可以向根际分泌有机酸，这些有机酸可以通过阴离子交换的形式将磷从土壤中释放出来。有报道表明，磷高效玉米基因型可能增加柠檬酸及苹果酸的分泌（Corrales 等，2007；Gaume 等，2001；Liu 等，2004），但后来的研究表明，缺磷条件下有机酸分泌下降（Liu 等，2004）。同样，有机酸分泌促进磷的吸收对禾本科作物来说似乎并不重要。

根际的 pH 降低也是植物适应磷胁迫的一种重要的诱导机制。根际酸化可以提高土壤中难溶性磷，尤其是钙磷的溶解度。另外，根际的酸性环境也保证了磷酸酶活性。同样，磷高效品种的根系具有较强的质子分泌能力（Liu 等，2004）。通过根际的酸化作用，可以有效地活化出难溶性磷供植物吸收利用。

（四）玉米磷高效利用的生物学机制

除了根系形态与生理学反应，植物体内磷的高效利用也是适应缺磷胁迫的重要途径。一方面，在缺磷下条件下，细胞内磷酸酶活性的增加可以活化贮存在液泡及其他细胞器中的磷；另一方面，植物可以分解质膜上的磷脂以释放无机磷，用于维持细胞内正常的生化反应。而磷脂的功能由硫脂等代替以维持膜的功能（Hammond 等，2004）。在器官水平上，缺磷条件下根内皮层组织分解，形成通气组织，可以节省根系建成过程中对磷的消耗（Fan 等，2003）。

单位叶片磷的光合作物效率称为光合磷利用效率（photosynthetic P use efficiency, PPUE）。研究表明，在低磷条件下，不同植物之间 PPUE 存在显著差异，双子叶植物的 PPUE 要高于单子叶植物，但这种差异似乎与 C_3 和 C_4 植物无关（Halsted 和 Lynch，1996）。缺磷显著降低植物的光合作用强度（Jacob 和 Lawlor，1991；Natr，1992；Poirier 和 Bucher，2002），其原因可能与磷在 ATP 循环中起重要作用有关。光合作用过程中，磷酸三糖是卡尔文循环的净产物。磷酸三糖输出到细胞质中转化为蔗糖及氨基酸。但如果输出受阻，则在叶绿体内的磷酸三糖参与淀粉和脂类物质的合成。磷酸三糖的转运依靠叶绿体内膜上磷酸三糖转运蛋白（triose phosphate translocator，TPT）。该蛋白介导叶绿体内 3 -磷酸甘油酸与细胞质中磷的反向运输。如果细胞质中磷浓度不足，则叶绿体内磷酸三糖的输出受阻，转而参与淀粉的合成，降低光合作用效率（Jacob 和 Lawlor，1991；Weber 等，2004）

缺磷导致光合强度下降也可能是由于 1，5 -二磷酸核酮糖（ribulose - 1，5 - bisphosphate，RuBP）再生效率的下降。在正常磷条件下，RuBP 供应充足，核酮糖-1，5 -二磷酸羧化酶/加氧酶（ribulose 1，5 - bisphosphate carboxylase/oxygenase，Rubisco）是决定羧化效率的限制因素。而在缺磷条件下，RuBP 供应不足，而 Rubisco 活性仍得以维持，说明 RuBP 再生是限制光合的重要因素（Jacob 和 Lawlor，1991）。ATP 的供应可能限制 RuBP 的再生，其原因是缺磷会减少光合电子传递能力，并降低 ADP 向 ATP 的转化。缺磷条件下单位叶面积的磷浓度降低，同时 ATP 减少 75%，ADP 减少 40%，AMP 减少 3%（Jacob 和 Lawlor，1993）。在玉米中气孔功能不受缺磷的影响，原因是缺磷并不改变 CO_2 的扩散（Jacob 等，1991；Usuda 等，1991）。

作物冠层吸收的光合有效辐射主要取决于叶面积指数和作物的几何构型。Plénet 等（2000）从影响叶面积指数的几个方面来研究缺磷条件下的大田玉米对光合有效辐射的吸收。结果表明，缺磷条件下，出叶间隔期明显延长，尤其是在 8~14 叶期；叶片的伸长速率严重降低，并由此引起叶面积变小。以上症状在下部叶片表现得更为明显。叶片衰老大约开始于玉米播种后积温 400 ℃时，但直到开花期它对叶面积指数没有实质性的影响，开花后衰老才逐渐加速。这说明，叶面积指数的降低主要是由于缺磷延长了叶片的出现和降低了叶面积的大小。直到 7 叶期，叶面积大小的降低始终是叶面积指数下降的主要原因，到第 9 叶时缺磷处理中叶面积指数比供磷充足时降低了 60%，其中一半源自叶面积的降低，另一半则是出叶间隔延长所致。而此后出叶间隔期延长是叶面积指数下降的主要原因。

缺磷对玉米生长的影响包括降低株高、推迟叶片的出生、减少叶面积、抑制穗分化、推迟开花与抽丝、增加籽粒败育率和秃尖数，最终减少穗数、穗粒数、粒重和产量（Plénet 等，2000；Plénet 等，2000；Sierra 等，2003；刘向生，2003；张丽梅等，2006）。缺磷条件下，玉米株间对土壤中有限磷的竞争加剧，处于竞争劣势的植株经常不能完成穗的正常生长发育，发生空秆现象。

（五）玉米磷高效的分子机制

植物磷高效的分子机制研究在模式植物拟南芥中得到了非常细致深入的研究，近年来在粮食作物水稻上也取得了很大进展。与之相比，在玉米上的研究非常有限。但是，当前组学和比较基因组学的研究让我们能够很好借鉴模式植物的研究进展来探讨玉米的磷高效基础。Calderón - Vázquez 等（2011）通过比较拟南芥和禾本科作物的缺磷响应基因，其中涉及磷的吸收与再循环、碳氮代谢、激素信号、脂代谢、次级代谢、转录因子等，发现了玉米基因组中至少包括 5 个 PHR1 类和 4 个 PHO2 类序列。缺磷胁迫下，有 43 个转录因子受到调节，包括与根系发育密切相关的 bHLH、锌指蛋白、Leucine Zipper、SHORT - ROOT、SCARECROW，NAC，AP1，AP2 家族转录因子等（Calderón - Vázquez 等，2009）。

二、玉米磷高效利用的遗传机制

（一）玉米磷利用效率的数量遗传学

玉米的磷效率虽然也受显性效应和非加性效应的控制，但加性效应在玉米磷效率的遗传控制中是最重要的。Gorsline 等（1964）等用不完全双列杂交的方法，采用营养液培养的方式，对玉米地上部干物质和籽粒含磷量进行遗传分析，结果表明，这些性状受加性效应控制，显性效应也起一定作用。Barber（1972）等利用 10 个玉米相互易/移位系对玉米苗期叶片磷累积性的遗传分析发现，发现有 6 个遗传位点控制这一性状，分别表现出显性及超显性的作用。Da Silva 等（1992）以 P－Al 缓冲培养体系筛选出的 6 个磷高效与 6 个磷低效的玉米自交系同样按 6×6 完全双列杂交，对亲本、F_1 以及衍生高代材料进行世代均值遗传分析。结果表明，玉米苗期对低磷条件的耐性（地上部干重、根干重、根冠比）虽然也受显性效应的控制，但主要受加性基因效应的控制。这暗示着与耐低磷特性有关的各种性状的表达可能受少数基因位点的控制。Furlani 等（1998）在低磷营养液中培养玉米，用 26 d 的幼苗评价磷营养效率。用来自双列交配设计的基因型（8 个亲本系，28 个单交系）的遗传研究发现，在低磷营养液中玉米幼苗与磷效率有关的性状虽然也受非加性效应的控制，但主要受加性效应的控制。Rakha 等（1992）的研究认为，玉米的磷累积能力受到非等位基因互作和加性显性基因效应的控制。在该试验体系中，高累积能力的自交系亲本有最好的一般配合力，而它与低累积能力亲本的杂种则表现出最好的特殊配合力。

刘向生（2003）利用 9 个玉米自交系，在高、低磷 2 个磷水平下开展了 2 年研究。结果表明，作物的各产量性状间存在着不同程度的相关关系。在高磷条件下（表 12-2），生物量、收获指数、穗数、穗粒数与产量的表型相关和遗传相关都达到显著或极显著水平，其中穗粒数受环境影响较大。生物量、收获指数、穗数和穗粒数各性状间的表型相关和遗传相关也都达到显著或极显著水平。百粒重和其余各性状的表型相关和遗传相关都不显著。

表 12-2 高磷条件下玉米自交系产量构成因素的相关分析

性状	相关系数类型	产量	生物量	收获指数	穗数	穗粒数
生物量	表型相关	0.997 2**				
	遗传相关	1.030 1**				
收获指数	表型相关	0.829 1**	0.786 8*			
	遗传相关	1.018 7**	1.083 8**			
穗数	表型相关	0.695 2*	0.674 7*	0.801 4**		
	遗传相关	0.724 5*	0.697 2*	1.136 6**		
穗粒数	表型相关	0.917 2**	0.904 9**	0.860 3**	0.796 4*	
	遗传相关	0.924 6**	0.943 6**	1.058 9**	0.825 5**	
百粒重	表型相关	0.544 4	0.555 9	0.315 8	0.132 3	0.175 1
	遗传相关	0.556 6	0.555 6	0.475 8	0.120 3	0.188 0

注：*、**分别表示 5%、1%显著水平，$r_{0.05}$＝0.666，$r_{0.01}$＝0.798。

在低磷条件下（表 12-3），生物量、收获指数、穗数、穗粒数和百粒重的表型相关和遗传相关都达到显著或极显著水平，其中收获指数受环境影响较大，其与产量的环境相关达到显著水平。穗数和收获指数的表型相关达到显著水平，穗数和收获指数的遗传相关达到极显著水平。穗粒数、生物量、收获指数和穗数各性状间的表型相关和遗传相关大多数达到显著或极显著水平。百粒重、收获指数和穗数各性状间的表型相关和遗传相关都达到显著或极显著水平，百粒重和穗粒数的遗传相关达到显著水平。

表 12-3　低磷条件下玉米自交系产量构成因素的相关分析

性状	相关系数类型	产量	生物量	收获指数	穗数	穗粒数
生物量	表型相关	0.829 5**				
	遗传相关	0.852 0**				
收获指数	表型相关	0.670 7*	0.148 9			
	遗传相关	0.689 5*	0.178 7			
穗数	表型相关	0.821 6**	0.549 8	0.758 4*		
	遗传相关	0.868 8**	0.544 9	0.847 0**		
穗粒数	表型相关	0.991 5**	0.818 1**	0.676 0*	0.832 9**	
	遗传相关	1.005 5**	0.852 5**	0.732 6*	0.907 1**	
百粒重	表型相关	0.727 6*	0.416 3	0.703 9*	0.740 2*	0.663 2
	遗传相关	0.786 5*	0.500 2	0.735 7*	0.902 5**	0.760 3*

注：*、**分别表示 5%、1%显著水平，$r_{0.05}=0.666$，$r_{0.01}=0.798$。

通径分析结果表明（表 12-4），在 2 个磷水平下，磷吸收量率及磷利用效率都与磷效率（籽粒产量）呈显著正相关。从直接通径系数来看，两年的结果表现不一致。2001年，2 个磷水平下都表现出磷吸收量对磷效率的直接作用大于磷利用效率。2002 年，在高磷条件下，磷吸收量对磷效率的直接作用大于磷利用效率对磷效率的直接作用，在低磷条件下，磷利用效率对磷效率的直接作用大于磷吸收量对磷效率的直接作用。其原因可能与两年磷胁迫程度不同有关，2001 年低磷导致的平均减产率为 16.2%，为中度胁迫。而2002 年的低磷胁迫减产率为 60.2%，为重度胁迫，在这种条件下，各自交系的磷吸收量差异减少，磷利用效率的重要性增加。

表 12-4　两个磷水平下玉米自交系磷效率构成因素的遗传通径分析

通径	磷水平	2001			2002		
		直接通径系数	间接通径系数	遗传相关系数	直接通径系数	间接通径系数	遗传相关系数
磷吸收量对磷效率	高磷	0.683 8		0.858 3*	0.654 6		1.002 1*
	低磷	0.693 7		0.788 8*	0.542 1		0.769 5*
磷利用效率	高磷		0.174 5			0.347 5	
	低磷		0.095 1			0.227 4	
磷利用效率对磷效率	高磷	0.513 3		0.745 7*	0.335 9		1.013 1*
	低磷	0.606 8		0.715 5*	0.679 0		0.860 5*
磷吸收量	高磷		0.232 4			0.677 2	
	低磷		0.108 7			0.181 6	

注：*表示 5%显著水平，$r_{0.05}=0.666$。

张丽梅等（2004）以及王艳等（2003）通过多基因型玉米自交系的相关分析，均表明玉米自交系的耐低磷程度与磷吸收效率呈显著正相关，与磷利用效率相关不显著。张可炜等（2008）的研究进一步表明，低磷条件下，磷吸收效率是玉米苗期和籽粒成熟期耐低磷特性差异的主要来源。在低磷条件下，来自细胞工程的4份玉米自交系与对照齐319相比，籽粒产量和磷响应度均存在较大差异，其中自交系SD-B和SD-C产量较高，分别为齐319的1.40倍和1.32倍。低磷胁迫下，SD-B、SD-C在不同生育期与其他3个自交系相比，均表现出磷吸收能力强的特点。

刘向生（2003）进一步利用6个不同磷效率自交系，通过不完全双列杂交设计，研究了玉米效率的杂种优势、亲子相关及配合力效应。自交系80（早27）和85（428）属于磷高效型；自交系29（陈94-11）和33（8703-2）属于磷低效型；自交系17（7922）和20（原引1号）属于磷中效型。在高磷条件下，杂交组合中产量超过平均值的有20×29、33×80、29×33、29×80、17×20、33×85和17×80，其组合类型分别为磷中效×磷低效、磷低效×磷高效、磷低效×磷低效、磷低效×磷高效、磷中效×磷中效、磷低效×磷高效和磷中效×磷高效，其中17×80和33×85的产量最高。产量超亲优势分析中，超亲优势超过平均值的杂交组合有17×29、17×33、20×33、17×20、20×29和29×33，其中29×33的超亲优势最高。超亲优势最低的杂交组合为17×85（表12-5）。

表12-5　两个磷水平下玉米杂交组合的产量和产量的超亲优势分析

组合	施磷				不施磷			
	F₁产量（g/株）	母本产量（g/株）	父本产量（g/株）	超亲优势（%）	F₁产量（g/株）	母本产量（g/株）	父本产量（g/株）	超亲优势（%）
17×20	126.0	22.6	18.3	457.8	73.1	0.2	16.5	342.8
17×29	110.4	22.6	7.5	389.0	67.7	0.2	0.5	12 470.6
17×33	112.7	22.6	12.1	398.9	64.2	0.2	5.8	1 004.4
17×80	140.9	22.6	37.8	272.5	79.2	0.2	24.2	227.5
17×85	103.1	22.6	50.5	104.0	66.4	0.2	23.2	185.6
20×29	116.7	18.3	7.5	539.2	69.2	16.5	0.5	319.4
20×33	98.4	18.3	12.1	439.2	55.1	16.5	5.8	234.0
20×80	109.0	18.3	37.8	188.1	71.9	16.5	24.2	197.1
20×85	107.2	18.3	50.5	112.1	82.0	16.5	23.2	253.0
29×33	120.2	7.5	12.1	893.5	64.2	0.5	5.8	1 003.2
29×80	122.6	7.5	37.8	224.2	69.0	0.5	24.2	185.3
29×85	114.7	7.5	50.5	126.8	68.4	0.5	23.2	194.2
33×80	117.1	12.1	37.8	209.5	99.4	5.8	24.2	311.1
33×85	140.3	12.1	50.5	177.6	99.4	5.8	23.2	327.7
80×85	108.4	37.8	50.5	114.5	54.9	24.2	23.2	127.2

在低磷条件下，杂交组合中产量超过平均值的有 17×20、17×80、20×85、33×85 和 33×80，其组合类型分别为磷中效×磷中效、磷中效×磷高效、磷中效×磷高效、磷低效×磷高效和磷低效×磷高效，其中 33×80 和 33×85 的产量最高。产量超亲优势分析中，超亲优势超过平均值的杂交组合仅有 17×29，另外 17×33 和 29×33 的超亲优势也较高。超亲优势最低的杂交组合为 80×85。这说明，2 个磷低效亲本组成的杂交组合，其杂种优势最高，这与亲本自身产量低有关。这也说明，磷低效自交系中也存在磷高效的基因，不同的磷低效自交系，通过磷高效基因的互补，可以使 F_1 代杂交种的磷效率大幅度提高（图 12-16）。

自交系17（父本）　　　　　17×33（F1）　　　　　自交系33（母本）

图 12-16　缺磷土壤上玉米耐低磷的杂种优势（米国华和陈范骏提供）

玉米杂交组合磷效率的亲子相关分析表明（表 12-6），高磷条件下，亲本的磷效率性状与 F_1 代无相关；低磷条件下，父本的磷吸收量与 F_1 代显著正相关。高磷条件下，母本的产量与 F_1 代呈负相关但不显著；低磷条件下，母本的产量和磷吸收量、父本的磷利用效率与 F_1 代呈负相关，但均未达到显著水平。

表 12-6　两个磷水平下杂种 F_1 代与亲本间磷效率性状的表型相关

性状	施磷			不施磷		
	母本	父本	中亲值	母本	父本	中亲值
产量	−0.254 7	0.116 3	0.001 5	−0.185 8	0.434 2	0.199 7
磷吸收量	0.206 8	0.380 1	0.468 0	−0.245 2	0.691 8**	0.460 1
磷利用效率	0.005 9	0.308 0	0.235 1	0.126 2	−0.101 2	0.048 1

注：*、** 分别表示 5%、1%显著水平，$r_{0.05}=0.514$，$r_{0.01}=0.641$。

配合力的方差分析表明（表 12-7），一般配合力效应和特殊配合力效应在高低磷条件下表现不同。在高磷条件下产量的特殊配合力效应达到显著水平，显示产量受非加性基因控制；磷吸收量和磷利用效率的一般配合力效应达到显著或极显著水平，显示磷吸收量和磷利用效率受加性基因控制。在低磷条件下产量和磷吸收量的特殊配合力效应达到显著或极显著水平，显示产量和磷吸收量受非加性基因控制；磷利用效率的一般配合力效应达到极显著水平，显示磷利用效率受加性基因控制。

表 12-7　两个磷水平下 6 个玉米自交系双列杂交磷效率配合力分析方差分析

处理	变异来源	自由度	均方		
			产量（g/株）	磷吸收量（mg/株）	磷利用效率（g/g）
施磷	一般配合力	5	55.53	12 763.9*	3 925.35**
	特殊配合力	9	199.39*	6 141.52	1 434.12
	机误	28	87.10	3 599.18	813.70
不施磷	一般配合力	5	72.38	965.4	4 234.2**
	特殊配合力	9	230.29**	1 189.39*	407.92
	机误	28	70.51	443.77	474.53

注：*、**分别表示 5%、1%显著水平。

（二）玉米磷利用效率的分子遗传学

在玉米中，Reiter 等（1990）最早以耐低磷胁迫能力分离的玉米 F_2 群体 NY821×H99 为材料，鉴定出与低磷条件下总干重分离显著相关的 5 个 RFLP 位点，其中 4 个标记位点与来自耐低磷亲本 NY821，1 个位点来自对低磷敏感亲本 H99。这 5 个位点分别位于 4 条染色体上，其中一个位点 umc138（第 6 号染色体）解释了总变异的 25%，主要是加性效应。多元回归分析表明，一个包含 3 个位点和显著上位性效应的多元回归模型可解释表型总变异的 46%。还有 1 个位点强烈影响低磷胁迫条件下根系的生长，与 umc117 连锁。Reiter 等（1991）利用来源于 2 个玉米自交系的分离群体为研究材料，以 P-Al 缓冲液为培养体系，发现与耐低磷特性相关的 6 个 RFLP 标记，分别位于 4 条染色体上，且所有标记位点均表现出加性效应。Kaeppler 等（2000）用来源于玉米自交系组合 B73×Mo17 的重组近交系群体研究低磷条件下控制茎重和根量表型性状的 QTL。该群体由 197 个系组成。研究结果表明，有 3 个 QTL 控制磷缺乏条件下的茎重大小，这 3 个标记分别位于第 1、7、8 号染色体。

在玉米磷效率与根系的遗传相关方面，美国 J. Lynch 小组开展了较多的工作。Zhu 等（2005）利用 160 个重组自交系（RIL）群体，在两种供磷水平下对玉米侧根数量（LRN）和长度（LRL）进行了 QTL 定位。研究发现，在高磷处理下发现 1 个影响 LRN 的 QTL，位于第 2 号染色体上；同时还发现 2 个 QTL 对 LRL 起作用，位于第 4 号染色体上，进一步研究发现 1 个控制 LRL 的 QTL 所在区域与 Reiter 等（1991）所报道的 1 个控制玉米苗期干物质产量的 QTL 所在区域重叠。而在低磷处理下发现了 1 个控制 LRN

的 QTL，位于第 4 号染色体上；2 个 QTL 对 LRL 起作用，位于第 1 号染色体上。值得注意是，在 2 种供磷水平下，均检测到 1 个位于标记 nc003 和 umc36 之间且控制 LRN 的 QTL，因此推断该 QTL 可能同时还与其他营养元素的吸收有关。Zhu 等（2006）利用 162 个重组自交系（RIL）群体，对 2 种供磷水平下胚根长度和数量进行了 QTL 分析，研究发现，在低磷处理下，1 个主效 QTL 影响着胚根的长度，该 QTL 位于第 2 号染色体上，其贡献率为 11%；研究同时还发现了 3 个与胚根数量相关的 QTL，分别位于第 1、2 和 6 号染色体上。而在高磷处理下分别检测到 2 个控制胚根长度和控制胚根数量的 QTL，分别位于第 1、2 和 3 号染色体上。同时，该研究还发现 QTL 的上位性效应在控制胚根性状上具有非常重要的作用。Zhu 和 Lynch（2004）在第 5 号染色体的 npi409～nc007 区域发现 1 个控制根毛长度的 QTL。其他被定位到的 QTL 还包括种子根长度和数量（Zhu 等，2006）、幼苗的侧根数量与长度（Zhu 等，2005）。在 bnlg1518～bnlg1526 区域发现 1 个控制磷利用效率的 QTL。在 bnlg1556～bnlg1564、mmc0341～umc1101、mmc0282～phi333597、bnlg1346～bnlg1695 和 bnlg118a～umc2136 存在控制磷效率的重要 QTL（Chen 等，2009）。

Cai 等（2012a，2012b）利用掖 478 和 Wu312 的重组自交系群体，在田间条件下对产量相关性状以及叶面积、叶绿素含量、生育期、株高、穗位高等农艺性状进行了 QTL 分析，在低磷条件下共定位了 50 个 QTL，在高磷条件共定位了 61 个 QTL，其中 3.04 定位了高、低磷条件的产量，同一套群体水培条件下根系性状定位结果表明，此位点存在控制苗期根系性状的 QTL（Li 等，2015）。Li 等（2010）利用 5003 和 178 的重组自交系，在田间条件下高低磷下，发现 3 个控制稳定的产量性状位点，分别在第 1 号染色体 umc2215～bnlg1429，第 5 号染色体 umc1464～umc1829 和第 10 号染色体 umc1645～bnlg1839 上。

四川农业大学以耐低磷性状具有明显差异的玉米自交系 178 和 9782 为亲本构建的重组自交系为研究材料，利用河沙培养体系，在 2 种磷水平下共检测到 9 个性状的 16 个 QTL，主要位于第 1 号染色体上，其中正常磷水平下富集了 5 个 QTL 的 bin1.06 区域、低磷胁迫下集中了 3 个 QTL 的 bin1.03 区域可能是含有控制根系或磷利用相关性状基因的区域。位于第 7 号染色体的根冠比 QTL qRRS7_LP 可解释表型贡献率高达 14.06%，且增效等位基因来源于耐低磷亲本 178。

蔡一林和陈俊意课题组利用自交系 107 和 082 的 $F_{2:3}$ 群体，在田间条件下对玉米苗期磷效率、磷吸收量、根重、酸性磷酸酶、有机酸和 H^+ 分泌量等性状进行了 QTL 分析，发现染色体臂 1.06、4.08、5.05、5.07、5.08、10.04、10.07 存在磷效率相关性状的 QTL（Chen 等，2008；2009），在 1.06、3.06、5.04～5.05 存在根系酸性磷酸酶活性 QTL（Qiu 等，2014），在 9.03～9.04 存在控制 1 个叶片酸性磷酸酶活性主效 QTL（Qiu 等，2013）。

在上述研究的基础上，Zhang 等（2014）利用 Meta-QTL 分析方法，总结了以下玉米磷效率的共同 QTL，一共发现 23 个共同 QTL，其中有 17 个 QTL 与以前的根系性状 QTL 定位在相同的基因组区域。并且，其中有 9 个 QTL 区域可能存在控制植物磷效率的关键候选基因。

第三节　玉米氮磷高效育种原理与方法

一、玉米氮高效育种原理

（一）玉米育种进程中品种氮效率性状的变化趋势

Duvick（2005）在 3 种氮肥处理下比较了 1940—1979 年美国玉米带代表性单交种的氮利用效率。在所有氮肥水平下，20 世纪 70 年代的杂交种产量最高，60 年代次之。而在高氮、高密度和低氮、低密度条件下，新杂交种的产量都高于老品种，杂交种和氮水平互作都不显著。Carlone 和 Russell（1987）的试验证明，20 世纪 40—60 年代杂交种的最适氮肥水平（产量最高时的氮肥水平）高于 70 年代和 80 年代。并且在所有的氮肥水平下，老杂交种的最高产量均低于新杂交种，因而可以推断，新杂交种的氮利用率高于老杂交种。同时研究表明，1930—1991 年艾奥瓦州中部 36 个杂交种和 1 个 OPC，籽粒蛋白质含量持续下降，平均每 10 年降低 0.3%。全部品种的平均蛋白质含量为 9.8%（Duvick，1997）。Haegele 等（2013）利用 1967—2006 年的 21 个玉米单交种，在 $0kg/hm^2$、$67kg/hm^2$、$252kg/hm^2$ 3 个氮水平下的研究认为，在高氮下，每年产量增益为 $86kg/hm^2$，同时在低氮条件下，每年产量增益为 $56kg/hm^2$，不同年代品种对氮肥的响应以每年每千克氮的籽粒产量增益 0.16kg 的速度增加。氮吸收效率与氮效率高度相关，在不施氮条件下，不同年代品种的氮的遗传利用率，即低氮条件下每株吸收氮所产生的籽粒产量逐年增加，但在中氮和高氮条件下，氮利用效率无显著变化。品种氮效率的改良更多的依赖于氮吸收效率的改良，而高氮下 2/3 的产量增益可以体现低氮条件下的改良效果。

Ciampitti 和 Vyn（2012）搜集了国际上 100 篇有关玉米氮的文章，将其中 1940—1990 年的供试品种定义为老品种，1991—2011 年的供试品种为新品种。老品种的玉米平均产量为 $7.2 t/hm^2$，其种植密度为 56 000 株/hm^2，氮吸收量为 $152kg/hm^2$，收获指数为 0.48，氮收获指数为 0.63。而新品种的平均产量为 $9.0 t/hm^2$，其种植密度为 71 000 株/hm^2，氮吸收量为 $170kg/hm^2$，收获指数为 0.5，氮收获指数为 0.64。如果以单位面积为基础，在相同供氮水平下，老品种到新品种的产量及氮效率显著增加；而以单株为基础时，尽管新品种的种植密度较大，但相对于老品种成熟期氮的总累积量没有变化。新品种花后氮吸收、收获指数、氮收获指数略有增加。新品种在氮胁迫下的耐性较高，而且对施氮的响应更强。新品种在保证氮收获指数略微增加的同时，降低了籽粒氮浓度，使氮效率提高到 56.0kg/kg。对于老品种生殖生长阶段吸收的氮量和再转移氮量对籽粒氮的贡献相当，而新品种的氮转移量与老品种相当，同时生殖生长阶段吸收的氮显著增加（Ciampitti 和 Vyn，2013）。

Chen 等（2013）利用 1973—2001 年育成的 9 个玉米主栽单交种，在 3 个氮水平（0、120、$240kg/hm^2$）下的比较结果同样表明，高低氮条件下新品种产量都高于老品种，而且新品种对氮的响应更强。氮积累量随释放年代推进持续增长，在 3 个氮水平下籽粒氮浓度都显著下降，平均每 10 年降低 0.64～0.80g/kg。其中后期绿熟品种的氮吸收、花前氮吸收、花后氮吸收都显著高于黄熟品种，这也是其产量差异的主要原因。Hou 等（2012）的结果表明，品种更替过程中，20 世纪 60—70 年代品种吉单 101，到 70—80 年代品种中单 2，产量增加 43%，氮吸收增加 17%，1t 籽粒需氮量由 20 世纪 50 年代开放授粉品种白鹤的 31kg 显著下降到 21 世纪杂交品种郑单 958 的 20kg。随着年代的更替，收获指数呈现上升的趋势，由 20 世纪 50 年代品种的 38% 上升到 21 世纪品种郑单 958 的 51%，籽粒的氮浓度也由 19.2g/kg 下降到 14.5g/kg，秸秆氮浓度首先从白鹤的 11.1g/kg 下降到吉单 101 的 8.3g/kg，之后保持稳定，但 21 世纪的品种先玉 335 的秸秆氮浓度较低，为5.4g/kg。

钱春荣等（2012）利用黑龙江省 1970—2009 年的 8 个典型玉米品种，研究表明，品种更替过程中，氮肥偏生产力和氮肥吸收利用率呈递增趋势，增幅分别为每 10 年3.41kg/kg 和 2.26%。氮肥农学效率在 1970—1990 年呈显著递增趋势，之后呈下降趋势。氮收获指数随年代推进呈显著下降趋势，平均每 10 年下降 1.51 个百分点；茎、叶和籽粒氮积累量随年代推进呈显著递增趋势，平均每 10 年分别递增 0.09g/株、0.07g/株 和0.12g/株。各年代品种的氮肥利用效率均随氮肥水平的提高而显著下降，随密度的增加呈抛物线形变化趋势，最高效率值出现在 50 000～70 000 株/hm² 范围内，现代品种的最高氮效率的种植密度高于老品种。各年代品种籽粒、叶片、茎氮素积累量和氮收获指数随密度增加呈显著递减趋势。各年代品种籽粒、茎和叶片氮素积累量随施氮量增加呈增加趋势，施氮量对氮收获指数影响各年代品种表现不同，21 世纪初的品种对施氮量的变化没有响应，20 世纪 70 年代品种在施氮量 150kg/hm² 时氮收获指数最高，80 年代和 90 年代品种在施氮量 300kg/hm² 时氮收获指数最高。上述结果表明，品种改良的氮肥增效潜力较大。在现有的品种状况下，增密不仅可以增产，而且可以显著提高肥料效率。

国际玉米小麦改良中心（CIMMYT）率先开展了玉米耐低氮研究（Bönzinger，2000），随后美国杜邦先锋、德国 KWS、瑞士先正达等知名跨国育种公司都投入了大量资金进行相关研发工作。尤其近年，CIMMYT 领导的"适应非洲土壤的改良玉米（IMAS）"项目已正式启动，计划利用生物技术培育在相同氮肥施用量或种植在更贫瘠的土壤中仍能增产的新型玉米品种。

为了实现作物养分高效，一些发达国家往往采用环境优先的原则，不惜以降低作物产量为代价。在非洲，由于农业生产中的化肥投入极低，育种目标往往以发展耐低养分投入的中产型品种为主。Logrono 和 Lothrop（1996）报道印度受低氮胁迫的耕地有 250 万 hm²，造成减产达 50%；我国南方受低氮胁迫的耕地有 115 万 hm²，造成减产 10%～20%。在巴西，超过 80% 的耕地属于低肥力和易涝土壤，少数农民因买不起氮肥，导致玉米产量只能维持在 1～2t/hm²。在非洲，由于干旱、低 pH、低氮等非生物胁迫，玉米平均产量只有 1.3t/hm²（Logrono 和 Lothrop，1996）。因此，选育耐低氮玉米品种对于解决国际粮食安全同样至关重要。CIMMYT 选育的耐低氮品种在南部非洲已见成效，推广的 42

个品种在 $2\sim5t/hm^2$ 产量范围内，比当地品种的 41 个品种增产潜力更大，在综合生物胁迫条件下（干旱、低 pH、低氮等），增产达 11%～20%，在低氮胁迫下比当地品种增产 18%，但在高产范围内（5～10t/hm²），增产潜力只有 3%～7%。德国霍恩海姆大学在低氮下筛选的欧洲主推品系，所组配的杂交种更加适应低氮环境，与在高氮环境下筛选的品系组配的杂交种相比，产量和氮吸收效率都提高 12%。耐低氮品种的增产潜力为 14.5%。

玉米在未来我国粮食增产中起着举足轻重的作用。然而玉米氮肥利用效率较低是一个不争的事实。张福锁等（1997）研究表明，20 世纪 90 年代我国玉米的平均氮肥偏生产力只有 34kg/kg。在李潮海等（2001）、李登海等（2004）、陈国平等（1995）的吨粮田试验中，虽然平均单产达到 14 613kg/hm²，但平均施氮量高达 434kg/hm²，因此氮肥偏生产力也只有 34kg/kg。Chen 等（2011）总结了我国 43 个高产纪录，产量平均为 15.2t/hm²，氮肥施用高达 747kg/hm²，氮肥偏生产力只有 21kg/kg。根据 1995 年的联合国粮农组织（FAO）统计数据，我国玉米实际单产水平为 4 946kg/hm²，施氮量为 130kg/hm²，我国氮效率 38kg/hm²，而世界玉米平均单产为 4 589kg/hm²，平均施氮量为 92kg/hm²，氮效率为 57kg/kg；其中美国单产为 8 398kg/hm²，施氮量为 150kg/hm²，氮效率达到 56kg/kg。由此可见，我国玉米生产中单产、氮效率相比发达国家还有较大差距和提升空间，而氮高效品种将在兼顾高产高效两个目标中发挥重要作用。

Chen 等（2013）综合了 2008—2009 年期间在我国东华北玉米主产区进行的 8 个氮效率筛选试验，对存在氮×基因型互作的试验，分别以低氮（LN）和高氮（HN）处理下的平均产量作为划分标准，对玉米品种进行氮效率分类。结果表明，耐低氮型品种共有 15 个，占总品种数量的 28%。在 LN 胁迫条件下，这类品种比参试品种平均产量高 11.8%，减产幅度为 26.3%。而在中氮（MN）和 HN 条件下，比参试品种平均产量低 3.25%～7.76%，没有节肥效果。这类品种表现不稳定，只有浚单 20、农大 108 在 2 个点上表现较为一致。高氮高效型品种共有 10 个，占总品种数量的 19%。LN 胁迫条件下，这类品种比参试品种平均产量低 15.4%，减产幅度达到 52.6%。在 HN 条件下，比参试品种平均产量高 9.46%，节肥潜力达到 20.7%。其中，先玉 335 在 4 个点上表现一致，是典型的高氮高效品种。双高效型品种共有 13 个，占总品种数量的 25%。LN 胁迫条件下，这类品种比参试品种平均产量高 15.0%，减产幅度达到 34.7%。而在 MN 和 HN 条件下，比参试品种平均产量高 6.62%～7.57%，节肥潜力达到 15.2%～15.9%。其中郑单 958 在 3 个点上表现一致，是典型的双高效品种。双低效型品种共有 15 个，占总品种数量的 28%。LN 胁迫条件下，这类品种比参试品种平均产量低 13.5%，减产幅度达到 44.6%。而在 MN 和 HN 条件下，比参试品种平均产量低 4.26%～4.74%，没有节肥效果。将 4 种氮效率类型品种的产量平均值汇总（图 12-17），可以看出，双高效型与高氮高效型品种的产量在 MN 和 HN 条件下无差异，在低氮下存在显著差异，即高氮高效型对低氮反应更为敏感。而耐低氮型（即低氮高效）品种的产量在低氮下显著高于双低效品种，二者在 MN 和 HN 条件下没有差异。高产氮高效品种相对于低效品种，在供氮充足条件下，增产达 12%～15%，而在低氮胁迫下，增产可达 27%～31%。

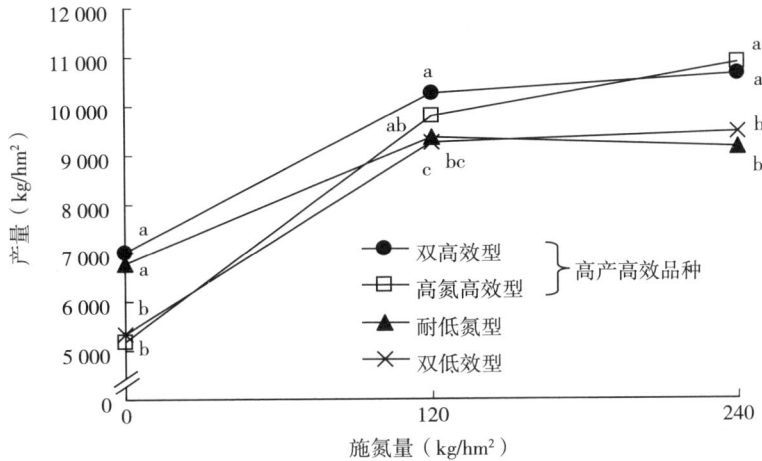

图 12-17　不同氮效率类型玉米产量对氮肥的响应

综上所述，在氮肥充足供应条件下，目前东北、华北地区高氮高效和双高效品种具有增产 8%～10%，节肥 16%～21% 的潜力。高氮高效品种对氮肥响应度高（低氮胁迫下减产幅度达 52.6%），属于"超高产"品种。而双高效品种在实现高产高效协同提高的过程有着更大的遗传潜力，同时具有综合的抗逆性，育种者应以此作为选育目标。此上 2 种类型品种可统称为高产高效品种，在集约化栽培条件下具有良好的应用前景。目前大面积推广的郑单 958、先玉 335 等品种都属于此种类型。在国际上，Worku 等（2007）将 16 个热带玉米品种，同样按照高低氮平均值作为标准划分成 4 种类型，其中双高效品种在高氮下高于平均值 10.7%，节肥潜力为 12.7%；高氮高效品种高氮下高于平均值 15.1%，节肥潜力为 17%。Coque 和 Gallais（2006）分析了 1990—2002 年法国审定的 18 个品种，其整体变异较小，3 种高效类型品种高低氮下都接近平均值，节肥潜力较小。因此，在生产上选择种植高产高效玉米品种，可能达到增产 10%～15%，节肥 10%～20% 的效果。在低氮胁迫下，耐低氮品种具有增产 12% 的潜力。当前推广品种中，浚单 20、农大 108 表现出较好的耐低氮性。陈范骏等（2003）和春亮等（2005）的研究也表明，低氮下农大 108 具有较高的产量。综合分析上述结果，在生产中选择种植耐低氮品种，可能达到增产 10%～20% 的效果。

（二）玉米氮高效种质资源选择指标

1. 玉米氮高效种质资源选择压力　氮高效筛选通常在 2 个氮水平下进行，一个正常供氮水平，另一个为缺氮水平。虽然高氮下的作物产量与低氮下的产量有较好的相关性，如果目标地区的低氮不严重，比如产量下降少于 10%，直接在多环境条件下选择高产品种，往往可以同时提高低氮下的产量（Anbessa 等，2010）。但是，随着低氮胁迫的加重，这种高氮产量与低氮产量的相关性会逐渐降低（Bänziger 等，1997；Presterl 等，2003）。如果单独在高氮条件下进行品种选择，其选择效率要低于在 2 个氮水平同时选择

（Bänzinger，2000）。反之，直接在低氮下进行选择则可以提高效率30%，而且研究表明，如果低氮条件下产量与高氮下产量的相关系数达到0.65左右，则直接在低氮条件下选择的产量高的品种，往往其在高氮下也可以获得较高的产量（Presterl等，2003；陈范骏等，2009）。

缺氮小区通常采用不施肥处理。根据CIMMYT的经验，低氮小区的产量应该是正常供氮的25%～35%。在这种情况下可以选择到真正的耐低氮品种。如果低氮下产量的水平不低于正常的20%，则缺氮处理不必要施肥。但也有人认为，缺氮处理中玉米生产下降幅度应该在35%～40%（Gallais和Coque，2005），即低氮下的产量达到正常产量的60%～65%。然而有人认为，在这种情况下得到的氮高效品种更可能是由于产量遗传潜力较大，很难区分出真正的耐低氮品种（Bänzinger，2000）。在水稻中，程建峰等（2010）的研究表明，土培盆栽下氮效率评价的最适土壤有效氮含量分别为拔节期0.157g/kg和成熟期0.277g/kg。

由于很难精确估计土壤的供氮能力，氮高效品种的选择最好采用定位田的办法，也就是在同一块田上进行多年的选择，这样会逐步使土壤肥力下降，而且减少土壤养分的异质性。在田间试验设计上，在有限的土地面积上，要尽量增加重复数，小区面积可适当减少。同时，要注意边行效应，一般边上的两行应该舍去。

在筛选自交系时，由于玉米自交系的生长量及产量很小，在普通农田中，很难找到氮供应强度足够低的土壤。自交系的吸氮量通常不足杂交种的一半，大约在60～130kg/hm²。据研究，华北地区大气干湿沉降氮已达88kg/hm²；加上灌溉水来源氮11kg/hm²，进入农田的环境来源氮达99kg/hm²（朱兆良等，2010）。在这样的条件下，很难找到适合筛选自交系的田块。中国农业大学资源与环境学院的研究也证明，即使在15年不施氮肥的定位田上，当杂交种的减产率达到39%的情况下，尽管玉米自交系吸氮量的减少率可达到20%，其平均产量的减产率仅为7%（图12-18）。

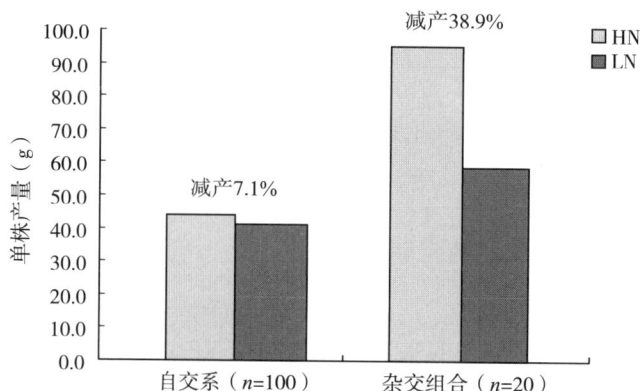

图12-18　自交系与杂交种对低氮反应的差异（米国华和陈范骏，2013）

陈范骏等（2013）研究表明，在适宜的低氮胁迫下，玉米减产幅度为25%～60%（图12-19），玉米产量的基因型与氮互作效应显著，能够筛选到不同类型的氮效率品种。

8 个试验中，玉米产量的遗传力平均为 75.8%，氮水平对其没有影响。氮处理和基因型的互作效应不显著的试验中，多数情况下各处理间的产量都存在显著的表型相关和遗传相关。而氮与基因型的互作效应显著的试验中，多数情况下低氮与中氮或高氮间的产量无显著表型和遗传相关。这也说明在高低氮条件下，存在着不同的遗传基础，这为高产高效品种的选育提供了可能。

扫码看彩图

图 12-19　苗期缺氮（A）和灌浆期缺氮（B）（陈范骏提供）

2. 玉米氮高效种质资源选择指标　产量是氮高效选择的最佳指标。但是，在早期筛选大量材料时，应用次级筛选指标，可以大大提高选择效率，尽快选择出有潜力的株系，用于最终田间产量测验。虽然很多生理性状与氮高效有关，但很多指标并不一定能够真正用于氮高效育种的选择指标，其原因是，对于育种而言，这些指标必须具有以下特征（Edmeades 等，1998）：性状较遗传力较高，遗传变异较大；性状测定过程简便、经济，测定过程中保持稳定；测定性状在非胁迫生长条件下不会导致产量的损失；在开花期以前可观察，这样可以提前剔除一些品系，减少授粉工作量；可以较好地估计最终产量。

根据 CIMMYT 的经验，以下性状可用于耐低氮玉米基因型的选择（按优先顺序排列）（Bänzinger，2000）：

（1）籽粒产量。遗传力中等，与产量的相关性强。选择高的籽粒产量，氮胁迫使产量下降 50% 以上；测定脱粒后的籽粒重量，调整籽粒含水率。

（2）单株穗数。遗传力高，在低氮胁迫条件下，与产量相关性高。选择穗数多，或秃尖率低单株。在极度胁迫条件下测定，最好低氮下的相对产量为 25%～35%。统计至少含有一个籽粒的穗的数量，除以收获株数。

（3）叶片衰亡度。遗传力高，与产量中度到高度相关。选择叶片衰老延迟单株。氮胁迫使产量下降 50% 以上。叶片衰老程度分为 10 级测定，叶面积完全衰老的定为 10。在籽粒灌浆后期观测 2 次，间隔 7～10 d。

1=10% 的叶面积衰老；2=20% 的叶面积衰老；3=30% 的叶面积衰老；4=40% 的叶面积衰老；5=50% 的叶面积衰老；6=60% 的叶面积衰老；7=70% 的叶面积衰老；8=

80％的叶面积衰老；9＝90％的叶面积衰老；10＝100％的叶面积衰老。

（4）开花-吐丝间隔期（ASI）。遗传力中等；在极缺氮胁迫条件下与产量中度相关；选择具有较小 ASI 的基因型；低氮下的产量为正常供氮的 25％～35％，随氮胁迫增强，遗传力增加。测定播种至 50％植株散粉期，及播种到 50％植株抽丝日期，ASI 等于吐丝期减开花期。

陈范骏等（2002）研究结果表明，低氮条件下选育耐低氮的高效品种应注重选择大穗型、穗行数多、大的穗三叶叶面积的品种。吐丝期穗位叶叶绿素 SPAD 值与氮效率极显著相关，因而可作为次级选择指标（陈范骏等，2004）。株高与氮效率呈相关（Wu 等，2011），因此，氮高效育种不能选育株高过低的品种，这可能与耐密育种有冲突。选择株高较高，但穗位较低的品种，也可能解决这一矛盾。

3. 玉米氮高效理想株型　Chen 等（2021）通过分析我国品种区试与美国先锋公司品种的农艺性状，发现我国玉米品种出苗-吐丝期所需的有效积温要高 185℃，且美国品种成熟期的保绿度比我国相对偏低。近 15 年美国品种的株高没有显著变化，但其穗位高、穗高比（穗位高与株高的比值）不断下降，穗高比由 0.40 下降到 0.38 黄金分割比。我国玉米品种的穗高比由 0.42 下降到 0.40，但仍有改良的空间。穗高比的降低，大幅降低了茎倒的发生，但美国先锋品种的根倒近年来有所增加，推测其原因可能是由于根系变小所导致的。而区试试验结果表明，我国玉米的根倒和茎倒都很低，这可能与种植密度偏低以及种植环境相关。

Chen 等（2021）通过整合文献和中美玉米品种区域试验的数据，综合分析玉米品种更替过程中氮效率及相关农艺性状的变化趋势，以及未来优质、高产养分高效、抗逆育种目标的发展要求，提出了高产氮高效品种理想株型，即形态及生理特征（图 12－20）：

（1）株型紧凑，株高中等，重心低、穗位低（穗高比为 0.35～0.38，最高不能超过 0.38）可以降低倒伏风险；穗上叶片直立和穗下叶片半紧凑；雌穗中等，以适应高密种植方式；叶片不宜过大，透光性好等。

（2）营养生长期短、灌浆时间长且速度快；中度绿熟（45％），低氮素残留，氮转移效率高。

（3）吐丝后 65 d 雌穗下垂至水平方位、苞叶松紧适度、籽粒脱水快，以适应机械化收获。

（4）有 1 层有效气生根，可以提高抗倒能力（过多气生根在养分胁迫下会增加碳的消耗）；根量中等、下扎，以适应高密种植方式；根直径粗，可以保持根系下扎的穿透力和运输能力，氮吸收效率高。

（三）玉米氮高效种质资源的选择

虽然在农家种中也可能有一定的氮高效基因，但 CIMMYT 的经验表明，利用适应性强的优良玉米种质资源进行低氮改良是较好的选择。某些适应性虽然不好、但具有耐低氮特性的群体可以加以利用。此外，可以通过分子标记辅助选择创造新的种质。选择种质资

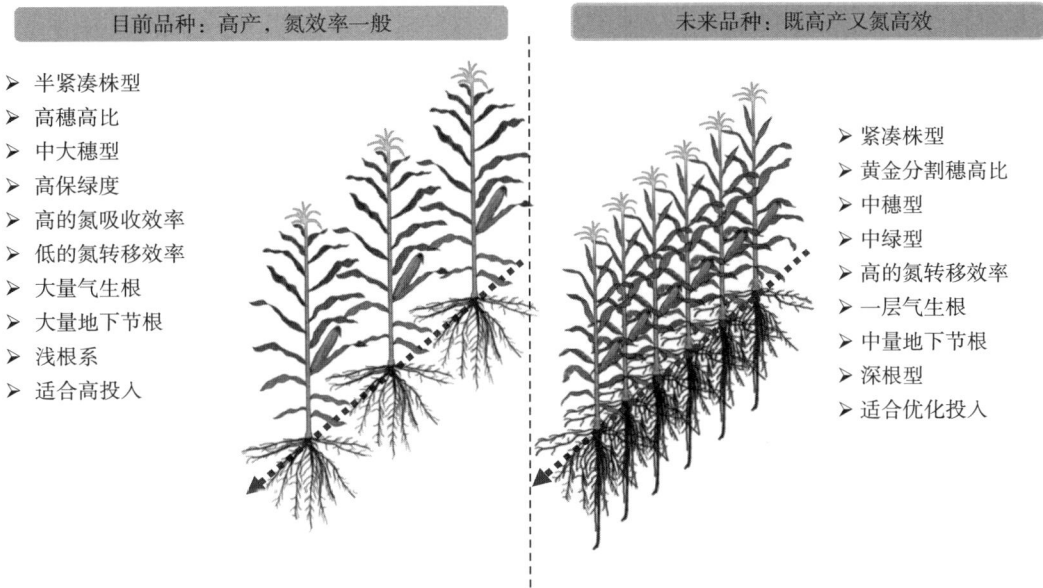

目前品种：高产，氮效率一般

- 半紧凑株型
- 高穗高比
- 中大穗型
- 高保绿度
- 高的氮吸收效率
- 低的氮转移效率
- 大量气生根
- 大量地下节根
- 浅根系
- 适合高投入

未来品种：既高产又氮高效

- 紧凑株型
- 黄金分割穗高比
- 中穗型
- 中绿型
- 高的氮转移效率
- 一层气生根
- 中量地下节根
- 深根型
- 适合优化投入

图 12-20　玉米高产氮高效理想株型

源还要考虑综合农艺性状及遗传特性，如一般适应性、籽粒颜色与硬度、成熟期、抗病性、抗倒性、配合力、杂种优势群等。研究发现，农家种的生物量有一定优势，但结实性太差。总体来讲，在 2 个氮水平下，自交系与农家种的单株籽粒产量没有显著差异。自交系的单株生物量要显著低于农家种，高氮下分别为 84.2g、175g，低氮下分别为 72.6g、171g，因此，农家种是自交系的 2 倍以上。相反，自交系的收获指数则显著高于农家种，高氮下分别为 0.44、0.26，低氮下分别为 0.43、0.24，超过约 60%。低氮导致自交系的吸氮量显著下降（$P < 0.01$），但对农家种则没有显著影响。氮素供应对自交系和农家种的氮素利用效率影响均不显著。2 个氮水平下，供试自交系的氮吸收量要显著低于农家种。自交系的氮素利用效率则显著高于农家种。自交系中氮累积量的提高主要通过生物量的增加，氮素利用效率的增加则主要通过收获指数的增加，也就是植株光合产物的高效利用（Chen 等，2013）。前人研究表明，低氮条件下玉米 S_2 自交系与其顶交种的相关性仅为 0.22~0.4（Lafitte 和 Edmeades，1994a；Betran 等，1997），这说明，自交系的表现并不能足以说明测交种的表现。因此，当早期筛选群体很大时，可以利用自交系筛选，而在后期待选基因型较少时，必须同时考察自交系和杂交种的表型，否则可能忽略了较好的材料。在此过程中，选择合适的测交系是一个重要的因素，可以选择正常高产育种相同的测验种。

（四）环境×基因型互作

环境条件，包括气候、土壤类型、土壤肥力水平，对作物生长有强烈的影响，氮素在土壤中的行为受到温度、水分、土壤理化性状的影响，根系的生长和对氮素的吸收过程也同样受到这些环境因素的影响（吴秋平等，2011；张永杰，2011）。比如，在偏沙性土壤上硝酸盐淋失是一个限制氮素利用效率的最重要因素，此时，深根型品种很可能有更高的氮效率（Garnett 等，2009）。而在质地偏黏性、经常发生干旱的土壤上，根系穿透能力强的品种，可能更适应低氮的环境。因此，氮高效育种最好能在目标生态地区进行。

二、玉米氮高效育种方法

（一）氮高效常规育种方法

在 CIMMYT，Lafitte 和 Edmeades（1994a，1994b，1994c）利用耐低氮玉米种群 Across 8328BN 进行轮回选择了 3 代。结果每一循环选育后，籽粒产量的增加量，在低氮环境下为 2.8%，在高氮环境下为 2.3%（$P<0.10$）。Laffitte 和 Edmeades（1995）的研究表明，在低氮或者干旱下选择，会减少每穗的小花数，但同时也会减少籽粒败育、增加穗粒数和粒重、缩短籽粒灌浆期。

中国农业大学资源与环境学院从 1996 年开始玉米氮高效生理机制和遗传改良工作。对所组配新的杂交组合在氮胁迫条件为减产幅度＞20%的地块上进行评价：高氮条件下相对于对照品种产量增产小于 5%，低氮下减产幅度小于对照品种 5%的为耐低氮品种；高氮条件下相对于对照品种产量显著增加 5%以上，低氮下减产幅度大于对照品种 5%的为氮高效品种；高氮条件下产量显著增加 5%以上，减产幅度小于对照品种 5%的为氮双高效品种。在此评价体系下，经过大批自交系氮效率筛选和配合力的鉴定，利用配合力高、根系发达、矮秆、氮高效自交系 478 和氮中效、高秆、后期叶片落黄好、高配合力的自交系 4-1 为亲本，组配出中熟型氮高效组合 NE1。如图 12-21 所示，该组合具有高产、稳产、根系发达、吸肥水能力强，光合效率高、氮转移效率高的特点，无论在低氮或高氮条件下，单产高出对照（农大 108）10%～15%（春亮等，2005；陈范骏等，2006；Cui 等，2009），表现出较强的耐低氮能力和较高的氮肥利用率。2008 年通过广东省品种委员会审定，定名为中农 99（陈范骏等，2009）。这是国内外玉米氮高效育种的一次有益尝试。然而该品种株高较高，在北方种植容易倒伏。而在南方，由于光周期的影响，株高相对较

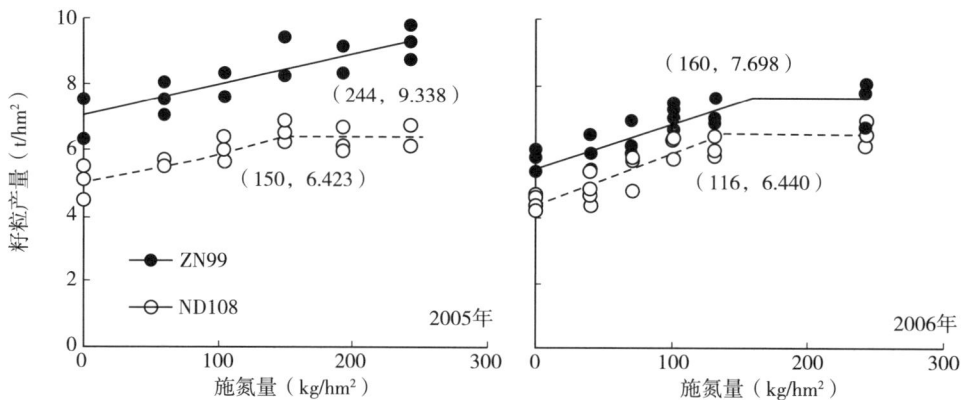

图 12-21　低氮条件下氮高效杂交种中农 99（ZN99）与对照农大 108（ND108）的比较

低，倒伏问题不突出。这说明在氮高效品种选育过程中，要注意与综合性状相配合，才能在生产上得到应用，达到增加经济效益、减少氮肥环境损失的目的。

（二）氮高效分子育种方法

在当前阶段，限制氮高效分子育种的主要障碍是获得与氮高效性状连锁的分子标记和/或控制氮高效性状的关键功能基因。这方面的突破一方面依赖于对氮高效这个复杂性状的遗传基础的认识程度提升，同时也依赖于关键候选基因挖掘工作。从分子、细胞、组织、器官、植株一直到群体水平，氮高效吸收与代谢的调节与控制均可能发生。几十年来，科学家在不同研究水平上探讨了作物氮高效的遗传改良途径，对于推动氮高效分子育种提供了良好的基础。早期研究中，转基因技术主要应用于确定氮素吸收与代谢基因的生理功能（Good 等，2004），这些工作大多数是在拟南芥、烟草及百脉根等模式植物中完成的，而且主要使用 CaMV35S 启动子。近几年来，随着作物转基因技术的不断成熟，利用转基因技术提高作物氮效率已经出现一些希望，已经有大量这方面的国际专利公布，也成为各大国际种子公司竞争的主要领域。

就目前的研究来看，通过遗传改良氮素利用过程来提高氮高效展现出很好的前景。*GS* 和 *GOGAT* 基因表达不仅调节氮的初级同化，而且在营养器官中氮素转运和再利用过程中起重要作用。早期利用 *GS* 转基因研究表明，通过超表达 *GS1* 基因可以促进生长、增加蛋白质含量；超表达 *GS2* 促进生长、加快发育；超表达 *GOGAT* 基因可以促进籽粒灌浆。在玉米、水稻、小麦等作物上均已获得与 *GS* 活性相连锁的 QTL 位点，这些位点与氮效率性状密切相关。例如，在玉米中，控制苗期 *GS* 活性的 QTL 位点与产量（Gallais 和 Hirel，2004；Hirel 等，2007；Fontaine 等，2009）、氮吸收、根形态和衰老（Coque 等，2008）密切相关。在玉米中，*GS1* 家族成员的突变体研究发现，*gln1-3*、*gln1-4* 单突变体及 *gln1-3 gln1-4* 双突变体中，GS1 蛋白含量及活性下降（Martin 等，2006），*gln1-4* 突变体的籽粒重量下降，*gln1-3* 突变体的籽粒数下降，*gln1-3 gln1-4* 双突变体中，则粒数和粒重均下降，说明 *Gln1-3* 和 *Gln1-4* 基因的作用没有遗传冗余。前者定位在叶肉细胞中，后期定位在维管束鞘细胞中。在 3 个突变体中，营养体生长均不受影响，说明这些基因特异性控制籽粒的发育与产量形成。因此，把 *Gln1-3* 基因组成型超表达至叶片中时，转基因玉米籽粒数增加 30%（Hirel 等，2011）。

此外，当代耐密品种的根系在变小，对低氮的响应能力也在减弱（Wu 等，2011）。根系性状的改良不仅对氮吸收效率有决定性作用，同时可以改善对其他养分胁迫的耐性和抗旱性等，也可成为未来养分高效遗传改良的重要突破口。但根系的准确定量比较困难，因而很难作为筛选指标。随着根系主效 QTL 的精细定位及分子标记的开发，实现根系遗传改良将成为可能。中国农业大学资源与环境学院在前期工作中鉴定了一些重要的 QTL 位点，同时控制根系性状和氮高效性状。利用分子标记辅助选择其中关键的 QTL 区域，包括 bin1.04、bin2.04、bin3.04 等，将这些位点导入高代回交系（ABLs），与轮回亲本（Wu312）相比，其产量能够在正常供氮条件下显著提高 13.8%，缺氮条件下显著提高

15.9％。与自交系 178 的测交组合中，ABLs 测交种的产量能够比 Wu312 测交种产量在正常供氮条件下提高 11％，而在缺氮条件下产量可以显著提高达 20.8％。

氮高效本质是氮素影响的产量形成过程，受氮素吸收、代谢、再利用等过程中众多基因影响，通过改变 1～2 个基因即增加氮效率几乎不可能。由于氮碳之间的互作关系，单独改善氮吸收代谢方面的基因，也往往得不到理想的结果。可能需要将控制不同生物学过程的基因进行聚合，比如将控制氮素获取与氮素再利用的基因进行有机的结合，同时，还要考虑影响氮素吸收与利用的其他生物学过程，如碳代谢等。而且，也要考虑基因表达的时空特异性问题：有些候选基因只能在根中特异性表达，另一些则只能在叶中特异性表达；有些适宜在苗期表达，另外一些适合在灌浆期表达。此外，通过改良一些转录因子、激素相关基因，有可能改变其下游一系列靶基因的表达，从而达到通过调控 1 个基因而调控网络的目的，最终影响氮高效性状。而且，土壤环境条件下，尤其是水分条件，对氮素吸收与利用也有重要影响，必须在氮高效遗传改良中加以考虑。

三、玉米磷高效育种原理与方法

（一）玉米磷高效品种

玉米品种磷利用效率由 2 个因素决定：一是磷的吸收效率，指的是植物根系对介质中磷的吸收利用能力，可以用磷积累量表示；另一个是植株体内磷的利用效率，即单位植株积累的磷所产生的产量。但对于不同的研究者来说，出于机理分析的需要，有很多其他的参数被加以利用，比如耐低磷系数、对低磷的敏感度等。玉米全生育期均对磷有较高的需求，出苗到大喇叭口期约吸收 35％的磷，大喇叭口期到吐丝期约吸收 25％的磷，其余 40％的磷在吐丝至成熟期吸收（高炳德等，2000）。籽粒中磷占地上部磷总积累量的 70％～80％（常建智，2010）。

玉米对磷的吸收利用能力存在显著基因型差异。刘向生等（2003）利用磷肥长期定位田鉴定了我国 100 份自交系对低磷胁迫的反应，以产量和苗期缺素症为指标，综合 2 年结果，选出部分磷高效玉米自交系，其中早熟型的有小白磁、早 27、陕综 3 号和原黄 81；中熟的有原引 1 号、许 1、辽旅群体和齐 205 等。研究还表明，夏播玉米条件下，早熟型玉米自交系在高、低磷条件下的平均产量分别略高于中熟型玉米自交系，但彼此间差异不显著。不同株型之间，2 个磷水平下，中间型玉米的产量要高于紧凑型和平展型。在山西省，王艳等（2003）在田间评价了 11 份玉米自交系对磷的反应。发现产量最高的基因型（中宗 2 号）为产量最低基因型（忻 9005）的 5.15 倍，将这些品种在 2 个磷水平下以产量进行磷效率双向划分可以分为 4 种类型：双高效型（太 411、KH12、58、中宗 2 号）；高磷高效型（187）；低磷高效型（冀 257）；双低效型（478、冀 35、XL12、忻 9005、H21）。成熟期吸收、利用效率与磷效率的关系表明，在同一供磷条件下，11 份自交系吸收、利用效率均有显著的差异。在 2 个供磷水平下，吸收效率与磷效率存在显著的正相关关系，而利用效率仅在高磷条件下与磷效率存在正相关性。这表明，在低磷水平下，成熟期磷效率主要由吸收效率决定；在高磷水平下，磷效率是吸收效率和利用效率共同作用的结果。但也有不同观点，刘向生（2003）的研究表明，磷高效与磷低效基因型具有相同的磷转运效率及磷收获指数。

在四川的 2 个生态区——雅安和泸州，张吉海等（2006）对 76 个玉米自交系进行了低磷胁迫筛选试验。大田种植条件下，对苗期部分性状耐低磷的变异系数、变异范围、平均值以及性状间的相关性进行分析，结果表明，相对生物产量、相对株高、相对茎粗以及叶片缺素指数可作为耐低磷基因型筛选和评价的指标。根据上述指标，发现 178、RP125、99S2052 - 1、99S205 - 2、9809 - 1 共 5 个自交系在 2 个试验点都表现出较好的耐低磷特性；9792 - 2、郑 58、9508B 等 36 个自交系在 2 个试验点都表现出低磷敏感特性。

在土壤盆栽试验中，陈俊意等（2008）利用主成分分析方法对 32 个玉米自交系进行了划分。第一类是磷吸收效率和磷利用效率都较大的玉米基因型，有 178、7146、488、5003、黄 C 和 7331。第二类是磷吸收效率较大、磷利用效率偏小的玉米基因型，有贞 367、8535、502196、木 6、5311、52106、S37、082、48 - 2、7327 和郑 22。第三类是磷吸收效率偏小、磷利用效率较大的玉米基因型，有 77、B8 金、3 189、E28、95、286 和自 330。第四类是磷吸收效率和磷利用效率都偏小的玉米基因型，有 3H - 2、Mo17、9195、掖 107、7922、32、丹 340 和黄早四。岳辉等（2010）在辽宁省开展类似的研究，以 375 份东北三省常用玉米自交系为试材，以低磷/高磷下的缺素症、产量和百粒重的相对值为指标，筛选 Mo3 和掖 107 为耐低磷玉米自交系，丹 9046、铁 9206 和旅 9 宽为典型不耐低磷自交系。

由于不同玉米品种的磷高效机理不同，或者磷高效吸收和磷高效利用存在差别，因此在玉米磷高效的生理基础方面，不同基因型的比较往往得出不同的结论。Clark 和 Brown（1974）发现，在磷胁迫条件下自交系 Pa36 比自交系 WH 有更高的磷浓度。当两者生长于同一容器中时，Pa36 能产生更多的干物质。在不同的磷水平下，Pa36 的完整根系比 WH 表现出更多的磷酸酶活性。Clark（1983）研究发现，低磷营养胁迫下，玉米根系分泌到生长介质中的酸性磷酸酶（AcPh）活性的增强提高了玉米对磷素的利用效率。Vegh 等（1998）在条件可控的盆栽条件下，将 2 个玉米杂交种和它们的亲本种植在磷缺乏的沙土中，种植 6～8 周之后发现，根系发育好的基因型表现更好。Bayuelo - Jiménez 等（2011）评价了 242 个墨西哥的玉米基因型的磷效率，发现磷高效品种具有较高的生物量和根冠比，节根数、节根长、节根上侧根数及根毛密度均较高。晚熟品种耐低磷性较高。Nielsen 和 Barber（1978）的研究结果表明，在营养液培养条件下，玉米近交种之间单株根长的差异达 1.8～3.3 倍。在米国华等（2004）的土壤盆栽试验中，低磷显著降低了玉米地上部干重、初生根及次生根重及磷累积量，但 2 个磷高效自交系 181 和 186 的降低幅度较小。在 6 叶期，磷高效自交系初生根的侧根及轴根均显著高于磷低效自交系，且侧根轴根比、比根长值较高。章爱群等（2008）的研究也表明，耐低磷基因型适应低磷的能力较强，是由于它们具有较长的根系和较大的根干重。张可炜等（2007）比较了齐 319（对照）和来源于齐 319 的耐低磷突变体 99037 和 99106，自交系 99037 与齐 319 相比具有植株磷浓度低、磷素再利用能力强、磷利用效率和净吸收量高等特征。他们以齐 319 耐低磷突变体为亲本组配成杂交组合 SD-1、SD-2，发现这 2 个新杂交种有较强的磷吸收能力和利用效率。SD-1、SD-2 的根系干重、总根长、根总表面积、平均根尖数均明显增加，而平均直径减小。因此，认为 SD-1、SD-2 对磷具有高的吸收效率是由于根系生长旺盛，根系吸收面积大、根系活力强和对磷亲和力高所致。

李志洪等（1995）通过对 3 种基因型玉米的研究发现，在不同磷水平水培条件下，缺磷处理使得各品种间根总长差异相当大，白单 13 为 19.5m，四单 8 为 11.2m，而铁单 4 为 9.5m，白单 13 根长是铁单 4 根长的 2 倍以上。磷营养效率较高的基因型玉米品种白单 13 在低磷条件下具有最低的 K_m（5.39 $\mu mol/L$）和 C_{min}（0.51 $\mu mol/L$），分别低于铁单 4 和四单 8 的 K_m 和 C_{min}。林翠兰等（1991）结果也表明，在低磷胁迫条件下，磷高效玉米品种农大 60 的 K_m 和 C_{min} 都比磷低效品种中单 2 号低，说明农大 60 是吸磷高效的基因型品种，能耐低磷的胁迫，在缺磷的石灰性土壤上适应能力较强。张可炜等（2007）的研究中也发现，除了根系形态学的优势外，磷高效基因型在磷吸收动力学上表现出较大的 I_{max} 和较低的 K_m 和 C_{min}。

（二）玉米磷高效种质资源筛选

1. 玉米磷高效筛选条件 适宜的玉米磷高效筛选方法与筛选生理指标，对于磷高效育种至关重要。迄今为止，在磷效率生理基础与筛选指标方面，已在不同作物中开展了大量的工作，这对于揭示磷高效的形成机理打下了良好的基础。更多的研究需要将生理研究结果与田间产量形成结合起来，使育种更有目的性。育种材料的筛选是育种工作的基础，没有优良的基础材料，就育不出优良的品种。另外，对磷效率特性生理遗传机制的研究也有赖于典型材料的获得。因此，磷效率材料的筛选是众多研究者关注的首要问题。

在自然条件下进行田间筛选有利于获得准确的信息，因此，田间筛选一直是育种工作的基础。Aggarwal 等（1997）完善了以田间试验为基础的、针对耐低磷特性的筛选方法。这种方法以评价土壤状况和改善土壤的组成成分为基础。他在试验中去除了当地土壤低锌低氮的土壤因素，从而使磷的反应可以被定量。经过 2 个生长季节的筛选，一个有潜力的菜豆基因型 CAL143 被筛选出来，它稳定地表现出耐低磷特性和对中量施肥（20kg/hm² P）的产量反应度（Aggarwal 等，1997）。Camargo 等认为在不同磷肥水平上对小麦品种进行田间筛选不仅可以选择在低磷水平上磷效率更高的基因型，而且便于评价它们对加磷的反应度（Camargo 等，1994）。Ndakidemi 等（1995）在坦桑尼亚筛选耐低磷菜豆基因型的工作开始于 1992 年，其目的是筛选在低磷土壤中产量高的品种。第一年用 2 次重复的随机区组设计对 280 个系进行筛选。在第二个生长季对其中较好的 114 个系进行筛选，试验设计为以磷处理为主区，菜豆品种为副区的裂区设计，在裂区内采用随机排列。在第三个生长季对磷胁迫和非磷胁迫条件下表现最好的 50 个系进行再次评价，从而筛选出耐低磷的系。

当然田间筛选也有其弊端，例如所需时间长，占用资源多，耗费人力也多，而且会受到不可抗外界因素的干扰，如气候的异常变化和病虫害的发生。为了弥补田间筛选试验的不足，人们发展出各种各样的方法进行材料的筛选。Geloff（1987）为了检测在低磷的自然环境中对吸收磷有重要作用的一些植物学性状，发展了砂-铝培养体系。在这种培养体系中吸附磷的铝与粗沙混合后作为磷源，可保持与土壤磷浓度类似的缓冲性磷浓度，并且根表有效磷也被认为是有限扩散的。他用此体系检测到了 7 个番茄基因型的显著性差异。Da Silva 和 Gabelman（1992）对这种能提供稳定的、扩散受限的低磷浓度的筛选方法进行调整，并用改良后的方法在营养生长阶段筛选耐低磷的玉米自交系。低磷和高磷水平分别为 8～10 μmol/L 和 40～50 μmol/L，施用对植株来说可再生的、扩散受限的有效磷。从 20 个自交系中筛选出 B37、Oh40B、NY821、Pa36、MS1334 等 5 个耐低磷自交系，WH、H99、H84、Pa32、W37 等 5 个不耐低磷的自交系。他们认为这种改良后的砂-铝培养体系有利于筛选吸磷能力与土壤中类似的材料。

2. 玉米磷高效选择指标 根系形态、侧根生长及根毛特性无疑是磷高效的重要筛选辅助指标（Richardson 等，2009）。美国 J. Lynch 小组的工作还表明，根中通气组织的发达程度也是磷高效的重要筛选指标。实际上，在氮、磷、钾养分及水分缺乏条件下，通气组织的形成有利于利用较少的养分及碳投入建成较大的根系，因此，Lynch 等（2014）认为，通气组织可以作为养分高效，以及抗干旱的通用指标。

在玉米中，缺磷导致老叶变紫现象非常明显，尤其是在春播低温条件下。将叶色分级，可以作为早期耐低磷选择的间接指标（刘向生等，2003）（图 12-22）。但在植株生长的中后期，缺磷玉米植株可以通过降低生长速度来减少对磷的需求量，因此，缺磷植株表现为株高降低、叶面积减小、穗发育受阻，而叶片紫色特征不再明显。因此，在全生育期鉴定中，叶面积大小及空秆率高低可以作为磷高效筛选的重要指标（刘向生，2003）。以穗粒数为指标时应注意，由于缺磷条件下玉米株间对有限磷的竞争加剧，在 些植株不结实的同时，具有竞争优势的、结实的植株常具有较多的籽粒数和较高的单株产量。因此，取样时应增大植株样本数，否则容易出现误差。

扫码看彩图

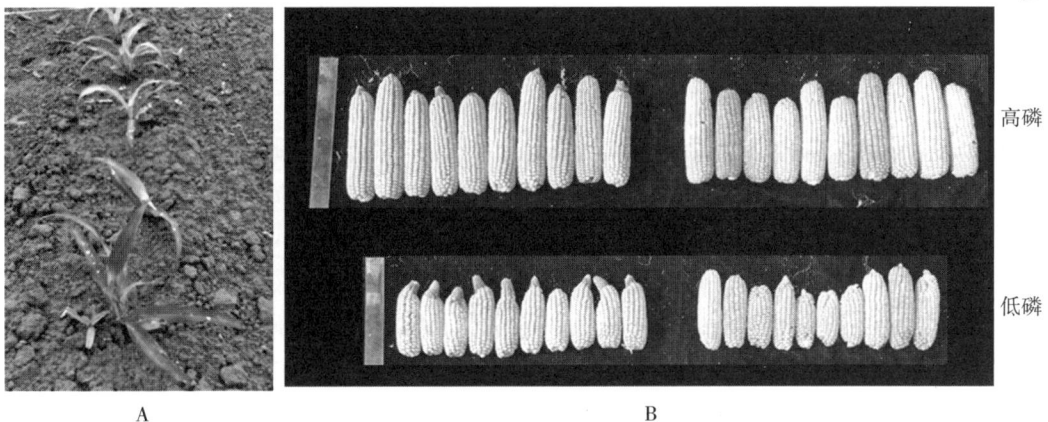

图 12-22 玉米缺磷症状

A. 缺磷玉米幼苗叶色表现　B. 高磷和低磷对玉米穗发育的影响

陈俊意等（2008）以 33 个不同玉米基因型为材料，在低磷和高磷 2 个供磷水平下，分析玉米基因型磷效率与多个相对根系性状的关系。结果表明，相对总根重、相对须根数和相对表层根重对磷效率（低磷/高磷相对值）的回归系数显著，认为相对须根数和相对表层根重可以作为培育高磷效率玉米基因型的改良目标性状。

张力天等（2014）在低磷胁迫和正常供磷条件下，对456份玉米自交系苗期的7个性状进行遗传评价。结果表明，干重具有较高遗传率，而广泛使用的耐低磷评价指标根冠比的遗传率不高。利用综合指数可以将供试材料划分为低磷敏感、中等耐低磷和高耐低磷的3个等级类群。根据耐低磷的选择指标建立的多元逐步回归模型，在低磷和正常供磷条件下可以分别解释总干重变异的67.8%和76.8%。联合干重的耐低磷指数与综合指数的标准，共筛选出23份高耐低磷和109份低磷敏感的玉米自交系。

辅助选择指标是为了更快、更准确或在早期鉴定种质材料，磷高效育种的终极目标是低磷条件下的作物产量，因此，所用的辅助选择指标都应该用成熟期作物产量作为最终衡量标准。不同研究者之间，有的用各生理指标或产量的相对值作为评价指标，比如耐低磷系数、对低磷的敏感度。而有的用低磷下的绝对量作为评价指标。从遗传改良的角度出发，前者实际上是对低磷特异性基因进行选择，而后者可能既选择了控制作物广泛适应性的基因，也选择了低磷特异性基因。前一种方法适合比较来源不同的遗传材料，在不同试验条件下可比性较强。所选到的材料除了作为育种资源外，还有利于进行专一性磷高效生理机制研究。但在选择过程中，应注意剔除那些生长速率慢，地上部磷需求量低的材料。

（三）玉米磷高效育种方法

1. 玉米磷高效常规育种　从20世纪90年代，巴西农业研究机构（EMBRAPA）即开始了磷高效遗传改良工作（Schaffert等，2001），但是进展缓慢。他们用一个磷高效的野生菜豆P1206002与栽培菜豆品种Sanilac杂交与回交获得回交系。在缺磷土壤和营养液中鉴定他们的磷高效特性，结果表明，几个回交系的形态类似Sanilac，但在低磷营养液中茎叶干重却比Sanilac高10%～25%。在低磷土壤中高出30%～50%，经济产量也比Sanilac高，这说明野生种的磷高效基因已重组到栽培种基因组中（Schttini等，1987）。Lynch的早期田间工作，在大量菜豆种质资源中筛选出了一些可用于生产的磷高效品系。通过远缘杂交引入外源基因也是磷效率改良的一种有效方法。在我国，李振声等通过对具有偃麦草外源基因的小偃4号进行系选，获得了耐低磷的小麦品种小偃54。在华南农业大学，年海教授与严小龙教授小组合作，通过引入南美大豆血缘，成功选育出7个适应于热带酸性土壤的"华夏系列"磷高效大豆品种。与其他作物相比，玉米磷高效的常规育种工作开展很少。山原1号是由山东省农业科学院原子能农业应用研究所和山东大学生命科学学院合作选育而成的磷高效玉米品种，2006年4月通过山东省农作物品种审定委员会审定，在缺磷地块的区域试验中比对照掖单4号增产11.4%。

2. 玉米磷高效分子育种　目前，尽管在玉米磷高效生理、遗传和分子基础研究取得了很大的进展，但是限制玉米磷高效分子育种的主要障碍还是缺乏与磷高效性状连锁的分子标记和控制磷高效性状的关键功能基因。然而，仍然有一些研究表现出很好的应用前景。Zhang等（2013）利用178和5003构建的$F_{2:3}$家系定位了一个低磷下的穗粒数QTL。这个

QTL 位于第 10 号染色体 bin10.07 位置，能够解释约 28% 的表型变异。随后，他们利用高代回交群体 BC_4F_2 对该位点进行了精细定位，把目标染色体区域缩减到大约 480kb 的区域。相对于轮回亲本 5003，导入 178 供体区域的近等基因系可以增加 6.08%～10.76% 的穗粒数。另外，Qiu 等（2013）利用 082 和 Ye107 构建的 $F_{2:3}$ 家系定位了一个控制叶片酸性磷酸酶活性的 QTL 位点，位于第 9 号染色体，能够接受 10.21%～16.81% 的表型变异。随后通过高代回交群体 BC_3F_2 对该位点进行了精细定位，把目标染色体区域缩减到大约 546kb 的区域。带有该 QTL 的近等基因系要比其轮回亲本的酸性磷酸酶活性提高近 20%。这些位点的精细定位，为进一步的分子标记辅助选择磷高效品种奠定了重要的基础。

Gu 等（2016）利用控制根系和磷效率重要 QTL 位点（bin1.03～bin1.04 和 bin3.04～bin3.05）结合分子标记辅助选择技术，在以小根系自交系的 Wu312 为轮回亲本、大根系自交系掖 478 为供体亲本所构建的 BC_4F_2 群体中，筛选到含有 11.3% 掖 478 片段的磷高效自交系 L224（图 12-23）。两年的田间试验也表明，L224 产量、吸磷量显著高于对照亲本 Wu312，在生产上具有节约磷肥、降低环境风险的应用潜力。同时，在水培条件下研究了其产量、吸磷量及相关性状，结果表明，L224 具有较高的磷效率，不仅根系形态优于 Wu312，而且其质子分泌强度、柠檬酸释放速率、酸性磷酸酶活性、根部磷转运蛋白基因 $ZmPht1;5$ 以及酸性磷酸酶基因 $ZmAPase$ 的表达量与掖 478 相当，说明通过根构型的遗传改良可以提高玉米的磷效率。

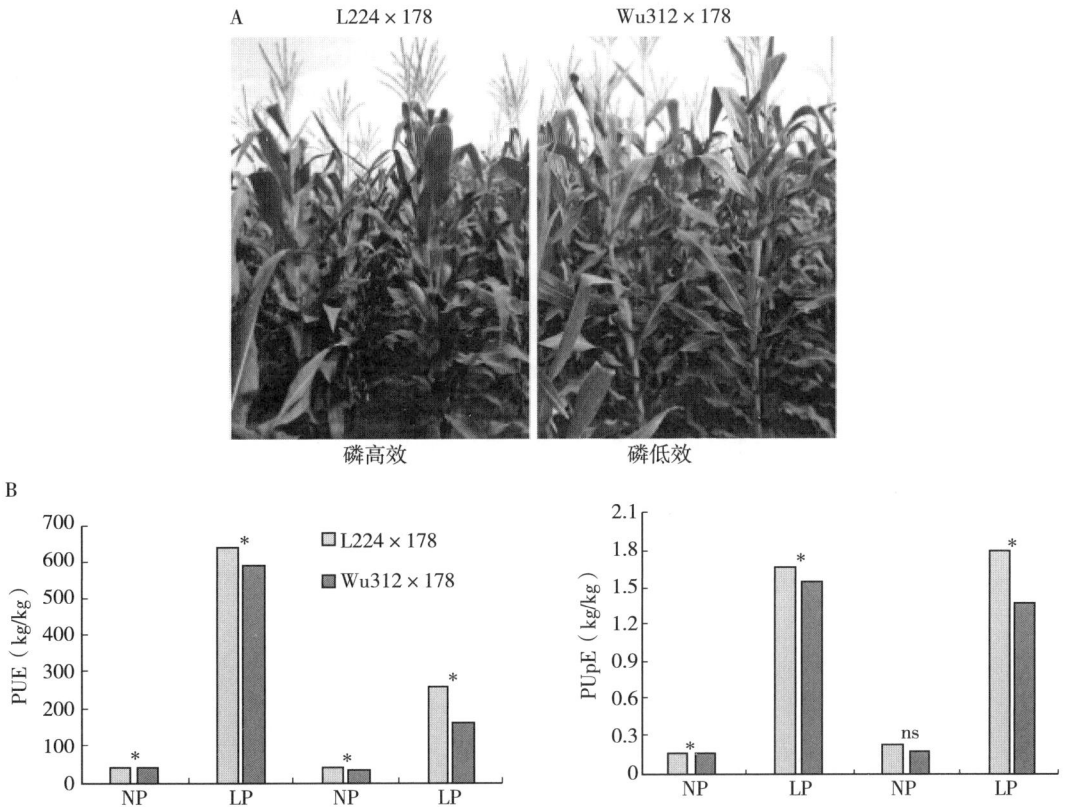

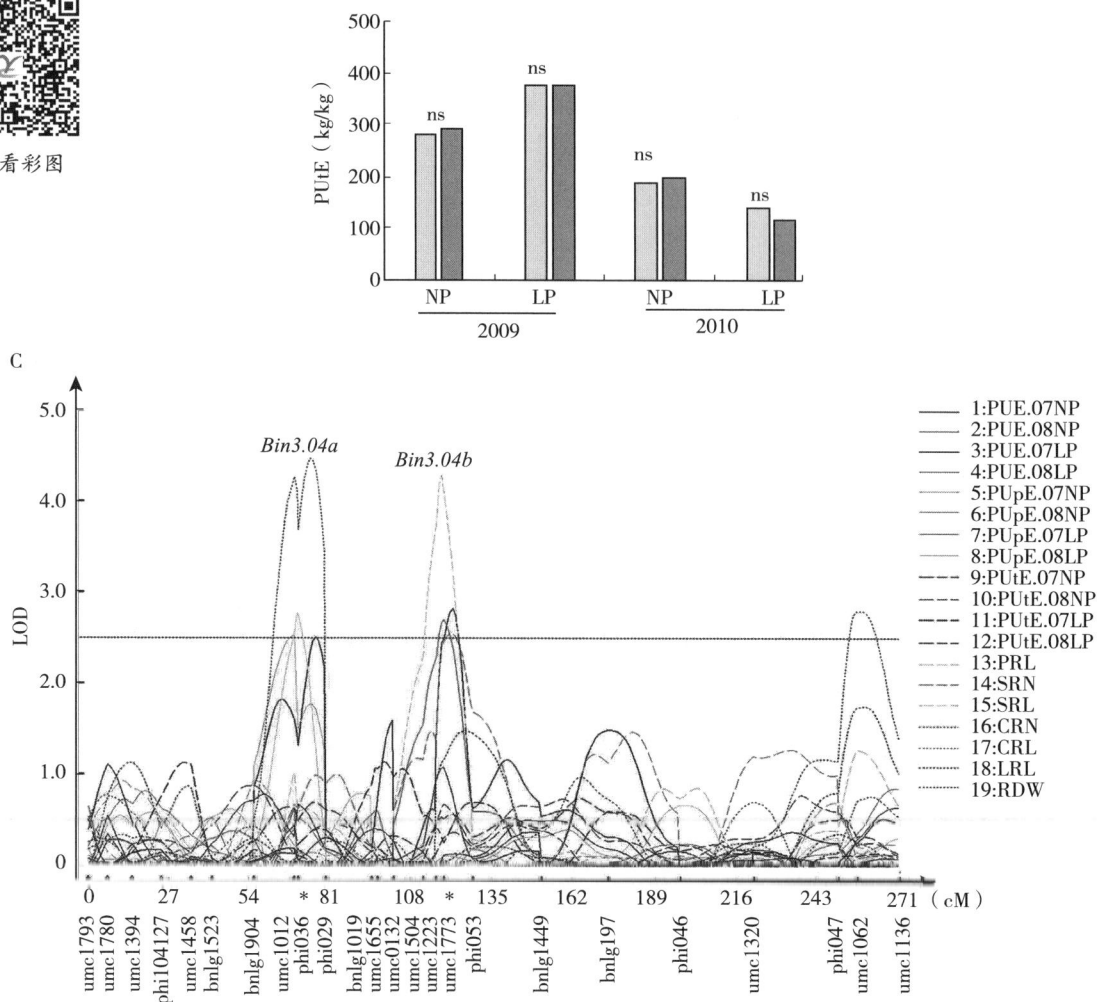

图 12-23　分子标记辅助选择磷高效 QTL 位点（Gu 等，2016）

A. 磷高效测交种（L224×178）和磷低效测交种（Wu312×178）表型　B. 2009 年和 2010 年 NP 和 LP 条件下 L224 和 Wu312 测交种籽粒产量及磷效率相关性状　C. 在第 3 号染色体上定位到的关于磷效率和根系构型相关的 QTL

注：PUE. 磷效率，PUpE. 磷素吸收效率，PUtE. 磷素利用效率，NP. 正常供磷，LP. 低磷，07 和 08 分别表示 2007 年和 2008 年。* 表示不同处理间有显著性差异（$P<0.05$），ns 表示不同处理间无显著性差异（$P\geqslant0.05$）。

　　利用转基因手段也可以进行根系的改良，从而实现玉米磷高效。在玉米中超表达转录因子 *ZmPTF1* 后，显著促进根的发育和提高生物量，而且在低磷土壤上增加了雄穗分枝、穗粒数和粒重，从而增加了产量（Li 等，2011）。

　　在生理方面，转基因玉米植株叶片中蔗糖和果糖浓度下降，但根中糖的浓度提高。超表达植株中果糖-1，6-二磷酸酶和蔗糖磷酸酶的基因表达在叶片中上升，在根中下降，说明 *ZmPTF* 参与调节碳水化合物在根冠间的分配，促进叶片中糖向根中分配。这一方面可能减轻叶片中糖对光合作用抑制，另一方面可能增加根对低磷胁迫的反应强度。

ZmPTF 超表达植株中，根中上调的基因还包括 *Zm38*、Dek 1-钙蛋白酶样蛋白、干旱诱导的核酯酶、PEP 羧激酶等。这些结果表明，转录因子 *ZmPTF1* 通过调控下游与糖代谢相关基因的表达，影响了糖在根冠间的分配，从而影响玉米的形态发育与产量。

主要参考文献

蔡红光，刘建超，米国华，等 . 2011. 田间条件下控制玉米开花前后根系性状的 QTL 定位 . 植物营养与肥料学报，17：317-324.

常建智 . 2010. 黄淮海超高产夏玉米生长发育及养分吸收积累规律研究 . 郑州：河南农业大学 .

陈范骏，米国华，春亮，等 . 2004. 玉米氮效率的杂种优势分析 . 作物学报，30：1014-1018.

陈范骏，米国华，张福锁 . 2009. 氮高效玉米新品种中农 99 的选育 . 作物杂志，25：103-104.

高炳德，李江遐，周燕辉，赵利梅 . 2000. 内蒙古平原灌区公顷产量 13.7～15.9t 不同品种春玉米氮、磷、钾吸收规律研究 . 内蒙古农业大学学报（自然科学版）（S1），62-71.

郭亚芬，米国华，陈范骏，等 . 2005. 局部供应硝酸盐诱导玉米侧根生长的基因型差异 . 植物营养与肥料学报（11）：155-159.

刘金鑫，田秋英，陈范骏，等 . 2009. 玉米硝酸盐累积及其在适应持续低氮胁迫中的作用 . 植物营养与肥料学报，3（8）：501-508.

刘向生 . 2003. 玉米磷效率基因型差异的生理及遗传分析 . 北京：中国农业大学 .

刘向生，陈范骏，春亮，等 . 2003. 玉米自交系耐低磷胁迫的基因型差异 . 玉米科学，11（3）：23-27.

刘宗华，汤继华，王春丽，等 . 2007a. 氮胁迫与非胁迫条件下玉米不同时期株高的动态 QTL 定位 . 作物学报，33（5）：782-789.

刘宗华，汤继华，卫晓轶，等 . 2007b. 氮胁迫和正常条件下玉米穗部性状的 QTL 分析 . 中国农业科学，40（11）：2409-2417.

刘宗华，谢惠玲，王春丽，等 . 2008. 氮胁迫和非胁迫条件下玉米不同时期叶绿素含量的 QTL 分析 . 植物营养与肥料学报，14（5）：845-851.

鲁如坤 . 1998. 土壤-植物营养学原理和施肥 . 北京：化学工业出版社：49-52，104，152-153.

米国华，刘建安，张福锁 . 1998. 玉米杂交种的氮农学效率及其构成因素剖析 . 中国农业大学学报，4（8）：97-104.

王艳，米国华，陈范骏，等 . 2001. 玉米根系形态对光照、氮水平反应的基因型差异 . 土壤肥料，3（5）：12-16.

吴秋平，陈范骏，陈延玲，等 . 2011. 1973—2009 年中国玉米品种演替过程中根系性状及其对氮的响应的变化 . 中国科学：生命科学，41：472-480.

张福锁，米国华，刘建安 . 1997. 玉米氮效率遗传改良与应用 . 农业生物技术学报（5）：112-117.

张福锁，王激清，张卫峰，等 . 2008. 中国主要粮食作物肥料利用率现状与提高途径 . 土壤学报，5：915-924.

朱兆良，张福锁 . 2010. 主要农田生态系统氮素行为与氮肥高效利用的基础研究 . 北京：科学出版社 .

Agrama H，Zakaria A，Said F，et al. 1999. Identification of quantitative trait loci for nitrogen use efficiency in maize. Molecular Breeding，5：187-195.

Bänzinger M. 2000. Breeding for drought and nitrogen stress tolerance in maize：From theory to practice. El

Batan：CIMMYT.

Cai H，Chen F，Mi G，et al. 2012a. Mapping QTL for root system architecture of maize（*Zea mays* L.）in the field at different developmental stages. Theoretical and Applied Genetics，125：1313 - 1324.

Cai H，Chu Q，Gu R，et al. 2012b. Identification of QTL for plant height，ear height and grain yield in maize（*Zea mays* L.）in response to nitrogen and phosphorus supply. Plant Breeding，131：502 - 510.

Cai H，Chu Q，Yuan L，et al. 2012c. Identification of quantitative trait loci for leaf area and chlorophyll content in maize（*Zea mays* L.）under low nitrogen and low phosphorus supply. Molecular Breeding，30：251 - 266.

Chen F，Fang Z，Gao Q，et al. 2013. Evaluation of the yield and nitrogen use efficiency of the dominant maize hybrids grown in North and Northeast China. Science China Life Sciences，56：552 - 560.

Chen F，Liu J，Liu Z，et al. 2021. Breeding for high - yield and nitrogen use efficiency in maize：Lessons from comparison between Chinese and US cultivars. Advances in Agronomy，166：251 - 275.

Chen X，Chen F，Chen Y，et al. 2013. Modern maize hybrids in Northeast China exhibit increased yield potential and resource use efficiency despite adverse climate change. Global Change Biology，19：923 - 936.

Chun L，Mi G，Li J，et al. 2005. Genetic analysis of maize root characteristics in response to low nitrogen stress. Plant and Soil，276：369 - 382.

Ciampitti I A，Vyn T J. 2013. Grain nitrogen source changes over time in maize：a review. Crop Science，53：366 - 377.

Cui Z，Zhang F，Mi G，et al. 2009. Interaction between genotypic difference and nitrogen management strategy in determining nitrogen use efficiency of summer maize. Plant and Soil，317：267 - 276.

Drew M. 1975. Comparison of the effects of a localised supply of phosphate，nitrate，ammonium and potassium on the growth of the seminal root system，and the shoot，in barley. New Phytologist，75：479 - 490.

Duvick D N. 2005. The contribution of breeding to yield advances in maize（*Zea mays* L.）. Advances in Agronomy，86：83 - 145.

Fan M，Bai R，Zhao X，et al. 2007. Aerenchyma formed under phosphorus deficiency contributes to the reduced root hydraulic conductivity in maize roots. Journal of Integrative Plant Biology，49：598 - 604.

Good A G，Shrawat A K，Muench D G. 2004. Can less yield more? Is reducing nutrient input into the environment compatible with maintaining crop production? Trends in Plant Science，9：597 - 605.

Gu R，Chen F，Long L，et al. 2016. Enhancing phosphorus uptake efficiency through QTL - based selection for root system architecture in maize. Journal of Genetics and Genomics，43：663 - 672.

Gu R，Duan F，An X，et al. 2013. Characterization of AMT - mediated high - affinity ammonium uptake in roots of maize（*Zea mays* L.）. Plant and Cell Physiology，54：1515 - 1524.

Guo Y，Chen F，Zhang F，et al. 2005. Auxin transport from shoot to root is involved in the response of lateral root growth to localized supply of nitrate in maize. Plant Science，169：894 - 900.

Hirel B，Le Gouis J，Ney B，et al. 2007. The challenge of improving nitrogen use efficiency in crop plants：towards a more central role for genetic variability and quantitative genetics within integrated approaches. Journal of Experimental Botany，58：2369 - 2387.

Hochholdinger F，Woll K，Sauer M，et al. 2004. Genetic dissection of root formation in maize（*Zea mays*）reveals root - type specific developmental programmes. Annals of Botany，93：359 - 368.

Hu B, Zhu C, Li F, et al. 2011. LEAF TIP NECROSIS1 plays a pivotal role in the regulation of multiple phosphate starvation responses in rice. Plant Physiology, 156: 1101 - 1115.

Lafitte HR, Edmeades GO. 1994a. Improvement for tolerance to low soil nitrogen in tropical maize. Ⅰ. Selection criteria. Field Crop Research, 39: 1 - 14.

Lafitte HR, Edmeades GO. 1994b. Improvement for tolerance to soil nitrogen in tropical maize. Ⅱ. Grain yield, biomass production, and N accumulation. Field Crop Research, 39: 15 - 25.

Lafitte HR, Edmeades GO. 1994c. Improvement for tolerance to soil nitrogen in tropical maize. Ⅲ. Variation in yield across environments. Field Crop Research, 39: 27 - 38.

Landi P, Giuliani S, Salvi S, et al. 2010. Characterization of root - yield - 1.06, a major constitutive QTL for root and agronomic traits in maize across water regimes. Journal of Experimental Botany, 61: 3553 - 3562.

Li K, Xu C, Li Z, et al. 2008. Comparative proteome analyses of phosphorus responses in maize (*Zea mays* L.) roots of wild - type and a low - P - tolerant mutant reveal root characteristics associated with phosphorus efficiency. The Plant Journal, 55: 927 - 939.

Li K, Xu Z, Zhang K, Yang A, Zhang J. 2007a. Efficient production and characterization for maize inbred lines with low - phosphorus tolerance. Plant Science, 172: 255264.

Li K, Xu C, Zhang K, Yang A, Zhang J. 2007b. Proteomic analysis of roots growth and metabolic changes under phosphorus deficit in maize (Zea *mays* L.) plants. Proteomics, 7: 15011512.

Li M, Guo X, Zhang M, et al. 2010. Mapping QTL for grain yield and yield components under high and low phosphorus treatments in maize (*Zea mays* L.). Plant Science, 178: 454 - 462.

Li P, Chen F, Cai H, et al. 2015. A genetic relationship between nitrogen use efficiency and seedling root traits in maize as revealed by QTL analysis. Journal of Experimental Botany, 66: 3175 - 3188.

Liu F, Wang Z, Ren H, et al. 2010. *OsSPX1* suppresses the function of *OsPHR2* in the regulation of expression of *OsPT2* and phosphate homeostasis in shoots of rice. The Plant Journal, 62: 508 - 517.

Liu J, An X, Cheng L, et al. 2010. Auxin transport in maize roots in response to localized nitrate supply. Annals of Botany, 106: 1019 - 1026.

Liu J, Cai H, Chu Q, et al. 2011. Genetic analysis of vertical root pulling resistance (VRPR) in maize using two genetic populations. Molecular Breeding, 28: 463 - 474.

Liu J, Chen F, Olokhnuud C, et al. 2009. Root size and nitrogen - uptake activity in two maize (*Zea mays*) inbred lines differing in nitrogen - use efficiency. Journal of Plant Nutrition and Soil Science, 172: 230 - 236.

Liu J, Han L, Chen F, et al. 2008. Microarray analysis reveals early responsive genes possibly involved in localized nitrate stimulation of lateral root development in maize (*Zea mays* L.). Plant Science, 175: 272 - 282.

Liu Y, Mi G, Chen F, et al. 2004. Rhizosphere effect and root growth of two maize (*Zea mays* L.) genotypes with contrasting P efficiency at low P availability. Plant Science, 167: 217 - 223.

Lynch JP. 2013. Steep, cheap and deep: an ideotype to optimize water and N acquisition by maize root systems. Annals of Botany, 112: 347 - 357.

Mackay A, Barber S. 1986. Effect of nitrogen on root growth of two corn genotypes in the field. Agronomy

Journal，78：699－703.

Mi G，Chen F，Wu Q，et al. 2010. Ideotype root architecture for efficient nitrogen acquisition by maize in intensive cropping systems. Science China Life Sciences，53：1369－1373.

Mi G，Chen F，Yuan L，et al. 2016. Ideotype root system architecture for maize to achieve high yield and resource use efficiency in intensive cropping systems. Advance in Agronomy，139：73－97.

Mi G，Liu J，Chen F，et al. 2003. Nitrogen uptake and remobilization in maize hybrids differing in leaf senescence. Journal of Plant Nutrition，26：237－247.

Moll R，Kamprath E，Jackson W. 1982. Analysis and interpretation of factors which contribute to efficiency of nitrogen utilization. Agronomy Journal，74：562－564.

Niu J，Peng Y，Li C，et al. 2010. Changes in root length at the reproductive stage of maize plants grown in the field and quartz sand. Journal of Plant Nutrition and Soil Science，173：306－314.

Plénet D，Etchebest S，Mollier A，et al. 2000. Growth analysis of maize field crops under phosphorus deficiency. Plant and Soil，223：119－132.

Plénet D，Mollier A，Pellerin S. 2000. Growth analysis of maize field crops under phosphorus deficiency. Ⅱ. Radiation－use efficiency，biomass accumulation and yield components. Plant and Soil，224：259－272.

Presterl T，Seitz G，Landbeck M，et al. 2003. Improving nitrogen－use efficiency in European maize：Estimation of quantitative genetic parameters. Crop Science，43：1259－1265.

Qiu H，Mei X，Liu C，et al. 2013. Fine mapping of quantitative trait loci for acid phosphatase activity in maize leaf under low phosphorus stress. Molecular breeding，32：629－639.

Ren W，Zhao L，Liang J，et al. 2022. Genome－wide dissection of changes in maize root system architecture during modern breeding. Nature Plants，8，1408－1422.

Tian Q，Chen F，Zhang F，et al. 2005. Possible involvement of cytokinin in nitrate－mediated root growth in maize. Plant and Soil，277：185－196.

Tian Q，Chen F，Zhang F，et al. 2006. Genotypic difference in nitrogen acquisition ability in maize plants is related to the coordination of leaf and root growth. Journal of Plant Nutrition，29：317－330.

Tuberosa R，Sanguineti MC，Landi P，et al. 2002. Identification of QTL for root characteristics in maize grown in hydroponics and analysis of their overlap with QTL for grain yield in the field at two water regimes. Plant Molecular Biology，48：697－712.

Wu Q，Chen F，Chen Y，2011. Root growth in response to nitrogen supply in Chinese maize hybrids released between 1973 and 2009. Science China Life Sciences，54：642－650.

Wu Y，Liu W，Li X，et al. 2011. Low－nitrogen stress tolerance and nitrogen agronomic efficiency among maize inbreds：comparison of multiple indices and evaluation of genetic variation. Euphytica，180：281－290.

Yi K，Wu Z，Zhou J，et al. 2005. *OsPTF1*，a novel transcription factor involved in tolerance to phosphate starvation in rice. Plant Physiology，138：2087－2096.

Yuan L，Loque D，Kojima S，et al. 2007. The organization of high－affinity ammonium uptake in *Arabidopsis* roots depends on the spatial arrangement and biochemical properties of AMT1－type transporters. The Plant Cell，19：2636－2652.

Zhu J，Kaeppler SM，Lynch JP. 2005a. Topsoil foraging and phosphorus acquisition efficiency in maize （*Zea mays*）. Functional Plant Biology，32：749-762.

Zhu J，Kaeppler SM，Lynch JP. 2005b. Mapping of QTL controlling root hair length in maize （*Zea mays* L.）under phosphorus deficiency. Plant and Soil，270：299-310.

第十三章　玉米双单倍体育种技术原理与应用

（陈绍江）

玉米自交系间杂交所形成的单交种是当代玉米杂种优势利用的主要形式，杂种优势的不断挖掘与利用推动了杂交种在美国及全球的规模化推广，大幅度提升了玉米单产水平。作为玉米杂种优势利用的基础，高度纯合的自交系培育一直是育种的核心内容。而亲本自交系的选育周期较长，通常需要连续自交 8 代以上，是育种过程中的关键限速步骤。如何缩短选系周期，加快育种进程是育种学家长期面临的关键问题。

单倍体育种能够加快遗传纯合、缩短选系周期，一直是实现玉米纯系快速选育的理想路径。单倍体是指具有配子染色体的细胞或个体，仅含有一套染色体组，既可以自然发生，也可以通过诱导产生。单倍体经过加倍即可形成双单倍体（doubled haploid，DH）系，因此，国际上又称此技术为 DH 育种技术。

近年来，以生物诱导母本单倍体为基础的玉米单倍体育种技术已逐步成为现代玉米育种的关键性技术之一。现代广泛应用的玉米单倍体育种技术源于杂交诱导单倍体现象的发现及其技术体系的不断改良。1959 年，Coe 在研究一个源于墨西哥的玉米材料 Stock6 色素遗传过程中，发现其花粉在自交和杂交的过程中均能产生少量母本单倍体。这项研究为后续玉米杂交诱导单倍体育种技术的发展奠定了重要基础。因原始单倍体诱导系效率低，没有高效的单倍体鉴别和配套加倍方法等因素，限制了该技术的实际应用。20 世纪 80 年代以来，不同国家的遗传育种学家在 Stock6 的基础上，通过不断的遗传改良，使单倍体诱导效率得到了持续提升。同时，在单倍体鉴别和加倍等技术上的改进，也使单倍体育种技术的整体应用效率显著提高。实践表明，该技术可以在各类材料上诱导产生母本单倍体，没有明显基因型依赖性，且操作相对简单和易于实现高通量纯系生产。目前该技术已作为玉米育种的核心技术并成功应用于规模化商业育种，从根本上改变了百年来一直沿用的传统自交系选育模式，促进了大规模工程化快速育种新模式的创建，为玉米育种技术的整体转型升级提供了有力支撑。

第一节　玉米单倍体产生途径与诱导原理

一、玉米单倍体产生途径

单倍体产生的途径有多种形式，主要包括远缘杂交诱导、品种间杂交诱导与花药组培等。被子植物是通过双受精方式来繁衍后代的，在绝大多数的被子植物个体中，其生活周期是在二倍性的孢子体世代与单倍性的配子体世代之间循环（Walbot 等，2003），其中二倍性的孢子体世代占优势地位。在双受精过程中，一个精核与卵细胞结合发育形成 $2n$ 的胚，另一个精核与两个极核结合形成 $3n$ 的胚乳。但是偶然的双受精失败有可能造成雄核发育或雌核发育，从而形成孤雄生殖或孤雌生殖单倍体。这种单性无融合生殖方式也存在于玉米之中，早期的玉米单倍体主要是从品种间、自交系间或品种与自交系杂交产生的孤雌生殖单倍体（Randolph，1932）。Randolph（1940）研究发现，不同杂交组合间的单倍体频率存在一定差异，频率在 0.11%～1.03% 之间。Stadler（1940）也注意到了不同材料间的单倍体频率差异。Randolph 和 Stadler 都将此现象归结为不同的材料中存在着不同频率的致死或半致死因子。后来研究发现母本和父本对于单倍体的产生都有影响，但父本对于单倍体产生的影响更大（Chase，1952；Seaney，1955；Coe，1959；Sarkar 等，1966）。

由于单倍体的发生频率很低，如果在田间大群体中直接鉴别单倍体植株是不现实的，为此，Nanda 等（1966）提出了 PEM（purple embryo marker）标记基因系统 BPlA1A2C1C2R1 nj，用于单倍体鉴别。这一标记系统能够在籽粒胚乳顶冠糊粉层和盾片同时合成花青素，因而是籽粒色素双标记性状。以具有这一标记系统的材料为父本与普通材料杂交所获得的籽粒中，胚乳糊粉层有色而盾片无色的类型即为拟单倍体。利用这种方法可以在萌发前淘汰杂合籽粒，使单倍体的鉴别效率大大提高。借助于遗传标记系统，Nanda 等（1966）发现不同杂交组合中孤雌生殖单倍体的发生频率平均为 0.1%～0.54%，这与 Randolph（1940）的研究结果比较接近。虽然品种间杂交诱导可以产生单倍体，但因其频率太低而难以满足实际育种需要。不过，这些研究对后续单倍体育种有重要的意义。而且严格来讲，现在广泛应用的孤雄生殖诱导母本单倍体也属于品种间杂交诱导单倍体的范畴。

（一）孤雄生殖单倍体

孤雄生殖单倍体在玉米中发生的频率极低，据 Sarkar 等（1972）研究发现，孤雄生殖单倍体频率仅为 0.002 6%。但是 Kermicle（1969）在 W23 自交系中发现的不定配子体（indeterminate gametophyte）突变体 W23（ig）则可使后代产生 1%～2% 的孤雄单倍体。ig 基因具有以下遗传效应：ig 基因纯合体是雄性不育的；在 $igig$ 纯合植株果穗上有 50% 的败育或缺陷籽粒；在 $Igig$ 杂合植株果穗上有 25% 的败育或缺陷籽粒；在具有 ig 基因的雌配子体发育而成的正常胚乳籽粒中，有 6% 具有双胚，少数情况下具有三胚或多胚；以 $igig$ 纯合体为母本，杂交可以产生 3% 左右的单倍体，其中约 2.6% 为孤雄生殖单倍体，0.6% 为孤雌生殖单倍体。Ig 是雌配子体表达的基因，因此只有在母本中才会产生上述效应，并且杂合状态下其作用减半。ig 基因导致的不育性和籽粒败育是鉴定杂交后代中是否具有该基因的重要依据。

Evans（2007）通过利用 W23ig 与 Mo17 构建一个 BC_1F_1 的分离群体，将 igl 基因定位在第 3 号染色体上，位于 SSR 标记 umc1311 和 umc1973 之间，之后又通过 BLAST 比对发现该区域与水稻第 1 染色体上一段区域高度同源，从而利用这两个高度保守的区域克隆了 igl 基因。该基因包括 4 个外显子，编码的 mRNA 全长 1 264 个碱基。igl 基因主要在子房壁的横向区域、珠被和珠心的边界处表达。从细胞学来看，ig 基因的作用是在胚囊减数分裂后的多核细胞时期干扰了把细胞核拉向两极的细胞骨架的功能（Enaleeva 等，1995），造成了细胞分裂的紊乱。在所形成的超二倍极核中，$3n$ 极核与 n 结合胚乳缺陷型籽粒，$4n$ 以上极核与 n 结合则胚乳不育（Lin，1984）。经过不正常分裂所产生的多个卵细胞或助细胞受精后形成双胚或多胚。另外，由于异常分裂大孢子中有的细胞核会发生退化（Lin，1981），则受精后的精核即占据了退化核的位置，从而可以发育为孤雄生殖单倍体。

孤雄生殖单倍体为细胞质的转移带来了便利，如以具有雄性不育胞质（CMS）的 W22（$ig1/ig1$）为母本与一个正常的自交系杂交，其所产生的单倍体除了携带雄性不育细胞质外，细胞核则来自正常自交系，由此可以形成不同胞质背景的同型系。不过，由于该材料的保持有一定的困难，影响了其在育种中的应用。

（二）孤雌生殖单倍体

以诱导母本孤雌生殖为基础的单倍体诱导系统是现代单倍体育种技术的核心，而专用诱导系 Stock6 的发现则是此项技术发展的起点。

Stock6 起源于一个白色胚乳、紫色糊粉层、硬粒型的墨西哥地方种，其诱导率为 $1\% \sim 2\%$（Coe，1959），是当今几乎所有母本单倍体诱导系的祖先。Nanda 等（1966）将 $R1-nj$ 遗传标记导入 Stock6，建立了以籽粒颜色进行单倍体诱导的方法，从而使单倍体技术作为一种育种方式成为可能（图 13-1）。$R1-nj$ 基因引起籽粒顶部产生色素，基部没有色素，称为 navajo 斑纹。以具有 $R1-nj$ 的诱导材料做父本与普通材料杂交，杂交籽粒可以产生两类：一类是正常双受精籽粒，胚和胚乳均表现有色；另一类是胚乳正常受精发育，而卵细胞进行雌核发育形成孤雌生殖单倍体胚，由于其基因型来自母本，表现为无色（图 13-1）。

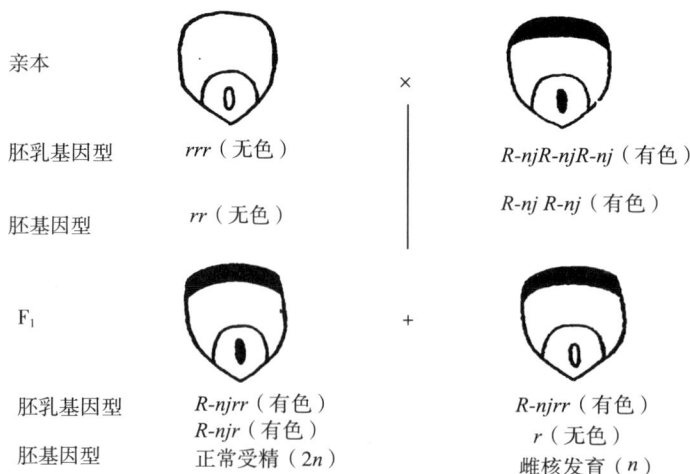

亲本		×	
胚乳基因型	rrr（无色）		R-njR-njR-nj（有色）
			R-nj R-nj（有色）
胚基因型	rr（无色）		
F_1		+	
胚乳基因型	R-$njrr$（有色）		R-$njrr$（有色）
	R-njr（有色）		r（无色）
胚基因型	正常受精（$2n$）		雌核发育（n）

图 13-1　$R1-nj$ 花粉直感效应表现

尽管遗传标记有助于孤雌生殖单倍体的鉴别，但 Stock6 的诱导率很低，自交结实性差，籽粒 $R1-nj$ 遗传标记较弱，因而其实际应用受到较大限制。为此，国内外进行了大量的改良工作，并选育出了一些优良的诱导系（表 13-1），如法国的 WS14（Lashermes 等，1988）、苏联的 KEMS（Shatskaya 等，1994）、摩尔多瓦的 MHI（Chalyk，1999）、德国的 RWS（Geiger 等，2005）、中国农业大学的农大高诱 1～7 号以及高油诱导系等（陈绍江，2012；Dong 等，2014；Liu 等，2022；王冬等，2023）。这些新选的诱导系不仅遗传标记更加清晰、农艺性状得到改善，其诱导率也进一步提高，利用价值远超 Stock6。这些诱导系几乎在所有的母本材料上均能获得一定频率的单倍体，已经被广泛应用于单倍体育种技术中，成为现代单倍体育种技术的基石。

除 Stock6 外，1982 年萨拉托夫大学培育的 AT-1 系可选出 90%～100% 的母本单倍体，但是 AT-1 系的单倍体性质和二倍体种子稀少，繁殖困难（才卓等，2008）。着丝粒组蛋白 CENH3 基因变异可以诱导单倍体（Ravi 等，2010），基于此，Chan（2011）在美国玉米遗传学大会上提出了新的单倍体育种技术设想，利用 CENH3 突变体既可以进行孤雌生殖单倍体诱导，也可以进行孤雄生殖单倍体生产，但因其诱导产生的单倍体存在较多非整倍体等不利遗传效应而至今一直未能实现规模化应用。

表 13-1　部分诱导系的诱导率统计

诱导系名称	诱导率（%）	文献
Stock6	2.3	Coe，1959
ZMS	0.6～3.4	Tyrnov 等，1984
WS14	3.0～5.0	Lashermes 等，1988
5329C	3.05～18.57	Sarkar 等，1994
KEMS	6.3	Shatskaya 等，1994
MHI	5.5～6.7	Chalyk，1994
RWS	8.65～13.39	Geiger 等，2005
农大高诱 1 号	1.9～9.2	刘志增，2000
农大高诱 2～7 号	8～20	陈绍江等，2010；王冬等，2023
吉高诱系 3 号	10.4	才卓等，2007
CM500	7.39～10.9	慧国强等，2012
高油诱导系 CHOI1～CHOI4	8～15	Dong 等，2014；Liu 等，2022

二、单倍体诱导原理

（一）单倍体诱导的生物学基础

在以 Stock6 为基础的母本孤雌生殖单倍体诱导机制方面，已有研究结果归纳起来主要有两种，即染色体排除与单受精（图 13-2）。

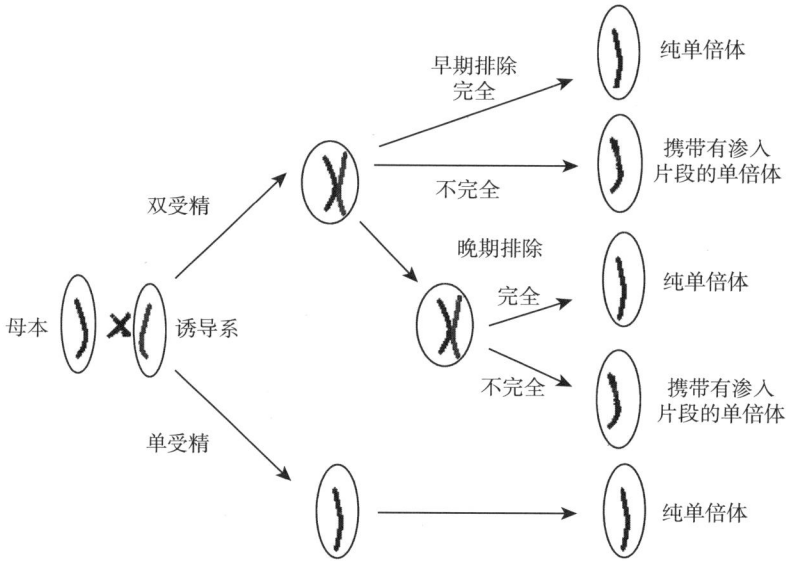

图 13-2　母本单倍体诱导机理示意图（黎亮，2010）

1. 染色体排除　染色体排除是其他很多作物的单倍体发生机制，但在玉米上仍然是诱导机理研究的热点之一。Wedzony（2002）通过对诱导系 RWS 自交授粉 20d 的子房压片，发现大约 10% 的细胞中出现微核。微核的出现通常被认为是染色体排除的重要标志。不同研究者还利用分子标记检测到单倍体中存在 1%～2% 的诱导系片段（Fischer，2004，黎亮等，2009）。另有研究认为染色体排除是单倍体产生的主要机制，同时认为染色体排除是一个持续的过程（Zhang 等，2009）。近来的研究进一步证实了染色体排除虽然是单倍体产生的重要原因，但未观察到微核的存在，且染色体排除发生在胚形成的早期（Zhao 等，2013）。随着测序技术的发展，Li 等（2017）利用单细胞测序技术分别对诱导系 CAU5 四分体时期小孢子细胞核和成熟花粉的细胞核进行测序，发现在 27% 成熟花粉的细胞核中存在片段化的染色体，远高于四分体时期小孢子细胞核中的 1%。在另外两个诱导系中也检测到高频的染色体片段化现象，但在两个常规自交系中却没有，这意味着单倍体的产生可能与花粉中染色体的片段化有关。进一步通过多种组学手段分析，揭示了单倍体诱导系染色体的片段化是由于 *ZmPLA1* 失活，导致周边卵磷脂积累，使线粒体发生紊乱导致活性氧爆发，破坏精细胞染色体的稳定性（Jiang 等，2022）。此外，利用携带基因编辑载体的诱导系诱导产生的单倍体中，有一定比例单倍体的基因会被编辑（Kelliher 等，2019；Wang 等，2019），这说明诱导系中携带的基因编辑载体能够进入卵细胞，即单倍体诱导的受精过程中精卵发生了融合，但由于诱导系花粉中染色体的片段化，父本染色体发生排除而形成单倍体。

2. 单受精　尽管染色体排除有越来越多的研究结果支持，但由于玉米生殖过程的复杂性，单受精作为母本单倍体形成的一种机制尚不能完全否定，而且不同的诱导基因也可能存在不同的诱导机制。

已有的研究结果表明，诱导系的诱导特性是雄配子体性状，花粉粒中两个精核之间的发育差异或参与受精的过程异常都可能造成单受精。目前，单受精形成的路径主要有两种可能：一是雄配子发育异常，二是精核不同步转运。

在雄配子发育方面，在正常的玉米成熟花粉粒中，一对精细胞虽然体积明显不同，但它们核的体积一般差异不大。Bylich 等（1996）在对孤雌生殖诱导系 Stock6 衍生系 ZMS 的成熟花粉细胞观察后发现，与对照材料花粉相比，ZMS 花粉除大部分表现正常外，还有 6.32% 的花粉精核形态异常。在这部分花粉的两个精核中，其中一个形态正常，另一个形态要么偏大（可能尚未发育成熟）要么偏小（可能已经衰老）。这一异常花粉的比例恰好相当于 ZMS 诱导能力的两倍。如果两个精核与卵核和极核的结合是完全随机过程，那么异常花粉中正常精核与卵核结合形成合子的概率为 3.16%，该合子由于胚乳未受精而不能发育成正常种子。同样这类精子与极核结合形成 $3n$ 胚乳的概率也为 3.16%，这类单受精可能诱导卵核发育为单倍体。这种巧合是属偶然还是规律，还有待进一步验证。

花粉中两个精核的同步转运也是实现双受精的重要保证。从花粉粒萌发到花粉管到达胚囊，精细胞要在花粉管中穿行较长距离，其间，两个精细胞和营养核只有作为一个整体即雄性生殖单位的形式而进行转运，才能保证双受精的同时性；否则，如果两个精子分开运输，则落后的精子可能没有机会到达胚囊，结果是只有一个精子参与受精，当它与极核融合后就可能发育为单倍体籽粒。刘志增等（2000）的研究通过对两精核进行 DAPI 荧光染色并在显微镜下测量两精核的距离，统计表明精核间距小于花粉粒平均半径组的分布频率与单倍体诱导率呈显著负相关，大于花粉粒平均半径组的分布频率与单倍体诱导率之间则表现出极显著的正相关。因此推测两精核距离过大可能是单倍体诱导的机制之一。

由于植物受精补偿机制的存在，常伴随着异雄核籽粒的产生（Kasahara 等，2012），这也使得异雄核籽粒成为单受精现象发生的标志。通过观察异雄核受精现象可有效评估单受精发生的频率。异雄核受精现象是指与卵细胞和中央细胞受精的 2 个精细胞来源于不同的花粉（Tian 等，2018）。Liu 等（2017）通过间隔授粉试验得到类似的结果，且发现诱导系花粉竞争力较弱，异雄核籽粒产生的频率和诱导系的单倍体诱导率呈正相关关系。为准确鉴定单倍体诱导过程中产生的异雄核频率，Tian 等（2018）利用诱导系 CAU5、携带 $R1-nj$ 的非诱导系 $B73R1-nj$（BR）分别与高油自交系 GY923 间隔，与不同的自交系杂交，基于油分差异对单倍体与二类异雄核籽粒进行区分。统计结果发现在不同材料中，CAU5＋GY923 授粉组合产生异雄核频率的变化范围为 1.44%～6.14%，远高于 BR＋GY923 授粉组合的 0.20%～1.38%。母本材料单倍体的可诱导性越高，产生的异雄核籽粒频率越高。同时，也在诱导果穗上发现单受精的胚珠，进一步证明了单倍体诱导过程中发生了单受精。综上所述，无论何种机制，其所形成的绝大部分单倍体均是纯母本基因型。

（二）单倍体诱导的遗传学基础

早期的研究已经证明，Stock6 诱导母本单倍体的能力是受遗传控制的。据 Aman

（1981）等报道，包含 Stock6 的杂交后代经 3 轮诱导性状的全姊妹选择后，其诱导单倍体的能力平均从 0.16% 提高到 3.6%，其中个别品系的诱导能力达 14.2%。他认为诱导能力是由具有加性效应的多基因所决定的，但是受环境的影响较小。Sarkar（1994）等以含有 75% 的 Stock6 遗传成分的早代材料来杂交诱导单倍体，获得了平均 3% 的孤雌生殖单倍体。经过进一步选择后，诱导能力稳步提高，许多后代系的诱导率超过 5%，最高者达 18.57%。由此可见，Stock6 的诱导性状是由核基因控制的，通过杂交可以转育，通过选择可以提高。

Coe（1959）利用 Stock6 与低诱导率（0.15%）材料 2689 杂交产生的 F_1 代为授粉者，诱导无叶舌测验种产生 0.42% 的单倍体，表明诱导单倍体性状偏低亲遗传。而 Lashermes 等（1988）通过对 Stock6 的 10 个不同杂交 F_1 代诱导单倍体能力的测定发现，该性状在 F_1 代呈显性遗传；进一步对 W23×Stock6 的 F_2 和 F_3 代的分析指出，F_2 和 F_3 代的诱导率高度相关，并显示出诱导性状受 3 对显性基因控制的特征，其中一对基因对另两对基因具有上位性作用。随着分子生物学技术的应用，诱导性状的遗传研究取得较大进展。Barret 等（2008）在玉米染色体 1.04 区的位置检测到一个与诱导率相关的主效位点，Dong 等（2013）将这个主效基因 qhir1 位点精细定位在 243kb 的范围内。qhir1 可以解释 30% 的表型贡献率和 66% 的基因型贡献率，位于标记 X263 和 X291 之间。该基因能够引起籽粒败育。在 qhir1 精细定位基础上，国内外 3 家单位先后独立报道了对 qhir1 位点单倍体诱导基因的克隆工作。在 qhir1 区间内克隆到一个在花粉中特异表达的磷脂酶基因 MTL/ZmPLA1/NLD，该基因第 4 外显子上 4bp 的插入导致基因功能的丧失而诱导产生单倍体（Kelliher 等，2017；Liu 等，2017；Gilles 等，2017）。利用多个群体还检测到其他 7 个与诱导率相关的 QTL 位点（黎亮等，2009；Prigge 等，2012）。其中，位于第 9 号染色体上的 qhir8 为另一个控制玉米单倍体诱导率的主效位点，其表型贡献率超过 10%，对单倍体诱导率的提高起着关键作用。Liu 等（2015）利用 2 个诱导率存在差异的诱导系 UH400 和 CAUHOI 构建 F_2 群体，利用后代测验的方法对所筛选获得的 34 个交换单株进行分析，将 qhir8 区间缩小到 789kb。在此基础上，Zhong 等（2019）进一步将 qhir8 区间缩小至 318bp，锁定了编码 DUF679 结构域的膜蛋白基因 ZmDMP。在 ZmPLA1/MTL/NLD 突变的基础上，ZmDMP 起始密码子下游的第 131bp 上 T～C 的单碱基替换导致氨基酸的错义突变是单倍体诱导率提高 2～3 倍的原因。

玉米单倍体关键诱导基因的克隆为其他作物应用类似的单倍体育种技术奠定了基础。利用基因编辑技术分别对玉米单倍体诱导基因 ZmPLA1/MTL/NLD 在水稻和小麦中的同源基因进行敲除，成功创建了水稻和小麦的母本单倍体诱导系（Liu 等，2019；Yao 等，2018）。然而，诱导基因 ZmPLA1/MTL/NLD 仅在少数单子叶植物中具有同源基因，无法进一步将该系统向双子叶植物拓展。与 ZmPLA1/MTL/NLD 基因不同，另一个玉米单倍体诱导基因 ZmDMP 在双子叶植物中也具有较高的保守性（Zhong 等，2019）。对模式植物拟南芥及重要双子叶植物番茄、油菜和烟草等中的 ZmDMP 同源基因进行敲除，均获得了单倍体植株，成功将玉米单倍体的诱导体系拓展至双子叶植物

（Zhong 等，2020，2022）。这些研究结果验证了基因在不同倍性作物的功能保守性，因此，诱导基因 *dmp* 驱动的单倍体诱导技术具有跨作物应用的潜力，基于该系统的单倍体育种技术有望成为作物育种的关键共性技术。

尽管单倍体的产生主要受到父本配子的影响，但不同材料产生母本单倍体频率呈现的差异又非父本影响所能完全解释。因此，单倍体诱导与被诱导之间也存在着互作或母本自身亦存在单倍体被诱导能力或单倍体产生能力的差异。已有研究表明，母本孤雌生殖产生单倍体的能力也受遗传控制，以郑单 958 后代群体在第 1 和第 3 号染色体上定位到了两个相关 QTL，分别位于 umc1292 和 bnlg1014 以及 umc1844 和 umc2277 之间，二者共能解释孤雌生殖能力 20% 左右的表型变异，其中位于第 1 号染色体的 *qmhir1* 贡献率为 14.70%，以显性效应为主，而位于第 3 号染色体的 *qmhir2* 贡献率为 8.42%，以部分显性效应为主。因此，对于母本遗传效应的研究将为揭示单倍体诱导机理提供新的视角（Wu 等，2014）。

第二节　单倍体诱导技术和鉴定方法

一、诱导系选育

（一）诱导系的诱导率

诱导系选育目标主要考虑的性状包括诱导率、遗传标记、农艺性状、散粉和繁殖性能等。由于诱导率主要受少数主效基因控制，在自交或回交早代分离很大，因此早期主要以诱导率的选择为主，三代以后加强对农艺性状和标记表达选择。一般情况下，如果某个材料的诱导率很高，只是农艺性状不好，或者标记表达不好，回交改良是较为有效的方法；但如果要获得诱导率超亲分离后代，则可采用二环系选育方法或 DH 系方法。选育亲本模式可以是普通系×高诱系，也可以是高诱系×高诱系。如 Lashermes 等从 W23*ig* 和 Stock6 的杂种 F₃ 群体中，选育出了孤雌生殖诱导系 WS14（Lashermes，1988），Chalyk 将 KMS 和 ZMS 杂交，从后代选育出了诱导率更高的 MHI。Geiger 等将俄罗斯的 KEMS 和法国的 WS14 杂交选育出新的诱导系 RWS，中国农业大学利用高油种质 BHO 和 Stock6 进行杂交选育出农大高诱 1 号等。当然，随着技术的发展，通过对关键诱导基因的编辑也可以创制单倍体诱导系。

诱导系选育过程中，对单倍体诱导率选择方法主要有两种：一是直接测验法，二是分子辅助选育法。前者主要通过对分离世代材料的诱导测试筛选高频诱导材料；后者主要是在选育过程中，利用诱导基因相关分子标记进行辅助筛选，从而提高选育效率。

尽管依据诱导率的直接测验仍然是目前诱导系选育的主要方法，但由于选系过程中所需测验单株较多，且诱导率评价也因测验种不同而异，往往导致选育效果不佳。因此，发展不同的辅助选择方法有助于提高诱导系的选育效率。目前，所用的辅助选择方法主要有表型辅助选择和分子辅助选择。表型辅选主要是利用指示性状与诱导率的相关性进行初选。如诱导材料自交单倍体率、杂交诱导籽粒的败育性均与诱导率呈正相关，借助此类性状有利于简化诱导系的选育过程。表型辅选虽然简单，但难以进行精准筛选。分子辅助选择作为现代育种的重要方法，已经成为目标诱导基因选择的高效手段。

基于主效诱导基因 *qhir1* 精细定位结果，中国农业大学利用开发的诱导基因分子标记辅选技术成功育成新一代高油型诱导系。其选育流程如图 13 - 3 所示。

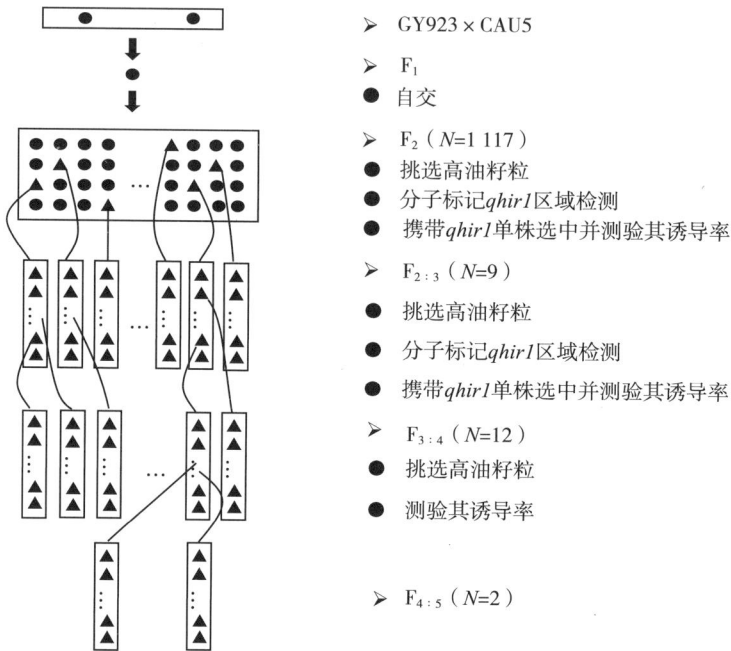

> GY923 × CAU5
> F₁
> ● 自交

> F₂（*N*=1 117）
> ● 挑选高油籽粒
> ● 分子标记 *qhir1* 区域检测
> ● 携带 *qhir1* 单株选中并测验其诱导率

> F₂:₃（*N*=9）
> ● 挑选高油籽粒
> ● 分子标记 *qhir1* 区域检测
> ● 携带 *qhir1* 单株选中并测验其诱导率

> F₃:₄（*N*=12）
> ● 挑选高油籽粒
> ● 测验其诱导率

> F₄:₅（*N*=2）

图 13 - 3　高油诱导系选育示意图

在高油型诱导系选育过程中，由于主效诱导基因所在的玉米第 1 号染色体上也存在控制油分含量的 QTL 位点，因此，选育难点就在于使高油玉米中的油分基因与诱导系中的诱导基因能够聚合。选育所用亲本材料为高油系 GY923 和农大高诱 5 号（CAU5）。GY923 油分含量在 10% 左右，没有诱导能力，目标是通过杂交其后代选育诱导率和油分含量均达到 8% 左右的双 8 诱导系。由于每代利用核磁共振仪器对籽粒油分进行检测，然后筛选出高油分籽粒种植以后再进行诱导基因的分子标记检测，双重选择使诱导系选育速度和准确性显著提高（Dong 等，2014）。由此获得稳定的新一代高油型诱导系 CAU-HOI1、CAUHOI2、CAUHOI3 等，其籽粒油分含量与单倍体诱导率基本已达到要求（表 13 - 2），目前已经应用于单倍体育种实践之中。

表 13 - 2　高油型诱导系诱导率和农艺性状表现（Dong 等，2014）

诱导系	油分含量（%）	诱导率（%）	散粉期（d）	雄穗长（cm）	雄穗分枝（个）	株高（cm）	穗位高（cm）
CAU5	3.43	8.3	58	26.3	11.3	146	35.1
CAUHOI1	8.71	9.85	60	30.1	14.6	170	59.5
CAUHOI2	8.88	7.93	62	33.6	12.8	186	60.6
CAUHOI3	8.88	11.32	66	29.7	12.4	202	79.6

（二）诱导系的遗传标记

目前诱导系的单倍体诱导率一般 10% 左右，实现单倍体的快速鉴别是该技术规模化应用的关键。诱导系遗传标记有很多种，目前主要有 4 种。一是仅用籽粒或胚颜色标记，即利用 $R-nj$ 显性遗传标记系统，由于该基因在胚乳和胚上均有花粉直感效应，在授粉当代的籽粒上显示紫色，因此可以用此鉴别单倍体籽粒或幼胚。二是利用籽粒和植株标记，其体系为 $A1A2C1C2BP1R-nj$ 基因控制，首先根据籽粒的花粉直感效应分选出可能的单倍体籽粒，再经过胚根色素或苗期叶鞘色素以及茎秆颜色（由 $A1A2BP1$ 基因控制）来判断单倍体植株的真伪。因此该标记系统是由两个不同的遗传标记性状组合而成的，具有较高的鉴别效率和可靠性。三是在前述诱导系遗传标记的基础上增加籽粒成分如油分标记，可以同时通过油分和籽粒颜色的花粉直感效应对单倍体进行筛选。中国农业大学选育的高油型诱导系即是根据此原理选育的新型诱导系（陈绍江等，2003），这一系统可以克服色素抑制基因 $C-I$ 的限制，根据油分的高低进行自动化鉴选。四是基因工程标记，如荧光、C1/R1 和 RUBY 标记等（Chen 等，2022；Wang 等，2023），通过载体构建和导入相应的基因，使诱导系在杂交诱导籽粒发育早期即可产生荧光或显色，借助杂交当代母本单倍体与二倍体在幼胚或籽粒间的显著差异实现单倍体的快速精准筛选。

（三）诱导系测验种

诱导系的诱导能力和标记强度选择都需要用一定的测验种进行测验。诱导系诱导能力的高低以及标记表达的强度除了取决于诱导系本身外，母本的遗传背景也有一定影响。因此，需要选用多个测验种测验才能客观地评价一个诱导系的诱导能力及标记强度。但是，在诱导系选育过程中分离群体的植株可能很多，一次进行多个测验种的测验较为困难。因此，选择合适的诱导系将大大有助于提高选择的效率，同时减轻工作量。通过以往的选育经验，在选育的早代可以选择一个或者少数几个材料做测验种进行测验，称为早代测验种。早代测验种最好具备以下几个特点：单倍体频率较高以保证不同株系间差异较大；标记清楚易于单倍体鉴定；结实率高以保证诱导率的准确统计。晚代株系可以选择多个测验种进行测验。

测验种既可以是杂交种，也可以是自交系或特殊遗传材料。当有的分离株系不具有遗传标记时，需要选择特殊的遗传材料作母本进行鉴定，这类材料通常具有隐性纯合的基因，产生的单倍体和非单倍体可以非常容易地从表型上进行区分，目前常用的特殊遗传材料测验种有无叶舌及中国农业大学选育的黄绿苗等。

二、单倍体诱导系杂交种利用

由于诱导系种质来源较窄，可用于诱导系间杂交种选育的亲本材料有限。随着新的诱导系不断出现，利用杂种优势改善现有诱导材料的农艺性状已经成为规模化单倍体生产的重要措施。在德国诱导系间杂交种 RWS×RWK‑76、RWS×UH400 已经应用（Geiger，2009；Kebede 等，2011），国内也已经选育出农大杂诱 1 号、农大杂诱 2 号等。

徐小炜等（2014）利用 27 个单倍体诱导率呈现梯度变化的玉米材料，组配了 50 个杂交组合并评价了其诱导率和农艺性状，发现诱导率没有明显的杂种优势，但农艺性状杂种优势明显，株高、雄穗长等性状比之前的诱导系显著提高。因此，诱导系间杂交种的选育重点主要是利用其农艺性状的杂种优势。利用诱导系杂交种所具有的植株高大、散粉性好等优点，能够以制种方式进行单倍体诱导，从而提高单倍体生产效率。

三、单倍体诱导技术

（一）诱导基础材料选择

1. 母本基因型对诱导率的影响　相比于离体培养单倍体，孤雌生殖诱导单倍体的程序较为简单，即用孤雌生殖诱导系作父本和希望获得单倍体的供体材料进行杂交，然后根据一定的标记鉴定单倍体（图 13‑4）。用于诱导的母本基础材料水平是影响单倍体育种技术成功的关键因素。同时，由于单倍体技术产生纯系速度很快，容易实现规模化生产，因此，对基础材料的选择更需规划精选。

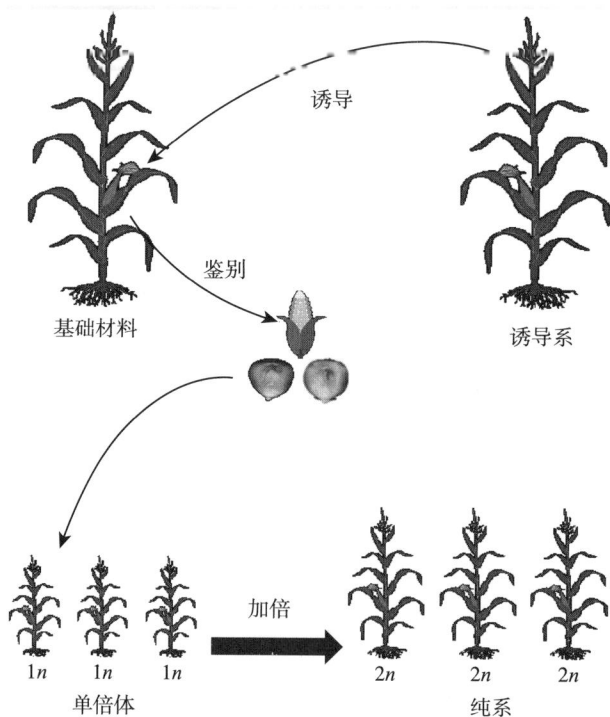

图 13‑4　单倍体诱导示意图

前人的研究均表明，单倍体的诱导率除了受父本诱导系的影响外，还与诱导环境、母本基因型有很大的关系，尤其是母本基因型对诱导率差异具有显著影响。马海林等（2013）利用农大高诱 5 号对不同种质材料进行杂交诱导的结果表明，不同类型的材料平均诱导率差异不大，但同类种质内不同材料间差异却十分明显，如 NSS 种质的诱导率变幅为 3.6%～20.2%，相差近 5 倍（表 13 - 3）。因此，在单倍体诱导时，应对各类材料进行了解，以利于种植规模预测和单倍体的生产。

表 13 - 3 不同玉米杂种优势群单倍体诱导率的变化（马海林，2013）

种质类型	杂交种数目	诱导率（%）		
		平均	最大	最小
SS	32	12.2	19.3	4.1
NSS	132	10.5	20.2	3.6
TST	197	12.6	24.8	3.2
Mixed	107	11.7	22.3	4.1
总计	468	11.8	24.8	3.2

2. 不同世代材料的选择 二环系选育方法是自交系选育的传统方法。与常规的系谱法相比，单倍体诱导只需要一个世代即可得到单倍体并加倍得到纯系。目前在玉米单倍体育种中，主要选择利用 F_1 植株进行诱导获得单倍体籽粒，也就是说经过了一次减丝分裂和基因重组。

当两个基因处于完全不连锁时，从不同世代诱导的 DH 后代里得到最优重组 DH 系的概率是一样的。当两个基因处于紧密连锁时，需要从大量的 DH 后代中才可能得到重组个体，这就需要对得到的 DH 系进行大量选择、测验。当然也可以通过高代诱导得到重组 DH 系。研究表明，通过从 F_2 的植株进行诱导得到最优 DH 系的可能性比从 F_1 的植株进行诱导的可能性大，而从 F_2 单株及 F_3 家系诱导获得最优 DH 系的概率差异不大（Choo，1981）。综合考虑，为加快育种进度，如果双亲来源清晰，应主要在 F_1 代诱导，如果双亲来源不清或遗传差异较大，则后代分离的基因较多，仅靠一次重组就需要很大的群体才可能获得优良重组基因型，此类材料可以在 F_2 代或更高世代诱导。

（二）单倍体诱导技术

在诱导过程中，选择好的高频诱导系和杂交种对提高诱导率具有重要作用。除诱导率外，需要考虑的还有遗传标记的清晰程度、花粉量大小以及授粉方式等。由于育种材料存在抑制色素表达的基因，依靠色素基因表达就难以在籽粒上鉴别单倍体。在此情况下，需要具有其他标记类型的诱导系，如利用高油型诱导系诱导就可借助自动油分测试仪器进行单倍体籽粒的快速鉴别。另外，如利用组培加倍系统进行 DH

系生产，则需考虑使用荧光诱导系或具有较强色素表达的诱导系，以利幼胚组培过程中鉴别单倍体。

诱导环境是单倍体诱导中需要考虑的因素之一。据 Röber 等（2005）报道，不同环境间诱导率差异很大，在比较差的环境中平均诱导率仅 2.0%，而在理想的环境中诱导率可以高达 16.4%。而 Eder 等（2002）利用 12 份材料在两种不同的环境下诱导，并没有发现不同环境下的诱导率具有显著区别。Prigge 等（2011）在热带地区进行单倍体诱导利用无叶舌材料作测验种于两个环境下的诱导率具有显著差异。

国内多年研究表明，同一诱导系在不同地点的表现有一定差异。主要表现在遗传标记清晰度、诱导率等方面。在遗传标记清晰度方面，由于现有遗传标记色素和油分的表达均受环境影响，同一诱导系在不同地点诱导可能产生的标记清晰程度就不同。因此，为提高筛选效率，需要考虑诱导地点和环境，以利于籽粒充分发育和色素正常表达。一般情况下，海南冬季与西北制种区等易于籽粒发育的环境有利于遗传标记的表达。在诱导率方面，海南冬季就比北京春播诱导率略高（表 13 - 4）。因此，通过诱导的基地化，有利于整体效率的提高。

表 13 - 4　不同地点对单倍体诱导率的影响（%）

地点	高油 115	农大 108	郑单 958	农大 2631	农大 2151
北京	3.93	2.68	2.12	3.50	3.50
海南	4.83	2.76	3.83	4.37	3.81

不同的授粉方式对诱导率也有一定的影响。延迟授粉可以提高单倍体频率的观点由来已久，因为成熟的卵细胞容易引起分裂，去雄后延迟授粉可以大大提高单倍体的诱导率，而且延迟天数对诱导效果影响很大。Seaney 等（1954）也曾报道玉米延迟授粉可以提高单倍体产生的频率，其中延迟 20d 授粉产生单倍体的频率是延迟 4d 授粉的 8 倍。但是 Rotarenco 等（2003）的研究结果认为，延迟授粉并不能显著提高玉米单倍体频率，其原因可能是延迟授粉使异雄核频率增加，导致单倍体频率减少，减少的幅度掩盖了母本延迟授粉本身单倍体频率增加的部分而使整体的单倍体频率降低。Rotarenco 等（2002）的研究还表明，人工授粉产生单倍体的频率显著高于自然散粉，并认为造成这种差异的原因主要是在自然散粉情况下大量的诱导系花粉参与授粉，异雄核受精频率大大增加，从而大大降低了单受精的频率。另外，花丝长短及活力对诱导频率有一定影响，其可能的原因是花粉的精核运输、释放、精卵识别和融合等一系列环节中的任何一个环节受阻，双受精都会失败。花丝长短及其活力均会造成影响。研究结果表明，花丝长有利于提高单倍体频率（文科等，2006）；但也有结果表明，花丝长并不能提高单倍体频率，吐丝早期诱导率更高（黎亮等，2010）。Rotarenco 等（2007）认为这与异雄核受精有关，由于吐丝时间长的花丝直径更大，可以容纳更多的花粉管生长，因而单受精的概率越低，单倍体频率越低。Chalyk（1999）研究发现，顶部籽粒单倍体频率更高，因此认为顶部的卵细胞发育程度最

晚，更易于单受精发育成单倍体胚。

可见，由于诱导过程涉及诱导系和母本材料以及环境因素等多重互作，不同材料在不同环境的表现可能是不同的。因此，需要在单倍体育种方案的制定过程中对这些因素综合考虑，以优化诱导技术，提高单倍体生产效率。

四、单倍体鉴定技术

科学家和育种家研究与实际利用单倍体的首要条件之一是能够进行单倍体的鉴定，因此单倍体的鉴定技术也是单倍体育种中的关键技术之一（表 13-5）。目前，国内外各育种单位鉴定单倍体的方法主要是依靠籽粒颜色标记的表达。但因很多材料的标记表达很弱，而影响鉴别效率。因此，人们又探索了其他的一些方法，比如油分标记鉴别法、分子标记鉴别法等。

表 13-5 不同单倍体鉴别技术的比较

鉴别方法	基于原理	鉴别方式	准确性	效率
细胞倍性	染色体数目	显微镜、流式细胞仪	高	低
植株形态	杂种优势及颜色	种植观察	高	低
籽粒形态	发育形态	形选	低	
胚色标记	花粉直感	色选	较高	高
成分标记	花粉直感	测选	高	高
荧光标记	荧光及直感	色选	较高	较高
分子标记	分子遗传	DNA 标记	高	较高

（一）形态学鉴别方法

细胞学方法困难而复杂，在分析大量的个体时采用这种方法会受到限制。形态学鉴别由于容易观察而变得非常重要。

单倍体在生长状态下，常常比亲本的标准类型小得多。这种特性同植物部分或完全不育性的特性相结合可以比较容易发现在生长状态中的单倍体。Chase（1964）通过对 6 个玉米自交系及其相应单倍体的比较指出，单倍体玉米植株的株高、茎粗、叶长和各部分叶宽约相当于二倍体玉米植株的 70%，而雄穗分枝数、节间数、苞叶数、穗行数和每行小穗数约相当于二倍体玉米植株的 90%。玉米单倍体表现为生长缓慢，叶片上冲，株高、穗位高都显著低于非单倍体。由于非单倍体是诱导系和被诱导材料杂交的二倍体籽粒，具有一定的杂种优势，生活力很强，长势很旺。因此，在六叶期左右就能比较容易地将单倍体和非单倍体进行区分。

相比于正常籽粒，单倍体的胚面较小，并且往往呈楔形，也可以作为单倍体的判断依据。此外，在种子萌发时通过观察根和芽的长度也可进行单倍体的初步判断，只是准确性不高。

（二）遗传标记鉴别方法

目前在孤雌生殖诱导系中普遍采用的是基于 $R1-nj$ 基因的遗传标记法。该方法主要利用了 $A1A2C1C2BP1R1-nj$ 显性遗传标记系统。其中 B 为加强植株颜色基因，$P1$ 为植株紫红色基因。在 $A1$ 或者 $A2$、$C2$ 基因的存在下，$R1-nj$ 基因导致胚乳糊粉层和胚中盾片附着紫色。以普通玉米材料为母本，用诱导系与之杂交，从当代杂交果穗上就可以产生一定比例的单倍体籽粒。根据诱导系的遗传标记系统，杂交所产生籽粒可以分为以下几种类型：①胚盾状体和胚乳糊粉层均着色，为杂合二倍体；②糊粉层着色、盾状体无色素，这种类型籽粒具有正常 $3n$ 胚乳，但胚可能是由未受精的雌配子发育而成的单倍体；③盾状体和糊粉层均不着色，属花粉被污染所致。种植第二类籽粒，如果幼苗叶鞘为全紫色的则予以淘汰，叶鞘为绿色的即为单倍体或双单倍体。利用这种双标记系统鉴别单倍体的准确率很高。另外，现在有些诱导系茎秆不一定是紫色，如农大高诱 5 号，但其籽粒遗传标记表达清楚，基本上可以满足实际需要。

育种材料来源广泛、遗传背景复杂，使得基于 $R1-nj$ 标记的鉴别方法存在以下局限性：①欧洲硬粒和一些热带资源含有 $R1-nj$ 基因的抑制基因如 $C1-I$、$C2-Idf$、$In1-D$ 等，盾片和糊粉层不能被着色（Röber 等，2005）；②当诱导的材料中携带 $R1$ 等色素基因时，产生的单倍体胚中盾片也会表现为紫色，从而无法区分单倍体和二倍体籽粒；③由于色素在胚乳糊粉层和胚中盾片在不同母本资源中着色深浅不同，因此需要培训一批熟练掌握色素变化的工人，而且鉴别的准确性受工人的识别能力影响较大；④收获时期种子的水分含量对遗传标记鉴别准确性也有影响（Rotarenco 等，2010）。

鉴于 $R1-nj$ 标记的局限性，利用胚特异性表达启动子共表达 $C1$ 和 $R2$ 促进色素积累，由此创制出的 MAGIC 诱导系标记明显（Chen 等，2022）。另外，甜菜红素合成系统 RUBY 标记也可以有效实现玉米单倍体的鉴别（Wang 等，2023）。甜菜红素是以酪氨酸为底物经 3 种酶催化合成的产物。前人将这 3 种酶的合成耦联到表达框中，形成甜菜红素合成系统 RUBY。酪氨酸在植物细胞内广泛存在，理论上 RUBY 能在植物的任何组织中表达，是通用性较强的鉴别标记。将 RUBY 分别导入玉米单倍体诱导系中，创制了在幼胚、胚芽、幼苗均能大量积累甜菜红素的 RUBY 诱导系（图 13-5）。上述新型标记均可克服含有抑制基因相关种质的诱导单倍体鉴别问题，实现了玉米单倍体的高效可视化直接鉴别。

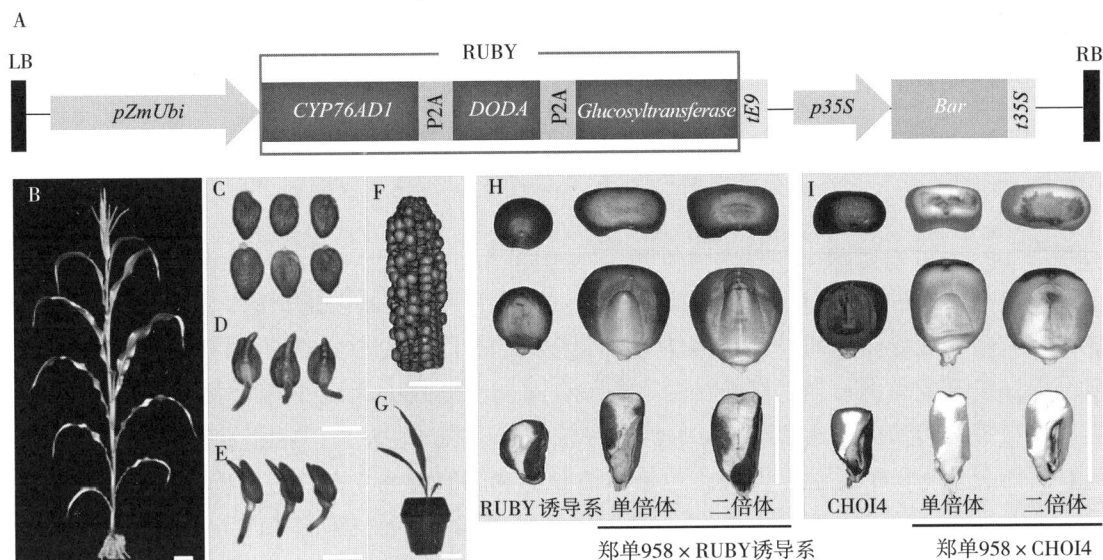

图 13-5 玉米 RUBY 单倍体诱导系的开发和特征（Wang 等，2023）

扫码看彩图

（三）油分标记鉴别方法

目前单倍体的鉴别主要依赖于籽粒胚和胚乳的紫色标记。但是在实践中发现，该标记系统不同的材料标记表达差别很大，有的材料几乎不能用其进行鉴别；而且不同的环境条件和籽粒发育状态对标记的表达也有影响。因此，以籽粒成分进行单倍体鉴别就成为新的选择。

理论上，籽粒的主要成分如淀粉、蛋白质和油分等均可以作为单倍体筛选的化学指标，但相对而言，由于玉米籽粒约 85% 的油分存在于胚芽之中，且相对稳定，而且高油分具有一定的花粉直感效应，因此，有利于作为标记用于单倍体的鉴别。普通玉米籽粒油分一般在 4% 左右，超过 6% 即可称为高油玉米。当用高油材料作父本与普通玉米材料进行杂交时能在杂交当代显著提高母本籽粒的油分，花粉直感效应值多在 0.3～0.5 之间（表 13-6）。也就是说，父本油分每高 1 个百分点，可以使母本籽粒油分提高 0.3 个百分点以上。因此，当选用籽粒油分含量为 8% 的高油单倍体诱导系作父本对籽粒油分含量为 4% 的材料进行诱导时，母本杂交籽粒的油分含量可以达到 5% 乃至 6% 以上，而单倍体籽粒由于直接来自母本配子的单独发育而维持在 4% 左右，因此，杂交籽粒和单倍体籽粒在油分上的差异即可作为单倍体鉴别的依据（陈绍江等，2003）。

表 13-6 高油诱导系的花粉直感效应（陈绍江等，2003）

自交系	自交粒含油量（%）	杂交粒含油量（%）	差值（百分点）	增加率（%）
178	4.13	5.53	1.40	33.90
F135	3.75	5.30	1.55	41.33

（续）

自交系	自交粒含油量（%）	杂交粒含油量（%）	差值（百分点）	增加率（%）
Y331	3.28	4.51	1.23	37.50
8701	4.10	5.45	1.35	32.93
1145	4.06	5.51	1.45	35.71
平均	3.86	5.26	1.39	36.27

在单倍体育种实践中，一般母本是籽粒油分为4%左右的普通材料，由于籽粒油分可能存在一定的变异，如何设定单倍体与杂交籽粒的界限成为油分鉴别单倍体需要考虑的因素。以郑单958为例，当以籽粒油分8%左右的高油型农大高诱1号为父本进行诱导时，当代杂交籽粒的油分可达6%，而单倍体籽粒油分多在4%左右。由于油分含量分布的变异，可能会有一定的重叠，因此，单倍体油分筛选阈值越低，则筛选准确率越高。如以油分4.64%以下为单倍体阈值，则筛选准确率可以达到90%（表13-7）。目前，新的高油型诱导系CHOI4等籽粒油分已超过10%，诱导后的单倍体和杂交籽粒油分含量差异更大，也更易通过测油进行筛选（Liu等，2022）。

表13-7　油分鉴别单倍体理论参考值（黎亮，2010）

单倍体籽粒（%）	杂交籽粒（%）	准确率（%）	油分阈值（%）
4.00	6.00	60	5.14
4.00	6.00	70	5.00
4.00	6.00	80	4.85
4.00	6.00	90	4.64

（四）分子标记鉴别方法

利用分子标记进行鉴别也是一种有效的方法。目前，分子标记技术飞速发展，并被广泛应用于动植物的遗传研究中，其中在玉米中应用最稳定、最广泛的是SSR分子标记。SSR标记的优点在于多态性高，且为共显性；对DNA的质量要求低，用量少；试验程序简单，重复性很好；结果稳定且成本较低。因此，只要筛选到诱导系和基础材料间合适的多态性SSR标记，理论上单倍体只具有母本的条带，非单倍体都是杂合带型，因此可以很容易地区分单倍体和非单倍体。随着单倍体提取技术的不断改进，尤其是籽粒微量DNA提取技术的发展，这种技术应用的可能性将会大大增加。

（五）单倍体自动化鉴别方法

实现单倍体筛选的自动化是单倍体育种技术规模化应用的重要技术之一。目前，自动化无损筛选的方式主要有两种：一是基于色素表达和胚部形态而形成的自动色选方法，二是基于籽粒化学特征而形成的自动低场核磁共振方法和近红外测试方法等。宋鹏等

（2010）利用计算机视觉方法，通过杂交籽粒颜色特征进行玉米单倍体籽粒的识别判断，实现玉米单倍体籽粒的自动分选，利用该方法分选速度可达 500 粒/min，玉米籽粒胚部朝上时，对杂合体籽粒正确识别率达 90%，分选成功率达 80%。但由于色素表达不稳定，且该方法需要籽粒进入传送装置时胚部朝上，因而在应用方面尚需改进。

以低场核磁共振和近红外测试技术为代表的鉴别技术已经成为单倍体自动筛选技术发展的重要方向，其中又以核磁共振技术较为成熟。核磁共振技术可以准确地对籽粒油分进行测定，为此，国内开展了核磁共振技术的自动化研究，并成功研发出可以用于单倍体全自动筛选的核磁共振仪（刘金等，2012）。目前，此技术已经在商业化育种中得到应用。基于此技术，配合已经选育成功的高油型单倍体诱导系如 CAUH3 等，可在 3~4s 内完成单籽粒油分的测定，每天可以筛选籽粒 20 000 粒以上，且其准确率可以根据设定参数控制。规模化测试表明，如以被诱导的普通玉米自交籽粒油分为单倍体与非单倍体的分界点，准确率一般可以达到 90%左右。

值得注意的是，近红外测试技术的发展，也为单倍体筛选的自动化提供了可能。近红外技术也可以测试很多成分，且亦可根据单倍体籽粒与杂交籽粒在近红外光谱上的差异，通过非成分指向的谱带选择实现单倍体的鉴别（郭婷婷等，2012），因此，有可能成为单倍体自动筛选技术发展的新亮点。

第三节　单倍体加倍的原理和方法

单倍体加倍是目前单倍体育种技术中的关键环节，已经规模化应用的方法包括自然加倍、化学加倍及组培加倍等。相比其他禾本科作物，玉米单倍体育性的自然恢复较为困难，因此，以秋水仙素和除草剂等为基础的化学加倍技术在玉米单倍体育种技术中应用最为广泛。但由于化学加倍所带来的毒性及成本等方面的限制，如何实现自然加倍的突破仍然是目前单倍体育种技术的热点。

一、单倍体二倍化的机制

（一）体细胞二倍化

从理论上讲，二倍状态是细胞的正常状态，因此，单倍体二倍化实际上是向其常态转化的过程。在玉米单倍体雄穗上经常出现的整个小花可育、部分分枝可育乃至整个雄穗可育的现象，显然是不同时期体细胞二倍化的结果。Khoklov 等（1976）检查了 17 800 个玉米单倍体的体细胞，发现有 0.42%的是二倍体细胞（Chalyk，1994）。可见，自然状态下单倍体体细胞也具有一定的二倍化倾向。

目前关于单倍体加倍机制主要有体细胞加倍和生殖细胞加倍两个方面（Segui - Simarro，2008）。就体细胞加倍而言，主要有 4 种解释：①核内复制，指在不发生有丝分裂的情况下细胞内发生一次或者几次 DNA 合成。②细胞融合，就是两个不同细胞的细胞核凝聚成为一个细胞核的过程，这个新合成的细胞核中含有融合前两个细胞的所有 DNA。③核内有丝分裂，指有丝分裂核膜既不消失也不形成纺锤体，仅染色体直接在核内发生有丝分裂变化的现象。④C-有丝分裂抑制，主要是指化学物质如秋水仙素介导引起的纺锤体破坏，有丝分裂发生抑制引起的染色体加倍。其主要作用是通过与微管蛋白二聚体相连，阻止微管蛋白的重新聚合并促使已经形成状态的解聚。因此，对有丝分裂纺锤体、成膜体以及其他任何基于微管蛋白的骨架形成和维持造成较大影响，进而影响细胞骨架形态及成膜体的形成，由此进一步导致核融合。

尽管以上加倍机制都可能使体细胞染色体发生加倍。但是到目前为止，核内复制被认为是植物体生命过程中发生倍性扩增的最常见方式，估计 90％以上开花植物中存在该现象（d'Amato，1984）。不过细胞融合也可能是玉米单倍体体细胞重要的加倍机制。Testillano 等（2004）报道，在玉米中细胞壁的不完整或者缺失导致在小孢子胚胎发育早期形成多核细胞。他们观察到，在胚和胚乳样结构区域存在花生形状的核融合现象，认为这种机制可以解释在胚样结构区域发生的倍性向 2C 的转化。在这种情况下，由于细胞分裂过程中细胞板的缺失或者组装的成膜体严重缺陷导致核融合的发生，因此认为很可能是细胞核融合导致染色体加倍。有学者认为核内复制、核内有丝分裂、花粉管中精子和营养核的融合等因素都可能导致自然加倍的发生。Gayen 等（1996）对玉米单倍体花粉母细胞的观察发现，细胞间有时会发生细胞质融合，并且染色质从一个细胞转移到另一个细胞，认为单倍体的花粉育性和雌穗结实性的提高都与细胞融合有关。

（二）生殖细胞二倍化

从单倍体生殖过程来看，二倍化的遗传机制可能有多种途径：一是染色体随机分离；二是减数分裂异常。

染色体随机分离而形成正常配子的概率很低，从理论上而言，玉米单倍体 10 条染色体进入同一细胞而形成正常可育配子的概率是 $1/1\,024$。据 Ting（1966）对两株玉米单倍体小孢子减数分裂的观察，在偶线期有 56％的细胞 10 条染色体以单价体的形式存在，33％的细胞出现 8 个单价体和 1 个二价体，6％的细胞出现 6 个单价体和 2 个二价体，3％的细胞出现 7 个单价体和 1 个三价体，2％的细胞为 5 个单价体、1 个二价体和 1 个三价体。而且所形成的二价体和三价体也仅仅是染色体的首尾相连或环状配对，参与配对的染色体并不固定。在后期 I 染色体随机分离，最常见的分离方式是 5∶5 或 4∶6，在所观察的 942 个细胞中没有发现 0∶10 分离方式。在后期 I 单价体的姊妹染色体提前分离也时有发生，偶尔也会出现染色体落后。在后期 II 姊妹染色体分向两极，而在后期 I 已经提前分开的染色体则随机分离。由此所形成的小孢子是不育的。但是考虑到花粉数量可能很大，一旦单倍体细胞的染色体数恢复为 $2n$，则减数分裂亦恢复正常，所产生的花粉完全可育。Chalyk（1993）发现玉米单倍体的一些花粉在培养基上能够萌发，其数量足够自交所需。至于雌配子，一般育性恢复度较高。其可能原因是在胚囊形成过程中，在第一次减数分裂形成四分大孢子以后，继续分裂时会有 3 个退化，只有一个细胞可以再进行 3 次有丝分裂形成八核胚囊，由此所形成的选择性可能使具有正常 10 条染色体的孢子更易于保留，进而形成可育配子。减数分裂异常也可能是使倍性恢复的重要因素，倍性增加的机制可以大致分成三类：前减数分裂失调、减数分裂失调和胞质分裂异常。对玉米单倍体而言，形成 10 条染色体的不减数配子的可能机制有两种，即 FDR 和 SDR。

FDR 即第一次分裂复原（first division restitution），是指减数分裂第一次分裂失败形成复原核，而后继的第二次分裂正常且染色体数为 n 配子。其过程为前期 I 染色体很少或根本不配对，中期 I 不形成赤道板，染色体沿纺锤体零散分布，后期 I 染色体不能走向两极，而由核膜把所有染色体包围起来形成复原核。复原核再分裂成二分体，二分体发育成未减数配子。SDR 即第二次分裂复原（second division restitution），是指减数分裂时第一次正常而接着第二次分裂姊妹染色体不分离。FDR 与 SDR 形成的结果是不同的，FDR 形成的细胞具有每一对同源染色体的各一个染色单体，而 SDR 则具有其中一个同源染色体的两个姊妹染色体。因此，FDR 形成的配子可育，而 SDR 则形成不育配子。Sugihara 等（2013）利用玉米群体 B55 进行诱变获得一个 FDR 突变体 *PP1 - 50*，该突变体受 *fdr1* 控制，可通过 FDR 途径形成可育配子，单倍体花粉育度可以达到 48%。吴鹏昊等（2014）通过对高频自然恢复材料的研究表明，高低频材料正反交 F_1 后代单倍体育性恢复能力一致，表明单倍体育性恢复主要受核基因影响，利用分子标记已经定位到 8 个可能与单倍体雄穗育性恢复相关的 QTL 位点，这些位点效应一般较小。

二、单倍体加倍方法

（一）单倍体自然加倍方法

单倍体往往表现出高度不育，但也存在不同程度的二倍化而使育性恢复，这为单倍体的自然加倍提供了可能性。单倍体雌穗自动恢复二倍化的程度大大高于雄穗，单倍体能否自交结实主要取决于雄穗是否产生花粉。但是不同单倍体基因型间雄穗育性恢复的程度存在很大差别。据 Chase（1969）估计，大约有 10% 的单倍体玉米植株能够产生可育花粉而自交结实。Shatskaya（1994）等发现 613/2c4 所产生的玉米单倍体中有 22% 雄花育性自动恢复，而 Mo17、Ts8 和 Ts16 产生玉米单倍体的育性恢复率分别为 1.2%、5.3% 和 3.4%，从 613/2c4 与其他 3 个自交系的杂交 F_1 中所诱导出单倍体的雄花育性非常接近于双亲的平均值。在高频单倍体育性恢复研究方面，吴鹏昊等（2014）研究表明，有些自交系如 8701 和 4F1 所产生单倍体育性的自然恢复能力可以达到 50% 以上。另外，经过多次诱导产生的玉米单倍体，其育性恢复率比一般单倍体高 40%。

育性的恢复除了与基因型有关外，还与种植环境有很大的关系。观察结果表明，大田和温室单倍体自然加倍效率有一定差异，大田条件下可育单倍体的比例一般低于温室。Kleiber（2012）等观察结果表明，田间可育单倍体比例在 0～20% 之间，而温室条件下可育单倍体的比例则在 0～70% 之间，吴鹏昊等（2012）也获得类似结果（表 13 - 8）。

表 13-8　自交系单倍体育性恢复能力比较（吴鹏昊，2012）

材料	露药率（%）		露粉率（%）	
	北京	临泽	北京	临泽
郑 58	16.84	16.53	8.95	9.49
B73	11.33	41.58	8.41	40.10
昌 7-2	40.57	39.62	7.95	30.00
8701	85.99	89.73	85.99	88.65
许 178	70.37	86.30	58.51	81.51
齐 319	92.91	77.44	92.20	76.69
4F1	88.17	82.72	69.35	74.69
BY815	55.81	34.53	36.28	24.22
丹 598	39.68	0.00	24.87	0.00
167-7	3.70	63.72	3.70	48.67

同一材料在不同地点的育性恢复程度差异较大，而且这种差异主要表现在散粉能力上。如在北京与甘肃临泽相比，虽然花药外露程度差异较小，但其散粉等级差异较大，除个别材料外，总体上临泽散粉效率较高。因此，良好的管理及种植环境有利于提高单倍体自然加倍效率，可以选择适于育性恢复的地点或创造适于单倍体生长的良好管理设施用于单倍体加倍。

单倍体早期加倍或胚加倍是自然加倍技术的重要内容。研究表明，单倍体存在一定频率的胚加倍，即在籽粒发育过程中实现二倍化，形成早期加倍单倍体 EH（early doubled haploid 或 embryo doubled haploid）。从细胞学上观察，EH 个体的体细胞二倍化程度有一定差异，使其体细胞倍性呈现单倍和二倍的嵌合状态，有的个体二倍体细胞占比较大或 100% 完全二倍化，有的单倍体细胞仍然有较大比例（图 13-6）。

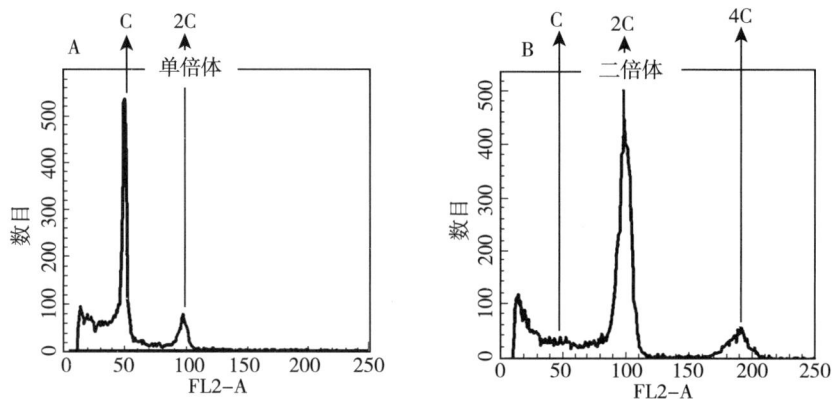

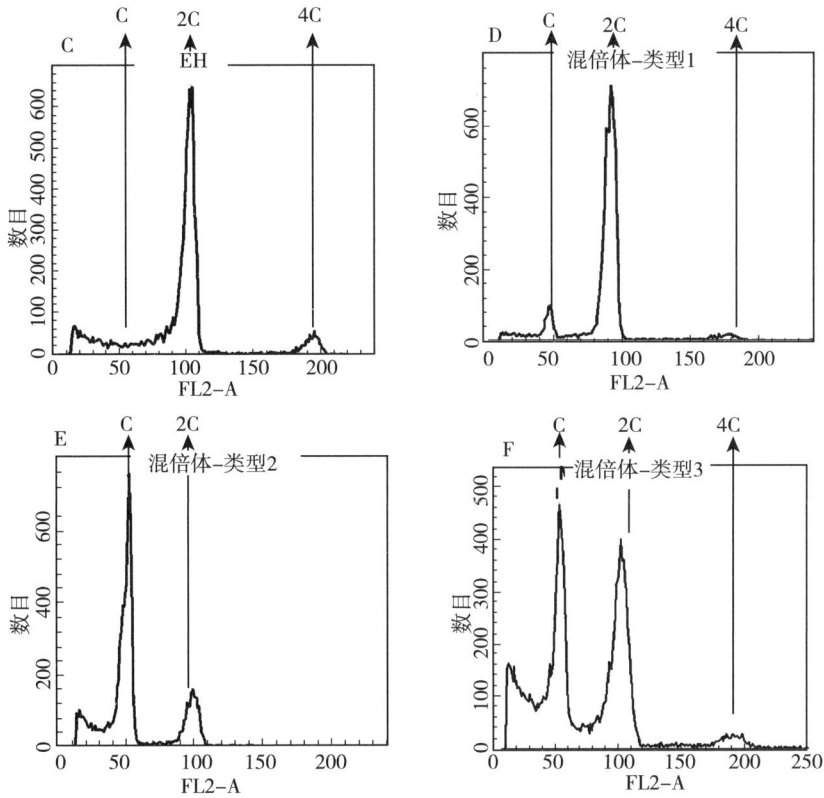

图 13-6　流式细胞仪检测诱导后代植株倍性

A. 单倍体；B. 二倍体自交系郑 58；C. 早期加倍单倍体（EH_0）；D.EH_M，混倍体-类型 1，单倍体细胞＜二倍体细胞；E. 混倍体-类型 2，单倍体细胞＞二倍体细胞；F. 混倍体-类型 3，单倍体细胞＝二倍体细胞

　　观察结果表明，EH 个体表现完全可育，植株农艺性状与常规 DH 系一致。因此，EH 系可以直接用于育种实践。不过，EH 在单倍体群体中出现的概率较低，目前发现最高的仅为 3％左右。如能通过化学和生物学途径提高其频率，或通过自动化途径实现 EH 的快速筛选，就有可能省去传统的单倍体加倍过程，使单倍体育种技术大为简化，实现一步成系（陈绍江等，2012）。

（二）单倍体化学加倍方法

　　玉米与其他作物（如小麦、水稻）相比，单倍体的化学加倍率比较低。这与玉米本身的特点有关，如不具有分蘖减小了茎尖加倍的概率，幼苗根系脆嫩使得处理后不易成活等。可用于单倍体加倍的细胞分裂抑制剂很多，包括除草剂、秋水仙素、NO_2 等。单倍体化学加倍方法也很多，如种子加倍、芽苗加倍、浸根加倍、组培加倍等。这些方法均有应用。不过，应用较为广泛、效率较高的是芽苗加倍和组培加倍。

　　单倍体加倍实际上包括两个方面：一是雄穗加倍，二是雌穗加倍。正常情况下，只要花粉充足，70％以上的单倍体雌穗均具有结实能力。因此，主要受限因素是雄穗加倍及雌雄协调性。

除草剂处理后，因有些处理对除草剂敏感，会造成生长缓慢等现象。秋水仙素处理后则主要表现为植株叶片畸形、色深，叶片有皱褶，部分雌雄穗分化发生异常，娃娃穗增多。加倍成功的单倍体主要表现在能散粉，但有不少植株雄穗散粉太少或太快难以让雌穗受粉，从而影响了加倍的成功率。因此，在实际操作过程中，需要采取一些园艺化精细管理措施以提高其效率。如处理后直接种植，由于芽苗长势弱，需要特别注意土质和墒情，以保证成活率。为避免直接种植出现的一些问题，育苗移栽是目前应用规模较大的一种方法，通过对处理后芽苗采取营养钵缓苗等措施，可以使处理后幼苗能够逐步恢复正常，4～6叶期即可移栽。移苗之后需精细管理，必要时加盖遮阳网等，从而保证幼苗正常生长。另外，单倍体育种圃应土壤肥沃，易灌易排。

在授粉过程中，单倍体不同单株的育性恢复程度不一导致散粉性也存在差异，有的植株散粉性很好，雄穗所有分枝都能散粉且花粉量很大；有的则只有一两个分枝能散粉；有的有花药吐露，但是不能散粉；更有甚者花药不吐露。因此针对不同的情况要采取不同的授粉策略。前两种情况一般都能正常授粉结实，但是后两种情况则需要借助人工手段，授粉时可以准备一把镊子将花药撕开，抖出少量花粉涂抹在花丝上。这个过程中要注意避免彼此间串粉，每次授粉后都需要用酒精擦干净。

（三）单倍体组织培养加倍方法

单倍体组织培养加倍是指将离体的单倍体组织置于含加倍试剂的培养基上进行培养成苗的方法。与传统的种子芽苗加倍方法相比，组培加倍方法的处理时间更早，理论上会获得更高的加倍效率。此外，该方法所用的秋水仙素等加倍试剂包埋于固体培养基中，不易被人体接触，安全性较高。最初该方法是将雌雄配子或单倍体幼胚诱导愈伤组织后进行加倍处理再分化成苗，但愈伤组织的诱导对材料基因型存在很大的依赖性且整个培养周期比较长，这也导致此方法难以在实践中规模化应用。单倍体组培加倍方法直接将单倍体幼胚加倍后培养成苗，既克服了愈伤组织基因型依赖的问题，又保持了缩短纯系获得时间和提高加倍效率的优势。目前，该方法已经在国内外育种公司和科研单位大规模应用，形成了一套成熟的技术流程（图13-7），主要包括诱导取胚、单倍体鉴别、单倍体加倍和单倍体幼胚成苗等环节。

诱导取胚是组培加倍流程的第一个技术环节，其中取胚是工作量最大的部分。由于组培剥取幼胚时，籽粒胚乳和胚的 $R1-nj$ 标记均未表达，无法辨别非诱导系花粉杂交幼胚与单倍体幼胚，两者胚部均表现无色。因此，用于组培加倍方法的杂交诱导对纯度的要求比种子芽苗加倍更严格。一方面需要保证诱导系的纯合度。当诱导系纯度下降时，后代诱导率会明显降低，同时因颜色标记呈杂合状态，导致诱导后代单倍体鉴别难度增加，使杂合幼胚与单倍体无法区分。另一方面被诱导的基础材料需要提前去雄套袋，尽量将母本材料隔离种植。做到诱导系父本无杂、母本无粉，可大大提高组培鉴别单倍体的效率，保证单倍体幼胚鉴别顺利完成。杂交诱导后15～18d，胚长2～4mm时，剥离幼胚放置于含加倍试剂的培养基上，从剥胚到后期成苗均需要在无菌的条件下进行培养。

扫码看彩图

图 13 - 7　单倍体组培加倍技术流程

　　单倍体幼胚鉴别与加倍是组培加倍的关键技术环节。尽管诱导系都携带了 $R1$ - nj 颜色标记，但是幼胚阶段标记还未能表达。为此，人们一直在尝试研究高效的单倍体幼胚鉴别手段。研究结果表明，光照条件下培养 24～48h，能够促进 $R1$ - nj 标记的表达，使杂交幼胚提前显色，从而实现在幼胚阶段鉴别单倍体（陈琛，2016）。随后又进一步利用基因工程的手段，通过共表达转录因子 $ZmC1$ 和 $ZmR2$ 形成的紫胚玉米新种质，与传统单倍体诱导系 CAU6 融合创制出单倍体鉴定不受材料背景影响、简便高效、准确率达 99.1％的新型单倍体诱导系（Chen 等，2022，图 13 - 8）。除了利用颜色标记外，基于幼胚形态大小也可有效鉴别单倍体幼胚。结果表明，单倍体与杂合二倍体幼胚的长、宽及面积均存在显著差异，在授粉后 16～18d 主要体现在幼胚宽度和面积上（图 13 - 9）。相较于普通诱导系，高油型诱导系产生的单倍体与二倍体幼胚间差异更加明显。多个背景材料的试验结果表明，基于幼胚形态鉴别单倍体的准确率可达 60％以上（钟裕，2016）。以形态大小对玉米幼胚进行初步筛选，甚至可以在剥胚过程中将 1/2 以上明显大的幼胚进行剔除，节省了幼胚在培养基上摆放的时间和加倍药剂成本。后期再与颜色标记相结合，可进一步提高单倍体鉴别的效率。在单倍体鉴别的过程中直接对单倍体幼胚进行加倍，由于幼胚细胞分裂旺盛，因此一般可获得较高的加倍效率，但幼胚对加倍试剂的处理较为敏感，容易造成死苗。因此，幼胚胚龄、加倍试剂浓度和处理时间是影响单倍体幼胚高效加倍的关键。目前多以 2～4mm 幼胚为加倍对象，实现单倍体幼胚高效加倍的同时保证成苗率。加倍试剂方面，0.005％～0.04％的秋水仙素处理 12～72h 常用于幼胚加倍，散粉率可达 50％左右；另外考虑到药害及废液处理等因素，甲基胺草磷、氟乐灵等抗微管类除草剂，亦可用于单倍体幼胚加倍（陈琛，2016）。对加倍处理后的幼胚直接培养成苗，由于不经过愈伤阶段，成苗效率

高且需要的时间短。幼胚成苗的效率与加倍药害直接相关，在追求高效加倍的同时，还需考虑幼胚成苗效率，在保证一定成苗率的条件下进行加倍处理，才可实现真正的高效加倍。

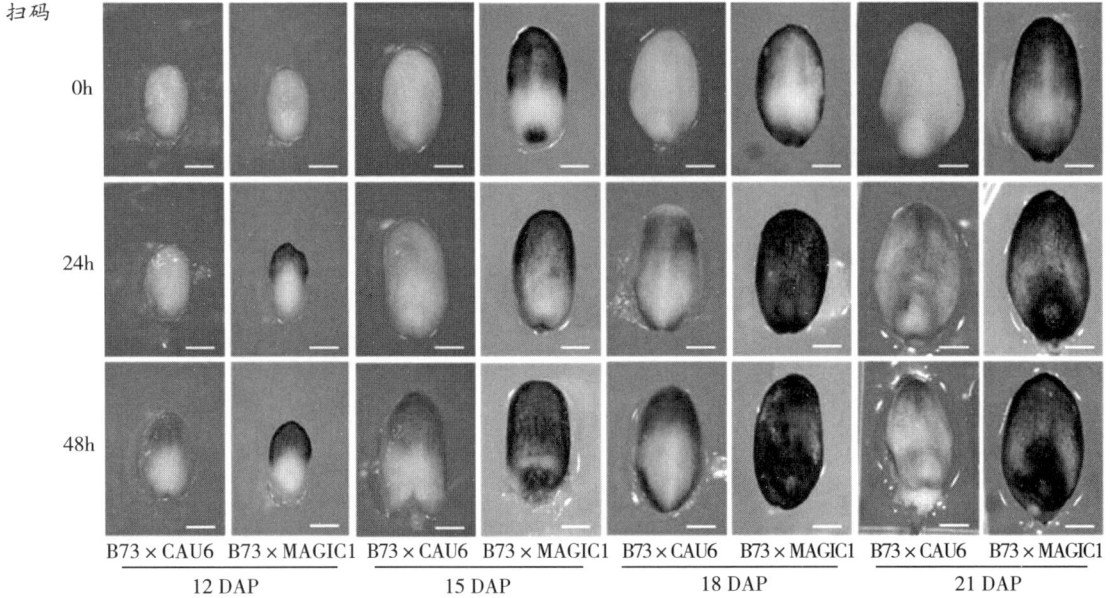

图 13-8　基因工程创制诱导系与常规诱导系显色比较

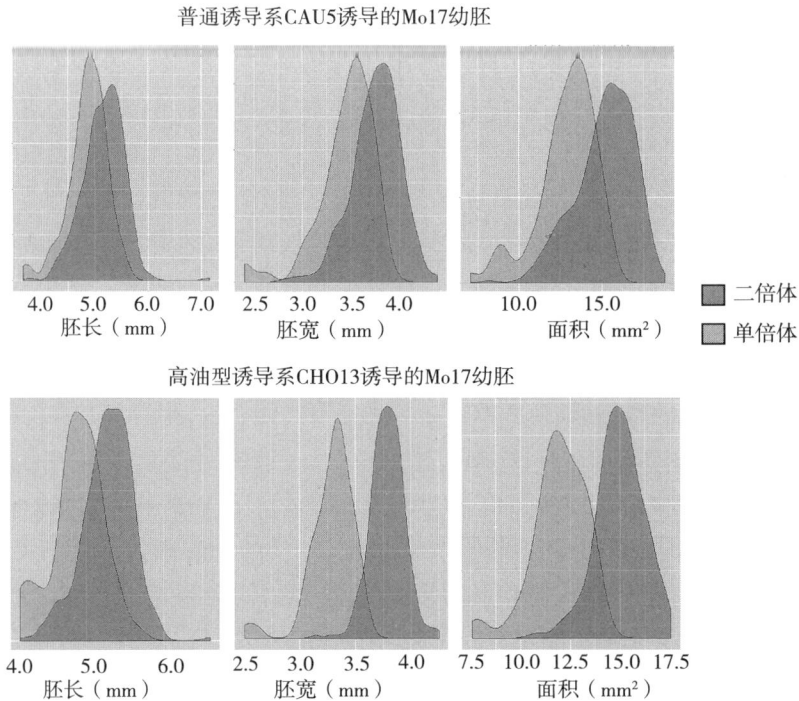

图 13-9　单倍体与二倍体形态大小比较

　　单倍体幼胚组培鉴别与加倍技术体系将单倍体的诱导、鉴别、加倍融合到一起，针对幼胚胚龄、鉴别时期、加倍试剂浓度与时间、成苗时期等具有严格的要求，通过标准化的流程控制，实现高效的 DH 生产技术。相较于常规加倍方法，单倍体幼胚组培加倍模式直接对幼嫩胚进行加倍处理，授粉后当季即可进行操作且操作不受季节限制，具有加倍效率高、运行周期短和可周年生产的优势。这些优势大大提高了单倍体加倍效率，推动了单倍体加倍工厂化运作的发展。鉴于单倍体组培鉴别与加倍技术体系的标准化、流程化、规模化特点，建立自助式平台可大大促进 DH 系的工厂化生产。以自助式平台作为 DH 生产车间，自助式平台提供标准操作流程、所需硬件条件及相关技术人员，被诱导果穗进入单倍体加倍自助式平台，经标准化流程处理后，以加倍后单倍体幼苗的形式输出，在防止核心材料丢失的同时也提高了 DH 系创制效率。

第四节　双单倍体技术在玉米育种中的应用

　　单倍体加倍形成的二倍体称作双单倍体（doubled haploid，DH），由双单倍体繁殖所产生的后代系称作 DH 系。在表示时，最初的单倍体植株为 H_0，H_0 加倍的植株为 DH_0，产生的种子为 DH_1，DH_1 植株自交繁殖的种子为 DH_2，依次类推 DH_3，DH_4，……，DH_n，下角标数值就表示了 DH 系的世代数。

一、DH 系农艺性状与配合力表现

　　早在 1965 年，Chase 就证明孤雌生殖纯系与自交系在农艺性状上具有同样效果。Lashermes 等 1988 年研究表明，DH 系仅在株高、穗位及果穗长 3 个性状上显著低于系谱法选育的自交系，其他性状如果穗粗、穗行数、叶长、叶宽、雄穗分枝和开花期等则不存在差异。Murigneux 等 1993 年对来源相同的 120 个 DH 系与 81 个单粒传系的比较发现，两者在株高、雄穗长和雄穗小穗数上差异不显著，而穗位高、雄穗分枝数和总叶数以 DH 系显著高/多于单粒传系，仅穗位叶面积 DH 系小于单粒传系。可见，DH 系在综合农艺性状方面与单粒传系相当。若创造的 DH 群体足够大，完全有可能从中获得目标性状达到甚至超过常规自交系的优良类型。刘玉强等（2009）对来源于杂交种 1145×Y331 的 92 个 DH 和 130 个重组自交群体（RIL）的农艺性状比较分析表明（表 13-9），所有性状的平均值 t 测验结果表明差异不显著，两个群体主要农艺性状表现基本一致，DH 群体内整齐度更高。1996 年张铭堂以单交种 Oh43×Mo17 作母本，经 Stock6 诱导产生单倍体及染色体加倍后得到 249 个纯系，通过同工酶分析、形态性状鉴别和产量测试，优选出 2 份高产杂交种的亲本。

表 13 - 9　**DH 系群体与 RIL 群体性状比较**（刘玉强，2009）

性状	亲本			DH 群体		RIL 群体		群体平均比较 t 值
	1145	Y331	中亲值	平均值	变异范围	平均值	变异范围	
株高（cm）	221.01	179.26	200.13	203.52±20.10	150.23～252.00	206.50±21.20	149.1～253.21	−1.05
穗位高（cm）	103.65	78.00	90.83	93.81±14.40	45.20～125.01	92.50±13.80	46.25～119.43	0.67
穗长（cm）	15.54	14.30	14.92	15.11±2.49	9.01～19.92	15.35±2.57	9.25～21.34	−0.69
穗粗（cm）	3.61	3.81	3.71	3.83±0.26	3.24～4.47	3.83±0.28	3.21～4.62	0.00
穗行数（行）	12.00	14.00	13.00	13.00±1.38	10.00～18.00	13.00±1.49	10.00～18.00	0.00
播种到抽雄天数（d）	69.00	56.00	62.50	63.13±3.16	56.00～70.00	63.20±3.14	55.00～71.00	−0.16

　　与传统方法培育自交系一样，DH 系也需进行遗传稳定性观察和配合力测定。早在 1965 年 Chase 就证明孤雌生殖纯系与自交系在配合力方面有同样的效果，1969 年他指出对于从表型无法选择的配合力性状，DH 系与常规选系并无实质差异。近年来大规模的育种实践已经充分证明，DH 系在配合力的表现上与传统方法所获得的二环系基本相同，而且由于 DH 系易于进行大规模高强度的选择，更有可能获得高配合力纯系。

二、DH 系应用

　　DH 系可以用于遗传育种的多个领域，如染色体组分析、基因突变分析、数量遗传分析等。就玉米 DH 系而言，其应用领域主要体现在以下几个方面：

（一）加快基因纯合速度

　　玉米育种成功很大程度上取决于选育材料和方法选择的正确性。选育高产、高抗、高配合力、优质的"三高一优"优良自交系，是玉米育种的核心环节。在育种的实践过程中，常规方法是首先要组配选系基础群体，由于其后代存在遗传分离，一般需要通过连续 8 代以上的自交和筛选，才能选育出遗传高度纯合、性状稳定一致的自交系。如果利用单倍体育种技术，诱导系将 F_1 或 F_2 进行诱导单倍体，然后经过加倍即可得到纯合的重组 DH 系（表 13 - 10）。

表 13 - 10　单倍体与常规育种技术基因型纯合度的比较

育种技术	遗传纯合度（%）							世代
传统育种技术	50	75	87.5	93.75	96.88	98.44	99.22	99.61	8 代
单倍体技术	50							100	2 代

（二）亲本提纯与保纯

在玉米种子生产过程中，制种的关键因素之一就是亲本种子纯度要高，一旦亲本种子出问题，将直接影响杂交种的实用价值。亲本经过多年繁殖后常出现混杂和自然变异等，造成原来的优良性状逐渐变差，严重时可能失去应用价值。如遇到这种情况，可以利用单倍体技术对亲本进行再纯化，使发生混杂和退化的亲本恢复其纯度和优良特性，延长品种推广应用的生命周期。在此过程中，需注意利用单倍体的自然加倍能力包括 EH 产生能力，以实现快速高效的亲本纯化。

（三）群体改良与轮回选择

DH 系可以应用于基础群体的创建与改良中。例如在轮回选择群体中，如果个体基因型处于高度的杂合状态，当选个体带入下轮群体的，除了有利基因以外，还有大量隐性不利基因。这些不利基因只能经过多轮的选择而逐渐淘汰，因此其遗传进度是缓慢的。如果在轮回群体中诱导产生 DH 系，对改变基因频率更为有效。由于 DH 系的表型值和育种值一致，因此由当选 DH 系组成的新群体将会获得更大遗传进展。Gallais（1990）认为在轮回选择中及性状遗传力较低时，利用 DH 技术也将是最有效的。

Bordes（2006）利用 48 个自交系组配成 24 个单交组合，然后通过链式杂交形成 C_0 群体，自交后产生了 150 个 S_1 后代分别利用常规方法和 DH 技术进行轮回选择，用自交系 D171 做测验种，对测交后代进行评价。结果表明，来自 C_0 群体的 DH 系的遗传方差是来自 C_0 和 C_1S_1 家系的近 2 倍，来自 C_0 的 S_1 家系，基因型与环境的互作方差是来自 C_1S_1 的 2 倍左右。而来源于 C_1 群体的家系和来源于 C_0 的 DH 系的互作方差大致相同。在遗传力上，DH 系后代的遗传力最高，而来源于 C_0 的家系遗传力最低。从遗传进度来看，DH 系方法平均每轮的遗传增量将是第一轮 S_1 方法的 1.7 倍，是第二轮 S_1 方法的 1.3 倍，如果用 4 年一轮的 DH 选择方法，平均每年的遗传增量低于 S_1 方法，用 3 年一轮的 DH 选择方法时，平均每年的遗传增量比第一轮 S_1 方法高，比第二轮 S_1 方法低，与 S_1 方法两轮的平均每年的遗传增量相同；现实遗传力及现实遗传增量与理论遗传增量比值均以 DH 系选择最高。

（四）单倍体技术用于育种的流程

由于单倍体育种纯系产生的速度快，因此育种流程更加简化（表 13 - 11）。同时，传统育种流程中，F_2 代需要进行株选，以后每个分离世代还需要对家系及系内株选，以保证选择的效果。而单倍体育种由于选择的重点是 DH 纯系，其基因型已经纯合，选择也更加直接准确。

在单倍体育种流程中，获得 DH 系后，一般需经过扩繁和性状筛选，以减少所测 DH 系数量，提高育种效率。当然，如果是 EH 系，由于其种子量较大，可以直接用于测配。

表 13-11　DH 育种与传统育种流程比较

育种季节	DH	育种进度	常规	育种进度
1	D_0		S_0	
2	D_1	繁选测	S_1	株选
3	D_2	测配鉴定	S_2	系株选
4	D_3	复配，行比	S_3	早代测配，系株选
5	D_4	复配或预试	S_4	鉴定，系株选
6	D_5	区试	S_5	复配鉴定，系株选
7	D_6	区试	S_6	复配行比
8	D_7	生试	S_7	预试

（五）DH 系高通量筛选

单倍体技术作为工程化育种的重要平台，在纯系生产方面具有速度优势，因而易于规模化，但大量的 DH 系也增加了优系筛选难度。因此，突破 DH 系高通量筛选技术是实现其工程化规模应用的重要基础。国外在 DH 系筛选方面已经实现了与分子育种技术结合，形成了高通量筛选，效率很高。国内也已经开始尝试进行 DH 系的分子筛选。除与分子技术结合外，DH 系筛选也可以采用测诱结合以及多点测试等进行。测诱结合就是对基础材料进行配合力测试，以提前了解其组配潜力与方向，为后续 DH 系的筛选提供信息。同时，已有 DH 系因皆为纯系，可以在多点跨区域种植进行微小区测试，根据各生态区特点和育种目标要求筛选优良 DH 系。

（六）融合基因编辑技术

目前，基因编辑技术体系虽然已经成熟应用于作物基因编辑，其过程是将编辑载体导入容易转化的材料，再将携带载体的植株与目标材料杂交而实现编辑（Li 等，2017），但编辑后需要多代回交才能恢复到目标材料的遗传背景，且难以达到百分之百。同时，由于大部分植物中遗传转化对受体材料基因型依赖性较高，使之无法做到对任何基因型材料进行直接编辑。为此，Kelliher 等（2019）和 Wang 等（2019）先后构建了单倍体介导的基因编辑体系，实现了对任何材料的单倍体基因定点编辑，将被编辑的单倍体加倍即可获得纯合编辑的 DH 系。该方法不仅获得突变体的速度快，且获得的突变体中不携带编辑载体。此外，利用基因编辑技术对 REC8、PAIR1 和 OSD1 减数分裂基因进行编辑，并进一步与单倍体诱导结合起来，实现了通过种子对作物杂种优势的固定（Khanday 等，

2019；Wang 等，2019）。单倍体诱导与基因编辑技术结合，既充分发挥了基因编辑技术的效用，也拓宽了单倍体育种技术的应用范围。

主要参考文献

才卓，徐国良，刘向辉，等.2007.玉米高频率单倍生殖诱导系吉高诱 3 号的选育.玉米科学，15（1）：1-4.

陈绍江，黎亮，李浩川，等.2012.玉米单倍体育种技术（第二版）.北京：中国农业大学出版社.

陈绍江，宋同明.2003.利用高油分的花粉直感效应鉴别玉米单倍体.作物学报，29（4）：587-590.

惠国强，杜何为，杨小红，等.2012.不同除草剂加倍玉米单倍体的效率.作物学报，38（3）：416-422.

李浩川.2011.玉米母本孤雌生殖可诱导性遗传及 DH 系评价方法研究.北京：中国农业大学.

黎亮.2010.玉米单倍体育种技术研究及单倍体诱导性状的遗传与生物学机理探讨.北京：中国农业大学.

刘晨旭.2017.玉米单倍体诱导主效基因定位与克隆及超高油单倍体诱导系选育.北京：中国农业大学.

刘金，郭婷婷，杨培强，等.2012.玉米单倍体核磁共振自动分拣系统的开发.农业工程学报，28（26）：233-236.

刘玉强，黎亮，陈绍江.2009.玉米生物诱导孤雌生殖后代 DH 群体变异性分析.中国农业大学学报，14（1）：56-60.

刘志增.2000.玉米孤雌生殖诱导机理与遗传探讨及高效单倍体诱导系的培育和利用.北京：中国农业大学.

刘志增，宋同明.2000,玉米高频率孤雌生殖单倍体诱导系的选育与鉴定.作物学报，26（5）：570-574.

宋鹏，吴科斌，张俊雄，等.2010.基于计算机视觉的玉米单倍体自动分选系统.农业机械学报，41（S1）：249-252.

宋鹏，张俊雄，荀一，等.2010.玉米种子自动精选系统开发.农业工程学报（9）：124-127.

王冬.2023.玉米高频单倍体诱导系选育及跨作物单倍体育种技术体系研究.北京：中国农业大学.

文科.2003.高效玉米单倍体诱导和加倍方法及其遗传分析.北京：中国农业大学.

文科，黎亮，刘玉强，等.2006.高效生物诱导玉米单倍体及其加倍方法研究初报.中国农业大学学报，11（5）：17-20.

吴鹏昊.2014.玉米生物诱导单倍体雄穗育性恢复研究.北京：中国农业大学.

徐小炜.2013.玉米母本单倍体诱导性状的遗传与生物学机理研究.北京：中国农业大学.

张铭堂.1998.40 年来玉米遗传研究进展.科学农业（台湾），40（1-2）：53-80.

钟裕.2016.玉米杂交当代遗传效应与单倍体幼胚鉴别研究.北京：中国农业大学.

Aman MA，Mathur DS，Darkar KR，et al.1981.Effect of pollen and silk age on maternal haploid frequencies in maize.Indian Journal of Genetics，41（3）：362-365.

Barnabás B，Obert B，Kovács G.et al.1999.An efficient genome - doubling agent for maize（*Zea mays* L.）microspores cultured in anther.Plant Cell Reports，18：858-862.

Barret P，Brinkmann M，Beckert M.2008.A major locus expressed in the male gametophyte with incomplete penetrance is responsible for in situ gynogenesis in maize.Theoretical & Applied Genetics，117：581-594.

Bordes JG，Charmet R，Dumas de Vaulx，et al. 2006. Doubled haploid versus S1 family recurrent selection for testcross performance in a maize population. Theoretical & Applied Genetics，112：1063 - 1072.

Bylich VG，Chalyk ST. 1996. Existence of pollen grains with a pair of morphologically different sperm nuclei as a possible cause of the haploid - inducing capacity in ZMS line. Maize Genetics Cooperative News Letter，70：30.

Caperta AD，Delgado M，Ressurreicao F，et al. 2006. Cochicine - induced polyploidization depends on tubulin polymerization in c - metaphase cells. Protoplasma，227：147 - 153.

Chalyk ST，Ostrovsky VV. 1993. Comparison of haploid maize plants with identical genotypes. Journal of Genetics & Breeding，47：77 - 80.

Chalyk ST. 1999. Creating new haploid - inducing lines of maize. Maize Genetics Cooperative News Letter，73：53 - 54.

Chang MT. 1992. Stock 6 induced double haploidy is random. Maize Genetics Cooperative News Letter，66：98 - 99.

Chase SS. 1952a. Monoploids in Maize. Ames：Iowa State College Press.

Chase SS. 1952b. Selection for parthenogenesis and monoploid fertility in maize. Genetics，37：573 - 574.

Chase SS. 1952c. Production of homozygous diploids of maize from monoploids. Agronomy Journal，44：263 - 267.

Chase SS. 1964. Monoploids and diploids of maize：a comparison of genotypic equivalents. American Journal of Botany，51：928 - 933.

Chase SS. 1969. Monoploids and monoploid derivatives of maize (*Zea mays* L.) . Botanical Review，35：117 - 167.

Chen CC，Howarth MJ，Peterson RL，et al. 1984. Ultrastructure of androgenic microspores of barley during the early stages of anther culture. Canadian Journal of Genetics and Cytology，26：484 - 491.

Choo TM. 1981. Doubled haploids for studying the inheritance of quantitative characters. Genetics，99（3 - 4）：525 - 540.

Coe EH. 1959. A line of maize with high haploid frequency. American Nature，93：381 - 382.

Corbett KD，Berger JM. 2003. Emerging roles for plant topoisomerase VI. Chemical Biology，10：107 - 111.

d' Amato F. 1989. Polyploidy in cell differentiation. Caryologia，42：183 - 211.

Dong X，Xu XX，Chen SJ，et al. 2013. Fine mapping of qhir1 influencing in vivo haploid induciton in maize. Theoretical & Applied Genetics，126：1713 - 1720.

Dong X，Xu X，Li L，et al. 2014. Marker - assisted selection and evaluation of high oil in vivo haploid inducers in maize. Molecular Breeding，34（3）：1147 - 1158.

Enaleeva N，Otkalo O，Tyrnov V. 1995. Cytological expression of ig mutation in megagametophyte. Maize Genetics Cooperative News Letter，69：121.

Evans MMS. 2007. The indeterminate gametophyte 1gene of maize encodes a LOB domain protein required for embryo sac and leaf development. The Plant Cell，19：46 - 62.

Fischer E. 2004. Molekulargenetische untersuchungen zum vorkommenpaternaler DNA - Übertragung bei der in - vivo - Haploideninduktion bei Mais (*Zea mays* L.) . Grauer Verlag，Stuttgart：University of Hohenheim.

Forster BP，Heberle – Bors E，Kasha KJ，et al. 2007. The resurgence of haploids in higher plants. Trends in Plant Science，12：368 – 375.

Gallais A，Bordes J. 2007. The use of doubled haploid in recurrent selection and hybrid development in maize. Crop Science，47：190 – 201.

Gayen P，Sarkar KR. 1996. Cytomixis in maize haploids. Indian Journal of Genetics and Plant Breeding，56：79 – 85.

Gilles LM，Khaled A，Laffaire J，et al. 2017. Loss of pollen – specific phospholipase not like dad triggers gynogenesis in maize. The EMBO Journal，36（6）：707 – 717.

Geiger HH，Gordillo GA. 2009. Doubled haploids in hybrid maize breeding. Maydica，54：485 – 499.

González – Melendi P，Ramírez C，Testillano PS，et al. 2005. Three dimensional confocal and electron microscopy imaging define the dynamics and mechanisms of diploidisation at early stages of barley microspore – derived embryogenesis. Planta，222：47 – 57.

Hu TC，Kasha KJ. 1999. A cytological study of pretreatments used to improve isolated microspore cultures of wheat（*Triticum aestivum* L.）cv. Chris. Genome，42：432 – 441.

Inze D，de Veylder L. 2006. Cell cycle regulation in plant development. Annual Review of Genetics，40：77 – 105.

Jiang C，Sun J，Li R，et al. 2022. A reactive oxygen species burst causes haploid induction in maize. Molecular Plant，15（6）：943 – 955.

Jones RW，Reinot T，Frei UK，et al. 2012. Selection of haploid maize kernels from hybrid kernels for plant breeding using near – infrared spectroscopy and SIMCA analysis. Applied Spectroscopy，66（4）：447 – 450.

Joubes J，Chevalier C. 2000. Endoreduplication in higher plants. Plant Molecular Biology，43：735 – 745.

Kasahara RD，Maruyama D，Hamamura Y，et al. 2012. Fertilization recovery after defective sperm cell release in Arabidopsis. Current Biology，22（12）：1084 – 1089.

Kasha KJ，Hu TC，Oro R，et al. 2001. Nuclear fusion leads to chromosome doubling during mannitol pretreatment of barley（*Hordeum vulgare* L.）microspores. Journal of Experimental Botany，52：1227 – 1238.

Kasha KJ，Shim YS，Simion E，et al. 2006，Haploid production and chromosome doubling. Acta Horticulturae，735：817 – 828.

Kebede AZ，Dhillon BS，Schipprack W，et al. 2011，Effect of source germplasm and season on the in vivo haploid induction rate in tropical maize. Euphytica，180：219 – 226.

Kelliher T，Starr D，Richbourg L，et al. 2017. MATRILINEAL，a sperm – specific phospholipase，triggers maize haploid induction. Nature，542（7639）：105 – 109.

Kermicle JL. 1969. Androgenedis conditioned by a mutation in maize. Science，166：1422 – 1424.

Kermicle JL，Alleman M. 1990. Gametic imprinting in maize in relation to the angiosperm life cycle. Development Supplement，108：9 – 14.

Khanday I，Skinner D，Yang B，et al. 2019. A male – expressed rice embryogenic trigger redirected for asexual propagation through seeds. Nature，565（7737）：91 – 95.

Larkins BA，Dilkes BP，Dante RA，et al. 2001. Investigating the hows and whys of DNA endoreduplication. Journal of Experimental Botany，52：183 – 192.

Lashermes P，Beckert M. 1988. Genetic control of maternal haploidy in maize（*Zea mays* L.）and selection of haploid inducing lines. Theoretical & Applied Genetics，76：405 - 410.

Lin BY. 1981. Megagametogenetic alterations associated with the indeterminate gametophyte（ig）mutant in maize. Revista Brasleira de Biologia，43：557 - 563.

Lin BY. 1984. Ploidy barrier to endosperm development in maize. Genetics，107：103 - 115.

Liu CX，Li JL，Chen M，et al. 2022. Development of high - oil maize haploid inducer with a novel phenotyping strategy. Crop Journal，10（2）：524 - 31.

Liu C，Chen B，Ma Y，et al. 2017. New insight into the mechanism of heterofertilization during maize haploid induction. Euphytica，213（8）：174.

Liu C，Li W，Zhong Y，et al. 2015. Fine mapping of qhir8 affecting in vivo haploid induction in maize. Theoretical & Applied Genetics，128（12）：2507 - 2515.

Li C，Liu C，Qi X，et al. 2017. RNA - guidedCas9 as an in vivo desired - target mutator in maize. Plant Biotechnology Journal，15（12）：1566 - 1576.

Liu C，Li X，Meng D，et al. 2017. A 4 - bp insertion at *ZmPLA1* encoding a putative phospholipase A generates haploid induction in maize. Molecular Plant，10（3）：520 - 522.

Meyer K. 1925. Über die entwicklung des pollens bei Leontodon autumnalisL. Berichte Der Deutschen Botanischen Gesellschaft，43：108 - 114.

Murignewx A，Barloy D，Leroy P，et al. 1993. Molecular and morphological evaluation of doubled haploid lines in maize. 1. Homogeneity within DH lines. Theoretical & Applied Genetics，86：837 - 842.

Nagl W. 1976. DNA endoreduplication and polyteny understood as evolutionary strategies. Nature，261：614 - 615.

Nanda DK，Chase SS. 1966. An embryo marker for detecting monoploids of maize（*Zea mays* L.）. Crop Science，6：213 - 215.

Prigge V，Sánchez C，Dhillon BS，et al. 2011. Doubled haploids in tropical maize：I. effects of inducers and source germplasm on in vivo haploid induction rates. Crop Science，51（4）：1498 - 1506.

Prigge V，Xu X，Li L，et al. 2012. New insights into the genetics of in vivoinduction of maternal haploids，the backbone of doubled haploid technology in maize. Genetics，190：781 - 793.

Randolph LF. 1932. The chromosomes of haploid maize with special reference to the double nature of the univalent chromosomes in the early meiotic prophase. Science，5：566 - 567.

Randolph LF. 1940. Note on haploid frequencies. Maize Genetics Cooperative News Letter，14：23 - 24.

Raquin C，Amssa M，Henry Y，et al. 1982. Origine des plantes polyploides obtenues par culture d'anthères. Analyse cytophotométrique in situ et in vitro des microspores de Pétunia et de blé tendre. Z Pflanzenzucht，89：265 - 277.

Ravi M，Chan SWL. 2010. Haploid plants produced by centromere - mediated genomeelimination. Nature，464（7288）：615 - 618.

Röber FK，Gordillo GA，Geiger HH. 2005. In vivo haploid induction in maize - performance of new inducers and significance of doubled haploid lines in hybrid breeding. Maydica，50：275 - 283.

Rotarenco V. 2002. Production of matroclinous maize haploids following natural and artificial pollination with a haploid inducer. Maize Genetics Cooperation Newsletter，76：16 - 16.

Rotarenco V, Dicu G, State D, et al. 2010. New inducers of maternal haploids in maize. Maize Genet Coop Newslett, 84: 1-7.

Rotarenco V, Eder J. 2003. Possible effects of heterofertilization on the induction of maternal haploids in maize. Maize Genetics Cooperation Newsletter, 77: 30-30.

Rotarenco V, Mihailov M. 2007. The influence of ear age on the frequency of maternal haploids produced by a haploid-inducing line. Maize Genetics Cooperation Newsletter, 81: 9.

Sarkar K, Coe E. 1966. A genetic analysis of the origin of maternal haploids in maize. Genetics, 54: 453-464.

Sarkar KR, Sudha P. 1972. Development of maternal haploidy inducer lines in maize. Indian Journal of Agricultural Sciences, 42: 781-786.

Sarkar KR, Pandey A, Gayen P, et al. 1994. Stablization of high haploid inducer lines. Maize Genet Coop Newslett, 68: 64-65.

Seaney RR. 1955. Studies on monoploidy in maize. New York: Cornell University.

Segui-Simarro JM, Nuez F. 2008. Pathways to double haploidy: chromosome doubling during androgenesis. Cytogenet Genome Research, 120: 358-369.

Shatskaya OA, Zabirov ER, Shcherbak VS, et al. 1994. Mass induction of maternal haploids in corn. Maize Genetics Cooperative News Letter, 68: 51.

Shim YS, Kasha KJ, Simion E, et al. 2006. The relationship between induction of embryogenesis and chromosome doubling in microspore cultures. Protoplasma, 228: 79-86.

Styles ED, Ceska O, Seah KT. 1973. Developmental differences in action of R and B alleles in maize. Canadian Journal of Genetics and Cytology, 15: 59-72.

Sugihara N, Higashigawa T, Aramoto D, et al. 2013. Haploid plants carrying a sodium azide-induced mutation (fdr1) produce fertile pollen grains due to first division restitution (FDR) in maize (*Zea mays* L.). Theoretical & Applied Genetics, 126: 2931-2941.

Sugimoto-Shirasu K, Robers K. 2003. 'Big it up': endoreduplication and cell-size control in plants. Current Opinion in Plant Biology, 6: 544-553.

Sunderland N, Collins GB, Dunwell JM. 1974. Role of nuclear fusion in pollen embryogenesis of Datura innoxiaMill. Planta, 117: 227-241.

Sunderland N, Evans LJ. 1980. Multicellular pollen formation in cultured barley anthers. II. the a-pathway, b-pathway and c-pathway. Journal of Experimental Botany, 31: 501-514.

Testillano P, Georgiev S, Mogensen HL, et al. 2004. Spontaneous chromosome doubling results from nuclear fusion during in vitro maize induced microspore embryogenesis. Chromosoma, 112: 342-349.

Tian X, Qin Y, Chen B, et al. 2018. Hetero-fertilization together with failed egg-sperm cell fusion supports single fertilization involved in in vivo haploid induction in maize. Journal of Experimental Botany, 69 (20): 4689-4701.

Ting YC. 1966. Duplications and meiotic behavior of the chromosomes inhaploid maize. Cytologia, 31: 324-329.

Trass J, Hulskamp M, Gendreau E, et al. 1998. Endoreduplication and development: rule without dividing. Current Opinion in Plant Biology, 1: 498-503.

Tyrnov VS, Zavalishina A N. 1984. Inducing high frequency of matroclinal haploids inmaize. Dok. Akad Nauk SSSR, 276 (3): 735-738.

Walbot V，Evans MMS. 2003. Unique features of the plant life cycle and their consequences. Nature Reviews Genetics，4：369 – 379.

Wang C，Liu Q，Shen Y，et al. 2019. Clonal seeds from hybrid rice by simultaneous genome engineering of meiosis and fertilization genes. Nature Biotechnology，37（3）：283 – 286.

West MA，Harada JJ. 1995. Embryogenesis in higher plants：an overview. Plant Cell，5：361 – 369.

Wijnker E，Vogelaar A，Dirks R，et al. 2007. Reverse breeding：reproduction of F1hybrids by RNAi：induced asynaptic meiosis. Chromosome Research，15：87 – 88.

Wu PH，Li HC，Ren JJ，Chen SJ. 2014. Mapping of maternal QTL for in vivo haploid induction rate in maize（*Zea mays* L.）. Euphytica，196（3）：413 – 421.

Yao L，Zhang Y，Liu C，et al. 2018，OsMATL mutation induces haploid seed formation in indica rice. Nature Plants，4（8）：530 – 533.

Zhang ZL，Qiu FZ，Liu YZ，et al. 2008. Chromsome elimination and in vivo haploid induction by stock 6 – derived inducer line in maize（*Zea mays* L.）. Plant Cell Reports，27：1851 – 1860.

Zhao X，Xu X，Xie HX. 2013. Fertilization and uniparental chromosome elimination during crosses with maize haploid inducers. Plant Physiology，163：721 – 731.

Zhong Y，Liu C，Qi X，et al. 2019. Mutation of ZmDMP enhances haploid induction in maize. Nature Plants，5（6）：575 – 580.

Zhong Y，Chen B，Li M，et al. 2020. A DMP – triggered in vivo maternal haploid induction system in the dicotyledonous Arabidopsis. Nature Plants，6（5）：466 – 72.

Zhong Y，Chen B，Wang D，et al. 2022. In vivo maternal haploid induction in tomato. Plant Biotechnology Journal，20（2），250 – 252.

Zhong Y，Wang Y，Chen B，et al. 2022. Establishment of a dmp based maternal haploid induction system for polyploid Brassica napus and Nicotiana tabacum. Journalof Integrative Plant Biology，64（6）：1281 – 1294.

Zhou WJ，Hagberg P，Tang GX. 2002. Increasing embryogenesis and doubling efficiency by immediate colchicine treatment of isolated microspores in spring *Brassica napus*. Euphytica，128：27 – 34.

第十四章 玉米生物技术育种原理与应用

（谢传晓）

生物技术是综合应用生物学、化学和工程学的基本原理与方法，利用微生物、动物和植物细胞或其细胞器以及其具有活性的酶来生产有用物质，或为人类提供特定用途的技术。生物技术通常包括基因工程、细胞工程、蛋白质工程、酶工程以及生化工程等几个方面。当前，玉米生物技术研究与应用主要集中于基因工程，包括玉米转基因技术与近年来发展起来的基因编辑技术。随着全球人口增长以及人类工业与生活建设导致全球耕地数量持续减少，以及人类需求的持续增长，耕地与粮食、蔬菜、食用油以及棉等农业产品的矛盾持续突显。同时，由于自然资源匮乏，生态环境进一步恶化，转基因等生物技术的研发与应用，为全球农作物育种与生产提供了有效的解决途径与方案，成为玉米种业重要的发展方向。

农作物转基因技术发展过程经历了以下里程碑式的事件。纳汉斯和史密斯于 20 世纪 60 年代分别发现限制性内切酶具有 DNA 剪切活性，奠定了人工重组 DNA 基因工程技术工具基础。1973 年，美国斯坦福大学的科恩教授首次成功开发转基因技术，验证了人工 DNA 的生物学活性。1983 年，世界首例转基因植物——抗病毒转基因烟草在美国华盛顿大学培育成功，标志着人类利用转基因技术改良农作物的开始。1996 年，转基因抗虫棉花和耐除草剂大豆在美国获批大规模种植，开启转基因农作物大规模生产应用。此后，全球转基因作物的种植面积每年以两位数的速度增长。国际农业生物技术应用服务组织（ISAAA）统计数据表明，2017 年全球 24 个国家种植了 1.898 亿 hm^2 转基因作物，比 2016 年的 1.851 亿 hm^2 增加了 470 万 hm^2，比 1996 年的 170 万 hm^2 增长了 111 倍。1996—2017 年期间，转基因作物的商业化种植面积已累计达 23 亿 hm^2。美国是玉米第一生产大国，2016 年转基因玉米种植面积达到 3 500 万 hm^2，之后排名依次为巴西 1 570 hm^2、阿根廷 470 万 hm^2 与加拿大 150 万 hm^2。

第一节 玉米转基因生物技术的原理与育种应用

一、玉米转基因方法与原理

（一）转基因技术的定义

将人工分离或修饰过的基因导入受体生物体基因组中的过程称为转基因。通常转基因受体由于转入受体基因的表达，引起生物体性状可遗传的修饰，这一技术称为转基因技术

(transgene technology)。人们常说的"遗传工程""基因工程""遗传转化"均为转基因的同义词。经转基因技术修饰的生物体在媒体上常被称为"遗传修饰过的生物体"（genetically modified organism，GMO）。

玉米转基因育种技术通过转基因将人工分离和修饰的外源基因重组表达载体转入受体品系，借助转入基因的表达赋予受体品系优良目标农艺性状。与传统遗传育种技术相比，转基因育种技术能有效打破物种间生殖隔离的障碍，实现物种间遗传物质的定向交流，较快地实现优良农艺性状的突变，特别是抗虫和耐除草剂等一些玉米等植物自身没有，且难以利用传统遗传育种创造或导入有效变异基因的性状。

（二）玉米转基因技术及其原理

玉米遗传转化能有效打破物种间生殖隔离的障碍，实现物种间遗传物质的定向交流，较快地实现优良农艺性状的突变。植物遗传转化的尝试始于 1966 年，到 1984 年成功地把外源基因导入双子叶植物并获得表达，1988 年转化单子叶植物获得成功，其间，经历了近 20 年的探索阶段。当前，按外源基因导入受体细胞的途径可以分为直接的遗传转化方法和农杆菌介导的遗传转化方法。全球商业开发应用的重要转基因玉米遗传转化事件所采用的转化方法，可参考表 14-1。

表 14-1 全球商业开发应用的重要转基因玉米遗传转化事件

事件名称	性状名称	性状	方法	外源基因
3272	Enogen™	加速淀粉液化增产乙醇发酵	农杆菌介导法	Amyluse
5307	Agrisure® Duracade™	鞘翅目昆虫抗性	农杆菌介导法	eCry3.1Ab
98140	Optimum™ GAT™	草甘膦除草剂抗性	农杆菌介导法	HRA（ALS）、GAT
Bt11	Agrisure™ CB/LL	鳞翅目昆虫抗性、草铵膦除草剂抗性	聚乙二醇介导原生质体转化	CrylAb、PAT
bt176	NaturGard KnockOut™，Maximizer™	鳞翅目昆虫抗性	基因枪法	CrylAb、BAR
DAS40278	Enlist™ Maize	芳氧基苯氧基丙酸酯类除草剂抗性	碳化硅晶须	AAD-1
DAS59122-7	Herculex™ RW	鞘翅目昆虫抗性、草铵膦除草剂抗性	农杆菌介导法	Cry34Ab1、Cry35Ab1、PAT
DP-32138-1	32138 SPT maintainer	杂交种生产育性控制	农杆菌介导法	Ms45、alpha-amylase
GA21	Roundup Ready™ Maize，Agrisure™ GT	草甘膦除草剂抗性	基因枪法	Modified maize EPSPS
MIR162	Agrisure™ Viptera	鳞翅目昆虫抗性	农杆菌介导法	Vip3Aa

（续）

事件名称	性状名称	性状	方法	外源基因
MIR604	Agrisure™ RW	鞘翅目昆虫抗性	农杆菌介导法	*mCry3Aa*
MON810	YieldGard™	鳞翅目昆虫抗性	基因枪法	*Cry1Ab l*
MON863	YieldGard™ Rootworm RW	鞘翅目昆虫抗性	基因枪法	*Cry3Bb*
MON87427	Roundup Ready™ Maize	消除杂交种子生产中的去雄生育控制	农杆菌介导法	*CP4 EPSPS*
MON87460	Genuity® DroughtGard™	干旱胁迫抗性	农杆菌介导法	*CspB*
MON88017	YieldGard™ VT™，Rootworm™ RR2	草甘膦除草剂抗性、鞘翅目昆虫抗性	农杆菌介导法	*CP4 EPSPS*、*Cry3Bb1*
MON89034	YieldGard™ VT Pro™	广谱鳞翅目昆虫抗性	农杆菌介导法	*Cry2Ab2*、*Cry1A. 105*
MS3	InVigor™ Maize	草铵膦除草剂抗性、雄性不育	电穿孔法	*BAR*、*Barnase*
MS6	InVigor™ Maize	草铵膦除草剂抗性、雄性不育	基因枪法	*BAR*、*Barnase*
NK603	Roundup Ready™ 2 Maize	草甘膦除草剂抗性	基因枪法	Double cassettes of *CP4 EPSPS*
T14	Liberty Link™ Maize	草铵膦除草剂抗性	聚乙二醇介导原生质体转化	*PAT*
T25	Liberty Link™ Maize	草铵膦除草剂抗性	聚乙二醇介导原生质体转化	*PAT*
TC1 507	Herculex™ I，Herculex™ CB	鳞翅目昆虫抗性、草铵膦除草剂抗性	基因枪法	*PAT*

　　遗传转化事件是指通过转基因将外源基因表达载体整合到受体基因组中，且其物理位置和基因表达特征等转基因分子特征明确，遗传转化体的外源基因功能效率经过鉴定。商业开发应用的遗传转化事件通常是从大量随机整合遗传转化事件中鉴定出来的功能效率高于分子特征清晰的遗传转化事件。当前玉米育种与产业上成功应用的商业遗传转化事件大多为基因枪法与农杆菌介导的幼胚遗传转化方法获得的遗传转化事件。

　　1. 直接的遗传转化方法　　直接的遗传转化方法是采用简单的外力冲击或某些物理力学原理将携带外源 DNA 片段的质粒载体直接导入植物细胞，然后随机地整合进受体基因组。例如：采用电激法、PEG 法等转化玉米的原生质体；采用超声波处理、脂质体包裹法和花粉管介导法将外源基因导入受体细胞等。但是，转化技术大多需要经过原生质体或组织培养阶段，转化周期长，转化受体受到基因型的较大限制，同时，也不适于大规模转基因育种的要求。基因枪法的发明解决了进行大量转化的技术难题，成为玉米遗传转化的重要方法之一。以下介绍几种在玉米上应用较多的直接遗传转化方法。

（1）基因枪法。基因枪法是玉米遗传转化的重要方法之一。该方法是用基因枪击发引发火药爆炸、高压气体释放或者高压放电所产生的推力使携带了外源基因的金属微弹穿透植物的组织、细胞壁和膜结构，将转基因送入细胞核，整合进植物基因组中，实现遗传转化。基因枪主要有以下三种类型：

第一种为火药基因枪，即利用火药燃烧产生推力的加速装置，最早由美国康奈尔大学的 Sanford（1987）研制，主要型号有 Dupont 公司 1990 年推出的 PDS - 1000 系列和国产的 JQ700 型。火药基因枪在较早期的单子叶植物转化中普遍应用，优点是操作简便，成本低廉；缺点是可控度低，噪声太大，对植物组织伤害较大，转化效率较低。

第二种为气动式基因枪，即利用高压气体的喷发产生推力的加速装置，是 Sanford 等（1991）在火药枪基础上研制的换代产品。所用的惰性气体主要是氮气和氦气，其中氦气的压缩性能和安全性均好于其他方法，应用较广泛。主要的产品是 Bio - Rad 公司出售的 PDS - 1000/He。气动式基因枪的特点是清洁、安全、可控度高，对植物细胞机械损害小，转化效率高；但基因枪价格相对较贵，操作成本较高，操作条件要求也较高。

第三种是放电式基因枪，即通过高压放电引起水滴汽化产生冲力的加速装置，定型产品有 ACCELL™。放电式基因枪适于多种组织和器官的转化，特别适合茎尖分生组织、配子体及胚胎细胞的转化，操作的可控度更高。缺点也是花费太高。

Klein 1989 年报道了第一例应用基因枪成功转化玉米的事件。基因枪转化方法的受体类型非常广泛，只要是能被基因枪微弹穿透的组织或细胞都可以作为转化受体，例如：原生质体、悬浮细胞、根与茎的切段、叶片、幼胚、成熟胚、茎尖分生组织、花粉细胞、愈伤组织等具有潜在分化和再生能力的组织或细胞。目前，首选的玉米受体组织一般为胚性愈伤组织，外源基因导入后，再由愈伤组织分化培养生出转基因植株。由于愈伤组织的诱导和幼苗再生的能力有很强的基因型依赖性，因而，此方法对大部分自交系尚不适用，受体的基因型主要为杂交种和少数几个自交系，因此限制了基因枪转化方法的应用。基因枪转化方法的建立使玉米遗传转化趋向系统化、规模化，并使玉米转基因育种逐渐发展成为一种常规的玉米转基因育种技术。

（2）电激法。电激法（electroporation），又称电注射法，是利用高压电脉冲的作用，在原生质体膜上"电激穿孔"，形成可逆的瞬间通道，促进外源 DNA 进入原生质体内部。此法最早在动物上应用很成功。1985 年有人将其用于植物转化，后来电激法被广泛应用于各种单、双子叶植物的遗传转化。不过，由于此法要经过原生质体的培养过程，技术难度大，在玉米转化上已经很少有人使用。近年来，电激法已经发展为直接处理带壁细胞和组织。该技术简便易行，细胞存活率和转化率均有较大提高。

电激法的转化步骤：首先用电激缓冲液处理原生质体，并将原生质体的浓度调节到 $1 \times 10^6 \sim 2 \times 10^6$ 个/mL，然后加入质粒 DNA 和载运 DNA（一般为 $50 \mu g/mL$ 的鲑鱼精 DNA），在电激槽内选择不同的电激参数进行电激处理。处理后的原生质体被收集、培养、再生成为转基因植株。电激法的转化率一般在 $10^{-6} \sim 10^{-5}$ 之间，较高的转化率也可达到 1.2%。提高转化率的主要途径是选择合适的转化参数，例如加入 PEG 和运载 DNA

等措施也会显著提高转化效率。当前，受限于转化效率，玉米遗传转化上该方法鲜有应用。

（3）PEG 介导法。PEG 介导法是利用聚乙二醇等细胞融合剂在高 pH 条件下诱导原生质体摄取外源 DNA 分子。PEG 的相对分子质量为 1 500～6 000。相对分子质量越高，聚合程度越高；pH 越高，融合能力越强，一般水溶液的 pH 为 4.6～6.8。PEG 能使细胞膜之间或膜与 DNA 分子之间形成分子桥，还能引起膜表面的电荷紊乱，干扰细胞间识别，促进细胞膜之间融合以及外源 DNA 进入原生质体内部。高 pH 的作用也诱导原生质体融合和 DNA 的摄取。

采用 PEG 介导法转化，首先是将载体 DNA 同植物原生质体悬液共培养。原生质体要从新鲜叶片或其他新鲜组织中分离而来，培养液中加入 4 000～6 000 相对分子质量的 PEG，保持 pH 8～9，使细胞得到转化。收集转化后的原生质体，在选择培养基和分化培养基上依次培养，直到再生出转基因植株。PEG 介导法最早是 Suarez 等（1980）建立的，也是最早的一种用裸露 DNA 直接转化植物的方法。它的特点是转化方法简单，费用较低；但转化效率很低，一般只有 10^{-6}～10^{-5}。影响转化效率的因素中，最主要的是原生质体培养技术难度大，再生植株很困难；其次是原生质体摄取 DNA 的概率太低。现在，PEG 介导法转化原生质体在玉米转化中已经很少使用，近年来又发展为转化玉米愈伤组织，还有人提出将 PEG 介导法与电激法结合使用。此方法是先用电激法在愈伤组织细胞表面造成一些细微的缝隙，以便质粒载体能够顺利进入细胞内部。

（4）子房注射法。子房注射法是一种微量注射法，是使用一种特制的微量注射器将含有目的基因载体的 DNA 溶液直接注入玉米处于减数分裂时期的子房中，以便外源基因能整合进玉米基因组。丁群星等（1993）用此方法获得了正常的转化体。由谢友菊、丁群星等发明的玉米子房微量注射器已经获得了国家专利。子房注射法的最突出优点有两个：一是不需要复杂的仪器设备，操作简便；二是转化受体不受基因型限制。这对于优良自交系转化和优良转基因杂交种的培育极其有利。但子房注射法需要极大的耐心、精确的手法和充足的经验，否则，死胚率高。目前，这种方法并没有得到广泛验证与应用。

2. 农杆菌介导的玉米遗传转化方法　农杆菌是一种天然的植物基因转化系统，其含有的 Ti 或 Ri 质粒具有携带外源基因的功能。采用遗传工程的方法对农杆菌及其质粒加以改造，并装入外源基因，借助农杆菌对植物的感染特性将外源基因带入植物细胞内，从而完成转化过程。农杆菌介导的遗传转化比基因枪转化方法具有转化机制明确、导入的外源基因结构完整、整合位置相对固定、拷贝数低、外源基因结构发生变异小等优点。农杆菌介导的遗传转化方法已经成为双子叶植物的常规转化方法。最初，人们认为单子叶植物不在农杆菌的宿主范围之内，研究也表明，自然条件下农杆菌只能感染天南星科等少数单子叶植物，因而农杆菌介导的单子叶植物遗传转化研究进展缓慢。随着研究者的不懈努力和研究的不断深入，迄今已发现农杆菌能侵染 20 多种单子叶植物，对玉米的转化效率相当高，这使农杆菌介导法可能成为玉米遗传转化的常规方法。Ishida 等（1996）建立了农杆菌转化玉米的超级双元载体转化系统，使转化率高达 5%～30%，成为农杆菌转化玉米的一个重要里程碑。

1996 年以来，农杆菌转化单子叶植物成功的报道越来越多，共同的特点是整合频率高，整合位置适当，单拷贝整合率高，正常表达的比例高。现在，玉米、水稻等作物的农杆菌高效转化体系都已经建立，主要的技术难题不断得到解决；研究的方向主要有三个重点：一是转化受体材料向重要的育种试材上扩展，例如优良的玉米自交系；二是筛选侵染性更强的农杆菌菌株，构建超强整合的质粒载体；三是不断改善转化和培养条件，扩大转化体生产的规模，尽快使农杆菌转化技术成为玉米转基因育种的常规手段。

（1）农杆菌介导的遗传转化基本原理。农杆菌是一类革兰氏阴性土壤杆菌，主要有根癌农杆菌（*Agrobacterium tumefaciens*）和发根农杆菌（*Agrobacterium rhizogenes*），在自然情况下它们可以通过伤口侵染植物，导致受伤部位产生冠瘿瘤和毛状根。目前在玉米遗传转化中主要使用根癌农杆菌，其介导转化的过程大致包括：①细菌在植物敏感细胞上吸附；②农杆菌中 Ti 质粒上的 Vir 区基因被激活；③T-DNA 切割和 T-DNA 复合物形成；④T-DNA 复合物由农杆菌进入植物细胞；⑤T-DNA 整合到植物基因组中并进行表达。根癌农杆菌含有环状的肿瘤诱导质粒——Ti 质粒，主要包括 T-DNA 区、毒性区（Vir 区）、接合转移区（Con 区）和复制起始区（Ori 区），其中与生成冠瘿瘤有关的是 T-DNA 区和 Vir 区。T-DNA 是 Ti 质粒上一段可转移的 DNA，可将其携带的外源基因转移并整合到植物基因组中。它在结构上有一重要的特点，即存在左右两边界，两个边界为 25bp 不太完全的顺向重复序列，是 T-DNA 转移和整合的重要标记，这两个重复序列之间是生长素和细胞分裂素合成基因及冠瘿碱合成基因。由于 T-DNA 能够进行高频率转移，且可以插入达 50kb 的外源基因，因此，Ti 质粒被称为植物基因转化的理想栽体系统。

Vir 区是用于编码 T-DNA 加工、转移及整合的功能蛋白，它含有 VirA~J 等至少 10 个操纵子。当植物受到伤害时，分泌含有酚类化合物的汁液，这些酚类化合物促使农杆菌向植物受伤部位移动并附着于植物细胞表面，Vir 区基因就开始转录。VirA 基因编码一种结合在细胞膜上的受体蛋白，决定农杆菌侵染玉米的位点。当它感受植物受伤细胞产生的酚类化合物时会发生自身磷酸化。VirA 蛋白磷酸化后能够将磷酸基转移到 VirG 蛋白，使 VirG 蛋白活化，然后通过 VirG 蛋白的信号传递作用，启动 Vir 区其他基因的表达，从而完成 T-DNA 从农杆菌到植物细胞的导入过程。其中 VirD1 和 VirD2 蛋白参与 T-DNA 整合过程，VirD2 和 VirE2 产生的细菌蛋白介导 T-DNA 进入玉米细胞核，而且在 VirE2 蛋白存在时，玉米转化效率可以提高 2 倍。

（2）农杆菌介导的玉米遗传转化的影响因素。农杆菌介导的玉米遗传转化主要受玉米基因型和农杆菌菌株两个重要因素影响，由于二者之间存在相互作用，因此确定受体材料和菌株是转化体系主要考虑的因素。

基于农杆菌介导的玉米幼胚稳定遗传转化方法应用最成功的受体材料有：Hi-Ⅱ、A188、H99、综 31、齐 319、ZC01 等品系。农杆菌对玉米的侵染有基因型依赖性，同时玉米愈伤组织的诱导和植株再生也存在很强的基因型依赖性。不同来源的受体材料，如幼胚、茎尖分生组织、胚性愈伤组织、玉米盾片结节和中胚轴等都可被农杆菌感染和转化。

Gordon - Kamm 等（1990）利用基因枪轰击原生质体获得可育的玉米转基因植株。Gould 等使用农杆菌介导法成功地转化了玉米茎尖分生组织。Ishida 等发现授粉后 9～14d，长度 1.0～2.0mm 的幼胚，最容易被农杆菌侵染。但是，由于幼胚的获取受到严格的时间限制，而其胚性愈伤组织则容易获得且具有较高的转化频率和再生频率，因此胚性愈伤组织成为现在玉米遗传转化中最常用的受体材料。此外，农杆菌的转化效率也受到玉米愈伤组织生理状态的影响。

目前，已经分离出了大量的农杆菌菌株，如 LBA4404、EHA101、EHA105、C58c1 等对玉米感染性高的菌株。合适的菌液浓度也是影响农杆菌侵染的重要因素。菌液浓度过低，则导致转化效率降低；而过高则后期不易抑制。

此外，影响玉米遗传转化的因素还有诱导玉米胚性愈伤到植株再生过程中的组织培养培养基成分、选择性标记基因、筛选条件与共培养的温度和时间等。

（3）农杆菌介导的玉米遗传转化体系优化。农杆菌介导的单子叶植物的转化受基因型的影响，严重制约了该技术的转基因作物应用与开发。多家研究单位对此进行了有益的尝试。值得一提的是，Mookkan 等（2017）报道杜邦先锋联合巴斯夫和陶氏益农公司在玉米中发现了两个对转化效率影响的基因：*Baby boom*（*Bbm*）和 *Wuschel2*（*Wus2*），超表达这两个基因可提高转化效率至 25%～50%。该研究团队人员选择商业价值很高但转化效率很低的玉米自交系 B73 和高粱 P898012 材料作为受体，利用玉米干旱诱导型启动子 RAB17 驱动 CRE/lox 剪切系统，*NOS* 启动子和 *UBI* 启动子分别驱动 *Wus2* 和 *Bbm* 基因。在愈伤诱导阶段，*Wus2* 和 *Bbm* 基因的表达促进了出愈率和愈伤状态的提升；在分化之前，干燥的条件可以诱导 *CRE* 基因的表达，促使 LoxP 位点发生重组，从而将 *CRE*：*Wus2*：*Bbm* 串联表达盒切除，避免对后期产品开发造成影响。

（三）转基因技术体系

1. 基因枪转化愈伤组织再生玉米转基因植株技术体系 基因枪转化玉米愈伤组织是目前玉米转基因育种应用的主要方法之一，本节对该技术全流程做详细介绍。关键技术环节包括：转基因表达载体的构建、受体细胞的获得与处理、基因枪轰击的技术参数选择、转化愈伤组织的培养与筛选以及转化植株的再生。

（1）基础遗传元件。表达载体构建：构建玉米表达的质粒载体除了目的转基因的编码序列之外，还包括两个必备的元件，即单子叶植物表达启动子和选择标记基因。

启动子：启动子是基因表达调控的核心成分，只有借助高活性的启动子才能诱导转基因高效表达。按作用方式，启动子可分为 3 种类型：组成型启动子、组织特异型启动子和诱导型启动子。

组成型启动子的特点是结构基因表达的持续性和恒定性。在此种启动子的控制下，结构基因在不同组织和不同时间内表达水平基本恒定，不受外界环境的干扰。玉米转化较早应用的组成型启动子主要有 *CaMV35S*、*NOS* 和 *OCS*，它们分别来自烟草花叶病毒、根癌农杆菌 Ti 质粒。这些启动子由于来自微生物，在植物中的表达效率不是太理想，以

$CaMV35S$ 效率较好。$CaMV35S$ 的活性水平是 NOS 的 30 倍，但在禾本科植物中的表达水平仅为双子叶植物的 $1\%\sim10\%$。后来发现，$CaMV35S$ 下游加上来自紫花苜蓿花叶病毒（AMV）的一段 44bp 的引导序列，可使其表达强度增加数倍，若再把 $CaMV35S$ 加倍后与 AMV 44bp 串联，可使表达效率提高 20 倍。在 Ti 质粒 T-DNA 的 TR-DNA 上的基因 1 和基因 2 之间还分离到一个具有双向启动功能的 497bp 片段，能启动两个相反方向的转录，故称为双向启动子。使用双向启动子的好处是：可以将选择标记基因与目的基因在 5′末端直接相连。由于两个启动子总是协同作用，提高了选择标记基因与目的基因表达的协同性，有利于转化体的选择。后来，又相继克隆了在单子叶植物中能高效表达的组成型启动子，如 $Act-1$、$Ubi-1$。前者是水稻的激动蛋白基因启动子，后者是玉米遍在蛋白基因启动子，这些启动子能使外源基因的相对表达效率提高很多倍，已经广泛用于玉米遗传转化。

组织特异型启动子又称器官特异表达启动子。这些启动子只启动存在于某些特定器官内结构基因的表达，并往往表现出发育的调节特性。马铃薯块茎蛋白基因启动子是典型的组织特异型启动子，只在块茎中表达。其他已知的组织特异型启动子还有：小麦胚乳特异表达的 ADP-葡萄糖焦磷酸化酶基因启动子；番茄果实成熟特异表达的多聚半乳糖醛酸酶基因启动子，花粉特异表达启动子 $Lat52$，木质部特异表达的苯丙氨酸脂肪酶基因（Pal）启动子，绒毡层特异表达启动子 $TA29$ 等。近年来，还克隆了玉米和拟南芥花粉特异表达的启动子 $Zm13$、玉米花粉特异表达启动子 $Zm5e$。组织特异表达启动子为植物基因工程提供了极大的方便，如利用 $TA29$ 或 $Zm13$ 启动子构建的植物雄性不育基因表达载体，可以使不育基因特异地在花粉中表达。

诱导型启动子的特点是在某种特定的物理或化学信号的刺激下能大幅度提高基因的表达水平。目前已经发现的诱导型启动子有：光诱导型启动子、热诱导型启动子、真菌诱导型启动子、共生菌诱导型启动子、创伤诱导型启动子等。在这些启动子中普遍存在着感受外界信号刺激的诱导型调控序列或增强子。例如，植物的创伤反应是普遍的生理现象，其原因就是损伤诱导了某些基因特异地增强表达。天然的马铃薯蛋白酶抑制剂基因（$Pin\ II$）是一个创伤诱导型基因，当马铃薯受到昆虫危害时，被损伤处附近组织的蛋白酶抑制剂基因 $Pin\ II$ 会大量转录，积累蛋白酶抑制剂，抑制或杀死昆虫。研究表明，$Pin\ II$基因上游的 $-892\sim-573$bp 区段为损伤诱导序列，从启动子 5′端至 -453bp 区段为糖诱导序列。因此，$Pin\ II$ 基因既可被创伤激活，也可被双糖、三糖和六糖激活。玉米 HSP70（热激蛋白）基因启动子是热诱导型启动子，被克隆后已经用于转化研究。目前，诱导型启动子也已经用于玉米的抗虫育种中。

选择标记基因：常见的植物转化载体都是选择标记基因与目的基因构成嵌合基因。嵌合基因构建的目的是解决转化之后的筛选和检测问题。因为，大多数转基因很难凑巧具有易于直接筛选和检测的性质，需要人为地设置选择标记基因，以期通过对选择标记基因的筛选和检测来间接证实目的基因的转化结果。

通常，玉米的遗传转化均经过组织培养过程，因此，玉米上应用的选择标记基因大多数是易于在组织培养阶段实施选择的基因。例如，将潮霉素抗性基因与目的基因嵌合构成转化载体，转化成功的愈伤组织中可产生抗潮霉素的性状。当在培养基上施加一定浓度的潮霉素时，转化细胞能存活下来，而非转化的细胞将变褐死亡。经过数代添加潮霉素的继代培养，就可以将真正的转化体鉴定出来。目前，玉米转化常用的选择标记基因主要有两类：抗生素基因和抗除草剂基因（表 14-2）。

表 14-2　部分选择标记基因

基因	编码产物	选择剂
nptll	新霉素磷酸转移酶	卡那霉素或新霉素
Hpt	潮霉素磷酸转移酶	潮霉素
Bar	膦丝菌素乙酰转移酶（PAT）	膦丝菌素（PPT）
Sul	二氢蝶酸合成酶	磺胺
csrl-1	乙酰乳酸合成酶	磺酰脲
Tdc	色氨酸脱羧酶	4-甲基色氨酸
Spt	链霉素磷酸转移酶	链霉素
Dhfr	二氢叶酸还原酶	氨甲蝶呤
Cat	氯霉素乙酰转移酶	氯霉素
Bxn	溴苯腈水解酶	溴苯腈
PsbA	Qb 蛋白质	阿特拉津
TfdA	2,4-滴单加氧酶	2,4-滴
DHPS	二氢吡啶二羧酸合成酶	S-氨乙基半胱氨酸
aroA	莽草酸羟基乙烯转移酶（EPSPS）	草甘膦
Als	乙酰乳酸合成酶	绿麦隆

由于某些抗生素是人和牲畜常用的抗生素，在转化植物中应用具有潜在的危险，必须慎重使用。自抗除草剂基因被克隆以后，大量的转化转而使用 Bar 等基因作为选择标记基因。抗除草剂基因的好处在于既作为选择标记基因又作为抗除草剂转基因使用。

选择合适的选择标记基因是植物遗传转化的重要步骤。好的选择标记基因既可以使转化体的选择和检测方便有效，又无生物和生态危害性。现在，对选择标记基因的使用限制越来越多，研究也越来越深入。主要有两个方面：一是寻找具有生物安全性的基因；二是设计在转化后可以方便剔除选择标记基因的转基因载体。例如，将选择标记基因构建在另一个小质粒上，然后，与含有转基因的载体共转化玉米愈伤组织，转化成功后再通过选择过程淘汰带有选择标记基因的个体，仅保留含目的基因正常表达的转化体。另外，还有一种方法是在转化的过程中通过重组技术系统，把选择标记基因剔除，从而实现无选择标记转基因。

（2）愈伤组织的培养。研究表明，玉米幼胚是进行玉米愈伤组织培养的最佳材料，具有取材方便、愈伤组织发生和分化容易的特点，一般是取授粉 10～12d 的新鲜幼穗，在无菌条件下剥开苞叶，挑出幼胚（直径 1.2～1.5mm），盾片朝上接种于 N6 培养基上（N6 基本培养基，适当添加 2，4-滴和脯氨酸）进行暗培养。培养 2～3 周后开始脱分化，形成愈伤组织。此时，应选择生长快、质地松脆、颜色鲜艳明亮的愈伤组织继代培养。继代周期一般 2～3 周。在继代培养过程中，要不断去掉幼芽，随时选择优良的愈伤组织作为受体材料，用于基因枪转化。

玉米幼胚形成的愈伤组织通常分为两种类型：Ⅰ型和Ⅱ型。Ⅰ型愈伤组织生长缓慢，质地较硬，颜色较暗淡；Ⅱ型愈伤组织生长比较迅速，质地松脆，色泽鲜亮。一般来说，后者分化和再生能力比较强，转化易于成功。不过，前者也有转化成功的报道。

（3）基因枪转化参数的确定。因不同基因枪和基因枪的性能而异。目前，世界上广泛采用的基因枪是美国杜邦公司推出的 PDS-1000 系列，特别是 PDS-1000/He 基因枪。PDS-1000/He 基因枪转化的原理是：由高压氦气喷发产生推力，推动微弹射入受体细胞内，转化用的载体 DNA 预先包被在微弹的表面，可以随着微弹一起射入受体细胞核，完成转基因导入过程。采用 PDS-1000/He 基因枪转化参数主要有气压、射程和样品室真空度的选择。试验表明，转化玉米愈伤组织的气压选择范围在 650～1 550psi。无论采用钨粉还是金粉作为微弹，1 350psi 左右的气压可以取得最佳的转化效果。转化玉米愈伤组织的射程一般选在 6～12cm，以 9cm 左右效果最好。样品真空度的选择范围很宽，在 2 133～4 000Pa 之间均可，以 3 200Pa 效果最好。上述转化参数仅供参考，实际应用中应根据具体的基因枪确定适合的参数。

（4）转化体的获得、转基因植株的再生与鉴定。愈伤组织的选择培养：首先，将基因枪轰击后的愈伤组织（与同样经基因枪轰击的负对照微弹上未包被转基因的基因型相同的愈伤组织）放在 IM 培养基（标准培养基适当补加 2，4-滴）上进行恢复培养，目的是使受伤的愈伤组织得到修复，恢复正常生长和细胞分裂的能力。恢复培养的时间在 3～4d。然后，将上述愈伤组织转入含有选择剂的选择培养基上进行最初的选择培养。例如，选择标记基因 HPT，选择 IM 培养基加 20mg/L 的潮霉素 B，继代周期为 2 周一次，持续 3～4 个月。每次继代时，要淘汰生长受到明显抑制或死亡的愈伤组织，将生长正常的剥离成小块，紧贴于培养基表面进行培养。据刘岩等（1997）观察，在含有 20mg/L 潮霉素 B 的选择培养基上，经 20～30d 培养，大部分愈伤组织开始变褐死亡，只有少数色泽仍然正常，但生长也受到明显抑制。潮霉素敏感的愈伤组织在 50～60d 之内几乎全部死亡。此后，再存活的愈伤组织就很可能是转基因能正常表达的转化愈伤组织。愈伤组织的分化培养经过长时间的选择培养之后获得的抗性愈伤组织要经过分化培养，诱导胚状体产生，并进一步使胚状体生长分化成幼苗。首先，将抗性愈伤组织转移到不含选择剂的 IM 培养基上恢复培养 2～3 周，使愈伤组织恢复到转化前的生长状态。然后，再将健康的愈伤组织转移到分化培养基上进行分化培养。分化培养基一般是在 N6 培养基上补加 0.5mg/L 2，4-滴和 50～60g/L 蔗糖。在此种高糖培养基上培养 20d 以后，即能诱导形成胚状体。将上述胚状体转移到不含选择剂和激素的普通 N6 培养基上继续培养，直到长成幼苗。

转化体幼苗的培育：刚刚分化长成的转化体幼苗比较弱小，必须先在 N6 培养基上培养一段时间。待幼苗长出 3 叶 1 心，根系也比较发达时，可移栽到小花盆中。小花盆中用普通的育花营养土，再加入适当的水和营养液即可。移栽前要将幼苗根部洗净，剪掉过长的叶片和根，然后，小心地植入土中。在培养过程中，花盆外要罩上塑料袋保湿，注意避免强光直射。移栽 5～7d 后，幼苗发出较多的新根，长出 1～2 片新叶，此时，应该移栽到大花盆中继续培养。大花盆中的土壤可以模拟大田的土壤状态，并尽量让幼苗多接受阳光直射和自然风的吹拂，以锻炼幼苗的抗逆性来增强生长势。5～7 叶后的幼苗可以直接移栽到温室或者大田进行培育，直到开花结实。

经过组织培养再生的玉米植株一般生长势都不强，茎秆细弱，个头矮小，抗逆性差。因此，要加倍地呵护，防止夭褶。除了正常的灌水、施肥之外，还要注意病虫害防治。

（5）转化体的分子检测与生物学检测。为了鉴定转基因在所获得的再生植株中能正确地整合、表达和遗传，需要对转化体进行 DNA、RNA 和蛋白质水平的分子检测。检测的方法主要有 PCR 检测、southern blotting 分析、northern blotting 分析、western blotting 分析等。在这些检测方法中，PCR 检测最方便易行，但是，检测结果容易受到假阳性等因素的干扰，不能作为最终证据；southern blotting 分析被认为是转基因整合的最有力证据，也是必须做的检测步骤；northern blotting 分析和 western blotting 分析用来检测转基因表达情况。

PCR 检测：剪取转化体 R_0 代 1～4g 叶片提取总 DNA，用转化载体上已知序列合成 5′ 和 3′ 端引物，进行 PCR 扩增。将扩增产物在含有溴化乙锭（EB）的琼脂糖凝胶上进行电泳。在紫外灯下检查有无目标带出现。初步判定，含有目标片段的植株是转化体。

southern blotting 分析：选取 PCR 检测阳性的植株总 DNA，用适当的限制性内切酶消化，然后采用 Sambrook（1989）的方法做 southern blotting 分析。限制性内切酶最好选用在被转化的基因（包括整个转化载体）上有单切点的内切酶，这样的酶切片段将是外源基因同植物基因组片段的嵌合体，更能确切地证明转基因在玉米基因组上的整合。选取转基因上的限制性片段或扩增片段制备探针。探针标记最好选用放射性同位素标记方法，对单拷贝基因的检测更敏感。为了检测转基因能否稳定地遗传到子代，通常还要做多代以后的 southern blotting 分析，方法与 R_0 代相同。

western blotting 分析：采用检测基因表达的最终产物蛋白质的方法，以检测转基因表达的情况，将蛋白质电泳、印记、免疫测定融为一体，对目标蛋白质检出的灵敏度高，能检测出样品中 50ng 的蛋白质。它的原理是：外源基因表达会在细胞中含有一定量的目的蛋白质。从细胞中提取总蛋白质，并用 SDS-聚丙烯酰胺凝胶电泳将目的蛋白质按相对分子质量大小分离，再将分离后的蛋白质条带按原位印迹转移到固相支持膜上；用封闭剂封闭非特异性位点之后，同特异性标记的探针（目的蛋白质的抗体）杂交；通过检测杂交信号来确定外源基因表达与否、表达的强度、表达蛋白的浓度及其相对分子质量。具体方法见 Sambrook（1989）。

（6）影响基因枪转化成功的因素。已经报道的基因枪转化频率差异很大，除了因植物种类、外植体种类、基因枪类型和计算方法上存在的差异之外，还受一些理化因素和生物学因素影响。理化因素主要指基因枪的技术参数，虽然产品附有说明，但仍必须针对不同受体做适当调整；生物学因素主要指轰击前后对培养条件做出的适当调整。

金属微弹载体基因枪主要用钨粉和金粉作为携带目的基因的载体。钨粉的特点是价格低，制备容易。但是，在高温高压下轰击，钨粉会在愈伤组织表面产生一层氧化物，对植物产生毒害。在制备时做碳化处理可以减轻危害，但其粗糙的表面产生的机械伤害也比较大。金粉的特点是化学性质稳定，表面光滑，对植物细胞损伤小，转化效率高出钨粉2倍多；但其价格昂贵，应用上受到一定限制。另外，金粉在水溶液中易发生不可逆的凝聚作用，不宜存放水溶液，用于转化的金粉水溶液必须现用现配。

沉淀辅助剂：基因枪转化中常用的沉淀辅助剂主要有钙盐、亚精胺和聚乙二醇（PEG）。钙盐包括 $CaCl_2$ 和 $Ca(NO_3)_2$，对于转化玉米，前者的效果明显好于后者，使用浓度以 1.9～2.4mol/L 为宜；亚精胺的作用是促进质粒载体对金属颗粒的附着，但是，不适当的浓度会使钨粉和金粉颗粒凝聚成块，而凝聚后的颗粒会在轰击时加剧组织损伤，降低转化。同时，还会使 DNA 在金属微粒表面附着过强，直至进入细胞后仍然难以从金属表面游离下来。此外，亚精胺还会对细胞产生毒害作用。由于这些原因，试验中都倾向于降低亚精胺的使用浓度，以适当的聚乙二醇代替。亚精胺的使用浓度范围在 7.69～76.9mmol/L，外加 25% 的 PEG 配合使用。

外源 DNA 的纯度越高，转基因导入与基因组整合的概率越高。适当高的外源 DNA浓度对转化有促进作用，Klein 认为，每毫克钨粉含 $0.2\mu g$ DNA 转化效果比较好。过高的 DNA 浓度会导致金属微弹凝聚，降低转化率。

基因枪轰击参数主要包括：微弹的速度、入射角度、样品真空度、轰击次数等。其中，微弹的速度选择最重要，速度合适可以保证微弹有效射入愈伤组织的正确部位和感受态细胞内，又不至于造成过大的机械损伤。一般来说，使用 PDS-1000/He 基因枪，宜采用的击发气压在 1 350psi 左右；若是高压放电式基因枪，工作电压宜选在 8～10kV。样品真空度主要影响空气对微弹的阻力，提高真空度可以提高微弹速度。转化玉米愈伤组织时，样品室内负压以 3 200Pa 为宜。

高渗透压处理：研究表明，在轰击前用高渗培养基（含 0.2mmol/L 甘露醇和山梨醇）处理玉米愈伤组织 4h，轰击处理后再用高渗培养基处理 24h，比普通 N6 培养基培养的材料在表达量上明显增加。干燥脱水处理也有同样的作用。这可能是高渗培养和脱水处理减小了液泡体积，提高了细胞质浓度，从而减少了因细胞质溶液溢出导致的无效轰击和机械损伤。

采用不同种类启动子对转基因表达水平至关重要。在玉米上，用玉米 Ubi-1 启动子或水稻 Actinl 启动子调控要比用 CaMV35S 启动子表达效率明显增强，这对于转化体后代选择的成功率有重大影响。

2. 根癌农杆菌转化玉米愈伤组织

（1）高效转化体系的建立。目前采用农杆菌介导的玉米幼胚诱导的愈伤组织转化在玉米转基因技术中应用较广泛。研究表明，玉米基因型与农杆菌菌株之间存在强烈的互作，选择适当的菌株和玉米受体材料对转化体系的建立至关重要。

　　首先，要选用对玉米感染力强的农杆菌菌株，如 LBA4404、EHA101、EHA105、C58cl 等菌株对玉米都有感染性。其中，LBA4404（pTOK233）侵染力最强，这可能与其含有的超双元载体有关，这个载体具有双倍的 *VirB*、*VirC*、*VirD* 基因，都与 T－DNA 的转移和整合有关。

　　然后，要选择适当的玉米基因型，因为不但农杆菌对玉米的侵染有基因型依赖性，玉米愈伤组织的诱导和植株再生也存在很强的基因型依赖性。根据目前的研究结果，以自交系 A188 及组配的杂交种组培特性好，易被农杆菌转化。目前常用的受体包括 A188、H99、HiII、综 31、齐 319 以及 ZC01。

　　不同基因型幼胚能够诱导愈伤组织的最佳时期是不同的，持续的时间长短也不同。有些基因型不能诱导出愈伤组织的关键可能就在于未能找到最佳时期，或者最佳诱导时期持续太短，以至于很难抓住。这也可能正是自交系愈伤组织诱导的关键。实际上，取 A188 自交系授粉后 10～12d、直径 2～4mm 的幼胚进行组织培养容易产生 II 型愈伤组织。其他基因型也有同样的趋势，但是，A188 更能顺利诱导愈伤组织，并且分化出胚状体和幼苗。挑取幼胚时机要随环境条件不同适当调整。

　　选择最佳的取幼胚时机不但与愈伤组织诱导和再生紧密相关，同转化效率也直接相关。实际上，最容易诱导愈伤组织发生和再生的幼胚发育时期也是农杆菌最容易感染的时期，即最佳感受态时期。在几个转化试验中，较晚的取幼胚处理虽然也有愈伤组织诱导成功的情况，但没有转化体产生。

　　愈伤组织的诱导仍然采用 IM 培养基，培养温度为 28℃。对经过 3 个月以上继代培养的愈伤组织，若仍保持 II 型特征，即外表新鲜、松脆、生长迅速，即可进入分化培养。把愈伤组织在胚状体诱导培养基（LSD1.5）上诱导胚状体 2～5 周，然后放到分化培养基（LSZ）上进行分化培养；最后在 1/2 分化培养基上分化培养，直至成苗。

　　（2）菌株与外植体的预培养和共培养。菌株的预培养是为了选择最佳的侵染和培养条件而设置的步骤。首先，选取 LBA4404 菌株的单菌落，接种于含有选择剂潮霉素的液体培养基（AB 培养基）中培养。3d 后进入对数生长期时，离心收集菌体，用 LS－inf 液体培养基（pH 5.2）悬浮，分别稀释成 0.1～1.0 个 OD 值的浓度。然后，与适当的玉米基因型幼胚（或愈伤组织）共培养，3d 后检测 GUS 瞬时表达情况，选出表达最强的菌液浓度。再用不同的液体培养基和平板培养基（如 YEP、AB 培养基）对上述菌液和玉米幼胚（或愈伤组织）进行共培养。3d 后检测 GUS 瞬时表达情况，选出表达最佳的培养方式。

　　据研究，菌液浓度以 0.3 个 OD 值为最适，培养方式以 AB 培养基平板培养为最佳。根据 Lupotto 等的研究表明，高效的农杆菌转化体系以农杆菌菌株 LBA4404 与自交系 A188 及其相关基因型相配合、在 LS－inf 中添加 100μmol/L 乙酰丁香酮培养菌体、在 LSD1.5 培养基上诱导转化愈伤组织为最佳。根据已有的报道，在开始预培养或预培养之前可以考虑对受体组织进行创伤处理，例如，用基因枪轰击、超声波或电激处理，既能创造更多农杆菌侵染的机会，还会提高愈伤诱导率。

　　（3）抗性愈伤组织的获得与转基因植株的再生。采用预培养中选取的最佳共培养条件，将玉米幼胚或幼胚形成的愈伤组织与菌株共培养。3d 后将愈伤组织转移至普通 IML 培养基上培养，或者直接转移至低选择压的 LS－AS 培养基上进行继代培养。几天后，待愈伤组织恢复健康，再转到高选择压的 LSD1.5 培养基上进行选择培养。选择培养 2 个月后，那些存活下来、色泽和生长正常的愈伤组织就可能属于转化体。实际操作中，也可以直接用幼胚作转化受体与菌株共培养，然后再诱导愈伤组织和选择抗性愈伤组织。这样，可能更有利于转化体的筛选。

将选择培养中获得的抗性愈伤组织转移到胚状体诱导培养基上诱导胚状体。待胚状体形成后，即转入无激素的 N6 培养基上继续培养。等到长成根并形成叶片，移至培养瓶中继续培养。3 叶 1 心时，再将小苗移栽到小花盆中。移栽后最初的 1 周，花盆外要用塑料袋罩住保湿；1 周后，即在 5 叶 1 心时移栽到温室土壤中。

（4）影响转化效率的因素。对于影响农杆菌转化单子叶植物的因素，已有研究结果表明，起主导作用的在于植物本身。有人发现，农杆菌对单子叶植物细胞的附着能力差，但是，Graves 等用电镜观察，农杆菌对玉米有正常的附着。曾认为单子叶植物不能释放 Vir 基因诱导物中诱导农杆菌趋化运动的分子和诱导 Vir 基因表达的信号分子，如某些酸类化合物，制约农杆菌的附着和 Vir 基因的表达。进一步的研究已经发现，玉米完全能够释放此类物质，只是数量较少。加入外源的乙酰丁香酮等可以促进农杆菌的附着和转化。因此，缺少趋化性诱导物质和 Vir 基因表达的信号分子只是潜在的因素之一，但不一定是主要因素。Shivendra 等发现了一种既能抑制农杆菌生长，又能阻断乙酰丁香酮诱导 Vir 基因表达的活性物质 DIMBOA。它广泛地存在于玉米栽培品种中，是一种高效的抗菌物质。低浓度的 DIMBOA 就可以抑制农杆菌的侵染。由此看来，DIMBOA 可能是不同植物种类以及同种植物不同品种与品系之间农杆菌侵染差异的主要来源。选择 DIMBOA 合成缺陷型的基因型，或者使用能解除 DIMBOA 抑制作用的物质，可能对提高农杆菌转化玉米以及其他植物都有重要意义。

此外，细胞的生理状态可能是影响转化成功的重要因素。例如，禾本科植物薄壁细胞失去分化能力很早，受伤细胞木质化程度高，无明显的细胞分裂，而且，不同发育时期细胞内的生长素与细胞分裂素的平衡水平也不同。这使得禾本科植物处于感受态的细胞少，感受态持续时间短，造成农杆菌发生感染的机会少得多。例如，玉米幼胚在直径 1mm 时易于诱导愈伤组织，转化频率亦较高，直径达到 2mm 时难以诱导愈伤组织和分化。因此，要克服农杆菌转化玉米的基因型障碍，必须首先摸清各种基因型对农杆菌的最佳感受态时段。有时，各转化环节操作的技术和经验也影响转化。要对不同的品种和不同状态的外植体类型找出最佳的转化参数，以进一步提高转化效率。

二、抗虫转基因育种

（一）抗虫转基因育种的意义

抗虫转基因育种是转基因植物育种研究中开始早、发展快、成果多、推广面积大的一个领域，目前已经在棉花、玉米、番茄、油菜、烟草、水稻、马铃薯、大豆等主要作物上进入大田试验或生产应用（Dale 等，1993）。抗虫转基因育种的深入开展，主要得益于对各种抗虫转基因的深入研究，同时也来自农业生产中虫害防治的巨大压力。据不完全统计，全世界每年因虫害造成的损失约占粮食总产的 13%。与此同时，采用化学防治导致的害虫抗性增强和环境污染也越演越烈。

玉米螟是世界性玉米害虫，每年因玉米螟危害损失产量在 5% 左右。据在美国伊利诺伊州的调查，玉米螟危害每年损失 5 000 万美元左右；每头欧洲玉米螟对每株玉米因咬食叶片造成的损失达 3%～7%。我国是亚洲玉米螟的多发和重发区。据统计，20 世纪 70 年代以来，几乎每两年就大发生一次，年损失玉米 380 万～640 万 t，相当于一个中等玉米生产省的产量。近年来，由于种植密度不断加大，施肥水平不断提高，推广品种缺乏抗螟能力，玉米螟危害有逐渐加重的趋势。"九五"期间，科技部和农业部已经把玉米螟列为五大粮食作物主要害虫之一。虽然国家和地方政府多年来付诸很大的努力，采用化学和生物方法防治玉米螟，但收效甚微。同时，化学防治还存在环境污染、成本提高等弊端；农民对生物防治也并不感兴趣，原因主要是效果不明显。因此，找到一条经济有效的防治新途径是农业生产亟待解决的问题。

培育和推广抗螟品种是控制玉米螟危害的最佳途径，其最主要的优点是不需要农民增加额外投入，不用改变任何耕种程序和习惯，就可以达到杀虫增产的目的。但是，玉米的内源抗性受多基因控制，且心叶期抗性和穗期抗性基因是各自独立的，用常规育种方法培育抗螟杂交种不仅周期长，而且很难获得兼抗两个世代玉米螟的亲本。同时，玉米抗螟基因似乎与高产性状呈负相关，20 年来，各国抗螟育种均未取得明显进展。20 世纪 90 年代以来，通过转基因途径将外源基因导入玉米获得抗玉米螟的杂交种取得了突破性进展。方法是把 Bt 基因等外源抗虫基因导入玉米的基因组中，使其正确表达，即可获得兼抗两个世代玉米螟的高抗转化体。将这种转化体直接或间接用于玉米杂交种的选育，可以达到既高产又抗虫的双重目标。这大大弥补了常规育种的不足，又缩短了育种周期，能充分满足生产中对抗螟品种的要求。

（二）抗虫转基因及其应用

目前，已有的抗虫转基因包括 Bt 基因、蛋白酶抑制剂基因、蝎毒素基因、淀粉酶抑制剂基因、蜘蛛杀虫肽基因等。应用最广的主要有两类：一类是苏云金芽孢杆菌（*Bacillus thuringiensis*）的 δ-内毒素（endotoxin）基因，简称 Bt 基因；另一类是高等植物蛋白酶抑制剂基因。

1. Bt 基因

（1）Bt 基因的性质。苏云金芽孢杆菌是一类在孢子形成期能形成伴胞晶体蛋白的革兰氏阳性细菌，其晶体蛋白中含有 S-内毒素，能特异地杀死某些昆虫，但对人畜无害。因此，Bt 基因是目前基因工程中应用最广的理想杀虫转基因。1981 年，Schnepf 等首次将 Bt 基因予以分离克隆、序列分析和缺失研究，表明该基因的 DNA 序列有 4 222 个碱基对，在基因表达的原晶体蛋白多肽链中，从 N 端开始共有 64 个氨基酸分子是毒蛋白所必需的，而 C 端氨基酸则与毒性的特异性有关。现在，已发现 Bt 亚种 50 多个，杀虫基因序列 45 个。天然的 Bt 基因由于克隆自微生物，在植物中表达量低而不稳。Murry 等（1991）研究认为有两个主要原因：①转基因植物中 Bt 基因转录的 mRNA 效率低。由于细胞内某些 tRNA 含量低造成 Bt 基因转录过早终止，形成的不成熟 mRNA 通常会迅速降解，不能翻译成蛋白质或多肽。②Bt 核苷酸序列中与高等植物基因组相比 AT 区过多，形成一些在高等植物中不常见的密码子，因而翻译效率很低。为此，研究者对天然的 Bt 基因进行了一系列改造：在 35S 启动子区加入重复强表达区，使转基因的表达在原有水平上提高了 5～10 倍；对 DNA 序列加以改造，在不改变氨基酸顺序的条件下，选用更适合在高等植物中表达的密码子，使毒蛋白的表达量提高了 100 倍（Perlark，1991），可以有效杀死大多数鳞翅目害虫。目前，按照植物优化密码子氨基酸序列人工修饰合成了 PM CrylA、FM CrylA、FM CrylllA、GFM CrylA 基因等。这些改造后的基因可在植物中高效表达杀虫活性（郭三堆等，1995）。

（2）Bt 基因的转基因育种。Bt 基因是目前抗虫转基因育种中应用的主要转基因。1987 年，全世界有 4 个研究小组几乎同时报道了他们的抗虫转基因成果。7 月，比利时 Montagu 实验室的 Vaek 等报道将 3′端缺失的 Bt CrylA（b）毒蛋白基因转入烟草，获得了抗烟天蛾的植株，该植株的叶片蛋白中毒蛋白含量在 30ng/g 就足以杀死一龄幼虫。抗虫试验表明，饲喂 18h 后的幼虫 3d 内全部死亡。这是人类首次通过转基因途径获得抗虫种质。紧接着，美国 Monsanto 公司的 Fishhoff 等报道将 Bt CrylA（b）转入番茄，转化体对烟天蛾显示不同的抗性，最高的矫正死亡率达 100%。稍后，Agracetus 公司的 Bartona 等也报道将 3′端缺失的 Bt CrylA（a）导入烟草，获得了杀虫率达 100% 的抗虫转化体。与此同时，Agracetus 公司还开展了转基因抗虫棉的研究，所获得的转化体能产生 Bt 毒蛋白。室内和田间隔离试验均表明鳞翅目昆虫对 Bt 毒蛋白有一定抗性，且抗虫能力稳定遗传。Monsanto 公司于 1988 年利用经过修饰改造的 Bt 基因转化棉花，在温室鉴定和大田试验均获得了良好的杀虫效果，在治虫与不治虫两种处理中，转基因棉的皮棉产量均高于对照。此后，Monsanto 公司又对 Bt 基因序列进行了全面的修饰改造，获得的转基因棉花抗虫性更强。

玉米的转基因抗虫育种也取得了突破性进展。通过将 Bt 基因导入玉米，不但获得了兼抗两个世代玉米螟的新种质，而且，其垂直抗性水平足以完全控制玉米螟的危害。到目前为止，转 Bt 基因的抗虫玉米已经进入大规模商品化阶段，主要集中在美国、阿根廷、西班牙等少数国家。美国在 1996 年首先批准 Bt 玉米的田间释放，1997 年批准商品化生产，到 1999 年，Bt 玉米播种面积已经达到 960 万 hm^2，增产幅度在 5%～9%，Bt 抗虫玉米因此被美国农民誉为自杂交玉米问世以来最伟大的科技进步。目前，世界上许多有名的大公司纷纷斥巨资开发 Bt 转基因品种。美国的老牌化学品公司，如杜邦、孟山都、道氏公司都纷纷购并农业技术公司，连欧洲的大公司诺华公司、赫司特公司也转而抢占农业生物技术市场，发展抗虫转基因植物。

我国的抗虫转基因育种起步较晚，但发展很快，主要成果集中在抗虫棉、抗虫烟草、抗虫玉米和水稻上。中国农业科学院的杨虹（1989）最先报道用 PEG 法将 Bt 基因转入水稻，获得 Southern 检测阳性的植株。1991 年谢道昕等用花粉管通道法将 Bt 基因导入水稻和棉花获得了表达，室内鉴定表明，转化体对昆虫有一定抗性。1993 年以来，戴景瑞和谢友菊领导的中国农业大学玉米抗虫转基因研究课题组将 Bt 基因转入玉米（丁群星等，1993；王国英等，1995；张宏等，1997），获得了转化体，并在后代中分离出了正常遗传的家系（王守才等，1999）。抗虫性鉴定表明，部分后代有较强的抗虫性。近年来，我国的转 Bt 基因抗虫玉米研制得到了国家"863 计划"、国家转基因专项等重大项目的支持，国内十几个重要的玉米研究单位和大型种子企业正在联合攻关，研究水平已经跻身国际先进行列，不但抗虫性可以达到高抗水准，而且已经培育出几个农艺性状优良、杂种优势强、有较好生产利用前景的杂交种，正在进一步开展大田试验，预计 2～3 年内实现国产转基因玉米进入大规模商品化生产。

2. 蛋白酶抑制剂基因

（1）蛋白酶抑制剂基因的类型及性质。蛋白酶抑制剂基因有多种，主要分为三类：丝氨酸蛋白酶抑制剂类、羟基蛋白酶抑制剂类和金属蛋白酶抑制剂类。目前，应用于植物抗虫基因工程的蛋白酶抑制剂基因主要为丝氨酸蛋白酶抑制剂类，其中应用较广的蛋白酶抑制剂基因主要有以下两种。

马铃薯蛋白酶抑制剂：Pin I 和 Pin II，二者都是从马铃薯块茎中发现的，Pin I 对胰凝乳蛋白酶的作用较强，Pin II 对丝氨酸型的蛋白酶有作用。当植物被昆虫取食或机械创伤后，伤口会释放一种信号——诱导因子，激活伤口周围乃至全身的蛋白酶抑制剂基因，快速地转录并积累抑制蛋白于叶肉细胞中，阻止侵害进一步发生（Johnson，1989）。试验证明，对鳞翅目的抑虫作用，Pin II 比 Pin I 强。

Bowman-Birk 型抑制剂基因：此类基因存在于豇豆、大豆、玉米、花生等作物中，其中已经应用于抗虫基因工程的主要是豇豆胰蛋白酶抑制剂（CpTI），它是由 80 个氨基酸组成的小分子多肽，每个分子具有两个抑制活性中心，可同时竞争性抑制两个胰蛋白酶分子，它的 Lys 残基侧链可与昆虫胰蛋白酶的活性中心紧密结合，使对肽键的水解作用无法进行，从而达到抗虫的目的。Hilder 等（1987）首先分离克隆了 CpTI 的 cDNA，Beulter 等（1990）对其抗虫性进行了深入研究，主要优点是抗虫谱广，可抗许多农业生产中重大害虫。

（2）蛋白酶抑制剂基因的转基因育种。CpTI 基因作为一种广谱性的抗虫基因，得到了抗虫育种的重视和应用。主要的成果有抗虫烟草、抗虫棉，其次还有转基因番茄、玉米等。Hilder（1987）首先用 CpTI 转化烟草获得了稳定遗传、正确表达、抗虫明显的后代。这一研究开创了转基因抗虫育种的又一途径。中国科学院遗传研究所首先在国内报道用 CpTI 基因转化烟草获得成功（刘春明等，1992），2～3 龄棉铃虫幼虫在接种后 4d 死亡率达 50%，存活者的生长发育也受到抑制。范云六（1993）也报道，用 CpTI 基因转化烟草获得了转化体。赵荣敏、范云六等（1995）和范贤林等（1999）还将 Bt 和 CpTI 基因用农杆菌 Ti 质粒介导共转化烟草，获得了抗虫转双基因烟草，用棉铃虫进行的抗虫测试表明，无论是转单基因还是转双基因，杀虫活性均较好，而且，转双基因烟草的抗虫性要强于转单基因烟草。与此同时，吴中心（1995）也报道获得了抗虫的 CpTI 转基因烟草，所选育出的 8611 纯合品系在室内离体饲喂烟青虫的试验中，饲喂 8d 后的幼虫死亡率达40%～50%，在田间接种条件下，虫害指数也明显低于对照。此外，范云六等还将经改造的 *CpTI* 基因导入棉花，后代表现出极强的抗虫性，正在大田试验推广（张宝红等，1998）。

除了豇豆胰蛋白酶抑制剂基因应用较多之外，已经将番茄的 *Pi-I* 和 *Pi-II* 基因导入烟草以抗鳞翅目害虫；水稻半胱氨酸蛋白酶抑制剂基因（*OC-I*、*OC-II*）转入烟草以抗鞘翅目和同翅目害虫（荞克强，1993）；慈姑蛋白酶抑制剂也是一种多功能蛋白酶抑制剂，可抗鳞翅目害虫（Zhang 等，1979）。美国还报道了从昆虫烟天蛾血淋巴中提取的一种蛋白酶抑制剂，昆虫进食后会造成虫体增重减缓，甚至死亡（John，1994）。John 等（1994）把取自烟天蛾的蛋白酶抑制剂抗弹性蛋白基因与 *CaMV35S* 启动子连接，通过农杆菌 Ti 质粒介导转化苜蓿的叶片和叶柄，获得了 1 000 多个转基因再生植株，在其根、叶和花中的转基因表达量占总蛋白的 0.125%，温室接虫试验表明对蓟马有一定的抗性。美国的普渡大学、加利福尼亚大学与澳大利亚联邦科学和工业研究组织合作，从菜豆中分离出了仅在种子中表达的抗象虫消化淀粉酶的基因，转化豌豆培育出了籽粒抗豆象的工程豌豆。此基因若能在禾谷类作物中表达，可减轻仓储害虫的危害。

近几年，植物蛋白酶抑制剂基因的研究利用引起了关注。因为这种蛋白来源于植物，作为食品中的成分，不像 Bt 基因那样让人难以接受；也有研究表明，某些植物蛋白酶抑制剂基因有理想的抗虫性。例如，大豆 kunitz 胰蛋白酶抑制剂（SkTI）是大豆主要的储藏蛋白质之一，将其全长的 cDNA 克隆后转化水稻原生质体，使转化体对水稻的一种毁灭性害虫——褐跳甲（*Nilaparvata tugens*）的抗性显著增强；将烟草的蛋白酶抑制剂（Na-PI）基因克隆后重新转化烟草和豌豆，在转化体的叶片中测出分别占总蛋白 0.3% 和0.1% 的杀虫蛋白，与对照相比，棉铃虫（*Helicovepa armigera*）幼虫死亡率明显提高，存活幼虫的生长发育也明显延迟。Fredy 等（1999）报道，用大麦胰蛋白酶抑制剂（BTI-CMe）基因转化小麦未成熟幼胚获得了一批转化体，在叶片总蛋白中目的蛋白占到 1%；接虫观察后，*Sitotroga cerealella* 的存活率显著降低，这充分肯定了 BTI-CMe 对提高小麦抗虫性的潜力。较早的研究已经指出，大麦胰蛋白酶抑制剂能通过抑制昆虫中肠内类似于胰蛋白酶的蛋白酶活性来杀死黏虫（*Spodoptera frugiperda*）。基于此，尽管还没有成功的报道，蛋白酶抑制剂基因在玉米抗虫转基因育种中也会有较好的应用前景，问题是要为玉米找到合适的外源蛋白酶抑制剂基因。不过，有些昆虫也能够诱导中肠蛋白酶钝化蛋白酶抑制剂，因此，还要知道昆虫对特定蛋白酶抑制剂的适应程度。

（3）植物凝集素基因及其应用。Bt 毒蛋白虽然杀虫范围很广，但却不包括同翅目害虫。植物凝集素作为一种生物杀虫剂，具有抗虫谱广的特点，经人工饲喂和转基因植物接虫试验表明，对包括同翅目害虫在内的多种害虫均有防治效果。植物凝集素是一个大家族，在植物界分布极广，结构多种多样，并有各自独特的功能，在作物体内大多数以储藏蛋白的形式存在。按其定义，植物凝集素是含有至少一个非催化结构域并能可逆地结合到特异单糖或寡糖上的所有蛋白质。按照结合糖类的结构域多少，植物凝集素可分为三大类：单体凝集素（merolectin）、整体凝集素（hololectin）和嵌合体凝集素（chimerolectin）。单体凝集素只含有一个非催化性糖结合结构域，只能结合一个单糖或寡聚糖，实际上没有凝集作用；整体凝集素含有二至多个非催化性糖结合结构域，可以结合二至多个单糖或寡聚糖，同时具有凝集细胞的作用；嵌合体凝集素既有非催化性结构域，又有催化性结构域，兼具单体和整体凝集素的特性。通常所说的植物凝集素是指整体凝集素，其杀虫活性与能够多向结合糖类物质有关。

植物凝集素的抗虫机理还不太清楚，但可以肯定与凝集素特异地结合到昆虫肠内某处的糖缀合物有关。因为，麦凝集素（WGA）和羊蹄甲凝集素（BPA）经溴化氢等物质处理后，都因不能结合 N-乙酰葡萄胺而失去杀虫活性。采用 20 多种植物凝集素大量喂饲害虫的试验表明，WGA 和 BPA 对毒杀玉米螟幼虫有效，WGA 还对玉米蚜防治有效。已有研究将 WGA 导入玉米，有的转化体表现出对玉米蚜的抑制效果。不过，植物凝集素对刺吸式害虫的防治效果还不尽如人意，抗虫效果还不够稳定，对人的潜在危害也不太清楚。今后在基因克隆、基因筛选和蛋白毒理方面还要做许多工作。植物凝集素基因有可能会成为潜在的抗虫转基因重要成员，但由于生物安全方面的原因，这部分研究尚存较大争议。

（三）转基因抗虫育种的问题与对策

近十年来，植物抗虫基因工程取得了可喜的进展，现在，应用转基因手段获得抗虫种质已经不是一件难事，而且，抗虫品种试验和推广的实践表明，某些转基因品种在抗虫、丰产和品质方面是可以兼顾的（王武刚等，1997）。不过，转基因抗虫育种的问题也是明显的，主要有两个方面：抗虫转基因资源贫乏；抗虫品种的抗性单一。

目前，植物转基因抗虫材料绝大多数是转 Bt 基因，生产上推广的抗虫品种则全是 Bt 类型。实践证明，这种单基因抗性容易使昆虫产生抗性。对于某些杂食性害虫，一旦产生高抗变异使 Bt 抗虫试材失去抗性，那么，人类耗巨资构筑的 Bt 防线将全面崩溃，其灾难将殃及至少十几种农作物，损失将是不可估量的。再者，生产上品种抗性过于单一，往往一个抗虫品种只能抗一种害虫，当两种害虫同时发生时就必须施药，从而大大削弱了抗虫品种的作用；同时，品种抗性单一化也会造成农业生产系统的极大脆弱性，一旦害虫大发生，将会使全球农业遭受重创。已经有人研究了害虫对 Bt 的抗性变异问题。印度谷螟（一种谷物仓储害虫）在 Bt 选择压力下繁殖 15 代后，抗性增加了 90～100 倍；烟草夜蛾对转 Bt 基因的枯草杆菌的抗性已提高 20 倍。因此，从现在起，就要力图改变抗虫转基因育种的这种不利的结局。

目前，已经有一些改变现状的想法和尝试。譬如，创造双元或多元抗虫转基因种质，培育多抗性品种；将多个单抗品种在同一地区搭配种植，以弥补品种抗性单一的缺陷；建立害虫的地区性"避难所"，以延缓昆虫抗性的产生；调控抗虫转基因高效表达，培育具有"击倒"性攻击力的抗虫品种（Kevin 等，1995）；采用特异表达启动子，使抗虫基因具备集中表达与快速积累毒蛋白的能力，以便对害虫采取突然性攻击，使害虫由于不适应而不能产生抗性（William 等，1992）；采用一系列配套的农艺措施来降低虫口压力，从而降低对害虫抗性的自然选择压力，以延长抗虫基因的使用寿命。

上述措施都有一定的时空局限性。从长远战略出发，应该从基础工作入手，大力开发抗虫转基因资源，不断利用天然和人工创造的新转基因替换生产上正在使用的基因；同时要注重筛选广谱性的抗虫转基因，针对农业生产上重大害虫和有潜在危险的害虫进行广泛的育种选择，以期达到农田不用农药和将农药用量压低到昆虫天敌能够忍受的范围内。通过抗虫育种及利用天敌资源，以真正达到对农田害虫实行科学化管理的目标。在推广种植抗虫转基因品种的同时，还要认真作好安全性评估。除了要作好产品评估外，更要作好抗性评估，防止低抗品种流入大田生产，这些低抗品种往往是害虫抗性进化的温床。

转基因抗虫品种的遗传稳定性也值得注意。事实上，抗虫品种还要接受生产和时间的考验。1996 年美国 Monsanto 公司就发生近 1 万 hm^2 抗虫棉丧失抗虫性的事件，造成了重大损失和影响。抗虫玉米也不同程度地存在抗性丧失和不稳定的现象。在抗虫品种的培育过程中，转基因后代丧失抗性是常见的遗传现象。这种遗传不稳定性的原因目前尚不完全清楚，有的可归因于转基因的沉默，有的可能与环境条件的改变有关。这方面的研究已经引起了广泛的关注，我国已经在国家自然科学基金中立项研究。另外，转基因的导入对其他生物性状特别是对经济性状的影响也是抗虫转基因育种面临的一个难题。据信，这个问题可以通过增大转化群体的选择强度得到解决。

此外，为了加速转基因抗虫品种的更新换代，应该在转化上有较大的改进，目标是能简单、快捷、经济地将转基因导入任何优良种质中，让每个用各种方式育成的待推广（或发放）的品种在进入大田生产之前都能携带抗虫转基因。目前，在双子叶植物上，由于农杆菌介导方法已比较成熟，实现上述目标并不太难。但在禾谷类作物上还有一段较长的路要走，亟待解决的问题有两个：①农杆菌介导方法的实用性；②组织培养再生植株的愈伤基因型通用性。这些问题在玉米上尤为突出。

三、抗除草剂转基因育种

（一）抗除草剂基因工程进展

在传统农业中，除草是农田劳作的主要部分，而且用时长、强度大。这使化学除草成为现代化农业的主要标志之一。目前，我国农业生产上尤其是玉米生产上可能应用到的除草剂有十余种类型数十种农药剂型（表 14-3）。然而，化学除草剂的应用程度除了受经济条件和生产水平限制之外，还取决于除草剂的作用性质和对作物的伤害程度。因为，对重要农田杂草活性强的除草剂对农作物的伤害也更大。现今世界上几种主要的广谱性除草剂对农作物都有致命的杀伤作用，极大地限制了应用的范围。以往通过常规育种和诱变手段培育抗除草剂品种，由于抗源匮乏而无所作为。特别是针对某一种高效除草剂的定向改良难度更大。

表 14 - 3 玉米生产中常用的除草剂类型

类别	化学结构类型	除草剂（农药）名称
乙酰乳酸合成酶抑制剂	磺酰脲类	噻吩磺隆（阔叶散）
	咪唑啉酮类	咪唑烟酸（灭草烟）
乙酰辅酶羧化酶抑制剂	芳氧苯氧丙酸酯类	禾草灵（禾草除）
	肟醚类环己二酮类	烯草酮（赛乐特）
合成酶抑制剂	甘氨酸类	草甘膦（农达）
谷氨酰胺合成酶抑制剂	膦酸类	草铵磷
		双丙氨膦
光合作用光系统抑制剂	三氮苯类	莠灭净
	取代脲类	绿麦隆
	二吡啶类	敌草快（利农）
原卟啉原氧化酶抑制型	二苯醚类	三氟羧草醚
	噁二唑	噁草酮
	三唑啉酮	甲磺草胺
	邻苯二甲酰亚胺	丙炔氟草胺
羟基苯基丙酮酸酯双氧化酶抑制剂	吡唑类	吡唑特
	三酮类	磺草酮
	异噁唑类	异噁唑草酮（百农思）
类胡萝卜素生物合成抑制剂	哒嗪酮类	氟草敏（哒草伏）
	叶咯烷酮类	氟咯草酮
	三唑类	杀草强
	脲类	氟草隆
细胞分裂抑制剂	二硝基苯胺类	氟乐灵
	氨基磷酸盐	甲基胺草磷
	氨基甲酸酯类	氯苯胺灵
	氯乙酰胺类	乙草胺（禾耐斯）
	氨基甲酸酯类	双酰草胺
	乙酰胺类	双苯酰草胺
	氧乙酰胺	苯噻酰草胺
脂肪合成抑制剂-非酶抑制剂	氨基甲酸酯类	灭草猛
		野麦畏
合成激素类	苯氧羧酸类	2，4-滴丁酯
	吡啶羧酸类	氯氟吡氧乙酸
	喹啉羧酸类	二氯喹啉酸

转基因育种的出现，使以往的抗除草剂育种中遇到的难题有了新的解决方案。首先，

常规种质资源库中不存在的抗除草剂基因可以在其他生物种群中找到，特别是能从微生物中找到；其次，可以针对特定除草剂的活性机理选择有针对性的转基因；最后，导入抗除草剂基因的同时，不存在其他不良性状的连锁累赘，而在常规育种中这显然是不可避免的。近年来，抗除草剂转基因研究取得了很大成功，针对全世界几大类型除草剂都已经有转基因作物品种问世。例如，抗草甘膦（glyphosate）、草丁膦（phosphinothrincin）、磺酰脲（sulfonylurea）、咪唑酮类、溴苯腈类（bromoxyril）、拿扑净（post）等除草剂的品种均已在不同国家注册推广。

抗除草剂的转基因玉米品种已经涉及主要除草剂的品牌，美国原 Monsanto 公司 1997 年推出了抗草甘膦的玉米杂交种，1999 年推广种植 60 万 hm^2；AgrEvo 公司 1997 年推出抗草铵膦玉米杂交种，1999 年推广面积在 100 万 hm^2 以上。据统计，1996—1997 年，全世界排名前 20 位的大型化学公司的 55 种除草剂平均年销售额为 147 亿美元，其中，用于玉米的除草剂销售额占 1/6，三大除草剂品种农达（Roundup）、草铵膦、双丙氨膦占将近 1/6，这些数据表明，玉米等几大作物抗除草剂转基因的推广和持有专利的大公司的实力对除草剂市场的形成起着决定性的作用。

（二）抗除草剂转基因及其应用

1. 抗草甘膦的转基因育种　莽草酸羟基转移酶（EPSPS）是植物体内芳香族氨基酸合成途径中的一个重要酶，能可逆地催化 3 -磷酸莽草酸和磷酸烯醇式丙酮酸脱去磷酸，合成羟基莽草酸。由于植物的 EPSPS 活性中心大多在叶绿体中，因此，植物 EPSPS 必须由一个转移肽携带才能从细胞质进入叶绿体。转移肽携带的是 EPSPS 前休，进入叶绿体之后才转变为 EPSPS，完成催化作用。

草甘膦类除草剂是一种广谱性、非选择性除草剂，它通过抑制 EPSPS 及其前体的活性，阻断了植物莽草酸途径的生物合成，强烈抑制细胞分裂，对许多一年生和多年生杂草具有强烈的抑制作用，杀草能力极强。草甘膦易被微生物分解，在土壤中无残毒，对动物无毒害，自 1976 年 Roundup 研制成功以来，得到了广泛的应用。但是，玉米等禾本科作物，由于对草甘膦敏感，应用受到限制。

抗草甘膦的基因工程的总体思路是利用除草剂靶蛋白基因提高抗性，其方法有两种：一是使 EPSPS 酶过量合成，提高对草甘膦的耐受力；二是选用对草甘膦不敏感的 EPSPS 基因突变体。Rogers 等首先发现某些含有多拷贝 *aroA* 基因（编码 EPSPS）对草甘膦有抗性，其产生的 EPSPS 提高了 17 倍，对草甘膦的抗性提高了 8 倍。把这种多拷贝的 *aroA* 基因导入矮牵牛中，转化体喷洒 Roundup（$3.6g/m^2$）后能正常生长到成熟，而对照植株 14d 后全部死亡。这表明，过量产生 EPSPS 对草甘膦的耐受力大大提高。研究表明，某些 *aroA* 突变体对草甘膦的抗性更强。原因是突变体 EPSPS 对草甘膦的亲和力显著降低，例如，Comai 等从鼠伤寒沙门氏菌中分离到一个 EPSPS 突变体，其多态序列上第 101 位的脯氨酸被丝氨酸取代。将突变体的 *aroA* 基因克隆后转化烟草，发现含有突变体基因的植株在生长量上明显高于对照，但也受到部分抑制。原因可能是：突变的 *aroA*

基因未同编码叶绿体转移肽的基因相融合转化，编码的突变酶只存在细胞质中，未能转移至叶绿体（王关林等，1998）。

后来，原 Monsanto 公司的 Kishore 等从 E.coli 的选择培养基中筛选到一个高抗草甘膦的 EPSPS 突变体 SM-1。用此突变体的 aroA 基因分别构建了与转移肽基因融合与不融合的载体，然后转化烟草。在对转化体喷洒 $1.8g/m^2$ 的 Roundup 时，仅表达 SM-1 的植株虽然能存活，但顶端出现失绿现象；而同时表达 SM-1 和转移肽基因的植株则完全未受害。这表明，突变的 EPSPS 被转移到叶绿体后，转化体的抗性大大增强。

2. 抗磺酰脲类除草剂转基因育种 乙酰乳酸合成酶（ALS）在植物体内催化氨基酸支链合成中的重要反应：丙酮酸或丁酮酸与活性乙醛基缩合生成 α-乙酰乳酸和 α-乙酰-a-羟丁酸，二者再经过脱水和转氨作用生成缬氨酸和亮氨酸。磺酰脲类除草剂能特异地抑制乙酰乳酸合成酶，从而强烈地抑制植物细胞分裂，起到抑制杂草生长发育的作用。

抗磺酰脲类除草剂的转基因育种是利用 ALS 的靶位点突变体。这种突变体普遍存在于细菌、酵母和植物细胞中，而且在 ALS 基因的几个位点上所发生的突变都对除草剂产生抗性。突变体的 ALSII 突变酶在其亚基的第 26 位的丙氨酸被缬氨酸取代，结果对甲磺隆（SM）的抗性提高了 4 倍；酵母的 ALS 突变酶在第 192 位的脯氨酸被丝氨酸取代，对 SM 的抗性提高了 25 倍。以酵母 ALS 基因为探针从拟南芥和烟草中分离到了抗磺酰脲类除草剂的基因（如 hra 和 C3），转化烟草均获得了高抗突变体，特别是将拟南芥的抗性基因导入烟草，转基因植株对绿磺隆（CS）的亲和力降至 1/1 000。美国 Dupon 公司 1993年就育成了抗磺酰脲类的大豆品种，1997 年又开始出售棉花转基因品种。玉米的转基因品种尚待进一步开发。

3. 抗草丁膦类除草剂的转基因育种 草丁膦是双丙氨膦（Dialaphos）和 Basta 的活性成分。Bialaphos 是一种三肽抗生素，由膦丝菌素（PPT）、一种 L-谷氨酸类似物和两个丙氨酸残基组成。在植物细胞内，内源肽酶能除掉两个丙氨酸残基，剩下的部分能强烈地抑制谷胱甘肽合成酶活性。谷胱甘肽合成酶在植物体内氨基酸代谢过程中起着除氨解毒作用。L-PPT 抑制此酶的活性，使氨在植物体内快速积累，导致细胞氨中毒死亡。在 Basta 中存在 PPT 的两种同分异构体：D-PPT 和 L-PPT。D-PPT 无任何毒性，而 L-PPT 起着抑制谷胱甘肽合成酶的作用。对草丁膦的抗性转基因育种采用降解目标分子的策略。已知许多酶系统对除草剂都有降解作用，已经发现乙酰-CoA 转移酶类对 PPT 有强烈的降解作用。乙酰-CoA 转移酶的作用机理是：在乙酰-CoA 的存在下，催化乙酰-CoA 同 L-PPT 的游离氨基结合，使 L-PPT 转变为乙酰基-L-PPT。而后者完全失去了除草剂活性。

Bar 基因是乙酰-CoA 转移酶类基因的代表，最初是从链霉菌克隆出来的。它编码的 PPT-乙酰转移酶（PAT）能使 PPT 的氮端乙酰化，从而消除除草剂活性。Bar 基因的解毒效率非常高，据测定，其表达量达到叶片总蛋白的万分之一，转基因植株即可忍受草丁膦类除草剂的常量处理而不受害。后来应用的 Bar 基因经过人工合成，并根据植物的密码子习惯对 DNA 序列进行了改造，使表达效率更高。所培育的转基因玉米杂交种已经于

1997 年在美国销售。特别是美国 AgrEvo 公司发布的抗草铵膦的玉米杂交种在 180 种以上，近百家美国种子公司竞相经营。

4. 抗溴苯腈和阿特拉津的转基因策略　　溴苯腈是除草剂 Buctril 的活性成分，对于 2，4-滴不能控制的杂草有特效，是一种广谱高效除草剂；阿特拉津是三嗪类除草剂的代表，是玉米上常用的除草剂，对大多数禾本科杂草和阔叶杂草有很高的活性。两者的作用机理都是抑制植物光合作用中 PSⅡ系统的电子传递。植物对上述除草剂产生抗性的基本原因是光系统 PSⅡ基因中的 psbA 位点发生突变，而 psbA 的产物是除草剂的靶蛋白。在 psbA 基因上可有 5 个氨基酸密码子突变位点，每个突变产生的水解酶都能将除草剂水解为无活性的产物，例如从土壤细菌分离出的突变基因 bxn，其编码的水解酶 nitrilase 能把溴苯腈转变为无活性的 3，5-溴-4-羟基苯甲酸。把该基因导入烟草获得了对溴苯腈高水平的抗性。罗纳—普朗克公司 1997 年就发售了抗此种除草剂的棉花。

（三）抗除草剂转基因育种的发展趋势

1996 年以来，抗除草剂转基因育种是农业生物技术应用最成功的领域之一。一方面促进了除草剂在作物生产上的应用，另一方面也引发了一些问题令人思考。农作物中大豆抗除草剂转化体商业开发最为成功。首先，全球各大化学公司纷纷暂缓除草剂新产品的研制和开发，转而成立生命科学研究机构，针对自己的专利除草剂产品开发转基因品种，从农药产品经营一条线，变为农药经营与农作物品种研制与开发两条线。一些中小化学公司和种子公司在竞争中失去先机，逐渐走向被兼并或倒闭的道路。这实际上引发了农业及其相关产业的新一轮重组，结果是促进了生产的进一步集中。

在除草剂新产品的研制与开发步伐放慢的同时，抗除草剂的转基因克隆和利用研究被提到首位。跨国公司清楚地知道，谁先找到更好的转基因，谁就能在除草剂销售和抗除草剂种子推广的竞争中占据优势地位。目前已经形成了 Roundup、草铵膦和双丙氨膦三强竞争的局面。在今后十年中，农业化学与种子产业的改组将进一步加深，合并将成为不可逆转的走向；市售的除草剂品种将进一步减少，垄断局面将进一步形成。发展中国家应该对此制定相应的策略。值得注意的是，近年来通过基因编辑获得抗除草剂农作物也初步取得了成功。

四、耐盐转基因育种

作物产量受到非生物逆境胁迫的影响强烈，全世界盐碱土面积约占陆地面积的 1/2，我国有 667 万 hm² 耕地为盐碱地。随着耕地逐渐减少，土壤盐渍化日益加重，严重阻碍农业的健康发展，威胁着人类的生存。人类栽培的农作物几乎均为非盐生植物，绝大多数的粮食作物均为不耐盐植物，对盐碱和盐碱导致的生理干旱极为敏感，在长期的逆境胁迫下，不是死亡就是显著减产。这使得培育耐盐品种、开发利用盐碱地增产粮食成为重要的科研课题。传统的育种方法虽然在耐盐种质的选育与利用上有一定的进展，但是，迄今为止，尚未培育出耐盐能力有实质性提高的作物品种。

近年来，随着植物耐盐分子机制研究的不断深入和基因工程技术的高速发展，通过转基因途径培育耐盐作物品种成为引人注目的研究方向。将一些能使细胞内积累某些小分子溶质来提高抗盐胁迫能力的外源基因导入植物，不同程度地提高了转基因植物的耐盐性，为作物耐盐育种开辟了新途径。玉米属于非耐盐植物，正常生长的盐浓度在 $0.1\%\sim0.2\%$，在轻度盐碱土上生长受到明显抑制。因此，提高玉米的耐盐性对于进一步扩大玉米生产是有意义的。

（一）植物耐盐的分子机理

在高盐浓度的环境中，植物遭受盐胁迫的原因主要有 4 个方面：

（1）水势降低。当土壤含盐量超过 0.35% 时，大量的可溶性盐会使土壤水势显著降低，植物吸水出现困难。此时，植物光合作用的能量大量用于维持体内较高的渗透压，使发育受到抑制。如果缺水会进一步使叶片气孔关闭，阻碍 CO_2 的吸收和光合作用，长时间的严重盐胁迫会导致植株萎蔫死亡。

（2）离子毒害。在高盐土壤中，钠盐对植物细胞的膜系统产生破坏作用，使膜的功能受损，干扰光合作用、呼吸作用和养分吸收与运输等一系列的生理生化过程。

（3）养分失衡。盐胁迫下，高浓度的 Na 离子强烈地抑制植物对 K 和 Ca 离子的吸收。因此，盐碱地上的植物严重缺钾、钙、氮、磷等营养元素，导致生理性饥饿，生长发育不良，直至死亡。

（4）氧化毒害。在盐胁迫下，植物体内的活性氧代谢平衡受到破坏，活性氧大量增加，活性氧清除剂受到破坏或活性降低。

根据多年的研究结果，已经提出一些学说用来解释植物抵抗盐胁迫的机理，特别是从分子水平得知，植物在盐胁迫环境下存在渗透调节过程，起调节作用的通常是在细胞内积累两类溶质：一类是小分子化合物，诸如脯氨酸、糖醇、甜菜碱等；另一类是小分子蛋白质，诸如某些酶类物质。这些物质能不同程度地提高细胞水势，改善养分吸收，消除有害物质，调控钾离子的运输，疏通水通道，增强抗氧化防御系统，消除有害物质的毒害作用。目前，人们还不能全面分析和解决植物耐盐问题，但是，通过某些措施小范围地调控某些物质的代谢，达到部分提高植物的耐盐能力还是可行的。植物耐盐基因工程就是从分子水平改变植物代谢水平，提高植物耐盐性的途径之一。

目前，已经克隆了一些植物耐盐基因导入水稻、玉米等作物中，并得到了表达，转化体耐盐性有一定的提高。但是，还存在一些亟待解决的问题，例如，耐盐基因少，特别是来源于植物的耐盐基因不多，需要进一步加强耐盐基因的定位和克隆。为了使植物能在出现盐胁迫时才表达耐盐性，尽量降低能量消耗，提高耐盐转化体的产量，需要克隆出渗透胁迫诱导的组织特异表达启动子。盐胁迫对植物生长发育的影响是极其复杂的，会影响许多生理生化过程。植物的耐盐性也是多种抗渗透胁迫机制共同作用的结果，仅仅靠单个转基因的作用可能难以达到理想的抗盐效果。因此，要发掘更多的基因，并将多个基因同时导入植物，才可能得到高度抗盐的新种质和品种。

（二）耐盐转基因与耐盐基因工程

目前的耐盐转基因已经有近 20 种，抗盐机理都是以提高植物渗透调节水平为目的，表达产物都是一些起渗透调节作用的小分子化合物。这些物质的超常积累，通常不会影响细胞正常的生化过程，因而，称为相容性溶质，或渗压剂。此类基因工程又称为代谢基因工程，下面介绍几种主要的耐盐转基因。

1-磷酸甘露醇脱氢酶基因（$mtlD$）和 6-磷酸山梨醇脱氢酶基因（$gutD$）具有耐盐基因工程利用价值，甘露醇和山梨醇均为糖醇，含多个羟基，亲水力强，它们在植物中普遍存在，其生理作用主要包括：储藏碳源、渗透调节、渗透保护和清除自由基等。将来自大肠杆菌的 $mtlD$ 和 $gutD$ 导入植物的研究表明，可以提高植物体内的甘露醇和山梨醇积累，表现出对 NaCl 的抗性。不同的糖醇在植物体内存在正的协同效应，可能对植物耐盐和抗旱均有作用。Tarczynski（1993）曾报道将 $mtlD$ 转入烟草，Thomas（1995）报道将 $gutD$ 导入烟草，都使后代的耐盐性有较大的提高。前者的转化体可抗 1.45％的 NaCl 浓度，后者的转化体可抗 2％的 NaCl 浓度。1998 年，刘岩等将上述两种基因导入玉米，转化体能在 2％的盐浓度中生长。

6-磷酸海藻糖合成酶基因（$otsA$）和 6-磷酸海藻糖磷酸化酶基因（$otsB$）。海藻糖广泛存在于各类生物中，具有保护生物活力、抗各种逆境胁迫的功能。目前，已经从 $E.coli$ 中克隆了合成海藻糖的两个必需基因，并转入植物，以提高植物的耐盐或抗旱能力。甜菜碱脱氢酶基因（$BADH$）。甜菜碱是植物体内一种重要的渗透调节物质，起着解毒渗透保护剂的作用。在高盐、干旱等逆境来临时，植物体内的甜菜碱能迅速合成并积累到相当高的浓度，而且，其生物合成反应不存在反馈抑制。植物体内的甜菜碱合成途径很简单，只有两步生化反应。

目前，植物的 CMO 和 $BADH$ 基因已经被分离纯化，$BADH$ 基因已经从菠菜中克隆出来。肖岗等（1995）将 $BADH$ 基因导入水稻和草莓，转化体分别能在 0.5％和 0.4％～0.8％的盐分中正常生长。但是，$BADH$ 用甜菜碱醛作为催化底物，只适于体内含有甜菜碱醛的植物，更广泛的转基因耐盐产品可能要等到克隆了 CMO 基因以后才能出现。

脯氨酸合成酶基因（$proA$）与二氢吡咯-5-羧酸合成酶基因（$P5CS$）。脯氨酸是植物重要的渗透调节物质之一，在受到盐、干旱等胁迫时，植物体内会大量合成积累脯氨酸。在植物体内，谷氨酸和鸟氨酸都可以作为脯氨酸合成的前体。

二氢吡咯-5-羧酸合成酶是一个双功能酶，可以催化谷氨酸磷酸化，生成谷氨酰磷酸，还能催化谷氨酰-γ-半醛还原，二氢吡咯-5-羧酸还原酶基因（$P5C$）编码的二氢吡咯-5-羧酸还原酶催化二氢吡咯-5-羧酸还原成脯氨酸。已经从大豆中克隆了 $P5CS$ 基因，从黑麦中克隆了 $proA$ 基因，并用于转化，所获得的烟草转化体在 1％的 NaCl 中生长优于对照。迄今为止，已经有大约 20 个耐盐基因被克隆和用于转化植物（表 14-4），这些基因都有在玉米耐盐转基因育种中应用的潜力。不过，有的研究结果显示，不同次的转化结果不尽相同，整合位置和拷贝数对耐盐效应有完全不同的影响，不能仅根据一两次转化就轻易下结论；有的外源基因在不同的物种中可能有完全不同的生理效应，不能完全照搬。

表 14-4　部分耐盐抗旱转基因及其遗传效应

转基因	产物与功能	转基因植物	转基因植物的表现	作者及年份
BADH	甜菜碱合成酶	水稻、草莓	耐 0.4%～0.8% 的盐分	肖刚等，1995
Beta	胆碱脱氢酶	烟草	耐盐性增强	Lilius 等，1998
Coda	胆碱氧化酶	拟南芥	幼苗更耐盐抗寒	Sakayamoto 等，1997
IMTI	肌醇-O-甲基转移酶	烟草	抗旱、耐盐性提高	Sheveleva 等，1997
mLD	甘露醇磷酸脱氢酶	烟草	高盐卜幼苗生长更好	Tarcznski 等，1993
		拟南芥	盐胁迫下发芽率最高	Thomas 等，1995
		烟草	高盐下干重高于对照	Karakas 等，1997
		玉米	耐盐性明显高于对照	刘岩等，1997
otsA	海藻糖磷酸合成酶	烟草	干旱下干重高于对照	Pilon-Smith 等，1998
otsB	海藻糖-6-磷酸化酶	烟草	干旱下干重高于对照	Pilon-Smith 等，1998
P5CS		烟草	高盐下生物量提高	Kavi 等，1995
		水稻	5d 幼苗耐 100mmol/L NaCl	Zhu 等，1997
proA	脯氨酸合成酶	烟草	耐 1% NaCl	刘国栋等，1989
SacB	果糖基转移酶	烟草	抗 PEG 诱导的逆境	Pilon-Smith 等，1995
TPSI	果糖-6-磷酸合成酶	烟草	耐旱、叶片寿命延长	Romero 等，1997
Adc	精氨酸脱羧酶	水稻	减轻干旱下产量损失	Capell 等，1998
Odc	鸟氨酸脱羧酶	胡萝卜	短期内忍耐高盐	Minocha 等，1997
HVAI	LEA 第三组蛋白	水稻	3 周幼苗耐 100mmol/L NaCl 和 200mmol/L 甘露醇	Zhu 等，1998
DREB1A	转录因子	拟南芥	抗旱、耐盐、抗寒	Ksauga 等，1997
NT107	谷胱甘肽-S-转移酶	烟草	高盐寒冷幼苗生长快	Roxas 等，1997

五、玉米抗病转基因育种

（一）抗真菌病害的基因

玉米的真菌病害大约有 30 多种，比较重要的有十几种，例如：大斑病、小斑病、圆斑病、灰斑病、丝黑穗病、黑粉病、青枯病、锈病。这些病害每年多不同程度地发生，给玉米生产造成很大的威胁。

迄今为止，国内玉米病害的人工防治基本是空白，主要靠品种的抗性来抵御和减轻病害损失。因此，没有抗病育种，就没有玉米的生存。由于玉米病害猖獗，新病害和新的病原变异不断产生，玉米育种承受着巨大的压力。

为加快抗病育种进度，不断推出抗病新品种，寻找和利用新抗源是首要的工作。几十年来，用常规方法进行抗病种质的发掘与创新工作一直进展缓慢，无法满足抗病育种的需要。通过基因工程手段开发利用整个生物界的遗传资源，无疑为抗病育种提供了取之不尽的抗源，现在已经成为农业生物技术研究的热点，大量的抗病基因被克隆，有些已经在生产上发挥了作用。

转基因途径抗真菌病害的关键在于首先要弄清植物与病原菌相互作用的分子机理，然后根据不同情况采用不同的转基因策略。已知植物防卫反应主要表现在两个方面：一是增强细胞壁结构，例如合成某些蛋白质或者将蛋白与多糖交联，加强细胞壁强度；二是诱导产生或者激活某些抗菌物质，例如一些抑菌的蛋白或者化合物，以及一些破坏真菌侵染结构的酶类物质。目前，用于抗真菌病害的转基因主要有以下几种。

1. 几丁质酶基因与 β-1，3-葡聚糖酶基因　几丁质酶广泛存在于植物和微生物中，是植物体内与防御有关的次生水解酶，具有降解几丁质的作用。几丁质是多数病原真菌细胞壁的主要成分，它是 N-乙酰-D 葡聚糖胺以 β-1，4-糖苷键连接的线性多聚物。几丁质酶通过降解几丁质中的 β-1，4-糖苷键使 N-乙酰-D 葡聚糖胺降解，从而破坏真菌新生细胞壁物质的沉积，导致病原菌死亡。植物中的 N-乙酰-D-葡聚糖胺是以糖酯键连接的非线性同聚物，不能作为几丁质酶有效的作用底物。因此，几丁质酶在植物体内只作用于真菌，对植物本身是完全无害的，而且，几丁质酶降解产生的细胞壁碎片还能刺激植物的抗病反应。β-1，3-葡聚糖酶具有降解 β-1，3-葡聚糖的作用。此种糖也是真菌细胞壁的主要成分之一，通常包被在成熟真菌菌丝体几丁质的外面，保护几丁质不受几丁质酶的作用。因此，单一的几丁质酶抑菌活性很弱，必须同 β-1，3-葡聚糖酶等防卫蛋白协同表达才能发挥最大的抗病效力。体外试验也表明，β-1，3-葡聚糖酶与几丁质酶具有协同抗真菌的作用。

现在，已经从多种植物和微生物中分离到了几丁质酶，不同来源的几丁质酶均无同源性。对这些几丁质酶基因进一步定位、克隆和研究，将为植物抗真菌病害提供一个庞大的基因库。据报道，已经从水稻、烟草、马铃薯、拟南芥、番茄等作物上克隆了几丁质酶基因，经修饰后用于转化植物，提高了植物的抗真菌病害能力。中国科学院遗传研究所的研究人员正在着手构建带有强启动子的几丁质酶基因-葡聚糖基因以及几丁质酶基因-核糖体失活蛋白基因的质粒载体，用基因枪导入小麦以提高小麦对真菌病害的抗性。几丁质酶基因的抗性特点是抗菌谱窄，同一个基因对不同病原菌的抗性极不相同，还有的基因表现抗性偏低。针对这些问题，还要进一步加强不同来源基因的抗感谱研究，为玉米抗病转化找到合适的几丁质酶基因；选用表达量高的诱导型启动子，构建双价或多价的高效表达载体转化植物，使几丁质酶基因在植物抗真菌病害的转基因育种方面发挥更大的作用。

2. 植物抗毒素基因　植物抗毒素（phytoalexin）是一类低分子抗菌化合物，又称植保素。植物在受到真菌侵害或者紫外线辐射时会诱导产生此类物质。至今已经从不同种植物中鉴定出 200 多种植物抗毒素，其中对类黄酮和萜类研究最多。德国的 Hain 等 (1993) 从葡萄中分离到一种抗毒素基因 3′，4′，5′-三羟芪合成酶基因并导入烟草，转化体对 *Botrytis cinerea* 表现出很强的抗性。据观察，转化体在遭受病原侵染时，能在短时间内快速积累抗毒素。分析其 R₁ 代叶片蛋白发现，平均每克鲜重含 3′，4′，5′-三羟芪合成酶蛋白 400μg。已知，多种植物都能在遭到真菌攻击时迅速合成芪类抗毒素，这些抗毒素对本身土著病原的抗性已经由于病原的抗性变异而受到种种限制。但是，当把抗毒素基因从一种植物转移到另一种植物中时，仅仅是把抗病基因及其抗性转移过来，而不会将病原对抗性的修饰作用带过来。因此，外源抗毒素基因能在新的遗传背景中表现很高的抗病性。这是一种时间差式的抗真菌病害转基因策略。已经分离和克隆了一些植物抗毒素合成的关键性酶基因，相信会在玉米抗病育种上发挥作用。

不过，植物抗毒素种类很多，与真菌的关系很复杂。进一步研究抗毒素的抗病机理对不同植物的抗毒素基因进行定位和克隆，还有大量的工作要做。

3. 核糖体灭活蛋白基因　核糖体灭活蛋白（RIP）是植物合成的一类蛋白质毒素，它作用于真核生物细胞核糖体，能特异地灭活血缘关系很远的其他物种（真菌等）的核糖体。RIP 蛋白有两类：Ⅰ型和Ⅱ型，两种类型在结构上差别很大。目前大多数分析过的 RIP 都是单链Ⅰ型。Walsh 等在 1990 年就分离纯化了玉米的 RIP b-32 蛋白，证明它是在籽粒中作为 34kD 蛋白前体合成和储存的。ScheⅡ等 (1992) 将从大麦中分离到的 RIP 的 cDNA 与创伤诱导启动子相连接，转化烟草，后代对真菌的抗性增强，对烟草本身却未表现毒性。Kim 等 (1999) 将玉米的 RIP b-32 蛋白基因 *Zmcrip3a* 克隆并导入水稻，在 R₁ 代转基因植株中检测到占叶片总可溶性蛋白 0.5%～1.0% 的目标蛋白，而且在水稻发芽种子和幼叶中的加工方式与玉米中类似。这表明，转化体后代可以正常表达玉米的 RIP b-32 蛋白，具有抗虫的潜力。相信，其他植物的 RIP 基因在玉米上也会大有可为。

4. 过氧化物酶基因　过氧化物酶催化苯基类丙烷醇脱氢酶聚合，最终生成木质素，并催化细胞壁蛋白与多糖分子交联，增强细胞壁的强度，提高植物细胞抵御真菌侵染的能力。将过氧化物酶基因导入烟草，提高了烟草对某些真菌的抗病能力。

（二）抗病毒病的基因

工程病毒引起的作物病害也是十分严重的。仅以玉米矮花叶病毒（MDMV）为例，感病品种的减产幅度在 20% 以上。据 Cole (1969) 报道，所调查的两个感病品种减产 18%～31%；Scott (1972) 报道，感病品种在 1969 年和 1970 年的感病株率分别为 67% 和 88%，减产分别为 13% 和 40%。20 世纪 90 年代以来，我国玉米的矮花叶病和粗缩病的发病率明显增高，严重地块甚至造成绝收。然而，迄今为止常规育种对病毒病尚无良策，高抗品种很少见。抗病毒育种滞后的最主要原因是种质资源中抗源匮乏，无法满足抗病育种的需要。

植物基因工程技术为开发植物抗病毒基因资源开辟了广阔的天地。20 世纪 90 年代以来，植物抗病毒基因工程的技术路线也已经趋向成熟。根据植物病毒主要依赖于寄主的复制转录系统来完成自身繁殖的侵染特点，目前主要的思路是干扰病毒的复制和转录，其次是采用缺陷性蛋白干扰病毒表达和加工以及阻断病毒的传染，达到延迟或者减轻病害的目的。

1. CP 基因 病毒外壳蛋白基因（coat protein，CP）是过去应用最多的外源基因，其介导的抗性表现为延迟发病，对相关病毒有抗性。现已将 15 个病毒组的 30 多种病毒的 CP 基因导入植物，转化体表现出对相应病毒有不同的抗性。赛吉庆等（1994）首先报道克隆了 MDMV 的 CP 基因，并在 $E.\ coli$ 中得到正确表达。目前，已经获得了转 MDMV - CP 基因的玉米转化体，后代具有延迟发病的抗性。

关于 CP 基因的抗病毒机理目前尚未完全搞清楚。已有的研究表明，CP 基因介导的抗性可能是 RNA 水平的，即转化体转录的正链 RNA 与病毒复制的中间产物负链 RNA 杂交结合成双链 RNA 阻止了病毒的进一步复制；也可能是二者竞争复制所需的某些复制因子，干扰病毒的复制。

2. 病毒复制酶基因 复制酶基因是病毒非结构基因，它一般是病毒进入寄主细胞并结合到寄主的核糖体上之后负责合成病毒的复制酶。1990 年，Golemboski 将 TMV 与病毒复制有关的 54kD 蛋白基因导入烟草，获得了对病毒及其 RNA 有极高抗性的转基因植株，甚至接毒 $500\mu g/mL$ 也不发病。接着，对 PVT、CMV、PVX 等病毒复制酶基因进行缺失突变或插入改造，也能使转基因植株后代获得对相应病毒的高度抗性。现在，MD-MV 复制酶基因也已经被克隆，正在进行转化玉米的研究。与 CP 基因相比，复制酶基因具有抗病性强、对病毒特异性强的特点，是更有利用价值的抗病毒基因。

目前，复制酶转基因抗病毒的机制尚不清楚。在 TMV 的例子中，转化体中存在 54kD 蛋白基因的 RNA 转录产物，但是，却检测不到其蛋白质，表明转入的外源基因是在 RNA 水平上起作用的；也有的试验检测到 54kD 蛋白积累，但必须是缺陷型的复制酶。这表明，在蛋白质水平上也存在抗性机制。对复制酶基因的广泛应用，还有待于对抗性机理的深入研究。已有报道，将非洲木薯花叶病毒（CAMV）的复制子结合蛋白基因 Aq 克隆并加以修饰，然后导入烟草。在 AC_1 代高水平表达的转化体上，表现为病害症状延迟，病毒 DNA 积累量减少。

3. 其他转基因抗病毒的策略

（1）SatRNA（卫星 RNA）是一类依赖于病毒才能复制的低分子量 RNA。SatRNA 能干扰辅助病毒复制，以减轻发病症状。用 CMVI17N 株系的 SatRNA 转化烟草，发现 CMVK 株系及其 RNA 在寄主体内的增殖受到抑制。SatRNA 介导的抗性有一定的广谱性，但是，抗性水平尚不理想，而且存在 SatRNA 的变异方向难以控制的潜在危险。

（2）反义 RNA 是一种机制简单的抗病毒转基因途径。反义 RNA 与目的 mRNA 配对形成双链 RNA 会抑制病毒 mRNA 的翻译。不过，此方法获得的抗性尚低于 CP 基因。

（3）缺陷型 RNA 干扰是一条可能的抗病毒途径。人为地构建病毒的缺陷型 RNA 导入植物，其转录产物可能干扰病毒的复制，达到抗病毒的目的。此方法的抗性依赖于缺陷型 RNA 的量，其实用性尚需进一步研究。

为了进一步提高转基因后代的抗性，有人提出复合基因策略。即以多种途径阻止病毒基因组功能的表达，既可以有效地增强抗性，又有助于抗性的持久。同时，将多个抗性途径结合使用，获得兼抗和多抗的转基因种质，对于玉米抗病育种的持续发展有重要意义。

六、基因工程雄性不育育种

（一）基因工程雄性不育的原理

利用雄性不育系制种能有效减少制种成本，提高种子质量，在玉米杂种优势利用中占有重要地位。但是，多年来玉米不育化制种比重一直很小，主要受到以下两个因素的制约：第一，玉米小斑病 T 小种对 T 细胞质雄性不育杂交种的毁灭性打击教训深刻，至今大多数人对于细胞质雄性不育性的利用仍持谨慎态度。第二，玉米雄性不育类型较多，自交系间恢保关系（恢复系与保持系，简称恢保关系）复杂，对具有强优势组合的亲本自交系转育为不育系及恢复系周期长，虽然"掺合法"是一个可行的利用方案，但增加制种技术难度和存在掺混失败或掺混不均等导致授粉、结实率降低的风险，推广上有一定的阻力。

利用基因工程创造的雄性不育性有可能成为雄性不育性利用的另一途径。其基本原理是：将一个能破坏花药或者花粉发育的核酸酶基因（或者功能类似的基因）与一个花粉或者花药特异表达的启动子相连接，然后转化玉米。转化体后代由于不能正常产生花粉而表现出雄性不育；再用一个编码核酸酶抑制蛋白的基因转化玉米，获得恢复系；两者杂交产生的 F_1 中，由于核酸酶的表达被抑制而表现为正常可育。用此种方法创造的雄性不育性与细胞质基因组突变无关，可以避免小斑病病菌小种专化侵染的危险；此种雄性不育基因与自交系本身的遗传背景无关，可以在任何一个自交系上创造。应用时，只需将优良杂交种的父本和母本同时导入不育与恢复基因，即可实现强优势组合的不育化制种。

（二）几种基因工程雄性不育性的类型

导致雄性不育的雄花特异性表达启动子仅仅局限于在雄性花器官表达。因而，必须在花药或者花粉特异性表达启动子的调控下才能正确表达。根据与外源基因连接的启动子类型不同，基因工程不育性可以分成两种类型：绒毡层特异表达启动子调控和花粉特异表达启动子调控的不育类型。

绒毡层特异性表达启动子，例如：烟草的 TA29、烟草和拟南芥的 A9、金鱼草的tap1、水稻的 Osg6B 等。它们的共同特点是所调控基因的活性只出现在绒毡层细胞中。一般是在花粉细胞分裂初期活性开始表达，至小孢子有丝分裂前消失。由于外源基因的表达能阻止绒毡层蛋白质的合成，使花粉粒的发育失去营养供应，因此，所产生的花粉是败育的。这种不育类型类似于孢子体不育。

花粉特异表达启动子，例如：玉米和拟南芥的 Zm13。其调控的特点是活性只在花粉中表达。表达时段是从花粉有丝分裂开始，至生殖细胞细胞核形成时达到高峰。由于外源基因只在花粉中表达，进而导致花粉败育。遗传方式类似于配子体不育类型。

基因工程雄性不育性的转基因与不育类型引起的花粉发育是一个复杂的生理过程，多种类型的基因或技术途径都可能创造出雄性不育性。根据外源基因的类型，基因工程不育类型目前主要有以下几种。

（1）RNase 不育类型。$RNase$ 基因在绒毡层（或花粉中）特异性表达的产物 $RNase$ 会降解 RNA，使其中的蛋白质合成受阻，造成花药发育不全，花粉败育。目前，$RNase$ 基因有两种：来自解淀粉芽孢杆菌（$Baillus\ amyolique\ facien$）的 Barnase 基因和来自米曲霉（$Asper\ gillusoryzae$）的 $RNase-Ti$ 基因。前者的作用强于后者。

Mariani 等 1990 年曾用 Ta29 启动子分别同 Barnase 基因和 $RNase-Ti$ 基因融合转化烟草，所获得的转化体中 92% 的 $TA29-Barnase$ 和 10% 的 $TA29-RNase-Ti$ 植株花药皱缩、颜色灰暗、无花粉粒，但能正常接受其他花粉受精结实。Poul 等（1991）用 A9 启动子与 $Barnase$ 基因相连转化烟草，同样获得转基因植株；Mariani 等在玉米上也获得了成功，该研究证明是创造基因工程不育的一条途径。

（2）反义 RNA 途径。通过导入反义 RNA 特异地抑制花粉发育过程中关键基因的表达，便可能导致雄性不育突变体的产生。类黄酮是花药发育的重要物质，苯基苯乙烯酮合成酶（CHS）是其合成的关键性酶。Von der Meer 等（1992）将后者的基因反向与绒毡层特异表达启动子相连，转化矮牵牛，在所获得的转基因植株中，CHS 反义基因在绒毡层中转录，使正义 CHSmRNA 的含量降低 90% 以上，成功地阻止了花粉的发育。

（3）利用外源物质代谢的毒害作用类型。$argE$ 基因来自 $E.\ coli$，编码 N-乙酰-L-鸟氨酸脱酰基酶。此种酶可降解 N-乙酰-PPT 产生对细胞有毒的物质 PPT。Kriete 等（1996）将 $argE$ 与 TA29 融合转化烟草，获得了 $argE$ 基因在绒毡层中特异性表达的转基因植株。给转基因植株喷洒 N-乙酰-PPT，进入绒毡层后脱去 N-乙酰基，生成的 PPT 毒害绒毡层细胞，导致花粉败育。此种转基因转化体在不喷施 N-乙酰-PPT 时，生长发育正常，可以自交繁殖；喷洒 N-乙酰-PPT 后表现雄性不育，可以同正常的自交系父本杂交产生可育杂交种。

（4）胼胝质壁提前解体类型。矮牵牛和高粱的某些胞质雄性不育性来自胼胝质的提前解体，致使胼胝质提前解体的酶为 β-1，3-葡聚糖酶。Worall 等（1992）模仿上述过程，将拟南芥的 A9 启动子同 β-1，3-葡聚糖酶融合转化烟草，转化体的育性降低。不育株花药的胼胝质在减数分裂的前期开始解体，四分体消失，产生的小孢子壁薄，表面缺乏纹理。

（5）其他类型。导致雄性不育的途径可以多种多样，在已有的报道中，有利用花药中激素失衡使花药发育不良的，有利用未编辑基因干扰线粒体正常功能的等。今后，还会研究出更多不育类型。优良的雄性不育类型应该是作用机制简单、育性稳定，易于配套使用，便于在生产上推广。

（三）基因工程雄性不育性在玉米育种中的应用

1. Barstar-Barnase 转基因组合的应用　$Barstar$ 基因同 $Barnase$ 基因都来自解淀粉芽

孢杆菌，前者编码 RNase 抑制蛋白。RNase 和 RNase 抑制蛋白均为单链蛋白，两者可形成一对一的复合体，使 RNase 失活。复合体的结合相当稳定，解离常数为 $10\sim14$，一旦形成就难以解离。目前，这种育性恢复机制已经在转基因油菜中证明是有效的（Mariani，1992）。用单拷贝的转 TA29 - Barstar 植株给不育株授粉，F_1 绒毡层发育完好，育性恢复正常。Northern blot 分析，F_1 代花药中同时存在 0.65kb 的 Barnase 的 mRNA 和 0.5kb 的 Barstar 的 mRNA。由此可见，*TA29 - Barstar* 基因的后代可以作为转 *RNase* 基因后代的恢复系。在实际应用中，不育基因 *Barnase* 和恢复基因 *Barstar* 也可以通过杂交—回交的方法转入任何一个杂交种中，实现不育化制种。但是，由于此种不育系不能自交，转基因始终处于杂合状态，必须施加一个选择标记，以便去除制种田中的可育株。方法是在转化载体上加一个抗除草剂基因 Bar，在制种田中，苗期喷施草丁膦类除草剂，可杀死可育株，保留不育株。

2. 反义 RNA 策略的应用　反义 RNA 可以阻止不育基因表达，使育性得到恢复。Schmulling 等（1993）首次将 *rolC* 基因反向与增强子序列融合并转化烟草，再将转化体同 *rolC* 转基因的不育株授粉，结果 F_1 代花粉育性恢复正常。Northern blot 分析表明，rolC mRNA 量减少。这可能是因为 rolC mRNA 与反义 rolC mRNA 结合成互补双链，然后被细胞内源 RNase 降解所致。此种利用方式与上一种相似，也是给不育系携带一个选择标记基因，淘汰不育系田和制种田中的可育株；正常同型自交系作为保持系，携带反义 RNA 的转化体是其恢复系。

3. 特殊的不育机制实现不育化制种利用　利用 *argE* 基因对外源物质代谢产生的有毒物质毒害花药细胞绒毡层，导致不育性，这种方法不需要三系配套。因为在不喷施 N-乙酰- PPT 时，转基因植株育性正常，可以自交繁殖；喷施 N　乙酰　PPT 后产生不育株，同育性正常的亲本杂交可以产生杂交种，不需要特意培育恢复系（图 14 - 1）。

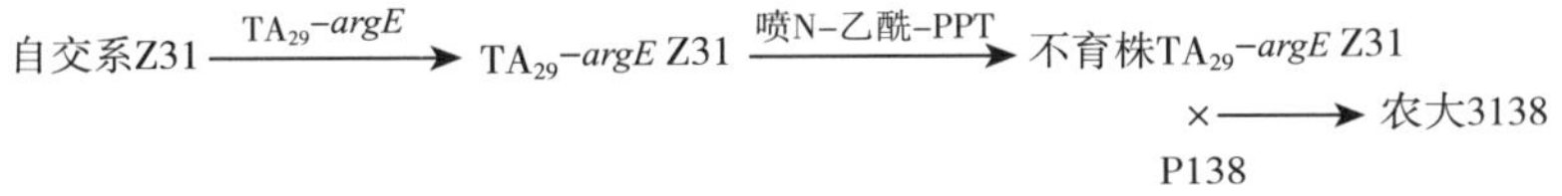

$$自交系Z31 \xrightarrow{TA_{29}-argE} TA_{29}-argE\ Z31 \xrightarrow{喷N-乙酰-PPT} 不育株TA_{29}-argE\ Z31$$
$$\times \longrightarrow 农大3138$$
$$P138$$

图 14　1　利用 *argE* 基因的两系法不育性利用方案

4. 特殊的转基因组合实现三系配套　应用 Zm13 花粉特异表达启动子控制的基因工程不育性具有配子体不育特性，即花粉为部分不育，无法直接用于杂交制种。Williams 等（1995）提出一个利用此种不育性的策略：同时克隆核不育基因 ms 及其等位的可育基因 Ms，将 Ms 与 Zm13 - Barnase 融合转化玉米，筛选出 ms/msRfZm13 - Barnase 植株。这种转化体产生两种花粉：ms 和 MsZm13 - Barnase，前者是可育的，后者是败育的。将花粉授给不育系 msms，后代为 msms，保持不育；此种植株可作为核不育的保持系，若将其自交，后代一半不育，另一半与亲代相同，由此解决了自身繁殖问题。其利用模式如图 14 - 2 所示。此种不育性的利用方式与绒毯层启动子控制的不育性有两个优点：一是不需要另外创造恢复系；二是不需要用选择标记基因剔除繁殖田和制种田的可育株，既省钱

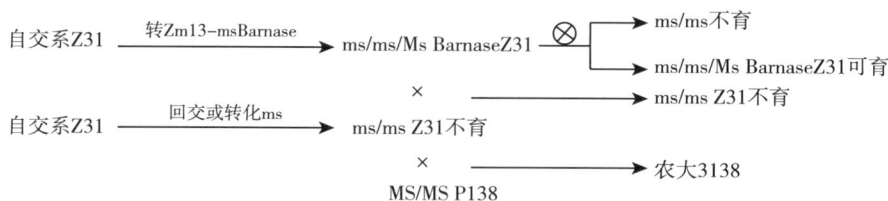

图 14-2 转化细胞核不育基因设计不育化制种方案

又能确保制种质量，是一个很有利用价值的不育化制种策略。

5. SPT 核不育基因的生物技术育种应用 核不育基因通过核基因组向后代传递，因此遗传上更稳定，也不至于出现细胞质不育基因应用过程中曾出现的 T 型不育细胞质专化小斑病引起的病害暴发问题。因此，具有一定的应用优势。但核不育基因应用的隐性不育系与保持系（隐性杂合系）分拣是一个难题。水稻上通过光温敏感差异，实现了核不育基因的两系法应用，但玉米上并没有找到具有产业应用价值的环境因子敏感型核不育基因。美国杜邦公司研发了一套生物技术方法，称为 SPT（seed production technology），可以针对性地解决这一难题，如图 14-3 所示。

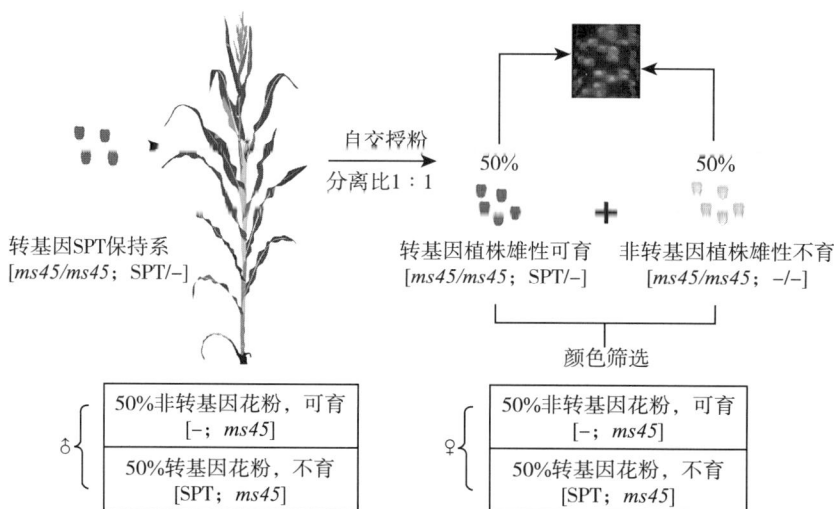

图 14-3 美国 Pioneer DP-32138-1 SPT 技术核不育基因应用原理图

创制 DP-32138-1 带有 SPT 转基因表达盒，表达盒内带有一个不育基因的野生型基因表达盒、花粉特异型致死基因与一个胚乳特异表达的红色荧光蛋白。在不育系的背景上带有 SPT 表达盒，只有雌配子可以遗传传递 SPT 转基因表达盒，产生的雄配子只有非转基因的有活性，如图 14-3 中配子形成合子的机制，可以得到 50%的带 SPT 表达盒的保持系，胚乳显红色荧光，这部分种子分拣后用作后续繁殖不育系与保持系；另外 50%为不育系，用于生产杂交种。该技术用转基因生物技术的方法，生产的杂交种可以不带转基因，充分体现了生物技术的技术巧妙。

第二节　玉米基因编辑技术与育种应用

一、基因编辑技术发展简介

（一）基因编辑技术发展的背景及定义

玉米育种的基础途径是创造变异（突变）与选择优良基因型。为了鉴定出有意义的突变，并选择出优良基因型，需要首先能"读"出其 DNA 序列。结构基因组学就是"读"出 DNA 序列，而功能基因组学研究则是阐明 DNA 序列的功能。随着基因组学特别是测序技术的飞速发展，大量物种全基因组序列得到了快速发展，为基于基因组学信息的生物技术应用奠定了数据基础。基因编辑技术正是在基因组学快速发展的背景下诞生的新技术。

长期以来，人们仅能通过物理、化学或生物诱变的方法，诱发受体发生随机突变，而这些突变大都是有害的，再评价与鉴定其中可能存在的有益突变，进行育种与生产应用。这种传统的随机突变效率低，应用受到了限制。基因编辑技术的重大意义在于该技术使人类对受体生物基因组能够进行定点精准的目标突变。

基因编辑是指采用工程化 DNA 序列特异核酸酶在基因组特定位点产生 DNA 双链断裂，利用细胞内源的 DNA 损伤修复机制，实现基因敲除、碱基替换、染色体大片段 DNA 重组、易位或重排以及基因定点插入等精准定向突变技术。

（二）基因编辑技术的发展

1. 第一代基因编辑技术　归巢核酸内切酶（meganuclease 或 homing endonuclease）基因编辑技术是第一代或早期的基因编辑技术。该技术利用人为修饰巨型核酸酶（即归巢核酸酶，engineered meganuclease）蛋白质序列，达到定向切割人为设计 DNA 序列的目的，再利用生物体内源非同源末端连接（non‐homologous end joining，NHEJ）或同源重组介导的 DNA 损伤修复（homology‐directed repair，HDR）途径引入目标突变。由于归巢内切酶本身为一种限制性 DNA 内切酶，通过耗时费力的修饰，可选择的目标 DNA 序列也非常有限，且识别位点和切割功能位于同一结构域，使其编辑位点也受到序列的限制。这些限制因素制约了该技术的发展和利用。

2. 第二代基因编辑技术　由于第一代基因编辑技术的重大缺陷，人们把目光转向了锌指核酸酶（zinc finger nucleases，ZFN）、转录激活子样效应因子核酸酶（transcription activator‐like effector nucleases，TALEN）。锌指核酸酶是一种人工合成蛋白酶，由两部分组成，一是 DNA 结合域（DNA‐binding domain），由锌指蛋白（zinc finger protein，ZFP）介导与目标 DNA 序列的特异性结合；二是来源于海床黄杆菌（*Flavobacterium okeanokoites*）的一种 IIS 型限制性内切酶 Fok Ⅰ，这一部分介导 ZFN 对靶位点 DNA 序列的非特异性降解（Porteus 等，2005）。ZFN 的 DNA 结合域是由 3～4 个甚至更

多的 C_2H_2 锌指蛋白串联组成，每个锌指蛋白识别并结合一个特异的三联体碱基，其基本骨架大多来自人或小鼠的天然锌指蛋白 ZIF268。C_2H_2 锌指蛋白由约 30 个氨基酸残基组成，折叠形成 $\beta\beta\alpha$ 类型的二级结构，通过插入 α 螺旋到双链 DNA 的大沟来识别 DNA，识别特异性主要是由 α-螺旋上起始的 1、2、3、6 位氨基酸所决定。保持其余氨基酸残基不变作为一致的骨架，改变这些氨基酸可以生成不同序列特异性的锌指蛋白。两个 ZFN 分别结合到位于 DNA 的两条链上间隔 5～7 个碱基的靶序列后，可形成二聚体，进而激活 Fok Ⅰ 核酸内切酶的切割结构域，使 DNA 在特定位点产生双链断裂，再通过 NHEJ 或 HR 机制修复双链断裂。然而，由于大多数 DNA 靶序列尚无直接方法得知何种 ZFP 能与之有效结合，因此需要根据已知的 ZFP 与其靶位点的对应规律，选择合适的靶位点构建 ZFP 文库，通过 DNA 结合活性或切割活性检测体系筛选具有高活性和特异性的 ZFP。构建 ZFN 的模块组装（modular assembly，MA）、双锌指模块组装（2F - MA）、寡聚文库构建（oligomerized pool engineering，OPEN）及 CoDA（context - dependent assembly）等均需要投入较大的资源来维持整个技术系统的运转，且效率不高，限制了该技术的大规模应用。

TALEN 已迅速发展成为可替代 ZFN 基因组编辑的工具酶。TALEN 的结构和作用方式与 ZFN 基本相似，除了 DNA 结合域是基于 TALEs（transcription activator - like effectors）。TALEs 首先是植物病原菌黄单胞菌（*Xanthomonas*）上发现的，植物病原体黄单胞菌将 TALEs 蛋白通过Ⅲ型分泌系统注入植物细胞，特异性地结合 DNA，在病原菌感染过程中对植物基因进行调控（Boch 等，2009；Kay 等，2007）。TALEs 的 DNA 结合域能够特异识别 DNA 序列，Fok Ⅰ 可通过二聚体产生核酸内切酶，在特异的目标 DNA 序列上产生双链断裂（DSB）。TALEs 具有特殊的结构特征，包括 N 端分泌信号、中央的 DNA 结合域、1 个核定位信号和 C 端的激活域（Zhang 等，2011）。TALEs 的 N 端和 C 端区域高度保守。N 端区域包括 T3SS 分泌和转运信号，C 端区域包括核定位信号和转录激活结构域，两者对蛋白的活性十分重要（Boch 等，2010）。TALEs 的核酸识别单位为重复 33～35（大部分 34）个恒定氨基酸序列，其中 12、13 位点双连氨基酸（repeat variable diresidue，RVD）与 A、G、C、T 有恒定的对应关系，即 NG 识别 T，HD 识别 C，NI 识别 A，NN 识别 G/A。基于晶体结构，TALEs 作为一个右手超螺旋与目标 DNA 结合。每个重复单元形成左手的两个螺旋的束，呈现一个包含 RVD 的环，对应 DNA 的大沟，第 12 位残基起稳定 RVD 环的作用，而第 13 位残基具有碱基特异性识别的作用（Deng 等，2012）。TALEs 最后一个模块通常包括 20 个氨基酸残基。对天然 TALEs 的研究发现，TALEs 蛋白识别序列总是起始 T，因此设计靶序列一般也要以 T 碱基开始（Boch 等，2009；Scholze 等，2011）。TAL 效应因子的特性使它们成为基因打靶的强有力工具，但由于每个 TALEs 重复单元的相似度高，构建编码一系列 TALEs 重复序列的质粒具有很大的挑战性（Sun 等，2013），其中最大挑战是如何把这些能够结合目标 DNA 的重复序列（RVD）组装起来。与 ZFN 明显不同，TALEN 组装和克隆过程完全不同。目前，除了可以选择全序列人工合成这一昂贵的方法之外，还可以通过分子克隆的途径人工构建 TALEs。

3. 第三代基因编辑技术：CRISPR/Cas9 基因组编辑　　CRISPR 最早是在 1987 年被发现的，当时日本大阪大学的研究人员在调查一种编码碱性磷酸酶的细菌基因序列时，发现了邻近的一种不同寻常的 DNA 区域，中间是一段直接重复核苷酸序列，两侧为短的特异片段。此后近 20 年内，研究人员对这些位点几乎没有什么兴趣，直到 2002 年在大量细菌和古细菌基因组中观察到相似的结构之后提出了 CRISPR 首字母缩略词。随着基因草图的出现及公开，这些位点随后在许多细菌和古细菌中被确认。另外，Jansen 等还确认这些特殊的 DNA 重复列阵经常与 Cas 序列相关联。后来的研究表明 CRISPR/Cas 系统在近 45% 的细菌和 90% 的古细菌基因组中都存在。2005 年三个研究几乎同时确定表面上随机间隔序列实际上与外源遗传元件例如病毒和质粒具有同源性。Makarova 等推测 CRISPR/Cas 系统可能是 RNA 介导的免疫系统（Makarova 等，2006）。截至 2010 年，在嗜热链球菌、大肠杆菌、表皮葡萄球菌等细菌中都证明 CRISPR/Cas 系统是细菌和古细菌抵御病毒等外来入侵者的一套特异性防御机制。这个系统包括两个特征：首先宿主特异性整合侵入病毒或质粒的小序列到其基因组的一个区域。这个基因组以成簇有规律的间隔短回文重复序列为特征。其次这些序列转录及准确加工成小的 RNA，它们引导多功能蛋白复合体 Cas 蛋白识别并切割侵入的外源遗传物质，从而达到保护自身基因组的目的（Bhaya 等，2011）。

基于 Cas 背景和序列目前已经发现了三种类型的 CRISPR/Cas 系统，其中类型 II 系统只需要一个效应子 Cas9 切割 dsDNA，而类型 I 和类型 II 系统需要多个不同的效应子组成复合体。为了形成功能性的 DNA 靶向复合物，Cas9 需要两种不同的 RNA 转录物，crRNA（CRISPR RNA）和反式作用 CRISPR RNA（tracrRNA）。首先 CRISPR 位点转录 pre-crRNA 列阵和 tracrRNA，其次 tracrRNA、pre-crRNA 同时与重复序列结合成双链，并与 Cas9 相关联，介导 pre-crRNA 到成熟 crRNA 的过程，这些 crRNA 包括单个、截断的间隔序列。其次 crRNA：tracrRNA 介导 PAM 上游的靶基因切割原型间隔序列产生 DSB，随后通过 NHEJ 或 HR 修复方式产生基因定点突变。美国加利福尼亚大学伯克利分校 Doudna 和 Charpentier 研究组首次在体外证明了 CRISPR/Cas9 特异性切割靶标 DNA 的功能，并将 crRNA-tracrRNA 改造为 sgRNA（single guide RNA）。2013 年，美国麻省理工学院和哈佛大学研究组首次在哺乳动物细胞系中利用 CRISPR/Cas9 实现了基因编辑。自此，全球各地的实验室开始投入这一新型基因编辑工具的研究中。目前 CRISPR/Cas9 系统已应用于多个领域。由于其作用机制灵活、易于操作、种类多样的优点，CRISPR/Cas 的应用和方法学的研究得以迅速发展，并开发出单碱基编辑系统、定点介导的基因激活与抑制等表达调控、RNA 编辑、高通量筛选、甲基化修饰等。

目前，CRISPR/Cas 等基因编辑技术发展主要集中于以下领域：①CRISPR/Cas 体系中新型具有 RNA 指导 DNA 特异性识别切割活性酶研发；②CRISPR/Cas 体系 DNA 定点修饰、单碱基编辑、RNA 编辑等衍生活性研发；③CRISPR/Cas 体系系列酶的突变子对 DNA 特异性锚定基序探索，以进一步优化对靶标 DNA 序列特异性、选择性，并进一步降低其脱靶活性；④基因编辑技术的递送系统与编辑活性的精准控制，如组织特异性；⑤基因编辑的生物安全性，如无花粉扩散基因编辑元件、核糖核蛋白复合体型基因编辑器、瞬时表达体系基因编辑器等；⑥基因编辑在作物遗传育种应用。

截至 2019 年 3 月，我国已在玉米、水稻、小麦、大豆、棉花、黄瓜、番茄、谷子、烟草等 20 余种作物上实现了利用基因编辑技术创制突变，并在主要粮食作物的株型、生育期、品质与抗病性等多个重要农艺性状上创制了具有重要产业应用价值的突变体，正在逐步推向育种。中国科学院、中国农业科学院、加利福尼亚大学与华中农业大学等单位还基于基因编辑技术优化开发了双单倍体技术、单倍体诱导与基因编辑技术融合、无融合生殖杂种优势固定技术，其中双单倍体技术及与基因编辑技术的融合应用已基本成熟，将成为提高育种效率的重要技术工具。

二、玉米基因编辑技术与育种应用典型案例

（一）玉米 CRISPR/Cas 基因编辑技术体系

CRISPR/Cas 基因编辑技术具有广泛的物种适用性。玉米 CRISPR/Cas 基因编辑技术也主要由两部分组成：一个是不同功能的效应酶，如 Cas9 等 DNA 核酸酶和基于该蛋白与单分子指导 RNA（sgRNA，single-guide RNA）的基因组特定 DNA 序列识别活性；二是 sgRNA 表达活性，是基于成簇有规律的间隔短回文重复序列（CRISPR）与关联蛋白基因编辑技术的两个核心技术组件之一，由核内的 RNA 酶聚合酶Ⅲ（PolⅢ）转录生成。这两个技术组分在核内形成 sgRNA 与 Cas9 等酶复合体，以识别特定的目标 DNA 序列。

中国农业科学院作物科学研究所谢传晓研究组基于玉米叶肉细胞原生质体体外试验技术，建立了"交通信号灯报告系统（traffic lights reporter，TLR）"。利用该技术对玉米全部 7 个内源 RNA 聚合酶Ⅲ识别的启动子进行了系统的 RNA 指导的基因编辑定向突变活性鉴定。结果表明，玉米内源 7 种 RNA 聚合酶Ⅲ识别的启动子活性从 3.4%（U6-1）到 21%（U6-6）不等。为进一步验证离体活性鉴定结果，在玉米活体中针对目标基因 *ZmWx1* 开展了利用 U6-2 启动子驱动 sgRNA 表达，并实现活体定向基因突变的验证鉴定。不同株系基因编辑突变效率自 48.5% 到高达 97.1%，且定向突变能稳定遗传。试验结果证明了 TLR 试验体系的可靠性，并能方便地扩展应用至尚未建立基因编辑技术体系的物种中。本研究为基于 RNA 指导的基因编辑技术提供了内源 RNA 聚合酶Ⅲ启动子鉴定的技术体系，并为玉米基因编辑技术体系提供了系统的内源遗传元件。基于鉴定的元件，该课题组建立了高效的系列玉米基因编辑技术体系。

（二）玉米基因编辑技术育种应用案例

1. 玉米基因编辑创制高频单倍体诱导系及其配套鉴定体系应用　当前，双单倍体（doubled haploid，DH）育种技术已经广泛应用于玉米育种。该技术仅需要单倍体诱导和

单倍体加倍两个世代即可获得纯系，与传统方法选系需要 7~8 个世代相比，具有重要的技术优势与应用价值。因此，选育单倍体诱导率高的玉米株系具有重要的应用价值。2017年美国和我国科学家分别独立克隆了控制玉米单倍体诱导的基因，*MATRILINEAL*（*MTL*）/*ZmPLA1* 基因。

研究人员采用 CRISPR/Cas9 基因编辑技术，对玉米 *MATRILINEAL*（*MTL*）/*ZmPLA1* 基因自然突变位点上游 5bp 位置进行靶向突变，突变率达到 87.06%。以杂交种 ZY7、ZY8 和杂交种中单 99 为受体，验证了所获诱导系能够高效诱导单倍体。结果表明，创制的诱导系诱导率最高可达 11%，平均诱导率 7.47%。在此基础上，该研究组采用胚特异型启动子 ZmESP 和胚乳特异表达启动子 HvASP，构建了胚特异表达绿色荧光蛋白（eGFP）和胚乳特异表达红色荧光蛋白（DsRED）双色荧光标记表达盒。通过农杆菌介导稳定遗传转化获得了单拷贝的 DFP 转基因株系。经过对其后代籽粒表型鉴定，籽粒胚细胞特异表达 *eGFP* 基因并在 488nm 激发光下发射绿色荧光，胚乳糊粉层细胞特异表达 *DsRED* 基因并在 554nm 激发光下发射红色荧光，证明了该 DFP 标记系统的有效性。进一步将 DFP 标记和创制的单倍体诱导系杂交聚合并选育出了多个基于双荧光标记筛选单倍体的高频单倍体诱导系。为创制的高频诱导系配套了稳定表达的 DFP 单倍体筛选与鉴定标记，该标记可以应用于幼胚、成熟种子水平筛选与分离单倍体籽粒，采用该标记也可以在田间开放授粉条件下，实施单倍体诱导与筛选工作，大大降低了工作量，提高了工作效率。同时也通过体外试验证明，该 DFP 标记也扩展应用于水稻、小麦与大麦等禾本科作物，为在禾本科作物中建立高效双单倍体育种技术奠定了重要技术基础。

2. 玉米基因组编辑创制紧凑株型玉米及其制种产业应用 玉米育种与生产的历史数据表明，增加密度是增产的主要途径之一。紧凑型的品种可增加单位面积的定植数，从而实现增密增产。研究人员采用 CRISPR/Cas9 基因编辑技术对玉米 *LG1*（*LIGULELESS1*）基因第 1 外显子序列进行定向突变，产生基因敲除突变，定向突变率达到 51.5%~91.2%。研究人员把携带定向编辑 LG1 工具的玉米植株与一系列受体杂交，通过植株活体基因编辑工具定向编辑受体目标基因，实现了达到 11.79%~28.71% 活体目标基因编辑定点突变活性，且可以稳定遗传。目标基因突变后，植株突变表型明显，叶片夹角表型减小至对照的 50%。田间试验还表明该突变紧凑株型表型具备通过增密从而实现增产的潜力。该研究既证明了利用该技术创制紧凑株型玉米的可行性，还证实了植株携带的基因编辑工具在配子体和孢子体水平存在很高的活性，可以应用于玉米育种。证实利用这种体系对遗传转化困难且严重依赖基因型的物种可以有效利用基因编辑进行高效定向突变育种，为推动基因组编辑技术育种应用提供了成功的范例。传统的育种过程中，目标基因在受体品种中聚合与导入依赖减数分裂过程中的遗传重组与交换，不可回避会面临连锁累赘（linkage drag）问题，显著影响育种效率，需要多个遗传世代从构建的较大遗传群体中筛选与鉴定目标基因两侧发生供体与受体 DNA 双交换的小概率遗传事件，以实现目标基因导入与聚合，且受体遗传背景回复轮回亲本基因组。多种作物回交育种实践都表明，采用多个遗传世代回交与大群体筛选回交育种策略仍难以克服连锁累赘问题，耗时长，工作量大，效率低。该技术在玉米育种上有两种主要用途：其一，利用定向突变技术，把一个平展型、株型不耐密的品种改良成一个紧凑型的品种；其二，利用该技术只改一个杂交种的母本，从而可以提高制种田中母本的密度，并可适当增加母本与父本的行比，提高制种产量与效率。

3. 基因编辑技术创制甜糯复合型鲜食玉米育种技术　中国农业科学院作物科学研究所与安徽农业大学合作（Dong 等，2019），利用基因编辑技术创制超甜、糯与超甜糯复合型鲜食玉米育种技术。该研究克服了传统超甜与糯性玉米育种中仅通过回交导入少数已发现的自然突变的局限，并同时解决了同一代谢途径中上游基因对下游基因上位性效应对育种选择的困扰，为高效培育超甜玉米、糯玉米以及甜糯复合型玉米品种提供了新的技术策略。

玉米淀粉生物合成的重要基因——*Shrunken2*（*SH2*）编码 *AGPase* 大亚基，位于淀粉合成途径的上游，对下游基因具有上位效应，突变导致籽粒胚中可溶性糖积累，形成超甜表型，是超甜型玉米育种的主要目标基因。*WX* 基因编码颗粒结合型淀粉合成酶（GBSSI），催化生成直链淀粉，该酶失活将导致直链淀粉合成途径受阻，在籽粒胚乳与花粉中主要生成支链淀粉。Dong 等（2019）构建了同时靶向玉米 *WX* 与 *SH2* 基因的 CRISPR/Cas9 基因编辑系统，在后代中高效分离 *SH2* 与 *WX* 单基因与双基因突变的突变系，从而实现超甜玉米与糯玉米材料的高效创制。同时，利用玉米单交种特性将双隐性突变（sh2sh2wxwx）系与单隐性突变（SH2SH2wxwx）系杂交，验证了超甜与糯性复合型玉米的玉米育种途径。表型鉴定结果表明，*WX* 基因单隐性突变系（SH2SH2wxwx）支链淀粉含量超过 96%，双隐性突变系（sh2sh2wxwx）与单隐性突变系（sh2sh2）授粉 22d 后籽粒可溶性糖含量超过鲜重 10%；进一步将创制的双隐性突变（sh2sh2wxwx）株系与单隐性突变（SH2SH2wxwx）株系进行杂交，该 F_1 果穗上同时具有超甜型籽粒（sh2sh2wxwx）和糯性籽粒（SH2－wxwx），且经鉴定超甜籽粒和糯性籽粒表现为 1：3 分离比例，为穗上甜糯 1：3 复合型鲜食玉米品种，其可溶性糖含量显著（$P<0.05$）高于糯性单隐性突变。因此，能够满足人们对超甜与糯性复合风味的鲜食玉米的需求。该研究为通过基因编辑创制鲜食玉米提供了范例，该策略还可拓展到 *su1*、*su2*、*sh1*、*sh2*、*sh4*、*bt1*、*bt2* 等诸多基因的利用中，结合这些突变将可培育具有不同甜糯表型分离比的特用杂交种。

三、基因编辑技术的生物安全与管理的法规

（一）国外对基因编辑的生物安全监管

基因组编辑技术作为一种新的技术，世界各国还没有明确且针对性的法律法规，目前全球各国对于基因组编辑产品的安全性及其监管政策仍然处于形成的过程中，不同国家关于基因组编辑产品的政策存在很大差别。

作为全球转基因作物第一种植大国，美国的监管原则着重于管理转基因技术的产品，

而不是研发、生产过程。在确保公共安全的同时，也不会因过于严苛的法规管理而妨碍技术发展。美国农业部认为对基因组编辑产品的监管审查应基于个案分析原则，某些基因组编辑作物品种与传统育种得到的作物品种相似，因此不需要像转基因产品那样进行严格的审批管理。2016 年 5 月，美国农业部宣布利用 CRISPR - Cas9 基因组编辑的蘑菇和玉米不属于转基因生物监管范畴，可免于监管（Waltz 等，2016）。2018 年 3 月，美国农业部发表声明，表示不会对使用一些新技术育种的农作物进行监管，其中包括基因组编辑技术。只要这些新技术没有利用植物害虫，农业部将不会对使用这些新技术培育的农作物进行监管（龙娅丽，2018）。而药品监督管理局对于基因组编辑产品的审查则是根据适用于各个类型产品的具体法规，维持以产品为中心、以科学为基础的监管政策，同时遵循美国政府总体的政策原则（杨渊等，2019）。美国环境保护署则认为，如果应用基因组编辑技术赋予作物抗虫抗病特性，那么需要进行个案分析。

日本认为如果证实最终产品中不含转基因成分，该产品则被认为与传统突变育种所得的产品相同。然而，对于目标基因不够明确时，研发者应该提前向监管机构提供相关信息，必要时接受来自专家的科学评估。2013 年，澳大利亚和新西兰食品标准局成立了专家小组，对新植物育种技术提供咨询，其中包括定点突变技术。专家小组认为如果在最终用于食品的品系中，外源 DNA 已经被分离出去，使用这些技术改造的植物生产的食品不应当被认定为转基因食品。相反，如果有新的外源 DNA 插入则要按照转基因产品进行管理（吴刚等，2019；冷燕，2021）。同样，以色列认为只要申请人确保植物基因组中没有插入外源 DNA 序列，基因组编辑植物的后代则不受种子法的监管。2015 年，阿根廷决定针对新的育种技术产品（包括基因组编辑产品），实施个案分析的管理审批政策，建立了个案分析的咨询程序，如果确认最终产品不含外源基因，则不属于转基因生物监管范畴（李梦杰等，2021）。加拿大对于基因组编辑产品的监管体系则是根据产品在食用、饲用和环境方面是否产生新性状进行监管，而与开发产品的技术无关。

欧盟历来对转基因产品持相对保守的态度。2013 年，在欧盟主管部门的要求下，针对不能确定产物是否为转基因的生物技术，设立了新技术工作组；2015 年欧盟委员会要求对转基因生物法规是否适用于新育种技术进行法律分析；2018 年 7 月，欧盟最高法院通过了一项决议，要求基因组编辑作物必须接受与传统转基因作物同样严格的监管。

（二）我国对基因编辑的生物安全监管

近年来，基因组编辑技术发展迅速，使基因精准修饰成为现实，在农业生产、医药治疗和环境保护等领域具有巨大的潜力。2016 年李家洋院士等提出了基因组编辑技术的管理框架，包括以下 5 项要点：①各试验环节应该在隔离的密闭环境中进行，尽可能防止材料传播到外界；②如果在产品前期引入了 Cas 核酸酶等外源 DNA，必须确保最终产品中不含外源基因；③记录目标基因的靶位点处 DNA 序列变化，如果引入了外源 DNA，必须注明供体和受体的亲缘关系，如果亲缘关系很远，则根据具体情况具体分析；④通过全基因组测序记录基因组编辑引起的靶位点处的所有序列变化，分析脱靶效应防止产生预期之外的编辑；⑤申请中咨询者应该详细说明以上 4 点。满足上述 5 个基本条件时，基因组编辑产品可以按照常规育种品种对待，不需要进行监管。

近年来基因组编辑技术不断创新发展，已在植物基因功能研究、作物育种等领域广泛应用，特别是 RNA 介导的 CRISPR - Cas9 基因组编辑技术，已被广泛应用于培育具有优良性状的基因组编辑大豆、大麦、蘑菇和玉米等产品。随着基因组编辑技术的进步，基因组编辑产品日益丰富，在农业、医药和环境保护等领域具有重要应用价值。随着基因组编辑作物不断从实验室走向田间，围绕着基因组编辑作物的安全评价和监管态度也成为急需解决的问题。

法律手段无疑是人类控制和应对基因组编辑产品安全风险的重要工具，但各国对基因组编辑产品的态度存在较大差异。综合国际国内已有政策和观点，笔者认为对于基因组编辑产品的安全管理，应该在科学的基础上，根据基因组编辑产品的特征进行分类型管理，既要考虑基因组编辑产品的安全性，又不能阻挡基因组编辑技术及其产业的发展。笔者建议基因组编辑作物应该根据中间材料或产品基因组中是否含有 Cas9 编辑工具酶等转基因成分来分类型管理。一类是含有 Cas9 编辑工具酶等转基因成分的材料，因为基因驱动效应，这些材料应该在同等条件下较传统转基因产品进行更严格的管理；另一类则是中间材料或产品基因组中不含 Cas9 编辑工具酶等转基因成分，这类材料应根据被编辑位点的特征进行分析。

主要参考文献

丁群星，谢友菊，戴景瑞 . 1993. 用子房注射法将 Bt 基因导入玉米的研究 . 中国科学 B 辑，23（7）：707 - 713.

范贤林，石西平，赵建周，等 . 1999. 转双基因烟草对棉铃虫的杀虫活性评价 . 生物工程学报（1）：6 - 10.

刘大文，王守才，谢友菊，等 . 2000. 转 zm13 - barnase 基因玉米的获得及其花粉育性研究 . Acta Botanica Sinica（植物学报英文版），42（6）：5.

王关林 . 1998. 植物基因工程原理与技术 . 北京：科学出版社 .

王国英，杜天兵，张宏，等 . 1995. 用基因枪将有毒蛋白基因转入玉米及转基因植株的再生 . 中国科学 B 辑，25（1）：71 - 76.

王琛柱 . 1992. 害虫防治中植物蛋白酶抑制剂的研究 . 世界农业（12）：28 - 29.

王守才，王国英，丁群星，等 . 1999. 转基因在玉米中的遗传分离与整合特性的研究 . 遗传学报，26（3）：254 - 261.

王武刚，郭三堆 . 1997. 转基因棉花对棉铃虫抗性鉴定及利用研究初报 . 中国农业科学，30（1）：7 - 12.

肖岗，张耕耘，刘凤华，等 . 1995. 山菠菜甜菜碱醛脱氢酶基因研究 . 科学通报（8）：741 - 745.

谢道昕，范云六，倪丕冲 . 1991. 苏云金芽孢杆菌杀虫基因导入中国栽培水稻品种中花 1 号获得转基因植株 . 中国科学 B 辑，21（8）：830 - 834.

杨虹，李家新 . 1989. 苏云金芽孢杆菌 δ-内毒素基因导入水稻原生质体后获得转基因植株 . 中国农业科学，22（6）：1 - 5.

杨渊，池慧，聂子潞，等 . 2019. 美国基因编辑监管机制研究探讨 . 医学研究杂志，48（5）：12 - 15.

张宝红，丰嵘.1998.转基因抗虫棉研究的现状、问题与对策.作物学报，24（2）：248-256.

张福锁.1993.环境胁迫与植物育种.北京：农业出版社.

张宏，王国英，谢友菊，等.1997.超声波介导法转化玉米愈伤组织及可育转基因植株的获得.中医科学C辑，27（2）：162-167.

张智奇，周音.1996.抗虫基因及其在植物上的应用.吉林农业大学学报，18（1）：91-95.

赵可夫.1993.植物抗盐生理.北京：中国科学技术出版社.

赵荣敏，范云六，石西平，等.1995.获得抗虫转基因烟草.生物工程学报，11（1）：1-5.

周大荣，叶志华.1995.玉米螟.中国农作物病虫害（上册）.2版.北京：中国农业出版社.

Ajmone MP，Castiglioni P，Fusari F，et al.1998. Genetic diversity and its relationship to hybrid performance in maize as revealed by RFLP and AFLP markers. Theoretical and Applied Genetics，96（2）：219-227.

Altpeter F，Diaz I，McAuslane H，et al.1999. Increased insect resistance in transgenic wheat stably expressing trypsin inhibitor CMe. Molecular Breeding，5（1）：53-63.

Anddrew NB. 1988. Cell biology of Agrobacterium infection and transformation of plants. Annual Review of Microbiology，42：575-606.

Birch RG. 1997. Plant transformation：problems and strategies for practical application. Annual Review of Plant Biology，48（1）：297-326.

Brandle JE，McHugh SG，James L，et al.1995. Instability of transgene expression in field grown tobacco carrying the csr1-1 gene for sulfonylurea herbicide resistance. Bio/Technology，13（9）：994-998.

Chan MT，Lee TM，Chang HH. 1992. Transformation of indica rice （*Oryza sativa* L.）mediated by *Agrobacterium tumefaciens*. Plant and Cell Physiology，33（5）：577-583.

Chan MT，Chang HH，Ho SL，et al.1993. Agrobacterium-mediated production of transgenic rice plants expressing a chimeric α-amylase promoter/β-glucuronidase gene. Plant Molecular Biology，22（3）：491-506.

Cheng M，Fry SE，Pang H，et al.1997. Genetic transformation of wheat mediated by Agrobacterium tumefaciens. Plant Physiology，115：971-980.

Dong L，Li L，Liu C，et al.2018. Genome editing and double-fluorescence proteins enable robust maternal haploid induction and identification in maize. Molecular Plant，11（9）：1214-1217.

Dong L，Qi X，Zhu J，et al.2019. Super-sweet and waxy：meeting the diverse demands for specialty maize by genome editing. Plant Biotechnology Journal，17（10）：1853.

Fujimoto H，Itoh K，Yamamoto M，et al.1993. Insect resistant rice generated by introduction of a modified δ-endotoxin gene of Bacillus thuringiensis. Bio/Technology，11（10）：1151-1155.

Hansen G，Das A，Chilton MD.1994. Constitutive expression of the virulence genes improves the efficiency of plant transformation by Agrobacterium. Proceedings of the National Academy of Sciences，91（16）：7603-7607.

Gordon-Kamm WJ，Spencer TM，Mangano ML，et al.1990. Transformation of maize cells and regeneration of fertile transgenic plants. Plant Cell，2（7）：603-618.

Grimsley N，Hohn T，Davies JW，et al.1987. Agrobacterium-mediated delivery of infectious maize streak virus into maize plants. Nature，325（6100）：177-179.

Hansen G，Shillito RD，Chilton MD. 1997. T – strand integration in maize protoplasts after codelivery of a T – DNA substrate and virulence genes. Proceedings of the National Academy of Sciences，94（21）：11726 – 11730.

Hansen G，Chilton MD. 1996. "Agrolistic" transformation of plant cells：integration of T – strands generated in planta. Proceedings of the National Academy of Sciences，93（25）：14978 – 14983.

Hiei Y，Komari T，Kubo T. 1997. Transfonnation of rice mediated by Agrobacterium tumefacieri. Plant Molecular Biology，35：205 – 218.

Hiei Y，Ohta S，Komari T，et al. 1994. Efficient transformation of rice（Oryza sativa L. ）mediated by agrobacterium and sequence analysis of the boundaries of the T – DNA. The Plant Journal，6（2）：271 – 282.

Ishida Y，Hiei Y，Komari T. 2007. Agrobacterium – mediated transformation of maize. Nature Protocols，2（7）：1614 – 1621.

Ishida Y，Saito H，Ohta S，et al. 1996. High efficiency transformation of maize（Zea mays L. ）mediated by Agrobacterium tumefaciens. Nature Biotechnology，14（6）：745 – 750.

Ishige T. 1996. Agrobacterium – mediated gene transformation in maize. Maize Genetics Cooperation News Letter，70：63.

Thomas JC，Wasmann CC，Echt C，et al. 1994. Introduction and expression of an insect proteinase inhibitor in alfalfa Medicago sativa L. Plant Cell Reports，14（1）：31 – 36.

Johnson R，Narvaez J，An G，et al. 1989. Expression of proteinase inhibitors I and II in transgenic tobacco plants：effects on natural defense against Manduca sexta larvae. Proceedings of the National Academy of Sciences，86（24）：9871 – 9875.

Kaeppler HF，Somers DA，Rines HW，et al. 1992. Silicon carbide fiber – mediated stable transformation of plant cells. Theoretical and Applied Genetics，84（5）：560 – 566.

Kim JK，Duan X，Wu R，et al. 1999. Molecular and genetic analysis of transgenic rice plants expressing the maize ribosome – inactivating protein b – 32gene and the herbicide resistance bar gene. Molecular Breeding，5（2）：85 – 94.

Kishor PK，Hong Z，Miao GH，et al. 1995. Overexpression of ［delta］ – pyrroline – 5 – carboxylate synthetase increases proline production and confers osmotolerance in transgenic plants. Plant Physiology，108（4）：1387 – 1394.

Klein TM，Kornstein L，Sanford JC，et al. 1989. Genetic transformation of maize cells by particle bombardment. Plant Physiology，91（1）：440 – 444.

Koziel MG，Beland GL，Bowman C，et al. 1993. Field performance of elite transgenic maize plants expressing an insecticidal protein derived from Bacillus thuringiensis. Bio/Technology，11（2）：194 – 200.

Kriete G，Niehaus K，Perlick AM，et al. 1996. Male sterility in transgenic tobacco plants induced by tapetum – specific deacetylation of the externally applied non – toxic compound N – acetyl – 1 – phosphinothricin. The Plant Journal，9（6）：809 – 818.

Li C，Liu C，Qi X，et al. 2017. RNA – guided Cas9 as an in vivo desired – target mutator in maize. Plant Biotechnology Journal，15（12）：1566 – 1576.

Mariani C，Beuckeleer MD，Truettner J，et al. 1990. Induction of male sterility in plants by a chimaeric ribonuclease gene. Nature，347（6295）：737 - 741.

McBride KE，Svab Z，Schaaf DJ，et al. 1995. Amplification of a chimeric Bacillus gene in chloroplasts leads to an extraordinary level of an insecticidal protein in tobacco. Bio/Technology，13（4）：362 - 365.

McElroy D，Brettell RI. 1994. Foreign gene expression in transgenic cereals. Trends in Biotechnology，12（2）：62 - 68.

McElroy D，Zhang W，Cao J，et al. 1990. Isolation of an efficient actin promoter for use in rice transformation. The Plant Cell，2（2）：163 - 171.

Meer IM，Stam ME，Tunen AJ，et al. 1992. Antisense inhibition of flavonoid biosynthesis in petuni anther results in maile sterility. Plant Cell，4：253 - 262.

Perlak FJ，Fuchs RL，Dean DA，et al. 1991. Modification of the coding sequence enhances plant expression of insect control protein genes. Proceedings of the National Academy of Sciences，88（8）：3324 - 3328.

Peumans WJ，Van Damme EJ. 1995. Lectins as plant defense proteins. Plant Physiology，109（2）：347.

Register JC，Peterson DJ，Bell PJ，et al. 1994. Structure and function of selectable and non - selectable transgenes in maize after introduction by particle bombardment. Plant Molecular Biology，25（6）：951 - 961.

Sambrook J，Fritsch EF，Maniatis T. 1989. A laboratory manual. Molecular Cloning. New York：Cold Spring Harbor Laboratory Press.

Sanford JC，Klein TM，Wolf ED，et al. 1987. Delivery of substances into cells and tissues using a particle bombardment process. Particulate Science and Technology，5（1）：27 - 37.

Schmülling T，Röhrig H，Pilz S，et al. 1993. Restoration of fertility by antisense RNA in genetically engineered male sterile tobacco plants. Molecular and General Genetics MGG，237（3）：385 - 394.

Smith RH，Hood EE. 1995. Agrobacterium tumefaciens transformation of monocotyledons. Crop Science，35（2）：301 - 309.

Sivamani E，Huet H，Shen P，et al. 1999. Rice plant (Oryza sativa L.) containing rice tungro spherical virus（RTSV）coat protein transgenes are resistant to virus infection. Molecular Breeding，5（2）：177 - 185.

Spencer TM，Gordon - Kamm WJ，Daines RJ，et al. 1990. Bialaphos selection of stable transformants from maize cell culture. Theoretical and Applied Genetics，79（5）：625 - 631.

Suarez JE，Chater KF. 1980. Polyethylene glycol - assisted transfection of Streptomyces protoplasts. Journal of Bacteriology，142（1）：8 - 14.

Tarczynski MC，Jensen RG，Bohnert HJ. 1993. Stress protection in transgenic tobacco producing a putative osmoprotectant mannitol. Science，259：508 - 510.

Vain P，McMullen MD，Finer JJ. 1993. Osmotic treatment enhances particle bombardment - mediated transient and stable transformation of maize. Plant Cell Reports，12：84 - 88.

Waltz E. 2016. Gene - edited CRISPR mushroom escapes US regulation. Nature，532（7599）：293.

Wan Y，Widholm JM，Lemaux PG. 1995. Type I callus as a bombarment target for generation fertile transgenic maize（Zea mays L.）. Planta，196：7 - 14.

Zhao Y，Zhang C，Liu W，et al. 2016. An alternative strategy for targeted gene replacement in plants using a dual - sgRNA/Cas9 design. Scientific Reports，6：23890.

第十五章 玉米分子标记育种技术及利用

（严建兵）

在传统作物育种中，育种学家通过表型的视觉观察鉴定作物的遗传变异。随着分子生物学的发展，遗传变异可以通过 DNA 的变化在分子水平上进行鉴定。从 20 世纪 80 年代第一代分子标记问世以来，分子标记技术得到突飞猛进的发展。随着高通量测序技术的飞速发展，玉米数量性状基因座（QTL）定位及基因克隆取得了一系列重大进展，为开展分子标记育种奠定了基础，对传统作物育种产生了深远影响。

近 40 年来，分子标记技术日新月异，各种分子标记技术和检测设备不断更新换代，经历了从凝胶电泳、荧光检测、固相芯片到液相芯片的 4G 发展过程。随着测序技术的进步，测序成本进一步降低，数据处理和分析实现极大程度的自动化，分子标记技术进入了基于全基因组测序的分子检测——5G 时代。以 DNA 序列变异为基础的单核苷酸多态性（single nucleotide polymorphism，SNP）标记，已经接近成为在分子水平检测遗传变异的终极手段。

分子标记鉴定遗传变异和优良基因型不受外界环境影响，不会因为外界环境条件的变化而改变检测结果。分子标记的数量巨大，理论上可以覆盖基因组的每一个位点，从而比较全基因组的所有分子水平的变异。从目前的技术来看，SNP 标记检测不受检测平台的影响，不同实验室不同平台都能获得同样的检测结果，因而可以进行跨实验室、跨平台、跨时间的横向和纵向比较、数据累积和共享分析，其结果可以相互验证。分子标记技术已被大型跨国种子企业广泛应用，比如在拜耳作物科学有限公司、科迪华农业科技有限公司，用于玉米育种的分子标记通量已经达到每天 100 万以上的标记数据。因此，分子标记技术的应用增加育种的预见性，可以提高作物育种的效率，已经成为现代玉米育种的核心技术，并展现了广阔的应用前景。

第一节 分子标记的概念与技术发展

一、分子标记的种类和原理

分子标记（molecular marker）是指以个体间遗传物质的差异为基础，直接反映个体间 DNA 水平变异的一种遗传信号。随着生物技术的不断创新与发展，DNA 分子标记已逐渐取代了传统的表型标记、细胞学标记、同工酶标记，并广泛应用于目标基因的图位克隆、重要性状的遗传分析与辅助育种改良。DNA 水平的遗传多态性表现为同一物种不同个体间在核苷酸序列水平上的等位变异，理论上讲，DNA 标记在数量上几乎是无限的，并且覆盖整个基因组，遗传相对稳定，定位较为容易，并且检测不受环境限制和影响。目前已发展出几十种不同特点的分子标记技术，为不同的研究提供了丰富的技术手段。理想的分子标记应具备以下特点：①遗传多态性高；②共显性遗传，信息完整；③在基因组中大量存在，且分布均匀；④一般不受选择压力影响；⑤稳定性、重现性好；⑥检测技术简单快捷，易于实现自动化；⑦开发和使用成本低。

依据分子标记的检测手段，分子标记可分为两大类：

第一类为基于 DNA 杂交的分子标记。该技术是利用经限制性核酸内切酶酶解总DNA 分子、凝胶电泳分离不同长度的 DNA 分子及转移（southern blot）等过程后，再用经放射性物质 ^{32}P 或非放射性物质地高辛（DIG - 11 - dUTP）等标记的特异 DNA 探针与变性的 DNA 分子进行杂交，通过放射自显影或非同位素显色技术来揭示 DNA 多态性的标记技术。其中最具代表性的是限制性片段长度多态性（restricted fragment length polymorphism，RFLP）标记。限制性核酸内切酶能识别并切割 DNA 上大量存在的由特定碱基组成的 4 核苷酸或 6 核苷酸的酶切位点序列，能将切点序列发生点突变或两切点间发生核苷酸插入或缺失变异的总 DNA 分子，酶解成许多长短不一的小片段分子。片段的数目和长度不仅反映了 DNA 分子上限制性核酸内切酶酶切位点的分布，同时揭示了核苷酸序列的多态性。特定的 DNA 探针/内切酶组合所产生的片段是特异的，可以作为某一 DNA（或含有该 DNA 的生物）的特有"指纹"。这种"指纹"在 DNA 分子水平上直接反映了生物的遗传多态性（图 15 - 1）。

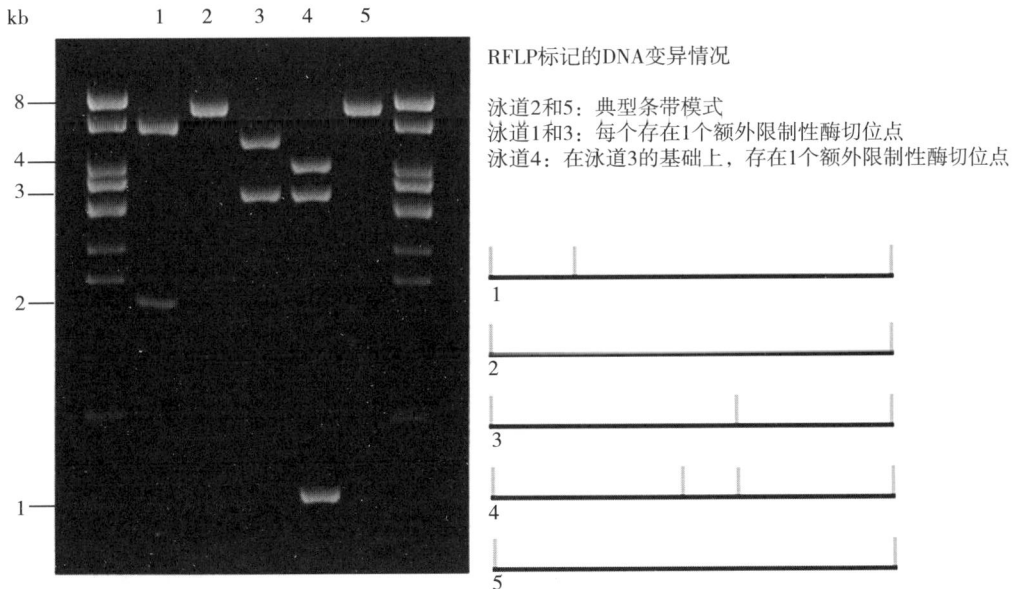

图 15 - 1　典型的 RFLP 标记指纹图谱

1980 年，Botstein 等在人类的遗传研究中，首次提出了利用 RFLP 标记构建遗传连锁图；在玉米遗传研究中，Burr（1981）发现 *Shrunken1*（*Sh1*）突变体和野生型间，存在大量多态性的 RFLP 标记，随后 Evola 等（1986）发现 RFLP 标记多态性在不同世代的玉米自交系中稳定存在，并且利用 B-A 异位系可以将 RFLP 标记定位在染色体上；Lander 和 Bostein（1989）提出可以利用 RFLP 标记构建遗传连锁图，并对数量性状进行遗传分析。RFLP 标记具有多态性高、重复性好，并可以利用多个探针重复杂交进行多位点检测等优点。该技术在 20 世纪 80—90 年代便得到了广泛的应用。但由于 RFLP 标记分析技术耗时、成本高、需要高质量的基因组 DNA 以及需利用放射性同位素或高毒性试剂等原因，目前除类似转基因研究等特殊需要外，已较少使用。

第二类为基于聚合酶链式反应（polymerase chain reaction，PCR）核心技术的分子标记。PCR 技术具有操作便捷、重复性强、快速高效，可使目标 DNA 片段获得百万数量级扩增等优点，在基因定位、遗传评价、种质鉴定、指纹图谱等领域中被广泛使用。这项被学界誉为"简单而又晚熟的革命性的技术发明"对生命科学研究工作的影响程度超过了以往任何技术，它的应用也几乎覆盖生命科学的各个领域。

基于 PCR 技术的分子标记根据引物设计及对扩增产物后处理的特点可分为：随机引物扩增的分子标记和序列特异性扩增的分子标记两种类型。

基于随机引物扩增的分子标记主要有两种：一是随机扩增片段多态性（random amplified polymorphic DNA，RAPD）标记，它是利用商品化合成的 10 对碱基随机序列的引物进行 PCR 扩增，通过引物与不同个体间等位靶序列的差异配对及扩增产物的检测，鉴定基因组遗传多态性的一种分子标记技术，RAPD 检测的多态性位点往往在扩增带纹的表型上表现为显性标记；二是扩增片段长度多态性（amplified fragment length polymorphism，AFLP）标记，它结合了 RFLP 和 PCR 技术，将经限制性核酸内切酶酶切的基因组片段连接上已知序列的接头，利用接头序列和 2~3 个随机碱基合成随机引物，对酶切片段进行 PCR 扩增、产物电泳分离，鉴定酶切片段长度的多态性。这类标记技术虽然检测程序简单，但可重复性较差，目前已较少应用。

基于序列特异性扩增的分子标记主要包括以下 4 种：一是序列特异扩增多态性（sequence-characterized amplified region，SCAR）标记，它是指对 RAPD 或 AFLP 的目标片段进行克隆并对其末端测序，设计特异引物，再对基因组总 DNA 进行 PCR 特异扩增，其表现为一种共显性标记；二是简单序列串联重复多态性（simple sequence repeat，SSR）标记，一般是利用 24 个特定碱基序列的引物对基因组上两靶位点间的简单重复序列（也称微卫星 DNA 序列）进行 PCR 扩增、电泳，检测靶位点内因简单序列重复拷贝数的差异等导致扩增片段长度的多态性，由于在基因组中这类简单重复序列大量分布在结构基因之间，数量巨大，检测方便，因此也是应用最为广泛的一类分子标记；三是插入缺失多态性（insertion deletion polymorphism，IDP）标记，是利用特异引物扩增，检测不同个体基因组间具有插入/缺失等位差异片段的分子标记技术；四是酶切扩增序列多态性（cleaved amplified polymorphic sequences，CAPS）标记，是基于已知序列设计的特异引物，扩增具有多态性的 DNA 片段，随后用相应的限制性核酸内切酶酶切扩增的 DNA 分子，电泳检测具有酶切位点或插入/缺失等位变异的分子标记。以上 4 种标记技术成本低、操作简单、重复性好，目前仍被广泛应用。

二、第三代分子标记和检测技术

（一）基于芯片杂交的 SNP 检测技术

基因组的最新研究发现，基因组中存在大量单核苷酸多态性（single nucleotide polymorphism，SNP，等位位点上单个核苷酸发生取代突变而形成的多态性）和小片段插入缺失变异（insertion and deletion，InDel）类型的等位变异，不仅数量大、分布广，而且经过序列分析后易于自动化地进行大群体高通量检测，因而被认为是目前最具利用潜力的分子标记技术。迄今已开发了超过 30 种 SNP 标记检测方法，其中芯片杂交技术和新一代测序技术是目前常用的 SNP 高通量检测手段。

基于芯片杂交的方法主要依赖于商业化的检测平台，目前主流的芯片检测平台主要有 Illumina 公司的 GoldenGate 和 Infinium 平台、Affymetrix 公司的 MIP 和 GeneChip or oligonucleotide arrays 平台以及 Beckman coulter 公司的 SNPstream 平台等。Illumina 公司的 GoldenGate 和 Infinium 平台是利用 BeadArray 和 BeadChip 技术。GoldenGate 平台利用 BeadArray 可以并行进行 384～1 536 个 SNP 基因型检测，最大通量一般在几千个。

GoldenGate 检测 SNP 的基本原理是：采用等位基因引物特异延伸技术，每个 SNP 需要用 2 条等位基因特异性引物和 1 条位点特异性引物，其中位点特异性引物带有与微珠（代表特定位点）上序列互补的标签序列，而等位基因特异性引物带有与标有荧光素引物互补的序列，通过 DNA 聚合和连接反应后与芯片杂交显色，在特定的微珠上会发出特殊荧光（代表特定 SNP）。所用荧光素为 Cy3（绿色）和 Cy5（红色），只能检测双等位基因型 SNP。严建兵等根据发表的玉米测序计划等研究结果，获得玉米 SNP 信息，构建了一张包含 1 536 个 SNP 的芯片，首先探讨了 GoldenGate 芯片在玉米多态性鉴定、群体结构划分、遗传群体构建等方面的应用及可能存在的问题（Yan 等，2010）。

Infinium 虽然也采用了相似的 BeadArray 技术，但与 GoldenGate 不同的是，使 DNA 聚合酶延伸反应直接发生在微珠上，并且探针与 SNP 位点附近的 50 个碱基发生互补，避免了利用 GoldenGate 芯片分析每个 SNP 都要进行样品制备的繁琐程序与昂贵成本，大大提升了检测 SNP 的密度，目前最高可以达百万个数量级别。Infinium 检测有两种方式：Infinium I，采用单色荧光和两类微珠检测一个二态型 SNP，同样使用等位基因特异引物延伸原理，两类微珠上分别带有等位基因特异引物，并且其 3′ 末端为需检测的特异 SNP 碱基，由于被生物素标记的核苷酸已被聚合到等位基因特异引物中，因而经与基因组 DNA 杂交，便可检测到杂交信号；Infinium II，采用双色荧光和一类微珠，采用单碱基延伸技术（single - base extension），检测一个双等位基因型 SNP。微珠上带有一段位点特异性引物作为探针，单碱基延伸可与基因组 DNA 上 SNP 位点互补，被 Cy3 或 Cy5 荧光染料标记的核苷酸可显示不同的颜色。在 Infinium II 双色荧光系统中，通常 A/T 碱基和 G/C 碱基分别标定一种荧光染料，因此这一技术不能检测 A/T 和 G/C 两种 SNP 类型，而 Affymetrix 公司的 MIP 和 Beckman coulte 公司的 SNPstream 利用单碱基延伸方法，而 Affymetrix 公司的 GeneChip or Oligonucleotide Arrays 利用特异单倍型杂交（Allele - specific hybridization）方法。

显然，基于芯片杂交的 SNP 检测技术需要依赖已知的基因组信息或大规模的 EST 测序信息等，而且商业定制的 SNP 芯片所检测的 SNP 位点较为固定，对于新位点的检测需定制特殊芯片，而对于未曾准确测序的物种、未知的基因组序列则需要更大通量 SNP 检测的研究项目，需要利用新一代的测序技术进行 SNP 开发。

（二）基于高通量测序的 SNP 检测技术

新一代测序技术以其省时、低成本及高通量产出的特点，目前已逐渐成为基因组学研究的主流技术，并推动着生命科学突飞猛进的发展。新一代测序技术可以在较短的时间内以较低的成本获得海量的数据。如今，这一商业化高通量主流测序技术主要包括三大系统：Roche/454 焦磷酸测序、ABI/SOLID 连接酶测序、Illumina/Solexa 聚合酶合成测序。其中，454 焦磷酸测序采用的是乳滴 PCR 扩增以及焦磷酸测序的方法，SOLID 连接酶测序采用的是乳滴 PCR 扩增以及连接测序的方法，而应用最广泛的 Solexa 聚合酶合成测序则是采用簇生成、可逆阻断以及 DNA 聚合酶的合成测序。由于这 3 种方法依据的技术原理各异，其数据产出也存在一定的差异。454 焦磷酸测序运行一轮耗时 1d，产生数据量为 1Gb，序列读长为 700bp；Solexa 聚合酶合成测序运行一轮耗时 8d，产生数据量可达 600Gb，片段双末端的序列读长为 2×150bp；SOLID 连接酶测序运行一轮耗时 7d，产生数据量为 200Gb，片段双末端的序列读长为 2×50bp。虽然 454 焦磷酸测序产生的数据量相较于其他两种方法偏低，但其片段的读长序列最长，耗时最短，这些特点也为该技术在竞争激烈的高通量测序领域争得一席之地；Solexa 测序系统依靠其产生巨大数据量的优势一直引领着测序分析市场的潮流。随着新一代测序技术在 SNP 基因型分析中的广泛应用，研究人员对物种起源、进化和植物重要性状遗传机制的研究也取得了长足发展。各种不同标记技术的特点及优缺点比较见表 15 - 1。

表 15 - 1　不同标记技术的比较

项目	第一代 RFLP	第二代						第三代 SNP
		RAPD	AFLP	SCAR	SSR	IDP		
原理	限制性 酶切	随机 PCR 扩增	限制性 酶切/随机 PCR 扩增	特异 PCR 扩增	特异 PCR 扩增	特异 PCR 扩增	特异 PCR 扩增/限 制性酶切	DNA 芯片 杂交/高 通量测序
多态性 来源	SNP/InDel	SNP/InDel	SNP/InDel	长度 多态性	长度 多态性	InDel	SNP/InDel	SNP
引物或探针	DNA 探针	随机引物	随机引物	特异引物	特异引物	特异引物	特异引物	
多态性程度	中等	中等	中等	高	高	高	高	高
遗传特性	共显性	显性	共显性	共显性	共显性	共显性	共显性	共显性
可检测 位点数目	1～3	5～20	1～3	1～2	1～2	1～2	1	1
费用	高	低	高	低	低	低	高	低
标记密度	低	低	低	中等	中等	高	高	非常高
检测通量	低	低	低	中等	中等	高	低	非常高

1. 全基因组重测序的应用　全基因组重测序，一般是指对已知参考基因组序列的物种进行不同基因型个体的全基因组测序。利用这一技术，可以检测到被全基因组重测序的个体间存在大量的多态性位点，主要包括 SNP、InDel 和结构变异位点（structure variation，SV）。通过分析群体基因组间的结构差异并结合这些差异的注释信息，研究者可以进行群体连锁不平衡、群体进化、群体结构等诸多群体遗传学内容的分析。2010 年，中国农业大学的赖锦盛等对 6 个典型玉米自交系进行全基因组重测序，鉴定了超过 100 万个 SNP、3 万个 InDel 多态性；同时通过将不同自交系与 B73 参考基因组序列进行比对，鉴定出数百个基因获得了丢失变异（presence and absence variation，PAV），其中 B73 基因组中的 296 个基因在其他 6 个品系中的至少一个品系中发生丢失，同样在目前公布的 B73 参考基因组序列中与其他品系基因组相比也存在基因的丢失。研究者认为，这种 PAV 的多态性变异与其他无义突变的互补作用可能是产生玉米杂种优势的机制之一（Lai 等，2010）。基于高质量的基因组，严建兵等认为 SK 基因组和 B73 基因组之间可能只有 1/2 的基因是完全保守的（Yang 等，2019）。

2. 简化基因组测序的应用　采用全基因组重测序技术从基因组中检测、发掘的分子标记通量高、覆盖度广，是一种快捷有效的技术手段。但其花费比较高，限制了大规模应用。一种可开发高通量分子标记的"简化基因组测序技术"便应运而生，它是利用限制性核酸内切酶将样本全基因组 DNA 进行酶切，并制备具有一定大小范围的 DNA 片段文库，将这些片段作为全基因组研究的简化代表，降低了整体研究的复杂性。该技术的应用不仅适用于已知参考基因组的物种，也适用于无参考基因组的物种研究。对已具有参考基因组的物种研究可直接进行序列比对，对目前尚无参考基因组的物种可先进行序列组装（De novo），然后以组装产生的序列作为模拟参考进行序列比对，寻找不同材料之间的 SNP，开发高密度的标记图谱。RADseq（限制性位点相关 DNA 测序）是早期的简化基因组测序技术。该研究描述了一种与限制性位点相关的 DNA 标签，利用该标签鉴定出 13 000 个 SNP，在两种模式生物中进行了 3 个性状的 QTL 定位。同时，该研究还开发了一种编码系统，使得不同的材料能够在混合后进行平行测序。该方法发展迅速，先后在牛、火鸡、大豆等物种中快速、高效、低成本地鉴定出大量高质量的 SNP。

基于测序的基因型分析（genotyping by sequencing，GBS）技术就是一种通过简化基因组测序进行基因组分析的策略，适用于类似玉米等具有丰富遗传多样性的大基因组物种。GBS 方法运用新一代测序技术，以其简单、快速、低成本的特点广泛应用于动、植物基因组研究中。其原理是利用上述简化基因组测序方法，选用特定限制性核酸内切酶对全基因组进行酶切，其中，限制性核酸内切酶的选择决定了获得 DNA 片段的大小。然后，在连接酶的作用下，将酶切后携带酶切位点黏性末端的 DNA 片段与序列已知的接头进行连接。接着，通过 PCR 扩增技术使带有目标接头的片段得以富集。最后，对评估后的 DNA 片段文库测序，获得数据。目前，美国康奈尔大学

Edward Buckler 实验室已经开发出全套的数据分析流程，可从测序数据直接获得所需的 SNP 结果。

第二节　分子标记技术在玉米种质资源研究中的应用

一、玉米种质资源的分布、特点与评价

起源于墨西哥、中美洲等地的玉米，随着迁移、演变、进化与选择，现已在世界各地被广泛种植，已经成为世界第一大粮食、饲料与能源作物。玉米是一个多样性极其丰富的物种，其丰富的 DNA 变异也是现代玉米遗传改良的基础与关键。玉米种质资源包括野生近缘种、农家种、地方品种、杂交种、自交系、开放授粉品种以及具有不同表型的突变体等。国际玉米小麦改良中心（CIMMYT）拥有世界上最大的玉米种质资源库，保存着 2.7 万多份包括农家种、野生近缘种（类蜀黍、摩擦草）、育种群体和育成品种的种质材料。这些保存的样本来自 64 个国家，其多样性覆盖了美洲玉米种质的 90%。另外，一些国家的国家级种质资源库也较早开始了玉米种质资源的收集、鉴定、登记、保存和分发的工作。如墨西哥农林研究院的种质库、瓜达拉哈拉大学和美国农业部农业研究服务中心保存着绝大多数类蜀黍的资源；中国国家作物种质库拥有 1.4 万多份的农家种；印度国家植物遗传资源中心保存有来自印度各地区的 7 800 多份农家种。此外，美国伊利诺伊斯大学作物科学系的玉米遗传资源中心保存了 8 万多份玉米突变体资源，并可向世界各地的研究者发放，为玉米的遗传学和基因功能等研究提供了良好的材料。除了种质库保存的资源外，各地的农户也保留着适应当地环境的等多样性的农家种资源。图 15-2 展示了 CIMMYT 收集的部分玉米农家种，从图中可以看出，玉米的果穗大小、颜色、形状等均具有极大的多样性。

随着基因组学研究和测序技术的发展，许多物种的基因组信息被相继发表并不断更新完善。对玉米而言，自交系 B73 基因组测序和组装的完成无疑是近年来最具里程碑意义的玉米研究成果，加深了人类对玉米基因组结构和进化的认识与理解。自 B73 参考基因组序列公布以后，不同基因型材料的重测序结果为玉米基因组多样性标记的开发奠定了重要基础。截至 2009 年，玉米基因组中可用的 SNP 标记已达上百万个。2013 年，笔者联合国内多家单位利用 RNA 测序的办法获得了 368 个玉米自交系材料的 360 万个基于转录序列的 SNP 标记（Fu 等，2013）；由多国科学家参与的玉米 Hapmap 计划共测序了 103 个玉米自交系、农家种和类蜀黍，第二版本的数据已经发布了 5 500 万个 SNP 和 InDel 标记；而笔者在最新的基于重测序数据获得的 SNP 标记已经达到 7 000 万个（Gui 等，2022；Chen 等，2022）。所有这些标记已被用于挖掘玉米复杂农艺性状的基因/QTL、种质资源评估以及育种等多个领域。

图 15-2　CIMMYT 收集的部分玉米农家种材料
注：照片由前 CIMMYT 玉米基因库负责人 Dr. Suketoshi Taba 提供。

二、分子标记在玉米品种遗传真伪和纯度鉴定中的应用

客观描述品种遗传本质的特异性、一致性和稳定性是品种鉴定与保护的重要基础。利用分子标记建立品种的指纹图谱在 20 世纪末就已被用于品种鉴定。指纹图谱以其高度的个体特异性、检测迅速及结果准确等优点在鉴定品种质量（真伪和纯度）、保护知识产权等方面均有重要意义。其中，玉米杂交种遗传真实性及纯度鉴定是玉米种子质量控制体系中的重要环节。20 世纪，室内鉴定玉米杂交种纯度的方法主要有种子贮藏蛋白质和同工酶电泳技术，由于种子贮藏蛋白质和同工酶均为基因表达的产物，多态性较低，加之二者并非全部表现为共显性遗传等，难以普遍应用于对大量杂交种及其亲本自交系的真伪辨别和纯度鉴定。分子标记具有多态性丰富等特点，能准确鉴别表型相近的不同品种的遗传差异，而且检测结果不受取样条件因素的影响。美国先锋公司率先使用 AFLP 标记进行玉米自交系、杂交种的鉴定，建立品种档案，保护品种专利。随后，RFLP、RAPD 和 SSR 等各类分子标记相继被应用到自交系、杂交种和供试材料的鉴定与监管中。北京市农林科学院王凤格、赵久然等在 2003 年筛选确定了适合我国主要玉米杂交种及其双亲的 RAPD 特异引物，并利用这一技术可以简便、经济地鉴别玉米杂交种纯度及真伪。近年来，该研究组又用 SSR 和 SNP 芯片技术构建了中国玉米品种指纹库，制作了近 22 000 份"玉米身份证"，所制定的《玉米品种鉴定技术规程：SSR 分子标记法》已成为农业农村部颁布的农业行业标准，为国家玉米品种纯度和真实性鉴定提供了重要依据和手段，多年来，在国家玉米品种区域性试验的监控，特别是检测假冒品种中，发挥了重要作用。但鉴于玉米基因组的复杂性和变异的丰富性，特别是分子标记没有与性状直接对应等局限性，诸如"全

基因组需要检测多少标记信息才能准确区分任意两个品种的遗传差异""依据标记检测的差异信息，确定具有法律效益的标准如何制定""因一个关键基因的突变而导致某重要性状的改变，而上述行业标准中规定检测的标记位点又未涵盖这一突变位点，能否判定为一个新的品种"等一系列科学问题仍需要更为深入地研究并形成业内共识，检测的程序和方法也需要不断完善。

三、利用分子标记评估玉米种质资源遗传多样性和划分玉米杂种优势群

持续、高效地选育玉米优良自交系是组配杂种优势显著、综合性状良好的玉米杂交种的基础。对拥有的种质资源进行遗传多样性评价、遗传聚类分析和杂种优势类群划分是实现这一目标的重要前提，现已经成为玉米遗传育种的重要研究领域。对于种质资源遗传基础研究的广度与深度，对所属杂种优势类群的准确划分是育种家在传统的经验型育种基础上，向丰富经验与科学预见的现代育种水平提升的必需步骤之一。过去几十年间，我国的玉米育种工作多以个人或小规模的育种团队为基础开展的，选育过程中发生的种质多元交流与遗传渗透使我国玉米种质的遗传基础日趋复杂，仅依据自交系的系谱记载，区分杂种优势类群不仅难以获得准确的类群信息，而且难以发现新的类群和建立新的杂种优势模式。

已有大量研究与实践证明，利用 SSR 等分子标记技术能较为准确地划分玉米杂种优势类群，为杂交组合的组配和自交系改良提供科学的依据。中国农业大学李建生联合国内多家单位利用 SSR 标记，对 1992—2001 年我国大面积推广的 71 个玉米杂交种的 84 份亲本材料的遗传距离进行了研究，不仅较为系统地分析了我国玉米杂种优势类群的特征，而且探讨了杂种优势类群变化的动态过程。结果表明，在 20 世纪 90 年代初期，我国玉米主要的杂种优势群有 Lancaster、Reid、唐四平头、自 330 和 E28 等 5 种。到 21 世纪初，一个含热带玉米种质的新类群温热Ⅰ取代了 E28，成为 5 个主要类群之一。这 10 年间，我国玉米杂种优势模式也在两个方面发生了明显的变化。其一是出现了含温热Ⅰ群的新模式，Reid×温热Ⅰ、自 330×温热Ⅰ、唐四平头×温热Ⅰ等，这一变化大大拓宽了我国玉米杂种优势的组配模式。其二是不同模式的主次位置有了明显的改变。从 20 世纪 90 年代初期至中期，利用频率最高的前五名杂种优势模式是 Reid×唐四平头、自 330×Lancaster、Lancaster×唐四平头、Lancaster×E28 和 Reid×自 330。到 2001 年，位于前五名的主要杂种优势模式是 Reid×温热Ⅰ、Reid×自 330、Reid×唐四平头、自 330×温热Ⅰ和 Lancaster×唐四平头。其中 Reid×温热Ⅰ和自 330×温热Ⅰ已分别成为全国第一和第四大主要的杂种优势模式（腾文涛，2004）。不同研究者的观点较为一致，认为我国玉米材料被大体划分的两个大的杂种优势类群与美国育种家长期使用的 Reid 和 Lancaster 群对应，同时又可以进一步细分为 6 个不同的亚群。由于杂种优势类群和杂种优势模式是人工选择的结果，是长期育种实践的经验总结，并得到现代分子标记技术的验证，位于不同生态区

域的育种单位，根据不同的育种目标和拥有的种质基础，又摸索并建立了各自偏好的杂种优势模式。

我国玉米育种单位小而多、弱且散的局面长期以来限制了对基础资源材料的深刻认识与研究，特别是利用推广杂交种选育二环系曾经是一种主要的自交系选育方法，致使多数育种家掌握的育种材料较为混杂，材料之间缺乏预见性的随机组配现象较为普遍，杂种优势类群划分极为困难。笔者曾利用 Maize50K 的芯片对从国内部分育种单位收集的 300 余份温带玉米优良自交系（其中包括 60 余份来自美国的自交系）进行系统分析，初步结果如图 15-3 所示：虽然可将所有材料区分为与上述李建生所鉴定的 6 个亚群（分别以掖478、自 330、丹 340、Mo17、黄早四、78599 衍生系为代表），但整体上不能被划分为两个或者多个明确的类群。笔者认为：①我国从 20 世纪 70 年代以来的玉米杂交育种历史是有明显规律可循的。20 世纪 70 年代，多以美国骨干自交系 Mo17 与国内黄改系等组配为主，诞生了中单 2 号、掖单 14 和掖单 2 号等优良杂交种；20 世纪 80 年代，以李登海选育的掖 478 为骨干亲本与黄改系组配，产生了以掖单 13 为代表的一系列优良杂交种；20世纪 90 年代，以 78599 的衍生系（归属为温热 I 群）与黄改系的衍生系为骨干亲本组配，产生了如郑单 958、农大 108、鲁单 981、豫玉 22 等系列杂交种。②黄改系虽具有抗逆性差、

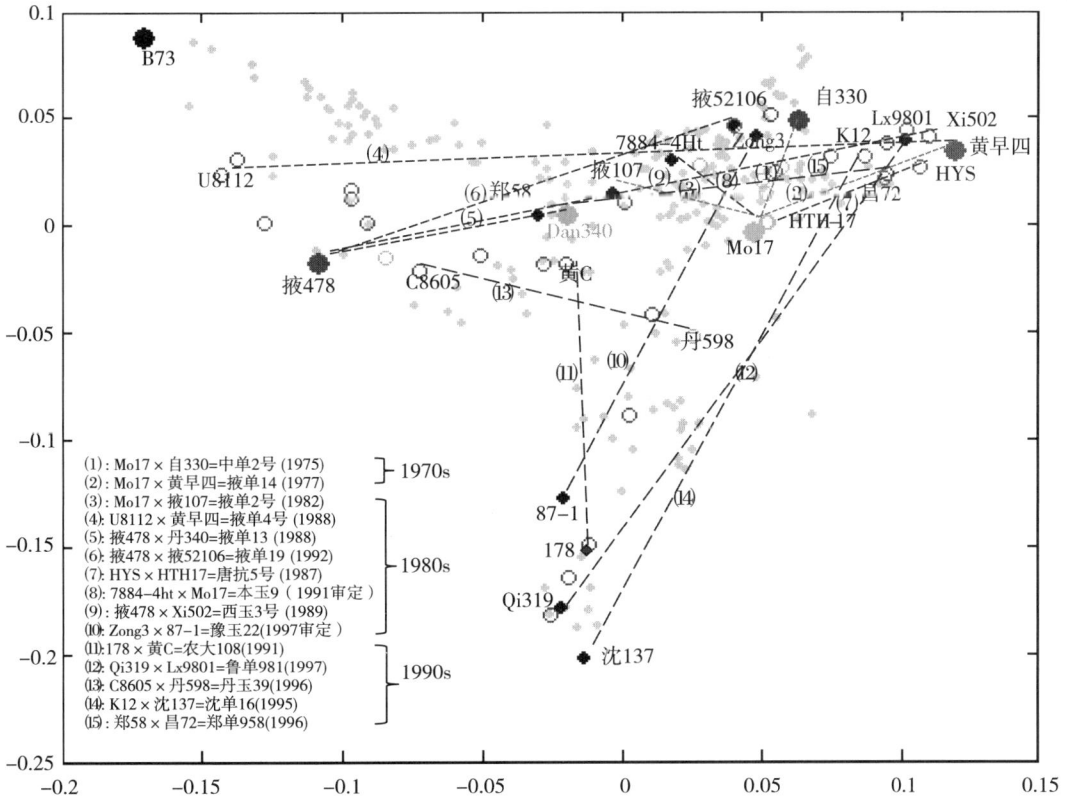

图 15-3 我国主要玉米优良自交系的聚类分析

容易倒伏、不适应机械化收获等缺点，但在我国玉米杂交育种，特别是在黄淮海流域生态区域的杂交玉米育种中发挥了不可替代的重要作用。③热带及亚热带种质材料的良好抗性是目前育种中可被利用的优点。目前育种单位所利用的热带种质主要集中来源于 78599 的血缘，突破种质遗传基础过于狭窄的瓶颈，是消除热带种质材料对光周期敏感弊端的重要研究课题。④自从自交系掖 478 选育并利用以来，目前尚缺乏其他典型的 Reid 类型材料（郑 58 仅是偏 Reid 的非典型 Reid 群材料）。21 世纪以来，我国玉米育种进入商业化格局后发展十分迅速，尤其是国外大型种子公司纷纷进入，并先后在全国各生态区建立了大规模的商业育种基地，同时也带来了新的种质资源，但对这些资源的特性研究尚未见系统报道。广泛搜集、整理外来种质，深入研究这些外来种质的遗传基础，解析其杂种优势模式具有重要的理论与实践意义。

四、利用分子标记追溯不同种质资源的演化关系

如果界定利用分子标记划分种质资源的杂种优势类群及亚群是种质遗传基础的横向和静态的研究，那么利用分子标记探究不同种质资源（特别是具有特定演化关系的种质资源）之间的进化关系则是种质遗传基础的纵向和动态的研究。1980 年分子标记技术诞生之前，关于玉米起源问题的争论其说不一，莫衷一是。随着 SSR、SNP 分子标记的发展，特别是全基因组测序技术的应用，为这一重要科学问题的解答提供了大量令人信服的遗传证据。人们不仅明确了玉米的祖先为中美洲的大刍草，而且推测玉米驯化时间大概在 6 000 至 1 万年前。玉米在历经驯化、改良的每一进程中无不在基因组上留下大量清晰的演化足迹。近年来，随着新一代高通量测序技术的日趋普及，利用分子标记追溯作物驯化改良的历史、探究演变进化过程中特定遗传位点的贡献变得更加易行。借助高密度的分子标记，不仅可以较好地推断玉米的演化进程，准确推测驯化及改良过程对玉米基因组积累丰富遗传多样性的作用，而且能够检测到在驯化及改良的具体进程中，对表型改变起关键作用的基因组区域或主效基因。早期利用候选基因重测序的方法，曾估计玉米全基因组水平上大约有 1 200 个基因经历了自然与人工选择。而 Hufford（2012）等通过对玉米大刍草和农家种重测序后的比较分析，系统研究了玉米的驯化和改良过程，初步鉴定了这些涉及驯化和改良的基因组区域，随后，他们进一步利用高密度 SNP 标记发现了驯化后的"多样性恢复"现象，推测可能是大刍草的基因渗入玉米基因组中造成的。此外，他们还鉴定到在长久的驯化和改良过程中分别受到选择的基因，并初步分析了这些基因的功能以及对表型的贡献。Liu等在综合了各种组学数据的基础上，认为基因转录水平及基因调控网络水平的变化在玉米从热带到温带的适应过程中起关键作用（Liu 等，2015）。而最近的多个研究表明，不但玉米和其野生种之间，同时玉米和水稻之间也存在趋同选择的现象（Chen 等，2022b），并鉴定到在玉米和水稻中趋同选择的 490 对基因，这些基因不但为进一步的作物遗传改良奠定了基础，也为从头驯化新作物提供了重要的基因资源（Fernie 等，2019）。

杂交和自交是玉米遗传改良程序中促进基因交流和遗传重组的主要手段，利用高密度

的分子标记可以精确追踪这种交流发生的过程，帮助构建精确的系谱关系，为育种者提供有价值的信息。如曾在全国推广面积最大的优良杂交种"郑单 958"的一个亲本"郑 58"，基于系谱记载分析，它是选自掖 478 的一个杂株，但其真实的遗传系谱一直不清楚。笔者利用玉米 MaizeSNP50 芯片对郑 58 及其相关材料进行分析，结果证明，郑 58 由掖 478 与其他材料杂交而选育形成。如图 15-4 所示，郑 58 的遗传组成包含了约 43.3% 的掖 478 组分（其中 27% 来自 8112、16.3% 来自 5003），25.4% 的丹 340 组分，剩余约 30% 的成分因数据的限制，目前还无法准确地归属于某一个特定的材料。基于此，可以推测郑 58 应该来自掖 478 与一个混杂的丹 340 的三交种的选系（当然也可能是丹 340 出现混杂后的一个选系与掖 478 杂交的后代）。相信随着经过高密度标记分析的材料不断增多，最终定能揭晓"郑 58 优良基因的由来及良好基因型的组合方式"这个谜底，为后人提供借鉴。对这个案例的分析也充分说明，利用分子标记技术可以较为清晰和准确地追踪每个自交系的选育过程及遗传组成，也可为玉米育种的系谱划分和知识产权保护提供翔实的理论依据。这一结果也揭示了另一个重要信息，即玉米尽管有 10 条染色体，基因组有 2.3Gb 之大，但经自交和回交过程，发生遗传重组交换的次数非常有限，每条染色体仅有 1~3 次，笔者首次利用花粉的四分体单孢子测序技术，准确估算出玉米一次减数分裂发生交换的次数为 1.9 次（Li 等，2015），这也暗示"郑 58"可能是"三交种"发生有限次重组的后代，是否会有比"郑 58"更好的遗传重组个体产生，还需实践证明。但在选育的早期，组建大群体会有助于获得更多的重组事件。

扫码看彩图

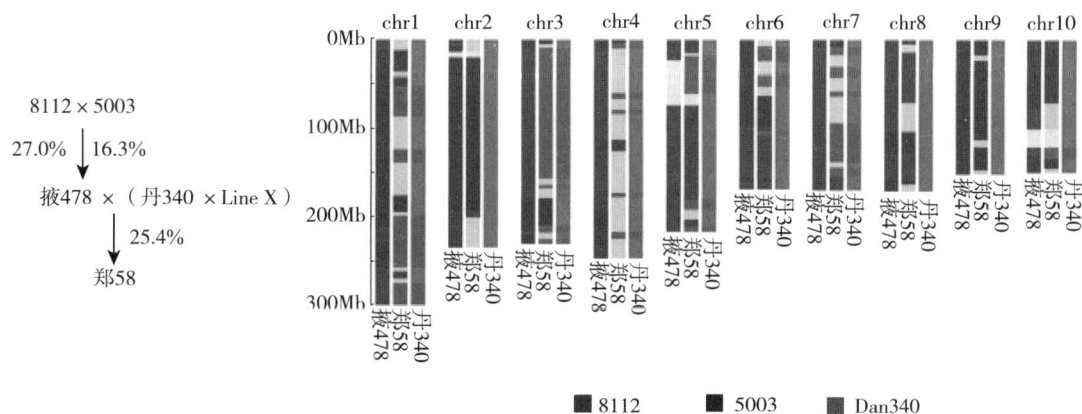

图 15-4　基于分子标记分析郑 58 材料的系谱来源

第三节　分子标记辅助育种的概念和发展

一、分子标记辅助选择育种的概念

分子标记辅助育种是基于分子标记辅助选择（molecular marker assistant selection，

MAS）技术和基因组育种值（GEBV）进行优良基因型个体全基因组选择（genome-wide selection，GS）的育种体系。分子标记辅助育种已成为现代作物遗传育种学科最活跃的研究领域之一。MAS 技术是在尽可能大的分离群体内，检测与目标基因紧密连锁的 DNA 分子标记基因型（已明确目标基因的分子标记定位距离），结合表型鉴定，辅助选择含有目标基因的个体。MAS 技术不受环境条件的影响，可以在低世代对单株苗期的标记选择，有效地指导成株期性状的辅助选择，例如可以在未经病原物接种的前提下指导抗病单株的辅助选择。尤其是当目标基因为隐性基因时，通过 MAS 技术可以直接在早代群体中确定含有隐性目标基因的单株，无须通过随后的自交来确认，这一过程也称为"前景选择"。同时，利用 MAS 技术对回交群体进行全基因组标记选择，可快速鉴定出遗传背景已恢复至轮回亲本基因型比例最高的单株，有效消除连锁累赘，尤其适用于目标性状近等基因系的回交转育和构建染色体单片段代换系，这一过程也称为"背景选择"。

二、质量性状和主效 QTL 的分子标记辅助选择

利用分子标记辅助选择目标基因或者主效 QTL 的方法有多种：既可辅助回交选择过程，从供体亲本中将一个目标基因或者主效 QTL 导入受体亲本的遗传背景中，也可从多个供体亲本中将不同的目标基因，经过较少的回交世代聚合到一个受体亲本的遗传背景中。在辅助前景选择中所用的分子标记，可以是与目标基因紧密连锁的分子标记，也可以是在目标基因内开发的功能分子标记。Yousef 和 Juvik（2001）对 3 个不同的群体利用 MAS 技术分别回交转育甜玉米的 *sugary1*（*su1*）、*sugary enhancer1*（*se1*）和 *shrunken2*（*sh2*）基因，并比较了表型选择与 MAS 选择的效率，考察了包括出苗率、含糖量和口感等 52 个简单或复杂性状，结果显示有 20 个性状利用分子标记选择比表型选择更有效，仅有 2 个性状表型选择比分子标记选择更有效；经一轮回交选择后，分子标记选择比随机选择效率提高 10.9%，表型选择比随机选择效率提高 6.1%。结果表明，对复杂且难以控制的性状而言，利用分子标记辅助选择较为经济、快速、有效，而对比较简单并容易控制的性状而言，直接进行表型选择更为经济节省。利用分子标记辅助回交育种的另一个典型例子是对玉米杂交优势的遗传改良研究（Stuber，1995）。研究者首先利用 76 个分子标记对控制玉米产量杂种优势的 QTL 进行遗传定位。随后，将自交系 Tx303 和 Oh43 中的杂种优势有利等位基因分别转入自交系 B73 和 Mo17 中。再将 B73 和 Tx303 杂交，然后与 B73 连续回交 3 代，再连续自交 2 代，得到 BC_3F_3。研究者从 BC_2 开始，对每代群体都进行分子标记的前景选择和背景选择。在背景选择中，对每条染色体臂至少使用一个标记。最后，从 BC_3F_3 中鉴定出 141 个被改良的 B73 株系，并与原始的 Mo17 测交。采用相同的技术路线对 Oh43 中目标基因向 Mo17 的转移动态进行检测，最后获得了 116 个"改良的 B73×改良的 Mo17"组合，而且产量表现均比原始组合"B73×Mo17"和一个高产组合"先锋 3165"增产 10%以上。实践证明：MAS 技术在作物遗传改良中的广泛、有效应用必须满足以下条件：①必须鉴定出与目标性状共分离或紧密连锁的分子标记；②建立应用

分子标记筛选大群体的有效方法；③分子标记鉴定技术应具有高度的可重复性，而且简单低耗、安全有效。

随着分子标记技术和功能基因组研究的发展，近 10 年来，MAS 技术已经在我国各个作物的遗传育种中逐渐得到广泛应用，如华中农业大学作物遗传改良国家重点实验室的不同课题组先后开展了 MAS 技术体系的理论探讨及实际应用，并取得了显著进展，譬如采用 MAS 技术快速选育到抗白叶枯病的水稻品系（陈升，1999）、抗菌核病的油菜品系（王俊霞，2000）、含恢复基因 $Rf3$ 的玉米 S - CMS - Mo17^{Rf3Rf3} 近等基因系（夏军红等，2002），利用 MAS 技术构建了以 87 - 1 和综 3 为背景的两套染色体单片段导入系群体（王立秋，2007）等。中国农业大学国家玉米改良中心李建生课题组开发了高油基因 DGAT 的功能分子标记，并利用该标记回交选择"郑单 958"的双亲，获得了高油的"郑单 958"，其产量等农艺性状没有发生明显改变，但油分的绝对含量增加了约 1%（Hao 等，2014），高油的"郑单 958"具有明显的应用前景。徐明良课题组基于克隆的主效 QTL 对抗丝黑穗病等多个抗病性状进行了分子标记辅助选择改良，并应用于育种实践。随着作物基因组研究的深入开展，一批有重要应用价值的基因相继被克隆，基于这些功能基因序列开发的标记，分子标记辅助选择更加直接有效。例如，根据参与玉米维生素 A 原代谢途径的 2 个关键酶基因 $LCYE$（Harjes 等，2008）和 $crtRB1$ 的功能位点（Yan 等，2010），开发了 6 个功能分子标记，中国农业大学、云南省农业科学院、CIMMYT、加拿大圭尔夫大学等单位利用这些功能标记，开展玉米高维生素 A 原的 MAS 育种已取得了显著进展。该项研究也是公共研究机构利用分子标记开展分子育种最为成功的范例之一。中国农业科学院和 CIMMTY 等单位的遗传学家和统计学家合作，通过模拟方法专门评估了本项目开发的分子标记在实际育种中的应用价值。分析结果表明，利用这些功能标记进行目标基因的直接选择，无论采取哪种育种策略，其育种成本都能降低 1/2 以上。以 CIMMTY 育种程序为例，如果实施每年组配 40 个组合，每个组合 400 个单株的育种规模，利用表型鉴定与分子标记辅助选择相结合的手段，与仅依靠表型鉴定的传统育种手段相比，最多可以节省 24 万美元（Zhang 等，2012）。

综上所述，分子标记辅助选择有如下优点：一是可直接对单个籽粒进行标记检测，尤其对如维生素 A、维生素 E 或油分含量等籽粒性状的改良而言，可大大节约资源、时间、成本，快速准确地筛选出所需基因型籽粒。二是可对幼苗进行选择，这对绝大多数性状都行之有效，尤其是对发育后期表达的性状，可以在早期进行淘汰，降低田间工作量和鉴定成本。三是可对单个植株进行选择。由于环境因素对玉米的某些性状（如抗病性、抗逆性、株高及产量等）会产生较大的影响，对单株的表型选择可靠性较低，往往需要种植整个家系或设置多点种植，以消除环境误差。而采用分子标记辅助选择可通过共分离或紧密连锁的标记对单个植株进行选择，同时还可以准确鉴定出传统表型选择方法无法区分的纯合子和杂合子个体。

采用分子标记辅助育种策略可以扩大选择群体，降低育种成本，缩短育种时间，提高选择效率。基于新一代测序技术开发的高通量分子标记将进一步促使分子标记辅助育种演变为全基因组辅助育种（genomics - assisted breeding），即对品种中所有基因位点结合与目标性状相关的生理、生化和细胞学知识同时进行选择，聚合所有预期表型，最终使育种家可以对理想品种进行分子设计育种（breeding by design）（Xing 等，2010）。

目前利用分子标记辅助选择方法对受微效多基因或 QTL 控制的复杂性状的选择效果还有待提高，选择效果与预期结果还相差甚远。主要限制因素表现在：①受 QTL 定位群体和试验环境条件的限制，很多被鉴定的 QTL 难以在育种实践中利用。②受标记分析成本的限制，作物分子标记辅助选择的群体规模小、精度低等。③单个 QTL 位点对表型的贡献值较低，对少数 QTL 实施选择后，表型增益不显著。从以上制约因素来看，加快分子标记辅助育种进程还需要改进以下条件：①建立简单、快捷、便宜、高质量的 DNA 提取、测序及基因分型方法；②开展高通量表型组学的研究，发展高通量、精确的表型鉴定系统，确保 QTL 精细定位的准确性；③揭示性状表达的基因与环境互作及上位性控制的遗传及分子机制；④开发免费公用的生物统计和适合分子育种的软件或方法；⑤培养生物技术和常规育种交叉学科的专门人才。

三、基于高通量分子标记的全基因组选择的概念与发展

基于主效基因或者 QTL 的分子标记辅助研究其育种值预测的能力均依赖于少数被证明的有效标记，因此仅能解释复杂性状很小比例的遗传变异。为突破"必须依赖与目标性状共分离或紧密连锁的分子标记"的 MAS 技术制约，Meuwissen 等于 2001 年最早提出了全基因组选择的理念和策略（Meuwissen 等，2001）。

全基因组选择的基本思想是：利用覆盖全基因组的高通量分子标记（主要是 SNP 标记）将染色体划分成若干个区段，然后在较小的参考群体中，结合较多个体的基因型和表现型数据以及系谱信息，估算每个染色体区段的"估计育种值"，最后结合每个染色体区段的"估计育种值"及预测群体的个体基因型，直接估测个体基因组的育种值。依赖标记的 MAS 技术只能针对影响目标性状的少数基因进行选择，而全基因组选择策略所鉴定的 SNP 标记以高密度形式覆盖整个基因组，因此预期大多数影响复杂目标性状的基因至少与一个标记处于 LD 状态。从这个意义上来说，全基因组选择是依赖标记的 MAS 技术在整个基因组上的延伸。

全基因组选择的实施包括 2 个主要步骤。首先，选择一个参考群体，在完成对其高密度标记基因分型的基础上，利用包含基因型、表型及系谱信息的个体进行标记效应的估计；然后在被预测群体中根据个体基因型直接预测个体的基因组育种值。近年来，随着生物芯片及新一代测序技术的发展，高通量基因分型技术发展迅速，成本也随之降低。与以参考群体后代作为被预测群体相比，无亲缘关系的被预测群体需要更高密度的分子标记及更大的参考群体。据 Meuwissen 模拟研究的结果，在参考群体与被预测群体无亲缘关系的情况下，若参考群体大小为 $2 \times Ne \times L$，目标记数目为 $10 \times Ne \times L$ 时，预测的准确性可达到 $0.88 \sim 0.93$（Ne 为有效群体大小，L 为基因组遗传长度）；当参考群体大小减小到

$1 \times Ne \times L$ 时，预测的准确性减小为 $0.73 \sim 0.83$（Meuwissen，2009）。VanRaden 等研究了 Holstein 公牛 27 个性状的全基因组预测，其参考群体为 3 576 个公牛，每个公牛有 38 416 个分子标记基因型的结果，被预测群体为 1 759 个公牛。这 27 个性状全基因组预测的可靠性相对于基于双亲均值来说提高了 23%。玉米商业化杂交种因其商业价值巨大，是比较适合开展全基因组选择的物种，但因开展全基因组选择需要较大的群体以及多学科的交叉，一般小的课题组难以实施，因此特别适合大型种业集团操作。但国际上大型种业公司很少公开发表相关的研究结果，这也可以从另一角度解释目前发表理论探索的研究文章多，而报道实际育种应用数据少的原因。

四、基于全基因组测序的基因组设计育种策略和发展

随着农作物不同种质资源和育种群体的基因组数据不断积累，基于大数据的统计模型和机器学习算法不断发展，结合功能基因组研究成果，水稻、玉米等主要农作物已经开始迈进基因组设计育种的时代。

在水稻中，功能基因组研究非常成熟，已经克隆的功能基因非常完备，适合开展功能基因的基因组设计育种。上海师范大学黄学辉团队收集了已发表的控制水稻农艺性状的 225 个 QTG 信息，并在 8 个独立的水稻群体资源中评估 QTN 的效应以及优良等位基因型（Wei 等，2021）。基于这些已知基因和功能位点，开发了一套水稻育种导航系统（RiceNavi），具有三项功能：一是 QTN 评估，通过基因组测序可评估育种材料中优良等位基因的状态；二是育种模拟，通过设置重组、QTN 数目、群体大小和育种交配模式可评估任一育种路线的成功率；三是材料筛选，依据优良基因状态和分布情况，可计算每个育种世代的最优基因型。基于 RiceNavi 和全基因组低倍重测序，成功对优良籼稻品种黄华占的耐密性、早熟和香味进行回交育种改良，仅用 2.5 年即完成了 3 个基因的回交改良，且没有遗传累赘的副作用，比传统回交改良（5 年以上）更高效和精确。在玉米中，重要性状的功能基因相对缺乏，基于大数据和算法驱动的基因组设计育种是一种好的选择。严建兵等开发了一套适用农作物的 DNA 画像技术，以特定品种（商业品种或区试对照材料）为目标，在育种资源中，通过基因组信息对材料进行“表型画像”，并搜索和“目标画像”整体性最相似的材料，该方法被命名为目标导向的优选技术（target - oriented prioritization，TOP）（Yang 等，2022）。研究结果发现，TOP方法在水稻和玉米的多个群体中具有广泛的适用性，能有效平衡多个性状间的复杂相关性，实现与特定目标品种整体相似的前提下，筛选出特定性状更优的候选材料。以我国生产上大面积推广的玉米品种“郑单 958”为目标材料，从 34 188 份理论上可以组配的杂交组合中选出 86 个（中选率 0.25%），进一步对这些中选的杂交组合进行田间试验验证，结果显示，10 个杂交组合在整体性状和郑单 958 相似的基础上，实现了 $0.75\% \sim 8.66\%$ 的增产。这为高产优质、绿色高效农作物多性状协同改良提供了重要技术支撑。

第四节　关联分析在遗传研究和分子标记育种中的应用

一、关联分析的概念和发展

大多数农作物的产量、品质、抗逆性等都属于复杂的数量性状，如何利用分子标记技术开展针对复杂数量性状的选择一直是现代植物育种的难题之一。通常，利用覆盖全基因组的分子标记遗传连锁图和合适的分离群体进行连锁分析，是目前开展植物数量性状基因定位研究的主要方法。由于分离群体仅涉及两个特定的亲本材料，因此连锁分析只能研究同一位点上两种等位基因的遗传规律。同时在构建分离群体时由于杂交和自交次数所限，发生遗传重组交换的次数有限，QTL 定位的精度一般在 10～30cM 之间。利用近等基因系将数量性状基因质量化，然后进行图位克隆，已成为鉴定数量性状基因的常用方法。近年来，随着模式植物全基因组测序的完成，植物基因组学的研究已经呈现出由简单质量性状向复杂数量性状拓展的趋势，特别是大量 SNP 标记的开发以及生物信息学的迅速发展，应用关联分析的方法发掘植物数量性状基因已经成为目前国际植物基因组学研究的热点之一。

关联分析（association analysis），又称连锁不平衡作图（linkage disequilibrium mapping）或者关联作图（association mapping）。该方法是以连锁不平衡的遗传理论为基础，以自然群体为对象，研究遗传变异和目标性状之间遗传连锁相关性。关联分析最早应用于人类遗传学研究。在早期的简单遗传病研究中，通过比较无血缘关系的患病与非患病个体间等位基因频率的差异，研究疾病与基因的关系。若某一等位基因在患病个体中出现的频率显著高于非患病个体，则判断该基因与疾病显著关联。随着人体全基因组测序的完成、高通量分子标记技术的应用及统计方法的不断发展和完善，关联分析方法不断完善，并被广泛应用于糖尿病、心脏病、精神分裂症、高血压、肥胖等复杂疾病的遗传基础和致病机理的研究，并相继发现了大量与致病有关的基因，实践证明关联分析是一种非常有效的基因定位方法。

关联分析在人类遗传学研究中的成功应用，引起了植物遗传学家的关注和兴趣。康奈尔大学的 Edward Buckler 率先将该方法引入植物数量性状基因定位的研究中，开启了植物数量遗传学研究新的篇章。dwarf8 是一个与赤霉素信号转导有关，直接影响玉米株高的基因。Thornsberry 等（2001）分析了 92 个玉米自交系 dwarf8 基因的多态性，发现该基因不但影响玉米株高，而且该基因内的多个多态性位点与玉米开花期显著相关。近年来，随着各物种基因组信息的不断丰富、生物信息学和生物统计学方法的渐趋完善，关联分析已经成为植物数量性状基因定位和优良等位基因发掘的重要手段，同时也提出了许多值得思考的问题。

基于连锁不平衡理论的关联分析与基于连锁分析理论的 QTL 定位相比，前者具有更多的优势。①关联分析具有遗传定位的高分辨率。一般来说，来源于自然群体的染色体区段的一致性要小于家系群体中的染色体区段。换言之，来自自然群体中任意两个单株的遗传分歧可追溯到它们共同祖先的时间要早于家系群体。鉴于此，自然群体中许多等位基因会在更多世代、有更多机会发生重组，而在家系群体中仅在有限的选育时代能发生重组。重组频率的增加会导致重排的染色体区段变得更加短小，从而致使处于同一重排区段内不同位点间的连锁不平衡降低，最终在物理距离很近的位点间出现显著的共分离。②定位研究周期短。关联分析所用的群体一般为广泛收集的、不同的自然群体，因此不需要构建如同连锁分析所需的 F_2、BC、RIL、DH 等特定的遗传分离群体。另外，如果关联分析所用的群体为广泛种植的、不同的商业化品种，其多年多点的表型数据也可以直接从育种公司或单位获取利用，节省了表型鉴定的时间和财力。③在一个位点上可同时检测多个等位基因和多个位点。由于连锁分析所用的分离群体为双亲杂交所得，一个位点最多只能检测到两个等位基因，而关联分析所用的材料多为数百个代表性广泛、同一目标性状包含有不同表型值的自然群体，因此一次关联分析能在一个位点上同时检测多个等位基因。④关联分析可同时检测到控制一个目标性状的基因/QTL 位点。由于仅由两个材料所提供的遗传差异位点所限，连锁分析只能检测到与目标性状相关的少数几个位点，而关联分析群体的遗传变异大，尤其对受多基因控制的数量性状而言，理论上，如果研究群体包含足够的遗传变异，关联分析几乎能穷尽与目标性状相关的基因/QTL 位点。

二、影响关联分析的因素

(一) 连锁不平衡程度

连锁不平衡是指染色体上不同位点等位基因间的非随机关联（组合）。若假设两个基因座位上的等位基因分别为 A、a 和 B、b，它们的频率分别为 p（A）、p（a）、p（B）和 p（b），组成的单倍型有 AB、Ab、aB 和 ab，这些单倍型的频率分别为 p（AB）、p（Ab）、p（aB）和 p（ab）。在 Hardy-Weinberg 平衡理论的假设下，一个完全随机交配群体的基因型频率和基因频率将世代传递，保持不变，处于遗传平衡状态。因此在此理论假设下，单倍型 AB 的理论频率为等位基因 A 和 B 实际频率的乘积。通常用 D（difference）来判断两位点间是否存在连锁不平衡。D 表示某一单倍型的实际频率与期望频率的差值，如 D（AB）$=p$（AB）$-p$（A）p（B）。当 $D=0$ 时，两基因座位处于连锁平衡状态；当 $D>0$ 时，两基因座位处于连锁不平衡状态；当 $D=1$ 时，两基因座位处于完全连锁不平衡状态，即 A 基因座与 B 基因座处于完全紧密连锁状态。实际上，作为 2 个等位基因位点间的连锁不平衡，D（AB）$=D$（Ab）$=D$（aB）$=D$（ab）。然而，值得注意的是：D 值的大小过分依赖于特定等位基因的频率大小，因此不能有效评估连锁不平衡程度。目前最常用的衡量连锁不平衡程度的标准为 D' 和 r^2，相对而言，r^2 在基因定位研究中具有较强的群体遗传学理论支持和统计学优势：①r^2 的期望值与有效群体的大小和重组系数相关，E（r^2）$=1/$（$1+4N_eC$），其中 N_e 是有效群体的大小（effective population size），C 是重组系数。它能够量化群体大小、遗传漂变、瓶颈效应及重组对连锁不平衡的影响。②r^2具有较好的统计学的取样特性，样本量和r^2的乘积就是所观察到的关联水平为概率对应的卡方值。如在检测 SNP 和致病位点之间的关联时，如果要达到同样的统计功效，所需用的样本量要增大 $1/r^2$ 倍。可假设 SNP1 与疾病相关，对它附近的 SNP2 位点进行基因分型，它们之间 LD 系数 $r^2 = 0.5$。为了达到与 SNP1 位点检测同样的统计效力，必须把样本量增加 2 倍。③r^2 和 D' 反映了 LD 的不同内涵。r^2 包括了重组史和突变史，而 D' 仅包括重组史。当 $r^2 = 1$ 时，两个位点的等位基因具有相同的频率，即仅有两种单倍型出现。因此，一个位点上某个等位基因的出现完全预示着另一个位点相应等位基因的出现，这个特性能更有效地进行基因定位和效应估测。

目前进行 LD 统计显著性测验的方法主要分为以下两类：一是当只存在两个等位基因时，LD 显著性可以用 2×2 列联表的卡方测验或 Fisher 精确测验（Fisher's exact test）计算，$P < 0.05$ 表明两位点的等位基因不是自由组合的，存在 LD。二是当存在多个等位基因时，LD 的统计显著性用 multifactorial permutation 计算，当然这种方法也可以用于二等位基因位点 LD 的显著性检验。一般来说，位点间的 D' 和 r^2 值与显著性检验的 P 值呈负相关，即当 LD 值越大，P 值越小，LD 越显著。值得注意的是，经常会存在 LD 值很小，但是统计学上却表现出极显著的情况，这种不一致的情况往往是由群体结构导致的。在群体内个体随机交配的过程中，重组导致配子和单倍型频率趋向平衡值。在没有突变、选择和其他随机因素影响下，连锁不平衡系数在连续世代间的关系为：$D_n = D_0(1 - \theta)^n$。其中，θ 是两位点间的重组值，n 表示随机交配的世代数目，D_0 是起始世代的连锁不平衡系数，D_n 是第 n 世代的连锁不平衡系数。因此，连锁不平衡是伴随着随机交配世代的增加而不断衰减的，其衰减速率与位点间的重组率有关。当 $\theta = 0.5$，即位点不连锁时，LD 衰减速率最快，为每代 50%。当物种经过漫长的随机交配，演化成为现代生物群落时，基因组中不连锁或者非紧密连锁的位点间 LD 由于历史累积的重组，已衰减到很低的程度。只有那些处于紧密连锁的位点，在经过漫长的世代之后，才能检测到很强的 LD。因此，连锁不平衡不断衰减的现象正是关联分析能利用 LD 进行基因定位的理论基础，也是关联分析高分辨率的理论基础。连锁不平衡会随位点间的遗传图距或物理距离的增加而降低，因此研究者往往采用 LD 的衰减距离（distance of LD decay）来表示基因组中某一区域，或者全基因组的平均 LD 水平。一般情况下，$D' = 0.5$ 或者 $r^2 = 0.1$ 对应的遗传图距（或物理距离）即为 LD 的衰减距离。

在人类基因组中，研究者发现重组热点将基因组分隔成连锁不平衡较高的离散区域及单倍型区域（haplotype block）。"人类单倍型计划"项目 2005 年公布的数据也证实，重组率高的区域，单倍型区域往往较小；反之，重组率低的区域，单倍型区域往往较大。在植物中，Remington 等（2001）发现玉米基因组中 $id1$、$tb1$、$d8$、$d3$、$sh1$ 和 $su1$ 基因的 LD 衰减速率各不相同。Nordborg 等（2002）也发现拟南芥 5 条染色体的 LD 衰减速率存在着显著差异。这说明连锁不平衡在基因组中是非均匀分布的，在重组率不同的区域变化很大。玉米中也存在类似现象，不同染色体甚至同一条染色体的不同区域，其 LD 衰减速率都各不相同。

不同物种基因组的 LD 衰减速率不同。一般情况下，自交繁殖物种的 LD 衰减速率较慢，异交繁殖物种的 LD 衰减速率较快。例如，在具有广泛变异的玉米自交系中，LD 衰减距离为 1~5kb；在向日葵栽培种中，LD 衰减距离为 1.1kb；在野生葡萄中，LD 衰减距离为 300bp；在水稻品系中，LD 衰减距离为 100~200kb；在栽培大豆种中，LD 衰减距离可长达 250kb。交配繁殖体系对 LD 的显著影响，实际上是重组的遗传效应或个体间的遗传差异导致的。对于大豆等自交繁殖物种而言，即使减数分裂过程中发生了重组，但由于基因组趋于纯合，遗传差异逐渐变小，有效的重组事件过低，不足以打破位点间的 LD。而对于玉米等异交繁殖物种，基因组区域的遗传异质化较高，减数分裂中发生的重组基本上为有效重组，导致其 LD 的衰减速率也较快。而且这种 LD 衰减程度还依赖于标记密度和所用材料的代表性和群体大小，标记密度越高，材料代表性越广，群体材料数越多，评估的准确性就越高。一般而言，计算出来的 LD 衰减程度通常都被高估。

同一物种中，不同地理区域的群体，其 LD 衰减速率也不同。Nordborg 等（2002）发现来源于世界不同地区的拟南芥群体的 LD 衰减速率各不相同。Yan 等（2009）发现热带玉米群体比温带玉米群体具有较快的 LD 衰减速率。Xiao 等（2012）也发现在中国、欧洲和加拿大的油菜品种中，LD 具有不同衰减距离，并证明这可能与不同群体的遗传背景有关。在对糯质水稻品种第 6 号染色体 *Waxy* 基因附近区域的序列分析后，Olsen 等（2006）发现了一个 300kb 的 LD block，包含 7 个基因，这可能是栽培水稻在驯化过程中人工选择和选择牵连作用的结果。在玉米中，农家种 LD 衰减距离约为 1kb，具有广泛变异的自交系 LD 衰减距离约为 5kb，而优良自交系 LD 衰减距离则达 100kb（Flint - Garcia 等，2003），这说明自然选择和人工选择对 LD 都具有显著影响。农作物驯化程度不同，LD 衰减程度不同。

群体遗传学中界定的随机因素也能影响 LD 的大小。这些随机因素包括遗传漂变、瓶颈效应、奠基者效应等。遗传漂变（genetic drift）是指，在个体数量有限的遗传群体内，非随机交配造成的基因频率的随机波动。一般认为，在小群体中遗传漂变更容易随机丢失或固定某些等位变异，从而降低群体的遗传多样性，在这种情况下遗传漂变会增加 LD。瓶颈效应（bottleneck effect）是指，由于环境的激烈变化或生存压力，种群个体数急剧减少，尽管尔后种群又恢复到原来大小，但前后群体的遗传组成已积累显著差异，导致了 LD 的改变。奠基者效应（founder effect）是指，由带有亲代群体中部分等位基因的少数个体重新建立的新群体，由于具有生存优势，其种群大小迅速膨胀，而逐渐发展成当地的优势群体，LD 也会相应发生改变。理论上，瓶颈效应和奠基者效应属于遗传漂变的两种表现形式。它们都经历了一个由小种群膨胀形成大种群的过程，但因未与其他生物群体发生交配繁衍，导致遗传基础狭窄，因此种群在经历瓶颈效应和奠基者效应后，LD 程度往往会增加。

连锁不平衡的衰减是关联分析进行基因定位的理论基础。基因组的 LD 水平，直接决定了关联分析所需的标记密度及基因定位的精度，因此了解物种的 LD 水平是进行全基因组关联分析的关键。由于交配繁殖体系不同，不同物种基因组的 LD 水平不同，全基因组关联分析所需的标记数目也不同。在异花授粉物种中，由于 LD 衰减距离很短，进行全基因组关联分析所需的分子标记数量非常庞大，但基因定位的准确度也较高，甚至可以精确到基因内的某些突变碱基；而在自花授粉物种中，由于 LD 衰减距离较大，进行全基因组关联分析所需的分子标记数量相对较少，但基因定位的准确度及精细程度也相对较低（Ersoz 等，2007）。研究者认为，对拟南芥进行全基因组关联分析至少需要 6 000 个标记，对玉米而言则需要 50 000 个标记，而对人类的关联分析需要 70 000 个标记（Flint - Garcia 等，2003）。玉米关联分析的实践证明，其需要的标记数目远远大于 50 000 个。值得注意的是，由于同一物种的不同群体被驯化的程度不同，LD 衰减速率也不同，如玉米野生种的 LD 衰减速率快于玉米地方种，玉米优良自交系 LD 衰减速率最慢。这就为选择不同群体进行基因定位的策略提供了重要的理论依据。首先可以选用 LD 程度高的群体，它只需较少标记即可进行全基因组关联分析（获得类似于连锁遗传初定位的结果）；然后用 LD 衰减快的群体，针对候选区间进行精细定位。李建生等（2011）报道了利用这种策略实现玉米 QTL 精细定位的成功案例。他们首先通过连锁分析，获得将控制玉米软脂酸主效 QTL 限定在 1.4Mb 物理区间内的初定位结果，然后利用 LD 衰减距离为 100kb 的关联群体，在这 1.4Mb 范围内选择均匀分布的 14 个标记进行关联分析，迅速将该 QTL 限定在相隔 100kb 的两个标记之间，最终成功克隆了该 QTL。这一研究结果表明，合理利用 LD 衰减水平不同的群体，能最大限度地节约成本，有效加快研究进程。

（二）群体结构和材料间的亲缘关系

群体结构或群体层化，是指在构成关联分析群体时，不同亚群间等位基因频率具有显著差异的特征。这种差异取决于材料来源的地理环境、遗传漂变、驯化或选择等因素。群体结构能够导致全基因组非连锁位点间处于连锁不平衡的状态，并且对性状没有任何遗传效应的位点可能在统计学上与目标性状共分离，即导致关联的假阳性现象（Flint - Garcia 等，2003）。在进行关联分析时，研究者往往会选择较广地理范围的品种以涵盖更多的遗传多样性。但是 Song 等（2009）认为，在自然群体中很难兼顾群体的高多样性与低多样性的群体结构。同样，Brachi 等（2011）也发现当群体中样本的地理分布越广时，群体遗传多样性越高，基因组平均 LD 水平越低，但群体结构造成的假阳性现象也越严重。

目前，对植物关联分析群体结构的评估，主要采用两种方法从统计学上控制群体层化的效应。①贝叶斯模型分析。利用均匀分布于基因组的中性标记（如 SSR）对自然群体进行群体结构评估（Pritchard 等，2000），这一方法的基本思路是，在假设亚群内的个体符合 Hardy - Weinberg 平衡的前提下，估计每个个体属于特定亚群的概率，即 Q 矩阵。②主成分分析（PCA）。利用标记基因型数据将观察到的变量缩减为少量的主成分变量，这些主成分即为分离的亚群。Price 等（2008）认为在关联分析中，用 PCA 替换 Q 矩阵是更好的一种选择。植物物种由于经历了长期的自然选择和育种过程，材料间往往具有复杂的亲缘关系（Yu 等，2006）。这种亲缘关系很可能导致材料间在某些表型上具有相似性，从而使那些对表型原本不产生任何效应的位点可能被检测出与表型具有显著关联

（Myles 等，2009）。由于植物材料系谱关系并不如动物那样系统完整，一般采用覆盖全基因组的分子标记对群体的亲缘关系（relative kinship，K 矩阵）进行评估，作为随机效应整合到混合线性模型（MLM）中（Yu 等，2006）。

尽管利用统计模型能较大程度地校正群体结构产生的假阳性，但是对于某些与群体结构高度相关的性状（如开花期），利用统计模型对群体结构进行校正后，往往又会造成假阴性的结果（Flint-Garcia 等，2005）。基于连锁分析采用严格的交配设计，群体结构不会对试验结果造成假阳性的理论依据（Myles 等，2009），不同研究者设计了某些特殊的关联分析群体，以控制群体结构对植物数量性状关联分析的影响。①巢式关联定位群体（nested association mapping，NAM）。包含 5 000 个 RIL 家系的 NAM 群体，最早在玉米研究中创建。玉米 NAM 群体构建流程为：首先筛选 25 个变异广泛的玉米自交系，与共同亲本 B73 杂交，然后连续自交，形成 25 个 RIL 群体，每个 RIL 群体包含 200 个家系（Yu 等，2008）。②多亲本高世代杂交群体（multiple parent advanced generation inter cross，MAGIC）。拟南芥是植物中最早利用 MAGIC 群体进行基因定位的物种。这种群体的构建流程为：首先将具有广泛遗传变异的 19 份拟南芥材料进行双列杂交形成 342 个 F_1 单株，然后连续随机交配 3 代形成 342 个 F4 家系，随后连续自交 6 代形成 342 个 RIL 家系，即 MAGIC 群体（Kover 等，2009）。NAM 和 MAGIC 群体都是通过交配设计打破了性状表型与群体结构间的相关性，从而较好地控制了群体结构对关联分析的假阳性影响。

（三）群体大小、QTL 效应和检测功效

在实际操作中，研究者总会遇到"进行关联分析到底需要多大的群体" 一类问题。其实，群体大小是关联分析中最可控的一个因素。笔者曾经进行过一个模拟分析（图 15 - 5），在假设需要检测的目标基因和所给标记的 $r^2 \geqslant 0.8$，且最小等位基因频率大于或者等于 0.1 的情况下，群体的检测功效随着目标基因的效应值和群体大小的增大而增大。以图 15 - 5 为例，当群体大小为 500 时，有 80% 的概率可检测到效应值 $\geqslant 3\%$ 的基因。需要注意的是，这里的效应值是一个相对概念，是相对于群体的总体变异而言的，而不是绝对值，与基于两亲本的连锁群体相比，关联群体的变异一般更大，因此其检测功效更低。譬如，在一个连锁群体中，株高的遗传变异为 30cm，定位到一个效应值为 10% 的 QTL，该 QTL 能解释株高的变异为 3cm；在关联群体中因为其变异更为丰富，株高的遗传变异可能有 100cm，定位到一个效应值为 3% 的 QTL，该 QTL 能解释株高的变异也为 3cm。因此相对于连锁群体而言，在关联群体中，3% 的效应就是很大的遗传效应，但通常情况下，复杂数量性状都是由多个基因控制的，平均到每个基因能解释的遗传效应都相对较小。因此要鉴定到控制这些性状的基因则需要更大的群体。在设计一个关联群体的时候，需要综合考虑课题组的财力和所拥有材料的多样性与适应性，以及研究目标性状的复杂性和遗传力。遗传力越低的性状，受环境因素的影响越大，这里没有讨论遗传力的问题，而是简单假设表型变异都属遗传变异。简单来说，

遗传力越低，需要的群体也就越大。

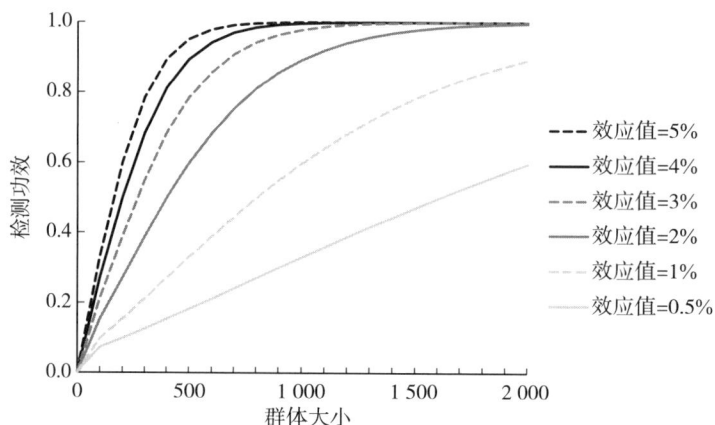

图 15 - 5　群体大小与 QTL 效应和检测功效的关系

三、关联分析的一般方法

（一）候选基因关联分析

关联分析有候选基因关联分析（candidate gene association analysis）和全基因组关联分析（genome wide association study，GWAS）两种策略（Flint - Garcia 等，2003）。候选基因关联分析是综合运用多学科知识，确定一组与目标性状密切相关的、已知功能的"候选基因"，在群体中检测这些基因的变异，并分析这些变异与表型之间的相关性。候选基因关联分析由于只需要进行少量基因型分析工作，简便快捷，目前已经在很多植物中广泛应用（Harjes 等，2008；Ehrenreich 等，2009；Yan 等，2010，2011）。传统的 QTL 功能验证一般是通过转基因或 MAS 方法，如植物中最早克隆的控制番茄果重的 QTL 候选基因 *fw2.2*，研究者将候选基因转化到栽培种中后，得到了果重显著减少的预期效果，直接验证了 *fw2.2* 的功能（Frary 等，2000）。候选基因关联分析能用于验证数量性状基因。Yan 等（2010）用来自美国、墨西哥和中国的 3 个玉米自交系群体进行候选基因关联分析，研究类胡萝卜素合成代谢途径中，两个关键酶基因 *crtRB1* 和 *LCYE* 的多态性与玉米籽粒 β-胡萝卜素含量（BC）及 β-胡萝卜素占总类胡萝卜素比例（BC/ALL）两个性状的关系，结果发现 *LCYE* 基因内 4 个主要多态性位点构成的单倍型能够解释 β-胡萝卜素含量和 β-胡萝卜素占比 58% 的变异，而 *crtRB1* 基因内的两个主要多态性位点构成的单倍型能够解释 BC 表型 23% 的变异，较准确地验证了 *crtRB1* 和 *LCYE* 基因是玉米类胡萝卜素合成的重要功能基因。

候选基因关联分析也能用于发掘种质资源中的优异等位基因。植物数量性状受控于十分复杂的遗传体系，长久以来，人们往往通过 QTL 定位的手段寻找与目标性状连锁的标记。但 QTL 定位往往是基于双亲本杂交构建的分离群体，遗传背景相对狭窄，QTL 定位区间一般都有 10～30cM，分辨率不高，难以准确地对目标基因进行筛选，而且连锁标记无法鉴定出最优等位变异。采用候选基因关联分析策略能在基因内找到与目标性状显著关联的 SNP 位点，而且可在具有广泛变异的自然群体中发掘对育种目标更为有利的等位基因，进而开发与优良等位基因共分离的功能标记。尽管候选基因关联分析具有较大的利用价值，但该方法的成功与否取决于育种家对涉及目标性状的其他相关学科知识的了解程度（如目标性状所涉及的生化代谢或合成途径、已克隆的同源基因信息、基因表达谱信息和比较基因组信息等），否则，会极易丢弃或遗漏一些重要功能基因。多数重要农艺性状如产量、品质和抗逆性等均受多基因控制，目前对其遗传、生化、代谢等基础知识知之甚少，很难利用候选基因法克隆控制这些性状的基因，而全基因组关联分析可在一定程度上弥补上述不足。

（二）全基因组关联分析

顾名思义，全基因组关联分析需要能覆盖全基因组的大量标记信息，高通量的群体基因型分析是关乎 GWAS 成效的关键。早期的研究中，多数作物一般选用覆盖基因组的 200～1 000 个 SSR、AFLP 或 SNP 标记进行群体基因型分析，并对目标性状进行全基因组关联分析，实现目标性状基因的初步定位（Wang 等，2008；Wen 等，2009）。随着植物基因组序列信息的不断完善、DNA 芯片检测通量和准确性的不断提高、研究成本的不断降低，真正意义上的 GWAS 在植物中才得以广泛应用。Belo 等（2008）用 8 590 个 SNP 位点，在 553 个玉米自交系中对玉米胚含油量进行了 GWAS，在距离 *fad2* 基因约 2kb 处，检测到一个与含油量显著关联的位点，预测 *fad2* 为控制玉米胚含油量的基因。此项研究是首例真正意义上运用 GWAS 进行植物基因发掘，并证明关联分析具有高分辨率的例子。Atwell 等（2010）利用 DNA 芯片获得 250 000 个 SNP，在 96 个拟南芥品种中对 107 个性状进行 GWAS，充分显示了植物关联分析相比人类关联分析具有更强的优势。

各种作物全基因组测序的完成和第二代测序技术的发展也极大地推动了植物 GWAS 研究。Huang 等（2010）利用 Solexa 测序技术对 517 份水稻地方品种进行重测序，共获得约 3 600 000 个 SNP 位点，并在籼稻亚种中对 14 个水稻农艺性状进行了 GWAS，定位到一批候选基因，其中在 6 个已克隆基因的两侧约 50kb 内分别检测到与目标性状极显著关联的 SNP 位点，这些位点都位于基因区的 LD 衰减距离以内，表明 GWAS 能高效并直接地定位目标基因。随着玉米 B73 参考基因组测序完成，玉米重要性状的 GWAS 也取得了较大的进展，如叶形和叶夹角（Tian 等，2011）、穗部性状（Brown 等，2011）、大斑病（Kump 等，2011）等基因的定位。鉴于玉米基因组比较大，而且重复序列占全基因组序列的比例高达 85％。笔者在 2011 年前提出了基于 RNA 测序信息进行 GWAS 的策略（Yan 等，2011）。这一策略有以下优点：①RNA 测序获得的数据是基因转录的序列信息，它排除了基因组大量的重复序列，这些基因的表达信息本身也可作为一个表型性状进行全基因组的 eQTL 分析；②从这些表达序列中还可以获得大量 SNP 信息，相对于全基因组的随机 SNP 信息可能更具有生物学意义；③相对于全基因组的重测序，其成本更低。基于这个策略，对 368 个有代表性的玉米自交系授粉后 15d 的籽粒进行了 RNA 测序，获得了 28 679 个基因的表达数据和 103 万个高质量的 SNP 标记数据（Fu 等，2013）。在全基因组的 eQTL 分析中发现了许多 eQTL 的热点区域，同时发现超过 90% 的 cis - eQTL 被限定在 10kb 的范围内，这一结果再次证明了在玉米中进行关联分析能获得精度极高的定位结果，而且效应最显著的位点大多都富集分布于基因的 5′ 和 3′UTR 区域。基于这一数据集，以高油玉米为例，解析了其遗传成因。高油玉米是一种经数十年人工选择的特殊玉米材料，从 20 世纪初始，美国伊利诺依大学的科学家进行了长达 100 代的长期选择研究，使玉米的油分含量从 4% 上升到 20%。20 世纪 80 年代，中国农业大学的宋同明启动了类似研究，然而他仅用了 10～15 代的时间，就使玉米籽粒的油分含量从 5% 上升到 20%。但这种长期选择的遗传学基础是什么？导致两个育种实践的选择效率差异的原因是什么？随后的 GWAS 研究初步揭示了支撑这两个育种实践的遗传学机理。

在对关联群体进行 RNA 测序获得的 103 万个高密度分子标记的基础上，利用 GWAS 策略共检测到 74 个位点与玉米籽粒含油量和脂肪酸组分显著关联，50% 以上的位点位于连锁分析定位的 QTL 区间内，30% 以上的位点注释为油分代谢途径中的酶相关基因。其中，26 个与含油量关联的位点能解释油分表型变异的 83%，上位互作的贡献极小（图 15 - 6）。研究结果表明，基因组水平上微效优良等位基因的累加是玉米籽粒油分形成的主要遗传学基础。不同群体选择效率的差异与初始群体的多样性有关。群体改良的理论基础就是累积优良等位基因的频率。

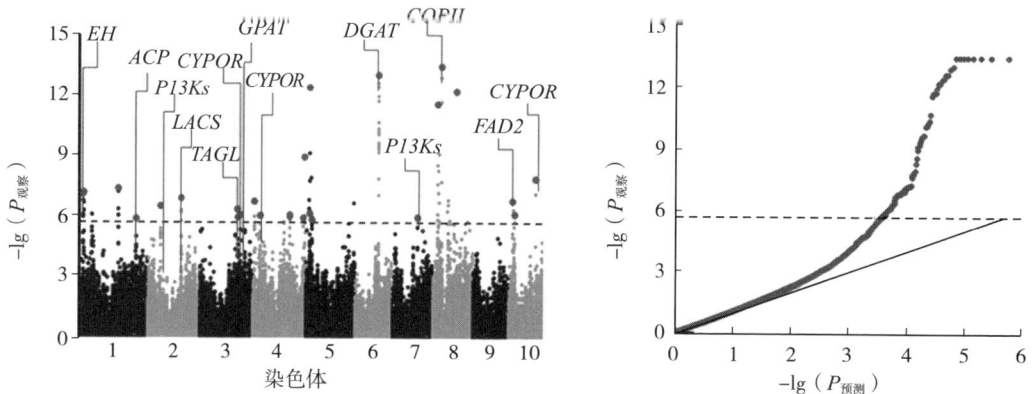

图 15 - 6　玉米籽粒总油分全基因组关联分析结果
注：左图为曼哈顿图；右图为 QQ Plot 图。

四、关联分析在玉米分子标记辅助育种中的应用

将基于连锁分析得到的与 QTL 紧密连锁的分子标记用于分子标记辅助选择实践，

随着选育世代的增加，某一被定位的标记与 QTL/基因间的连锁关系可能被重组打破，因而该标记对目标基因的预测能力也将随之下降。相比之下，根据基因内部序列设计的分子标记不仅稳定性更高，而且对目标基因的预测能力也更强。通过候选基因关联分析获得的基因内分子标记，不仅有较高的分辨率，而且其功能位点往往被设计成功能性标记（functional marker）应用于分子育种，便可加快优良品种选育进程。例如，Yan 等（2010）在关联群体中发现 *crtRB1* 有 6 种不同的单倍体型（haplotype），在群体中该基因能解释的表型变异为 40%。利用两个连锁群体在该基因附近也定位到一个主效 QTL，分别解释 14% 和 16% 的表型变异。如果仅根据连锁分析的结果，难以选择哪个亲本作为供体进行分子标记辅助选择。而依据关联分析的结果，便可知道连锁群体 B73×BY804 虽然能解释 16% 的表型变异，但实际上，该组合中仅含有一个中等优良的等位基因（*Hap4*）和最差等位基因（*hap6*）的组合，连锁群体 SC55×A619 虽然只解释了 14% 的表型变异，但却含有最优等位基因（*Hap1*）和中等优良等位基因（*Hap4*）。其中，最优单倍型比最劣单倍型玉米籽粒维生素 A 含量提高 8 倍（图 15 - 7）。理论上讲，最优单倍型可以通过包含某些等位基因的材料杂交而重构，但实际上，基因组背景对供体等位基因效应的影响，会导致错误评估亲本的基因型效应，而延缓育种进程。然而幸运的是，关联分析能帮助育种家确定最优的供体亲本。进一步的研究发现，该最优单倍型在关联群体中频率极低，且仅在某些温带材料中发现，这为利用温带材料改良热带玉米维生素 A 原的含量提供了理论基础。利用该基因的功能标记，国际玉米小麦改良中心（CIMMYT）利用分子标记辅助选育了多个玉米品种，并开始在非洲等国家推广应用。这也成为 CIMMYT 自成立以来，最为成功的玉米分子育种项目之一。

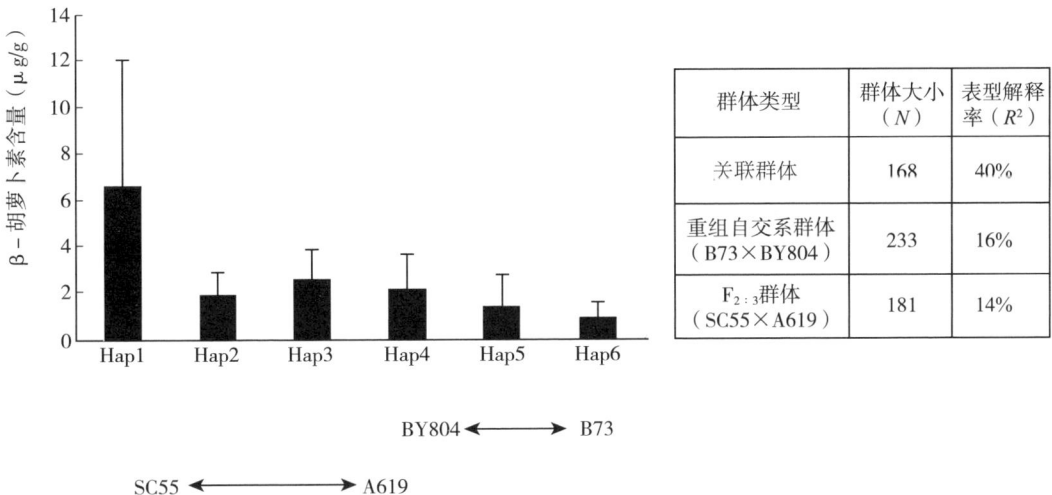

群体类型	群体大小（N）	表型解释率（R^2）
关联群体	168	40%
重组自交系群体（B73×BY804）	233	16%
F_{2:3}群体（SC55×A619）	181	14%

图 15 - 7　连锁分析和关联分析相结合有助于寻找最优等位基因

注：Hap1～5 指单倍型 1～5。

主要参考文献

陈绍江，黎亮，李浩川 . 2009. 玉米单倍体育种技术 . 北京：中国农业大学出版社 .

陈秀玲，夏光敏 . 2002. RAPD 技术在植物遗传育种研究中的应用进展 . 生物技术通报，18（5）：13 - 16.

程春明，石云素，宋燕春，等 . 2005. ISSR 分子标记技术在分析玉米自交系遗传关系研究中的适用性 . 植物遗传资源学报，6（2）：172 - 177.

董春水，才卓 . 2012. 现代玉米育种技术研究进展与前瞻 . 玉米科学，20（1）：1 - 9.

洪孟民 . 2011. 水稻基因设计育种 . 中国水稻科学，25（1）：30 - 30.

李素玲，张君捷，柴美清，等 . 2007. 应用 SSR 标记技术鉴定玉米杂交种的纯度 . 山西农业科学，35（1）：36 - 38.

李向拓，毛建昌，吴权明 . 2004. 分子标记在玉米育种中的应用 . 玉米科学，12（1）：26 - 29.

李晓辉，李新海 . 2003. SSR 标记技术在玉米杂交种种子纯度测定中的应用 . 作物学报，29（1）：63 - 68.

李新海，袁力行，李晓辉，等 . 2003. 利用 SSR 标记划分 70 份我国玉米自交系的杂种优势群 . 中国农业科学，36（6）：622 - 627.

黎裕，贾继增，王天宇 . 1999. 分子标记的种类及其发展 . 生物技术通报，15（4）：19 - 22.

刘鹏飞，赵琛，王晓明 . 2009. SSR 分子标记在玉米遗传育种中应用的进展 . 仲恺农业工程学院学报，22（3）：65 - 70.

邱芳，伏健民，金德敏，等 . 1998. 遗传多样性的分子检测 . 生物多样性，6（2）：143 - 150.

仕敬雯 . 2011. SSR 标记及其在玉米中的应用 . 安徽农学通报，17（11）：55 - 58.

田齐建，曹秋芬，张效梅，等 . 2005. DNA 分子标记技术与玉米育种 . 玉米科学，13（2）：18 - 21.

田松杰，石云素，宋燕春，等 . 2004. 利用 AFLP 技术研究玉米及其野生近缘种的遗传关系 . 作物学报，30（4）：354 - 359.

王彩洁，徐冉，王金龙，等 . 2001. 分子标记在玉米遗传育种中的应用 . 玉米科学，9（3）：18 - 20.

王凤格，赵久然，郭景伦，等 . 2003. 中国玉米新品种 DNA 指纹库建立系列研究 Ⅰ. 玉米品种纯度及真伪鉴定中 SSR 技术标准实验体系的建立 . 玉米科学，11（1）：3 - 6.

吴丽丽，王庆胜 . 2009. 玉米杂交种纯度鉴定方法 . 黑龙江农业科学（3）：170 - 171.

吴敏生，戴景瑞 . 2000. AFLP 标记与玉米杂种产量，产量杂种优势的预测 . Acta Botanica Sinica（植物学报：英文版），42（6）：600 - 604.

吴敏生，王守才，戴景瑞 . 2000. AFLP 分子标记在玉米优良自交系优势群划分中的应用 . 作物学报，26（1）：9 - 13.

谢为博 . 2010. 基于表达谱芯片和新一代测序技术的高通量基因分型方法的开发 . 武汉：华中农业大学 .

杨春玲，侯军红，关立，等 . 2006. 分子标记技术及其在标记辅助选择中的最新应用 . 陕西农业科学（4）：62 - 70.

杨双 . 2012. SSR 分子标记在玉米品种沈玉 21 真伪性鉴定中的应用 . 中国种业（7）：52 - 53.

袁力行 . 2001. 利用 RFLP 和 SSR 标记划分玉米自交系杂种优势群的研究 . 作物学报，27（2）：149 - 156.

赵久然，王凤格，郭景伦，等 . 2003. 中国玉米新品种 DNA 指纹库建立系列研究 Ⅱ. 适于玉米自交系和杂交种指纹图谱绘制的 SSR 核心引物的确定 . 玉米科学，11（2）：3 - 5.

周延清．2005．DNA 分子标记技术在植物研究中的应用．北京：化学工业出版社．

Atwell S，Huang YS，Vilhjálmsson B J，et al. 2010. Genome – wide association study of 107 phenotypes in Arabidopsis thaliana inbred lines. Nature，465（7298）：627 – 631.

Brachi B，Morris GP，Borevitz JO. 2011. Genome – Wide assciation studies in plants：the missing heritability is in the field. Genome Biology，12（10）：232.

Chen H，Xie W，He H，et al. 2014. A High – Density SNP genotyping array for rice biology and molecular breeding. Molecular Plant，7（3）：541 – 553.

Chen W，Chen L，Zhang X，et al. 2022. Convergent selection of a WD40 protein that enhances grain yield in maize and rice. Science，375（6587）：7985.

Gui S，Wei W，Jiang C，et al. 2022. A pan – *Zea* genome map for enhancing maize improvement. Genome Biology，23（1）：1 – 22.

Ehrenreich IM，Hanzawa Y，Chou L，et al. 2009. Candidate gene association mapping of arabidopsis flowering time. Genetics，183（1）：325 – 335.

Ersoz ES，Yu J，Buckler ES. 2007. Applications of linkage disequilibrium and association mapping in crop plants. Dordrecht：Springer Netherlands：97 – 119.

Evola SV，Burr FA，Burr B. 1986. The suitability of restriction fragment length polymorphisms as genetic markers in maize. Theoretical and Applied Genetics，71（6）：765 – 771.

Fernie AR，Yan J. 2019. De novo domestication：an alternative route toward new crops for the future. Molecular Plant，12（5）：615 – 631.

Flint – Garcia SA，Thornsberry JM，Buckler IVES. 2003. Structure of linkage disequilibrium in plants. Annu Rev Plant Biol，54：357 – 374.

Flint – Garcia SA，Thuillet A，Yu J，et al. 2005. Maize association population：a high – resolution platform for quantitative trait locus dissection. The Plant Journal，44（6）：1054 – 1064.

Frary A，Nesbitt TC，Frary A，et al. 2000. A quantitative trait locus key to the evolution of tomato fruit size. Science，289（5476）：85 – 88.

Harjes CE，Rocheford TR，Bai L，et al. 2008. Natural genetic variation in lycopene epsilon cyclase tapped for maize biofortification. Science，319（5861）：330 – 333.

Kover PX，Valdar W，Trakalo J，et al. 2009. A multiparent advanced generation inter – cross to fine – map quantitative traits in *Arabidopsis thaliana*. PLoS Genetics，5（7）：e1000551.

Kump KL，Bradbury PJ，Wisser RJ，et al. 2011. Genome – wide association study of quantitative resistance to southern leaf blight in the maize nested association mapping population. Nature Genetics，43（2）：163 – 168.

Lai J，Li R，Xu X，et al. 2010. Genome – wide patterns of genetic variation among elite maize inbred lines. Nature Genetics，42（11）：1027 – 1030.

Lawrence CJ，Dong Q，Polacco ML，et al. 2004. MaizeGDB，the community database for maize genetics and genomics. Nucleic Acids Research，32（1）：D393 – D397.

Li L，Li H，Li Q，et al. 2011. An 11 – bp Insertion in *Zea* mays fatb reduces the palmitic acid content of fatty acids in maize grain. PLoS ONE，6（9）：e24699.

Meuwissen TH. 2009. Accuracy of breeding values of 'unrelated' individuals predicted by dense SNP genotyping. Genetics Selection Evolution，41（1）：35.

Meuwissen THE，Hayes BJ，Goddard ME. 2001. Prediction of total genetic value using genome－wide dense marker maps. Genetics，157（4）：1819－1829.

Myles S，Peiffer J，Brown PJ，et al. 2009. Association mapping：critical considerations shift from genotyping to experimental design. The Plant Cell，21（8）：2194－2202.

Ortiz R，Taba S，Tovar VHC，et al. 2010. Conserving and enhancing maize genetic resources as global public goods－a perspective from CIMMYT. Crop Science，50（1）：13－28.

Pritchard JK，Stephens M，Donnelly P. 2000. Inference of population structure using multilocus genotype data. Genetics，155（2）：945－959.

Remington DL，Thornsberry JM，Matsuoka Y，et al. 2001. Structure of linkage disequilibrium and phenotypic associations in the maize genome. Proceedings of the National Academy of Sciences，98（20）：11479－11484.

Stuber CW. 1995. Mapping and manipulating quantitative traits in maize. Trends in Genetics，11（12）：477－481.

Thornsberry JM，Goodman MM，Doebley J，et al. 2001. *Dwarf*8 polymorphisms associate with variation in flowering time. Nature Genetics，28（3）：286－289.

Tian F，Bradbury PJ，Brown PJ，et al. 2011. Genome－wide association study of leaf architecture in the maize nested association mapping population. Nature Genetics，43（2）：159－162.

Warburton ML，Reif JC，Frisch M，et al. 2008. Geneticdiversity in CIMMYT nontemperate maize germplasm：landraces，open pollinated varieties，and inbred lines. Crop Science，48（2）：617－624.

Wei X，Qiu J，Yong K，et al. 2021. A quantitative genomics map of rice provides genetic insights and guides breeding. Nature Genetics，53（2）：243　253.

Wen W，Araus JL，Shah T，et al. 2011. Molecular characterization of a diverse maize inbred line collection and its potential utilization for stress tolerance improvement. Crop Science，51（6）：2569－2581.

Xiao Y，Cai D，Yang W，et al. 2012. Genetic structure and linkage disequilibrium pattern of a rapeseed (*Brassica napus* L.) association mapping panel revealed by microsatellites. Theoretical and Applied Genetics，125（3）：437－447.

Xing Y，Zhang Q. 2010. Genetic and molecular bases of rice yield. Annual Review of Plant Biology，61（1）：421－442.

Yan J，Yang X，Shah T，et al. 2010. High－throughput SNP genotyping with the GoldenGate assay in maize. Molecular Breeding，25（3）：441－451.

Yang W，Guo T，Luo J，et al. 2022. Target－Oriented Prioritization：targeted selection strategy by integrating organismal and molecular traits through predictive analytics in breeding. Genome Biology，23（1）：1－19.

Yan J，Kandianis CB，Harjes CE，et al. 2010. Rare genetic variation at *Zea* mays crtRB1 increases β－carotene in maize grain. Nature Genetics，42（4）：322－327.

Yan J，Shah T，Warburton ML，et al. 2009. Genetic characterization and linkage disequilibrium estimation of a global maize collection using SNP markers. PLoS ONE，4（12）：e8451.

Yan J，Warburton M，Crouch J. 2011. Association mapping for enhancing maize (*Zea mays* L.) genetic improvement. Crop Science，51（2）：433－449.

Yan J，Yang X，Shah T，et al. 2010. High－throughput SNP genotyping with the GoldenGate assay in maize. Molecular Breeding，25（3）：441－451.

Yu J，Holland JB，McMullen MD，et al. 2008. Genetic design and statistical power of nested association mapping in maize. Genetics，178（1）：539－551.

Yu J，Pressoir G，Briggs WH，et al. 2006. A unified mixed－model method for association mapping that accounts for multiple levels of relatedness. Nature Genetics，38（2）：203－208.

Zheng P，Allen WB，Roesler K，et al. 2008. A phenylalanine in DGAT is a key determinant of oil content and composition in maize. Nature Genetics，40（3）：367－372.

Zhou X，Ren L，Li Y，et al. 2010. The next－generation sequencing technology：a technology review and future perspective. Science China Life Sciences，53（1）：44－57.

第十六章　玉米种子生产技术及其体系

（黄玉碧）

种子是农业生产最基本的生产资料。种子生产就是将育种家选育的优良品种，结合作物的繁殖方式、生物学特性与主要性状群体遗传变异特点，采用科学的种子生产技术，在保持优良品种种性不变的条件下，迅速扩大繁殖，为农业生产提供足够数量的优质种子。种子生产是作物育种工作的延续，是育种成果推广转化的重要环节。优良品种要取得理想的经济效益，在具有良好的符合农业生产需要的遗传特性和经济性状的同时，还必须有数量足、质量优的大田用种。优质种子的生产取决于优良品种和先进的种子生产技术。

新中国成立以来，国家一直重视作物种子生产，我国玉米种子生产体系建立与发展大体经历以下 4 个阶段。

"家家种田、户户留种"时期（1949—1957 年）。新中国成立初期，我国种子生产基本处于"家家种田、户户留种"的局面。广大农村地区使用的品种和种子多、乱、杂，常常是粮种不分，以粮代种。农业部根据当时农业生产情况，广泛开展群选群育活动，选出的品种就地繁殖，就地推广，在农村实行家家种田、户户留种，以保证农户的基本用种需求。但是这种方式只适于较低生产水平的农业生产，很难大幅度提高单位面积产量。

"四自一辅"时期（1958—1978 年）。随着社会生产的发展，农业合作化后，集体经济得到发展。农业部于 1958 年 4 月提出我国种子生产的"四自一辅"方针，即农业生产合作社自繁、自选、自留、自用，辅之以国家调剂。同时种子管理机构得到充实，各级种子管理站实行行政、技术、经营"三位一体"的种子工作体制。在"四自一辅"的方针指导下，种子生产有了较大的发展。但由于强调种子生产的自选、自繁、自留、自用，农业生产中品种多、乱、杂的情况虽然有所改变，仍未能彻底解决，种子生产依然处于多单位、多层次、低水平状态。此时期是我国玉米种子生产体系建立的起步阶段。

"四化一供"时期（1978—1995 年）。1978 年 5 月，国务院批转了农林部《关于加强种子工作的报告》，批准在全国建立各级种子公司，继续实行行政、技术、经营"三位一体"的种子工作体制，并且提出我国的种子工作要实行"四化一供"的要求，即品种布局区域化、种子生产专业化、种子加工机械化、种子质量标准化，以县为单位有计划地组织统一供种。种子生产的专业化和社会化以及商品化的应用体系应运而生。在这个时期，有关部门制定了一系列的种子工作法规。1989 年 3 月，国务院发布了《中华人民共和国种子管理条例》，条例包括总则、种质资源管理、种子选育与审定、种子生产、种子经营、种子检验和检疫、种子贮备、罚则及附则。1989 年 12 月，农业部颁布了《全国农作物品种审定委员会章程》（试行）和《全同农作物品种审定办法》（试行）。随着一系列法规条例的实施，极大地促进了我国种子工作的发展，为我国种子产业的现代化发展奠定了基础。

实施"种子工程"，加速建设现代高效化种子产业时期（1996 年至今）。随着我国经济体制由计划经济向市场经济转变，原有的种子生产体系已经不能适应市场经济体制下农业生产对种子的需要。在 1995 年召开的全国种子工作会议上提出了推进种子产业化、创建"种子工程"的集体意见。随后"种子工程"被写入国民经济和社会发展的"九五计划"和 2010 年远景目标。"种子工程"明确提出了我国的种子生产体系要实现四大根本转变：由传统的粗放型向集约型大生产转变，由行政区域的自给性生产经营向社会化、国际化、市场化转变，由分散的小规模生产经营向专业化的大中型或集团化转变，由科研、生产、经营相互脱节向育种、生产、销售一体化转变，形成结构优化、布局合理的种子产业体系和科学的管理体系，建立生产专业化、经营集团化、管理规范化、育繁推一体化、大田用种商品化，适应市场经济的现代化种子生产体系。

第一节　玉米种子生产特点和技术体系

一、玉米种子的主要类型

根据玉米种子生产程序，可将玉米种子分为以下几类。

1. 育种家种子　是育种者育成的性状遗传稳定的最初一批自交系种子，一般用于进一步繁殖原原种。育种者既可以是一个单位，也可以是一个育种家个人。

2. 自交系原原种　又称基础种子，是在育种家主持下将育种家种子按穗行种植，并通过严格选株、套袋自交繁殖所获得的种子。

3. 自交系原种　又称认证种子，由自交系原原种直接繁殖出来的种子或按照原种生产技术程序用自交系原原种繁殖的第一代或第二代种子，生产过程中需防杂保纯。

4. 杂交种子　又称商品种子，由亲本种子杂交配制成的供大田生产用的各类杂交一代种子。主要包括：单交种、三交种、双交种及顶交种。

二、玉米种子生产的特点

玉米属于雌雄同株的异花授粉作物，其花粉量大，并易随风飘散，利于杂交种制种，但也极容易发生串粉混杂。因此，玉米种子生产具有以下特点。

1. 亲本自交系繁殖和杂交种制种都必须分别设置隔离区，与其他玉米严格隔离，防止天然杂交而引起生物学混杂。

2. 玉米是作物中利用杂种优势最成功的作物之一。为了充分利用杂种优势，生产上仅用杂种一代种子，杂种二代会出现分离和衰退，因此，玉米杂交种种子生产，不仅要年年制种，而且还要有配套繁殖亲本自交系种子。

3. 玉米是雌雄同株异花作物，由于雌花和雄花着生部位不同，且雄花生长在植株的顶部，因此去雄操作较简便。玉米常规杂交制种区的母本必须全部去雄，利用雄性不育系生产杂交种，则可全部或部分免去人工去雄。

三、玉米种子生产任务

玉米种子生产是一项极其复杂和严格的系统工程。广义的种子生产包括新品种的选育和引进、区域试验、审定、育种家种子及亲本种子的繁殖，杂交种种子生产、收获、清选、运输、加工、贮藏、检验和销售等环节。狭义的种子生产主要包括两个方面的任务：一是加速生产选育或新引进的优良品种种子，以替换原有的老品种，实现品种的更换。二是对已经在生产中大面积使用的品种，有计划地利用原原种生产出种性一致的大田用种，满足生产用种需求。

第二节　玉米自交系的种子生产

玉米杂交种种子的生产采用的是四级种子生产程序，包括自交系育种家种子、自交系原原种、自交系原种和良种或杂交种（图 16-1）。四级程序是从自交系育种家种子开始，先进行连续 3 级逐级繁殖，再经过杂交制种环节生产杂交种。亲本自交系是配制杂交种的基础，决定杂交种的性状特征和产量潜力。因此，自交系的保存繁殖和提纯复壮技术是发挥杂交种产量潜力和保持杂交种经济寿命的重要保障。在自交系种子生产中，会因为天然混杂、个体差异、自然突变和机械混杂等原因降低纯度，影响种子质量。因此，必须严格按照标准和程序生产自交系种子。

育种家种子 ➡ 原原种 ➡ 原种 ➡ 杂交种

图 16-1　玉米杂交种四级种子生产程序

一、玉米自交系原种标准

玉米是异花授粉作物，在繁育玉米自交系种子时，必须在隔离条件下进行严格选择（株、穗、粒），并坚持以下标准。

1. 性状典型一致，主要特征特性符合原系的典型性状，不同单株间整齐一致，田间纯度不低于 99.9%。

2. 保持原有生产势和生活力。

3. 保持原有自交系的配合力水平。

4. 种子质量达到国标原种标准。

二、玉米自交系种子生产程序和方法

玉米自交系种子生产程序包括：育种家种子自交混合繁殖、原原种套袋繁殖、原种隔离混合繁殖、原种一代扩大繁殖 4 个阶段。每个阶段都是整个生产程序的循环周期。严格隔离和彻底去杂是自交系种子生产的两个关键环节。玉米自交系种子生产程序和技术方法分述如下。

（一）育种家种子自交混合繁殖

根据育种家种子需种量的要求，在玉米亲本优系中选择优良单株，在育种家种子圃种植成穗行。开花前对穗行进行鉴定，留优去劣，并在优行中选优株人工套袋自交。成熟时将自交的株行种子混收，成为育种家种子。若穗行法种子量小，可在玉米自交穗行中单株收获，在隔离条件下重复上一过程。为了减少繁殖代数，避免在种子繁殖过程中各种不利因素引起的混杂和变异，从时间和空间上保证种子质量，育种家种子的保存最好采用一次足量繁殖，室内长期低温干燥贮存，再逐年分次利用。保存时，种子袋内外应有标签注明育种家种子名称、种子生产年月、生产单位。

（二）原原种套袋繁殖

1. 种子来源　用于套袋繁殖的种子是由该系的选育单位提供的育种家种子，或来自繁育制种体系中亲本自交系高纯度的原种或原种一代种子。原原种套袋繁殖原则上由选育单位直接承担。

2. 设置套繁区　选择地势平坦、土壤肥沃、旱涝保收、地力均匀的地块作套繁区。套繁面积可根据下年原种混合繁殖区实际需种量而定。采取宽行窄株穴播，每穴留一株，以便选择套袋自交。每个单穗种植一行或一区（2～4 行），一般 50～80 株。为了保证单株发育良好，亩种植密度 60 000～90 000 株/hm² 为宜。

3. 选株自交　分别在苗期、抽雄前仔细观察鉴定，严格按照原自交系的典型特征特性选株套袋自交。注意栽培管理的一致性，防止因地力和肥力水平不均造成的差异而导致误选。发现非典型单株应彻底去雄或剔除。选株自交的数量应根据该系的单穗籽粒产量和下年原种混合繁殖区的需种量而定。也可扩大选株自交的数量，藏于冷库中供多次使用。

4. 决选分脱　玉米成熟后，套袋自交果穗分单穗收获，严格进行穗选，淘汰非典型穗、病穗和劣穗。入选的典型穗去掉霉变、虫蛀及穗顶部的小籽粒后，分单穗脱粒晒干，分别装袋，袋上标明原原种的名称、自交穗号、年份，妥善保存。

（三）原种隔离混合繁殖

1. 原种（基础种子）来源　由上年选留的原原种的单穗种子作种源。原种混繁原则上由原选育单位承担，也可委托有关种子公司执行。

2. 设置隔离混繁区　原种混繁面积是根据上年选留的原原种单穗数量，以及下年原种一代（亲本种子）的需要量确定播种面积。一般根据自交系在套繁区的产量和亲本系扩繁区的用种量及预期的产量进行换算，大体上可按 1：（50～60）的比例安排。要求在原种混繁区四周 500m 范围内严禁种植其他玉米。选地条件、栽培管理措施等与原原种套繁区相同。

3. 种植方法　为便于鉴别穗行纯度和去杂操作，要按原原种自交单穗种子按穗号顺行接连种植。按自交系的株型而定，一般每公顷 60 000～90 000 株。

4. 严格去杂　原种混繁区除了必须严格隔离外，还必须及时、彻底去杂。在苗期、抽雄前、成熟前分三次去杂。抽穗前自交系各性状的典型性最明显，是去杂保纯的关键时期。杂株应整株剔除，不能留在隔离区。经过严格去杂，淘汰杂劣穗行和单株，让留存的标准穗行典型优株间自由传粉，既能保持原自交系的纯度，又有利于恢复自交系的生活力。

5. 收获脱粒　种子成熟后混合收获，淘汰非典型穗和病、劣穗，选留的果穗混合收获，晒干到含水量约 18%，剔除霉粒后混合脱粒，再晒干到安全贮藏含水量（13%）以下，即可将种子进行风选，或用清选机筛选，去掉秕小粒及杂质后，然后装袋入库保存。种子袋内外均要用标签注明原种名称、种子生产年月、生产单位和种子质量标准。

（四）原种一代（亲本种子）扩大繁殖

将上年原种混繁区收获保存的种子，在扩大的隔离区中再进行一次混粉繁殖。原种一代繁殖区的面积大小要根据下年杂交制种面积所需母本和父本自交系种子数量而定。播种方法同玉米大田生产，其他要求与原种混繁区一样。另外，仍要掌握严格隔离和彻底去杂这两个防杂保纯的重要环节。

三、提高玉米自交系繁殖产量的技术措施

玉米自交系生长势弱，抗逆性和适应性差，因而产量低且不稳。往往由于基础种子数量不足或父母本种子不配套，影响杂交制种任务的完成，延缓杂交种的推广进程。因此，应根据不同自交系的生长特点，采用相应的栽培管理措施，实行良种与良法相结合，提高自交系繁殖产量。主要技术措施有以下几个方面。

（一）精细整地

自交系种子萌动出苗以及幼苗生长，对环境条件反应特别敏感。基础种子繁殖基地在达到完全隔离的前提下，首先应选择地势平坦、土壤肥沃、保肥保水、便于排灌的田块。其次，精细整地保证播种质量，确保幼苗达到全、齐、壮。

（二）加强肥水管理

施肥应遵循"施足底肥，施好种肥、拔节肥、穗肥和粒肥，做到合理施肥、科学施肥"的原则。底肥以有机肥为主，化肥为辅。以集中条施和穴施效果最好，肥料施用前应

充分捣细混匀，结合耕地翻入土壤。有机肥作基肥应与磷肥一起堆沤，施用前再掺和氮肥，提高肥料利用率。种肥以速效化肥为主。硝态氮肥和铵态氮肥要求用量合适，施用方法恰当。磷钾肥混合作种肥有明显的效果，有利于根系吸收。追肥需要掌握"前重后轻"的原则。攻秆肥需在拔节期追施，促根壮苗，促叶壮秆，促进穗分化，肥料宜施在距植株 10～15cm 处，开沟深施 5～10cm，施后覆土。攻穗肥需在拔节期至抽雄穗之间追施，此时为雌穗小花分化盛期，营养生长和生殖生长并进，需要较多的养分，是决定果穗大小和行数分化的关键时期。攻粒肥需在抽雄穗前后 10～15d 追施，此时植株叶片即将完全展开或已完全展开，雌穗完成受精，玉米从营养生长转入生殖生长阶段。

（三）适期早播

玉米开花授粉阶段气温在 25～28℃，相对湿度不低于 70% 较适宜。温度超过 38℃，相对湿度低于 60%，则阻碍开花。相对湿度过高，花粉易吸水膨胀，很快丧失生活力。早播也是自交系夺取高产的一项关键措施，早播可延长成熟期，防止霜冻影响发芽率。

（四）增加密度

由于玉米自交系植株相对矮小，单株产量低。但群体消光系数小，植株下部透光率大，具有密植增产的潜力。自交系繁殖种植密度，一般应根据不同亲本自交系的植株高度、株型及地力、栽培管理水平等灵活掌握。实践证明，种植密度比大田生产高 30%～50%，能够有效提高自交系的单产水平。

（五）人工辅助授粉

玉米自交系开花期如果遇到高温、干旱、大风、阴雨等不良条件，或栽培管理措施不当，雌雄花期相遇不好，都会影响授粉和结实。如遇上述情况，应及时进行人工辅助授粉，对提高结实率有良好的作用。实践证明：人工辅助授粉一般可增产 10% 左右，甚至增产高达 25%。人工辅助授粉方法是：当玉米开花期，一般在上午露水已干时，采集正在散粉的雄穗上的花粉，将采集的花粉均匀散布在雌穗花丝上。由于玉米花粉含水量约 60%，花粉受潮结块会失去生活力。因此，人工辅助授粉采集的花粉一定要随采随用。

四、玉米自交系防杂保纯方法

玉米是典型的异花授粉作物，花粉量大，容易传粉混杂。自交系混杂将导致农艺和产量性状的变化，使其优良的遗传一致性丧失，从而降低杂交种的杂种优势和纯度，失去使用价值。因此，一个自交系开始生产使用之后，就要及时采取措施，注意防杂保纯。

（一）影响玉米自交系纯度的主要原因

1. 生物学混杂 生物学混杂是影响玉米自交系纯度的主要原因。在自交系的繁育过程中，由于隔离不安全，去杂不及时、不彻底，套袋自交不严格、手或工具附着外来花粉等原因，均会造成玉米自交系的人为或天然杂交，导致生物学混杂。

2. 机械混杂　在自交系的繁殖和制种时，从播种到收获、贮藏等一系列过程中，由于机械或人为的原因而导致自交系之间或自交系与其他品种之间的混杂。

3. 自然变异　自然界中，遗传是相对的，变异是绝对的。亲本自交系一般会经历很多次的自交或混粉繁殖过程，常因自然突变的产生而影响其纯度。

4. 自交分离　自交系的基因纯合是一个相对的概念，在不同个体间依然存在极细微的基因型差异。如果一个自交系开始投入使用时纯度不高，在种子生产过程中连续自交和姊妹交，必然发生基因重组与分离，造成自交系混杂退化。

（二）自交系防杂保纯的措施

1. 安全隔离　这是防止天然杂交从而消除生物学混杂的基本保证，必须严格按规定的隔离要求设置隔离区。一般情况下，自交系原种繁殖要求空间隔离在 1 000m 以上，良种繁殖要求空间隔离 500m 以上，并且 2 000m 以内禁止放蜂。

2. 及时严格去杂去劣　在自交系繁殖过程中，去杂去劣工作是保证种子纯度的重要一环，要做到及时、严格、彻底。由于杂株会在不同生育时期表现出来，因此去杂必须分期多次进行，一般在苗期、抽穗期和收获前后去杂。在苗期，结合间定苗，根据该系叶鞘、叶缘、叶片颜色、叶片宽窄、叶片的长相等特征除去杂苗和小劣苗，保留典型特征一致的健壮苗。在拔节期，根据株型、株高、叶色、叶脉等特征除去杂株、变异株，除杂一般进行 2～3 次，在抽雄前除净。在自交系雄穗抽出后，根据该材料株型、长势、雄穗分枝数量、颖壳颜色、花药颜色、花丝颜色等特征，除去杂株和变异株。在自交系收获、晾晒过程中，根据果穗性状、籽粒颜色等特征，除去杂穗。

3. 自交、姊妹交隔年交替　第一年在原种圃内选择若干株生长良好的典型优株套袋自交，收获穗选混合脱粒，供下年繁殖。第二年将上年套袋自交的种子在安全隔离区繁殖，再选若干典型优株套袋，然后成对姊妹互交。收获后严格穗选，混合脱粒供下年繁种用。这种自交与姊妹交隔年交替保纯法，既可防止混杂，又可避免由于长期自交引起生长势的衰退。

4. 贮存保纯　对常用的自交系实行一次超量繁殖，并将超量的种子放在冷藏库或低温干燥条件下长期贮存，分期分批使用，人为地减少繁殖世代，避免在繁殖过程中各种因素引起的生物学和机械混杂，有利于长期保持自交系的纯度。

五、玉米自交系提纯技术

如果发现自交系发生混杂，需要及时提纯复壮。一般来讲，需要提纯的材料往往是由外地引入，育种者不能供应原原种，并且是生产上推广面积较大或准备大面积推广品种的亲本自交系。常用的提纯方法有以下几种。

1. 穗行测交提纯法 这种提纯方法既进行主要性状鉴定，又进行配合力测定，使提纯后的自交系既能保持自身性状的典型性，同时又不降低配合力。具体步骤如下。

第一季，在自交系繁殖区内，选择具有典型性状的优良单株100～200株。各株除人工套袋自交外，又分别用每株的花粉与特定的自交系测交，并成对编号。自交穗收获后淘汰非典型穗，同时淘汰相应测交穗，当选的自交穗分穗脱粒，作为下年穗行鉴定的材料。

第二季，将上年入选的自交穗在隔离区种成穗行，根据植株性状淘汰非典型穗行。在当选穗行内选择优良单株自交。对非典型的淘汰穗行全部去雄或剔除，以免个别植株散粉影响入选穗行种子的典型性。在种植自交穗行的同时，将上年的测交穗混合脱粒种成测交小区，进行配合力鉴定。经过田间评选和产量分析，最后根据穗行鉴定和配合力测验等资料综合分析，选出典型一致、配合力高的穗行。将当选穗行内的全部自交穗混合脱粒，即提纯后的自交系原种，供下年扩大繁殖。

第三季，由于提纯原种数量不多，可以在隔离条件下进一步扩大繁殖，生长期间仍要严格去杂去劣。所收种子即原种一代种子，再次繁殖则为原种二代种子。穗行测交提纯法比较费时费工，但纯度高、质量好，典型性和配合力能保持较高水平。

2. 自交混合提纯法 第一年在欲提纯的自交系中选择具有原自交系典型性状的优良单株套袋自交。收获时复选，当选穗混合脱粒。第二年把入选的混合自交穗种子在隔离条件下繁殖原种。生育期间严格去杂去劣，开花前按第一年方法选穗套袋，混合脱粒，供下一年生产原种。

3. 自交穗行提纯法 在自交系混杂较轻时可采用此法。第一年获得自交穗的方法同自交混合提纯法，当选果穗分别脱粒保存。第二年在隔离条件下进行穗行鉴定，汰劣存优。当选穗行去杂后混合授粉，收获后混合脱粒，即该自交系的提纯原种，供下年繁殖。这种经过一年选株自交、一年穗行鉴定的提纯方法又称为二级提纯法。如果经一年穗行鉴定还不满意，还可以再进行一年穗行鉴定，称为三级提纯法。

第三节　玉米杂交种种子生产

一、玉米杂交种种子标准

（一）表型高度整齐一致性

玉米单交种种子是由纯合亲本自交系组配，杂种群体内个体属于同质杂合。因此，表型的高度整齐一致是杂种一代种子最基本的特征。由杂种一代种子生长出来的幼苗及成株的株型、花序以及果穗、籽粒等形态特征，在形状大小、色泽、长势及习性上均要具有高度整齐一致性。

（二）种子质量达到国家标准

玉米杂交种种子和其他的生产资料一样，进入市场作为商品销售，要求种子在质量上有一个统一标准；同时，玉米种子又是基本的生产资料，其质量的高低涉及每个从事玉米生产农户的收成和经济效益。因此，杂交种种子必须达到籽粒大小一致，充实饱满，含水量低，发芽率高，无破损及霉烂，不带检疫病虫害等，达到国家种子质量大田用种标准。

二、玉米杂交种种子生产技术

玉米杂交制种的任务是提供足量优质的杂交一代种子。在整个杂交制种过程中，必须做到安全隔离，规格播种，彻底去杂，适时去雄，砍除父本和及时收获。生产实践证明，同样纯度的亲本自交系，由于制种技术操作规范化程度不同，杂交种种子质量和增产效果有明显的差别。玉米杂交制种产量，主要由以下3个方面因素所决定。其一，不同类别的杂交种制种产量差异很大，如双交种、三交种的制种产量比单交种的高得多。其二，同一杂交组合，由于栽培管理水平不同，制种产量相差较大。其三，长期出现高温干旱或连雨天等气候，造成花粉量少或生活力不强，影响授粉受精，从而降低母本行果穗结实率。玉米杂交种生产技术环节分述如下。

（一）选择制种隔离区

杂交制种田应选择土壤肥沃、地力均匀、地势平坦、排灌方便、旱涝保收的地块。这样，植株生长整齐，花期较集中，便于田间去杂和母本去雄在短期内完成，可有效地保质保量完成预定产量计划。杂交制种必须在隔离区完成。在制种隔离区四周规定范围内，不种或错期播种其他玉米，防止异系或异品种的花粉传入制种区，引起混杂。

1. 常见的隔离方法

（1）空间隔离。在制种地四周一定距离内不种其他玉米，以防外来花粉的串杂。隔离范围应不少于300m。

（2）时间隔离。隔离区制种玉米的播种期与邻近周围其他玉米的播种期错开。一般春播玉米错期播种35～40d，夏播玉米25～30d。

（3）自然屏障隔离。因地制宜利用山岭、林带、房屋等屏障，以达到防止外来花粉串粉混杂的目的。

（4）高秆作物隔离。在制种区周围种植高粱、红麻等高秆作物隔离，但高秆作物的行数不得少于100行，高秆作物应适当早播，并加强管理，以便玉米抽穗时高秆作物的株高超过玉米的高度。

2. 确定隔离区的数目　配置一个玉米杂交种所需隔离区的数目，因杂交种的类别而不同。对于一个单交种，需要每年同时设置2个亲本自交系繁殖隔离区和1个单交种制种隔离区，共3个隔离区。对于一个三交种，则需要同时设置3个亲本自交系繁殖隔离区、1个单交种制种隔离区及1个三交种制种隔离区，共5个隔离区。对于一个双交种，需要同时设置4个亲本自交系繁殖隔离区、2个单交种制种隔离区及1个双交种制种隔离区，共7个隔离区。

3. 确定制种田面积　杂交制种田的面积要根据下一年对杂交种子的需求量和计划供应量以及制种田杂交种的单产来确定。亲本繁殖田的面积是根据下一年制种田面积和播种量来确定的。在实际工作中，制种田的面积常常大于理论面积（公式计算所得的面积）。其计算公式分别为：

$$杂交制种田面积(hm^2) = \frac{大田播种面积(hm^2) \times 播种量(kg/hm^2)}{制种田预计单产(kg/hm^2) \times 母本行比例 \times 合格种子率(\%)}$$

$$亲本繁殖田面积(hm^2) = \frac{下一年制种田面积(hm^2) \times 母本或父本播种量(kg/hm^2)}{亲本预计单产(kg/hm^2) \times 合格种子率(\%)}$$

（二）父母本行比，播期调节

玉米杂交制种，父、母本要按一定的行比相间种植，母本行人工去雄，如果母本为雄性不育亲本，则可免除工人去雄，让母本行雌穗接受父本行花粉受精结实。播种时必须严格分清父、母本行，不得重播、漏播，行向要直，不交叉。为了分清父、母本行，避免在去杂、去雄和收获时发生差错，可在父本行头种植向日葵或高粱等标志作物。

1. 父母本行比　制种隔离区父母本行比的确定原则：在保证有足够父本花粉的前提下，尽量增加母本的行数，以便提高杂交种子的产量。此外还要考虑父母本的生育期、株型、父本雄穗分枝数、花粉量、花粉生活力、散粉持续时间，母本花丝生活力及维持时间，天气状况等因素。如果父母本生育期接近，母本花丝生活力强且持续时间较长，父本株高高于母本，雄穗发达、花粉量大、散粉时间较长，母本的种植比例可大些，父母本行比可采用1∶5或1∶6，甚至更多；反之，母本植株高大，父本矮小，或者是错期播种时间较长，会出现高大亲本和早熟亲本对另一个亲本的抑制，这就需要减少母本所占的行比。

2. 父母本播期调节　制种隔离区父母本花期相遇是玉米杂交制种成功的关键。父、母本花期相遇的标准是：母本雌穗抽丝比父本雄穗散粉早2～3d。只有父、母本的花期协调，才能达到良好的杂交结实效果。如母本开花期过早或比父本晚，就必须调节播种期。调节播种期的天数因杂交组合杂交亲本生育期、播种早晚、气候、土壤等条件而不同。一般情况下，玉米雄花散粉时间延续较短，花粉寿命一般只有4～8h，而雌花吐丝后10d内还能受精，吐丝后1～5d受精能力最强。因此错期播种要掌握"迟熟早播，早熟后播，宁可母等父，不要父等母"的原则。

（三）花期预测和调控方法

1. 花期预测的方法

（1）叶片标记调查法。在制种田里，根据双亲的总叶片数，选择有代表性的父母本各3～5点，每点各选典型株10株，定期标记父母本的叶片数，其方法是每隔5片叶做一次标记，整个生育期内做3次叶片标记即可。第一次做叶片标记时一定要及时准确，第一片胚叶的叶尖呈椭圆形，切忌做叶片标记时把叶鞘的第一部分误认为是第一片叶而多记，或者把第二片胚叶误认为第一片叶而少记。根据双亲总叶片数和已抽出叶片数来分别计算父、母本未抽出的叶片数，若母本未出叶片数比父本少 1.5～2 片，表明花期相遇良好。如超过 2 片或少于 1.5 片，则有可能相遇不好。

（2）剥叶检查法。在双亲拔节后，选有代表性的植株剥出未出叶片数，根据未出叶片数来预测双亲花期是否相遇。判断标准与叶片标记调查法一致。

（3）叶片副叶脉检查法。在大喇叭口期选 10 株标准单株，观察完全展开叶单侧副叶脉，求出平均值。一般情况下，这个平均值减去系数 2 为相应叶龄。如假设平均值为 12 片，再减去系数 2，该展开叶则为第 10 片完全展开叶。按此调查双亲的叶龄，然后参照叶片标记调查法来预测双亲花期是否相遇。

（4）幼穗分化比较法。拔节孕穗期，在制种田选择有代表性的样点，每点取有代表性的父母本植株各 3～5 株，剥去叶片，检查幼穗大小，如果母本的幼穗分化早于父本一个时期，即预示花期相遇良好，否则就可能不遇。

（5）生长锥解剖比较法。玉米制种田进入大喇叭口期后，亲本的总叶片数已成定局，雌穗进入了小花分化期，雄穗已进入性器官发育形成期。此时，选择有代表性的地块设点，解剖父母本的生长锥，观察幼雄穗的发育状况。如果母本生长锥在 1cm 范围以内，相当于父本的 2～3 倍时，可认定花期相遇。

2. 花期调控的方法

（1）父本分期播种法。对父母本播种差期短或同期播种的玉米组合，可采取父本分期播种法，以延长父本的散粉期。一般可采用浸种的办法，将父本分二三期播种，尽量使播种期集中抢墒播种，从而延长父本的散粉期，提高授粉和结实率，确保制种产量。

（2）苗期调节法。如果发现制种隔离区父母本花期不遇，在苗期就要及早预测，及时调节，保证花期能相遇。调节技术措施是：当父母本生长快慢不一致时，可采用"促慢控快法"，对生长慢的亲本采取早间苗，早施肥，早管理，促生长；对生长较快的亲本可迟间苗，留小苗，晚施肥，晚松土，控制生长。

（3）中耕断根镇压法。对生长偏快的亲本可采取深耕或"部分断根法"，断根应在 11～14 片叶时进行，用铁锹在靠近植株 6～7cm 的一侧断掉部分次生根，控制生长发育。

（4）快速促进法。在拔节孕穗期，玉米生长发育迅速，对水肥反应非常敏感，对发育较慢的亲本，偏施肥浇水，加强田间管理。同时，可用化学试剂达到调节花期的目的。

（5）提前摸苞去雄法。在抽雄前，如果发现母本的花期比父本晚时，母本可采取提前带多片苞叶去雄的方法。由此减少雄穗对养分的消耗，并有利于通风透光，促使母本早吐丝 2～3d。反之，推迟抽穗可推迟吐丝 1～2d，达到花期相遇的目的。

（6）剪苞叶法。对于父本雄穗已抽出或已散粉，母本雌穗苞叶过长且吐丝迟、偏晚，可提前将苞叶顶部剪掉一小段，促使花丝早抽出。

（7）剪花丝法。对母本吐丝早、父本偏晚的组合，在母本花丝过长时，可通过剪花丝的办法提高授粉结实率。一般在下午将母本果穗上过长的花丝剪短，留花丝茬 1～2cm，以延长母本的授粉时间，以便接受花粉。

（四）严格去杂去劣

制种区杂、劣单株直接影响杂交制种的种子质量。因此，必须严格去杂去劣，一般分三次去杂去劣，分别为苗期、抽雄前和收获后。

1. 苗期去杂去劣 一般在幼苗 3～4 叶时，结合间、定苗，根据父母本自交系的长相、叶色、叶形、叶鞘色和生长势等特征，逐株检查，去掉强苗、弱苗、病苗，保留整齐一致且具有该亲本典型特征的纯苗。苗期去杂彻底，不仅能减少后期去杂的工作量，而且还能避免因在定苗后再去杂形成较多的缺株而造成减产。

2. 抽雄前去杂去劣 抽雄前去杂是保证种子质量的关键。此时期杂劣单株形态特征较明显，较易鉴别。可根据植株生长势、株形、叶片宽窄、色泽以及雄穗形态等特征去除杂劣株。去杂去劣一定要在雄穗散粉之前结束，防止杂株散粉以降低种子纯度。去除的杂株务必带到制种区之外处理。

3. 收获后去杂去劣 收获及脱粒前，根据亲本的穗型、籽粒类型及色泽、穗轴颜色等对母本果穗认真进行穗选，去掉杂穗、杂粒，同时淘汰病穗、病粒，然后统一脱粒。

（五）母本人工去雄和人工辅助授粉

1. 母本人工去雄技术 人工去雄是制种工作的重要环节，对保证种子纯度至关重要。母本去雄不及时或方法不当，自交率高，是造成种子纯度低的主要原因。母本去雄要求"及时、彻底、干净"。"及时"是指在母本雄穗抽出散粉前，及时拔掉雄穗。"彻底"是指将母本行的雄穗一株不漏地拔除，包括生长势弱、瘦小植株的雄穗。"干净"是指每株母本雄穗不遗留分枝，拔除干净。对母本去雄的时间要严格掌握，以抽穗散粉前必须去净为原则。

去雄的时间可在露水干后进行，上、下午皆可。抽雄初期可隔日去雄一次，但在盛花期，必须坚持天天去雄，风雨无阻。在抽雄末期，当制种区去雄达 90%～95% 时，剩余的可以带顶叶一次拔除，以节约去雄时间和劳动力。

2. 人工辅助授粉技术 人工辅助授粉有助于制种高产，特别是在花期未能很好相遇的情况下，效果显著。人工辅助授粉一般在开花盛期连续进行 2～3 次，时间最好在 8—11 时。在制种区设置一定比例的采粉区，将父本分期播种，可供人工辅助授粉用。

（六）种子分收分藏

制种区的母本行果穗苞叶变黄，籽粒变硬，籽粒下端出现黑层，籽粒颜色呈现自交系固有的色泽时，即可收获。适宜收获期，果穗穗轴的水分一般高达 50% 以上，籽粒含水量一般为 22%～30%。收获的果穗要严格分堆、分晒，按原自交系果穗特征进行严格穗选，然后才能脱粒。北方地区在结冻前，对果穗应进行自然干燥和人工干燥处理，防止种子含水量高造成冻害和脱粒损伤。人工干燥处理以烘干果穗为主。脱粒要经过籽粒筛选，尽量除去瘪粒和破粒。种子装袋入库时，袋内外都要有品种名称标签，注明制种单位，登记后专库存放。

第四节 玉米种子加工技术

种子加工是整个种子生产过程中不可缺少的环节。作为一种实用工程技术，主要包括种子干燥、种子清选、种子精选分级、种子包衣、种子包装等5个主要工序。玉米杂交种通过种子加工，可以提高种子的净度、发芽率、活力和品种纯度，降低种子水分，提高耐藏性、抗逆性和商品特性。

一、种子干燥技术

一般新收获的玉米种子水分含量为22%～30%。高水分的种子，呼吸强度大，放出的热量和水分多，种子易发热霉变，或者很快耗尽种子堆中的氧气而因厌氧呼吸产生的酒精致死，或者遇到零下低温遭受冻害而死亡。因此，对收获的玉米果穗要及时干燥，使其达到安全贮藏的含水量（13%）。

（一）种子干燥的原理

种子干燥是通过干燥介质对种子加热，利用种子内部水分不断向表面扩散和表面水分不断蒸发来实现的。种子表面水分的蒸发，取决于空气中水蒸气分压力的大小。空气中水蒸气含量随水蒸气分压力的增加而增加。水蒸气分压力与含湿量在本质上是同一参数。空气中水蒸气分压力与种子表面间水蒸气分压力之差，是种子干燥的推动力，决定种子表面水分蒸发速度。压力差越大，种子表面水分蒸发速度越快。

（二）影响种子干燥的因素

1. 相对湿度 在温度不变的条件下，空气相对湿度决定了种子的干燥速度和脱水量。因此，在一定温度条件下，空气相对湿度越低，种子干燥效果越好。同时，空气相对湿度也能影响种子干燥后的最终含水量。

2. 温度 温度是影响种子干燥的重要因素之一。干燥环境的温度高，一方面具有降低空气相对湿度的作用，另一方面能使种子水分迅速蒸发。因此应尽量避免在气温较低的情况下对种子进行干燥。但是在种子加温干燥过程中，为了避免伤害种子，烘干温度不宜超过43℃。

3. 气流速度 种子干燥过程中，存在吸附于种子表面的浮游状气膜层，阻止种子表面水分的蒸发。因此必须用流动的空气将其逐走，使种子表面水分继续蒸发。空气流动速度越快，则种子干燥速度也越快。但若气流速度过快，则会加大风机功率及热能的消耗，因而增加种子干燥成本。

4. 种子的理化状态和化学成分 刚收获的种子含水率较高，新陈代谢旺盛。干燥时宜缓慢，或先低温后高温，如直接用高温干燥种子，容易使之丧失发芽能力。淀粉含量多的马齿型玉米种子，其组织结构较疏松，籽粒内毛细管较粗，传湿能力较强，易于干燥，干燥时调控的温度可适当高些。蛋白质含量较高的硬粒型玉米种子，其组织结构较紧密，籽粒内毛细管较细，传湿能力较弱，不易干燥，干燥时调控的温度可适当低些。由于种子内水分和种皮水分蒸发不协调，在高温条件下，容易造成种皮破裂，故干燥时应采用较低的温度。此外，种子大小不同，吸热量也不一致，大粒种子需热量多，小粒种子需热量则少。

（三）种子干燥的方法

1. 自然干燥法 自然干燥可以降低能源消耗与种子的加工成本。在我国北方干旱或半干旱地区，自然干燥是常用的方法。利用日光、风等自然条件，使种子水分从内部蒸发出来，达到或接近种子安全贮藏水分标准。由于玉米种子大，完全依靠自然干燥往往达不到安全水分，可以用机械烘干作为补充措施。

2. 机械通风干燥法 机械通风干燥法是一种暂时防止潮湿种子发热变质，抑制微生物生长的干燥方法。主要应用于空气干燥的地方，只有当种子含水量所对应的平衡水分时的相对湿度高于空气相对湿度时，才能起到干燥的作用。

3. 加热干燥法 这种方法利用加热空气作为干燥介质，降低介质的相对湿度，提高介质的持水能力，带走种子表面的水分，并提高给种子水分蒸发所需的热量，从而使种子干燥。加热干燥是玉米种子干燥的有效方法，特别适于温暖潮湿的热带地区和玉米种子收获后气温较低的地区。根据加热程度和作业快慢可分为低温慢速干燥和高温快速干燥。无论采用何种加热干燥法，都应该保证干燥时种子温度在 $38 \sim 40℃$。

二、种子清选和种子精选分级

种子清选主要是清除混入种子中的茎、叶、穗片和损伤种子的碎片、杂草种子、泥沙、石块等掺杂物，以提高种子纯净度，并为种子安全干燥和包装贮藏做好准备。种子精选分级主要目的是剔除混入的异作物或异品种种子，不饱满、虫蛀或劣变的种子，以提高种子的精度级别、纯度、发芽率和活力。

在种子清选和精选分级中用到的仪器有：风筛清选机和复式精选机。风筛清选机是按种子的重量和迎风面积不同的原理来分离。此机采用垂直气流的作用，气流与筛子配合，当种子从进样口落下时由气流输送到筛面。在筛面下滑时，受到气流的作用，较轻的种子和夹杂物，由于临界速度低于气流的速度，就随气流向上，重量较大的种子沿筛面下滑。气道的上端断面扩大而气流通度降低，被吸上的轻杂物和轻种子落入沉积室内，灰尘等则从出口处排出。复式精选机在种子精选时按种子的长度、宽度和厚度以及密度大小进行分级。为了提高清选和精选的效果及生产率，在清选和精选前、中、后必须了解其目的，被选种子组成成分和分离特性，以正确选用分离机械、合理调整机器运转、及时检查分离效果等。

三、种子包衣技术

种子包衣技术是在传统浸种、拌种技术的基础上发展起来的一项种子加工技术。它是以精选后的玉米种子为载体，用手工或机械的途径在种子外面均匀包裹一层种衣剂。种衣剂包括杀虫剂、杀菌剂、微肥、植物生长调节剂、着色剂、填充剂、成膜剂、扩散剂、稳定剂、防腐剂等。种子经包衣处理后，播在土壤中只能吸水而几乎不被溶解。随着种子的萌动、发芽、成苗，药膜、肥膜缓慢释放，并被根系吸收运输到幼苗各部位，使药、肥得到充分利用，以增强种子及幼苗对病菌和病虫害的抗性，达到节本增效的目的。

包衣种子使用注意事项：使用前必须做好包衣种子安全性测定，可采用常规发芽试验法，对种子的发芽势、发芽率进行安全性测定。要求包衣种子含水量低于一般种子标准含水量1%。包衣种子带有警戒色，只能做种子用，绝不能食用或饲用，播种时要防止对人、畜发生药害，出苗后疏下的苗严禁饲喂畜禽。包衣剂及包衣种子要妥善保管，存放于远离火源、热源的干燥、凉爽库房或荫蔽处，严禁小孩和家禽、家畜接触，严禁与饮料等食物混存。

四、种子包装技术

在现代种子市场营销中，种子作为一种商品，在整个种子加工程序中，种子包装也是重要的一环。经过干燥、清选和包衣等加工的种子，加以合理包装，可防止种子混杂、病虫害感染、吸湿回潮、种子劣变，以提高种子商品特性，保持种子旺盛活力，保证安全贮藏、运输以及便于销售等。

种子包装需考虑如下原则：防湿包装的种子必须达到包装所要求的种子含水量和净度等标准，确保种子在包装容器内，在贮藏和运输过程中不变质，保持原有质量和活力。包装容器必须防湿、清洁、无毒、不易破裂、重量轻等。种子是一个活的生物有机体，在高温条件下种子会吸湿回潮；有毒气体会伤害种子，而导致种子丧失生活力。按不同要求确定包装数量，应按不同的播种方式（苗床或大田播种）、不同生产面积等因素，确定适合包装数量，注明保存时间。在冷凉干燥气候地区，则包装条件要求较低；而在潮湿温暖地区，要求较高。包装容器外面必须附有标签，标签上的内容应注明种子公司名称、品种名称、生产日期、种子质量指标资料和高产栽培技术要点等。

目前，国内已经建成了一批代表中国特色、具有国际先进水平的种子加工中心，实现了果穗自动卸料、人工选穗、果穗烘干、脱粒预清、籽粒烘干、贮仓暂存以及种子清选、分级、包衣、包装等自动化流水作业生产线。

第五节　玉米种子质量检验

一、玉米种子质量的重要性

农业生产上要求种子具有优良的品种特性和种子特性。种子质量（seed quality）通常包括品种质量和播种质量两个方面。品种质量（genetic quality）是与遗传特性有关的品质。播种质量（seeding quality）是种子播种后与田间出苗有关的品质。种子质量是种子经营效益和种子公司信誉的保证。因此，做好玉米种子质量检验对消费者和经营者都有重要意义。具体而言，种子质量检验的重要意义主要体现在以下几个方面。

1. 保证种子质量，提高产品产量和质量　通过质量检验，确保种子质量，保证全苗、壮苗、优质、高产。

2. 监控种子质量，保证种子贮藏、运输安全　只有在一定水分和温度条件下，种子才能安全贮藏和运输。通过种子检验，掌握种子的水分、杂质和病虫等情况后，就可根据贮藏的仓库条件，或运输路线和目的地的气候条件等因素，科学制定安全贮藏运输和播种措施。

3. 防止伪劣种子的流通，保护农户的利益　国家和农户对播种所用种子质量均有严格的要求。只有严格执行种子检验制度和种子标签法，才能防止播种伪劣种子造成经济损失，保护农户的切身利益。

4. 通过种子检验防止检疫性病虫和杂草种子的传播蔓延　如发现有检疫性病、虫、草害的种子应立即停止使用和调运，并就地处埋，防止病、虫、草害的传播蔓延。对非检疫性的病虫、杂草种子，如含量超标，应提出处理意见，处理合格后才能调运销售。

5. 建立健全种子检验体系和种子质量管理法规　通过种子检验工作，顺利推行种子质量标准化。

二、玉米种子质量分级

我国现行的农作物种子质量标准《粮食作物种子　第 1 部分：禾谷类》（GB 4404.1—2008）中规定，种子质量分级标准以纯度、净度、发芽率、水分 4 项指标为主，其中，品种纯度是划分种子级别的重要依据，是种子收购、经营分级定价的主要指标。具体的分级标准见表 16-1。

1. 常规种　品种纯度达不到原种指标的降为大田用种，达不到大田用种指标的为不合格种子。纯度、净度、发芽率、水分中一项不达标即为不合格种子。

2. 杂交种　玉米杂交种有单交种、双交种和三交种。纯度、净度、水分、发芽率中一项不达标即为不合格种子。

表 16-1 玉米种子质量分级标准（%）

类别	级别	纯度不低于	净度不低于	发芽率不低于	水分不高于
常规种	原种	99.9	99.0	85.0	13.0
	大田用种	97.0	99.0	85.0	13.0
自交系	原种	99.9	99.0	80.0	13.0
	大田用种	99.0	99.0	80.0	13.0
单交种	大田用种	96.0	99.0	85.0	13.0
双交种	大田用种	95.0	99.0	85.0	13.0
三交种	大田用种	95.0	99.0	85.0	13.0

三、玉米种子质量田间检验

在田间品种纯度检验时，首先必须了解和掌握被检品种亲本各生育时期的特征特性。一般把品种的性状分为主要性状、次要性状、特殊性状和受环境影响的性状。田间品种纯度检验应抓住品种的主要性状和特殊性状，必要时考虑次要性状和受环境影响的某些性状。

（一）田间检验的程序

田间检验必须按照规定的检验程序进行，田间检验程序主要包括：基本情况调查、抽查取样、分析检验、结果计算与表示、检验报告五大块内容。具体如图 16-2 所示。

（二）田间检验的时期和性状

玉米种子田间检验最好在全生育期的每个时期观察，才能全面掌握品种的特性。但在实际工作中考虑到人力、财力等因素，种子田间检验在品种特征特性表现最充分、最明显的时期进行，以评价品种真实性和品种纯度。一般在玉米苗期、花期和成熟期进行，以花期为主。

1. 苗期 苗期检验最好在五叶一心期进行。主要是根据幼苗叶片展开角度、叶片宽窄、叶色深浅、叶片上条纹的有无、叶波的有无、叶缘颜色等性状判断植株是否符合本品种的特征特性。

2. 花期 花期检验以雄穗开始散粉，雌

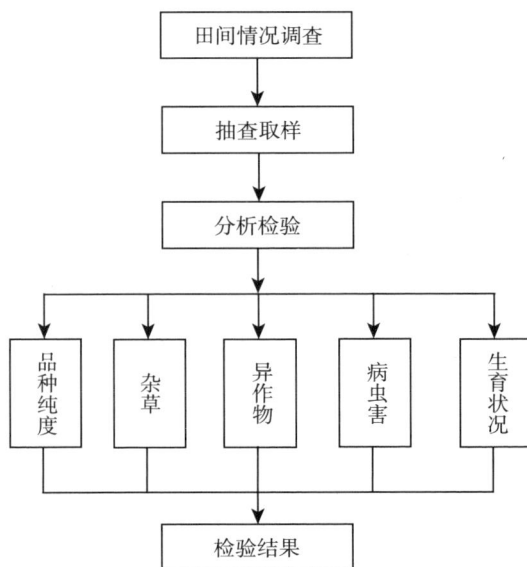

图 16-2 田间检验程序示意图

穗已有 5% 抽出花丝时开始，当制种田还有 5% 花丝尚未干枯，有接受花粉的能力时结束。花期检验的主要依据如下。

（1）植株性状。株高、茎色、节间长短、分蘖数目、气生根数目和颜色、穗上部和穗下部叶片的开张角度、叶色、叶片的数目和宽窄。

（2）雄穗性状。抽雄期、开花期、雄穗抽出旗叶长度、雄穗分枝数量、分枝开张角度、主枝的长短与侧枝的差异、小穗颜色、小穗大小、排列密度、雄穗轴色和花药颜色等。

（3）雌穗性状。吐丝期花丝颜色、果穗数目、果穗着生角度、果柄长短、苞叶顶端小叶的有无、果穗的形状。

3. 成熟期　成熟期检验的主要依据是苞叶的颜色、穗型、行粒数、穗轴色、籽粒形状、大小、颜色、胚的大小、花丝遗迹的位置及明显程度等。

（三）田间检验的方法

田间检验分为取样、检验、评价三大步骤。

1. 取样　取样前，除了要掌握检验品种的特征特性外，还要了解制种田面积、种子来源、种子世代、繁育技术、隔离情况、栽培管理等。一般根据制种区的面积划分检验区和确定取样点数（表 16-2）。根据划分的检验区面积，结合生产情况、品种田间纯度确定取样点数。一般生长均匀的地块酌情少设点；纯度低的地块应酌情增加取样点数；玉米亲本繁殖田取样点数需要加倍。取样点数确定后，应将取样点均匀分布在田块中。常用的取样方式有：梅花式、对角线、棋盘式、大垄取样。

表 16-2　玉米田间检验取样点数和株数

种子生产面积（hm²）	取样点数（个）	每点最低株（穗）数（个）
0.33 以下	5	200
0.4～1.33	5～10	200
1.4～3.33	10～15	200
3.4～13.33	15～20	200

2. 检验　一般情况下，在每个取样点，根据供检品种的特征特性，逐株观察。杂交制种田，在同一点上分别调查父本杂株散粉株和母本散粉株。母本散粉株是指母本散粉小花在 10 个以上的植株。同时，如发现有检疫性杂草、病虫感染株，要单独记录。田间检验中用到的计算公式如下：

$$亲本纯度（\%）=\frac{本品种株数（或穗数）}{供检亲本作物总株数（或穗数）}\times100\%$$

$$母本散粉株率（\%）=\frac{母本散粉株数}{供检母本总株数}\times100\%$$

$$父（母）本散粉杂株率（\%）=\frac{父（母）本散粉杂株数}{供检父（母）本总株数}\times100\%$$

3. 评价 分析、鉴定、计算结束后，要填写结果单（表 16-3 和表 16-4）。根据检验结果提出意见和建议，并根据国家标准（表 16-5），定出制种田等级，不符合最低标准的不应作为种子田。在评价纯度等级时，苗期检验仅供参考，花期、成熟期检验结果作为定级依据。如果花期、成熟期检验结果不同时，要按质量低的一次检验结果定级。田间检验结果一式三份，检验部门一份，繁种单位两份。

表 16-3 亲本繁殖田检验结果单

繁种单位		
亲本名称		
繁种面积		隔离情况
取样点数		取样总点数
亲本纯度（%）		杂株率（%）
田间检测结果		处理意见
检验单位（盖章）：	检验员：	检验日期： 年 月 日

表 16-4 杂交制种田检验结果单

繁种单位		
品种（组合）名称		
繁种面积		隔离情况
取样点数		取样总株（穗）数
父本散粉杂株率（%）		母本散粉株率（%）
母本散粉杂株率（%）		病虫感染率（%）
田间检测结果		处理意见
检验单位（盖章）：	检验员：	检验日期： 年 月 日

表 16-5 玉米自交系、杂交种田间纯度要求（%）

类别	项目	母本散粉株率	父本异株散粉率	累计杂株率	杂穗率
自交系	原种			≤0.01	≤0.01
	良种			≤0.10	≤0.10
亲本单交种	一级	≤0.2	≤0.1		≤0.2
	二级	≤0.3	≤0.2		≤0.3
生产用杂交种	一级	≤0.5	≤0.3		≤1.0
	二级	≤1.0	≤0.5		≤1.5

注：自交系杂株是指当代田间已散粉的杂株，散粉前已拔除的不计算在内。自交系杂穗率指剔除杂穗前的杂穗占总穗数的百分比；杂交种杂穗率指剔除杂穗后的杂穗占总穗数的百分比。散粉株是指田间植株上花药外露的小花在 10 朵以上的植株。

四、玉米种子质量室内检验

玉米种子质量的室内检验主要包括净度、纯度、发芽率、水分、千粒重方面的内容。该部分的主要依据是 GB 4404.1—2008。检验程序如图 16 - 3 所示。

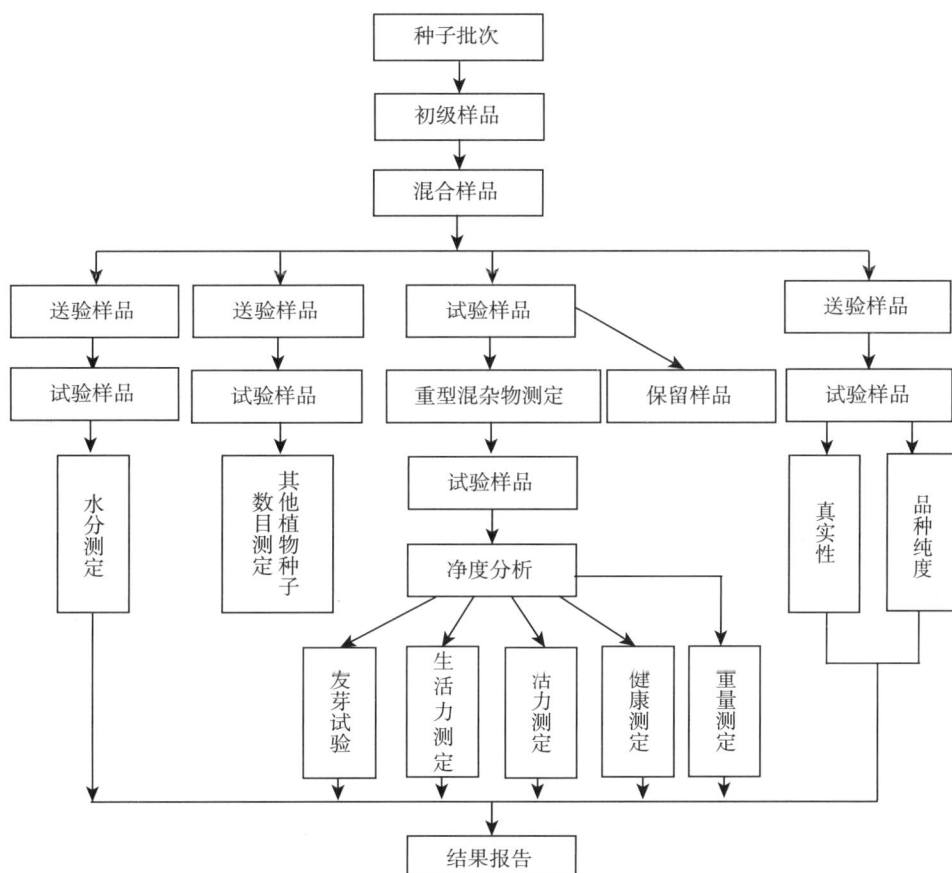

图 16 - 3 玉米种子室内检验程序

（一）扦样原则与方法

扦样是种子室内检验的首要环节。为了使种子检验结果符合种子实际的质量情况，要求扦取的样品必须具有代表性。按检验工作的需要，样品可以分为：初次样品、混合样品、送验样品、试验样品等。初次样品是指从一个种子批次一次扦取操作中所获得的一部分种子。混合样品是指特定种子批次内所扦取的全部初次样品合并混合而成的样品。送验样品是指送达检验室的样品。该样品可以是整个混合样品或是从其中分取的一个次级样品。送验样品可再分成不同材料包装以满足特定检验需要的次级样品。试验样品是指不低于检验规程中所规定重量的供某一检验项目用的样品。它可以是整个送验样品中分出的一定量的种子。批量种子是指同一来源、同一品种、同一年度、同一时期收获和质量基本一致，并在规定数量之内的种子。

为了保证扦样的代表性，在扦样过程中必须遵循的原则：扦样点均匀分布。考虑到种子批的不同部位，其质量可能存在差异，各个扦样点扦取的样品数量应基本一致，种子批的种子质量要基本均匀一致。要做到有计划扦样，以满足检验时对样品的需要。根据测定的项目确定送验样品数量；根据种子批的数量确定扦样的点数；根据送检样品数量、点数，计算每点至少扦取的数量。

扦样前首先要准备扦样器具，包括扦样器、取样铲、盛样袋、样品筒或样品瓶、标签、封条等。目前，包装玉米种子的扦样器一般是用槽口加宽的单管扦样器，散袋玉米种子的扦样器一般用双管扦样器。种子批划分以后，根据送验样品所需数量和扦样点计算每点至少应扦取初次样品的数量。每个初次样品要单独放在一个容器中。袋装种子扦样根据种子批的总袋数决定扦样袋数（表 16 - 6）。如果是小包装，应折算成 100kg 为一个包装单位。散装种子根据种子批的大小扦取适量的初次样品（表 16 - 7）。

表 16 - 6　袋装种子的扦样袋数

国家标准		国际标准	
种子批的袋数	应扦取的最低袋数	种子批的袋数	应扦取的最低袋数
1～5	至少扦 5 个初次样品	1～5	至少扦 5 个初次样品
6～14	不少于 5 袋	6～30	每 3 袋至少扦取 1 袋，但不少于 5 袋
15～30	每 3 袋至少扦取 1 袋		
31～49	不少于 10 袋	31～400	每 5 袋至少扦取 1 袋，但不少于 10 袋
50～400	每 5 袋至少扦取 1 袋		
401～560	不少于 80 袋	400 以上	每 7 袋至少扦取 1 袋，但不少于 80 袋
561 以上	每 7 袋至少扦取 1 袋		

表 16 - 7　散装种子的扦样点数

国家标准		国际标准	
种子批大小（kg）	扦样最低点数	种子批大小（kg）	扦样最低点数
50 以下	不少于 3 点	500 以下	至少扦取 5 点
51～1 500	不少于 5 点	501～3 000	每 300kg 至少扦取一点，但不少于 5 点
1 501～3 000	每 300kg 至少扦取一点		
3 001～5 000	不少于 10 点	3 001～20 000	每 500kg 至少扦取 1 点，但不少于 10 点
5 001～20 000	每 500kg 至少扦取 1 点		
20 001～28 000	不少于 40 点	20 000 以上	每 700kg 至少扦取一点，但不少于 40 点
28 001～40 000	每 700kg 至少扦取 1 点		

初次样品在品质方面无显著差异时，可将全部初次样品混合在一起组成混合样品。若发现有些初次样品的品质有显著差异时，应将这部分种子批从该批种子内分出，作为另一批种子单独扦取混合样品。对某个初次样品的品质一致性发生怀疑时，需进行异质性测定。异质性是指种子批或检验单位的种子堆内，不同部位各成分分布极不均匀一致，未达到随机分布

的程度。异质性测定可用净度、种子粒数、发芽率等检验项目进行。其计算公式如下：

$$异质性值(H) = \frac{V}{W} - 1$$

式中，V 为从样品中求得的某检验项目的实际方差。W 为该检验项目的理论方差。

$$V = \frac{N\sum X^2 - (\sum X)^2}{N(N-1)}$$

$$W = \frac{\overline{X}(100 - \overline{X})}{n}f$$

式中，N 为样品数目；n 为每个样品测定的种子数；X 为每个样品所检验项目测得的百分率；$\overline{X}$ 为全部 X 的均值；f 为可接受方差的多重理论方差因子（计算玉米净度和发芽率时 f 为 1.1，其他性状为 1.4）。

混合样品组成后，根据要检验的项目从混合样品中分取送验样品。玉米不同检验项目所需的送验样品数量不同。水分测定送验样品为 100g；净度分析送验样品为 1 000g 以上；纯度室内测定送验样品为 1 000g，室内测定和田间种植检验同时进行时需 2 000g。

送验样品分取后，应及时包装，贴上标签与扦样证明书（表 16-8）一同送到检验机构。用于水分测定的送验样品应在清洁、干燥能密封防湿的容器内保存，其他检验样品可用布袋或纸袋包装。需要特别说明的是，样品采用的保存方式应尽量使样品的品质变化降到最低。

表 16-8 种子扦样证明书

受检单位：	邮编：	电话：
抽样单位	样品编号	
作物种类	用封条数	
样品等级	品种（组合）名称	
来源（世代）	商标	
生产单位	存入地点	
收获年份	堆放形式	
抽样基数	抽样方法	
型号规格	样品状态	
样品数量	抽样日期	
抽样依据	自报质量	
抽样程序	种子批号	
化学处理说明		
备注		

（二）玉米种子净度分析

种子净度是指种子清洁干净的程度，具体来讲是指样品中除去杂质和其他植物种子后净种子重量占送验样品总重量的百分率。

净度分析是将待检种子样品划分为净种子、其他植物种子、杂质 3 种成分。每种成分的划分标准是净度分析的依据。

1. 玉米种子净度分析的鉴定标准

（1）净种子。不论其色泽如何，完整的、发育正常的饱满种子；不十分饱满，用规定的筛孔未筛下的种子；幼根或胚芽已突破种皮，但还未露出种皮外面的种子；部分胚乳受损害，但仍保留其 2/3 以上的种子；种皮微裂，但未受损害的种子。

（2）杂质。杂质分为有生命杂质和无生命杂质。有生命杂质包括活的害虫（包括幼虫、卵、蛹）、菌核、菌瘿、黑穗病孢子团、孢子块、线虫瘿及附有黑穗病孢子的颖壳；无生命杂质包括土块、小石子、沙子、鼠与雀虫的粪便、碎茎秆、稃壳、异作物的无胚种子，已死的害虫及幼虫。

（3）其他植物种子。非玉米的植物种子。

2. 玉米种子净度分析的步骤

（1）重型混杂物的检验。重型混杂物是指重量和体积明显不同于所分析的玉米种子杂质。首先从送验样品中取不少于 1 000g（精确到 1g）样品，从中挑选重型混杂物并称重。再将重型混杂物分为其他植物种子和杂质，并分别称重（精确至 0.01g）。

（2）试验样品的分取。玉米种子净度分析的试验样品（试样）最低重量为 900g。玉米种子净度分析可以用规定重量的一份全试样或两份半试样（试样重量的 1/2）进行分析。

（3）试样的分析。试样称重后一般采用人工分析进行分离和鉴定，按照净种子、杂质和其他植物种子的标准挑选分类，并分别称重（精确至 0.01g）。也可以借助合适的仪器将样品分类。

净度结果按以下公式计算：

$$P_2 = \frac{P_1(M-m)}{M}$$

$$OS_2 = \frac{OS_1(M-m)+m_1}{M}$$

$$I_2 = \frac{I_1(M-m)+m_2}{M}$$

式中，M 为送验样品的重量（g）；m 为重型混杂物的重量（g）；m_1 为重型混杂物中的其他植物种子重量（g）；m_2 为重型混杂物中的杂质重量（g）；P_1 为除去重型混杂物后的净种子重量百分率（%）；I_1 为除去重型混杂物后的杂质重量百分率（%）；OS_1 为除去重型混杂物后的其他植物种子百分率（%）；P_2、OS_2、I_2 分别为含有重型混杂物的净种子重量百分率（%）、其他植物种子重量百分率（%）、杂质重量百分率（%）。种子净度分析原始记录表如表 16 - 9 所示。

表 16 - 9　种子净度分析原始记录表

送验样品（g）		重型混杂物重（g）		重型混杂物中其他种子重（g）					
				重型混杂物中杂质重（g）					
类别	重复	试样重（g）	净种子		其他种子		杂质		各成分重量和（%）
			重量（g）	百分率（%）	重量（g）	百分率（%）	重量（g）	百分率（%）	
全试样									
半试样	1								
	2								
	平均								
	实际误差（%）								
	允许误差（%）								
其他植物种子名称									
杂质种类									
净度分析结果	净种子（%）			其他植物种子（%）			杂质（%）		
检测依据									
说明：全试样或半试样只需选择一种方法检测									

检验员：　　　检验日期：　　年　月　日　　校核员：　　　审核人：　　　审核日期：　　年　月　日

（三）玉米种子发芽力测定

种子发芽力是指种子在适宜条件下发芽并长成正常植株的能力，通常用发芽势和发芽率表示。种子发芽势是指种子发芽试验初期（规定日期内）正常发芽种子数占测试种子数的百分比。种子发芽势高，则表示种子活力强，发芽整齐，出苗一致，增产潜力大。种子发芽率是指在发芽试验终期（规定日期内）正常发芽种子数占供试种子数的百分率。种子发芽率高，表示播种后出苗数多。发芽势和发芽率的测试方法如下：

1. 测试种子样品配制　从净度检验后的净种子中随机数取 400 粒玉米种子，以 100粒为一个重复。

2. 发芽床准备　发芽床选用是否适宜直接影响测定结果的准确性，玉米种子发芽床一般有沙床或纸床两种。沙床要求沙粒大小均匀，直径为 0.05～0.08mm，使用前必须进行洗涤和高温消毒。纸床具有一定的强度、质地好、吸水性强、保水性好、无毒无菌、清洁干净、不含可溶性色素或其他有毒化学物质，pH 为 6.0～7.5，可用滤纸或吸水纸等制作纸床。

3. 发芽方法 根据发芽床的类型，有沙床发芽和纸床发芽两种方法。

（1）沙床发芽。在种子发芽盒内放入一层厚沙土，摊平。在每个发芽盒的沙床上均匀摆放 100 粒种子，随即覆盖 1～2cm 的松散细沙，刮平，喷水至沙床接近饱和含水量的 80%。放入光照发芽箱，在 25℃、12h 循环光照条件下培养 7d。

（2）纸床发芽。将种子均匀摆放在湿润的发芽纸上，再加盖一层发芽纸，然后卷成纸卷，两端用橡皮筋扎住，置于光照发芽箱。培养条件同沙床发芽。

4. 幼苗鉴定 供发芽试验的每株幼苗都必须严格按照规定标准进行，避免人为主观臆断。

5. 种子发芽势和发芽率的计算方法

$$种子发芽势（\%）=\frac{发芽初期（4d内）正常发芽粒数}{供检种子粒数}\times100$$

$$种子发芽率（\%）=\frac{发芽末期（7d内）正常发芽粒数}{供检种子粒数}\times100$$

发芽势和发芽率以 4 次重复的平均数表示，平均值用整数表示，各次检测值与平均值之间允许有一定差距，见表 16-10。如果 4 份检测值中有 1 份超过允许差距，则计算其余 3 份的平均数。如有 2 份超过，应重做发芽试验，如仍有 2 份超过，则计算 8 份检测值的平均数（表 16-11）。

表 16-10 重复间发芽率的最大允许差距（2.5% 显著水平的两尾测定）

平均发芽率 50% 以上	平均发芽率 50% 以下	最大允许差距（%）
99	2	5
98	3	6
97	4	7
96	5	8
95	6	9
93～94	7～8	10
91～92	9～10	11
89～90	11～12	12
87～88	13～14	13
84～86	15～17	14
81～83	18～20	15
78～80	21～23	16
73～77	24～28	17
67～72	29～34	18
56～66	35～45	19
51～55	46～50	20

表 16-11　同一送验样品两次试验发芽结果的允许差距

平均发芽率50%以上	平均发芽率50%以下	最大允许差距（%）
98～99	2～3	2
95～97	4～6	3
91～94	7～10	4
85～90	11～16	5
77～84	17～24	6
60～76	25～41	7
51～59	42～50	8

（四）玉米种子生活力测定

种子生命力，是指种子生命的有无。种子生活力是指利用化学方法测试的种子潜在的发芽能力或种胚具有的生命力，亦指在一批测试的种子中，达到具有生命力标准的种子数占种子总数的百分率。广义的种子生活力包括发芽力，狭义的指通过四唑染色法等化学方法鉴别所得具有生命力的种子数占种子总数的百分率。

种子生活力测定方法有四唑染色法、甲烯蓝法、溴麝香草酚蓝法、红墨水染色法、软 χ 射线造影法等。但正式列入国际种子检验规程和我国农作物种子检验规程的种子生活力测定方法是四唑染色法。该方法具有结果准确、不受休眠限制、方法简便、省时快速、成本低廉等特点，是世界公认、应用广泛的测定种子生活力的方法之一。

1. 四唑染色法测定的基本原理　四唑染色剂全称为 2，3，5 氯化（溴化）二苯基四氮唑，分子式为 $C_{19}H_{15}N_4Cl$，缩写 TTC（TTB）或 TZ。该化合物为白色粉末或淡黄色的粉剂，易溶于水，具有微毒，但遇光会被还原成粉红色。因此，该试剂需用棕色瓶盛装。由于脱氢酶是维持种子生活力的重要生化物质，籽粒组织内脱氢酶的有无和多少与种子的生活力有密切的联系。当四唑溶液进入种子后，参与活细胞的还原过程，从脱氢酶接受氢离子，使氯化三苯四氮唑氢化，在活细胞里产生红色、稳定、不扩散的三苯基甲酯。因此，有生活力的组织便呈红色，丧失生活力的组织因没有脱氢酶而不能着色。利用这一原理，根据种子染色的部位，就可以判断其内部有关组织是否具有生活力，以确定种子的生活力。

2. 四唑染色法测定玉米种子生活力的方法

（1）种子预处理。用 30℃ 温水软化玉米种子 3～4h，软化时间不宜超过 2d，以免种子质地松弛，呈粥状，难以切种观察。

（2）样品备置。用锋利刀片沿胚部中心将玉米种子纵切两部分，保留较完整的部分，供染色用；另一部分直接抛弃不用。

（3）四唑染色。将准备的试样样品置入 0.1% 的四唑溶液中，放置在 35℃ 黑暗恒温箱内或弱光下染色 0.5～1h。

（4）结果观察。观察鉴定直接决定测定结果的可靠性。每个染色样品应根据种子染成的颜色、组织状态，有无肿胀、破裂、虫伤、衰弱模糊，以及其他异常情况等鉴定因素做出正确的判断。同时，还应考虑玉米胚的主要构造机能与其他部分之间的关系，即与营养组织的损伤面积、位置和程度的关系。因为这些部分对胚发育成正常幼苗也是不可缺少的。另外，还要注意观察种子的健壮水平。在农作物种子四唑染色技术规定中，对有活力的玉米种子允许不染色、减弱或坏死的最大面积是：盾片上下任一端1/3不染色，胚根大部分不染色但不定根原基体必须染色。

（5）计算各个重复中有活力的种子数，重复间最大允许差距不得超过表16-12的规定。如测试结果的误差超过规定指标，需要重新测试。

表 16 - 12　生活力测定重复间的最大允许差距

平均生活力百分率（%）		重复间允许的最大差距		
		4 次重复	3 次重复	2 次重复
100	2			
99	2	5		
98	3	6	5	
87	4	7	6	6
96	5	8	7	6
95	6	9	8	7
93～94	7～8	10	9	8
91～92	9～10	11	10	9
90	11	12	11	9
89	12	12	11	10
88	13	13	12	10
87	14	13	12	11
84～86	15～17	14	13	11
81～83	18～20	15	14	12
78～80	21～23	16	15	13
76～77	24～25	17	16	13
73～75	26～28	17	16	14
71～72	29～30	18	16	14
69～70	31～32	18	17	14
67～68	33～34	18	17	15
64～66	35～37	19	17	15
56～63	38～45	19	18	15
55	46	20	18	15
51～54	47～50	20	18	16

（五）玉米种子活力测定

种子活力是指在一定条件下，决定种子快速整齐出苗及幼苗正常生长的全部潜在能力特性的总称。种子活力测定是以种子生理和物理特性的表现为基础，利用直接或间接方法，在广泛的环境条件下，测定发芽种子的出苗状况和储藏性能等。种子活力测定可以依据生理和物理质量，对不同批次高发芽率种子的一致性排序，能提供比标准发芽试验更为敏感的质量指标，并能为种子销售提供种子出苗和储藏性能等更多信息。种子活力测定方法很多，现主要介绍玉米中几种常用的方法。

1. 种子幼苗生长测定　测定方法是取测试样本 4 份，各 25 粒种子。取发芽纸 3 张（30cm×45cm），取其中 1 张画线，先在发芽纸长轴中心画一条横线，并在其上下每隔2cm 画 5 条平行线。在中心线上平均间隔画 25 点。将发芽纸湿润后，在每点上放 1 粒种子，胚根端朝向纸卷底部，再盖一层湿润发芽纸，纸的基部向上折叠 2cm，将纸松卷成4cm 直径的筒状，用聚乙烯袋包好，直立置于保湿盒中，最后置于 20℃ 恒温箱内。培养7d 后统计苗长，计算每对平行线之间胚芽尖端的数目，从中间至每对平行线之间的距离分别为 1cm、3cm、5cm、7cm、9cm、11cm。按下列公式求出幼苗平均长度。

$$L = \frac{nx_1 + nx_3 + \cdots + nx_{11}}{n}$$

式中，L 为胚芽平均长度（cm）；n 为每对平行线之间的胚芽尖端数；x 为中点至中线之间的距离（cm）。

2. 种子发芽速率测定　采用标准发芽试验，每日记录正常发芽种子数。然后按公式计算各种与发芽速度有关的指标。发芽速度表示的方法很多，如初期发芽率、发芽指数、发芽平均天数，以及到达规定发芽率（90% 或 50%）所需的天数等，还可用发芽指数结合幼苗生长率（活力指数）表示。

初期发芽率测定：采用 3d 发芽率。也可采用发芽势。

发芽天数测定：发芽率达 90% 所需天数，或者达 50% 所需天数。后者适用于发芽率较低的种子样品。

发芽指数测定：按下列公式计算发芽指数。

$$发芽指数(GI) = \sum \frac{Gt}{Dt}$$

式中，Gt 为第 t 天的发芽数；Dt 为发芽天数。

活力指数测定：按下列公式计算活力指数。

$$活力指数(VI) = GI \times S$$

式中，S 为一定时期内幼苗长度（cm）或幼苗重量（g）；GI 为发芽指数。

平均发芽天数测定：按下列公式计算平均发芽天数。

$$平均发芽天数 = \frac{\sum (Gt \times Dt)}{G}$$

式中，Gt、Dt 与发芽指数公式中相同；G 为总发芽数。

3. 种子加速老化测定　加速老化测定可以在较短的时间内得知玉米种子的老化速度，从而预测出玉米种子的抗老化能力。采用高温（40～50℃）、高湿（100％相对湿度）条件处理种子，测试种子老化特性。高活力种子经老化处理后仍能正常发芽，低活力种子则产生不正常幼苗或全部死亡。试验方法如下：在老化盒内加入 200mL 蒸馏水，使水面距筛面约 2cm，然后平铺一层种子于筛网上，密封、标记后，按处理批放置在恒温恒湿箱中。试验材料处理完毕后，在室温下放置 3～5d，使种子含水量降低到老化前的标准。老化处理的玉米种子数目应大于等于 200 粒。然后进行标准发芽试验。

（六）种子健康测定

种子健康测定主要是测定种子是否携带有害病原菌（真菌、细菌及病毒）、有害动物（如线虫及害虫）等。种子健康测定方法主要有未经培养检验（包括直接检验、吸胀种子检验、洗涤检验、剖粒检验、染色检验、比重检验和 χ 射线检验等）和培养后检查（包括吸水纸法、沙床法、琼脂皿法，以及噬菌体法和血清学酶联免疫吸附法等）。

1. 未经培养的检验方法

（1）直接检验法。适用于较大的病原体或种子外表有明显症状的病害。从种子检样中分出一部分种子作试样，对试样逐粒检查。必要时，可用双目显微镜检查试样。取出病原体或病粒，称重或计算粒数。

（2）吸胀种子检验法。为使子实体、病症或害虫更容易被观察到，或达到促使病原菌孢子释放的目的，将试验样品浸入水中，种子吸胀后，用双目显微镜检查其表面或内部附着的病虫害。

（3）洗涤检验法。用于检查附着在种子表面的病原菌孢子。从试验样品分取样品两份，分别倒入三角瓶，加入无菌水后置振荡机上振荡，光滑种子振荡 5min，粗糙种子振荡 10min。将洗涤液移入离心管内，以 1 000～1 500 r/min 的转速离心 3～5min。去上清液后，沉淀部分稍加振荡，用干净的细玻璃棒将悬浮液分别滴于 5 片载玻片上。盖上盖玻片，用 400～500 倍显微镜检查，每片检查 10 个视野，并计算每视野平均孢子数，据此计算病原菌孢子负荷量，计算公式如下：

$$N = n_1 \times n_2 \times n_3 / n_4$$

式中，N 为每克种子的孢子负荷量；n_1 为每视野平均孢子数；n_2 为载玻片面积上的视野数；n_3 为 1mL 水的滴数；n_4 为供试样品的重量。

（4）剖粒检验法。取试样 10g，用刀剖开或切开种子的被害或可疑部分，检查害虫。

（5）染色检验法。利用高锰酸钾染色法检验隐蔽的玉米象、谷象等有害昆虫。取样 15g，除去杂质，倒入铜丝网中，于 30℃水温下浸泡 1min，再移入 1％高锰酸钾溶液染色 1min。然后用清水洗涤，倒在白色吸水纸上，用放大镜检查，挑出粒面上带有直径 0.5mm 的斑点，即危害虫危害的种粒，计算害虫含量。

（6）比重检验法。取试样 100g，除去杂质，倒入食盐饱和溶液中，搅拌 10～15min，静止 1~2min，将悬浮在上层的种子取去，结合剖粒检查，计算害虫含量。

（7）χ 射线检查法。适用于检查种子内隐匿的害虫，如玉米象等。通过照片或直接从荧光屏上观察害虫数目。

2. 培养后的检验方法　试验样品经过一定时间培养后，检查种子内外部和幼苗上是否存在病原菌或表现出症状。

（1）吸水纸检验法。此法适用于种传真菌病害的检验，尤其是对于许多半知菌，有利于分生孢子的形成和致病真菌在幼苗上症状的发展。操作程序为：取试样种子 100 粒，将培养皿内的吸水纸用水湿润，每个培养皿播 20 粒种子，在 22℃ 下用 12h 循环光照培养 7d 后，在放大镜下检查每粒种子上的病菌和分生孢子，并计数。

（2）沙床检验法。此法适用于某些病原体的检验。备沙时应去掉沙中杂质并通过 1mm 孔径，将沙粒清洗并高温烘干消毒后，放入培养皿内加水湿润，再将种子排列在沙床内。然后密闭保持高温，培养温度与吸水纸法相同，经 7~10d，待幼苗顶到培养皿盖时检查病原体。

（3）琼脂皿检验法。此法主要用于发育较慢且潜伏在种子内部的病原菌，也可用于检验种子外表的病原菌。测定程序为：将试验样品用 1%~2% 的次氯酸钠溶液消毒 5~10min 后沥干。根据种子带菌特点，配制不同的固体培养基，并将预处理过的种子间隔排列在琼脂表面，在 20℃ 培养箱培养。诱导孢子发育后检查菌落或子实体的颜色及外表性状，鉴定种子带病的种类。

（七）种子重量测定

种子重量测定是指测定单位数量种子的重量，通常测定 1 000 粒种子的重量，即千粒重。千粒重是指种子水分符合国家标准的 1 000 粒种子的重量，以 g 为单位。千粒重测定原则是从充分混合的净种子中随机数取一定数量的种子，称其重量。由于不同种子批在不同地区和不同季节，其水分差异较大，为了便于比较不同水分下的种子千粒重，需将实测水分换算成相同规定水分条件下 1 000 粒种子的重量。

1. 数取试样　从净度分析后充分混合的种子中，随机数取两份试样，每份各数 500 粒。

2. 试样称重　用感量 1/100 天平分别称重（g），称重的小数位数按照 GB/T 3543.31—1995 执行。

3. 检查重复间允许差距并计算实测千粒重　两份试样允许差距为 5%，如果超过，则需分析第三份试样，直至达到要求。两份重复的重量平均数乘以 2 即为实测千粒重（g）。

4. 折算成规定水分的千粒重　按下列公式换算成国家种子质量标准规定水分的千粒重。计算方法如下：

$$千粒重（规定水分，g）= \frac{实测千粒重（g）\times [1-实测水分（\%）]}{1-规定水分（\%）}$$

（八）种子纯度形态和分子标记鉴定

种子纯度是指一批种子中个体与个体之间在特征特性方面典型一致的程度，即符合特定品种特性的种子数（或株、穗数）占供检验样品数量的百分率。玉米品系纯度鉴定送检样品最小量为 1 000g。

1. 形态鉴定 种子纯度的形态鉴定是对照被检验种子的标准样特性，鉴定种子的大小、颜色、形态等性状。由于形态性状都是遗传基础和环境互作的结果，因此，形态鉴定结果只有在环境条件比较一致的情况下才较为可靠。种子纯度的形态鉴定分为幼苗形态鉴定和籽粒形态鉴定。幼苗形态鉴定是依据玉米不同品系幼苗的特异形态特征进行鉴别。玉米可供利用的幼苗形态特征主要有：芽鞘颜色、叶片颜色、叶片宽窄和幼苗生长势等，一般多以芽鞘颜色（绿色或紫色）作为纯度鉴定的主要形态特征。该法检测与大田苗期形态检测基本相同，但比后者更具优越性。①时间短，一般只需 14d 左右；②所需检测面积小；③检测条件易于控制。但准确性仍较差，尤其对幼苗形态特征相近的品系，很难鉴别真伪。籽粒形态鉴定是依据玉米种子粒型（马齿型、半马齿型、硬粒型）、粒色（黄色、白色、紫色、红色）深浅、籽粒形状（楔形、肾形、圆形）及籽粒胚的大小、胚乳粉质多少等形态特征进行区别。此法对于鉴定形态特征明显的品系较简便有效，且快速、经济，但难以准确鉴别籽粒形态相同或接近的种子。

2. 蛋白质分子标记鉴定 蛋白质分子标记鉴定主要是利用电泳技术分析品种的同工酶及蛋白质组分，找出品种间差异的生化指标，以此区分不同品系。目前蛋白质分子标记鉴定玉米种子纯度的方法很多，应用较多的是蛋白质 PAGE 技术，具体操作方法如下。

（1）样品提取。实际提取过程中，应根据不同的样品提取液配制相应的溶液，按照一定的方法提取蛋白质。

（2）制胶。连续 PAGE 电泳只有分离胶，不连续 PAGE 电泳有分离胶和浓缩胶。不同的样品要求 PAGE 胶的浓度可能不一致，因此在实际制胶过程中，应按照相应的要求制备凝胶。

（3）上样。用注射器或者移液枪吸取点样孔中残余的溶液，用微量加样器加入少量（$10\sim30\mu L$）样品提取液以及几微升的蛋白质 Marker，接通电源后在稳流条件下电泳。

（4）染色观察。电泳完成后，将胶块取下，置于考马斯亮蓝 R‐250 染色液染色，然后用脱色液冲洗，直至条带清晰。根据蛋白质谱带的带型，鉴定真实性和纯度。谱带分析主要依据由遗传差异所造成的蛋白组分差异区别不同品种。在电泳图谱鉴定时，不同品种的电泳谱带可按其谱带的数目、谱带颜色深浅等来鉴别。

3. DNA 分子标记鉴定 利用分子标记技术，可直接鉴定玉米基因组 DNA 水平上的差异。常用的 DNA 分子标记类型有 RFLP 标记、RAPD 标记、AFLP 标记、SSR 标记等。

（1）RFLP 标记技术。该技术的基本原理是在限制性内切酶酶切 DNA 后，通常用放射性同位素与或非放射性（如地高辛等）标记探针，与转移到膜上的基因组 DNA 进行 Southern 杂交，显示限制性酶切片段的大小来检测遗传位点的多态性。RFLP 标记的主要优点是能鉴定共显性遗传标记，可以区别纯合基因型和杂合基因型；缺点是 DNA 用量大、成本高、操作繁琐等。

（2）RAPD 标记技术。该技术的基本原理是用随机引物，通常为由 10 个核苷酸组成的寡核苷酸序列，扩增基因组 DNA，产生不连续的 DNA 产物，再通过电泳分离检测 DNA 序列的多态性（Williams 等，1990）。RAPD 标记继承了 PCR 技术效率高、灵敏度高、易于检测等优点；但是该技术的试验结果可靠性和重复性、分辨率低，不能区分杂合型和纯合型。

（3）AFLP 标记技术。AFLP 标记是以 PCR 技术为基础，实际上是以 RFLP 和 PCR 技术相结合的一种方法。AFLP 标记的基本原理是对基因组 DNA 限制性酶切片段选择性扩增。基因组 DNA 先用限制性内切酶酶切产生带有黏性末端的限制性片段，在 T4 连接酶作用下与人工合成的双链接头连接，形成带接头的特异片段。经过 PCR 扩增的产物变性处理，电泳分离扩增的 DNA 片段，经放射自显影、银染或荧光技术，显示被扩增的 DNA 片段。该技术的优点是稳定性、重复性好，标记丰富，呈共显性表达，不受环境影响等。

（4）SSR 标记技术。SSR 又称微卫星重复（microsatellite repeats）序列分子标记技术。在植物基因组中，存在着大量由若干个核苷酸重复单位组成的重复序列，这些重复单位数目是高度变异的，而且每个微卫星 DNA 两端的序列一般都是相对保守的单拷贝序列，因而根据其两端的序列设计一对特异引物，通过 PCR 扩增产生重复序列长度多态性。该方法的优点是：可以区分纯合和杂合基因型，多态性丰富，试验技术难度和成本较低。目前，这种技术在种子纯度鉴定上运用较广泛。

（九）玉米种子水分测定

种子水分也称种子含水量，是指种子样品中水分占种子样品重量的百分率。种子内的水分是种子生命活动必不可少的重要物质，其含量的多少直接影响种子的寿命和安全贮藏。种子含水量过高，会引起种子呼吸作用旺盛和微生物大量繁殖，不仅消耗种子营养物质，而且还会使种子发生霉变，或遭受低温冻害，导致种子发芽率降低或丧失。

1. 样品处理　将装在密封袋内的送验玉米种子样品混合，随即从中取 30～40g，除去杂质后磨碎。细度要求是至少有 50% 的磨碎成分通过 0.5mm 的筛孔，或 90% 通过 1.0mm 的金属丝筛，并将待测试样立即放入磨口瓶内备用。

2. 高温烘干法　首先将样品盒预先烘干、冷却、称重。用 1/100 天平秤取 4.5～5.0g 样品两份，放入预先烘干和称过重量的样品盒内，开启烘箱通电预热到 140～145℃，将样品盒放入烘箱内，在 5～10min 内将温度调至 130～133℃，并开始记录烘干时间。烘 1h 后，取出样品盒，放入干燥器内冷却至室温称重。按下式计算种子含水量，取平均值，小数点后保留一位数。

$$种子含水量（\%）=\frac{M_2-M_3}{M_2-M_1}\times 100\%$$

式中，M_1 为样品盒及盒盖的重量（g）；M_2 为样品盒及盒盖和样品烘前重量（g）；M_3 为样品盒及盒盖和样品烘后重量（g）。

3. 高水分种子两次烘干法　当玉米种子水分超过 18% 时，籽粒研磨困难，研磨时容易丧失水分，影响测试效果。为此可采取两次烘干法测定种子含水量。

在测定时，称取两份整粒样品，每份 25.00g±0.02g，放入直径大于 8cm 的铝样品盒中，在103℃±2℃烘箱内预烘30min，取出冷却至室温称重，然后立即将这两份半干样品分别研磨，各取一份按上述高温烘干法进行测定。按下式计算种子含水量。

$$种子含水量(\%) = S_1 + S_2 - \frac{S_1 \times S_2}{100}$$

式中，S_1为第一次整粒种子烘干后失去的水分（%）；S_2为第二次磨碎种子烘干后失去的水分（%）。

如果一个样品两次测定结果之间的差距不超过0.2%，其结果可用两次测定值的平均数表示。如果两次重复测定间的差距超过允许误差时，应仔细查找原因，如属计算误差，应予改正；否则必须重新测定一份试样，直至误差在允许差距范围内。

（十）种子质量检验证书签发

1. 结果报告　田间和室内检验项目全部结束后，按照国家技术监督局发布的农作物种子检验规程，将种子净度分析、发芽试验、真实性和品种纯度鉴定、水分测定及其他检测项目的结果汇总，填报玉米种子检验结果报告单。如果某些项目没有测定，应在表中空格内填写"未检验"字样。种子检验结果报告单如表16-13所示。

2. 种子签证　根据国家技术监督局发布的农作物种子检验规程，保证玉米种子质量，防止病虫、杂草传播。种子质量检验结束后，负责检验的单位应根据种子检验结果报告单，给出检验合格种子的标准等级，并签发种子质量合格证，一式5份，即检验单位、上一级主管检验单位、受检单位、经营单位及用种单位各1份。对不合格的种子，不签发种子检验结果单时，根据具体情况提出处理意见。

表16-13　种子检验结果报告单

试验单位			产地	
作物名称			代表数量	
品种名称				
种子净度分析		净种子（%）	其他种子（%）	杂质（%）
	其他植物种子的种类和数目：			
	杂质的种类：			
发芽试验		正常幼苗（%）	不正常幼苗（%）	死种子（%）
纯度		实验室方法		品种纯度（%）
		田间小区鉴定		
水分		水分（%）		
其他测定		生活力（%）		
		重量（g）		
		健康状况		

检验单位（盖章）：　　　检验员（技术负责人）：　　　复核员：　　　检验日期：　　年　月　日

主要参考文献

曹墨菊，荣廷昭，潘光堂．2000．卫星搭载获得玉米基因雄性不育的初步鉴定．四川农业大学学报，18
　（2）：100-103．

陈睿，张维俊，白万金．2010．杂交玉米制种高产操作技术．种子科技（2）：39-40．

杜清福，贾希海，律保春，等．2007．不同类型玉米种子活力检测适宜方法的研究．玉米科学，15（6）：
　122-127．

杜世军．2008．玉米杂交制种应注意的几个关键技术．中国种业（增刊）：114-115．

季志强，杨青林，桑利民，等．2011．玉米自交系防杂保纯繁殖技术．农业科技通讯（6）：133-135．

李竞雄，周洪生，孙荣锦．1998．玉米雄性不育生物学．北京：中国农业出版社．

李月明，孙丽惠，郝楠．2010．浅析我国玉米种子加工技术的现状与发展趋势．杂粮作物，30（6）：
　450-451．

林晓怡，杨典洱，林建兴．2000．带遗传标记的玉米基因雄性不育的发现及遗传和利用研究．作物学报，
　26（2）：129-133．

刘纪麟．2002．玉米育种学．北京：中国农业出版社．

史新海，刘恩训．1994．自交系原种生产技术．种子世界（6）：27-28．

孙敬华，刘宝刚，任德芹，等．2003．玉米制种花期预测与调控二十法．种子，129（3）：100-101．

孙显明，汤国民，于立芝，等．2007．高油玉米种子活力检测适宜方法初探．中国农学通报，23（11）：
　197-201．

佟屏亚．2012．中国玉米生产形势和技术走向．农业科技通讯（10）：5-7．

王春平，陈翠云，赵虹，等．2003．育种家种子的生产与保存．种子，113（5）：113-115．

王春平，张万松，陈翠云，等．2005．中国种子生产程序的革新及种子质量标准新体系的构建．中国农
　业科学，38（1）：163-170．

王明献，张鸣，管志娟，等．2010．玉米杂交制种技术．种业导刊（7）：25-26．

王新燕．2008．种子质量检测技术．北京：中国农业出版社．

王玉贞，刘志全．2000．玉米高产与群体整齐度间关系的调查分析．玉米科学，8（2）：43-45．

魏立花，李维明，陶学英，等．2007．准确测定种子水分之关键．种子科技（4）：47-48．

邬生辉，李福林，任丽梅，等．2011．提高亲本玉米自交系种子纯度的方法及高产栽培技术．现代农业
　科技（4）：83-84．

薛淑玲．2011．浅谈玉米制种含苞带叶去雄技术．种子科技（4）：36-37．

颜启传．2001．种子学．北京：中国农业出版社．

张本华，郝晓莉，李永奎，等．2006．种子活力及其测定方法研究．农机化研究（6）：86-87．

张富琴．2006．对玉米制种田间检验技术的几点建议．种子世界（5）：49．

张洪义．2010．玉米制种的几个关键技术．农村实用科技信息（1）：11．

张逾，刘娜，郝晓斌．2010．浅谈玉米制种技术．农业技术与装备（8）：11-12．

赵伟荣，杨嵩明，韩曙．2011．玉米杂交制种技术．现代农业科技（11）：110-111．

赵元森．2010．玉米杂交制种技术．现代农业科技（6）：86-87．

Carlone MR，Russell WA．1987．Response to plant densities and nitrogen levels for four maize cultivars from different eras of breeding. Crop Science，27：465－470.

Duvick DN. 1997. Developing Drought and Low － N Tolerant Maize，ElBatan. Mexico：CIMMYT：332－335.

John RL，Susan G. 1983. Cytoplasmic male sterility in maize. Annual Review of Genetics，17：27－48.

Senior ML，Murphy JP，Goodman MM. 1998. Utility of SSRs for determining genetic similarities and relationships in maize using an agarose gel system. Crop Science，38：1091－1098.

SmithJS，Chin EC，Shu H. 1997. An evaluation of the utility of SSR loci as molecular markers in maize (*Zea mays* L.)：comparisons with data from RFLPS and pedigree. Theoretical & Applied Genetics，95：163－173.

Troyer AF，Rosen brook RW. 1983. Utility of higher plant densities for corn performance testing. Crop Science，23：863－867.

第十七章　国际种业公司玉米育种研发体系

（卢　洪　董占山　柴宇超）

现代生物技术的发展对玉米育种产生了巨大的影响，一是生物技术带来了全新的种质资源创新手段，并极大地丰富和提高了育种过程中需要使用的各种技术手段和分析工具，让育种过程更加标准化、规模化、数字化，更加高效和精准；二是生物技术的进步推动了种业界的巨大变革，尤其是转基因的发展推动了国际种业公司间的合并、兼并和重组。本章重点介绍国际种业公司的现代玉米育种研发体系，从育种技术的发展趋势，国际种业公司的研发体系到商业育种的技术体系，从行业的宏观发展趋势到现代重要育种技术的介绍，系统地阐述了国际种业公司的玉米育种研发体系及其具体组成部分。最后比较了我国种业公司与国际种业公司在研发方面的差距，从产量水平、技术水平、研发投入三个方面进行了比较，可以清楚地认识到我国种业公司的现状和差距，并提出了建设国家级分子育种平台的建议和设想。

第一节　现代育种技术的发展趋势

一、生物科技的发展对种业的巨大影响

近 20 年来，随着功能基因组学和生物信息学等学科，以及分子标记技术、基因组测序技术、转基因技术的快速发展，作物育种这门传统的农业学科焕发出全新的生命活力。生物技术的发展正在引起作物育种领域的一场技术革新，作物育种正由传统的农业领域转变成一个由多学科组成的高新技术领域。下面从几个重大生物技术的发展对育种的推动作用来探讨现代育种学的发展方向。

（一）转基因技术对世界种业的巨大冲击

转基因技术是现代农业历史上发展最快同时也是争议最大的农业生物技术。自 1996 年美国开始转基因番茄、大豆和棉花的商业种植以来，商业化转基因作物已经走过 20 多个年头，转基因作物在全球的种植面积从 1996 年的 170 万 hm^2 发展到 2019 年的 1.9 亿 hm^2，种植面积扩大了约 112 倍。在这 24 年间，转基因作物累计种植面积达到 27 亿 hm^2，几乎是中国或者美国国土面积的 3 倍。种植转基因作物的国家由 1996 年的美国发展到 2019 年的 29 个国家。表 17 - 1 列出了 2019 年全球转基因作物的种植国家（www.isaaa.org）。

表 17 - 1　2019 年全球转基因作物种植国家

排名	国家	转基因作物种植面积（$\times 10^6 \text{hm}^2$）	转基因作物种类
1	美国	71.5	玉米、大豆、棉花、苜蓿、油菜、甜菜、马铃薯、木瓜、南瓜、苹果
2	巴西	52.8	大豆、玉米、棉花、甘蔗
3	阿根廷	24.0	大豆、玉米、棉花、苜蓿
4	加拿大	12.5	油菜、大豆、玉米、甜菜、苜蓿、马铃薯
5	印度	11.9	棉花
6	巴拉圭	4.1	大豆、玉米、棉花
7	中国	3.2	棉花、木瓜
8	南非	2.7	玉米、大豆、棉花
9	巴基斯坦	2.5	棉花
10	玻利维亚	1.4	大豆
11	乌拉圭	1.2	大豆、玉米
12	菲律宾	0.9	玉米
13	澳大利亚	0.6	棉花、油菜、红花
14	缅甸	0.3	棉花
15	苏丹	0.2	棉花
16	墨西哥	0.2	棉花
17	西班牙	0.1	玉米
18	哥伦比亚	0.1	玉米、棉花
19	越南	0.1	玉米
20	洪都拉斯	<0.1	玉米
21	智利	<0.1	玉米、油菜
22	马拉维	<0.1	棉花
23	葡萄牙	<0.1	玉米
24	印度尼西亚	<0.1	甘蔗
25	孟加拉国	<0.1	茄子
26	尼日利亚	<0.1	棉花
27	埃斯瓦蒂尼	<0.1	棉花
28	埃塞俄比亚	<0.1	棉花
29	哥斯达黎加	<0.1	棉花、凤梨
合计		190.4	

　　尽管世界各国政府和人民对待转基因作物的态度不尽相同，但转基因作物在全球的迅猛推广本身就是对这项技术的肯定。这项技术给世界种业带来了革命性的变革，在转基因作物高度普及的国家，拥有或者能够使用转基因技术已经成为行业的一个主导因素。以美国为例，2019 年转基因作物种植面积达到 7 150 万 hm^2，平均推广比例占全部作物的

90％以上（www.isaaa.org）。全球六大种业公司（拜耳、科迪华、先正达、巴斯夫、利马格兰和科沃施）在美国所销售的玉米、大豆种子几乎全部是转基因产品。而曾经的 500 多家中小种子公司在很大程度上也由于没有转基因技术或者无法使用转基因技术而被迅速收购或兼并。转基因技术在 1997—2007 年 10 年间极大地推动了美国种业工业的整合，使种子企业的集中度显著提高，仅孟山都（2018 年被拜耳收购）和杜邦-先锋（2015 年与陶氏益农合并后成立科迪华）两家种业玉米种子市场份额就达到全美市场的 75％以上。

转基因技术作为一项全新的技术，其商业化过程充满了坎坷与巨大的商业冲突。在 20 世纪 90 年代，孟山都公司的研发副总裁 Robb Fraley 以及当时的首席执行官 Robert Shapiro 在制订公司的转基因商业化策略以及推动孟山都公司的抗除草剂基因 *Roundup Ready* 和抗玉米螟基因 *Bt* 的商业化方面发挥了核心领导作用。在 1992—1996 年间，孟山都与种业巨头先锋公司就转基因本身的价值、转基因种子如何定价、谁拥有主导权、利益如何分配、如何支付特许使用费等问题展开了一系列激烈的争辩。这是一场新兴技术公司与传统种业公司之间的较量，是转基因性状与种质资源之间的较量。

转基因技术和私有化的优秀种质资源提高了种业行业的门槛，极大地限制了中小企业和商业投机者的发展，使得种业行业成为一个准入门槛很高的行业。转基因技术的快速发展和应用加上严格的知识产权保护法律促成了美国种业行业的兼并与整合，使美国种业变成了由 6 家国际公司（即拜耳、科迪华、先正达、巴斯夫、利马格兰和科沃施）控制的、高度集中的行业。

（二）分子标记技术推动了分子辅助育种的广泛应用

随着分子生物技术的进步和基因组学的发展，分子标记技术在过去的 50 年里得到了极大的发展。从 19 世纪 60—70 年代的同工酶标记（allozyme）到 80 年代的 RFLP（restricted fragment length polymorphism）标记，到 90 年代的 SSR（simple sequence repeat，或者 microsatellite）标记，再到现在广泛使用的 SNP（single nucleotide polymorphism）标记，每代技术都比上一代技术更快捷便宜、通量更高、更易实现自动化，标记数也更加丰富。建立在 PCR 技术基础上的 SSR 标记和 SNP 标记，比传统的同工酶和 RFLP 标记更加简便。图 17-1 显示了分子标记技术几十年来的发展历程（Liu，1997）。

孟山都、杜邦-先锋等国际大公司在 2003—2005 年期间都完成了从 SSR 标记到 SNP 标记的更新换代。SNP 标记被国际大公司广泛采用的主要原因有：①玉米基因组中存在着非常丰富的 SNP 标记变异，到 2012 年已经检测出大约 5 500 万个 SNP（Chia 等，2012）。②SNP 标记的检测技术变得非常成熟和高效，通过不同的技术平台间相互竞争，极大地促进了 SNP 检测技术的快速发展。现在比较流行的检测体系有基因芯片检测系统（以美国 Illumina 公司和 Affymetrix 公司为代表）、以 Taqman 或 KASP 技术为基础的荧光检测系统（以美国 Douglas Scientific 公司和英国 LGC Genomics 公司为代表）、以 DNA 测序为基础的检测系统（genotyping-by-sequencing，即 GBS）。这三类检测技术平台各有优点和缺点，但都实现了高通量和自动化。以 Affymetrix 公司的 GeneTitan 为例，使用中国农业科学院作物科学研究所贾继增课题组设计的小麦 660K 芯片，GeneTitan 系统 1 周（不需要额外加班）可以完成 4 张 96 孔样品板的分析，也就是说该系统 1 周可以产生 25 340 万个数据点。在一个典型的高通量分子标记实验室里，SNP 标记的检测通量可以轻松达到每天几百万至上千万个数据点。到 2013 年，杜邦-先锋公司在全球四大洲共设立了 8 个高通量分子标记实验室（www. pioneer. com），估计每年产生的 SNP 数据点在 50 个亿以上。③随着 SNP 标记检测技术的进步，SNP 的检测成本变得十分便宜。在一个成熟的高通量分子标记实验室里，一个 SNP 数据点的检测成本在 0.01~0.10 美元，具体取决于检测通量、项目特点、技术体系等因素。

海量的、精准可靠的 SNP 标记数据的应用带来育种过程主要矛盾的变化，由传统的获得基因型数据而转到获得准确可靠的表现型数据，即大田数据。这也使得育种过程由传统的以大田试验为主的学科变成分子育种和大田试验并重的新兴学科，分子辅助育种技术成为作物育种中一个必不可少的技术手段。新品种选育由依赖育种家个人经验的过程变成一个依赖科学数据的过程。作物育种的成功要素包括：经验、科学和机遇。随着分子育种的快速发展和基因型数据的海量涌现，育种三要素中经验的比重正在下降，科学的比重在快速提升，机遇由过去的不可预测性变得相对可以预测。

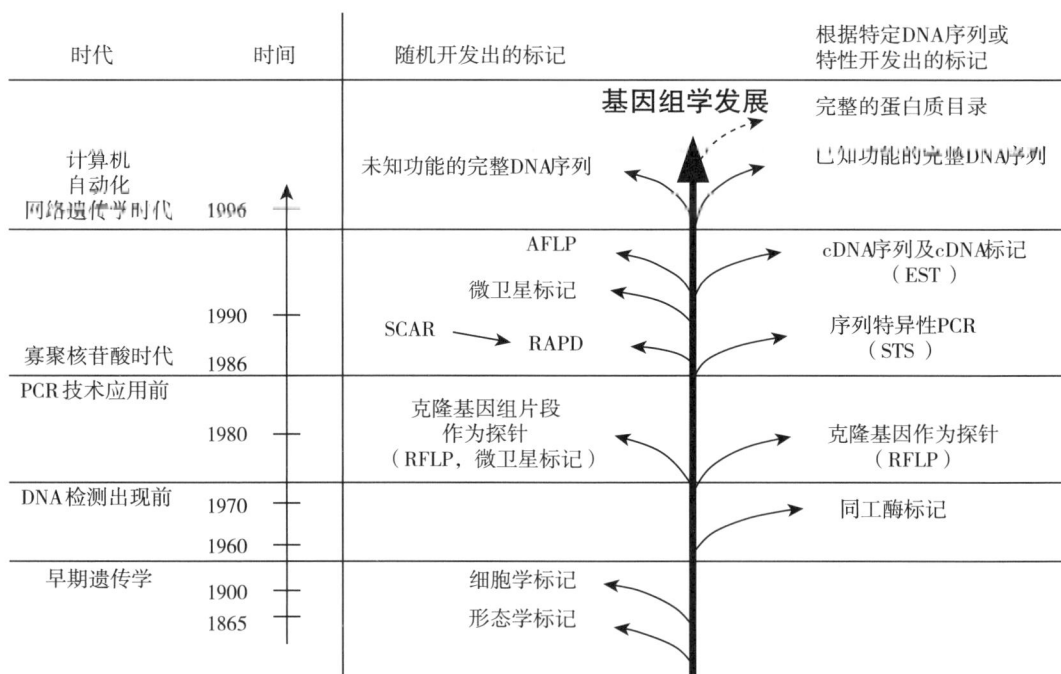

图 17-1 分子标记技术的发展历程

分子辅助育种技术的快速发展在很大程度上把育种模式从传统的小作坊式转变成工业化和信息化规模，从这个意义上讲，分子辅助育种技术正在引发育种行业的一场巨大的变革，在发达国家的种子企业，这种变革已经产生了显著的效益。

（三）大数据时代已经来临

大数据（big data）指的是所涉及的数据量规模巨大到无法通过人工在合理时间内达到截取、管理、处理并整理成为人类所能解读形式的信息（维基百科定义）。大数据具有4V特点：Volume（大量）、Velocity（高速）、Variety（多样）、Veracity（真实性）。在国际大型种子公司里，育种家们已经开始体验大数据以及与之相关的数据库、数据安全、数据分析、数据挖掘等一系列工具。下面以一个典型的育种家的实际工作为例来说明大数据在育种上的应用。

一个玉米自交系育种家一年新产生60个育种群体（30个SS群，30个NSS群），利用双单倍体（doubled haploid，DH）技术，一年后这个育种家将得到12 000个DH系（平均每个群体产生200个DH系），这些系经过一代的繁殖和农艺性状观察后，大约有8 000个DH系被保留下来进行配合力测试。以下几个方面的工作将同时或按顺序展开：①这8 000个DH系的样品将交给分子标记实验室来进行基因型分析。假如使用公司自己开发的30K基因芯片来检测，将产生2.4亿个基因型数据点。②这8 000个DH系在3个试验点进行自交系的抗病性和抗逆性等15个表型性状鉴定，产生36万个自交系表型数据点。③按每个系平均与1个骨干系测交，共产生8 000个TC1测交组合。这些组合在5个试验点对5个表型性状进行观测，共产生20万个数据点。④将8 000个系的2.4亿个基因型数据点与这些系的36万个表型数据点进行关联分析，将产生几十亿个中间数据点，最终期望鉴定出几百个QTL区域。⑤结合TC1的田间表现，结合亲本自交系的基因型数据，将大约15%即1 200个组合升级到TC2。

以上所列的仅仅是一个育种站工作的一部分，结合育种群体历年的累积以及高级测试工作的开展，每个育种站每年都会产生2亿～5亿个基因型和表型数据点。因此新一代的育种家必须精于数据的分析与处理，拥有驾驭海量数据并从中找出有用信息的能力。

二、作物育种已变成由多学科协作的交叉技术平台

近30年来，随着分子标记技术、转基因技术、DH技术、生物信息技术的快速发展以及这些技术在作物育种中的广泛应用，作物育种已由传统的单一农业学科领域演变为一个由多个现代生物学科交叉聚合的综合性、高技术学科领域。图17-2是对国际大公司育种研发体系的一个总结。

国际种业公司的育种系统包括三大体系：分布在全球玉米市场的育种站系统、分布在全球玉米产区的产量测试体系以及在公司研发总部的研发中心。育种站系统的主要任务是组建育种群体，选育自交系，开展自交系的鉴定和配合力的初步测定，产品升级和命名自交系。产量测试体系的主要任务是对命名的自交系进行更多地点的配合力测定，对杂交组合进行广泛测试试验，决定晋级参加中高级测试的杂交种，对最终进入商业化的品种进行

全面完整的特征特性描述，以及推荐相应的栽培方案。这两部分是任何传统种子公司育种体系必不可少的组成部分。

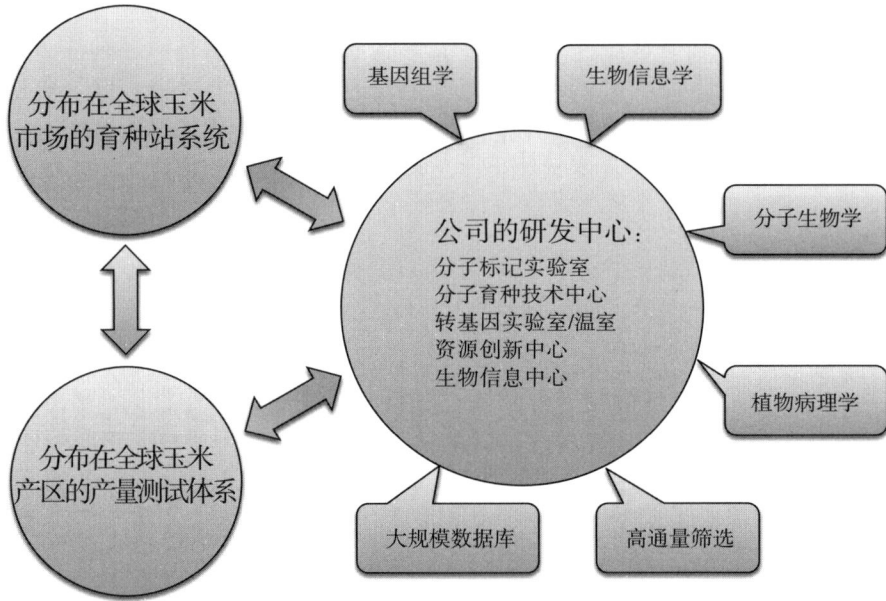

图 17-2　国际大公司的育种研发体系

　　但真正决定一个公司育种水平的往往体现在第三部分，即公司的研发中心。研发中心是一个公司育种系统真正的核心和发动机，它决定了一个种业公司的育种技术水平和育种效率。研发中心通常包括以下几个方面的内容：高通量分子标记实验室、分子辅助育种技术服务中心、转基因实验室和温室、资源创新中心、生物信息中心等。一大批从事基因组学、转基因、分子生物学、生物信息学、植物病理学、植物生理学、高通量筛选、大规模数据库运营管理的专家支持研发中心的运行。

　　现代育种的高科技特点在研发中心得到集中体现。一个大型种业公司的研发中心要从以下几个方面对公司的众多育种站和试验站提供技术支持和技术服务。

　　（1）技术创新。技术创新包括但不限于发掘、测试、验证新基因、新标记、新 QTL；开发用于试验研究的新技术、新方法、新手段；种质资源的创新和深度分析及等位基因的挖掘。以孟山都为例，该公司曾是世界上最大的转基因公司，目前在市场上应用的转基因技术 80％以上都来自孟山都公司。孟山都公司 30 多年来持续不断地对转基因技术的创新给予巨大的资金投入。在全球主要农作物的转基因专利中，孟山都公司独占 85％以上。这些技术专利全部由孟山都公司或由其收购的子公司的研发中心发明。

　　（2）技术的转化和聚合。对与育种和产品开发相关的各个学科领域进行及时跟踪，关注这些领域最新的研究进展，然后在公司的研发中心对这些最新的科技进展进行消化、转化和定制，把全球的最新科技成果尽快转化为公司可以应用的育种技术。国际种业公司每年拿出一部分预算与全球一流的科研单位进行科技合作。比如杜邦-先锋公司曾与中国农业大学国家玉米改良中心签订了战略合作协议，约定中国农业大学国家玉米改良中心的部分科研成果在国际市场上给予杜邦-先锋公司优先开发的权利。先正达公司曾与中国科学院遗传与发育研究所签订了 5 年的科研合作协议，约定了参加该项目的研究室的科研成果必须由先正达公司优先进行商业开发，而先正达公司则每年支付一定的研发费用给遗传与发育研究所。这些国际公司在进行对外科研合作的同时，大部分研发预算仍然是用于内部的技术开发、转化和跨学科领域的技术聚合。以高通量分子标记实验室为例，该实验室相关的学科包括基因组学、分子生物学、信息技术、设备的自动化、生物信息、项目管理等学科领域，而各个领域又在快速地演变和发展，因此要密切地关注这些领域的发展状况，而对实验室的运营管理和技术更新进行及时的调整，以保持实验室的先进性和低运营成本。

（3）技术培训和技术服务。研发中心的最终目的是为各个育种站提供全面的技术支持、培训和服务，帮助这些育种站更快、更高效、更精准地选育出优秀的新品种。在国际大公司内部，有频繁的技术培训和技术交流会议，一方面是为了促进公司内部的科技交流与跨部门合作，另一方面是给那些分布在全球各地的研发人员提供学习和培训的机会。公司的高级科学家也会到全球的各育种站访问，帮助解决各种技术问题。

三、商业育种过程的专业化、规模化、工业化、信息化

近 30 年来，国际种业公司的研发体系发生了巨大的变化。这些研发体系的变化体现在以下 4 个方面。

（1）专业化。在大公司的研发体系里分化出一批专业性很强的实验室，比如高通量分子标记实验室，高通量的基因转化实验室，高通量转基因鉴定实验室等。这些实验室就是公司内部的公共服务平台，为各个研发部门提供快速、专业的技术服务。而每个实验室在自己的技术领域里均处于世界先进行列，积极参加该领域的世界科技大会，追踪最新进展，并与其他有价值的公司或科研单位展开合作以保证本公司在该领域的先进性。

（2）规模化。在专业化分工的基础上，集中公司相应的需求，高通量运行，形成规模效应。比如高通量分子标记实验室既会为公司里的所有作物提供服务，也会为各个功能部门提供服务，包括产品研发部、性状研究部、转基因部、性状导入部、资源创新部、知识产权保护部、生物信息部等。这样不仅可以提高工作效率，还可以大大降低运营成本。

（3）工业化。育种过程不再是传统的小作坊或小课题组式的组织形式，而是形成了一套类似于工业生产流水线一样的操作流程。

（4）信息化。公司内部从研发到经营全面实现了信息化，各种信息必须进入公司的内部数据库进行共享。同时，根据工作性质的不同、职务的高低，每个人所能接触的信息也是不同的。这在公司内部做到了信息共享和信息安全的平衡，为公司的健康发展提供了保障。

第二节　国际主要种业公司玉米育种研发体系

随着育种技术的发展和业务的拓展，在育种实践中，国际大型跨国种业公司逐步将作物育种的各个环节进行必要的分工，并将整个育种流程按产品生产的流水线设计，形成各种不同的生产线（pipeline），这充分体现了国际种业公司作物产品研发的商业化管理模式。只有将作物育种这个过程作为一种商业活动来对待，将整个研究过程设计成各种生产流水线，才能真正实现商业化，并为种业公司高速集约化发展提供服务。

一、育种过程的模块化管理

种业公司的商业目标之一就是实现利润最大化。利润最大化的一个有效手段就是优化产品的生产过程。种业公司为了优化作物产品开发过程，采用系统工程的原理将作物育种过程进行系统规划，划分成各种相互依存但相对独立的模块，实现整个过程的模块化。由此可以高效地利用公司的智力资源、种质资源和资金资源，为公司快速推出产品、出高质量产品提供必要的管理保证。

可以说，作物产品生产线是国际种业公司借助汽车工业的生产模式，在漫长的发展过程中逐步摸索形成的一种作物育种研究的有效管理模式，将作物育种的各种技术有机地组装在这个生产线上，科学家按各自拥有的技术被分配到生产线的各个环节上，分工明确、职责专一。这个强大的管理机器可以确保产品源源不断地从生产线上生产出来，推向市场，为公司赚取最大化的利润。因此，这里必须清醒地认识到作物产品生产线是一种管理模式。

传统的玉米杂交育种组成部分包括：种质资源、育种策略、杂交亲本选择、杂交后代选择、后代测试、产品产量试验和生产试验。每一部分都是一个模块，种业公司以此为基础建立产品研发的管理单元，并组成一个有机的产品生产线。

原则上，各个组成部分对育种成败同等重要。现实中对玉米育种而言，自交系的选育是最为重要的组成部分。杂交种的田间测试只有在自交系的基础上才能进行。比如一年选育出 1 000 个自交系，最终出产品的成功率是 1%，那么就只有 10 个自交系可以最终形成商业产品。

自基因工程等生物技术成功地应用到作物品种改良开始，生物技术成为传统育种之外一个不可或缺的系统模块，产出具有各种不同性状的优良品种。由于生物技术的复杂性，整个研发体系又可以划分成多个相互独立的管理单元，形成相对独立的产品生产线。

将育种过程模块化的优点是，专业人员可以充分发挥他们的聪明才智，致力于一个相对专一的研究领域，将研究做深入、做到位，为其他研究模块提供服务。这就要求功能模块之间一定要有服务的观念，所有模块都是相互依存和相互服务的关系，而非各自独立、各自为政的单元。在种业公司内部这一点是比较容易做到的，这就是为什么只有在商业公司中才能做到作物产品线式的管理，在公共研究单位和大学中很难实现这样的管理理念。模块化是这个管理理念中的精髓，只有通过模块化才能对每一环节做到优化高效，提高生产效率。

二、研发体系的主要组成部门及其功能

国际种业公司研发部门的组织构架多是分布式的，除了研发总部集中了多数不需要重复设置的研发部门外，育种站分布在全球各个作物产区，在区域的中心也可能设置各种满足区域特殊需要的研发部门等。图17-3展示了模块化的国际种业公司研发构架。

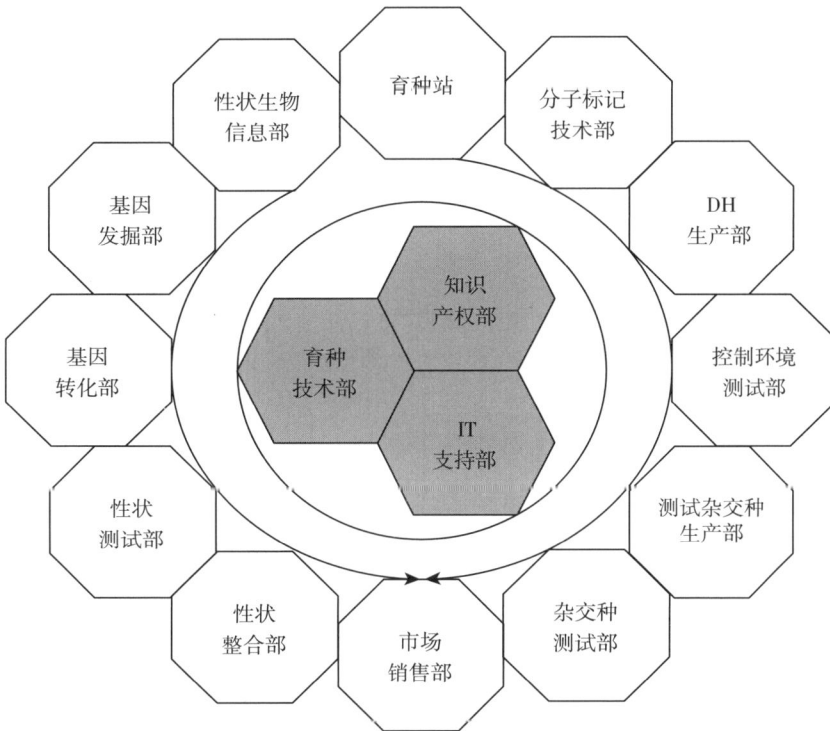

图17-3　国际种业公司模块化的研发构架

如图17-3的组织构架图所示，其中心包含了3个不可或缺的部门：育种技术部、知识产权部和IT支持部，在四周是由两条线串起来的各种研发部门。在图的右边是由传统育种技术为主线的育种部门，在图的左边是由生物技术为主线的转基因部门，这两条主线在市场销售部合二为一，公司研发的所有新品种都会通过市场销售部向客户统一推出。各个研发部门的功能如下。

（1）育种站。育种站是种业公司中最为根本的一个研发单元。在各个目标区域都会有相应的育种站，一个育种站可以包含一个或多个育种项目，针对该区域的具体情况进行育种研发。其主要功能包括种质资源的评价和筛选、自交系的选育、杂交种的测试和评价

等。每个种业公司根据规模大小和服务区域的不同，都会在一个区域设立一至多个育种站。大型跨国公司在全球范围内设立上百个育种站的例子也不鲜见。

（2）分子标记技术部。分子育种已经成为常规作物育种技术的一部分。现代国际种业公司中，育种家必须使用分子育种技术对自己的育种群体进行早代筛选，从而在控制成本的情况下，对更多的育种材料进行筛选，提高育种效率。分子标记技术部就是专门为此设立的，它实现了基因分型的工厂化和规模化，并为育种家及时分析育种材料的基因型数据。这是分子育种技术中必不可少的一步。

（3）DH 生产部。DH 代表双单倍体。双单倍体技术在过去的十多年中逐步成为作物育种的一项关键技术，大大缩短了杂交后代产生纯合自交系的时间。传统育种中，要获得一个稳定的纯合自交系需要 7～10 个世代，按一年两个世代算，也需要 4～5 年的时间。双单倍体技术实现了两个生长季产生纯合自交系的设想，使自交系的生产时间成倍缩短，为更快地测试新自交系的表现提供了可能。DH 生产部的主要任务就是承接育种家提交的基础育种群体，采用高通量技术，规模化生产纯合自交系。如果 DH 种子的数量足够，就直接将产生的纯合自交系种子返回到育种家手中，否则需要一个附加的种子增殖世代，然后再将种子返回到育种家手中。

（4）控制环境测试部。一般来说，新育成的自交系或组配的杂交种是在目标环境下进行测试，但是气候环境不是每年都一样，因此一个材料就需要进行多年测试，即便如此也无法保证可以遇到所有的环境组合，特别是在当前气候多变的大背景下，异常天气出现更加频繁。为了保证育种中选育的材料对各种特定目标环境的适应能力，特别是干旱环境的适应能力，从而保证新品种在多种复杂多变的环境中表现优异，将农户在不利环境条件下的损失降到最低。国际种业公司都在全球各地寻找环境条件可以控制的自然环境，而非选择生长箱和环境控制室。比如选择测试品种抗旱性能的，就选择作物种植期间降雨量稀少、作物需要的水分全部通过灌溉补给的地区作为可控环境来测试材料。通过在这种环境条件下，设计合理的田间试验，针对性地测试育种材料，可为育种选择提供可靠的数据。

（5）测试杂交种生产部。玉米杂交种的生产比较简单，只需要控制好父母本的花期就可以生产出需要的杂交种。但对于育种家来说，鉴定大量的自交系，就需要对应生产数量巨大的测试杂交种，以便进行产量测试。为了提高效率，在种业公司内部可能成立专门的部门，种植大量的自交系与少数几个测试杂交亲本进行杂交，生产这些的测试杂交种。

（6）杂交种测试部。关于测试的田间环境，应该以自然环境为主。但是在产品测试的年份，由于气候变化多端，不一定可以遇上合适的环境，这就需要建立人工的田间测试环境。①选择西北内陆地区夏季干旱少雨并具有良好灌溉条件的地区，建立完全可控制的品种测试环境，以便对产品进行特定环境下的测试，为产品的研发提供保障；②同时需要在各种生态环境条件下测试品种的适应性；③在品种的目标环境中应当大量选择测试点，涵盖高水肥和低水肥、高管理水平和低管理水平等各种不同田间条件，以便新产品的各种性状可以得到广泛的测试，包括各种抗逆性、丰产性等。抗逆性包括干旱、低氮、生物逆境如病害、风灾、贫瘠土壤等。④高密度应当成为品种测试的常规环境。大型种业公司，一般在产品进入市场前，已经完成了新品种的各项栽培管理配套措施的研究，相关的信息作为产品售后服务的一部分提供给终端用户，做到良种良法的有机结合，在帮助农民增收的同时，为公司创造良好的利润，实现产品的内在价值。

（7）市场销售部。在新品种测试完成后，只有在目标环境中表现优异的少数杂交种才能进入商业化程序，这里将整个商业化程序简化为一个部门——市场销售部，其实这是一个庞大的系统，每个种业公司市场销售部门的规模都很大，并包括了各种各样的部门。他们负责将研发部门开发出的产品推向市场，为公司赚取利润。

（8）性状生物信息部。在多种作物基因组测序基本完成后，有大量的 DNA 序列数据需要分析整理；为了建立高效的基因型分型技术，也需要开发大量的 SNP 分子标记，这都是生物信息学的首要工作。在种业公司内部，如果建立了生物技术的研发生产线，就需要进行基因的发掘，这也需要生物信息学的帮助。因此生物信息部的功能是多重的，作为生物技术研发的源头，该部门肩负着重要的职责，需要利用已有的测序信息，帮助基因发掘科学家发现调控特定性状的一系列基因及其潜在功能，以备下游研发部门充分利用。

（9）基因发掘部。基因发掘包括两大部分：作物本身相关基因的发现和利用、新基因的发现和在目标作物中的性状育种。关于作物本身相关基因的发现和利用，主要是利用作物本身的潜力，这已经衍生出了分子育种技术、QTL 分析和关联分析、全基因组预测等多种育种新技术。关于新基因的发现和在目标作物中的性状育种，主要是指转基因育种，这是一个复杂的系统工程，世界上目前为止最成功的是孟山都公司。他们开发出了抗除草剂、抗虫等转基因性状，通过向其他公司发放许可使用执照，整合到玉米、大豆等作物产品中。

（10）基因转化部。基因发掘部门发现的相关基因，需要通过基因转化的步骤，整合到目标作物材料中。因此该部门的主要工作包括构建基因载体、通过基因枪或农杆菌将基因载体整合到目标作物中，通过组织培养的方式产生转基因作物植株，并确定基因转化的结果。随着基因编辑技术的飞速发展，创制新性状有了新的技术途径，基因转化部门的工作内容也有了新的扩展。

（11）性状测试部。基因转化部门的产品是带有目标转基因性状的作物种子，通过它们可以将转化好的基因整合到其他育种材料中。然后，在温室和田间对转基因的性状表现进行观测，比较转基因系和原始野生系之间的异同，确定转基因系目标性状或其他性状的变化方向及幅度。这需要经过一系列的步骤，可以设计多个产品生产线，以便精细管理，确保转基因产品的有效性和有益性。

（12）性状整合部。一旦性状测试部门确定了一个转基因产品的有效性，并通过了复杂的转基因监管程序，就需要将具有特定性状的转基因事件/性状整合到通过育种程序获得的各种作物新品种中。可以采用回交育种的方式将转基因事件/性状整合到新产品中，这就是性状整合部门的主要功能。性状整合到了新品种中后，就可以进入产品的测试程序，最终进入市场销售部门进行商业开发。

（13）育种技术部。育种技术部的主要任务是根据科学技术的发展情况，研发在作物遗传育种中可以使用的各种通用技术，如高通量表现型数据采集技术、利用基因型信息对自交系和杂交种的表现进行预测的技术、利用遗传标记信息或基因组测序信息划分遗传群体结构的技术等。这些技术可以应用到作物育种和生物技术研发的各个环节。该部门与IT支持部密切合作，可以开发出各种实用的软件工具，提供给相关的科学家使用。

（14）IT支持部。IT已经渗入现代作物育种的各个环节，与中心数据库相关联的各种实用软件都成为育种工作各个环节必不可少的工具。因此IT支持部有着广泛的功能，从一般计算机软硬件支持，到公司的研发数据库开发维护，直到各种利用中心数据库的各种软件工具定制开发，都是IT支持部的职责。当然，这个部门还可以拆分成多个相互独立的模块，以便提高工作效率和便于管理。

（15）知识产权部。在作物育种和生物技术的研发过程中，有大量的新知识和新技术产生出来，需要通过专利或其他保护措施进行保护。知识产权部的主要职责是为本公司的新技术、新发明和新创新提供知识产权保护，同时为科学家提供必要帮助，以便他们可以将研究工作的成果以论文或报告的形式向社会开放，同时不至于泄露公司的商业机密和专利技术信息等。法律服务是每个公司必备的武器，必要时可以用来保护公司的利益不受侵害。

三、对外合作、自主创新和知识产权保护

与种业科技相关的基础研究，比如一些性状的分子生物学机理、植物生理生化机制等基础性研究，种业公司多倾向于在世界范围内寻找高校和研究所作为合作伙伴，开展合作研究。通过一定的知识产权协议，公司为研究项目提供必要的资金，获得研究项目的知识产权，也允许合作单位发表论文等。公司再通过内部的机制，将研究成果在育种过程中加以利用。

公司如何寻找合作伙伴，主要是公司内部各个研究领域的科学家，在自己的研究领域内，根据公开的文献等发现潜在的合作对象，然后逐步建立起合作机制。这是一个互利的过程，一方面，高校和研究所获得了他们需要的研究资金；另一方面，公司获得了他们需要的研究成果。这是一种双赢的模式。但是，牵涉到有重大商业价值的技术，公司会采取自主创新的模式，这样在研究项目完成后，公司对所得技术享有全部的知识产权，可以采取申报专利或完成作为商业机密而封存的模式，使公司拥有巨大的商业优势。

有力的知识产权保护是国际种业公司成功的社会基础。在一个尊重知识产权的社会里，人们才会在科学研究上花费巨资进行创新研究，以期获得社会认可的新发明新创造。在国际种业公司，在研发的各个环节中都可能出现科技创新，科学家会和知识产权部合作申报各种专利，以便保护公司产生的新技术，比如发现了一个具有潜在商业应用价值的基因、改进了一项技术使其具有了极大的商业应用价值、研发出一个具有特异性状的新自交系等，公司都会遵循一个特定的程序完成专利申请，在知识层面对公司提供保护。孟山都

Bt 和抗除草剂转基因专利的许可使用为孟山都赚取了丰厚的利润，是知识产权保护利用最成功的案例。

第三节　商业育种的技术体系

近几十年来，随着分子生物学的快速发展，一方面，分子标记技术逐步成熟，使以分子标记为基础的分子辅助育种技术成为作物育种中的常备技术；另一方面，以转基因技术为标志的生物技术的商业化，将作物育种提到了一个新的高度，为作物育种提供了打破物种之间藩篱的手段。另外，许多其他新技术的发展完善，比如，双单倍体技术、高通量表现型分型技术和育种大数据挖掘技术，赋予了现代商业育种一个全新的面貌。现代商业育种在传统育种技术的基础上结合了这些先进技术，大大缩短了育种年限，提高了选择效率，降低了育种过程中的偶然性，增加了研发出具有优良性状、丰产、优质、抗逆和广谱适应性新品种的必然性。

一、现代商业育种的技术体系

国际上各个商业育种公司的玉米育种技术体系都是建立在轮回选择的基础上。通过建立相互独立的母本和父本群体，采用相互轮回选择技术（reciprocal recurrent selection），同时对母本和父本群体进行循环改良，逐步增加群体内部优良等位基因位点的频率和遗传多样性。随着循环世代的进展，优良等位基因位点在群体内积累，群体一般配合力得到提高，实现玉米群体整体水平的优化，这就是大家所讲的常规育种技术。

随着各种育种新技术的出现和发展，常规育种技术也逐步得到改进和完善。已经或正在显著改变常规玉米育种技术的有双单倍体技术、分子育种技术、转基因育种技术、高通量数据采集技术、大数据挖掘技术等，这些技术从不同角度改变了传统的玉米轮回选择技术，使商业玉米育种向前迈进了一大步。图 17-4 概括了商业玉米育种技术体系的构架。

基本的轮回选择技术是商业玉米育种的基石，通过多轮选择，建立遗传基础丰富、含有大量优良等位基因的母本和父本杂种优势群体，使各大种业公司的商业育种日臻完善，为种业公司源源不断地育成新的优良杂交种奠定了物质基础。

在图 17-4 中，除了核心的相互轮回选择技术外，各种新技术极大地提高了育种效率并显著缩短了育种周期。例如在双单倍体技术成熟之前，自交系的纯化过程需要至少 7 个世代，这是育种周期长的主要制约因子。再如由于人力物力的限制，育种早代可以测试的杂交后代数量也十分有限，但是随着分子育种技术的完善成熟，可以通过基因型信息对大量的后代首先进行基因型筛选，从而在不增加田间试验的前提下，显著地扩大了筛选杂交后代的数量，增加选育出优良自交系的概率。

如果将育种过程比作一个大漏斗，漏斗的顶部就是早代可测试的育种材料数量，漏斗

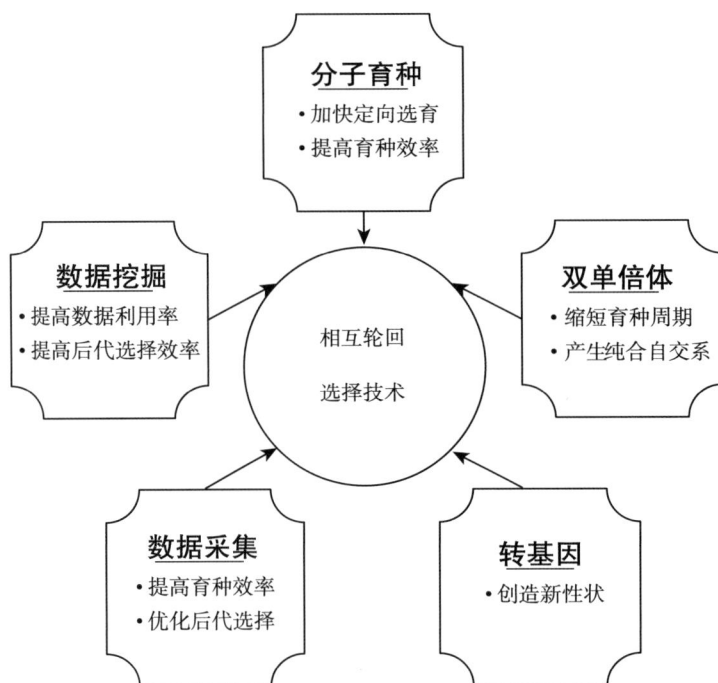

图 17-4　商业玉米育种技术体系的核心模块示意图

的底部就是选出的优良自交系数量，漏斗的高度代表了育种周期的长短。图 17-5 体现了常规育种技术在采用新的育种技术前后的变化。上面的细长漏斗代表了传统的常规育种体系，下面的宽扁漏斗代表了使用各种新的育种技术之后的现代育种体系。

在分子辅助育种技术逐步成熟之后，育种家对育种材料的选择出现了显著的变化。在育种的早期，育种家可以根据亲本的基因型数据进行设计育种，有目的地将亲本的优良等位基因组合起来，通过基因型数据进行后代表现型预测，从而有目的地产生杂交组合。在杂交后代产生之后，通过双单倍体技术完成杂交后代的纯化过程，产生 100％的纯系，然后对这些纯系进行基因型鉴定，在进行田间测试之前，就可以利用这些基因型信息通过基因组预测技术对纯系的表现型进行预测，根据基因型选出潜在的优良基因型纯系，然后在田间进行测产鉴定，这极大地扩展了早代选择的可能性和范围，为选出优良自交系拓宽了道路，这就是为什么采用了新的育种技术之后，漏斗的开口处变得更宽，代表选择的范围更加广泛。同时，由于双单倍体技术、全基因组预测技术等新技术的使用，漏斗的高度变短了，代表育种周期显著缩短。

图 17-6 显示了基因型和表现型信息在育种进程中所占比重的变化。在现代商业育种过程中，基因型信息在早代占据绝对的优势。随着育种进程的发展，基因型信息所占比重逐步减少，到了育种进程的后期已让位于表现型信息。由于基因型和环境的复杂互作关系，育种家需要根据每个育种材料在田间的具体表现来评判其优劣，从而选出一般配合力高、丰产性好、抗逆性好的广泛适应的优良自交系和杂交种。

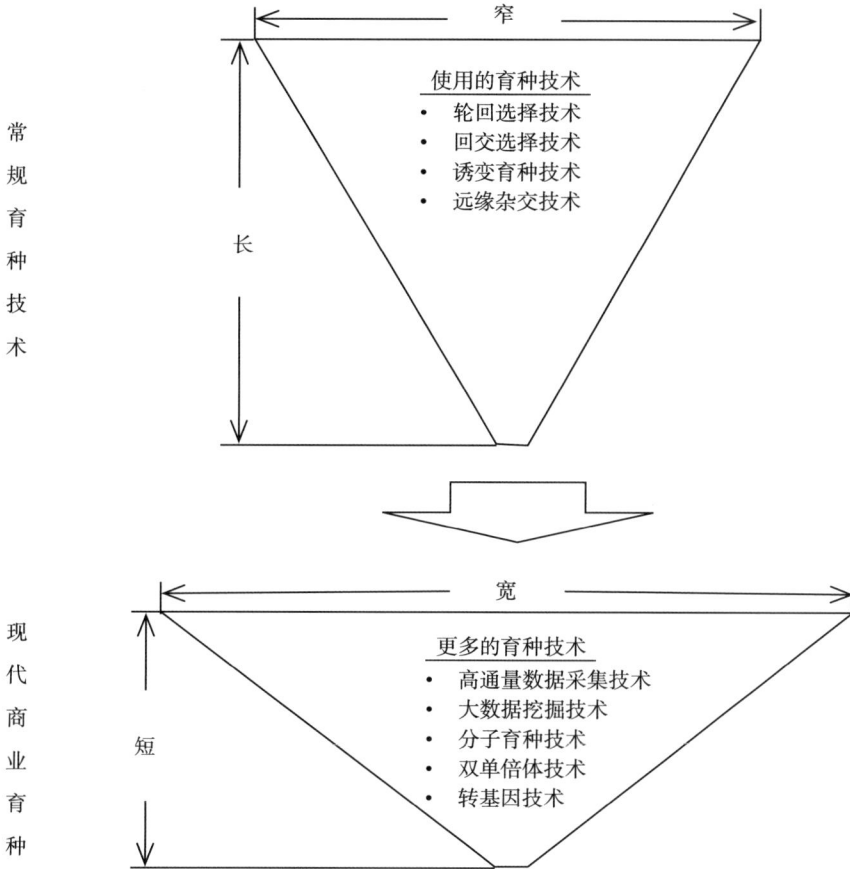

图 17-5　现代育种技术使用前后育种进程和育种效率的变化

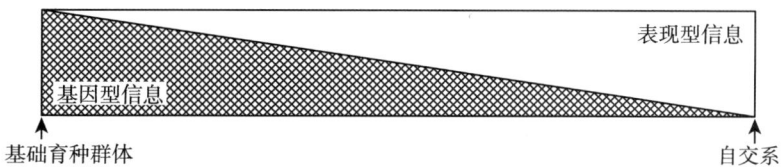

图 17-6　基因型和表现型信息在作物育种进程中所占比例的变化

二、商业育种公司的分子育种技术

分子标记技术、基因组学和生物技术在育种上的应用标志着作物育种技术的革命性创新。数量性状位点（QTL）的定位和基因克隆使杂交亲本的选择更加精准，后代选择的准确性更高，优良等位基因位点固定得更快，遗传增益（genetic gain）提高。

（一）数量性状位点（QTL）定位

作物数量性状指表现型具有连续分布形态、受大量基因位点控制、易受环境条件影响的性状。QTL 是指与控制性状的基因有关联的一段 DNA 区域或分子标记。一般情况下，一个数量性状受多个 QTL 影响。QTL 对性状的决定程度随性状和环境的变化而不同。

QTL 定位（QTL mapping）是指通过对一个单一杂交分离群体中个体的基因型和表现型数据进行统计分析，在分子标记和数量性状之间建立关联关系，揭示数量性状的遗传控制机制，帮助定位基因和发现可能的功能基因。QTL 定位的方法有很多，常用的有区间定位法（interval mapping）、组成区间定位法（composite interval mapping）、基于系谱的定位法（family - pedigree based mapping）和贝叶氏区间定位法（bayesian interval mapping）等。

QTL 定位方法存在一定的局限性，比如定位群体必须是单一杂交的后代，建立这样的定位群体需要相当长的时间和资源投入，通过统计分析获得的 QTL 需要进一步验证后才能应用，同时 QTL 可能仅与特定的遗传背景相关联，难以应用到其他不同遗传背景的群体，特别是遗传变异丰富的育种群体等，加上可能存在的 QTL 与环境条件的交互，使得 QTL 的影响效果变得难以确定。

（二）关联分析技术

关联分析（association mapping），也称连锁不平衡分析（linkage disequilibrium mapping），是一种基于分子标记与相邻染色体区段的连锁不平衡的强度，建立性状和分子标记之间关联关系的 QTL 定位方法，在复杂性状的分解研究中起着重要作用。与传统 QTL 定位方法不同，关联图谱分析使用的群体是包含多种基因型的自然群体，而不是单一杂交的分离群体。关联图谱分析一定程度上克服了 QTL 定位的弱点，获得的 QTL 可直接应用于候选基因发现和分子标记辅助育种。不过，该方法也存在不足，如在分析过程中需要考虑群体的系谱关系或亲缘关系。

美国农业部通过整合多种公共资源建立了大型玉米巢式关联分析（nested association mapping，NAM）群体（McMullen 等，2009），使用候选基因关联分析（candidate gene association mapping）或基因组关联分析（genome - wide association mapping），已经获得了开花期、叶型结构、玉米大斑病、玉米小斑病、籽粒组成成分和雄雌花序构造等性状的遗传结构。这些研究对充分了解玉米各种重要性状的遗传控制机制有极高的价值。

（三）育种值及其估计方法

在玉米育种中，早代测产十分重要。在这个阶段，育种材料的数量十分庞大，同时测产能力和条件又十分有限，难以测试所有材料。如何正确地估计育种群体中个体的表现就显得十分重要，通常采用有多个对照的无重复的田间试验设计，如格子设计、阿尔法设计、行列设计（row column design）、增广设计（augmented design）、部分重复设计（p - rep design）和增强 p - rep 设计（augmented p - rep design）等，在多个地点进行多年试验。

育种值（breeding value）是育种家用来选择后代的重要指标。在考虑环境变异和育种群体中个体之间亲缘关系的前提下，一个基因型的育种值可以使用表现型值进行估计。估计育种值的方法有很多，最基本的方法是最佳线性无偏预测（best linear unbiased prediction，BLUP）。BLUP 是用来估计混合模型（mixed model）中随机变量的标准方法，最早用于动物育种中，近年来在作物育种中逐步推广使用。在具体应用上，可以简单地忽略群体中个体之间的亲缘关系，将群体中个体之间的变异作为随机变量，直接计算 BLUP 作为个体的表现；再进一步，可以考虑田间的空间变异，BLUP 的估算更加精确。育种群体中个体之间的亲缘关系可以使用多种方法来估算，使用系谱信息或分子标记均可。

随着分子标记数据获取变得越来越便宜，以及全基因组选择方法的提出（Meuwissen 等，2001），基因组估计育种值（genomic enhanced breeding value，GEBV）的概念逐步形成。它是使用覆盖整个基因组的分子标记信息来估计一个基因型的育种值。基于 GEBV 的后代选择方法就是基因组选择法。用于估计 GEBV 的方法有很多，最常见的有：最小二乘法、岭回归 BLUP（ridge regression，RR - BLUP）、贝叶氏估计法、主成分分析法、人工神经网络（artificial neural network）、随机森林法（random forest）、随机梯度抽样法（stochastic gradient boosting）、支持向量机法（support vector machines，SVM）等。各种统计软件包（SAS、GENSTAT、R 和 ASREML 等）都可以求解混合模型（mixed model），对大型数据集进行分析，计算各种遗传方差，以便估计遗传力，并用来估计测交后代的育种值。

（四）分子标记辅助育种技术

分子标记辅助育种技术主要是利用定位的 QTL 信息，在后代选择时，优先考虑并选择携带有增益效果的 QTL 等位基因的后代，与目标性状的田间实际表现相结合，最终选出优良育种后代进入下一个育种周期。分子标记辅助育种技术可以分为分子标记辅助选择法（marker - assisted selection，MAS）、分子标记辅助轮回选择法（marker - assisted recurrent selection，MARS）、分子标记辅助回交选择法（marker - assisted backcrossing，MABC）和分子标记辅助双群体相互轮回选择法（maker - assisted reciprocal recurrent selection，MARRS）等。

在过去的 30 年间，分子标记辅助选择法在育种的实际应用中取得了一定的成绩，主要是受少数主效 QTL 控制的简单性状。Berilli 等报道了双群体相互轮回选择中如何使用 SSR 标记来帮助选择遗传距离较远的后代，从而加大两个杂优群体的遗传距离，以便最大限度地利用杂种优势（Berilli 等，2011）。Ribaut 和 Ragot（2007）利用分子标记辅助回交法改良热带玉米的抗旱性，将 5 个染色体区段的有利等位基因整合到优良自交系中，成功地缩小了干旱条件下吐丝与散粉之间的时间间隔（即 ASI），确保在其他水分条件产量持平的前提下，提高干旱条件下的籽粒产量。Abalo 等（2009）使用分子标记辅助回交法来选育抗玉米条纹病毒（maize streak virus，MSV）品种并取得了成效。

这种方法仍存在不足，尤其是对受微效多 QTL 或基因控制的复杂性状的选择效果欠佳；另外受 QTL 定位群体和试验环境条件的限制，许多 QTL 再发现后难以在育种中实际应用，因此以 QTL 为标志的分子标记辅助并非像预测的那样成功，其整个理论体系存在许多不足之处，解决这些困境最可能的方法和途径仍在探讨中。

（五）全基因组选择技术

自 Meuwissen 等（2001）提出全基因组选择法（genomic selection，GS）以来，从概念到实际应用，已经有了长足的发展。全基因组选择法包括三大部分：模型建立、后代预测和选择及田间验证。在建模阶段，要从目标育种群体（target breeding population）中选择一部分个体组成一个训练群体（training population），测定均匀分布于整个基因组的分子标记的基因型信息，同时在田间获取各种性状的表现型信息，通过统计和优化方法建立包含所有分子标记的预测模型。后代预测和选择包括对目标育种群体中所有育种材料的基因分型，使用建立的模型预测育种材料的 GEBV，然后决定育种材料的取舍。田间验证包括对选择育种材料多年多点的田间测试，根据田间实际表现，选优汰劣。

基因组选择法的优点：①选择对象变成了基因或分子标记，而不是育种群体中的个体；②由于训练群体和目标育种群体具有相同的遗传结构和变异，代表性更强；③由于使用了分布于全基因组的所有分子标记，消除了对 QTL 效果的高估，使预测结果更加精确；④减轻表现型性状采集的压力；⑤加快育种过程等。由于基因组选择法还处在发展初期，从理论到实践都还不完备，建模的方法还需要深入研究，训练群体的选择和田间试验设计也需要进一步深入探讨。

迄今为止，全基因组选择方法仅仅经过 10 多年的发展历程，理论层面的研究居多，在育种中实际应用还不多见。但是，作为一个新的方法，从提出到成熟并应用到育种实践中，需要一个过程。德国科学家使用来自世界各地的 285 个 Dent 自交系与两个侧交系杂交产生 570 个测交种，测定 7 个与生物量和生物能源相关的性状，使用 56 110 个 SNP 标记和 130 个代谢物来预测这些性状的一般配合力，结果表明 SNP 模型和代谢物模型的预测精度分别为 0.72~0.81 和 0.60~0.80，这些模型可以用来预测各种玉米自交系产生优良杂交种的潜力（Riedelsheimer，2012）。目前的研究结果表明，基因组选择的理论和技术是一次具有革命意义的育种技术突破。

三、单倍体技术体系

从 1929 年 Stadler 和 Randolph 描述第一例玉米单倍体以来（Randolph，1932），科学家发现，玉米群体中自发诱导产生的单倍体概率只有 0.1%，直到 1959 年发现 Stock6 的单倍体诱导率可以提高 10~20 倍，之后研究人员一直致力于如何在育种中利用单倍体技术。直到近期，双单倍体技术（doubled haploid）才逐步成熟并开始在玉米育种中大规模应用。使用双单倍体技术得到的自交系是百分之百的纯系。

深入研究单倍体产生的机理对于提高单倍体利用的效率有着深远的影响。新的研究发现，染色体着丝点参与了染色体组的消除过程。在有丝分裂期，纺锤体与来自父母本的染色体着丝点不均衡作用，导致来自父本或母本的一组染色体消失。拟南芥染色体组着丝点组胺蛋白 CENH3 在有丝分裂过程中起着关键作用，*cenh3* 突变体与野生系杂交，在有丝分裂期，突变体的染色体组被自然消除了（Ravi 等，2010）。在大麦 *Hordeum vulgare* × *Hordeum bulbosum* 种间杂种的胚中，*Hordeum bulbosum* 的染色体 CENH3 蛋白质丢失导致来自 *Hordeum bulbosum* 染色体着丝点在有丝分裂过程中没有活性，从而形成了单倍体。

早在 1975 年，Griffing（1975）就给出了在轮回选择中使用双单倍体的方法，并研究了其育种效率。目前一般使用 F_1 代的植株来诱导产生单倍体，但是 Bernardo（2009）研究指出如果一个性状由多于 100 个微效多基因控制，用 F_2 代植株诱导单倍体选择效率高于用 F_1 代的植株诱导的单倍体，并指出在使用周年的育种圃时，不会造成自交系选育的延迟，因此在玉米自交系育种中应当使用 F_2 代的植株来诱导单倍体。Gallais（2009）研究了在全同胞相互轮回选择中使用双单倍体的效率，指出单倍体的全同胞相互轮回选择方案的每年遗传增益比使用自交 S_0 代的相同选择方案提高 38.6%，另一个优点主要是使用单倍体的全同胞相互轮回选择可以直接产生杂交种。

四、转基因育种技术

转基因育种技术（transgenic breeding technology）主要包括基因转化、事件筛选和评估、转基因材料田间评估、通过回交将有效的转基因事件导入优良自交系用于商业育种。20 世纪 80 年代，随着使用农杆菌产生转基因植物技术的成功，标志着生物技术在作物育种中应用的开始，到 90 年代中叶，第一个转基因作物品种在生产上推广应用，开启了作物育种的生物技术时代。Koziel 等（1993）报道成功地将一个来自苏云金芽孢杆菌（*Bacillus thuringiensis*）的合成抗虫蛋白基因 *Cry1A b* 在玉米优良自交系中表达，转基因植株对欧洲玉米螟具有高度抗性。

自 1996 年第一个商业转基因玉米杂交种在生产上应用以来，至 2019 年，已有 29 个国家种植多达 1.9 亿 hm^2 的转基因作物（www.isaaa.org）。美国农业部数据显示，2022 年全美种植的玉米杂交种有 93% 为转基因产品，包含一个或多个抗虫和抗除草剂的基因（http：//www.ers.usda.gov/data/BiotechCrops/ExtentofAdoption Table1.htm）。在生产上使用转基因 Bt 玉米除了转基因杂交种本身高产外，也让非转基因杂交种受益。

目前，转基因技术为玉米增加了多种有益的新性状，如 Bt 抗虫、抗除草剂、雄性不育、改善营养、抗干旱、氮高效等性状。生物技术手段或与传统育种方法结合，将多个转基因性状聚合在一体，包含一个或多个转基因性状的玉米杂交种是当前发展的主要方向。抗虫转基因玉米不仅限于抗欧洲玉米螟，还包括多种地上和地下害虫；抗虫基因和抗除草剂基因结合的杂交种已经在生产上广泛应用。作物抗逆性增强的研究正在积极推进，例如发现玉米 *ABP9* 基因可以增强拟南芥对多种不利外部因素的反应，表达 *TsVP* 和 *BetA* 基因组合的转基因玉米可以有效增强玉米的抗旱性，表达烟草 *NPK1* 基因的转基因玉米的抗旱性增强等。改善营养方面包括表达真菌植酸酶的转基因改善了玉米的营养特性，从而有利于家畜利用籽粒中的磷，表达各种不同的酶以便增加多种维生素的含量，在胚乳中表达人工合成的 α-乳清蛋白编码序列的转基因玉米等。

当然，在转基因育种的各个环节还存在许多问题。自从转基因作物品种在生产上应用以来，人们就开始关注害虫对 Bt 蛋白的抗性增加和杂草对除草剂的抗性增加问题。从目前发表的文献看，广泛种植带转基因玉米杂交种的负面影响包括通过基因漂移污染地方品种、招致更多蚜虫危害、产生具有抗 Bt 的害虫和抗除草剂的超级杂草等。虽然这些研究报告有些只是个例，但是提醒人们，在决定种植转基因杂交种时一定要慎重并且遵循一切监管政策，不能为盲目追求利润最大化而放弃所有的保护措施，比如种植为防止害虫产生抗药性的庇护所品种。

五、高通量表现型鉴定技术

现代作物育种技术的进步充分体现了从经验科学走向精密科学的过程。过去的几十年里，在世界范围内，玉米新品种选育技术取得了长足的发展，特别是随着分子生物学的兴起，育种家能够精确地了解育种群体的遗传组成，为精确地进行后代选择创造了一个必要条件。但是，仅仅知道育种群体的遗传组成只是精确育种的一个方面，育种家还必须知道基因型和性状表现型之间的因果关系，才能在后代选择过程中有效利用大量的基因型信息。在依据后代表现型选择的年代，育种家必须在田间记载详细的性状表现型信息，以便对后代进行选择时，做到以数据为依据。随着现代精确育种技术的发展，育种家需要用性状表现型数据和基因型数据在基因型和表现型之间建立因果联系，由于基因型数据的获取实现了标准化和工业化，费用相对低廉，性状表现型数据的获取日益变成了精确育种技术的瓶颈，亟待技术的创新与突破。近年来，通过育种家、工程师、数据科学家之间的通力合作，可以应用于作物育种过程的高通量数据采集技术逐步发展完善，使实时动态采集植物生长发育动态和环境反馈的非破坏性数据成为可能，为今后精确育种技术的发展提供了另一个必要条件。

（一）数据采集与分类技术

就玉米育种目标而言，产量、品质、熟期、抗病虫特性、适应或耐逆境性等诸多性状需要育种家考虑。首先，作物的生长发育进程对作物产量形成起着决定性作用，开花期和成熟期的差别可以极大地影响作物产量和品质。其次，与作物吸收和转化各种资源相关的性状都是十分重要的，例如，光合作用效率、叶面积大小、叶片厚薄、叶向及夹角等群体冠层相关性状与干物质生产密切相关，对产量的形成有极大贡献；最后，根系的大小和深浅对作物有效获取水分和矿物营养至关重要。当然，作物产量及其组成因子是必须考虑的表现型数据。上述一些性状可以使用传统的技术获取，尽管没有达到高通量的水平，比如产量及其构成因子。但是，其他性状，比如根系在土壤中下扎深度和速度、侧根的数量等，在各种环境下都是很难获取的。

通常情况下，大田作物生长环境不可控、变数大。育种家在选择试验田进行育种试验时，基本要求是地势平坦、地力均匀、年际间变异小，以便减少试验误差，提高性状比较的准确率。但是，育种后代的测试，一般情况下都包括成百上千个品系，土壤变异度和田间操作造成的环境变异是很难消除的，唯一的希望是将试验材料在尽可能多的重复或环境下测试，以期获得较为准确的表现型数据，为后代选择提供可靠的依据。因此，在作物育种的不同环节，用生长箱、温室等创造可控环境经常会被使用。比如进行抗旱性育种时，经常使用防雨的可控环境来调控土壤水分补给，从而比较不同品系在水分胁迫环境下的表现，由于防雨设施仍然不能大量测试育种群体，一个替代的方案是选择生长季干旱少雨或没有降雨的天然环境，像新疆塔克拉玛干大沙漠北缘的绿洲地带就是良好的选择。

环境和性状决定了试验的空间和时间尺度，从而决定了采用何种数据采集技术。在可控环境下，比如温室，可使用自动温室加上德国 LemnaTec 公司研发的高通量数据采集系统（http://www.lemnatech.com/），从而快速获取单株植物的生长数据，比如叶面积、叶绿素含量、干物质等，世界各大种业公司都使用这项技术筛选新性状。在一般大田环境下，鉴于试验的规模，遥感光谱成像技术是一种很好的选择，无人机的使用使这一技术向实用化迈进了一大步；另外，基于地面的遥感和遥测系统也在开发中，比如使用 GPS 的性状数据采集移动设备，也可以获取高分辨率的试验小区数据。根据使用环境和使用技术的不同，可以粗略地将高通量数据采集技术分为以下几种。

1. 遥感光谱成像技术（remote spectral imaging）　遥感光谱成像是通过携带各种光谱辐射成像设备获取作物冠层可见光区、红外光谱区和高光谱区的数字图像。该技术可以在相对短的时间内，获取包含大范围区域的试验信息。无人机技术的发展，实现了在试验地上空循环拍摄，进而获取高质量的数字影像。通过图像解析，获得冠层光合作用相关性状、气体交换率、冠层结构和状态、生物量甚至产量等数据，应用到生物量和产量预测、水分胁迫监测、病虫害诊断等方面的研究中。数字图像的解析、性状数据的提取是该技术的最大挑战，需要计算机科学家、图像处理专家和作物生理学家的密切合作，才有可能产生对作物育种有价值的数据。

2. 遥测技术（remote measuring）　遥测是利用各种探头获取试验小区的高质量数据，比如株高、冠层反射率、冠层温度等数据。该技术的显著优点是不需要太多的数据加工处理工作，主要限制是不可能同时获取多个试验小区的数据，以试验小区的数量来衡量，采集数据的速度相对慢得多。

3. 光成像技术（χ - ray imaging）　作物根系生长在地下，不能实现直观观测，获取根系相关的性状数据是十分困难的。在实验室环境内，科学家研发了多种设备用来监测根系的动态变化，给育种家提供一个量化根系性状的手段，使用 χ 射线容积成像技术可以及时准确地获取根系在某一时间段的生长状态，基于 χ 射线的专门用于根系研究的实验室系统已经开始商业化。

4. 活体测定技术　这是改良的传统方法，在没有好的替代方法出现之前，仍然是十分有用的技术。根据性状的不同，可以采用不同的解决方案。比如干物质的测定，可以根据植物体积和质量之间的异速生长关系，通过测定各个时期的形态性状而估计出干物质的变化。再如，观测根长、伸长速率、种子根数和根的伸展角度等，可以通过根系生长箱进行。

（二）高通量数据采集技术的应用实例

高通量数据采集技术在生物量的估计、冠层温度和含水量的估测、根系性状的非破坏性采集、生育阶段的监测、产量及其构成因子的估测等方面都有成功的案例。

1. 干物质积累数据采集分析　在玉米生长的各个阶段，干物质生产和积累至关重要，营养生长期的干物质积累是作物对环境的综合反应结果，也是决定产量形成的基础。在大田条件下，只能通过破坏性采集植株样本，小范围小批量地采集一些生物量的数据，高效的、非破坏性的连续干物质采集技术就凸显出重要性。现有的方法分成两大类：一是使用异速生长关系来估计干物质的方法，二是通过图像中的绿色面积与干物质之间的关联关系的图像分析法。

对玉米而言，主要是利用植株的茎秆体积与干物质之间的稳定相关关系，通过测量株高和茎粗，然后估计玉米单株的干物质量，或通过测量果穗直径来估算果穗的重量。与直接测定干物质相比，这种方法的优点是不破坏植株的前提下快速测定株高和茎粗，对同一植株在生育期间可以多次重复测定，从而获得植株生长的动态数据。

近年来，研究利用各种光谱成像和图像分析技术较精确地估测作物干物质量取得较大进展，Montes 等（2007，2011）研究了近红外光谱和作物冠层光谱反射与作物生物量之间的关系，提出了相应的关系模型。Golzarian 等（2011）报道了利用自动化温室数据采集系统 LemnaTec（http：//www.lemnatec.com）产生的数字图像精确估计植株的干物质量。

2. 根系性状数据非破坏性采集分析　根系是获取各种矿质营养和水分的重要器官，负责合成多种激素和氨基酸，同时具有储存同化产物的功能，因此作物产量的高低和抗逆性与根系结构密切相关。比如，根系下扎深度与其抗旱性和产量呈高度正相关。Hammer 等（2009）利用作物模型研究美国玉米带玉米产量逐年增加的内在因素，发现垂直下扎较深的根系是高密度种植条件下玉米增产的内在原因。相反，土壤缺磷的情况下，在浅层水平方向上扩展的根系可以帮助作物吸收土壤中的活性磷元素，有助于提高作物产量。

由于根系主要生长在地面以下，与地上部截然不同，很难在不破坏植株的情况下采集到必要的根系数据，比如根系下扎深度和速度、侧根的多少和长度、侧根的分枝数量、全根系的重量等。近年来，对根系的研究获得了越来越多的关注。科学家从不同的角度出发，研发出多种方法来实际"观测"根系结构，主要是通过根系成像和对图像处理分析方法。各种方法面临的最大挑战是控制条件下获得的根系性状与田间根系性状的相关性。另外，研究人员利用获得的根系性状数据，定位根系相关性状的 QTL，以便在作物育种中加以利用。

在实验室条件下，有多种两维和三维影像方法，最为简单的是两维根系生长箱，就是在两块平板玻璃或其他透明材料中间（一般 1～10cm 不等），填充土壤或其他类似基质，透过透明的平板材料可以观察到作物根系下扎和展开的情况。比如，使用凝胶填充的两片或一片透明塑料盘做成的生长箱种植幼苗，在不破坏植株的条件下，可以观测根长、伸长速率、种子根数和根伸展角度等。也有利用改良的类似根系生长箱研究玉米、高粱和小麦的根系性状，利用育种群体定位 QTL，为抗旱育种服务。

同时，配套的软件系统用来分析三维图像，从而自动提取根系结构性状。采用类似 CT 扫描的方法，使用 χ 射线扫描根系，或者利用低剂量的 χ 射线对根系生长的特殊介质直接产生透视图像（http：//www.phenotypescreening.com/），建立三维根系数据库。目前，这些方法不仅耗时而且价格昂贵，同时图像后期处理也是个挑战。

另外，在田间条件下进行根系观测，科学家也投入了大量的精力。Trachsel 等（2010）报道了一种可以用米在田间条件卜获得 10 种玉米植株根系性状的方法，包括次生根和气生根的数量、夹角和分枝类型等。Grift 等（2011）报道了如何使用机器视觉算法（machine vision algorithm）获得玉米根系性状、分形维数（fractal dDimension，代表根系复杂程度）和根顶角（root top angle）的高通量方法，初步研究结果表明分形维数受多个微效基因控制，而根顶角受少数加性基因控制。

3. 植株性状数据遥感成像分析　遥感成像技术是一种十分有前途的高通量数据采集技术，它从不同的角度研究如何在作物育种中利用遥感技术获取大量有关作物生长状态的多种性状的数据，这对在田间筛选大量遗传资源和育种群体的后代具有重要意义。

Vina 等（2004）提供了利用遥感监测玉米生育动态的方法。他们研究了从电磁波谱导出的大气阻抗指数（visible atmospherically resistant index，VARI）与玉米生育期间干物质积累、生殖器官的出现和叶片衰老之间的关系，指出 VARI 可以帮助辨别生育期内不同的转换期，提供了一种监测玉米生育期的高通量方法。

种植密度是十分重要的产量构成因子，田间直接调查耗费大量人力并存在误差，使用遥感和机器视觉等方法可以高效快速地获得实际种植密度。Shrestha 和 Steward（2003）研制了使用机器视觉技术自动采集种植密度的地面操作自动系统。Tang 和 Tian（2008）研发了用于识别玉米苗和植株主茎的图像处理算法，这些算法还可以利用拼接的植株行图像，在生育前期自动获得株距数据。Thorp 等（2008）研究了航拍高光谱遥感图像与田间种植密度的关系，提出了使用航拍高光谱遥感图像估算玉米植株密度的方法。

抗逆育种需要获得玉米对自然灾害的抗逆能力指标，比如高效精确地评估冰雹和风灾对作物的损失，需要调查植株的损失和叶片脱落情况。Erickson 等（2004）研究了如何利用遥感技术来获取这些指标。

冠层结构与干物质生产和积累直接相关，利用遥感技术监测作物冠层的动态变化，对选育高产品种具有现实意义。冯晓等（2008）利用高光谱遥感技术来估测玉米冠层的 LAI 动态变化，建立了使用多个单波段指数的多元回归模型来估算冠层 LAI。

4. 代谢生理数据采集　随着全球气候变化的加剧，气候异常逐渐增加，抗旱育种变得越来越重要。与玉米产量性状一样，抗旱性是一组极其复杂的性状组合，不同生长发育阶段对干旱的反应完全不同，并由不同的遗传机制控制，因此，很难给抗旱性下一个确切的、统一的定义。因此，抗旱性研究必须分解成多种不同的子性状。近年来，科学工作者使用高通量成像技术来研究作物抗旱反应，并研发出一系列使用这些技术测定抗旱性相关子性状的方法。Berger 等（2010）提供了一个十分详细的综述，包括使用远红外成像技术、可见光和近红外成像技术、荧光成像和反射成像技术等。

Winterhalter 等（2011）研究了在灌溉和干旱条件下热带玉米杂交种苗期的冠层水分含量和冠层温度之间的关系，发现多种光谱指数和红外温度与冠层水分含量有极好的相关性，可以用于确定作物的水分胁迫水平。通过高通量的光谱和红外温度测定，可以快速确定杂交种的抗旱类型，从而帮助育种家在育种过程中选择后代。O′Shaughnessy 等（2010）报道了使用辐射热成像仪和测温仪评估大豆和棉花水分胁迫状态，用红外温度仪测定冠层温度，用冠层温度计算出经验水分胁迫指数，并发现该指数和叶片水势呈高度线性负相关，为直接测定作物水分胁迫提供一种有效方法。

六、作物育种大数据挖掘技术

现代计算机技术促进了作物育种技术的数字化进程。随着作物性状数据采集技术的发展成熟，作物育种过程中产生的数据呈指数式增长，促使传统作物育种技术变革。作物育种过程中产生的数据类型十分复杂，数据的存储、分析和利用变成了作物育种技术的一个有机组成部分，促进了现代数字育种技术的迅猛发展。本节通过详细分析玉米育种过程中相关联的各类数据，给出了一个概念性的作物育种数据管理系统框架，并阐明了各类数据之间的相互关系，同时提出完善的育种数据管理系统。除核心数据库外，还包括多项数据分析模块：系谱图和亲缘分析、分子标记和基因定位、数据采集和性状分解、杂交组合和后代选择、育种策略分析、田间试验设计和统计分析、生长发育系统模拟及基因功能和调控网络等。数据分析模块可以根据作物育种实践的实际需要进行组合，并非所有模块都是必需的。

（一）育种数据与管理系统

根据当代育种技术的发展现状，笔者提出一个普适性的高效育种数据管理系统的框架，主要由数据库和相关的数据分析模块组成。图 17-7 是作物育种数据管理系统的概念模型。

作物育种数据管理系统可以包括图 17-7 概念模型中的一个或多个组件，数据库是系统必不可少的核心组件。除了数据库之外，各组件都是可选的，服务特殊功能的附加组件可随时加入系统。也就是说，这是一个可扩展组合系统，除了核心数据库之外，可以根据业务发展需要逐步完善。根据计算机软件开发平台的不同，可在多个水平上实现系统的整合。一般分为：单机版、客户机-服务器版和远程云计算版。

作物育种数据管理系统单机版可以在一般的个人电脑单机上运行，不同计算机运行的系统很少进行实时交互，适合于小的育种团队，不用产生与处理大量数据，不需要强大的计算功能。

作物育种数据管理系统客户机-服务器版数据库运行于后台服务器，多台计算机通过用户界面直接与后台服务器的数据打交道。系统数据库中的数据可共享，实现了用户间的实时交互，适合于作物育种团队和公司，易于实现数据的私有化。

作物育种数据管理系统远程云计算版是顺应当代计算机技术发展而兴起的新技术，所有的数据库和应用全部运行在远程服务器上，用户通过国际互联网，使用网页浏览器就可实现随时随地对数据操作。

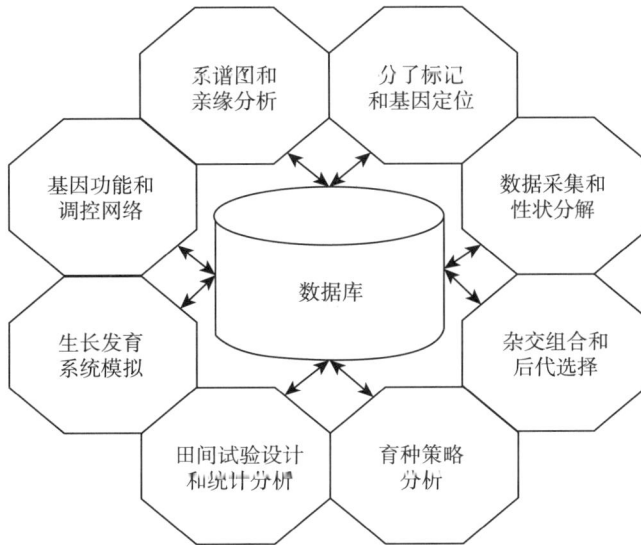

图 17-7　作物育种数据管理系统的概念模型

目前，可以直接应用到玉米育种中的主要商用育种数据管理系统有如下几个。

1. 植物研究信息共享管理系统（PRISM）（http：//www.teamcssi.com/index.html）Central Software Solutions 公司旗舰产品，被多国种业公司应用于支持玉米、大豆、棉花、水稻等多种作物的育种。PRISM 使用中心共享数据库，数据库可包含上百万条记录，支持 600 多名用户同时使用，便于研究人员共享试验数据。客户端运行在 Windows 操作系统下，中心数据库则运行在 SQL 服务器上。单用户版本使用 SQL Express 数据库软件。

2. AGROBASE Generation II（http：//www.agronomix.com/）　Agronomix Software Inc 公司产品，有单机版和客户机-服务器版。自 1990 年发布以来，被 40 多个国家的农学家和育种家采用，适用于玉米、大豆、高粱等作物育种和品种测试。在 Windows 操作系统下运行，客户机-服务器版使用 MS SQL SERVER 作为数据库平台。核心系统提供数据管理、试验设计和数据分析服务，根据需要可以添加各种系统模块：高级统计、图像管理、植物育种、系谱管理、种子库存管理、品种比较等。

3. 农博士育种家（http：//www.nbs.net.cn/yzjaa.htm）　北京中农博思公司的农博士育种家产品，包括育种数据采集、管理、分析等功能，适用于玉米、小麦、水稻等多种作物。使用 SQL SERVER 数据库服务器管理数据，支持海量数据的存储。主要功能：对观察数据和图像数据进行管理，通过互联网远程操作，从图像直接提取数据，自交系选育管理和自交系系谱树的生成，试验设计和数据分析，杂交组合的预测和种质资源的管理等。该软件主要针对我国育种家初涉育种数据管理系统，开发时间较短，功能尚需逐步扩充、增强与完善。

4. Phenom‑Networks（http：//www.phenome‑networks.com/）　由以色列希伯来大学研究人员创建的生物信息学公司（Phenom‑Networks）开发了世界上第一个使用云计算的育种软件。目前，Phenom‑Networks 通过网页提供简单的育种数据管理、表型数据统计分析和 QTL 定位等遗传分析。由于云计算能力软件刚刚起步，还需要一个不断发展的过程，但是发展前景非常广阔。

（二）数据类型

作物育种过程中产生的数据是连续的，可以根据对数据的实际需要进行多种形式的定义分类。在实际应用中，根据数据产生的对象、数据的时间特性、来源和生物学尺度进行分类，分类的科学性和实用性对数据的存储、分析和利用产生较大的影响。

1. 产生对象　根据数据产生的对象可以将数据分为表现型、基因型、环境影响、田间管理等。表现型数据来自对植物各类性状的观测，基因型数据来自遗传物质 DNA，既可以是分子标记数据，也可以是基因组序列数据，环境影响数据包括气象资料和土壤数据及病虫害数据，田间管理数据包括播种、灌溉、施肥、收获等相关数据。

2. 时间特性　根据数据产生的时间特性可以将数据分为动态时间序列和静态非时间序列。比如，叶面积为群体水平上的动态时间序列，平均产量为群体水平上的非时间序列。

3. 数据来源　根据数据的来源可以将数据分为原生数据、次生数据和预测数据。原生数据直接来自田间和试验的观测，次生数据通过统计分析或其他复杂的计算形成，预测数据通过电脑模型运算产生。

4. 生物学尺度　根据观测数据的生物学尺度不同，可将数据分为宏观和微观数据。事实上，生物学数据是一个连续变化的系统，一般可以划分为：基因、DNA/RNA/蛋白质/代谢物、细胞器、细胞、组织、器官、个体、群体和群落等。从分子水平的基因一直到宏观水平的生态群落，都有可能在作物育种的某个环节出现并对育种决策起重要作用。

（三）数据之间的相互关系

现代数据库技术是高效管理这些庞大数据的必备工具。为了创建高效的关系数据库，需要理清各种类型数据的特点和它们之间的相互关系。不同领域的科学家提出了不同数据模型，用来存储这些相关的数据。根据各种育种数据的交叉关系，可以建立一个概念性的育种数据管理系统关系结构图（图17-8）。该系统包括了基因型、表现型、育种信息、性状信息和环境信息五大类数据。其中，每个方框都代表一组具有特殊属性的数据，可以用于存储一张或多张数据表，以便与其他数据协同使用，为育种决策提供支持。箭头标示了关联信息的影响关系，比如，环境信息通过基因型产生一组表现型。育种信息和性状信息都可以直接施加于基因型，从而产生新的基因型。这些数据之间都是相互影响和关联的，数据之间的关系并非一成不变，这些数据的总和构成了作物育种数据管理系统中的核心数据库。根据每个育种公司和育种计划特异性，这些关系需要重新调整，以便适应特殊的育种需要。

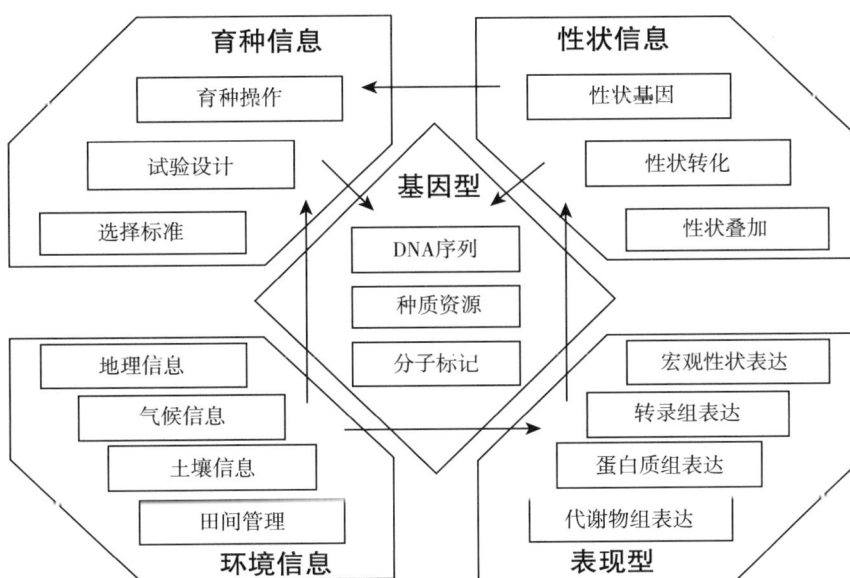

图17-8 作物育种不同类型数据的相互关系

基因型是作物育种的遗传基础，录入了自交系及种质资源的详细信息、分子标记和DNA序列，未来还会包括DNA修饰的表观遗传信息等。这些信息描述了种质资源的遗传学和基因组学特性，很少随时间而变化，用于研究系谱结构和材料之间的亲缘关系，为亲本选择提供必不可少的参考。对应表现型数据可以用于数量性状的基因定位，发现新基因和建立基因调控网络，并为转基因性状育种服务。

表现型是基因型在不同环境条件下的具体表现，录入了包括宏观性状如产量、株高、叶面积的动态变化，也包括基因表达的mRNA、蛋白质和代谢物等微观性状的动态变化信息。这些数据随时间、环境和基因型而变化，因此一个基因型可有许多表现型数据集与之对应。

育种信息包括杂交组配、亲本和后代选择以及田间试验设计的信息，录入了杂交组配、后代选择的规则和评估材料的试验处理信息，来源于育种家经验和知识的积累凝练，再为育种家数据分析和材料选择提供支持。

性状信息是多数公共育种数据管理系统所未考虑的数据，录入了包括各种各样的基因信息，比如 QTL 定位和转基因事件，以及不同性状或基因之间的叠加信息，是转基因育种所必备的信息。

环境信息是地理位置与所有与育种相关资料的属性，录入了地理坐标、气候、土壤、耕作、管理等信息，综合起来构成一个育种试验环境，基因型在这个环境中的表现构成一个表现型数据集。由于生物体的复杂性和对环境反应的差异性，决定了基因型在不同环境下的表现不尽相同，这就是基因型与环境的互作。

（四）玉米育种相关的公共数据库

美国有多个比较完善的玉米基因序列和遗传资讯的公共数据库，这些数据库对育种家研究不同性状的遗传机制和改良玉米自交系有极大帮助（Sen 等，2010）。

MaizeGDB（http：//www.maizegdb.org/）：提供了包括遗传图谱、基因序列、QTL、等位基因等丰富的遗传和基因组信息，基因详细信息可直接在线检索，检索结果包含许多有用的交叉链接，相关文献十分丰富。

MaizeSequence（http：//www.maizesequence.org/）：存储了玉米基因组测序项目（maize genome sequencing project）完成的最新基因组序列，可在线直接查询 B73 自交系的基因序列。

Gramene（http：//www.gramene.org/）：遗传多样性数据库存储了水稻、玉米、小麦等禾谷类作物的基因组信息，由于禾本科较近的亲缘关系，基因组之间存在很多相似之处，研究一个作物的基因、调控网络和表现型，可以直接或间接地应用到其他近缘作物。

Panzea（http：//www.panzea.org/index.html）：汇集了多个美国自然科学基金资助的玉米研究项目（http：//www.maizegenetics.net/）产生的基因型、表现型和分子标记数据资讯，如 NAM 群体（nested associated mapping population）的基因型和表现型数据。除了提供公共检索服务外，还允许下载完整的数据库。

第四节　国内外种业公司的研发差距分析

一、我国种业科技研发体系的基本特点

我国是仅次于美国的世界第二大玉米种植和生产大国。近年来，我国的玉米种植面积和总产量上升较快，主要归因于：①随着我国经济水平的快速提升和人民生活水平的提高，畜牧业得到快速发展，饲料业对玉米的需求越来越高；②玉米的综合经济效益高于其他作物，在我国东北地区，由于玉米的综合经济效益优于大豆，玉米种植面积飞速提升。截至 2022 年，玉米播种面积已经达到 4 306.7 万 hm² 左右，成为我国第一大农作物（2022 年中国农业年鉴）。

在我国玉米播种面积迅速扩大的同时，玉米单产却徘徊在一个停滞区。褚清河

（2013）的研究发现，我国氮肥施用量 1978 年为 59.8kg/hm^2，2007 年达到 322.8kg/hm^2，单位面积施肥量较 1978 年增加 4.4 倍，但年度间农作物单产并没有显著增加的趋势，主要原因是农作物品种对氮肥施用量缺乏响应，从一个侧面反映出我国缺乏一批具有突破性的作物新品种。近 20 年来，我国没有选育出一个能够真正替代郑单 958 或先玉 335 的玉米新品种。这两个品种已经大规模推广近 30 年，在生产上表现出与以机械化粒收为代表的农业生产方式的不适应。

　　我国种业发展大致经历 3 个阶段。从新中国成立到 20 世纪 80 年代，种子的选育、生产、供应都由国家统一管制，统购统销，国有种子公司垄断动植物种子经营；1980 年，国家取消了对非主要农作物种子的计划管制，实行有限的市场调节与统一管制的"双轨制"；2000 年，《中华人民共和国种子法》颁布实施，从此，我国种业进入了一个新时期——"市场化"阶段，取消了对主要农作物种子的管制，实行市场调控。多元化的市场主体逐步形成，大量的社会资本和国际资本进入种业，企业产权逐步多元化，各种类型的股份制民营企业逐步成为种子市场的重要力量。2010 年注册资金 100 万元以上的种子企业有 8 700 多家，这一数值在 2015 年减少到 4 500 多家，但每个公司的实力、市场占有率、科技竞争力依然十分薄弱。目前我国玉米种业企业数量大约有 1 800 多家，规模较大的玉米种子骨干企业仅 30 多家，总体来说我国玉米种业企业总体上呈现数量多、规模小、分布散的特点。

　　随着科学技术的不断进步，我国玉米种业从单一的制种、经营开始走向以科研、生产、推广、销售为一体的产业化发展阶段。玉米种业作为我国种子产业的前导，其竞争日趋激烈。国家重视农业发展，鼓励并支持发展多种经营体制的种子公司，大大加快了科研的发展速度。科研院所、种子公司、个体企业组成的育种格局已经逐渐形成。我国玉米种业已有一定规模，并逐渐形成以自有知识产权品种为主导、民族种子产业为主流的格局，但与国外较大的种业公司相比还存在一定差距。

　　在种业转型期之前，国家科技投入及企业投入很难满足我国种业快速发展的迫切需求，国家财政投入科研项目主要由高校及科研院所承担，承担方向以育种应用研发类为主，对企业的支持也相对较少，财政投入结构不合理。我国种业科技创新长期以来主要由科研院所及高校来承担，大多数企业则主要以种子示范推广为主，科研技术创新力量较为薄弱。近年来主要大型种子企业逐步加强了育种科研方面的建设，育种科研力量有所增强，但与科研机构相比仍存在较大的差距，凸显我国现阶段种业科技创新分工布局仍存在不足。另外，长期以来，科研机构育种力量往往自成一摊，力量分散，难以形成合力，低水平重复较多，种质资源难以交流共享，在整体上降低了育种效率。种子企业研发模式多数也仍以育种专家为主进行全程化选育，与跨国公司规模化、工程化高效的科研组织方式相比，效率不高，核心竞争力不足。目前，围绕玉米产业技术创新链条，科企合作分散，尚未形成有效的合作机制。

　　从 2001—2013 年品种统计数据来看，种业企业选育的品种数量呈快速增长趋势，数量上已超过科研单位选育品种。在玉米育种人才方面，企业从事玉米育种的科研力量呈不断增长状态，科研人员数量不断增加，学历学位不断提高，但与公共研究机构相比仍有不小差距，仍需不断加大对育种科研人才的引进和培养。在科技创新基础条件建设方面，我国玉米种业企业通过多年的积累积聚了一定的资源，在具有自主品牌的玉米种业企业中，均有自己独立的育种实验室及相关育种基地，近年来种业企业在国家有关政策资金的支持下，均加大了投入力度，育种基地及测试点规模迅速扩大。在实验室建设方面，部分龙头企业如先正达集团（中国）、北京大北农科技集团股份有限公司（简称大北农）、袁隆平农业高科技股份有限公司等建立了独立的实验室，主要负责转基因技术及分子育种技术研发，但多数企业实验室建设方面实力与公共研究机构相比还存在较大差距。在科技创新成果方面，多数企业在育种技术积累方面实力还较薄弱，对研究育种方法、技术的重视程度还不够，创新能力不强，技术专利、技术标准和技术规程研发与科研单位相比数量很少，特别是自主产权技术专利未引起重视，标准、规程也为数不多，在种质资源创新与育种方法研究等应用基础性研究方面存在严重不足，今后需要大力加强建设。在科技成果转化、科技推广、品种后续繁殖生产加工等环节方面，国内玉米种业骨干企业具有较完善的新品种推广流程，通过完善的品种推广能力，玉米种业企业给农业带来了直接的增值效益，也给企业带来了巨大的利润，给育种行业带来有力的促进作用。从科研经费投入来看，企业承担的项目数量、财政项目投入额度、自主投入近年来大幅增长，均已超过科研单位，2013年财政项目投入、自主投入分别达到2009年的3倍、2倍以上。企业投入科研经费占销售收入比也由2009年的5.0%增长到8.4%，科技创新投入年均递增率近几年均在20%以上。上述种种方面均表明企业正逐步成为育种研究投入的主体。

随着世界种业研究已逐渐从传统的常规育种技术进入依靠生物技术育种阶段，生物技术成为种业竞争的焦点之一。我国玉米育种技术手段研究薄弱，原创性育种技术少，如高通量自动化分子测序、检测技术等，同时育种技术集成不足，未能形成成熟的高效育种技术平台。当前，在玉米育种新技术研发方面，我国面临诸多挑战。一方面应继续加强种质改良与创新、试验组合测试、基因型与环境互作及控制等常规育种技术的完善与升级，不断提高育种效率；另一方面应有序推进生物技术育种工作，如安全高效的规模化转基因育种技术等。

二、我国种业与国际种业公司的研发差距分析

客观地分析我国与发达国家的玉米育种水平，尤其是与美国的差距，有助于找到缩小差距的方法和途径。以下从几个方面对中美玉米育种水平的差距做一个客观评估。首先，从全国玉米平均单产水平来看，图17-9显示了美国过去90年的全国玉米单产水平变化趋势（USDA，2023）。2022年我国的玉米单产达到6.44t/hm²，美国同期的玉米单产是10.87t/hm²。而早在1985年，美国玉米的平均单产水平已经达到了7.40t/hm²，高于我国2022年的平均单产水平（6.44t/hm²）。仅从单产水平看，我国的育种水平与美国的差距是40年左右。当然，必须认识到玉米单产是由多个因素构成的，品种差异只是其中的

一个重要因素。

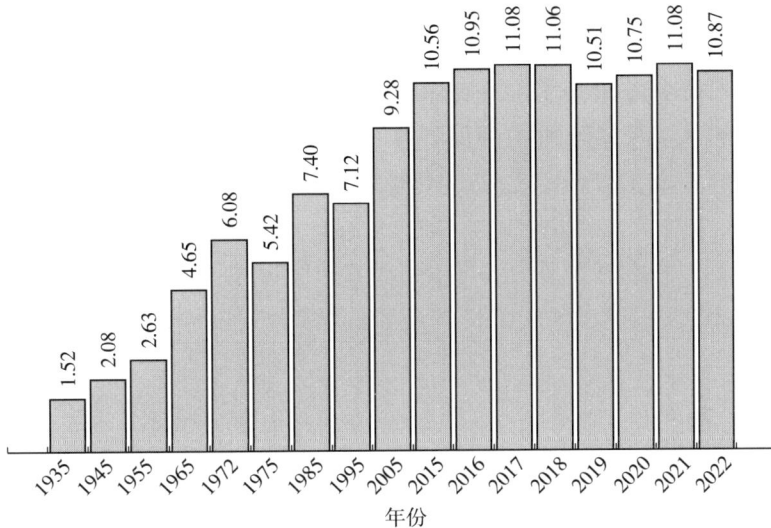

图 17 - 9　1935—2022 年美国玉米的平均单产（t/hm²）

注：数据来自美国农业部 USDA 国家农业统计服务 NASS 出版的作物生产年鉴 Crop Production Annual Summary。

从育种技术看，我国的育种水平与美国大公司的水平差距在 30 年以上。第一代 DNA 分子标记 RFLP 标记在 20 世纪 80 年代发展起来，并开始广泛应用于农作物的遗传研究中（Liu 等，2010）。美国各大种子公司开始把 RFLP 标记应用到公司的育种项目。在 20 世纪 90 年代，第二代 DNA 分子 SSR 标记开始发展，SSR 标记的优点是标记位点多、检测过程简单快速、低成本、高通量、能够实现实验室操作过程的部分自动化等。SSR 标记被科研单位和各大国际种子公司广泛应用于主要农作物的遗传研究和育种项目上。1999年，孟山都公司位于爱荷华州 Ankeny 镇的分子标记实验室，将整个实验过程划分成样品准备、DNA 提取、凝胶制备、PCR 反应试剂构建、PCR 反应、跑胶检测、数据记录等主要环节。每个环节都有专用的高通量仪器设备和专人负责，整个流程由计算机管理系统进行跟踪。这是一个高通量、高速、高效的实验体系，能够同时满足来自世界各地、不同作物分子育种方面的需求。从 2000 年前后，孟山都公司的分子标记检测技术全部转变为最新的 SNP 标记体系，不仅大大增加了标记的数量，而且检测通量呈现几何级上升，与此同时伴随着单个基因型数据点检测成本的大幅降低。从第一代 RFLP 标记的应用至今已经 40 多年，我国在近 10 年间才开始实现分子辅助育种工作的广泛应用。总体来讲，分子生物学和基因组学经过前 30 年的发展，公共研究单位的新发现、新进展没有在我国的玉米育种实践中得到实质应用，这使得我国的玉米育种技术水平落后国际先进水平至少30 年。

　　从育种研发投入水平来看，我国的种业研发投入与世界一流公司的差距较大。国际种业公司在研发方面的投入一般是年销售额的 10%～15%，而我国种业公司相对应的数字是 2%～3%（个别在 4%～5%）。2014 年，孟山都公司的种业销售收入为 130 亿美元，研发投入达到 14 亿美元。

表 17-2 显示了德国 KWS 公司 2011—2013 年间的业绩及研发投入情况。从中可以看出，KWS 公司在 3 年中保持了一个稳定而又快速的发展阶段，每年的销售增长保持在 15%以上，研发费用占销售额的比例保持在 12%以上，且 3 年研发费用的额度分别是 1.48 亿、1.65 亿、1.86 亿美元。该公司的研发人员占员工总数的 1/3 左右，由此估算出过去 3 年的研发人员数量大约分别是 1 187、1 284、1 481 人。根据 3 年的研发费用和研发人数，可以估算出平均每个研发人员在 2011—2013 年的研发费用分别是 12.43 万、12.81 万、12.55 万美元。在 2012—2013 年，KWS 公司在全球共注册了 303 个新产品（www.kws.com）。

表 17-2　德国 KWS 公司 2011—2013 年的销售额及研发投入

销售年度	销售额 （百万美元）	运营净利润 （百万美元）	研发费用 （百万美元）	研发费用占销售 额的比例（%）	员工人数 （人）
2010—2011	1 112.02	151.58	147.55	13.27	3 560
2011—2012	1 282.19	183.17	164.58	12.84	3 851
2012—2013	1 514.30	198.92	185.86	12.27	4 443

登海种业是我国玉米育种领域表现较突出的公司，该公司 2011—2013 年的业绩和研发投入情况如下：2011—2013 年的销售收入分别是 11.5 亿、11.7 亿、15 亿元（参见上市公司的年度报告），研发投入没有明确的数据披露，但据业内人士估计每年在 3 000 万～4 000 万元。如果按在 2011—2013 期间平均每年的研发投入 4 000 万元来估算的话，研发投入占当年销售额的比例分别是 3.48%、3.42%、2.67%。这个比例比 KWS 公司的研发投入比例低大约 10 个百分点。以 2013 年为例，KWS 的营业收入是 15.14 亿美元，约合人民币 93.8 亿元，是登海种业的 6.3 倍。同期 KWS 的研发投入是 1.86 亿美元，约合人民币 11.5 亿元，是登海种业的 28.8 倍。两者的差距由此可见一斑。

通过以上三方面的分析可知，我国的种业公司与国际种业公司在育种研发方面的差距至少在 30 年。

三、建立国家级分子育种平台的必要性

2011 年，国务院 8 号文《国务院关于加快推进现代农作物种业发展的意见》（以下简称《意见》）指出："农作物种业发展面临挑战。保障国家粮食安全和建设现代农业，对我国农作物种业发展提出了更高要求。但目前我国农作物种业发展仍处于初级阶段，商业化的农作物种业科研体制机制尚未建立，科研与生产脱节，育种方法、技术和模式落后，创新能力不强；种子市场准入门槛低，企业数量多、规模小、研发能力弱，育种资源和人才不足，竞争力不强。"

国务院 8 号文明确了中央、省、地等不同层次农业科研单位、企业等在科技创新中的分工与合作。按照种业发展需要和学科发展要求，需要加大资助力度，建立国家农业科研基地、产业研究中心和区域农业科研中心，形成主要从事基础研究和应用基础研究、重大应用技术和高新技术等社会公益类科研体系。要建立投入稳定增长的长效机制，对基础研究、高新技术研究等周期长的科研领域给予连续稳定支持，同时加强对科技经费的管理，提高资金使用效率。国务院办公厅关于深化种业体制改革提高创新能力的意见〔国办发（2013）109 号〕中指出，要深化种业体制改革，充分发挥市场在种业资源配置中的决定性作用，突出以种子企业为主体，推动育种人才、技术、资源依法向企业流动，充分调动科研人员的积极性，保护科研人员发明创造的合法权益，促进产学研结合，提高企业自主创新能力，构建商业化育种体系，加快推进现代种业发展，建设种业强国，为国家粮食安全、生态安全和农林业持续稳定发展提供根本性保障。

国务院 2011 年 8 号文件和 2013 年 109 号文件为我国如何提高种业行业的研发水平指明了方向并提供了强大的政策依据。我国种子公司从事育种的人数众多，但 98% 以上的研发都是常规育种，分子育种还处于概念和初步应用阶段。我国种业迫切需要建立作物高通量分子育种科技服务平台，为众多种业公司提供分子育种方面的科技服务，提升我国农作物育种效率和技术水平，实现从传统常规育种向现代化精确分子育种转变。

因此，在我国农业部的大力支持和指导下，2013 年成立了两家国家级分子育种平台。其中一个是中玉金标记（北京）生物技术股份有限公司（www.cgmb.com.cn），该公司以玉米、小麦为主要作物开展分子育种方面的工作，是国家玉米分子育种平台，注册地在北京市昌平区中关村生命科学园。另一个是华智水稻生物技术有限公司（www.wiserice.com.cn），该公司以水稻分子育种和联合测试为主要服务内容，是国家水稻分子育种平台，注册地是长沙高新技术产业开发区。这两家公司的股东均是我国种业领域较有影响力的企业，但两家公司的服务对象是全国种业公司而不仅仅是股东单位。这两个国家级分子育种平台的建立是我国种业探索分子育种的一个重要标志性事件，但是如何发挥平台的价值，如何保持平台的可持续运营，如何找到一条与中小种业公司深度融合并能够给这些公司的发展进行科技赋能的模式，这些都是问题和挑战，需要两家公司进行持续的努力和尝试。把现代生物技术与传统育种相结合并不是一件一蹴而就的事情，需要从运行机制、商业模式、市场环境等多个方面进行思考和探索。

2015 年 11 月 4 日，十二届全国人大常委会第十七次会议审议通过了新修订的《种子法》并于 2016 年 1 月 1 日起施行。新《种子法》将党中央、国务院关于我国种业发展的方针政策以及被实践证明行之有效的做法转化为法律规范，着力完善了种质资源保护、种业科技创新、植物新品种权保护、主要农作物品种审定和非主要农作物品种登记、种子生产经营许可和质量监管、种业安全审查、转基因品种监管、种子执法体制、种业发展扶持保护和法律责任等 10 个方面的内容。

2021 年 12 月 24 日，十三届全国人大常委会第三十二次会议再次对《种子法》作出了修改。新修改的《种子法》从 2022 年 3 月 1 日起正式施行。新修改的《种子法》主要在植物新品种保护方面有较大的调整。主要表现在以下 3 个方面：一是植物新品种权的保护范围扩大到育种及种子生产全过程。从授权品种的繁殖材料延伸到收获材料，保护环节由生产、繁殖、销售扩展到生产、繁殖，以及为繁殖而进行的处理、许诺销售、进出口和实施上述行为的储存等。二是建立实质性派生品种制度，明确实质性派生品种可以申请植物新品种权并获得授权，但是，利用的授权品种商业化时应当征得原始品种权人同意。三是加大侵犯植物新品种权行为处罚力度，将惩罚性赔偿上限由 3 倍提高到 5 倍，大大提高植物新品种权的保护力度。再次修改的《种子法》立足我国种业发展实际、着眼现代农业未来发展需求，进一步完善了激励种业原始创新的法律制度，对于加强种业知识产权保护、推进种业自主创新、提高种业核心竞争力、保障我国粮食安全都具有重要意义。这些新的政策方针引起了全社会对种业的关注，激发了资本市场对种业的投资热情，我国种业必将迎来一个黄金发展时期。

2017 年 6 月 8 日，中国化工集团公司宣布完成对瑞士先正达公司的交割，收购金额达到 430 亿美元，这也成为我国本土企业最大的海外收购案。自此，美国、欧盟和中国"三足鼎立"的全球农化行业格局形成。先正达是一家具有 259 年历史的百年老店，总部位于瑞士巴塞尔，是植保业务全球排名第一、种子业务全球排名第三的高科技公司，销售年收入 900 亿元，净利润 84 亿元，农药和种子分别占全球市场份额的 20% 和 8%。希望通过对先正达的收购，将能够填补我国专利农药和种子领域的空白和短板，对提高我国农业竞争力、保障粮食安全起到积极作用。

主要参考文献

冯晓，正国情，乔淑，等 . 2008. 基于冠层反射光谱的夏玉米 LAI 估算模型研究 . 玉米科学，16：86 - 89.

中国农业年鉴编辑委员会 . 2023. 中国农业年鉴 2022. 北京：中国农业出版社 .

Abalo G，Tongoona P，Derera J，et al. 2009. A comparative analysis of conventional and marker - assisted selection methods in breeding maize streak virus resistance in maize. Crop Science，49：509 - 520.

Berger B，Parent B，Tester M. 2010. High - throughput shoot imaging to study drought responses. Journal of Experimental Botany，61：3519 - 3528.

Bernardo R. 2009. Should maize doubled haploids be induced among F_1 or F_2 plants? Theoretical & Applied Genetics，119：255 - 262.

Berilli APCG，Pereira MG，Gonçalves LSA，et al. 2011. Use of molecular markers in reciprocal recurrent selection of maize increases heterosis effects. Genetics and Molecular Research，10：2589 - 2596.

Chia JM，Song C，Bradbury PJ，et al. 2012. Maize HapMap2 identifies extant variation from a genome in flux. Nature Genetics，44：803 - 807.

Erickson BJ，Johannsen CJ，Vorst JJ，et al. 2004. Using remote sensing to assess stand loss and defoliation in maize. Photogrammetric Engineering and Remote Sensing，70：717 - 722.

Gallais A. 2009. Full - sib reciprocal recurrent selection with the use of doubled haploids. Crop Science，49：150 - 152.

Golzarian MR，Frick RA，Rajendran K，et al. 2011. Accurate inference of shoot biomass from high - throughput images of cereal plants. Plant Methods，7：2.

Griffing B. 1975. Efficiency changes due to use of doubled - haploids in recurrent selection methods. Theoretical & Applied Genetics，46：367 - 386.

Grift TE，Novais J，Bohn M. 2011. High - throughput phenotyping technology for maize roots. Biosystems Engineering，110：40 - 48.

Hammer GL，Dong ZS，McLean G，et al. 2009. Can changes in canopy and/or root system architecture explain historical maize yield trends in the U. S. corn belt. Crop Science，49：299 - 312.

Koziel MG，Beland GL，Bowman C，et al. 1993. Field performance of elite transgenic maize plants expressing an insecticidal protein derived from Bacillus thuringiensis. Nature Biotechnology，11：194 - 200.

Liu BH. 1997. Statistical genomics：Linkage，mapping，and QTL analysis. Boca Raton：CRC Press Inc.

McMullen MD，Kresovich S，Villeda HS，et al. 2009. Genetic properties of the maize nested association mapping population. Science，325：737 - 740.

Meuwissen TH，Hayes BJ，Goddard ME. 2001. Prediction of total genetic value using genome - wide dense marker maps. Genetics，157：1819 - 1829.

Montes JM，Melchinger AE，Reif JC. 2007. Novel throughput phenotyping platforms in plant genetic studies. Trends in Plant Science，12：433 - 436.

Montes JM，Technow F，Dhillon BS，et al. 2011. High - throughput non - destructive biomass determination during early plant development in maize under field conditions. Field Crop Research，121：268 - 273.

O'Shaughnessy SA，Evett SR，Colaizzi PD，et al. 2011. Using radiation thermography and thermometry to evaluate crop water stress in soybean and cotton. Agricultural Water Management，98：1523 - 1535.

Randolph LF. 1932. Some effects of high temperature on polyploidy and other variations in maize. PNAS，18：222 - 229.

Ravi M，Chan SW. 2010. Haploid plants produced by centromere - mediated genome elimination. Nature，464：615 - 618.

Ribaut JM，Ragot M. 2007. Marker - assisted selection to improve drought adaptation in maize：the backcross approach，perspectives，limitations，and alternatives. Journal of Experimental Botany，58：351 - 360.

Riedelsheimer C，Czedik - Eysenberg A，Grieder C，et al. 2012. Genomic and metabolic prediction of complex heterotic traits in hybrid maize. Nature Genetics，44：217 - 220.

Sen TZ，Harper LC，Schaeffer ML，et al. 2010. Choosing a genome browser for a model organism database：surveying the maize community. Database the Journal of Biological Databases and Curation，baq007.

Shrestha DS，Steward DL. 2003. Automatic corn plant population measurement using machine vision. T ASAE，46：559 - 565.

Tang L，Tian LF，2008. Plant identification in mosaicked crop row images for automatic emerged corn plant spacing measuremen. T ASABE，51：2181 - 2191.

Thorp KR，Steward BL，Kaleita AL，et al. 2008. Using aerial hyperspectral remote sensing imagery to estimate corn plant stand density. T ASABE，51：311 - 320.

Trachsel S，Kaeppler SM，Brown KM，et al. 2010. Shovelomics：high throughput phenotyping of maize

(*Zea mays* L.) root architecture in the field. Plant Soil，341：75 - 87.

Viña A，Gitelson AA，Rundquist DC，et al. 2004. Monitoring maize (*Zea mays* L) phenology with remote sensing. Agronomy Journal，96：1139 - 1147.

Winterhalter L，Mistele B，Jampatong S，et al. 2011. High throughput phenotyping of canopy water mass and canopy temperature in well - watered and drought stressed tropical maize hybrids in the vegetative stage. European Journal of Agronomy，35：22 - 32.

致　　谢

（按公司名称拼音字母排序）

在本书编写过程中，全国有关省市的玉米遗传育种公共研究单位，玉米种子企业，以及种子管理部门提供了大量资料，对此表示衷心的感谢！

承蒙山东登海种业股份有限公司（简称登海种业）、内蒙古巴彦淖尔市科河种业有限公司（简称科河种业）、河南省豫玉种业股份有限公司（简称豫玉种业）和襄樊正大种业股份有限公司（简称正大种业）提供出版资金、给予大力支持，特表示深切的谢意！

登海种业山东莱州玉米育种实验站

科河种业巴彦淖尔东兴玉米育种实验站

豫玉种业黄金粮 73 杂交种种植现场

正大种业云南种子加工厂穗选车间

图 1-3　玉米及其野生近缘种属（大刍草和摩擦禾）的表型特征（李影正等，2022）

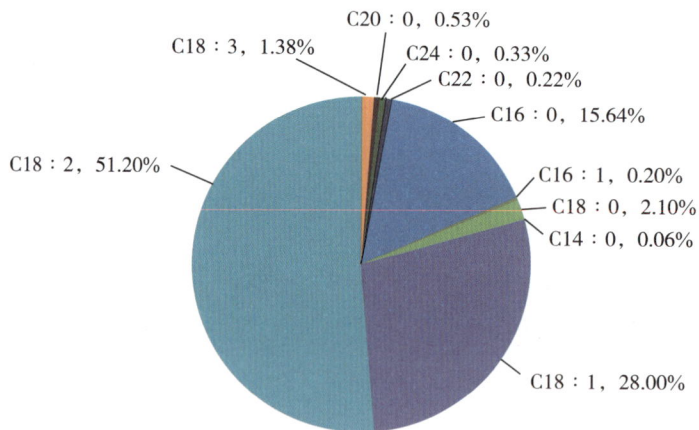

图 6-1　玉米籽粒油分中各类脂肪酸组分的百分比（李惠，2013）

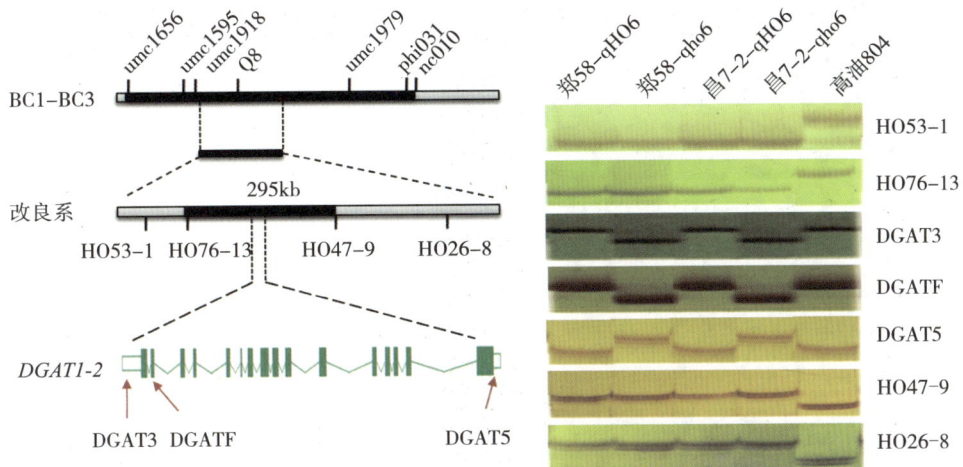

图 6-8　HO-958 双亲及原始亲本目的基因位点和分子标记示意图

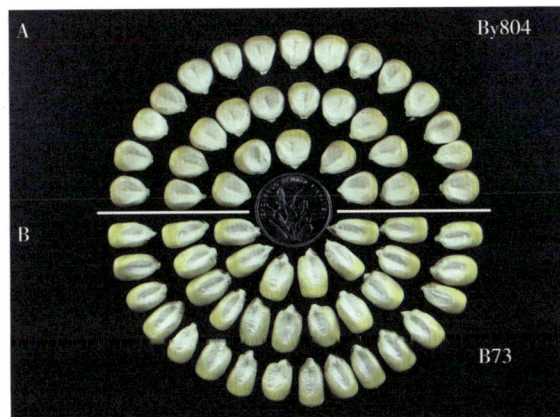

附图 6-1　高油玉米（BY804）、普通玉米（B73）的籽粒和胚的比较
A. 高油玉米 By804（含油量 11.65%）；B. 普通玉米 B73（含油量 3.53%）

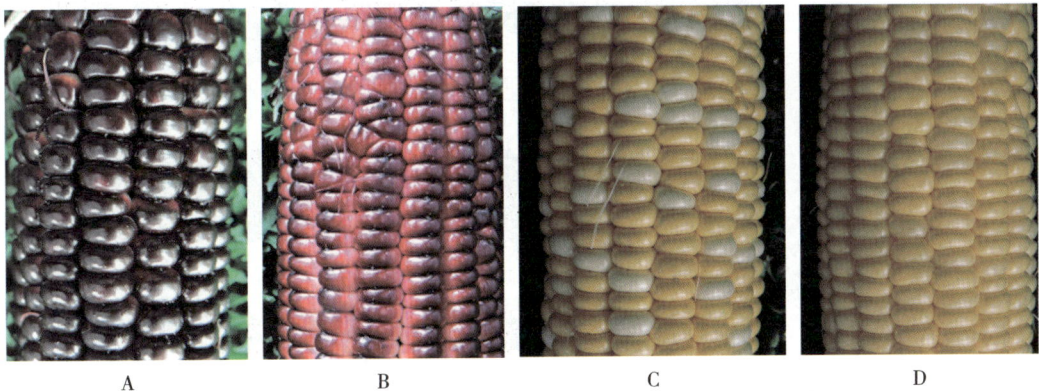

附图 6-2　不同颜色甜玉米籽粒
A. 黑色甜玉米；B. 红色甜玉米；C. 双色甜玉米；D. 黄色甜玉米

附图 6-3　加工型高直链淀粉玉米与普通玉米籽粒比较
A.高直链淀粉玉米（ae/ae）；B.普通玉米（Ae/Ae）

附图 6-4　13 型白色甜糯玉米籽粒
注：水分含量高的籽粒是甜玉米，占 1/4；水分含量少、淀粉含量高的是糯玉米，占 3/4。

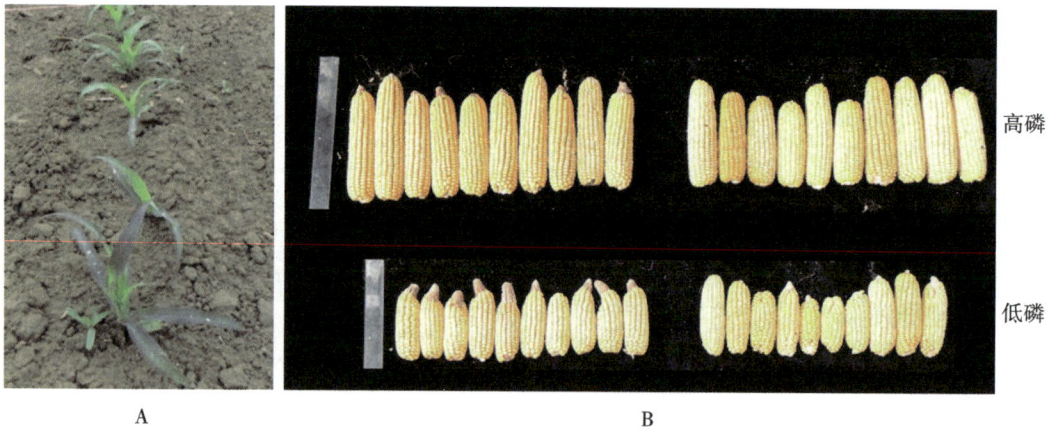

图 12-22　玉米缺磷症状
A.缺磷玉米幼苗叶色表现　B.高磷和低磷对玉米穗发育的影响

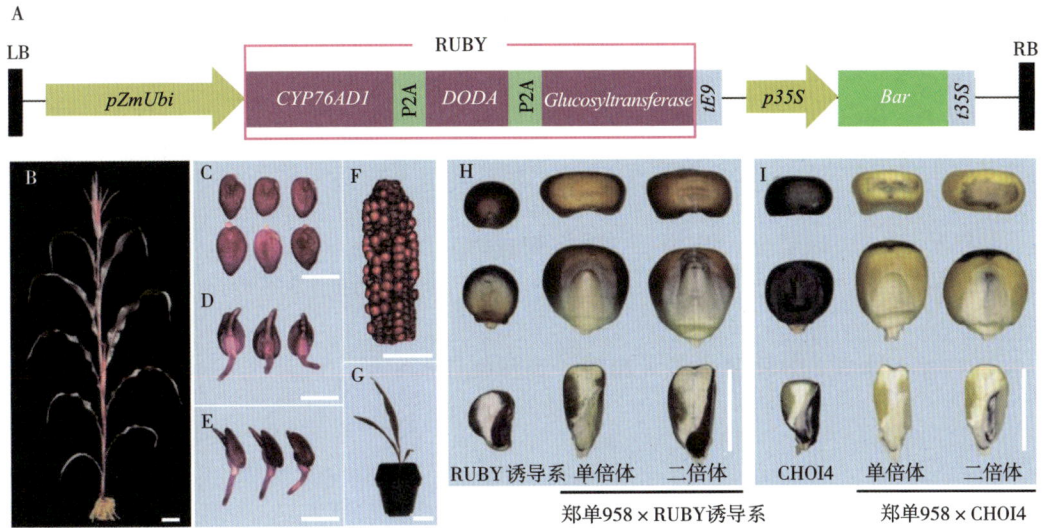

图 13-5 玉米 RUBY 单倍体诱导系的开发和特征（Wang 等，2023）

图 13-7 单倍体组培加倍技术流程（陈琛，2021）

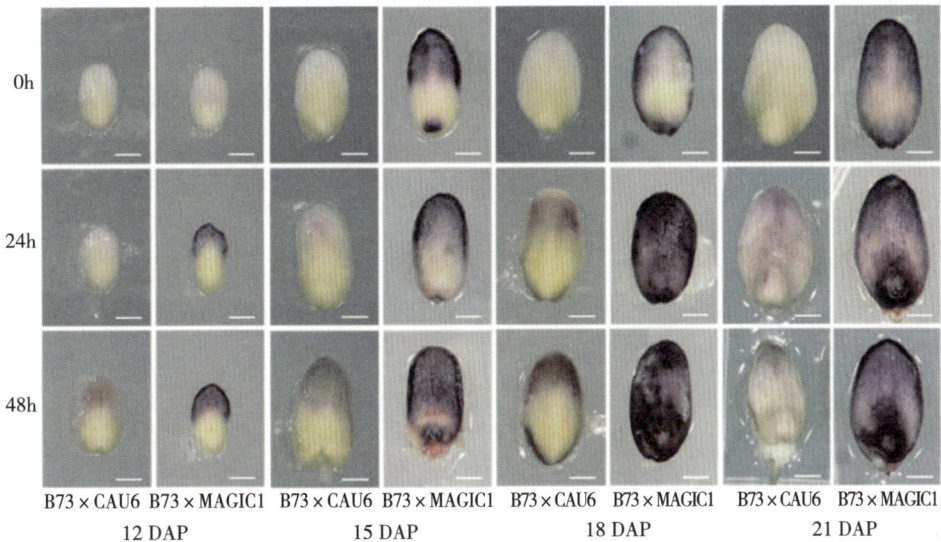

图 13-8 基因工程创制诱导系与常规诱导系显色比较

图书在版编目（CIP）数据

玉米育种学 / 李建生主编.—3版.—北京：中
国农业出版社，2025.6
ISBN 978-7-109-31184-8

Ⅰ.①玉…　Ⅱ.①李…　Ⅲ.①玉米-作物育种　Ⅳ.
①S513.03

中国国家版本馆CIP数据核字（2023）第189513号

玉米育种学　第三版

YUMI YUZHONGXUE　DI SAN BAN

中国农业出版社出版

地址：北京市朝阳区麦子店街18号楼
邮编：100125
策划编辑：郭银巧　杨天桥
责任编辑：郭银巧　史佳丽　王黎黎
版式设计：王　晨　责任校对：吴丽婷
印刷：北京通州皇家印刷厂
版次：2025年6月第3版
印次：2025年6月北京第1次印刷
发行：新华书店北京发行所
开本：787mm×1092mm　1/16
印张：46.5　插页：1
字数：1050千字
定价：498.00元